冲压模具设计
实用手册

核心模具卷

陈炎嗣　主编

化学工业出版社

·北京·

本手册基于科学性、先进性和实用性特点，兼顾理论基础和设计实践两个方面，根据设计人员在冲压模具设计过程中的需要，系统地介绍了冲压模具中核心模具的设计标准、原则、步骤与方法，并列举了大量先进实用、全面可靠的结构范例。

主要内容包括冲模设计基础与设计步骤，冲压模具用材料，冲压件设计与冲压工艺性；冲压模具结构中应用量大面广的冲裁模、弯曲模、拉深模、成形模的设计原理、方法和要点等。对于不同类型的冲模，每章均介绍了新颖的典型结构，有些图例为首次发表。

本手册可为从事冲压模具设计的工程技术人员提供帮助，也可供高校相关专业的师生查阅参考。

图书在版编目（CIP）数据

冲压模具设计实用手册（核心模具卷）/陈炎嗣主编.
北京：化学工业出版社，2015.11（2020.10 重印）
ISBN 978-7-122-25161-9

Ⅰ.①冲… Ⅱ.①陈… Ⅲ.①冲模-设计-手册
Ⅳ.①TG385.2-62

中国版本图书馆 CIP 数据核字（2015）第 218078 号

责任编辑：贾　娜　　　　　　　　　　　文字编辑：谢蓉蓉
责任校对：蒋　宇　　　　　　　　　　　装帧设计：刘丽华

出版发行：化学工业出版社（北京市东城区青年湖南街 13 号　邮政编码 100011）
印　　装：天津盛通数码科技有限公司
787mm×1092mm　1/16　印张 39½　字数 950 千字　2020 年 10 月北京第 1 版第 4 次印刷

购书咨询：010-64518888　　　　　　　售后服务：010-64518899
网　　址：http://www.cip.com.cn
凡购买本书，如有缺损质量问题，本社销售中心负责调换。

定　　价：158.00 元　　　　　　　　　　　　　　　　版权所有　违者必究

序

模具是现代制造业中重要的工艺装备。各个行业直接或间接地与模具有关。模具的主要功能是直接生产出形状复杂、具有一定功能的制品或制件。模具的应用非常广泛，在汽车、电子、通信、仪器仪表、航空航天、交通运输、五金建材、医疗器械、军工、日用品、玩具、新能源、节能减排等行业产品中，60%～80%的零部件都依靠模具直接成形，不需再加工。用模具生产制件所达到的四高两低的特点，即高一致性、高精度、高复杂程度、高生产效率和低成本、低能耗是其他工艺装备难以胜任的。模具可用来支撑产品的开发和结构的调整，并促进产业的发展和升级。因此，模具在制造业中的地位越来越重要。

模具技术水平的高低，已成为衡量一个国家产品制造水平高低的重要标志，模具在很大程度上决定了产品的质量、生产效益和新产品开发能力。而模具的质量和水平是靠模具的合理设计和先进的加工技术制造出来的，但首先决定于模具结构设计的好坏，决定于模具设计者的设计水平。

冲压模具的设计是一项非常细致艰辛而又极富创造性的技术工作，要求设计者具有丰富的专业理论知识并要经过长时间工作的磨炼及实践经验的积累。设计师要善于在工作中学习，把理论和实践很好地结合，并灵活应用实践中吸取到的许多好经验，做到参考而有创新、习旧而不照搬，坚持以实际需要为原则，开拓创造，才能设计出结构先进合理、使用维修方便、造价低、耐用并符合要求的各种模具。因此，设计出经济、实用、安全、可靠的模具结构是每一位模具设计师的职业追求和崇高目标。

冲压模具是模具中应用最为广泛的模具之一。怎样设计冲模？有什么指导性的资料？如何应用这些资料设计好冲模？《冲压模具设计实用手册》帮助冲模设计者回答了这三个问题。

《冲压模具设计实用手册》是冲模设计者日常工作必备实用的工具用书，手册内容注重体现实用、简明、精练、全面、先进的特点，没有深奥的理论和复杂的计算公式，层次清楚，陈述清晰，图文并茂，突出图表及典型图例，数据可靠，便于查阅应用。

为适应读者的不同需要，将本手册分成两卷出版。核心模具卷主要内容包括冲模设计基础、冲压工艺性、冲裁模、弯曲模、拉深模、成形模的设计和典型结构剖析；高效模具卷主要内容包括复合模、聚氨酯橡胶模、多工位级进模、冲压用材料。

附录中收集了一些冲模设计时常用的必备资料。

相信本手册的出版和应用将为提高我国模具人才的技术水平发挥作用。

上海交通大学塑性成形技术与装备研究院
洪慎章

前言

FOREWORD

冲压模具是各类模具中应用最广的一种模具。冲裁模、弯曲模、拉深模和成形模为冲压模具中的主导模具，使用面广、量大、占比例最高，这四种模具约占冲压模具的80%以上，被称作冲压模具中的核心模具。

怎样设计这些模具？有什么指导性资料？如何应用这些资料设计好冲模？这是本手册要帮助冲模设计者回答并实践的三个问题，也是编写本手册的宗旨。

本手册为《冲压模具设计实用手册》核心模具卷，主要介绍了冲裁模、弯曲模、拉深模、成形模的设计方法、设计技巧和结构选型等内容。全书共设7章。第1章冲模设计基础与设计步骤，为冲模设计的共性部分，这是每位模具设计人员必须了解和掌握（即应知应会）的基础知识、基本功，对于模具设计人员，要求知道并善于在冲模设计过程中把握和运用这些基础知识。第2章冲压模具用材料，主要从优化选用模具材料出发，讲解了冲模结构中，特别是工作零件材料的选用，重点介绍了超硬和高强度材料的应用，如硬质合金、钢结硬质合金、粉末高速钢等，对于如何从选材方面提高模具寿命，给出了建议和推荐选材方案。第3章冲压件设计与冲压工艺性，本章图表较多，内容非常重要，不仅为从事冲压件设计者提供直接帮助和指导，而且也是模具设计者分析冲件工艺性的有效理论依据，对于模具经营管理者和模具技术谈判者，本章内容也十分有用。第4章冲裁模，是本书的重点之一，全面介绍材料的冲压分离变形过程所用的各种模具结构设计，其中共性部分冲裁间隙及间隙的优化选用、冲模工作零件凸模和凹模的设计是本章的重点，介绍了不同冲裁情况下工作零件的设计难点、要点和解决方案，这些从工作实践中总结出来的经验，将带给读者有益启示。第5～7章，介绍了材料的冲压塑性变形过程所用的弯曲模、拉深模和成形模的冲压工艺与冲模结构设计。怎样判断冲件能否一次加工成功，弯曲件和拉深件的展开计算，弯曲、拉深工艺计算，弯曲件的回弹，拉深件的拉深系数（拉深变形程度）确定，是这类模具设计的关键，也是一项不可回避的繁琐工作，手册中都有详细介绍，读者看了能学会如何设计模具。

上述各章均有一定量的模具典型结构介绍，读者可以从这些典型图例中学到模具总体设计知识。

冲模设计者在经验不多的情况下，可以照搬书上的内容先用起来，待工作时间长了，有了一定经验，应善于不断总结，不断创新，这样设计的模具就会做到理论更加接近实际，使模具设计达到最优化效果。

本手册由陈炎嗣主编并负责全书的统稿工作。沈永娣、陈鹤皋、董华宁、陈炎裔、汪义尧、卓昌明、里佐梁、王德华、朱汝道、陈贯一、袁人瑞、邵今亮、申敏、周安、孙敬、陈天恩、葛明辉、姜汰、吴宝泽、吴梅芬、金龙建、聂兰启、张雪松、赵仲春、乔晓建、吴幼一、唐激扬、苑春龙、刘晓燕、温和荣、周杰、俞爱娣、周雪娟、陈利一、崔熙珉、张明华、寇承香、藏学君、袁咪咪、乔春英参加了资料的提供、整理和部分编写工作。手册编写过程中，得到了有关专家的帮助和支持，在此表示衷心感谢！

本书涉及较多的专业知识，由于笔者水平有限，书中难免有疏漏和不足之处，恳请读者批评指正。

陈炎嗣

目录

CONTENTS

第3章 冲压件设计与冲压工艺性

第4章 冲裁模

第5章 弯曲模

第6章 拉深模

第7章 成形模

附录

参考文献

第①章

冲模设计基础与设计步骤

1.1 冲压生产与冲模

1.1.1 冲压加工的基本原理与冲模

冲压加工是利用安装在压力机上的冲模，对放在模具里的材料，主要是板料施加压力，使材料在模具里产生分离或塑性变形，从而获得所需尺寸及形状的零件。因此，实现冲压加工，必须具有冲压材料、冲压设备（压力机）和冲压模具。三者相互联系，缺一不可，被称为构成冲压生产三要素。冲压三要素对冲压质量、精度和生产效率起到关键作用。

冲压加工大多数材料是在常温冷态下进行的，故称为冷冲压。冷冲压用模具简称冲压模具或冲模。冲模在冲压生产中是应用最多的一种模具。

冲模是冲压生产中的特殊工艺装备，属于技术密集型高新技术产品。我国已经把模具列为先进制造技术的第一位。

1.1.2 冲压加工在工业生产中的地位

(1) 应用

用模具生产制件所具有的高精度、高一致性、高生产率是任何其他加工方法所不能比拟的。例如一辆新型汽车的投产，需要配备 2000 多副模具，一台电冰箱的投产，需要配备 300 副以上模具；一台洗衣机的投产，需配备 200 副模具；一部手机的 70 多个零件，需要各种模具加工成形等。冲压加工已被广泛应用在各个领域。据有关调查统计，在汽车、摩托车、农机产品中，冲压件约占 75%～80%；自行车、缝纫机、手表产品中，冲压件约占 80%；电视机、收录机、摄像机产品中，冲压件占 90%；在航天、航空、轨道交通等工业中，冲压件都占有很大比例，人们的衣食住行直接或间接地都有冲压加工产品件来满足需要。总之，当前在机械、电子、轻工、国防等诸多工业部门的产品零件中，其成形方式已越来越广泛地转向优先采用先进的冲压加工工艺。

(2) 加工范围

可加工各种类型的冲压件，能完成冲裁、弯曲、拉深、成形、挤压等冲压工序，尺寸小到钟表秒针、微电子元器件零件、连接器等，大到汽车的纵梁、覆盖件等。冲切的厚度已达 20mm 以上，薄到 0.02mm。因此，冲压加工的尺寸幅度大，适应性强。

冲压材料可使用黑色金属、有色金属及某些非金属材料。

(3) 精度

冲压加工能达到的尺寸精度，对于一般冲裁件可达 IT10～IT12 级，精冲件可达 IT6～IT9

级，一般弯曲、拉深件可达 IT11～IT13 级。

(4) 粗糙度

普通冲裁切断面粗糙度 Ra 可达 $12.5～3.2\mu m$。精冲 Ra 可达 $2.5～0.3\mu m$。

表 1-1　冲压加工的特点

项目	特　　点	说　　明
技术方面	(1)可制成形状复杂的各种零件	使用冲模主要是板料、带料，可以大批量制造其他加工方法所不能或难以制造的壁薄、重量轻、刚性好、表面质量高、形状复杂的各种零件
	(2)制成的零件尺寸一致性好、互换性强	冲压件的尺寸精度由模具来保证，所以质量稳定，互换性好，一般不需再加工
	(3)便于实现机械化、自动化连续作业生产线	由于所用的冲压材料大多是长而比较薄的卷料(条料、带料)，非常适合机械化、自动化冲压生产
	(4)在一副模具上可完成多种冲压工序，进行高速安全生产	可对各种复杂形状大批量生产的小零件，设计用一副多工位级进模在精密高速(目前可达≤2500 次/min)压力机上进行冲裁、弯曲、成形、叠铆、攻螺纹和连续拉深等多工序冲压加工，模具中设有安全保护装置和自动送料装置，实现安全、优质、高产和低消耗生产
经济方面	(1)材料利用率高	冲压加工属于少无切屑加工，材料利用率较高，一般可达 70%以上，高的达 95%～100%
	(2)生产效率高	用普通压力机每分钟生产几十件，对于高速压力机每分钟可生产几百件甚至上千件。若采用压力机滑块每分钟冲次为 200～600 次/min，则一模一件，一次行程按一件计，每班产量可达 2.8 万～9 万件；当压力机滑块冲次为 800～2000 次/min 高速时，每班产量可达 38 万～96 万件。当一模多件时，生产效率更高。所以，冲压加工是一种高效率的加工方法
	(3)操作简便	比较而言，对操作人员要求不是太高，便于培训操作人员，便于组织生产
	(4)冲压件成本低	排样合理，生产量越大，冲压件成本越低
适应性	适用于制件大批量生产	由于冲模制造是"单件"多品种生产，精度高，是技术密集型产品，制造成本高、周期长，因此，只适用于制件的大批量生产

表 1-2　冲模按不同特征的分类

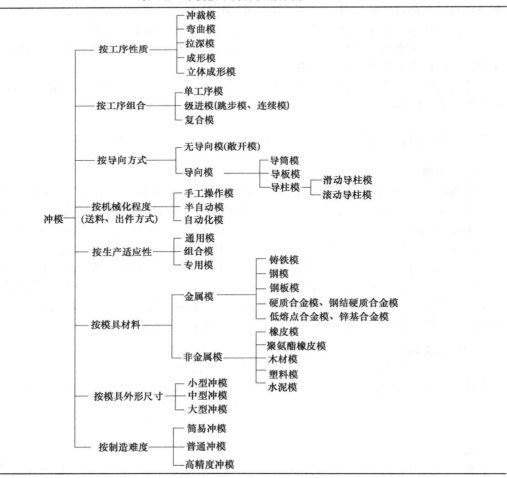

　　冲压件的质量、生产效率以及生产成本等，与模具的设计和制造有直接关系。模具发展的关键是模具技术的进步，模具技术又涉及多学科的交叉。模具作为一种高附加值产品和技术密集型产品，模具设计与制造技术水平的高低，已成为衡量一个国家制造业水平高低的重要标志之一。模具在很大程度上决定着产品的质量、效益和新产品开发的能力。

1.1.3　冲压加工的特点

　　冲压加工是一种先进的加工工艺。

　　冲压加工是靠模具和压力机来完成加工过程的，与其他加工方法相比，在技术、经济和适应性方面有如下特点，见表 1-1。

1.1.4　冲模的分类

　　冲模是冲压模具的统称，具体到一副模具，往往有很多称呼。冲模按不同特征所作的分类见表 1-2。表 1-3 为冲模按冲压工艺性质分类。

表 1-3　冲模按冲压工艺性质分类

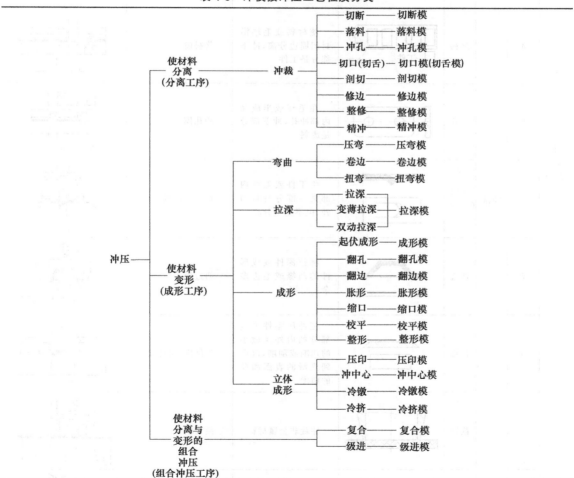

1.1.5　冲压加工工序的分类、特征及模具

　　表 1-4 所示为冷冲压基本工序的分类、特征及所用的模具。

表 1-4　冷冲压基本工序的分类、特征及所用的模具

工序	序号	组别	变形方式	变形过程简图	工作性质与特征	所用模具名称	模具结构简图
I 分离工序	1	剪切	剪切	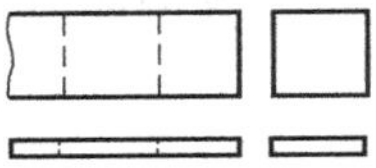	用剪刀或模具，切断条料或板料，使其沿不封闭周边分离	剪刃切断模、剪切模	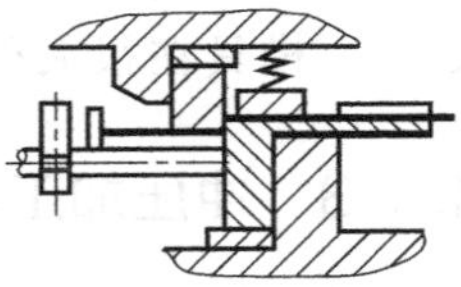
	2		剪截	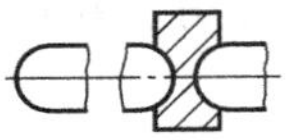	冲掉局部条料使其沿不封闭周边分离，冲掉部分为废料	剪截模	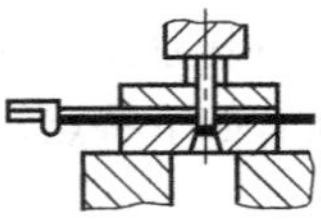
	3	冲裁	冲槽（冲口）	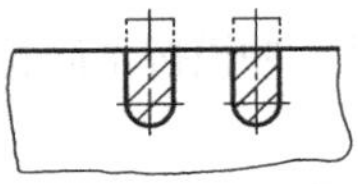	在毛坯或半成品的周边上冲口，冲去的部分为废料	冲口模（冲槽模）	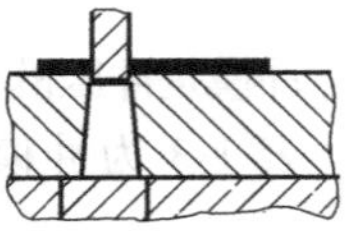
	4		落料	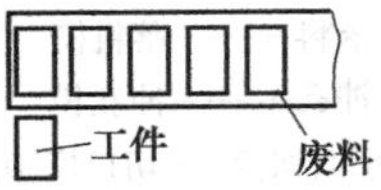	使材料或毛坯沿封闭周边分离，冲下部分是工件	落料模	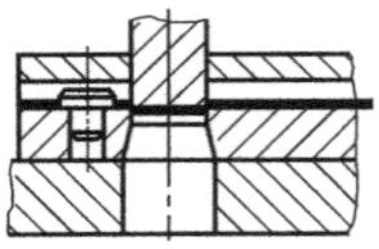
	5		冲孔	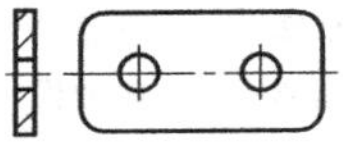	在毛坯或半成品内冲孔，冲下部分是废料	冲孔模	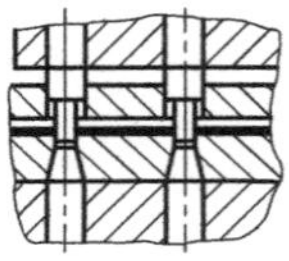
	6		切口（切舌）	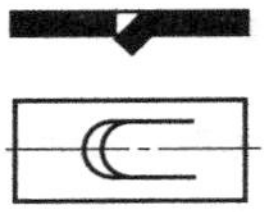	将工件或毛坯内部某一部分材料切开，但不完全分离	切口（舌）模	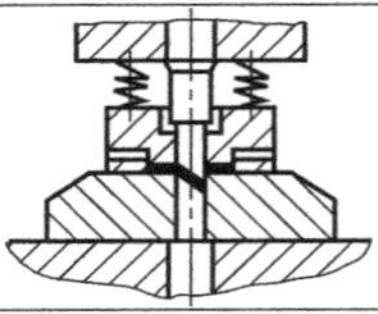
	7		切边	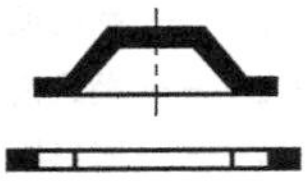	将拉深件或成形件的凸缘或毛边多余料切掉	切边模	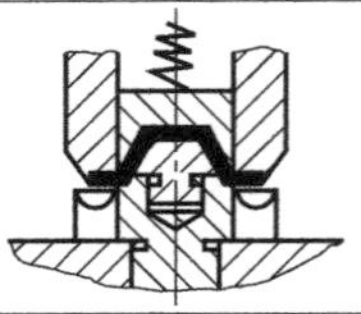
	8		整修	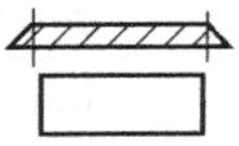	把冲压零件平整部分的内外缘做小的切削或刮削，以得到光滑的表面和高的精度	整修模（修边模）	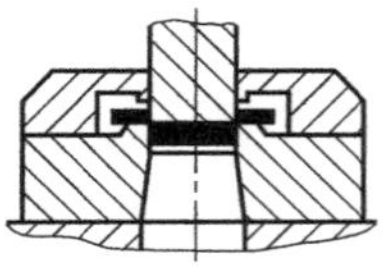
	9		裁切	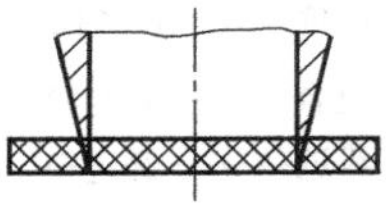	冲裁非金属材料	裁切模	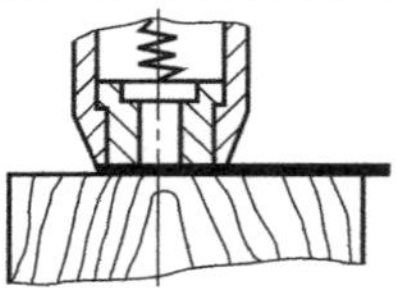
	10		剖切		将弯曲或拉深后的半成品切成两个以上的工件	剖切模	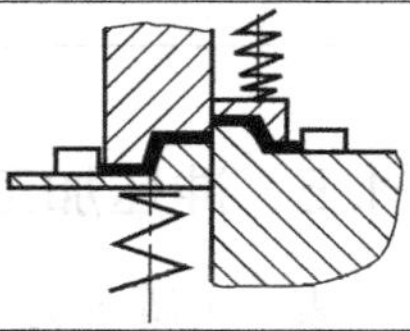

工序	序号	组别	变形方式	变形过程简图	工作性质与特征	所用模具名称	模具结构简图
Ⅱ 成形工序	11	弯曲	弯曲		将平板毛坯或棒料、线料、管材等弯曲成立体形状	弯曲模	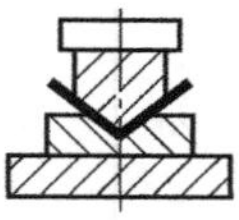
	12		卷边	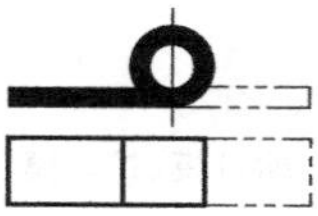	将冲压零件边缘作圆弧形弯曲	卷边模	
	13		扭转	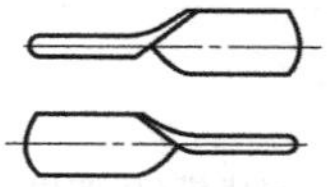	使平板毛坯的一部分对另一部分作扭转成形	扭转模	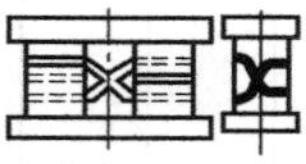
	14	拉深	不变薄拉深		将平板毛坯拉深成空心件,或将浅空心件进一步拉深,其料厚基本不变	不变薄拉深模,通称拉深模	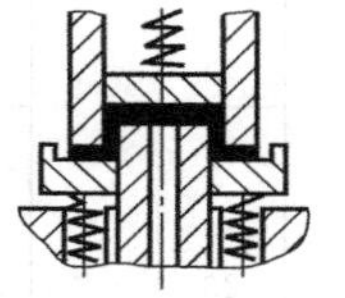
	15		变薄拉深	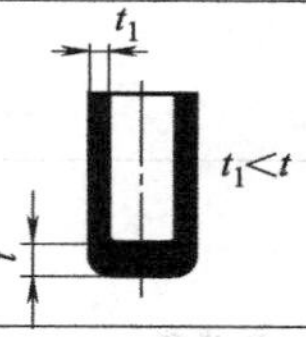	用减小直径和壁厚的方法改变空心半成品尺寸	变薄拉深模	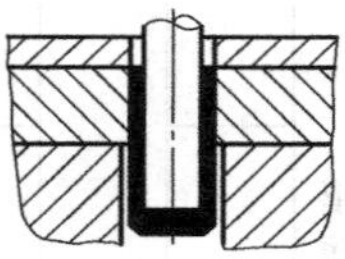
	16	成形	整形	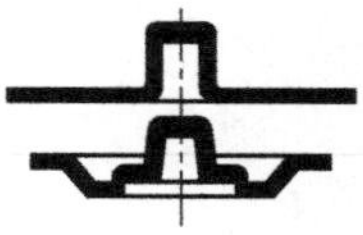	使半成品进一步变形,得到准确的形状和尺寸	整形模	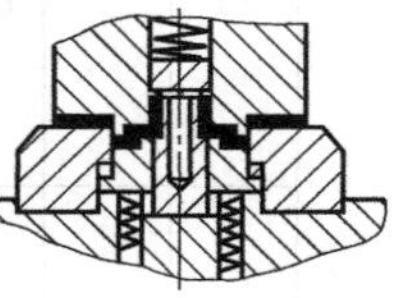
	17		翻边	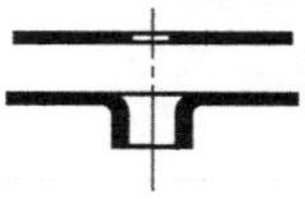	在冲孔的平板毛坯上或空心半成品上冲出竖立边缘	内缘翻边模	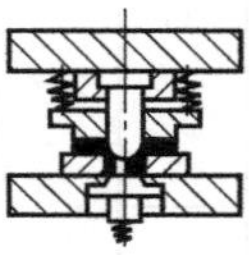
	18		外缘翻边	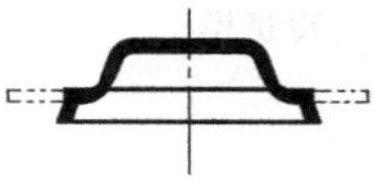	使半成品的外部周边弯曲成深度不大的曲边或凸缘	外缘翻边模	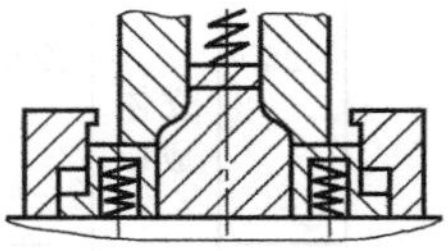
	19		滚边	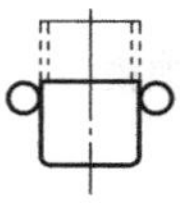	使空心件半成品边缘向外弯曲成圆弧形	滚边模	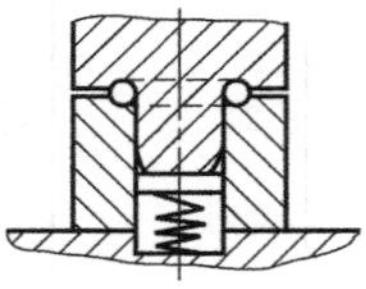

工序	序号	组别	变形方式	变形过程简图	工作性质与特征	所用模具名称	模具结构简图
Ⅱ 成形工序	20	成形	胀形（凸肚）		使空心件受径向压力局部胀大	胀形模	
	21		缩口、扩口		使空心件口部直径缩小或扩大	缩口模、扩口模	
	22		起伏（压波）		将平的板料压出波纹凸肋	起伏模（压波模）	
	23		赶形		通过旋转加压使毛坯成形	赶形模（胎）	
	24		校平		将板材和半成品局部压平	校平模	
	25		压花（压印）		将平板压出凸凹不平的浮雕、花纹	压印模	
	26	立体成形	冷挤		将平板实心毛坯1或半成品冷挤成空心件2	冷挤模	
	27		冲眼		在平板毛坯或半成品表面冲出定中心用的不通孔	冲眼模	

工序	序号	组别	变形方式	变形过程简图	工作性质与特征	所用模具名称	模具结构简图
Ⅱ 成形工序	28	立体成形	压字（刻印）	 工具牌 No506	在工件表面压出标记只在制件厚度的一个平面上有变形	刻印模	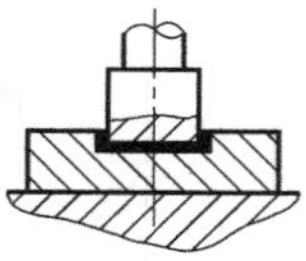
	29		顶镦	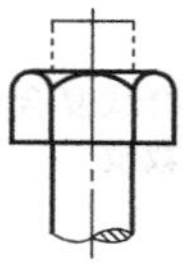	使棒料端部镦成形	顶镦模	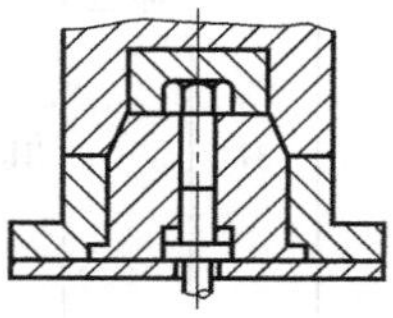
	30		镦粗	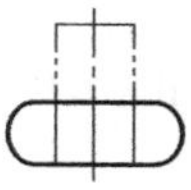	减小毛坯高度，增大断面	镦粗模	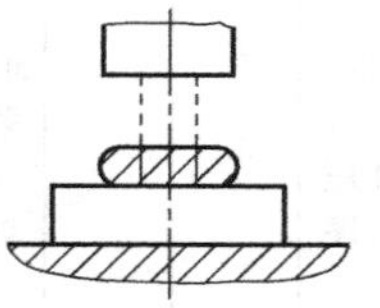
	31		冷模锻（精压）	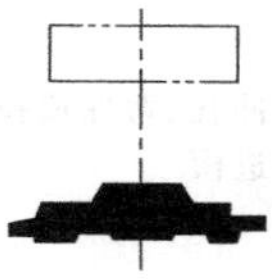	在常温下利用冲击压力，将模膛中金属体积重新分配而获得所需形状	冷锻模（精压模）	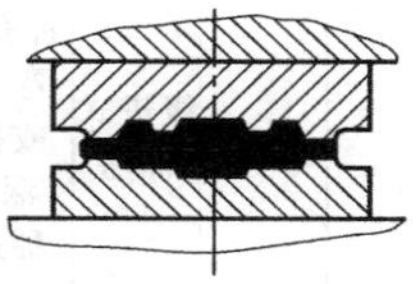
Ⅲ 组合冲压工序	32	复合冲压	冲裁兼拉深	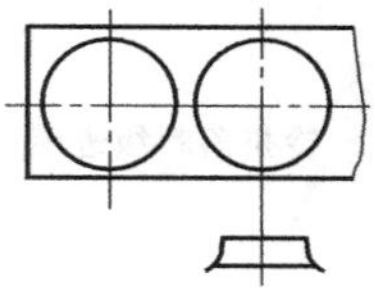	在一次行程中，将毛料冲下来并拉深成空心件	落料拉深复合模	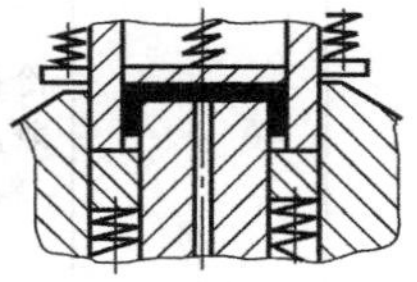
	33		剪切兼弯曲	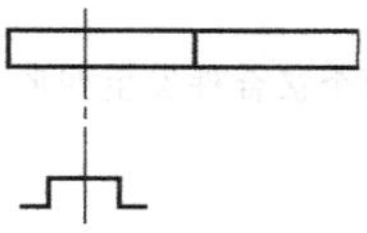	在一次行程中，从条料中冲出毛坯并弯曲成形	剪切弯曲复合模	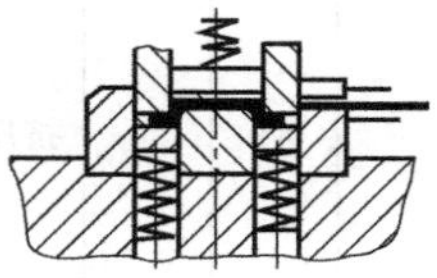
	34		冲孔兼落料	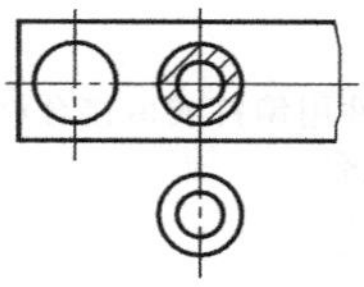	冲孔与落料两个工序在一次行程中完成	冲孔落料复合模（复合冲裁模）	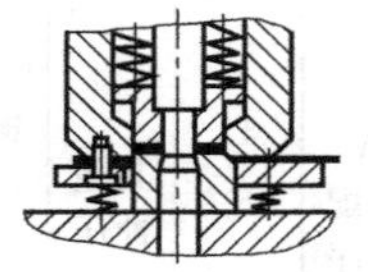
	35		冲孔兼翻边	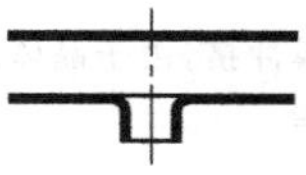	冲孔后翻边在一次行程中完成	冲孔翻边复合模	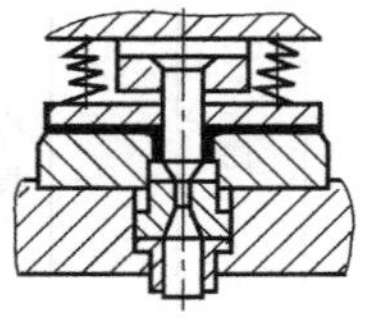

工序	序号	组别	变形方式	变形过程简图	工作性质与特征	所用模具名称	模具结构简图
Ⅲ 组合冲压工序	36	复合冲压	冲孔兼切边	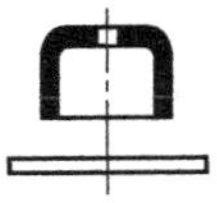	拉深件的底或壁部冲孔和外缘切边在一次行程中完成	冲孔切边复合模	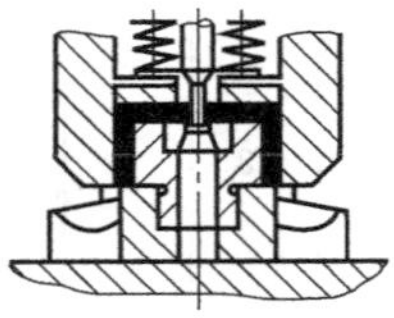
	37		其他		用两种或两种以上的工序组合，在一次行程中完成	综合式复合模、复合冲裁模	
	38	级进式冲压	冲孔、落料或剪切	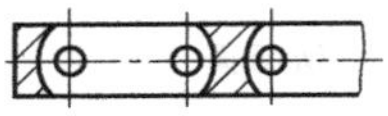	用级进模进行冲孔兼剪切作业	冲孔落料级进模	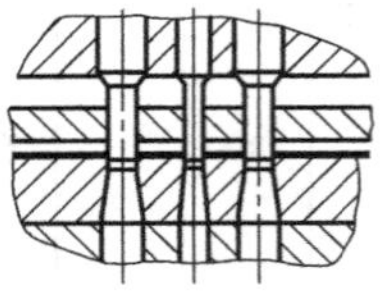
	39		冲孔、弯曲或拉深、翻边	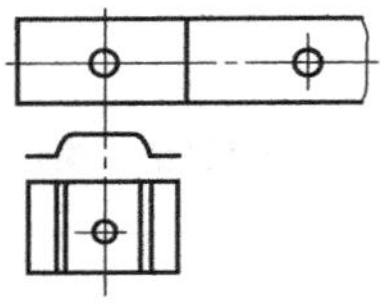	用级进模进行冲孔、弯曲和剪切三个变形工序的作业，经两次行程完成	冲孔、弯曲或拉深级进模	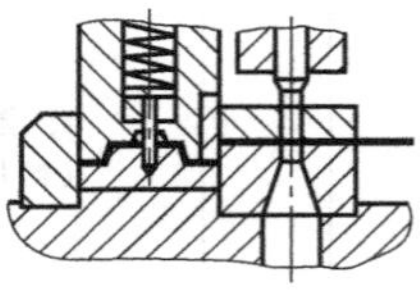
	40		冷挤兼落料	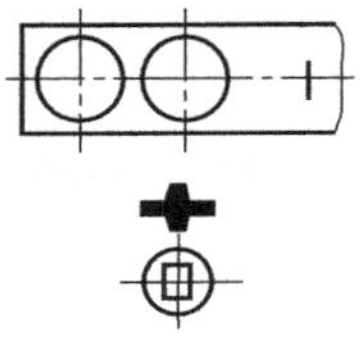	用级进模将厚板料冷挤成形后落料	冷挤落料级进模	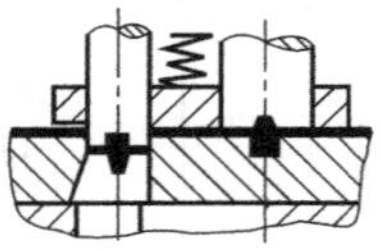
Ⅳ 装配工序	41	其他冲压	挤压	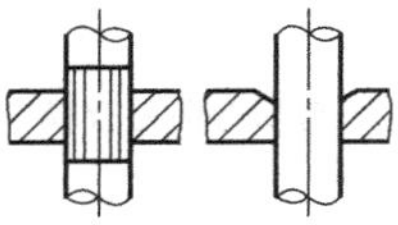	用压配合使一个或两个接合件发生变形，并将它们接合在一起		
	42		铆接	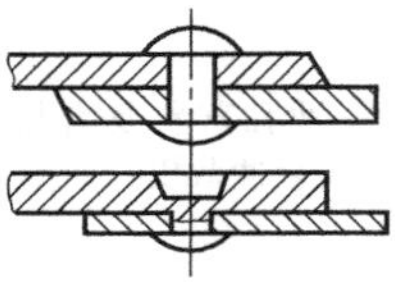	将两块或几块板、零件用铆钉或由接合材料冲挤成铆钉形状来接合		
	43		冷塑焊接	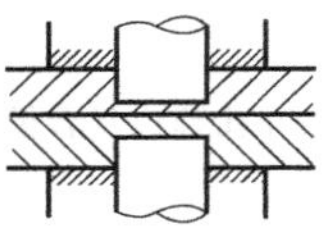	将两块板或零件用凸模冲挤，由于晶体间的结合力使其连接在一起		

续表

工序	序号	组别	变形方式	变形过程简图	工作性质与特征	所用模具名称	模具结构简图
Ⅳ 装配工序	44	其他冲压	锁接（扣接）		将两块板或零件用弯边法锁接在一起		
	45		翻边		将两个或几个零件用弯缘法结合在一起		
	46		缩径和扩径		将两个零件用外件缩径或内件扩径的方法结合在一起		
	47		缝舌弯曲结合		将一个零件的舌插到另一个零件的缝内，并弯曲使之结合		

1.2 冲模术语

标准（GB/T 8845—2006）规定了基本类型的冲模、冲模通用零部件、圆凸模、圆凹模的结构要素以及冲模设计中用到的一些主要术语和定义，见表1-5。

表1-5 冲模术语（GB/T 8845—2006）（部分）

标准条目编号	术语（英文）	定 义	标准条目编号	术语（英文）	定 义
2.1	冲模 stamping die	通过加压将金属、非金属板料或型材分离、成形或接合而获得制件的工艺装备	2.2.9	切断模 cut-off die	将板料沿不封闭轮廓分离的冲裁模
2.2	冲裁模 blanking die	分离出所需形状与尺寸制件的冲模	2.3	弯曲模 bending die	将制件弯曲成一定角度和形状的冲模
2.2.1	落料模 blanking die	分离出带封闭轮廓制件的冲裁模	2.3.1	预弯模 pre-bending die	预先将坯料弯曲成一定形状的弯曲模
2.2.2	冲孔模 piercing die	沿封闭轮廓分离废料而形成带孔制件的冲裁模	2.3.2	卷边模 curling die	将制件边缘卷曲成接近封闭圆筒的冲模
2.2.3	修边模 trimming die	切去制件边缘多余材料的冲裁模	2.3.3	扭曲模 twisting die	将制件扭转成一定角度和形状的冲模
2.2.4	切口模 notching die	沿不封闭轮廓冲切出制件边缘切口的冲裁模	2.4	拉深模 drawing die	把制件拉压成空心体，或进一步改变空心体形状和尺寸的冲模
2.2.5	切舌模 lancing die	沿不封闭轮廓将部分板料切开并使其折弯的冲裁模	2.4.1	反拉深模 reverse redrawing die	把空心体制件内壁外翻的拉深模
2.2.6	剖切模 parting die	沿不封闭轮廓冲切分离出两个或多个制件的冲裁模	2.4.2	正拉深模 obverse redrawing die	完成与前次拉深相同方向的再拉深工序的拉深模
2.2.7	整修模 shaving die	沿制件被冲裁外缘或内孔修切掉少量材料，以提高制件尺寸精度和降低冲裁截面表面粗糙度值的冲裁模	2.4.3	变薄拉深模 ironing die	把空心制件拉压成侧壁厚度更小的薄壁制件的拉深模
			2.5	成形模 forming die	使板料产生局部塑性变形，按凸、凹模形状直接复制成形的冲模
2.2.8	精冲模 fineblanking die	使板料处于三向受压状态下冲裁，可冲制出冲裁截面光洁、尺寸精度高的制件的冲裁模	2.5.1	胀形模 bulging die	使空心制件内部在双向拉应力作用下产生塑性变形，以获得凸肚形制件的成形模

标准条目编号	术语（英文）	定 义	标准条目编号	术语（英文）	定 义
2.5.2	压肋模 stretching die	在制件上压出凸包或肋的成形模	2.18	多功能模 multifunction die	具有自动冲切、叠压、铆合、计数、分组、扭斜和安全保护等多种功能的冲模
2.5.3	翻边模 flanging die	使制件的边缘翻起呈竖立或一定角度直边的成形模	2.19	简易模 low-cost die	结构简单、制造周期短、成本低，适于小批量生产或试制生产的冲模
2.5.4	翻孔模 burring die	使制件的孔边缘翻起呈竖立或一定角度直边的成形模	2.19.1	橡胶冲模 rubber die	工作零件采用橡胶制成的简易模
2.5.5	缩口模 necking die	使空心或管状制件端部的径向尺寸缩小的成形模	2.19.2	钢带模 steel strip die	采用淬硬的钢带制成刃口，嵌入用层压板、低熔点合金或塑料等制成的模体中的简易模
2.5.6	扩口模 flaring die	使空心或管状制件端部的径向尺寸扩大的成形模	2.19.3	低熔点合金模 low-melting-point alloy die	工作零件采用低熔点合金制成的简易模
2.5.7	整形模 restriking die	校正制件呈准确形状与尺寸的成形模	2.19.4	锌基合金模 zinc-alloy based die	工作零件采用锌基合金制成的简易模
2.5.8	压印模 printing die	在制件上压出各种花纹、文字和商标等印记的成形模	2.19.5	薄板模 laminate die	凹模、固定板和卸料板均采用薄钢板制成的简易模
2.6	复合模 compound die	压力机的一次行程中，同时完成两道或两道以上冲压工序的单工位冲模	2.19.6	夹板模 template die	由一端连接的两块钢板制成的简易模
2.6.1	正装复合模 obverse compound die	凹模和凸模装在下模，凸凹模装在上模的复合模	2.20	校平模 planishing die	用于完成平面校正或校平的冲模
2.6.2	倒装复合模 inverse compound die	凹模和凸模装在上模，凸凹模装在下模的复合模	2.21	齿形校平模 roughened planishing die	上模、下模为带齿平面的校平模
2.7	级进模 progressive die	压力机的一次行程中，在送料方向连续排列的多个工位上同时完成多道冲压工序的冲模	2.22	硬质合金模 carbide die	工作零件采用硬质合金制成的冲模
2.8	单工序模 single-operation die	压力机的一次行程中，只完成一道冲压工序的冲模	3.1	上模 upper die	安装在压力机滑块上的模具部分
2.9	无导向模 open die	上、下模之间不设导向装置的冲模	3.2	下模 lower die	安装在压力机工作台面上的模具部分
2.10	导板模 guide plate die	上、下模之间由导板导向的冲模	3.3	模架 die set	上、下模座与导向件的组合体
2.11	导柱模 guide pillar die	上、下模之间由导柱、导套导向的冲模	3.3.1	通用模架 universal die set	通常指应用量大面广，已形成标准化的模架
2.12	通用模 universal die	通过调整，在一定范围内可完成不同制件的同类冲压工序的冲模	3.3.2	快换模架 quick change die set	通过快速更换凸、凹模和定位零件，以完成不同冲压工序和冲制多种制件，并对需求作出快速响应的模架
2.13	自动模 automatic die	送料、取出制件及排除废料完全自动化的冲模	3.3.3	后侧导柱模架 back-pillar die set	导向件安装于上、下模座后侧的模架
2.14	组合冲模 combined die	通过模具零件的拆装组合，以完成不同冲压工序或冲制不同制件的冲模	3.3.4	对角导柱模架 diagonal-pillar die set	导向件安装于上、下模座对角点上的模架
2.15	传递模 transfer die	多工序冲压中，借助机械手实现制件传递，以完成多工序冲压的成套冲模	3.3.5	中间导柱模架 center-pillar die set	导向件安装于上、下模座左右对称点上的模架
2.16	镶块模 insert die	工作主体或刃口由多个零件拼合而成的冲模	3.3.6	精冲模架 fine blanking die set	刚性好、导向精度高的模架，适用于精冲
2.17	柔性模 flexible die	通过对各工位状态的控制，以生产多种规格制件的冲模	3.3.7	滑动导向模架 sliding guide die set	上、下模采用滑动导向件导向的模架

标准条目编号	术语（英文）	定　义	标准条目编号	术语（英文）	定　义
3.3.8	滚动导向模架 ball-bearing die set	上、下模采用滚动导向件导向的模架	3.5.12	限位柱 limit post	限制冲压行程的柱状零件
3.3.9	弹压导板模架 die set with spring guide plate	上、下模采用带有弹压装置导板导向的模架	3.6	压料、卸料、送料零件 components for clamping, stripping and feeding	压住板料和卸下或推出制件与废料的零件
3.4	工作零件 working component	直接对板料进行冲压加工的零件			
3.4.1	凸模 punch	一般冲压加工制件内孔或内表面的工作零件	3.6.1	卸料板 stripper plate	从凸模或凸凹模上卸下制件与废料的板状零件
3.4.2	定距侧刃 pitch punch	级进模中，为确定板料的送进步距，在其侧边冲切出一定形状缺口的工作零件	3.6.1.1	固定卸料板 fixed stripper plate	固定在冲模上位置不动，有时兼具凸模导向作用的卸料板
3.4.3	凹模 die	一般冲压加工制件外形或外表面的工作零件	3.6.1.2	弹性卸料板 spring stripper plate	借助弹性零件起卸料、压料作用，有时兼具保护凸模和对凸模起导向作用的卸料板
3.4.4	凸凹模 main punch	同时具有凸模和凹模作用的工作零件	3.6.2	推件块 ejector block	从上凹模中推出制件或废料的块状零件
3.4.5	镶件 insert	分离制造并镶嵌在主体上的局部工作零件	3.6.3	顶件块 kicker block	从下凹模中顶出制件或废料的块状零件
3.4.6	拼块 section	分离制造并镶拼成凹模或凸模的工作零件	3.6.4	顶杆 kicker pin	直接或间接向上顶出制件或废料的杆状零件
3.4.7	软模 soft die	由液体、气体、橡胶等柔性物质构成的凸模或凹模	3.6.5	推板 ejector plate	在打杆与连接推杆间传递推力的板状零件
3.5	定位零件 locating component	确定板料、制件或模具零件在冲模中正确位置的零件	3.6.6	推杆 ejector pin	向下推出制件或废料的杆状零件
3.5.1	定位销 locating pin	确定板料或制件正确位置的圆柱形零件	3.6.7	连接推杆 ejector tie rod	连接推板与推件块并传递推力的杆状零件
3.5.2	定位板 locating plate	确定板料或制件正确位置的板状零件．	3.6.8	打杆 knock-out pin	穿过模柄孔，把压力机滑块上打杆横梁的力传给推板的杆状零件
3.5.3	挡料销 stop pin	确定板料送进距离的圆柱形零件	3.6.9	卸料螺钉 stripper bolt	连接卸料板并调节卸料板卸料行程的杆状零件
3.5.4	始用挡料销 finger stop pin	确定板料进给起始位置的圆柱形零件	3.6.10	拉杆 tie rod	固定于上模座并向托板传递卸料力的杆状零件
3.5.5	导正销 pilot pin	与导正孔配合，确定制件正确位置和消除送料误差的圆柱形零件	3.6.11	托杆 cushion pin	连接托板并向压料板、压边圈或卸料板传递力的杆状零件
3.5.6	抬料销 lifter pin	具有抬料作用，有时兼具板料送进导向作用的圆柱形零件	3.6.12	托板 support plate	装于下模座并将弹顶器或拉杆的力传递给顶杆和托杆的板状零件
3.5.7	导料板 stock guide rail	确定板料送进方向的板状零件	3.6.13	废料切断刀 scrap cutter	冲压过程中切断废料的零件
3.5.8	侧刃挡块 stop block for ptch punch	承受板料对定距侧刃的侧压力，并起挡料作用的板块状零件	3.6.14	弹顶器 cushion	向压边圈或顶件块传递顶出力的装置
3.5.9	止退键 stop key	支撑受侧向力的凸、凹模的块状零件	3.6.15	承料板 stock-supporting plate	对进入模具之前的板料起支承作用的板状零件
3.5.10	侧压板 side-push plate	消除板料与导料板侧面间隙的板状零件	3.6.16	压料板 pressure plate	把板料压贴在凸模或凹模上的板状零件
3.5.11	限位块 limit block	限制冲压行程的块状零件	3.6.17	压边圈 blank holder	拉深模或成形模中，为调节材料流动阻力，防止起皱而压紧板料边缘的零件

标准条目编号	术语（英文）	定　义	标准条目编号	术语（英文）	定　义
3.6.18	齿圈压板 vee-ring plate	精冲模中,为形成很强的三向压应力状态,防止板料自冲切层滑动和冲裁表面出现撕裂现象而采用的齿形强力压圈零件	3.8.4	凹模固定板 die plate	用于安装和固定凹模的板状零件
3.6.19	推件板 slide feed plate	将制件推入下一工位的板状零件	3.8.5	预应力圈 shrinking ring	为提高凹模强度,在其外部与之过盈配合的圆套形零件
3.6.20	自动送料装置 automatic feeder	将板料连续定距送进的装置	3.8.6	垫板 bolster plate	设在凸、凹模与模座间,承受和分散冲压负荷的板状零件
3.7	导向零件 guide component	保证运动导向和确定上、下模相对位置的零件	3.8.7	模柄 die shank	使模具与压力机的中心线重合,并把上模固定在压力机滑块上的连接零件
3.7.1	导柱 guide pillar	与导套配合,保证运动导向和确定上、下模相对位置的圆柱形零件	3.8.8	浮动模柄 self-centering shank	可自动定心的模柄
3.7.2	导套 guide bush	与导柱配合,保证运动导向和确定上、下模相对位置的圆套形零件	3.8.9	斜楔 cam driver	通过斜面变换运动方向的零件
3.7.3	滚珠导柱 ball-bearing guide pillar	通过钢球保持圈与滚珠导套配合,保证运动导向和确定上、下模相对位置的圆柱形零件	4.1	模具间隙 clearance	凸模与凹模之间缝隙的间距
3.7.4	滚珠导套 ball-bearing guide bush	与滚珠导柱配合,保证运动导向和确定上、下模相对位置的圆套形零件	4.2	模具闭合高度 die shut height	模具在工作位置下极点时,下模座下平面与上模座上平面之间的距离
3.7.5	钢球保持圈 cage	保持钢球均匀排列,实现滚珠导柱与导套滚动配合的圆套形组件口	4.3	压力机最大闭合高度 press maximum shut height	压力机闭合高度调节机构处于上极限位置和滑块处于下极点时,滑块下表面至工作台上表面之间的距离
3.7.6	止动件 retainer	将钢球保持圈限制在导柱上或导套内的限位零件	4.4	压力机闭合高度调节量 adjustable distance of press shut height	压力机闭合高度调节机构允许的调节距离
3.7.7	导板 guide plate	为导正上、下模各零部件间相对位置而采用的淬硬或嵌有润滑材料的板状零件	4.5	冲模寿命 die life	冲模从开始使用到报废所能加工的制件总数
3.7.8	滑块 slide block	在斜楔的作用下沿变换后的运动方向作往复滑动的零件	4.6	压力中心 load center	冲压合力的作用点
3.7.9	耐磨板 wear plate	镶嵌在某些运动零件导滑面上的淬硬或嵌有润滑材料的板状零件	4.7	冲模中心 die center	冲模的几何中心
			4.8	冲压方向 direction	冲压力作用的方向
3.7.10	凸模保护套 punch-protecting bushing	小孔冲裁时,用于保护细长凸模的衬套零件	4.9	送料方向 feed direction	板料送进模具的方向
3.8	固定零件 retaining component	将凸模、凹模固定于上、下模,以及将上、下模固定在压力机上的零件	4.10	排样 blank layout	制件或毛坯在板料上的排列与设置
			4.11	搭边 web	排样时,制件与制件之间或制件与板料边缘之间的工艺余料
3.8.1	上模座 punch holder	用于装配与支承上模所有零部件的模架零件	4.12	步距 feed pitch	级进模中,被加工的板料或制件每道工序在送料方向移动的距离
3.8.2	下模座 die holder	用于装配和支承下模所有零部件的模架零件	4.13	切边余量 trimming allowance	拉深或成形后制件边缘需切除的多余材料的宽度
3.8.3	凸模固定扳 punch plate	用于安装和固定凸模的板状零件	4.14	毛刺 burr	在制件冲裁截面边缘产生的竖立尖状凸起物

标准条目编号	术语(英文)	定　义	标准条目编号	术语(英文)	定　义
4.15	塌角 die roll	在制件冲裁截面边缘产生的微圆角	4.34	拉深系数 drawing coefficient	拉深制件的直径与其毛坯直径之比值
4.16	光亮带 smooth cut zone	制件冲裁截面的光亮部分	4.35	拉深比 drawing ratio	拉深系数的倒数
4.17	冲裁力 blanking force	冲裁时所需的压力	4.36	拉深次数 drawing number	受极限拉深系数的限制,制件拉深成形所需的次数
4.18	弯曲力 bending force	弯曲时所需的压力	4.37	缩口系数 necking coefficient	缩口制件的管口缩径后与缩径前直径之比值
4.19	拉深力 drawing force	拉深时所需的压力	4.38	扩口系数 flaring coefficient	扩口制件管口扩径后的最大直径与扩径前直径之比值
4.20	卸料力 stripping force	从凸模或凸凹模上将制件或废料卸下来所需的力	4.39	胀形系数 bulging coefficien	筒形制件胀形后的最大直径与胀形前直径之比值
4.21	堆件力 ejecting force	从凹模内顺冲裁方向将制件或废料推出所需的力	4.40	胀形深度 stretching height	板料局部胀形的深度
4.22	顶件力 kicking force	从凹模内逆冲裁方向将制件顶出所需的力	4.41	翻孔系数 burring coefficient	翻孔制件翻孔前、后孔径之比值
4.23	压料力 pressure plate force	压料板作用于板料的力	4.42	扩孔率 expanding ratio	扩孔前、后孔径之差与扩孔前孔径之比值
4.24	压边力 blank holder force	压边圈作用于板料边缘的力	4.43	最小冲孔直径 minimum diameter for piercing	一定厚度的某种板料所能冲压加工的最小孔直径
4.25	毛坯 blank	前道工序完成需后续工序进一步加工的制件	4.44	转角半径 radius	盒形制件横截面上的圆角半径
4.26	中性层 neutral line	弯曲变形区内切向应力为零或切向应变为零的金属层	4.45	相对转角半径 relative radius	盒形制件转角半径与其宽度之比值
4.27	弯曲角 bending angle	制件被弯曲加工的角度,即弯曲后制件直边夹角的补角	4.46	相对高度 relative height	盒形制件高度与宽度之比值
4.28	弯曲线 bending line	板料产生弯曲变形时相应的直线或曲线	4.47	相对厚度 relative thickness	毛坯厚度与其直径之比值
4.29	回弹 spring back	弯曲和成形加工中,制件在去除载荷并离开模具后产生的弹性回复现象	4.48	成形极限图 forming limit diagram	板料在外力作用下发生塑性变形,其极限应变值所构成的曲线图
4.30	弯曲半径 bending radius	弯曲制件内侧的曲率半径	5.1	圆凸模 round punch	圆柱形的凸模
4.31	相对弯曲半径 relative bending radius	弯曲制件的曲率半径与板料厚度的比值			
4.32	最小弯曲半径 minimum bending radius	弯曲时板料最外层纤维濒于拉裂时的曲率半径			
4.33	展开长度 blank length of a bend	弯曲制件直线部分与弯曲部分中性层长度之和			

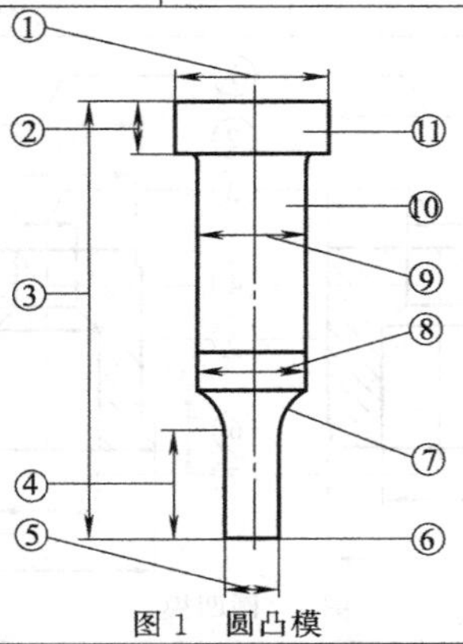

图 1　圆凸模

标准条目编号	术语（英文）	定 义	标准条目编号	术语（英文）	定 义
5.1.1	头部 punch head	凸模上比杆直径大的圆柱体部分（见图1中⑪）	5.2.1	头部 die head	凹模上比模体直径大的圆柱体部分（见图2中⑨）
5.1.2	头部直径 punch head diameter	凸模圆柱头或圆锥头的最大直径（见图1中①）	5.2.2	头部直径 die head diameter	凹模的头部直径（见图2中⑧）
5.1.3	头厚 punch head thickness	凸模头部的厚度（见图1中②）	5.2.3	头厚 die head thickness	凹模的头部厚度（见图2中⑥）
5.1.4	刃口 point	直接对板料进行冲切加工，使其达到所需形状和尺寸的凸模工作段（见图1中⑥）	5.2.4	刃口 die point	与凸模工作段配合对板料进行冲切加工，使其达到所需形状和尺寸的工作段（见图2中④）
5.1.5	刃口直径 point diameter	凸模的刃口端直径（见图1中⑤）	5.2.5	刃口直径 hole diameter	凹模的工作孔直径（见图2中③）
5.1.6	刃口长度 point length	凸模工作段长度（见图1中④）			
5.1.7	杆 shank	凸模与固定板相应孔配合的圆柱体部分（见图1中⑩）	5.2.6	刃口长度 land length	凹模工作段长度（见图2中⑫）
5.1.8	杆直径 shank diameter	与凸模固定板相应孔配合的杆部直径（见图1中⑨）	5.2.7	刃口斜度 cutting edge angle	锥形凹模的刃口斜角值
5.1.9	引导直径 leading diameter	为便于凸模正确压入固定板而在杆压入端设计的一段圆柱直径（见图1中⑧）	5.2.8	模体 die body	凹模与固定板相应孔配合的圆柱体部分（见图2中⑤）
5.1.10	过渡半径 radius blend	连接刃口直径和杆直径的圆弧半径（见图1中⑦）	5.2.9	凹模外径 die body diameter	凹模的模体直径（见图2中①）
5.1.11	凸模圆角半径 punch radius	成形模中凸模工作端面向侧面过渡的圆角半径	5.2.10	引导直径 leading diameter	为便于凹模正确压入固定板，在模体压入端设计的一段圆柱直径（见图2中②）
5.1.12	凸模总长 punch overall length	凸模的全部长度（见图1中③）	5.2.11	凹模圆角半径 die radius	成形模中凹模工作端面向内侧面过渡的圆角半径
5.2	圆凹模 round die	圆柱形的凹模	5.2.12	凹模总长 die overall length	凹模的全部长度（见图2中⑪）
			5.2.13	排料孔 relief hole	凹模及相接的模具零件上使废料排出的孔（见图2中⑩）
			5.2.14	排料孔直径 relief hole diameter	直排料孔的直径与斜排料孔的最大直径（见图2中⑦）

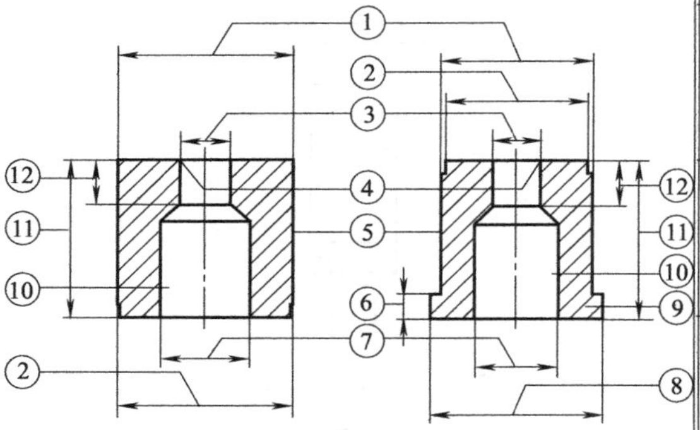

图 2　圆凹模

1.3　冲模设计步骤

1.3.1　冲模设计应具备的资料

① 制件（冲压件）的图样及技术要求。

② 制件的冲压工艺卡和生产批量。

③ 可供选用压力机的型号和规格，特别是与模具安装及力能等有关的技术参数。

④ 有关技术标准，如材料标准、公差与极限标准、模具标准件、机械制图标准等。

⑤ 有关技术资料，如冲压模具设计实用手册和模具结构图册、典型结构资料、行业或企业规定的指导性模具技术资料等。

1.3.2　冲模设计的基本要求

冲模是冲压生产中必不可少的工艺装备，其模具结构与性能必须满足生产和使用要求，具体要求如下。

① 所设计的冲模必须能保证冲出合格的制件。为此，模具工作部分的精度要求一般要比制件的精度高 2～3 级。

② 必须能适应批量生产要求。

③ 模具结构简单，安装牢固，操作方便，工作安全，性能绝对可靠。

④ 坚固耐用，使用寿命长。

⑤ 容易制造，维修方便。

⑥ 模具成本低。

1.3.3　冲模设计的一般步骤

冲模设计实质上是完成制件冲压工艺方案最后认定和冲模结构设计两个任务。冲模设计一般步骤没有固定规定，但涉及的内容和先后顺序大多按如下流程进行，即：制件的工艺分析→确定合理的冲压工艺方案→确定模具结构形式→进行必要的工艺计算→模具总体设计→冲压设备选择→模具图样设计（绘制模具总图、绘制模具零件图、编制相关技术文件、校核）。

(1) 制件工艺分析

根据相关资料分析制件的冲压工艺可行性，对制件进行工艺审核及标准化检查。这是首要环节，这一环节通过了才可以进行下面的步骤。

① 根据所提供的制件图样，分析冲件的形状、尺寸、精度、断面质量、装配关系等要求，是否适合采用冲压加工，关键形状和尺寸、大小和位置等，加工难点有无，分析并确定制件的基准面。

② 根据制件的冲压工艺卡（一般由冲压工艺师提供，也有让模具设计师确定而得），由此可研究其前后工序间的相互关系和在各工序间必须相互保证的加工工艺要求及装配关系等，同时根据工艺卡规定的工艺方案确定模具数量和类型。

③ 根据制件的生产批量，确定模具的结构形式和选用材料。

④ 了解制件材料是否符合冲压工艺要求，决定采用条料、板料、卷料或边角废料等。了解材料的性质和厚度，根据制件的工艺性确定是否采用少无废料排样，并初步确定材料的规格和精度要求。

⑤ 了解冲压车间或用户提供的冲压设备情况。

⑥ 分析模具制造部门现有的制造水平和装备条件以及可以采用的模具标准零部件情况，为模具结构提供依据。

(2) 确定合理的冲压工艺方案

工艺方案的确定是制件工艺性分析之后应进行的一个重要环节。它包括如下内容。

① 根据对制件所作的工艺分析，确定基本工序性质，如落料、冲孔、弯曲等。列出冲压所需的全部工序单，一般情况可以直接从制件图样要求确定。

② 根据工艺计算确定工序数目。如拉深次数。弯曲件、冲裁件根据其形状、尺寸精度要求等。确定一次或几次加工。

③ 根据各工序的变形特点、尺寸精度要求及操作的方便性等要求，确定工序排列的先后顺序。如采用先冲孔后弯曲还是先弯曲后冲孔等。

④ 根据制件的生产批量和条件（如材料、设备能力、冲件尺寸大小与精度等因素）确定工序组合，如采用复合冲压工序。级进模连续冲压工序等。

(3) 确定模具结构形式

当工序的性质、顺序及工序的组合确定后，即确定了冲压工艺方案，此时也确定了各工序的模具结构形式。

通常，厚料、小批量、大尺寸、低精度的制件，宜采用单工序生产，选用简单模；薄料、小尺寸、大批量生产的冲压件，宜用级进模进行连续生产；而几何公差要求高的制件，则宜采用复合模进行冲压（有关模具结构形式的选择本章后面还有介绍）。

(4) 进行必要的工艺计算

① 计算毛坯尺寸，以便在最经济的原则下设计材料的排样。计算出材料的利用率。

② 计算冲压力（包括冲裁力、弯曲力、拉深力、卸料力、推件力、压边力等）。必要时还需计算冲压功和功率，以便确定压力机（型号、规格）。

③ 计算模具压力中心，以免模具受偏心负荷而影响模具的使用寿命。

④ 计算或估算模具各主要零件（凸模、凹模、凸模固定板、垫板等）的外形尺寸以及弹性元件的自由高度。

⑤ 确定凸、凹模的间隙，计算凸、凹模工作部分尺寸。

⑥ 对于拉深工序，需要确定拉深方式，如用不用压边圈、拉深次数、各中间工序模具尺寸的分配以及半成品尺寸计算等。

对于如带料的连续拉深，则需进行专门的工艺计算。

(5) 模具总体设计

在上述分析计算的基础上，即可进行模具总体设计。一般只需勾画出草图即可，并初步算出模具闭合高度，概略地定出模具外形尺寸。然后，可考虑对模具零部件结构的设计，主要有如下内容。

① 工作部分零件，如凸模、凹模及凸凹模的结构形式是整体、组合还是镶拼的，以及固定形式的确定。

② 定位零件。如采用定位板、挡料销或导正销等，对于级进模还要考虑是否用始用挡料销、导正销和定距凸模（侧刃）等。

③ 卸料和推件装置。卸料常用刚性和弹性两种形式。刚性卸料通常采用固定卸料板结构形式，弹性卸料通常采用橡皮或弹簧作为弹性元件。弹簧或橡皮的选用需经计算确定其规格。

④ 导向零件。包括是否需要采用导向零件，采用何种形式的导向零件，设计中常用的有

滑动导柱导套导向与滚动导柱导套导向两种。不管采用任意一种形式的导向时，导柱的直径和长度均需确定。

⑤ 模架种类和规格的确定。此外还有模柄以及各种紧固件等选用。

(6) 选择压力机

压力机的选择是模具设计的一项重要内容。根据现有设备情况以及要完成的冲压工序性质、冲压加工所需的变形力、变形功及模具闭合高度和模具外形尺寸等主要因素，选用压力机型号、规格。选用压力机时必须满足如下要求。

① 压力机的公称压力 $P_压$ 必须大于冲压计算的总压力 $P_总$，即 $P_压 > P_总$。

② 压力机的装模高度必须符合模具闭合高度的要求，即模具的闭合高度应在压力机的最大闭合高度和最小闭合高度之间。当多副模具安装在同一台压力机上时，多副模具应有同一个闭合高度。

③ 压力机的滑块行程必须满足制件的成形要求。拉深时为了便于放料和取料，其选用行程必须大于拉深件高度的 2～2.5 倍。

④ 为了便于安装模具，压力机的工作台面尺寸应大于模具下模座底面尺寸，一般每边大50～70mm，台面上的孔应保证制件或废料落下通畅。

(7) 模具图样设计

模具图样设计主要包括：绘制排样图、模具总图（装配图）、绘制模具非标准零件图、填写零件明细表、编制相应技术文件，对绘制的图样进行校核等。有关模具图样设计的一些要求和绘制方法详见本书 1.7 节中介绍。

冲模设计工作是否告一段落，常常以能否提供整套技术图样作为依据。

1.4　冲模结构形式的选用

冲压工艺方案确定之后，选定冲模结构形式非常重要，因为模具结构的好坏，直接关系到冲压过程的生产率、制件的生产成本、制件的尺寸精度和模具的使用寿命等。因此，冲模结构形式的合理、优化选用，必须综合冲压件的生产批量、尺寸大小、精度要求、形状复杂程度和生产条件等多方面因素考虑。

1.4.1　根据制件的生产批量选用

简易模具，一般加工容易，成本低，寿命短；而复杂模具，一般加工较难，成本高，寿命长。因此，当冲件数量少时，采用简易模有利，反之应采用寿命较长的模具结构。表 1-6 为冲压生产批量与模具结构选用、生产方式的关系。

表 1-6　冲压生产批量与模具结构选用、生产方式的关系

项目	生产批量/千件				
	单件	小批	中批	大批	大量
大件（>500mm）	<0.3	1～2	2～20	20～300	>300
中件（250～500mm）	<0.5	≈5	5～50	50～1000	>1000
小件（<250mm）	<1	≈10	10～100	100～5000	>5000
推荐选用模具结构形式	简易模、组合冲模	简单模、单工序模、组合冲模、寿命较高的简易模，敞开式结构采用较多	单工序冲模、工位不多的级进模、复合模	复合模、多工位级进模、多工位传递式模具	硬质合金模具，高精度、长寿命的多工位级进模，多工位传递模，自动化冲压模

续表

项目	生产批量/千件				
	单件	小批	中批	大批	大量
生产方式	条料或单个毛坯的手工送料。当件数特别少时，采用线切割等加工而成	条料或带料，手工送料	条料、带料或板料的半自动化送料、手工连续送料	带料、卷料自动或半自动化送料，压力机或模具有自动检测保护装置	用卷料，经开卷矫平、过油等全自动控制进行自动化冲压生产或由多台压力机组成，机械手传送多机联动的专用生产线冲压生产
选用压力机	通用压力机	通用压力机	自动、半自动通用压力机	带送料装置的自动高速压力机，多机联动专用生产线，自动弯曲机	专用压力机与自动机

1.4.2　根据制件的精度要求选用

　　制件的尺寸精度及断面质量要求较高，应采用精密冲模结构。对于一般精度要求的制件，可以采用普通冲模。复合模冲出的制件精度高于级进模，而级进模冲出的制件又高于单工序简单模。这是因为用简单模加工多工序的冲压件时，要经过多次定位和变形，产生的累积误差大，所以制件的精度低。用级进模冲压生产时，虽难免也会出现送料与定位误差，但可以通过多个导正销精密导正，从而得到很高的定位精度。复合模是在冲模的同一位置一次冲出制件，不存在定位误差，故其冲压精度一般很高。因此，对于精度要求较高的制件，应优先考虑采用复合模。不同冲裁方法的冲件质量近似比较见表1-7。

表 1-7　不同冲裁方法的冲件质量近似比较

项目	冲裁方法					
	级进冲裁	复合冲裁	整修	负间隙冲裁	对向冲裁	精冲
公差等级	IT13～IT10	IT11～IT8	IT7～IT6	IT11～IT8	IT10～IT7	IT8～IT6
表面粗糙度 $Ra/\mu m$	25～6.5	12.5～3.2	0.8	0.8～0.4	0.8～0.4	1.6～0.4
毛刺高度/mm	<0.15	<0.1	无	小	无	微
平面度	较差	较高	高	较差	高	高

　　不同结构形式冲模冲裁可能达到的精度见表1-8。

表 1-8　不同结构形式冲模冲裁可能达到的精度　　　　　　　　　　　mm

序号	冲模结构形式	冲裁件料厚 t	可能达到精度			
			小批量生产		大批量生产	
			落料	冲孔	落料	冲孔
1	无导向装置落料模、冲孔模	>0.20～1.0	±0.10	±0.10	±0.20	-0.20
		>1.0～2.0	±0.15	±0.15	±0.30	-0.30
		>2.0～4.0	±0.20	±0.20	±0.50	-0.50
2	固定卸料板式落料模、冲孔模	>0.20～1.0	±0.080	±0.040	±0.15	-0.10
		>1.0～2.0	±0.10	±0.060	±0.25	-0.15
		>2.0～4.0	±0.15	±0.080	±0.40	-0.25
3	带导柱模架固定卸料冲孔模、落料模	>0.20～1.0	±0.060	±0.04	±0.12	-0.08
		>1.0～2.0	±0.080	±0.05	±0.20	-0.12
		>2.0～4.0	±0.12	±0.08	±0.35	-0.20
4	固定卸料板式冲孔、落料级进模	>0.20～1.0	±0.10	±0.10	±0.20	-0.10
		>1.0～2.0	±0.12	±0.12	±0.25	-0.15
		>2.0～4.0	±0.20	±0.20	±0.40	-0.25

序号	冲模结构形式	冲裁件料厚 t	可能达到精度			
			小批量生产		大批量生产	
			落料	冲孔	落料	冲孔
5	弹压卸料板式冲孔、落料级进模	>0.20~1.0	±0.01	±0.008	±0.015	−0.010
		>1.0~2.0	±0.015	±0.012	±0.020	−0.015
		>2.0~4.0	±0.030	±0.015	±0.035	−0.020
6	复合冲裁模	>0.20~1.0	±0.030	±0.030	±0.050	−0.050
		>1.0~2.0	±0.060	±0.060	±0.080	−0.080
		>2.0~4.0	±0.080	±0.080	±0.10	−0.10

注：表列为常规统计的平均精度数据。

1.4.3 根据制件的形状大小和复杂程度选用

一般情况下大型制件，为便于制造模具并简化模具结构，采用简单模；小型制件，且形状较为复杂，为便于冲压生产，常用复合模或级进模。像半导体晶体管外壳之类产量很大，而外形尺寸又很小的筒形件，应采用连续拉深的硬质合金级进模比较适宜。

1.4.4 根据生产部门的现有设备情况选用

如拉深加工在有双动压力机的情况下，选用双动冲模结构比选用单动冲模结构好得多。电子产品中的一些接插件，在一般的压力机上生产，不仅需要多套模具，而且效率很低，如在自动弯曲机上生产，则模具简单，生产效率高。

1.4.5 根据冲模能达到的使用寿命选用

不同结构形式的冲模，使用寿命差别很大。一副新制的冲模从正式投产使用至永久失效而报废，总共生产的合格件数，称为使用寿命，也叫总寿命，多的达千万件以上，甚至数亿件；少的则几万件，或更少。

国家标准《冲模技术条件》在其附录中规定了模具制造者应保证的冲裁模最低寿命，见表1-9。

表1-10为另一些不同类型模具的平均总寿命。表1-11为模具两次刃磨或修磨之间的平均寿命。

表 1-9 冲裁模寿命（摘自 GB/T 14662—2006）

冲裁模首次刃磨寿命/万冲次			
工作部分材料	冲模形式		
	单工序模	级进模	复合模
碳素工具钢	2	1.5	1
合金钢	2.5	2	1.5
硬质合金	40	30	20
冲裁模的总寿命/万冲次			
碳素工具钢	20	15	10
合金钢	50	40	30
硬质合金	1000		

注：首次刃磨寿命又称初始寿命，是指从新冲模开始使用至首次刃磨期间共冲制的件数。首次刃磨寿命是考核模具制造质量的重要指标。

表 1-10　不同类型模具的平均总寿命　　　　　　　　　　　　万冲次

模具形式	板料厚度 t/mm	模具工作部分材料	
		碳素工具钢	合金钢
有导向的落料模及倒装弹顶模	0.25～0.5	80～120	120～160
	＞0.5～1.0	60～80	80～120
	＞1.0～1.5	40～70	70～90
	＞1.5～2.0	40～60	60～80
	＞2.0～3.0	30～50	50～70
	＞3.0～6.0	25～40	40～50
冲孔模	＜4	20～30	30～45
简单弯曲模	＜3	90～120	140～180
复杂弯曲模	＜3	50～80	80～120
拉深模	＜3	120～160	180～240
成形模	＜3	40～70	70～100

注：1. 上述数据是指冲制软钢及中硬钢的情况。

2. 平均总寿命对冲裁模是指经 20～25 次修磨，成形模为经 2～3 次大修的情况。

3. 冲制软材料用表列的最大值，硬材料用最小值。

4. 无导柱的落料模按有导向的落料模的 70% 估算。

表 1-11　模具两次刃磨或修磨之间的平均寿命（平均单位寿命）　　　万冲次

制件材料	板料厚度 t/mm	模具形式		
		简单的	中等复杂的	复杂的
铝	＜1.5	4	3.5	3
	1.5～3	3	2.5	2
软钢（w_C＜0.3%）	＜1.5	3	2.5	2
	1.5～3	2.5	2	1.5
中硬钢（w_C=0.3%～0.5%）	＜1.5	2.5	2	1.5
	1.5～3	2	1.5	1

注：表列数据系采用合金钢模具时的概略情况。当采用硬质合金模具时，其平均寿命比表列的高 5～10 倍。

1.4.6　根据模具制造能力选用

在没有能力制造高水平模具时，应尽量设计切实可行的比较简单的模具结构；而在有先进高性能设备和技术力量的条件下，为了提高模具寿命和适应大量生产，则可选用较为复杂的精密冲模结构。

总之，冲模类型和结构形式的选用应从多方面考虑，经过全面分析和比较，尽可能使所选用的模具结构合理。

1.4.7　各种不同类型冲模选用比较

① 对于单工序模、复合模和级进模选用比较（见表 1-12）。

表 1-12　单工序模、复合模、级进模的选用比较

项目	单工序模		复合模	级进模
	无导向	有导向		
冲压件精度	低	较低	高,相当于IT8～IT11	较高,相当于IT10～IT13
生产率	低	较低	较高,一次冲压能完成两道以上冲压工序,但工序数不宜过多	高,一次冲压可完成多道冲压工序,其工序数不限
制件平整度	不平	一般	平整,不翘曲	不平,需要校平

续表

项目	单工序模		复合模	级进模
	无导向	有导向		
制件尺寸及料厚	不受限制	长达 300mm 厚达 6mm	长达 1000mm 厚达 0.05～3mm	长度＜250mm 厚达 0.2～6mm
材料要求	可用边角余料等任何材料	条料，要求不太严格	除条料外，小件可用边角余料，但生产率低	条料或卷料，要求有较高的尺寸精度，高速冲压级进模料宽要求比一般级进模要求更严
使用高速压力机冲压的可能性	只能单冲不能连冲	可连冲，速度不高	不宜用高速，不宜连续冲压	适用高速冲压，冲速高达 400 次/min 以上比较安全
生产安全性	不安全	手在冲模工作区不安全	手在冲模工作区不安全	比较安全
冲模制造难易程度	容易，制造周期短	导柱、导套的装配采用标准化后不难	制造较困难，要求有较高的制模技术	制造困难，模具的复杂程度更大，随工位的增多，制模技术要求高
模具成本	价格低	价格较低	价格较高	价格较高或很高（指多工位级进模）
冲模的安装、调控、试模与操作	麻烦	容易	安装调整比级进模更容易，操作简单，纯冲裁试模较简单	安装、调整技术要求高，难度大，自动化冲压操作简单

② 级进模、复合模、多工位传递模的选用特点对比（见表 1-13）。

③ 普通冲裁和精密冲裁的选用特点比较（见表 1-14）。

表 1-13　级进模、复合模、多工位传递模的选用特点对比

项目	级进模	复合模	多工位传递模
送科方式与完成工序方式	随带料、卷料送进。在压力机的一次行程内能完成多个工序	一次性切离。在压力机的一次行程内可同时完成两个以上的主要工序	切离后夹持送料。在多工位压力机上分部完成各工序
采用高速、自动压力机	可在行程次数为 600 次/min 或更高的高速压力机上工作	高速时出件困难，可能损坏弹簧缓冲机构。只能在单机上实现部分机械操作不推荐采用	冲压自动化程度高，可以实现无人操作 采用高速压力机则很困难
冲件的形状、尺寸及最大的尺寸范围	形状不受限制。允许料厚 0.1～6mm，进料×料宽＝250mm×250mm，最小凸模宽度为 0.2mm	形状受模具结构与强度的限制允许料厚为 0.05～4mm，最大直径可达 φ3000mm	受两个工位间中心距大小的限制，落料直径（或长度）为 1/2 机床中心距尺寸
冲件侧面和反面加工的可能性	困难	不能	可能
增加工位数	可能	有限度	可能
冲件质量	中、小件不平整（有弯曲），高质量件需校平	由于压料冲裁同时得到校平，制件平整（不弯曲），且有较好的剪切断面	冲裁件不平整（有弯曲）
冲件精度	中级和低级精度（IT10～IT14 级）。由模具结构、送料精度、材料情况等决定。可以提高精度和形位公差	一般为 IT8～IT11 级，高级和中级精度（IT6～IT9级）。冲件的形位公差可以达到很高的要求	中级和低级精度（IT10～IT14级）。由模具结构、送料精度、材料情况等决定。可以提高精度，但形位公差稍差
冲压工作的稳定性和模具工作的安全状态	工序分得愈合理，冲压工作的稳定性愈高 一般较稳定、安全	冲压的稳定性差，模具工作的安全性也稍差	冲压工作的稳定性好，模具很安全
适用性	适合于中、小零件大批量的生产	适合于冲件材料特别贵重、需要提高材料利用率、冲件产量很大的生产	适合于品种少、大批量、系列化复杂制件的生产

续表

项目	级进模	复合模	多工位传递模
最佳工序种类	冲裁、连续拉深小零件	冲裁、冲裁拉深	深拉深
复杂的弯曲工作	有限度的增加	不能	可能
翻转和变更冲压方向	不能	不能	可能
材料利用率	需较大的搭边	较高	一般较高
对材料宽度的要求	较严格	不严格	不严格
生产效率	工序间自动送料，可以自动排除冲件，生产效率高	冲件被顶到模具工作面上，必须用手工或机械排除，生产效率低	工序间具有自动送料、机械手传递坯料、自动排除冲件、废料吸除等，并有模具自动润滑。生产效率高
模具制造成本	与工位、工序数成正比例上升。冲裁简单形状零件比复合模低	中等 冲裁复杂形状零件比级进模低	较低
模具制造难易	制造困难，维修中等	制造和维修都较难	较容易 各工位模具可分别调整，也便于模具的维修和更换
模具材料	可用硬质合金	较难用硬质合金	可用硬质合金
模具寿命	较高	较低	最高

表 1-14 普通冲裁和精密冲裁的选用特点比较

项目	冲裁性质	
	普通冲裁	精密冲裁
分离机理	冲模上、下刃口挤入材料一定深度后，使材料分离 刃口附近的材料产生剪裂纹而破坏，并上、下刃口尚未重叠，材料分离已经完成	冲模上、下刃口挤入材料后并不产生剪裂纹破坏，而是以金属塑性变形的形式使材料被挤出而实现分离 上、下刃口重叠时才能完成分离过程
断面质量	断面由塑剪带和剪裂带等构成。塑剪带的表面粗糙度高，其断面与板平面相垂直，剪裂带表面粗糙，并有一定的斜度，其上下面的实际尺寸误差大于冲裁间隙	断面全部是塑剪带，断面的表面粗糙度低，切口断面的表面粗糙度一般可达 $Ra\,0.8\sim1.6\mu m$，剪切面的垂直度可达 $89°30'$
尺寸精度	相当于 IT11～IT12 级	IT6～IT9 级
冲孔孔距公差	±0.10mm	一般可达±$(0.01\sim0.05)$mm，料厚加大，公差绝对值增大
可冲最小孔径	$d\geqslant t$(t 为料厚)	$d\geqslant(0.4\sim0.6)t$，甚至更小
可冲最小窄带、窄槽宽度	$b\geqslant t$	$b\geqslant0.6t$，甚至更小
毛刺	材料破坏的初期，在尚未完成分离之前，已出现了毛刺。以后随模具的运动，毛刺在通过已被分离的剪裂带时产生了变形 毛刺大小并不和间隙成正比例的关系。普通冲裁件通常均有高度大于 0.05mm 的毛刺	毛刺在分离结束时出现。毛刺形成后已不与被分离的断面接触，故不再变形，基本保持原状 冲裁件的外形在贴近凸模一侧有一定高度的毛刺，毛刺高度和厚度与间隙有某种近似的正比例关系
塌角	有塌角，其值≥20%t	由于有齿圈及反压力，塌角比普通冲裁的要小。一般直线轮廓的塌角为 10%t，复杂形状剪切轮廓的塌角则比较大
表面平直度	板平面有明显的弯曲，一般都要经过校平后才能使用。具有弹性压料板的冲裁模冲出的工件则较好。平直度误差一般在 0.3mm/100mm 左右	比普通冲裁时的要好，一般为 0.02～0.015mm/100mm
冲裁间隙	冲裁间隙的功用在于建立剪切破坏时的应力状态。间隙值与材料及其厚度有关，一般可分为大间隙、较大间隙、中等间隙、较小间隙和小间隙等五种	所取的冲裁间隙值要有利于建立三向压应力状态，抑制断裂破坏的发生。因此，冲裁间隙值取得很小，但又要使所取的间隙顺利实现分离，并不致啃坏模具。材料及厚度对冲裁间隙值的影响很小

项目	冲 裁 性 质	
	普通冲裁	精密冲裁
冲模刃口	冲模刃口要尽量锋利,以便形成明显的不均匀变形和应力集中,促使材料产生剪裂纹而破坏	冲模刃口不一定要锋利,甚至反而要做出倒角或小圆弧,目的是为了形成三向压应力状态,增加静水压效应,以抑制材料的断裂破坏
被冲压的材料	没有特殊的要求。不过一般倾向于加工较硬的材料,以防止塌角和毛刺的产生,材料硬度以不影响模具重磨寿命为好	材料应具有良好的塑性。对于低塑性材料,常在精冲前采用软化处理,以提高其塑性

④ 为降低冲压成本、缩短生产周期,除了提高压力机的冲压速度以外,选用简易模具、通用模具及组合模具则是简便、有效的途径。尤其是对于样品试制及产量小、品种多、要求快出制件的部门更是如此。

各种简易冲模及其在冲压工艺中的应用比较见表1-15。

表 1-15　简易冲模及其在冲压工艺中的应用比较

模具名称	适用冲压工艺	大致应用范围	技术、经济效果
薄板模	冲裁	板厚 $t \leqslant 3mm$,形状一般的中小型有色金属板件	用于电子、仪器、仪表等小批量板状零件,模具寿命小于1万件
厚板模	冲裁	与一般冲裁模应用范围相同	结构简单、成本低、模具寿命较长,大于1万件
钢带模	冲裁	$t \leqslant 6mm$ 的大中型非金属或软金属板	用于汽车、拖拉机所用的板件,模具寿命小于1万件
钢皮模(凹模厚度0.5~1mm)	冲裁	$t \leqslant 3mm$ 的黑色、有色金属及非金属板料	用于试制性或批量小的冲件,模具寿命小于1万件
夹板模	冲裁	$t \leqslant 3mm$ 的黑色、有色金属板料	用于汽车、飞机等大中型冲件,模具寿命小于1万件
组合冲模	冲裁、修边、弯曲、拉深	与常规模具应用范围相同。但冲件形状简单	用于试制性强的工厂及多品种、小批量生产的简单零件
聚氨酯橡皮模	冲裁、弯曲、成形、胀形、翻边、拉深	$t \leqslant 1.5mm$ 的小型冲件	用于电子、仪器、仪表等小批量的零件,模具寿命小于1万件
锌基、铋基低熔点合金模	冲裁、弯曲、成形、翻边、拉深	$t \leqslant 1mm$ 的大、中、小型的各种零件	模具寿命低于2千件,模具损坏后可溶解低熔点合金重复再用
喷焊刃口模	落料、冲孔	$t \leqslant 1mm$ 的大型零件	各行业均可适用,模具寿命小于1万件
超塑性材料冲模	冲裁	$t \leqslant 0.8mm$ 的大中型零件	模具寿命数千件,再使用时其模具性能下降

1.5　压力中心的确定

1.5.1　确定压力中心的目的

冲模的压力中心,就是冲裁力合力的作用点。确定冲模压力中心的目的,在于确定模柄的位置。压力中心必须与模柄轴线重合,或近似重合,否则冲裁时会产生偏心冲击,形成偏心载荷,使冲裁间隙产生波动,冲模刃口磨损不均,影响冲件质量和冲模寿命,另外,偏心冲击还会使冲模和冲压设备的导向部分造成不均匀磨损。确定压力中心,主要对复杂制件的落料模、多凸模冲孔模以及多工位级进模有意义。因为对于形状简单而对称的冲裁件,如圆形、方形、矩形、正多边形等,其冲裁时压力中心就是冲裁件的几何中心。

1.5.2　确定压力中心的方法

圆弧的压力中心，如图 1-1 所示，可按下式计算得到

$$x = R\frac{\sin\alpha}{\alpha} \tag{1-1}$$

$\alpha < 90°$的圆弧压力中心，可用下式求其近似值

$$m = \frac{2}{3}h$$

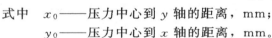

图 1-1　圆弧的
压力中心

求压力中心通常采用解析法和图解法。图解法是应用力矩原理，用索多边形作图法求平行力系合力的作用点而得到压力中心的，这种方法并不简便，且有一定的误差。解析法是根据合力对坐标轴的力矩等于各分力对该坐标轴的力矩之和，再通过计算求得的。这里只对解析法作一介绍。

(1) 多凸模冲裁时的压力中心

如图 1-2 所示为同时冲五个孔的模具，求其压力中心的步骤是：先在任意位置处作坐标轴 x 和 y，然后计算各凸模的冲裁轮廓周长 L_1、L_2、$\cdots$、L_n，以及压力中心的坐标位置 x_1、x_2、$\cdots$、x_n 和 y_1、y_2、$\cdots$、y_n。根据合力（分力之和）对坐标轴线的力矩，等于各分力对同一坐标轴线的力矩之和，得到压力中心的坐标位置为

$$x_0 = \frac{L_1 x_1 + L_2 x_2 + \cdots + L_n x_n}{L_1 + L_2 + \cdots + L_n} \tag{1-2}$$

$$y_0 = \frac{L_1 y_1 + L_2 y_2 + \cdots + L_n y_n}{L_1 + L_2 + \cdots + L_n} \tag{1-3}$$

式中　x_0——压力中心到 y 轴的距离，mm；

　　　y_0——压力中心到 x 轴的距离，mm。

(2) 复杂形状（不规则形状）冲裁的压力中心

如图 1-3 所示形状，求其压力中心的步骤是：先在冲裁轮廓内外任意处作坐标轴 x 和 y，并将不规则冲裁轮廓分解为若干基本线段（圆弧或直线），然后计算出各基本线段的长度为 L_1、L_2、L_3、$\cdots$、L_n；以及求出各线段重心的坐标（x_1、y_1，x_2、y_2，$\cdots$，x_n、y_n），最后按式（1-2）、式（1-3）算出压力中心坐标位置（x_0、y_0）。

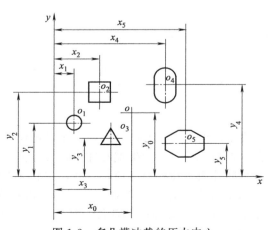

图 1-2　多凸模冲裁的压力中心

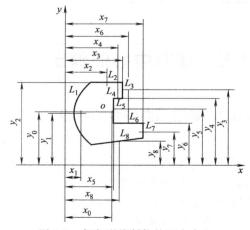

图 1-3　复杂形状制件的压力中心

（3）多工位级进模各种冲压力的压力中心

对于有冲裁、弯曲、拉深、成形等各种冲压工序的多工位级进模，如图 1-4 所示，其压力中心求法如下。

① 选择基准坐标。

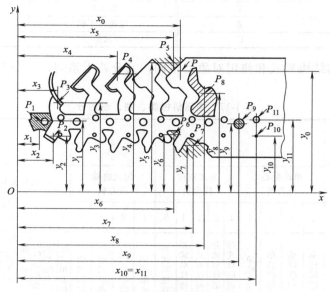

图 1-4　多工位级进模的压力中心

② 求出各凸模的冲压力（P_1、P_2、…、P_n）和相应的各个压力中心的坐标分别为（x_1、y_1）、（x_2、y_2）、…、（x_n、y_n）。

③ 按下式求出整副模具压力中心坐标

$$x_0 = \frac{P_1 x_1 + P_2 x_2 + \cdots + P_n x_n}{P_1 + P_2 + \cdots + P_n} \tag{1-4}$$

$$y_0 = \frac{P_1 y_1 + P_2 y_2 + \cdots + P_n y_n}{P_1 + P_2 + \cdots + P_n} \tag{1-5}$$

式中　　　　　x_0——冲模压力中心至 y 轴的距离，mm；

y_0——冲模压力中心至 x 轴的距离，mm；

P_1，P_2，…，P_n——各凸模的冲压力，N；

x_1，x_2，…，x_n——各冲压力中心至 y 轴的距离，mm；

y_1，y_2，…，y_n——各冲压力中心至 x 轴的距离，mm。

1.6　冲压设备的选用

1.6.1　压力机的分类与型号表示方法

（1）压力机的分类与型号

冷冲压压力机的种类繁多，按不同观点可分成不同类别。常按驱动滑块动力来源的不同分为机械的、液压的、气动的和电磁的等。

冲压加工中常用的机械压力机属于锻压机械中的一类，其型号是由一个汉语拼音字母和几组数字组成。字母代表锻压机械类别，见表 1-16。

表 1-16　锻压机械的类别代号

类别	代号	类别	代号
机械压力机	J	锻机	D
液压压力机	Y	剪切机	Q
自动锻压机	Z	弯曲校正机	W
锤	C	其他	T

机械压力机按其结构形式和使用对象的不同，又分若干系列，每个系列又分若干组，见表 1-17。

表 1-17　锻压机械类、别、组划分

类别	汉字代号	拼音代号	1				2					3				4							5				
			单柱偏心压力机				开式双柱压力机					闭式曲轴压力机				拉深压力机							摩擦压力机				
			1	2	3	4	1	2	3	4	5	1	2	3	9	1	3	4	5	6	7	8	1	2	3	4	5
机械压力机	机	J	单柱固定台压力机	单柱活动台压力机	单柱柱形台压力机	单柱台式压力机	开式双柱固定台压力机	开式双柱活动台压力机	开式双柱可倾式压力机	开式双柱转台式压力机	开式双柱双点压力机	闭式单点压力机	闭式侧滑块压力机	闭式双点压力机	闭式四点压力机	底传动双动拉深压力机	开式双动拉深压力机	闭式单动拉深压力机	闭式双动拉深压力机	闭式四点双动拉深压力机	闭式三动拉深压力机		无盘摩擦压力机	单盘摩擦压力机	双盘摩擦压力机	三盘摩擦压力机	上移式摩擦压力机

类别	汉字代号	拼音代号	6			7				9			10
			粉末制品压力机			模锻、精压、挤压机				专用压力机			其他
			1	2	3	4	6	7	8	1	2	3	
机械压力机	机	J	单面冲压粉末制品压力机	双面冲压粉末制品压力机	轮转式粉末制品压力机	精压压力机	热模锻压力机	曲轴式金属挤压机	肘杆式金属挤压机	分度台压力机	冲模回转头压力机	摩擦式制砖压力机	

JA31-160　A
—压力机改进设计代号，以 A、B、C…… 表示，如 A 表示作了第一次改进
—压力机的规格代号，表示公称压力数值，此为 1600kN
—组别代号，以 1、2、3…… 表示，例如 1 表示第 1 组闭式单点压力机
—列别代号，以 1、2、3…… 表示，例如 3 表示第 3 列闭式曲轴压力机
—变形设计代号，即主要参数与基本型号相同，次要参数与基本型号不同，
　以 A、B、C…… 表示，例如 A 表示第一次变型
—机械压力机类代号，J 为机械压力机中"机"字汉语拼音第一个字母

(2) 有关压力机的名词解释

① 开式压力机　操作者可以从前、左、右三个方向接近工作台，床身为整体型的压力机。

②　闭式压力机　操作者只能从前后两个方向接近工作台，床身为左右封闭的压力机。

③　单点压力机　压力机的滑块由一个连杆带动，用于比较小的压力机。

④　双点压力机　压力机的滑块由两个连杆带动，用于左右台面较宽的压力机。

⑤　三点压力机　压力机的滑块由三个连杆带动，用于左右台面特宽的多工位压力机。

⑥　四点压力机　压力机的滑块由四个连杆带动，用于前、后、左、右台面都比较宽的压力机。

⑦　单动压力机　只有一个滑块的压力机。

⑧　双动压力机　（拉深压力机）具有内、外两个滑块的压力机，外滑块用于压边，内滑块用于拉深。

⑨　上传动压力机　压力机的传动机构设置在工作台位置以上的压力机。

⑩　下传动压力机　压力机的传动机构设置在工作台位置以下的压力机。

⑪　可倾压力机　压力机的机身可以在一定角度范围内向后倾斜的压力机。

1.6.2　各类冲压设备的用途

冲压常用设备的种类及用途见表 1-18。

表 1-18　冲压常用设备的种类及用途

类型	设备名称	原理	结构特点	主要用途和使用模具
剪板机	剪板机	分机械传动和液压传动两种，机械传动靠电动机驱动，常见的为经过带轮、减速器、飞轮带动主轴，主轴上装有两个曲柄连杆机构并带动滑块作上、下往复运动，液压传动靠油压压力驱动	机械传动分上传动和下传动两种，靠脚踏或按钮操纵进行单次或连续剪切。液压传动剪板机按上刀架的运动形式分摆动式和往复式两种形式	剪切板料，为冲模工作时准备条料或毛坯
	振动冲型机	又称振动剪，它主要通过上剪刀以短行程和高的行程次数（即振动）进行直线和曲线（包括内孔）剪切		利用模具可进行折边、冲槽、压肋、切口、成形、仿形冲裁等
机械压力机	开式压力机	电动机通过带轮及齿轮带动曲轴转动，经连杆使滑块做直线往复运动	床身为 C 形，工作台三面敞开，操作很方便	冲孔、落料、浅拉深、压弯及成形
	闭式压力机	原理与开式压力机相同，按连杆数可分为单点式、双点式和上传动、下传动的形式	床身由横梁、左右立柱和底座组成闭式，用螺栓拉紧，刚性好，多属于大型压力机	冲孔、落料、切边、弯曲、拉深、成形、小型件冷挤
	闭式拉深机	①双动拉深机有两个上滑块，拉深用的为内滑块，由曲轴连杆驱动；外滑块由凸轮和杠杆机构传动 ②三动拉深机与双动拉深机原理相同，只是在底座中增设一个与上滑块运动相反方向的滑块	外滑块行程较小，用于落料和压边，内滑块行程较大，用于拉深	大型覆盖件的拉深、翻边模，深拉深中、大型筒形件
	多工位自动压力机	在一台压力机上，能按一定顺序完成落料、冲孔、拉深、整形、切口、弯曲等多个工序，每一行程可生产一个制件	结构与闭式双点压力机相似，但装有自动上、下料及工位间传送机构	多工位自动冲模，适用于大批量生产的壳类零件，如微电机外壳、磁头屏蔽罩等的生产
	冲模回转头压力机	利用数控装置控制的自动冲压设备	在回转头上装有多个冲模（模具库）。作业时，板料按预先编好的程序移动，由相应程序选定的模具单冲或同步冲内孔、外形以及进行浅的成形（压印、翻边、开百叶窗等）。模具简单，操作灵活方便	适宜于料厚 0.5mm 以上、中型板料零件大批量、多品种生产。特别是对电子工业的各种机箱、控制柜、面板加工尤为合适

续表

类型	设备名称	原理	结构特点	主要用途和使用模具
机械压力机	高速压力机	基本原理同普通压力机，但其刚性、精度、冲次/min 均比较高，为配合自动化生产，一般带有精密自动送料装置，安全检测装置等 当组成正常的冲压自动化生产线时，还应配有开卷机和矫平机，然后才能使带料进到送料器和模具内进行冲压，冲压完后，废料或制件要进行切断或收卷，还应配有切断机或收卷机	有上传动式和下传动式两种，是一种高精度、高效率、自动化冲压设备 刚性好，可调精度高	适用于大批量生产，模具多数为精密、高效多工位级进模，例如：电机定转子多工位级进模、接线端子多工位级进模、各种接插件多工位级进模等
	精密冲裁压力机	压力机精度高，滑块行程次数也较高	除主滑块外，设有压边及反压边装置，其压力可分别调整，四柱框架结构，带有自动送料机构	利用精冲模进行精密冲裁
	摩擦压力机	与曲柄压力机一样，具有增力机构和飞轮，用螺纹传动，以增力及改变动力方式	没有固定的上、下死点，结构简单	可进行校平、压印、切断、弯曲等
	弯曲机	对卧式弯曲机而言，其原理是由电动机通过带轮、锥齿轮带动由前、后、左、右四根轴分别装有四个基本凸轮控制滑块上的模具进行冲压工作	是自动化机床的一种，有立式弯曲机和卧式弯曲机之分。但基本结构相同或相似。卧式弯曲机有下列机构组成：矫直机构、送料机构、停料机构、切割机构、水平压弯机构和上、下卸料机构，配以各种模具完成各种零件加工	切割、弯曲、成形，适合大量生产。所用材料为成卷的带料和丝料
冲压液压机	水压机油压机	利用水或油的静压力传递原理进行工作，使滑块上、下往复运动	工作压力大小与机床的行程有关，其特点是工作平稳	冷挤压模、复杂拉深及变形模具

表 1-19 为冷冲压压力机适用范围便查表。

表 1-19　冷冲压压力机适用范围

设备名称		工序名称							
		冲孔落料	拉深	落料拉深	弯曲	型材弯曲	冷挤	立体成形	整形校平
曲轴压力机	小行程	√	×	×	√	×	×	×	×
	中行程	√	√	√	√	○	○	○	○
	大行程	√	√	√	√	○	√	√	√
双动拉深压力机		×	√	√	×	×	×	×	×
曲轴高速自动压力机		√	×	×	×	×	×	×	×
摩擦压力机		○	○	×	√	○	○	√	√
液压机		×	○	○	○	○	○	○	○
自动弯曲机		√	×	×	√	×	×	×	×
偏心压力机		√	×	×	√	√	×	○	×

注：1.√表示适用；○表示尚可适用；×表示不适用。
2. 本表仅供参考，实际应用要根据设备的说明书介绍和具体情况而定。

1.6.3　常用压力机的主要技术参数含义与要求

　　在压力机的类型选定之后，应进一步根据变形力的大小、冲压件尺寸和模具尺寸来选定冲压设备。选用曲柄压力机时所要考虑的主要技术参数见表 1-20。选用液压机时所要考虑的主要技术参数见表 1-21。

表 1-20　曲柄压力机的主要技术参数

参数	意　义	选用要求
标称压力（公称压力）	压力机的承载能力受其各主要构件强度的限制，其滑块上所能施加的力（许用负荷）随曲柄转角和滑块位移变化 标称压力是指当滑块运动到距下死点前一定距离（标称压力行程）或曲柄旋转到下止点前某一角度（标称压力角）时允许滑块施加的最大压力	一般情况下所选压力机的标称压力应大于或等于成形工艺力和辅助工艺力总和的 1.3 倍 对于工作行程小于标称压力行程的工序也可直接按压力机的标称压力选择设备 拉深时最大拉深力 $P \leqslant (0.5 \sim 0.6)P_g$（压力机标称压力）；浅拉深时，最大拉深力 $P \leqslant (0.7 \sim 0.8)P_g$
刚度	压力机的刚度主要是指压力机在工作时抵抗弹性变形的能力。对开式压力机来说，有垂直刚度和角刚度两种指标。垂直刚度是指压力机的装模高度产生单位垂直变形时，压力机所承受的作用力。而角刚度是指压力机的滑块相对于工作台面产生单位角变形时，压力机所承受的作用力	在冲压力的作用下，床身会产生弹性伸长和角变形，工作台平面会弹性挠曲，破坏了压力机的某些静态精度，对冷冲压件的质量有很大影响。如果压力机角刚度不足，不但会造成废品，而且会大大缩短模具的使用寿命。因此对精度要求较高的冲压件，为避免压力机刚度产生的影响，所选冲压设备的标称压力应大于或等于成形工艺力和辅助工艺力总和的 3 倍
标（公）称压力行程	指滑块离下死点前某一特定的距离，在此距离内允许滑块上承受标称压力	对于一般的曲柄压力机标称压力行程仅为滑块行程的 5%～7%（通常，对开式压力机标称压力行程为 3～5mm，对闭式压力机为 13mm）
标（公）称压力角	对应标称压力行程曲轴转过的角度	一般小型压力机标称压力角为 30°，中大型压力机标称压力角为 20°
滑块行程和行程次数	滑块行程指滑块从上止点到下止点所经过的距离。它的大小反映了压力机的工作范围。行程较长，则能生产高度较高的零件，通用性较大，但压力机的曲柄尺寸要加大，随之而来的是齿轮模数和离合器尺寸均要增大，压力机造价增加。而且模具的导柱导套可能脱离，将影响工件精度和模具寿命 行程次数是指滑块每分钟从上止点到下止点，然后再回到上止点所往复的次数	滑块的行程应保证上料和出件均方便。进行拉深工序时滑块行程一般为拉深件高度的 2.5 倍 行程次数主要根据生产率、操作的可能性和允许的变形速度来确定。行程次数越高，生产率越高，但超过一定数值以后，必须配备自动送料装置。行程次数提高以后，机器的振动和噪声也将增加。确定滑块行程次数时，滑块的运动速度要符合冲压生产工艺的要求。对拉深工艺来说，若速度过高，则会引起工件破裂。拉深工艺的合理速度范围见表 1-27
最大装模高度及装模高度调节量	装模高度是指滑块在下止点时，滑块下表面到工作台垫板上表面的距离。当装模高度调节装置将滑块调整到最上位置时，装模高度达最大值，称为最大装模高度，冲模的闭合高度应小于压力机的最大装模高度。装模高度调节装置所能调节的距离，称为装模高度调节量。封闭高度是与装模高度并行的标准。所谓封闭高度是指滑块在下止点时，滑块下表面到工作台上表面的距离。它和装模高度之差恰是工作台垫板的厚度，装模高度及其调节量必须适当，增大其数值固然能安装闭合高度较大的模具，适应性较大，但会使压力机的高度相应增加。在安装闭合高度较小的模具时，则需增添附加垫板	选择压力机时，必须使模具的闭合高度介于压力机的最大装模高度与最小装模高度之间，一般应满足 $$H_{max} - 5 \geqslant H \geqslant H_{min} + 10$$ 式是　H_{max}——压力机的最大装模高度，mm 　　　H_{min}——压力机的最小装模高度，mm 　　　H——模具的闭合高度，mm 上式中的 5mm 是考虑装模方便所留间隙，10mm 是保证修模所留尺寸 一般模具设计应尽量接近压力机的最大装模高度。当凸模直径和长度相差较大时，考虑到凸模强度问题，可以采用较小的压力机闭合高度。如果模具封闭高度过小，可在压力机台面上加放垫板补偿
工作台面与漏料孔和滑块底面尺寸	该参数是压力机工作空间的平面尺寸，指工作台面（或工作垫板）和滑块下平面前后和左右的平面尺寸，应保证冲模能可靠地安装、固定和正常工作。它直接影响所安装模具的平面尺寸	一般情况下，压力机工作台面应比模具底座尺寸大 50～70mm 以上。工作台和滑块的结构还应满足冲压工艺的需要，即必须与模具的落料、顶料和卸料等装置的结构相适应，例如工作台孔应能容纳模具的卸料装置或使出料顺利进行
压力机的精度	主要是指压力机在静态下应达到的各种精度指标，故又称静态精度。它主要包括：工作台的平面度，滑块下平面的平面度，工作台面同滑块下平面的平行度，滑块行程同工作台面的垂直度，滑块中心孔和滑块行程的平行度等	压力机的精度高，则冲出的工件质量也高，冲模不易损坏、使用寿命长。压力机的静态精度却要靠压力机刚度来保证

参数	意　义	选用要求
电动机功率	一般在保证了冲压工艺力的情况下,功率是足够的。但是在某些情况下(如大型件的斜刃冲裁、深度很大的拉深等),也会出现压力足够而功率不足的现象	必须对压力机的电动机功率进行校核,并选择电动机功率大于冲压所需的总功率的压力机
做功能力	曲柄压力机的做功能力指其正常工作时每次行程可能做的最大机械功,如果被加工零件需要的变形功大于压力机的做功能力,每次行程后飞轮将有较大的速降,压力机不能持续工作,并会发生闷车和电动机热损事故	每个工作行程压力机所提供的功 ΔE 应大于冲压工艺所需功 A_0。 $$\Delta E = P_g S_g$$ 式中　S_g——滑块工作行程,mm 　　　P_g——标称压力,N 　　　$$A_0 = (A_1 + A_2)/\eta$$ 式中　A_1——工件变形功 　　　A_2——拉深垫工做功 　　　η——压力机总效率,$\eta = 50\% \sim 60\%$

表 1-21　液压机的主要技术参数

参数	意　义	选用要求
标称压力(公称压力)	液压机能发出的最大压力的名义值,等于工作柱塞总工作面积与液体工作压力的乘积。是液压机的主要参数,它反映了液压机的主要工作能力	一般情况下应保证所需的工艺力小于液压机的标称压力,并应留出 15%～30% 的余量
最大净空距(开口高度)	最大净空距 H 是指活动横梁停在上限位置时从工件台上表面到活动横梁下表面的距离,它反映了液压机在高度方向上工作空间的大小	应根据模具(工具)及相应的垫板的高度、工作行程大小以及放入坯料、取出工件所需空间大小等工艺因素来确定。最大净空距对液压机的总高、立柱长度、液压机的稳定性及安装都有很大的影响
最大行程	指活动横梁位于上限位置时,活动横梁立柱导套下平面到立柱限程套上平面的距离,也就是活动横梁能移动的最大距离	应根据工件成形过程中所要求的最大工作行程来确定,它直接影响工作缸、回程缸及其柱塞的长度以及整个机架的高度
立柱中心距	在四柱式液压机的立柱中心距反映液压机平面尺寸上工作空间的大小。立柱中心距对三个横梁的平面尺寸和重量均有直接影响,与液压机的使用性能及本体结构尺寸有着密切关系	立柱窄边中心距应考虑更换及放入各种工具,以及涂抹润滑剂等工艺操作上的要求。单臂式液压机三面敞开,影响平面尺寸上工作空间大小的参数是喉深。喉深为单臂液压机工作缸中心线到机架内侧表面的距离
回程力	活动横梁回程时所需的力	计算回程力时要考虑活动横梁及安装在其上的柱塞(或活塞)、模具等运动部分的重量、工艺上所需的力量(如拔模力等)、工作缸排液阻力、各缸密封处的摩擦力以及活动横梁导套处的摩擦力等
允许最大偏心距	液压机工作时,不可避免地要承受偏心载荷,偏心载荷在液压机的宽边与窄边都会发生。最大允许偏心距是指工件变形阻力接近公称压力时所能允许的最大偏心值	施加公称压力时不能超过允许的最大偏心值
活动横梁运动速度	活动横梁运动速度公为工作行程速度及空程(充液及回程)速度两种	工作速度可达 50～150mm/s,而在有些工艺中,工作速度甚至低于 1mm/s。空程速度一般较高,以提高生产率,但如速度太快,会在停止或换向时引起冲击和振动。工作行程及空程的速度直接影响液泵供液量的计算

1.6.4　冲压设备的选用

(1) 设备类型的选择

冲压设备类型的选择主要根据冲压件的大小、生产批量、冲压工艺方法、特点以及制件形状精度等要求来确定。

① 机械压力机与液压机的选用，见表 1-22。机械压力机比液压机加工速度快得多，在生产率方面绝对有利，所以目前批量生产的冲压加工中所采用的压力机几乎都是机械压力机，但弯曲、拉深、成形、校平等成形工序，有的要求冲速慢的加工采用液压机。

表 1-22　机械压力机和液压机的比较

性能	机械压力机	液压机
加工速度	比液压机快	很慢
行程长度	约 600～1000mm	较容易实现 1000mm 以上大行程
行程长度调整	仅曲轴纵放压力机的行程长度可调，一般曲柄压力机的行程不可调	行程长度可在最大值内调整，容易改变行程长度
行程终点位置	终点位置能够准确地确定(固定)	一般情况终点位置不能准确确定(不固定)
所产生的压力与行程位置关系	离下止点愈远，所产生的压力愈小	标称压力与行程位置无关
加压力的调节	一般难以做到，即使做到也不能准确调节	容易调节
保压作用	不能	能
冲击作用	在滑块下行接触冲压件瞬间有冲击，其他时间无冲击	无
过载的可能性	会产生，但装有过载保护装置可避免	不会产生，因为液压系统装有安全阀
维修的难易	较易	遇漏水或漏油维修较麻烦
自动化的难易	能用机械驱动，易实现高速自动化	独立驱动形式
最大压力(能力)	6000 吨力——板料用，11000 吨力——锻造用	50000 吨力

机械压力机又有多种类型，表 1-18、表 1-19 也是可供选用的依据。

② 根据冲压件生产批量选择，见表 1-23。

表 1-23　按生产批量选择设备

冲压件批量		设备类型	特点	适用工序
小批量	薄板料	通用机械压力机	速度快、生产效率高，质量稳定	各种工序
	厚板料	液压机	行程不固定,不会因超载而破坏设备	拉深、胀形、弯曲等
大、中批量		高速压力机多工位自动压力机	高效率高效率,消除了半成品堆储等问题	冲裁为主各种工序

③ 根据冲压件大小进行选择，见表 1-24。

表 1-24　按冲压件大小选择设备

零件大小	选用设备类型	特点	适用工序
小型或中小型	开式机械压力机	有一定的精度和刚度;操作方便,价格低廉	分离及成形(深度浅的成形件)
大中型	闭式机械压力机	精度及刚度更高;结构紧凑,工作平稳	分离及成形(深的成形件及复合工序)

④ 考虑精度与刚度。压力机的精度、刚度要与冲模的精度、刚度相匹配，压力机的精度不得低于冲模的精度，而设备的刚度是保证精度的必要条件。一般薄板料冲压、精冲、精压、冷挤压等宜选用闭式压力机、精冲压力机、精压机、双动压力机或液压机等。

⑤ 考虑生产现场的实际可能。如果目前没有较理想的设备供选择，则应该设法利用现有设备来完成工艺过程。如没有高速压力机而又希望实现自动化冲裁，可以在普通压力机上设计一套自动送料装置来实现。再如，一般不采用摩擦压力机来完成冲压加工工序，但是，在一定

条件下，有的工厂也用它来完成小批量的切断及某些成形工作。

（2）机械压力机规格的选用

在压力机类型选定之后，应进一步根据冲压件变形力的大小、冲压件尺寸和模具外形尺寸来确定设备的规格。对于常用的曲柄压力机所要考虑的重要参数如下。

① 公（标）称压力　习惯称设备吨位大小的选择，首先应以冲压工艺所需的变形力为前提，要求设备的公称压力要大于所需的变形力，而且还要有一定的保险系数，以防压力机过载。

对于一般冲裁、弯曲，取压力机公称压力的70％～80％使用，最新建议只使用设备容量的60％～70％，高速冲压时，最好取压力机公称压力的10％～15％使用。而在工作中对于一般冲裁和弯曲时，常取 P_g（压力机公称压力）$\geqslant 1.3P$（冲压力＋缓冲及顶件装置等所需辅助力）的简单关系式选用公称压力。

对于拉深等成形工序，最大变形力不是发生在压力机公称压力的位置，而是发生在拉深成形过程的中前期，但最大变形力发生的位置却远离压力机公称压力位置而不太保险。于是，需要用"压力机的许用力-行程曲线"进行选择。为简便应用，可近似地取为：

在深拉深时，最大拉深力 $P_{\max} \leqslant (0.5 \sim 0.6) P_g$；

在浅拉深时，最大拉深力 $P_{\max} \leqslant (0.7 \sim 0.8) P_g$。

P_g 表示压力机公称压力，单位为 kN。在过去用吨力表示的，因此工厂里习惯用吨位称呼压力机的压力大小。

② 滑块行程　滑块行程除了要大于模具的施力行程（冲压变形行程）外，还要达到上模在接触坯料前有足够的空间以积蓄能量（液压机除外）。滑块返回，模具开启后，上、下模之间的空间应能放进坯料、取出制件。当使用某些滚动导向装置或浮动模柄时，压力机滑块行程应小于导套长度，以使模具开启后导向装置互不脱开。此时，采用可调节行程的偏心压力机，容易满足这一要求。

对于拉深工序，滑块行程大小需考虑取放坯件的方便，压力机滑块行程 $S > 2h$（h 为制件高度）。

③ 安装模具的相关尺寸　压力机工作台面尺寸应大于冲模的下模座平面尺寸，还应有模具安装与固定的余地，一般每边大 50～70mm。

工作台面上的漏料孔尺寸应满足制件或废料下落以及安装弹顶装置的大小需要。

模柄孔尺寸。冲模的模柄直径应与滑块上模柄孔直径的基本尺寸一致，模柄的高度应小于模柄孔深度。

④ 压力机的装模高度与模具的闭合高度　选择压力机时，必须使模具的闭合高度介于压力机的最大装模高度与最小装模高度之间，两者的关系应符合：

$$H_{\max} - 5 \geqslant H \geqslant H_{\min} + 10$$

式中　H——模具闭合高度，mm；

$H_{\max}$——压力机最大装模高度，mm；

$H_{\min}$——压力机最小装模高度，mm。

由于考虑到希望以缩短压力机滑块连杆工作对其刚度有利和以后冲模的刃磨而使模具闭合高度减小，一般模具设计都取接近于压力机的最大装模高度。如果模具闭合高度过小，小于压力机最小装模高度时，可采取在压力机台面上加放垫板补偿。不同装模方式的特点和校核公式见表1-25。

⑤ 压力机功的核算　曲柄压力机的做功能力指其正常工作时每次行程可能做的最大机械功，如果被加工零件需要的变形功大于压力机的做功能力，每次行程后飞轮将有较大的速降，压力机不能持续工作，并会发生闷车和电动机热损事故。冲裁、拉深成形时的能量较核公式见表1-26。

表 1-25　不同装模方式的特点和校核公式

装模方式	简　图	特　点	校核公式
模具直接安装在压力机垫板上	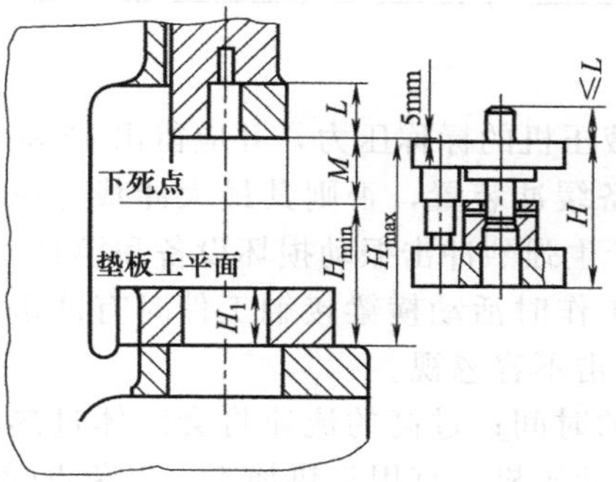	①支承平稳，下模座受力条件较好 ②适用于能通过垫板孔向下漏料或在模具工作面上出件的模具	$H_{max}-H_1-5mm$ $\geqslant H \geqslant H_{min}-$ H_1+10mm
利用等高垫块在压力机垫板上安装模具	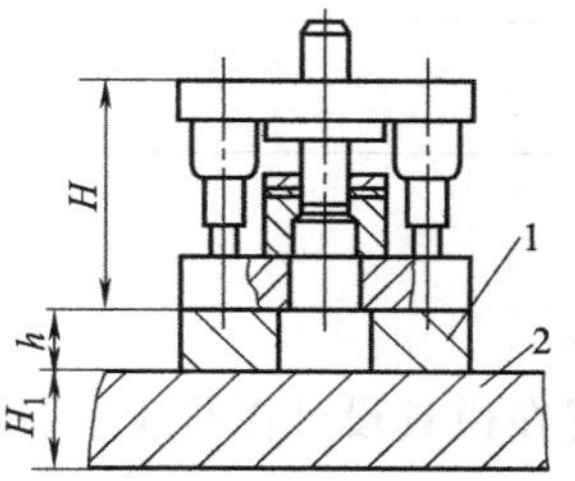 1—等高垫块； 2—垫板	①下模座的支承面较小，受力条件较差 ②适用于垫板上无漏料孔的大型压力机，或者漏料孔过小、模具漏料位置偏离垫板孔、模座上无排出槽的模具	$H_{max}-H_1-5mm$ $\geqslant H+h \geqslant H_{min}-$ H_1+10mm
拆除垫板，模具安放在压力机台面上	—	模具闭合高度过大时采用，不常见	$H_{max}-H_1-5mm$ $\geqslant H \geqslant H_{min}+10min$

注：H——模具闭合高度，mm；

　　H_{max}——压力机的最大封闭高度，mm；

　　H_{min}——压力机的最小封闭高度，mm；

　　H_1——垫板厚度，mm；

　　M——滑块连杆调节量，mm；

$H_{max}-H_1$——压力机的最大装模高度，mm；

$H_{min}-H_1$——压力机的最小装模高度，mm；

　　L——模柄孔深（模柄高度一般小于模柄孔深），mm。

表 1-26　冲裁、拉深能量的校核

工序	冲压过程所需的功 A	电动机功率 N	A—成形过程中的功，N·m
冲裁	$\approx 0.5Pt$	$N \geqslant \dfrac{nkA}{3060 \sim 4590}$	P—成形工艺力、辅助工艺力之和，kN t—冲裁料厚度，mm h—最大拉深深度，mm $k=0.63 \sim 0.80$—系数，拉深变形量大时取较大值 N—电动机功率，kW n—滑块行程次数，次/min $k=1.5 \sim 2.5$—系数，大型压力机(如有拉深垫的压力机)取校大值
拉深	$\approx kPh$		

　　⑥拉深速度　拉深工艺时滑块的运动速度要符合冲压生产工艺的要求。拉深工艺的合理速度范围见表 1-27。

表 1-27   拉深工艺的合理速度范围

材料名称	钢	不锈钢	铝	硬铝	黄铜	铜	锌
最大拉深速度/(mm/s)	400	180	890	200	1020	760	760

(3) 液压机的选用

① 选用时必须保证所需的工艺力小于液压机的标称压力，并应留出 15%～30% 的余量。

② 如果使用液压机进行冲裁则必须装备缓冲装置，否则其最大冲裁力应小于液压机的标称压力的 60%，以免在材料冲断的一瞬间产生强烈冲击振动损坏设备和模具。

③ 液压机也是准静态工作型设备，但工作时活动横梁接触工件时有冲击，此时活动横梁的运动速度虽然较低，但对机身和基础的冲击不容忽视。

④ 由于液压系统卸压、换向需要一定的时间；过高的流速将会液体过热。从而限制了液压机的工作速度和使用范围。用油作介质的液压机不宜用于热加工，以免点燃外泄的油液造成事故。

⑤ 其他技术参数也必须符合要完成冲压工艺的要求。

1.7 冲模图的设计

1.7.1 模具图的作用和重要性

模具设计师进行模具设计工作的最终成果都将体现在模具设计图样上。完整的模具图包括模具装配图，模具零件图及有关技术要求等。

模具图是模具制造、装配、调试、维修等必不可少的技术资料；同时也是模具加工、检验或验收模具合格与否的唯一依据，模具图又是生产活动和业务交流中的共同语言和工具。模具图设计完后，经设计、审核、批准等必要程序相关责任人签名后，就被公认为有一定法规效应的正式技术文件，并作为技术档案被保留下来，它不准随意修改（即使有更改，只准模具设计者或负有一定责任的技术人员通过合法手续方可），该图样便成为生产活动中应严格遵守的技术文件。

1.7.2 冲模图样的绘制要求与标准

(1) 图纸幅面和格式

① 图纸幅面和格式应按标准 GB/T 14689，表 1-28 为图纸幅面常见的五种标准规格。

表 1-28   图纸幅面规格　　　　　　　　　　　　mm

	幅面代号	A0	A1	A2	A3	A4
图纸幅面	国家标准 $B×L$	841×1189	594×841	420×594	297×420	210×297
	市场规格	一整张	对开	4 开	8 开	16 开
图框	a(装订边)	25				
	c(其他三边)	10			5	

② 加长图纸幅面应按如图 1-5 所示形式选定尺寸大小。

③ 一般除 A4 图幅面采用竖装标题栏外，其余幅面优先采用横装标题栏，图框格式采用留装订边的图样，如图 1-6 所示。

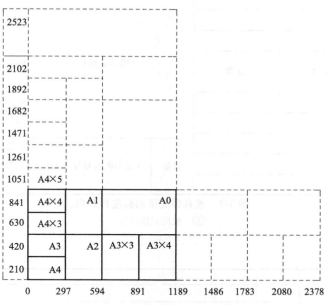

图 1-5　加长图纸幅面尺寸规格（mm）

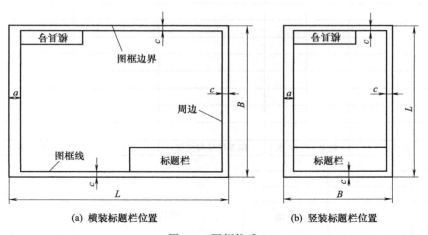

(a) 横装标题栏位置　　　　　　　(b) 竖装标题栏位置

图 1-6　图框格式

（2）模具图的标题栏

无论是绘制模具总装配图或是零件图，每张正式图样都应按如图 1-6 所示位置具有标题栏。标题栏的格式在技术制图标准中虽有介绍，但对模具图而言，根据其产品自己的特点，各公司所采用的标题栏格式不尽相同，这里仅选几个实例供参考。

① 模具装配图标题栏格式，如图 1-7 所示。

② 模具装配图的标题栏和明细表格式，如图 1-8 所示。

③ 模具零件图标题栏格式，如图 1-9 所示。

④ 标题栏说明。

a. 用于生产的所有正式图样都必须有标题栏。标题栏内各项内容要求填写齐全，签名要用手写，不得在电脑中输入。签名必须签全名，不可以用铅笔或红笔签名，字迹要工整、规范。

更改标记	数量	签名	日期	（模具名称）		（模具编号）		
设计						图样标记	数量	比例
审核								
工艺				设备	（压力机型号规格名称）	第　页	共　页	Ⓢ
标准化								
批准						（公司名称）		

图 1-7　模具装配图的标题栏和修改栏
Ⓢ—视图识别符号

件号	名称	数量	页次	标准代号与规格	材料	热处理	备注

更改标记	数量	签名	日期	（模具名称）		（模具编号）		
设计						图样标记	数量	比例
审核								
工艺				设备	（压力机型号规格名称）	第　页	共　页	（视图画法识别符号）
标准化								
批准						（公司名称）		

图 1-8　模具装配图的标题栏和明细表

设计			（零件名称）		（零件图号）		
审核							
（公司名称）			材料	比例	页次	（视图画法识别符号）	

图 1-9　模具零件图的标题栏

　　b. 标题栏内各项要求填写内容真实、可靠，正确。装配图一般为第一页，共几页应包括单列明细表在内的所有有形图样的页数。

c. 标题栏和修改栏大小因按自动生成的尺寸 1∶1 绘出，不得随意缩放。当非 1∶1 绘出时，须将标题栏按打印比例缩放，保证标题栏大小永远不变，即 1∶1 与 2∶1、1∶2 打印出的图样，其标题栏大小相同。

d. 如果图样由多人完成，则所采用的标准和所有数据要统一，如采用的视图投影法、字高、字体、颜色等。

e. 比例是指图中图形与其实物相应要素的线性尺寸之比，表示方法为 $A∶B$。A 为图纸上绘画的尺寸，B 为模具零件真实尺寸。如果 $A<B$，则是缩小的比例；如果 $A>B$，则是放大的比例；如果 $A=B$，则比例不变，比例表示为 1∶1。绘图时应优先采用 1∶1 比例，这样做的好处是图纸与实物大小一样，比较直观，容易发现问题，能够及时修改。推荐选用的绘图比例见表 1-29。标题栏中的比例一项按该图实际采用的比例大小填写。

表 1-29　绘图比例

项　目	比　例	说　明
原值比例 （与实物大小相等）	1∶1	比值为 1 的比例，即 1∶1。绘图时最优先选用
缩小比例 （比实物小）	1∶2　1∶5　1∶10　1∶1.5　1∶2.5　1∶3　1∶4	比值小于 1 的比例，如 1∶2 等
放大比例 （比实物大）	2∶1　5∶1　2.5∶1　4∶1	比值大于 1 的比例，如 2∶1 等

注：比例摘自 GB/T 14690 的部分。

f. 标题栏中ⓢ指视图画法识别符号。我国规定采用第一视角投影法，此符号可省略。若采用第三视角投影法，按 GB/T 14692 需加上视图识别符号。

⑤ 修改栏说明。如图 1-7 所示的标题栏中包含修改栏一项，这是为已批准的正式图样在生产活动使用中发生修改所做的记录而设置的备忘、留证据用登记栏目。对于一些小修改，每次修改后，修改处要做上标记，签上修改人名字、修改日期，在标题栏的修改栏登记好即可；对于大一些的修改，必须将图纸更新好后再重新发放，同时务必将修改前老图收回，并加盖"作废"专用图章。所使用的新图修改栏标记处应有识别说明。同时，公司应有相应的"技术文件修改管理规定"，使设计资料做到可控。

加工中的模具图凡经修改的地方，设计师要随时在自己的"工作记事本"上做好登记记录，并及时将已存档文件（电子的或纸质的）作相应修改，避免再生产使用图样时出现重复差错。

(3) 明细表及填写说明

明细表又称一览表，如图 1-10 所示为单独列出的一种形式；如图 1-8 所示为在模具装配图的标题栏上延伸引出形式。前者用于装配图中件号数较多的场合，幅面用 A4 纸打印而成；后者用于装配图中件号数较少场合。其共同特点只有装配图才需要。明细表中要详细注明模具零件的编号（件号）、零件名称、数量、页次、标准代号及尺寸规格、材料及热处理等内容。如何填写说明如下。

① 明细表要列出装配图上所有零件，即在装配图上有一个件号，在明细表的件号一栏都要填上。明细表上的件号和装配图上的件号还有零件图件号要一一对应，不可搞错。

② "名称"栏内填写对应零件号、零件图上的名称。要尊重原名，不可简化或缩写。零件

名称要按标准或专业术语称谓书写。

明细表

件号	名称	数量	页次	标准代号与规格	材料	热处理	备注
	装配图		1				
	对角标准模架	1		GB/T 2851.1—1990 200×100			
1	下模座	1					
2	凹模	1	2	200×100×20	CrWMn	淬火	
3	安全挡板	2	3		冷轧钢板		
4	落料凸模	1	4		CrWMn	淬火	
5	垫板	1	5	200×100×6	45		
6	弹簧	4		2×14×30			采购
7	圆柱头卸料螺钉	4		M6×32			采购
8	模柄	1	6				
9	圆柱销	1		$\phi5×20$			采购
10	螺钉	6		M8×40			采购
11	上模座	1		GB/T 2855.1 200×100×35			
12	导套	1		GB/T 2861.6 28×85×33			
13	导套	1		GB/T 2861.6 25×85×33			
14	侧刃	1	7		CrWMn	淬火	
15	凸模固定板	1	8	200×100×16	Q235		
16	卸料板	1	9	200×100×16	45		
17	凸模	2	10		CrWMn	淬火	
18	冲小孔凸模	15	11		T10A	淬火	其中备件5件
19	凸模	2	12		CrWMn	淬火	
20	凸模	1	13		CrWMn	淬火	
21	小导柱	4	14		T10A	淬火	
22	小导套	4	15		T10A	淬火	
23	侧面导料板	1	16		Q235		
24	导柱	1		GB/T 2861.1 28×130			
25	导柱	1		GB/T 2861.1 25×130			
26	圆柱销	1		$\phi3×5$			采购
27	侧刃挡块	1	17		45	淬火	
28	螺钉	6		M5×12			采购
29	圆柱销	4		$\phi5×15$			采购
30	螺钉	6		M8×45			采购
31	承料板	1	18		Q235		
32	侧面导料板	1	19		Q235		

更改标记	数量	签名	日期				
					（模具名称）		（模具编号）
设计							
审核						图样标记	数量	比例
工艺							
标准化				设备		第 页	共 页
批准						（公司名称）	

图 1-10　明细表（表内内容只供参考）

③"数量"栏指该件号在一副模具内实际需要的单位自然数，绝大多数指多少件数，也有指多少"副"或"套"的，如一副模架、一套模架。

对于易损件或难加工件，往往多做（采购）一些作为备件，写法如下："6＋4"，前面一个"6"表示装配图中该零件的实际数量，后一个"4"表示备用数量，备用数量根据合同或实际情况确定。也有把备用数量直接加到该零件实际需要数量内，再在"备注"栏中作说明。

填写"数量"一栏非常重要，少写或多写都不行，填写时要认真、仔细，以免影响生产。

④"页次"栏填写该件号的图样在整套模具图样中排列的顺序号。它是为迅速查看到该零件图在整套图样中的位置和便于图样管理而设置的。一般图样装订时，装配图常放在首页或最后，故装配图的页次为 1 居多；当某零件为标准件，外购的常没有图，页次栏便空着不必填写。由此可知页次和件号不会等同。

⑤"标准代号与规格"栏填写该零件所采用的标准代号、尺寸规格。对于非标准件不便填写时可以空白。

⑥"材料"栏填写该零件所采用的哪一种材料，根据零件图样材料栏内容填写，一般只写材料牌号。

⑦"热处理"栏填写该零件所采用的热处理项目，如淬火、发蓝、电镀等。

⑧"备注"栏填写该零件的其他需说明的内容，如外购、特殊加工要求、备件等。

（4）视图投影方法

视图投影方法有第一视角投影法和第三视角投影法两种，见表 1-30。不同国家采用的制图投影方法不尽相同，GB 和 ISO 标准一般用第一视角投影法。

使用第一视角投影法的国家有：中国、德国、法国和俄罗斯等。使用第三视角投影法的国家和地区有：美国、英国、日本以及我国的台湾和香港等地区。因此采用何种投影方法绘图有时应视不同客户要求来确定。

表 1-30　第一视角投影法和第三视角投影法（GB/T 14692）

投影法	说　明	画　法
第一视角投影法	将物体置于投影体系中的第一视角内，即将物体处于观察者与投影之间进行投影，然后按规定展开投影面，六个基本投影面的展开方法见图(a)。各视图的配置见图(b)，第一视角画法的识别符号见图(c) A—主视图 B—俯视图 C—左视图 D—右视图 E—仰视图 F—后视图	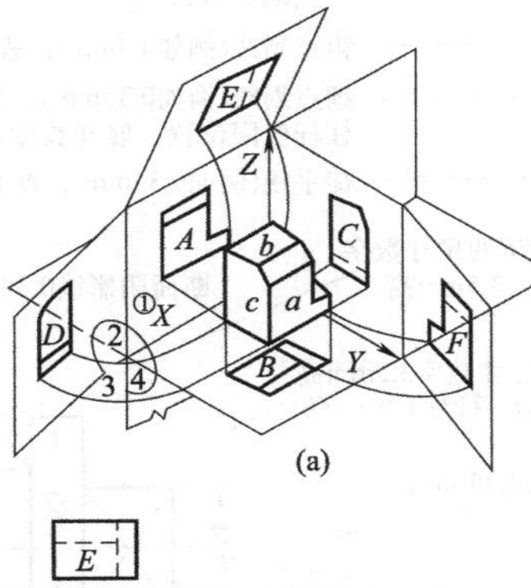 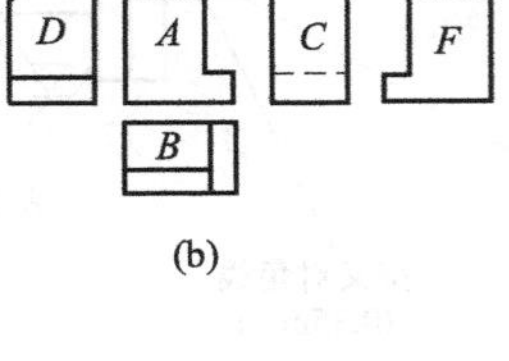 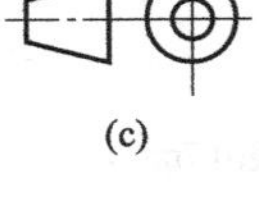

续表

投影法	说　明	画　法
第三视角投影法	将物体置于投影体系中的第三视角内,即将投影面处于观察者与物体之间进行投影,然后按规定展开投影面,六个基本投影面的展开方法见图(d),各视图的配置见图(e),第三视角画法的识别符号见图(f) 　　A—主视图 　　B—俯视图 　　C—左视图 　　D—右视图 　　E—仰视图 　　F—后视图	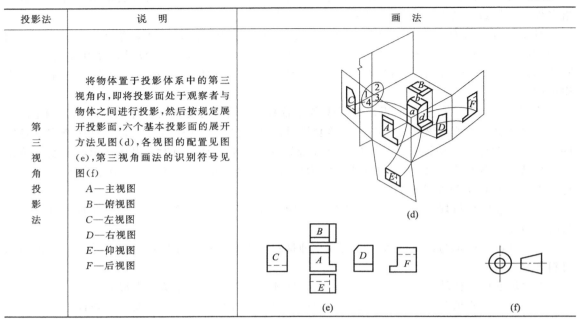

注：绘制机械图时, 应以正投影法为主, 以轴测投影法及透视投影法为辅。

(5) 模具图样的线条与字体要求

① 图线 (GB/T 4457.4—2002)

图样中应用最多的线条有：实线、虚线、点画线、波浪线。

物体边缘和可见轮廓用尽可能粗的实线画。工作中使用 1mm、0.7mm、0.5mm、0.35mm、线宽的一组图线最多, 具体应用介绍如下。如图 1-11 所示为各种图线的应用举例。

————————　粗实线(例如0.7mm), 表示可见轮廓线、过渡轮廓线、螺纹边界、焊缝、图纸边框。

————————　细实线(例如0.35mm), 用于尺寸线、尺寸界线、阴影线、表面符号、交叉对角线、滚花符号、弯折线、基线、螺栓螺纹内径及齿轮的齿根线、螺母螺纹外径、剖面线。

– – – – – – –　虚线(例如0.5mm), 用于被遮盖的(不可见的)物体轮廓线(这时透明材料要作不透明处理)。

━━　 ━━━　粗点划线(例如0.7mm), 表示剖切位置。

—·—·—·—·—　细点划线(例如0.35mm), 用于中心线、齿轮节圆、法兰孔中心圆、加工余量、杠杆极限位置、展开长度、详图范围。

～～～～～　徒手线(例如0.35mm), 断裂处的边界线表示断口、木材剖面。

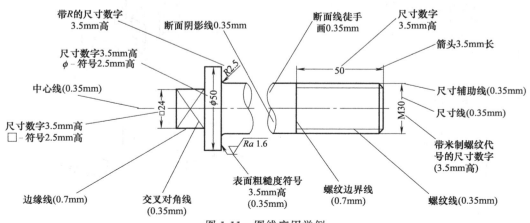

图 1-11　图线应用举例

② 字体及其在 CAD 制图中的规定（BG/T 14691、GB/T 14665）

图样中书写的字体必须做到：字体工整、笔画清楚、间隔均匀、排列整齐。图样常用字体有汉字、英文字母、阿拉伯数字和希腊字母。书写时，汉字要求采用长仿宋体，字高有一定大小，常用字高为：7mm、5mm、3.5mm，一般汉字字高不低于 3.5mm；英文字母、阿拉伯数字优先采用正体，允许使用斜体，字高取 3.5～5mm，不小于 3.5mm。

1.7.3　冲模装配图的绘制与要求

(1) 图样幅面及比例选定

① 遵守国家标准的机械制图标准（GB/T 14689）及本章 1.7.2 的相关介绍。所采用的图幅大小按预先勾画的草图、大概需安排的几个视图及相关模架、模板尺寸而定。

② 手工绘制图形最好用 1∶1 比例，直观性好；计算机绘图，其尺寸必须按照机械制图要求缩放。

(2) 冲模装配图面布置

① 如图 1-12 所示为冲模装配图图面内容布置位置示意图。这是模具行业对冲模设计图样平面布置的一种最流行的设计。图面所包含的内容很多，但绘制不同冲模装配图时，应根据实际需要来确定该表达的具体视图。

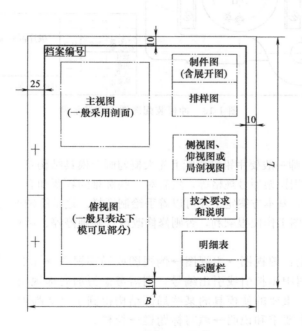

图 1-12　冲模装配图图面布置示意图

② 如图 1-13 所示为一副带滑动导向对角导柱模架弹压卸料下出件落料模的装配图图面布置示例。该图面由主视图、俯视图、制件图、排样图、标题栏、技术要求和说明共六个内容组成。

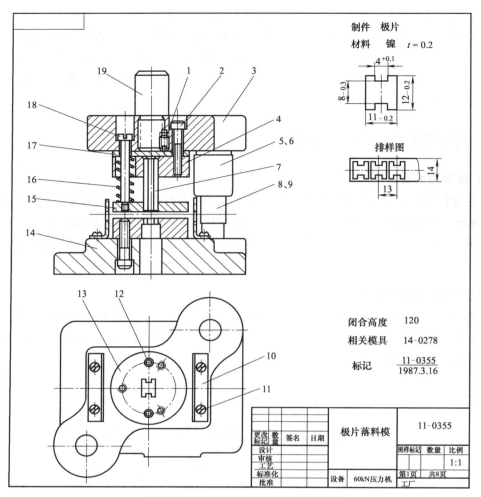

图 1-13　冲模装配图图面布置示例

(3) 绘图顺序

正式绘图前，设计师一般要用铅笔在纸上先大概勾画个模具结构草图，包括一些计算，确定一些零件的外形尺寸、选用模架型号规格等，然后对一些疑难问题要和有经验的模具设计、制造、专家进行必要的研究探讨，基本方案定了才可以着手绘制图样。这是绘图前的前期准备阶段，非常重要，这一步做好了，绘图工作便很顺利，否则修修改改、画画停停、影响出图速度，也延长了设计时间。

绘图的一般顺序是：俯视图→主视图→侧视图或局部视图→标上件号（此过程中如发现个别零件无法在已有视图中用指引线引出编号，则需考虑另加局部视图，局部视图在解决某个零件可编上号的同时，更重要的使模具的某些局部结构得到了更清晰的表达，更便于读懂图）→制件图→排样图→技术要求和说明→填写标题栏→校核。

也有先从绘制图纸右上角的制件图（也有称工件图、零件图的，本书统称制件图、制件）、排样图开始，然后再绘制模具的主视、俯视图等。当制件图、排样图比较大时，都可以另页纸上单独绘成。

具体绘制时，可遵守先里后外，由上而下（即先画主视图后画俯视图）或由下而上（即先画俯视图后画主视图）的次序。

（4）主视图和绘制要点

① 主视图是模具装配图的主体部分，它应充分反映模具各零件的结构形状和某些设计要素，一般不可缺少。

② 主视图放在图纸左边偏上，常取模具处于闭合状态或上下模刚分开的情况，一般采用全剖、半剖或阶梯剖视画法。冲件或材料可用涂黑表示。

③ 绘图时常伴随一些计算工作，在画出模具各部零件的同时，实际上便确定了各模具零件的外形尺寸，如发现模具某些零件不能保证工艺的实施，则需更改工艺设计。

④ 在剖视图中，剖切到凸模、顶杆、导销、螺钉等旋转体零件时，其剖面一般不画剖面线，有的为了清晰，非旋转体的凸模等零件也可不画剖面线。

⑤ 主视图的上、下模部分，一般在一张图纸上表达，当模具按 1∶1 画太大时，可以分开用两张图纸绘制，但每张图应注明视图性质。

⑥ 主视图也有采用简化绘制的，如图 1-14 所示，有些尺寸和结构要素直接标注在图上，剖面图也没有剖面线，这种情况常见于一些外资企业的图纸。

对于一些采用标准模架的冲模主视图，也有将模架的导向装置部分等省略不画的。如图 1-15（a）所示为落料拉深模主视图的普通画法，图 1-15（b）为简化画法，件 1 表示模架 [而图 1-15（a）中分别由件 1、8、9、10、20、21 组成]，件 28 为推杆 [与弹顶器相连，弥补了图 1-15（a）中件号不齐]。

⑦ 螺钉的螺纹部分不可画得太长，必须按正确的装配关系绘制，即所画的就是该连接需要的部分。

紧固件一般不剖，可以采用简化画法，见表 1-31。

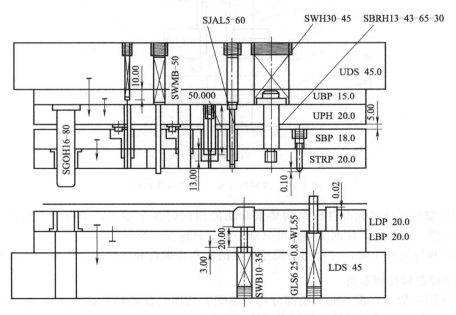

图 1-14　某多工位级进模主视图简化画法

⑧ 一些习惯画法。

a. 为了减少局部视图，在不影响剖视图表达剖面线通过部分结构的情况下，可以将剖面线以外的部分旋转或平移到剖视图上，这样可以将某个零件在视图上能得到显示，同时该零件有可指的地方将其引出编上号。

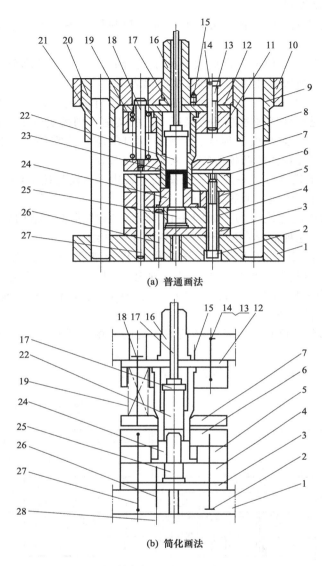

(a) 普通画法

(b) 简化画法

图 1-15　落料拉深模主视图简化画法

　　b. 同一型号规格的标准件或结构要素和功能相同的多个零件，如内六角螺钉或圆柱销、弹簧、导正销、顶杆等，在剖面图中可只画一个、只标注一个零件序号。

　　c. 当剖视位置较小时，可对同一尺寸线上的内六角螺钉和圆柱销各绘制一半来表示。

（5）俯视图和绘制要点

　　① 俯视图一般是将模具的上模部分打开拿走，视图只反映模具的下模沿冲压方向从上往下看的可见部分（这是冲模的一种习惯画法）。

　　② 俯视图常放在图纸左边偏下，一般先画出，然后再画主视图。俯视图和主视图在同一张图纸上要上下一一对应。

　　③ 通过俯视图了解冲模下模平面布置、排样方法、凹模孔的分布情况。一般简单的单工序模在主视图表达清楚的情况下可以不画；复杂模具，如多工位级进模装配图中的俯视图必须有。如图 1-16 所示，图中序号 1～16 表示各工位（采用镶拼结构）编号。

表 1-31 螺栓、螺钉头部的简化画法

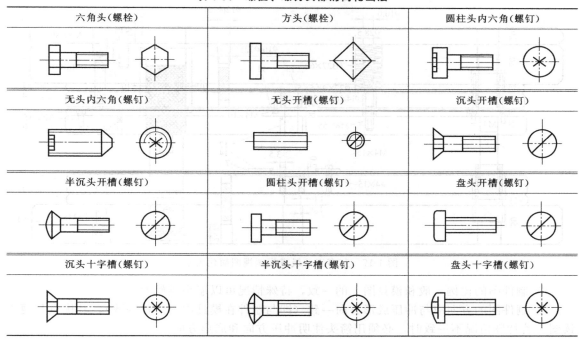

| 六角头（螺栓） | 方头（螺栓） | 圆柱头内六角（螺钉） |

| 无头内六角（螺钉） | 无头开槽（螺钉） | 沉头开槽（螺钉） |

| 半沉头开槽（螺钉） | 圆柱头开槽（螺钉） | 盘头开槽（螺钉） |

| 沉头十字槽（螺钉） | 半沉头十字槽（螺钉） | 盘头十字槽（螺钉） |

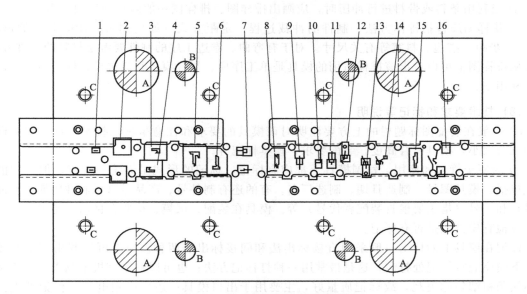

图 1-16 某多工位级进模的俯视图

(6) 侧视图和局部视图

侧视图（仰视图）和局部视图只有在必要时绘制，使模具的某些结构通过这些辅助图形表达得更清楚、完善。其平面位置可安排在图纸右侧偏上，但需标明该图的取向。图 1-17 为某多工位级进模侧视图简化表示。

(7) 制件图和排样图

① 制件图是经冲压成形后所得的冲压件图形常画在图纸的右上角，并注明材料名称、料厚及制件尺寸、公差和有关技术要求。

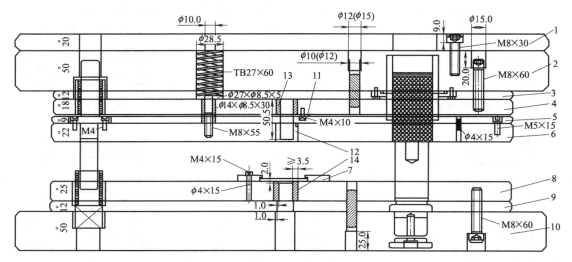

图 1-17　某多工位级进模侧视图简化表示

② 制件图的比例一般和模具图上的一致，特殊情况可以缩小或放大。

③ 制件图的方向应与冲压成形方向一致（即与制件在模具中的位置一致），其优点是便于读图。若特殊情况不一致时，必须用箭头注明冲压方向和成形方向。

④ 当利用条料或带料进行冲压时，应画出排样图。排样图一般画在制件图下面。

⑤ 排样图应包括排样方法、制件的冲裁过程、定距方式（如用侧刃定距时侧刃的形状、位置）、步距、搭边、料宽等有关尺寸。对于有弯曲、卷边工序的制件要考虑材料的纤维方向。通常从排样图上可以看出该排样适用的模具是单工序模、复合模还是级进模，同时可以算出材料的利用率。

（8）技术要求和标记等说明

① 一般在装配图标题栏的上方要注明对该模具的要求和注意事项，技术条件。如该模具的冲压力大小，模具闭合高度，装配要求，模具标记等。

② 为便于管理和使用，每副模具上都应有标记，标记的形式虽无统一规定，但标记的内容应包括：模具图号、制造日期、制造厂名。有的还有制件号、产品号（指制件所属某产品的型号）和工号（指主要模具装配者代号）等。模具在装配、试模、检验合格后，签发合格证的时候应检查模具上是否有标记。

标记在模具上的标出一般采用直接标出法和间接标出法两种。前者可以利用钢字直接在上、下模座的打标记处打出，这是最常用一种打标记方法；也可以在刻字机上刻出，由于字形大小线条粗细匀称美观，故标记质量好，主要用于出口模具；还可以用电笔在标记处直接书写，主要用在不便用钢字和刻字机刻的淬硬钢件表面打标记。后者为采用已加工好的铭牌用铆钉固定到模具的标记处，或用铁丝挂到适当处（此法只有当模具太小无处可供打标记时使用）。

标记在模具上的位置和所表示的内容如图 1-18 所示，供参考。

（9）装配图上注明必要尺寸

① 模的闭合高度。这个尺寸必须注明不可缺少。它是选用冲压设备的一个重要参数。

② 外形尺寸。如长×宽。

③ 装配极限尺寸。如活动零件移动起止点尺寸；压力中心位置尺寸；与成形设备配合的定位尺寸；个别关键零件的特殊要求配合尺寸等。

④ 有些采用简化画法表示的或为了少画零件图，便在装配图的相关零件上标注结构要素

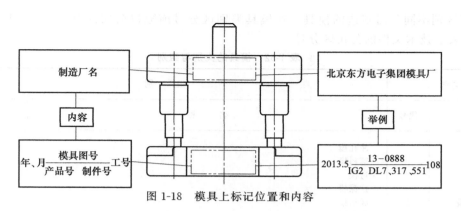

图 1-18　模具上标记位置和内容

尺寸，包括配合符号、精度等级等。

（10）填写标题栏和编写明细表

① 标题栏、明细表的格式前面已有介绍。装配图绘制的最后阶段应按标题栏各项填写相应内容，如名称栏、图号、比例、选用设备的型号规格等。其中模具名称应突出模具性质，取名简单明了，不宜过长。模具编号应按模具管理制度要求统一编号，做到图样管理方便、科学、整齐。

② 每一副模具都应有一个编号，模具编号目前尚无国家标准，各公司均有自己的一套规定，下面介绍两种简单编号方法，供参考。

a. 取冷模（LM）和热模（RM）的汉语拼音字母字头作为不同模具的区分号，中间加一横线，后面由顺序号组成的编号法，如：

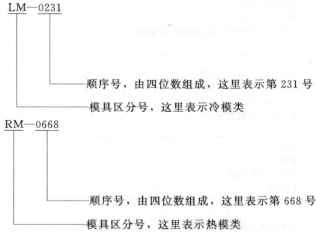

冷模主要包括各种冷冲模、冷挤压模和冷压成形模；热模包括各种塑料模具、玻璃模具和热压成形模具等。此编号法比较简单，同一区分号内所包括的模具范围很广。

b. 由模具的类别和组别组成区分号，加一横线，后面由顺序号组成的编号法。类别和组别的细分见表 1-32（这里也包括其他模具，供参考）。

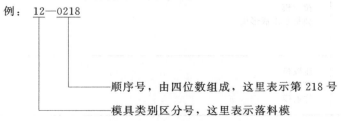

　　为了区别不同公司制造的模具，在模具类别区分号前冠以公司区分号，如 DL 12—0218 中的 DL 表示技术文件的公司区分号。

表 1-32　模具的类别与组别

类别		组　别	
名称	代号	名　　称	代号
冷冲模	1	冲孔模	11
		落料模	12
		弯模	13
		拉深模	14
		成形模	15
		复合模	16
		级进模	17
		冷挤压模	18
		其他冷冲模	19
塑料模	2	热塑性塑料模	21
		热固性塑料模	22
		压缩模（借助加压和加热，使直接放入型腔内的塑料熔融并固化成型所用的模具）	23
		压注模、传递模（通过柱塞，使在加料腔内受热塑化熔融的热固性塑料，经浇注系统，压入被加热的闭合型腔，固化成型所用的模具，如晶体管、集成电路塑封模等）	24
		注射模（由注射机的螺杆或活塞、使料筒内塑化熔融的塑料，经喷嘴、浇注系统、注入型腔，固化成型所用的模具）	25
		热塑性注射模	26
		热固性注射模	27
		其他塑料模（吹塑模、吸塑模、发泡模等）	28
压铸模	3	热压室压铸机用压铸模	31
		立式冷压室压铸机用压铸模	32
		卧式冷压室压铸机用压铸模	33
		全立式压铸机用压铸模	34
锻模	4	锤锻模	41
		压锻模	42
		螺旋压力机锻模	43
		平锻模	44
粉末压模	5	金属粉末压模	51
		陶瓷粉末压模（包括干压法、湿压法和热压铸法、注压法所用模具）	52
		玻璃模（包括吹瓶模、热压模）	53
拉丝模和型材挤出成形模	6	拉丝模	61
		型材挤出成形模	62
橡胶模	7	压胶模	71
		挤胶模	72
		注射模	73

③ 编写模具零件明细表。可以等零件图绘制完后进行，表中填写各零件号及对应名称、数量、图样页次、材料和标准代号、规格等均应与零件图一一对应，强调正确性。个别易损件需要增加备件，可在"备注"栏中注明。"页次"栏中有标注的一般都应有图样。"页次"栏空项则为无图样。

1.7.4　冲模零件图的绘制与要求

(1) 哪些零件需绘制零件图

冲模零件图是模具零件加工、检验的唯一依据，它随模具生产计划安排随时被传递到生产工人手中，因此，它是生产中与模具装配图紧密相连的又一种不可缺的技术文件（即使是无图化生产，在计算机里也要有相应的图挡可调出查看）。

冲模零件图一般是指装配图上所标注的非标准件或采用标准件局部需要加工的这些零件，均需绘出图样（这里指 2D 零件图）。

(2) 对零件图的一般要求

① 图纸幅面按制图标准规定，常用 A4、A3、A2。

② 视图应正确而充分。视图多少以能清楚表达零件内外形状结构、尺寸大小和便于识读看懂为原则。

a. 零件图的方位应尽量取其在装配图中的方位绘出，不要随意旋转、变位和颠倒，以防画错，影响识读和装配。

b. 两个相互对称的零件，一般应分别绘制图样，为便于加工可绘在一张图上，但需标明两个图样代号，或用"左右"、"AB"区别。

两个外形相似但并不对称的零件，如镶拼件，为便于加工也可绘在一张图上，但需标明不同件的图样代号。

c. 模具零件整体加工，分切后成对或成组使用的零件，只要分切后各部分形状尺寸相同，则视为一个零件，编一个图样代号，绘在一张图纸上，有利于加工和管理。

模具零件整体加工，分切后尺寸不同的零件，也可以绘在一张图纸上，但应用引出线标明不同的代号，并用表格列出代号、数量及质量。

多个模具零件形状完全相同，但尺寸不完全相同，可画在一张图纸上，用表格列出代号及不同尺寸等。

③ 比例取 1:1 为宜，对于一些特小或特大的零件，可以放大比例或缩小比例绘制。

④ 零件图上应标注全部尺寸、极限配合、几何公差、表面粗糙度、材料、热处理和有关技术要求。

a. 对于线性尺寸。零件图中的所有尺寸都是制造和检验零件的依据，不但要完整，还要认真仔细地标注，不能出错、重复；还要考虑加工、测量和符合工艺过程的需要；正确选定尺寸的基准面，做到设计、加工、测量检验基准的统一，避免基准不重合造成误差。

b. 对于配合尺寸偏差和精度的要求。

· 冲模零件图上不采用标准配合代号和精度等级代号，而是采用按线性尺寸的极限偏差来标注。

· 未注尺寸公差按 IT14 级制造，或按 GB/T 1804—2000 对未注公差的线性尺寸规定的一般公差，有四个公差等级，即 f 级（精密级）、m 级（中等级）、c 级（粗糙级）和 v 级（最粗级）中选用，见表 1-33。

未注公差线性尺寸的一般公差要求应写在零件图上的技术要求中或者技术文件上，例如选用 m 级，则表示为：GB/T 1804-m。

表 1-33　线性尺寸一般公差等级与极限偏差（摘自 GB/T 1804—2000）　　mm

公差等级	基本尺寸分段							
	0.5～3	>3～6	>6～30	>30～120	>120～400	>400～1000	>1000～2000	>2000～4000
精密 f	±0.05	±0.05	±0.1	±0.15	±0.2	±0.3	±0.5	—
中等 m	±0.1	±0.1	±0.2	±0.3	±0.5	±0.8	±1.2	±2
粗糙 c	±0.2	±0.3	±0.5	±0.8	±1.2	±2	±3	±4
最粗 v	—	±0.5	±1	±1.5	±2.5	±4	±6	±8

·模具工作零件，如凸模、凹模和凸凹模等工作部分尺寸按计算值标注。也有要求在装配过程中达到配合尺寸精度的，应在有关尺寸旁注明"配做"、"装配时加工"、"※"等字样或符号，然后再在技术要求中说明。

其尺寸精度一般按比冲压件同一尺寸精度高 2～3 级的精度等级选取，在模具零件图上以尺寸偏差的形式表示。

(3) 加工表面应注明表面粗糙度等级

在冲模零件图绘制中优先选用 Ra 值作为评定表面质量的参数。常用 Ra 的范围为 $0.025～6.3\mu m$。一般情况下，表面粗糙度的选用与零件的表面工作要求及公差等级等有关，表 1-34、表 1-35 供参考。

表 1-34　冲模零件的表面质量要求

表面粗糙度值 $Ra/\mu m$	适 用 范 围
0.1	精密冲裁凸、凹模刃口表面，或表面质量要求高的拉深、成形、冷挤的凸、凹模表面
0.2～0.4	精度要求高的拉深、弯曲、成形、冷挤的凸、凹模表面
0.4～0.8	①弯曲、拉深、成形的凸模和凹模工作表面 ②圆柱表面和平面的刃口 ③滑动和精确导向的表面
0.8～1.6	①成形的凸模和凹模刃口 ②凸模、凹模镶块的接合面 ③过盈配合和过渡配合表面 ④支承定位和紧固表面 ⑤磨削加工的基准平面 ⑥要求准确的工艺基准表面
1.6～3.2	内孔表面、底板平面
3.2	①不需磨削加工的支承,定位和紧固表面 ②底板平面
6.3～12.5	不与冲压材料及其他零件接触的表面
25	粗糙的不重要的表面
非加工面	铸造上、下模座的四周面,要求平的无毛刺表面

具体到在图样上的标注形式，按新标注 GB/T 131—2006 规定。

在有表面粗糙度要求的部位标注，如圆凸模的工作部位等。对于其余所有未标注表面粗糙度的部位，粗糙度值要求又相同，可在零件图的右上角标注"其余 $\sqrt{Ra3.2}$"字样，以表达对这些部位的粗糙度要求为 $Ra3.2\mu m$。

表 1-35　冲模零件的加工精度、配合关系及表面粗糙度

配合零件名称	配合及精度	表面粗糙度值 $Ra/\mu m$
导柱与下模座	$\dfrac{H7}{r6}$	导柱、导套外表面0.8
导套与上模座		上下模座≤1.6
导柱与导套	$\dfrac{H6}{h5}$或$\dfrac{H7}{h6}$、$\dfrac{H7}{f7}$	配合面<0.4

续表

配合零件名称	配合及精度	表面粗糙度值 $Ra/\mu m$
模柄（带法兰盘）与上模座	$\dfrac{H9}{h8}、\dfrac{H9}{h9}$	配合面≤1.6
凸模与凸模固定板	$\dfrac{H7}{m6}、\dfrac{H7}{k6}$	凸模0.8，固定板孔≤1.6
凸模（凹模）与上、下模板（镶入式）	$\dfrac{H7}{h6}$	凸模、凹模外表面0.8，配合孔≤1.6
固定挡料销与凹模	$\dfrac{H7}{m6}$ 或 $\dfrac{H7}{n6}$	固定挡料销≤0.8，凹模孔≤1.6
活动挡料销与卸料板（普通冲模）	$\dfrac{H9}{h8}、\dfrac{H9}{h9}$	≤1.6
圆柱销与固定板、上下模座等	$\dfrac{H7}{n6}$	圆柱销0.8，定位孔≤1.6
螺钉与螺钉孔	单边间隙0.5～1mm	3.2
卸料板与凸模（凸凹模）	普通要求，双面间隙0.2～0.8mm	凸模0.8，卸料板孔1.6
	中等要求，双面间隙0.05～0.1mm	0.8
	高精度，双面间隙＜0.05mm	<0.8
	当卸料板对小凸模起到保护作用时，其配合间隙小于该模具冲裁间隙	
顶件器与凹模	单边间隙0.1～0.5mm	1.6
推杆（打杆）与模柄	普通要求单边间隙0.5～1mm	1.6～3.2
推杆（顶杆）与凸模固定板	单边间隙0.2～0.5mm	
凹模镶套与凹模板	$\dfrac{H7}{m6}、\dfrac{H7}{n6}$ 或 $\dfrac{H6}{m5}、\dfrac{H6}{n5}$	≤0.8
活动式导正销与卸料板（精密级进模）	$\dfrac{H7}{h6}$ 或 $\dfrac{H7}{h5}$	≤0.8
侧刃与固定板	$\dfrac{H7}{m6}$	侧刃0.8，固定板≤1.6

（4）加工表面几何公差的标注

精密模具零件的设计图中，除标注尺寸偏差、表面粗糙度要求外，还应提出加工表面几何误差（形状、方向、位置和跳动误差）的要求。

① 几何公差的几何特征及符号。国家标准 GB/T 1182—2008 中规定的几何公差包括形状公差、方向公差、位置公差和跳动公差，其几何特征与符号如表 1-36 所示。由表可见，形状公差无基准要求，方向公差、位置公差和跳动公差有基准要求；而在几何特征的线、面轮廓度中，无基准要求为形状公差，有基准要求为方向或位置公差。

标注时，特征符号的线宽为 $h/10$（h 为图样中所注尺寸数字的高度），符号的高度一般为 h，圆柱度、平行度和跳动公差的符号倾斜约 75°。

表 1-37 所示为国家标准 GB/T 1182 几何公差的几何特征附加符号，仅供参考。

表 1-36　几何公差的几何特征及符号（摘自 GB/T 1182—2008）

公差类型	几何特征	符号	有或无基准	公差类型	几何特征	符号	有或无基准
形状公差	直线度	—	无	方向公差	平行度	//	有
					垂直度	⊥	有
	平面度	▱	无		倾斜度	∠	有
	圆度	○	无	位置公差	位置度	⊕	有或无
	圆柱度	⌭	无		同心度（用于中心点）	◎	有
方向、位置公差或形状公差	线轮廓度	⌒	有或无		同轴度（用于轴线）	◎	有
					对称度	═	有
	面轮廓度	⌒	有或无	跳动公差	圆跳动	↗	有
					全跳动	↗↗	有

表 1-37　几何公差的几何特征附加符号（摘自 GB/T 1182—2008）

名称	符号	名称	符号
基准目标	$\boxed{\dfrac{\phi2}{A1}}$	包容要求	Ⓔ
理论正确尺寸	$\boxed{50}$	可逆要求	Ⓡ
延伸公差带	Ⓟ	不凸起	NC
最大实体要求	Ⓜ	公共公差带	CZ
最小实体要求	Ⓛ	线素	LE
全周（轮廓）	⌀	任意横截面	ACS

图 1-19、图 1-20 为几何公差在零件图上的标注示例，供参考。

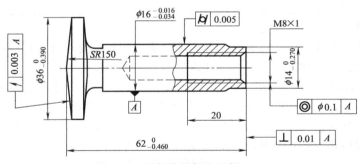

图 1-19　几何公差标注示例（一）

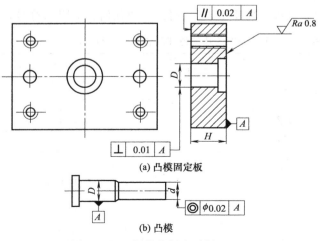

(a) 凸模固定板

(b) 凸模

图 1-20　几何公差标注示例（二）

② 各个几何公差带的定义和在图样上的标注示例及解释，见表1-38～表1-41。

表 1-38　形状公差带的定义、标注及解释（摘自 GB/T 1182—2008）　　mm

几何特征及符号	公差带的定义	标注示例及解释
直线度 ——	公差带为给定平面内和给定方向上，间距等于公差值 t 的两平行直线所限定的区域，见图1 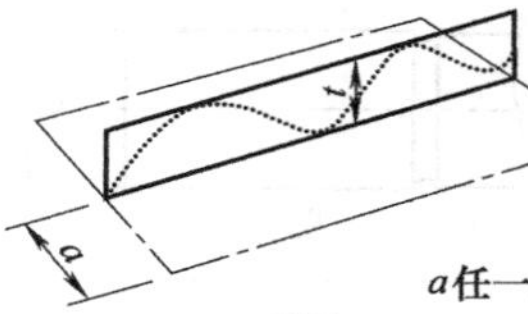 a任一距离 图1	在任一平行于图示投影面的平面内，被测上平面的提取（实际）线应限定在间距等于 0.1 的两平行直线之间，见图2 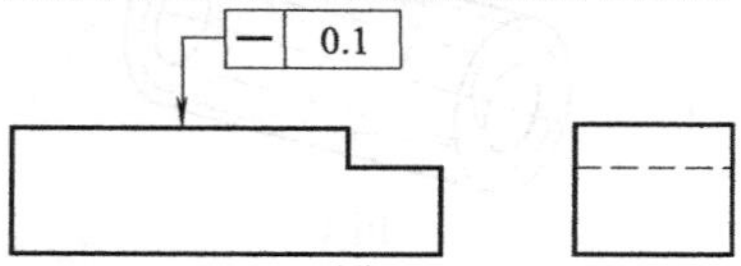 图2
	公差带为间距等于公差值 t 的两平行平面所限定的区域，见图3 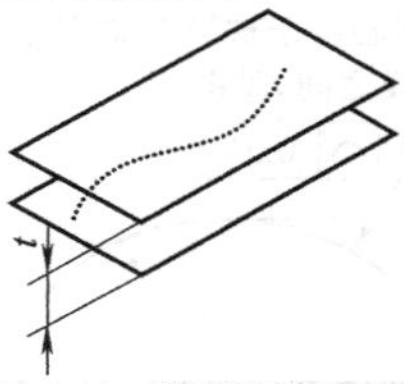 图3	提取（实际）的棱边应限定在间距等于 0.1 的两平行平面之间，见图4 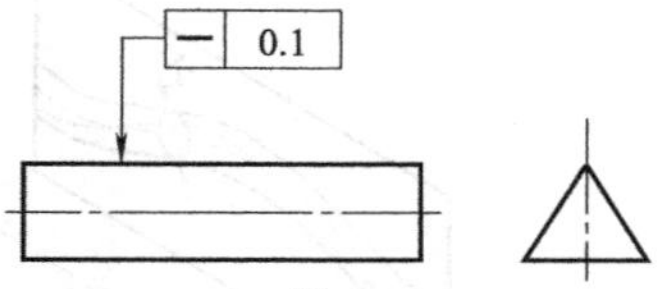 图4
	公差带为直径等于公差值 ϕt 的圆柱面所限定的区域，见图5 注意：公差值前加注符号 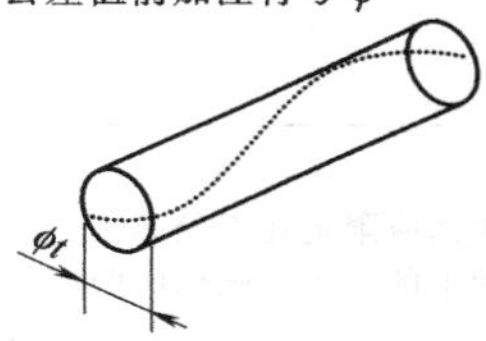 ϕ 图5	外圆柱面的提取（实际）中心线应限定在直径等于 $\phi 0.08$ 的圆柱面内，见图6 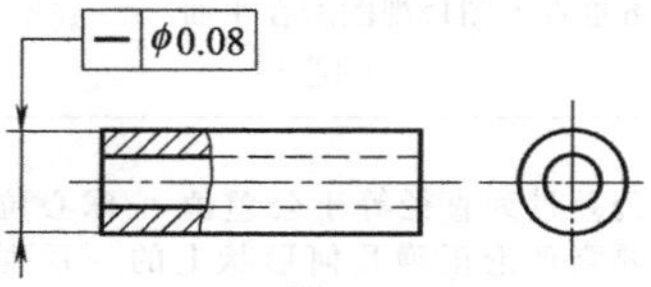 图6
平面度 ▱	公差带为间距等于公差值 t 的两平行平面所限定的区域，见图7 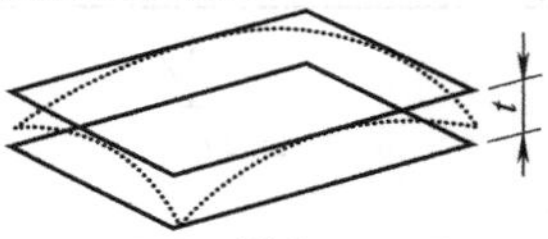 图7	提取（实际）表面应限定在间距等于 0.08 的两平行平面之间，见图8 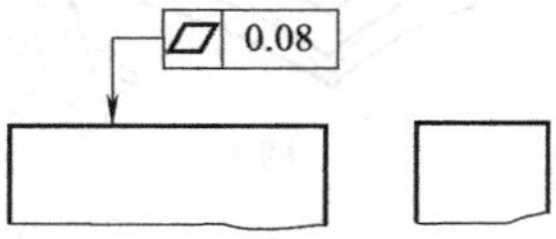 图8
圆度 〇	公差带为在给定横截面内、半径差等于公差值 t 的两同心圆所限定的区域，见图9 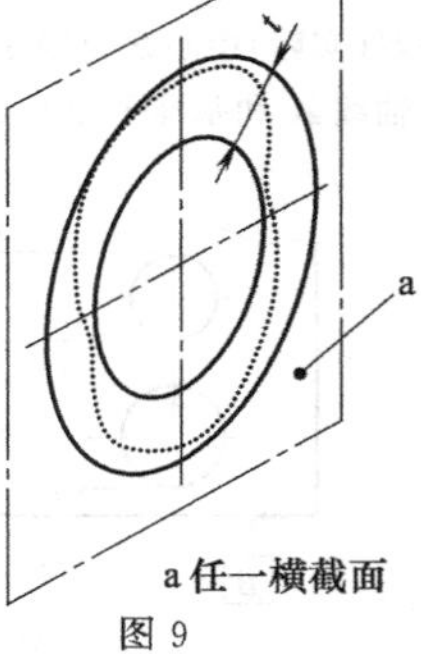 a任一横截面 图9	在圆柱（或圆锥）面的任意横截面内，提取（实际）圆周应限定在半径差等于 0.03 的两共面同心圆之间，见图10 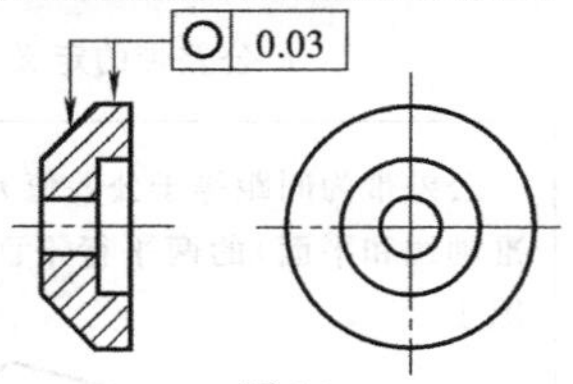 图10 在圆锥面的任意横截面内，提取（实际）圆周应限定在半径差等于 0.01 的两同心圆之间，见图11 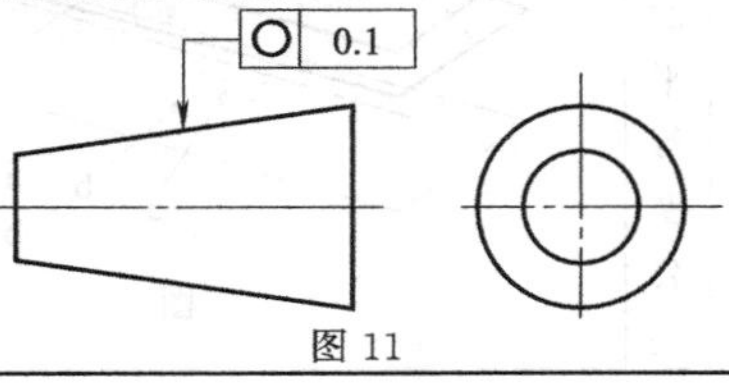 图11

几何特征及符号	公差带的定义	标注示例及解释
圆柱度 ⌭	公差带为半径差等于公差值 t 的两同轴圆柱面所限定的区域,见图 12 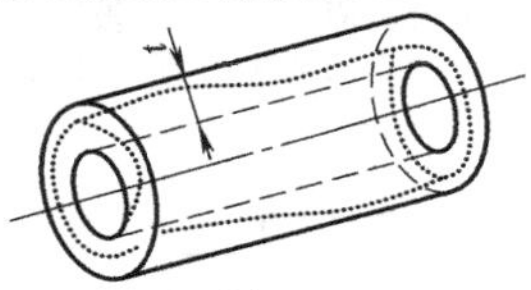 图 12	提取(实际)圆柱面应限定在半径差等于 0.1 的两同轴圆柱面之间,见图 13 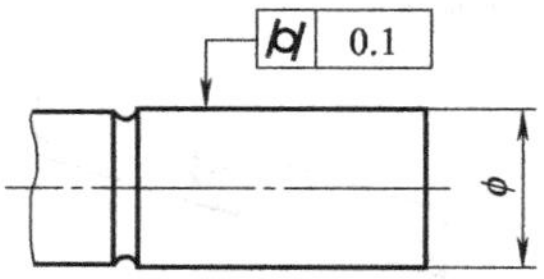 图 13
线轮廓度 ⌒	公差带为直径等于公差值 t、圆心位于具有理论正确几何形状上的一系列圆的两包络线所限定的区域,见图 14 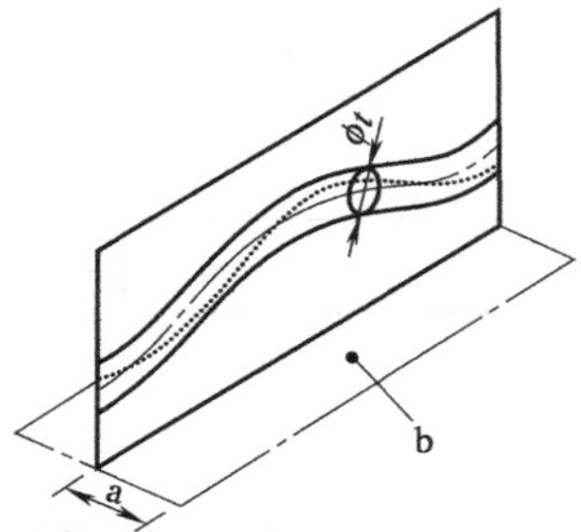 a 任一距离 b 垂直于图15视图所在平面 图 14	在任一平行于图示投影面的截面内,提取(实际)轮廓线应限定在直径等于 0.04、圆心位于被测要素理论正确几何形状上的一系列圆的两等距包络线之间,见图 15 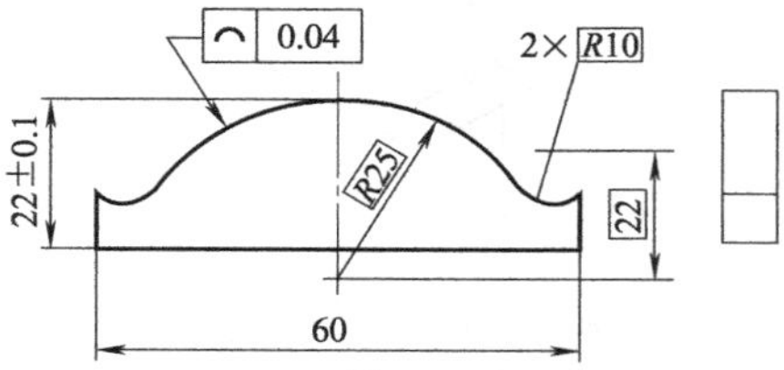 图 15
面轮廓度 ⌓	公差带为直径等于公差值 t、球心位于被测要素理论正确几何形状上的一系列圆球的两包络面所限定的区域,见图 16 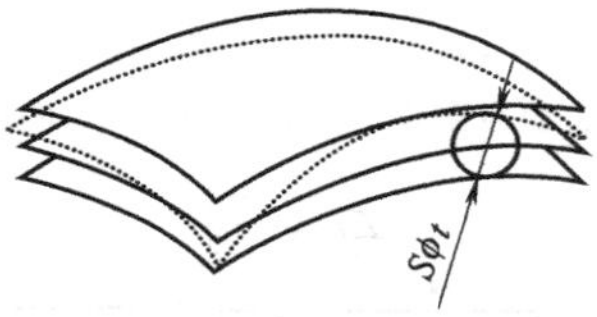 图 16	提取(实际)轮廓面应限定在直径等于 0.02、球心位于被测要素理论正确几何形状上的一系列圆球的两等距包络面之间,见图 17 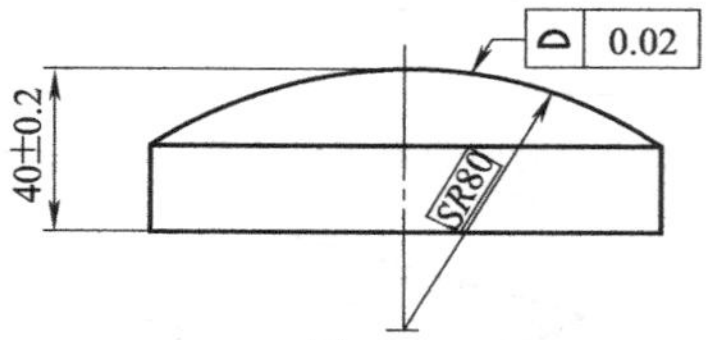 图 17

表 1-39　方向公差带的定义、标注及解释（摘自 GB/T 1182—2008）　　　　mm

几何特征及符号		公差带的定义	标注示例及解释
平行度 ∥	线对基准体系的平行度公差	公差带为间距等于公差值 t、平行于两基准(基准轴线和平面)的两平行平面所限定的区域,见图 1 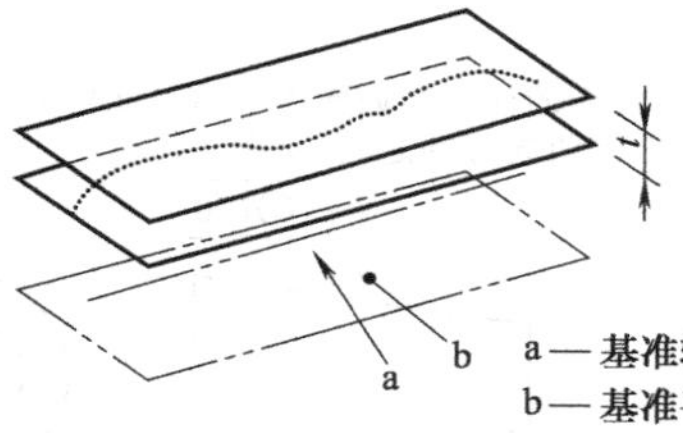 a — 基准轴线 b — 基准平面 图 1	提取(实际)中心线应限定在间距等于 0.1、平行于基准轴线 A 和基准平面 B 的两平行平面之间,见图 2 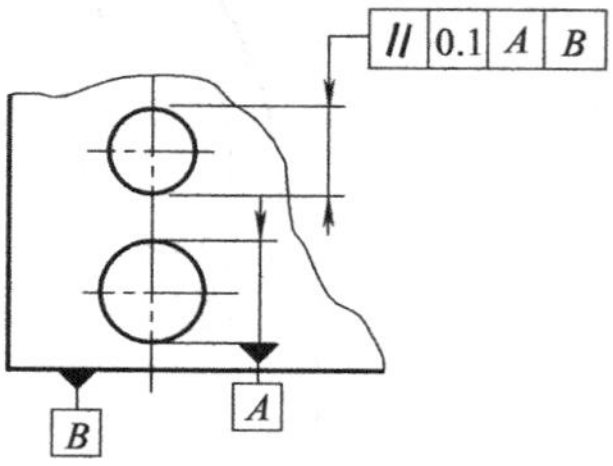 图 2

几何特征及符号	公差带的定义	标注示例及解释
平行度 ∥	线对基准体系的平行度公差	公差带为间距等于公差值 t、平行于基准轴线 A 且垂直于基准平面 B 的两平行平面所限定的区域，见图3 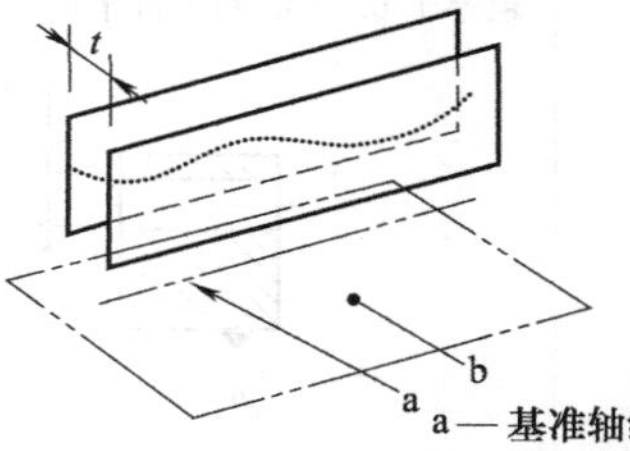 a—基准轴线 A b—基准平面 B 图3	提取（实际）中心线应限定在间距等于0.1的两平行平面之间，该两平行平面平行于基准轴线 A 且垂直于基准平面 B，见图4 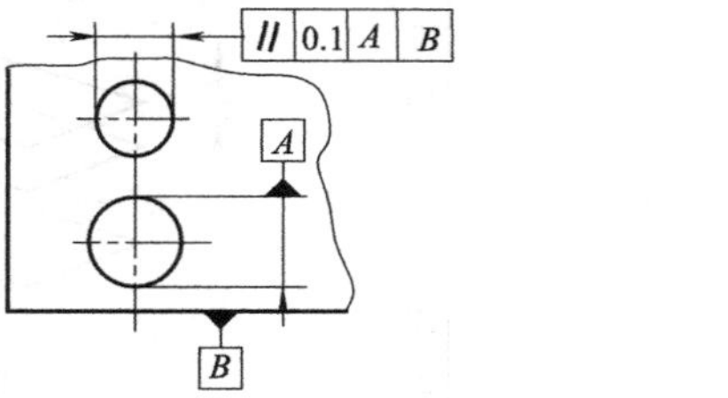 图4
		公差带为平行于基准轴线和平行或垂直于基准平面、距离分别为公差值 t_1 和 t_2，且相互垂直的两平行平面所限定的区域，见图5 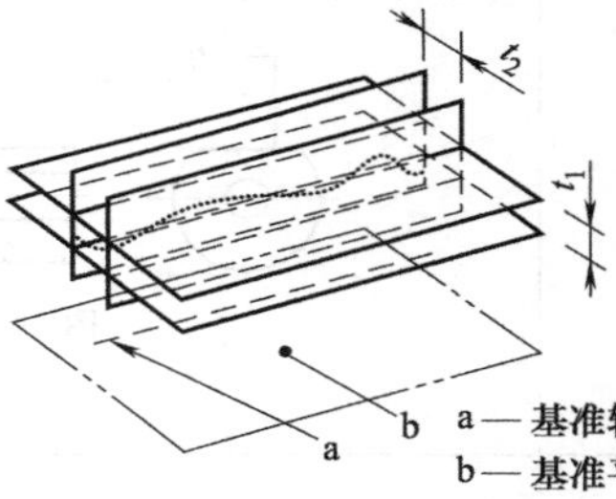 a—基准轴线 b—基准平面 图5	提取（实际）中心线应限定在平行于基准轴线 A 和平行或垂直于基准平面 B、间距分别等于0.1和0.2，且相互垂直的两平行平面之间，见图6 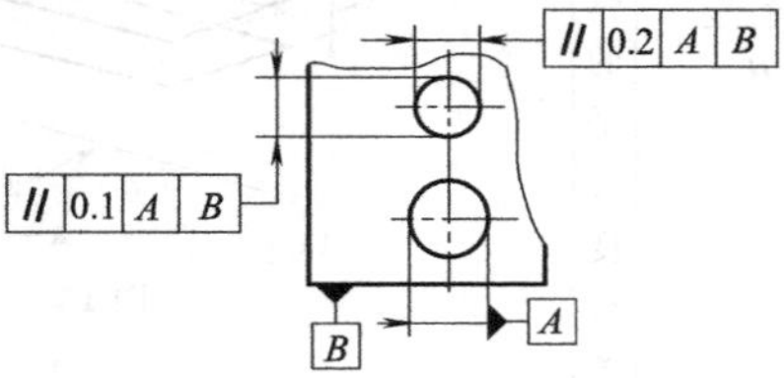 图6
		公差带为间距等于公差值 t 的两平行直线所限定的区域，该两平行直线平行于基准平面 A 且处于平行于基准平面 B 的平面内，见图7 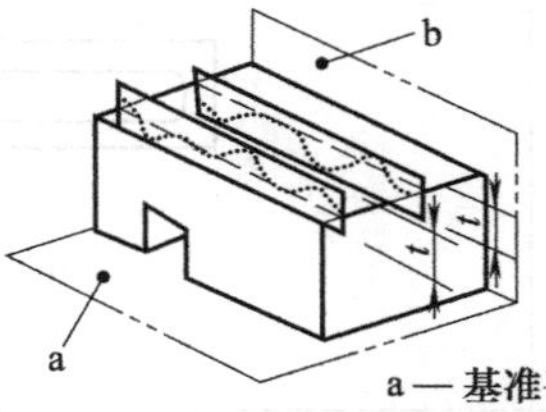 a—基准平面 A b—基准平面 B 图7	提取（实际）线应限定在间距等于0.02的两平行直线之间，该两平行直线平行于基准平面 A 且处于平行于基准平面 B 的平面内，见图8 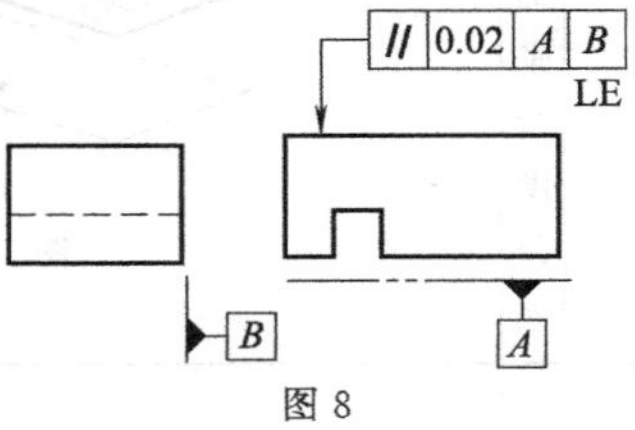 图8
	线对线的平行度公差	公差带为平行于基准轴线、直径等于公差值 ϕt 的圆柱面所限定的区域，见图9 注意：公差值前加注符号 ϕ 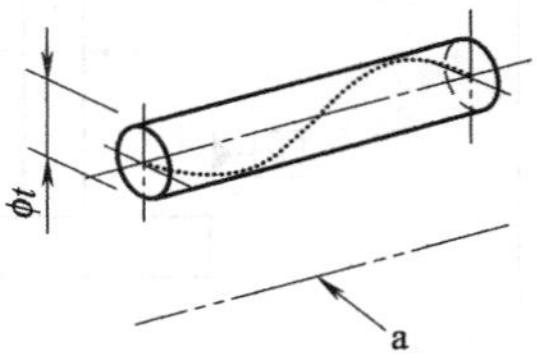 a—基准轴线 图9	提取（实际）中心线应限定在平行于基准轴线 A、直径等于 $\phi0.03$ 的圆柱面内，见图10 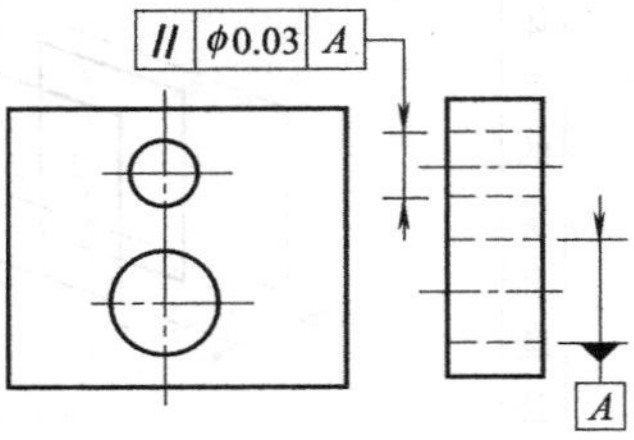 图10

几何特征及符号	公差带的定义	标注示例及解释
平行度 ∥	线对基准面的平行度公差 公差带是平行于基准平面、距离为公差值 t 的两平行平面所限定的区域,见图 11 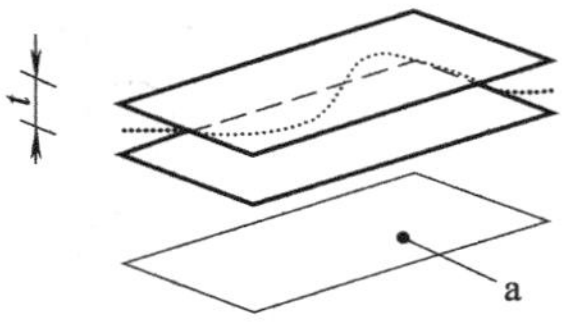 a — 基准平面 图 11	提取(实际)中心线应限定在平行于基准平面 B、间距等于 0.01 的两平行平面之间,见图 12 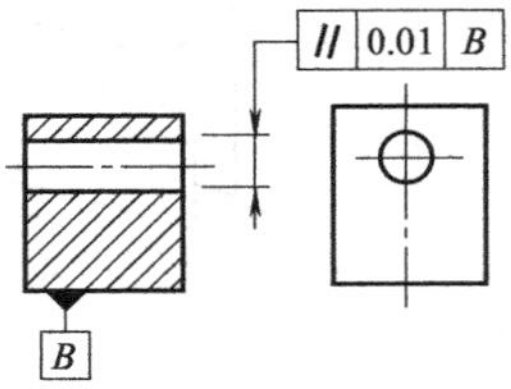 ∥ 0.01 B 图 12
	面对基准线的平行度公差 公差带为间距等于公差值 t、平行于基准轴线的两平行平面所限定的区域,见图 13 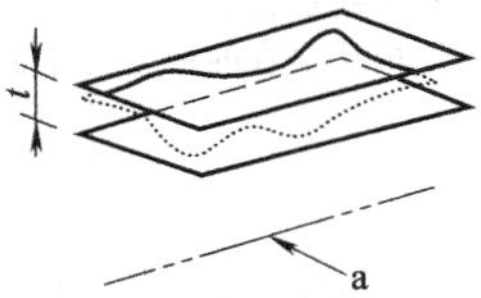 a — 基准轴线 图 13	提取(实际)表面应限定在间距等于 0.1、平行于基准轴线 C 的两平行平面之间,见图 14 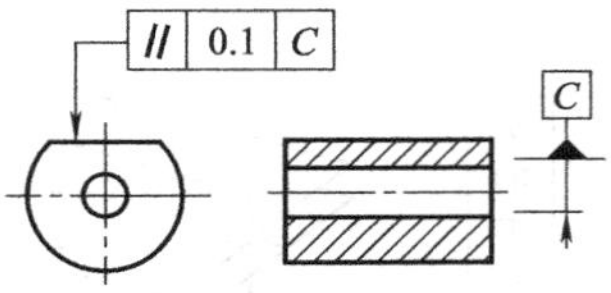 ∥ 0.1 C 图 14
	面对基准面的平行度公差 公差带为间距等于公差值 t、平行于基准平面的两平行平面所限定的区域,见图 15 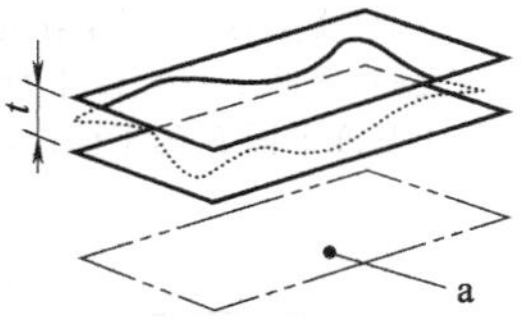 a — 基准平面 图 15	提取(实际)表面应限定在间距等于 0.01、平行于基准平面 D 的两平行平面之间,见图 16 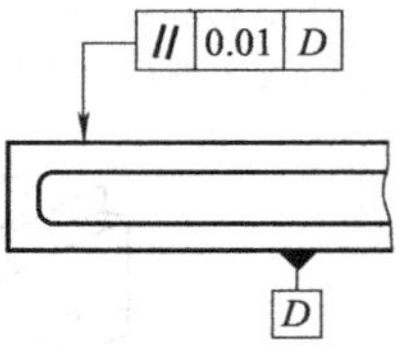 ∥ 0.01 D 图 16
垂直度 ⊥	线对基准体系的垂直度公差 公差带为间距等于公差值 t 的两平行平面所限定的区域,该两平行平面垂直于基准平面 A,且平行于基准平面 B,见图 17 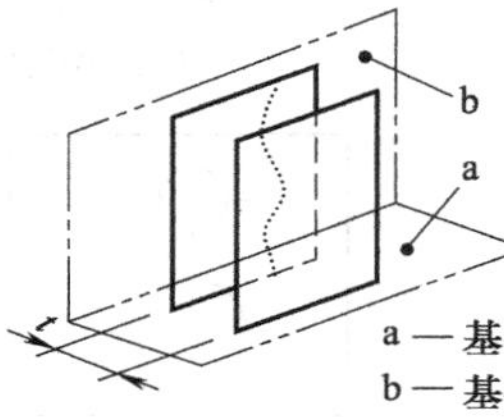 a — 基准平面 A b — 基准平面 B 图 17	圆柱面的提取(实际)中心线应限定在间距等于 0.1 的两平行平面之间,该两平行平面垂直于基准平面 A,且平行于基准平面 B,见图 18 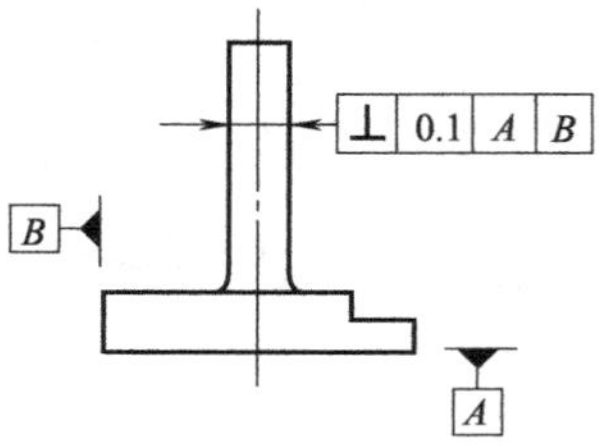 ⊥ 0.1 A B 图 18

几何特征及符号		公差带的定义	标注示例及解释
垂直度 ⊥	线对基准体系的垂直度公差	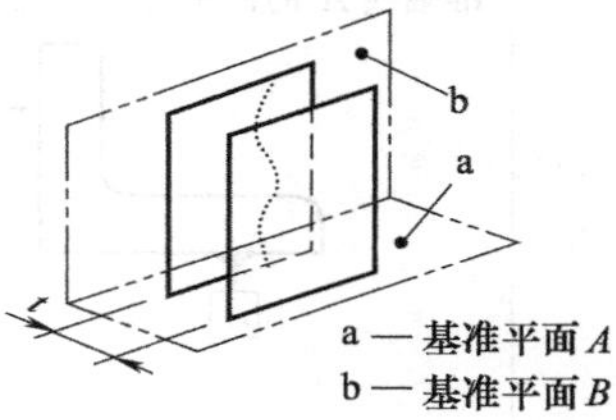 公差带为间距等于公差值 t_1 和 t_2，且相互垂直的两组平行平面所限定的区域，该两组平行平面都垂直于基准平面 A，其中一组平行平面垂直于基准平面 B，见图19；而另一组平行平面平行于基准平面 B，见图20 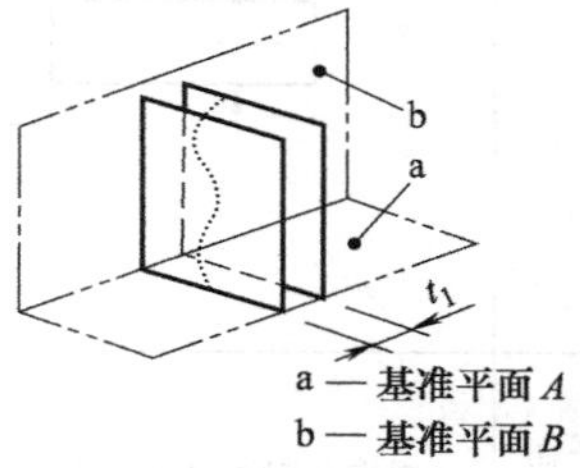 a—基准平面 A b—基准平面 B 图19 a—基准平面 A b—基准平面 B 图20	圆柱面的提取（实际）中心线应限定在间距等于0.1和0.2，且相互垂直的两组平行平面内，该两组平行平面垂直于基准平面 A，且垂直或平行于基准平面 B，见图21 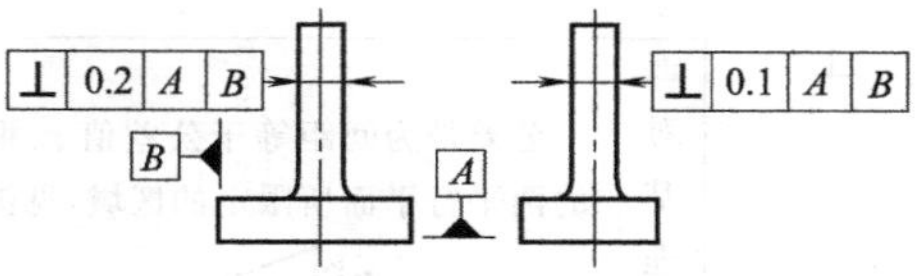 图21
	线对基准线的垂直度公差	公差带为间距等于公差值 t、垂直于基准轴线的两平行平面所限定的区域，见图22 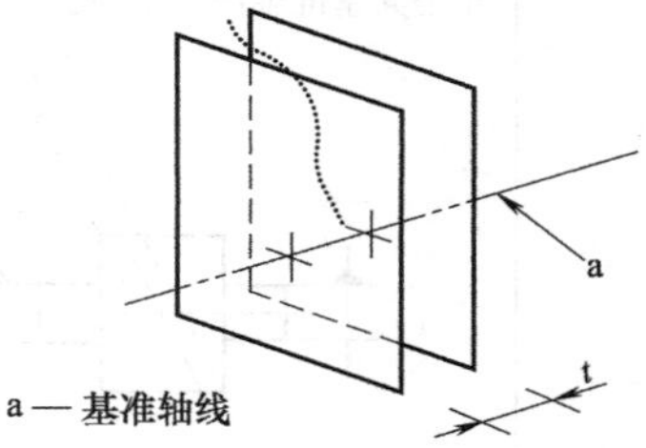 a—基准轴线 图22	提取（实际）中心线应限定在间距等于0.6、垂直于基准轴线 A 的两平行平面之间，见图23 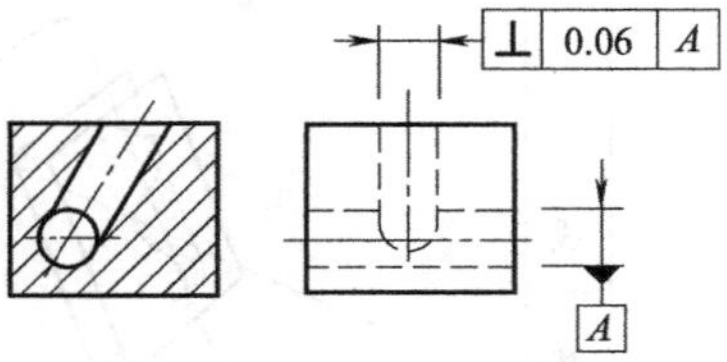 图23
	线对基准面的垂直度公差	公差带为直径等于公差值 ϕt、轴线垂直于基准平面的圆柱面所限定的区域，见图24 注意：公差值前加注符号 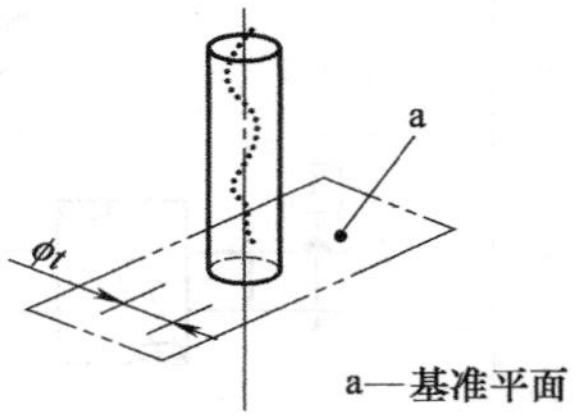 ϕ a—基准平面 图24	圆柱面的提取（实际）中心线应限定在直径等于 $\phi 0.01$、垂直于基准平面 A 的圆柱面内，见图25 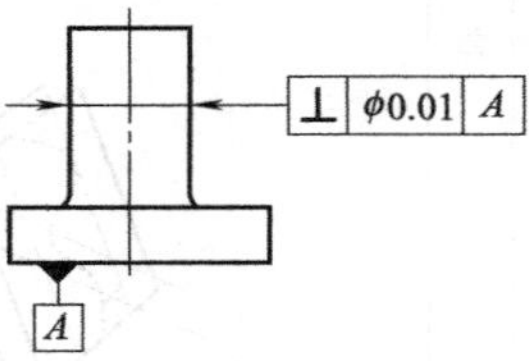 图25

几何特征及符号	公差带的定义	标注示例及解释
垂直度 ⊥	面对基准线的垂直度公差 公差带为间距等于公差值 t 且垂直于基准轴线的两平行平面所限定的区域，见图 26 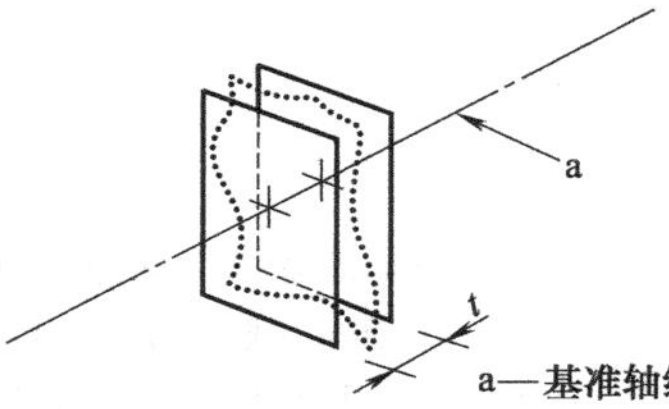 a—基准轴线 图 26	提取（实际）表面应限定在间距等于 0.08 的两平行平面之间，该两平行平面垂直于基准轴线 A，见图 27 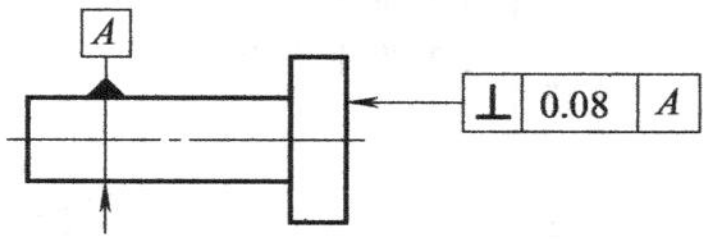 ⊥ 0.08 A 图 27
	面对基准面的垂直度公差 公差带为间距等于公差值 t、垂直于基准平面的两平行平面所限定的区域，见图 28 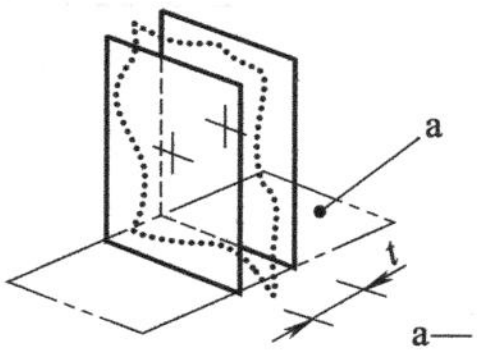 a—基准平面 图 28	提取（实际）表面应限定在间距等于 0.08、垂直于基准轴线 A 的两平行平面之间，见图 29 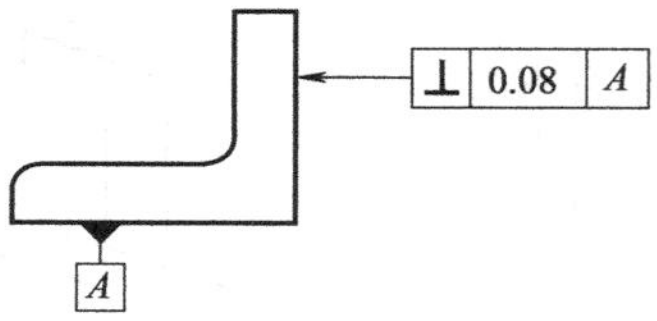 ⊥ 0.08 A A 图 29
倾斜度 ∠	线对基准线的倾斜度公差 被测线与基准线在同一平面上 公差带为间距等于公差值 t 两平行平面所限定的区域，该两平行平面按给定角度倾斜于基准轴线，见图 30 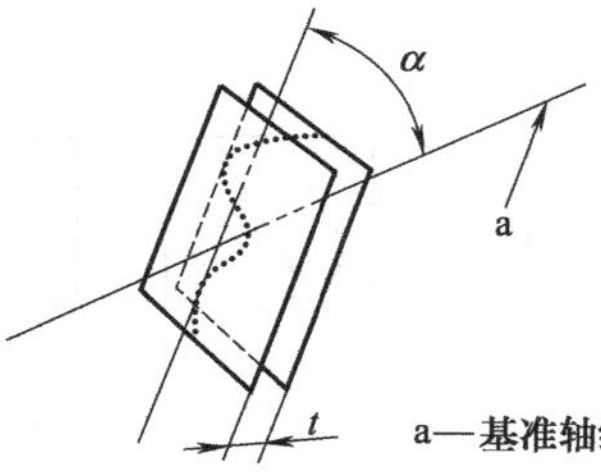 α a—基准轴线 图 30	提取（实际）中心线应限定在间距等于 0.08 的两平行平面之间，该两平行平面按理论正确角度 60° 倾斜于公共基准轴线 A-B，见图 31 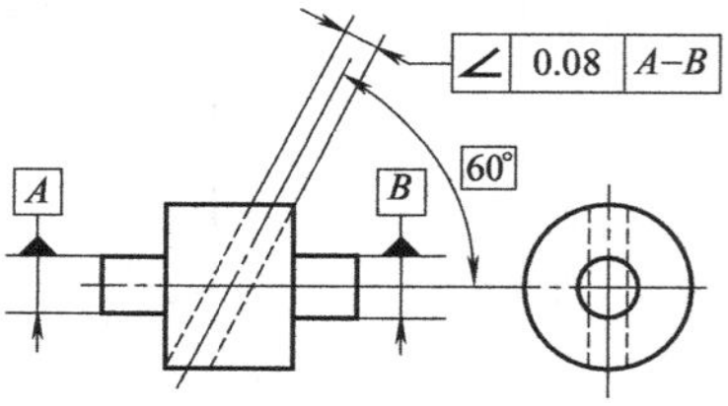 ∠ 0.08 A-B A B 60° 图 31
	被测线与基准线不在同一平面内 公差带为间距等于公差值 t 两平行平面所限定的区域，该两平行平面按给定角度倾斜于基准轴线，见图 32 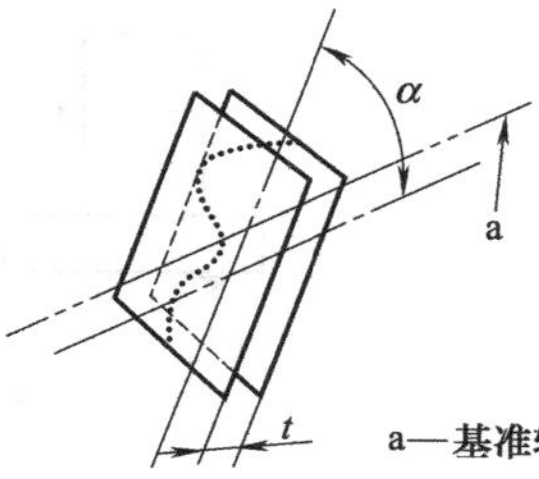 α a—基准轴线 图 32	提取（实际）中心线应限定在间距等于 0.08 的两平行平面之间，该两平行平面按理论正确角度 60° 倾斜于公共基准轴线 A-B，见图 33 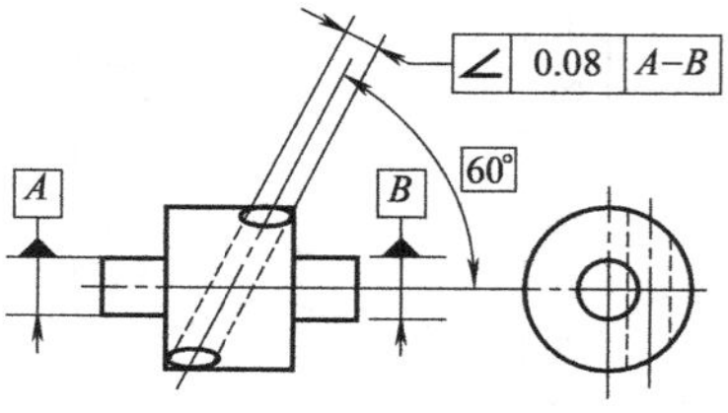 ∠ 0.08 A-B A B 60° 图 33

几何特征及符号	公差带的定义	标注示例及解释
倾斜度 ∠ 线对基准面的倾斜度公差	公差带为间距等于公差值 t 的两平行平面所限定的区域,该两平行平面按给定角度倾斜于基准平面,见图34 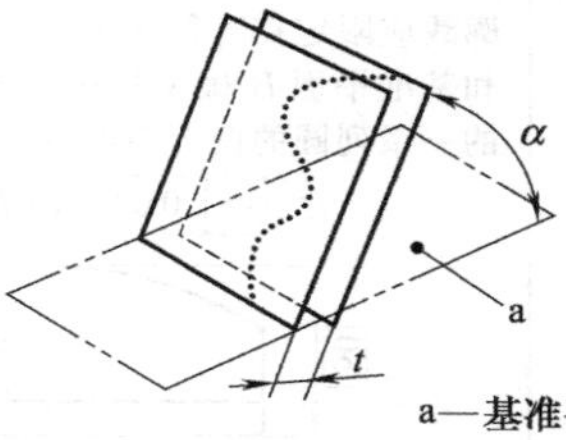 a—基准平面 图34	提取(实际)中心线应限定在间距等于0.08的两平行平面之间,该两平行平面按理论正确角度60°倾斜于公共基准平面 A,见图35 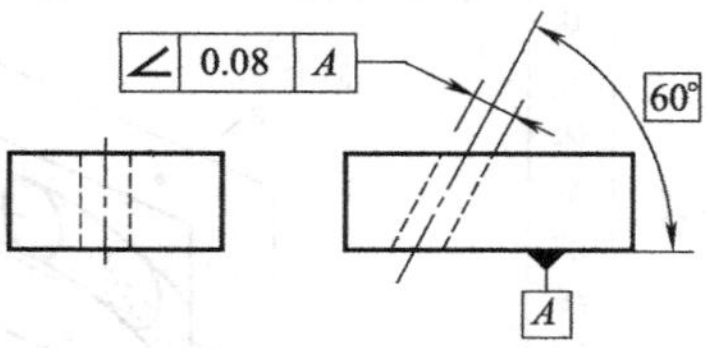 ∠ 0.08 A 60° A 图35
	公差带为直径等于公差值 ϕt 的圆柱面所限定的区域,该圆柱面公差带的轴线按给定角度倾斜于基准平面 A 且平行于基准平面 B,见图36 注意:公差值前加注符号 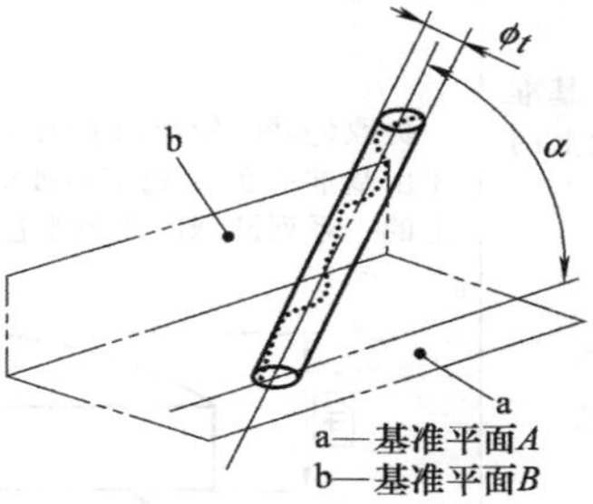 ϕ a—基准平面A b—基准平面B 图36	提取(实际)中心线应限定在直径等于 $\phi0.1$ 的圆柱面内,该圆柱面的中心线按理论正确角度60°倾斜于公共基准平面 A 且平行于基准平面B,见图37 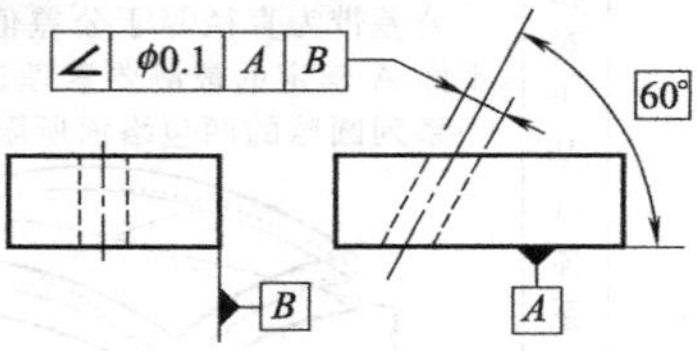 ∠ $\phi0.1$ A B 60° B A 图37
	面对基准线的倾斜度公差 公差带为间距等于公差值 t 的两平行平面所限定的区域,该两平行平面按给定角度倾斜于基准轴线,见图38 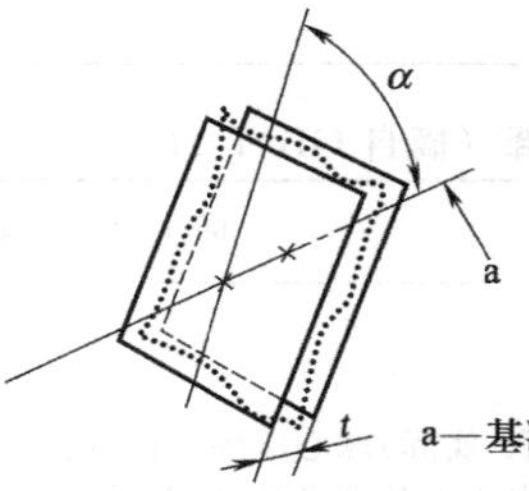 a—基准直线 图38	提取(实际)表面应限定在间距等于0.1的两平行平面之间,该两平行平面按理论正确角度75°倾斜于基准轴线 A,见图39 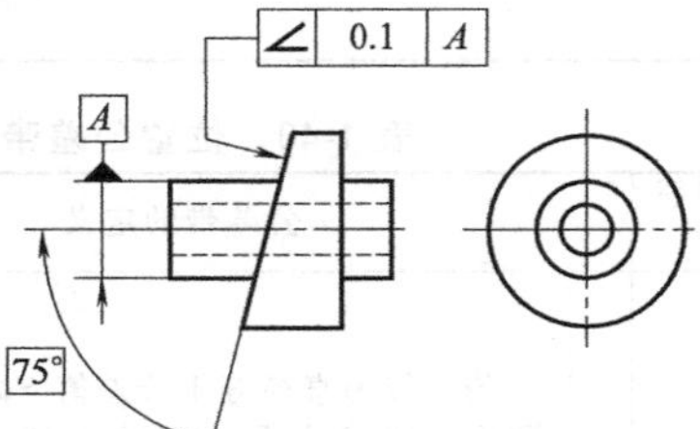 ∠ 0.1 A A 75° 图39
	面对基准面的倾斜度公差 公差带为间距等于公差值 t 的两平行平面所限定的区域,该两平行平面按给定角度倾斜于基准平面,见图40 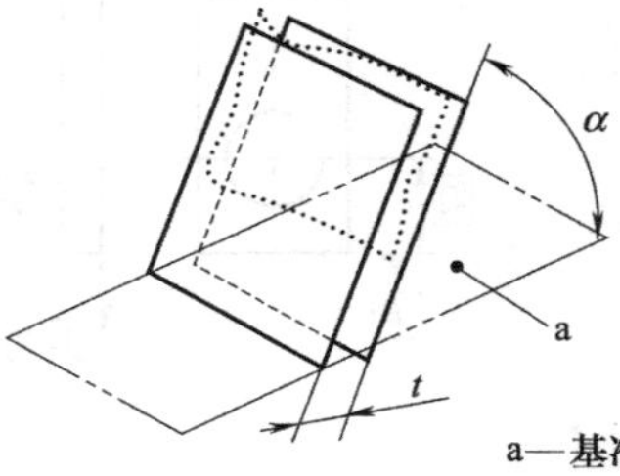 a—基准轴线 图40	提取(实际)表面应限定在间距等于0.08的两平行平面之间,该两平行平面按理论正确角度40°倾斜于公共基准平面 A,见图41 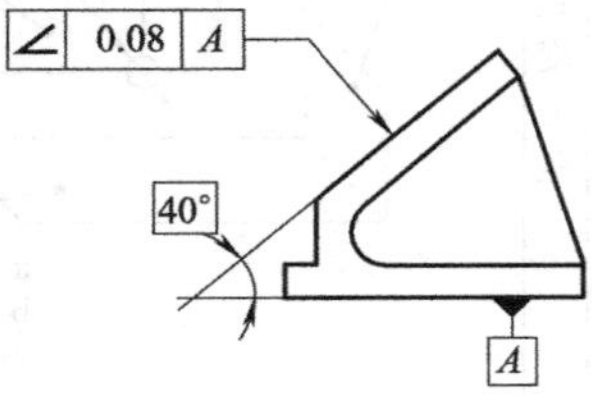 ∠ 0.08 A 40° A 图41

图34
图36
图38
图40
图35
图37
图39
图41

几何特征及符号	公差带的定义	标注示例及解释
线轮廓度 ⌒	相对于基准体系的线轮廓度公差 公差带为直径等于公差值 t、圆心位于由基准平面 A 和基准平面 B 确定的被测要素理论正确几何形状上一系列圆球的两包络线所限定的区域，见图42 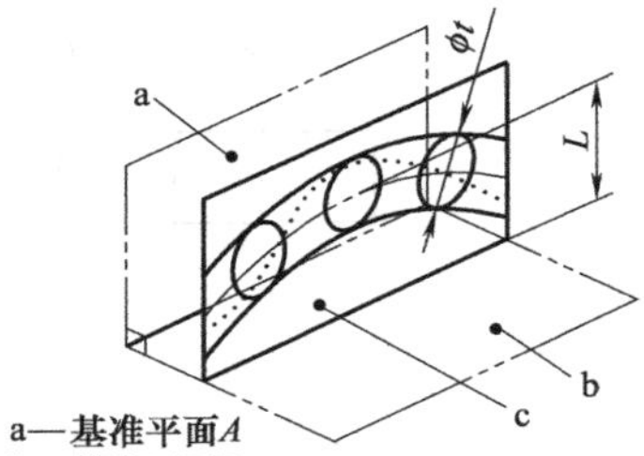 a—基准平面A b—基准平面B c—平行于基准A的平面 图42	在任一平行于图示投影面的截面内，提取（实际）轮廓线应限定在直径等于0.04、圆心位于由基准平面 A 和基准平面 B 确定的被测要素理论正确几何形状上的一系列圆的两等距离包络线之间，见图43 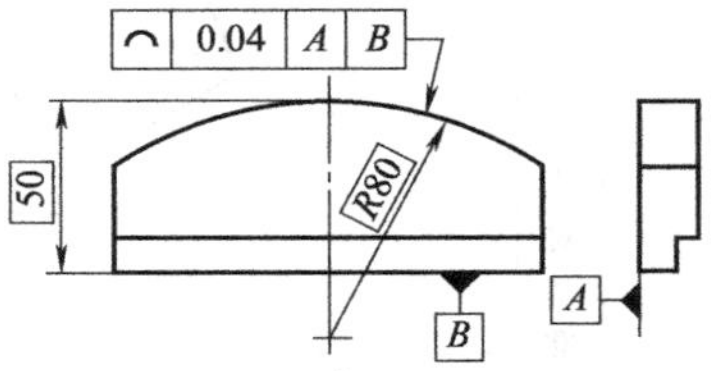 图43
面轮廓度 ⌓	相对于基准体系的面轮廓度公差 公差带为直径等于公差值 t、球心位于由基准平面 A 确定的被测要素理论正确几何形状上的一系列圆球的两包络面所限定的区域，见图44 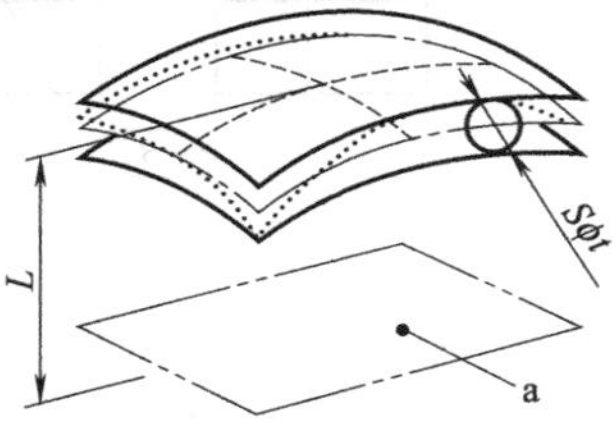 a—基准平面 图44	提取（实际）轮廓面应限定在直径等于0.1、球心位于由基准平面 A 确定的被测要素理论正确几何形状上的一系列圆球的两等距包络面之间，见图45 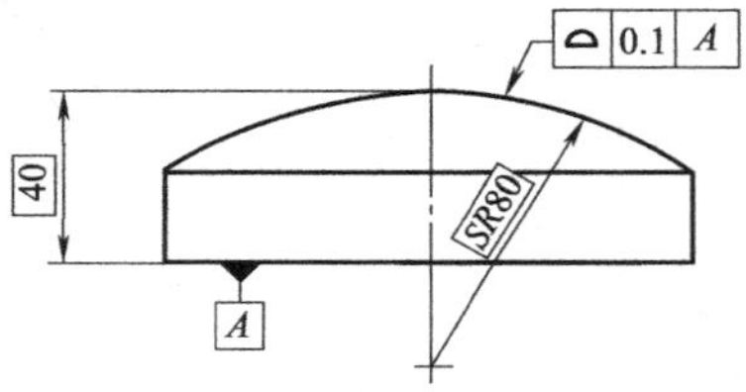 图45

表 1-40 位置公差带的定义、标注及解释（摘自 GB/T 1182—2008） mm

几何特征及符号	公差带的定义	标注示例及解释
位置度 ⊕	点的位置度公差 公差带为直径等于公差值 $S\phi t$ 的圆球面所限定的区域，该圆球面中心的理论正确位置由基准平面 A、B、C 和理论正确尺寸确定，见图1 注意：公差值前加注符号 $S\phi$ 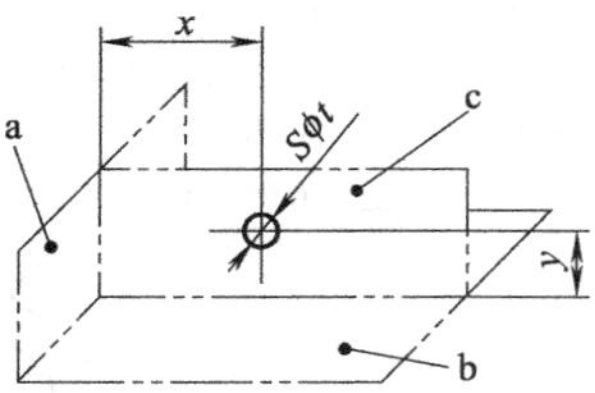 a—基准平面A b—基准平面B c—基准平面C 图1	提取（实际）球心应限定在直径等于 $S\phi 0.3$ 的圆球内，该圆球的中心由基准平面 A、基准平面 B、基准平面 C 和理论正确尺寸30、25确定，见图2 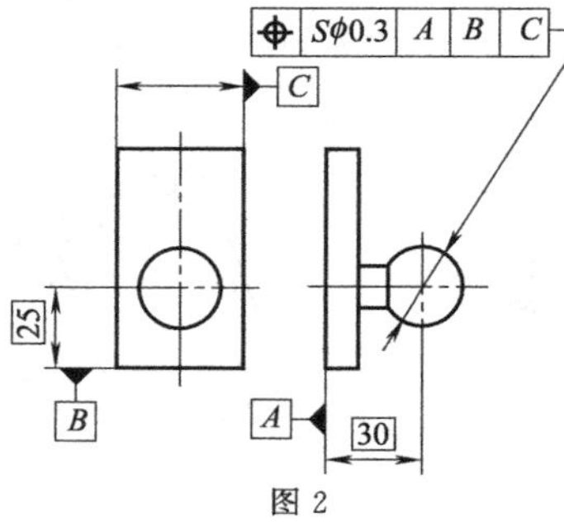 图2

几何特征及符号	公差带的定义	标注示例及解释
位置度 ⊕	**线的位置度公差** 当给定一个方向的公差时,公差带为间距等于公差值 t、对称于线的理论正确位置的两平行平面所限定的区域,线的理论正确位置由基准平面 A、B 和理论正确尺寸确定,见图3 图3	各条刻线的提取(实际)中心线应限定在间距等于0.1,对称于基准平面 A、B 和理论正确尺寸25、10确定的理论正确位置的两平行平面之间,见图4 图4
	当给定两个方向的公差时,公差带为间距等于公差值 t_1 和 t_2、对称于线的理论正确位置的两对相互垂直的平行平面所限定的区域,线的理论正确位置由基准平面 C、A 和 B 及理论正确尺寸确定,见图5和图6 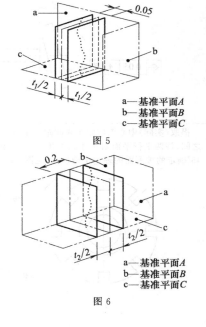 图5 图6	各孔的提出(实际)中心线在给定方向上应各自限定在间距等于0.05和0.2且相互垂直的两对平行平面内。每对平行平面对称于由基准平面 C、A、B 和理论正确尺寸20、15、30确定的各孔轴线的理论正确位置,见图7 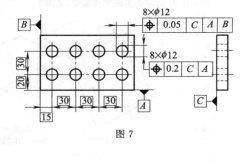 图7

几何特征及符号	公差带的定义	标注示例及解释
位置度 ⊕	线的位置度公差 公差带为直径等于公差值 ϕt 的圆柱面所限定的区域,该圆柱面轴线的位置由基准平面 A、B、C 和理论正确尺寸确定,见图 8 注意:公差值前加注符号 ϕ a—基准平面 A b—基准平面 B c—基准平面 C 图 8	提取(实际)中心线应限定在直径等于 $\phi0.08$ 的圆柱面内,该圆柱面轴线的位置应处于有基准平面 A、B、C 和理论正确尺寸 100、68 确定的理论正确位置上,见图 9 图 9 各提取(实际)中心线应各自限定在直径等于 $\phi0.1$ 的圆柱面内,该圆柱面的轴线应处于由基准平面 C、A、B 和理论正确尺寸 20、15、30 确定的各孔轴线的理论正确位置上,见图 10 图 10
	轮廓平面或中心平面的位置度公差 公差带为间距等于公差值 t,且对称于被测面的理论正确位置的两平行平面所限定的区域,面的理论正确位置由基准平面 A、基准轴线 B 和理论正确尺寸确定,见图 11 a—基准平面 b—基准轴线 图 11	提取(实际)表面应限定在间距等于 0.05 且对称于被测面的理论正确位置的两平行平面之间,该两平行平面对称于由基准平面 A、基准轴线 B 的理论正确尺寸 15、105° 确定的被测面的理论正确位置,见图 12 图 12 提取(实际)中心面应限定在间距等于 0.05 的两平行平面之间,该两平行平面对称于由基准平面 A 和理论正确角度 45° 确定的被测面的理论正确位置,见图 13 图 13

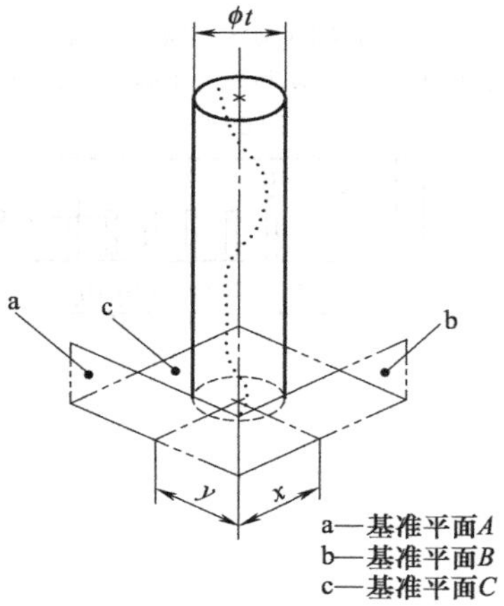

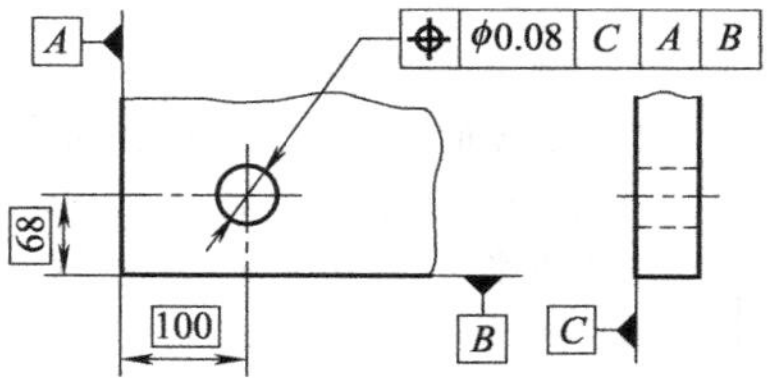

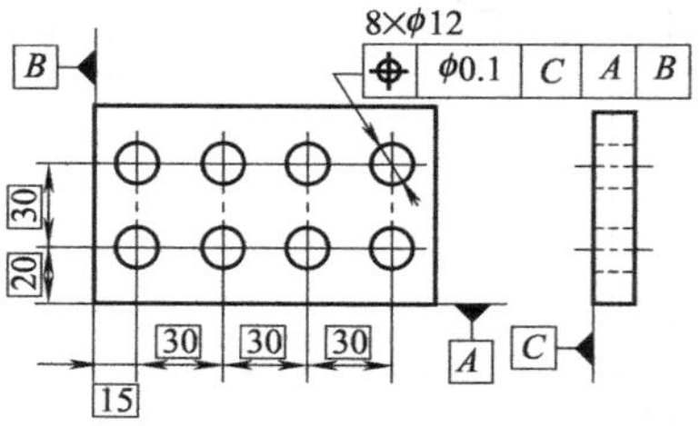

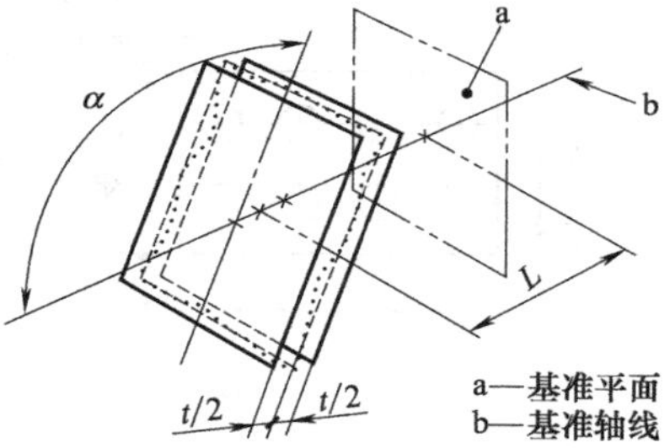

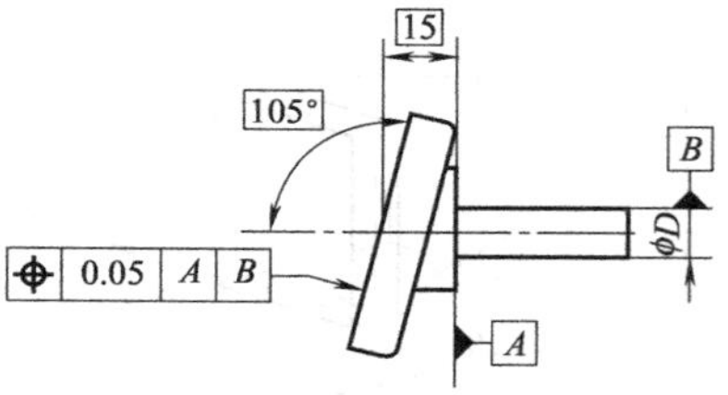

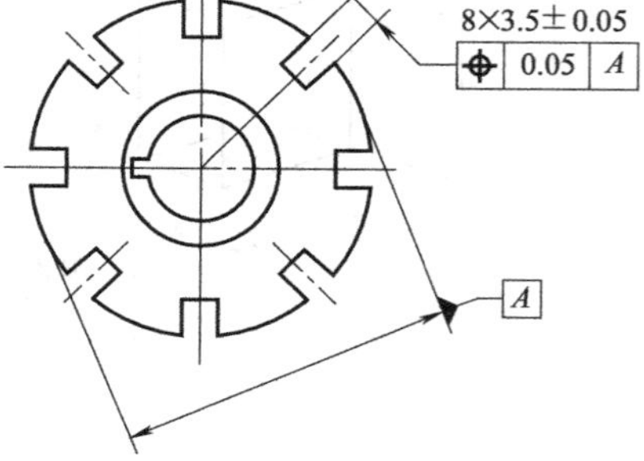

几何特征 及符号		公差带的定义	标注示例及解释
同轴度 和 同心度 ◎	点 的 同 心 度 公 差	公差带为直径等于公差值 ϕt 的圆周所限定的区域,该圆周的圆心与基准点重合,见图14 注意:公差值前加注符号 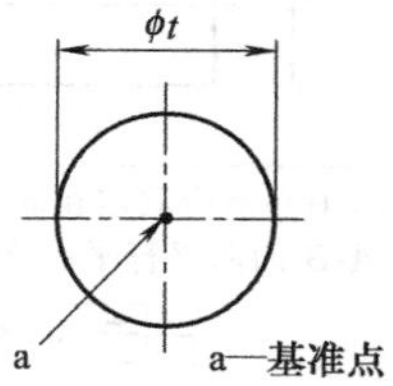 ϕ 图14	在任意横截面内,内圆的提取(实际)中心应限定在直径等于 $\phi0.1$、以基准点 A 为圆心的圆周内,见图15 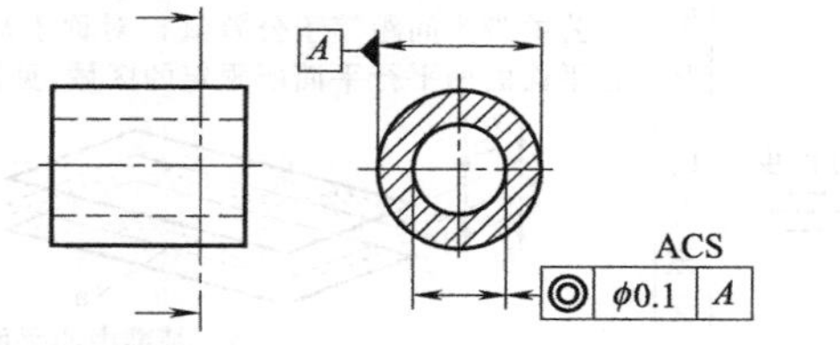 图15
	轴 线 的 同 轴 度 公 差	公差带为直径等于公差值 ϕt 的圆柱面所限定的区域,该圆柱面的轴线与基准轴线重合,见图16 注意:公差值前加注符号 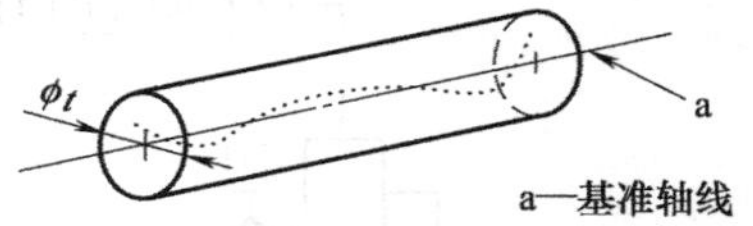 ϕ 图16	大圆柱面的提取(实际)中心线应限定在直径等于 $\phi0.08$、以公共基准轴线 $A\text{-}B$ 为轴线的圆柱面内,见图17 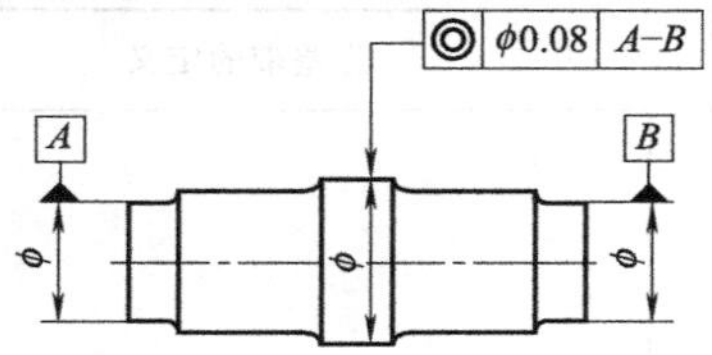 图17 大圆柱面的提取(实际)中心线应限定在直径等于 $\phi0.1$、以基准轴线 A 为轴线的圆柱面内,见图18 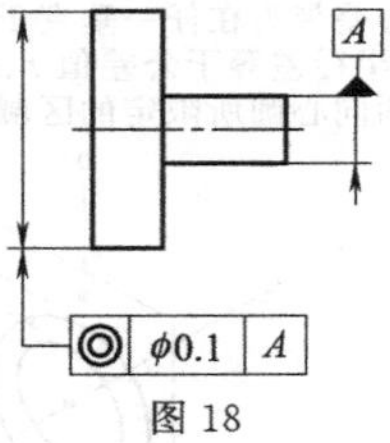 图18 大圆柱面的提取(实际)中心线应限定在直线等于 $\phi0.1$、以垂直于基准平面 A 的基准轴线 B 为轴线的圆柱面内,见图19 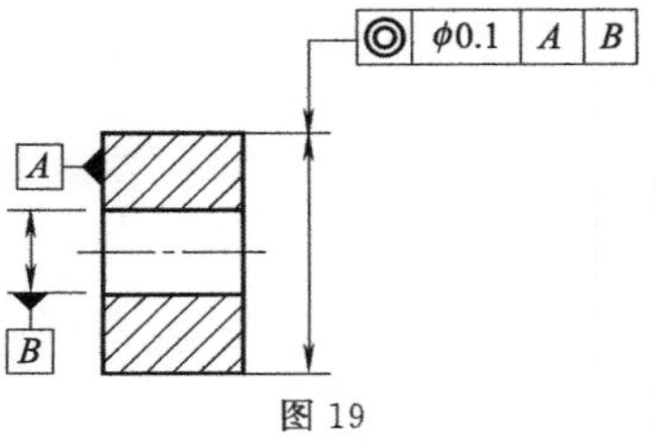 图19

续表

几何特征及符号	公差带的定义	标注示例及解释
对称度 ＝	中心面的对称度公差 公差带为间距等于公差值 t，对称于基准中心平面的两平行平面所限定的区域，见图20 a—基准中心平面 图20	提取（实际）中心面应限定在间距等于0.08、对称于基准中心平面 A 的两平行平面之间，见图21 图21 提取（实际）中心面应限定在间距等于0.08、对称于公共基准中心平面 A-B 的两平行平面之间，见图22 图22

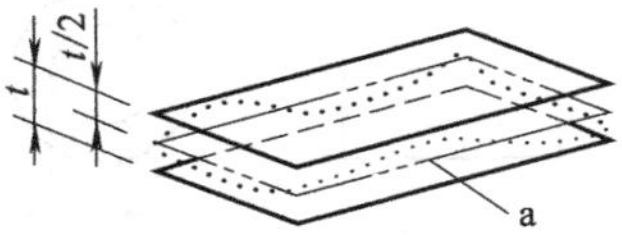

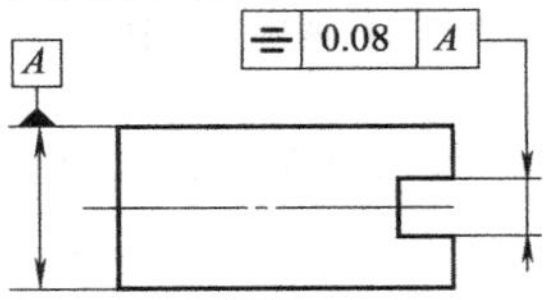

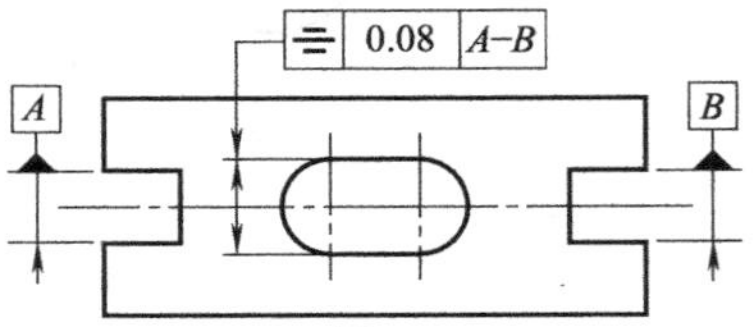

表 1-41 **跳动公差带的定义、标注及解释**（摘自 GB/T 1182—2008） mm

几何特征及符号	公差带的定义	标注示例及解释
圆跳动 ↗	径向圆跳动公差 公差带为在任一垂直于基准轴线的横截面内，半径差等于公差值 t、圆心在基准轴线上的两同心圆所限定的区域，见图1 a—基准轴线 b—横截面 图1	在任一垂直于基准轴线 A 的横截面内，提取（实际）圆面应限定在半径差等于0.1、圆心在基准轴线 A 上的两同心圆之间，见图2 图2 在任一平行于基准平面 B、垂直于基准轴线 A 的横截面内，提取（实际）圆面应限定在半径差等于0.1、圆心在基准轴线 A 上的两同心圆之间，见图3 图3 在任一垂直于公共基准 A-B 的横截面内，提取（实际）圆面应限定在半径差等于0.1、圆心在基准轴线 A-B 上的两同心圆之间，见图4 图4

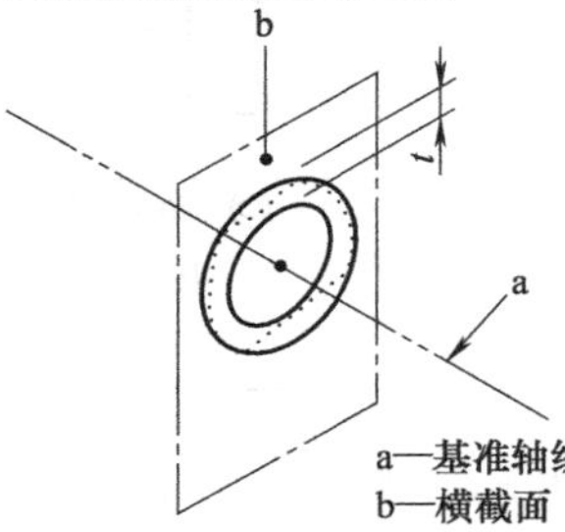

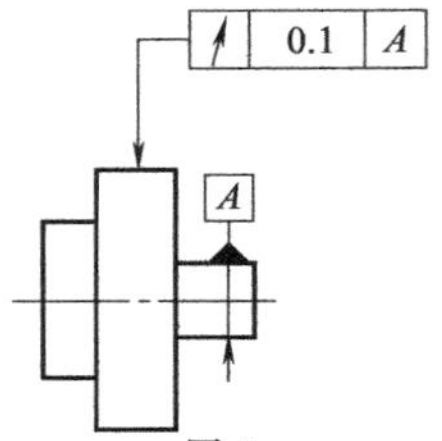

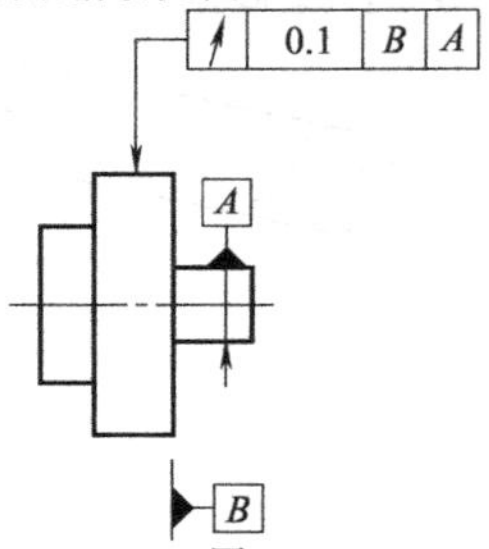

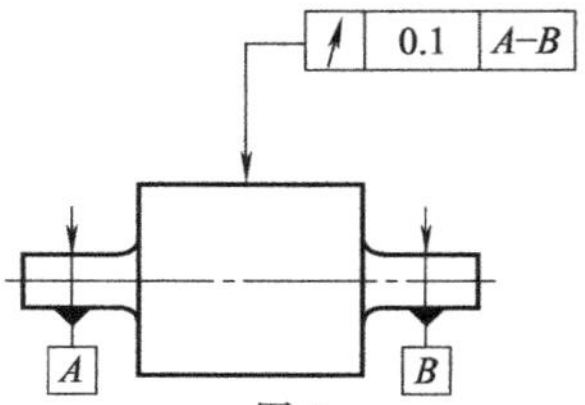

续表

几何特征及符号	公差带的定义	标注示例及解释
径向圆跳动公差	圆跳动通常适用于整个要素，但也可规定只适用于局部要素的某一指定部分，见图5	在任一垂直于基准轴线 *A* 的横截面内，提取（实际）圆弧应限定在半径差等于0.2，圆心在基准轴线 *A* 上的两同心圆弧之间，见图6 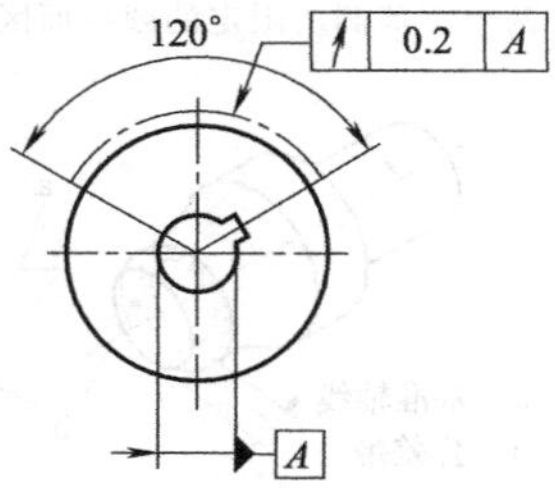 图5 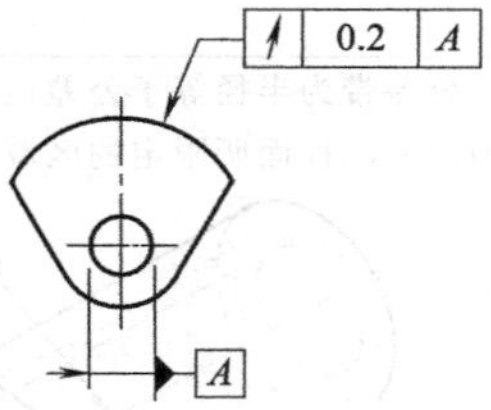 图6
轴向圆跳动公差	公差带为与基准轴线同轴的任一半径的圆柱截面上，轴向距离等于公差值 *t* 的两周所限定的圆柱面区域，见图7 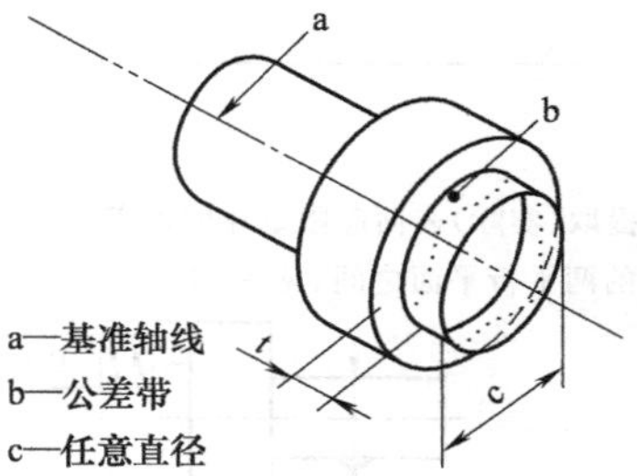 a—基准轴线 b—公差带 c—任意直径 图7	在与基准轴线 *D* 同轴的任一圆柱形截面上，提取（实际）圆应限定在轴向距离等于0.1的两个等圆之间，见图8 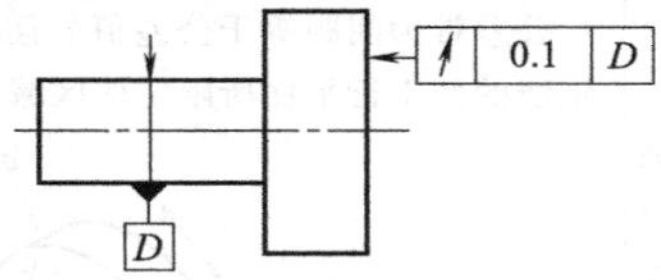 图8
斜向圆跳动公差	公差带为与基准轴线同轴的某一圆锥截面上，间距等于公差值 *t* 的两周所限定的圆柱面区域，见图9 除非另有规定，测量方向应沿被测表面的法向 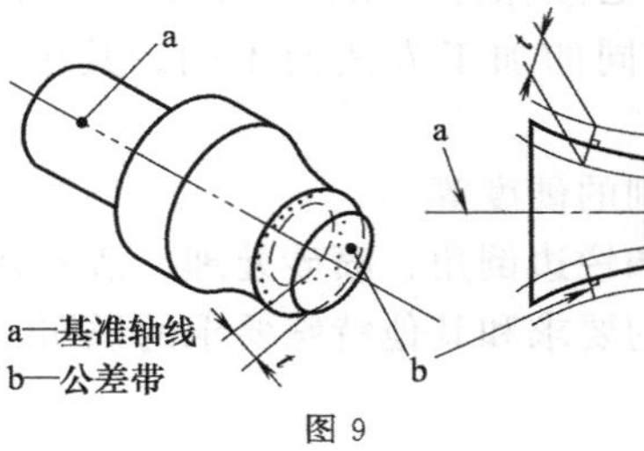 a—基准轴线 b—公差带 图9	在与基准轴线 *C* 同轴的任一圆锥截面上，提取（实际）线应限定在素线方向间距等于0.1的两个不等圆之间，见图10 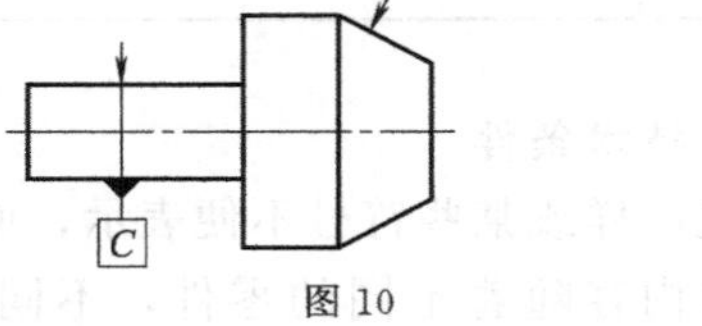 图10 当标注公差的素线不是直线时，圆锥截面的锥角要随所测圆的实际位置而改变，见图9右图及图11 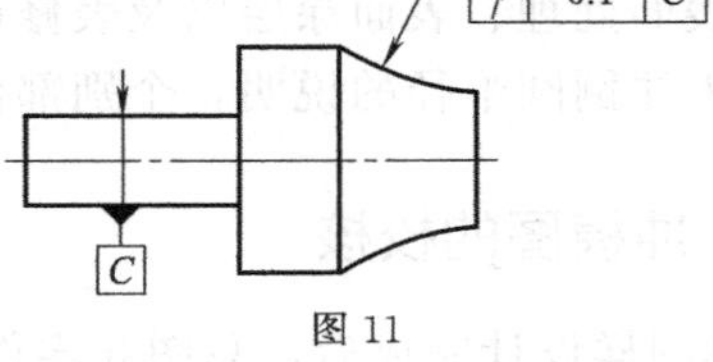 图11

圆跳动 ↗

续表

几何特征及符号		公差带的定义	标注示例及解释
圆跳动 ↗	给定方向的斜向圆跳动公差	公差带为与基准轴线同轴的、具有给定锥角的任一圆锥截面上，间距等于公差值 t 的两个不等圆所限定的圆柱面区域，见图12 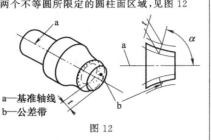 a—基准轴线 b—公差带 图12	在与基准轴线 C 同轴的且具有给定角度60°的任一圆锥截面上，提取(实际)圆应限定在素线方向间距等于0.1的两个不等圆之间，见图13 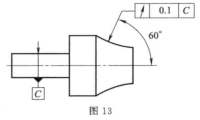 图13
全跳动 ↗↗	径向全跳动公差	公差带为半径等于公差值 t，与基准轴线同轴的两圆柱面所限定的区域，见图14 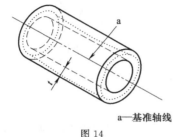 a—基准轴线 图14	提取(实际)表面应限定在直径等于0.1，与公共基准轴线 $A\text{-}B$ 同轴的两圆柱面之间，见图15 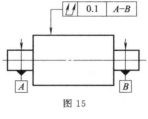 图15
	轴向全跳动公差	公差带为间距等于公差值 t 且垂直于基准轴线的两平行平面所限定的区域，见图16 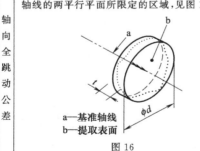 a—基准轴线 b—提取表面 图16	提取(实际)表面应限定在间距等于0.1、垂直于基准轴线 D 的两平行平面之间，见图17 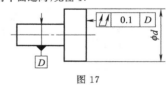 图17

(5) 技术条件

凡是图样或某些符号不便表示，而在制造时又必须保证的条件和要求都应注明在技术条件中。这些内容随着不同的零件，不同的要求及不同的加工方法而不同。其中主要应做如下注明。

① 对材质的要求。如热处理方法及表面应达到的硬度等。

② 表面处理、表面涂层以及表修饰等要求，如锐边倒角、喷砂处理、清砂处理等。

③ 未注倒圆半径的说明，个别部位修饰加工的要求和其他特殊要求的说明。

1.7.5 冲模图的校核

模具图样设计完成后，总图和零件图都要编上号，并必须进行校核，这一步很重要，不可缺少。实践证明，设计中的差错难免，校核对于减少差错、提高质量大有好处。校核的内容很多，不可能一一列举，表 1-42 为冲模图校核内容，供参考。经设计、校核后的图样，用于生产前应有设计、审核等人签名确认才生效。

表 1-42　冲模图校核内容

项目		内容
图类	范围	
总图	一般校核	①设计该模具的必要性是否充分 ②模具的总体结构是否合理,能否冲出合格零件 ③是否能用标准结构、标准件 ④装配难易程度如何,装配的特殊要求在技术要求中是否已写明 ⑤能否更小些、安全性如何 ⑥冲压力是否进行了计算,选用的压力机是否合适
	图面	①是否用最少的视图把图形表达清楚了,视图是否正确 ②件号有没有遗漏 ③制件图及制件材料等有关说明全否 ④冲压力、模具闭合高度,模具标记,相关工具等有关事项是否已写上
	模具构造	①模柄的直径和长度是否与所选的压力机相符 ②要不要计算冲模的压力中心,模柄的中心是否通过压力中心,或在允许的偏差之内 ③核算模具闭合高度,确定导柱长度与模架选择是否合适 ④定位形式与卸料装置是否选用合理 ⑤送料机构是否平稳、可靠 ⑥漏料是否通畅,会否堵死 ⑦细长小凸模有无采取保护措施 ⑧修理刃磨是否方便
	排样	①材料利用率是否最高,废料是否太多,能否改变排样形式,能否通过改变制件的形状和尺寸提高材料的利用率 ②排样是否合理,对于级进模有无冲裁的相邻两处太近或太远,要不要考虑到凸模强度,在排样上留出空步有无不必要地增加级进模的工位数 ③有无对冲裁件数和坯料重量的要求 ④要不要考虑材料轧制纤维纹向 ⑤要不要考虑制件毛刺方向 ⑥冲裁级进步距有无差错 ⑦能否用带料进行自动冲裁 ⑧确定排样时,是否考虑了防止冲半个制件的问题
	明细表	①件号、名称、规格、数量、页次等是否和总图、零件图相符,数量有无写错 ②模架和标准件的代号、规格是否写正确,螺钉、销钉直径和长度是否合适,有没有写错 ③需要做备件的在备注栏中注明了没有
零件图	图面	①该画的零件图是否全画了 ②视图表达是否正确、齐全,有无需要放大表示的 ③尺寸标注的基准面、基准线、基准孔是否选得合理,是否因有假想的中心线而不能测量的地方,是否适合于实际作业和检查
	尺寸	①检查相关零件的相关尺寸,如组件、部件、整体凹模、卸料板、固定板的位置相关尺寸及配合尺寸 ②有无遗漏尺寸 ③是否标注了外轮廓尺寸 ④凸、凹模等工作部分尺寸是否合适,凸、凹模强度是否足够

续表

项目		内容
图类	范围	
零件图	公差	① 无标注公差的部分用普通公差有无不满足需要的地方，或有无比普通公差要求更高的地方 ② 标注的公差是否过严 ③ 局部公差和积累公差间是否有矛盾 ④ 是否检查了配合部分相关件的配合公差 ⑤ 配合是否合理 ⑥ 形位公差标注是否合适 ⑦ 表面粗糙度标注是否适当
	材料	① 选材是否经济合理，是否脱离现实而要求过高 ② 材料是否容易得到 ③ 是否能充分利用边角料或余料 ④ 强度、硬度、耐磨性如何
	热处理	① 是否注明必要的热处理要求（如硬度范围、加工变形情况） ② 零件形状是否适于热处理，尖角地方是否有适当的圆角代替，是否有厚度不匀的地方 ③ 有没有需要电镀、涂覆、表面强化等特殊处理
	加工方法	① 各种零件是否便于加工，能否达到图样要求，是否从更经济和更合适的加工方法来考虑模具零件的形状和结构 ② 从设备的加工能力、加工方法分析，能否采用标准工具 ③ 是否充分考虑采用型材

1.8　冲模设计的几种实用方法与冲压模具的总体尺寸

冲模设计是一项艰辛而富有创造性的技术工作。它需要全面、仔细、不间断地汲取前人和国内外同行先进经验及创新成果，并充分地发挥自己的创造力和聪明智慧，这样才能做好这项开拓性的工作。

对于一个具有较高业务水平（专业知识、基础理论、实践经验）的模具设计师，第一次接触模具设计任务时，除了接受企业的技术主管、长者指导外，往往是从最初的选用"典型组合"标准模具结构设计或套用仿照现成模具结构设计入门开始，慢慢随着不断地接触对各类典型模具结构的了解、消化、吸收及实践经验的积累，便有可能在后续的设计工作中，将各种典型结构、加工工艺融合、相互弥补，最终才有可能有所创新、有所超越，设计出动作合理、结构先进、制造方便、使用满意的优质模具。

1.8.1　冲模设计实用方法

冲模设计的方法很多，常用的几种实用方法见表1-43。

表 1-43　冲模设计方法

序号	类别	设计过程与方法	特点和应用范围
1	选用典型组合设计法	冷冲模中应用最广的普通结构类型，已纳入了机械行业标准（JB/T 8065～8068），共计14种典型组合。每种组合中既规定了典型的结构形式，也规定了组合中各种零件的系列尺寸，如凹模周界尺寸（$L \times B$）、凸模长度、模具闭合高度、各种板件尺寸（长×宽×厚），以及螺钉、销钉、卸料螺钉的位置及尺寸规格（直径×长度），可供设计选用	以生产制造中小型冲模为主或专为电子、电器产品服务的专业模具厂应用较普遍，其特点能快速提高模具设计速度，缩短模具设计时间。模具结构的继承性好，质量有保证

续表

序号	类别	设计过程与方法	特点和应用范围
1	选用典型组合设计法	设计模具时，只要按制件的形状、尺寸及其冲压加工工序所需的冲模，选定上述典型组合的结构形式，便可按标准规格给定的成套标准零部件列出冲模的零部件明细表，设计时，只需完成模具工作部分零件的设计，补齐工作零件凸模、凹模、定位与推卸料装置零件的加工图等，即可较快完成冲模的整体结构设计	选用典型组合标准设计法是最基础的冲模设计方法，它既是初学冲模设计者行走的"手杖"，又是成熟冲模设计者奔跑的"基石"，因此，必须熟练掌握 此外，企业为方便制造和满足更多用户的需要，编制自己的"冷冲模厂标"、"冲模典型组合厂标"、"冲模典型结构图册"、"冲模设计与制造守则"等技术文件，供设计应用。有些外购不到的特定标准件，可自制一些储备，设计时直接选用，不画图，生产时不用单做，可大大缩短周期
2	仿照设计法（继承设计法）	根据制件的形状与尺寸、冲压工艺及其准备要选用的冲模类型与结构，在已生产过的冲压零件、已使用过的冲模中，或在"冲压模具实用结构图册"、"模具设计手册"、"计算机网络"等有关资料中，寻找相同的、类似的以及形状尺寸虽有差异，但稍加改动即可套用的冲模，进行套用仿照设计 选择套用的冲模结构范围非常广泛，但首先应优先考虑选用本企业生产过及使用过的成熟结构，因为这种选择最符合企业现场的生产及设备加工的条件	是工作中广大模具设计者特别是初涉冲模设计者，最常用又非常可靠、极为迅速的一种设计方法 这种设计方法能够充分利用现有设计资源，节省大量时间和精力，而且方便、质量好
3	特殊结构常规设计法	选用典型组合进行冲模设计尽管简单、方便、迅速，但冲模的类型、结构与规格随着冲件图样要求不同及冲压工艺、加工条件等的变化而发生相应变化。对待特殊冲压加工用冲模，已有的典型组合标准（类型和规格）已无法满足可供直接选用，需要对其零部件个别或全部尺寸进行变更超越原标准规定范围；对送料、卸料、定位等机构如果遇到料厚、特厚或特薄，冲件精度要求特高，形状特异甚至有偏离冲压中心方向以外冲压要求等情况，则需有针对性地设计，才能适应要求 这类冲模的设计，可参考典型组合标准冲模结构形式，对其非标准或需改进部件采用常规模具的基本设计方法进行仿照设计，即在原有典型组合结构的基础上，哪些地方不适合使用就改动这些地方，以适应和满足特殊需要。这类设计属于初级的创新设计	基本结构符合典型组合标准，个别零部件作些变更自行设计
4	组合设计法	在冲压加工中，每种冲压件都会因使用的冲压设备不同、供应材料变化、现场生产与制模技术水平差异等因素，而有多种不同的冲压工艺方案。为使加工方案合理、有效，需要分析、研究相应模具设计的可行性，此时往往要运用冲模的组合设计法 组合设计法是冲模设计创新的主要形式，它常常与冲压加工工艺方案的创新相互联系。组合设计法应在充分掌握并分析各类典型组合标准冲模结构、各类推卸与送料定位机构的基础上，根据冲件的具体结构及冲压加工的工艺要求，对上述各选定的冲模有关结构进行借用、仿照和通过有选择性地组合或再设计，从而设计出新颖的冲模	多工位级进模、多工位传递模 每个工位都相似于单工序冲压模具结构。整套模具实质上是将多种单工序模具组合集中到一副模具上

续表

序号	类别	设计过程与方法	特点和应用范围
4	组合设计法	一般情况,对拉伸、弯曲、翻边、压扁、压凸、校形等成形类冲压件,往往采用单工序成形模加工。一旦改用多工位级进模加工方案时,则可套用单工序成形模结构原理,组合成多种（个）成形工位在一副多工位级进模上,这种方法不是简单的拼命,需要结构重新设计,并有选择地组合其他如定位、卸料等机构,完成冲件的正常加工所需功能 此类模具较多成分属于创新设计	多工位级进模、多工位传递模 每个工位都相似于单工序冲压模具结构。整套模具实质上是将多种单工序模具组合集中到一副模具上
5	嫁接设计法	嫁接设计法是把其他工种常用的加工方法或工序移植到冲模结构中实现特有的冲压加工,属冲压设计加工的进一步拓展,这种设计方法,在冲模结构设计上虽有较大难度,但对扩大冲压加工范围意义很大。目前,已经嫁接成功的有自动攻螺纹、棒料切断、管料切断、管料冲孔、叠铆等	多工位级进模、棒料管料切断模等

1.8.2 冲压模具的总体尺寸

冲压模具总体尺寸包括模具的平面尺寸（长×宽）、闭合高度、凸模长度和各模板的厚度,与压力机的装配关系等,如图 1-21 所示。

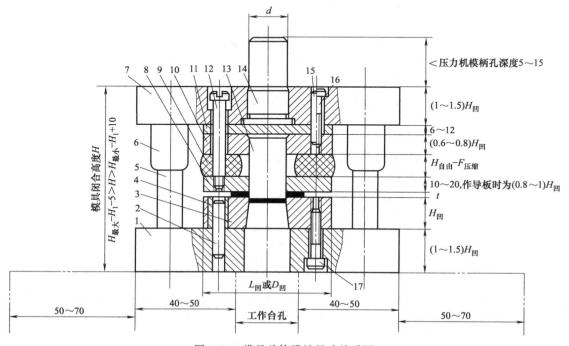

图 1-21　模具总体设计尺寸关系图

1—下模座；2,15—销钉；3—凹模；4—套；5—导柱；6—导套；7—上模座；8—卸料板；
9—橡胶；10—凸模固定板；11—垫板；12—卸料螺钉；13—凸模；14—模柄；16,17—螺钉

第2章

冲压模具用材料

2.1 冲压模具材料的基本要求与选用原则

2.1.1 冲压模具材料的基本要求

冲压模具材料通常是指模具的工作零件材料。由于冲模在工作时，工作零件的凸模和凹模工作部分经受强烈的冲击、挤压和摩擦，并伴有温度的升高，工作条件十分恶劣。为此，对所选用模具材料必须满足使用性能和工艺性能等方面的综合要求。

(1) 使用性能

通常要求冲压模具材料必须具备硬度、韧性和耐磨性三种基本使用性能，具体对各项使用性能的要求说明如下。

① 硬度 硬度是模具钢的主要技术指标，模具在高应力的作用下，保持其形状尺寸不变，必须有足够的硬度，一般要求冲模凸、凹模的硬度应在60HRC左右。

② 红硬性 又称热稳定性。指模具在高速高温工作条件下，能保持材料组织和性能的稳定，具有抗软化能力。低合金工具钢、碳素工具钢通常能在180~250℃的温度范围内保持这种性能，铬钼热作模具钢一般在500~600℃的温度范围内保持这种性能。红硬性虽是热作模具钢的重要指标之一，但对于自动化和高速冲压情况下的如级进模用材料，这一点同样很重要。

③ 韧性和耐疲劳性 模具在工作中承受着强烈的冲击、振动、扭转、弯曲等复杂应力，尤其是细长凸模，当强度、韧性不足时，造成模具边缘或局部开裂、折断等形式而提前损坏，因此，使模具保持足够的强度和韧性，有利于模具的正常使用并延长模具寿命。

模具材料的韧性往往和硬度、耐磨性相互矛盾。因此，根据模具的工作情况，选择合理的模具材料，并采用合理的精炼、加工、热处理和表面处理工艺才能使模具材料具有最佳的耐磨性和韧性。

④ 耐磨性 耐磨性常常和模具的寿命联系在一起。耐磨性好，模具使用寿命长。模具在工作中承受相当大的压应力和摩擦力，要求模具能够在强烈摩擦下仍保持其尺寸精度和表面粗糙度，不致早期失效。

⑤ 黏着性与抗咬合力 低的黏着性可防止模具表面因两金属原子相互扩散或单相扩散的作用，而被加工的金属黏附，从而影响模具的正常使用和制件表面质量。此性能对拉深模的要求尤为突出。

高咬合抗力可防止被加工金属与模具产生"冷焊"现象。

此外，还要根据不同模具的实际工作条件，分别考虑其实际要求的其他使用性能。例如，对在高载荷下工作的模具应考虑其抗压强度、抗拉强度、抗弯强度、疲劳强度和断裂韧度等。

(2) 工艺性能

在模具总的制造成本中，模具的材料费约占总成本的 $10\%\sim20\%$；而机械加工、热处理、表面处理、装配、管理等费用要占成本的 80% 以上。所以，模具材料的工艺性能是影响模具成本的一个重要因素。工艺性能好的模具不仅使模具生产工艺简单，易于制造，而且可以降低模具制造费用。模具材料的工艺性能主要包括如下几个方面。

① 可加工性　模具材料的可加工性包括冷加工性能和热加工性能。冷加工性能包括切削、磨削、抛光、冷挤压等，热加工性能包括可锻性，热塑性和热加工温度范围等。可加工性好，容易进行加工，有利于缩短加工周期，降低制造成本。有些模具材料，如高钒高速钢、高钒高合金钢，不便于磨削加工，改用粉末冶金生产的"粉末冶金高速钢和高合金模具钢"，使钢中的碳化物细小，均匀，显著提高了模具材料可磨削性，而且大大改善了钢的塑性、韧性等性能。

② 热处理性能　热处理性能所包括的内容很广，对于模具材料的具体要求是淬透性、淬硬性好，淬火温度宽、淬火变形小和在加热过程中氧化脱碳影响小等。

a. 淬透性　淬透性是指在一定条件下钢件淬火后能够获得淬硬层的能力。它主要取决于钢的化学成分、合金元素含量和淬火前的原始组织状态。对于一些大截面深型腔模具，为了使模具的心部也能得到良好的组织和均匀的硬度，就要求选用淬透性好的模具钢。对于小件，淬透性问题不是很显著；对于大件淬透性较为重要。用作线切割加工凸模或凹模镶件的块状坯件，必选用淬透性好的模具钢，否则切割后的工件实体各处硬度处于不均匀状态。

b. 淬硬性　淬硬性指淬火后能获得均匀而高的表面硬度，它主要取决于钢中的含碳量，碳含量越高，淬火后硬度也越高。对于大部分冷作模具钢，淬硬性往往是主要考虑因素之一。如要求耐磨性高的冲模，一般选用高碳钢制造。

c. 淬火温度和淬火变形　较宽的淬火温度有利于模具根据使用性能来选择温度。如采用火焰加热局部淬火时，难以精确地测量和控制温度，更要求模具钢能适应较宽的淬火温度范围。淬火变形小是模具钢最为重要的性能，有利于消除废品，提高模具合格率，降低生产成本。要求热处理变形小的模具，应该选用微变形模具钢制造，同时尽可能采用冷却能力弱的淬火介质（如油冷、空冷、盐浴淬火等）减少其变形。

d. 氧化脱碳倾向　模具零件在加热过程中如果发生氧化脱碳现象，就会改变模具零件的形状和性能，严重降低模具零件的硬度、耐磨性和使用寿命，使模具早期失效。对容易氧化、脱碳的材料，如含钼量较高的模具钢，可采用真空热处理、可控气氛热处理、盐浴热处理等，以避免模具钢氧化脱碳。

e. 耐回火性　耐回火性是在回火过程中随着温度的升高，钢抵抗硬度下降的能力。回火温度相同，硬度下降少的钢耐回火性好。耐回火性越高，钢的热硬性越高，在相同的硬度下，其韧性也较好。一般对于受到强烈挤压和摩擦的冲压模，也要求模具材料具有较高的耐回火性。

(3) 经济性

① 坯料模块化　为了缩短模具的制造周期，在选购模具材料时，应尽可能选用经过粗加工，甚至精加工淬火回火的模块，进行少量加工即可装配使用。既可以有效地缩短模具制造周期，又因为有些前期加工是在冶金厂高效率大批量生产的，可以降低生产费用，提高材料利用率。

② 模具材料的通用性　模具材料一般用量不大，品种、规格很多，为了便于在市场上采购和备料，应该考虑材料的通用性。除了特殊要求以外，尽可能采用大量生产的货源充足的通用型模具材料，由于通用型模具钢技术比较成熟，积累的生产工艺和使用经验较多，性能数据也比较完整，便于应用（采购、备料和管理），且对降低模具成本有好处。

2.1.2　冲压模具材料的选用原则

（1）根据模具的工作特点满足最佳性能来选材

冲压模具种类很多，就是同属多工位级进模，工作（冲压）内容、工作条件千差万别，对模具材料性能的要求也是多种多样，任何材料没有一种能同时满足最高的强度、硬度、耐磨性、韧性、热硬性、抗疲劳强度和最好的加工工艺性能。因此，对于一定用途模具材料的选择，常常需要综合考虑其性能，取其最佳要素满足冲压特点的需要。例如多工位级进模是高效、高精密、长寿命的"三高"模具，凸模、凹模等工作零件材料应具有高强度、高硬度、高耐磨性和足够的韧性。故可以优先选用优质合金工具钢或硬质合金材料。

对于纯冲裁，主要要求其刃口部分有高的硬度和耐磨性，良好的抗弯强度和韧性。

对于弯曲和拉深，主要要求其工作部分有高的耐磨性，比较而言，对拉深的模具材料耐磨性要求更高一些；其次要求有良好的抗黏附性和一定的韧性。如在拉深不锈钢件时，所选材料应具有较高的抗黏附性便显得尤为重要。

对于冷镦或冷挤压，首要的是模具材料具有高的强度，以保证工作状态下模具不被镦粗、变形和断裂破坏；其次是要有足够的韧性、足够的表面硬度和硬化层深度。

对于模具结构件，如固定板、卸料板类零件，不但要有足够的强度，而且要求这些零件在工作过程中不能变形。

常用冷作模具材料的性能比较见表 2-1 和图 2-1。

表 2-1　常用冷作模具材料的性能比较

材料类别	材料牌号	标准号	耐磨性	韧性	切削加工性	淬火不变形性	回火稳定性	淬硬深度	抗压强度
碳素工具钢	T7A T10A T12A	GB/T 1298—2008	差 较差 较差	较好 中等 中等	好 好 好	较差 较差 较差	差 差 差	水淬 15~18mm 油淬 5~7mm	差
合金工具钢	9SiCr、Cr2 9Mn2V CrWMn 9CrWMn Cr12 Cr12MoV Cr4W2MoV	GB/T 1299—2000	中等 中等 中等 中等 好 好 较好	中等 中等 中等 中等 差 差 较差	较好 较好 中等 中等 较差 较差 中等	中等 较好 中等 中等 好 好 中等	较差 差 较差 较差 较好 较好 中等	油淬 40~50mm 油淬 ≤30mm 油淬 ≤60mm 油淬 40~50mm 油淬 200mm 油淬 200~300mm φ150×150mm 可内外淬 硬达 60HRC 空淬 40~50mm	中上 中 优下 良
	6W6Mo5Cr4V		较好	较好	中等	中等	中等	较深	
	SiMnMo	—	较好	中等	较好	较好	较差	较浅	
轴承钢	GCr15	GB/T 18254—2002	中等	中等	较好	中等	较差	油淬 30~35mm	
高速钢	W18Cr4V W6Mo5Cr4V2	GB/T 9943—2008	较好 较好	较差 中等	较差 较差	中等 中等	深 好	深 深	中上
基体钢	CG-2 65Nb	—	较好 较好	较好 较好	中等 中等	中等 较好	好 中	空淬 ≤50mm 油淬 ≤80mm	优下
普通硬质合金	YG3X YG6 YG8、YG8C YG15 YC20C YG25		最好	差 差 差 差 差 差	差	不经热处理，无变形	最好，可达80~90℃	不经热处理，内外硬度均匀一致	
钢结硬质合金	YE65(GT35) YE50(GW50)		好	较差，但优于普通硬质合金	可机械加工	可热处理，几乎不变形	好	深	

由表和图示可以看出，材料的抗压强度和耐磨性的增加，则韧性降低；反之，要使材料的韧性增加，则抗压强度和耐磨性就要有所下降。因此，从综合最佳性能考虑，选择材料的方向应以提高其抗压强度和耐磨性为主，兼顾其余各项性能。

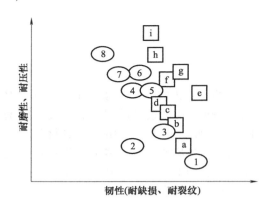

图 2-1　不同钢种特性图

1—4Cr5MoSiV1；2—T10A；3—9CrWMn；
4—Cr12MoV；5—W6Mo5Cr4V2；6—W6Mo5C14V3；
7—Cr12；8—W10Mo3Cr4V3；a—HMD5 火焰淬火钢；
b—HMD1 火焰淬火钢；c—AcD3T 低温真空淬火钢；
d—HPM31 精密热处理钢；e—YXR3 高韧性高速钢；
f—AHS43 真空淬火高速钢；g—YXR4 高韧性高速钢；
h—HAP10 粉末高速钢；i—HAP40 粉末高速钢

（2）针对模具失效形式来选材

模具的失效与模具结构、模具材料与热处理、被冲压零件的条件（材质、硬度、形状复杂程度）等因素有关。但就模具材料而言，材质是影响模具失效的主要原因之一。其影响失效的主要因素是钢的化学成分和冶金质量。因此，在选材时应注意如下几点。

① 为防模具零件断裂，要选用韧性较好的材料。

② 为预防磨损失效，应选用合金元素较高的高强度模具钢或选用钢结合金、硬质合金材料。

③ 为预防模具工作部分局部堆塌，可选用室温和高温强度较高的材料。

④ 为防止热处理变形，对于形状复杂、截面厚薄不匀的零件，应选含碳高、淬透性好的高合金钢材。

⑤ 为保持钢材的硬度，要选用耐回火性高的含铬、含钼合金钢材。

⑥ 对于大型冲模，要选用淬透性好的材料。或考虑采用镶拼结构，即主要工作部分采用模具钢，而非主要工作部分或基体采用一般钢材。

（3）根据制件的生产批量大小来选材

对于冲压件数较多的冲模，一般优先选用耐磨性好的合金钢材制造；而对于冲压制件较少的冲模，可采用廉价的碳素钢制造。

（4）根据冲模零件的作用选择材料

冲模的关键工作零件，如凸、凹模一般应选用优质合金钢材制造，而对于冲模的其他零件，如固定板，卸料板、定位、导向等零件，为节约优质钢材，降低成本，可根据其在冲模中的不同作用，选用一般的普通钢材制造。

同为模具工作零件，由于不同冲压工序的受力方式和受力大小差异很大，选材时也要区别对待，具体选用将在后面介绍。

（5）根据模具结构、寿命和最低成本来选材

对于结构简单，形状尺寸不大，精度要求不太高的冲模，应选用比较便宜的碳钢或低合金钢制作。此时的材料费约占总成本 10%左右。对于大型模具，形状复杂，尺寸精度、模具寿命都要求高的，应选用不易变形的高耐磨合金钢制作。此时的材料费约占总成本 20%～30%，有的更高。

如果选用碳钢制作大型模具，材料费可节省不少，但由于碳钢的淬透性差外，还易变形开裂而报废的现象时有发生，因此，选材要综合考虑利弊关系，合理选用。

2.2　冲压模具钢的分类、常用钢材牌号及应用特点

2.2.1　冷作模具钢的分类

根据模具工作条件的不同，将模具钢分为三类，即冷作模具钢、热作模具钢和塑料模

具钢。

冷作模具钢是用于制造冷冲模、冷镦模、冷挤压模、拉丝模、滚丝模等类型的模具，钢号甚多，按照钢中合金元素含量并结合其使用性能考虑，可划分成如下四种类型，即高碳工具钢、高碳低合金钢、高耐磨钢和特殊用途冷作模具钢。按工艺性能和承载能力分成 7 种类型，见表 2-2。

表 2-2　冷作模具钢的分类

序号	类　　型		钢　　号
1	低淬透性冷作模具钢		T7A、T8A、T9A、T10A、T11A、T12A、8MnSi、Cr2、9Cr2、Cr06、W、GCr15、V、CrW5
2	低变形冷作模具钢		9Mn2V、CrWMn、9SiCr、9CrWMn、9Mn2、MnCrWV、SiMnMo
3	高耐磨微变形冷作模具钢		Cr12、Cr12Mo1V1、Cr12MoV、Cr5Mo1V、Cr4W2MoV、Cr12Mn2SiWMoV、Cr6WV、Cr6W3Mo2.5V2.5
4	高强度高耐磨冷作模具钢		W18Cr4V、W6Mo5Cr4V2、W12Mo3Cr4V3N、GB/T 9943—2008 中其他钢号
5	高强韧冷作模具钢		6W6Mo5Cr4V、6Cr4W3Mo2VNb、7Cr7Mo2V2Si、7CrSiMnMoV、5Cr4Mo3SiMnVAl、6CrNiMnSiMoV、8Cr2MnWMoVS
6	高耐磨、高强韧性冷作模具钢		9Cr6W3Mo2V2、Cr8MoWV3Si
7	特殊用冷作模具钢	耐蚀模具钢	9Cr18、Cr18MoV、Cr14Mo、Cr14Mo4
		无磁模具钢	1Cr18Ni9Ti、5Cr21Mn9Ni4W、7Mn15Cr2Al3V2WMo

2.2.2　常用冷作模具钢和硬质合金

(1) 常用冷作模具钢

冲压模具常用的冷作模具钢的牌号及特点见表 2-3。

表 2-3　常用冷作模具钢的牌号及特点

序号	类别	钢　　号		特点与应用
		中国钢号	外国近似钢号[①]	
1	高碳低合金冷作模具钢	9Mn2V (GB/T 1299—2000)	90MnV2 (ISO)、O2 (美国 ASTM)、T31502 (美国 UNS)、90MnV8 (欧共体 EN)、90MnCrV8 (德国 DIN)、1.2842 (德国 W-Nr.)、BO2 (英国 BS)、90MnV8 (法国 NF)、90MnVCr8KU (意大利 UNI)	9Mn2V 钢是一个比碳素工具钢具有较好的综合力学性能的低合金工具钢，具有较高的硬度和耐磨性。淬火时变形较小，淬透性很好。由于钢中含有一定量的钒，细化了晶粒，减小钢的过热敏感性。同时碳化物较细小和分布较均匀该钢适于制造各种精密量具、样板，也用于一般要求的尺寸比较小的冲模及冷压模、雕刻模、落料模等，也用于塑料成形模具，还可以做机床的丝杠等结构件
2		9SiCr (GB/T 1299—2000)	90CrSi5 (德国 DIN)、1.2108 (德国 W-Nr.)、9XC (俄罗斯 ГОСТ)、2092 (瑞典 SS)	9SiCr 钢比铬钢具有更高的淬透性和淬硬性，并且具有较高的回火稳定性，适于分级淬火或等温淬火。因此，通常用于制造形状复杂、变形小、耐磨性要求高的低速切削刃具，如钻头、螺纹工具、手动绞刀、搓丝板及滚丝轮等；也可以做冷作模具，如冲模、低压力工作条件下的冷镦模、打印模等；此外，还用于制造冷轧辊、校正辊以及细长杆件其主要缺点是加热时脱碳倾向性较大
3		9CrWMn (GB/T 1299—2000)	95MnWCr1 (ISO)、SKS3 (日本 JIS)、STS3 (韩国 KS)、OI (美国 ASTM)、T31501 (美国 UNS)、95MnWCr5 (欧共体 EN)、100MnCrW4 (德国 DIN)、1.2510 (德国 W-Nr.)、BOI (英国 BS)、90MnWCrV5 (法国 NF)、9XBГ (俄罗斯 ГОСТ)、2140 (瑞典 SS)、95MnWCr5KU (意大利 UNI)	9CrWMn 钢为低合金冷作模具钢。该钢具有一定的淬透性和耐磨性，淬火变形较小，碳化物分布均匀且颗粒细小。通常用于制造截面不大而形状较复杂、高精度的冷冲模，以及切边模、冷镦模、冷挤压模的凹模、拉丝模、拉伸模等，也用于塑料成形模具

序号	类别	钢号		特点与应用
		中国钢号	外国近似钢号[①]	
4	高碳低合金冷作模具钢	CrWMn (GB/T 1299—2000)	105WCr1（ISO）、SKS31（日本 JIS）、STS31（韩国 KS）、107WCr5（欧共体 EN）、105WCr6（德国 DIN）、1.2419（德国 W-Nr.）、105WCr5（法国 NF）、ХВГ（俄罗斯 ГОСТ）、107WCr5KU（意大利 UNI）	CrWMn 钢具有高淬透性。由于钨形成碳化物，这种钢在淬火和低温回火后具有比铬钢和 9SiCr 钢更多的过剩碳化物和更高的硬度及耐磨性。此外，钨还有助于保存细小晶粒，从而使钢获得较好的韧性。所以由 CrWMn 钢制成的刀具，崩刃现象较少，并能较好地保持刀刃形状和尺寸。但是，CrWMn 钢对形成碳化物网比较敏感。这种网的存在，就使工具刃部有剥落的危险，从而使工具的使用寿命缩短。因此，有碳化物网的钢，必须根据其严重程度进行锻压和淬火。这种钢用来制造在工作时切削刃口不剧烈变热工具和淬火时要求不变形的量具和刃具，例如制作刀，长丝锥、长铰刀、专用铣刀、板牙和其他类型专用工具和切削软的非金属材料的刀具，也可用于形状复杂、高精度的冷冲模、切边模、冷镦模、冷挤压模的凹模、拉丝模、拉伸模以及塑料成形模
5		Cr2 (GB/T 1299—2000)	100Cr2（ISO）、SUJ2（日本 JIS）、L3（美国 ASTM）、T61203（美国 UNS）、102Cr6（欧共体 EN）、100Cr6（德国 DIN）、1.2067（德国 W-Nr.）、BL1 或 BL3（英国 BS）、100Cr6（法国 NF）、X（俄罗斯 ГОСТ）	Cr2 钢比碳素工具钢添加了一定量的 Cr，同时 Cr2 钢在成分上和滚珠轴承钢 GCr15 相当。因此，其淬透性、硬度和耐磨性都较碳工具钢高，耐磨性和接触疲劳强度也高。该钢在热处理淬、回火时尺寸变化也不大。由于具备了这些特点，Cr2 钢被广泛应用于量具如样板、卡板、样套、量规、块规、环规、螺纹塞规和样柱等，也用于冷冲模、切边模、低压力下的冷镦模、冷挤压凹模、拉丝模等 Cr2 钢还可以用于低速的刀具切削不太硬的材料。此外 Cr2 钢还可用于冷轧辊等工件
6		7CrSiMnMoV(CH-I) (GB/T 1299—2000)		7CrSiMnMoV 简称 CH-I，是一种火焰淬火冷作模具钢，首钢特种钢公司研制。其淬火温度范围宽，过热敏感性小，用火焰加热淬火，具有操作简便，成本低，节约能源的优点。该钢淬透性良好，空冷即可淬硬，其硬度可达 62～64HRC 且空冷淬火后变形小，该钢不但强度高而且韧性优良 这种钢特别适宜制作尺寸大、截面厚，淬火变形小的大型镶块模具，以及冲压模、下料模、切纸刀、陶瓷模等
7		8Cr2MnWMoVS(8Cr2S) (JB/T 6058—1992)		8Cr2MnWMoVS 简称 8Cr2S，属含硫的易切削模具钢，华中科技大学、首钢特种钢公司等单位研制。该钢预硬化处理到 40～45HRC，仍可以采用高速钢刀具进行车、刨、铣、镗、钻、铰、攻螺纹等常规加工，适宜制作精密的热固性成形塑料模具，以及要求高耐磨性、高强度的塑料模具和胶木模等。由于该钢的淬火硬度高，耐磨性好，综合力学性能好，热处理变形小，也可以制造精密的冷冲模等

序号	类别	钢 号		特点与应用
		中国钢号	外国近似钢号[①]	
8	高碳低合金冷作模具钢	Cr2Mn2SiWMoV		Cr2Mn2SiWMoV 钢是一种空冷微变形冷作模具钢。该钢特点是淬透性高,热处理变形小,该钢的碳化物颗粒小且分布均匀,而且具有较高的力学性能和耐磨性。该钢的缺点是退火工艺较复杂,退火后硬度偏高,脱碳敏感性较大 Cr2Mn2SiWMoV 钢主要用于制造薄钢板与铝合金的冲压模,低应力或较高应力工作条件下的冷镦模等,也用于热固性成形塑料模具,其使用寿命可超过 Cr12 模具钢。此钢由于其尺寸稳定性好,还可以制造要求热处理变形小的精密量具,以及要求高精度、高耐磨的细长杆状零件和机床导轨等,此外还用于制造冲铆钉孔的凹模,落料冲孔的复式模,硅钢片的单槽冲模等模具
9		6Cr4W3Mo2VNb(65Nb) (GB/T 1299—2000)		6Cr4W3Mo2VNb 曾用 65Cr4W3Mo2VNb 表示,简称 65Nb,是一种高韧性的冷作模具钢,华中科技大学研制。其成分接近高速钢 (W6Mo5Cr4V2) 的基体成分,属于基体钢类型。它具有高速钢的高硬度和高强度,又因无过剩的碳化物,所以比高速钢具有更高的韧性和疲劳强度。由于钢中加入适量的铌,起到细化晶粒的作用,并能提高钢的韧性和改善工艺性能。此钢可用于冷挤压模冲头和凹模,粉末冶金用冷压模冲头,也用于冷镦模、冷冲模、切边模等,还用于温挤压模,其模具使用寿命均有明显的提高
10	抗磨损冷作模具钢	6W6Mo5Cr4V(6W6) (GB/T 1299—2000)		6W6Mo5Cr4V 简称 6W6,是一种低碳高速钢类型的冷作模具钢,钢铁研究总院,大冶钢厂等单位研制。它的淬透性好,并具有类似高速钢的高硬度、高耐磨性、高强度和良好的红硬性,而韧性又比高碳高速钢高。该钢种通常用于冷挤压模具、拉深模具和冲头,也用于温热挤压模,具有较高的使用寿命
11		7Cr7Mo3V2Si(LD-2)		7Cr7Mo3V2Si 简称 LD-2,是一种高强韧性冷作模具钢,上海材料研究所研制。与 Cr12 型冷模具钢和 W6Mo5Cr4V2 高速钢比较,具有更高的强度和韧性,而且有较好的耐磨性;适宜制造承受高负荷的冷挤、冷镦、冷冲模具等,也可用于塑料模具
12		7Cr7Mo2V2Si(LD) (JB/T 6508—1992)		7Cr7Mo2V2Si 简称 LD(LD-1),是一种高强韧性冷作模具钢,上海材料研究所研制。该钢在保持较高韧性的情况下,其抗压强度、抗弯强度、耐磨性较 65Nb 优,是 LD 系列中应用最广的钢种。该钢种主要用于高冲击载荷下要求强韧性的冷冲模和冷镦模,如汽车板簧的冲孔冲头、标准件与钢球的冷镦模等,也用于压印模和拉深凸模

序号	类别	钢　　　　号		特点与应用
		中国钢号	外国近似钢号①	
13		Cr4W2MoV （GB/T 1299—2000）		Cr4W2MoV钢是一个新型中合金冷作模具钢。性能比较稳定，其模具的使用寿命较Cr12、Cr12MoV钢有较大的提高 　Cr4W2MoV钢的主要特点是共晶碳化物颗粒细小，分布均匀，具有较高的淬透性和淬硬性，并且具有较好的耐磨性和尺寸稳定性。经实践证明该钢是性能良好的冷作模具用钢，可用于制造各种冲模、冷镦模、落料模、冷挤凹模及搓丝板等工模具。该钢热加工温度范围较窄，变形抗力较大
14	抗磨损冷作模具钢	Cr5Mo1V （GB/T 1299—2000）	100CrMoV5（ISO）、SKD12（日本JIS）、STD12（韩国KS）、A2（美国ASTM）、T30102（美国UNS）、X100CrMoV5-1（欧共体EN、德国DIN）、1.2363（德国W-Nr.）、BA2（英国BS）、X100CrMoV5（法国NF）、2260（瑞典SS）、X100CrMoV5-IKU（意大利UNI）	Cr5Mo1V属空淬模具钢，具有较好的空淬硬化性能，这对于要求淬火和回火之后必须保持其形状的复杂模具是极为有益的。该钢由于空淬引起的变形大约只有含锰系的油淬工具钢的1/4，耐磨性介于锰型和高碳高铬型工具钢之间，但其韧性比任何一种都好，特别适合用于要求具备好的耐磨性同时又具有特殊好的韧性的工具，广泛用于重载荷、高精度的冷作模具，如冷冲模、冷镦模、成形模、轧辊、冲头、拉深模、滚丝模、粉末冶金用冷压模等，也用于某些类型的剪刀片
15		Cr6WV （GB/T 1299—2000）		Cr6WV钢是一个具有较好综合性能的中合金冷作模具钢。该钢变形小，淬透性良好，具有较好的耐磨性，和一定的冲击韧度，该钢由于合金元素和碳含量较低，所以比Cr12和Cr12MoV钢碳化物分布均匀 　Cr6WV钢具有广泛的用途，制造具有高机械强度，要求一定耐磨性和经受一定冲击负荷下的模具，如钻套、冷冲模及冲头、切边模、压印模、螺丝滚模、搓丝板以及量块量规等
16		Cr12 （GB/T 1299—2000）	210Cr12（ISO）、SKDI（日本JIS）、STD1（韩国KS）、D3（美国ASTM）、T30403（美国UNS）、X210Cr12（欧共体EN、德国DIN）、1.2080（德国W-Nr.）、BD3（英国BS）、X200Cr12（法国NF）、X12（俄罗斯）、X205Cr12KU（意大利UNI）	Cr12钢是一种应用广泛的冷作模具钢，属高碳高铬类型的莱氏体钢。该钢具有较好的淬透性和良好的耐磨性 　由于Cr12钢碳含量w_c高达2.30%，所以冲击韧度较差、易脆裂，而且容易形成不均匀的共晶碳化物 　Cr12钢由于具有良好的耐磨性，多用于制造受冲击负荷较小的要求高耐磨的冷冲模、冲头、下料模、冷镦模、冷挤压模的冲头和凹模、钻套、量规、拉丝模、压印模、搓丝板、拉深模以及粉末冶金用冷压模等
17		Cr12MoV （GB/T 1299—2000）	SKD11（日本JIS）、STD11（韩国KS）、X160CrMoV12-1（欧共体EN）、X165CrMoV12（德国DIN）、1.2601（德国W-Nr.）、X12M（俄罗斯ГOCT）、2310（瑞典SS）	Cr12MoV钢有高淬透性，截面为300～400mm以下者可以完全淬透，在300～400℃时仍可保持良好硬度和耐磨性，较Cr12钢有较高的韧性，淬火时体积变化最小，因此，可用来制造断面较大、形状复杂、经受较大冲击负荷的各种模具和工具。例如，形状复杂的冲孔凹模、复杂模具上的镶块、钢板拉深模、拉丝模、螺丝搓丝板、冷挤压模、粉末冶金用冷压模、陶土模、冷切剪刀、圆锯、标准工具、量具等
18		Cr12Mo1V1 （GB/T 1299—2000）	160CrMoV12(ISO)、D2(美国ASTM)、T30402（美国UNS）、X155CrVMo12-1（德国DIN）、1.2379（德国W-Nr.）、BD2（英国BS）、X160CrMoV12（法国NF）、X155CrMoV12-IKU（意大利UNI）	Cr12Mo1V1是国际上较广泛采用的高碳高铬冷作模具钢，属莱氏体钢。具有高淬透性、淬硬性，高的耐磨性；高温抗氧化性能好，淬火和抛光后抗锈蚀能力好，热处理变形小；宜制造各种高精度、长寿命的冷作模具、刀具和量具，例如形状复杂的冲孔凹模、冷挤压模、滚丝轮、搓丝板、粉末冶金用冷压模、冷剪切刀和精密量具等

续表

序号	类别	钢　号		特点与应用
		中国钢号	外国近似钢号[①]	
19	抗冲击冷作模具钢	4CrW2Si (GB/T 1299—2000)	～SKS41(日本 JIS)、4ХВ2С(俄罗斯 ГОСТ)	4CrW2Si 钢是在铬硅钢的基础上加入一定量的钨而形成的钢种,由于加入了钨而有助于在进行淬火时保存比较细的晶粒,这就有可能在回火状态下获得较高的韧性。4CrW2Si 钢还具有一定的淬透性和高温强度 该钢多用于制造高冲击载荷下操作的工具,如风动工具、錾、冲裁切边复合模、冲模、冷切用的剪刀等冲剪工具,以及部分小型热作模具
20		5CrW2Si (GB/T 1299—2000)	～45WCrV2（ISO）、SI（美国 ASTM）、T41901（美国 UNS）、～45WCrV8（欧共体 EN）、～45WCrV7（德国 DIN）、1.2542（德国 W-Nr.）、BSI（英国 BS）、～45WCrV8（法国 NF）、5ХВ2С（俄罗斯 ГОТС）、～2710（瑞典 SS）、～45WCrV8KU（意大利 UNI）	5CrW2Si 钢是在铬硅钢的基础上加入一定量的钨而形成的钢种,由于钨有助于在淬火时保存比较细的晶粒,使回火状态下获得较高的韧性。5CrW2Si 钢还具有一定的淬透性和高温力学性能。通常用于制造冷剪金属的刀片、铲搓丝板的铲刀、冷冲裁和切边的凹模,以及长期工作的木工工具等
21		6CrW2Si (GB/T 1299-2000)	～60WCrV2(ISO)、55WCrV8(欧共体 EN)、～60WCrV7(德国 DIN)、1.2550(德国 W-Nr.)、～55WC20(法国 NF)、6ХВ2С(俄罗斯 ГОСТ)、55WCrVSKU(意大利 UNI)	6CrW2Si 钢是在铬硅钢的基础上加入了一定量的钨而形成的钢种,因为钨有助于在淬火时保存比较细的晶粒,而使回火状态下获得较高的韧性。6CrW2Si 钢具有比 4CrW2Si 和 5CrW2Si 钢更高的淬火硬度和一定的高温强度 通常用于制造承受冲击载荷而又要求耐磨性高的工具,如风动工具、凿子和冲击模具、冷剪机刀片、冲裁切边用凹模、空气锤用工具等
22	冷作模具用碳素工具钢	T7 (GB/T 1298—1986)	TC70(ISO)、SK7(日本 JIS)、STC7(韩国 KS)、～CT70(欧共体 EN)、C70W2(德国 DIN)、1.1620(德国 W-Nr.)、C70E2U(法国 NF)、У7(俄罗斯 ГОСТ)、1770(瑞典 SS)、C70KU(意大利 UNI)	T7 钢具有较好的韧性和硬度,但切削能力较差;多用来制造同时需要有较大韧性和一定硬度但对切削能力要求不很高的工具,如凿子、冲头等小尺寸风动工具,木工用的锯、凿、锻模、压模、钳工工具、锤、铆钉冲模,也可用于形状简单、承受载荷轻的小型冷作模具及热固性塑料压模,还可做手用大锤锤头等
23		T8 (GB/T 1298—1986)	TC80(ISO)、SK5 或 SK6(日本 JIS)、STC5 或 STC6(韩国 KS)、WIA-8(美国 ASTM)、T72301(美国 UNS)、～CT80(欧共体 EN)、C80W2(德国 DIN)、1.1625(德国 W-Nr.)、C80E2U(法国 NF)、У8(俄罗斯 ГОСТ)、1778(瑞典 SS)、C80KU(意大利 UNI)	T8 钢淬火加热时容易过热,变形也大,塑性及强度也比较低,不宜制造承受较大冲击的工具,但热处理后有较高的硬度及耐磨性。因此,多用来制造切削刃口在工作时不变热的工具,如加工木材的铣刀、埋头钻、平头锪钻、斧、凿、錾、纵向手用锯、圆锯片、滚子、铅锡合金压铸板和型芯,以及钳工装配工具、铆钉冲模、中心孔锪、冲模,也可用于冷镦模、拉深模、压印模、纸品下料模和热固性塑料压模等

续表

序号	类别	钢号		特点与应用
		中国钢号	外国近似钢号[①]	
24	冷作模具用碳素工具钢	T10 （GB/T 1298-1986）	TC105（ISO）、SK3 或 SK4（日本 JIS）、STC3 或 STC4（韩国 KS）、WIA-9½（美国 ASTM）、T72301（美国 UNS）、~CT105（欧共体 EN）、C105W2（德国 DIN）、1.645（德国 W-Nr.）、BW1B（英国 BS）、C105E2U（法国 NF）、У10（俄罗斯 ГОСТ）、1880（瑞典 SS）、C100KU（意大利 UNI）	T10 钢在淬火加热时（温度达 800℃时）不致过热，仍能保持细晶粒组织。淬火后钢中有未溶的过剩碳化物，所以具有较 T8、T8A 钢更高的耐磨性，适于制造切削刀口在工作时不变热的工具，如加工木材工具、手用横锯、手用细木工锯、机用细木工具，低精度的形状简单的卡板、钳工刮刀、锉刀等，也可用于冲模、拉丝模、冷镦模、拉深模、压印模、小尺寸断面均匀的冷切切边模、铝合金用冷挤压凹模、纸品下料模和塑料成形模等
25		T11 （GB/T 1298—1986）	～ TC105（ISO）、SK3（日本 JIS）、STC3（韩国 KS）、WIA-10 ½（美国 ASTM）、T72301（美国 UNS）、C110W2（德国 DIN）、1.1654（德国 W-Nr.）、～105E2U（法国 NF）、У11（俄罗斯 ГОСТ）	T11 钢的碳含量介于 T10 及 T12 钢之间，具有较好的综合力学性能，如硬度、耐磨性及韧性等；而且对晶粒长大和形成碳化物网的敏感性较小，故适于制造在工作时切削刃口不变热的工具，如丝锥、锉刀、刮刀、尺寸不大的和截面无急剧变化的冷冲模、冷镦模、软材料用切边模以及木工刀具等
26		T12 （GB/T 1298—1986）	TC120（ISO）、SK2（日本 JIS）、STC2（韩国 KS）、WIA-11½（美国 ASTM）、T72301（美国 UNS）、CT120（欧共体 EN）、C125W2（德国 DIN）、1.1663（德国 W-Nr.）、BW1C（英国 BS）、C120E3U（法国 NF）、У12（俄罗斯 ГОСТ）、1885（瑞典 SS）、C120KU（意大利 UNI）	T12 钢由于碳含量高，淬火后有较多的过剩碳化物，按耐磨性和硬度适于制作不受冲击负荷，切削速度不高、切削刃口不变热的工具，如制作车床、刨床用的车刀、铣刀、钻头；可制绞刀、扩孔钻、丝锥、板牙、刮刀、量规、切烟草刀、锉刀，以及断面尺寸小的冷切边模、冲孔模等，也可用于冷镦模、拉丝模和塑料成形模具等
27	冷作模具用高速工具钢	W6Mo5Cr4V2 （GB/T 9943—1988）	HS6-5-2（ISO）、SKH9（日本 JIS）、M2（美国 ASTM）、T11302（美国 UNS）、S6-5-2（德国 DIN）、1.3343（德国 W-Nr.）、BM2（英国 BS）、P6M5（俄罗斯 ГОСТ）、2722（瑞典 SS）	W6Mo5Cr4V2 为钨钼系通用高速钢的代表钢号。该钢具有碳化物细小均匀、韧性高、热塑性好等优点。由于资源与价格关系，许多国家以 W6Mo5Cr4V2 取代 W18Cr4V 而成为高速钢的主要钢号。W6Mo5Cr4V2 高速钢韧性、耐磨性、热塑性均优于 W18Cr4V，而硬度、红硬性、高温硬度与 W18Cr4V 相当，因此，高速钢除用于制造各种类型一般工具外，还可制作大型及热塑成形刀具。由于 W6Mo5Cr4V2 钢强度高、耐磨性好，因而又可制作高负荷下耐磨损的零件，如冷挤压模具等，但此时必须适当降低淬火温度以满足强度及韧性的要求。W6Mo5Cr4V2 高速钢易于氧化脱碳，在热加工及热处理时应加以注意
28		W12Mo3Cr4V3N（V3N）		W12Mo3Cr4V3N 是钨钼系含氮超硬型高速钢。具有硬度高、高温硬度高、耐磨性好等优点。可制车刀、钻头、铣刀、滚刀、刨刀等切削工具，还可以制造冷作模具。该钢在加工中高强度钢时表现了良好的切削性能，做冷作模具在服役时有很好的耐磨性能。由于钢中钒含量较高，可磨削性较差
29		W18Cr4V （GB/T 9943—1988）	HS18-0-1（ISO）、SKH2（日本 JIS）、T1（美国 ASTM）、T12001（美国 UNS）、S18-0-1（德国 DIN）、1.3355（德国 W-Nr.）、BT1（英国 BS）HS18-0-1（法国 NF）、P18（俄罗斯 ГОСТ）、2750（瑞典 SS）	W18Cr4V 为钨系高速钢，具有高的硬度、红硬性及高温硬度。其热处理范围较宽，淬火不易过热，热处理过程不易氧化脱碳，磨削加工性能较好。该钢在 500 及 600℃时硬度分别保持在 57～58HRC、52～53HRC，对于大量的、一般的被加工材料具有良好的切削性能。W18Cr4V 钢碳化物不均匀度、高温塑性较差，不适宜制作大型及热塑成形的刀具；但广泛用于制造各种切削刀具，也用于制造高负荷冷作模具，如冷挤压模具等

续表

序号	类别	钢　号		特点与应用
		中国钢号	外国近似钢号[①]	
30	冷作模具用高速工具钢	W9Mo3Cr4V (GB/T 9943—1988)		W9Mo3Cr4V 钢是以中等含量的钨为主，加入少量钼，适当控制碳和钒含量的方法达到改善性能、提高质量、节约合金元素的目的的通用型钨钼系高速钢。W9Mo3Cr4V 钢(以下简称 W9)的冶金质量、工艺性能兼有 W18Cr4V 钢(简称 W18)和 W6Mo5Cr4V2 钢(简称 M2)的优点，并避免或明显减轻了二者的主要缺点。这是一种符合我国资源和生产条件，具有良好综合性能的通用型高速钢新钢种。该钢易冶炼、有良好的热、冷塑性，成材率高，碳化物分布特征优于 W18，接近 M2，脱碳敏感性低于 M2，生产成本较 W18 和 M2 都低。由于该钢的热、冷塑性良好，因而能满足机械制造厂采用多次镦拔改锻、高频加热塑性成形工艺和冷冲变形工艺要求。该钢切削性能良好、磨削性能和可焊性优于 M2，热处理过热敏感性低于 M2。钢的主要力学性能：硬度、红硬性水平相当于或略高于 W18 和 M2；强度、韧性较 W18 高，与 M2 相当；制成的机用锯条、大小钻头、拉刀、滚刀、铣刀、丝锥等工具的使用寿命较 W18 的高，等于或稍高于 M2 的使用寿命，插齿刀的使用寿命与 M2 者相当。用 W9 钢制造的滚压丝轮对高温合金进行滚丝时收到显著效果。在适当改变淬、回火工艺后，W9 钢也很适于制造高负荷模具，尤其是冷挤压模具
31	无磁模具用钢	7Mn15Cr2Al3V2WMo (GB/T 1299—2000)		7Mn15Cr2Al3V2WMo 钢是一种高 MnV 系无磁钢。该钢在各种状态下都能保持稳定的奥氏体，具有非常低的磁导率，高的硬度、强度，较好的耐磨性。由于高锰钢的冷作硬化现象，切削加工比较困难。采用高温退火工艺，可以改变碳化物的颗粒与分布状态，从而明显地改善钢的切削性能。采用气体软氮化工艺，进一步提高钢的表面硬度，增加耐磨性，显著地提高零件的使用寿命。该钢主要用于磁性材料与磁性塑料的压制成形模具、无磁轴承及其他要求在强磁场中不产生磁感应的结构零件。此外，由于此钢还具有高的高温强度和硬度，也可以用来制造在 700~800℃下使用的热作模具
32		1Cr18Ni9Ti (GB/T 1220—1992)	X6CrNiTi1810(ISO)、SUS321(日本 JIS)、321(美国 ASTM)、S32100(美国 UNS)、X12CrNiTi18-9(德国 DIN)、1.4878(德国 W-Nr.)、321S20(英国 BS)、Z6CNT18.12(法国 NF)、12X18H10T(俄罗斯 ГОСТ)、2337(瑞典 SS)	1Cr8Ni9Ti 属奥氏体型不锈耐酸钢。钢中由于含钛，使钢具有较高的抗晶间腐蚀性能。在不同浓度、不同温度的一些有机酸和无机酸中，尤其是在氧化性介质中都具有较好的耐蚀性能。该钢经过热处理(1050~1100℃在水中或空气中淬火)后，呈单相奥氏体组织，因此在强磁场中不产生磁感应，该钢适宜制无磁模具和要求高耐蚀性能的塑料模具

① 外国钢号前面的符号"~"表示相近钢号。

注：Cr2Mn2SiWMoV 是旧国标中的钢号，新国标中该钢号已去掉。但该钢种目前国内企业仍继续使用。

(2) 常用钢结硬质合金和硬质合金

冲压模具常用超硬材料钢结硬质合金和硬质合金牌号及特点见表 2-4。

表 2-4　钢结硬质合金和硬质合金牌号及特点

序号	材料名称	材料牌号举例	特　点	适用范围
1	钢结硬质合金	CT35 TLMW50 GW50	钢结硬质合金是用粉末冶金的方法制造而成的铬钼合金钢，其中钢为黏结相，WC或TiC为硬质相。其性能介于钢与硬质合金之间。但由于可进行切削加工，并能进行退火、淬火等热处理，因此加工比硬质合金方便，而硬度比钢要高得多，比硬质合金低些	适合用于长寿命冲裁的模具
2	硬质合金	YG8 YG15 YG20	硬质合金是以难熔的金属碳化物（如WC、TiC等）为基体，用钴或镍等为黏结剂，用粉末冶金的方法压制并烧结而成。硬质合金的硬度和耐磨性是各类钢材中最高的一种，而且具有热硬性，是长寿命模具的理想材料，缺点是性脆，加工不如钢容易	适用于大批量生产的冲压模具，如高速冲压的多工位级进中凸、凹模，要求长寿命、尺寸稳定性好的模具

2.2.3　常见的非国标牌号（国产和进口）冷作模具钢

常见国内市场非国标牌号冷作模具钢牌号（钢号）及性能见表2-5。

表 2-5　常见非国标牌号冷作模具钢的牌号（钢号）及性能

序号	类别	钢　号		特点与应用
		代号或外国钢号	按GB表示的钢号	
1	国产冷作模具钢	ER5	Cr8MoWV	高铬冷作模具钢，上海材料研究所研制。该钢号具有高耐磨性和高冲击韧性。适于制作冷作模具
2		GD	6CrNiSiMnMoV	高强韧性低合金冷作模具钢，取"高、低"（Gao、Di）两个汉语拼音字头为其代号，华中理工大学研制。适宜制作冲裁切边复合模、冷冲模、冷镦模、冷挤压模等
3		GM	9Cr6W3Mo2V2	高耐磨性冷作模具钢，取"高、磨"（Gao、Mo）两个汉语拼音字头为其代号，华中科技大学材料学院研制。GM钢与ER5钢属于同一类型，具有高硬度，接近高速钢，优于高Cr钢和基体钢；其冲击韧性优于高速钢和高Cr钢。该钢适宜制作冷冲模、冷挤压模和拉深模等
4		ICS	—	高耐磨性冷作模具钢，上海钢铁研究所研制。ICS钢的硬度高、耐磨性好。适用于翻印模等
5		GT35	钢结硬质合金	钢结硬质合金，具有极高的硬度和耐磨性，用于冷作模具，其使用寿命可比一般模具钢寿命成10倍的大幅度提高。与普通硬质合金相比，又具有韧性好、加工工艺性好、生产成本低等特点
6		TLMW50	钢结硬质合金	钢结硬质合金，其硬度与耐磨性极高，并具有良好的锻造性能和热处理的淬硬性。和GT35相比，其淬火回火状态的硬度略低于GT35，而其淬火态的抗弯强度和冲击值均高于GT35。适于制作冷作模具
7	进口冷作模具钢	A2	Cr5Mo1V	空淬中合金冷作模具钢，美国AISI/SAE和ASTM标准钢号。该钢具有较好的耐磨性、较强的韧性和良好的空淬硬化性能，广泛用于下料模和成形模、辊轴、冲头、压延模和滚丝模等
8		D2	Cr12Mo1V1	高碳高铬冷作模具钢，美国AISI/SAE和ASTM标准钢号。该钢具有高淬透性、淬硬性、高的耐磨性。适宜制作各种高精度、长寿命的冷作模具、刃具和量具等
9		D3	Cr12	高碳高铬冷作模具钢，美国AISI/SAE和ASTM标准钢号。该钢具有较好的淬透性和良好的耐磨性，但冲击韧性差、易脆裂，多用于受冲击载荷较小，要求高耐磨的冷冲模、拉丝模、压印模、拉延模以及螺纹滚模等模具
10		DC11 （SKD11）	Cr12Mo1V1 （Cr12MoV）	高耐磨空淬冷作模具钢，日本大同特殊钢(株)厂家钢号。该钢高温抗氧化性能好，具有良好的耐磨性和淬硬性，宜制作各种高精度的冷作模具和粉末冶金用冷压模等
11		DC53	—	高强韧性冷作模具钢，日本大同特殊钢(株)厂家钢号，是DC11的改进型。高温回火后具有高硬度、高韧性、线切割性良好。出厂退火硬度≤350HBS用于精密冷冲压模、拉深模、搓丝模、冲裁模适合做细长易折断的冲头等

续表

序号	类别	钢号 代号或外国钢号	钢号 按 GB 表示的钢号	特点与应用
12		DF-2	9Mn2V	油淬冷作模具钢,俗称油钢,瑞典联合钢公司(ASSAB)厂家牌号。具有良好冲裁能力、热处理变形小,用于小型冲压模、切纸机刀片等
13		DF-3	9CrWMn	油淬冷作模具钢,瑞典 ASSAB 厂家牌号。具有良好的刃口保持能力,淬火变形小。用于薄片冲压模、压花模等
14		GOA	9CrWMn	特殊冷作模具钢,日本大同特殊钢(株)厂家钢号,是 SKS3(JIS)的改进型。钢的淬透性高,耐磨性好,用于冷冲裁模、成形模、冲头及压花模等
15		GSW-2379	Cr12Mo1V1	高碳高铬冷作模具钢,德国德威公司(Groditzer Stahlwerke GmbH)厂家钢号,用于制作冷挤压模、冲压模,也用高耐磨性塑料模具
16		K100	Cr12	高碳高铬冷作模具钢,奥地利百禄公司(Böhler GesmbH)的厂家钢号。该钢具有高的耐磨损性,优良的耐腐蚀性,用于不锈钢薄板的切边模、深冲模、冷压成形模等
17		K110	Cr12Mo1V1	高韧性高铬冷作模具钢,奥地利 Böhter(百禄)公司的厂家牌号。该钢具有良好的强度、硬度和韧性,用于重载荷冲压模
18		K460	MnCrWV	油淬冷作模具钢,奥地利 Böhler(百禄)公司的厂家钢号。该钢具有高的强度,热处理变形小,用于金属冲压模具等
19		M2	W6Mo5Cr4V2	用于冷作模具的钼系高速钢,美国 AISI/SAE 和 ASTM 标准钢号。该钢具有碳化物细小均匀、热塑性好、高耐磨性、高强度等特点,适宜制作高负荷下耐磨损的冷挤压模具、热塑性成形刀具等
20	进口冷作模具钢	O1	MnCrWV	油淬冷作模具钢,美国 AISI/SAE 和 ASTM 标准钢号。具有较高的硬度和耐磨性,可用于一般要求的冲模及冷压模等,也适于制造各种量具
21		O2	9Mn2V	油淬冷作模具钢,美国 AISI/SAE 和 ASTM 标准钢号。该钢具有较好的综合力学性能,硬度较高,耐磨性好。淬火时变形较小,淬透性很好。适于制作各种精密量具、样板,也用于一般要求的小尺寸的冲模、冷压模、塑料成形模等
22		P18	W18Cr4V	用于冷作模具钢的钨系高速钢,俄罗斯 ГОСТ 标准钢号。该钢具有高硬度、良好的红硬性、高温硬度、较好的磨削加工性能等,广泛用于制造各种切削刀具,也用于制作高负荷的冷挤压模具等
23		STD11	Cr12Mo1V1	空淬冷作模具钢,韩国重工业(株)的厂家钢号,是 D2 的改良型。其特点为高清净度,硬度均匀,高耐磨性,高强度。适宜制作各种高精度、形状复杂的冲孔凹模、冷挤压模、粉末冶金冷压模和精密量具等
24		XW-10	Cr5Mo1V	空淬冷作模具钢,瑞典联合钢公司(ASSAB)的厂家牌号。其特点为韧性好,耐磨性高,热处理变形小。广泛用于制作重载荷、高精度的冷作模具,也用于某些类型的剪刀片
25		XW-42	Cr12Mo1V1	高碳高铬冷作模具钢,瑞典 ASSAB 厂家钢号。具有良好淬透性、高韧性、高耐磨性,强韧性很好,并且抗回火稳定性好,热处理变形小。适宜制作长寿命、形状较复杂的冷冲模、冷挤压模,也广泛用于各类精密的量具和刀具等
26		YK30	9Mn	油淬冷作模具钢,日本大同特殊钢(株)厂家钢号。出厂退火硬度≤217HBS,常用于冷冲压模
27		HFH-1	7CrSiMnMoV	火焰淬火模具钢,韩国重工业(株)的厂家牌号。该钢与我国的火焰淬火钢 7CrSiMnMoV 在化学成分上有些差别。HFH-1 钢有较好的淬透性、良好的韧性和高的耐磨性,热处理变形小,用于大型镶块模具的冲压模、剪切下料模,也用于大动载荷工作的模具等
28		ASP23	—	粉末成形高速钢,瑞典 ASSAB 厂家牌号,其特点是组织均匀,硬度高,耐磨损、韧性好、易加工、热处理尺寸稳定,可用于不锈钢零件、精密、高速冲压模具、冷挤压模等。常用淬火温度为 1050～1180℃,常用硬度范围为 58～64HRC。原材料出厂硬度 260HB

2.3 常用模具钢化学成分及主要用途

2.3.1 常用的模具钢化学成分及主要用途

常用的模具钢化学成分及主要用途（表2-6）。

表 2-6　常用的模具钢化学成分及主要用途

类型	钢　号	化学成分(质量分数)/%											用　途
		C	Si	Mn	Cr	Ni	W	Mo	V	≤P	≤S	其他	
优质碳素结构钢	40	0.37~0.45	0.17~0.37	0.50~0.80	≤0.25	≤0.25	—	—	—	0.04	0.04	—	①不淬火零件②不精密零件③少量生产的模具主要零件
	45	0.42~0.50	0.17~0.37	0.50~0.80	≤0.25	≤0.25	—	—	—	0.04	0.04	—	
	50	0.47~0.55	0.17~0.37	0.50~0.80	≤0.25	≤0.25	—	—	—	0.04	0.04	—	
	55	0.52~0.60	0.17~0.37	0.50~0.80	≤0.25	≤0.25	—	—	—	0.04	0.04	—	
合金结构钢（预硬钢）	38CrA	0.34~0.42	0.17~0.37	0.50~0.80	0.80~1.10	≤0.40	—	—	—	0.03	0.035	Cu≤0.25	①模具固定件②不淬火的模具主要零件③拉深模
	40CrA	0.37~0.45	0.20~0.40	0.50~0.80	0.80~1.10	≤0.35	—	—	—	0.03	0.035	Cu≤0.25	
	35CrMo	0.32~0.40	0.20~0.40	0.40~0.70	0.80~1.10	—	—	—	—	0.03	0.035	Mo0.15~0.25	
	42CrMo	0.60~0.68	1.50~2.00	0.60~0.90	≤0.35	≤0.35	—	—	—	0.035	0.03	Cu≤0.25	
弹簧钢	50CrVA	0.46~0.54	0.17~0.37	0.50~0.80	0.80~1.10	≤0.40	—	—	0.1~0.2	0.03	0.03	Cu≤0.25	①绕制一般弹簧②绕制强力弹簧
	60Si2MnA	0.56~0.64	1.60~2.00	0.60~0.90	≤0.03	≤0.04	—	—	—	0.035	0.03	Cu≤0.25	
	62Si2MnA	0.60~0.68	1.50~2.00	0.60~0.90	≤0.35	≤0.35	—	—	—	0.035	0.03	Cu≤0.25	
碳素工具钢	T8A	0.75~0.84	≤0.35	≤0.40	—	—	—	—	—	0.03	0.02	—	①制造简单的主要零件②产量小的模具主要零件③要求不高的模具主要零件
	T9A	0.85~0.94	≤0.35	≤0.40	—	—	—	—	—	0.03	0.02	—	
	T10A	0.95~1.04	≤0.35	≤0.40	—	—	—	—	—	0.03	0.02	—	
	T11A	1.05~1.14	≤0.35	≤0.40	—	—	—	—	—	0.03	0.02	—	
	T12A	1.15~1.24	≤0.35	≤0.40	—	—	—	—	—	0.03	0.02	—	
低合金工具钢（冷作钢）	9Mn2V	0.85~0.95	≤0.40	1.70~2.00					0.10~0.25	0.03	0.03	—	冲裁模等
	9CrWMn	0.85~0.95	≤0.40	0.90~1.20	0.50~0.80					0.03	0.03	—	冲模等
	CrWMn	0.95~1.05	≤0.40	0.80~1.10	0.90~1.20		1.20~1.60			0.03	0.03	—	冲模等
	MnCrWV	0.95~1.05	≤0.40	1.00~1.30	0.40~0.70		0.40~0.70		0.15~0.30	0.03	0.03	—	冲模等

续表

类型	钢 号	化学成分（质量分数）/%											用 途
		C	Si	Mn	Cr	Ni	W	Mo	V	≤P	≤S	其他	
低合金工具钢（冷作钢）	Cr2	0.95~1.10	≤0.40	≤0.40	1.30~1.66	—	—	—	—	0.03	0.03	—	拉深模等
	CrW	1.00~1.10	≤0.35	≤0.80	0.50~1.00	—	1.00~1.50	—	<0.20	0.03	0.03	—	拉深模等
	GCr9（轴承钢）	1.00~1.10	0.15~0.35	0.20~0.40	0.90~1.20	≤0.30	—	—	—	0.027	0.02	Cu<0.25	冲裁模、拉深模等
	GCr15（轴承钢）	0.95~1.05	0.15~0.35	0.20~0.40	1.30~1.60	≤0.30	—	—	—	0.027	0.02	Cu<0.25	冲裁模、拉深模等
	7CrSiMnMoV（CH-1）	0.65~0.75	0.85~1.15	0.65~1.05	0.90~1.20	—	—	0.20~0.50	0.15~0.30	0.03	0.03	—	大、小型冲模
	6CrNiMnSiMoV（GD）	0.64~0.74	0.50~0.90	0.70~1.00	1.00~1.30	0.70~1.00	—	0.30~0.60	适量	适量	适量	—	冲模
	6Cr3VSi	0.55~0.65	0.50~0.80	≤0.004	2.60~3.20	—	—	—	0.15~0.30	0.03	0.03	—	冲裁、剪切等模具
中合金钢（冷作钢）	Cr6WV	1.00~1.15	≤0.40	≤0.40	5.50~7.00	—	1.10~1.50	—	0.50~0.70	0.03	0.03	—	高耐磨冲模
	Cr4W2MoV	1.12~1.25	0.40~0.70	≤0.40	3.50~4.00	—	1.90~2.00	0.80~1.20	0.80~1.10	0.03	0.03	—	冲裁模、冷挤压模
	Cr2Mn2SiWMoV	0.95~1.05	0.60~0.90	1.80~2.30	2.30~2.60	—	0.70~1.10	0.50~0.80	0.10~0.25	0.03	0.03	—	微变形模具
高铬合金钢	Cr12	2.00~2.30	≤0.40	≤0.40	11.50~13.50	—	—	—	—	0.03	0.03	—	高硬度冲模
	Cr12W	1.80~2.20	≤0.40	≤0.40	12.00~15.00	—	2.50~3.50	—	—	0.03	0.03	—	高强度冲模
	Cr12MoV	1.45~1.70	≤0.40	≤0.40	11.00~12.50	—	—	0.40~0.60	0.15~0.30	0.03	0.03	—	高强度冲模
	9Cr6W3Mo2V	0.86~0.94	—	—	5.60~6.40	—	2.80~3.20	2.00~2.50	1.70~2.20	适量	适量	—	高耐磨冲模
高强韧钢（基体钢）	7Cr7Mo3V2Si（LD-1）	0.75~0.80	0.70~1.20	≤0.50	6.50~7.50	—	—	2.00~3.00	1.70~2.20	0.03	0.03	—	超高强度模
	65Cr4W3Mo2VNb（65Nb）	0.60~0.70	≤0.35	≤0.40	3.80~4.40	—	2.50~3.00	2.00~2.50	0.80~1.10	0.03	0.03	Nb 0.20~0.30	高级耐磨冲模
	6Cr4Mo3Ni2WV（CG-2）	0.55~0.64	≤0.40	≤0.40	3.80~4.30	1.80~2.20	0.90~1.30	2.80~3.30	0.90~1.30	0.03	0.03	—	冷热兼用模具钢
	5Cr4Mo3SiMnVAl（012Al）	0.47~0.57	0.80~1.10	0.80~1.10	3.80~4.30	—	—	2.80~3.40	0.80~1.20	0.03	0.03	Al 0.30~0.70	超高强度模
高速工具钢	W18Cr4V	0.70~0.80	≤0.40	≤0.40	3.80~4.40	—	17.50~19.00	≤0.30	1.00~1.40	0.03	0.03	—	刀具、模具
	W12Cr4V4Mo	1.20~1.40	≤0.40	≤0.40	3.80~4.40	—	11.50~13.00	0.90~1.20	3.80~4.40	0.03	0.03	—	刀具、模具
	W12Mo3Cr4V3N（V3N）	1.15~1.25	≤0.40	≤0.40	3.50~4.00	—	11.00~12.50	2.70~3.30	2.50~3.10	0.03	0.03	N 0.04~0.10	高级冲模
	W10Mo3Cr4V3（SKH57）	1.20~1.35	≤0.40	≤0.40	3.80~4.50	—	9.00~11.00	3.00~4.00	3.00~3.70	0.03	0.03	Co 9.00~11.00	高级冲模
	W6Mo5Cr4V2	0.80~0.90	≤0.40	≤0.40	3.80~4.40	—	5.50~6.75	4.40~5.50	1.75~2.20	0.03	0.03	—	高级冲模
	W6Mo5Cr4V3（SKH53）	1.15~1.25	≤0.35	≤0.40	3.80~4.40	Nb	5.75~6.75	4.75~5.50	2.80~3.20	0.03	0.03	—	高级冲模
	W6Mo5Cr4V5SiNiAl（B201）	1.15~1.65	1.00~1.40	—	3.80~4.40	0.20~0.50	5.50~5.80	5.00~6.00	4.20~5.20	0.03	0.03	Al 0.30~0.70	高级冲模
	6W6Mo5Cr4V SR-1	0.55~0.65	≤0.40	≤0.60	3.70~4.30	—	6.00~7.00	4.50~5.50	0.70~1.10	0.03	0.03	—	高级冲模
	（粉末高速钢）	1.75~1.85	—	—	3.50~4.50	—	12.00~13.00	6.00~7.00	4.50~5.50	—	—	<0.05	刀具、模具

2.3.2 模具常用钢结硬质合金和硬质合金化学成分

模具常用钢结硬质合金和硬质合金化学成分（表 2-7 和表 2-8）。

表 2-7　我国模具用钢结硬质合金化学成分（质量分数）　　　　　　%

| 类型 | 牌号 | 硬质相 | 钢基体黏结相 | | | | | 淬火、回火硬度（HRC） | 退火态硬度（HRC） |
			C	Cr	Mo	W	Fe		
WC 型	TLMW35	WC35	0.55	0.81~1.25	0.81~1.25	—	余量	64~66	
	TLMW50	WC50	0.45	0.60~1.25	0.60~1.25	—	余量	66~68	35~40
	GW50	WC50	0.80	1.10	0.30	—	余量	68~70	38~43
	GJW50	WC50	0.50	0.50~1.00	0.25~0.50	—	余量	67	
TiC 型	GT35	TiC35	0.90	3.00	3.00	—	余量	67~71	39~46
	R5	TiC 30~40	0.70	6.00~13.00	0.50~3.0	—	余量	68~70	
	D1	TiC 25~40	0.40~0.80	2.40~4.00	—	10.00~15.00	V:0.50~1.00	70~72	
	T1	TiC 25~40	0.40~0.80	2.00~5.00	2.00~5.00	3.00~6.00	V:1.00~2.00	66~69	

表 2-8　冷作模具用 YG 类硬质合金的化学成分（质量分数）　　　　　　%

牌　号	WC	TaC	Co	硬度（HRA）	硬度（HRC）	密度/(g/cm³)
YG6	94	—	6	89.5	(74)	14.6~15.0
YG8	92	—	8	89	(73)	14.5~14.9
YG8A	91	1	9	89.5	(74)	14.5~14.9
YG8C	92	—	8	88	(72)	14.5~14.9
YG11C	89	—	11	86.5	(70)	14.0~14.4
YG15	85	—	15	86~88	(70~72)	13.9~14.2
YG20	80	—	20	85~86	(67~68)	13.4~13.6
YG25	75	—	25	82~84	(62~65)	12.9~13.2
YG30	70	—	30	80~82	(58~60)	12.3~12.8

2.4　硬质合金

硬质合金是以高熔点、高硬度的金属碳化物（如碳化钨 WC、碳化钛 TiC 等）的粉末为基体，用少量的钴（或铁、镍）粉末作黏结剂混合后加压成形，再经高温（1400~1560℃）烧结而成的粉末冶金材料。硬质合金的工作温度可达 800~1000℃，硬度很高（65~72HRC），耐磨性很好，具有很高的弹性模量，抗压强度高（6000MPa），较小的膨胀系数，良好的化学稳定性等一系列优点，用来制作某些模具，寿命甚至比工具钢高 10 倍以上，但是硬质合金较脆，抗弯强度和韧性较差，且不能进行机械加工。所以硬质合金曾经主要用来制作拉丝模具、冷挤压模具。在其他模具的应用方面特别是高精度、长寿命、高速冲压模具，多工位级进模中的凸、凹模，使用硬质合金现在也越来越多起来。

2.4.1 硬质合金的分类

硬质合金可以按不同方法进行分类，按化学成分分类比较常用，可分为钨钴类、钨钴钛等不同类型。目前国内模具上所采用的硬质合金以钨钴类为主体，常用的牌号有 YG8、YG15、YG20 等，其中 YG 表示含钴的硬质合金，数字表示钴的质量分数，其余为碳化钨（WC），而且粒度为中等。若碳化物的粒度较细，则在数字后面加"X"，如 YG8X，表示细粒度；若碳化物粒度较大，则在数字后面加"C"，如 YG25C，表示粗粒度。

按用途不同和 WC 粒度的大小可分为以下几类。

① 耐冲击硬质合金（粗粒硬质合金）　WC 的粒度最大，平均颗粒为 $5\sim8\mu m$，Co 的质量分数为 6%～25%。由于 WC 的粒度大、黏结剂 Co 层变厚，具有较好的吸收冲击能量作用，比较耐冲击力。但是粗粒度的硬质合金与 Co 含量相同的中细粒硬质合金相比，硬度低、耐磨性差、还易黏着。

② 常用硬质合金（中细粒硬质合金）　此类硬质合金应用最广，WC 的粒度平均为 $2\sim5\mu m$，Co 的质量分数为 4%～25%。

③ 耐磨硬质合金（微细粒硬质合金）　WC 的粒度在 $2\mu m$ 以下，Co 的质量分数为 5%～25%。这种硬质合金硬度最高，但冲击韧度低。

一般情况下，钴含量少的硬质合金，硬度和耐磨性较为重要，碳化物颗粒应当细些；钴含量多的硬质合金，耐冲击韧度较为重要，碳化物颗粒应当粗些。

YG 类硬质合金硬度高、抗压强度高、耐磨性好，在模具上应用日渐增多。YG 类硬质合金模具或模具镶嵌体，需经过电火花成形加工或线切割和精密磨削加工而无需热处理制成。使用寿命比一般工模具提高几倍到几十倍。

2.4.2　模具常用硬质合金性能与用途

YG 类硬质合金硬度与耐磨性随含钴量的减少而提高，而冲击韧度和抗弯强度随含钴量的增加而增大。级进模中常用硬质合金使用性能与用途见表 2-9。

表 2-9　冲压模具凸、凹模常用硬质合金牌号和性能

硬质合金牌号	简要用途			化学成分(质量分数)/%		力 学 性 能				耐磨性	耐冲击性
				碳化钨(钛) WC	钴 Co	抗弯强度 /MPa	抗压强度 /MPa	冲击韧度 /(J/cm²)	硬度(HRA) (相当于 HRC)		
YG6	成形 弯曲 简单 加工			94	6	1450	4600	2.6	89.5(>72)	↑增 加 ↓减	↑减 ↓增
YG8		拉 深		92	8	1500	4470	3.0	89(72)		
YG11				89	11	1800	—	3.8	88(>69)		
YG15				85	15	1900	3660	4.0	87(69)		
YG20		冲裁		80	20	2600	3500	4.8	85.5(>65)		
YG25				75	25	2700	3300	5.5	85(65)		

对于冲裁、拉深、压弯、冷镦、冷挤等冲压性质的模具常用钨钴类合金、牌号具体选用介绍如下。

① 用于冲裁或冲裁模　凸、凹模一般选用 YG15 和 YG20，其中：

a. 易磨损，并且要求具有足够刚性和耐磨性的可采用耐磨性较好的 YG15；

b. 刚性差、易崩裂的工作件，宜用 YG20；

c. 制造和维修较困难、周期长，应选用含钴较多的 YG20。

② 用于拉深和压弯模　应根据拉深和压弯的冲压过程中受力大小，同时兼顾冲件的材料性质来考虑：

a. 当凸、凹模在较小的工作应力下使用时，可选用较硬的 YG8、YG11；

b. 当凸、凹模在较大的工作应力下使用时，则应选用较软的 YG15、YG20。

③ 用于冷镦、冷挤模　主要用于做冷挤模的凹模。当冷挤塑性高、硬度低的有色金属时，可采用含钴量较低的硬质合金，如 YG15、YG8；当冷挤塑性低、硬度高的有色或黑色金属时，应采用含钴量高、强度好的较软硬质合金，如 YG20、YG25 和 YG30。

④ 冲压不锈钢材料用的拉深凹模　宜采用 YG15、YG8。

2.4.3　硬质合金的应用与钢模具的比较

硬质合金因具有高硬度、高耐磨性，故最适合制作大批量生产制件的长寿命模具。例如高速

多工位级进模，生产的制件批量都非常大，尺寸稳定性要求很高，而且都是自动化冲压生产，比较适合选用硬质合金制作模具。如 64 脚的集成电路引线框架级进模，凸模的最小宽度仅 0.2mm，用硬质合金制造凸模的凹模拼块，制造精度为 $2\mu m$，在 800 次/min 高速压力机上使用，刃磨寿命达 50～100 万次，总寿命 5000 万次以上，长的超过亿次，满足了长寿命的需要。

金属拉链的链牙，大都采用铝镁合金或铜合金，在专用链牙机上冷冲压成形，要求模具精度高、配合间隙小。模具为镶拼式级进模结构，上模用冷作模具钢制造，在 2500 次/min 左右高速专用压力机下自动化生产，使用几小时即需要更换；而用硬质合金制造，模具的强度、耐磨性及热硬性均得到显著改善，寿命可达一个半月，模具精度可靠，冲制的产品质量稳定。

低压电器垫圈连续冲模采用硬质合金后，模具寿命由用钢模时的 55 万件提高到 600 万件。汽车电器拉深模采用 YG15 硬质合金制造，总寿命由 5 万次提高到一千万次。

总之，应用硬质合金与钢模具相比，效果十分显著，见表 2-10。

表 2-10　硬质合金冲模与钢冲模的比较

序号	项　　目	效　　果
1	制件质量	比钢冲模冲制的制件精度高，冲 150 万次，制件的尺寸只改变 $2\mu m$，而钢冲模冲制 4 万次，制件尺寸改变 $40\mu m$，由此可见硬质合金冲模冲制的制件尺寸稳定性非常好 硬质合金模冲制的制件表面状态质量好，毛刺极小
2	一次刃磨寿命	为钢冲模的 10～30 倍
3	模具总寿命	为钢冲模的 20～40 倍
4	模具制造费用	为钢模具的 2～4 倍，故价格较高
5	其他	虽然刃磨工时增加，但由于重磨次数减少，所以仍能节省不少刃磨费用

2.5　钢结硬质合金

钢结硬质合金是介于硬质合金和工模具钢之间的一种新型模具材料，是以 TiC、WC 等为硬质相，以合金钢粉末为黏结剂，经混合压制烧结而成的粉末冶金材料。其性能介于钢和硬质合金之间，既具有钢的高强韧性、又具有硬质合金的高硬度、高耐磨性。钢结硬质合金可以通过热处理来改变其性能并可以进行锻造、焊接、各种机械加工及热加工，因此更适合制造各种模具。

2.5.1　钢结硬质合金的基本类型与性能

根据硬质相碳化物的种类，钢结硬质合金可分为 TiC 和 WC 两个类型，每个类型包括几个牌号、化学成分与性能，见表 2-11。

表 2-11　我国模具用钢结硬质合金的主要类型、牌号、成分及性能

类型	牌号	成分（质量分数）/%						密度/ (g/cm^3)	硬度（HRC）		σ_{bb}/MPa	α_K /(J/cm²)
		硬　质　相	钢基体黏结相						退火状态	淬火回火状态		
			C	Cr	Mo	Ni	Fe					
WC 型	TLMW 50	WC50	0.80～0.90	1.25	1.25	—	余量	10.21～10.37	35～40	66～68	≥2000	≥8
	TMW50	WC50	1.00	2.00	—	—	余量	10.20	35～40	63	1770～2150	7～10
	W50	WC50	1.00	2.50	2.50	—	余量	10.20～10.40	38～42	66～68	≥2000	≥8
	GW50	WC50	0.80	1.10	0.30	0.30	余量	10.30～10.60	35～42	68～72	2300～2800	12

类型	牌号	硬质相	C	Cr	Mo	Ni	Fe	密度/(g/cm³)	退火状态	淬火回火状态	σ_{bb}/MPa	α_K/(J/cm²)
TiC 型	GT35	TiC35	0.90	3.00	3.00	—	余量	6.40～6.60	39～46	67～69	1300～2300	5～8
	R5	TiC30～40	0.70	6.00～13.00	0.50～3.00	—	余量	6.35～6.45	44～48	68～69	1176～1370	2.9
	D1	TiC25～40	0.40～0.80	2.40～4.00	V:0.50～1.00	W:10.00～15.00	余量	6.90～7.10	40～48	66～69	1370～1570	—
	T1	TiC25～40	0.40～0.80	2.00～5.00	V:1.00～2.00	W:3.00～6.00	余量	6.60～6.80	44～48	68～72	1370～1470	2.9～5.0

成分(质量分数)/%；钢基体黏结相；硬度(HRC)

2.5.2　钢结硬质合金的热加工与热处理

① 热加工　钢结硬质合金可锻温度范围较宽，热塑变形较好，通过锻造可进一步改善组织，提高性能。钢结硬质合金锻造工艺规范见表 2-12。

表 2-12　钢结硬质合金锻造工艺规范

加热温度/℃	始锻温度/℃	终锻温度/℃	冷却方式
1200～1240	1150～1200	850～900	缓冷

在第一、二次锻打时，力求轻拍快打，每次锻打变形量控制在 5% 左右，改形锻打时变形量可适当增加到 10%～15%。冷到终锻温度时，应及时停止锻打，重新回炉加热后继续锻打，锻后必须缓冷。

② 退火　钢结硬质合金退火的目的是降低硬度，为后续工序和淬火、回火强化提供有利条件，通常采用等温球化退火。需要特别注意的是：退火必须要在真空或有保护气体的热处理炉内进行，以防止氧化脱碳，如果没有保护气氛炉，而在箱式电炉内进行，则应用装箱法，箱内填充良好的保护剂。退火的基本工艺是缓慢加热到 850～890℃，保温足够时间（一般为4h），炉冷到 730℃ 左右，保温 6h，炉冷至 500℃ 以下时可出炉空冷。具体钢种退火工艺见表 2-13。

表 2-13　常用钢结硬质合金的临界点及退火工艺规范

牌号	A_{c1}/℃	A_{c3}/℃	A_{ccm}/℃	A_{r1}/℃	A_{r3}/℃	加热温度/℃	等温温度/℃	退火后硬度(HRC)
TLMW35	—	—	—	—	—	860～880	720～740	32～38
TLMW50	761	788	—	690	730	860～880	720～740	35～40
GW50	745	790	—	710	770	860	700	35～42
GJW50	760	810	—	710	763	840～850	720～730	35～38
GT35	740	770	—	—	—	860～880	720	39～46
R5	780	—	820	700	—	820～840	720～740	44～48
T1	780	—	800	730	—	820～840	720～740	44～48

退火温度不宜过高，保温时间不宜过长，以防止碳化物集聚粗化并稳定化，给最终热处理带来困难。关键是采用延长等温时间使过冷奥氏体充分分解，获得弥散度高的索氏体组织。

③ 淬火　钢结硬质合金的导热性较差，淬火加热必须经过预热，温度通常为 800～820℃。对于 WC 型钢结硬质合金，淬火温度通常为 1020～1050℃；对于 TiC 钢结硬质合金，淬火加热温度通常为 950～1000℃，以高速钢为黏结相的 G 型钢结硬质合金，淬火温度通常取1200～1280℃。钢结硬质合金淬火工艺规范见表 2-14，淬火加热时必须注意防止氧化和脱碳。

表 2-14　常用的钢结硬质合金的热处理工艺规范

牌　号	淬火加热温度/℃	淬火硬度（HRC）	回火温度/℃	回火硬度（HRC）
TLMW35	1020～1050	68	180～200	64～66
TLMW50	1020～1050	68～70	200 500	66～68 63～64
GW50	1050～1100	68～72	180～200	68～70
GJW50	1020	70	180～200	67
GT35	960～980	69～72	180～200 400～500	67～71 61～64
R5	1000～1050	70～73	200 450～500	68～69 67～70
T1	1240	68～72	500℃加热,回火3次,每次1h	70～72
D1	1220～1240	69～73	500℃加热,回火3次,每次1h	66～69

钢结硬质合金有较高的淬透性。对于截面较小且形状不复杂的模具零件,用油冷可以获得较好效果;对于截面较大形状复杂的模具零件,采用分级淬火或等温淬火,可以避免开裂和减少变形。

④ 回火　钢结硬质合金模淬火后应尽快进行回火,特别是大型复杂件,以消除应力、防止开裂,同时回火也是为了调整组织得到需要的力学性能。回火温度通常取 180～200℃,保温时间为 1.0～1.5h,要求较高韧性可用较高的回火温度。G 型合金（高速钢为基体）的回火温度取 500～560℃,回火 3 次。钢结硬质合金在 250～350℃ 回火,冲击韧度有明显下降,说明出现低温回火脆性,应予以注意。

2.5.3　冷作模具常用钢结硬质合金的使用性能与用途

钢结硬质合金与普通硬质合金相比有较好的韧性,但与合金工具钢相比,它仍然是一种脆性材料。应取其特点合理应用到冲压模中。表 2-15 介绍几种常用的钢结硬质合金的使用性能和用途。

表 2-15　常用钢结硬质合金的使用性能及用途

钢号	使用性能	用途举例
GT35	有较高硬度和耐磨性,但不耐高温和腐蚀	冷镦模、冷挤压模、冷冲压模、拉深模等
GW50 GJW50	既有高硬度、高耐磨性,又有钢的可加工性、可锻性及可热处理性	用作冷作模具,如冷冲模、冷镦模、拉深模、冷挤压模等

经退火软化后,可进行车、铣、刨、钻、铰、攻螺纹等机械加工,加工特点是宜采用低转速、大进给量和中等的进给速度,刀具要锋利,不必用冷却润滑液,以免因激冷引起硬化甚至开裂。钢结硬质合金不能承受较大的冲击载荷,在用作凹模时,应尽量减少模具承受的拉应力。此外,它的断裂韧度也较低,模具上一旦有裂纹,容易扩展、碎裂。以上这些,使它的使用范围受到一定限制。但钢结硬质合金兼有硬质合金与钢材两方面的优点,既有类似于钢材的加工性与热处理工艺性,又具有一般模具钢无法比拟的高硬度及耐磨性,因而是较理想的冷作模具材料。

钢结硬质合金制造的冷作模具,使用寿命比模具钢制造的模具提高数倍甚至上百倍。因此大批量生产时比较适用。例如冲 0.35mm 硅钢片模,原用 Cr12 钢,寿命 30 万次,改用钢结硬质合金后寿命 625 万次,提高 20 多倍;冷镦 M3、M5 半圆头模具,原用 T10A,寿命 8 万件/只,改用钢结硬质合金后,寿命 250 万件/只,提高 31 倍;冷挤传动链条滚子凹模,原用 W18Cr4V,寿命 2 万件/只,改用钢结硬质合金,寿命 10 万件/只,提高 5 倍。

2.6 粉末冶金高速钢和高合金钢

粉末冶金高速钢简称粉末高速钢、粉末钢。它是把高速钢的微细粉末，经压制烧结而成的高速钢，其工艺方法与硬质合金十分相似

由于传统采用熔铸法制造的高速钢，外表与中心冷却速度不一，存在碳化物偏析现象。当直径大于 40mm 的大截面轧材，这种现象尤为严重。碳化物是脆性相，它的不均匀分布，使钢材的性能也呈不均匀，变成各向异性，不仅使钢的强度和韧性大为降低，淬火变形难于控制，还使淬火后基体中的碳和合金元素分布不均匀。在碳化物富集处，合金元素含量较高，易产生回火不足，使脆性增加，在凸、凹模使用过程中出现崩刃损坏；而在碳化物稀少处，因碳和合金元素的贫乏，导致硬度和强度下降，降低热硬性。为避免上述缺陷，从 20 世纪 70 年代开始发展起来用粉末冶金技术生产各种高合金、高性能高速钢，即粉末高速钢。它具有粉末冶金固有的优点，其主要特点如下。

① 不存在化学成分的偏析现象，碳化物分布均匀，合金成分与直径大小无关。

② 纵、横向韧性值相同，没有方向性，且韧性、强度和耐磨性都比普通高速钢有提高。

③ 能显著减少热处理时的变形，变形量仅为普通高速钢的 1/5～1/2。尺寸较稳定。

④ 锻造、轧制、切削加工、热处理等工艺性与普通高速钢相当，还都得到了改善。

采用粉末冶金工艺不仅能生产现有牌号的各种高速钢，使其性能有所提高，而且有可能在高速钢粉末中添加耐磨的超硬微粉，生产出传统熔铸方法所不能生产的介于高速钢和硬质合金之间的高性能特种高速钢，为研制和开发高速钢新钢种指出了方向。

粉末高速钢适用于制造各种复杂的精密刀具，如某工具研究所研制的 GF3，属钴高速钢，钴质量分数达 9%，热处理后室温硬度达 68～70HRC，600℃ 4h 的热硬性为 60～61.7HRC，600℃ 时的高温硬度可达 677HV。精加工调质钢时，刀具寿命较通用高速钢提高 5 倍以上，而且适用于难加工材料的切削。特别是可磨削性良好，利用普通刚玉砂轮即可刃磨。

在高速多工位级进模中，可用于制作凸模和凹模拼块，性能和寿命大大好于普通高速钢。表 2-16 为几种粉末高速钢与熔化法制造的高速钢、冷作模具钢成分对比。

表 2-16 几种粉末高速钢化学成分对比

钢 种		化学成分(质量分数)/%						硬度(HRC)
		C	Cr	Mo	W	V	Co	
瑞典 ASSAB	ASP23 粉末钢	1.28	4.2	5.0	6.4	3.1	—	58～66
	ASP30 粉末钢	1.27	4.2	5.0	6.4	3.1	8.5	64～68
	ASP60 粉末钢	2.30	4.0	7.0	6.5	6.5	10.5	65～69
日本 JIS	SKD11 冷作钢	1.55	12.0	0.8	—	0.8	—	55～63
	SKH9 高速钢	0.88	4.2	5.0	6.4	1.9	—	58～69
	SKH51 高速钢	0.90	4.1	5.0	6.4	1.9	4.8	63～66
中国	GF3 粉末钢	1.5	4.0	5.0	10	3.0	9.0	68～70
日本 YSS	HAP10 粉末钢	1.3	5.0	6.0	3.0	4.0	—	62～65
	HAP40 粉末钢	1.3	4.0	5.0	6.0	3.0	8.0	64～67
	HAP72 粉末钢	2.0	4.0	7.5	10	5.0	9.5	68～71
瑞典 ASSAB	VANCRON40	1.1	4.5	3.2	3.7	8.5	—	58～64

VANCRON40 粉末钢主要成分中含有 1.8% 质量分数的氮，它是一种高氮化粉末钢，具有极佳的抗黏着及抗磨损性能。主要用于铝、铜及不锈钢拉深模、冲裁及成形模、粉末压模等。

2.7　冲模零件材料的选用与硬度要求

2.7.1　冲模工作零件材料选用的依据

(1) 根据制件的产量选择模具材料

如果制件的产量大，选用材料耐磨性好、耐用、寿命长是首要条件，则必须选用既耐磨又有高强度的材料。一般情况下，可参考表 2-17 来选择模具材料。

表 2-17　根据制件的产量选择模具材料

选择材料次序	1	2	3	4	5	6
材料名称	碳素工具钢	低合金工具钢	中高合金钢	高强度基体钢	高速工具钢	钢结合金与硬质合金
牌号举例	T8A	9Mn2V	Cr4W2MoV	65Cr4W3Mo2VNb	W12Mo3Cr4V3N	GT35，TLMW50
	T10A	CrWMn	Cr12MoV	6Cr4Mo3Ni2WN	W18Cr4V	YG11，YG15
大生产时寿命	10 万次以下	10 万次以上	100 万次以下	100 万次以下	100 万次以上	100 万次以上

对于制件产量在 1 万件以下，可采用经济冲模或简易冲模结构，大型成形模可选用铸铁（HT200）、铸钢（ZG200-400）；拉深模可选用铜铝合金；此外，低熔点合金（Sn42Bi58）、锌基合金（Zn93Cu3Al4）等材料均可考虑选用。当料厚为 0.01～0.5mm，甚至更薄，产量＜2.5 万件的小型件，还可以选用聚氨酯橡胶作模具材料。

(2) 根据冲压工序性质和模具种类选择模具材料

由于冲裁、弯曲、拉深、挤压和冷镦的受力大小与受力方式不同，因此选择模具材料也不同。一般情况，这些工序的综合受力由小到大的顺序依次为：弯曲→成形→拉深→冲裁 →冷挤压→冷镦。也就是相对来说，弯曲模材料可差一些，对冷挤压、冷镦的模具材料要求最好。选择模具材料的方向是：碳素工具钢→低合金工具钢→中合金工具钢→基体钢→高合金工具钢→高速钢→钢结硬质合金→硬质合金→细晶粒硬质合金。

表 2-18 所列为在一般情况进行冲压时，凸模与凹模钢材的选用。

表 2-18　几种常用模具钢材使用和加工性能的比较

模具类型	工作条件	选用钢材	硬度（HRC）	
			凸　模	凹　模
冲裁模	轻载	T10A、9SiCr	56～62	58～64
		CrWMn、9Mn2V		
		Cr12		
	重载	Cr12MoV、Cr12Mo1V1		58～64
		Cr4W2MoV、5CrW2Si		
		7CrSiMnMoV		
		6CrNiMnSiMoV		
	精冲	Cr12、Cr12MoV	58～62	59～63
		W6Mo5Cr4V2		
		8Cr2MnWMoVS		
	易断凸模	W6Mo5Cr4V2	56～64	
		6Cr4W3Mo2VNb		
		6W6Mo5Cr4V		
		7Cr7Mo2V2Si		
	高寿命、高精度模具	Cr12Mo1V1	58～62	60～64
		8Cr2MnWMoVS		
		（或硬质合金类）		

模具类型	工作条件	选用钢材	硬度(HRC) 凸 模	硬度(HRC) 凹 模
弯曲模	一般模具	T8、T10、45	56~62	58~62
		9Mn2V、Cr2		
		6CrNiMnSiMoV		
	复杂模具	CrWMn、Cr12	56~62	58~64
		Cr12MoV		
拉深模	一般模具	T8A、T10A	56~62	58~64
		9CrWMn、Cr12		
		7CrSiMnMoV		
	重载、长寿命模具	Cr12MoV、Cr4W2MoV	56~62	58~64
		W18Cr4V、Cr12Mo1V1		
		W6Mo5Cr4V2		
		(或硬质合金类)		
成形模	一般模具	T10A、9SiCr	56~60	58~62
		CrWMn、9Mo2V		
	复杂模具	Cr12	56~62	58~64
		Cr12MoV、Cr4W2MoV		
		7CrSiMnMoV		
	压印模	Cr12、Cr12MoV	56~60	58~62
		6Cr4W3MoVNb		
		6W6Mo5C14V		
		W18Cr4V		

(3) 根据制件的材料性质选择模具材料

由于不同材料在冲压过程中对模具产生的变形抗力不同,所以制件材料对模具用料有影响。如对制件材料硬、抗拉强度大、塑性变形抗力大的模具,要选用较好材料,反之,制件材料软、抗拉强度小、塑性变形抗力小的模具,可以选用较差一些的材料。

表 2-19 所示为按制件材料选择模具材料。

表 2-19　根据制件材料选择模具材料

序号	冲件材料	凸 模 中小批量(10万件以下)	凸 模 大批量(10万件以上)	凹 模 中小批量(10万件以下)	凹 模 大批量(10万件以上)
1	铝及铝合金、铜及铜合金	42CrMo T8A 9Mn2V CrWMn	9Mn2V CrWMn 6CrNiMnSiMoV 7CrSiMnMoV	42CrMo T10A 9CrWMn MnCrWV	9CrWMn MnCrWV 6CrNiMnSiMoV 7CrSiMnMoV
2	低碳钢及碳质量分数小于0.4的中碳钢	T10A 9CrWMn GCr15 Cr6WV	6CrNiMnSiMoV 7CrSiMnMoV Cr6WV Cr2Mn2SiWMoV	T10A CrWMn GCr15 Cr4W2MoV	6CrNiMnSiMoV 7CrSiMnMoV Cr6WV Cr2Mn2SiWMoV
3	高碳钢、弹簧合金钢	7CrSiMnMoV MnCrWV Cr6WV Cr12MoV	Cr12 6CrNiMnSiMoV Cr2Mn2SiWMoV W6Mo5Cr4V2	CrWMn 7CrSiMnMoV Cr4W2MoV Cr12MoV	Cr12 6CrNiMnSiMoV Cr2Mn2SiWMoV W6Mo5Cr4V2
4	不锈钢、耐热钢	6CrNiMnSiMoV 3Cr2W8V 7CrSiMnMoV Cr12MoV	7Cr7Mo3V2Si 5Cr4Mo3SiMnVAl Cr2Mn2SiWMoV W6Mo5Cr4V2	6CrNiMnSiMoV 3Cr2W8V 7CrSiMnMoV Cr12MoV	7Cr7Mo3V2Si 5Cr4Mo3SiMnVAl Cr2Mn2SiWMoV 9Cr6W3Mo2V
5	硅钢片	6CrNiMnSiMoV 7CrSiMnMoV Cr12MoV	Cr12MoV 9Cr6W3Mo2V W18Cr4V	6CrNiMnSiMoV Cr4W2MoV Cr12MoV	9Cr6W3Mo2V W12Mo3Cr4V3N W18Cr4V

注:1. 本表材料排列由上至下,由次到优,应结合模具种类依次选择。

2. 当产量超过百万次以上时,应选用钢结合金或硬质合金等。

3. 当模具材料用于拉深模、冷挤压模、冷镦模等易损模具时,模具表面应采用氮化、镀铬、CVD、PVD 和深冷处理等提高耐磨措施。

（4）根据采用新钢种明显提高模具使用寿命来选择材料

如表 2-20 所示，列出采用新旧材料制造模具寿命的对比。从表列可知，采用新钢号制造的模具寿命比用老钢号有明显提高。

表 2-20　用新旧材料制造模具的寿命对比

序号	钢号	模具	被冲制件材料	硬度（HRC）	平均寿命/件	寿命提高/倍
1	Cr12MoV	冲裁凸模	冷轧硅钢片 $t=0.35mm$	62～64	2 万～5 万	5～10
	V3N			67～69	25 万	
2	Cr12	冲裁凸模	锡青铜带 $t=0.3～0.4mm$ 180～200HV	60～62	10 万～15 万	4～5
	GD			60～62	40 万～50 万	
3	Cr12	冲裁凸模、凹模	锡青铜带 $t=0.2～0.3mm$ 160～180HV	58～60	10 万～15 万	3～4
	CH-1			58～60	30 万～40 万	
4	Cr12MoV	冲裁凸模、凹模	锡青铜带 $t=0.3～0.4mm$ 180～200HV	62～64	15 万～20 万	2～3
	GM			64～66	40 万～50 万	

2.7.2　冲模工作零件常用材料及硬度的指导性选用

冲模工作零件常用材料及硬度要求，一些模具设计手册中均有介绍，这里选编了表2-21～表2-23，供设计参考选用。

表 2-21　冲模工作零件常用材料及硬度要求（摘自 GB/T 14662—2006）（一）

模具类型		冲件与冲压工艺情况	材料	硬度	
				凸模	凹模
冲裁模	Ⅰ	形状简单，精度较低，材料厚度小于或等于 3mm，中小批量	T10A、9Mn2V	56～60HRC	58～62HRC
	Ⅱ	材料厚度小于或等于 3mm，形状复杂；材料厚度大于 3mm	9CrSi、CrWMn Cr12、Cr12MoV W6Mo5Cr4V2	58～62HRC	60～64HRC
	Ⅲ	大批量	Cr12MoV、Cr4W2MoV	58～62HRC	60～64HRC
			YG15、YG20	≥86HRA	≥84HRA
			超细硬质合金	—	
弯曲模	Ⅰ	形状简单、中小批量	T10A	56～62HRC	
	Ⅱ	形状复杂	CrWMn、Cr12、Cr12MoV	60～64HRC	
	Ⅲ	大批量	YG15、YG20	≥86HRA	≥84HRA
	Ⅳ	加热弯曲	5CrNiMo、5CrNiTi、5CrMnMo	52～56HRC	
			4Cr5MoSiV1	40～45HRC，表面渗氮≥900HV	
拉深模	Ⅰ	一般拉深	T10A	56～60HRC	58～62HRC
	Ⅱ	形状复杂	Cr12、Cr12MoV	58～62HRC	60～64HRC
	Ⅲ	大批量	Cr12MoV、Cr4W2MoV	58～62HRC	60～64HRC
			YG10、YG15	≥86HRA	≥84HRA
			超细硬质合金		
	Ⅳ	变薄拉深	Cr12MoV	58～62HRC	
			W18Cr4V、W6Mo5Cr4V2、Cr12MoV	—	60～64HRC
			YG10、YG15	≥86HRA	≥84HRA
	Ⅴ	加热拉深	5CrNiTi、5CrNiMo	52～56HRC	
			4Cr5MoSiV1	40～45HRC，表面渗氮≥900HV	
大型拉深模	Ⅰ	中小批量	HT250、HT300	170～260HBW	
			QT600-20	197～269HBW	
	Ⅱ	大批量	镍铬铸铁	火焰淬硬 40～45HRC	
			钼铬铸铁、钼钒铸铁	火焰淬硬 50～55HRC	

表 2-22   冲模工作零件常用材料及硬度要求（二）

类别	模具名称	使用条件	推荐材料	代用钢号	硬度/(HRC)
冲剪	直剪刃 （长剪刃）	薄板（<3mm）	7CrSiMnMoV	T8A、9CrWMn	57～60
		中板（3～10mm）	9SiCr	T10A、5CrWMn	56～58
		厚板（>10mm）	5CrW2Si	5SiMnMoV	52～56
		硅钢片及不锈、耐热钢薄板	Cr12MoV	—	57～59
	圆剪刃 （圆盘剪）	薄板	9SiCr	Cr12MoV	57～60
		中板	5CrW2Si	—	52～56
		硅钢片	Cr12MoV	—	57～60
	成形剪刀	圆钢（一般）	T8A	8Cr3、Cr12MoV	54～58
		圆钢（小型高寿命）	6W6Mo5Cr4V		58～60
		型钢	5CrW2Si	5CrNiMo	52～56
		废钢	5CrMnMo	5CrMnMoV	48～53
	穿孔冲头	薄板、中板	T10A、T8A	T8A、60Si2Mn	54～58
		厚板	5CrW2Si	6CrW2Si	51～56
		奥氏体钢薄板	Cr12MoV	W18Cr4V	58～60
		高强度钢板	65Nb	6W6Mo5Cr4V	58～60
		偏心载荷	55SiMoV	5SiMnMoV	57～60
冲裁模	精冲模		Cr12MoV	Cr12、Cr5Mo1V	61～63（凹模）
			Cr14W2MoV	W6Mo5Cr4V2	60～62（凸模）
	轻载冲裁模 （t<2mm）	<0.3mm 软料箔带	T10A	T8A	56～60（凸模） 37～40（凹模）
		硬料箔带	7CrSiMnMoV	CrWMn	62～64（凹模）
		小批量、简单形状	T10A	Cr2	
		中批量、复杂形状	MnCrWV	9Mn2V	48～52（凸模）
		高精度要求	Cr2 MnCrWV }	CrWMn 9CrWMn }	52～58 56～58（易脆折件）
		大批量生产	Cr12MoV Cr5Mo1V }	Cr4W2MoV	
		高硅钢片（小型）	Cr2		
		（中型）	Cr12MoV }	Cr12MoV	
		各种易损小冲头	W6Mo5Cr4V2	W18Cr4V	59～61
	重载冲裁模	中厚钢板及高强度薄板	Cr12MoV Cr4W4MoV }	Cr5Mo1V	54～56（复杂） 56～58（简单）
		易损小尺寸凸模	W6Mo5Cr4V2	W18Cr4V	58～61
成形模	轻载拉深模	简单圆筒浅拉深	T10A	Cr12	60～62
		成形浅拉深	MnCrWV	9Mn2V } CrWMn }	60～62
		大批量用落料或拉深复合模			
		（普通材料薄板）	Cr12MoV	Cr5Mo1V	58～60
	重载拉深模	大批量小型拉深模	SiMnMo	Cr12	60～62
		大批量大、中型拉深模	Ni-Cr 合金铸铁	球墨铸铁	45～50
		耐热钢、不锈钢拉深模	Cr12MoV（大型）		65～67（渗氮）
			65Nb（小型）	CT-15	64～66
	弯曲、翻边模	轻型、简单	T10A		57～60
		简单易裂	T7A		54～56
		轻型复杂	CrWMn	9CrWMn	57～60
		大量生产用	Cr12MoV		57～60
		高强度钢板及奥氏体钢板	Cr12MoV		65～67（渗氮）
	大中型弯板 机通用模具	互换性要求严格，形状复杂	5CrMoMn	5CrNiMo	42～48

续表

类别	模具名称	使用条件		推荐材料	代用钢号	硬度/(HRC)
冷精压	平面精压模	非铁金属钢件		T10A CR12MoV	Cr2	59~61 59~61
	刻印精压模	非铁金属钢件 不锈钢等高强度材料		9MN2V Cr5Mo1V、65Nb 6W6Mo5Cr4V 65Nb}	9Cr2 Cr12WMoV 5CrW2Si	58~60
	立体精压模	浅型腔 复杂型腔		Cr2 Cr5Mo1V 5CrNiMo 9Cr2	GCr15,9Cr2 5CrW2Si 5CrMnMo	60~62 56~58 54~56 57~60
冷挤压	轻载冷挤压	铝合金(单位压力<1500MPa)		Cr12(小型) 65Nb(中型)	MnCrWV、YG8 Cr12MoV、YG15	60~62 56~58
	重载冷挤压	钢件(单位压力1500~2000MPa) 钢件(单位压力2000~2500MPa)		6W6Mo5Cr4V(凸模) Cr12MoV(凹模) W6Mo5Cr4V2(凸模)	W6Mo5Cr4V2 65Nb、CrWMn W18Cr4V	60~62 58~60 61~63
	模具型腔 冷挤压凸模	一般中、小型 大型复杂件 复杂精密件 成批压制用 高单位压力(>2500MPa)		9SiCr 5CrW2Si Cr12MoV 65Nb W6Mo5Cr4V2	Cr2、T10A Cr5Mo1V 6W6Mo5Cr4V W18Cr4V} Cr12	59~61 59~61(渗碳) 59~61 59~61 61~62
冷镦模	切料刀片	整体式	小规格 大、中规格	T10A、GCr15 9SiCr	W18Cr4V Cr12MoV	58~60 56~58
	切料模	整体式	小规格 大、中规格	9SiCr GCr15、T10A	W18Cr4V Cr12MoV	58~60 56~58
	光冲	整体式	中、小规格 大规格	T10A	W18Cr4V 9Cr2	59~61 57~59
	压球模	整体式	小规格 大、中规格	YG20 GCr15、Cr12MoV	YG20C 65Nb	— 57~59
	切边模	整体式	大、中规格 中、小规格	Cr12MoV 9SiCr	65Nb W6Mo5Cr4V2	
	凹模	整体式	<M6 >M6	9SiCr、Cr12MoV T10A	— MnSi、9Cr2	59~61 56~59
		组合式	模芯>M10	Cr12MoV W6Mo5Cr4V2	65Nb、YG20C	52~59 57~61
			模芯<M10	YG20	CT35、TLMW50	
			模套	T10A、GCr15 60Si2Mn	5CrNiMo	48~52(内) 44~48(外)
	成形冲头	凹穴冲头,中、小规格		60Si2Mn 5CrMnMo	65Nb、CG2	57~59 57~59
		外六角冲头,大、中规格		Cr12MoV Cr6MoV	6W6Mo5Cr4	57~59 52~56
		内六角冲头	中、小规格 大规格	60Si2Mn W6Mo5Cr4V2} W18Cr4V	65Nb、CG2 6W6Mo5Cr4	51~57 59~61
		十字冲头	小规格 大、中规格	W18Cr4V W6Mo5Cr4V2} 60SiMn	65Nb、CG2 6W6Mo5Cr4	59~61 55~57
	冲孔冲头	强烈磨损和断裂		W18Cr4V	W6Mo5Cr4V2	59~61

续表

类别	模具名称	使用条件	推荐材料	代用钢号	硬度/(HRC)
冷滚压模	搓丝板	≤M20	9SiCr	Cr12MoV	58～61
	滚丝模及滚齿纹模	一般	Cr12MoV	Cr5Mo1V 9SiCr	58～61
		螺距＞3mm			56～58
		梯形螺纹、齿纹			54～56
	成形滚压模	型材校直辊、无缝金属管轧辊等	9Cr2	Cr2	61～63
拉拔模	钢管、圆钢冷拔模	强烈磨损、咬合及张应力作用特殊形状规格	T10、Cr2、45 Cr12MoV	石墨钢 Cr12	61～63(碳氮共渗淬火) 40～45(渗硼淬火心部) 61～63(渗硼淬火表面)

表 2-23　冲模工作零件材料的选用举例及其硬度要求（三）

模具类型		工作条件	推荐选用的材料牌号		硬度/(HRC)	
			中、小批量生产	大量生产	凸模	凹模
冲裁模	硅钢片冲模	形状简单，冲裁硅钢薄板厚度≤1mm的凸、凹模	CrWMn、Cr6WV、(Cr12)、(Cr12MoV)	YG15、YG20 或 YG25 硬质合金；YE30 或 YE65 钢结硬质合金（另附模套，模套材料可采用中碳钢或T10A）	60～62	60～64
		形状复杂，冲裁硅钢薄板厚度≤1mm的凸、凹模	Cr6WV、(Cr12) Cr2Mn2SiWMoV、(Cr12MoV)			
	钢板落料、冲孔模	形状简单，冲裁材料厚度≤4mm 的凸、凹模	T10A、9Mn2V、9SiCr、GCr15	YG15、YG20 或 YG25 硬质合金；YE50（GW50）或 YE65（GT35）钢结硬质合金（另附模套，模套材料可采用中碳钢或T10A）	薄板(≤4mm)：58～60 厚板：＜56	薄板(≤4mm)：60～62 厚板：＜56
		形状复杂，冲裁材料厚度≤4mm 的凸、凹模	CrWMn、9CrWMn、9Mn2V、Cr6WV			
		冲裁材料厚度＞4mm，载荷较重的凸、凹模	(Cr12)、(Cr12MoV)、Cr4W2MoV、Cr2Mn2SiWMoV、5CrW2Si	同上，但模套材料需采用中碳合金钢		
	凸模（冲头）	轻载荷（冲裁薄板，厚度≤4mm）	T7A、T10A、9Mn2V		ϕ＜5mm；56～65	—
		重载荷（冲裁厚板，厚度＞4mm）	W18Cr4V W6Mo5Cr4V2 6W6Mo5Cr4V		ϕ＞10mm；52～56；56～60	—
	剪刀（切断模）	剪切薄板（厚度≤4mm）	T10A、T12A 9Mn2V、GCr15		45～50；54～58	
		剪切薄板的长剪刀	CrWMn、9CrWMn 9Mn2V、GrCr15 Cr2Mn2SiWMoV			
		剪切厚板（厚度＞4mm）	5CrW2Si、Cr4W2MoV (Cr12MoV)		60～64	
	修（切）边模	简单的形状	T10A、T12A、9Mn2V、GGr15		56～60	50～62
		较复杂的形状	CrWMn、9Mn2V、Cr2Mn2SiWMoV			
弯曲模（压弯模）		一般弯曲的凸、凹模	T7A、T10A 9Mn2V、GGr15		58～60	56～61
		载荷较重，要求高度耐磨的凸、凹模	Cr6WV、(Cr12)、(Cr12MoV)、Cr4W2MoV			

注：表中有括号的牌号，因铬含量高不推荐采用，可用 Cr6WV 或 Cr4W2MoV、Cr2Mn2SiWMoV 等牌号代替。

2.7.3 冲模结构零件材料及硬度选用

冲模结构零件这里是指除工作零件（凸、凹模）外的所有其他零件，它们的用料虽然没有工作零件讲究，但也不能随意选用，表2-24和表2-25供参考选用。

表2-24 冲模结构零件的材料及硬度（摘自 GB/T 14662—2006）（一）

零件名称	材料	硬度
上、下模座	HT200 45	170～220HBW 24～28HRC
导柱	20Cr GCr15	60～64HRC （渗碳） 60～64HRC
导套	20Cr GCr15	58～62HRC （渗碳） 58～62HRC
凸模固定板、凹模固定板、螺母、垫圈、螺塞	45	28～32HRC
模柄、承料板	Q235A	—
卸料板、导料板	45 Q235A	28～32HRC
导正销	T10A 9Mn2V	50～54HRC 56～60HRC
垫板	45 T10A	43～48HRC 50～54HRC
螺钉	45	头部43～48HRC
销钉	T10A、GCr15	56～60HRC
挡料销、抬料销、推杆、顶杆	65Mn、GCr15	52～56HRC
推板	45	43～48HRC
压边圈	T10A 45	54～58HRC 43～48HRC
定距侧刃、废料切断刀	T10A	58～62HRC
侧刃挡块	T10A	56～60HRC
斜楔与滑块	T10A	54～58HRC
弹簧	50CrVA、55CrSi、65Mn	44～48HRC

表2-25 冲模结构零件用料及热处理要求（二）

零件名称及其使用情况		选用材料	热处理硬度（HRC）
上模座 下模座	一般负荷	HT200，HT250	28～32（调质）
	负荷较大	HT250，Q235	
	负荷特大，受高速冲击	45	
	用于滚动导柱模架	QT400—18，ZG310—570	
	用于大型模具	HT250，ZG310—570	
模柄	压入式、旋入式和凸缘式	Q235，Q275	—
	通用互换性模柄	45，T8A	45～48
	带球面的活动模柄、垫块等	45	43～48
导柱 导套	大量生产	20	56～60（渗碳淬硬）
	单件生产	T10A，9Mn2V	56～60
	用于滚动配合	Cr12，GCr15	62～64
固定板、卸料板、定位板		Q235（45）	43～48
垫板	一般用途	45	43～48
	单位压力特大	T8A，9Mn2	52～55
推板 顶板	一般用途	Q235	—
	重要用途	45	43～48
顶直 推杆	一般用途	45	43～48
	重要用途	Cr6WV，CrWMn	56～60
导料板		Q235（45）	43～48

续表

零件名称及其使用情况			选 用 材 料	热处理硬度（HRC）
导板模用导板			HT200,45	
侧刃、挡块			45(T8A,9Mn2V)	43~48(56~60)
定位钉、定位块、挡料销			45	43~48
废料切刀			T10A,9Mn2V	58~60
导正销	一般用途		T10A,9Mn2V,Cr12	56~60
	高耐磨		Cr12MoV	60~62
斜楔、滑块			Cr6WV,CrWMn	58~62
圆柱销、销钉			(45)T7A	(43~48)50~55
模套、模框			Q135(45)	28~32(调质)
卸料螺钉			45	35~40(头部淬硬)
圆钢丝弹簧			65Mn	40~48
碟形弹簧			65Mn,50CrVA	43~48
限位块(圈)			45	43~48
承料板			Q235	—
钢球保持圈			ZQSn10—1.2A04	—
压边圈	一般拉深	小型	T10A,9Mn2V,CrWMn	54~58
		大、中型①	低合金铸铁② CrWMn,9CrWMn	
	双动拉深		钼钒铸铁	
中层预应力圈			5CrNiMo,40Cr,35CrMoA	45~47
外层预应力圈			5CrNiMo,35CrMoA,40Cr、35CrMnSi,45	40~42

① 大、中型制件是指外径及高度>200mm 者。
② 低合金铸铁化学成分：$\omega_C=3\%$、$\omega_{Si}=1.6\%$、$\omega_{Cr}=0.4\%$、$w_{Mo}=0.4\%$，摩擦面进行火焰淬火。

2.8 模具材料与使用寿命

2.8.1 模具的使用寿命

模具因磨损或其他形式失效报废之前所冲压的零件总件数，称为模具的使用寿命。影响模具使用寿命的因素很多，其中模具材料的好坏，对模具寿命影响最大。

模具的使用寿命越长，模具的耐用度越高，冲压零件的生产成本就越低。

不同模具的使用寿命参考表 2-26～表 2-30。

表 2-26 常用模具材料一次刃磨的平均使用寿命　　　　万件

模 具	材 料				
	T10	Cr12	W18Cr4V	GW50	YG20
硅钢片冲模	1~2	2~5	5~10	20~70	20~100
拉深模	0.3~0.5	0.5~1.5	2~4	15~50	

表 2-27 模具两次刃磨之间的平均使用寿命　　　　万件

冲件材料	板料厚度/mm	模具形式		
		简 单 的	中等复杂的	复 杂 的
铝	≈1.5	4	3.5	3
	1.5~3	3	2.5	2
软钢(C<0.3%)	≈1.5	3	2.5	2
	1.5~3	2.5	2	1.5
中等硬度钢 (C=0.3%~0.5%)	≈1.5	2.5	2	1.5
	1.5~3	2	1.5	1

注：以上数据是对合金钢模具而言。当采用硬质合金模具时，其平均寿命比表列的高 5~10 倍。

表 2-28　不同类型模具的平均使用寿命　　　　　　　　　万件

模具形式	板料厚度/mm	模具材料	
		碳素工具钢	合金工具钢
有导向的落料模和倒装复合模	0.25～0.5	80～120	120～160
	>0.5～1.0	60～80	80～120
	>1.0～1.5	40～70	70～90
	>1.5～2.0	40～60	60～80
	>2.0～3.0	30～50	50～70
	>3.0～6.0	25～40	40～50
冲孔模	<4	20～30	30～45
简单弯曲模	<3	90～120	140～180
复杂弯曲模	<3	50～80	80～120
拉深模	<3	120～160	180～240
成形模	<3	40～70	70～100

注：1. 表中数据是对冲压材料为软的及中等硬度钢板，经 20～25 次修磨，2～3 次中修和一次大修的各种模具达到完全磨损时的概略使用寿命。

2. 冲压较硬材料，用最小值；冲压较软材料，用最大值。

3. 无导柱的落料模，可按有导柱落料模的 70% 估算。

4. 顺装复合模因直刃口部分增长，其使用寿命比表列多 50%。

表 2-29　成形模具完全磨损前的总寿命　　　　　　　　　万件

冲压工序类别	冲压材料			
	软钢	黄铜 H68、H62	纯铜	铝
平面精压	100	130	160	250
压印	12	16	20	30
顶镦	10	12	16	20
简单形状的立体成形	12	16	20	30
中等复杂的立体成形	10	14	18	20
复杂形状的立体成形	7	9	11	16

表 2-30　冷挤压模具完全磨损前的总寿命　　　　　　　　　万件

正挤				反挤、复合挤			
制件壁厚/mm	材料			制件壁厚/mm	材料		
	锌、铝	纯铜、铝合金	黄铜		锌、铝	纯铜、铝合金	黄铜
0.5	5	—	—	0.5	4	—	—
0.75	8	4	—	0.75	6	4	—
1.0	10	6	3	1.0	8	5	2
1.5	12	8	5	1.5	9	6	3
2.0	14	12	8	2.0	10	8	4

2.8.2　判断模具寿命的依据

如果将模具一直使用到制件质量达到允许极限程度时才进行修磨，这时，模具的单位寿命（一般称之为一次刃磨冲次或一次刃磨寿命）虽然提高了，但在修磨时的刃磨量（常指冲裁凹模工作直刃口高度 h 减小）都要有所增加，这会使模具的总寿命相应地缩短。因此，在确定模具寿命时，应该考虑到经济上的因素。有时就需要把制件质量尚未达到允许极限之前的冲裁次数定为模具寿命。

实际工作中，判别模具寿命，习惯上用模具是否还能用，要不要修磨和一次刃磨后冲了多少件来衡量的。具体判别模具使用寿命，直接方面主要看模具工作部分，一般指刃口的磨损和其他形式的失效情况，如开裂、崩刃、变形等；间接方面主要看冲压件质量情况，主要参数如下。

(1) 毛刺

在冲裁时，大多是用毛刺高度的大小来判别制件质量的好坏。因此，在实际生产中，便常常用制件毛刺的大小来作为判断模具寿命的一项主要依据。

如刃口发生崩刃的情况，在崩刃处将会产生很大的毛刺，则在此前的冲裁次数就该定为模具的寿命。

（2）尺寸变化

由于刃口磨损而带来刃口纯化和冲裁间隙的增加，使得制件的尺寸将不断地改变，切断表面质量也将随之变坏。当制件的尺寸一旦超过允许公差时，就必须进行刃磨修正。

（3）穹弯

模具刃口的磨损变钝，在冲裁时的弯矩会加大，从而使制件的穹弯程度增大，这也会使模具加快达到寿命极限。

（4）制件的切断面质量

在一般的冲压过程中，当模具的刃口磨钝时，制件切断面的光亮带要有所减小，塌角有所增大。当刃口急剧磨损的时候，在产生了熔着或烧结的情况下，切断面质量也会显著地降低。

综上所述，在这些参数中发现问题，从中判别模具是否达到该进行刃磨的时候，以进一步延长模具使用寿命并增长模具的总寿命。

2.8.3　影响模具刃口磨损的因素

影响冲裁模具刃口磨损的因素很多。其影响程度与模具的结构形式、模具材料、被加工材料以及压力机等均有关。表 2-31 所列为影响程度的大致分类，供参考。

表 2-31　影响模具刃口磨损及毛刺的因素

项目			对模具端面磨损的影响			对模具侧面磨损的影响			对毛刺的影响		
			大	中	小	大	中	小	大	中	小
模具	模具材料	成分组成	○			○			○		
		硬度	○			○			○		
		热处理		○			○		○		
		制造过程			○			○			○
		组织的均匀性		○				○			○
	模具结构和加工条件	模具表面(粗糙度)		○			○			○	
		工作部分轮廓形状		○			○		○		
		模具的润滑		○			○			○	
		导向					○				
		模具行程		○							○
		模具尺寸		○				○			○
		间隙	○				○		○		
		被加工材料的约束条件	○				○		○		
		冲压速度		○			○				○
		冲裁方法	○				○		○		
被加工材料		成分组成	○			○					
		热处理(黏度等)		○		○			○		
		组织的均匀性(偏析)		○		○					○
		制造过程(冷拉、冷拔等)		○		○				○	
		表面质量(表面粗糙度)			○			○		○	
		表面处理(腐蚀、磷酸盐薄膜、涂漆等)	○			○					○
		润滑	○			○				○	
		硬度	○			○				○	
		强度	○			○				○	
		伸长率	○				○			○	
		厚度		○			○				○
压力机		种类(机械压力机、液压机)		○		○					○
		刚性		○		○					○

2.8.4　模具零件常用热处理工序的目的与适用范围

由于模具材料的种类很多，同时，冲压工序和被冲的材料种类也很多，实际生产条件又不尽相同。为此，除了合理选择模具材料之外，热处理效果的好坏也直接关系到冲压的成败和模具的寿命及制件的质量。因此，必须根据模具的工作条件、生产量、模具市场的供应情况等采用相应的热处理工艺。

不同的热处理工序产生不同的效果，适用于不同的范围。表 2-32 为几种常用的热处理工序说明。

表 2-32　热处理工序说明

名称	代号	原标注方法	说　　明	目　　的	适　用　范　围
退火	5111	Th	加热到临界温度以上，保温一定时间。然后缓慢冷却	① 消除在前一道工序中所生的内应力② 降低硬度，改善加工性能③ 增加塑性和韧性④ 使材料的成分或组织均匀，为以后的热处理准备条件	主要用于亚共析钢、铸铁件的退火
正火	5121	Z	加热到临界温度以上，保温一定时间。再在空气中冷却。冷却速度比退火的快	① 得到细密的晶粒② 与退火相比，强度略有增高，并能改善低碳钢的切削加工性能	用于低、中碳钢。常用于低碳钢以代替退火
淬火	5131	C62（淬火后回火至60~65HRC）Y35（油冷淬火后回火至30~40HRC）	加热到临界温度以上，保温一定时间。再在冷却剂（水、油或盐水）中急剧地冷却	① 提高硬度及强度② 提高耐磨性	用于碳素工具钢、合金工具钢、高速工具钢、合金结构钢及钢结硬质合金的淬火淬火后的钢件必须回火
回火	5141	回火	经淬火后再加热到临界温度以下的某一温度，在该温度停留一定时间，然后迅速地或缓慢地在水、油或空气中冷却	① 消除淬火时产生的内应力② 增加韧性和强度	要求硬度高的模具零件用低温（150~200℃）回火；弹簧用中温（270℃~450℃）回火
调质	5151	T235（调质至 220~256HRB）	在 450~650℃进行高温回火称为调质	可以完全消除内应力，并获得较好的综合力学性能	常作为模具零件淬火及软氮化前的中间处理
表面淬火	5210	H54（火焰加热淬火后，回火至 52~58HRC）G52（高频淬火后回火至 50~55HRC）	用火焰或高频电流将零件表面迅速加热至临界温度以上，然后急剧冷却	使零件表面获得高硬度，而心部保持一定的韧性。使零件既耐磨且又能承受冲击	用于重要的曲轴、齿轮、销子等
渗碳淬火	5310	S0.5-C59（渗碳层深0.5，淬火硬度 56~62HRC）	在渗碳剂中加热到900~950℃，停留一段时间，将碳渗入钢的表面，深度为 0.5~2mm，再淬火后回火	增加零件表面的硬度和耐磨性，提高材料的抗疲劳强度	适合 $w(C)=0.08\%$~0.25% 的低碳钢和低合金钢用于导柱、导套的处理
渗氮	5330	D0.3-800（氮化深度0.3，硬度大于800HV）	使工作表面饱和氮元素	增加表面硬度、耐磨性、疲劳强度和耐蚀性	适用于含铝、铬、钼、锰等合金钢

续表

名称	代号	原标注方法	说　　明	目　　的	适　用　范　围
时效处理		时效处理	① 自然时效：在空气中长期存放半年到一年以上 ② 人工时效：加热到 200℃左右，在这个温度保持 10 ～ 20h 或更长时间	使铸件或淬火的工件慢慢地消除其内应力而稳定其形状和尺寸	用于上、下模座等铸件
发蓝、发黑		发蓝或发黑	氧化处理。用加热的办法使工件的表面形成一层氧化铁所组成的保护性薄膜	防腐蚀、美观	用于一般常见的紧固件
硬度		HBW(布氏硬度)	材料抵抗硬的物体压入零件表面的能力称为"硬度" 根据测定方法的不同，可分为布氏硬度、洛氏硬度、维氏硬度等	检验材料经热处理后的力学性能——硬度	用于经退火、正火、调质的零件及铸件的硬度检查
		HRC(洛氏硬度)			用于经淬火、回火及表面化学处理的零件的硬度检查
		HV(维氏硬度)			用于薄层硬化零件的硬度检查

2.8.5　提高模具使用寿命的措施

(1) 合理设计模具

设计模具时应选取合适的间隙值；保证足够的刚度；注意凸模形状设计；采用导向装置；降低模具表面粗糙度；适当选择模具硬度等。

(2) 正确选用模具材料

应根据模具的工作条件、性能要求和工厂实际情况选用模具材料。65Nb、LD、GD、GM、7NiSi 等是新型的模具材料，与 Cr12 钢比，具有更多的优点，可使模具寿命提高几倍。

工程塑料已用于模具制造。某汽车厂原来用钢材制造的汽车模具现用工程塑料制造，制造周期仅需 2～3 个月，使用寿命达 10 年。

(3) 保证热处理质量采用热处理新工艺

同样的模具材料，热处理工艺条件不同，其性能可能会出现很大的差异。因此在选择了合适的模具材料后，应根据模具的具体工作条件采用相应的热处理工艺并注意防止热处理缺陷。近年来，热处理新工艺发展迅速，其中以表面强化处理应用较多，如电火花强化、渗氮、渗硼等，使模具表面具有高的硬度和耐磨性，从而提高模具的使用寿命。

(4) 保证加工质量和采用新的加工方法

锻造要注意改善碳化物偏析，以提高模具的冲击韧性、硬度和耐磨性。机加工要防止产生尖锐转角或过小圆角半径、表面刀痕、磨痕和裂口等缺陷，否则会引起应力集中。表面切削加工余量不足使脱碳层未全部除去，将导致模具发生早期磨损或开裂。

电火花和线切割加工是目前应用较多加工模具新方法，这两种电腐蚀加工的最大优点是：不管材料的硬度多高均能加工，硬质合金的加工也和一般钢材同样容易。因此，其加工可安排在热处理之后，从而解决了热处理变形问题。由于不产生切削力，所以极易破碎的零件也能加工出来。这两种加工可获得高精度的表面，从而减少了钳工修磨的工作量。模具形状越复杂，采用这种加工的优越性也越显著，尤其是线切割，凸模和凹模还可同时加工出来。

锌基合金模制造周期短，容易加工，成本低，即便是废旧模具也可以重熔再制，而且具有一定的使用寿命，能达到一定的精度要求，适用于小批量生产，对新品试制更具优越性。

2.8.6　模具常用机加工方法与所能达到的加工精度和表面粗糙度

模具零件常用机加工方法与可达到的表面粗糙度见表 2-33 和表 2-34；模具零件精加工方法及应用见表 2-35。

表 2-33　模具零件常用机加工方法与表面粗糙度

加工方法	应　　用	表面粗糙度 Ra /μm			
		粗	半精	细	精
车	对旋转体零件(如圆形凸、凹模)内、外表面进行粗加工、精加工，车端面、车螺纹等	12.5～6.3	6.3～3.2	6.3～1.6	0.8～0.2
刨	对模具零件的外形平面、斜面进行加工	12.5～6.3	—	6.3～1.6	0.8～0.2
铣	卧式和立式铣床可铣平面；立式和万能工具铣床主要用于加工模具的型腔、型孔。比刨削加工效率高	12.5～3.2	—	3.2～0.8	0.8～0.4
高速铣		1.6～0.8	—	0.4～0.2	—
坐标镗	坐标镗床用于加工模具中孔径、形状与位置精度要求高的孔系，如多工位级进模的固定板和卸料板上的孔系，可不必划线直接加工	12.5～6.3	6.3～3.2	3.2～0.8	0.8～0.4
磨	①平面磨主要磨平面、基准面，磨平面刃口，借助专用夹具和成形砂轮也可进行成形磨削 ②外圆磨主要用于磨导柱、圆形凸模等零件的外表面 ③内圆磨主要用于磨导套、圆形凹模等零件的内表面 ④成形磨削主要用于凸、凹模镶块、电极等零件的型面精加工 ⑤光学曲线磨主要用于难于加工的复杂、细小形状的精密加工 ⑥坐标磨主要用于对已淬火的模具零件的孔进行精加工，其加工精度最高	3.2～0.8	0.8～0.2	0.2～0.025	—
钻	用于加工模具中孔径、形状与位置精度要求不高的孔系	12.5～0.8			
铰	用于加工模具中孔径精度要求较高的孔径	6.3～1.6	1.6～0.4	0.8～0.1	—
研磨	由钳工利用研磨砂对配合件进行对研，以达到对配合面的要求；例如配合间隙、接触面积等	0.8～0.2	0.2～0.05	0.05～0.025	—
电火花加工	①加工模具的型腔、型孔、小孔、窄槽、文字及表面磨削等 ②加工高熔点、高硬度、高强度、高韧性的导电材料及形状复杂的工件 ③工具电极和工件在加工过程中不直接接触，不受工具电极和工件的刚度限制，有利于实现微细加工 ④选择不同的电参数，在同一台机床上能连续进行粗、中、精加工 ⑤电极损耗对加工精度有影响	目前电火花加工的精度可达±0.01～±0.03 mm 左右，表面粗糙度可达 Ra 0.8～0.3μm			
线切割	①加工直通式凹模、板件上的型孔、窄槽等。但不能加工盲孔类零件表面和阶梯成形表面 ②当线切割加工的切缝宽度与凸、凹模配合间隙相当时，可一次加工出凸模和凹模 ③线切割加工通常使用 ϕ0.08～0.15mm 的钼丝，因此，可以加工精密细小、形状复杂的工件，例如狭窄的缝隙，圆角半径小于 0.03mm 的锐角等 ④加工时电极丝连续移动，新的电极丝不断补充和替换在电蚀加工区受损的电极丝，避免了电极丝损耗对加工精度的影响	目前线切割加工零件的精度可达±0.01～±0.005mm；表面粗糙度 Ra 可达 1.6～0.4μm			

表 2-34　模具常用机加工方法与应用

类型	工 艺 方 案	适　　用	精度	表面粗糙度 Ra/μm
外圆加工	粗车	除淬火钢以外的各种金属	IT11 以下	12.5～50
	粗车-半精车		IT9～10	3.2～6.3
	粗车-半精车-精车		IT7～8	0.8～1.6
	粗车-半精车-磨削	淬火钢,也可用于未淬火钢,不宜加工有色金属	IT7～8	0.4～0.8
	粗车-半精车-粗磨-精磨		IT6～7	0.1～0.4
	粗车-半精车-粗磨-精磨-超精加工		IT5	0.1(Ry 为 0.1μm)
	粗车-半精车-精车	主要用于有色金属加工	IT6～7	0.025～0.4
	粗车-半精车-粗磨-精磨-超精磨或镜面磨	极高精度的外圆加工	IT6 以上	<0.025Ry 为 0.05μm)
内圆加工	钻	未淬火钢及铸铁,也可用于加工有色金属	IT11～12	12.5
	钻-铰		IT9	3.2～1.6
	钻-铰-精铰		IT7～8	0.8～1.6
	钻-扩	未淬火钢及铸铁,也可用于加工有色金属。孔径可大于 15～20mm	IT10～11	6.3～12.5
	钻-扩-铰		IT8～9	1.6～3.2
	钻-扩-粗铰-精铰		IT7	0.8～1.6
	粗镗(或扩孔)	淬火钢以外的各种材料,毛坯有铸出或锻出的孔	IT10～11	6.3～12.5
	粗镗-半精镗		IT8～9	1.6～3.2
	粗镗-半精镗-精镗(铰)		IT7～8	0.8～1.6
	粗镗-半精镗-精镗		IT6～7	0.4～0.8
	粗镗-半精镗-磨孔	淬火钢,也可用于未淬火钢,不宜加工有色金属	IT7～8	0.2～0.8
	粗镗-半精镗-精镗-金刚镗		IT6～7	0.1～0.2
平面加工	粗车-半精车	主要用于端面加工	IT9	6.3～3.2
	粗车-半精车-精车		IT7～8	0.8～1.6
	粗车-半精车-磨削		IT8～9	0.2～0.8
	粗刨(或粗铣)-精刨(或精铣)	未淬硬平面	IT7～8	6.3～1.6
	粗刨(或粗铣)-精刨(或精铣)-刮研	精度要求较高的未淬硬面,批量较大时应用宽刃精刨	IT6～7	0.1～0.8
	粗刨(或粗铣)-精刨(或精铣)-磨削	精度要求较高的淬硬平面或未淬硬平面	IT7	6.3～3.2
	粗刨(或粗铣)-精刨(或精铣)-粗磨-精磨		IT6～7	0.02～0.4
	粗铣-精铣-磨削-研磨	高精度的平面	IT6 以上	<0.1 (Rz 为 0.5μm)

表 2-35　模具零件精加工方法及应用

设　　备	适 用 范 围	切 削 工 具	加工精度	加工表面粗糙度
平面磨和成形磨	主要加工板件和矩形件;平面、型面包括弧面、槽,但太窄的槽无法加工以金属材料为主,硬材料比软材料好加工	以平面砂轮为主。利用修整器将砂轮修整成一定形状变成成形砂轮可以加工不同工件,成形砂轮只加工某一特定形状和尺寸。常用冷却液湿磨	±0.01mm,可达 3μm	可达 Ra 为 0.2μm
曲线磨	主要用于凸模或镶拼凹模的型面和平板成形工件精加工,以金属材料为主	以平面砂轮为主,砂轮最大直径比平面磨床用得要小。也可以将砂轮修整成一定形状,用于加工某一特殊形状。常采用干磨	±3μm	接近平磨,干磨削时略大
坐标磨	主要用于板件上的孔特别是多孔加工;圆孔或非圆孔及凸模或样板外形的精加工。以金属材料为主	坐标磨专用砂轮,由磨头和磨柄组成,同一种砂轮可以磨削不同工件,即砂轮为通用。采用干磨	±3μm	Ra 为 0.2μm

续表

设　备	适 用 范 围	切 削 工 具	加工精度	加工表面粗糙度
线切割	主要加工矩形板件、任意外形的直通式凸模；任意形状的通孔（直壁孔或略带锥度的孔）；任意曲线的外形（直通式）、狭窄的槽（理论槽宽＝电极丝直径＋双面放电间隙）。仅用于导电材料，尤其是已淬火的工具钢加工	钼丝、钨钼丝和黄铜丝。常用直径 $0.08 \sim 0.15mm$。使用中磨损很小，快走丝线切割可反复用	快走丝时 $\pm 0.01mm$，慢走丝时可达 $5\mu m$	Ra 为 $1.6 \sim 0.4 \mu m$
电火花	异形通孔、盲孔和各种台阶孔；复杂的型面（三维的）；细缝、窄缝（$0.12mm$）；小孔（$\phi 0.0015mm$）。型孔或型面的形状完全取决于电极的形状，即型孔、型面形状与电极完全相反。在电极进入方向（口部）被加工孔有一定锥度。只适用于导电材料加工	专用电极，根据被加工对象的形状而变化。常用电极材料为：纯铜、石墨、铜钨或银钨合金。电极的加工稳定性次序为：铜钨、银钨合金＞纯铜＞黄铜＞石墨＞铸铁＞钢。电极损耗由小到大次序为：铜钨、银钨合金＜石墨＜铸铁＜钢＜纯铜＜黄铜	$0.01 \sim 0.03mm$，可达 $0.5\mu m$。由于电极损耗，加工的孔有锥度	Ra 为 $0.8 \sim 0.3 \mu m$

2.9　常用钢材国内外牌号对照表

常用钢材太多了，这里选编了部分，见表 2-36。

表 2-36　常用钢材国内外牌号对照表

品名	中国 GB 牌号	美国 AST 牌号	日本 JIS 牌号	德国 DIN、DINEN 牌号	英国 BS、BSEN 牌号	法国 NF、NFEN 牌号	前苏联 ГOCT 牌号	国际标准化组织 ISO 630
普通碳素结构钢	Q195	Cr. B Cr. C	SS330 SPHC SPHD	S185	040A10 S185	S185	CT1КП CT1СП CT1ПC	
	Q215A	Cr. C Cr. 58	SS330 SPHC		040A12		CT2КП-2 CT2СП-2 CT2ПC-2	
	Q235A	Cr. D	SS400 SM400A		080A15		CT3КП-2 CT3СП-2 CT3ПC-2	E235B
	Q235B	Cr. D	SS400 SM400A	S235JR S235JRG1 S235JRG2	S235JR S235JRG1 S235JRG2	S235JR S235JRG1 S235JRG2	CT3КП-3 CT3СП-3 CT3ПC-3	E235B
	Q255A		SS400 SM400A				CT4КП-2 CT4СП-2 CT4ПC-2	
	Q275		SS490				CT5СП-2 CT5ПC-2	E275A
优质碳素结构钢	08F	1008 1010	SPHD SPHE		040A10		80КП	
	10	1010	S10C S12C	CK10	040A12	XC10	10	C101
	15	1015	S15C S17C	CK15 Fe360B	08M15	XC12 Fe306B	15	C15E4
	20	1020	S20C S22C	C22	IC22	C22	20	

续表

品名	中国 GB 牌号	美国 AST 牌号	日本 JIS 牌号	德国 DIN、DINEN 牌号	英国 BS、BSEN 牌号	法国 NF、NFEN 牌号	前苏联 ГОСТ 牌号	国际标准化组织 ISO630 牌号
优质碳素结构钢	25	1025	S25C S28C	C25	IC25	C25	25	C25E4
	40	1040	S40C S43C	C40	IC40 080M40	C40	40	C40E4
	45	1045	S45C S48C	C45	IC45 080A47	C45	45	C45E4
	50	1050	S50C S53C	C50	IC50 080M50	C50	50	C50E4
	15Mn	1019			080A15		15г	
碳素工具钢	T7(A)		SK7	C70W2	060A67 060A72	C70E2U	y7	TC70
	T8(A)	T72301 W1A-8	SK5 SK6	C80W1	060A78 060A81	C80E2U	y8	TC80
	T8Mn(A)		SK5	C85W	060A81	Y75	y8r	
	T10(A)	T72301 W1A-91/2	SK3 SK4	C105W1	1407	C105E2U	y10	TC105
	T11(A)	T72301 W1A-101/2	SK3	C105W1	1407	C105E2U	y11	TC105
	T12(A)	T72301 W1A-111/2	SK2		1407	C120E3U	y12	TC120
合金工具钢	Cr12	T30403(UNS) (D3)	SKD1	X210Cr12	BD3	X210Cr12	X12	210Cr12
	Cr12Mo1V1	T30402(UNS) (D2)	SKD11	X155CrVMo121	BD2			160CrMoV12
	5CrMnMo						5ХГМ	
	5CrNiMo	T61206(UNS) (L6)	SKT4	55NiCrMoV6	BH224/5	55NiCrMoV7	5ХHM	
	3Cr2W8V	T20821	SKD5		BH21	X30WCrV9	3Х2В8Ф	30WCrV9
高速工具钢	W18Cr4V	T12001(UNS) (T1)	SKH2		BT1	HS18-0-1	P18	HS18-0-1 (S1)
	W18Cr4VCo5	T1204(UNS) (T4)	SKH3	S18-1-2-5	BT4	HS18-1-1-5		HS18-1-1-5 (S7)
	W6Mo5Cr4V2	T11302(UNS) (M2)	SKH51	S6-5-2	BM2	HS6-5-2	p6M5	HS6-5-2 (S4)
不锈钢	1Cr18Ni9	S11302(UNS) (302)	SUS302	X10CrNis 18-9	302S31 302S25	Z12CN18-09	12Х18H9	12 10
	1Cr18Ni9Ti	S30200(UNS) (321)	SUS321	X6CrNiTi 18-10	X6CrNiTi 18-10	X6CrNiTi 18-10	12Х18H10T	X6CrNiTi1810 11
	2Cr13	S42000(UNS) (420)	SUS420J 1	X20Cr13	420S37 X20Cr13	X20Cr13	20Х13	4
	40Mn	1043	SWRH42B	C40	080M40 1C40	C40	40Г	SL SM
	45Mn	1046	SWRH47B	C45	080M47 2C45	C45	45Г	SL SM
	65Mn	1065					65ГA	SL SM TypeSC TypDC

续表

品名	中国	美国	日本	德国	英国	法国	前苏联	国际标准化组织
	GB	AST	JIS	DIN、DINEN	BS、BSEN	NF、NFEN	ГОСТ	ISO 630
	牌号	牌号	牌号	牌号	牌号	牌号	牌号	
易切削结构钢	Y12	1211 G12110(UNS)	SUM12 SUM21	10S20	S10M15	13MF4	A12	10S20
	Y12Pb	12L13	SUM22L	10SPb20				10SPb20 11SMnPb28
	Y20	1117 G11170(UNS)	SUM32	C22	C22 210M15	C22	A20	
	Y40Mn	1144 G11440(UNS)	SUM43		226M44	45MF6.3	A40Г	44Mn28
	Y45Ca	1145		C45	C45	C45		
	Y1Cr18Ni9		SUS303	X8CrNiS18-9	303S31 303S21			17
低合金结构钢	Q295A	Cr.42 Cr.A	SPFC490	E295	E295	E295	295	
	Q295B	Cr.42 Cr.A	SPFC490	S275JR	S275JR	S275JR	295	
	Q345C	Cr.50 Cr.A Cr.C.Cr.D A808M	SPFC590	S335J0	S335J0	S335J0	345	E355DD
	Q345E	Type7 Cr.50	SPFC590	S355NL S355ML	S355NL S355ML	S355NL S355ML		E355E E355DD
	Q420B	Cr60 Cr.E	SEV295 SEV345	S420NL S420ML	S420NL S420ML	S420NL S420ML		S420C E420CC
	Q420C	Cr.B Type7	SEV295 SEV345	S420NL S420ML	S420NL S420ML	S420NL S420ML		HS420D E420DD
	Q460D	Cr.65	SM570 SMA570W SMA570P	S460NL S460ML	S460NL S460ML	S460NL S460ML		E460DD F460E
合金结构钢	20Mn2	1524	SMn420	P355GH	0355GH	P0355GH		22Mn6
	15Cr	5115	SCr415	17Cr3	527A17		15X	
	20Cr	5120	SCr420	20Cr4	590M17		20x	20Cr4
	30Cr	5130	SCr430	34Cr4	34Cr4	34Cr4	30x	34Cr4
	40Cr	5140	SCr440	41Cr4	41Cr4	41Cr4	40x	41Cr4
	45Cr	5145	SCr445	41Cr4	41Cr4	41Cr4	45x	41Cr4
	30CrMo	4130	SCM430	25CrMo4	25CrMo4	25CrMo4	30xM	25CrMo4
	35CrMo	4317	SCM435	34CrMo4	34CrMo4	34CrMo4	35XM	34CrMo4
	42CrMo	4140	SCM440	42CrMo4	42CrMo4	42CrMo4	38XM	42CrMo4
	38CrMoAl		SCM645	41CrAlMo7	905M39		38x2MOA	41CrAlMo74
	50CrVA	6150	SCP10	51CrV4	51CrV4	51CrV4	50xФA	51CrV4
	40CrMnMo	4140 4142	SCM440	42CrMo4	42CrMo4 708M40	42CrMo4		42CrMo4
弹簧钢	85	1084	SUP3	CK85		FMR86		TypeDC
	55Si2Mn	9260 H92600	SUP6 SUP7	55Si7	251H60	56SC7		56SiCr7
	60Si2Mn	H92600	SUP6 SUP7	60SiCr7	25H60	61SiCr7		61SiCr7
	55CrMnA	H51550 G51550	SUP9	55Cr3	525A58 527A60	55Cr3		55Cr3
	60Si2CrVA							
	50CrVA	H51500 G61500	SUP10	50CrV4	735A51	50CV4	50xФA	51CrV4
轴承钢	GCr9	51100	SUJ1					
	GCr15	52100	SUJ2	100Gr6		100Gr6	WX15	1
	9Cr18Mo	440C	SUS440C			Z100CD17		21
电工钢	35W250	36F320M	35A250	M250 35A	M250 35A	M250 35A	2413	
	27QG110	27P146M	27P110	M103-27P	M103-27P	M103-27P	3408	

第3章

冲压件设计与冲压工艺性

3.1 冲压件的工艺性与冲压件设计原则

在工业生产中，凡采用冲压工艺方法加工出来的各种零件，统称冲压件，又称制件。由落料、冲孔、剪切等分离工序制成的零件，称为冲裁件；用弯曲工艺生产出来的冲压件，称为弯曲件或压弯件；用拉深工艺生产出来的冲压件，称为拉深件；用冷挤压成形工艺生产出来的冲压件，称为冷挤压件或挤压件，等等。

冲压件在现代工业及人们的日常生活中得到了广泛应用，已成为现代工业不可缺少的重要机械零件之一。新的冲压件，品种和数量不断扩展，永不停止。

3.1.1 冲压件的工艺性

在设计冲压件时，必须兼顾使冲压件能满足产品使用要求和技术性能外，还应保证冲压件的工艺性。

冲压件的工艺性，是指冲压件对冲压工艺的适应性，也就是所设计的冲压件在结构、形状、尺寸大小、公差精度、基准等方面是否符合冲压加工的工艺要求，简单地说，冲压件的工艺性就是指该冲压件能否用最经济的冲压方法加工出来。

实践证明：冲压件工艺性的好坏，直接关系到该零件的加工难易程度、产品质量的好坏、精度高低以及生产效率、经济效益的提高等。良好的冲压件工艺性应能满足材料消耗少、工序少、模具结构简单、模具较易加工、操作方便、使用寿命高、产品质量稳定等要求，从而显著降低冲压件的制造成本。在一般情况下，对冲压件工艺性影响最大的是材料的性能、制件的几何形状、尺寸和精度要求等。

3.1.2 冲压件设计原则

设计冲压件时，须熟悉各种冲压工艺的应用与特点，了解所设计冲压件的特殊要求对冲压工艺能否做到的情况下，还需遵守如下设计原则。

① 设计的冲压件，必须满足产品的使用与功能要求，便于冲压加工，便于组装。

② 设计的冲压件，必须有利于提高材料利用率，减少材料的品种和规格，有利于降低材料消耗。在许可情况下采用价格便宜的材料、通用的材料。并尽可能使用少废料或无废料冲裁。

③ 设计的冲压件，做到形状简单、结构合理，有利于简化工序数量、简化模具结构，降低模制造成本。

便于模具使用，有利于冲压操作和实现自动化生产，以提高劳动生产率。

④ 设计的冲压件，在保证能正常使用的情况下，尽量使尺寸精度等级等质量要求在可控范围内，求低不求高。有利于产品的互换，减少废品，保证产品质量稳定。

⑤ 设计的冲压件，应有利于使用现有设备和工艺装备，以及其他工艺流程或后续工序的进行。

3.2　冲裁件精度、表面粗糙度和毛刺

冲裁件的精度、切断面表面粗糙度和断面毛刺，既是用来评定制件质量高低的具体参数，同时又是从冲压工艺性角度说明该制件可达到的精度等质量要求的可控制范围。

3.2.1　冲裁件的精度

冲裁件（即制件）的精度与许多因素有关，最直接的与模具制造精度、刃磨质量有关，它们之间的关系见表3-1。

表 3-1　冲裁件精度与模具制造精度之间的关系

模具制造精度	材料厚度 t/mm											
	0.5	0.8	1.0	1.5	2	3	4	5	6	8	10	12
	冲裁件精度											
IT6~IT7	IT8		IT9	IT10	IT12	—						
IT7~IT8	—	IT9	IT10		IT12			—				
IT9	—			IT12				IT14				

冲裁件的精度一般可分为经济级与精密级两类。经济级也称普通级，是指可以用较经济的手段达到的精度。模具工作部分制造精度一般为IT8级；精密级是指冲压工艺技术上所允许的精度，模具工作部分制造精度一般为IT7级或以上。

金属普通冲裁内、外形所能达到的经济精度一般均不高于IT10级，见表3-2。在选取冲裁件的精度时，一般要求落料件精度最好低于IT10级，冲孔件最好低于IT9级。料厚超过3mm的冲裁件尺寸精度会稍低一些，而料厚小于1mm冲裁件尺寸精度会稍高一些，但总体波动不会太大。

表 3-2　冲裁金属件时冲裁件内、外形所能达到的经济精度

材料厚度 t/mm	制件基本尺寸/mm				
	≤3	3~6	6~10	10~18	18~500
	精度等级				
≤1	IT11~IT12			IT10~IT11	
>1~2	IT13	IT11~IT12			IT10~IT11
>2~3		IT12~IT13		IT11~IT12	
>3~5	—		IT12~IT13		IT11~IT12

注：有的资料介绍精度等级比表列低一个级别。

冲裁件的尺寸精度，也有推荐按冲裁料厚 t 控制的，见表3-3。

表 3-3　冲裁金属件时按料厚可控制的尺寸精度

材料厚度 t/mm	尺寸精度等级	材料厚度 t/mm	尺寸精度等级
0.1~1.0	IT9~IT10	>3~4.75	IT11~IT12
>1.0~3.0	IT10~IT11	>4.75	IT12~IT13

3.2.2　冲裁件的尺寸公差

冲裁件外形和冲孔件孔的尺寸偏差分别列于表 3-4～表 3-10。

表 3-4　冲裁件的外形尺寸偏差　　　　　　　　mm

材料厚度 t	冲模形式（精度类别）							
	普通精度（经济级）				高级精度（精密级）			
	制件尺寸							
	≤10	>10～50	>50～150	>150～300	≤10	>10～50	>50～150	>150～300
0.2～0.5	0 −0.08	0 −0.10	0 −0.14	0 −0.2	0 −0.025	0 −0.03	0 −0.05	0 −0.08
>0.5～1	0 −0.12	0 −0.16	0 −0.22	0 −0.3	0 −0.03	0 −0.04	0 −0.06	0 −0.10
>1～2	0 −0.18	0 −0.22	0 −0.3	0 −0.5	0 −0.04	0 −0.06	0 −0.08	0 −0.12
>2～4	0 −0.24	0 −0.28	0 −0.4	0 −0.7	0 −0.06	0 −0.08	0 −0.10	0 −0.15
>4～6	0 −0.30	0 −0.35	0 −0.5	0 −1.0	0 −0.10	0 −0.12	0 −0.15	0 −0.20

注：1. 普通精度模具工作部分的制造精度为 IT8 级。

　　2. 高级精度模具工作部分的制造精度为 IT7 级以上。

表 3-5　冲孔时孔的尺寸偏差　　　　　　　　mm

材料厚度 t	冲模形式（精度类别）					
	普通精度（经济级）			高级精度（精密级）		
	制件尺寸					
	≤10	>10～50	>50～150	≤10	>10～50	>50～150
0.2～1	+0.05 0	+0.08 0	+0.12 0	+0.02 0	+0.04 0	+0.08 0
>1～2	+0.06 0	+0.10 0	+0.16 0	+0.03 0	+0.06 0	+0.10 0
>2～4	+0.08 0	+0.12 0	+0.20 0	+0.04 0	+0.08 0	+0.12 0
>4～6	+0.10 0	+0.15 0	+0.25 0	+0.06 0	+0.10 0	+0.15 0

注：1. 普通精度模具工作部分的制造精度为 IT8 级。

　　2. 高级精度模具工作部分的制造精度为 IT7 级以上。

表 3-6　孔中心距的偏差　　　　　　　　mm

材料厚度 t	冲模形式（精度类别）					
	普通精度（经济级）			高级精度（精密级）		
	制件中心距尺寸					
	≤50	>50～150	>150～300	≤50	>50～150	>150～300
≤1	±0.10	±0.15	±0.20	±0.03	±0.05	±0.08
>1～2	±0.12	±0.20	±0.30	±0.04	±0.06	±0.10
>2～4	±0.15	±0.25	±0.35	±0.06	±0.08	±0.12
>4～6	±0.20	±0.30	±0.40	±0.08	±0.10	±0.15

注：1. 普通精度模具工作部分的制造精度为 IT8 级。

　　2. 高级精度模具工作部分的制造精度为 IT7 级以上。

　　3. 本表数值适用于所指的孔应同时冲出的情况。

表 3-7　孔对外缘轮廓的偏移偏差　　　　　　　　　　　　　　　　　mm

模具类型和毛坯定位方式	模具制造精度	制件尺寸		
		≤30	>30~100	>100~200
复合模	高级	±0.015	±0.02	±0.025
	普通	±0.02	±0.03	±0.04
有导正销的级进模	高级	±0.05	±0.10	±0.12
	普通	±0.10	±0.15	±0.20
无导正销的级进模	高级	±0.10	±0.15	±0.25
	普通	±0.20	±0.30	±0.40
外形定位的冲孔模	高级	±0.08	±0.12	±0.18
	普通	±0.15	±0.20	±0.30

注：1. 普通精度模具工作部分的制造精度为 IT8 级。

2. 高级精度模具工作部分的制造精度为 IT7 级以上。

表 3-8　冲裁件孔中心与边缘距离的偏差　　　　　　　　　　　　　　　mm

材料厚度 t	孔中心与边缘距离尺寸				材料厚度 t	孔中心与边缘距离尺寸			
	≤50	50~120	120~220	220~360		≤50	50~120	120~220	220~360
≤2	±0.5	±0.6	±0.7	±0.8	>4	±0.7	±0.8	±1.0	±1.2
2~4	±0.6	±0.7	±0.8	±1.0					

注：本表适用于先落料再进行冲孔的要求不太严的情况。

表 3-9　冲压件孔中心距及孔组间距 a_1 的极限偏差　　　　　　　　　mm

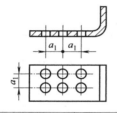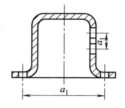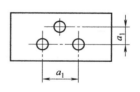

孔中心距及孔组间距 a_1	精度等级			
	A	B	C	D
≤18	±0.15	±0.20	±0.30	±0.40
>18~120	±0.20	±0.25	±0.40	±0.50
>120~260	±0.25	±0.30	±0.50	±0.60
>260~500	±0.30	±0.50	±0.60	±0.70
>500	±0.50	±0.60	±0.70	±0.80

表 3-10　冲裁件上各孔组间距的极限偏差　　　　　　　　　　　　　　mm

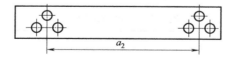

孔组间距 a_2	精度等级			
	A	B	C	D
≤120	±0.4	±0.6	±0.8	±1.0
>120~260	±0.7	±0.8	±1.0	±1.2
>260~500	±1.0	±1.2	±1.4	±1.6
>500~1200	±1.3	±1.6	±1.8	±2.0
>1200	±1.6	±2.0	±2.2	±2.5

精度要求特别高时，可通过整修工序得到。整修零件的精度一般为 0.02~0.05mm。在内孔精整时，由于材料的弹性变形而引起孔径收缩，其收缩值见表 3-11。

表 3-11　整修内孔收缩量　　　　　　　　　　　　mm

制件材料	收 缩 量	制件材料	收 缩 量
软钢	0.008～0.015	铝	0.005～0.01
黄铜	0.007～0.012		

整修零件的尺寸偏差见表 3-12。

表 3-12　整修零件的尺寸偏差　　　　　　　　　mm

材料厚度 t	被整修部分					
	内孔			外形		
	＜2	≥2～5	≥5～10	≤10	≥10～50	≥50～100
＜1	+0.006 0	+0.008 0	+0.010 0	0 −0.015	0 −0.020	0 −0.025
≥1～2	+0.008 0	+0.010 0	+0.012 0	0 −0.020	0 −0.025	0 −0.035
≥2～4	+0.010 0	+0.015 0	+0.018 0	0 −0.025	0 −0.030	0 −0.045
≥4～6	—	+0.018 0	+0.020 0		0 −0.040	0 −0.055
≥6～10	—	—	—		0 −0.055	0 −0.065

　　非金属冲裁件内外形的经济精度低一些，一般为 IT14～IT15 级。对于纸胶板、布胶板、硬纸等材料，其冲裁件的尺寸公差及孔距、孔边距尺寸公差值分别见表 3-13 和表 3-14。

表 3-13　纸（布）胶板冲裁件的尺寸公差及制模公差　　　　　　　mm

材料厚度 t	精度等级	冲裁件基本尺寸									
		≤3	>3～6	>6～10	>10～18	>18～30	>30～50	>50～80	>80～120	>120～180	>180～260
≤1	IT12～IT13	0.12	0.16	0.20	0.24	0.28	0.34	0.40	0.46		
	IT14									1.00	1.15
>1～2.5	IT14	0.25	0.30	0.36	0.43	0.52	0.62	0.74	0.87		
	IT15									1.60	1.90
制模公差	IT9	0.02	0.025	0.03	0.035	0.046	0.05	0.06	0.07	0.08	0.09

表 3-14　纸（布）胶板冲裁件的孔距和孔边距尺寸偏差及制模偏差　　　　　　mm

材料厚度 t	孔距或孔边距							
	≤10	>10～18	>18～30	>30～50	>50～80	>80～120	>120～180	>180～260
≤1	±0.10	±0.12	±0.15	±0.17	±0.20	±0.25	±0.5	±0.6
>1～2.5	±0.15	±0.20	±0.25	±0.30	±0.35	±0.4	±0.8	±0.9
制模偏差	±0.03	±0.035	±0.045	±0.05	±0.06	±0.07	±0.08	±0.09

　　冲裁件的自由角度极限偏差见表 3-15。

表 3-15　冲裁件的自由角度极限偏差（GB/T 1804—2000）

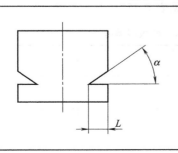

精度等级	α 的短边长度 L/mm				
	≤10	>10～50	>50～120	>120～400	>400
m（中等级）	±1°	±30′	±20′	±10′	±5′
c（粗糙级）	±1°30′	±1°	±30′	±15′	±10′
v（最粗级）	±3°	±2°	±1°	±30′	±20′

冲裁件未注明公差的长度和直径尺寸的极限偏差见表3-16。

表 3-16　冲裁件未注明公差的长度（L）和直径（D、d）尺寸的极限偏差　　　　mm

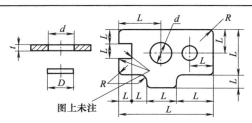

图上未注

基本尺寸	精度等级	材料厚度 t				
		>0.1~1	>1~3	>3~6	>6~10	>10
1~6	A	±0.05	±0.10	±0.15	—	—
	B	±0.10	±0.15	±0.20	—	—
	C	±0.20	±0.25	±0.30	—	—
	D	±0.40	±0.50	±0.60	—	—
>6~18	A	±0.10	±0.13	±0.15	±0.20	—
	B	±0.20	±0.25	±0.25	±0.30	—
	C	±0.30	±0.40	±0.50	±0.60	—
	D	±0.60	±0.80	±1.00	±1.20	—
>18~50	A	±0.12	±0.15	±0.20	±0.25	±0.35
	B	±0.25	±0.30	±0.35	±0.40	±0.50
	C	±0.50	±0.60	±0.70	±0.80	±1.00
	D	±1.00	±1.20	±1.40	±1.60	±2.00
>50~180	A	±0.15	±0.20	±0.25	±0.30	±0.40
	B	±0.30	±0.35	±0.45	±0.55	±0.65
	C	±0.60	±0.70	±0.90	±1.10	±1.30
	D	±1.20	±1.40	±1.80	±2.20	±2.60
>180~400	A	±0.20	±0.25	±0.30	±0.40	±0.50
	B	±0.40	±0.50	±0.60	±0.80	±1.00
	C	±0.80	±1.00	±1.20	±1.60	±2.00
	D	±1.40	±1.60	±2.00	±2.60	±3.20
>400~1000	A	±0.35	±0.40	±0.45	±0.50	±0.70
	B	±0.70	±0.80	±0.90	±1.00	±1.40
	C	±1.40	±1.60	±1.80	±2.00	±2.80
	D	±2.40	±2.60	±2.80	±3.20	±3.60
>1000~3150	A	±0.60	±0.70	±0.80	±0.85	±0.90
	B	±1.20	±1.40	±1.60	±1.70	±1.80
	C	±2.40	±2.80	±3.00	±3.20	±3.60
	D	±3.20	±3.40	±3.60	±3.80	±4.00

冲裁件未注明圆角半径 R（见表3-16中图示）的极限偏差见表3-17。

表 3-17　冲裁件未注明圆角半径 R（见表3-16中图示）的极限偏差　　　　mm

基本尺寸	精度等级	材料厚度				
		>0.1~1	>1~3	>3~6	>6~10	>10
1~6	A,B	±0.20	±0.30	±0.40	—	—
	C,D	±0.40	±0.50	±0.60	—	—
>6~18	A,B	±0.40	±0.50	±0.50	±0.60	—
	C,D	±0.60	±0.80	±1.00	±1.20	—

（续）

基本尺寸	精度等级	材料厚度				
		>0.1～1	>1～3	>3～6	>6～10	>10
>18～50	A,B	±0.50	±0.60	±0.70	±0.80	±1.00
	C,D	±1.00	±1.20	±1.40	±1.60	±2.00
>50～180	A,B	±0.20	±0.30	±0.40	—	—
	C,D	±0.40	±0.50	±0.60	—	—
>180～400	A,B	±0.40	±0.50	±0.50	±0.60	—
	C,D	±0.60	±0.80	±1.00	±1.20	—
>400～1000	A,B	±0.50	±0.60	±0.70	±0.80	±1.00
	C,D	±1.00	±1.20	±1.40	±1.60	±2.00

3.2.3　冲裁件切断面质量

冲裁件切断面质量具体内容包括：冲切面外观特征和冲切面质量参数两个方面。冲切面外观特征是指：外观整体形状（料厚的两面冲裁尺寸不等，差值越小，说明断面平直、质量高）、切断面粗糙度（粗糙度值小，说明切断面质量高）、表面拱弯和手感目测状态。冲切断面质量参数主要指构成切断面的五个特征要素大小，即塌角、光亮带、断裂带、毛刺高度和断裂角。理想的断面质量，应该具有塌角小、光亮带长、断裂带小、毛刺和断裂角小的特点，表 3-18 所列为普通冲裁件的冲切断面实验实测数据。

表 3-18　冲裁件冲切面外观特征及质量参数（试验实测）

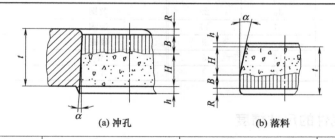

(a) 冲孔　　　　(b) 落料

	项　目	冲　孔	落　料	备　注
原始数据	原材料	35 钢冷轧板,条料	35 钢冷轧板,条料	
	料厚 t/mm	3	3	
	冲裁件尺寸/mm	$\phi15$、$\phi20$	$\phi45$、30×45	
	冲裁间隙 c/mm	0.15	0.15	单边间隙 $c=5\%t$
	使用冲模类型	导柱模架固定卸料结构的单工序冲孔模	导柱模架固定卸料结构单工序落料模	冲模制造精度为 IT8 级
	使用冲压设备	J21-40 型开式双柱固定台压力机,公称压力 400kN	J21-40 型开式双柱固定台压力机,公称压力 400kN	
冲切面外观特征	外观整体形状	孔壁为粗糙斜面,孔口有塌角,另一面有毛刺	冲切面为粗糙倾斜面,贴紧凹模面有塌角;贴着凸模一面有毛刺	料厚两面冲裁尺寸不等
	冲切面表面粗糙度 Ra/μm	>12.5～15	>12.5～15	
	手感	塌角明显,毛刺突出	塌角明显,毛刺突出	
	表面拱弯	轻微	明显	
冲切面质量指数	塌角深度 R	>15%t	≥20%t	
	光亮带高度 B	30%t	30%t	
	断裂带高度 H	55%t	50%t	
	毛刺高度 h/mm	0.1～0.3	0.3	
	断裂角 α/(°)	7	7	

3.2.4　冲裁件的切断面表面粗糙度

冲裁件剪切断面的粗糙度一般为 $Ra > 12.5\mu m$，具体数值可参考表 3-19。

表 3-19　一般冲裁件剪切断面的近似表面粗糙度

材料厚度 t/mm	≤1	>1~2	>2~3	>3~4	>4~5
表面粗糙度 $Ra/\mu m$	3.2	6.3	12.5	25	50

如果一般冲裁剪切断面粗糙度不能满足要求，则可采取整修。

按冲裁件的材料性质，经整修后所能达到的表面粗糙度见表 3-20。

表 3-20　冲裁件整修后所能达到的表面粗糙度

材　　料	黄铜	软钢（$\omega_C 0.08\% \sim 0.2\%$）	硬钢（$\omega_C 0.5\% \sim 0.6\%$）
表面粗糙度 $Ra/\mu m$	0.4	0.4~0.8	0.8~1.6

冲裁件的断面光亮带宽度与被冲裁的材料厚度、材料的力学性能、模具间隙及刃口的锋利程度等均有关系。其具体的数值可参考表 3-21。

表 3-21　冲裁件剪切断面光亮带占料厚的百分比

材　　料	占料厚的百分比/%		材　　料	占料厚的百分比/%	
	退火	硬化		退火	硬化
$w_C = 0.1\%$ 钢板	50	38	硅钢	30	
$w_C = 0.2\%$ 钢板	40	28	青铜板	25	17
$w_C = 0.3\%$ 钢板	33	22	黄铜	50	20
$w_C = 0.4\%$ 钢板	27	17	纯铜	55	30
$w_C = 0.6\%$ 钢板	20	9	硬铝	50	30
$w_C = 0.8\%$ 钢板	15	5	铝	50	30
$w_C = 1.0\%$ 钢板	10	2			

3.2.5　精密冲裁件的尺寸精度

精密冲裁的变形机理与普通冲裁有很大的差别，切断面质量和精度都有很大的提高，其尺寸精度和几何精度列于表 3-22。

表 3-22　精密冲裁件的尺寸精度和几何精度

材料厚度 t/mm	精度等级				孔间距 /mm	100mm 长度上的平面度误差 /mm	剪切面倾斜值 δ/mm
	$\sigma_b \leq 500\text{MPa}$		$\sigma_b > 500\text{MPa}$				
	内形	外形	内形	外形			
0.5~1	IT6~IT7	IT6	IT7	IT7	±0.01	0.13~0.06	0~0.01
1~2	IT7	IT6	IT7~IT8	IT7	±0.015	0.12~0.055	0~0.014
2~3	IT7	IT6	IT8	IT7	±0.02	0.011~0.045	0.001~0.018
3~4	IT7	IT7	IT8	IT8	±0.02	0.010~0.040	0.003~0.022
4~5	IT7~IT8	IT7	IT8	IT8	±0.03	0.009~0.040	0.005~0.026
5~6	IT8	IT8	IT8~IT9	IT8	±0.03	0.085~0.035	0.007~0.030
6~7	IT8	IT8	IT8~IT9	IT8	±0.03	0.080~0.035	0.009~0.034
7~8	IT8	IT8	IT9	IT8	±0.03	0.070~0.030	0.011~0.038
8~9	IT8	IT8	IT9	IT8~IT9	±0.03	0.065~0.030	0.013~0.042
9~10	IT8~IT9	IT8	IT9	IT9	±0.035	0.065~0.025	0.015~0.046

注：1. 表中 δ 值系指外形剪切面的倾斜值，内形的倾斜值小于表列数值。

2. 精密冲裁件剪切面的表面粗糙度 Ra 一般可达 $1.6 \sim 0.2\mu m$。冲件仍有塌角和毛刺，但比普通冲裁的要小。

3.2.6　金属冲裁件允许的毛刺高度

金属冲裁件毛刺高度允许范围推荐值见表 3-23。

表 3-23　金属冲裁件毛刺高度　　　　　　　　　　　　　　　　mm

材料抗拉强度 σ_b/MPa	常用材料	精度等级	≤0.1 从	≤0.1 到	>0.1~0.25 从	>0.1~0.25 到	>0.25~0.4 从	>0.25~0.4 到	>0.4~0.63 从	>0.4~0.63 到	>0.63~1.0 从	>0.63~1.0 到	>1.0~1.6 从	>1.0~1.6 到	>1.6~2.5 从	>1.6~2.5 到	>2.5~4 从	>2.5~4 到	>4~6.3 从	>4~6.3 到	>6.3~10 从	>6.3~10 到
100~250	电工硅钢(退火),铝镁合金(退火)	A	0.01	0.02	0.02	0.03	0.02	0.05	0.03	0.08	0.03	0.12	0.04	0.17	0.05	0.25	0.07	0.36	0.10	0.60	0.14	0.95
		B	0.02	0.03	0.03	0.05	0.03	0.07	0.04	0.11	0.04	0.17	0.05	0.25	0.07	0.37	0.10	0.54	0.15	0.90	0.21	1.42
		C	0.02	0.05	0.04	0.08	0.04	0.10	0.05	0.15	0.60	0.23	0.07	0.34	0.09	0.50	0.14	0.72	0.20	1.20	0.25	1.9
250~400	08,10,15,20,Q195,不锈钢	A	0.01	0.02	0.02	0.03	0.02	0.04	0.02	0.05	0.03	0.09	0.03	0.12	0.05	0.18	0.06	0.25	0.08	0.36	0.11	0.50
		B	0.01	0.02	0.02	0.04	0.02	0.05	0.03	0.06	0.03	0.13	0.04	0.18	0.07	0.25	0.90	0.37	0.12	0.54	0.17	0.75
		C	0.02	0.05	0.03	0.05	0.03	0.07	0.04	0.10	0.05	0.17	0.06	0.24	0.90	0.35	0.12	0.50	0.18	0.73	0.23	1.0
400~630	Q235,16Mn,30,35,40,硬铝	A	0.005	0.01	0.01	0.02	0.02	0.04	0.02	0.04	0.03	0.05	0.03	0.07	0.04	0.11	0.05	0.20	0.07	0.22	0.09	0.32
		B	0.01	0.02	0.02	0.03	0.02	0.04	0.03	0.04	0.04	0.07	0.04	0.11	0.06	0.16	0.07	0.30	0.10	0.33	0.13	0.48
		C	0.02	0.03	0.02	0.04	0.02	0.04	0.03	0.04	0.04	0.10	0.06	0.15	0.08	0.22	0.10	0.40	0.14	0.45	0.18	0.65
630 以上	45,50,65,T7,T10,65Mn,硅钢	A	0.005	0.01	0.005	0.01	0.01	0.02	0.01	0.02	0.02	0.04	0.03	0.05	0.04	0.06	0.05	0.06	0.06	0.13	0.07	0.17
		B	0.01	0.02	0.01	0.02	0.01	0.02	0.02	0.04	0.03	0.05	0.05	0.09	0.07	0.13	0.08	0.19	0.10	0.26		
		C	0.02	0.03	0.02	0.03	0.02	0.03	0.03	0.04	0.04	0.05	0.05	0.08	0.07	0.12	0.09	0.18	0.11	0.26	0.13	0.35

该表的毛刺精度等级分为三级：A 为精密级，适用于要求较高的冲裁件；B 为中等级，适用于中等要求的冲裁件；C 为粗糙级，适用于一般要求冲裁件。新模具试模时，应以接近下限数值检定。冲压生产检查时，以不超过表列数值上限（特殊规定除外），否则应修复模具。汽车冲压件，无特殊要求者，按 C 级标准检查。表列数值适用于整体刃口且为垂直冲裁工序。对于斜向冲裁时，允许表列数值乘以 2 的系数。镶拼刃口接缝处按 1.5 倍，废料刀如侧刃单边冲切处按 2 倍值考虑。

3.3　冲裁件的工艺性

冲裁件的设计要考虑冲裁件的工艺性，即要便于加工。冲裁件的工艺性，是指制件的结构形状、尺寸、精度和其他技术要求对冲裁工艺的适应性。良好的冲裁工艺性，能满足采用最少的工序完成冲压工作、模具结构简单、寿命长、原材料消耗少、生产率高、冲件质量稳定等要求，从而显著降低冲裁件的加工成本。

3.3.1　对冲裁件（落料件和冲孔件）的形状要求

① 制件的外形不能太大。如级进冲裁件的外形尺寸一般在 300mm 以下，太大了模具外形尺寸大，没有太大的压力机可以安装使用。

② 冲裁件的形状应尽可能设计成对称、简单和便于实现无废料及少废料的排样，如设计成如图 3-1（a）所示结构，只能采用有废料搭边的排样。若改成如图 3-1（b）所示的结构，便能采用无废料搭边的排样，使材料利用率提高 40%，并且一次能冲出两个制件，生产率提高一倍，成本也降低了。因此，改进后的制件的工艺性比原制件的工艺性好。

③ 冲裁件的外形，除无废料冲裁或镶拼结构以外，应避免尖锐的清角。在各直线或曲线

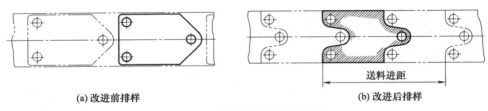

| (a) 改进前排样 | (b) 改进后排样 |

图 3-1 无废料冲裁件的制件形状

的连接处，应具有适宜的圆角相连（见图 3-2）。

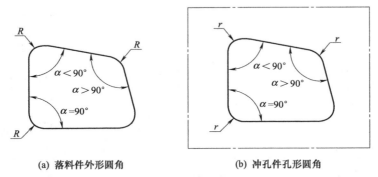

| (a) 落料件外形圆角 | (b) 冲孔件孔形圆角 |

图 3-2 冲裁件的外形和孔

事实上，即使将冲裁凹模拐角处制成清角（理论上圆角半径 $R=0$），在冲裁件上也必然出现半径为间隙值 2.5 倍的小圆角。因此严格地说，在进行普通冲裁时，根本不可能制得具有尖角的冲裁件。在选择不影响制件功能的落料件外拐角处的圆角值或冲孔件孔形内拐角处的圆角值时，要考虑到便于设计与制造模具及容易冲制冲压件，同时还需要考虑延长模具寿命等问题。圆角的最小值见表 3-24。

表 3-24 冲裁件角部圆角半径最小值 R_{min} 和 r_{min} mm

冲裁件材料种类		R_{min}		r_{min}	
		$\alpha>90°$	$\alpha\leqslant90°$	$\alpha>90°$	$\alpha\leqslant90°$
金属材料	黄铜、铜、锌、锡	0.18	0.35	0.20	0.40
	软钢、中碳钢	0.25	0.50	0.30	0.60
	高碳钢、合金钢	0.35	0.70	0.45	0.90
非金属材料	胶纸板	0.45	0.60	0.60	0.80
	夹布胶木、玻璃布塑料	0.35	0.5	0.40	0.60
	有机玻璃、赛璐珞	1.2	1.5	1.5	1.8
	硬聚氯乙烯、硬橡胶	0.7	1.0	1.2	1.9
	纸板、纤维板、石棉板	0.5	1.0	1.0	1.2
	云母、云母基板材	1.0	1.2	1.5	1.6

④ 冲裁件的凸出或凹入部分的宽度和深度一般情况下应不小于 1.5t，同时应避免有狭长的切口和过窄的切槽，见图 3-3。

当材料的厚度 t 小于 1mm 时，均以 t = 1mm 来计算。如果冲制高碳钢或合金钢等硬材料时，一般取 $B \geqslant 2t$；如果冲制铜、铝等软材料时，一般取 $B \geqslant 0.8t$，槽宽 B 与槽长 L 的关系为 $L \leqslant 5B$。

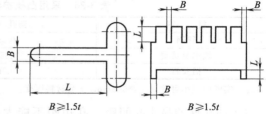

图 3-3　冲裁件凸出与凹入外形尺寸的最小值

⑤ 对于腰圆形冲裁件，如图 3-4 所示。其圆弧半径 R 应大于条料宽度 B 的一半（即 $R > B/2$），否则冲裁件会产生凸阶。即使取 $R = B/2$，当条料宽度偏差不一致时，或条料送进时稍有偏差，也会容易产生小台阶。

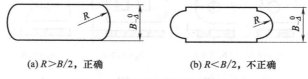

(a) $R > B/2$，正确　　　　　(b) $R < B/2$，不正确

图 3-4　冲裁件外形的圆弧要求

⑥ 尽可能避免冲裁宽度小于材料厚度三倍的窄长制件，必要时可用金属丝压扁来代替，但两边允许有自然圆弧。

3.3.2　对冲孔件的尺寸要求

① 冲孔时，孔的最小尺寸与孔的形状、材料的力学性能和材料的厚度等均有关，各种材料的最小冲孔尺寸见表 3-25。

表 3-25　用自由凸模冲孔的最小尺寸

类　别	孔的几何形状			
	圆孔	方孔	矩形孔	长椭圆形孔
简图	![圆孔] D'	![方孔] a	![矩形孔] b	![长椭圆形孔] c
材料类别	D'	a	b	c
硬钢	1.5t	1.35t	1.2t	1.1t
中硬钢	1.3t	1.20t	1.0t	0.9t
软钢	1.0t	0.9t	0.8t	0.7t
纯铜、黄铜	0.9t	0.8t	0.7t	0.6t
铝、锌	0.8t	0.7t	0.6t	0.5t
夹布胶木	0.7t	0.6t	0.5t	0.4t
纸、硬纸板	0.6t	0.5t	0.4t	0.3t

当采用有凸模护套的情况下进行冲孔时，可达到的最小孔径见表 3-26。

表 3-26　采用凸模护套冲孔可达到的最小孔径

材　　料	圆孔 d_{min}	矩形孔 b_{min}
硬钢	0.5t	0.4t
软钢及黄铜	0.35t	0.3t
铝及锌	0.3t	0.28t

注：实践中最小可达 $d_{min} \geqslant 0.3$mm；t 为材料厚度。

② 冲孔件的最小孔间距、孔边距不能太小，其值随制件与孔的形状不同而有一定限制，许可值如图 3-5 所示。

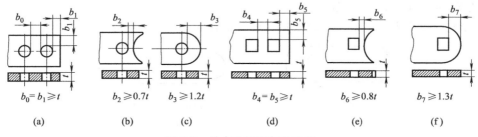

图 3-5　最小孔间距与孔边距

一般情况下，当冲孔边缘与制件外形轮廓边缘不平行时，最小距离应不小于 t；平行时则应不小于 1.5t。t 为冲件料厚，$t < 1$mm 时，按 $t = 1$mm 计算。

③ 在弯曲或拉深件上冲孔时，孔的尺寸除应符合上述介绍的一些原则外，其孔壁与制件直壁之间应保持一定的距离（见图 3-6）。如果距离太小时，则在冲孔时会使孔的质量不好，甚至会使凸模因受水平侧向推力的作用而被折断。

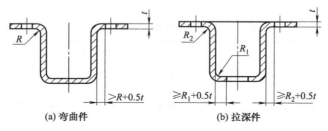

图 3-6　弯曲或拉深件上冲孔的合适位置

拉深件底部的孔可在拉深过程结束时冲出，也可用单独的工序冲出。但凸缘上的孔只能在拉深后的单独工序中冲出。

3.4　弯曲件的精度与工艺性

3.4.1　弯曲件的精度

弯曲件的精度要求应合理，影响弯曲件精度的因素很多，如材料厚度公差、材质、回弹、偏移、弯曲工序数等。采用普通模具弯曲时，弯曲件的精度都不高，弯曲件的精度一般在 IT13 级以下，角度公差最好大于 15′。

弯曲件可以达到的精度分别见表 3-27～表 3-33。

表 3-27 弯曲件直线尺寸的一般精度　　　　　　　　　　　　　　　mm

弯曲件直边尺寸	材料厚度 t		
	≤1	1～3	3～6
≤100	IT12～IT13	IT14	IT15
100～200	IT14	IT14	IT15
200～400	IT14	IT15	IT16
400～700	IT15	IT15	IT16

表 3-28 弯曲件的尺寸公差　　　　　　　　　　　　　　　mm

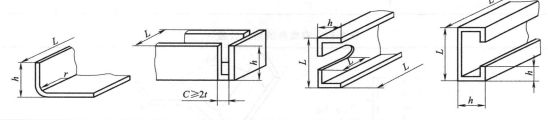

弯边高度 h		≤10	>10～18	>18～30	>30～50	>50～120	>120～250	>250
极限偏差	材料厚度≤1	±0.18	±0.215	±0.26	±0.31	±0.435	±0.57	±0.65
	材料厚度>1～2	±0.215	±0.26	±0.31	±0.435	±0.57	±0.65	±0.77

注：弯曲边长 L 直线尺寸公差按表 3-27 规定。

表 3-29 板料弯曲件弯边尺寸 L 精度等级（IT 精度）

弯曲件料厚 t/mm	弯曲件尺寸 B/mm	经济级	精密级	高精密级	附　　图
≤1	≤100	13	12	11	
	>100～200	14	13	12	
	>200～400	14	13	12	
	>400～700	15	14	13	
>1～3	≤100	14	13	12	
	>100～200	14	13	12	
	>200～400	15	14	13	
	>400～700	15	14	13	
>3～6	≤100	15	14	13	
	>100～200	15	14	13	
	>200～400	16	15	14	
	>400～700	16	15	14	

表 3-30 板料弯曲件的角度偏差（一）

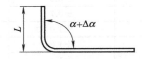

续表

弯曲件弯角短边尺寸 L/mm	经济级	精密级	高精密级
≤6	±3°	±1°30′	±1°
>6~10	±2°30′	±1°30′	±1°
>10~18	±2°	±1°	±0°30′
>18~30	±1°30′	±1°	±0°25′
>30~63	±1°15′	±0°45′	±0°20′
>63~80	±1°	±0°30′	±0°15′
>80~120	±0°50′	±0°25′	±0°15′
>120~180	±0°40′	±0°20′	±0°10′
>180~260	±0°30′	±0°15′	±0°10′
>260~400	±0°25′	±0°15′	±0°10′

表 3-31　弯曲件的角度公差（二）

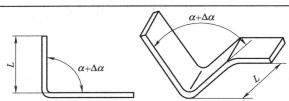

角短边长度 L/mm	非配合的角度偏差 Δα	最小的角度偏差 Δα	角短边长度 L/mm	非配合的角度偏差 Δα	最小的角度偏差 Δα
≤1	$\dfrac{\pm7°}{0.25}$	$\dfrac{\pm4°}{0.14}$	>3~6	$\dfrac{\pm5°}{0.53\sim1.05}$	$\dfrac{\pm2°}{0.21\sim0.42}$
>1~3	$\dfrac{\pm6°}{0.21\sim0.63}$	$\dfrac{\pm3°}{0.11\sim0.32}$	>6~10	$\dfrac{\pm4°}{0.84\sim1.40}$	$\dfrac{\pm1°45′}{0.37\sim0.61}$
>10~18	$\dfrac{\pm3°}{1.05\sim1.89}$	$\dfrac{\pm1°30′}{0.52\sim0.94}$	>180~260	$\dfrac{\pm40′}{4.19\sim6.05}$	$\dfrac{\pm18′}{1.89\sim2.72}$
>18~30	$\dfrac{\pm2°30′}{1.57\sim2.62}$	$\dfrac{\pm1°}{0.63\sim1.00}$	>260~360	$\dfrac{\pm30′}{4.54\sim6.28}$	$\dfrac{\pm15′}{2.72\sim3.15}$
>30~50	$\dfrac{\pm2°}{2.09\sim3.49}$	$\dfrac{\pm45′}{0.79\sim1.31}$	>360~500	$\dfrac{\pm25′}{5.32\sim7.27}$	$\dfrac{\pm12′}{2.52\sim3.50}$
>50~80	$\dfrac{\pm1°30′}{2.62\sim4.19}$	$\dfrac{\pm30′}{0.88\sim1.40}$	>500~630	$\dfrac{\pm22′}{6.40\sim8.06}$	$\dfrac{\pm10′}{2.91\sim3.67}$
>80~120	$\dfrac{\pm1°}{2.79\sim4.18}$	$\dfrac{\pm25′}{1.61\sim1.74}$	>630~800	$\dfrac{\pm20′}{7.33\sim9.31}$	$\dfrac{\pm9′}{3.30\sim4.20}$
>120~180	$\dfrac{\pm50′}{3.49\sim5.24}$	$\dfrac{\pm20′}{1.40\sim2.10}$	>800~1000	$\dfrac{\pm20′}{9.31\sim11.6}$	$\dfrac{\pm8′}{3.72\sim4.65}$

注：1. 横线上部数据为弯曲件角度的正负偏差，横线下部数据表示角度正负偏差值相对应的角短边端点偏摆正负距离（mm）。

2. 大的角短边长度级进模生产用不上，可供单工序模生产参考。

3. 表列为弯曲半径小于板料厚度时，角度公差所能达到的精度。

表 3-32　弯曲件弯边高度偏差（普通钢模、无校形）　　　　　　　　　mm

弯曲件材料厚度 t	a	h	H	C
≤1.0	±0.7	±0.5	±0.3	±0.5
>1.0~2.0	±1.0	±0.7	±0.4	±0.6
>2.0~3.0	±1.2	±1.0	±0.6	±0.8
>3.0~4.0	±1.5	±1.2	±0.8	±1.0
>4.0~6.0	±2.0	±1.5	±1.0	±1.2

表 3-33　弯曲件弯边宽度偏差（普通钢模、无校形）　　　　　　　mm

弯曲件料厚 t	弯曲件料宽 C	A						C、B					
		<50	$\geqslant 50$ ~ 100	$\geqslant 100$ ~ 150	$\geqslant 150$ ~ 250	$\geqslant 250$ ~ 400	$\geqslant 400$ ~ 700	<50	$\geqslant 50$ ~ 100	$\geqslant 100$ ~ 150	$\geqslant 150$ ~ 250	$\geqslant 250$ ~ 400	$\geqslant 400$ ~ 700
		偏差（±）						偏差（±）					
$\leqslant 1.0$	<100	0.3	0.4	0.5	0.6	0.8	1.0	0.5	0.8	1.0	1.5	1.5	2.0
$>1.0\sim 3.0$		0.5	0.6	0.6	0.8	0.8	1.2	0.8	1.0	1.5	1.5	2.0	2.2
$>3.0\sim 6.0$		0.6	0.8	1.0	1.0	1.2	1.5	1.0	1.5	1.5	2.0	2.0	2.5
$\leqslant 1.0$	$\geqslant 100\sim 200$	0.4	0.5	0.6	0.6	0.8	1.2	0.8	1.0	1.5	1.5	2.0	2.2
$>1.0\sim 3.0$		0.5	0.8	1.0	1.0	1.2	1.5	1.0	1.5	1.5	2.0	2.0	2.5
$>3.0\sim 6.0$		0.6	0.8	1.0	1.2	1.2	1.5	1.0	1.5	2.0	2.0	2.5	3.0
$\leqslant 1.0$	$\geqslant 200\sim 400$	0.5	0.6	0.8	0.8	1.0	1.2	0.8	1.0	1.5	1.5	2.0	2.2
$>1.0\sim 3.0$		0.6	0.8	1.0	1.0	1.2	1.5	1.0	1.5	1.5	2.0	2.0	2.5
$>3.0\sim 6.0$		0.8	1.0	1.2	1.2	1.8	2.0	1.0	1.5	2.0	2.0	2.5	3.0

3.4.2　弯曲圆角半径与最小弯曲半径 $R_{\min}$

弯曲处的圆角半径 R 不宜太小。材料在弯曲过程中，弯曲处的外层材料受拉伸，内层材料受压缩，当材料的厚度一定时，弯曲半径愈小，变形程度愈大。当弯曲半径小到一定数值时，由于材料外层所受拉应力大到超过材料拉伸强度极限，使制件的弯曲处出现裂纹，甚至开裂、使制件报废。因此，从弯曲工艺来要求，制件的弯曲圆角半径不宜太小。

在弯曲加工中，不产生弯曲裂纹的圆角半径最小值，称其为最小弯曲半径。产品设计时，一般情况下，选用较大一点弯曲半径，而尽可能不用最小弯曲半径值。但也不能太大，太大了受回弹影响，弯曲角度和圆角半径的精度不能达到要求。

最小弯曲半径与材料的力学性能、表面质量、轧制纹向等因素有关。其允许值如表 3-34、表 3-35 所示，供参考选用。

3.4.3　弯曲件的工艺性与弯曲件的结构要点

(1) 弯曲件的直边高度

弯曲件直边高度 H 不宜太短。对于 90°弯曲，如图 3-7 所示，为便于弯曲，H 不宜过小，一般取 $H>2t$，否则弯边在模具上支持的长度过小，没有足够的弯曲力矩，很难弯曲得到形状正确的制件。

当 $H<2t$ 时，对于较厚的材料，应先压槽再弯曲成形。

对于如图 3-8 (a) 所示的制件，其弯曲侧面的斜边到达变形区域，斜边末端没有直边，难于弯曲成形，从工艺性分析，这样的结构是不合理的。正确的方法，可以通过改变制件的形状满足工艺要求，如图 3-8 (b) 所示，加高弯边尺寸。侧边高度一般取 $H=(2\sim 4)t$。

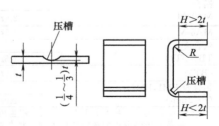

图 3-7　弯曲件直边高度

表 3-34　板材弯曲件的最小弯曲半径 R_{min}（一）　　　　　　　　　　mm

材　料		压弯线与材料轧纹垂直	压弯线与材料轧纹平行	材　料		压弯线与材料轧纹垂直	压弯线与材料轧纹平行
08F、08Al		0.2t	0.4t	H62	硬	0.3t	0.8t
10、15、Q195		0.5t	0.8t		半硬	0.1t	0.2t
20、Q215、Q235、09MnREL		0.8t	1.2t		退火	0.1t	0.1t
25、30、35、40、Q255、10Ti、13MnTi、16MnL、16MnREL		1.3t	1.7t	HPb59-1	硬	1.5t	2.5t
					退火	0.3t	0.4t
65Mn	特硬	2.0t	4.0t	BZn15-20	硬	2.0t	3.0t
	硬	3.0t	6.0t		退火	0.3t	0.5t
1Cr18Ni9	硬	5.0t	2.0t	QSn6.5-0.1	硬	1.5t	2.5t
	退火	0.3t	0.5t		退火	0.2t	0.3t
	热加工	0.1t	0.2t	铍青铜 QBe2	硬	0.8t	1.5t
1J79	硬	0.5t	2.0t		退火	0.2t	0.2t
	退火	0.1t	0.2t	T2	硬	1.0t	1.5t
3J1	硬	3.0t	6.0t		退火	0.1t	0.1t
	退火	0.3t	0.6t	1050A、1035（L3、L4）	硬	0.7t	1.5t
3J53	硬	0.7t	1.2t		退火	0.1t	0.2t
	退火	0.4t	0.7t	7A04（LC4）	硬	2.0t	3.0t
TA1	冷作硬化	3.0t	4.0t		退火	1.0t	1.5t
TA5		5.0t	6.0t	5A05、5A06、（LF5、LF6）3A21(LF21)	硬	2.5t	4.0t
TB2		7.0t	8.0t		退火	0.2t	0.3t
				2A12(LY12)	硬	2.0t	3.0t
					退火	0.3t	0.4t

注：1. t 为材料厚度。

2. 适用于原材料为标准供货态、V（90°）形校正压弯、板厚 20mm 以下、板宽大于 3 倍板厚、剪切断面光带在弯角外侧。

表 3-35　最小弯曲半径 R_{min}（二）　　　　　　　　　　mm

材　料	经正火或退火的		硬化的	
	弯曲线方向			
	垂直轧纹	平行轧纹	垂直轧纹	平行轧纹
铝 纯铜 黄铜 H68 05、08F	<0.1t	0.3t	0.3t 1.0t 0.4t 0.2t	0.8t 2.0t 0.8t 0.5t
08～10、Q195、Q215	0.1t	0.4t	0.4t	0.8t
15～20、Q235	0.1t	0.5t	0.5t	1.0t
25～30、Q255	0.2t	0.6t	0.6t	1.2t
35～40、Q275	0.3t	0.8t	0.8t	1.5t
45～50	0.5t	1.0t	1.0t	1.7t
55～60	0.7t	1.3t	1.3t	2.0t
65Mn、T7	1.0t	2.0t	2.0t	3.0t
不锈钢	1.0t	2.0t	3.0t	4.0t
磷铜	—	—	1.0t	3.0t
铝（软）	1.0t	1.5t	1.5t	2.5t
铝（硬）	2.0t	3.0t	3.0t	4.0t
镁合金	300℃热弯		冷弯	
MA1-M	2.0t	3.0t	6.0t	8.0t
MA8-M	1.5t	2.0t	5.0t	6.0t
钛合金	300～400℃热弯		冷弯	
TB2(BT1)	1.5t	2.0t	3.0t	4.0t
(BT5)	3.0t	4.0t	5.0t	6.0t
钼合金 BM1,BM2	400～500℃热弯		冷弯	
（t≤2mm）	2.0t	3.0t	4.0t	5.0t

注：1. 本表用于料厚 t 小于 10mm、弯曲角大于 90°、剪切断面良好的情况。

2. 冲裁后未经退火的坯料应作为硬化状态来考虑。

3. 弯曲时应使有毛刺的一边处于弯角的内侧。

（2）弯曲件的孔边距

孔边距不能太小。如果弯曲件展开料上预先冲好的孔处于弯曲变形区，弯曲时，孔形状将会发生变化，见图 3-9（a）中的圆孔变成了喇叭孔。对着孔的立边缘有时还会出现鼓起。为避免孔变形，弯曲线到孔边的距离应有一定大小，见图 3-9（b）。具体大小见表 3-36。

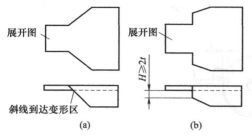

图 3-8　加高弯边尺寸

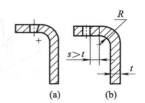

图 3-9　孔边距大小对孔变形的影响

表 3-36　弯曲件孔壁到弯曲边的最小距离　　　　　　　　　　　mm

圆孔壁到弯曲边		凹口到弯曲边		长圆孔壁到弯曲边	
t	s	b	s	l	s
≤ 2	$\geq t+R$	<25	$\geq 1.5t+R$	≤ 25	$\geq 2t+R$
$>2\sim 3$	$1.5t+R$	$>25\sim 50$	$2t+R$	$>25\sim 50$	$\geq 2.5t+R$
>3	$>1.5t+R$	$>50\sim 80$	$>2t+R$	$>50\sim 80$	$>3t+R$

当弯曲线离孔边距离过小，而弯曲件的结构又允许时，可先在弯曲线上冲出工艺孔（月牙孔、长方孔、圆孔或把圆孔改成长圆孔），如图 3-10 所示，以转移变形区域，保证孔形的正确。展开图中的剖面线部分为工艺孔位置。根据需要采用不同方法。

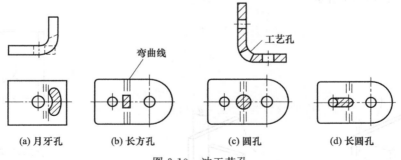

图 3-10　冲工艺孔

（3）预冲工艺槽、缺口或工艺孔防止侧面弯曲时产生裂纹或畸形

为了防止侧面（梯形）弯曲时产生裂纹或畸形，应预先冲出工艺槽（孔），或将根部改为阶梯形。如图 3-11 所示，图中的工艺槽宽 $K \geq t$，一般 $K > 2\text{mm}$。工艺槽的深度 $L \geq t+R+\dfrac{K}{2}$，工艺孔的直径 $d \geq t$。一般 $d > 1\text{mm}$。R 为槽处的圆角半径。

（4）相邻边直角弯曲避免残余圆弧出现

如图 3-12 所示，当 $a < R$ 时，弯曲后，B 面靠 a 处仍然有一段残余圆弧（A 处），为了避

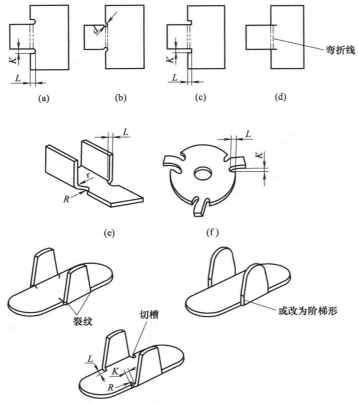

图 3-11　防止侧面弯曲时产生裂纹或畸形的工艺槽（孔）

免残余圆弧，必须使 $a \geqslant R$，如图 3-12（b）所示。

（5）不等边 U 形弯曲件可设工艺定位孔防移位

在 U 形弯曲件上，两弯曲边最好等长，以免弯曲时产生向一边移位。如不允许，可设一工艺定位孔，如图 3-13 所示。

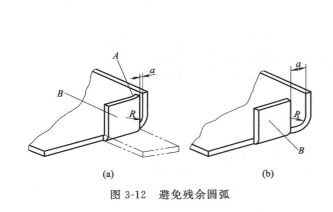

图 3-12　避免残余圆弧

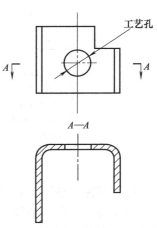

图 3-13　增设工艺定位孔

（6）"⌐"形坯料直角弯曲防止起皱预留切口

为了防止"⌐"形坯料直角弯曲，圆角在弯曲时侧边受压产生挤料后起皱，如图 3-14（a）所示，应在侧板上预留切口，切口的形状和尺寸如图 3-14（b）所示。

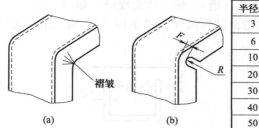

半径R	切口至拐角距离F
3	1.6
6	3
10	4.6
20	8
30	11
40	13
50	15

图 3-14 防止起皱而预留切口

（7）侧边直角弯曲防止回弹预留切口

为了防止弯曲后，相邻板料间产生回弹，影响接缝平齐，侧板上也应预留切口，切口形式和尺寸如图 3-15 所示。

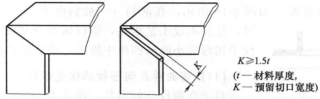

$K \geqslant 1.5t$

（t — 材料厚度，
K — 预留切口宽度）

图 3-15 防止回弹而预留切口

（8）单边折弯防止一边向内收缩

为了防止弯曲时，一边向内产生收缩，见图 3-16（a）中箭头所指。可在相邻板上设置工艺定位孔，见图 3-16（b），或两边同时折弯，见图 3-16（c）。还可用增加幅宽的办法来解决收缩问题，如图 3-16（d）所示。

（9）直角弯边的搭接形式

如图 3-17 所示为直角弯边的常用几种搭接形式。

（10）切口并弯曲的制件结构

① 常规的制件结构 切口并弯曲的部分一

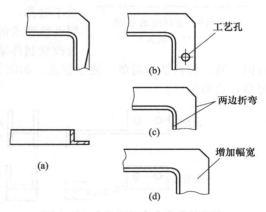

图 3-16 防止底板向内收缩的方法

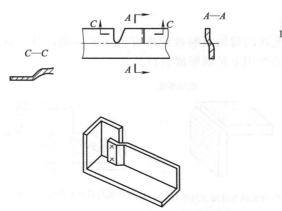

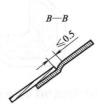

图 3-17 常用的搭接形式

般应做成梯形，弯曲线两端应预先冲孔（槽），便于弯曲成形，如图 3-18 （a）所示为带切口的梯形弯曲；图 3-18 （b）为带切槽的弯曲结构尺寸；图 3-18 （c）为三角形切口结构。

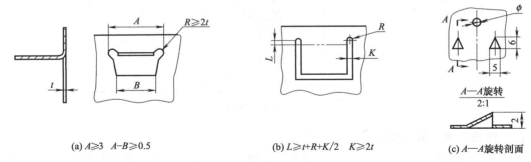

(a) $A \geqslant 3$　$A-B \geqslant 0.5$　　　　(b) $L \geqslant t+R+K/2$　$K \geqslant 2t$　　　　(c) A—A旋转剖面

图 3-18　切口并弯曲结构

② 薄料切弯小脚对策　如图 3-19 所示，在薄料（一般料厚小于 0.5mm）上切口弯小脚时，往往不设工艺槽孔，切口压弯合并在一道工序内完成。为便于切弯后小脚从凹模中推出，小脚建议设计成带有斜度 α。

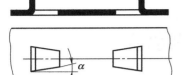

图 3-19　带斜度的小脚
（切口、切舌）

(11) 弯曲件几何形状的优化设计

对于弯曲件几何形状，设计者一般把它设计成对称状，目的是防止弯曲变形时因毛坯受力不均发生滑动而产生偏移。如果不对称，一般采用增加工艺定位孔的方法。此外，在满足相同性能要求的前提下，尽可能使制件便于加工。如图 3-20 所示为改变制件结构的例子。如图 3-20 （a）所示为改变后使弯曲方向一致，模具结构简单，便于制造。如图 3-20 （b）所示为由卷圆改成弯曲，使工艺更成熟可靠，容易生产。

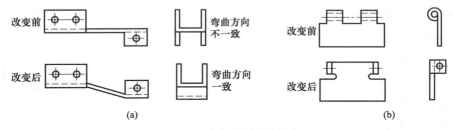

(a)　　　　　　　　　　　　　　(b)

图 3-20　改变制件形状结构

(12) 弯曲方向与坯件的毛刺面

在用冲裁件弯曲时，应尽量使毛坯的剪切断裂带或带有毛刺的一侧，处于弯曲件的内侧，以免剪裂带内微裂纹在外侧拉应力的作用下扩展形成裂口。

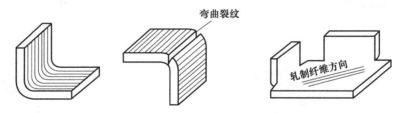

(a) 弯曲线与纤维方向垂直　(b) 弯曲线与纤维方向平行　(c) 弯曲线与纤维方向成一定角度

图 3-21　弯曲线与材料轧制纹向的关系

（13）材料的轧制纹向与弯曲线的夹角

理想的情况下，尽量使制件的弯曲线与材料的轧制纹向（纤维方向）相垂直。当弯曲线与材料轧制纹向相平行时，容易使弯曲件的外侧形成裂纹，见图 3-21。

当制件有多向弯曲时，应使弯曲线与材料轧制纹向成一定的角度。

3.5　拉深件精度与工艺性

3.5.1　拉深件的精度

用普通方法进行拉深时，拉深件的尺寸（直径和高度）精度一般为 IT12～IT16 级，高时可达 IT10～IT11 级，最高经整形可达 IT8 级。对于异形拉深件一般要低 1～2 级。在保证装配要求的前提下，应允许拉深件侧壁有一定的斜度。

级进连续拉深件尺寸精度，一般比普通单工序拉深有提高，为 IT11 级以下，最高也为 IT8 级。

普通拉深件的直径、高度和厚度等可以达到的精度推荐值，见表 3-37～表 3-41。筒形拉深件的口部，一般都是不整齐的，在冲压工作完成后，还需要进行修边。

表 3-37　拉深件直径的极限偏差　　　　　　　　mm

材料厚度	拉深件直径的基本尺寸 d			材料厚度	拉深件直径的基本尺寸 d			附图
	≤50	>50～100	>100～300		≤50	>50～100	>100～300	
0.5	±0.12	—	—	2.0	±0.40	±0.50	±0.70	
0.6	±0.15	±0.20	—	2.5	±0.45	±0.60	±0.80	
0.8	±0.20	±0.25	±0.30	3.0	±0.50	±0.70	±0.90	
1.0	±0.25	±0.30	±0.40	4.0	±0.60	±0.80	±1.00	
1.2	±0.30	±0.35	±0.50	5.0	±0.70	±0.90	±1.10	
1.5	±0.35	±0.40	±0.60	6.0	±0.80	±1.00	±1.20	

注：拉深件外形要求取正偏差，内形要求取负偏差。

表 3-38　圆筒形拉深件高度的极限偏差　　　　　　　　mm

材料厚度	拉深件高度的基本尺寸 H					附　图
	≤18	>18～30	>30～50	>50～80	>80～120	
≤1	±0.5	±0.6	±0.7	±0.9	±1.1	
>1～2	±0.6	±0.7	±0.8	±1.0	±1.3	
>2～3	±0.7	±0.8	±0.9	±1.1	±1.5	
>3～4	±0.8	±0.9	±1.0	±1.2	±1.8	
>4～5	—	—	±1.2	±1.5	±2.0	
>5～6	—	—	—	±1.8	±2.2	

注：本表为不切边情况所达到的数值。

表 3-39　带凸缘拉深件高度的极限偏差　　　　　　　　mm

材料厚度	拉深件高度的基本尺寸 H					附　图
	≤18	>18～30	>30～50	>50～80	>80～120	
≤1	±0.3	±0.4	±0.5	±0.6	±0.7	
>1～2	±0.4	±0.5	±0.6	±0.7	±0.8	
>2～3	±0.5	±0.6	±0.7	±0.8	±0.9	
>3～4	±0.6	±0.7	±0.8	±0.9	±1.0	
>4～5	—	—	±0.9	±1.0	±1.1	
>5～6	—	—	±1.1	±1.2	

注：本表为未经整形所达到的数值。

表 3-40　拉深件壁厚偏差 Δt　　　　　　　　　　　　　mm

相对厚度 t/d	0.08	0.10	0.15	0.20	0.25	0.30
Δt	0.04	0.05	0.05	0.06	0.08	0.10

表 3-41　筒形拉深件的回跳量与椭圆度

工　序	材料	厚度 t/mm	直径 d 的回跳量/%	直径的椭圆度/%
第一次拉深（带压边圈）	铜	0.3～1.0	0.3～0.4	0.1
第二次拉深（不带压边圈）	软钢	1.0～2.0	0.1～0.2	0～0.1
第二次拉深（带压边圈）	黄铜	0.8～1.5	0.15～0.3	0

注：1. 此表适用于拉深件直径 $d=20\sim50$mm 时的范围。

2. 当料厚 $t=0.8\sim1.5$mm，拉深件直径 $d<100$mm 时，回跳量 $\Delta d=0.08\sim0.15$mm。

3.5.2　拉深件一次拉深成形条件

拉深件的形状要简单、对称，各部分尺寸比例要恰当。理想的拉深件，最好经过一次拉深即成形，这样最为经济。但对于各种不同用途的拉深件来说：是否可用一次或多次拉深成形，往往不是很快便能确定下来，需要通过必要的工艺计算才可确定。工作中，尤其是在确定冲压工艺方案初期，为了快又简便，能达到迅速确定制件可否一次拉深的可行性，通过总结实际经验，确定了一些用于一次拉深成形的基本限制条件和经验参数，不同资料所介绍的参数会不同，但都可供使用参考。

(1) 三种基本形状拉深件的一次拉深成形条件

无凸缘圆筒形拉深件、带凸缘的圆筒形拉深件、矩形拉深件的简要一次拉深成形条件见表 3-42，几种金属材料圆筒形件一次拉深的相对高度见表 3-43。

表 3-42　一次拉深成形的条件

拉深件形状	一次拉深成形的条件	说　明
无凸缘圆筒形拉深件	$H\leqslant(0.5\sim0.7)d$ 适用于料厚 $t>0.5$mm $H\leqslant(0.45\sim0.5)d$ 适用于料厚 $t\leqslant0.5$mm $r\geqslant t$	左式可分别改写为 $H/d\leqslant0.5\sim0.7$ 或 $H/d\leqslant0.45\sim0.5$。H 为拉深件高度，mm。d 为拉深件直径（中径），mm。H/d 为最大相对高度。对于不同材料，其所允许的最大相对高度 H/d 是不同的，通常，塑性好的材料，H/d 值可取稍大；材料厚度大的，H/d 值也可以取稍大。表 3-43 推了几种金属材料圆筒形拉深件在一次拉深时允许的最大相对高度。r 为筒底圆角半径
带凸缘的圆筒形拉深件	$d_凸/d\leqslant3$ $H/d\leqslant2$ $(d/D_坯\geqslant0.4)$	应尽量避免设计宽凸缘和高度大的拉深件。$d_凸$ 为凸缘直径，mm；d 为拉深件直径（中径），mm。$d_凸/d$ 为凸缘相对直径，$d_凸/d$ 和 H/d 愈大，则变形区宽度愈大，则拉深的难度愈大。当 $d_凸/d$ 和 H/d 超过某极限值时，便需多次拉深
矩形拉深件	$H\leqslant(0.6\sim0.7)B$	H 为拉深件高度，mm；B 为矩形拉深件短边宽度（按壁厚的中间值计算），mm

表 3-43　几种金属材料圆筒形件一次拉深的相对高度

材　料	相对拉深高度 $\dfrac{H}{d}$	材　料	相对拉深高度 $\dfrac{H}{d}$
铝	0.73～0.75	黄铜	0.75～0.80
硬铝合金	0.60～0.65	软钢	0.68～0.72

（2）圆筒形拉深件尺寸与拉深次数的大致关系（见表 3-44）

表 3-44　圆筒形拉深件尺寸与拉深次数的大致关系

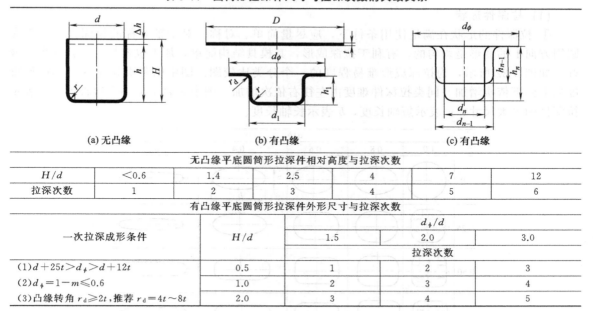

(a) 无凸缘	(b) 有凸缘	(c) 有凸缘

无凸缘平底圆筒形拉深件相对高度与拉深次数					
H/d	<0.6	1.4	2.5	4	7	12
拉深次数	1	2	3	4	5	6

有凸缘平底圆筒形拉深件外形尺寸与拉深次数				
一次拉深成形条件	H/d	d_ϕ/d		
		1.5	2.0	3.0
		拉深次数		
(1) $d+25t>d_\phi>d+12t$	0.5	1	2	3
(2) $d_\phi=1-m\leqslant0.6$	1.0	2	3	4
(3) 凸缘转角 $r_d\geqslant2t$，推荐 $r_d=4t\sim8t$	2.0	3	4	5

（3）方形和矩形盒子拉深件一次拉深成形条件与参数（见表 3-45）

表 3-45　方形和矩形盒子拉深件一次拉深成形条件与参数

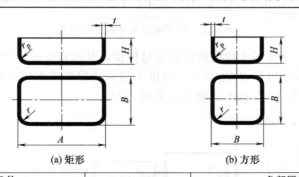

(a) 矩形	(b) 方形

一次拉深成形条件	最大拉深高度	角部圆角半径 r/mm	
(1) 拉深件高度 H	H/mm	黄铜	钢
$H\leqslant(0.3\sim0.8)B$	20	4	6
或	35	6	10
$H\leqslant(0.6\sim0.7)B$	50	10	16
(2) 盒子转角的圆角半径 r	75	16	20
$r=(0.05\sim0.2)B$	100	20	25
或	125	300	40
$r\geqslant0.15H$	150	45	60
(3) 底部圆角半径 $r_p\geqslant(2\sim4)t$			

拉深件高度 H 与转角圆角半径 r 的比值[适于 $r\geqslant(0.14\sim0.17)B$ 和 $r_p>t$ 的矩形件]	
材　　料	H/r
酸洗钢板 08、10	4~4.5
冷轧钢板 08F、08Al	5~6
H62、H68 黄铜、纯铜	5.5~7
铝 1050A	5.5~6.5
硬铝 2A12-T4	4~4.5

3.5.3　拉深件的工艺性与拉深件的结构要点

（1）拉深件形状

① 拉深件的形状在满足使用条件下，应尽量简单、对称。对于轴对称的拉深件，由于在圆周方向上的变形是均匀的，有利于拉深成形，其模具结构简单，加工也容易，工艺性也就最好。如图 3-22 所示，为拉深成形难易程度的一个分类比较图。图中的各类拉深件，其成形难度从上到下依次增加。同类拉深件难度由左往右依次增加。图中 e 表示最小直边长度，f 表示拉深件的最大尺寸；a 表示短轴长度，b 表示长轴长度。

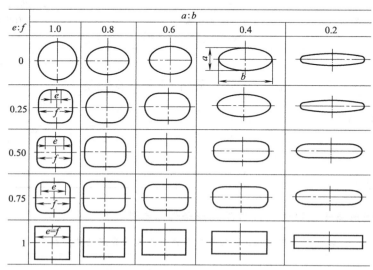

图 3-22　拉深成形难易程度的分类

为便于拉深成形，深度不大的圆筒形件容易拉深，其次是阶梯形件和矩形件。一般圆筒形拉深件深度不要超过筒形直径 d 的 75%，圆角半径 r 可以随着深度的减小而减小。很浅的拉深件，即使圆角半径"$r=0$"也不会破裂（见图 3-23）。

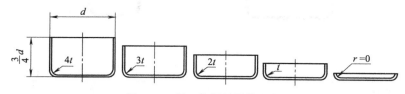

图 3-23　便于拉深的圆筒形状

锥形、半球形及其他复杂形状的制件较难拉深，且成品率低。

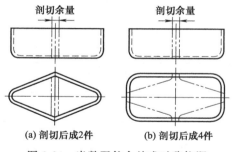

(a) 剖切后成2件　　(b) 剖切后成4件

图 3-24　半敞开件合并成对称拉深

② 对半敞开及不完全对称的拉深件，单个拉深成形时受力不对称而难以成形，可考虑将其设计成对称拉深，然后将其剖切开，如图 3-24 所示。

③ 带凸缘拉深件的凸缘直径 $d_凸$ 不应过狭或过宽，以便拉深时引起制件起皱或增加工序。合适的凸缘尺寸应在一定范围内，即

$$d+25t > d_凸 > d+12t$$

④ 制件凸缘的外廓最好与拉深部分的轮廓形状相似，如图 3-25（a）所示，如果凸缘的宽度不一致

［图 3-25（b）］，不仅拉深困难，需要添加工序，还需放宽切边余量，增加材料消耗。

⑤ 拉深件的侧壁应允许有工艺斜度，但必须保证其另一端在公差范围内。

（2）拉深件的圆角半径

拉深件的圆角半径要合适。拉深件最好采用较大的圆角半径，以有利于成形和减少拉深次数，且无需增加整形工序。各种拉深件的圆角半径许可范围见表 3-46。

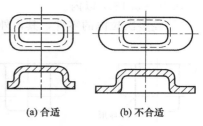

图 3-25 凸缘外廓形状合适与否

(a) 合适	(b) 不合适

表 3-46 拉深件的圆角半径

	无凸缘圆筒形件	带凸缘圆筒形件	反向拉深件	矩形件	带凸缘矩形件	
					$t \leqslant 0.5mm$	$t > 0.5 \sim 3mm$
圆角半径						
r_p	$\geqslant t$ 一般为 $(3 \sim 5)t$	$\geqslant t$ 一般为 $(3 \sim 5)t$		$\geqslant t$ 一般为 $(3 \sim 5)t$	软钢$(5 \sim 7)t$ 黄铜$(3 \sim 5)t$	软钢$(3 \sim 4)t$ 黄铜$(2 \sim 3)t$
r_d		$\geqslant 2t$ 一般为 $(4 \sim 8)t$	$(6 \sim 8)t$		软钢$(5 \sim 10)t$ 黄铜$(5 \sim 7)t$	软钢$(4 \sim 6)t$ 黄铜$(3 \sim 5)t$
r				$\geqslant 3t$ 大于 $0.2H$ 时对拉深有利	$> 0.24H$ 时对拉深有利(酸洗钢) $> 0.17H$ 时对拉深有利(黄铜、铝)	

如果圆角半径要求很小时，则应增加整形工序，每整形一次，圆角半径可减小一半。若增加整形工序，最小圆角半径为 $r_p \geqslant (0.1 \sim 0.3)t$，$r_d \geqslant (0.1 \sim 0.3)t$。

（3）拉深件的壁部厚度及多次拉深的印痕

要考虑到拉深件壁部厚度存在的不均匀现象。

① 由于拉深件各处所受的力不同，各处的变形不均匀，使拉深后制件各部分的厚度发生变化（图 3-26）。一般底部的厚度变化甚小，底部与侧壁之间的圆角处材料变薄最为严重，而口部和近凸缘处材料变厚。但拉深件的壁厚公差或变薄量要求一般不应超出拉深工艺壁厚变薄的规律。对于不变薄的拉深件，侧壁口部的变厚量为 $(0.2 \sim 0.3)t$；壁部的最大变薄量应控制

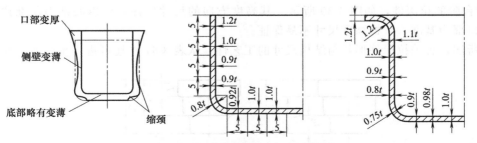

(a) 壁部厚度变化的总体情况　(b) 直筒形件壁部厚度变化实测情况　(c) 带凸缘件壁部厚度变化实测情况

图 3-26 拉深件壁部厚度的变化

在 $(0.10\sim0.18)t$ 以内。

② 经多次拉深的零件，其内外壁上或带凸缘拉深件的凸缘表面，应允许有拉深过程中几经弯曲和伸直后所产生的印痕（这些印痕为材料的变厚或变薄，特别是缩颈的缘故），如图 3-27 所示。当制件有特殊要求时一般采用整形的方法来消除这些印痕。

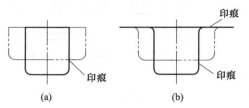

图 3-27 多次拉深件上的印痕出现的部位

（4）拉深件上孔的位置

拉深件上的孔位要合理布置。

① 拉深件上的孔位应设置在与主要结构面（凸缘面）同一平面上，或使孔壁垂直于该平面，以便冲孔与修边同时在一道工序中完成。图 3-28 为拉深件上孔位的比较。

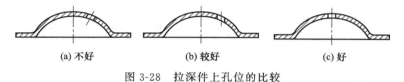

(a) 不好　　　(b) 较好　　　(c) 好

图 3-28 拉深件上孔位的比较

② 拉深件侧壁上的冲孔与底边或凸缘边要有一定的距离［见图 3-29 （b）］。其值为

$$h>2d+t$$

否则该孔只能钻出，如图 3-29 （a） 所示。

③ 拉深件凸缘上的孔距为：$D_1\geqslant d_1+3t+2r_2+d$；拉深件底孔直径应为：$d_2\leqslant d_1-2r_1-t$ ［见图 3-29 （c）］。

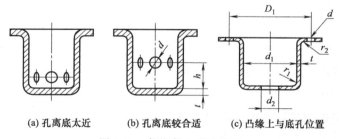

(a) 孔离底太近　　　(b) 孔离底较合适　　　(c) 凸缘上与底孔位置

图 3-29 拉深件上冲孔位置

（5）拉深件的尺寸标注

① 设计拉深件时，应明确注明必须保证的制件外形或内形尺寸，不能同时标注内外形尺寸。

② 带台阶的拉深件，如图 3-30 所示。其高度方向的尺寸标注，应以底部为基准比较好，若以制件口部为基准，阶梯高度尺寸不易保证。

综上所述，有关拉深件形状与结构尺寸的工艺性，从表 3-47 中还可进一步得到了解。

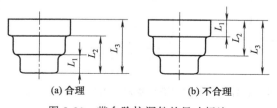

(a) 合理　　　(b) 不合理

图 3-30 带台阶拉深件的尺寸标注

表 3-47　拉深件形状与结构尺寸的工艺性

序号	工艺对拉深件结构要求	存在问题	简 图	
			改进前	改进后
1	形状尽量简单并对称	圆筒形、锥形、球形、非回转体、空间曲面、成形难度依次增加 侧壁不对称,产生扭曲	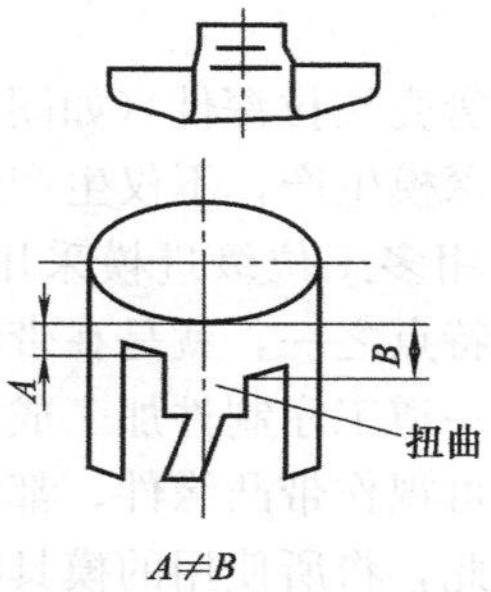 $A \neq B$	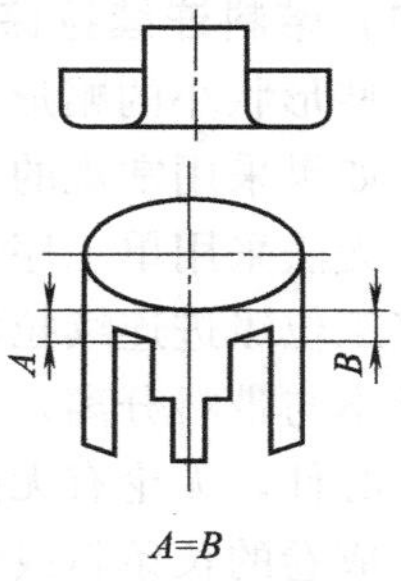 $A = B$
2	凸缘(法兰边)宽度应一致	拉深困难,需增加工序,金属消耗大	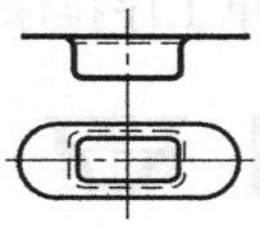	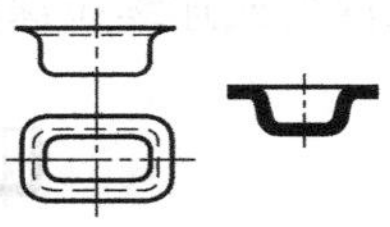
3	凸缘(法兰边)直径不能过大	拉深困难	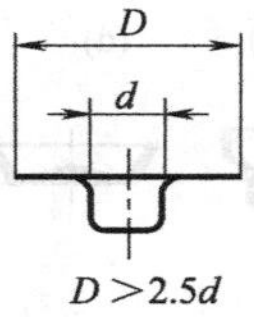 $D > 2.5d$	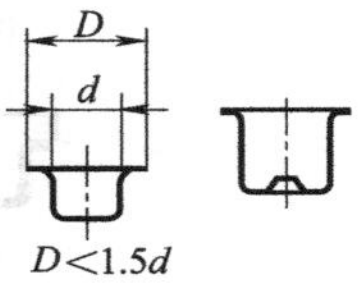 $D < 1.5d$
4	凸缘圆角不宜过小	材料流动阻力大,与圆筒连接处凸缘易开裂	 $R \leqslant 0.1t \sim 0.3t$	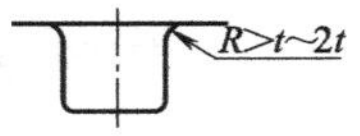 $R > t \sim 2t$
5	半边敞开和不对称拉深件尺寸对称	尺寸配对欠当,敞开边组合匹配不适当	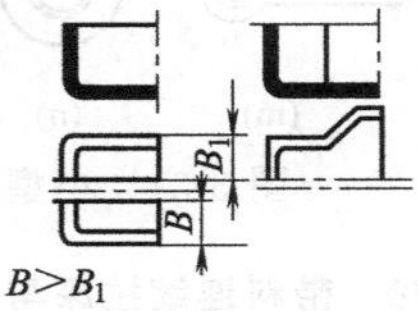 $B > B_1$	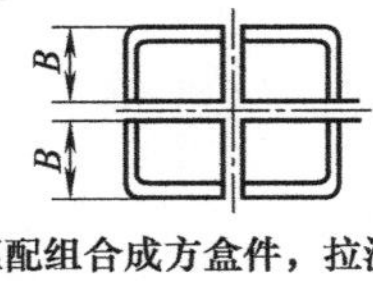 尺寸匹配组合成方盒件,拉深后切开
6	台阶形旋转体拉深件底面变形不能太大	底面宜平或用平凸台,否则增加工序		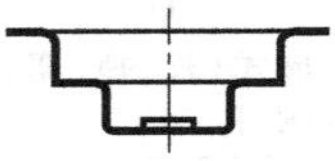
7	多台阶旋转体拉深件尺寸匹配合适	底段直径过小,相邻直径差太大	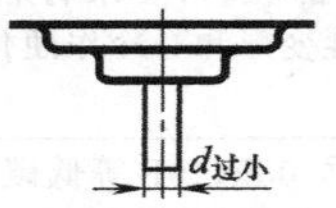 d过小	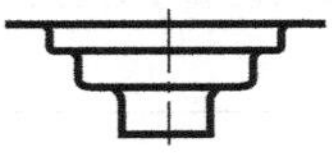
8	多台阶拉深件最好是平底、无凸缘	多台阶拉深底面成形难度大;有宽凸缘不利于拉深	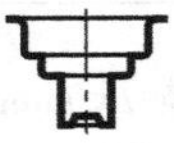	
9	球面底高的曲面拉深件顶部不宜有成形凸包	顶部凸包、凸台成形不利于拉深成形		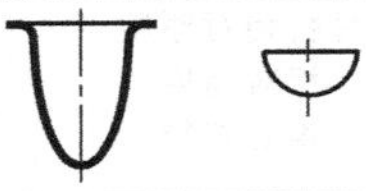
10	多边形盒子形拉深件宜平底;改多边形为椭圆形、矩形	多边形拉深难度大,非平底更难	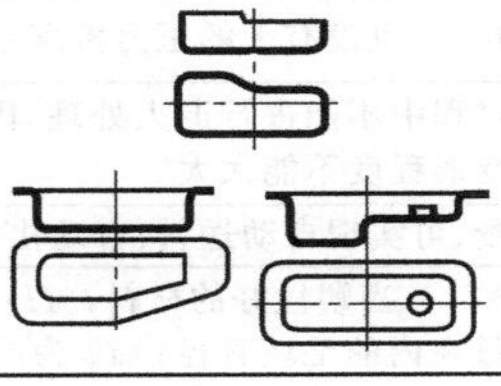	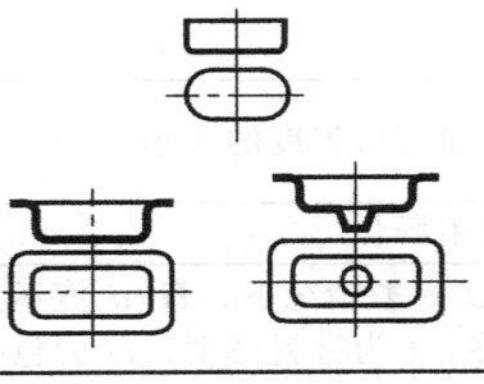

3.5.4　小型件带料连续拉深工艺条件

(1) 带料连续拉深的特点

一些形状小的帽形、筒形和管壳类拉深件（如图 3-31 所示），产量比较大，所用的材料都比较薄，如果采用常规的单工序拉深模生产，不仅生产效率低，而且有的制件由于定位等问题不好解决，无法采用单工序模生产，用多工位级进模采用带料连续拉深的方法生产，能满足上述要求。多工位级进连续拉深的主要特点之一，就是在带料上完成全部的拉深工作，每一次拉深后的半成品不与带料分离，直至最后一道工序制件加工成后才可与材料分离。因此，用带料连续拉深成的空心件，无论有无凸缘，均可视作带凸缘件，都和带凸缘件的拉深相似。连续拉深所用的材料都是成卷的长条料或带料。因此，将所使用的模具称为带料多工位级进连续拉深模，简称带料连续拉深模或连续拉深模。它和使用单工序拉深模相比的主要特点和应用范围见表 3-48。

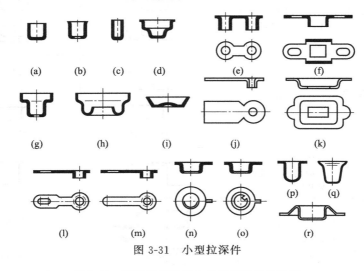

图 3-31　小型拉深件

表 3-48　带料连续拉深与单工序拉深的比较

项　目	带料连续拉深	单工序拉深
对材料形式（长、短、宽、窄和形状）的要求	必须是具有一定宽度的很长的带料或条料，这样才便于连续作业	带料、条料或片料都可以用，对料的长短和形状要求不是十分严格
对材料软硬和塑性方面的要求	经退火后的软料，要求材料的延展性好，便于塑性变形和对冷作硬化敏感性不是很大	经退火后的软料。相对来说对材料的塑性和延展性没有连续拉深要求高，但塑性好的材料有利于加工
常用的材料	黄铜、纯铜、08F、10F 等低碳钢、可伐合金、镍、软铝、不锈钢	原则上一般金属材料都可以
制件大小与主要尺寸方面 　直径 　料厚 　材料相对厚度 　相对高度 　相对直径	外径 $d<60mm$ $t<2mm$ $t/D>0.01$ $H/d\leqslant2.5$[①] $d_凸/d\leqslant2$ 直径太大、模具大；料太厚，拉深力大，不便于拉深，也没有大的压力机满足需要	只要加工制造好合适的模具，有相应的压力机可供使用，对制件直径大小和使用的料厚等原则上不受限制
拉深变形程度的大小	拉深过程中不能进行退火处理，因此每次拉深变形程度不能太大	拉深过程中间对半成品可以进行退火处理，所以每次拉深变形程度比连续拉深要大些
适用场合	大批量、可实现自动送料、自动化生产	中、小批量或试制产品

①　一般情况下，H/d 值不大，$H/d<1$；当塑性好的材料，$H/d>1$ 也适用。$H/d\leqslant2.5$ 表示曾实现过。
注：t 为材料厚度；D 为包括修边余量在内的毛坯直径；$d_凸$ 为凸缘直径；H 为制件高度；d 为制件外径。

（2）带料连续拉深的分类、工艺条件和应用

根据带料在连续拉深开始前带料上有无工艺切口（缝或槽），带料连续拉深分为无工艺切口拉深（见图 3-32）和有工艺切口拉深（见图 3-33）两种。

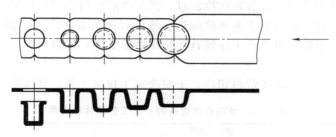

图 3-32　无工艺切口带料连续拉深

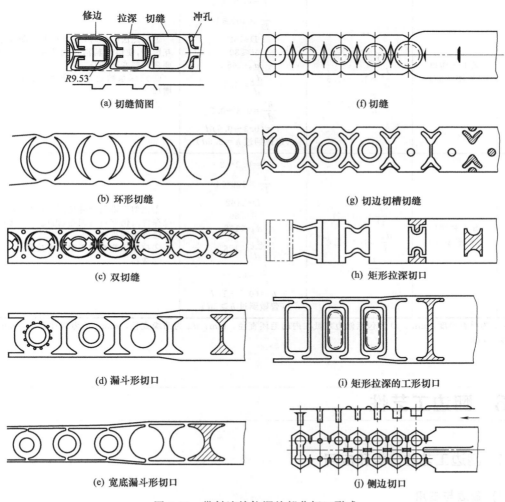

(a) 切缝简图　　　　　　　　　　　　(f) 切缝

(b) 环形切缝　　　　　　　　　　　　(g) 切边切槽切缝

(c) 双切缝　　　　　　　　　　　　(h) 矩形拉深切口

(d) 漏斗形切口　　　　　　　　　　(i) 矩形拉深的工形切口

(e) 宽底漏斗形切口　　　　　　　　(j) 侧边切口

图 3-33　带料连续拉深的部分切口形式

无工艺切口连续拉深是在整带料上直接进行拉深，所以又称整料连续拉深。整料连续拉深时，由于相邻两个拉深件之间的材料相互影响，相互牵连，尤其是沿送料方向的材料流动比较困难，它不如单个毛坯拉深时那样材料较均匀自由地塑性变形。为避免拉深破裂，就应减小每个工位材料的变形程度，即采用较大的拉深系数，特别是首次拉深系数比单工序独立毛坯的首次拉深系数大。这样拉深次数就要增加，但这种方法比有工艺切口拉深能节省材料，对于大量采用稀贵金属和有色金属的电子、仪表工业合理利用资源有很大意义。

有工艺切口的连续拉深，在带料首次拉深工位前，带料上的被冲成制件相邻处先切开一个长槽或一长缝，这样当首次和以后各次拉深时，两制件间材料的相互影响、相互约束较小，有利于拉深材料塑性变形。但与独立毛坯拉深带凸缘件时还是有一点点区别，材料变形稍困难，拉深系数接近于单工序模，但比单工序模首次拉深系数要大，比整料连续拉深要小，拉深次数当然也少些。

带料连续拉深时，是否需要带料切口，主要决定于拉深工艺。具体应用见表 3-49。

表 3-49　带料连续拉深的分类工艺条件和应用

序号	分类	应用范围		特点
		常规工艺	推荐采用	
1	无工艺切口 (见图 3-32)	$t < 2$ $\dfrac{t}{D} \times 100 > 1$ $\dfrac{d_凸}{d} = 1.1 \sim 1.5$ $\dfrac{h}{d} < 1.5$	$t = 0.2 \sim 2$ $\dfrac{t}{D} \times 100 \geqslant 1$ $D < 62$ $d \leqslant 30$ $d_凸 < 45$ $\dfrac{d_凸}{d} \leqslant 1.5$ $\dfrac{h}{d} = 0.3 \sim 0.5$ $h = (0.3 \sim 0.5)d$ (曾做到过 $h = 2.5d$)	①用此法拉深时，相邻两个拉深件之间相互影响，使得材料沿送料方向流动困难，主要靠材料变薄伸长 ②拉深系数比单工序大，拉深工序数需增加 ③节省材料
2	有工艺切口 (见图 3-33)	$t \leqslant 2$ $\dfrac{t}{D} \times 100 < 1$ $\dfrac{d_凸}{d} = 1.3 \sim 1.8$ $\dfrac{h}{d} > 1.5$	$t = 0.3 \sim 3$ $\dfrac{t}{D} \times 100 < 1$ $D < 162$ $d \leqslant 60$ $d_凸 < 108$ $\dfrac{d_凸}{d} \leqslant 1.8$ $\dfrac{h}{d} = 0.5 \sim 1$ $h = (0.5 \sim 1)d$ (曾做到过 $h > 2d$)	①相似于带凸缘件拉深，但由于相邻两个拉深件间仍有材料相连，因此变形比单个带凸缘件时稍困难些 ②拉深系数略大于单工序拉深 ③费料

注：t 为材料厚度，mm；D 为包括修边余量在内的毛坯直径，mm；$d_凸$ 为凸缘直径，mm；d 为制件直径，mm；h 为制件高度，mm。

3.6　翻边工艺性

3.6.1　翻边工艺的分类和应用

(1) 翻边与应用

利用模具把板料上的孔边缘或板料外缘翻成竖边的冲压工艺称为翻边。翻边工艺可加工形状较为复杂并且具有良好刚度和合理三维形状的立体零件，还能在冲压件上制取与其他零件装配连接所需的特殊功能部分，如铆钉孔、螺纹底孔、轴承孔等以及薄板局部增厚等。空调器中热交换器翅片上的许多孔，便是典型的圆孔翻边成形而成，该孔既是装配时作穿铜管用，又是控制翅片间叠层间距用。一些开关板、仪表盘、电气机箱板上的小螺纹底孔翻边成形后攻螺纹，就是为了增加连接长度，达到局部增大制件料厚的实用效果。

翻边可代替某些复杂零件的拉深工序，改善材料塑性流动以免发生破裂或起皱。用翻边代替"先拉深后切底"的方法制取无底零件，可减少加工工序，又节省材料，因此在制订冲压工艺时，可否采取翻边常常是被优先考虑的一个技术问题。

（2）翻边分类

翻边是板料冲压成形工艺中广泛应用的一种，其基本形式有内孔翻边和外缘翻边两种，具体分类见图 3-34。

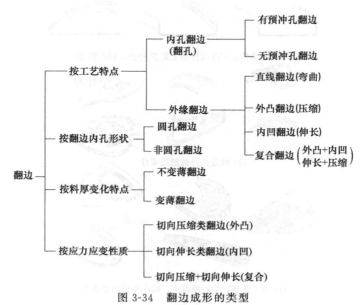

图 3-34　翻边成形的类型

各种翻边工艺应用示例分别见图 3-35～图 3-38。

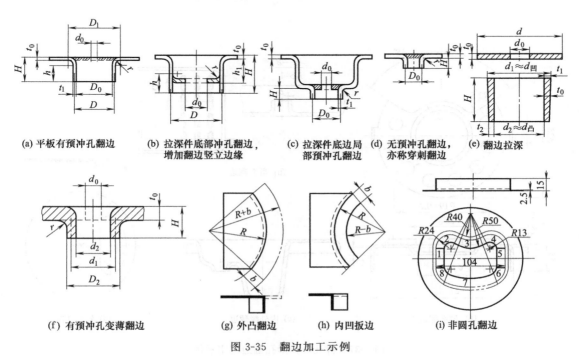

图 3-35　翻边加工示例

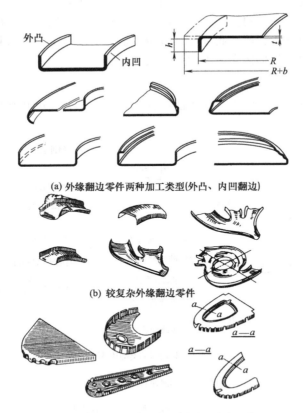

(a) 外缘翻边零件两种加工类型(外凸、内凹翻边)

(b) 较复杂外缘翻边零件

(c) 加工工艺切口的外缘翻边，减小变形防止开裂

图 3-36　外缘翻边零件示例

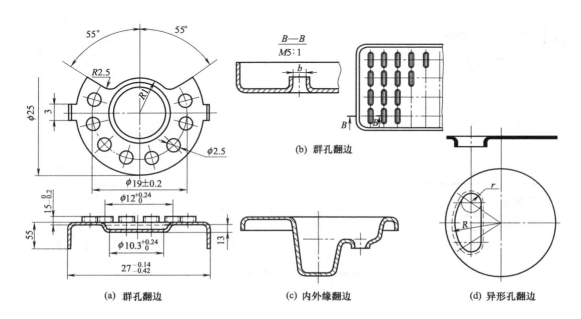

(a) 群孔翻边　　(b) 群孔翻边　　(c) 内外缘翻边　　(d) 异形孔翻边

图 3-37　群孔与异形孔翻边应用示例

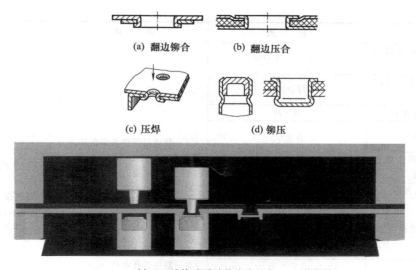

(a) 翻边铆合　　　　　(b) 翻边压合

(c) 压焊　　　　　　　(d) 铆压

(e) TOX连接(翻边连接特殊形式——压挤铆接)

图 3-38　板结构零件的翻边连接形式

(3) 几种翻边

① 圆孔翻边又称翻孔，是指在平板上或拉深成空心件的平底上沿预先冲好的孔（也有无预冲孔）扩大成带竖立边缘而使孔径增大的一种加工工艺过程，如图 3-35（a）～（c）所示为几种常见的有预冲孔圆孔翻边示例。

② 有预冲孔的翻边，在多数情况下是在平板坯件上进行，能得到一定高度的翻边。但有时为了增加翻孔竖边的高度，采取先拉深成一定高度的圆筒，然后在其底部预冲孔后再翻边，依靠材料的伸长变形，沿一定的曲线翻成竖立凸缘的冲压方法，能得到有较大高度的无底直圆筒形或阶梯状圆筒形。

③ 无预孔翻边多在薄料平板上实施，所得翻边高度相对而言不大，且口部开裂较明显。所使用的翻孔凸模形状有多种结构形式，如：用 30°～60°圆锥形凸模，先是刺穿板料然后翻孔，称穿刺翻孔（边）；用截圆锥平头凸模则是先在板料上冲孔接着翻边，称穿孔翻边。

④ 变薄翻边属体积成形。变薄翻边时，凸、凹模之间采用小间隙，凸模下压时，竖边将会在凸、凹模之间的小间隙内受到挤压，从而使竖边厚度减薄，高度增加。变薄翻边常应用于零件的翻边高度要求较高，一般翻边不能满足，同时壁部又允许变薄的情况。

⑤ 外缘翻边是沿毛坯的外缘曲边或直边借材料的拉伸或压缩，形成高度不大的竖边。

3.6.2　圆孔翻边的工艺性

在设计圆孔翻边件时，对制件的形状和尺寸工艺性及相关参数应按表 3-50 确定。

表 3-50　圆孔翻边的工艺参数

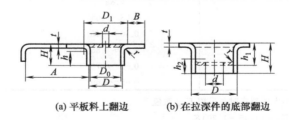

(a) 平板料上翻边　　　　(b) 在拉深件的底部翻边

续表

参　数	公　式	备　注	说　明
翻边与制件平面的圆角半径 r	$r \geqslant 1+1.5t$		(1) 一般当 $t<2$mm 时，取 $r=(4\sim5)t$；$t>2$mm 时，取 $r=(2\sim3)t$。螺纹的翻边底孔处 $r=(0.5\sim1)t$，但不小于 0.2mm。如要求小于以上数值，应增加整形工序 (2) 根据零件尺寸 D[见表中图示(a)]计算预冲孔直径 d，并核算翻边高度 H。当一次不能翻出要求的高度(制件要求高度 $H>H_{max}$)时，可采用先拉深，后在底部冲孔，再翻边的方法 (3) 第一次翻边系数见表 3-51、表 3-52 (4) 多次翻边，由于每两道工序之间要进行退火，不经济且制件变薄较严重，故一般不予采用 (5) A 不应太小，$A>(7\sim8)t$
翻边的高度 H(包括圆弧在内)	$H \geqslant 1.5r$	r—翻边与制件平面的圆角半径，mm t—制件厚度，mm H—翻边后的高度，mm B—凸缘宽度，mm K—第一次翻边系数 h—翻边后直边高，mm d—翻边预冲孔直径，mm D—翻边后孔中径，mm h_1—拉深高度，mm K_n—第二次以后圆孔的翻边系数 D_0—翻边后制件内径，mm A—翻边孔至外缘的距离，mm K_{min}—极限翻边系数	
翻边时凸缘宽度 B	$B \geqslant H$		
第一次翻边系数	$K=\dfrac{d}{D}$		
第二次以后圆孔翻边工序的翻边系数	$K_n=(1.15\sim1.2)K$		
在平板料上翻边时 · 预冲孔直径	$d=D-2(H-0.43r-0.72t)$		
在平板料上翻边时 · 翻边后的高度	$H=\dfrac{D-d}{2}+0.43r+0.72t$ $=\dfrac{D}{2}\left(1-\dfrac{d}{D}\right)+0.43r+0.72t$		
在平板料上翻边时 · 翻边后直边高度	$h=\dfrac{1}{2}(D-d-1.14r-0.57t)$		
在平板料上翻边时 · 最大翻边高度	$H_{max}=\dfrac{D}{2}(1-K_{min})+0.43r+0.72t$		
在拉深件的底部翻边时 · 预冲孔直径	$d=K_{min}D$ 或 $d=D+1.14r-2h_2$		
在拉深件的底部翻边时 · 翻边高度	$h_2=\dfrac{D}{2}\left(1-\dfrac{d}{D}\right)+0.57r$		
在拉深件的底部翻边时 · 最大翻边高度	$h_{2max}=\dfrac{D}{2}(1-K_{min})+0.57r$		
在拉深件的底部翻边时 · 拉深高度	$h_1=H-h_2+r+t$		
翻孔壁近似厚度	$t_1=t\sqrt{\dfrac{d}{D}}=t\sqrt{K}$		
圆孔翻边的毛坯计算	圆孔翻边时板料主要是切向拉伸变形，厚度减薄，而径向变形不大。因此，圆孔翻边的毛坯计算可按弯曲件中性层长度不变的原则，用翻边高度 H 计算翻边圆孔的预冲孔直径 d，或用预冲孔直径 d 和翻边系数 K 计算可以达到的翻边高度 H 如采用先拉深再翻边的方法时，还要计算出翻边前的拉深高度 h_1		

表 3-51　几种常用材料的圆孔第一次翻边系数

退火后的材料	翻边系数	
	K	K_{min}
白铁皮	0.70	0.65
软钢(厚 0.25~2mm)	0.72	0.68
软钢(厚 3~6mm)	0.78	0.75
黄铜(厚 0.5~6mm)	0.68	0.62
铝(厚 0.5~5mm)	0.70	0.64
硬铝合金	0.89	0.80
钛合金(BT1)(冷态)	0.68~0.64	0.55
(BT1)(加热 300~400℃)	0.50~0.40	0.45
钛合金(BT5)(冷态)	0.90~0.85	0.75
(BT5)(加热 500~600℃)	0.65~0.70	0.55
不锈钢、高温合金	0.65~0.69	0.57~0.61

注：1. 在翻边壁上允许有不大的裂痕时，采用 K_{min} 数值。

2. 多次翻边时，翻边系数 $K_n=(1.15\sim1.20)K$。

表 3-52　低碳钢的圆孔翻边系数 K_{min}

翻边凸模的形状	孔的加工方法	相对厚度 d/t										
		100	50	35	20	15	10	8	6.5	5	3	1
抛物形、球形凸模	钻孔去毛刺	0.70	0.60	0.52	0.45	0.40	0.36	0.33	0.31	0.30	0.25	0.20
	用模具冲孔	0.75	0.65	0.57	0.52	0.48	0.45	0.44	0.43	0.42	0.42	—
平底圆柱形凸模	钻孔去毛刺	0.80	0.70	0.60	0.50	0.45	0.42	0.40	0.37	0.35	0.30	0.25
	用模具冲孔	0.85	0.75	0.65	0.60	0.55	0.52	0.50	0.50	0.48	0.47	—

　　模具设计师在判断翻边工艺性时，主要根据制件尺寸 D［见表 3-50 图（a）］，计算出预冲孔直径 d，并核算翻边高度 H。若制件要求高度 $H < H_{max}$（H_{max} 为一次翻边可能达到的极限高度），说明能一次翻边完成，翻边工艺性好；若制件要求高度 $H > H_{max}$，说明不可能在一次翻边中完成，要采用多次翻边或采用先拉深再在底部冲孔翻边［见表 3-50 图（b）］。

　　相关的一些工艺性要点说明如下。

　　① 翻边预加工孔的表面粗糙度直接影响制件质量。预加工孔边有毛刺时，易导致口部边缘破裂，因此，冲孔方向直接影响翻边的工艺性。当翻边方向与冲孔方向相反时，翻边后不易破裂。

　　② 翻边系数的大小直接影响材料的极限变形程度。孔翻边的变形，主要是材料沿切线方向产生拉伸变形，越接近口部变形越大。因此，主要危险在于边缘拉裂，破裂的条件取决于变形程度的大小。用翻边系数 $K = \dfrac{d}{D}$ 值（见表 3-50 图和公式）来表示，K 值越大，变形程度越小；K 值越小，变形程度越大。翻边时孔口边不破裂所能达到的最大变形程度，即最小的 K 值（用 K_{min} 表示），称为极限翻边系数。该值从冲压工艺和模具设计需要出发，越小冲压工艺性越好，一次翻边高度越大，也不会破裂。实践证明，极限翻边系数与许多因素有关，从工艺性方面要求主要包括如下几点。

　　a. 材料的力学性能　材料的塑性好，极限翻边系数可小些。一次翻边变形量大一些，质量比较好。

　　b. 预加工孔的边缘状况　翻边前孔边缘表面质量好，无毛刺，无撕裂和无硬化时，对翻边有利，极限翻边系数可小些。钻孔比冲孔翻边系数可小些。

　　c. 材料的相对厚度 $\dfrac{d}{t}$　翻边前的孔径 d 和材料厚度 t 的比值 d/t 愈小，即材料的相对厚度愈大，在断裂前材料的绝对伸长率可以大些，故翻边系数相应可小些。一般情况下，$d/t > 1.7 \sim 2$ 时，翻边有良好的圆筒壁，$d/t < 1.7 \sim 2$ 时，翻边缘容易出现破裂。

　　d. 凸模的形状　抛物线形、锥形和球形凸模比平底凸模对翻边有利，所以极限翻边系数可小些。

　　e. 翻边孔的形状　非圆形孔的翻边系数可小于圆孔翻边系数。

　　③ 进行多次翻边时，各工序间要进行中间退火处理。采用连续翻边时，每次翻边系数值应取大，比正常翻边系数值大 15% ～ 20% 方可实施。

3.6.3　非圆孔翻边与工艺性

　　非圆形孔翻边［见图 3-35（i）］，其预制孔的形状和尺寸，可根据开口的形状分段考虑。凡是内凹弧线部分，其变形性质与圆孔翻边相同，变形区材料主要是产生切向拉伸变形，凡是外凸弧线部分，其翻边属压缩类变形。

　　非圆孔翻边多半是为了减轻结构重量和增加刚度而设，其竖边高度一般不大，约为（4 ～ 6）t（t 为料厚），同时对其精度也没有很高要求。

非圆形孔翻边的工艺参数可由表 3-53 得知。

表 3-53 非圆形孔翻边的工艺参数

参　　数	公　　式	说　　明
翻边系数	$K'=(0.85\sim0.95)K$ 或 $K'=\dfrac{\alpha}{180}K$	K—圆孔翻孔第一次翻边系数；可由表 3-51 查出 K'—异形翻孔的极限翻边系数 α—圆弧部分的中心角，(°)
翻边高度	$(4\sim6)t$	公式适用于 $\alpha\le180°$，$\alpha>180°$ 时直边部分的影响已不明显。这时非圆翻孔的极限翻边系数与圆孔的翻边极限翻孔系数相同 t—料厚，mm d—翻边预冲孔直径，mm D—翻边后孔中径，mm
壁间最小圆角半径	$4t$	
翻孔壁近似厚度	$t_1=t\sqrt{\dfrac{d}{D}}=t\sqrt{K}$	
预制孔的形状和尺寸	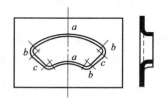	可由作图法求得。如左图所示的非圆孔，其孔形由圆弧 a、圆弧 b 和直线 c 组成。计算翻边前的孔形尺寸时，圆弧 a 部分按拉深计算，圆弧 b 部分按翻圆孔计算，直线 c 部分按压弯件计算。转角处翻边后会使竖边高度略有降低，其宽度应比直线部分的宽度增大 5%～10%。计算后得出的孔形和尺寸，经适当修正后，将各段连接处连成平滑的圆弧过渡即可 其他工艺参数可依据圆弧部分的尺寸参照表 3-50 分别确定

表 3-54 列出了低碳钢材料和软的黄铜在非圆孔翻边时允许的极限翻边系数 K'。设计非圆孔翻边工艺时对于塑性大的材料翻边系数可取比表列数值减小 5%～10%，而塑性小的材料应该相应地增加。

表 3-54 非圆孔件的极限翻边系数 K'

α	比值 d/t						
	50	33	20	12.5～8.3	6.6	5	3.3
180°～360°	0.8	0.6	0.52	0.5	0.48	0.46	0.45
165°	0.73	0.55	0.48	0.46	0.44	0.42	0.41
150°	0.67	0.5	0.43	0.42	0.4	0.38	0.375
135°	0.6	0.45	0.39	0.38	0.36	0.35	0.34
120°	0.53	0.4	0.35	0.33	0.32	0.31	0.3
105°	0.47	0.35	0.30	0.29	0.28	0.27	0.26
90°	0.4	0.3	0.26	0.25	0.24	0.23	0.225
75°	0.33	0.25	0.22	0.21	0.2	0.19	0.185
60°	0.27	0.2	0.17	0.17	0.16	0.15	0.145
45°	0.2	0.15	0.13	0.13	0.12	0.12	0.11
30°	0.14	0.1	0.09	0.08	0.08	0.08	0.08
15°	0.07	0.05	0.04	0.04	0.04	0.04	0.04
0°	压弯变形						

注：α 为翻边圆弧所对的圆心角，(°)。

3.6.4 变薄翻边

用减小凸、凹模之间间隙强迫孔壁材料变薄增加翻孔高度的方法称为变薄翻边（孔），如图 3-39 所示。变薄翻边属于体积成形。它是在用普通翻边无法达到应有的制件翻边高度及允许直壁部分料厚变薄（小于原材料厚度）的情况下，可以采用的一种加工方法。既可以提高生产效率，又能节约材料。

变薄时，凸、凹模间采用小间隙，凸模下方材料的变形与圆孔翻边相似，但当成竖边后，将会在凸模与凹模的作用下产生挤压变形，使材料厚度显著减薄，从而提高了翻边高度。变薄翻边的变形程度不仅决定于翻边系数，还决定于壁厚的变薄系数。

变薄翻边因其最终结果是使材料翻边后竖边变薄增加翻边高度，所以变形程度可以用变薄系数 K 来表示：

$$K=\frac{t_1}{t}$$

式中　t_1——变薄翻边后制件竖边的厚度，mm；

　　　　t——毛坯料厚，mm；

　　　　K——一次变薄翻边的变薄系数，可取 $0.4\sim0.5$。

变薄翻边竖边高度 H 为

$$H=ct\frac{D^2-d^2}{D^2-d_1^2}$$

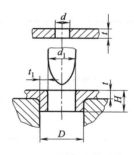

图 3-39　变薄翻边（孔）
D—翻孔凸缘外径；d—预冲孔直径；d_1—翻孔凸模外径；t—毛坯的厚度；t_1—变薄翻孔后零件竖边的厚度；H—翻边高度

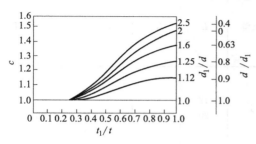

图 3-40　系数 c
d—预冲孔直径；d_1—翻孔凸模外径；t—毛坯的厚度；t_1—变薄翻孔后零件竖边的厚度

变薄翻边一道工序中的可能变薄量为

$$\frac{t}{t_1}=2\sim2.5$$

上述式中各代号所表示的名称见图 3-39，其中 c 为系数。见图 3-40，图中 $t_1=(D-d_1)/2$。

变薄翻边通常用在平板毛坯或半成品的制件上冲制 M6 以下的螺纹底孔。为保证螺孔的使用强度，对于低碳钢或黄铜制件的螺纹底孔要求深度不小于直径的 $1/2$，而铝制件的螺孔深度不小于直径的 $2/3$。有关设计知识将在成形模设计章节中介绍。

3.7　压筋、压包的工艺性

3.7.1　压筋的工艺性

（1）加强筋的形状、尺寸及适宜间距（见表 3-55）

表 3-55　加强筋的形状、尺寸及适宜间距

半圆形筋		尺寸	h	B	r	R_1	R_2
		最小允许	$2t$	$7t$	$0.8t$	$3t$	$5t$
		一般	$3t$	$10t$	$2t$	$4t$	$6t$

续表

梯形筋		尺寸	h	B	r	r_1	R_2
	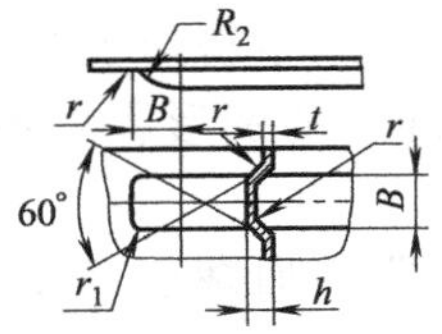	最小允许	$2t$	$20t$	t	$4t$	$24t$
		一般	$3t$	$30t$	$2t$	$5t$	$32t$
加强筋之间及加强筋与边缘之间的适宜距离	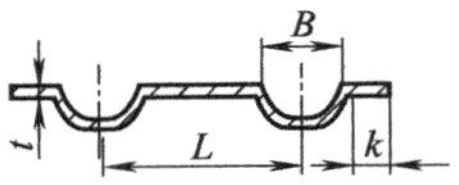	$L \geqslant 3B$　$K \geqslant (3\sim5)t$					

（2）直角形制件加强筋的形式及尺寸（见表 3-56）

表 3-56　直角形制件加强筋的形式和尺寸　　　　mm

	类型	L	R_1	R_2	R_3	H
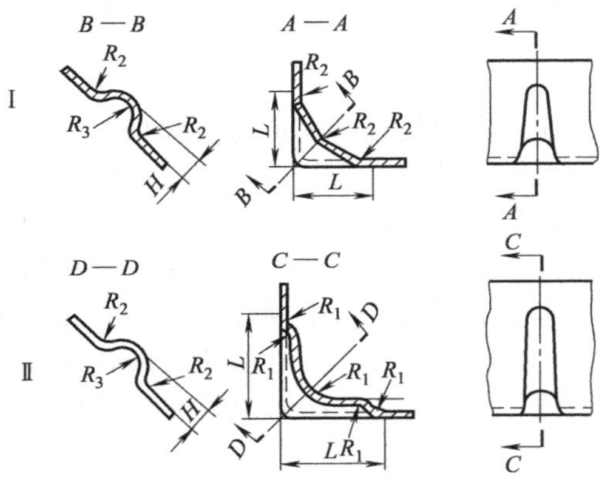 I	I	12 20	6 8	3 4	4 6	2 3
II	II	32	10	5	8	6

注：L 为加强筋边长，mm；R_1、R_2、R_3 为加强筋圆弧半径，mm；H 为加强筋高度，mm。

（3）加强筋及凸包的极限偏差（见表 3-57）

表 3-57　加强筋及凸包的极限偏差　　　　mm

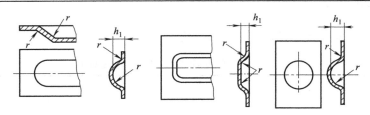

加强筋及凸包的高度 h_1	$\leqslant 6$	$>6\sim10$	$>10\sim18$	$>18\sim30$	>30
极限偏差	$+1.0$ -0.5	$+1.2$ -1.0	$+1.5$ -1.0	$+2.5$ -1.0	$+3.0$ -1.0
圆弧半径 r	$\leqslant 3$	$>3\sim6$	$>6\sim10$	$>10\sim18$	$>18\sim30$	>30
极限偏差	$+1$ 0	$+1.5$ 0	$+2.5$ 0	$+3$ 0	$+4$ 0	$+5$ 0

(4) 压筋的一次成形极限伸长率及有关工艺计算（见表 3-58）

表 3-58　压筋的工艺计算

参　数	公　式	备　注
一次成形的极限伸长率	$\dfrac{L_1-L}{L}\times100\leqslant0.75\delta$	L_1—变形区压筋后沿截面的材料长度,mm L—变形区压筋前材料长度,mm δ—单向拉伸时材料允许伸长率 如果计算出的伸长率不超过材料伸长率的 $0.70\sim0.75$ 倍,则可一次冲压成形。否则,应增加预成形工序,通过多道工序成形。若采用两道工序完成,第一道只压成半圆凸形,而第二道工序压成所需形状及尺寸
压筋力	$P=Lt\sigma_\text{b}K$　(N) 在曲柄压力机上对厚度小于 1.5mm,面积小于 2000mm² 的小件压筋时: $P=kAt^2$	L—凸筋的周长,mm t—材料厚度,mm σ_b—材料的抗拉强度,MPa K—与筋的宽度与深度等因素有关的系数,一般取 $K=0.7\sim1$ k—系数,对于钢件 k 取 $300\sim400$,对于铜件和铝件,k 取 $200\sim250$ A—成形面积,mm² t—料厚,mm
矫平力(需要矫平时)	$Q=Fq$	Q—矫平力,N F—被矫平的面积,mm² q—单位矫平力,MPa;q 的数值与矫平程度和被矫平的面积大小有关,当矫平面积<10000mm² 时,取 $q=1\sim5$,小值用于轻度矫平,大值用于精度矫平

3.7.2　压凸包的工艺性

(1) 压凸包与拉深成形的基本区别

压凸包时,毛坯直径 D 与凸模直径 d_p 的比值应大于 4 ($D/d_\text{p}>4$),则毛坯凸缘(法兰)不会向里收缩,属于胀形性质的压凸包(起伏成形);当 $D/d_\text{p}<4$ 时,成形时毛坯凸缘会收缩,则属于拉深成形。

(2) 一次压凸包的许用成形高度

冲压凸包的最大高度受材料塑性限制不能太大,表 3-59 列出了平板毛坯压凸包时的许用成形高度。如果制件要求的凸包高度超出表 3-59 所列数值,则应采用多道工序冲压凸包。第一次可先用球形凸模预成形到相应深度后,第二次再用平底凸模将其成形到所要求的高度。

表 3-59　平板毛坯局部压凸包时的一次许用成形高度 $h_{\max}$　　　　　　mm

材料	许用凸包成形高度 $h_{\max}$
软钢	$\leqslant(0.15\sim0.2)d$
铝	$\leqslant(0.10\sim0.15)d$
黄铜	$\leqslant(0.15\sim0.22)d$

(3) 凸模形状与润滑条件影响凸包一次成形高度

凸包一次成形的高度还与凸模形状有关。如采用球头凸模时,凸包高度可达球径的 1/3,而换用平底时,该高度就会减小,原因是平底凸模的底部圆角半径对凸模下面的材料变形有制约作用。较大的凸模底部圆角可使凸包一次成形的高度增大。改善球头凸模头部的润滑条件，也有利于增大凸包一次成形的高度。

（4）多个凸包成形时的凸包间距不可太小

多个凸包成形时，要考虑到凸包之间的互相影响，凸包之间的最小距离见表3-60。

表3-60　压包间距及其至外缘的距离　　　　　　　　　　　　　　　　mm

图　　形	D	L	l
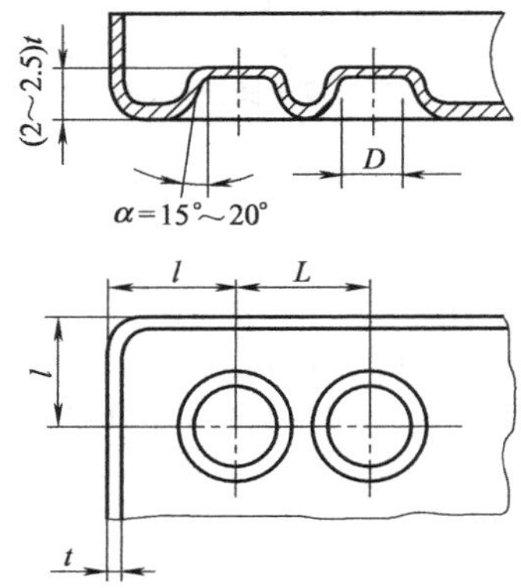	6.5	10	6
	8.5	13	7.5
	10.5	15	9
	13	18	11
	15	22	13
	18	26	16
	24	34	20
	31	44	26
	36	51	30
	43	60	35
	48	68	40
	55	78	45

压凸是压包的特殊形式，实属体积成形，其高度可控范围见表3-61。

表3-61　压凸高度控制范围

简　　图	凸出部分高度 h
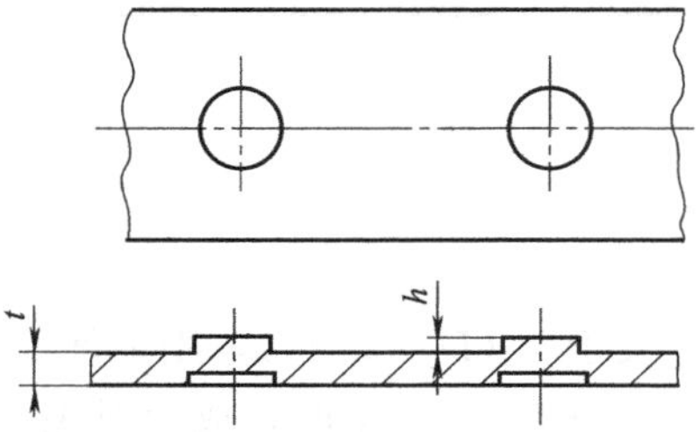	$h=(0.25\sim0.35)t$ 超出这个范围,凸出部分容易脱落

（5）冲压凸包变形量较大时的对策

冲压凸包的变形量较大时，仅靠凸包部分的材料变薄是不够的，还需相邻的材料流入补充，此时应先成形凸包部分，然后成形周围部分。若制件底部中心允许有孔，可以预先冲出小孔，使其中心部分的材料在冲压过程中向外流动，这样就可以避免压凸包高度过大时变形量超过材料的极限伸长率而被压破的危险。

3.8　冷挤压件精度与工艺性

3.8.1　冷挤压件的尺寸精度

冷挤压件的尺寸精度与许多因素有关，如压力机的精度与刚性、模具的精度、挤压件毛坯的质量与状态等。挤压用的毛坯，要求尺寸偏差控制在±0.05mm以内，毛坯的上下两端面必须平整。此外，挤压方式的不同、挤压工序的多少、制件的尺寸等，对精度亦有影响。冷挤压件的一般尺寸精度可达 IT8 级，表面粗糙度可达 $Ra1.6\sim3.2\mu m$，最小为 $Ra0.4\mu m$。表 3-62、表 3-63 中所列为冷挤压有色金属制件可达到的尺寸和精度，而钢制件的尺寸精度见表 3-64～表 3-66。

表 3-62　有色金属正挤压空心件可达到的尺寸及精度　　　　　　　　mm

简　　图	材料 参数	铅、锌、锡、铝		铜、黄铜、AlCuMg(铝合金)		精　度
		下限尺寸	上限尺寸	下限尺寸	上限尺寸	
	圆管直径	3	100	5	100	±(0.03～0.05)
	方管的 断面尺寸	2×4	70×80	3×5	70×80	±(0.03～0.05)
	壁厚	0.05	0.1 以上	0.3(黄铜) 0.5(铜)	≥1.0	±(0.03～0.075)
	底厚	0.2～0.3	0.5 以上	0.3(黄铜) 0.5(铜)	≥壁厚	±(0.05～1.0)
	长度	5	60	3	40	±(1～5)

表 3-63　有色金属反挤压可达到的尺寸及精度　　　　　　　　mm

简　　图	材料 参数	铅、锌、锡、铝		铜、黄铜、AlCuMg(铝合金)		精　度
		下限尺寸	上限尺寸	下限尺寸	上限尺寸	
	圆管直径	8	80～100	10	30～40	±(0.03～0.05)
	方管的 断面尺寸	5×7	70×80	6×9	20×40	±(0.03～0.05)
	壁厚	0.08	0.23 以上	0.5(铜) 1.0(黄铜)	≥1.0	±(0.03～0.075)
	底厚	0.25～0.3	0.5 以上	0.5(铜) 1.0(黄铜)	＞壁厚	±(0.1～0.2)
	长度/直径 的比值	3:1	10:1(铅) 8:1(铝)	3:1	5:1	±(1～3)

表 3-64　低碳钢正挤压实心件的尺寸精度　　　　　　　　mm

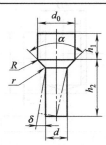

挤压件直径 d			挤压件长度 h_2	
	偏差(±)			
基本尺寸	普通精度 (一般正挤压)	精密级 (挤压后校整)	基本尺寸	偏差 δ(±)
10～18	0.05	0.008	＜100	0.02～0.15
18～30	0.07	0.052	100～200	0.05～0.25
30～50	0.08	0.062	200～500	0.10～0.50
50～80	0.10	0.074	500～700	0.20～1.50
80～100	0.12	0.087	700～1200	0.50～2.00

表 3-65 低碳钢反挤压厚壁杯形件的尺寸精度 mm

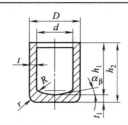

基本尺寸	外径 D		内径 d	
	偏差（±）		偏差（±）	
	普通精度 （一般挤压）	精密级 （挤压后校整）	普通精度 （一般挤压）	精密级 （挤压后校整）
0～10	0.08	0.05	0.10	0.05
10～30	0.10	0.06	0.10～0.20	0.05～0.10
30～40	0.12	0.07	0.15～0.25	0.10～0.15
40～50	0.15	0.10	0.20～0.25	0.10～0.15
50～60	0.20	0.12	0.20～0.30	0.12～0.20
60～70	0.22	0.15	0.20～0.30	0.15～0.25
70～80	0.25	0.17	0.20～0.35	0.15～0.25
80～90	0.30	0.20	0.25～0.40	0.20～0.30
90～100	0.35	0.22	0.30～0.45	0.25～0.35
100～120	0.40	0.25	0.35～0.50	0.30～0.40

基本尺寸	壁厚 t		基本尺寸	底厚 t_1	
	偏差（±）			偏差（±）	
	普通精度 （一般挤压）	精密级 （挤压后校整）		普通精度 （一般挤压）	精密级 （挤压后校整）
<2	0.10	0.05	<2	0.15～0.20	0.10
			2～10	0.20～0.30	0.15
2～10	0.15	0.10	10～15	0.25～0.30	0.20
			15～25	0.30～0.40	0.25
10～15	0.20	0.15	25～40	0.40～0.50	0.35

表 3-66 低碳钢反挤压薄壁杯形件的尺寸精度 mm

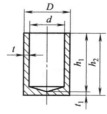

基本尺寸	外径 D		内径 d	
	偏差（±）		偏差（±）	
	普通精度 （一般挤压）	精密级 （挤压后校整）	普通精度 （一般挤压）	精密级 （挤压后校整）
0～10	0.1	0.020	0.05	0.020
10～30	0.1	0.020	0.05～0.07	0.020～0.040
30～40	0.1	0.020	0.08～0.10	0.020～0.040
40～50	0.1	0.025	0.10～0.12	0.025～0.040
50～60	0.1	0.030	0.12～0.14	0.030～0.050
60～70	0.2～0.3	0.035	0.15～0.18	0.035～0.050
70～80	0.2～0.3	0.040	0.18～0.20	0.040～0.050

续表

外径 D			内径 d		
	偏差（±）			偏差（±）	
基本尺寸	普通精度 （一般挤压）	精密级 （挤压后校整）		普通精度 （一般挤压）	精密级 （挤压后校整）
80～90	0.2～0.3	0.050		0.20～0.24	0.050～0.080
90～100	0.2～0.3	0.060		0.25～0.30	0.060～0.090
100～120	0.3	0.080		0.30～0.40	0.080～0.100
120～140	0.4	0.120		0.40～0.50	0.100～0.120

壁厚 t			底厚 t_1		
	偏差（±）			偏差（±）	
基本尺寸	普通精度 （一般挤压）	精密级 （挤压后校整）	基本尺寸	普通精度 （一般挤压）	精密级 （挤压后校整）
			＜2	0.15	0.10
＜0.6	0.05～0.10	0.020	2～10	0.20～0.30	0.12
0.6～1.2	0.07～0.10	0.020	10～15	0.25～0.35	0.15
1.2～2.0	0.10～0.15	0.025	15～25	0.30～0.40	0.20
2.0～3.5	0.12～0.15	0.030	25～40	0.35～0.50	0.25
3.5～6.0	0.15～0.20	0.040	40～50	0.40～0.50	0.30
			50～70	0.45～0.60	0.35

冷挤压空心钢制件，内外径不同轴度，可按外径 D 尺寸的 0.15%～1.2%确定，而圆度可按外径 D（或内径 d）的 0.2%～0.6%确定。

3.8.2 冷挤压件合理的形状与尺寸

(1) 形状

① 冷挤件的外形应简单，横断面形状应是对称的旋转体。

② 如图 3-41 所示的冷挤件，采用复合冷挤压法制造。工艺上要求这种制件的正挤和反挤的断面面积尽量一致，应满足下面关系式：

$$D^2 - D_1^2 = d^2$$

否则，断面面积小的一边成形困难。

③ 为便于脱模，对于如图 3-41 所示用复合冷挤法制造的制件，底部凸出部分应有锥度，即 $d > d_1$。

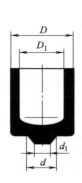

图 3-41 复合
冷挤压件

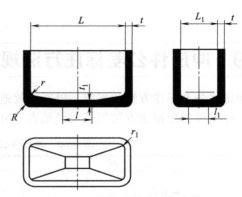

图 3-42 反挤压件的几何参数

$r \geqslant 0.3\text{mm}$；$l_1 = (0.3 \sim 0.5) L_1$；

$R \geqslant 0.8\text{mm}$；$t_1 = (1 \sim 2) t$，尽量取 $2t$；

$l = (0.3 \sim 0.5) L$；$r_1 \geqslant 1.5\text{mm}$。

④ 挤压件内外形的面与面过渡部分，应避免直角过渡，用锥面和圆弧过渡较好。

⑤ 避免挤出阶梯变化小的零件。当制件的阶梯变化小时，用切削方法作出阶梯较为有利。此外，用冷挤压还要避免制件壁上的环形槽和侧壁的径向孔，以及避免挤小的深孔。

(2) 结构尺寸

这里的结构尺寸是从工艺性角度为便于制造而提出的要求，其数值为经验数据，不是绝对的，供参考。如图 3-42 所示，用反挤法冷挤的矩形壳体，其部分参数值规定见表 3-67。

表 3-67　冷挤压件推荐的形状与结构尺寸

图中符号意义	反挤压				正挤压				复合挤压			
r—挤压件内圆角半径 R—挤压件外圆角半径 α—凸模前角 β—凸模顶角 θ—凹模夹角	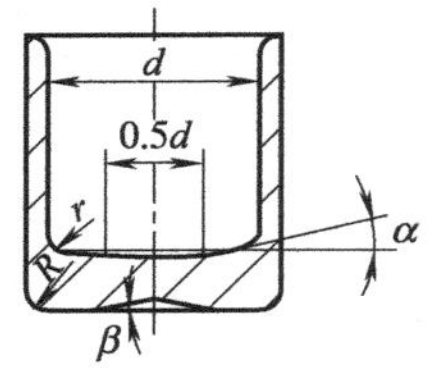				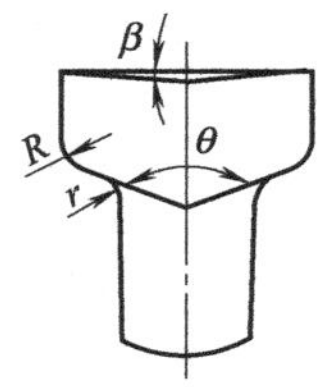				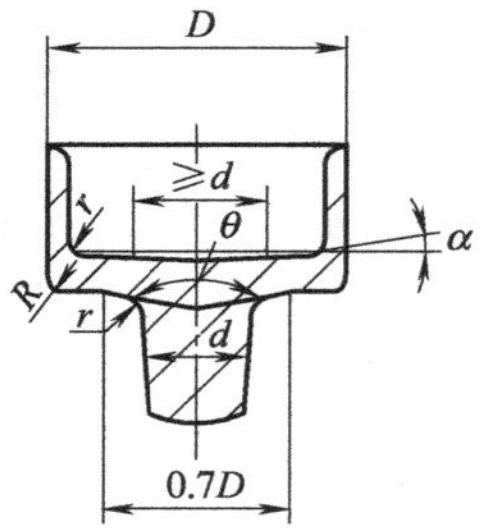			
挤压件材料	推荐的标准尺寸											
	r/mm	R/mm	α	β	r/mm	R/mm	θ	β	r/mm	R/mm	θ	α
低碳钢	0.2～0.5	0.5～1.0	0.5°～3°	0.5°	0.5～1.0	3.0	120°～170°	0.5°	0.2～0.5	1.0～2.0	140°～175°	0.5°～3°
中碳钢	0.5～1.5	1.0～2.0	3°～5°	1°	1.0～1.5	3.0～5.0	110°～140°	1°	0.5～1.0	2.0～3.0	130°～150°	3°～5°
高碳钢	1.5～3.0	2.0～3.0	5°～7°	1.5°	1.5～2.0	5.0～8.0	100°～130°	1.5°	1.0～2.0	3.0～5.0	120°～140°	5°～7°
低碳合金钢	0.5～1.0	1.0～2.0	2°～5°	0.5°	1.0～1.5	3.0～5.0	120°～150°	1°	0.5～1.0	1.0～2.0	130°～170°	2°～5°
中碳合金钢	1.0～2.0	2.0～3.0	5°～7°	1°	1.5～2.5	5.0～8.0	110°～130°	1.5°	1.0～1.5	2.0～3.0	120°～140°	5°～7°
高碳合金钢	2.0～3.0	3.0～5.0	5°～7°	1.5°	2.0～3.0	8.0～12.0	100°～120°	2°	1.5～2.0	3.0～5.0	110°～130°	5°～7°
铝合金	0.2～0.5	0.5～1.0	0°～2°	0°	0.2～0.5	3.0～5.0	140°～170°	0°	0.2～0.5	0.5～1.0	150°～178°	0°～2°

注：断面缩减率 $\varepsilon_A \geqslant 40\%$。

3.9　冲压件公差标注方法规范化建议

冲压件公差标注方法应规范，以便有效地控制冲件质量，防止理解上的不一致而引起质量纠纷。冲压件公差标注方法规范建议见表 3-68。

表 3-68　冲压件公差标注方法规范建议

序号	图　例	公差标注规范建议							
	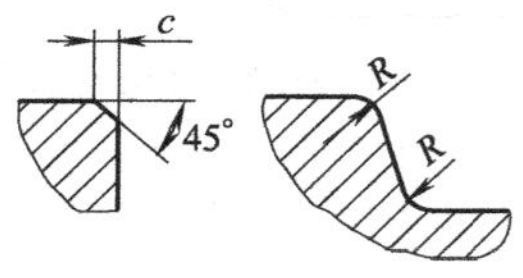	非配合半径及倒角尺寸的允许偏差/mm							
1		R 或 c	0.2	0.3	0.5	1～3	4～5	6～8	10～16	20～30
		ΔR 或 Δc	±0.1	±0.2	±0.3	±0.5	±1	±2	±4	±5

续表

序号	图　例	公差标注规范建议

序号 2

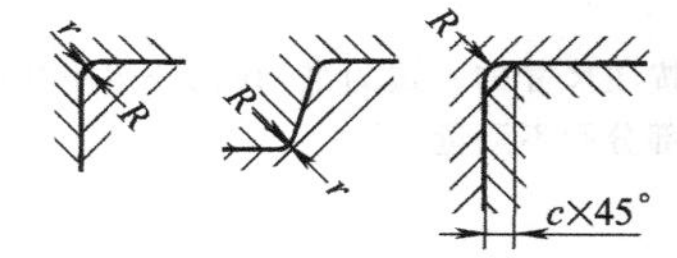

配合半径及倒角尺寸的允许偏差/mm

R、r、c	0.4～1	1.5～3	4～6	8～12
ΔR、Δr、Δc	$\begin{matrix}0\\-0.2\end{matrix}$	$\begin{matrix}0\\-0.5\end{matrix}$	$\begin{matrix}0\\-1\end{matrix}$	$\begin{matrix}0\\-2\end{matrix}$

序号 3

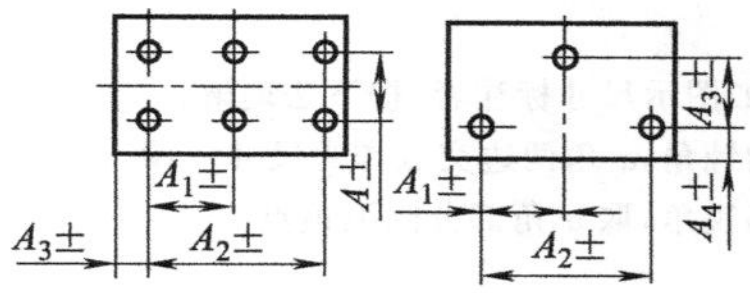

产品图上未注公差的孔距及孔边距按图样中所规定的未注公差等级的±数值处理

序号 4

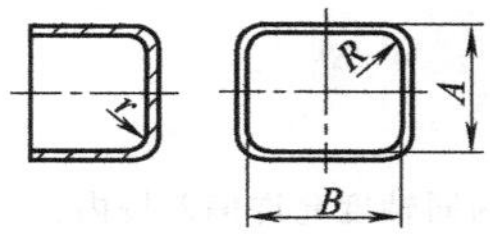

拉深件尺寸：
①标注内径尺寸者，外径不作测量；标注外径尺寸者，内径不作测量
②底部圆角以凸模圆角为准
③矩形拉深件角部圆角半径，标注内径者，外径不作测量

序号 5

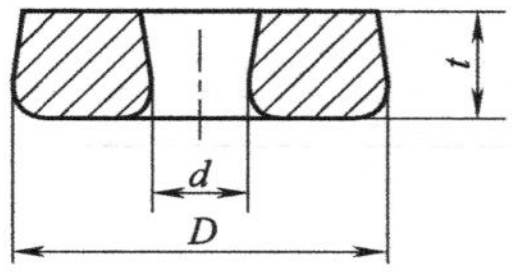

落料件外形按断面最大的一端测量(即图示尺寸 D)，冲孔内形按断面最小的一端测量(即图示尺寸 d)，大小端之差应在初始间隙最大范围内，并允许在落料凹模一面和冲孔凸模一面有自然圆角

序号 6

清角

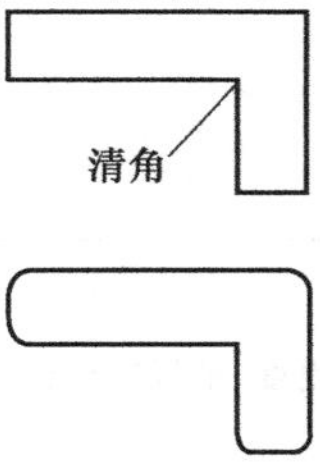

冲裁件要求有清角，必须注明要求，否则，允许有不大于 0.3mm 的小圆角，图面上未绘成圆角或倒角者，允许有不大于 0.5mm 的小圆角

序号 7

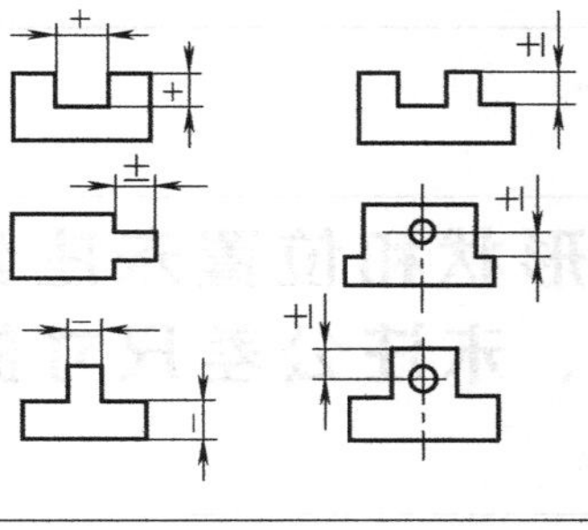

产品图上未注公差尺寸，按图例所示方法处理，＋或－值按非配合尺寸公差处理，±值取非配合尺寸公差的绝对值的一半

序号 8

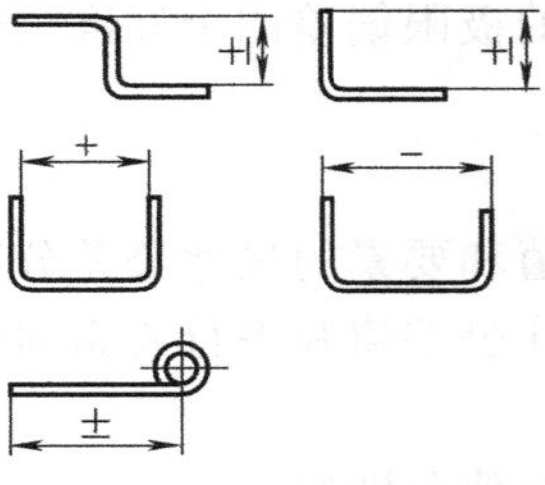

产品图上未注公差尺寸，按图例所示方法处理，(＋)或(－)值按非配合尺寸公差处理，(±)值取非配合尺寸公差的绝对值的一半

续表

序号	图　例	公差标注规范建议
9	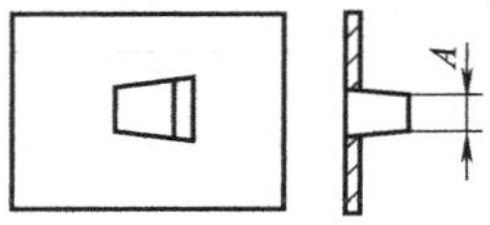	如图示切口件,按注尺寸的一边为准,其他一边不作测量。如图测量尺寸 A,方孔部分则不测量
10	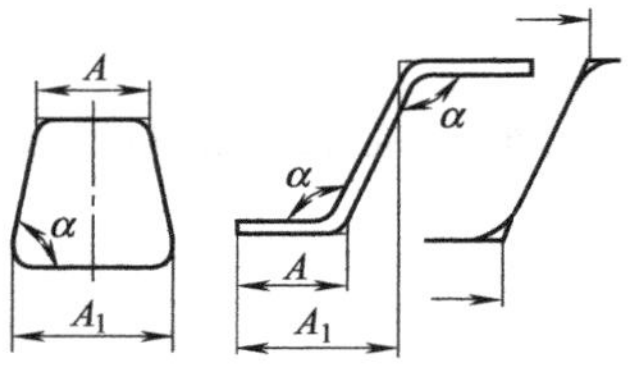	产品图上有如图示尺寸标注者,按下法理解: ①大于90°的钝角,α 角两边交点作为尺寸一端 ②小于90°的锐角,取 α 角部分圆弧顶点
11	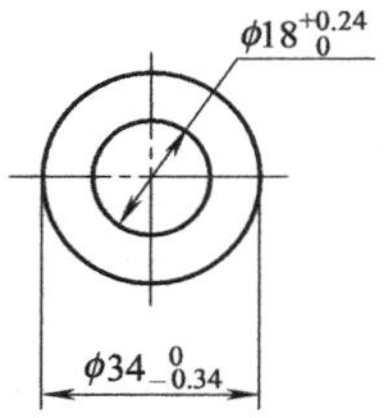	产品图上未注公差的同轴度允许偏差按内径和外径公差之和的 1/4 计算
12	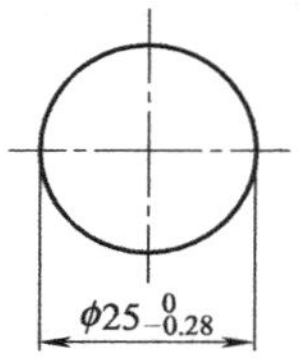	产品图上未注公差的圆度允许偏差按直径公差的 1/2 计算,椭圆度按产品公差计算
13	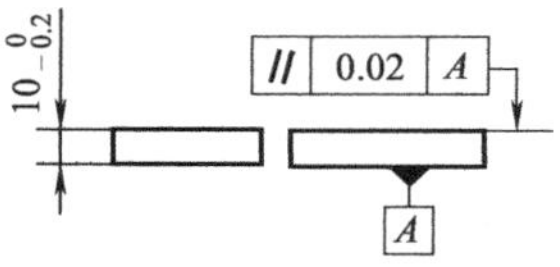	产品图上未注公差的直线度、平行度允许偏差按图样规定的所注公差或未注公差处理

3.10　冲压件的尺寸、角度公差、形状和位置未注公差（GB/T 13914、13915、13916—2002）、未注公差尺寸的极限偏差（GB/T 15055—1994）等

　　冲压件的尺寸和角度公差、形位公差、未注公差尺寸的极限偏差四个标准均适用于金属材料冲压,非金属材料冲压可参照执行。见表 3-69～表 3-80。

　　圆度未注公差值应不大于尺寸公差值。

　　圆柱度未注公差值由其圆度、素线的直线度未注公差值和要素的尺寸公差分别控制。

　　平行度未注公差值由平行要素的平面度或直线度的未注公差值和平行要素间的尺寸公差分别控制。

　　垂直度、倾斜度未注公差由角度公差和直线度未注公差值分别控制。

表 3-69　平冲压件和成形冲压件尺寸公差

mm

基本尺寸	材料厚度	平冲压件尺寸公差(摘自 GB/T 13914—2002) 公差等级											成形冲压件尺寸公差(摘自 GB/T 13914—2002) 公差等级									
		ST1	ST2	ST3	ST4	ST5	ST6	ST7	ST8	ST9	ST10	ST11	FT1	FT2	FT3	FT4	FT5	FT6	FT7	FT8	FT9	FT10
>0~1	0.5	0.008	0.010	0.015	0.020	0.03	0.04	0.06	0.08	0.12	0.16	—	0.010	0.016	0.026	0.04	0.06	0.10	0.16	0.26	0.40	0.60
	>0.5~1	0.010	0.015	0.020	0.03	0.04	0.06	0.08	0.12	0.16	0.24	—	0.014	0.022	0.034	0.05	0.09	0.14	0.22	0.34	0.50	0.90
	>1~1.5	0.015	0.020	0.03	0.04	0.06	0.08	0.12	0.16	0.24	0.34	—	0.020	0.030	0.05	0.08	0.12	0.20	0.32	0.50	0.90	1.40
>1~3	0.5	0.012	0.018	0.026	0.036	0.05	0.07	0.10	0.14	0.20	0.28	0.40	0.016	0.026	0.040	0.07	0.11	0.18	0.28	0.44	0.70	1.00
	>0.5~1	0.018	0.026	0.036	0.05	0.07	0.10	0.14	0.20	0.28	0.40	0.56	0.022	0.036	0.06	0.09	0.14	0.24	0.38	0.60	0.90	1.40
	>1~3	0.026	0.036	0.05	0.07	0.10	0.14	0.20	0.28	0.40	0.56	0.78	0.032	0.05	0.08	0.12	0.20	0.34	0.54	0.86	1.40	2.20
	>3~4	0.034	0.05	0.07	0.09	0.13	0.18	0.26	0.36	0.50	0.70	0.98	0.04	0.07	0.11	0.18	0.28	0.44	0.70	1.10	1.80	2.80
>3~10	0.5	0.018	0.026	0.036	0.05	0.07	0.10	0.14	0.20	0.28	0.40	0.56	0.022	0.036	0.06	0.09	0.14	0.24	0.38	0.60	0.96	1.40
	>0.5~1	0.026	0.036	0.05	0.07	0.10	0.14	0.20	0.28	0.40	0.56	0.78	0.032	0.05	0.08	0.12	0.20	0.34	0.54	0.86	1.40	2.20
	>1~3	0.036	0.05	0.07	0.10	0.14	0.20	0.28	0.40	0.56	0.78	1.10	0.05	0.07	0.11	0.18	0.30	0.48	0.76	1.20	2.00	3.20
	>3~6	0.046	0.06	0.09	0.13	0.18	0.26	0.36	0.48	0.68	0.98	1.40	0.06	0.09	0.14	0.24	0.38	0.60	1.00	1.60	2.60	4.00
	>6	0.06	0.08	0.11	0.16	0.22	0.30	0.42	0.60	0.84	1.20	1.60	0.07	0.11	0.18	0.28	0.44	0.70	1.10	1.80	2.80	4.40
>10~25	0.5	0.026	0.036	0.05	0.07	0.10	0.14	0.20	0.28	0.40	0.56	0.78	0.030	0.05	0.08	0.12	0.20	0.32	0.50	0.80	1.20	2.00
	>0.5~1	0.036	0.05	0.07	0.10	0.14	0.20	0.28	0.40	0.56	0.78	1.10	0.04	0.07	0.11	0.18	0.28	0.46	0.72	1.10	1.80	2.80
	>1~3	0.05	0.07	0.10	0.14	0.20	0.28	0.40	0.56	0.78	1.10	1.50	0.06	0.10	0.16	0.26	0.40	0.64	1.00	1.60	2.60	4.00
	>3~6	0.06	0.09	0.13	0.18	0.26	0.36	0.50	0.70	1.00	1.40	2.00	0.08	0.12	0.20	0.32	0.50	0.80	1.20	2.00	3.20	5.00
	>6	0.08	0.12	0.16	0.22	0.32	0.44	0.60	0.88	1.20	1.60	2.40	0.10	0.14	0.24	0.40	0.62	1.00	1.60	2.60	4.00	6.40
>25~63	0.5	0.036	0.05	0.07	0.10	0.14	0.20	0.28	0.40	0.56	0.78	1.10	0.04	0.06	0.10	0.16	0.26	0.40	0.64	1.00	1.60	2.60
	>0.5~1	0.05	0.07	0.10	0.14	0.20	0.28	0.40	0.56	0.78	1.10	1.50	0.06	0.09	0.14	0.22	0.36	0.58	0.90	1.40	2.20	3.60
	>1~3	0.07	0.10	0.14	0.20	0.28	0.40	0.56	0.78	1.10	1.50	2.10	0.08	0.12	0.20	0.32	0.50	0.80	1.20	2.00	3.20	5.00
	>3~6	0.09	0.12	0.18	0.26	0.36	0.50	0.70	0.98	1.40	2.00	2.80	0.10	0.16	0.26	0.40	0.66	1.00	1.60	2.60	4.00	6.40
	>6	0.11	0.16	0.22	0.30	0.44	0.60	0.86	1.20	1.60	2.20	3.00	0.11	0.18	0.28	0.46	0.76	1.20	2.00	3.20	5.00	8.00

续表

基本尺寸	材料厚度	平冲压件尺寸公差(摘自 GB/T 13914—2002)											成形冲压件尺寸公差(摘自 GB/T 13914—2002)									
		公差等级											公差等级									
		ST1	ST2	ST3	ST4	ST5	ST6	ST7	ST8	ST9	ST10	ST11	FT1	FT2	FT3	FT4	FT5	FT6	FT7	FT8	FT9	FT10
>63 ~160	0.5	0.04	0.06	0.09	0.12	0.18	0.26	0.36	0.50	0.70	0.98	1.40	0.05	0.08	0.14	0.22	0.36	0.56	0.90	1.40	2.20	3.60
	>0.5~1	0.06	0.09	0.12	0.18	0.26	0.36	0.50	0.70	0.98	1.40	2.00	0.07	0.12	0.19	0.30	0.48	0.78	1.20	2.00	3.20	5.00
	>1~3	0.09	0.12	0.18	0.26	0.36	0.50	0.70	0.98	1.40	2.00	2.80	0.10	0.16	0.26	0.42	0.68	1.10	1.80	2.80	4.40	7.00
	>3~6	0.12	0.16	0.24	0.32	0.46	0.64	0.90	1.30	1.80	2.60	3.60	0.14	0.22	0.34	0.54	0.88	1.40	2.20	3.40	5.60	9.00
	>6	0.14	0.20	0.28	0.40	0.56	0.78	1.10	1.50	2.10	2.90	4.20	0.15	0.24	0.38	0.62	1.00	1.60	2.60	4.00	6.60	10.00
>160 ~400	0.5	0.06	0.09	0.12	0.18	0.26	0.36	0.50	0.70	0.98	1.40	2.00	—	0.10	0.16	0.26	0.42	0.70	1.10	1.80	2.80	4.40
	>0.5~1	0.09	0.12	0.18	0.26	0.36	0.50	0.70	1.00	1.40	2.00	2.80	—	0.14	0.24	0.38	0.62	1.00	1.60	2.60	4.00	6.40
	>1~3	0.12	0.18	0.26	0.36	0.50	0.70	1.00	1.40	2.00	2.80	4.00	—	0.22	0.34	0.54	0.88	1.40	2.20	3.40	5.60	9.00
	>3~6	0.16	0.24	0.32	0.46	0.64	0.90	1.30	1.80	2.60	3.60	4.80	—	0.28	0.44	0.70	1.10	1.80	2.80	4.40	7.00	11.00
	>6	0.20	0.28	0.40	0.56	0.78	1.10	1.50	2.10	2.90	4.20	5.80	—	0.34	0.54	0.88	1.40	2.20	3.40	5.60	9.00	14.00
>400 ~1000	0.5	0.09	0.12	0.18	0.24	0.34	0.48	0.66	0.94	1.30	1.80	2.60	—	—	0.24	0.38	0.62	1.00	1.60	2.60	4.00	6.60
	>0.5~1	—	0.18	0.24	0.34	0.48	0.66	0.94	1.30	1.80	2.60	3.60	—	—	0.34	0.54	0.88	1.40	2.20	3.40	5.60	9.00
	>1~3	—	0.24	0.34	0.48	0.66	0.94	1.30	1.80	2.60	3.60	5.00	—	—	0.44	0.70	1.10	1.80	2.80	4.40	7.00	11.00
	>3~6	—	0.32	0.45	0.62	0.88	1.20	1.60	2.40	3.40	4.60	6.60	—	—	0.56	0.90	1.40	2.20	3.40	5.60	9.00	14.00
	>6	—	0.34	0.48	0.70	1.00	1.40	2.00	2.80	4.00	5.60	7.80	—	—	0.62	1.00	1.60	2.60	4.00	6.40	10.00	16.00
>1000 ~6300	0.5	—	—	0.26	0.36	0.50	0.70	0.98	1.40	2.00	2.80	4.00										
	>0.5~1	—	—	0.36	0.50	0.70	0.98	1.40	2.00	2.80	4.00	5.60										
	>1~3	—	—	0.50	0.70	0.98	1.40	2.00	2.80	4.00	5.60	7.80										
	>3~6	—	—	—	0.90	1.20	1.60	2.20	3.20	4.40	6.20	8.00										
	>6	—	—	—	1.00	1.40	1.90	2.60	3.60	5.20	7.20	10.00										

注：1. 平冲压件是经平面冲裁工序加工而成形的冲压件。成形冲压件是经弯曲、拉深及其他成形加工而成形的冲压件。

2. 平冲压件尺寸公差适用于平冲压件，也适用于成形冲压件上经冲裁工序加工而成形的尺寸。

3. 平冲压件、成形冲压件尺寸的极限偏差按下述规定选取。

a. 孔（内形）尺寸的极限偏差取表中给出的公差数值，冠以"＋"作为上偏差，下偏差为 0。

b. 轴（外形）尺寸的极限偏差取表中给出的公差数值，冠以"－"号作为下偏差，上偏差为 0。

c. 孔中心距、孔边距、弯曲、拉深与其他成形方法而成形的长度、高度及未注公差尺寸的极限偏差，取表中给出的公差值的一半，冠以"±"号分别作为上、下偏差。

表 3-70 精密冲裁可达到的公差等级（摘自 JB/T 9175.2—1999）

材料厚度 t/mm	拉伸强度至 600MPa			材料厚度 t/mm	拉伸强度至 600MPa		
	内形	外形	孔距		内形	外形	孔距
0.5～1	IT6～IT7	IT7	IT7	>5～6	IT8	IT9	IT8
>1～2	IT7	IT7	IT7	>6～8	IT8～IT9	IT9	IT8
>2～3	IT7	IT7	IT7	>8～10	IT9～IT10	IT10	IT8
>3～4	IT7	IT8	IT7	>10～12.5	IT9～IT10	IT10	IT9
>4～5	IT7～IT8	IT8	IT8	>12.5～16	IT10～IT11	IT10	IT9

表 3-71 平冲压件尺寸公差等级与 GB/T 1800 标准公差等级对照

平冲压件尺寸公差等级 GB/T 13914	标准公差等级 GB/T 1800	平冲压件尺寸公差等级 GB/T 13914	标准公差等级 GB/T 1800
ST1	IT8～IT9	ST7	IT13～IT14
ST2	IT9～IT10	ST8	IT14
ST3	IT10～IT11	ST9	IT15
ST4	IT11	ST10	IT15～IT16
ST5	IT12	ST11	IT16～IT17
ST6	IT13	—	—

表 3-72 成形冲压件尺寸公差等级与 GB/T 1800 标准公差等级对照

成形冲压件尺寸公差等级 GB/T 13914	标准公差等级 GB/T 1800	成形冲压件尺寸公差等级 GB/T 13914	标准公差等级 GB/T 1800
FT1	IT9～IT10	FT6	IT14～IT15
FT2	IT10～IT11	FT7	IT15～IT16
FT3	IT11～IT12	FT8	IT16～IT17
FT4	IT12～IT13	FT9	IT17～IT18
FT5	IT13～IT14	FT10	IT18

表 3-73 未注公差（冲裁、成形）圆角半径的极限偏差（摘自 GB/T 15055—1994） mm

冲裁圆角半径的极限偏差						成形圆角半径	
基本尺寸	材料厚度	公差等级				基本尺寸	极限偏差
		f	m	e	v		
>0.5～3	≤1	±0.15	±0.20			≤3	+1.00 −0.30
	>1～4	±0.30	±0.40				
>3～6	≤4	±0.40	±0.60			>3～6	+1.50 −0.50
	>4	±0.60	±1.00				
>6～30	≤4	±0.60	±0.80			>6～10	+2.50 −0.80
	>4	±1.00	±1.40				
>30～120	≤4	±1.00	±1.20			>10～18	+3.00 −1.00
	>4	±2.00	±2.40				
>120～400	≤4	±1.20	±1.50			>18～30	+4.00 −1.50
	>4	±2.40	±3.00				
>400	≤4	±2.00	±2.40			>30	+5.00 −2.00
	>4	±3.00	±3.50				

表 3-74 尺寸公差等级的选用（摘自 GB/T 13914—2002）

冲压件类型	加工方法	尺寸类型	公差等级										
			ST1	ST2	ST3	ST4	ST5	ST6	ST7	ST8	ST9	ST10	ST11
平冲压件	精密冲裁	外形											
		内形											
		孔中心距											
		孔边距											

右上角：续表

冲压件类型	加工方法	尺寸类型	公差等级											
			ST1	ST2	ST3	ST4	ST5	ST6	ST7	ST8	ST9	ST10	ST11
平冲压件	普通冲裁	外形											
		内形											
		孔中心距											
		孔边距											
	成形冲压平面冲裁	外形											
		内形											
		孔中心距											
		孔边距											

冲压件类型	加工方法	尺寸类型	公差等级									
			FT1	FT2	FT3	FT4	FT5	FT6	FT7	FT8	FT9	FT10
成形冲压件	拉深	直径										
		高度										
	带凸缘拉深	直径										
		高度										
	弯曲	长度										
	其他成形方法	直径										
		高度										
		长度										

表 3-75 未注公差（冲裁、成形）尺寸的极限偏差（摘自 GB/T 15055—1994）　　mm

基本尺寸	材料厚度	未注公差冲裁尺寸的极限偏差				未注公差成形尺寸的极限偏差			
		公差等级				公差等级			
		f	m	c	v	f	m	c	v
>0.5~3	1	±0.05	±0.10	±0.15	±0.20	±0.15	±0.20	±0.35	±0.50
	>1~3	±0.15	±0.20	±0.30	±0.40	±0.30	±0.45	±0.60	±1.00
>3~6	1	±0.10	±0.15	±0.20	±0.30	±0.20	±0.30	±0.50	±0.70
	>1~4	±0.20	±0.30	±0.40	±0.55	±0.40	±0.60	±1.00	±1.60
	>4	±0.30	±0.40	±0.60	±0.80	±0.55	±0.90	±1.40	±2.20
>6~30	1	±0.15	±0.20	±0.30	±0.40	±0.25	±0.40	±0.60	±1.00
	>1~4	±0.30	±0.40	±0.55	±0.75	±0.50	±0.80	±1.30	±2.00
	>4	±0.45	±0.60	±0.80	±1.20	±0.80	±1.30	±2.00	±3.20
>30~120	1	±0.20	±0.30	±0.40	±0.55	±0.30	±0.50	±0.80	±1.30
	>1~4	±0.40	±0.55	±0.75	±1.05	±0.60	±1.00	±1.60	±2.50
	>4	±0.60	±0.80	±1.10	±1.50	±1.00	±1.60	±2.50	±4.00
>120~400	1	±0.25	±0.35	±0.50	±0.70	±0.45	±0.70	±1.10	±1.80
	>1~4	±0.50	±0.70	±1.00	±1.40	±0.90	±1.40	±2.20	±3.50
	>4	±0.75	±1.05	±1.45	±2.10	±1.30	±2.00	±3.30	±5.00
>400~1000	1	±0.35	±0.50	±0.70	±1.00	±0.55	±0.90	±1.40	±2.20
	>1~4	±0.70	±1.00	±1.40	±2.00	±1.10	±1.70	±2.80	±4.50
	>4	±1.05	±1.45	±2.10	±2.90	±1.70	±2.80	±4.50	±7.00
>1000~2000	1	±0.45	±0.65	±0.90	±1.30	±0.80	±1.30	±2.00	±3.30
	>1~4	±0.90	±1.30	±1.80	±2.50	±1.40	±2.20	±3.50	±5.50
	>4	±1.40	±2.00	±2.80	±3.90	±2.00	±3.20	±5.00	±8.00
>2000~4000	1	±0.70	±1.00	±1.40	±2.00				
	>1~4	±1.40	±2.00	±2.80	±3.90				
	>4	±1.80	±2.60	±3.60	±5.00				

注：1. 对于 0.5mm 及 0.5mm 以下的尺寸应标公差。

2. f（精密级）、m（中等级）、c（粗糙级）、v（最粗级）。

表 3-76　角度公差（摘自 GB/T 13915—2002）

<table>
<tr><td rowspan="2"></td><td rowspan="2">公差等级</td><td colspan="7">短边尺寸/mm</td></tr>
<tr><td>≤10</td><td>>10～25</td><td>>25～63</td><td>>63～160</td><td>>160～400</td><td>>400～1000</td><td>>1000～2500</td></tr>
<tr><td rowspan="6">冲压件冲裁角度</td><td>AT1</td><td>0°40′</td><td>0°30′</td><td>0°20′</td><td>0°12′</td><td>0°5′</td><td>0°4′</td><td>—</td></tr>
<tr><td>AT2</td><td>1°</td><td>0°40′</td><td>0°30′</td><td>0°20′</td><td>0°12′</td><td>0°6′</td><td>0°4′</td></tr>
<tr><td>AT3</td><td>1°20′</td><td>1°</td><td>0°40′</td><td>0°30′</td><td>0°20′</td><td>0°12′</td><td>0°6′</td></tr>
<tr><td>AT4</td><td>2°</td><td>1°20′</td><td>1°</td><td>0°40′</td><td>0°30′</td><td>0°20′</td><td>0°12′</td></tr>
<tr><td>AT5</td><td>3°</td><td>2°</td><td>1°30′</td><td>1°</td><td>0°40′</td><td>0°30′</td><td>0°20′</td></tr>
<tr><td>AT6</td><td>4°</td><td>3°</td><td>2°</td><td>1°30′</td><td>1°</td><td>0°40′</td><td>0°30′</td></tr>
<tr><td rowspan="6">冲压件弯曲角度</td><td rowspan="2">公差等级</td><td colspan="7">短边尺寸/mm</td></tr>
<tr><td>≤10</td><td>>10～25</td><td>>25～63</td><td>>63～160</td><td>>160～400</td><td>>400～1000</td><td>>1000</td></tr>
<tr><td>BT1</td><td>1°</td><td>0°40′</td><td>0°30′</td><td>0°16′</td><td>0°12′</td><td>0°10′</td><td>0°8′</td></tr>
<tr><td>BT2</td><td>1°30′</td><td>1°</td><td>0°40′</td><td>0°20′</td><td>0°16′</td><td>0°12′</td><td>0°10′</td></tr>
<tr><td>BT3</td><td>2°30′</td><td>2°</td><td>1°30′</td><td>1°15′</td><td>1°</td><td>0°45′</td><td>0°30′</td></tr>
<tr><td>BT4</td><td>4°</td><td>3°</td><td>2°</td><td>1°30′</td><td>1°15′</td><td>1′</td><td>0°45′</td></tr>
<tr><td>BT5</td><td>6°</td><td>4°</td><td>3°</td><td>2°30′</td><td>2°</td><td>1°30′</td><td>1°</td></tr>
</table>

注：1. 冲压件冲裁角度：在平冲压件或成形冲压件的平面部分，经冲裁工序加工而成的角度。

2. 冲压件弯曲角度：经弯曲工序加工而成的冲压件的角度。

3. 冲压件冲裁角度与弯曲角度的极限偏差按下述规定选取。

a. 依据使用的需要选用单向偏差。

b. 未注公差的角度极限偏差，取表中给出的公差值的一半，冠以"±"号分别作为上、下偏差。

表 3-77　未注公差（冲裁、弯曲）角度的极限偏差（摘自 GB/T 15055—1994）

<table>
<tr><td rowspan="2"></td><td rowspan="2">公差等级</td><td colspan="7">短边长度/mm</td></tr>
<tr><td>≤10</td><td>>10～25</td><td>>25～63</td><td>>63～160</td><td>>160～400</td><td>>400～1000</td><td>>1000～2500</td></tr>
<tr><td rowspan="4">冲裁</td><td>f</td><td>±1°00′</td><td>±0°40′</td><td>±0°30′</td><td>±0°20′</td><td>±0°15′</td><td>±0°10′</td><td>±0°06′</td></tr>
<tr><td>m</td><td>1°30′</td><td>±1°00′</td><td>±0°45′</td><td>±0°30′</td><td>±0°20′</td><td>±0°15′</td><td>±0°10′</td></tr>
<tr><td>c</td><td rowspan="2">±2°00′</td><td rowspan="2">±1°30′</td><td rowspan="2">±1°00′</td><td rowspan="2">±0°45′</td><td rowspan="2">±0°30′</td><td rowspan="2">±0°20′</td><td rowspan="2">±0°15′</td></tr>
<tr><td>v</td></tr>
<tr><td rowspan="5">弯曲</td><td rowspan="2">公差等级</td><td colspan="5">短边长度/mm</td></tr>
<tr><td>≤10</td><td>>10～25</td><td>>25～63</td><td>>63～160</td><td>>160</td></tr>
<tr><td>f</td><td>±1°15′</td><td>±1°00′</td><td>±0°45′</td><td>±0°30′</td><td>±0°15′</td></tr>
<tr><td>m</td><td>±2°00′</td><td>±1°30′</td><td>±1°00′</td><td>±0°45′</td><td>±0°30′</td></tr>
<tr><td>c
v</td><td>±3°00′</td><td>±2°00′</td><td>±1°30′</td><td>±1°15′</td><td>±1°00′</td></tr>
</table>

表 3-78　角度公差等级选用

<table>
<tr><td rowspan="2">冲压件冲裁角度</td><td rowspan="2">材料厚度/mm</td><td colspan="6">公差等级</td></tr>
<tr><td>AT1</td><td>AT2</td><td>AT3</td><td>AT4</td><td>AT5</td><td>AT6</td></tr>
<tr><td rowspan="2"></td><td>≤3</td><td></td><td></td><td></td><td></td><td></td><td></td></tr>
<tr><td>>3</td><td></td><td></td><td></td><td></td><td></td><td></td></tr>
<tr><td rowspan="3">冲压件弯曲角度</td><td>材料厚度/mm</td><td colspan="6">公差等级</td></tr>
<tr><td></td><td colspan="2">BT1</td><td>BT2</td><td>BT3</td><td>BT4</td><td>BT5</td></tr>
<tr><td>≤3
>3</td><td></td><td></td><td></td><td></td><td></td><td></td></tr>
</table>

表 3-79　直线度、平面度未注公差（摘自 GB/T 13916—2002）

本标准适用于金属材料冲压件，非金属材料冲压件可参照执行。

直线度、平面度未注公差

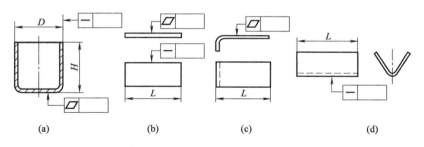

(a)　　　　　　(b)　　　　　　(c)　　　　　　(d)

mm

公差等级	主参数(L、H、D)						
	≤10	>10～25	>25～63	>63～160	>160～400	>400～1000	>1000
1	0.06	0.10	0.15	0.25	0.40	0.60	0.90
2	0.12	0.20	0.30	0.50	0.80	1.20	1.80
3	0.25	0.40	0.60	1.00	1.60	2.50	4.00
4	0.50	0.80	1.20	2.00	3.20	5.00	8.00
5	1.00	1.60	2.50	4.00	6.50	10.00	16.00

表 3-80　同轴度、对称度未注公差（摘自 GB/T 13916—2002）　　mm

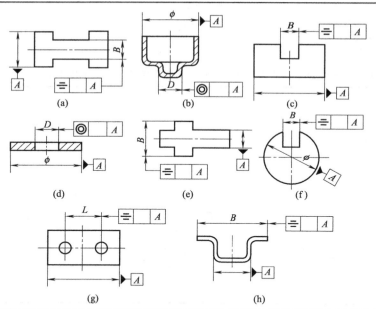

(a)　　　　　　(b)　　　　　　(c)

(d)　　　　　　(e)　　　　　　(f)

(g)　　　　　　(h)

公差等级	主参数(B、D、L)						
	≤3	>3～10	>10～25	>25～63	>63～160	>160～400	>400～1000	>1000
1	0.12	0.20	0.30	0.40	0.50	0.60	0.80	1.00
2	0.25	0.40	0.60	0.80	1.00	1.20	1.60	2.00
3	0.50	0.80	1.20	1.60	2.00	2.50	3.20	4.00
4	1.00	1.60	2.50	3.20	4.00	5.00	6.50	8.00

第4章

冲裁模

4.1 冲裁与冲裁过程分析

4.1.1 冲裁与冲裁模

冲裁是利用模具使板料产生分离的一种冲压工序。冲裁又是分离工序的总称，它包括落料、冲孔、切断、剖切、切舌、切边和整修等多种工序。但一般而言，冲裁主要指冲孔和落料工序。若使材料沿封闭曲线相互分离，封闭曲线以内的部分作为冲裁件时，称为落料；封闭曲线以外的部分作为冲裁件时，则称为冲孔。

冲裁模就是落料、冲孔等分离工序使用的模具。冲裁模的工作部分零件（主要指凸模和凹模）与成形模不同，一般都具有锋利的刃口来对材料进行剪切加工，并且凸模进入凹模的深度较小，以减少刃口磨损。一旦刃口磨损，常通过刃磨的方法恢复锋利的刃口，保持正常工作性能。

冲裁是冲压生产的主要工艺方法之一，应用非常广泛，它既可以直接冲出所需形状的成品制件，又可以为弯曲、拉深、成形、冷挤等其他工序制备毛坯。

根据材料变形机理的不同，冲裁可以分为普通冲裁和精密冲裁两类。本文主要介绍普通冲裁。

4.1.2 冲裁变形过程分析

冲裁是分离变形的冲压工序。板料在凸、凹模的作用下，分离变形过程是在瞬时间内完成的，同时具有明显的阶段性，即由弹性变形开始过渡到塑性变形，最后产生断裂分离，如图 4-1 所示为冲裁变形过程的三个阶段。

(1) 弹性变形阶段 [见图 4-1 (a)]

凸模接触板料后开始加压，板料在凸、凹模的作用下变形区内产生弹性压缩、弯曲和拉伸（$AB'>AB$）等变形。此时凸模略微挤入材料，材料的另一侧也略微挤入凹模刃口，板料与凸、凹模接触处形成很小的圆角。凸模继续下压，变形区材料的内应力达到弹性极限为止。这时凸模下的板料略有拱弯（锅底形），凹模上的板料则向上翘。材料越硬，冲裁间隙越大，拱弯和上翘现象越明显。在这一阶段中，当凸模卸载后，板料立即恢复原状。

(2) 塑性变形阶段 [见图 4-1 (b)]

随着凸模继续压入板料，压力增加，变形区内的材料内部应力逐渐增加达到材料屈服极限时，板料进入塑性变形阶段。这时，凸模将部分材料挤入凹模刃口内，材料产生塑剪变形，形成光亮的剪切断面。由于塑性变形的发生，参与变形的材料因受压力加工硬化也逐渐加剧，冲裁变形抗力不断增大，当刃口附近的材料由于拉应力的作用出现微裂纹时，冲裁力达到最大值，塑性变形阶段即告结束。

（3）断裂分离阶段 ［见图4-1（c）、（d）］

凸模继续下行，塑性变形阶段已经形成的裂纹逐步扩大并向材料内层延伸，若间隙合理，凸模刃口处板料的上、下面裂纹相遇重合，板料便被剪断分离，冲下的制件一般从凹模洞口中落下，冲裁过程到此结束。

冲裁变形过程主要以剪切变形为主，同时，伴随有弯曲、拉伸和横向挤压变形，故制件常出现翘曲不平现象，此情况在料薄、制件平面面积较大时较为明显。在冲裁工艺中，改变这些伴随因素的影响，即可提高制件质量。

冲裁的变形过程，还可以从冲裁力大小随凸模进入材料的不同深度变化曲线进行说明，如图4-2所示。从该曲线得知，冲裁变形全过程必然经过三个阶段。

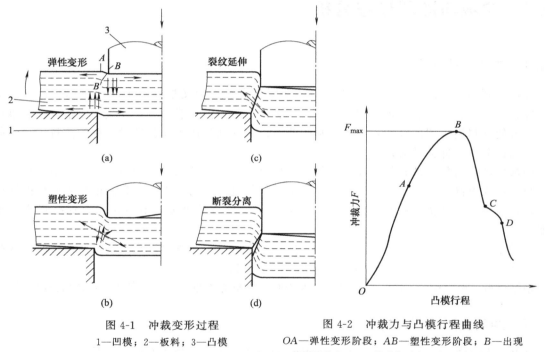

图 4-1　冲裁变形过程
1—凹模；2—板料；3—凸模

图 4-2　冲裁力与凸模行程曲线
OA—弹性变形阶段；AB—塑性变形阶段；B—出现剪裂纹的点；C—剪裂纹重合；CD—断裂分离段

4.1.3　冲裁断面特征

板料经普通冲裁后，断面上会出现塌角、光亮带（光面）、断裂带（毛面）和毛刺四个部分，如图4-3所示，由这些构成了冲裁断面特征。

（1）塌角（圆角带）

塌角又称圆角带。它是由于冲裁过程中刃口附近的材料被牵连拉入变形（拉伸和弯曲）的结果。其大小与材质、料厚和冲裁间隙有关。材料的塑性好，凸模和凹模的间隙越大，塌角越大。

（2）光亮带（光面）

光亮带简称光面，也称为剪切面。在断面中，紧挨着塌角，并与板料表面呈垂直的光亮部分。该部分发生在塑性变形阶段，当凸模挤入材料后，材料受挤压进入凹模时产生塑性剪切变形而形成的。光亮带是最理想的冲裁断面，冲裁件的被测到尺寸精度就是以光亮带处的尺寸来衡量的。普通冲裁时，光亮带的宽度约占板料厚度的 $1/3 \sim 1/2$。光亮带的宽窄主要决定板料塑性与冲裁间隙。材料的塑性好、冲裁间隙适当，光亮带占板料厚度的比例就越大。

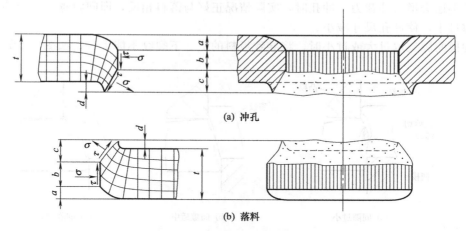

图 4-3　冲裁件的断面特征

a—塌角（圆角带）；b—光亮带；c—断裂带；d—毛刺；t—料厚

(3) 断裂带（毛面）

断裂带简称毛面，也称剪裂带。该部分是在断裂阶段形成，它是由剪裂纹不断扩展而断裂的区域。其断面粗糙，呈金属本色，且有一定斜度。断裂带的宽度也是主要决定于材质和冲裁间隙。塑性好的材料，冲裁间隙合适时，剪裂纹出现较迟，断裂带宽度占板料厚度的比例较小，斜角也小。

(4) 毛刺

毛刺的产生，是由于凸、凹模存在冲裁间隙，以及板料剪裂纹产生的位置不是在刃口尖角处，而是产生在凸模刃口外侧面和凹模刃口内侧面的附近，在拉应力的作用下，金属被拉断而形成的。在普通冲裁中，毛刺是不可避免的，且高出冲件平面。冲裁间隙正常时，毛刺高度很小。

4.1.4　冲裁件的质量分析

冲裁件应保证一定的尺寸精度和几何公差，有良好的断面质量，无明显的毛刺等。

(1) 影响冲裁件尺寸精度的因素

① 冲裁模的制造精度　冲裁模的制造精度对冲裁件尺寸精度有直接影响。正常情况下，冲裁模的制造精度越高，则冲裁件的精度就越高。表 4-1 为冲裁件精度与模具制造精度之间的关系。在多数情况下，一般依冲裁件要求的精度等级再提高 2 级作为其冲模的制造精度。

② 冲裁件材料的力学性能　冲裁过程中，材料发生一定的弹性变形，冲裁结束会发生"回弹"现象，使制件外形尺寸与凹模尺寸不相符；冲孔的尺寸与凸模不符，将影响制件（冲裁件）精度。所以材料的力学性能决定了该材料在冲裁过程中的弹性变形量。材料越软，弹性变形量越小，回弹也较小，冲裁件精度越高；反之，冲裁件精度越低。

③ 制件的材料相对厚度　制件的材料相对厚度，简称相对厚度，用 t/D 表示（t 为材料厚度，D 为冲裁件直径）。t/D 对冲裁件尺寸精度也有影响。t/D 越大，弹性变形量越小，冲

裁件尺寸精度越高。

④ 冲裁模间隙　冲裁模间隙对冲裁件的精度影响较大。落料时，若间隙过大，材料除受剪切外，还伴随有拉伸和弹性变形，冲裁后，制件的变形也就越大，同时也影响模具寿命；若间隙过小，材料除受剪切外，还产生压缩弹性变形，由于"回弹"制件变形也就越大，同时冲裁间隙过小还会增大冲裁力。冲孔时，实际情况正好与落料相反，即间隙越大，使冲孔尺寸增大，间隙过小，使冲孔尺寸减小。

当冲模间隙选取过大或过小时，将导致板料的上、下裂纹不能重合，如图 4-4 所示。

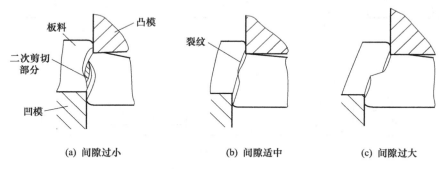

图 4-4　间隙对剪切裂纹重合的影响

间隙过小，凸模刃口附近的裂纹比正常间隙时向外错开一段距离。这样上、下两裂纹间的材料随着冲裁过程的进行将被第二次剪切，并在断面上形成第二光亮带，如图 4-5 所示，这时毛刺也增大。

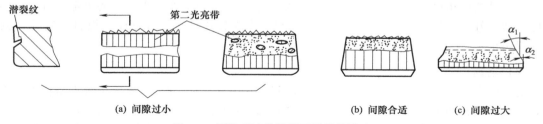

图 4-5　间隙对冲裁件断面质量的影响

间隙过大时，凸模刃口附近的剪裂纹较正常间隙时向里错开一段距离，材料受到较大拉伸，光亮带小，毛刺、塌角、斜角都增大。此外，间隙过大或过小时，均使冲裁件尺寸与冲模刃口尺寸的偏差增大。

⑤冲裁件的形状与尺寸　一般情况下，冲裁件尺寸越小，形状越简单，其制件精度越高。

(2) 冲裁件的断面质量

冲模间隙选取合理，材料在分离时，上、下刃口处所产生的裂纹就能重合，冲下的制件断面比较平直、光滑，断裂带虽有一定斜度，但不大，塌角和毛刺均较小，制件质量较好。

(3) 冲裁件毛刺

凸模或凹模磨损后刃口变钝，其刃口处形成圆角时，挤压作用增大，则冲裁件圆角和光亮带增大。钝的刃口，即使间隙选择合理，在冲裁件上将产生较大毛刺，影响冲裁件质量。凸模刃口磨钝时，在落料件上产生毛刺；凹模刃口钝时，冲孔件产生毛刺；凸、凹模刃口均磨钝了，在落料件的上端和冲孔件的下端同时产生毛刺，如图 4-6 所示。普通冲裁毛刺允许高度见表 4-1 和表 3-23。

  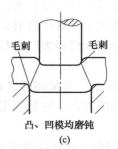

凹模磨钝	凸模磨钝	凸、凹模均磨钝
(a)	(b)	(c)

图 4-6　凸、凹模磨钝后毛刺的形成

表 4-1　普通冲裁毛刺允许高度　　　　　　　　　　　　mm

材料厚度	<0.3	>0.3~0.5	>0.5~1.0	>1.0~1.5	>1.5~2
试模时	≤0.015	≤0.02	≤0.03	≤0.04	≤0.05
生产时	≤0.05	≤0.08	≤0.10	≤0.13	≤0.15

4.2　冲裁间隙与选用

4.2.1　冲裁间隙的含义

(1) 冲裁间隙

冲裁间隙是指冲裁凸、凹模刃口间缝隙距离。也就是凸模工作部分和凹模工作部分之间的对应尺寸差，如图 4-7 所示。

$$Z = D_凹 - d_凸$$

式中　Z——冲裁模双面间隙，mm；

　　　$D_凹$——凹模刃口尺寸，mm；

　　　$d_凸$——凸模刃口尺寸，mm。

对于普通冲裁，凹模的工作部分实际尺寸一般都比凸模的工作部分对应实际尺寸大，即凸模可以进入凹模，凸、凹模之间为间隙配合。也有凸模的工作部分实际尺寸比凹模的对应实际尺寸大的，即凸模不能进入凹模，两者的尺寸差为负值（负间隙），但这种情况不属于普通冲裁，它是一种特殊的冲裁方法。

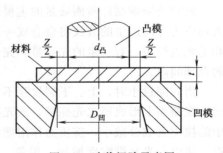

图 4-7　冲裁间隙示意图

(2) 单面间隙与双面间隙

冲裁间隙有两种含义：一种指凹模与凸模间每侧的缝隙数值，称为单面（边）间隙，用 $Z/2$ 表示；另一种指凹模与凸模间两侧缝隙之和，称双面（边）间隙，用 Z 表示。

工作中，在无特殊说明情况下，一般常说"多少间隙"是指双面间隙。但在模具图设计或技术文件中，应明确说明所用的间隙值是"单面间隙"还是"双面间隙"，不能笼统地说"间隙"两字。

(3) 设计间隙、装配间隙、实际间隙

① 设计间隙　设计间隙实为理论间隙。是在设计模具时，设计师根据对冲件的材料状态、

力学性能、冲件尺寸精度和断面质量等要求经综合考虑，在设计图样或制订技术要求中所给出的冲裁间隙值大小用具体数值表达在文件中。

这时的冲裁间隙即为凹模与凸模相应工作部分之间的尺寸差。它是设计过程中主要的理论依据。

② 装配间隙　装配间隙又称静态间隙。是指模具在装配过程中凹模和凸模相应的刃口之间量测到的缝隙距离。它是依据理论间隙要求，在制造和装配、调试模具时所反映的具体间隙数值。

③ 实际间隙　实际间隙实为动态间隙。在实际冲裁过程中，由于受力作用，模具等会产生一定的微量偏移、变形等状况，将导致模具装配间隙值原始态的变样，发生了某些偏移或变化，变成了新的动态间隙。它是冲裁在工作过程中反映真实情况的实际间隙值，也是影响制件质量真实间隙值。

(4) 合理间隙、最大合理间隙、最小合理间隙（初始间隙）

冲裁模的间隙是指凸模与凹模工作部分的尺寸差，也就是冲裁双面间隙。考虑到模具制造过程中的偏差及使用过程中的磨损，在实际生产中一般是选择一个适当范围作为间隙值，只要冲模的间隙在这个范围内就可以冲制出质量良好的零件。这个适当的间隙范围称为冲裁模的合理间隙。这个范围的最小值称为最小合理间隙，用 Z_{min} 表示；最大值称为最大合理间隙，用 Z_{max} 表示。考虑到模具在使用过程中的磨损，使间隙增大，因此，在设计和制造新模具时常采用最小合理间隙 Z_{min} 作为新模具开始使用时的初始间隙。

(5) 冲裁间隙的作用与性质

间隙的作用在于建立剪切破坏时的应力应变状态。

冲裁间隙是一个非常重要的工艺参数。它对冲裁件断面质量、模具使用寿命、冲裁力、卸料力、推件力、冲件尺寸精度等都有直接影响。

4.2.2　间隙大小对冲裁的影响

(1) 间隙对制件断面质量的影响（见图 4-4、图 4-5）

间隙是影响制件断面质量的主要因素，当凸、凹模间隙合适时，由凸、凹模刃口附近沿最大切应力方向产生的裂纹将会合成一条线。冲出的制件断面虽有一定斜度，但比较平直，塌角和毛刺也较小，有一定的光亮带，完全可以满足一般冲裁件的质量要求。这种间隙是设计选用的合理间隙。

当间隙过小时，上、下裂纹互不重合。两裂纹之间的材料，随着冲裁的进行将被第二次剪切，在断面上形成第二光亮带，该光亮带中部有残留的断裂带（夹层）。小间隙会使应力状态中的拉应力成分减小，挤压力作用增大，使材料塑性得到充分发挥，裂纹的产生受到抑制而推迟。所以，光亮带宽度增加，塌角、毛刺、斜度翘曲、拱弯等弊病都有所减小，制件质量较好，但断面的质量也有缺陷，像中部的夹层等。

当间隙过大时，上、下裂纹仍然不重合。因变形材料应力状态中的拉应力成分增大、材料的弯曲和拉伸也增大，材料容易产生微裂纹，使塑性变形较早结束。所以，光亮带变窄，剪裂带、圆角带增宽，毛刺和斜度较大，拱弯翘曲现象显著，冲裁件质量下降。并且拉裂产生的斜度增大，断面出现 2 个斜度，断面质量也不理想。

当模具间隙不均匀时，冲裁件会出现部分间隙过大、部分间隙过小的断面情况。这对冲裁件断面质量也是有影响的，要求模具制造和安装时必须保持间隙均匀。表 4-2 为低碳钢冲裁断面与间隙关系的实验数值，可供参考。

表 4-2　低碳钢冲裁断面与间隙的关系

断面分类	Ⅰ 型	Ⅱ 型	Ⅲ 型	Ⅳ 型	Ⅴ 型
毛面斜度 $\alpha/(°)$	14～16	8～11	7～11	6～11	—
塌角高度 $R^①/(\%)$	10～20t	8～10t	6～8t	4～7t	2～5t
光面高度 $G^①/(\%)$	10～20t②	15～25t	25～40t	35～55t③	50～70t④
毛面高度 $M/(\%)$	70～80t	60～75t	50～60t	35～55t⑤	25～45t⑥
毛刺	大、拉毛、制件变形	正常、拉毛	正常、拉毛	中等、拉毛及挤毛⑦	大、拉毛及挤毛⑦
间隙 $Z/2(\%)$	17～21t	11.5～12.5t	8～10t	5～7t	1～2t

① R 与 G 的和约等于材料断裂前凸模进入材料的深度。
② 制件或废料上的光面可能窄而不规则，甚至没有光面。
③ 带光点。
④ 光面有两层，中间隔入毛面。
⑤ 带粗糙面。
⑥ 毛面有两层，中间隔入光面。
⑦ 挤毛高度与模具刃口锋利有关。

(2) 间隙对冲裁件尺寸精度的影响

冲裁件的尺寸精度是指冲裁件的实际尺寸与基本尺寸的差值，差值越小，则精度越高，这个差值包括两方面的偏差，一是冲裁件相对于凸模或凹模尺寸的偏差，二是模具本身的制造偏差。

冲裁件相对于凸模、凹模尺寸的偏差，主要是制件从凹模推出（落料件）或从凸模上卸下（冲孔件）时，因材料所受的挤压变形、纤维伸长、穹弯等产生弹性恢复而造成的。偏差值可能是正的，也可能是负的。影响这个偏差值的因素有：凸模与凹模间隙、材料性质、制件形状与尺寸。其中主要因素是凸模、凹模间的间隙值。

当凸、凹模间隙较大时，材料所受拉伸作用增大，冲裁结束后，因材料的弹性恢复使冲裁件尺寸向实体方向收缩，落料件尺寸小于凹模尺寸，冲孔孔径大于凸模直径（图 4-8、图 4-9）。当间隙较小时，由于材料受凸、凹模挤压力大，故冲裁完后，材料的弹性恢复使落料件尺寸增大，冲孔孔径变小。尺寸变化量的大小与材料性质、厚度、轧制方向等因素有关。材料性质直接决定了材料在冲裁过程中的弹性变形量。软钢的弹性变形量较小，冲裁后的弹性恢复也就小；硬钢的弹性恢复量较大。上述因素的影响是在一定的模具制造精度这个前提下讨论的。若模具刃口制造精度低，则冲裁件的制造精度也就无法保证。所以，凸、凹模刃口的制造公差一定要按制件的尺寸要求来决定。

由试验得知，图 4-8 为落料（$D=60$mm，$t=2.2$mm 钢板）尺寸误差与间隙值的关系。图 4-9 为冲孔（$d=30$mm，$t=2.2$mm 钢板）尺寸误差与间隙值的关系。图中纵坐标 δ 表示误差，横坐标 Z 表示间隙。该试验的落料和冲孔凹模都是采用圆筒形直刀口，刀口的工作部分高度为 4mm。当冲裁间隙在 A 值时，制件的尺寸与凹模或凸模的尺寸趋于相等。当间隙值超过（或小于）A 值时，制件的落料尺寸随之减小（或增大）；冲孔尺寸则随之增大（或减小）。

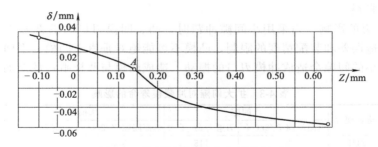

图 4-8　落料尺寸误差与间隙的关系

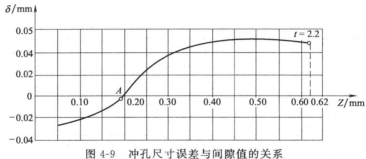

图 4-9　冲孔尺寸误差与间隙值的关系

在一定间隙范围内，材料的拉伸与压缩变形大体上一致，两者弹性恢复相抵消，此时，制件实际尺寸才接近于凸、凹模的尺寸。

(3) 间隙对模具寿命的影响

模具寿命受各种因素的综合影响，间隙是影响模具寿命诸因素中最主要的因素之一。

冲裁过程中，冲模的失效形式主要有磨损、崩刃和凹模洞口胀裂三种。这些都与冲裁间隙值大小有关。

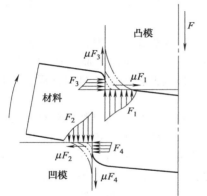

图 4-10　冲裁时凸、凹模受力及磨损情况

F—冲裁力；F_1，F_2—材料对凸模与凹模的垂直反作用力；F_3，F_4—材料对凸模与凹模的侧压力；μF_1，μF_2—材料对凸模与凹模端面的摩擦力；μF_3，μF_4—材料对凸模与凹模侧面的摩擦力；双点画线—凸模与凹模的磨损情况

① 间隙对磨损的影响　冲裁时凸、凹模受力及磨损情况如图 4-10 所示。

冲裁时，由于材料的弯曲变形，凹模上的材料向上翘，凸模下的材料向下弯，因此，材料对凸模和凹模的反作用力主要集中在凸、凹模刃口环形带部分。当间隙较小时，垂直力和侧压力增大，摩擦力增大，加剧凸、凹模刃口的磨损；随后，二次剪切产生的金属碎屑又加剧刃口侧面的磨损；冲裁后卸料和推件时材料与凸、凹模之间的滑动摩擦将再次造成刃口侧面的磨损，使得刃口侧面的磨损比端面的磨损大。所以，在保证冲裁件质量的前提下，为了减小凸、凹模的磨损，延长模具的使用寿命，应采用大间隙冲裁。表 4-3 中为一些实验数据，供参考。

② 间隙对凹模洞口胀裂的影响　当采用小间隙冲裁时，落料件的尺寸由于弹性恢复大于凹模尺寸，因而紧紧梗塞于凹模洞口，当凹模洞口梗塞的冲裁件数量较多时，推件力增大，冲裁件对凹模洞口的侧压力增大，容易将凹模洞口胀裂。当采用大间隙冲裁时，落料件尺寸小于凹模刃口尺寸，很容易从凹模洞口落下，推件力接近于零，冲裁件对凹模洞口的侧压力接近于零，不会把凹模洞口胀裂。

③ 间隙对崩刃的影响　当采用小间隙冲裁时，凸、凹模刃口的垂直力和侧压力增大。另外，模具受到制造误差和装配精度的限制，凸模不可能绝对垂直于凹模上平面，间隙也不会绝对均匀分布，过小的间隙会造成冲模刃口的振动，造成凸模与凹模啃口甚至崩刃。

表 4-3　扩大间隙对冲裁模寿命的影响

材料	厚度 t/mm	洛氏硬度	小间隙		大间隙		寿命提高倍数/%
			单面间隙 $Z/2t$（%）	刃磨寿命/千次	单面间隙 $Z/2t$（%）	刃磨寿命/千次	
低碳钢	0.5	22HRC	2.5	115	5.0	230	100
低碳钢	1.2	—	5.0	10	12.5	68	580

续表

材料	厚度 t/mm	洛氏硬度	小间隙		大间隙		寿命提高倍数/%
			单面间隙 $Z/2t$(%)	刃磨寿命/千次	单面间隙 $Z/2t$(%)	刃磨寿命/千次	
低碳钢	1.5	77HRB	4.5	130	12.5	400	208
高碳钢	3.2	9HRC	2.5	30	8.5	240	700
不锈钢	0.12	45HRC	20.0	15	42.0	125	900
不锈钢	1.2	16HRC	6.5	12	11.0	30	150
黄铜	1.2	—	3.5	15	7.0	110	633
铍青铜	0.08	95HRB	8.5	300	25.0	600	100

（4）间隙对冲裁力、卸料力、推料力的影响

根据试验结果知道，间隙增加时，材料所受的拉应力增大，材料容易断裂分离，冲裁力按比例减小（见图 4-11）。通常冲裁力的降低并不显著，当单边间隙在材料厚度的 5%～20% 左右时，冲裁力的降低不超过 5%～10%。

间隙对卸料力、推件力的影响比较显著，如图 4-12 所示。间隙增大后，从凸模上卸料和从凹模里推出零件都省力，当单边间隙达到材料厚度的 20% 左右时卸料力接近于零。但间隙继续增大，因为毛刺增大，又将引起卸料力、顶件力迅速增大。

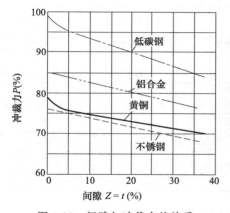

图 4-11 间隙与冲裁力的关系

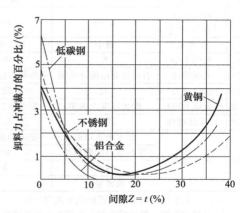

图 4-12 间隙与卸料力的关系

（5）间隙对冲裁的综合影响

① 采用不同卸料方式情况下，间隙对冲裁的综合影响见表 4-4。

表 4-4 间隙对冲裁的综合影响

卸料方式	因素	间隙		
		小	适中	大
固定	提高模具寿命	差	中	差
	保持制件平直	差	中	差
	减小制件毛刺	中	中	差
	防止废料上升	好	中	差
弹压	提高模具寿命	差	很好	差
	保持制件平直	好	很好	中
	减小制件毛刺	中	好	差
	防止废料上升	好	中	差

② 不同冲裁间隙对各种因素的影响见表 4-5。

表 4-5　冲裁间隙对各种因素的影响

间隙类别		A 小间隙	B 较小间隙	C 中等间隙	D 较大间隙	E 大间隙
切口表面特征		毛刺大 二次剪切 塌角最小	毛刺较小 塌角较小	毛刺最小 塌角小	毛刺小 塌角较大	毛刺大 塌角大
1	剪切力	最大	较大	最小	最小	较小
2	剪切功	最大	较大	最小	较小	较小
3	推件力卸料力	最大	较大	较小	最大	较小
4	侧向力	最大	较大	最小	较小	大
5	模具侧面磨损	最大	较大	最小	较小	较小
6	模具端面磨损	较大	较大	最小	较大	最大
7	模具寿命	最短	较短	较长	最长	较长
8	孔的尺寸精度	变小	稍变小	较精确	稍变大	变大
9	外形尺寸精度	变大	稍变大	较精确	稍变小	变大
10	塑剪带	50%～70%	35%～55%	25%～40%	15%～25%	10%～20%
11	剪裂带	25%～40%	35%～50%	50%～60%	60%～75%	70%～80%
12	剪裂角		4°～8°	6°～10°	8°～12°	10°～16°
13	塌角 R/t ［×100%］	2～5	4～7	6～8	8～10	10～20
14	穿弯度	最小	小	较小	较大	最大
15	毛刺大小	大	中等	正常	正常	大
16	毛刺特点	引伸部有压缩薄毛刺	引伸部有压缩薄毛刺	略引伸	略引伸	引伸部分偏斜毛刺
17	残余应力	大	较大	最小	较大	大
18	残余应力特征	附加压应力为主	附加压应力为主	附加（拉）压应力	附加拉应力为主	附加拉应力为主
19	加工经济性	最差	较差	正常	较好	最好
20	应用范围	要求平直切面 带圆角凸凹模精冲 精冲 精密整修	要求切面较平直 整修 精冲	防止切面加工硬化 大变形的翻孔 小圆角的压弯	不要求平直切面 再变形后要修边的 要求模具寿命长的 加工经济性好	切面平直度无要求 拉深毛坯 翻边毛坯 加工经济性好

注：1. 表中所给的参数以低碳钢为说明对象。

2. 表列为采用一般冲模冲裁。若用强力压料精冲，则即使间隙小时也不会出现双层或多层塑剪带。

4.2.3　冲裁间隙方向的确定原则

　　冲裁时，由于凸、凹模之间存在间隙，因此，落下的料或冲出的孔均带有锥度，其大端尺寸基本上等于凹模尺寸，小端尺寸基本上等于凸模尺寸。测量时，也是按冲孔的小端和落料的大端作为基准量取尺寸的。又由于在生产中，凸、凹模都要与冲件或废料发生摩擦，凸模愈磨愈小，凹模愈磨愈大，结果使间隙随之越用越大。基于这些分析，便可确定间隙方向的取向原则：应根据落料或冲孔的不同情况而区别对待。

　　① 落料时，因制件尺寸随凹模尺寸而定，制件尺寸决定于凹模，故间隙应在减小凸模尺寸的方向上取得。

　　② 冲孔时，因冲孔尺寸随凸模尺寸而定，冲孔尺寸决定于凸模，故间隙应在增大凹模尺寸的方向上取得。

　　考虑到凸、凹模的磨损，在设计时取最小合理间隙。

4.2.4　确定合理冲裁间隙的方法

　　确定合理冲裁间隙的方法有理论计算法、经验确定法与查表法。

(1) 理论计算确定间隙法

当采用合理间隙冲裁时，材料在凸、凹模刃口周围产生剪裂纹成直线会合，若以此作为合理间隙理论值的计算依据，则由图 4-13 的几何关系可求出间隙理论值 Z：

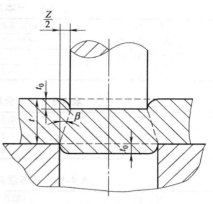

$$Z = 2(t - t_0)\tan\beta = 2t\left(1 - \frac{t_0}{t}\right)\tan\beta$$

式中　t——材料厚度，mm；

　　　t_0——塑性剪切深度，即凸模压入材料深度，mm；

　　　$\frac{t_0}{t}$——相对压入深度；

　　　β——裂纹斜度，(°)。

图 4-13　合理间隙理论确定法图示

由上式可知，Z 的大小主要随 $\left(1 - \frac{t_0}{t}\right)$ 而变，当材料厚，塑性低时，$\left(1 - \frac{t_0}{t}\right)$ 值大，即合理间隙的理论值也大，反之，材料薄，塑性高时，$\left(1 - \frac{t_0}{t}\right)$ 值小，即合理间隙理论值也小。因此，影响间隙值大小的主要因素是材质与料厚。材料越硬越厚，其所需合理间隙值越大，反之则越小。

$\frac{t_0}{t}$、β 与材料性质及其状态有关，其值见表 4-6。

表 4-6　$\frac{t_0}{t}$ 与 β 的近似值

材料	t_0/t		$\beta(°)$	
	退火	硬化	退火	硬化
软钢、纯铜、软黄铜	0.5	0.35	6	5
中硬钢、硬黄铜	0.3	0.20	5	4
硬钢、硬青铜	0.2	0.10	4	4

理论计算确定间隙法，又称计算法。由于在生产中使用不方便，因而基本不用。目前广泛使用的为经验确定法和查表确定法。

(2) 经验确定间隙法

由理论确定间隙法知道，间隙大小主要与材料厚度和塑性有关。因此，经验确定间隙法也是主要根据材料的厚度和性质来确定的。同时根据多年研究与使用经验，在确定间隙值时，要根据对制件的尺寸精度、断面质量和模具寿命的要求不同综合考虑。并有一定的间隙分类和取值范围中选取。

经验确定法是一种比较简单实用的间隙确定法，其值用被冲板料厚度乘以间隙系数表示，即

$$Z = mt$$

式中　Z——合理双面冲裁间隙，mm；

　　　m——系数，与材料性质、厚度有关，见表 4-7～表 4-11，表中数值为百分数；

　　　t——材料厚度，mm。

表 4-7　冲裁间隙系数 m

材　料	料厚 $t < 3mm$	料厚 $t > 3mm$
软钢、纯铁	6%～9%	15%～19%
铜、铝合金	6%～10%	16%～21%
硬钢	8%～12%	17%～25%

表 4-8　日本冲压手册推荐的冲裁间隙系数（供参考）

材　料	间隙系数 m	材　料	间隙系数 m
软铝、坡莫合金	10%～16%	不锈钢、硅钢	14%～24%
纯铁、软铜、铝	12%～18%	黄铜、青铜、锌白铜、硬铝	12%～20%
硬钢	16%～24%		

表 4-9　美国金属材料手册推荐的冲裁间隙系数（供参考）

材　料	间隙系数 m	材　料	间隙系数 m
软铝、锻铝	13.6%～27.2%	中等硬度钢	22.4%～44.8%
硬铝、黄铜、软钢	18%～36%		

表 4-10　前苏联麦氏冷压手册推荐的冲裁间隙系数（供参考）

材　料	间隙系数 m	材　料	间隙系数 m
软材料	4%～8%，最大允许值为25%	中等硬度钢	6%～12%，最大允许值为40%
软钢	5%～10%，最大允许值为35%	硬钢	7%～14%，最大允许值为50%

表 4-11　非金属材料冲裁间隙系数

材　料	初始双面间隙系数 m	材　料	初始双面间隙系数 m
酚醛层压板 石棉板 橡胶板 有机玻璃板 环氧酚醛玻璃布	3%～6%	云母片	3%～6%[①]
		皮革 纸	0.5%～1.5%
红纸板 胶纸板 胶布板	1%～4%	纤维板	4%
		毛毡	0～0.4%

① 该值为作者根据工厂多年实际应用体会而定，正常使用取5%较多。

表 4-8～表 4-10 摘录了部分国外间隙系数资料，其中，日本与美国所推荐的间隙系数相近，但比我国现行间隙系数大，前苏联推荐的间隙系数虽然较小，但其最大允许间隙系数可达 25%～50%，即最大允许间隙值可达料厚的 25%～50%。上述数据，仅供参考。

(3) 查表法

这是目前冲模设计时普遍采用的一种方法，可直接在模具设计手册、冲压资料中查表得到间隙值大小，其数值由经验确定间隙法得到，然后列成表供设计快速查找，使用非常方便。

实际使用时，根据具体情况将查得到的间隙数值作些修整后再用，也是正常的。

4.2.5　冲裁间隙的分类

冲裁间隙是冲裁工艺与冲裁模设计的一个非常重要的工艺参数。国家标准冲裁间隙 GB/T 16743—1997 根据冲裁件尺寸精度、剪切面质量、模具寿命和力能消耗等主要因素，将金属材料冲裁间隙分为三种类型，即Ⅰ类（小间隙）、Ⅱ类（中等间隙）、Ⅲ类（大间隙），见表4-12。按金属材料的种类、供应状态、抗剪强度，给出相应于表4-12的三类间隙，见表4-13。

表 4-12　金属材料冲裁间隙分类

分类依据 ＼ 类别		Ⅰ（小间隙）	Ⅱ（中等间隙）	Ⅲ（大间隙）
冲件断面质量	剪切面特征	毛刺一般 α小 光亮带大 塌角小	毛刺小 α中等 光亮带中等 塌角中等	毛刺一般 α大 光亮带小 塌角大

续表

分类依据	类别		Ⅰ（小间隙）	Ⅱ（中等间隙）	Ⅲ（大间隙）
冲件断面质量		塌角高度 R	(4~7)%t	(6~8)%t	(8~10)%t
		光亮带高度 B	(35~55)%t	(25~40)%t	(15~25)%t
		断裂带高度 F	小	中	大
		毛刺高度 h	一般	小	一般
		断裂角 α/(°)	4~7	>7~8	>8~11
冲件精度	平面度		稍小	小	较大
	尺寸精度	落料件	接近凹模尺寸	稍小于凹模尺寸	小于凹模尺寸
		冲孔件	接近凸模尺寸	稍大于凸模尺寸	大于凸模尺寸
模具寿命			较低	较长	最长
力能消耗	冲裁力		较大	小	最小
	卸料力、推料力		较大	最小	小
	冲裁功		较大	小	稍小
适用场合			冲件断面质量、尺寸精度要求高时，采用小间隙。冲模寿命较短	冲件断面质量、尺寸精度要求一般时，采用中等间隙。因残余应力小，能减少破裂现象，适用于继续塑性变形的工件	冲件断面质量、尺寸精度要求不高时，应优先采用大间隙，以利于提高冲模寿命

表 4-13　金属材料冲裁间隙值

材　料	抗剪强度 τ/MPa	初始间隙（双面间隙）(%t)		
		Ⅰ类	Ⅱ类	Ⅲ类
低碳钢 08F、10F、10、20、Q235A	≥210~400	6.0~14	>14~12	>20~25
中碳钢 45 不锈钢 1Gr18Ni9Ti、4Cr13 膨胀合金（可伐合金）4J29	≥420~560	7~16	>16~22	>22~30
高碳钢 T8A、T10A 65Mn	≥590~930	16~24	>24~30	>30~36
纯铝 1060、1050A、1035、1200 铝合金（软态）5A21 黄铜（软态）H62 纯铜（软态）T1、T2、T3	≥65~255	4~8	9~12	13~18
黄铜（硬态）H62 铅黄铜 HPb59-1 纯铜（硬态）T1、T2、T3	≥290~420	6~10	11~16	17~22
铝合金（硬态）2A12 锡磷青铜 QSn4-4-2.5 铝青铜 QA17 铍青铜 QBe2	≥225~550	7~12	14~20	22~26
镁合金 MB1、MB8	≥120~180	3~5		
电工硅钢 D21、D31、D41	190	5~10	>10~18	

注：表中适用于厚 10mm 以下的金属材料，考虑到料厚对间隙系数的影响，将料厚分成 0.1~1mm、1.2~3mm、3.5~6mm、7~10mm 四挡，当料厚为 0.1~1mm 时，各类间隙系数取下限值，并以此为基数，随着料厚的增加，再逐渐递增 1%~2%t（t 为料厚，有色金属和低碳钢取小值，中碳钢和高碳钢取大值）。

4.2.6　常用的几种冲裁间隙值

不同行业、不同产品、不同要求，在具体确定间隙大小时，应有区别。电子、仪表、精密机械等的一些产品制件，精度要求较高，用料较薄，可取较小间隙值，见表 4-14。机电行业常用冲裁模刃口初始双面间隙值见表 4-15、表 4-16。汽车、农机行业常用冲裁模刃口初始双面间隙值见表 4-17。不锈钢 1Cr18Ni9Ti 的冲裁间隙值见表 4-18。有关冲裁间隙用的资料较多，但都是经验数值，供参考选用。

北京市技术交流站模具队曾综合编制了一个推荐的间隙表（见表 4-19），该表为普通冲裁间隙试行表，间隙值的选用以材料的硬度为主要依据（材料的硬度分为软材、中硬材、硬材三大类型）。为了适应各企业对冲件质量与冲模寿命的不同要求，将每种类型材料的间隙选用又分为两挡，总的间隙范围为料厚的 6%～20%。为了便于生产，降低凸、凹模的制造精度，每挡间隙范围控制在 3%～4% 以内。两挡毛刺高度控制在冲件的允许范围内。

Ⅰ挡：总的冲裁间隙控制在料厚的 6%～15%。软材为料厚的 6%～9%，中硬材为料厚的 9%～20%，硬材为料厚的 12%～15%。光亮带为料厚的 1/2，断面斜角不大于 5°，冲裁力比原规定间隙降低 4% 左右，冲模寿命将比原规定间隙提高一倍左右。

Ⅱ挡：总的冲裁间隙控制在料厚的 9%～20%。软材为料厚的 9%～13%，中硬材为料厚的 13%～17%，硬材为料厚的 17%～20%。光亮带为料厚的 1/3 左右，断面斜角不大于 10°，冲裁力比原规定间隙降低 7% 左右，冲模寿命将提高三倍以上。

表 4-20 摘自（日）会田冲压手册推荐间隙实用值。

表 4-14　冲裁模刃口初始双面间隙值（电器、仪表行业）　　　　　mm

材料厚度 t	软铝 最小 为t的%	双面	最大 为t的%	双面	纯铜、黄铜、软钢 (ω_c=0.08%～0.2%) 最小 为t的%	双面	最大 为t的%	双面	硬铝、硅钢片、中等硬度钢 (ω_c=0.3%～0.4%) 最小 为t的%	双面	最大 为t的%	双面	硬钢 (ω_c=0.5%～0.6%) 最小 为t的%	双面	最大 为t的%	双面
					初始间隙值 Z											
0.2	4	0.008	6	0.012	5	0.010	7	0.014	6	0.012	8	0.016	7	0.014	9	0.018
0.3		0.012		0.018		0.015		0.021		0.018		0.024		0.021		0.027
0.4		0.016		0.024		0.020		0.028		0.024		0.032		0.028		0.036
0.5		0.020		0.030		0.025		0.035		0.030		0.040		0.035		0.045
0.6		0.024		0.036		0.030		0.042		0.036		0.048		0.042		0.054
0.7		0.028		0.042		0.035		0.049		0.042		0.056		0.049		0.063
0.8		0.032		0.048		0.040		0.056		0.048		0.064		0.056		0.072
0.9		0.036		0.054		0.045		0.063		0.054		0.072		0.063		0.081
1.0		0.040		0.060		0.050		0.070		0.060		0.080		0.070		0.090
1.2	5	0.060	7	0.084	6	0.072	8	0.096	7	0.084	9	0.108	8	0.096	10	0.120
1.5		0.075		0.105		0.090		0.120		0.105		0.135		0.120		0.150
1.8		0.090		0.126		0.108		0.144		0.126		0.162		0.144		0.180
2.0		0.100		0.140		0.120		0.160		0.140		0.180		0.160		0.200
2.2	6	0.132	8	0.176	7	0.154	9	0.198	8	0.176	10	0.220	9	0.198	11	0.242
2.5		0.150		0.200		0.175		0.225		0.200		0.250		0.225		0.275
2.8		0.168		0.224		0.196		0.252		0.224		0.280		0.252		0.308
3.0		0.180		0.240		0.210		0.270		0.240		0.300		0.270		0.330
3.5	7	0.245	9	0.315	8	0.280	10	0.350	9	0.315	11	0.385	10	0.350	12	0.420
4.0		0.280		0.360		0.320		0.400		0.360		0.440		0.400		0.480
4.5		0.315		0.405		0.360		0.450		0.405		0.495		0.450		0.540
5.0		0.350		0.450		0.400		0.500		0.450		0.550		0.500		0.600

续表

材料厚度 t	软铝				纯铜、黄铜、软钢 (ω_c＝0.08%～0.2%)				硬铝、硅钢片、中等硬度钢 (ω_c＝0.3%～0.4%)				硬钢 (ω_c＝0.5%～0.6%)			
	初始间隙值 Z															
	最小		最大		最小		最大		最小		最大		最小		最大	
	为 t 的%	双面	为 t 的%	双面	为 t 的%	双面	为 t 的%	双面	为 t 的%	双面	为 t 的%	双面	为 t 的%	双面	为 t 的%	双面
6.0	8	0.480	10	0.600	9	0.540	11	0.660	10	0.600	12	0.720	11	0.660	13	0.780
7.0	8	0.560	10	0.700	9	0.630	11	0.770	10	0.700	12	0.840	11	0.770	13	0.910
8.0	9	0.720	11	0.880	10	0.800	12	0.960	11	0.880	13	1.040	12	0.960	14	1.120
9.0	9	0.810	11	0.990	10	0.900	12	1.080	11	0.990	13	1.170	12	1.080	14	1.260
10.0	9	0.900	11	1.100	10	1.000	12	1.200	11	1.100	13	1.300	12	1.200	14	1.400

注：1. 初始间隙的最小值，相当于间隙的公称数值。

2. 初始间隙的最大值，是考虑到凸模和凹模的制造公差所增加的数值。

3. 在使用过程中，由于模具工作部分的磨损，间隙将有所增加，因而间隙的使用最大数值要超过表列数值。

表 4-15　冲裁模刃口初始双面间隙值（机电行业）　　　　mm

材料厚度 t	软铝 1060(L2)、1050(L3)、1035(L4)、1200(L5)		08F、10、15 钢板、H62、T1、T2、T3		Q235、35CrMo、QSnP10-1、D41、D44		T8、45、1Cr18Ni9	
	Z_{min}	Z_{max}	Z_{min}	Z_{max}	Z_{min}	Z_{max}	Z_{min}	Z_{max}
0.35	—	—	0.01	0.03	0.02	0.05	0.03	0.05
0.5	0.02	0.03	0.02	0.04	0.03	0.07	0.04	0.08
0.8	0.025	0.045	0.04	0.07	0.06	0.10	0.09	0.12
1.0	0.04	0.06	0.05	0.08	0.08	0.12	0.11	0.15
1.2	0.05	0.07	0.07	0.10	0.10	0.14	0.14	0.18
1.5	0.06	0.10	0.08	0.12	0.13	0.17	0.19	0.23
1.8	0.07	0.11	0.12	0.16	0.17	0.22	0.23	0.27
2.0	0.08	0.12	0.13	0.18	0.20	0.24	0.28	0.32
2.5	0.11	0.17	0.16	0.22	0.25	0.31	0.37	0.43
3.0	0.14	0.20	0.21	0.27	0.33	0.39	0.48	0.54
3.5	0.18	0.26	0.27	0.33	0.42	0.49	0.58	0.65
4.0	0.21	0.29	0.32	0.40	0.52	0.60	0.68	0.76
4.5	0.26	0.34	0.38	0.46	0.64	0.72	0.79	0.88
5.0	0.30	0.40	0.45	0.55	0.75	0.85	0.90	1.0
6.0	0.40	0.50	0.60	0.70	0.97	1.07	1.16	1.26
8.0	0.60	0.72	0.85	0.97	1.46	1.58	1.75	1.87
10	0.80	0.92	1.14	1.26	2.04	2.16	2.44	2.56

表 4-16　落料及冲孔模刃口间隙（机电行业）　　　　mm

材料名称	Q215、Q235A 钢板，08、10、15 钢板，H62、H68（半硬），纯铜（硬）、磷青铜（软），铍青铜（软）		10、15、20、30 钢板，冷轧钢带，H62、H68（硬），LY12（硬铝），硅钢片		45，T7、T8（退火），磷青铜（硬），铍青铜（硬），65Mn（退火）		H62、H68（软），纯铜（软），LF21、LF2，软铝 L2～L6，LY12（退火）	
力学性能	70～140HBS σ_b＝300～400MPa		140～190HBS σ_b＝400～600MPa		≥190HBS σ_b≥600MPa		≤70HBS σ_b≤300MPa	
厚度 t	初始间隙 Z（双面）							
	Z_{min}	Z_{max}	Z_{min}	Z_{max}	Z_{min}	Z_{max}	Z_{min}	Z_{max}
0.1	—	—	0.01	0.03	0.015	0.035	—	—
0.2	0.01	0.03	0.015	0.035	0.025	0.045	—	—
0.3	0.02	0.04	0.03	0.05	0.04	0.06	0.01	0.03
0.5	0.04	0.06	0.06	0.08	0.08	0.10	0.025	0.045
0.8	0.07	0.10	0.10	0.13	0.13	0.16	0.045	0.075

续表

1.0	0.10	0.13	0.13	0.16	0.17	0.20	0.065	0.095
1.2	0.13	0.16	0.16	0.19	0.21	0.24	0.075	0.105
1.5	0.15	0.19	0.21	0.25	0.27	0.31	0.10	0.14
1.8	0.20	0.24	0.27	0.31	0.34	0.38	0.13	0.17
2.0	0.22	0.26	0.30	0.34	0.38	0.42	0.14	0.18
2.5	0.29	0.35	0.39	0.45	0.49	0.55	0.18	0.24
3.0	0.36	0.42	0.49	0.55	0.62	0.63	0.23	0.29
3.5	0.43	0.51	0.58	0.66	0.73	0.81	0.27	0.35
4.0	0.50	0.58	0.68	0.76	0.86	0.94	0.32	0.40
4.5	0.58	0.66	0.78	0.86	1.00	1.08	0.37	0.45
5.0	0.65	0.75	0.90	1.00	1.13	1.23	0.42	0.52
6.0	0.82	0.92	1.10	1.20	1.40	1.50	0.53	0.63
8.0	1.17	1.29	1.60	1.72	2.00	2.12	0.76	0.88
10	1.56	1.68	2.10	2.22	2.60	2.72	1.02	1.14
12	1.97	2.09	2.60	2.72	3.30	3.42	1.30	1.42

表 4-17　汽车、农机行业常用冲裁模刃口初始双面间隙值　　　　mm

材料厚度t	Q215、Q235、08钢 10、35、09Mn				16Mn				40、50钢				65Mn钢			
	最小初始间隙		最大初始间隙		最小初始间隙		最大初始间隙		最小初始间隙		最大初始间隙		最小初始间隙		最大初始间隙	
	为t的%	双面	为t的%	双面	为t的%	双面	为t的%	双面	为t的%	双面	为t的%	双面	为t的%	双面	为t的%	双面
0.5以下						接近无间隙										
0.5	8	0.040	12	0.060									8	0.040	12	0.060
0.6		0.048		0.072												
0.7	9	0.063	13	0.091									9	0.063	13	0.091
0.8		0.072		0.104												
0.9	10	0.090	14	0.126									10	0.090	14	0.126
1		0.100		0.140												
1.2	11	0.132	15	0.180	11	0.165	15	0.225	11	0.165	15	0.225				
1.5		0.165		0.225												
1.75	12	0.210	18	0.315												
2		0.240		0.360	13	0.260	19	0.380	13	0.260	19	0.380				
2.1										0.273		0.399				
2.5	14	0.350	20	0.500	15	0.375	21	0.525	15	0.375	21	0.525				
2.75		0.385		0.550												
3	15	0.450	21	0.630	16	0.480	22	0.660	16	0.480	22	0.660				
3.5		0.525		0.735												
4	16	0.640	22	0.880	17	0.680	23	0.920	17	0.680	23	0.920				
4.5		0.720		0.990		0.675		0.945		0.765		1.035				
5	17	0.850	23	1.150	15	0.750	21	1.05	18	0.900	24	1.200				
5.5		0.935		1.265		0.770		1.10								
6	18	1.080	24	1.440	14	0.840	20	1.20	19	1.140	25	1.500				
6.5						0.910		1.30								
8					15	1.20	21	1.68								
12					11	1.32	15	1.80								

注：皮革、石棉和纸板的间隙取 08 钢的 25%。

表 4-18　不锈钢 1Cr18Ni9Ti 的冲裁间隙　　　　mm

料厚	双面间隙 Z			料厚	双面间隙 Z		
	Z_{min}	$Z_{合适}$	Z_{max}		Z_{min}	$Z_{合适}$	Z_{max}
0.6	0.040	0.055	0.110	1.8	0.110	0.190	0.360
0.8	0.050	0.090	0.160	2.0	0.120	0.200	0.400
1.0	0.080	0.130	0.220	2.5	0.150	0.230	0.500
1.2	0.085	0.145	0.265	3.0	0.180	0.300	0.600
1.5	0.090	0.165	0.300	—	—	—	—

表 4-19 推荐的冲裁间隙（双面）

mm

条料厚度 t	软材						中硬材						硬材					
	软铝、软钢(0.08～0.2C%) 纯铜(软)，黄铜(H68)， 铜合金(软)						硬铝(合金)，中硬钢(0.3～0.4C%) 纯铜(T3)，黄铜(H62)不锈钢， 硅钢片，铜合金(硬)						硬钢(0.5～0.6C%)，铝合金(冷作硬化)， 铜合金(最硬)					
	Ⅰ			Ⅱ			Ⅰ			Ⅱ			Ⅰ			Ⅱ		
	为 t 的%	最小	最大	为 t 的%	最小	最大	为 t 的%	最小	最大	为 t 的%	最小	最大	为 t 的%	最小	最大	为 t 的%	最小	最大
0.2		0.012	0.018		0.018	0.026		0.018	0.024		0.026	0.034		0.024	0.030		0.034	0.040
0.3		0.018	0.027		0.027	0.039		0.027	0.036		0.039	0.051		0.036	0.045		0.051	0.060
0.4		0.024	0.036		0.036	0.052		0.036	0.048		0.052	0.068		0.048	0.060		0.068	0.080
0.5		0.030	0.045		0.045	0.065		0.045	0.060		0.065	0.085		0.050	0.075		0.085	0.100
0.6		0.036	0.054		0.054	0.078		0.054	0.072		0.078	0.102		0.072	0.09		0.102	0.120
0.7		0.042	0.063		0.063	0.091		0.063	0.084		0.091	0.119		0.084	0.105		0.119	0.140
0.8		0.048	0.072		0.072	0.104		0.072	0.096		0.104	0.136		0.096	0.120		0.136	0.160
0.9		0.054	0.081		0.081	0.117		0.081	0.108		0.117	0.153		0.108	0.135		0.153	0.180
1.0		0.060	0.090		0.090	0.130		0.090	0.120		0.130	0.170		0.120	0.150		0.170	0.200
1.2	6～9	0.072	0.108	9～13	0.108	0.156	9～12	0.108	0.144	13～17	0.156	0.204	12～15	0.144	0.180	17～20	0.204	0.240
1.5		0.070	0.135		0.135	0.195		0.135	0.180		0.195	0.255		0.180	0.225		0.255	0.300
1.8		0.108	0.162		0.162	0.234		0.162	0.216		0.234	0.306		0.216	0.270		0.306	0.360
2.0		0.120	0.180		0.180	0.260		0.180	0.240		0.260	0.340		0.240	0.300		0.340	0.400
2.2		0.132	0.198		0.198	0.286		0.198	0.264		0.286	0.374		0.264	0.330		0.374	0.440
2.5		0.150	0.225		0.225	0.325		0.225	0.300		0.325	0.425		0.300	0.375		0.425	0.500
2.8		0.180	0.270		0.252	0.364		0.252	0.336		0.364	0.476		0.336	0.420		0.476	0.560
3.0		0.180	0.270		0.270	0.390		0.270	0.360		0.390	0.510		0.360	0.450		0.510	0.600
3.5		0.210	0.313		0.315	0.455		0.315	0.420		0.455	0.595		0.420	0.525		0.595	0.700
4.0		0.240	0.360		0.360	0.520		0.360	0.480		0.520	0.680		0.480	0.600		0.680	0.800
4.5		0.270	0.405		0.405	0.585		0.405	0.540		0.585	0.765		0.540	0.675		0.765	0.900
5.0		0.300	0.450		0.450	0.650		0.450	0.600		0.650	0.850		0.600	0.750		0.850	1.00

注：1. 非金属板材冲裁间隙为板料厚度的 3%～5%。

2. 冲孔直径与板料厚度比小于 1.5～2 时，间隙值应适当放大 3%～5%。

表 4-20　冲裁间隙实用值（日高桥）

材料类别	材 料	间隙类别	
		精密冲裁及极薄板	一般冲裁或薄板、中厚板
		双面间隙值（%t）	
金属	纯铁	4～8	8～16
	软钢	4～10	10～20
	高碳钢	8～16	16～26
	硅钢板 T 级	10～12	14～24
	硅钢板 B 级	8～10	12～20
	不锈钢	6～12	14～22
	铜	2～6	6～14
	黄铜	2～8	8～18
	磷青铜	4～10	10～20
	锌白铜	4～10	10～20
	铝（软）	2～6	8～16
	铝、铝合金（硬）	4～10	12～20
	锌、铅	2～6	8～12
	坡莫合金	4～8	10～16
非金属	硬质胶 赛璐珞 电木 云母	2～6	
	纸、纤维	小间隙（0.02～0.06mm）	

注：1. 厚 0.2mm 以下称为极薄板，薄板、中厚板为厚 0.3～4mm，超厚用的值越大。
　　2. 本表摘自（日）会田冲压手册。

4.2.7　选用冲裁间隙的依据和原则

　　选用的间隙应使制件尺寸精度符合要求，边缘毛刺最小，冲模寿命最高。

　　选用冲裁间隙时，应根据冲裁件技术要求、使用特点和特定的生产条件等因素，首先按表 4-12 确定拟采用的间隙类型，然后按表 4-13 选取该类间隙的变化范围，经计算便可得到间隙数值。再凭模具设计师经验结合实际酌情修正，便可确定使用的初始间隙值。

　　由于冲裁间隙对制件的尺寸精度、断面质量、毛刺大小、模具寿命、冲裁力、卸料力、推料力等都有影响，因此，冲裁间隙的选取应该根据生产实际的不同要求"按件取隙"、合理取隙。具体选用依据与选取原则如下。

(1) 根据制件断面质量要求选用

　　① 要求较高时　在间隙允许范围内，应考虑采用较小的间隙。这时尽管模具的寿命有所降低，但制件的断面光亮带较宽，断面与板料面垂直，毛刺、塌角、弯曲变形都很小。例如，电子、仪器仪表和精密机械等产品中的冲裁件，可选用表 4-14 中的间隙值。

　　② 无特殊要求时　在间隙允许范围内，取较大的间隙值是有利的。这样不但可以延长冲模寿命，而且冲裁力、推料力和卸料力都有显著降低。但过大间隙会使冲裁件产生弯曲变形，此时采用弹性卸料、压料装置可消除或减小弯曲变形。

(2) 根据制件的尺寸公差等级要求选用

　　① 制件尺寸公差等级要求为 IT12 级以上、断面不允许有较大斜度、表面粗糙度 $Ra >$ 1.6μm 时，一般宜采用小间隙冲裁。对于材料厚度 $t < 2mm$ 的薄料和硬材料，由于断面状况不明显，为延长模具使用寿命，可适当放大冲裁间隙。

　　② 制件尺寸公差等级要求为低于 IT13 级的非配合尺寸、断面无要求时，为延长模具使用寿命、降低冲裁力，应采用大间隙冲裁。

(3) 根据冲裁时力能的消耗来选用

　　对于冲裁时要求以冲裁力、冲裁功、推件力、卸料力等因素来考虑冲裁间隙时，不应采用小间隙冲裁。应该采用中等间隙或大间隙。

（4）根据最小毛刺来选用

按照冲裁间隙与毛刺高度之间的关系，这时的模具冲裁间隙取中等间隙值较合适。

（5）根据冲模使用寿命来选用

试验表明，当冲裁间隙从较小范围增加一倍值时，冲模的寿命可以增加 2～3 倍，且对冲裁件质量无明显的影响。因此，为提高模具使用寿命，应考虑采用较大冲裁间隙。

（6）根据最大的经济性来选用

为了提高冲模的加工经济性，则应尽可能地采用大的冲裁间隙。特别是当生产批量较大时，大间隙冲裁的优越性则十分显著。

（7）一些具体对策

① 冲裁料厚 $t<0.5$mm 的一般制件，常采用小间隙；$t>0.5$mm 的一般制件，在满足冲裁质量的前提下，为提高模具寿命，一般采用大间隙；对制件有特殊要求时，可采用小间隙。

② 遇有下列情况应加大间隙值：

a. 厚料冲小孔，即冲孔直径 d 小于料厚 t（$d<t$）；

b. 同样条件下，冲孔间隙比落料可大些；非圆形比圆形间隙大；

c. 硬质合金冲模需加大 30％；

d. 凹模壁或复合模的凸、凹模壁较薄时；

e. 硅钢片料中含硅量大；

f. 高速冲压时，如冲程次数超过 200 次/min 时，模具易发热，需增大 10％左右。

③ 遇有下列情况应减小间隙值：

a. 凹模为斜刃口；

b. 采用电火花穿孔加工凹模型孔的，间隙值应比磨削加工取小（0.2％～2％）t；

c. 加热冲裁；

d. 冲孔后需攻螺纹的制件。

4.3　冲裁凸模、凹模刃口尺寸及制造公差的确定

4.3.1　冲裁凸模、凹模刃口尺寸确定原则

由于落料件的外形尺寸决定于凹模刃口尺寸，冲孔件的内孔尺寸决定于凸模刃口尺寸。因此，在确定冲裁模的凸、凹模刃口尺寸时，应按落料和冲孔两种不同情况区别对待，并遵守如下原则。

① 落料时，先确定凹模刃口尺寸，其大小应取等于或接近于制件的最小极限尺寸。凸模刃口尺寸按凹模尺寸小一个最小合理间隙。

② 冲孔时，先确定凸模刃口尺寸，其大小应取等于或接近于制件孔的最大极限尺寸。凹模刃口尺寸按凸模尺寸大一个最小合理间隙。

③ 凸、凹模的制造公差与制件精度和形状有关，一般比制件精度提高 2～3 级，考虑到凹模比凸模加工稍难，故凹模精度比凸模精度低一级。对于圆形件可按 IT6～IT7 级公差值选用。

落料和冲孔凸、凹模刃口尺寸允许偏差位置如图 4-14 所示。δ_m 表示磨损公差，其余符号

见表 4-21 注。

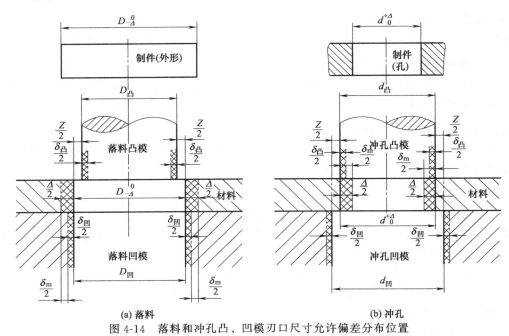

(a) 落料   (b) 冲孔

图 4-14　落料和冲孔凸、凹模刃口尺寸允许偏差分布位置

4.3.2　冲裁凸、凹模分开加工时刃口尺寸计算

冲裁凸、凹模分开加工，是指凸模和凹模分别按图样加工至尺寸。此种情况常常在要求凸、凹模具有互换性和成批生产时采用。对于形状简单、特别是圆形件，采用这种方法较为适宜。

为了保证凸、凹模间初始间隙合理，凸、凹模要分别标注公差，并应满足如下条件

$$|\delta_{凸}| + |\delta_{凹}| \leqslant Z_{\max} - Z_{\min}$$

式中　$\delta_{凸}$，$\delta_{凹}$——凸、凹模制造公差，mm；

　　　$Z_{\max}$——凸、凹模间最大合理间隙，mm；

　　　$Z_{\min}$——凸、凹模间最小合理间隙，mm。

圆形或形状简单的冲裁，分开加工法其凸、凹模尺寸的确定公式见表 4-21。

表 4-21　圆形或形状简单的凸、凹模刃口尺寸分开加工法计算公式

工序性质	制件尺寸	凸模尺寸计算式	凹模尺寸计算式
落料	$D_{-\Delta}^{0}$	$D_{凸} = (D_{\max} - X\Delta - Z_{\min})_{-\delta_{凸}}^{0}$	$D_{凹} = (D_{\max} - X\Delta)_{0}^{+\delta_{凹}}$
冲孔	$d_{0}^{+\Delta}$	$d_{凸} = (d_{\min} + X\Delta)_{-\delta_{凸}}^{0}$	$d_{凹} = (d_{\min} + X\Delta + Z_{\min})_{0}^{+\delta_{凹}}$

注：1. 计算时，需先将制件尺寸化成 $D_{-\Delta}^{0}$、$d_{0}^{+\Delta}$ 的形式，这样方便运用公式。

2. 表中：

　　D，d——落料、冲孔件公称尺寸，mm；

　　　Δ——制件的制造公差，mm；

$D_{凸}$，$D_{凹}$——落料凸模与落料凹模刃口公称尺寸，mm；

$d_{凸}$，$d_{凹}$——冲孔凸模与冲孔凹模刃口公称尺寸，mm；

　$D_{\max}$——落料件最大极限尺寸（表中 $D_{\max} = D$，故有些资料中将 $D_{\max}$ 直接用 D 表示），mm；

　$d_{\min}$——冲孔件最小极限尺寸（表中 $d_{\min} = d$，故有些资料中将 $d_{\min}$ 直接用 d 表示），mm；

　　　X——磨损系数，一般取 $X = 0.5 \sim 1$，详见表 4-22；

　$\delta_{凸}$，$\delta_{凹}$——凸、凹模制造公差，mm，一般可直接查表 4-23、表 4-24 得到，或凸模按 IT6 级、凹模按 IT7 级精度查标准公差选取，也可以按下式选取：$\delta_{凸} \leqslant 0.4(Z_{\max} - Z_{\min})$、$\delta_{凹} \leqslant 0.6(Z_{\max} - Z_{\min})$。还有按如下经验选取：50mm 以下的尺寸取 $0.01 \sim 0.03$mm；$50 \sim 100$mm 的尺寸取 $0.03 \sim 0.05$mm；$100 \sim 200$mm 的尺寸取 $0.04 \sim 0.06$mm。

表 4-22　磨损系数 X

材料厚度 t /mm	非圆形磨损系数 X			圆形磨损系数 X	
	1	0.75	0.5	0.75	0.5
	制件公差 Δ/mm				
<1	≤0.16	0.17～0.35	≥0.36	<0.16	≥0.16
1～2	≤0.20	0.21～0.41	≥0.42	<0.20	≥0.20
2～4	≤0.24	0.25～0.49	≥0.50	<0.24	≥0.24
>4	≤0.30	0.31～0.59	≥0.60	<0.30	≥0.30

表 4-23　规则形状（圆形、方形件）冲裁凸模、凹模的制造偏差　　　　mm

基本尺寸	凸模偏差 $\delta_凸$	凹模偏差 $\delta_凹$	基本尺寸	凸模偏差 $\delta_凸$	凹模偏差 $\delta_凹$
≤18	0.020	0.020	>180～260	0.030	0.045
>18～30	0.020	0.025	>260～360	0.035	0.050
>30～80	0.020	0.030	>360～500	0.040	0.060
>80～120	0.025	0.035	>500	0.050	0.070
>120～180	0.030	0.040			

表 4-24　圆形凸、凹模极限偏差　　　　mm

材料厚度 t	基本尺寸									
	～10		>10～50		>50～100		>100～150		>150～200	
	$\delta_凹$	$\delta_凸$	$\delta_凹$	$\delta_凸$	$\delta_凹$	$\delta_凸$	$\delta_凹$	$\delta_凸$	$\delta_凹$	$\delta_凸$
0.4	+0.006	−0.004	+0.006	+0.004	—	—	—	—	—	—
0.5	+0.006	−0.004	+0.006	−0.004	+0.008	−0.005	—	—	—	—
0.6	+0.006	−0.004	+0.008	−0.005	+0.008	−0.005	+0.010	−0.007	—	—
0.8	+0.007	−0.005	+0.008	−0.006	+0.010	−0.007	+0.012	−0.008	—	—
1.0	+0.008	−0.006	+0.010	−0.007	+0.012	−0.008	+0.015	−0.010	+0.017	−0.012
1.2	+0.010	−0.007	+0.012	−0.008	+0.015	−0.010	+0.017	−0.012	+0.022	−0.014
1.5	+0.012	−0.008	+0.015	−0.010	+0.017	−0.012	+0.020	−0.014	+0.025	−0.017
1.8	+0.015	−0.010	+0.017	−0.012	+0.020	−0.014	+0.025	−0.017	+0.029	−0.019
2.0	+0.017	−0.012	+0.020	−0.014	+0.025	−0.017	+0.029	−0.019	+0.032	−0.021
2.5	+0.023	−0.014	+0.027	−0.017	+0.030	−0.020	+0.035	−0.023	+0.040	−0.027
3.0	+0.027	−0.017	+0.030	−0.020	+0.035	−0.023	+0.040	−0.027	+0.045	−0.030
4.0	+0.030	−0.020	+0.035	−0.023	+0.040	−0.027	+0.045	−0.030	+0.050	−0.035
5.0	+0.035	−0.023	+0.040	−0.027	+0.045	−0.030	+0.050	−0.035	+0.060	−0.040
6.0	+0.045	−0.030	+0.050	−0.035	+0.060	−0.040	+0.070	−0.045	+0.080	−0.050
8.0	+0.060	−0.040	+0.070	−0.045	+0.080	−0.050	+0.090	−0.055	+0.100	−0.060

注：1. 当 $|\delta_凸|+|\delta_凹|>Z_{max}-Z_{min}$ 时，图样只在凸模或凹模一个零件上标注公差，而另一件则注明配作间隙。

2. 本表适用于电器仪表行业。

4.3.3　冲裁凸、凹模配合加工时刃口尺寸计算

　　当制件为非圆形或凸、凹模间配合间隙较小时，可采用配合加工法，即先加工好凸模（或凹模），然后以此为基准配作凹模（或凸模），使凸、凹模之间保持一定的间隙。此时，对要先加工的那个基准件，在图样上通常都要求标明基本尺寸及制造公差，制造公差一般取制件公差值的 25%；而与基准件配加工的凸模（或凹模），在图样上只标注基本尺寸，不标注公差，但在技术要求栏内需注明按××件调配成双面间隙××的字样。

　　采用配合加工法时，凸、凹模尺寸和公差也是按落料和冲孔分别计算后确定的。

　　落料，一般应以凹模为基准，然后配作凸模。但落料凹模磨损后，由于其刃口形状复杂程度不同，刃口尺寸的实际变化也不一定都是增大，即凹模刃口磨损后尺寸有增大（如图 4-15 所示 A 类尺寸）、减小（图 4-15 中 B 类尺寸）、不变（图 4-15 中 C 类尺寸）三种情况。凸、凹模尺寸计算公式见表 4-25。

　　冲孔，一般应以凸模为基准，然后配作凹模。但冲孔凸模磨损后，由于其刃口形状复杂程度不同，刃口尺寸的实际变化也不一定都是减小，即凸模刃口磨损后有减少（如图 4-16 中 A 类尺寸）、增大（见图 4-16 中 B 类尺寸）、不变（见图 4-16 中 C 类尺寸）三种情况。凸、凹模尺寸计算公式见表 4-26。

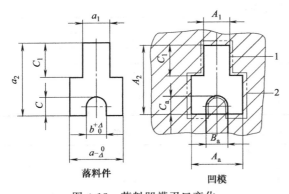

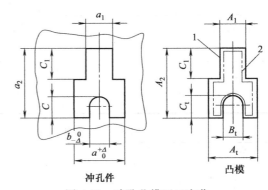

图 4-15　落料凹模刃口变化

1—凹模制造后的实际刃口（实线）；2—凹
模磨损或修磨后的刃口（双点画线）

图 4-16　冲孔凸模刃口变化

1—凸模制造后的实际刃口（实线）；2—凸模
磨损或修磨后的刃口（双点画线）

表 4-25　落料模非圆形凸、凹模尺寸配合加工法计算公式

配作种类	凹模磨损后尺寸变化	制件尺寸	凹模尺寸	凸模尺寸
按凹模尺寸配作凸模	增大	$a-_0^\Delta$	$A_凹=(a_{max}-X\Delta)^{+\delta_凹}_0$	按凹模尺寸配作，保证双面间隙 Z_{min}
	减小	$b^{+\Delta}_0$	$B_凹=(b_{min}+X\Delta)^0_{-\delta_凹}$	
	不变	$c^{+\Delta}_0$	$C_凹=(c+\frac{1}{2}\Delta)\pm\delta_凹/2$	
		$c-_0^\Delta$	$C_凹=(c-\frac{1}{2}\Delta)\pm\delta_凹/2$	
		$c\pm\Delta'$	$C_凹=c\pm\delta_凹/2=\Delta/8$	
按凸模尺寸配作凹模	增大	$a-_0^\Delta$	按凸模尺寸配作，保证双面间隙 Z_{min}	$A_凸=(a_{max}-X\Delta-Z_{min})^0_{-\delta_凸}$
	减小	$b^{+\Delta}_0$		$B_凸=(b_{min}+X\Delta+Z_{min})^{+\delta_凸}_0$
	不变	$c^{+\Delta}_0$		$C_凸=(c+\frac{1}{2}\Delta)\pm\delta_凸/2$
		$c-_0^\Delta$		$C_凸=(c-\frac{1}{2}\Delta)\pm\delta_凸/2$
		$c\pm\Delta'$		$C_凸=c\pm\delta_凸/2=\Delta/8$

注：$A_凹$，$B_凹$，$C_凹$——凹模尺寸，mm；

　　$A_凸$，$B_凸$、$C_凸$——凸模尺寸，mm；

　　a，b，c——制件的公称尺寸，mm；

　　Δ——制件公差；

　　Δ'——制件偏差，$\Delta=2\Delta'$；

　　X——磨损系数，通常取 0.5～1，详见表 4-22；

　　$\delta_凹$，$\delta_凸$——凹、凸模制造公差，mm，一般按 IT6～IT7 级精度取值，也可取 $\delta_凹=1/4\Delta$，$\delta_凸=(1/5～1/4)\Delta$；

　　Z_{min}——凸、凹模间最小双面间隙，mm。

表 4-26　冲孔模非圆形凸、凹模尺寸配合加工法计算公式

配作种类	凸模磨损后尺寸变化	制件尺寸	凸模尺寸	凹模尺寸
按凸模尺寸配作凹模	减小	$a^{+\Delta}_0$	$A_凸=(a_{min}+X\Delta)^0_{-\delta_凸}$	按凸模尺寸配作，保证双面间隙 Z_{min}
	增大	$b-_0^\Delta$	$B_凸=(b_{max}-X\Delta)^{+\delta_凸}_0$	
	不变	$c^{+\Delta}_0$	$C_凸=\left(c+\frac{1}{2}\Delta\right)\pm\delta_凸/2$	
		$c-_0^\Delta$	$C_凸=\left(c-\frac{1}{2}\Delta\right)\pm\delta_凸/2$	
		$c\pm\Delta'$	$C_凸=c\pm\delta_凸/2=\Delta/8$	
按凹模尺寸配作凸模	减小	$a^{+\Delta}_0$	按凹模尺寸配作，保证双面间隙 Z_{min}	$A_凹=(a_{min}+X\Delta+Z_{min})^{+\delta_凹}_0$
	增大	$b-_0^\Delta$		$B_凹=(b_{max}-X\Delta-Z_{min})^0_{-\delta_凹}$
	不变	$c^{+\Delta}_0$		$C_凹=\left(c+\frac{1}{2}\Delta\right)\pm\delta_凹/2$
		$c-_0^\Delta$		$C_凹=\left(c-\frac{1}{2}\Delta\right)\pm\delta_凹/2$
		$c\pm\Delta'$		$C_凹=c\pm\delta_凹/2=\Delta/8$

注：表中各代号含义同表 4-25。

4.3.4 冲裁模凸、凹模刃口尺寸计算示例

(1) 凸、凹模分开加工刃口尺寸计算

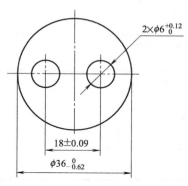

图 4-17 制件图

【例 4-1】 如图 4-17 所示制件，材料为厚 0.5mm 的 Q235，需确定凸模和凹模刃口尺寸及公差。

解：由图示可知，该制件属于一般冲裁件，尺寸公差要求不高，均可控。尺寸 $\phi36$ 由落料获得，$2\times\phi6$ 及孔中心距 18mm 由冲孔同时获得。查表 4-17，$Z_{min}=0.04$mm，$Z_{max}=0.06$mm，则由公差表 GB/T 1800.1—2009 和磨损系数表 4-22 查得：$\phi6^{+0.12}_{0}$ 为 IT12 级，取 $X=0.75$；$\phi36^{0}_{-0.62}$ 为 IT14 级，取 $X=0.5$。

设凸、凹模分别按 IT6、IT7 级加工制造，凸、凹模刃口尺寸计算结果见表 4-27。

表 4-27 图 4-17 制件冲孔、落料凸、凹模刃口尺寸计算结果 mm

工序性质	制件尺寸	计算公式	演算	凸、凹模最后尺寸
冲孔	$\phi6^{+0.12}_{0}$	$d_{凸}=(d_{min}+X\Delta)^{0}_{-\delta_{凸}}$	$d_{凸}=(6+0.75\times0.12)^{0}_{-0.008}$ $=6.09^{0}_{-0.008}$	$6.09^{0}_{-0.008}$（凸模）
		$d_{凹}=(d_{min}+X\Delta+Z_{min})^{+\delta_{凹}}_{0}$ $=(d_{凸}+Z_{min})^{+\delta_{凹}}_{0}$	$d_{凹}=(6.09+0.04)^{+0.012}_{0}$ $=6.13^{+0.012}_{0}$	$6.13^{+0.012}_{0}$（凹模）
	校核：$|\delta_{凸}|+|\delta_{凹}|\leqslant Z_{max}-Z_{min}$ $(0.008+0.012)\leqslant(0.06-0.04)$ 0.02(左边)$=0.02$(右边)满足间隙公差条件			
落料	$\phi36^{0}_{-0.62}$	$D_{凹}=(D_{max}-X\Delta)^{+\delta_{凹}}_{0}$	$D_{凹}=(36-0.5\times0.62)^{+0.025}_{0}$ $=35.69^{+0.025}_{0}$	$35.69^{+0.012}_{0}$（凹模）
		$D_{凸}=(D_{max}-X\Delta-Z_{min})^{0}_{-\delta_{凸}}$ $=(D_{凹}-Z_{min})^{0}_{-\delta_{凸}}$	$D_{凸}=(35.69-0.04)^{0}_{-0.016}$ $=35.65^{0}_{-0.016}$	$35.65^{0}_{-0.008}$（凸模）
	校核：$|\delta_{凸}|+|\delta_{凹}|\leqslant Z_{max}-Z_{min}$ $[(0.016+0.025)=0.041]$(左边)$>[(0.06-0.04)=0.02]$(右边) 由此可知，只有缩小 $\delta_{凸}$、$\delta_{凹}$，提高制造精度才能保证间隙在合理范围内，此时可取： $\delta_{凸}=0.4(Z_{max}-Z_{min})=0.4\times0.02=0.008$ $\delta_{凹}=0.6(Z_{max}-Z_{min})=0.6\times0.02=0.012$ 故：$D_{凹}=35.69^{+0.012}_{0}$　$D_{凸}=35.65^{0}_{-0.008}$			
冲孔或落料	18 ± 0.09 （孔中心距）	$C_{凹}=C\pm\Delta/8$	$C_{凹}=18\pm0.023$	18 ± 0.023

(2) 凸、凹模配合加工刃口尺寸计算

【例 4-2】 在 1mm 厚的 08F 钢板上落料，制件外形尺寸如图 4-18（a）所示，需确定落料凹模尺寸，计算结果见表 4-28 和图 4-18（b），图示双点画线为凹模磨损后的变化。

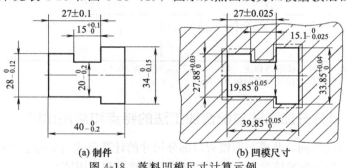

(a) 制件　　　　　　　　　　　　(b) 凹模尺寸

图 4-18 落料凹模尺寸计算示例

表 4-28　非圆形落料凹模尺寸计算结果

凹模磨损后尺寸变化	制件尺寸/mm	凹模计算公式	演算	凹模尺寸/mm
增大	$34_{-0.15}^{\ 0}$	$A_凹=(a_{max}-X\Delta)_{\ 0}^{+\delta_a}$	$A_凹=(34-1\times0.15)_{\ 0}^{+\frac{0.15}{0.4}}$ $=33.85_{\ 0}^{+0.0375}$	$33.85_{\ 0}^{+0.0375}$
	$40_{-0.2}^{\ 0}$		$A_凹=(40-0.75\times0.2)_{\ 0}^{+\frac{0.2}{0.4}}$ $=39.85_{\ 0}^{+0.05}$	$39.85_{\ 0}^{+0.05}$
增大	$28_{-0.12}^{\ 0}$	$A_凹=(a_{max}-X\Delta)_{\ 0}^{+\delta_a}$	$A_凹=(28-1\times0.12)_{\ 0}^{+\frac{0.12}{0.4}}$ $=27.88_{\ 0}^{+0.03}$	$27.88_{\ 0}^{+0.03}$
	$20_{-0.2}^{\ 0}$		$A_凹=(20-0.75\times0.2)_{\ 0}^{+\frac{0.2}{0.4}}$ $=19.85_{\ 0}^{+0.05}$	$19.85_{\ 0}^{+0.05}$
减小	$15_{\ 0}^{+0.1}$	$B_凹=(b_{min}+X\Delta)_{-\delta_a}^{\ 0}$	$B_凹=(15+1\times0.1)_{-\frac{0.1}{4}}^{\ 0}$ $=15.1_{-0.025}^{\ 0}$	$15.1_{-0.025}^{\ 0}$
不变	27 ± 0.1	$C_凹=c\pm\delta_凹/2=c\pm\dfrac{\Delta}{8}$	$C_凹=27\pm\dfrac{0.2}{8}=27\pm0.025$	27 ± 0.025

注：1. 计算结果凹模尺寸可以作适当修正，如 $33.85_{\ 0}^{+0.0375}$ 可以改成 $33.85_{\ 0}^{+0.04}$。

2. 凸模的刃口尺寸按凹模配作，保证双面间隙 Z_{min}（取 0.07mm）。

【**例 4-3**】　在 1mm 厚的 08F 钢板坯料上冲孔，孔尺寸如图 4-19（a）所示，需确定冲孔凸模尺寸，计算结果见表 4-29 和图 4-19（b），图示双点画线为凸模磨损后的变化。

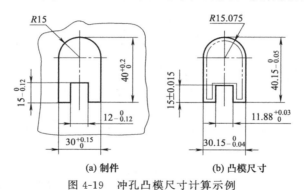

(a) 制件　　　　　　(b) 凸模尺寸

图 4-19　冲孔凸模尺寸计算示例

表 4-29　非圆形冲孔凸模尺寸计算结果

凸模磨损后尺寸变化	制件尺寸/mm	凸模计算公式	演算	凸模尺寸/mm
减小	$40_{\ 0}^{+0.2}$	$A_凸=(a_{min}+X\Delta)_{-\delta_t}^{\ 0}$	$A_凸=(40+0.75\times0.2)_{-\frac{0.2}{4}}^{\ 0}$ $=40.15_{-0.05}^{\ 0}$	$40.15_{-0.05}^{\ 0}$
减小	$30_{\ 0}^{+0.15}$		$A_凸=(30+1\times0.15)_{-\frac{0.15}{4}}^{\ 0}$ $=30.15_{-0.0375}^{\ 0}$	$30.15_{-0.0375}^{\ 0}$
增大	$12_{-0.12}^{\ 0}$	$B_凸=(b_{max}-X\Delta)_{\ 0}^{+\delta_凸}$	$B_凸=(12-1\times0.12)_{\ 0}^{+\frac{0.12}{0.4}}$ $=11.88_{\ 0}^{+0.03}$	$11.88_{\ 0}^{+0.03}$
不变	$15_{-0.12}^{\ 0}$	$C_凸=\left(c-\dfrac{\Delta}{2}\right)\pm\delta_凸/2$ $=c\pm\dfrac{\Delta}{8}$	$C_凸=15\pm\dfrac{0.12}{8}$ $=15\pm0.015$	15 ± 0.015

注：1. 计算结果凸模尺寸可以作适当修正。如 $30.15_{-0.0375}^{\ 0}$ 可改为 $30.15_{-0.04}^{\ 0}$。

2. 凹模刃口尺寸按凸模配作，保证双面间隙 0.07mm。

4.3.5　凸、凹模分开加工法与配合加工法的特点和应用比较

由于模具加工方法不同，凸模与凹模刃口部分尺寸的计算公式与制造公差的标注也不同，刃口尺寸的计算方法也就分为两种情况，上面已有介绍，其特点和应用情况的比较如表 4-30 所示。

表 4-30　凸、凹模分开加工法与配合加工法的特点和应用比较

序号	项目	分开加工法	配合加工法
1	基本原理、方法和要求	①凸模与凹模分别按图样上标注的尺寸和公差进行加工 ②冲裁间隙由凸模、凹模刃口尺寸公差来保证 ③要分别标注凸模和凹模刃口尺寸和制造公差（凸模 $\delta_凸$、凹模 $\delta_凹$）	①先做好凸模或凹模的其中一件作为基准件，然后以此基准件的实际尺寸来配合另一件，使它们之间保持一定的间隙 ②落料时，先做凹模，以它为基准件配作凸模，保证最小合理间隙值 ③冲孔时，先做凸模，以它为基准件配作凹模，保证最小合理间隙值
2	受限条件	$\lvert\delta_凸\rvert+\lvert\delta_凹\rvert\leqslant Z_{\max}-Z_{\min}$ 若不能满足上式条件，需适当调整 $\delta_凸$、$\delta_凹$ 的值，以保证上式成立。这时可取 $\delta_凸\leqslant 0.4(Z_{\max}-Z_{\min})$，$\delta_凹\leqslant 0.6(Z_{\max}-Z_{\min})$；如果相差很大，则应采用配合加工法	$\delta_凸$、$\delta_凹$ 不再受间隙限制，通常可取 $\delta=\Delta/4$（Δ 为制件制造公差）
3	特点	①凸模和凹模可分开加工，各自完全符合图样尺寸、公差等技术要求，具有互换性 ②可实现批量生产 ③凸、凹模尺寸公差精度完全靠加工机床保证 ④为了保证凸、凹模之间 $Z_{\min}$，对加工要求相对较严，增加制造难度	①模具的冲裁间隙在配制中保证，不需受到 $\lvert\delta_凸\rvert+\lvert\delta_凹\rvert\leqslant Z_{\max}-Z_{\min}$ 条件限制，加工基准件时可适当放宽公差，使加工容易，加工要求相对比较简单、宽松 ②模具尺寸标注简单，只需在基准件上注明"刃口尺寸按凹模（或凸模）"配件，保证单面间隙"××"即可 ③配合加工法制造的凸、凹模是不可互换的
4	应用	①适用于高效率、高精度、高寿命模具中。凸、凹模损坏了可以互换，有利于生产 ②主要用于圆形件、孔或比较简单和比较规则形状冲裁件的冲模中 ③既可用于单工序的冲孔，落料模，但大多数为多工位冲裁级进模中应用，因为可以互换，方便维修更换	①应用普遍广泛 ②主要用于形状复杂或料薄的冲件用模具，为保证凸、凹模之间间隙，使加工方便

4.4　冲裁力、卸料力、推件力、顶出力

4.4.1　冲裁力计算

(1) 定义与作用

冲裁力是指冲压时材料对凸模的最大抵抗力。简单地说：冲裁力即冲裁时所需要的压力。

冲裁力的计算包括：冲裁力、卸料力、推件力、顶出力的计算。

冲裁力是选择压力机、设计模具和检验模具强度的依据及重要参数，也是冲模设计师必须要做的一项计算工作和掌握的一个数据。

计算冲裁力的目的是合理选用冲压设备和设计模具。选用的冲压设备标称压力必须大于计算的冲裁力，所设计的模具必须能传递和承受所计算的冲裁力，以适应冲裁的需求。

(2) 影响冲裁力的因素

冲裁力的大小，与许多因素有关，主要有：

① 材料的力学性能（具体为抗剪强度）；

② 材料的厚度；

③ 冲裁件的轮廓周长；

④ 冲裁间隙；

⑤ 刃口的锐利程度；

⑥ 冲裁速度和润滑情况。

（3）冲裁力计算

① 平刃口冲裁时

$$P = 1.3Lt\tau \text{ 或 } P \approx Lt\sigma_b$$

式中　P——冲裁力，N 或 kN；

　　　L——冲裁刃口周长（冲裁的周边长度），mm；

　　　t——材料厚度，mm；

　　　τ——材料的抗剪强度，MPa；

　　　σ_b——材料的抗拉强度，MPa；

　　1.3——安全系数值（在生产中，考虑到刃口变钝、间隙不均匀、润滑状况、材料性能和料厚波动等因素而设，一般为 1.1～1.3，常取 1.3。有些资料将安全系数用 K 表示，取 $K=1.3$）。

② 斜刃口冲裁时

$$P_{斜} = K_{减} P$$

式中　$P_{斜}$——斜刃冲裁力，N 或 kN；

　　　P——平刃冲裁力，N 或 kN；

　　　$K_{减}$——减力系数，见表 4-31。

表 4-31　斜刃口冲裁减力系数 $K_{减}$ 值

材料厚度 t/mm	斜刃高度 H/mm	斜角 φ/(°)	减力系数 $K_{减}$	平均冲裁力为平刃的百分比
<3	$2t$	<5	0.3～0.4	30%～40%
3～10	t～$2t$	5～8	0.6～0.65	60%～65%

各种形状刃口冲裁力的计算见表 4-32。

表 4-32　冲裁力的计算公式及其举例

工序	简图	尺寸 /mm	计算公式 公式	计算公式 例
在剪床上用平刃口切断		$t=1$ $b=1000$	$P=bt\tau$	$P=1000\times1\times440$N $=44000$N
在剪床上用斜刃剪切		$t=1$	$P=0.5t^2\tau\dfrac{1}{\tan\varphi}$ 一般 φ 在 2°～5° 之间	当 $\varphi=30'$时 $P=0.5\times1^2\times440\times\dfrac{1}{0.0524}$N $=4200$N
用平刃口冲裁工件		$t=1$ $a=100$ $b=200$	$P=Lt\tau$ $L=2(a+b)$	$P=600\times1\times440$N $=26400$N $L=2\times(100+200)$mm $=600$mm
		$t=1$ $d=476$	$P=\pi dt\tau$	$P=3.14\times476\times1\times440N=653633$N
用单边斜刃冲模冲裁工件或冲缺口		$t=1$ $a=100$ $b=200$	当 $H>t$ 时 $P=t\tau\left(a+b\dfrac{t}{H}\right)$ 当 $H=t$ 时 $P=t\tau(a+b)$	当 $H=t$ 时 $P=1\times440\times(100+200)N=13200$N

续表

工序	简图	尺寸/mm	计算公式	
			公式	例
在双边斜刃冲模上冲裁工件	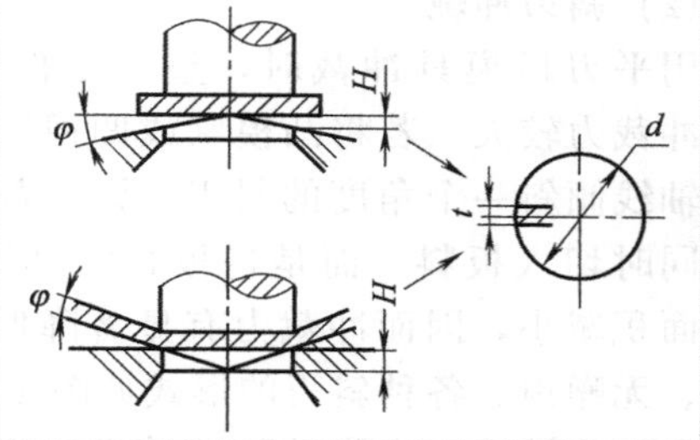	$t=1$ $d=100$	当 $H>0.5t$ 时 $P=2dt\tau \times \arccos$ $\dfrac{H-0.5t}{H}$	当 $H=t$ 时 $P=2\times100\times1\times400\times$ $\arccos\dfrac{1-0.5}{1}N$ $=92107N$
	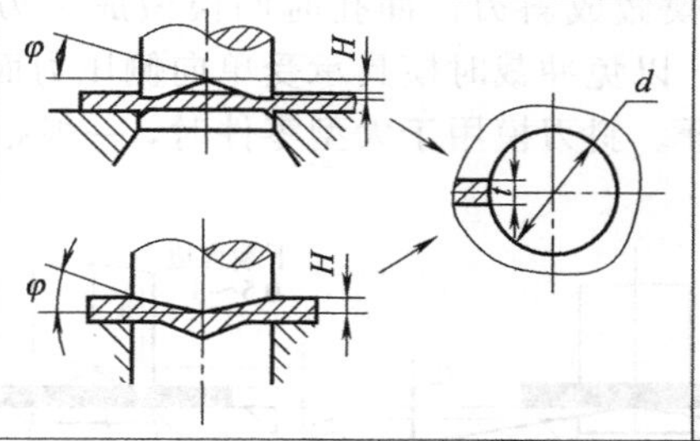		当 $H>0.5t$ 时 $P=2dt\tau \times \arccos$ $\dfrac{H-0.5t}{H}$	
在双边斜刃冲模上冲裁工件	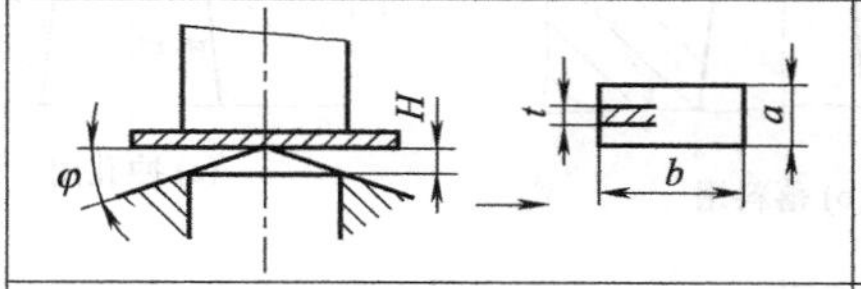	$t=1$ $a=100$ $b=200$	当 $H>t$ 时 $P=2t\tau\left(a+b\dfrac{0.5t}{H}\right)$ 当 $H=t$ 时 $P=2t\tau(a+0.5b)$	当 $H=t$ 时 $P=2\times1\times440\times$ $(100+0.5\times200)N$ $=176000N$
	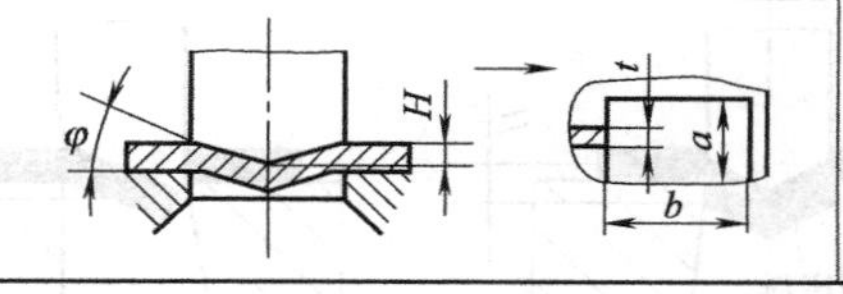		当 $H>t$ 时 $P=2t\tau\left(a+b\dfrac{0.5t}{H}\right)$ 当 $H=t$ 时 $P=2t\tau(a+0.5b)$	

注：1. τ 为材料的抗剪强度。

2. 双斜刃凸模和凹模的主要参数 H、φ 见表 4-33。

3. 考虑冲裁厚度不一致，模具刃口的磨损，凸凹模间隙的波动、材料性能的变化等因素，实际冲裁力还需增加 30%，如用平刃口模具冲裁时，实际冲裁力 $P_冲$ 应为 $P_冲=1.3P=1.3Lt\tau$（L—冲裁的周边长度，mm；t—料厚，mm）。

4. 表内公式中冲裁力"平刃口或斜刃口"冲，均用"P"表示。

4.4.2　减小冲裁力的方法

冲裁强度高的材料，或者外形尺寸和厚度大的零件时，冲裁力可能超过车间设备吨位。为了实现用较小吨位的压力机冲裁，或使冲裁过程平稳，以减少压力机振动和噪声，应设法降低冲裁力。常采用的降低冲裁力的方法有以下几种。

(1) 阶梯凸模冲裁

如图 4-20 所示，在多凸模的冲模中，可将凸模做成不同长度，使其工作端面呈阶梯式布置，从而使各凸模冲裁力的最大峰值在不同时间出现，以降低总的冲裁力。在几个凸模直径相差悬殊，相距又很近的情况下，为了保证凸模有足够的刚度，避免小直径凸模由于承受材料流动的侧压力而产生折断或倾斜现象，应将小直径凸模做得短一些。

凸模间的高度差 H 与板料的厚度有关：

$$t<3mm \quad H=t$$

$$t>3mm \quad H=0.5t$$

阶梯凸模冲裁力，一般只按产生最大冲裁力的那一层凸模来进行计算，用以选择压力机。

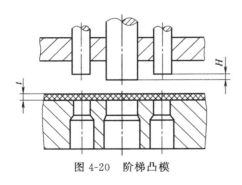

图 4-20　阶梯凸模

布置各层凸模时，位置应对称，使合力位于模具中心，以免工作时模具偏斜。

（2）斜刃冲裁

用平刃口模具冲裁时，整个零件周边同时被剪切，冲裁力较大。若将凸模（或凹模）平面刃口做成与其轴线倾斜一个角度的斜刃，则冲裁时刃口就不是全部同时切入板料，而是将板料沿其周边逐步切离，剪切面积减小，因而冲裁力有显著降低。同时，冲裁平稳、无噪声。各种斜刃的形式如图 4-21 所示。为了使冲裁件平整，落斜时凸模应做成平刃，凹模做成斜刃；冲孔时凹模做成平刃，凸模做成斜刃，斜刃一般做成波峰形，波峰应对称布置，以免冲裁时模具承受单向侧压力而发生偏移，啃伤刃口。向一边斜的斜刃只能用于切舌或切开。斜刃模用于大型零件时，一般把斜刃布置成多个波峰的形式。

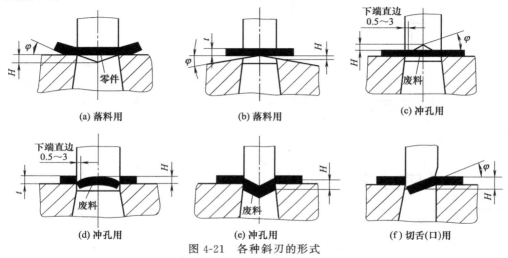

(a) 落料用　　(b) 落料用　　(c) 冲孔用

(d) 冲孔用　　(e) 冲孔用　　(f) 切舌(口)用

图 4-21　各种斜刃的形式

斜刃主要参数的设计：斜刃角 φ 和斜刀高度 H 与板料厚度有关，按表 4-33 选用。

表 4-33　斜刃参数 H、φ 值

材料厚度 t/mm	斜刃高度 H	斜刃角 φ
<3	$2t$	<5°
3～10	t	<8°

斜刃冲裁力 $P_{斜}$ 可查表 4-32 中有关项或按本书 5.4.1 中公式进行计算。

斜刃冲模虽能降低冲裁力，但增加了模具制造和修磨的困难，刃口易磨损，零件不够平整，且不易冲裁外形复杂的零件。故一般仅用于大型零件冲裁及厚板冲裁。

（3）加热冲裁

加热冲裁俗称"红冲"。板料加热后、抗剪强度明显下降，如一般碳素结构钢加热 900℃时，剪切强度约降低 90%，从而降低了冲裁力。其冲裁力按平刃冲裁力公式计算。但材料的剪切强度 τ 值，应取冲裁温度时的数值，实际冲裁温度比加热温度要低 150～200℃。

表 4-34 为钢在加热状态时的剪切强度。

进行加热冲裁的制件条料不宜过长、搭边值应适当放大，设计模具时，刃口尺寸应考虑零件的冷缩量，冲裁间隙可适当减小，凸、凹模应选用热作模具材料。加热冲裁一般只适用于厚板或表面质量及精度要求不高的零件。

表 4-34 钢在加热状态的剪切强度 τ

钢的牌号	加热温度/℃					
	200	500	600	700	800	900
	剪切强度 τ/MPa					
Q195、Q215A、10、15、 Q235A、Q255A、20、25、 30、35、40、45	360	320	200	110	60	30
	450	450	240	130	90	60
	530	520	330	160	90	70
	600	580	380	190	90	70

对于大型和形状复杂的零件，为了降低冲裁力可采用分部冲裁法，但零件精度较低。

4.4.3 卸料力、推件力和顶出力的计算

冲裁结束时，落下的料一般在径向会胀大，板料上的孔在径向会产生弹性收缩，同时板料力图恢复成原来的平直状态，导致板料上的孔紧箍在凸模上，板料的落下部分（制件）紧卡在凹模内。为使冲裁继续进行，应将箍在凸模上的部分卸下，将卡在凹模内的部分顺着冲裁方向推出。如图 4-22 所示，将材料（制件或废料）从凸模上脱下所需的力称为卸料力；将材料从凹模内顺冲裁方向推出所需的力称为推件力；将卡在凹模内的部分逆着冲裁方向顶出，逆向顶件所需的力称为顶出力。这三种力是从压力机、卸料机构、推出机构和顶出机构获得的。故选择压力机的吨位或设计以上机构时，都需对这三种力进行计算。影响这些力的因素较多，主要有材料性能及厚度、冲裁间隙、制件形状及尺寸、搭边、模具结构以及润滑情况等。一般用下列经验公计算：

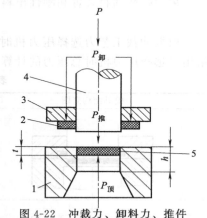

图 4-22 冲裁力、卸料力、推件力、顶出力示意图
1—凹模；2—板料
或冲孔件；3—卸料板
4—凸模；5—废料或落料件

卸料力 $P_卸 = K_卸 P$

推件力 $P_推 = nK_推 P$

顶出力 $P_顶 = K_顶 P$

式中 $P_卸$，$P_推$，$P_顶$——分别为卸料力，推件力和顶出力，N 或 kN；

$K_卸$，$K_推$，$K_顶$——分别为卸料力系数、推件力系数和顶出力系数，其值见表 4-35；

P——冲裁力，N 或 kN；

n——同时梗塞在凹模内的制件或废料数量；$n = h/t$，h 为凹模直壁刃口高度，mm，t 为料厚，mm。

表 4-35 系数 $K_卸$、$K_推$、$K_顶$ 的数值

材料及厚度/mm		$K_卸$	$K_推$	$K_顶$
钢	≤0.1	0.065～0.075	0.1	0.14
	>0.1～0.5	0.045～0.055	0.065	0.08
	>0.5～2.5	0.04～0.05	0.055	0.06
	>2.5～6.5	0.03～0.04	0.045	0.05
	>6.5	0.02～0.03	0.025	0.03
铝、铝合金		0.025～0.08	0.03～0.07	
纯铜、黄铜		0.02～0.06	0.03～0.09	

注：$K_卸$ 在冲孔多、大搭边和轮廓复杂时取上限值。

卸料力、顶出力是设计卸料装置和弹顶装置中弹性元件的依据。

4.4.4 选用压力机时总压力计算方法

冲裁工艺力包括冲裁力、卸料力、推件力和顶出力。因此，在选择压力机吨位时，需根据

模具结构分别计算冲裁工艺力。

采用刚性卸料装置和下出料方式的冲裁工艺力为

$$P_总 = P_冲 + P_推$$

采用弹性卸料装置和上出料方式的冲裁工艺力为

$$P_总 = P_冲 + P_卸 + P_顶$$

采用弹性卸料装置和下出料方式的冲裁工艺力为

$$P_总 = P_冲 + P_卸 + P_推$$

采用弹性卸料装置和刚性出料方式的冲裁工艺力为

$$P_总 = P_冲 + P_卸$$

根据冲裁工艺力选择压力机时，一般应使所选压力机的吨位大于计算所得的值。表 4-36 给出了选择压力机时总压力的计算公式和图示。

表 4-36　选压力机时总压力计算

模具结构简图	说明	总冲压力
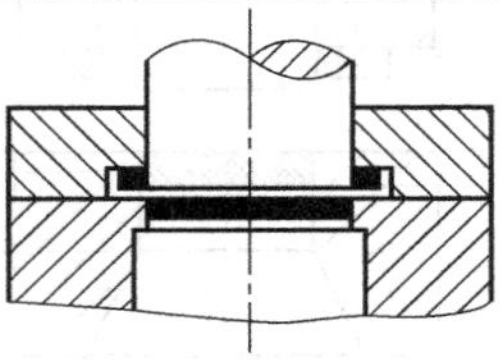	采用固定卸料板	$P_总 = P + P_推$
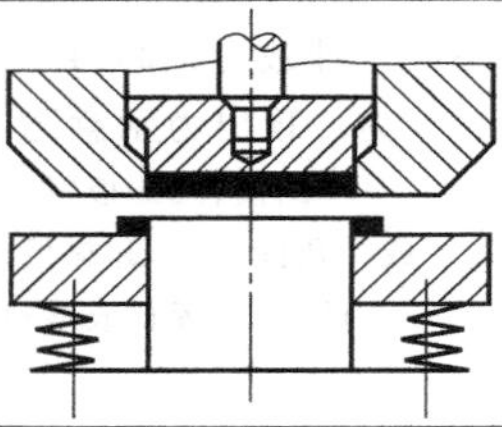	采用刚性顶件和弹性卸料	$P_总 = P + P_卸$
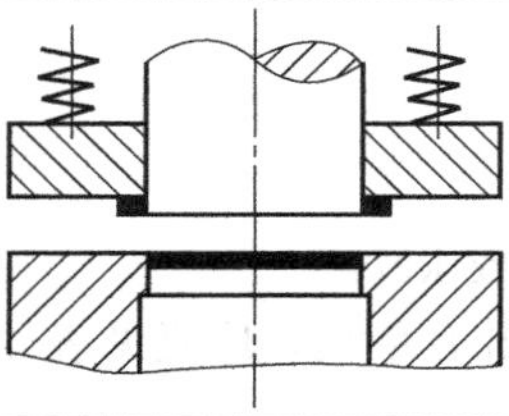	采用弹性卸料	$P_总 = P + P_卸 + P_推$
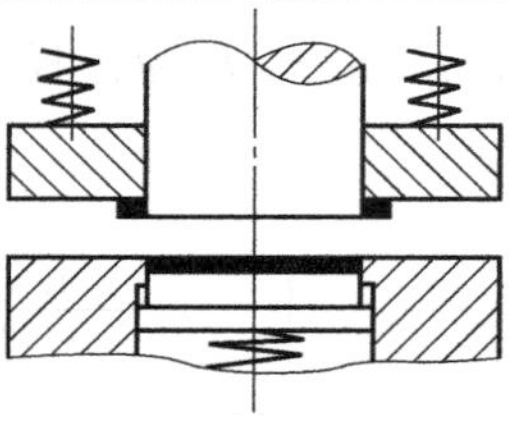	采用弹性顶件和弹性卸料	$P_总 = P + P_顶 + P_卸$

4.4.5　计算冲裁功的意义和冲裁功的验算

(1) 冲裁功

冲压车间或冲模设计在选用冲裁所需要的压力机时，往往只考虑其吨位大小，即首先进行冲裁力的计算，只要冲裁工序所需的冲裁力小于压力机公称压力就可以了。但应该指出，仅这样做是不全面的，即在选用压力机时不但要对压力机公称压力进行核算，而且还要进行功的验算。这是因为，压力机的压力取决于它的曲轴弯曲强度和齿轮轮廓的剪切强度。而压力机的功率则取决于压力机飞轮所储备的能量大小和电动机输出功率大小及其允许的超载能力。

当选择压力机时，如果是一般较薄材料冲裁，此时由于冲裁功不大，可凭经验判断，不必进行冲裁功的验算。但对于小间隙冲裁、精密冲裁、厚料冲裁和冲裁力较大，接近压力机公称压力以及使用连续行程的级进模，或由于模具间隙不均匀、模具刃口磨损增大等原因使冲压力增大，则有可能因功率超载而使压力机飞轮转速急剧下降，致使电动机由于超载而烧毁。甚至因冲裁功超载所造成设备事故。因此，对于大型及材料较厚的制件冲裁，都要进行功的核算。

(2) 冲裁功验算

在平刃冲裁时，冲裁功按下式计算：

$$W = \frac{xPt}{1000}$$

式中 W——冲裁功，J；

  P——冲裁力，N 或 kN；

  t——板料厚度，mm；

  x——修正系数，其值见表 4-37。

表 4-37 系数 x 值

材料	板料厚度/mm			
	<1	1~2	2~4	>4
	系数 x 值			
软钢($\tau = 250 \sim 350$MPa)	0.70~0.65	0.65~0.60	0.60~0.50	0.45~0.35
中硬钢($\tau = 350 \sim 500$MPa)	0.60~0.55	0.55~0.50	0.50~0.42	0.40~0.30
硬钢($\tau = 500 \sim 700$MPa)	0.45~0.40	0.40~0.35	0.35~0.30	0.30~0.15
铜、铝(退火状态)	0.75~0.70	0.70~0.65	0.65~0.55	0.50~0.40

在选用压力机时，必须满足 $W < W_{冲}$。

$W_{冲}$ 为压力机所规定的每次行程总功。如 J11-100 型压力机规定了每次行程的总功：连续行程时为 3000J，单次行程时为 4000J。但也有的压力机，没有标出每次行程总功数值，为了保证安全，可对压力机有效功进行计算。其计算式如下。

单次行程所需的总功：

$$W_{单冲} = \frac{GD^2 n^2}{3540}$$

连续行程所需的总功：

$$W_{连冲} = \frac{GD^2 n^2}{67100}$$

式中 G——压力机飞轮的重量，kg；

  D——压力机飞轮的直径，m；

  n——压力机飞轮的转速，r/min。

4.5 排样、搭边、料宽及材料利用率

4.5.1 排样

(1) 排样作用

冲裁件在条料、带料或板料上的布置方法叫排样。排样是制定冲压工艺和设计模具结构前

不可缺少的一项工作，对于级进模设计尤为重要。排样的合理与否影响到材料的经济利用、冲裁质量、生产率、模具结构与寿命、生产操作方便与安全等多个方面。因此，排样时应考虑周全、合理设计。

（2）排样应考虑的主要问题

① 经济性　即在相等的材料面积上能得到最多的制件，提高材料的利用率。大批量生产时，在冲裁件成本中，材料费用一般占60%以上，高达80%多，因此，材料的经济利用是一个重要的问题。

当两种不同排样方案的经济效果相等或差不多时，最好采用条料宽度较大而步距较小的方案，因为这样能经济地将板料裁成条料，并且还能减少冲制时间。

② 生产量　排样时必须考虑生产量的大小。生产量大时，可采用多排或混合排样方法，即一次可冲多个制件。当生产量小时，如试制或小批量生产，应考虑模具制造成本与制造周期，材料的利用率和生产率不作为主要的因素。

③ 制件的质量　保证制件的冲裁质量，使排样能满足制件对板料纤维方向的要求。

当条料宽度就是制件的尺寸时，其所能达到的尺寸精度就是下料精度。

④ 模具结构与寿命　使模具结构简单、制造容易、寿命高。

⑤ 操作安全性　使操作可靠、方便、安全，减轻劳动强度。

（3）排样种类、方法和应用

排样有两种分类方法：一是根据材料的利用情况，从废料的角度分，可分为有废料排样、少废料排样和无废料排样三种，各自特点及应用情况见表4-38。另一种是按制件在条料或带料（卷料）上排列形式来分，排样又可分为直排、斜排、直对排、斜对排、混合排、多排、裁搭边等多种形式。表4-39为常用的几种排样种类、方法和应用。

表 4-38　有废料、少废料、无废料排样方法的特点和应用

排样类型	简图	排样方法与特点	应用
有废料（有工艺余料、搭边）	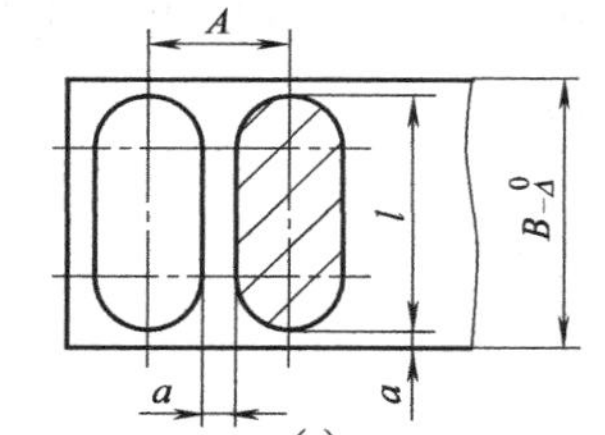 (a)	沿制件的全部外形轮廓冲裁，在被冲的制件之间及制件与条料侧之间，都有工艺余料（搭边）存在。冲裁后的搭边成废料。因留有搭边，所以制件质量和模具寿命较高。但材料利用率降低，一般材料利用率≤70%	1. 冲裁薄料、制件形状较复杂 2. 要求制件外形尺寸精度较高 3. 冲裁件尺寸精度 IT10～IT8
少废料（少工艺余料、搭边）	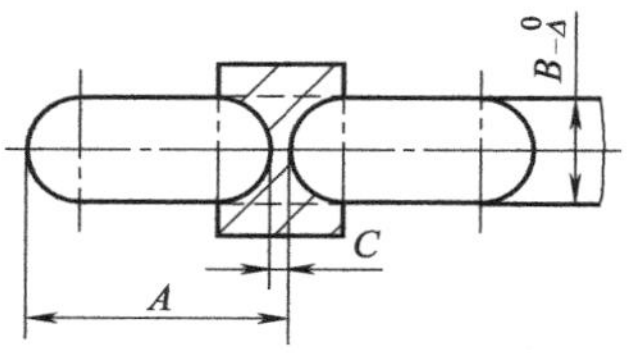 (b)	沿制件的部分外形轮廓切断或冲裁，只在制件之间（或制件与条料侧之间）留有搭边，材料利用率有所提高，可达70%～90%	1. 制件形状比较规则，某些尺寸要求不高 2. 冲裁件尺寸精度 IT14～IT9
无废料（无工艺余料、搭边）	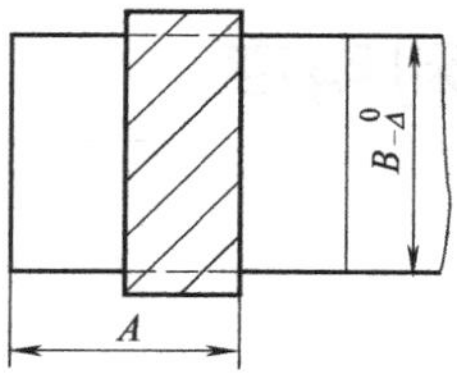 (c)	制件与制件之间、制件与条料的侧边之间无搭边存在，条料沿直线或曲线切断而得到制件。这种排样因材料只有料头和料尾损失，材料利用率最高，可达85%～95%，甚至更高	1. 对制件结构形状有一定要求，除要求较规则的如矩形长条外，精度要求较低 2. 冲裁件尺寸精度 IT14～IT12

注：表图中 A 为步矩（进距），mm；B 为料宽，mm；a_1 为搭边，mm；a 为侧搭边，mm；C 为分割切断最小值（近似搭边），mm；Δ 为料宽下偏差，mm；l 为制件长，mm。

表 4-39 常用的排样种类和方法

类型		有废料排样		少、无废料排样	
		简图	应用	简图	应用
直排			用于简单几荷形状（方形、矩形、圆形）的制件	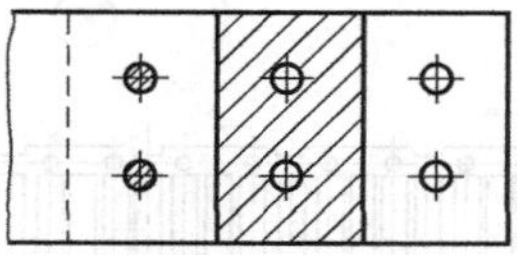	用于矩形或方形制件
斜排			用于 T 形、L 形、S 形、十字形、椭圆形制件	第1方案 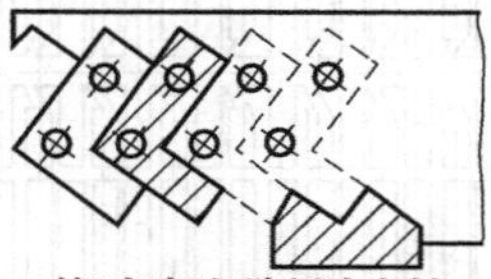 第2方案(切除侧边废料)	用于 L 形或其他形状的制件，在外形上允许有不大的缺陷
直对排			用于 T 形、⊓ 形、山形、梯形、三角形、半圆形的制件	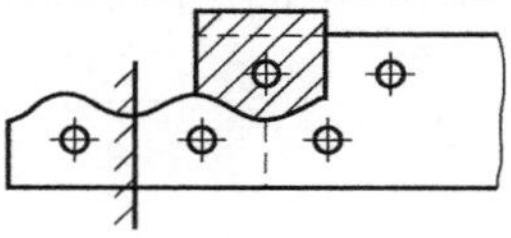	用于 T 形、⊓ 形、山形、梯形、三角形制件，在外形上允许有不大的缺陷
斜对排			用于材料利用率比直对排高的制件	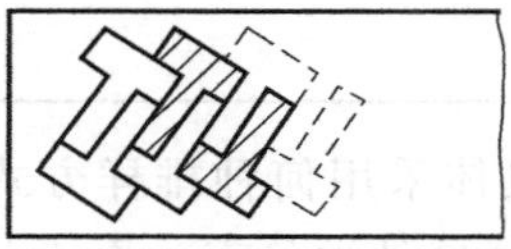	多用于 T 形制件
混合排			用于材料及厚度都相同的两种以上的制件	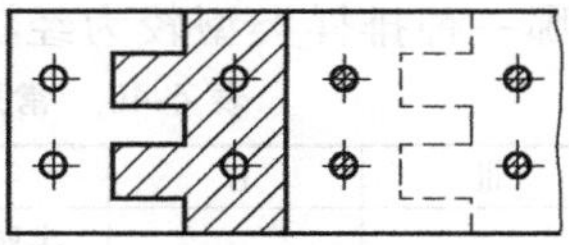	用于两个外形互相嵌入的不同制件（铰链等）
多排			用于大批量生产中尺寸不大的圆形、六角形、方形、矩形制件	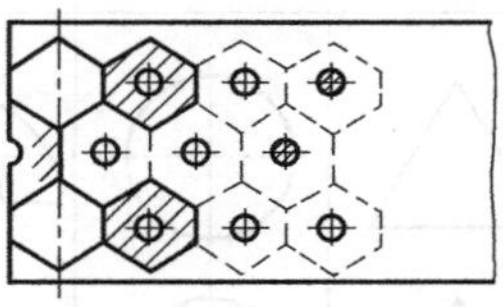	用于大批量生产中尺寸不大的方形、矩形及六角形制件
裁搭边	整体裁切法	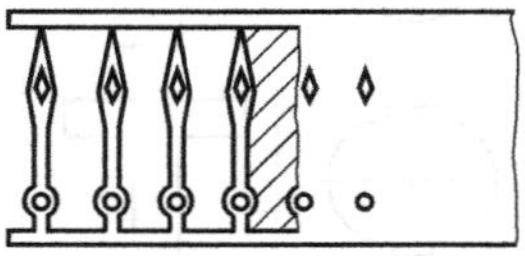	大批量生产中用于小的窄形件（表针及类似的制件）或带料的连续拉深制件	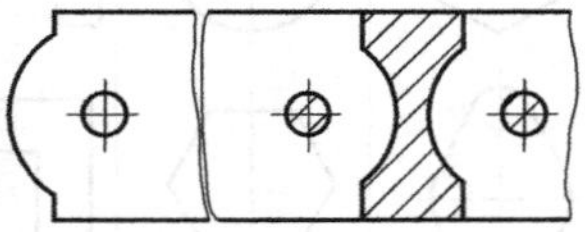	用于以宽度均匀的条料或带料冲制长形制件
	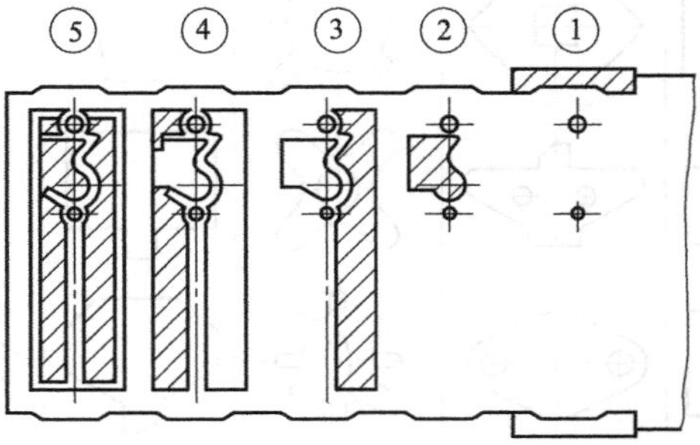 分次裁切法（示例1）		用于细长较复杂制件		

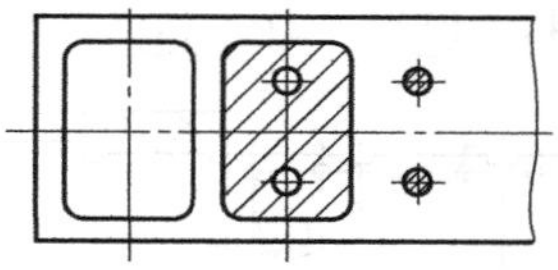

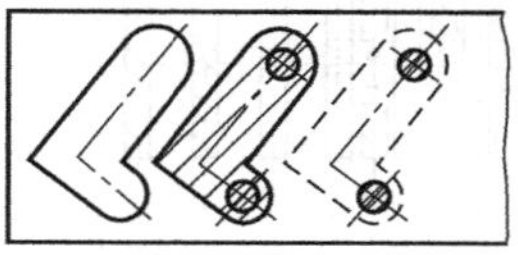

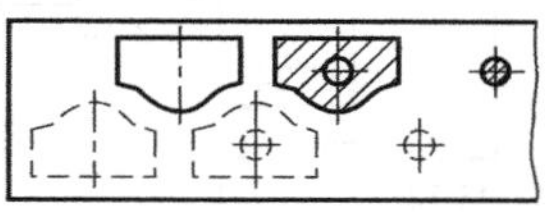

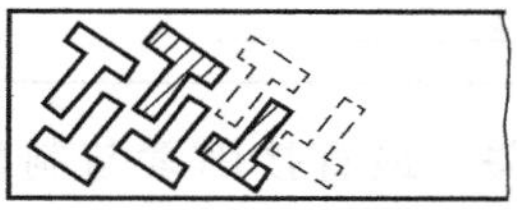

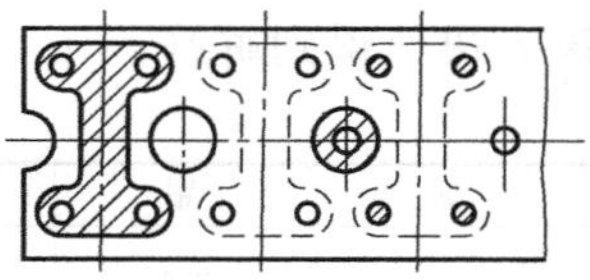

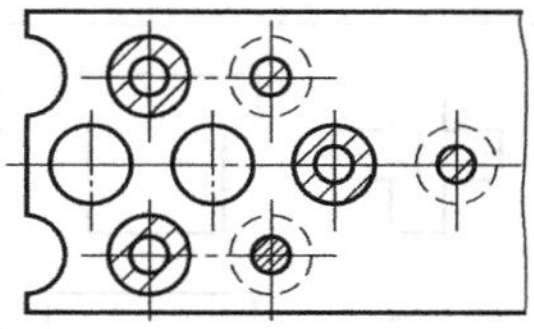

类型	有废料排样		少、无废料排样	
	简图	应用	简图	应用
裁搭边	分次裁切法（示例2）	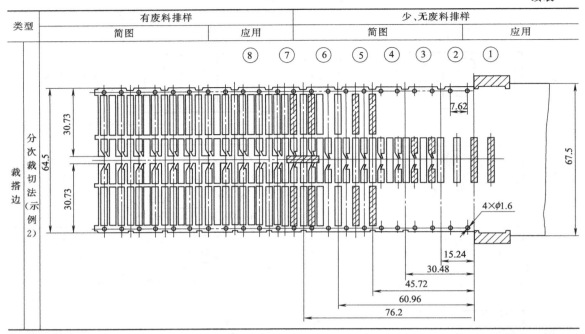		

在实际工作中，具体采用何种排样方式，它与许多因素有关，最直接因素与制件形状有关，表 4-40 为常见冲裁件外形分类。表 4-41 所示为制件形状与经济排样类型之间的关系，某种具体形状的制件用哪一种排样类型较为经济合理，可以通过该表快速得到解答。

表 4-40　常见冲裁件外形分类

Ⅰ	Ⅱ	Ⅲ	Ⅳ	Ⅴ	Ⅵ	Ⅶ	Ⅷ	Ⅸ
方形	梯形	三角形	圆及多边形	半圆及山字形	椭圆形及盘形	十字形	T 形	角尺形

表 4-41 制件形状与经济排样方式

制件形状 / 排样类型	1 方形	2 梯形	3 三角形	4 圆及多边形	5 半圆及山字形	6 椭圆及盘形	7 十字形	8 T字形	9 角尺形
直排	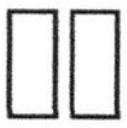 ▯▯								
单行直排		 ▱▱	 △▽△						
多行直排				 ○○○/○○○					
斜排						 ○○	 ✕✕		 ≪≪
对头直排					 ⌐⌐			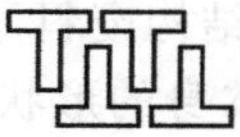 ⊤⊤⊤	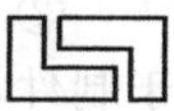 ⌐⌐
对头斜排							 ⌐⌐		

4.5.2 材料的消耗与材料利用率

(1) 单件材料的消耗

单件材料的消耗可用下式计算得到：

$$g = \frac{LBt\rho}{n \times 10^6}$$

式中　g——单个制件的材料消耗，kg；

　　　L——条（板）料长度，mm；

　　　B——条（板）料宽度，mm；

　　　t——条（板）料厚度，mm；

　　　ρ——原材料密度，对于钢材 $\rho = 7.85\mathrm{g/cm^3}$；

　　　n——条（板）料上可冲出的制件数。

(2) 材料利用率

用制件的面积与所用板料面积的百分比，作为衡量排样经济程度的指标，称为材料的利用率，用 η 表示。

① 一个步距内（即单个零件）的材料利用率 η_1

$$\eta_1 = \frac{n_1 F}{BA} \times 100\%$$

② 条料的材料利用率 $\eta_{条}$

$$\eta_{条} = \frac{n_{条} F}{LB} \times 100\%$$

③ 板料的材料利用率 $\eta_{总}$

$$\eta_{总} = \frac{n_{总} F}{L_0 B_0} \times 100\%$$

式中　η_1，$\eta_条$，$\eta_总$——一个步距内、一条条料内、一张板料的材料利用率；

　　　η_1，$\eta_条$，$\eta_总$——一个步距内（或单个零件）冲件数、一条条料上、一张板料上冲件总数；

　　　　　F——制件面积（包括冲出的小孔在内），mm^2；

　　　L，L_0——分别为条料、板料的长度，mm；

　　　B，B_0——分别为条料、板料宽度，mm；

　　　　　A——排样步（进）距，mm。

计算材料利用率时，如两个不同方案的计算结果相等或差不多，最好采用板料宽度较大而步距较小的那种方案，因为这样能经济地将板料裁切为条料。

（3）工艺废料与结构废料

冲裁板料时，所产生的废料分为工艺废料与结构废料两种，如图 4-23 所示。

① 工艺废料　制件之间和制件与条料侧边之间有搭边存在，还有因不可避免的料头和料尾而产生的废料，它主要决定于冲压方法和排样形式。

② 结构废料　结构废料也称设计废料，如由于制件有内孔的存在而产生的废料，这是由于制件本身的形状结构设计要求所决定的，一般不能改变。

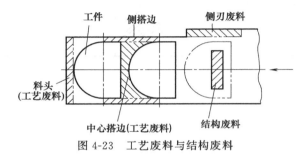

图 4-23　工艺废料与结构废料

（4）提高材料利用率的方法

为了提高材料利用率，应从减少工艺废料方面想办法，采取合理排样，选择合适的板料规格和合理的裁板法等。

① 改进制件结构设计　必要时，在不影响产品性能要求下，改善制件的结构设计，也可以减少结构设计废料，如图 4-24 所示。采用第一种排样法，材料的利用率仅为 50％；采用第二种排样法，材料的利用率可提高到 70％；当改善制件形状后，用第三种排样法，材料的利用率提高到 80％以上。

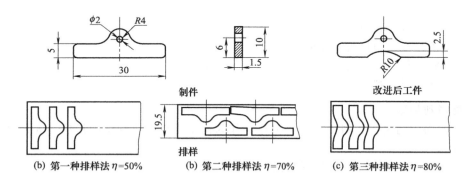

图 4-24　更改制件与材料利用率（一）

如图 4-25 所示制件原来形状的材料利用率 $\eta = 57.7\%$，在保证孔距 L_1 与 L_2 不变的条件下，将制件形状稍加修改后，材料利用率可提高到 $\eta = 69.1\%$。

如图 4-26 所示制件，原来形状的排样材料利用率为 62％，在保证尺寸 B 与 C 不变的情况下，改变 A 尺寸后其排样材料利用率可提高到近于 100％。

② 采用套冲排样、混合冲排样　当制件上带孔或具有一定形状的内形时，若采用套裁排样，就有可能将一个制件的内形孔废料用来制造另一个尺寸较小的制件（仅限于材料与厚度相

同的工件）。如图 4-27 所示为两个不同形状与尺寸的零件套冲的排样法。如图 4-28 所示为利用大制件三个孔的结构废料套冲两种规格垫圈的排样法。

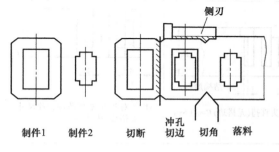

图 4-25　更改制件与材料利用率（二）

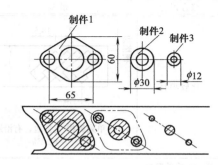

图 4-26　更改制件与材料利用率（三）

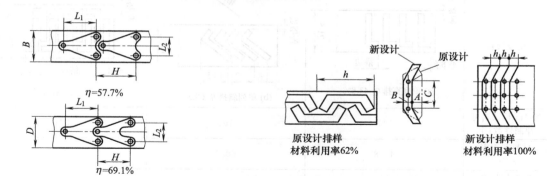

图 4-27　两个制件套冲排样

图 4-28　三个制件套冲排样

③ 采用少废料、无废料和改变排样形式　从材料的经济利用程度分析，采用少废料、无废料排样形式，材料的利用率依次为高、最高，如图 4-29 所示。同一制件采用不同的排样形式，材料的利用率各不相同，表 4-42 为一角尺形冲裁件采用的各种不同排样方式及其达到的材料利用率情况。

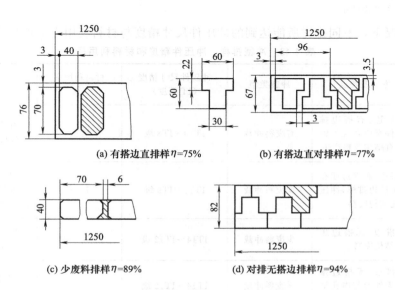

(a) 有搭边直排样 $\eta=75\%$

(b) 有搭边直对排样 $\eta=77\%$

(c) 少废料排样 $\eta=89\%$

(d) 对排无搭边排样 $\eta=94\%$

图 4-29　排样形式与材料利用率

表 4-42　角尺形冲裁件不同排样方式的比较

比较项目	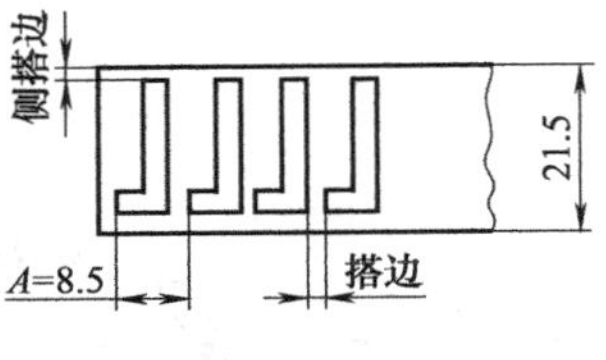 (a) 单列直排 η=43.8%	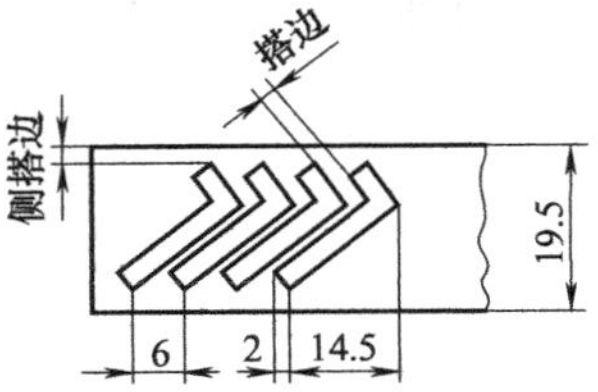 (b) 单列斜排 η=68.3%	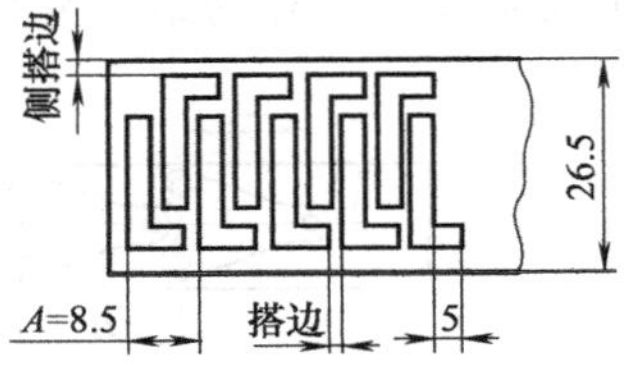 (c) 对头直排 η=71%
每1m长条料可冲制件数/个	117	163	231
材料利用率 η/%	43.8	68.3	71
废料耗材率 η₀/%	56.2	31.7	29
综合评价	最差	差	可

比较项目	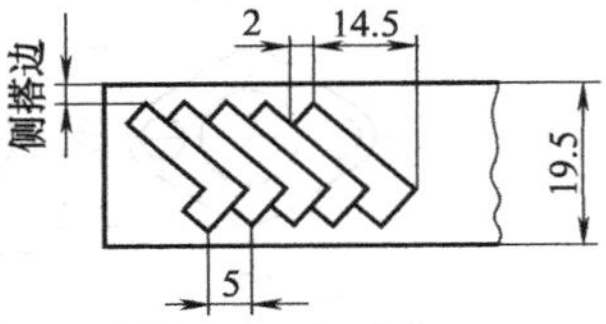 (d) 单列斜排(无搭边, 有沿边) η=82.2%	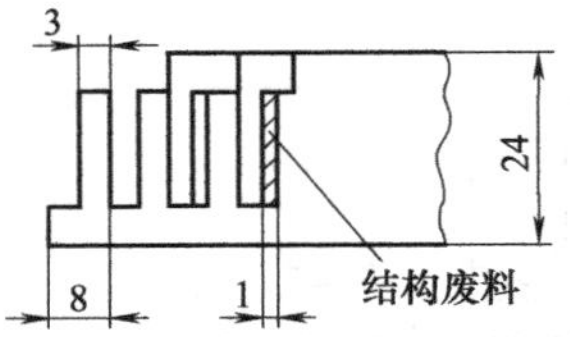 (e)① 对头直排(无搭边) η=83.5%	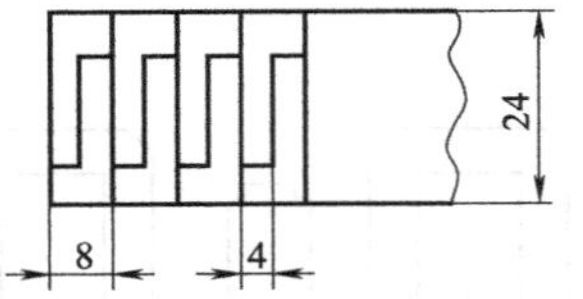 (f)② 对头直排(修改冲裁件尺寸, 无搭边) η=100%
每1m长条料可冲制件数/个	240	250	250
材料利用率 η/%	82.2	83.5	100
废料耗材率 η₀/%	17.5	16.5	0
综合评价	良	优	最佳

① 冲模结构复杂，制模困难。
② 改进了冲压件结构尺寸。

在正常情况下，不同排样所能达到的冲压件尺寸精度与材料利用率 η 值见表 4-43。

表 4-43　冲裁排样、冲压件精度和材料利用率

序号	排样方式及特点	冲裁类型	冲压件尺寸精度（IT 精度）	材料利用率 /%	说明
1	有侧搭边、有搭边排样,冲压件有内孔且外廓不规则,有结构废料产生	有废料冲裁	IT10～IT8 级	≤70	有内孔、群孔、群槽孔及外形复杂的 η 值更低
2	无侧搭边、有搭边或有侧搭边无搭边排样,冲压件有内孔结构废料	少废料冲裁	IT11～IT9 级	>70～90	有大孔和群孔群槽以及外形有凸台凹口时 η 值会降低
3	无侧搭边、无搭边排样,但有结构废料	少废料冲裁	IT14～IT12 级	>70～95	属于无搭边排样,少废料冲裁
4	无侧搭边、无搭边排样,同时无外形与内孔结构废料	无废料冲裁	IT14～IT12 级	>90～100	属于完全的无废料冲裁

4.5.3　搭边与搭边值的确定

(1) 搭边

排样时相邻两制件之间的余料或制件与条料侧边之间的余料称为搭边。

搭边分侧搭边和中心搭边,如图 4-23 所示。搭边的基本要求是应有足够的强度和刚度,而搭边的强度和刚度主要由搭边宽度决定。

搭边有两个作用:一是补偿了定位误差和裁板下料误差,确保冲出合格制件;二是可以增加条料刚度,便于条料送进,提高劳动生产率。

(2) 搭边值的影响因素

搭边值需合理确定。搭边过大,材料利用率低;搭边过小时,搭边的强度和刚度不够,在冲裁中将被拉断,制件产生毛刺,有时甚至单边拉入模具间隙,损坏模具刃口。搭边值目前由经验确定,其大小与以下因素有关。

① 材料的力学性能。塑性好的软材料、脆性材料,搭边值要大一些;硬度高、强度大的材料,搭边值可小一些。

② 材料的厚度。厚材料的搭边值取大一些。材料越厚,搭边值也越大。

③ 制件的形状和尺寸。制件外形越复杂,尺寸越大或圆角半径越小,搭边取大一些。

④ 送料及挡料方式。用手工送料、有侧压装置,能确保送料准确时,搭边可取小些;反之则必须加大。

⑤ 卸料方式。弹压卸料的搭边比用刚性的固定卸料的小。

⑥ 排样形式。对排的搭边比直排的取大一些。

⑦ 当使用橡皮冲模或聚氨酯冲模时,搭边应比用钢模大一些。

(3) 搭边值

有关搭边值大小,均用查表法取得,但内容都属工厂和研究部门总结推荐使用的指导性数值,设计师可以根据具体情况与实践经验作些必要修正。表 4-44 为冲裁较大零件金属材料的搭边值;表 4-45 为冲裁低碳钢时的搭边值。这两个表被推荐应用较多。表 4-46 为冲裁中、小件搭边值,该表长期以来被国内多数电器、仪表模具制造企业应用。

表 4-44　冲裁较大零件金属材料的搭边值　　　　　　　　mm

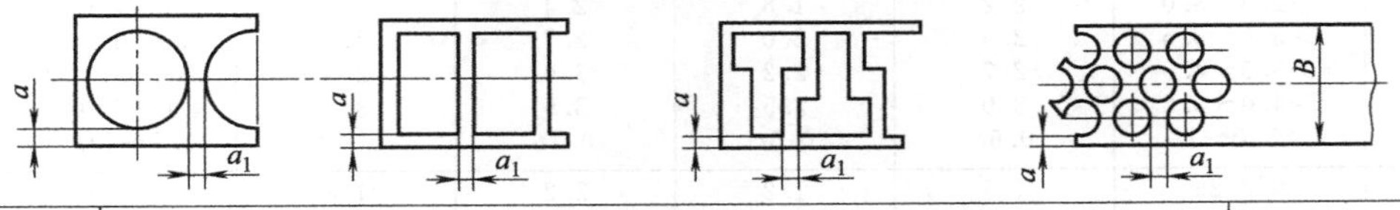

| 材料厚度 t | 手工送料 | | | | | | 自动送料 | |
| | 圆形 | | 非圆形 | | 往复送料 | | | |
	a	a_1	a	a_1	a	a_1	a	a_1
≤1	1.5	1.5	2	1.5	3	2		
>1~2	2	1.5	2.5	2	3.5	2.5	3	
>2~3	2.5	2	3	2.5	4	3.5		2
>3~4	3	2.5	3.5	3	5	4	4	3
>4~5	4	3	4	4	6	5	5	4
>5~6	5	4	6	5	7	6	6	5
>6~8	6	5	7	6	8	7	7	6
>8		6	7	7	8	8	8	7

注:1. 冲非金属材料(皮革、纸板、石棉板等)时,搭边值应乘 1.5~2。

2. 有侧刃的搭边 $a' = 0.75a$。

表 4-45　冲裁低碳钢材料的搭边值　　　　　　　　　　　　　　mm

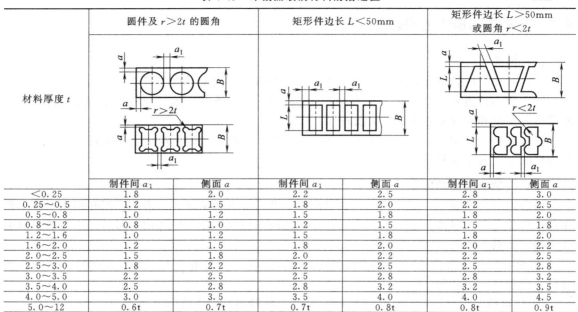

材料厚度 t	圆件及 r＞2t 的圆角		矩形件边长 L＜50mm		矩形件边长 L＞50mm 或圆角 r＜2t	
	制件间 a_1	侧面 a	制件间 a_1	侧面 a	制件间 a_1	侧面 a
≤0.25	1.8	2.0	2.2	2.5	2.8	3.0
0.25～0.5	1.2	1.5	1.8	2.0	2.2	2.5
0.5～0.8	1.0	1.2	1.5	1.8	1.8	2.0
0.8～1.2	0.8	1.0	1.2	1.5	1.5	1.8
1.2～1.6	1.0	1.2	1.5	1.8	1.8	2.0
1.6～2.0	1.2	1.5	1.8	2.0	2.0	2.2
2.0～2.5	1.5	1.8	2.0	2.2	2.2	2.5
2.5～3.0	1.8	2.2	2.2	2.5	2.5	2.8
3.0～3.5	2.2	2.5	2.5	2.8	2.8	3.2
3.5～4.0	2.5	2.8	2.8	3.2	3.2	3.5
4.0～5.0	3.0	3.5	3.5	4.0	4.0	4.5
5.0～12	0.6t	0.7t	0.7t	0.8t	0.8t	0.9t

注：对于其他材料，应将表中数值乘以下列系数：中碳钢—0.9；高碳钢—0.8；硬黄铜—1～1.1；硬铝—1～1.2；软黄铜、纯铜—1.2；铝—1.3～1.4；非金属（皮革纸、纤维）—1.5～2。

表 4-46　冲裁中、小件搭边值　　　　　　　　　　　　　　mm

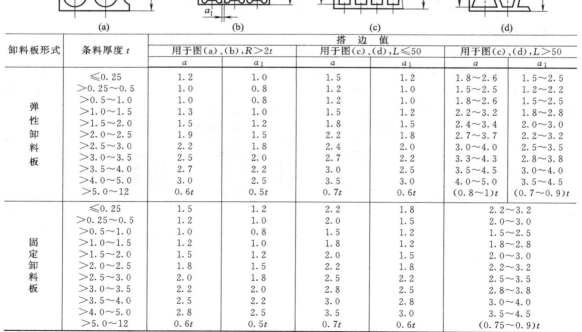

卸料板形式	条料厚度 t	搭边值					
		用于图(a)、(b)，R＞2t		用于图(c)、(d)，L≤50		用于图(c)、(d)，L＞50	
		a	a_1	a	a_1	a	a_1
弹性卸料板	≤0.25	1.2	1.0	1.5	1.2	1.8～2.6	1.5～2.5
	＞0.25～0.5	1.0	0.8	1.2	1.0	1.5～2.5	1.2～2.2
	＞0.5～1.0	1.0	0.8	1.2	1.0	1.8～2.6	1.5～2.5
	＞1.0～1.5	1.3	1.0	1.5	1.2	2.2～3.2	1.8～2.8
	＞1.5～2.0	1.5	1.2	1.8	1.5	2.4～3.4	2.0～3.0
	＞2.0～2.5	1.9	1.5	2.2	1.8	2.7～3.7	2.2～3.2
	＞2.5～3.0	2.2	1.8	2.4	2.0	3.0～4.0	2.5～3.5
	＞3.0～3.5	2.5	2.0	2.7	2.2	3.3～4.3	2.8～3.8
	＞3.5～4.0	2.7	2.2	3.0	2.5	3.5～4.5	3.0～4.0
	＞4.0～5.0	3.0	2.5	3.5	3.0	4.0～5.0	3.5～4.5
	＞5.0～12	0.6t	0.5t	0.7t	0.6t	(0.8～1)t	(0.7～0.9)t
固定卸料板	≤0.25	1.5	1.2	2.2	1.8	2.2～3.2	
	＞0.25～0.5	1.2	1.0	2.0	1.5	2.0～3.0	
	＞0.5～1.0	1.0	0.8	1.5	1.2	1.5～2.5	
	＞1.0～1.5	1.2	1.0	1.8	1.2	1.8～2.8	
	＞1.5～2.0	1.5	1.2	2.0	1.5	2.0～3.0	
	＞2.0～2.5	1.8	1.5	2.2	1.8	2.2～3.2	
	＞2.5～3.0	2.0	1.8	2.5	2.2	2.5～3.5	
	＞3.0～3.5	2.2	2.0	2.8	2.5	2.8～3.8	
	＞3.5～4.0	2.5	2.2	3.0	2.8	3.0～4.0	
	＞4.0～5.0	2.8	2.5	3.5	3.0	3.5～4.5	
	＞5.0～12	0.6t	0.5t	0.7t	0.6t	(0.75～0.9)t	

注：1. 直边冲件［见表中图(c)、(d)］，其长度 L 在 50～100mm 内，a 取较小值；L 在 100～200mm 内，d 取中间值；L 在 200～300mm 内，a 取较大值。

2. 正反面冲的条料，宽度 B 大于 50mm 时，a 取较大值。

3. 对于硬纸板、硬橡皮、纸胶板等材料以及自动送料的冲裁件，应将表中的数值乘以系数 1.3。

4. t 为冲裁件的料厚。

4.5.4　条（带）料宽度的确定

条料宽度的计算是在排样方法及搭边值确定后进行的。确定条料宽度的原则是：最小条料宽度要保证冲裁时制件周围有足够的搭边值；最大条料宽度能在导料板间送进，并与导料板间有一定的间隙。条料宽度的大小还与模具是否采用侧压装置或侧刃有关，若采用导料板导向则要计算导料板间距离。

(1) 理论计算值

理论上的条料宽度可按下式计算

$$B = D + 2a$$

式中　B——条料的宽度理论值，mm；

　　　D——垂直于送料方向的制件最大外形尺寸，它随制件排样形式方位上有变化，mm；

　　　a——侧搭边值，mm。

由于条料的裁剪误差、模具加工误差和送料时的误差，实际条料宽度应有一定的富余量，具体尺寸可根据不同的送料定位方式计算确定。

(2) 有侧压装置

见图 4-30，有侧压装置时，条料始终靠左边的导料板送进，只需在条料与另一侧导料板间留有间隙 Z。条料宽度计算式见表 4-47。

(3) 无侧压装置

见图 4-31，无侧压装置时，条料理想的送进基准是零件的中心线。实际操作时，无侧压装置的模具，条料送进时会在导料板之间摆动，从而使某一侧的搭边减少。为了补偿侧面搭边的减少，条料宽度应增加一个条料可能的摆动量，此摆动量即为条料与导料板之间的间隙 Z。条料宽度计算式见表 4-47。

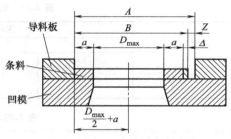

图 4-30　有侧压冲裁时条料宽度

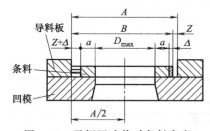

图 4-31　无侧压冲裁时条料宽度

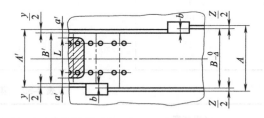

图 4-32　有侧刃定位时条料宽度

(4) 有侧刃定位

见图 4-32，模具有侧刃定位时，条料宽度应增加侧刃切去的部分。条料宽度计算式见表 4-47。

表 4-47　条料宽度及导料板间距离的计算式

模具结构	条料宽度		导料板间距离	
	详细计算	简化计算	详细计算	简化计算
有侧压装置 (图 4-30)	$B = (D_{max} + 2a + \Delta)_{-\Delta}^{0}$	$B = (D_{max} + 2a)_{-\Delta}^{0}$	$A = B + Z$ $= D_{max} + 2a + \Delta + Z$	$A = B + Z$ $= D_{max} + 2a + Z$

续表

模具结构	条料宽度		导料板间距离	
	详细计算	简化计算	详细计算	简化计算
无侧压装置 （图 4-31）	$B=[D_{max}+2(a+\Delta)+Z]_{-\Delta}^{0}$	$B=[D_{max}+2a+Z]_{-\Delta}^{0}$	$A=B+Z$ $=D_{max}+2(a+\Delta+Z)$	$A=B+Z$ $=D_{max}+2(a+Z)$
有侧刃定位 （图 4-32）	$B=(L_{max}+2a'+nb)_{-\Delta}^{0}$ $=(L_{max}+1.5a+nb)_{-\Delta}^{0}$ （其中 $a'=0.75a$）	$B=(L_{max}+2a+nb)_{-\Delta}^{0}$	$A=B+Z$ $=L_{max}+1.5a+nb+Z$ $A'=L_{max}+1.5a+y$	$A=L_{max}+2a+nb+Z$ $A'=L_{max}+2a+y$

注：1. 详细计算指考虑了条料剪切宽度偏差 Δ；简化计算指未考虑条料剪切宽度偏差 Δ。两种计算式都被实际应用

2. 表内各符号：

B——条料宽度的基本尺寸，mm；

D_{max}——垂直于送料方向的制件最大尺寸，mm

a——侧搭边值，mm，见表 4-45、表 4-46；

Z——条料与导料板间的最小间隙，mm，查表 4-48；

Δ——条料宽度的单向（负向）极限偏差，mm，见表 4-49、表 4-50；

A——导料板间距离的基本尺寸，mm；

L_{max}——垂直于送料方向的制件最大尺寸，mm；

n——侧刃数；

b——侧刃裁去的余料，见表 4-51；

y——冲切后的条料宽度与导料板间的间隙，mm，见表 4-51。

表 4-48 条料与导料板之间的最小间隙 Z mm

条料厚度 t	无侧压装置			有侧压装置	
	条料宽度 B				
	$\leqslant100$	$>100\sim200$	$>200\sim300$	$\leqslant100$	>100
$\leqslant1$	0.5	0.5	1	5	8
$>1\sim5$	0.5	1	1	5	8

表 4-49 普通剪切条料宽度偏差 Δ mm

条料宽度 B	材料厚度 t			
	<1	$1\sim2$	$2\sim3$	$3\sim5$
<50	−0.4	−0.5	−0.7	−0.9
$50\sim100$	−0.5	−0.6	−0.8	−1.0
$100\sim150$	−0.6	−0.7	−0.9	−1.1
$150\sim220$	−0.7	−0.8	−1.0	−1.2
$220\sim300$	−0.8	−0.9	−1.1	−1.3

表 4-50 滚剪用带料宽度偏差 Δ mm

条料宽度 b	材料厚度 t		
	$\leqslant0.5$	$>0.5\sim1$	$>1\sim2$
$\leqslant20$	−0.05	−0.08	−0.10
$>20\sim30$	−0.08	−0.10	−0.15
$>30\sim50$	−0.10	−0.15	−0.20

表 4-51 b、y 值   mm

条料厚度 t	侧刃裁去的余料宽 b		y
	金属材料	非金属材料	
$\leqslant1.5$	1.5	2	0.10
$>1.5\sim2.5$	2.0	3	0.15
$>2.5\sim3$	2.5	4	0.20

4.5.5　冲裁排样实例分析与材料利用率计算

制件如图 4-34 所示，外形呈"T"形，属中小件，所有尺寸均无公差要求，采用厚 4mm 的 Q235 钢制成，有较大批量，适合采用落料冲裁加工。

现有板料规格为 $2000mm \times 1000mm \times 4mm$，试计算采用何种排样方式最为合理。

解： 根据制件形状分析，对于题中所给板料，其裁样方式有三种：纵裁、横裁、套裁。如图 4-33 所示。

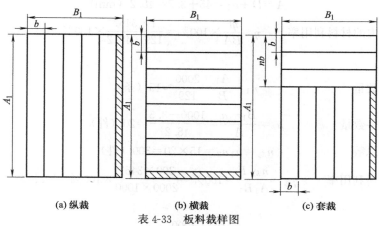

(a) 纵裁　　　　　　　(b) 横裁　　　　　　　(c) 套裁

表 4-33　板料裁样图

而排样方案为直排、单行对排、多行对排三种，分别如图 4-35、图 4-36 和图 4-37 所示。

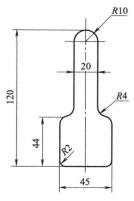

图 4-34　制件图

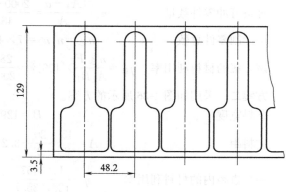

图 4-35　排样图（直排）

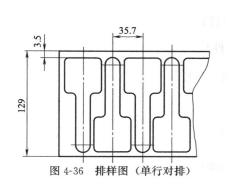

图 4-36　排样图（单行对排）

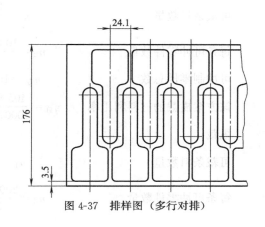

图 4-37　排样图（多行对排）

据表 4-45 查得搭边值，制件间 $a_1 = 3.2$mm、侧边 $a = 3.5$mm。

查表 4-49 得条料宽度公差 $= 1.2$mm。

计算冲裁件毛坯面积：

$$F = 44 \times 45 + (120 - 44 - 10) \times 20 + \frac{1}{2}\pi 10^2 = 1980 + 1320 + 157 = 3457 \text{（mm}^2\text{）}$$

方案一 采用图 4-35 所示方案。

条料宽度（有侧压） $B = D + 2a + \Delta = 120 + 2 \times 3.5 + 1.2 \approx 129$ （mm）

进料距 $\qquad A = D + a_1 = 45 + 3.2 = 48.2$ （mm）

一个进料距内的材料利用率 $\qquad \eta = \dfrac{\eta F}{BA} \times 100\% = \dfrac{1 \times 3457}{129 \times 48.2} \times 100\% = 55.6\%$

横裁：

可裁条料的数量 $\qquad n_1 = \dfrac{A_1}{B} = \dfrac{2000}{129} \approx 15$ （条）

每条可冲零件数量 $\qquad n_2 = \dfrac{B_1 - a}{A} = \dfrac{1000 - 3.5}{48.2} = 20$ （件）

可冲制零件总数 $\qquad n_总 = n_1 n_2 = 15 \times 20 = 300$ （件）

该方案的材料利用率 $\qquad \eta_总 = \dfrac{n_总 F}{A_1 B_1} \times 100\% = \dfrac{300 \times 3457}{2000 \times 1000} \times 100\% = 51.8\%$

纵裁：

可裁条料数量 $\qquad n_1 = \dfrac{B_1}{B} = \dfrac{1000}{129} \approx 7$ （条）

每条可冲零件数量 $\qquad n_2 = \dfrac{A_1 - a}{A} = \dfrac{2000 - 3.5}{48.2} = 41$ （件）

可冲制零件总数 $\qquad n_总 = n_1 n_2 = 7 \times 41 = 287$ （件）

该方案的材料利用率 $\qquad \eta_总 = \dfrac{n_总 F}{A_1 B_1} \times 100\% = \dfrac{287 \times 3457}{2000 \times 1000} \times 100\% = 49.6\%$

方案二 采用如图 4-36 所示的方案。

条料宽度 $\qquad B = 129$mm

进料距 $\qquad A = \dfrac{45}{2} + \dfrac{20}{2} + 3.2 = 35.7$ （mm）

一个进距内的材料利用率 $\qquad \eta = \dfrac{1 \times 3457}{129 \times 35.7} \times 100\% = 75\%$

横裁：

可裁条料数量 $\qquad n_1 = \dfrac{2000}{129} = 15$ （条）

每条可冲零件数量 $\qquad n_2 = \dfrac{1000 - 3.5}{35.7} = 27$ （件）

可冲制零件总数 $\qquad n_总 = 15 \times 27 = 405$ （件）

该方案横裁的材料利用率 $\qquad \eta_总 = \dfrac{405 \times 3457}{2000 \times 1000} \times 100\% = 70\%$

纵裁：

可裁条料数量 $\qquad n_1 = \dfrac{1000}{129} = 7$ （条）

每条可冲零件数量 $\qquad n_2 = \dfrac{2000 - 3.5}{35.7} = 55$ （件）

可冲制零件总数 $\qquad n_总=7\times55=385$ （件）

该方案横裁的材料利用率 $\qquad \eta_总=\dfrac{385\times3457}{2000\times1000}\times100\%=66.5\%$

方案三 采用如图 4-37 所示方案。

条料宽度 $\qquad B=120+2\times3.5+3.2+44+1.2\approx176$ （mm）

进料距 $\qquad A=\dfrac{45}{2}+\dfrac{3.2}{2}=24.1$ （mm）

一个进距内的材料利用率 $\qquad \eta=\dfrac{1\times3457}{176\times24.1}\times100\%=81.5\%$

横裁条数 $\qquad n_1=\dfrac{2000}{176}=11$ （条）

每条可冲零件数量 $\qquad n_2=\dfrac{1000-3.5}{24.1}=41$ （件）

可冲制零件总数 $\qquad n_总=11\times41=451$ （件）

该方案横裁的材料利用率 $\qquad \eta_总=\dfrac{451\times3457}{2000\times1000}\times100\%=77.95\%$

纵裁：

纵裁条数 $\qquad n_1=\dfrac{1000}{176}=5$ （条）

每条可冲零件数量 $\qquad n_2=\dfrac{2000-3.5}{24.1}=82$ （件）

可冲制零件总数 $\qquad n_总=5\times82=410$ （件）

该方案纵裁的材料利用率 $\qquad \eta_总=\dfrac{410\times3457}{2000\times1000}\times100\%=70.8\%$

将以上计算列表整理见表 4-52。由此可以看出，三种排样方式的材料利用率差别较大，方案三多行对排且材料横裁为材料利用率最高。

表 4-52 图 4-35～图 4-37 排样材料利用率比较

排样方式	一个进距内的材料利用率 η	板料利用率 η	
		横裁	纵裁
方案一,单列直排(图 4-35)	55.6%	51.8%	49.6%
方案二,单行对排(图 4-36)	75%	70%	66.5%
方案三,多行对排(图 4-37)	81.5%	77.95%	70.8%

4.5.6 排样图的画法与图例

当排样的构思在脑子里确定之后，即可开始画排样图了。从构思变成一张图的过程，绝不是简单的制图工作，而是一种复杂的设计，是一种在不断修改、不断完善、不断合理、灵活运用模具设计技巧的演示过程。反映在图样上，从空白变成有形。排样图画完成，对设计冲模，特别是设计多工位级进模，就有了重要依据。所以画排样图是设计冲模图样的第一步。

排样图的具体画法，根据制件的不同特点，步骤上略有些区别。下面仅对级进模设计的排样图画法作些介绍。

(1) 平板形制件

① 绘制制件图 应先绘制一张按比例（最好是 1∶1）的制件图，太小的件可放大比例画，从

中可以发现结构与尺寸有无问题

②　绘制排样草图

a. 正式画排样图之前，可以先画几个草图，草图上涂涂改改比较方便。草图的终选方案定下来了，再画正式图，这样画正式图时变得快而不会更改太多。

b. 画草图时，工位数、每个工位冲什么，定距方式采用侧刃或导正销，载体形式，料宽、步距大小等应确定下来。

c. 画草图时，将预先已经考虑好的初步方案从右至左（或从左至右）布置，同样须遵守排样原则，即孔和制件外形轮廓先冲或裁切，后弯曲成形、最终是制件与条料的分离。

③　正式画排样图　正式画排样图时，最好是1∶1，因为按1∶1的画法最容易发现问题，可以及时调整。

正式排样图，一般放在冲裁模或级进模总装配图的右上角。制件大一些的，工位又比较多时，可以单独用一张图纸画。

单独画排样图时，在白图纸的上半部分画出制件图，尺寸公差等应完全符合用户提出的技术要求并标出，主要供模具设计制造时参考。因用户提供的原始图，一般不直接用于生产，用它的复印图也是可以的。图纸的下半部分画排样。排样图的画法，常以平面布置为主，立体的为辅（压弯、拉深时用）。具体画法如下。

a. 在图面的适当地方先画一条水平线，不要太粗。

b. 根据排样草图，在水平线的适当位置，定出各工位的中心，工位间中心距等于步距尺寸。画完后的排样图居中偏左为好。这是由于正规的图纸，标题栏常在图幅右下角。

c. 从工位①开始画出冲压的内容，包括定距用侧刃（孔）或导正销孔。

d. 再画工位②冲压的内容，此时工位①已冲出的孔，在工位②上亦应画出来。

e. 画工位③的冲压内容。如果工位③是空位，则也要将工位①、②冲出的孔，在工位③上表示。

f. 画工位④的冲压内容。如果本排样图的总工位数为4个，工位④为落料，即画出落料外形就可以了。

g. 检查各工位所画的内容是否正确无误，有无修改的地方。

h. 排样图的各工位正确无误后，可以画出条料的外形。如用成形侧刃定距的，定距后的条料外形应按实际情况画。条料的外形画出后，料宽也就知道了。

i. 为便于识别，可将每个工位的冲压内容用颜色涂上或画上阴影线。

j. 以某一基准标出工位间距，即步距太小、料宽尺寸、送料方向等有关说明，排样图就算画成了。

(2) 弯曲成形件

其画法的基本步骤和具体过程，与平板形制件的排样图相似。但需要先画弯曲件的展开图。排样图是在展开图的基础上，根据其外形特点和考虑弯曲成形变形规律后，才可以进行分解，分别在几个工位上完成冲压工作。一般送料的开始几个工位是冲裁工位，后面工位安排压弯成形。对压弯成形部分，必要时用详图表示。

(3) 拉深件

须先进行工艺计算，确定拉深件毛坯尺寸、拉深次数、每次拉深的直径、高度、圆角半径的变化大小以及条料宽度尺寸后才可画排样图。画法的基本步骤和具体过程与平板形制件的排样图相似，但须有两个视图，将各次拉深直径和拉深高度在视图上表示出来。

(4) 排样图画法的表示图例

图4-38～图4-44介绍的为排样图画法的表示图例，对了解不同排样方法亦有一定参考价值。

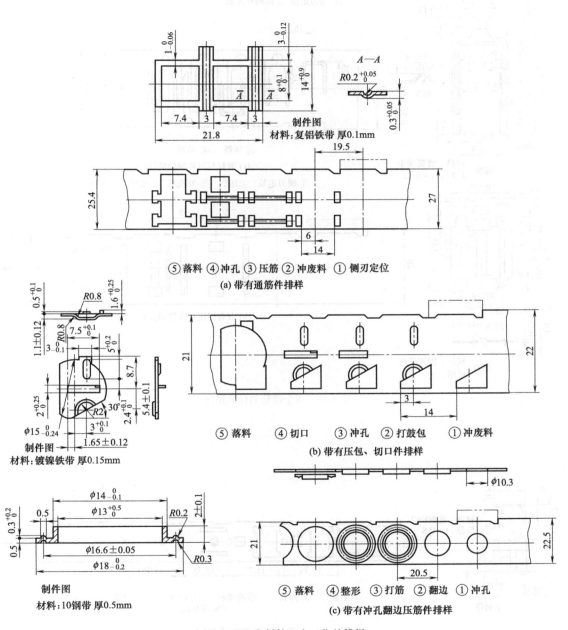

图 4-38　三个制件 5 个工位的排样

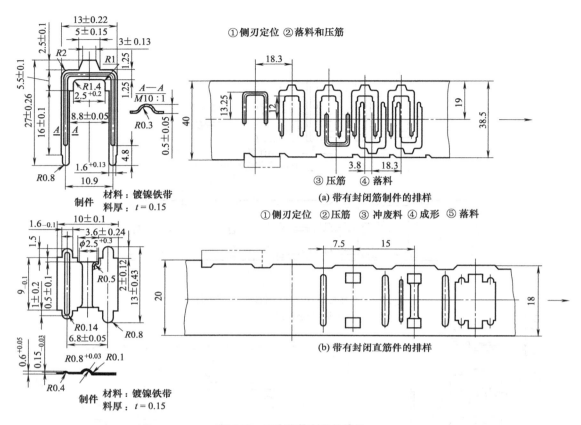

① 侧刃定位 ② 落料和压筋

（a）带有封闭筋制件的排样

③ 压筋 ④ 落料

① 侧刃定位 ② 压筋 ③ 冲废料 ④ 成形 ⑤ 落料

（b）带有封闭直筋件的排样

材料：镀镍铁带
料厚：t = 0.15

制件

图 4-39　两个带筋制件的排样

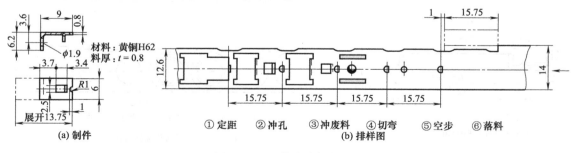

材料：黄铜H62
料厚：t = 0.8

（a）制件

① 定距 ② 冲孔 ③ 冲废料 ④ 切弯 ⑤ 空步 ⑥ 落料

（b）排样图

图 4-40　6工位冲裁弯曲排样

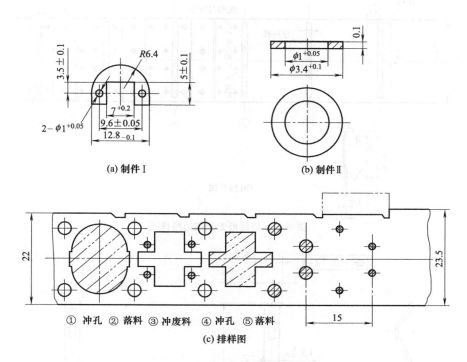

(a) 制件Ⅰ　　　　　　　　(b) 制件Ⅱ

① 冲孔　② 落料　③ 冲废料　④ 冲孔　⑤ 落料

(c) 排样图

图 4-41　双焊料片纯冲裁混合排样

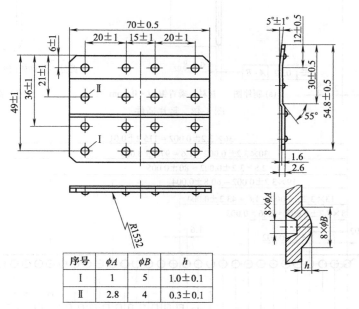

序号	ϕA	ϕB	h
Ⅰ	1	5	1.0 ± 0.1
Ⅱ	2.8	4	0.3 ± 0.1

材料：SPCC软钢带　$t = 1.6\text{mm}$

(a) 制件图

图 4-42

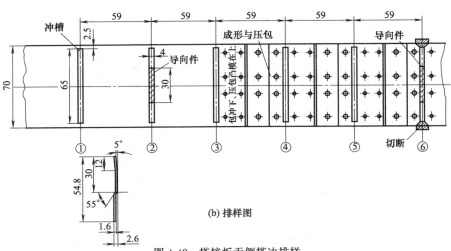

(b) 排样图

图 4-42　搭接板无侧搭边排样

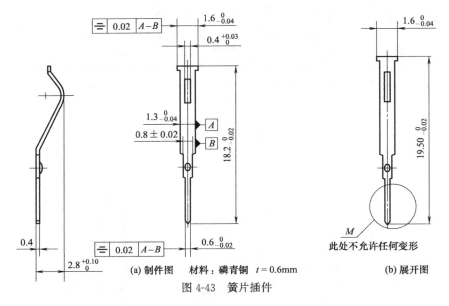

(a) 制件图　材料：磷青铜　$t = 0.6\text{mm}$　　(b) 展开图

图 4-43　簧片插件

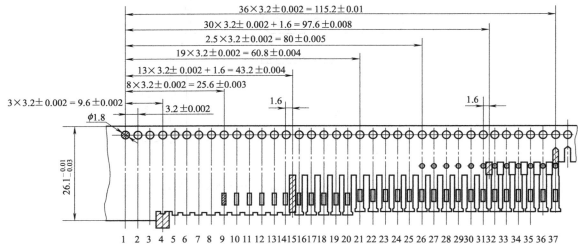

图 4-44　簧片插件排样图

4.6 冲模零件的分类、功能及使用范例

4.6.1 冲模零件的分类与功能

各种结构的冲模，其复杂程度不同，组成模具的零件各有差异，但主要由工艺性零件和结构性零件组成，也有分为工艺零件、传动零件和辅助结构零件组成，这里按工艺性零件和结构性零件组成与功能，见表 4-53。

表 4-53　冲模零件的组成与功能

零件种类			零件名称	零件作用
冲模零件	工艺性零件	①工作零件	凸模 凹模 凸凹模 刃口镶块	① 直接参与对材料进行加工,完成板料的分离或成形工序;直接与冲压件相互接触,它们对完成工艺过程起主要和关键作用
		②定位零件	定位板(销) 挡料销(板) 导正销 导料板 侧刃与侧刃挡块 侧压器	② 确定条料或坯件在冲模中的正确位置
		③卸料、压料及出料零件	卸料板 压边圈 顶出器 顶销 推杆(板) 废料切刀	③ 用于压紧条料、毛坯或将制件或废料从模具中推出或卸下来。压边圈在拉深模中起防止失稳起皱作用
	结构性零件	④导向零件	导柱、导套 导板 导向筒(块)	④ 正确对准上、下模位置,以保证冲压精度
		⑤支撑零件	上、下模座 模柄 固定板 垫板 衬板	⑤ 连接固定工作零件,使之成为完整的模具结构
		⑥紧固零件	螺钉 销钉	⑥ 紧固连接各类零件,销钉主要起稳固和定位作用
		⑦缓冲零件(弹性元件)	弹簧 橡皮	⑦ 利用其弹力起卸料、压料和退料等作用
		⑧传动件及其他	侧楔 凸轮 滑块 铰链 接头 其他零件	⑧ 传动及改变工作运动方向和由于某些特殊需要而设置的零件
		⑨监测与安全保护装置与零件	行程限位块(柱) 探头、触杆 护套 防护栅、安全板	⑨ 为保护模具和安全生产而设置

4.6.2 各种冲模零件的使用范例

(1) 落料模（图 4-45）

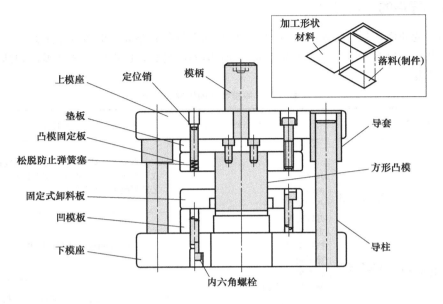

图 4-45 落料模的主要零件

(2) 冲孔模（图 4-46）

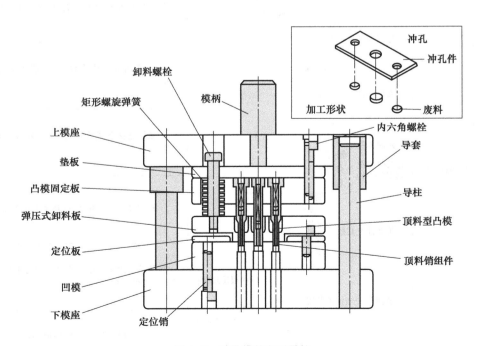

图 4-46 冲孔模的主要零件

(3) U形弯曲模（图 4-47）

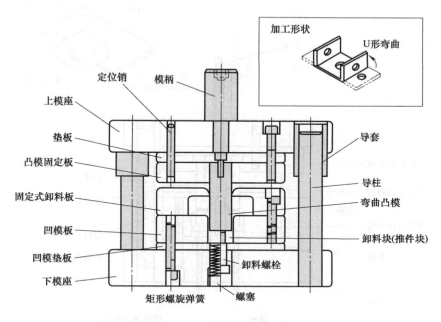

图 4-47　U形弯曲模的主要零件

(4) 落料冲孔复合模（图 4-48）

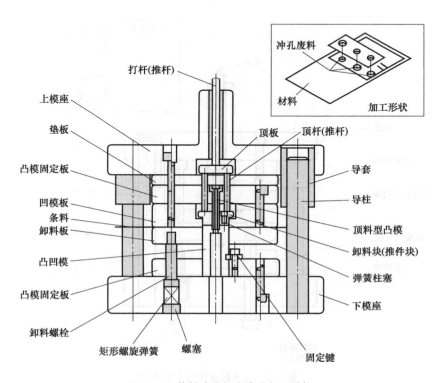

图 4-48　落料冲孔复合模的主要零件

(5) 落料拉深复合模（图 4-49）

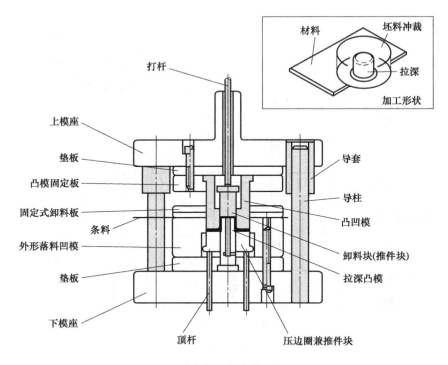

图 4-49 落料拉深复合模的主要零件

(6) 二次拉深模（图 4-50）

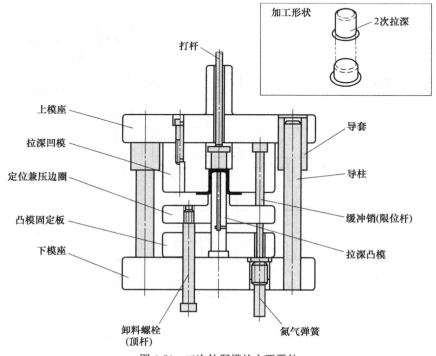

图 4-50 二次拉深模的主要零件

(7) 冲裁弯曲多工位级进模 （图 4-51）

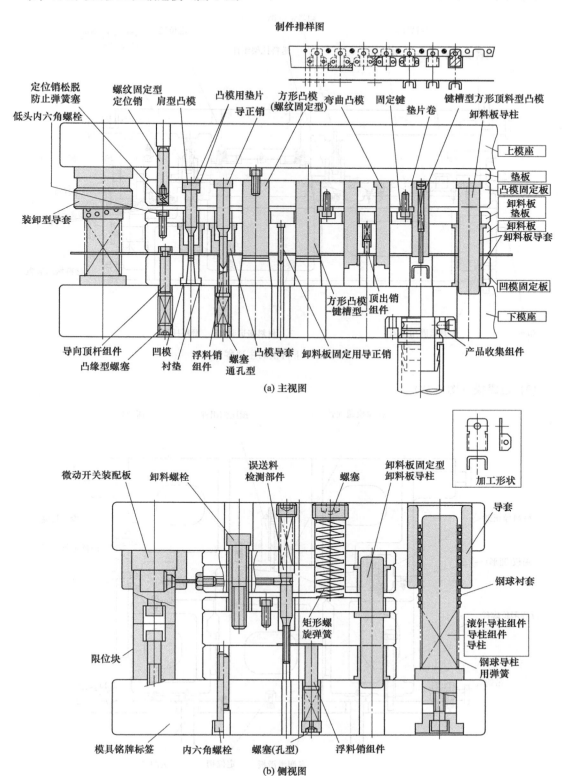

制件排样图

定位销松脱
防止弹簧塞
低头内六角螺栓
螺纹固定型
定位销
肩型凸模
凸模用垫片
导正销
方形凸模
（螺纹固定型）
弯曲凹模
固定键
垫片卷
键槽型方形顶料型凸模
卸料板导柱

装卸型导套

上模座
垫板
凸模固定板
卸料板
垫板
卸料板
卸料板导套

凹模固定板

下模座

导向顶杆组件
凸缘型螺塞
凹模
衬垫
浮料销
组件
螺塞
通孔型
凸模导套
卸料板固定用导正销
方形凸模
－键槽型－
顶出销
组件
产品收集组件

(a) 主视图

微动开关装配板
卸料螺栓
误送料
检测部件
螺塞
卸料板固定型
卸料板导柱

加工形状

导套

钢球衬套

滚针导柱组件
导柱组件
导柱
钢球导柱
用弹簧

限位块

模具铭牌标签
内六角螺栓
螺塞(孔型)
矩形螺
旋弹簧
浮料销组件

(b) 侧视图

图 4-51　冲裁弯曲多工位级进模的主要零件

(8) 下料模 （图 4-52）

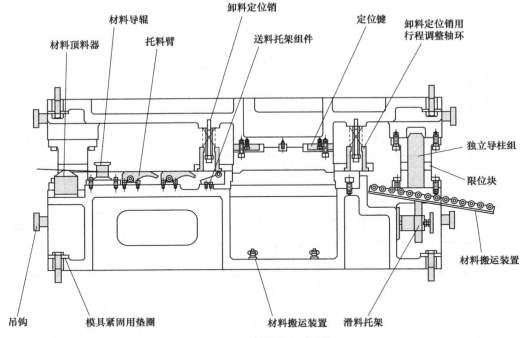

图 4-52　下料模的主要零件

(9) 拉深模 （图 4-53）

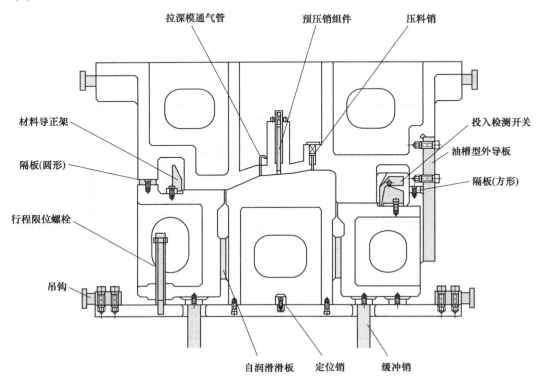

图 4-53　拉深模的主要零件

(10) 切边冲孔模（图 4-54）

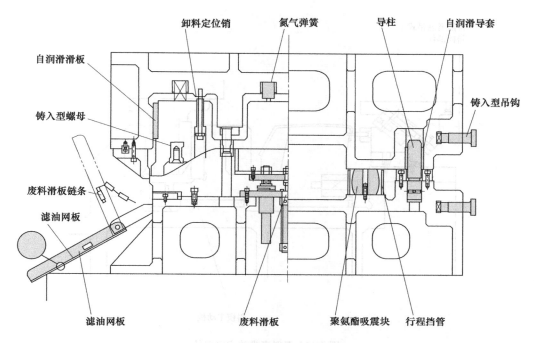

图 4-54　切边冲孔模的主要零件

(11) 肘节型冲模（图 4-55）

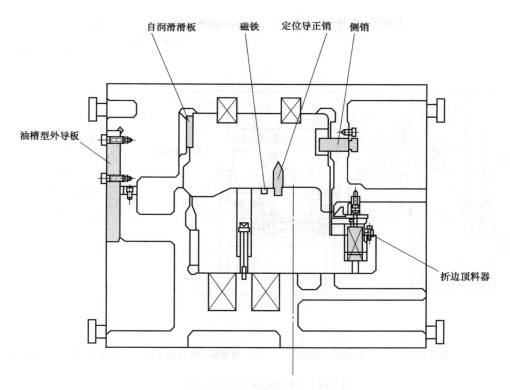

图 4-55　肘节型冲模的主要零件

(12) 双斜楔模 （图 4-56）

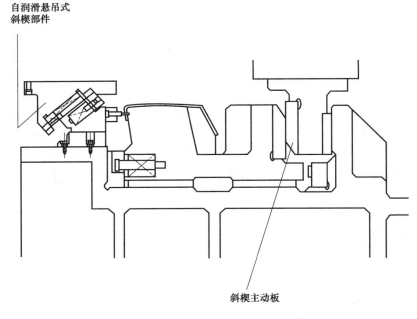

自润滑悬吊式
斜楔部件

斜楔主动板

图 4-56　双斜楔模的主要零件

(13) 斜楔冲孔模 （图 4-57）

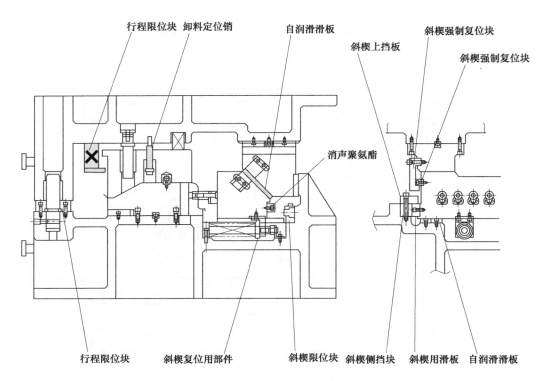

行程限位块　卸料定位销　　　自润滑滑板　　斜楔强制复位块

斜楔上挡板　　斜楔强制复位块

消声聚氨酯

行程限位块　　斜楔复位用部件　　斜楔限位块　斜楔侧挡块　斜楔用滑板　自润滑滑板

图 4-57　斜楔冲孔模上的主要零件 （一）

(14) 斜楔冲孔模二（图 4-58）

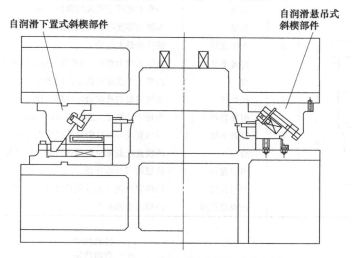

自润滑下置式斜楔部件　　　　　　自润滑悬吊式斜楔部件

图 4-58　斜楔冲孔模上的主要零件（二）

4.7　凸模设计结构

4.7.1　凸模的种类和标准结构

(1) 凸模的种类

在冲压过程中，被制件或废料所包容的模具工作零件称为凸模。凸模的种类繁多，可以按如下情况分类，见图 4-59。

除此之外，还有一些凸模的分类法和称呼。如以直径小（$d=0.5\sim2.5\mathrm{mm}$）著称的有小直径凸模；以长度偏短的短型（一般 $L<40\mathrm{mm}$）凸模；外形呈阶梯状的二阶凸模；厚板料冲裁凸模；销定位凸模；直杆凸模；杆部止动式凸模等。

(2) 凸模的标准结构

冲模中的凸模结构，不论其断面形状如何，其基本结构都是由工作部分和安装固定两大部分组成，如图 4-60（a）所示。对于冲小孔的凸模，为了增加强度，在这两大部分之间增设过渡段，如图 4-60（b）所示。有些用线切割加工或直接用精密磨削加工成的直通式（断面常为异形）凸模，从外形看分不清哪是工作部分，哪是安装固定部分，但实际情况是工作部分和固定部分总是存在的。标准的圆凸模结构要素及各部分名称见表 4-54。

4.7.2　常见的凸模形式与固定方法

冲压模具中的凸模形式和固定方法很多。凸模的形式从形状来说，圆形和异形用得最多；从冲压特点来说，用于冲裁的凸模比较多；而且大多数采用整体结构，由线切割加工成直通式，形状尺寸较小的小凸模多；固定方法主要是机械固定法和物理固定法等，但机械固定法用得较多。机械固定法中的键槽（压块）固定凸模，在多工位级进模中由于凸模的装卸、维修、更换方便用得更多。下面就比较常见的几种凸模形式和固定方法作些介绍。

表 4-54　标准圆凸模结构要素及各部分名称

简　图	代号	名　称	定　义
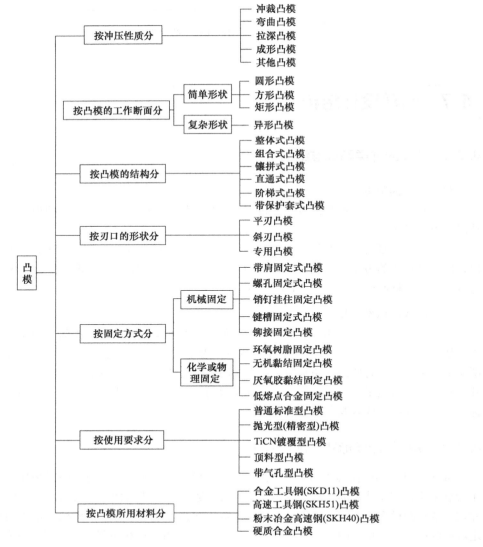	1	头部	凸模上比杆直径大的圆柱部分
	2	头厚	头部的厚度(或称台肩厚)
	3	头部直径	圆柱头最大直径
	4	连接半径	为防止应力集中,用来连接杆直径和头部直径的圆弧半径
	5	杆	凸模上与固定板孔配合的部分
	6	杆直径	与固定板的孔配合的杆部直径
	7	引导直径	为便于凸模压入固定板,在杆的压入端标出的直径尺寸
	8	过渡半径	刃口直径与圆柱引导直径的光滑圆弧半径
	9	刃口	凸模直径前端对板料进行加工的部分
	10	刃口直径	凸模的刃口端直径
	11	刃口长度	凸模穿透进入工件的长度,简称工作长度
	12	凸模总长度	凸模的全部长度

图 4-59　凸模的分类

(1) 带台式

① 带台式圆凸模　最为常见的为已标准化的普通圆形带台式凸模，又称带肩凸模，台阶式凸模，如图 4-61 所示。

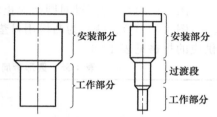

（a）普通标准型凸模　（b）带有过渡段的小凸模

图 4-60　凸模

这种凸模的安装部分上端是圆形的，有一圈大于 D 的台阶（D_1）；是异形部分，则在一侧或两侧多出一个小台，有了它可以防止凸模从固定板中脱落，安装后稳定性非常好，能承受较大的冲压力，是最为广泛应用的一种安装固定方法。

凸台的尺寸常取 $D_1 = D + (2 \sim 3)$mm。安装部分与固定板采用过渡配合 H7/m6 或 H7/n6 的较多，直径大的也有采用过盈配合的，此种固定方式不适宜经常拆卸。

其中，圆形凸模已标准化，有专业厂商生产［如盘起工业大连有限公司、米思米（中国）精密机械贸易有限公司］供用户采购选用。

图 4-61（a）为典型的标准圆凸模（JB/T 5825—2008，规格 $d = 3 \sim 30.2$mm）。较多用于冲 8mm 以上中圆孔。

表 4-55～表 4-58 为圆形带肩凸模"盘起"的有关规格。

图 4-61（b）为阶梯形标准圆凸模（JB/T 5825—2008，规格 $d = 1.1 \sim 30.2$mm）。因为工作部分有过渡段，以缩短工作部分长度，增加了凸模刚性，适用于冲较厚的料。较多用于冲 15mm 以下小圆孔。

图 4-61（c）、（d）为直杆式凸模。当凸模的固定部分与工作部分直径不允许相差大时，可以将两个部分直径做成相同或在制造公差上有差别，这在一副模上凸模较多，相互间靠得很近时常用。图 4-61（d）标准为 JB/T 5825—2008，规格 $d = 1 \sim 36$mm。

图 4-61（e）为小直径带台凸模。"盘起"的有关规格见表 4-59、表 4-60 所示。

图 4-61（g）、（h）为小直径带锥台凸模。"盘起"的有关规格见表 4-61、表 4-62 所示。

图 4-61（i）为带顶料的凸模，可防止废料上浮。"盘起"的凸模与顶料销组件有关。规格见表 4-63、表 4-64 所示。

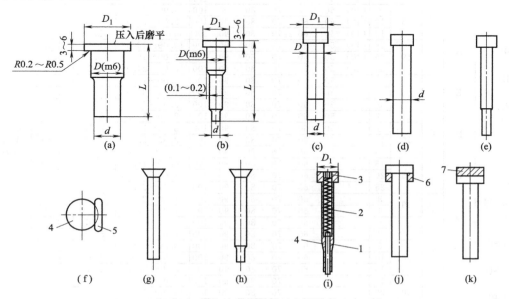

图 4-61　带台式圆凸模

1—顶料销；2—弹簧；3—螺塞；4—凸模；5—键；6,7—衬垫

图 4-61（f）为用键对圆凸模止动定位示意图，"盘起"可供应的规格见表 4-65。

图 4-61（j）、（k）为凸模用衬垫的情况，一般在刃磨凸模后需调整衬垫厚度。"盘起"可供应的规格见表 4-66。

表 4-55　圆形带肩凸模（摘自盘起工业大连有限公司产品样本）　　　　　mm

材质及硬度	杆径 D 公差	项　目		
		类型	刃口形状	B 刃口长度
SKD11相当 60～63HRC	m5	SSP	A E R D G	S L X
	+0.005 0	AA-SP		
SKH51 61～64HRC	m5	SSH		
	+0.005 0	AA-SH		
SKH40 64～67HRC	m5	PPH		
	+0.005 0	AA-PH		

SKH40：粉末冶金高速钢（JIS G4403.2000）。

- R 形状：$K=\sqrt{(P-2R)^2+(W-2R)^2}+2R$
- D 形状：$K=\sqrt{P^2+W^2}$

项　目			D	L								A P	E R D G $P \cdot K_{max}$ $P \cdot W_{min}$	R R	H
类　型	刃口形状	刃口长度 B													
杆径 D 公差可选择 m5 SSP SSH PPH 或 +0.005 0 AA-SP AA-SH AA-PH	A E R D G	8	3	40	50	60	70	80	90	100		1.00～2.99	—	—	5
			4	40	50	60	70	80	90	100		1.00～3.99	3.97	1.00	7
			5	40	50	60	70	80	90	100		2.00～4.99	4.97	1.20	8
			6	40	50	60	70	80	90	100		2.00～5.99	5.97	1.50	9
		S 13	8	(40)	50	60	70	80	90	100		3.00～7.99	7.97	2.00	11
			10	(40)	50	60	70	80	90	100		3.00～9.99	9.97	2.50	13
			13	(40)	50	60	70	80	90	100		6.00～12.99	12.97	3.00	16
		19	16	(40)	50	60	70	80	90	100		10.00～15.99	15.97	4.00	19
			20	(40)	50	60	70	80	90	100		13.00～19.99	19.97	5.00	23
			25	(40)	50	60	70	80	90	100		18.00～24.99	24.97	6.00	28
		13	3		50	60	70	80	90	100		1.00～2.99	—	—	5
			4		50	60	70	80	90	100		1.00～3.99	3.97	2.00	7
			5		50	60	70	80	90	100		2.00～4.99	4.97	2.00	8
			6		50	60	70	80	90	100		2.00～5.99	5.97	2.00	9
		L 19	8		50	60	70	80	90	100		3.00～7.99	7.97	2.50	11
			10		50	60	70	80	90	100		3.00～9.99	9.97	2.50	13
			13		50	60	70	80	90	100		6.00～12.99	12.97	3.00	16
		25	16			60	70	80	90	100		10.00～15.99	15.97	4.00	19
			20			60	70	80	90	100		13.00～19.99	19.97	5.00	23
			25			60	70	80	90	100		18.00～24.99	24.97	6.00	28
		19	3		50	60	70	80	90	100		1.20～2.99	—	—	5
			4		50	60	70	80	90	100		1.20～3.99	3.97	2.00	7
		25	5			60	70	80	90	100		2.00～4.99	4.97	3.50	8
			6			60	70	80	90	100		2.00～5.99	5.97	3.50	9
		X 30	8			60	70	80	90	100		3.00～7.99	7.97	5.00	11
			10			60	70	80	90	100		3.00～9.99	9.97	5.00	13
			13			60	70	80	90	100		6.00～12.99	12.97	5.00	16
		40	16				70	80	90	100		10.00～15.99	—	—	19
			20				70	80	90	100		13.00～19.99	—	—	23
			25				70	80	90	100		18.00～24.99	—	—	28

注：1. 全长 L（40）时，刃口长度 B=8。2. 圆形刃口 P＞D－0.03 时，无导入部（$D_{-0.03}^{-0.01}$）。3. 异形刃口 P・K＞D－0.05 时，无导入部（$D_{-0.03}^{-0.01}$）。

表 4-56　圆形硬质合金带肩凸模（标准型/抛光型）（摘自盘起工业大连有限公司产品样本）

材质及硬度	杆径T D 公差	类型	项目 类型	项目 刃口形状	项目 B 刃口长度
V30 (HIP) 88~89HRA	m5	标准型	WWP	A E R D G	S L X
		抛光型	LL-WP		
	+0.005 / 0	标准型	AA-WP		
		抛光型	AAL-WP		S L
D3~10 超微粒子(HIP) 90~92HRA	m5	标准型	WWXP		
		抛光型	LL-WXP		
	+0.005 / 0	标准型	AA-WXP		L
		抛光型	AAL-WXP		

◉ 刃口长度 X 仅适用于刃口 A 形状。

R形状：$K=\sqrt{(P-2R)^2+(W-2R)^2}+2R$

D形状：$K=\sqrt{P^2+W^2}$

项目 类型	项目 刃口形状	B	D	L	0.001 A / P	0.01 E R D G — P·Kmax	0.01 E R D G — P·Wmin	R / R	H
杆径 D 公差可选择 m5 ▨ WWP ◈ WWXP ▤ LL-WP ◈ LL-WXP 或 +0.005 0 ▨ AA-WP ◈ AA-WXP ▤ AAL-WP ◈ AAL-WXP	A E R D G	S	3	40 50 60	1.000~2.990	2.97	1.20		5
			4	40 50 60 70	1.000~3.990	3.97	1.50		7
		8	5	40 50 60 70	2.000~4.990	4.97	1.50		8
			6	40 50 60 70	2.000~5.990	5.97	1.50		9
			8	(40) 50 60 70 80	3.000~7.990	7.97	2.00		11
		13	10	(40) 50 60 70 80	3.000~9.990	9.97	2.50		13
			13	(40) 50 60 70 80	6.000~12.990	12.97	3.00		16
		19	16	(40) 50 60 70 80	10.000~15.990	15.97	4.00		19
			3	50 60	1.000~2.990	2.97	2.00		5
		13	4	50 60 70	1.000~3.990	3.97	2.00		7
			5	50 60 70	2.000~4.990	4.97	2.00	0.15≤ R< W/2 (仅 R)	8
			6	50 60 70	2.000~5.990	5.97	2.00		9
			8	50 60 70 80	3.000~7.990	7.97	2.50		11
		19	10	50 60 70 80	3.000~9.990	9.97	2.50		13
			13	50 60 70 80	6.000~12.990	12.97	3.00		16
		25	16	60 70 80	10.000~15.990	15.97	4.00		19
杆径 D 公差可选择 m5 ▨ WWP ▤ LL-WP 或 +0.005 0 ▨ AA-WP ▤ AAL-WP	A X	19	3	50 60 70	2.000~2.990	—	—		5
			4	50 60 70	2.000~3.990	—	—		7
		25	5	50 60	3.000~4.990	—	—		8
			6	50 60	3.000~5.990	—	—		9
			8	60 70 80	3.000~7.990	—	—		11
		30	10	60 70 80	3.000~9.990	—	—		13
			13	60 70 80	6.000~12.990	—	—		16
		40	16	70 80	10.000~15.990	—	—		19

注：1. 全长 L (40) 时，刃口长度 $B=8$。 2. 圆形刃口 $P>D-0.03$ 时，无导入部（$D_{-0.03}^{-0.01}$）。 3. 异形刃口 $P\cdot K>D-0.05$ 时，无导入部（$D_{-0.03}^{-0.01}$）。

表 4-57　圆形硬质合金二阶凸模（标准型/抛光型）（摘自盘起工业大连有限公司产品样本）mm

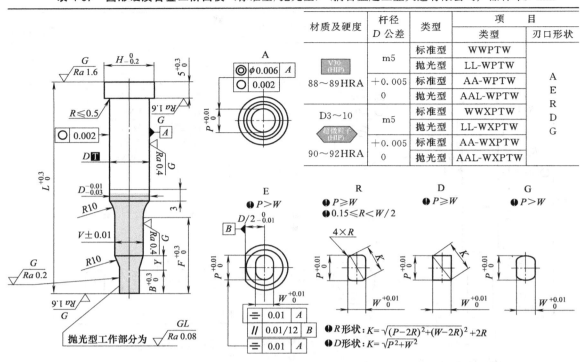

材质及硬度	杆径 D 公差	类型	项 目	
			类型	刃口形状
V30 (HIP) 88～89HRA	m5	标准型	WWPTW	A E R D G
		抛光型	LL-WPTW	
	+0.005 0	标准型	AA-WPTW	
		抛光型	AAL-WPTW	
超微粒子 (HIP) 90～92HRA	D3～10 m5	标准型	WWXPTW	
		抛光型	LL-WXPTW	
	+0.005 0	标准型	AA-WXPTW	
		抛光型	AAL-WXPTW	

● R 形状：$K=\sqrt{(P-2R)^2+(W-2R)^2}+2R$
● D 形状：$K=\sqrt{P^2+W^2}$

项　目				A		E R D G		B	V	F	R R	H	T
类　型	刃口形状	D	L	P_{min}	P_{max}	$P \cdot K_{max}$	$P \cdot W_{min}$						
杆径 D 公差可选择 m5 WWPTW WWXPTW LL-WPTW LL-WXPTW 杆径 D 公差可选择 +0.05 0 AA-WPTW AA-WXPTW AAL-WPTW AAL-WXPTW	A	3	40 50 60	0.50	2.98	2.96	1.00	$B_{min}=2.0$ B_{max} 见下表1、表2	$A \to D > V \geq P+0.01 \geq 1.00$ E、R、D、G> $D > V \geq K(P)+0.03 \geq 1.00$	A: $B+Y+2 < F \leq F_{max}$ 且 $F \leq L-25$ E、R、D、G: $B+Y+3.5 < F \leq F_{max}$ 且 $F \leq L-30$ $Y=R$ 部长度 $Y=\sqrt{X(20-X)}$ A: $X=(V-P)/2$ E、R、D、G: $X=(V-W)/2$ 见表3	$0.15 \leq R < W/2$ (仅 R)	5	5
		4	40 50 60 70	0.50	3.98	3.96	1.00					7	
	E	5	40 50 60 70	1.00	4.98	4.96	1.00					8	
	R	6	40 50 60 70	1.00	5.98	5.96	1.00					9	
	D	8	40 50 60 70 80	1.50	7.98	7.96	1.40					11	
		10	40 50 60 70 80	1.50	9.98	9.96	1.70					13	
	G	13	40 50 60 70 80	3.00	12.98	12.96	2.00					16	
		16	40 50 60 70 80	4.00	15.98	15.96	2.70					19	

注 $V > D-0.03$ 时，无导入部（$D_{-0.03}^{-0.01}$）。

表 1　A 型	
P	B_{max}
1.00～1.99	13.0
2.00～2.99	19.0
3.00～3.99	30.0
4.00～5.99	40.0
6.00～15.98	45.00

表 2　E、R、D、G 型	
$P \cdot W$	B_{max}
1.00～1.99	8.0
2.00～2.49	13.0
2.50～3.99	19.0
4.00～15.96	25.0

表 3	
V	F_{max}
1.00～1.99	13.0
2.00～2.99	19.0
3.00～3.99	30.0
4.00～5.99	40.0
6.00～	45.0

表 4-58 圆形硬质合金带气孔凸模（标准型/抛光型）（摘自盘起工业大连有限公司产品样本）

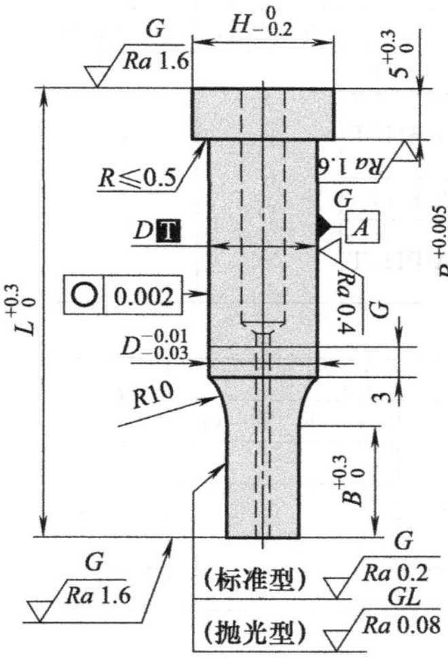

❗气孔形状因材质而异

M V30　M 超微粒子

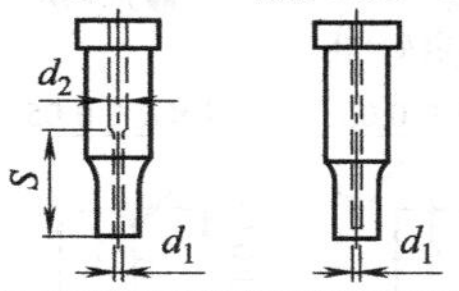

A

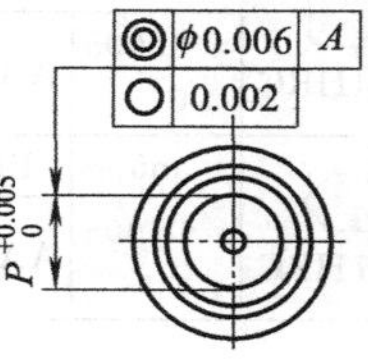

E ❗P>W

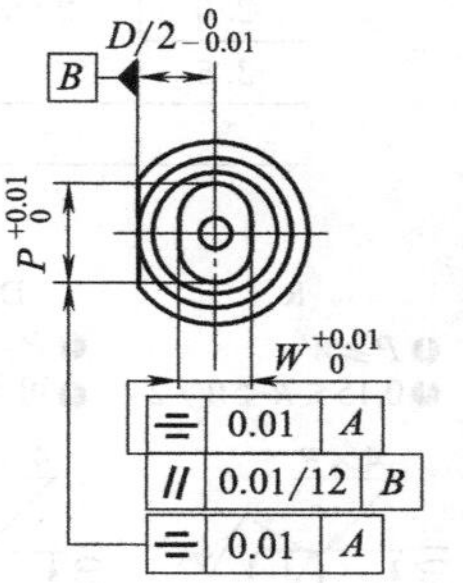

R ❗P≥W ❗0.15≤R<W/2

D ❗P≥W

G ❗P>W

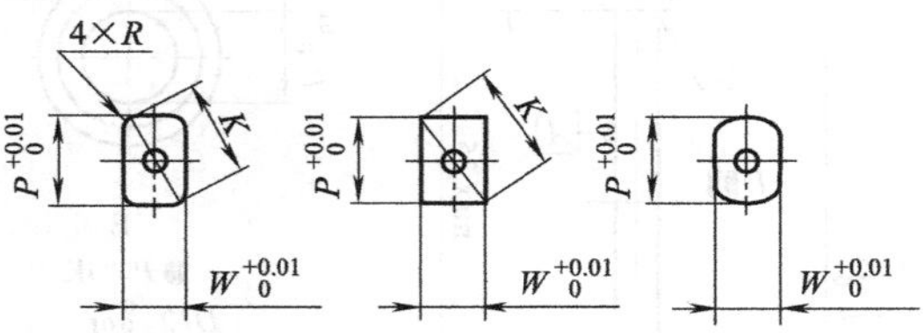

❗R形状：$K=\sqrt{(P-2R)^2+(W-2R)^2}+2R$

❗D形状：$K=\sqrt{P^2+W^2}$

M材质 H硬度	杆径 T D公差	类型	项目 类型	刃口形状	B 刃口长度
V30 (HIP) 88～89HRA	m5	标准型	WWJ	A E R D G	S L X
		抛光型	LL-WJ		
	+0.005 0	标准型	AA-WJ		
		抛光型	AAL-WJ		
D4～6 超微粒子 (HIP) 90～92HRA	m5	标准型	WWXJ		S
		抛光型	LL-WXJ		
	+0.005 0	标准型	AA-WXJ		L
		抛光型	AAL-WXJ		

●刃口长度 X 仅适用于刃口 A 形状

项目 类型	刃口形状	B	B	D	L	ⓘ0.001 A P	ⓘ0.01 E R D G $P\cdot K_{max}$	$P\cdot W_{min}$	R R	d_1	S	d_2	H
杆径 D 公差可选择 m5 ▬WWJ ⬣WWXJ ▬LL-WJ ⬣LL-WXJ 或 +0.005 0 ▬AA-WJ ⬣AA-WXJ ▬AAL-WJ ⬣AAL-WXJ	A E R D G	S	8	3	40 50 60	1.000～2.990	2.97	1.50	0.15≤R<W/2（仅R）	0.3	—	0.3	5
				4	40 50 60	1.500～3.990	3.97	1.50		0.5	20	1.2	7
				5	40 50 60 70	2.000～4.990	4.97	2.00		0.8		2.1	8
				6	40 50 60 70	2.000～5.990	5.97	2.00				2.6	9
			13	8	(40) 50 60 70 80	3.000～7.990	7.97	3.00		1.2	27	3.4	11
				10	(40) 50 60 70 80	3.000～9.990	9.97	3.00		1.6	28	4.4	13
				13	(40) 50 60 70 80	6.000～12.990	12.97	6.00		1.9			16
			19	16	(40) 50 60 70 80	10.000～15.990	15.97	6.00		2.9	36		19
		L	13	3	40 50 60	1.000～2.990	2.97	2.00		0.3	—	0.3	5
				4	50 60	1.500～3.990	3.97	2.00		0.5	20	1.2	7
				5	50 60 70	2.000～4.990	4.97	2.00		0.8		2.1	8
				6	50 60 70	2.000～5.990	5.97	2.00				2.6	9
			19	8	50 60 70 80	3.000～7.990	7.97	3.00		1.2	27	3.4	11
				10	50 60 70 80	3.000～9.990	9.97	3.00		1.6	28	4.4	13
				13	50 60 70 80	6.000～12.990	12.97	6.00		1.9			16
			25	16	60 70 80	10.000～15.990	15.97	6.00		2.9	36		19
杆径 D 公差可选择 m5 ▬WWJ ▬LL-WJ 或 +0.005 0 ▬AA-WJ ▬AAL-WJ	A	X	19	4	50 60 70	2.000～3.990	—	—		0.5	26	1.2	7
			25	5	50 60 70	3.000～4.990	—	—		0.8	32	2.1	8
				6	50 60 70	3.000～5.990	—	—				2.6	9
			30	8	60 70 80	3.000～7.990	—	—		1.2	40	3.4	11
				10	60 70 80	3.000～9.990	—	—		1.6		4.4	13
				13	60 70 80	6.000～12.990	—	—		1.9			16
			40	16	70 80	10.000～15.990	—	—		2.9	50		19

●全长 L(40)·(50)时，刃口长度 B·S 为右表尺寸

●圆形刃口 P>D−0.03 时，无导入部（$D_{-0.03}^{-0.01}$）

●异形刃口 P·K>D−0.05 时，无导入部（$D_{-0.03}^{-0.01}$）

●M超微粒子气孔为直线型，无 S、d_2 尺寸

L	B
(40)	8
(50)	13

D	L	S
4～16	40	17
16	50	24

表 4-59　小直径带台凸模（摘自盘起工业大连有限公司产品样本）　　　　　　mm

▶ $T=5$

M材质 H硬度	杆径T D 公差	类型	刃口形状	B 刃口长度
SKH51 61~64HRC	m5 +0.005 0	SSH	A E R D G	S
		AA-SH		
SKH40 64~67HRC	m5 +0.005 0	PPH		L
		AA-PH		

M材质 H硬度	杆径T D 公差	类型	刃口形状	B 刃口长度
SKH51 61~64HRC	m5 +0.005 0	SSH5T	A E R D G	S
		AA-SH5T		
SKH40 64~67HRC	m5 +0.005 0	PPH5T		L
		AA-PH5T		

SKH40：粉末冶金高速钢（JIS G4403.2000）

D	R_1		R_2
	A	E R D G	
1.6	2~3	—	
2.0			≤0.2
2.5		≤16	
3	—		≤05

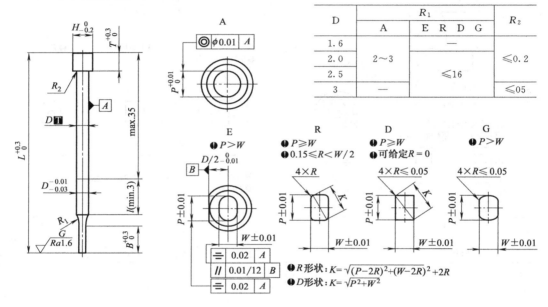

● R形状：$K=\sqrt{(P-2R)^2+(W-2R)^2}+2R$

● D形状：$K=\sqrt{P^2+W^2}$

类　型	刃口 形状	B		D	L	A P	E P·K_{max}	R D G P·W_{min}	R R	H	T
		A E R D G									
杆径 D 公差可选择 m5 SSH PPH +0.005 0 AA-SH AA-PH	S	6	—	1.6	(20)(25) 30 35 40 50 60	0.30~1.59	—	—		2.6	3
		8	4	2.0	(20)(25) 30 35 40 50 60	0.50~1.99	1.97	0.30		3.0	
			6	2.5	(20)(25) 30 35 40 50 60	0.80~2.49	2.47	0.50		3.5	
			—	3	40 50 60 70 80	—	2.97	0.70		5	5
	L	8	—	1.6	30 35 40 50 60	0.50~1.59	—	—	0.05≤ R< W/2 (仅 R)	2.6	3
		10	6	2.0	30 35 40 50 60	0.50~1.99	1.97	0.30		3.0	
		13	8	2.5	30 35 40 50 60	0.80~2.49	2.47	0.50		3.5	
			—	3	40 50 60 70 80	—	2.97	0.70		5	5
杆径 D 公差可选择 m5 SSH5T PPH5T +0.005 0 AA-SH5T AAL-PH5T	S	6	—	1.6	(20)(25) 30 35 40 50 60	0.30~1.59	—	—		2.6	5
		8	4	2.0	(20)(25) 30 35 40 50 60	0.50~1.99	1.97	0.30		3.0	
			6	2.5	(20)(25) 30 35 40 50 60	0.80~2.49	2.47	0.50		3.5	
	L	8	—	1.6	30 35 40 50 60	0.50~1.59	—	—		2.6	
		10	6	2.0	30 35 40 50 60	0.50~1.99	1.97	0.30		3.0	
		13	8	2.5	30 35 40 50 60	0.80~2.49	2.47	0.50		3.5	

注：1. 全长 $L(20)\cdot(25)$时，刃口长度 $B=4$。

　　2. 圆形刃口 $P>D-0.03$ 时，无导入部（$D^{-0.001}_{-0.03}$）。

　　3. 异形刃口 $P\cdot K>D-0.05$ 时，无导入部（$D^{-0.01}_{-0.03}$）。

表 4-60 硬质合金小直径带台凸模（标准型/抛光型）（摘自盘起工业大连有限公司产品样本）mm

M材质 / H硬度	杆径T D公差	类型	项目 T=3	项目 T=5	刃口B形状	刃口长度
V30(HIP) 88~89HRA	m5	标准型	WWP	WWP5T	A E R D G	S L
	m5	抛光型	LL-WP	LL-WP5T		
	+0.005 0	标准型	AA-WP	AA-WP5T		
	+0.005 0	抛光型	AAL-WP	AAL-WP5T		
D1.6~2.5 超微粒子(HIP) 90~92HRA	m5	标准型	WWXP	WWXP5T		
	m5	抛光型	LL-WXP	LL-WXP5T		
	+0.005 0	标准型	AA-WXP	AA-WXP5T		
	+0.005 0	抛光型	AAL-WXP	AAL-WXP5T		

● 抛光型 D1.6~2.5 ● 异形刃口 D2.0、2.5
● 头厚（T=3、5）选择参见上表。

● R形状: $K=\sqrt{(P-2R)^2+(W-2R)^2}+2R$
● D形状: $K=\sqrt{P^2+W^2}$

项目 类型及杆径D 公差可选择	刃口形状	B	D	L	A P	E R D G $P \cdot K_{max}$	$P \cdot W_{min}$	R R	H
m5 ▩WWP ◈WWXP ▩WWP5T ◈WWXP5T LL-WP LL-WXP LL-WP5T LL-WXP5T +0.005 0 AA-WP AA-WXP AA-WP5T AA-WXP5T AAL-WP AAL-WXP AAL-WP5T AAL-WXP5T	S A E R D G L	3	1.0	20 25 30 35 40	0.250~0.990	—	—	0.15≤ R< W/2 (仅R)	2.0
			1.1	20 25 30 35 40	0.250~1.090	—	—		
			1.2	20 25 30 35 40	0.250~1.190	—	—		2.6
			1.3	20 25 30 35 40	0.250~1.290	—	—		
		4	1.4	20 25 30 35 40	0.250~1.390	—	—		
			1.5	20 25 30 35 40	0.250~1.490	—	—		
			1.6	20 25 30 35 40 50	0.300~1.590	—	—		
		6	2.0	20 25 30 35 40 50	0.500~1.990	1.97	1.00		3.0
		8	2.5	20 25 30 35 40 50	0.800~2.490	2.47	1.20		3.5
		5	1.0	20 25 30 35 40	0.250~0.990	—	—		2.0
			1.1	20 25 30 35 40	0.250~1.090	—	—		
			1.2	20 25 30 35 40	0.250~1.190	—	—		2.6
			1.3	20 25 30 35 40	0.250~1.290	—	—		
		6	1.4	20 25 30 35 40	0.250~1.390	—	—		
			1.5	20 25 30 35 40	0.250~1.490	—	—		
			1.6	30 35 40 50	0.500~1.590	—	—		
		8	2.0	30 35 40 50	0.500~1.990	1.97	1.20		3.0
		13	2.5	30 35 40 50	0.800~2.490	2.47	1.20		3.5

注:1. 圆形刃口 $P>D-0.03$ 时,无导入部($D_{-0.03}^{-0.01}$)。2. 异形刃口 $P \cdot K>D-0.05$ 时,无导入部($D_{-0.03}^{-0.01}$)。3. 刃口长度 L 型、$P\leqslant0.399$ 时,$B=5$。

表 4-61　小直径带锥台凸模（一）（摘自盘起工业大连有限公司产品样本）　　　　mm

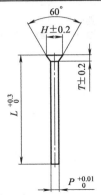

M材质 H硬度	类型
SKH51 61～64HRC	SSH

项目		L					H	T
类型	P							
SSH	1.0	25	30	35	40	50	1.8	0.7
	1.1	25	30	35	40	50	2.0	0.8
	1.2	25	30	35	40	50	2.1	0.8
	1.3	25	30	35	40	50	2.3	0.9
	1.4	25	30	35	40	50	2.6	1.0
	1.5	25	30	35	40	50	2.8	1.1
	1.6	25	30	35	40	50	2.9	1.1
	1.7	25	30	35	40	50	3.1	1.2
	1.8	25	30	35	40	50	3.3	1.3
	1.9	25	30	35	40	50	3.4	1.3
	2.0	25	30	35	40	50	3.6	1.4
	2.1	25	30	35	40	50	3.8	1.5
	2.2	25	30	35	40	50	3.9	1.5
	2.3	25	30	35	40	50	4.1	1.6
	2.4	25	30	35	40	50	4.4	1.7
	2.5	25	30	35	40	50	4.5	1.8
	2.6	25	30	35	40	50	4.7	1.8
	2.7	25	30	35	40	50	4.9	1.9
	2.8	25	30	35	40	50	5.1	2.0
	2.9	25	30	35	40	50	5.2	2.0
	3.0	25	30	35	40	50	5.4	2.1

表 4-62　小直径带锥台凸模（二）（摘自盘起工业大连有限公司产品样本）　　　　mm

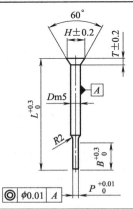

M材质 H硬度	类型
SKH51 61～64HRC	SSHCL

项目			L					$\bigoplus$ 0.01 P	H	T
类型	B	D								
SSHCL	4	1.6	(25)	30	35	40	50	0.30～1.59	2.9	1.1
	6	2.0	(25)	30	35	40	50	0.50～1.99	3.6	1.4
	8	2.5	(25)	30	35	40	50	1.00～2.49	4.5	1.8

注：全长 L（25）时，刃口长度 B＝4。

表 4-63　顶料凸模（摘自盘起工业大连有限公司产品样本）　　　　mm

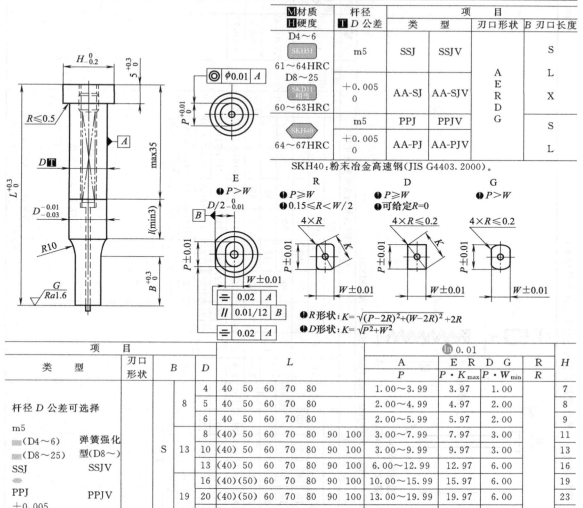

M材质 **H**硬度	杆径 **T**D 公差	项目		刃口形状	**B**刃口长度
D4～6 SKH51 61～64HRC	m5	类型	类型		S
D8～25 SKD11相当 60～63HRC	+0.005 0	SSJ AA-SJ	SSJV AA-SJV	A E R D G	L X
SKH40 64～67HRC	m5 +0.005 0	PPJ AA-PJ	PPJV AA-PJV		S L

SKH40：粉末冶金高速钢(JIS G4403.2000)。

E　　●P>W
R　　●P≧W　●0.15≤R<W/2
D　　●P≧W　●可给定R=0
G　　●P>W

●R形状：$K=\sqrt{(P-2R)^2+(W-2R)^2}+2R$
●D形状：$K=\sqrt{P^2+W^2}$

项目					L							⊕0.01				H
类型	刃口形状	B	D								A P	E R D G P·K_max P·W_min		R R		
杆径 D 公差可选择 m5 ▭(D4～6) ▭(D8～25) SSJ PPJ +0.005 0	弹簧强化型(D8～) SSJV PPJV	S	8	4	40	50	60	70	80			1.00～3.99	3.97	1.00		7
				5	40	50	60	70	80			2.00～4.99	4.97	2.00		8
				6	40	50	60	70	80			2.00～5.99	5.97	2.00		9
			13	8	(40)	50	60	70	80	90	100	3.00～7.99	7.97	3.00		11
				10	(40)	50	60	70	80	90	100	3.00～9.99	9.97	3.00		13
				13	(40)	50	60	70	80	90	100	6.00～12.99	12.97	6.00		16
				16	(40)	(50)	60	70	80	90	100	10.00～15.99	15.97	6.00		19
			19	20	(40)	(50)	60	70	80	90	100	13.00～19.99	19.97	6.00		23
▭(D4～6) ▭(D8～25) AA-SJ AA-PJ	弹簧强化型(D8～) AA-SJV AA-PJV	A E R D G		25	(40)	(50)	60	70	80	90	100	18.00～24.99	24.97	6.00		28
			13	4		50	60	70	80			1.00～3.99	3.97	2.00		7
				5		50	60	70	80			2.00～4.99	4.97	2.00	0.15≤ R< W/2 (仅R)	8
				6		50	60	70	80			2.00～5.99	5.97	2.00		9
		L		8		50	60	70	80	90	100	3.00～7.99	7.97	3.00		11
			19	10		50	60	70	80	90	100	3.00～9.99	9.97	3.00		13
				13		50	60	70	80	90	100	6.00～12.99	12.97	6.00		16
				16			60	70	80	90	100	10.00～15.99	15.97	6.00		19
			25	20			60	70	80	90	100	13.00～19.99	19.97	6.00		23
				25			60	70	80	90	100	18.00～24.99	24.97	6.00		28
m5 ▭(D5～6) ▭(D8～25) SSJ +0.005 0	弹簧强化型(D8～) SSJV	X	25	5		60	70	80				2.00～4.99	4.97	3.50		8
				6		60	70	80				2.00～5.99	5.97	3.50		9
			30	8			70	80	90	100		3.00～7.99	7.97	5.00		11
				10			70	80	90	100		3.00～9.99	9.97	5.00		13
				13			70	80	90	100		6.00～12.99	12.97	6.00		16
▭(D5～6) ▭(D8～25) AA-SJ	弹簧强化型(D8～) AA-SJV		40	16				80	90	100		10.00～15.99	—			19
				20				80	90	100		13.00～19.99	—			23
				25				80	90	100		18.00～24.99	—			28

注：1. 全长 L (40) 时，刃口长度 B=6。2. 全长 L (50) 时，刃口长度 B=13。3. 圆形刃口 P>D-0.03 时，无导入部 ($D_{-0.03}^{-0.01}$)。4. 异形刃口 P·K>D-0.05 时，无导入部 ($D_{-0.03}^{-0.01}$)。

表 4-64　顶料销组件（摘自盘起工业大连有限公司产品样本）

mm

▶ 顶料凸模半成品用（SSIB・PPJB・AA-SJB・AA-PJB・SSJBL・PPJBL・AA-SJBL・AA-PJBL・SSJXB・AA-SJXB）

Ⅿ 材质：SKD61
Ⅲ 硬度：40HRC

① 顶料销
② 弹簧
③ 螺塞

适用凸模			项目			① 顶料销													② 弹簧（括号内为弹簧强化型）													③ 螺塞		参考值
刃口长度	D	代号	序号	组件代码	L 凸模全长							d	H	T	FL 凸模全长									d_1	弹簧刚度 (N/mm)	$M \times P$	顶料销突出长度
					40	50	60	70	80	90	100				40	50	60	70	80	90	100					
S	4	SSJ	1	①+③	14	14	14	14	14	—	—	0.35	1.6	1.5								2.0		2.5×0.45	1
	5		2	②+③	16	21	21	21	21	—	—	0.65	2.0									2.2	0.48	3×0.5	
	6		3	无代码	16	21	21	21	21	—	—											3.0(3.2)	(0.98)	4×0.7	
	8	SSJ	4	① P	16.5	28.5	28.5	28.5	28.5	28.5	28.5	1.0	2.8	2.0	29(25)	37(35)	47(45)	57(55)	67(65)	77(75)		3.8		5×0.8	1.5
	10	VVJ	5		16.5	29.5	29.5	29.5	29.5	29.5	29.5	1.4			27(23)	37(33)	47(43)	57(53)	67(53)	77(73)					
	13	（弹簧强化型）	6	② F	16.5	29.5	29.5	29.5	29.5	29.5	29.5	1.7	3.6		27(22)	37(33)	47(43)	57(53)	67(63)	77(73)		(4.3)			
	16		7		18.5	25.5	37.5	37.5	37.5	37.5	37.5	2.7			27(26)	37(27)	47(37)	57(47)	67(57)	67(67)	67(67)				
	20		7		18.5	25.5	37.5	37.5	37.5	37.5	37.5				27(26)	37(29)	47(37)	57(47)	67(57)	67(67)	67(67)				
	25		7		18.5	25.5	37.5	37.5	37.5	37.5	37.5				27(26)	37(29)	47(37)	57(47)	67(57)	67(67)	67(67)				
L	4	SSJL	1	①+③		21	21	21	21	—	—	0.35	1.6	1.5		33	43	53	63	—	—	2.0		2.5×0.45	1
	5	SSJ	2	②+③		21	21	21	21	—	—	0.65	2.0			33	43	53	63	—	—	2.2	0.49	3×0.5	
	6		3	无代码		21	21	21	21	—	—					33	43	53	63	—	—	3.0(3.2)	(0.98)	4×0.7	
	8	SSJ	4	① P		28.5	28.5	28.5	28.5	28.5	28.5	1.0	2.8	2.0		27(22)	37(33)	47(43)	57(53)	67(63)	77(73)	3.8		5×0.8	1.5
	10	VVJ	5			29.5	29.5	29.5	29.5	29.5	29.5	1.4				27(22)	37(33)	47(43)	57(53)	67(63)	77(73)				
	13	（弹簧强化型）	6	② F		29.5	29.5	29.5	29.5	29.5	29.5	1.7	3.6			27(27)	37(37)	47(47)	57(57)	67(67)	67(67)	(4.3)			
	16		7				37.5	37.5	37.5	37.5	37.5	2.7				27(27)	37(37)	47(47)	57(57)	67(67)	67(67)				
	20		7				37.5	37.5	37.5	37.5	37.5					27(27)	37(37)	47(47)	57(57)	67(67)	67(67)				
	25		7				37.5	37.5	37.5	37.5	37.5					27(27)	37(37)	47(47)	57(57)	67(67)	67(67)				

顶料凸模
SSJ□
PPJ□
AA-SJ□
AA-PJ□
□□-SJ□
□□-PJ□
AA□-SJ□
AA□-PJ□

续表

杆部止动式顶料凸模

适用凸模	刃口长度 D	项目 代号	序号	组件代码	①顶料销　L 凸模全长							d	H	T	②弹簧(括号内为弹簧强化型)　FL 凸模全长							d₁	弹簧刚度/(N/mm)	③螺塞 M×P	参考值(顶料销突出长度)
					40	50	60	70	80	90	100				40	50	60	70	80	90	100				
GG-SJ□ GG-PJ□ GG□-SJ□ GG□-PJ□	5	SSJX	2	①+③	—	—	33	33	33	—	—	0.65	1.6	1.5	—	—	—	—	—	—	—	—	—	2.5×0.45	1
	6		3		—	—	33	33	33	—	—	0.65	1.6	1.5	—	—	31	41	51	—	—	2.0	0.49 (0.98)	3×0.5	
	8		4	无代码	—	—	41.5	41.5	41.5	41.5	41.5		2.0		—	—	31	41	51	—	—	2.2			
	10	SSJX・X	5	①	—	—	41.5	41.5	41.5	41.5	41.5	1.0			—	—	33(32)	43(42)	53(52)	63(62)	—	3.0 (3.2)		4×0.7	
	13	VVJX	6	P	—	—	41.5	41.5	41.5	41.5	41.5	1.4			—	—	33(31)	43(41)	53(51)	63(61)	—				1.5
	16	弹簧(强化型)	7	②	—	—	—	51.5	51.5	51.5	51.5	1.7	3.6	2.0	—	—	—	33(31)	43(41)	53(51)	63(61)	3.8 (4.3)		5×0.8	
	20		7		—	—	—	51.5	51.5	51.5	51.5				—	—	—	33(33)	43(43)	53(53)	53(53)				
	25		7	F	—	—	—	51.5	51.5	51.5	51.5	2.7			—	—	—	33(33)	43(43)	53(53)	53(53)				

▶ 顶料凸模半成品用(SSJB·PPJB)

适用凸模	D	项目 代号	序号	组件代码	①顶料销　L 凸模全长							d	H	T	②弹簧(括号内为弹簧强化型)　FL 凸模全长							d₁	弹簧刚度/(N/mm)	③螺塞 M×P	参考值(顶料销突出长度)
					40	50	60	70	80	90	100				40	50	60	70	80	90	100				
直杆顶料凸模 SSIC PPHJC □□-SJC □□-PHJC	5	SSJ	2		16	21	21	21	21	—	—	0.65	1.6	1.5	—	—	—	—	—	—	—	—	—	2.5×0.45	1
	6		3	①+③	16	21	21	21	21	—	—	0.65	1.6	1.5	—	—	—	—	—	—	—	2.0	0.49 (0.98)	3×0.5	
	8		4	无代码	16.5	28.5	28.5	28.5	28.5	28.5	28.5		2.0		29(25)	37(35)	47(45)	57(55)	67(65)	77(75)	—	2.2			
	10	SSJ・X	5	①	16.5	29.5	29.5	29.5	29.5	29.5	29.5	1.0			27(26)	37(33)	47(43)	57(53)	67(63)	77(73)	—	3.0 (3.2)		4×0.7	
	13	VVJ	6	P	16.5	29.5	29.5	29.5	29.5	29.5	29.5	1.4			27(26)	37(33)	47(43)	57(53)	67(63)	77(73)	—				1.5
	16	弹簧(强化型)	7	②	18.5	25.5	37.5	37.5	37.5	37.5	37.5	1.7	3.6	2.0	27(26)	37(29)	47(37)	57(47)	67(57)	77(67)	—	3.8 (4.3)		5×0.8	
	20		7		18.5	25.5	37.5	37.5	37.5	37.5	37.5				27(26)	37(29)	47(37)	57(47)	67(57)	77(67)	—				
	25		7	F	18.5	25.5	37.5	37.5	37.5	37.5	37.5	2.7			27(26)	37(29)	47(37)	57(47)	67(57)	77(67)	—				

表 4-65　**止动键**（摘自盘起工业大连有限公司产品样本）　　　　　mm

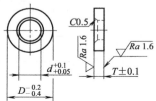

M材质	代　号
	KKED
S45C	KKES
	KKEG

※ 抗拉强度 600N/mm² 以上（JIS B 1301—1996）

L	公差 h12
10	0 / −0.15
15	0 / −0.18
20　25　30	0 / −0.21
35　40　45　50	0 / −0.25
55　60　70　80	0 / −0.30

项目　代号	B	L									B_h9		H 🆃		C
KKED KKES KKEG	2	10	15	20	25						2	0	2	0	0.16～0.25
	3	10	15	20	25	30					3	−0.25	3	−0.025	
	4	10	15	20	25	30	35	40	45	50	4	0	4	0	0.25～0.40
	5	10	15	20	25	30	35	40	45	50	5	−0.030	5	−0.030	
	10		15	20	25	30	35	40	45	50	55 60 70 80	10	0 / −0.036	8	0 / −0.090	0.40～0.60
	12			20	25	30	35	40	45	50	55 60 70 80	12	0 / −0.043			

表 4-66　**凸模用衬垫**（摘自盘起工业大连有限公司产品样本）　　　　　mm

PPWA
M 材质：SKS3
H 硬度：58～62HRC

项目　类型	d	T	D
PPWA	3	0.5	5
	4	1	7
	5	2	8
	6	3	9
	8		11
	10	4	13
	13	5	15
	16		19
	20	1 2 3 4 5	23
	25		28

PPWB
M 材质：SKS3
H 硬度：58～62HRC

项目　类型	D	T
PPWB	5	0.5
	7	1
	8	2
	9	3
	11	
	13	4
	16	5
	19	
	23	1 2 3 4 5
	28	

PPWC
M 材质：SKS3
H 硬度：58～62HRC

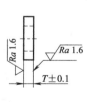

项目　类型	D	T	d
PPWC	5	0.5	3.5
	6	1	
	8	2	4.5
	10	3	5.5
	13	4	
	16	5	
	20	1 2 3 4 5	6.5
	25		

② 带台式异形凸模　对不规则外形的导形凸模，其工作部分和安装部分形状与尺寸均按切割形孔要求设计成直通式，固定部分为台阶形式。固定用台阶设计在凸模尾端的直面或侧面部位，也有设计成方形、长方形、长圆形等规则形状，如图 4-62 所示。该结构形式便于基准统一，便于加工、测量。图 4-62(a)～(f)所示为异形凸模的台阶结构形式，图 4-62(g)～(k)所示为固定板形孔常用的不规则外形凸模台阶固定结构形式。此类凸模在多工位级进模中应用较多。

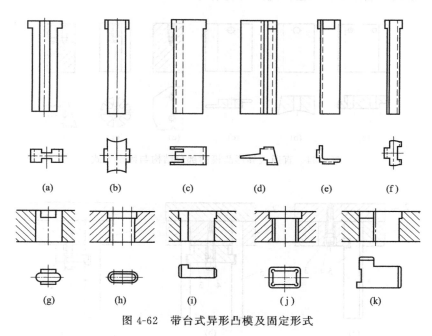

(a)　　(b)　　(c)　　(d)　　(e)　　(f)

(g)　　(h)　　(i)　　(j)　　(k)

图 4-62　带台式异形凸模及固定形式

(2) 直通式

① 直通式圆形凸模　直通式凸模又称直杆凸模。如图 4-63 所示为三种直通式圆形凸模及固定形式。如图 4-63 (a) 所示为采用螺孔固定式，因冲模一般冲压速度较高，冲压时振动较大，螺钉应选用 M4 以上的内六角螺钉并加弹簧垫圈，适宜于直通式中、大型凸模的固定。

如图 4-63 (b) 所示为采用小压板固定的凸模，适宜于直通式大直径凸模的固定。

如图 4-63 (c) 所示为采用穿横销固定的凸模，适宜于直径 $D \geqslant 5mm$ 的直通圆凸模的固定。

上述几种凸模与固定板采用 H7/m6 或 H7/n6 的过渡配合。有时也采用 H7/f6 的间隙配合或 H7/h7 的大间隙配合，其拆卸方便，适宜各类级进冲模选用，因而使用广泛。但其固定部分与固定板的配合主要应根据凸模的数量、凸模工作直径的大小、冲件的材

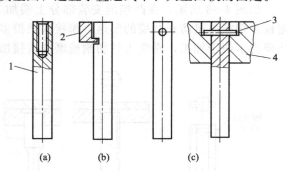

图 4-63　直通式圆形凸模及固定形式
1—凸模；2—压块（板）；3—销；4—凸模固定板

料状态、模具配置间隙的大小及有无导向保护等合理选用。

② 直通式异形凸模　直通式异形凸模，其工作部分和安装部分均按冲切形孔要求设计成形状与尺寸完全一致的直通形式，该结构形式的凸模工艺性好，制造后的精度高。如图 4-64(a)～(f)所示为直通式异形凸模的部分结构形式。

直通式异形凸模加工、拆卸方便，与固定板的配合一般采用 H7/m6 或 H7/n6，有时也采用 H6/m5 或 H6/n5 的配合，是级进冲模中采用最多的凸模结构形式。如图 4-64（a）～（c）所示为采用横销固定，如图 4-64（d）～（f）所示为螺钉固定的安装结构形式。如图 4-65 所示为凸模采用小压板或小压块压紧固定安装的形式。如图 4-65（a）所示为凸模尾部与成形压块组合后安装在固定板内，适宜于单独拆卸、快速更换时使用。如图 4-65（b）、（c）所示则为用压板同时压紧两个凸模或单独用压板压紧固定的安装结构形式，广泛用于多工位级进模中。

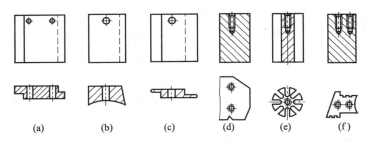

图 4-64　直通式异形凸模的部分结构与固定方式

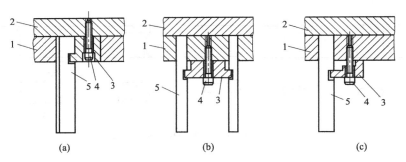

图 4-65　直通式异形凸模采用压块、压板固定的安装结构
1—凸模固定板；2—垫板；3—压块（板）；4—螺钉；5—凸模

（3）铆接式

如图 4-66 所示，在凸模的安装部分上端加工出（1.5～2.5）mm×45°斜面的铆头，装入固定板并铆牢后可防止凸模的脱落。铆接式凸模多用于小而不规则断面的直通式凸模，因为这种凸模为了便于加工，常常由线切割或磨削直接加工成直通式整体，然后将固定部分的头部局部退火处理，才能作出铆头铆接固定。

对于圆形小凸模，在冲薄料的情况下，冲压力不大，也可以采用铆接式安装固定。其主要优点是工艺简单，但不适宜拆卸。需注意的是铆头不可太小，否则凸模会有脱落现象；另外对着铆头的部分装配时常加设垫板。

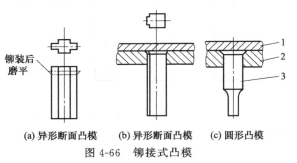

(a) 异形断面凸模　(b) 异形断面凸模　(c) 圆形凸模
图 4-66　铆接式凸模
1—垫板；2—凸模固定板；3—凸模

（4）叠装式

如图 4-67 所示，对于一些尺寸比较大的凸模，其自身的安装面积较大，可其安装简便，稳定性好，如图 4-67（a）、采取用螺钉、销钉直接叠加固定在模座或固定板上，（b）所示。对于侧向力较大的单侧剪切或压弯凸模，可采用如图 4-67（c）所示结构，装配和

修理均非常简便。此结构的凸模镶块和基体可以分别用不同的钢制成，凸模镶块采用优质合金钢，基体用普通钢制造。

(5) 嵌键式

对于某些直通式异形凸模，可以在安装部分的适当位置加工出两个缺口，在其缺口处各嵌入一块键，起挡块作用，防止凸模脱落，如图 4-68 所示。此结构对于采用线切割加工的异形凸模，防止凸模固定后脱落，是比较实用和简便的一种安装方法。

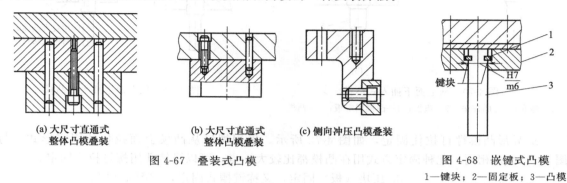

(a) 大尺寸直通式　　　　(b) 大尺寸直通式　　　　(c) 侧向冲压凸模叠装
整体凸模叠装　　　　　　整体凸模叠装

图 4-67　叠装式凸模　　　　　　　　　　　图 4-68　嵌键式凸模
1—键块；2—固定板；3—凸模

(6) 楔块压紧式

如图 4-69 所示，对于一些冲压力较大，而且有一定的侧向力，还需要经常拆装的凸模，采用压块式安装方便而可靠。图示在楔块上加工长圆孔，通过螺钉不断旋紧的情况下，凸模与楔块的斜面（一般取 $\alpha=15°\sim20°$）紧紧吻合压紧，松开螺钉，凸模即可方便地卸下。其结构适用于单侧或局部进行冲裁的场合，但必须做到楔块和凸模的斜度保持一致，做到完全相符，才能保证凸模安装的垂直。

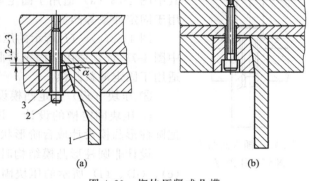

图 4-69　楔块压紧式凸模
1—凸模；2—螺钉；3—楔块

(7) 插入式

插入式凸模是便于装卸的一种凸模。在多工位级进模中有些细小凸模，常常要装拆和更换，故特别适合采用插入式的固定方式。插入式凸模按插入的方向可分为：从上而下插入和从下而上插入两种。

① 从上而下插入　是指凸模从上模的上模座向下插入固定，如图 4-70 所示。凸模与固定板常用 H7/h6 或 H6/h5 配合。凸模插入固定板后，利用其台阶卡住在固定板的平面上，然后通过两个螺塞顶住压牢凸模不动，如图 4-70 (a) 所示，或在凸模的顶端加一淬硬的圆柱垫，再用两个螺塞顶住压牢，如图 4-70 (b) 所示。

对于同一副级进模内，如果有多个相似的小凸模时，装配部分的直径应尽量取同一标准尺寸，这样有利于对固定板的加工。当工作直径与安装直径相差较大时，可参照图 4-70 (b) 凸模的中间有一过渡段。这种结构一般用于冲小圆孔小于 6mm 的凸模。

② 从上而下插入　是指凸模从上模凸模固定板的下平面向上插入固定。

a. 圆凸模螺钉拉住固定，如图 4-71 (a) 所示。这是对于较大一些的圆凸模需要拆装时采用的一种结构，其安装部分多为 H7/k6 或 H8/m7 配合。凸模最终靠螺钉拉住固定牢。

b. 圆凸模螺钉帽压住固定，如图 4-71 (b) 所示。螺钉头上开的弧形缺口，以便于拆装。

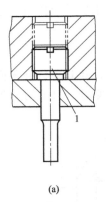
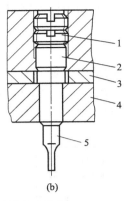

(a)　　　　　　　(b)

图 4-70　从上而下插入式凸模

1—螺塞；2—圆柱垫；3—垫板；4—凸模固定板；5—凸模

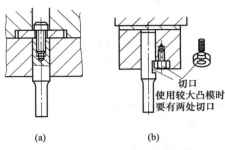

(a)　　　　　　(b)

切口

使用较大凸模时要有两处切口

图 4-71　从下而上插入式凸模

c. 异形凸模螺钉拉住固定，如图 4-72 所示。采用螺钉从凸模上面拉住的固定形式。与图 4-71（a）相同，此种固定方式用在凸模都比较大一点，可以设螺孔用螺钉拉住固定。

d. 压块（板）固定，又称键槽式固定，如图 4-73 所示。

设计高速高精度多工位级进模时，由于凸模固定板一般都进行了淬火处理，给凸模的固定带来了困难，采用压块固定凸模比较常用。

如图 4-73（a）、（b）所示的压块固定方式适用于固定圆柱形凸模。其中图 4-73（a）适用于固定弯曲、拉深、成形等凸模；图 4-73（b）适用于固定冲裁等凸模。

图 4-73(c)～(f)所示的压块固定方式适用于固定非圆柱形凸模。其中图 4-73（c）适用于固定弯曲、拉深和打凸等凸模。图 4-73（d）～（f）适用于固定冲裁凸模。

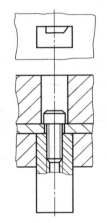

图 4-72　插入式凸模螺钉拉住固定

③ 压块（板）固定凸模设计要点

a. 压块固定槽的设计　设计圆柱形凸模时，结构非常简单，只需把圆柱形凸模设计成台阶形状即可，不需要在凸模上设计压块固定槽。

设计非圆柱形凸模结构时，需考虑在凸模的适当位置设计如图 4-73（c）、（d）、（f）所示的压块固定槽，以便压块固定凸模。根据凸模的结构形状，压块固定槽一般设计成对称的两条，固定槽的高（宽）度为 5～6mm，深度为 2～5mm。设计时，应考虑减小凸模压块固定槽角部的应力集中，尖角处应设计成 $R0.5～2mm$ 的过渡圆角。

同时，设计时要考虑装配方便。装配时，先把凸模装入固定板中，再装上压块，然后用内六角头螺钉紧固压块即可。

b. 压块的布置　压块的布置应考虑分布均匀，使固定凸模所受的压力均衡，固定、拆卸和维修方便，不能影响所固定凸模的垂直度。

通常圆柱形凸模一般采用一块压块固定，如图 4-73（a）、（b）所示，在设计时考虑到了模具维修。非圆柱形凸模一般采用两块压块固定，如图 4-73（c）、（d）所示，当凸模比较小，不便采用两块压块固定时，可用一块压块固定，如图 4-73（e）、（f），其中图 4-73（e）压块压住的为凸模台阶处。在设计时同样考虑到了模具维修力求方便。

c. 压块的形状及大小　设计压块的形状及大小时，应考虑凸模的形状、凸模的类型及凸模间的空间等因素。对于圆柱形凸模，可采用在压块中间加工出一通孔或台阶孔的压块，如图 4-73（a）、（b）所示。对于非圆柱形凸模，可采用如图 4-73(c)～(f)所示形状的压块。

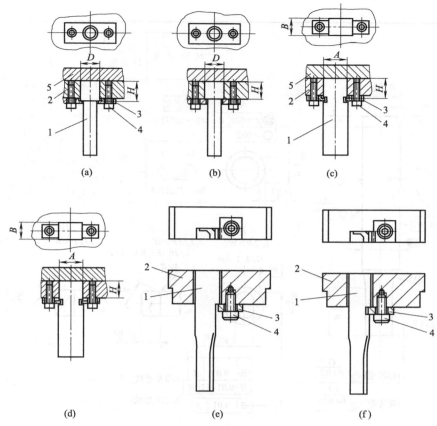

图 4-73　插入式凸模压块（键槽式）固定

1—凸模；2—凸模固定板；3—压块（板）；4—螺钉；5—垫板

压块的厚度一般取 3～4.5mm，常用中碳钢制造并经淬硬处理，长度及宽度应根据凸模的大小及凸模间的空间来确定（"米思米"、"盘起"有标准）。压块要能承受冲裁时的卸料力，一般需用 1～2 个 M4～M6 的内六角头螺钉固定。

d. 凸模与固定板的配合　凸模与固定板的配合，一般采用较小的间隙配合，以方便模具装配与维修。如图 4-73 所示的凸模与固定板间的尺寸 D、$A \times B$ 一般采用 H7/h6 配合。对于凸模采用卸料板导向的精密模具，凸模与固定板间的尺寸 D、$A \times B$ 可采用 0.1mm 左右间隙，以方便模具制造。

高度尺寸 H 一般采用配作方法加工，需有一定的过盈量，以便压紧凸模。高度尺寸 H 可按下面公式计算

$$H = H_1 + G$$

式中　H——凸模槽底面（或凸模台阶平面）至凸模上端面高度尺寸，mm；

　　　H_1——凸模固定板厚度，mm；

　　　G——过盈量，常取 0.02～0.05mm。

④ 压块固定凸模的主要优缺点

优点：凸模与凸模固定板固定可靠；凸模与凸模固定板结构简单，加工方便，制造成本低；凸模装拆方便，便于更换易磨损和损坏的凸模，模具寿命长。

缺点：凸模与凸模固定板要有足够的空间距离；不适用于非圆形异形小凸模固定。

表 4-67 为 "盘起工业" 硬质合金键槽固定式凸模规格，供参考和选用。

表 4-67　硬质合金键槽固定式凸模（标准型/抛光型）（摘自盘起工业大连有限公司产品样本）

mm

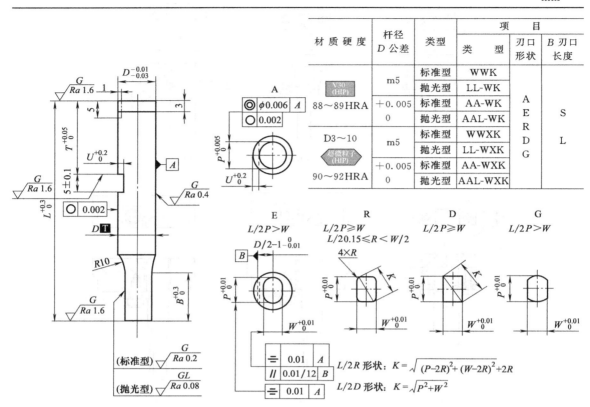

材质硬度	杆径 D 公差	类型	项 目		
			类 型	刃口形状	B 刃口长度
V30 (HIP) 88~89HRA	m5	标准型	WWK	A E R D G	S L
		抛光型	LL-WK		
	+0.005 0	标准型	AA-WK		
		抛光型	AAL-WK		
D3~10 超微粒子 (HIP) 90~92HRA	m5	标准型	WWXK		
		抛光型	LL-WXK		
	+0.005 0	标准型	AA-WXK		
		抛光型	AAL-WXK		

E
L/2P>W

R
L/2P≥W
L/20.15≤R<W/2

D
L/2P≥W

G
L/2P>W

$$L/2R 形状：K=\sqrt{(P-2R)^2+(W-2R)^2}+2R$$

$$L/2D 形状：K=\sqrt{P^2+W^2}$$

项　目					ⓘ 0.001	ⓘ 0.01			ⓘ 0.1		U
类　型	刃口形状	B	D	L	A	E R D G			R	T	
					P	$P \cdot K_{max}$	$P \cdot W_{min}$		R		
杆径 D 公差可选择 m5 ▨ WWK ◖WWXK ▨ LL-WK ◖ LL-WXK 或 +0.005 0 ▨ AA-WK ◖ AA-WXK ▨ AAL-WK ◖ AAL-WXK	A E R D G	S	8	3	40 50 60	1.000~2.990	—	—	0.15≤ R< W/2 (仅 R)	0.5	
				4	40 50 60 70	1.000~3.990	3.97	1.50			
				5	40 50 60 70	2.000~4.990	4.97	1.50			
				6	40 50 60 70	2.000~5.990	5.97	1.50		1.0	
			13	8	(40) 50 60 70 80	3.000~7.990	7.97	2.00			
				10	(40) 50 60 70 80	3.000~9.990	9.97	2.50		1.5	T>5.0
				13	(40) 50 60 70 80	6.000~12.990	12.97	3.00			
			19	16	(40) 50 60 70 80	10.000~15.990	15.97	4.00			
		L	13	3	50 60	1.000~2.990	—	—		0.5	
				4	50 60 70	1.000~3.990	3.97	2.00			
				5	50 60 70	2.000~4.990	4.97	2.00			
				6	50 60 70	2.000~5.990	5.97	2.00		1.0	
			19	8	50 60 70 80	3.000~7.990	7.97	2.50			
				10	50 60 70 80	3.000~9.990	9.97	2.50		1.5	
				13	50 60 70 80	6.000~12.990	12.97	3.00			
			25	16	60 70 80	10.000~15.990	15.97	4.00			

注：全长 L（40）时，刃口长度 B=8。

如图 4-74 所示是采用钢球顶住凸模防止脱落的一种快换紧锁凸模安装方法。

如图 4-75 所示为采用紧定螺钉紧固安装凸模的一种方法。一般单工序模中常用，多工位级进模中也用，如多工位连续拉深模中的整形凸模就采用此结构。

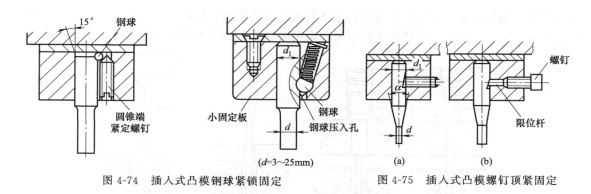

图 4-74　插入式凸模钢球紧锁固定　　　　图 4-75　插入式凸模螺钉顶紧固定

(8) 浇注、粘接式

在一般情况下，原则上不采用浇注或粘接的方法固定凸模，因为这种方法一旦将凸模固定住后便不能再拆装了，但是有些特殊场合，如小凸模多，间隔位置很小，无法采用机械方法固定时，常采用有机黏结剂（环氧树脂）、无机黏结剂（氧化铜粉末＋磷酸溶液）或低熔点合金浇注等工艺仍是一种比较实用的方法。

应用粘接工艺安装凸模，一般只适用于冲料厚 $t \leqslant 2mm$，对于冲压力较大并有侧向力的凸模不宜采用。如图 4-76 所示为采用浇注、粘接安装凸模的示例。图中的 Z 为凸模固定板与凸模间粘接用间隙，a、R、L 为提高粘接强度而在凸模上加工槽的有关尺寸，具体大小见粘接结构与工艺有关介绍。

图 4-76 (c) 为用于经常拆装的凸模，它采用衬套与固定板粘接或浇注，而凸模与衬套之间有配合关系，松开螺钉后凸模可以从衬套里分开。

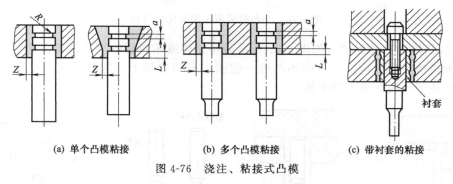

　(a) 单个凸模粘接　　　　　(b) 多个凸模粘接　　　　　(c) 带衬套的粘接

图 4-76　浇注、粘接式凸模

(9) 护套保护式

一些冲小孔的圆凸模，大多数为级进模中直径在 2mm 以下，为了提高强度，往往对其采取多种形式的保护措施。

① 卸料板护套保护　如图 4-77 所示为在卸料板上装有护套，对凸模工作部分作导向保护，此时凸模与固定板之间，即配合常取 H7/h7 存在一定间隙，凸模的保护和导向主要靠装在卸料板上的保护套起作用。为了保证凸模和凹模孔同心和相对位置正确，卸料板与凸模固定板和凹模之间常加设辅助导向装置。

② 全护套保护　如图 4-78 所示为特小圆凸模的全护套保护结构，适用于小孔 $d < 1.2mm$ 的冲裁，小凸模下端露出护套下平面 $h = 2 \sim 3mm$。

如图 4-78 (d) 所示为保护套固定在卸料板上，保护套与上模部分的导板选用 H7/h6 的间隙配合，冲裁时保护套始终与上模部分不脱离（起小导柱作用）。当上模下压时，卸料板弹簧被压缩，凸模从保护套中伸出冲孔。该结构有效地避免了凸模工作端的弯曲，适合于料厚大于直径 2 倍的小孔冲裁。只要保证在模具处于最大闭合高度时，保护套顶端与上模的最小重叠部分长度不小于 3~5mm，模具处于最小闭合高度时保护套顶端不受到碰撞即可。

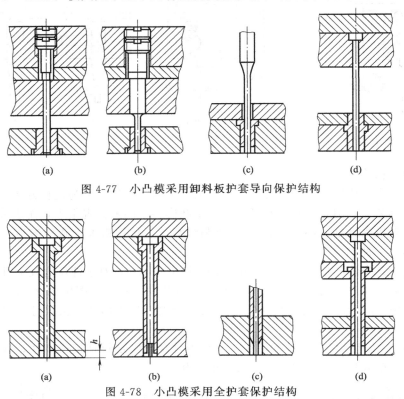

图 4-77　小凸模采用卸料板护套导向保护结构

图 4-78　小凸模采用全护套保护结构

③ 缩短凸模的护套保护　如图 4-79 所示为将整体或缩短后的小凸模放在护套内，凸模的后面装上圆柱垫，然后将护套连同小凸模一起固定到固定板上。这种结构不仅提高了凸模强度，而且也便于凸模的加工和更换。

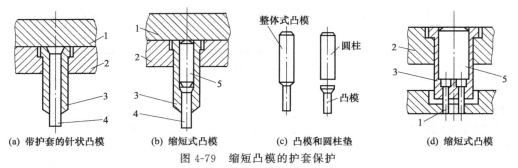

(a) 带护套的针状凸模　　(b) 缩短式凸模　　(c) 凸模和圆柱垫　　(d) 缩短式凸模

图 4-79　缩短凸模的护套保护

1—垫板；2—凸模固定板；3—护套；4—凸模；5—圆柱垫

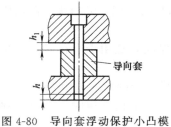

图 4-80　导向套浮动保护小凸模

当冲孔直径小于工件料厚或小于 1mm，以及冲异形孔其面积小于 1mm² 时，细长凸模容易弯曲失稳而折断，所以常采用保护套结构，并且在工作过程中要依靠卸料板（导板）导向，从而可提高其抗失稳的能力。图 4-79（a）为带护套的针状凸模，其适用的冲孔直径小于 3mm，凸模及护套的尺寸见表 4-68。图 4-79（b）、（d）为缩短式凸模，其适用的冲孔直径为 $(0.7~1.3)t$（t 为料厚）。

④ **导向套浮动保护**　如图 4-80 所示导向套为浮动式，它与凸模之间成 H6/h5 配合，较好地保护小凸模，在模具闭合状态下，浮动护套应与固定板留出足够空隙 h_1，两者不应碰死，这个尺寸随着凸模的刃磨会不断减小，新模具时取 $h_1 > (h+1.5t)$mm 较为合适，式中 t 为料厚，h 为模具开启状态凸模缩进卸料板的深度。

表 4-68　针状凸模及护套的尺寸　　　　　　　　　　　　　　mm

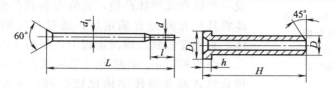

冲孔直径 d	杆直径 d_1	凸模长度尺寸		护套尺寸			
		l	L	D	D_1	h	H
0.8 以下	1.0	3～4	30～50	5	7.8	3	25～45
0.8～1.5	1.0	4.6	30～55	6	9	3	25～50
	1.5						
1.5～3.0	2	5～7	35～60	8	11.2	3.5	28～55
	2.5						
	3						

⑤ **双护套保护**　图 4-81 为双护套式凸模，它有单独的卸料弹簧，以防卸料板平行度误差对凸模的影响。图示为模具开启状态，保持小凸模始终在护套内受到保护。

⑥ **加大凸模固定部分、设置辅助导柱保护**　图 4-82（a）在卸料板、凹模固定板和凸模固定板上设置辅助导柱，提高卸料板的平行度，保证小凸模的导向性能。图中的小凸模为了提高自身的强度，采用了加大凸模固定部分的直径 D 和缩短工作部分长度 l，见图 4-82（b），其尺寸 $d_1 = d+(2～3)$mm，$D = d_1+(1.5～2)$mm，$D_1 = D+(2～3)$mm，凸模工作部分长度 l 与冲孔大小有关，当冲孔直径 $d = 0.5～1$mm 时，取 $l = (5～10)d$；当冲孔直径 $d ≤ 0.5$mm 时，取 $l = (2～5)d$。

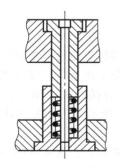

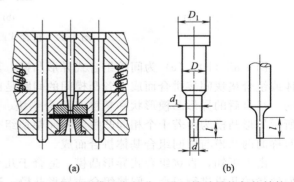

图 4-81　双护套保护小凸模结构　　　　　　　　　图 4-82　加大凸模固定部分、设置辅助导柱保护结构

⑦ **密集小孔多个凸模采用同一块导向板保护**　如图 4-83 所示为一组在同一工位上冲制多个小孔凸模采用同一块导向板保护的结构示意图。导向板兼保护套 3 设计成一个整体，采用单独嵌入卸料板 2 内，工作时对多个小凸模起到导向和保护双重作用。

（10）拼合组合式

某些凸模由于形状的特殊，做成一整体加工比较困难，采取分成几个简单部分再拼合在一起，变成拼合式凸模，也可以称为组合式凸模。这样加工比较容易，同样达到完整凸模的要

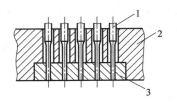

图 4-83　多个小凸模采用
同一块导向板保护
1—小凸模；2—卸料板；
3—导向板兼保护套

求，同时如局部损坏了，维修更换也方便，还能将凸模的安装固定部分设计成简单形状，使加工凸模固定板的孔更简单。如图 4-84 所示。

也有一些相互靠得很近的小凸模，可以通过组合，先由一个基体将其相互间位置初步定下来，再安装到固定套内形成一个组合式整体凸模，最终安装到凸模固定板上。或由基体将其相互间位置确定后，通过一定的方式使它们变成一体，直接安装到凸模固定板上，如图 4-84（c）所示。

图 4-85（a）中左边三条片状凸模易折断、磨损，采用拼合形式而非整体结构比较合理，方便了刃磨、更换和拆装。这是一种直接组合式异形凸模，其结构一般是由几个相邻的凸模组合而成，凸模间的间距是以其中一凸模为基体加工出组合所需的型孔或形状来控制的，并通过一定的方式穿销或用键将它们组合起来。

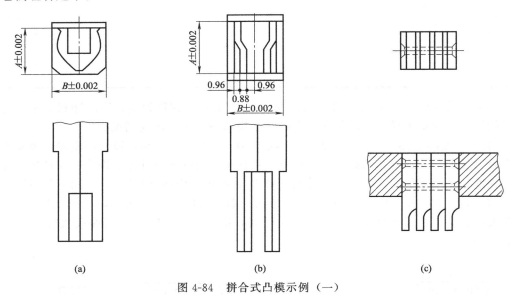

(a)　　　　　　　　　(b)　　　　　　　　　(c)

图 4-84　拼合式凸模示例（一）

图 4-85（b）、（c）为间接组合式异形凸模，其结构一般是由几个相邻凸模通过中间组合基体或组合垫块间接拼合而成，各凸模间的间距是由若干组合垫块或组合基体形状、尺寸来控制的，组合后的异形凸模形状和精度与组合垫块、组合基体的设计精度直接有关。图 4-85（b）所示异形凸模为由若干个相同凸模和相同垫块组合而成，图 4-85（c）所示异形凸模为由左右对称的两凸模与中间组合基体拼合而成。

由上可知，直接组合式异形凸模，适合于几个相邻近的、形状简单的、有规则或同一组几何形状的凸模进行组合；间接组合式异形凸模，适合于几个相邻近的、形状复杂、相互间各不相同或不能直接组合的凸模。有时，在多工位级进模中，若不采用拼合组合形式，有的异形凸模根本是无法加工和装配的。

(11) 用于多工位级进模中的弯曲、拉深、成形等其他凸模

上述介绍的各种凸模，基本上是以冲裁凸模为内容展开的。多工位级进模中，弯曲凸模、成形凸模、拉深凸模等因冲压工艺的要求，为数也不少。凸模的基本结构与冲裁凸模既有相同之处，又有不同地方。

① 弯曲成形凸模　从冲压工艺可知，弯曲、成形冲压主要有向上、向下和复合成形的结

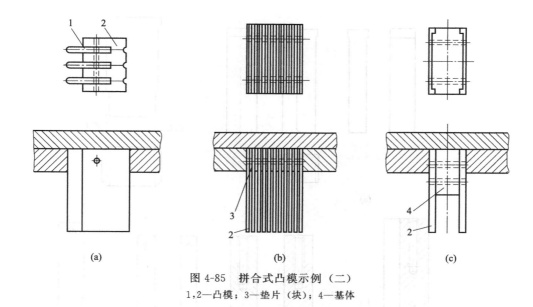

图 4-85 拼合式凸模示例（二）
1,2—凸模；3—垫片（块）；4—基体

构类型。制件向下弯曲、成形≥90°时的结构中，成形凸模安装在上模部分，弯曲成形的凹模镶件安装在下模部分；当弯曲、成形的冲件角度小于 90°时，需采用侧向冲压或斜楔滑块装置。制件向上弯曲、成形≥90°时的结构，成形凸模安装在下模部分，弯曲、成形的凹模设在上模部分（一般弯曲成形用的凹模镶件均设置在卸料板内）。当弯曲、成形的冲件角度小于90°时，也要采用侧向冲压或斜楔滑块装置。

弯曲、拉深、成形凸模的结构形式和安装固定方法见图 4-86。基本的安装方法主要有台肩固定，如图 4-86(a)～(c)、(k)所示；螺钉固定，如图 4-86(d)～(f)、(j)所示；横销固定，如图 4-86(g)～(i)所示。

直角（90°）弯曲在冲压加工中最为常用。对弯曲件直角弯曲、成形精度要求较高时，可采用图 4-86（d）、(f) 所示的凸模结构形式，在凸模弯曲工作部位加工出一小凸台以强化折弯处的塑性变形，同时减少、消除材料的回弹。如图 4-86（c）、(i) 所示为冲件向下弯曲时的凸模结构形式。为便于基准统一，易于调整、加工、更换，压弯间隙一般设置在凸模部分。同时为保证冲件的弯曲精度，压弯间隙应取 $Z=t$，对精度要求较高的弯曲，可在后面的工位中加设整形工序来达到。

② 拉深凸模 拉深凸模如图 4-86 (j)、(k) 所示。图 4-86 (j) 为直通式，固定部分直径在一副连续多工位拉深模中多个凸模往往取一个相同尺寸，只变更工作部分直径，这样有利于加工。图 4-86 (k) 为带台式，中心部分设有出气孔（深一点拉深一般均设置，浅拉深可以不设），工作部分的粗糙度要求比冲裁凸模小，底端与圆柱表面交接处是圆角，表面粗糙度比圆柱面要求更小。其他方面和冲裁凸模无任何区别。

③ 局部镶套、镶拼的硬质合金凸模 如图 4-87（a）所示为在凸模基体上加工螺纹孔，硬质合金镶块上加工的螺钉过孔，通过螺钉并由件 1、2 上的中间凸凹止口定位连接固定成一体，主要用于中、大型孔的冲裁。

如图 4-87（b）所示是在硬质合金镶块加工前预先压入一螺母 4，在凸模基体上加工螺钉过孔与台肩孔，通过螺钉并由件 1、2 止口定位连接固定成一体，适用于冲裁、复杂弯曲、和拉深成形等冲压工序用凸模。加工中应保证硬质合金与基体结合面平整，紧固可靠，硬质合金凸模与基体有时也可采用焊接的方式。

如图 4-87（c）所示为硬质合金凸模 1 与凸模基体 2 采用焊接方式固定。

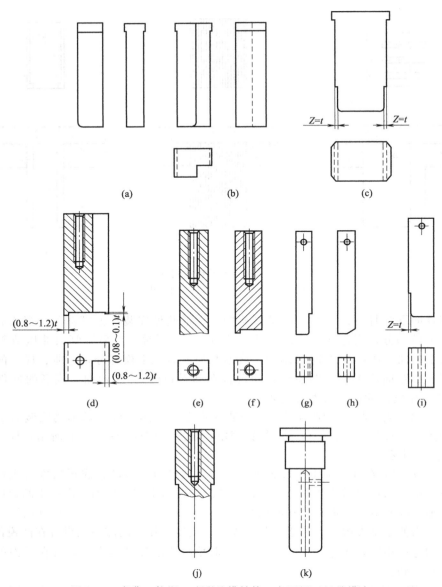

$Z=t$

$Z=t$

(a)　　　　　　　　(b)　　　　　　　　(c)

$(0.8\sim1.2)t$

$(0.08\sim0.1)t$

$(0.8\sim1.2)t$

$Z=t$

(d)　　　(e)　　　(f)　　　(g)　　(h)　　　(i)

(j)　　　　　(k)

图 4-86　弯曲、拉深、成形凸模结构（主要用于级进模中）

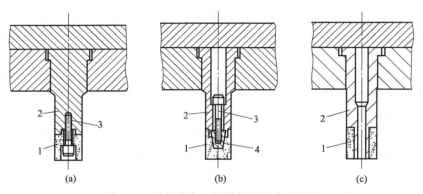

2　　3

1

2　　3

1　　4

2

1

(a)　　　　　　　(b)　　　　　　　(c)

图 4-87　局部镶套、镶拼的硬质合金凸模

1—硬质合金凸模；2—凸模基体；3—螺钉；4—螺母

4.7.3　凸模的防转

当凸模的工作部分为异形，安装部分为圆形时，为防止转动应采取防转措施，防止凸模在使用过程中转动而发生严重事故。常用防止凸模转动的方法有销定位、键定位和利用凸模圆台加工出平面定位等，如图 4-88 所示。

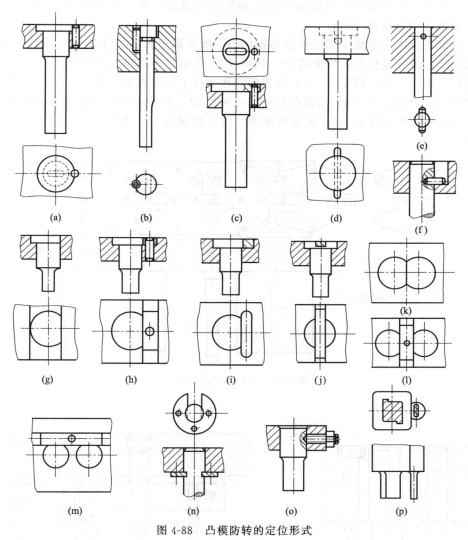

图 4-88　凸模防转的定位形式

4.7.4　级进模的凸模固定示例

如图 4-89 所示为级进模的凸模固定示例。工位①是个异形圆凸模，采用键防转定位、螺钉拉紧固定；工位②和④是个异形凸模，矩形孔定位，用螺钉拉紧固定。从图示凸模的情况完全可以加工成直通式结构，固定板上的凸模固定孔便加工成和凸模一样的异形了，这样凸模靠异形孔定位，再用螺钉拉紧固定更为可靠。工位③是空位，有一个凸模式导正销，采用过盈配合并靠台阶防止脱落固定。

在多工位级进模中，除了一般冲裁凸模和成形凸模外，大多数为冲孔凸模，当制件上多个孔的孔距比较靠近，将其分散设计结构上又不允许时，应通过模具上增加工位数使其分散冲出，以求得冲裁刃口的稳定性，同时希望这些孔的尺寸不应小于制件料厚，因为冲孔直径太小，凸模的强度较差，在高速连续的冲压过程中容易引起凸模折断。因此对于制件的设计必须经过反复研究才最终确定。对于孔距太近的多个冲孔凸模在一起时，凸模的安装固定如图 4-90 所示。各凸模长度要设计成具有先后冲切顺序，以减少同时冲切引起凸模间材料的相互牵引，严重时对细小凸模造成折断。各凸模间长短差最小应控制在 $(1/4 \sim 3/4)t$ 之间，t 为冲压材料厚度。此外小的凸模尽量设计成带台的和带有过渡段，大一些凸模要在顶端加工固定螺孔，这样安装比较方便和可靠。

多工位级进模中一些细小圆凸模极易损坏，一般采取更换的方法来延长模具的使用寿命，这就要求小凸模的安装拆卸方便而可靠，如图 4-91 所示是常用的几种固定方法。其中图 4-91（a）为用紧定螺钉固定，图 4-91（b）为用螺塞和垫柱 1 顶压固定，图 4-91（c）为用护套、压板压紧护套固定，图 4-91（d）为圆凸模的又一种结构。刃磨凸模端面后，在凸模的另一端需加垫片 2，同时刃磨套圈 3，以保证压板压平，将凸模固定牢。垫片 2 的作用是保持小凸模的原始长度不变。

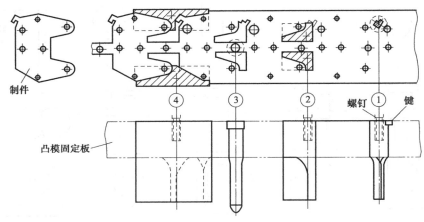

图 4-89　凸模固定示例（一）

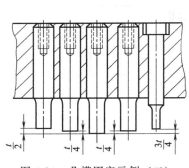

图 4-90　凸模固定示例（二）

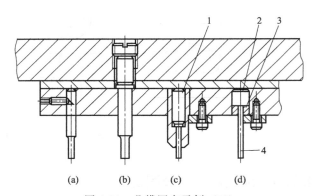

图 4-91　凸模固定示例（三）
1—垫柱；2—垫片；3—套圈；4—凸模

如图 4-92 所示是异形小凸模常用的几种固定方法。异形凸模一般设计成带台式的便于安装固定，如图 4-92（a）所示可用压板压紧固定，图 4-92（b）为细小异形凸模可用台阶式保护套将异形凸模台阶压紧，再用压板将保护套压紧，图 4-92（c）为稍大一些的成形凸模，可直接在凸模上加工螺孔，然后用螺钉固紧。当磨削其他冲裁凸模刃口时，可将凸模的 A 面磨去，保证成形凸模和冲裁凸模相对高度不变。成形凸模在模具的开启状态下，缩进卸料板 1～

1.5mm，为的是保证条料在成形前被卸料板压住。图 4-92（d）为凸模的压板镶入固定板内，可以减少弹压卸料板与凸模固定板间距，使凸模总长度减小，有利于提高凸模的强度。压板的螺钉过孔采用螺孔结构，便于取出。

如图 4-93 所示，凸模固定分别为螺钉拉紧吊装、压块固定和螺塞、垫柱压紧固定，即图示 A、B、C 三种形式。图中小凸模 9 采用从上而下插入，靠台阶固定，这在固定板装卸方便情况下可以采用。刃磨凸模 9 时，需同时将垫片 8 磨薄，才能保持凸模刃面高度不变。

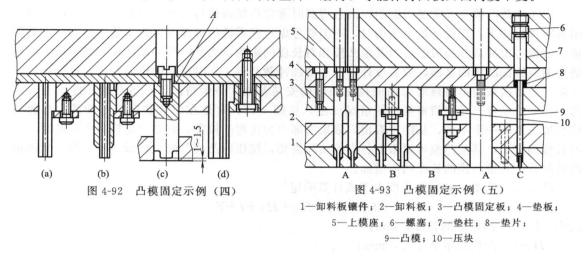

图 4-92 凸模固定示例（四）

图 4-93 凸模固定示例（五）

1—卸料板镶件；2—卸料板；3—凸模固定板；4—垫板；
5—上模座；6—螺塞；7—垫柱；8—垫片；
9—凸模；10—压块

4.7.5 凸模长度的确定（包括多工位级进模的多凸模长度）

凸模长度一般根据模具结构需要而确定。同时要考虑凸模的修磨量及固定板与卸料板之间的安全距离等要素。凸模长度过短，则凸模不能插入凹模刃口内对板料进行冲切，但若凸模过长，会降低其工作时的稳定性，容易引起弯曲或折断等问题。

（1）单工序冲裁模的凸模长度

对于单工序冲裁模的凸模长度，如图 4-94 所示，按下式计算：

$$L = H_固 + H_卸 + H_导 + Y$$

式中　L ——凸模长度，mm；

$H_固$ ——凸模固定板厚度，mm；

$H_卸$ ——固定卸料板厚度，mm；

$H_导$ ——侧面导料板厚度，mm；

Y ——增长量。它包括凸模的修磨量，凸模进入凹模的深度，凸模固定板与卸料板之间的安全距离等。当凸模和固定板铆接时，加上铆头部分的增长量 $1 \sim 2$mm。一般取 $Y = 15 \sim 20$mm。

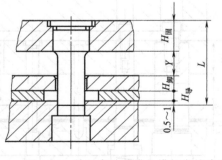

图 4-94 单工序冲裁模凸模长度的确定

若选用标准凸模，按照上述方法算得的凸模长度后，还应根据冲模标准中的凸模长度系列选取最接近的标准长度作为实际凸模的长度。

（2）多工位级进模的凸模长度

对于纯冲裁级进模的上模，只安装有冲裁凸模，其长度基本上都一致，即使有差异也不太大，对凸模的长度要求也不是很严，计算方法同单工序冲裁模的凸模长度；而带弯曲成形或拉深级进模的上模，安装有多种作用的凸模，如冲裁凸模、弯曲成形凸模或拉深凸模等，还有一定数量的定位件，如导正销以及斜楔等其他模具零件。这些凸模和定位件，有的不是同一时间工作，有的因冲压性质和冲压工艺的要求，它们的长度需要有长有短，不能设计成一个长度，特别是压弯成形凸模、拉深凸模的长度要求很严。它们的工作顺序一般是先定位，冲切余料，然后开始压弯或拉深工作，往往要经过多次，最后是进行冲裁（一般是落料，将制件从载体上分离）。

由于冲裁凸模是经常要刃磨的，而且刃磨时常常将妨碍进行刃磨的弯曲或拉深凸模、导正销等零件拆卸下，在设计模具结构时，不但要考虑这些零件的拆卸方便、安装迅速和精度的保证，还要考虑冲裁凸模刃磨后对其他凸模相对长度的影响，为此，当冲裁凸模刃磨时，则应修磨弯曲或拉深凸模的基面，或者设计时适当增加冲裁凸模工作时进入凹模的深度，这样可以在一定的刃磨次数内不需修磨弯曲或拉深凸模的安装基面。一般情况下，各凸模长度均有一定值，相互关系或长短差值根据不同情况而定，见图 4-95，这是在闭合状况下有冲裁、弯曲凸模长度关系的一个示例，从图中看出，最短的那个为压弯凸模②，它是这副模具中的基准，它的长度确定了，其他凸模可以根据各自的实际需要，按压弯凸模②的长度做适当调整。从图示的情况看，其他凸模的长度均应增加。

凸模②（见图 4-95）的长度由下式计算确定

$$L_2 = H_1 + H_2 + H_3 + t + Y$$

式中　L_2——凸模②的长度，mm；

H_1——凸模固定板厚度，mm；

H_2——凸模进入凹模的深度，mm；

H_3——卸料板厚度，mm；

t——制件材料厚度，mm；

Y——凸模固定板与卸料板之间安全距离，取 $Y = 15 \sim 20$ mm。

一般情况下，凸模的长度尽量取整数，并且符合标准长度，取短不取长，这对强度有利，通常在 $35 \sim 65$ mm 之内，凸模①和凸模④的长度应在凸模②长度的基础上要增加，增加量应是足够的刃磨总量。而固定导正销③的长度应是最长，它是在所有凸模工作之前，应首先导入材料，将料导正，然后各凸模才可进入工作状态，导正销的长度应是在凸模①长度的基础上至少再加上 $(0.8 \sim 1.5)t$。

图 4-95 中的 H 为卸料板的活动量，$H = H_2 + t$；s 为冲孔凸模进入凹模深度；M 为导正销的直壁部分进入条料长度，$M = H + (0.5 \sim 1)t$；A 为假想垫圈。当凸模①刃磨多次后如果长度不够，可以通过加垫圈 A 得以补偿。垫圈 A 为具有一定硬度的钢件，可外购。

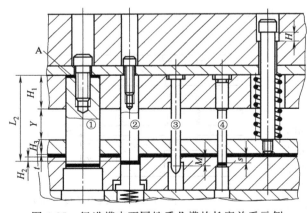

图 4-95　级进模中不同性质凸模的长度关系示例

确定刃磨量多少时，应和凸模有足够的使用寿命结合起来。供刃磨用量留得少了，没有刃磨几次，凸模的长度太短便不能用了；供刃磨量留得多了，使凸模的全长设计得很长，模具闭合高度太大，整个模具很笨重，甚至出现模具已到该报废时，凸模的刃磨量仍还有余的情况，这是不可取的。

综上所述，凸模工作长度的设计应遵守如下原则。

① 在同一副模具中，由于各凸模的作用即冲压性质不同，各凸模长度尺寸也不同，因此，在确定凸模长度时，应先确定某个凸模为基准，其他凸模按此基准长度并根据其自身的功能不同作适当增大或减小一定值后确定。例如图 4-95 是以上模部分的弯曲成形凸模②长度作为基准，而该基准确定的同时，应结合制件料厚、模具工作面积大小、模具工作零件的强度等因素综合考虑，一般取 70mm 以下。其他凸模（包括导正销）的长度按基准凸模②长度计算出应有的差值确定。在满足各凸模结构的前提下，基准长度应力求最短。

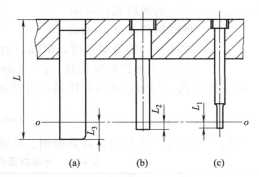

图 4-96　凸模的有效使用长度与刃磨量关系示意图
L—基准凸模长度；L_1，L_2—凸模有效使用长度（刃磨量）；L_3—弯曲凸模工作长度

② 尽可能选用标准长度凸模尺寸，例如 35、40、45、…、65（mm）。

③ 每一个凸模都应有一定的有效使用长度和冲裁凸模应有足够的刃磨余量。如图 4-96 所示为两者关系图。

如图 4-96（a）所示为最长弯曲凸模，如图 4-96（b）、（c）所示分别为同一副模具中的一组冲裁凸模，o-o 线表示最后刃磨极限的余量，细小凸模因强度的影响，一般有效长度设计得较小，因此刃磨量相对少些，必要时通过更换小凸模来满足使用要求。

④ 同一副模具中各个凸模的长短必须协调动作，保持同步性。

4.7.6　凸模的强度验算

冲压加工时，凸模承受压力，在卸料时又受到拉力，连续不断地冲压加工，凸模在压力和

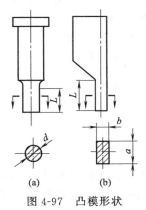

图 4-97　凸模形状

拉力的反复交变作用下，凸模有可能被压坏或疲劳损坏。如遇有细长小凸模，压力会使凸模纵向弯曲，同时由于冲裁间隙的不均匀和凸模对被冲材料的不垂直等原因，使凸模刃口受到侧向压力的作用而产生横向弯曲，也会造成凸模折断。因此，对粗而短的凸模，一般按标准选用或按常规设计可以不必校验强度；对冲孔直径较小且细长的凸模或板料厚度较大的情况下，要校验凸模的强度和稳定性，具体校验的内容包括压应力和弯曲应力。

（1）压应力的校验

常用凸模形状主要是圆形和矩形，如图 4-97 所示。凸模上承受的最大压应力应不超过凸模材料的许用压应力，这样的凸模是安全的，即

$$\frac{P}{F} \leqslant [\sigma_{压}]$$

式中　P——最大冲裁力，N 或 kN；

　　　F——凸模刃口断面积，mm^2；

　$[\sigma_{压}]$——凸模材料淬火后的许用压应力，MPa，$[\sigma_{压}]$ 值取决于材料、热处理和模具的结构，其值一般为淬火前的 1.5～3 倍。对于如 T8A、T10A、Cr12MoV、GCr15 等工具钢，淬火硬度为 58～62HRC 时，取 1000～1800MPa；当有特殊要求时，可取 2000～3000MPa。具体数值见表 4-69。

表 4-69　常用凸模材料许用压应力 $[\sigma_{压}]$　　　　　　　　　　　　MPa

凸模材料	T10A	9Mn2V	9CrSi	CrWMn	Cr12	Cr12MoV	YG15、YG20
许用压应力$[\sigma_{压}]$	1800	2000～2100	1800～2000	2000～2100	1900～2000	2000～2200	～3000

冲裁力 P 由下式计算

$$P = Lt\tau$$

式中　L——冲裁的周边长，mm；

　　　t——被冲材料厚度，mm；

　　　τ——被冲材料的剪切强度，MPa，由附录 B1～B4 查得。当无表可查时，可按拉伸强度 σ_b 或布氏硬度换算：$\tau = 0.8\sigma_b = 0.28HBS$。

对于圆凸模，校验强度可以用最小直径 d_{min} 的大小是否满足下式求得，即

$$d_{min} \geqslant \frac{4t\tau}{[\sigma_{压}]}$$

当用 T10A 作凸模材料，冲裁硬钢、软钢和纯铜的最小圆孔直径见表 4-70。

表 4-70　无导向圆凸模的最小冲孔直径 d_{min}

材　料	平均抗剪强度 τ_{cp}/MPa	理论计算值 d_{min}/mm	实际采用值 d_{min}/mm
硬钢	480	$\geqslant 1.066t$	$> t$
软钢	350	$\geqslant 0.778t$	$> 0.8t$
纯铜	200	$\geqslant 0.444t$	$> 0.5t$

注：表中 t 为材料厚度，mm。

对于其他凸模校验强度，可以用凸模刃口的最小面积 F_{min} 是否满足下式求得，即

$$F_{min} \geqslant \frac{P}{[\sigma_{压}]}$$

为了保证凸模的抗压稳定安全使用，在高速多工位级进模中，凸模固定板一般应淬火处理，硬度可控制在 40～48HRC，必要时可高于此值，并在凸模固定端加垫板。

（2）弯曲应力的校验

弯曲应力的校核，即凸模的稳定性、凸模的抗弯能力，根据模具结构特点，可分为无导向装置凸模和有导向装置凸模两种情况，如图 4-98 所示。它主要通过检查凸模自由长度是否超过允许值。

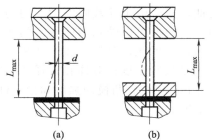

图 4-98　无导向及有导向凸模的弯曲

① 无导向装置时　圆形凸模应满足下式

$$L_{max} \leqslant 95 \frac{d^2}{\sqrt{P}} \quad (mm)$$

非圆形凸模应满足下式

$$L_{max} \leqslant 425 \sqrt{\frac{J}{P}} \quad (mm)$$

② 有导向装置时，因为冲模中的凸模一般均有弹压卸料板或导向保护套导向，凸模的受力情况近似于一端固定，另一端铰支的压杆，这时其凸模不发生失稳弯曲的最大长度 L_{max}，由欧拉公式经运算，圆形凸模应满足下式

$$L_{max} \leqslant 270 \frac{d^2}{\sqrt{P}} \quad (mm)$$

非圆形凸模应满足下式

$$L_{max} \leqslant 1200 \sqrt{\frac{J}{P}} \quad (mm)$$

式中　L_{max}——允许的凸模最大自由长度，mm；

　　　d——凸模的最小直径，mm；

　　　P——冲裁力，N；

J——凸模最小断面的惯性矩，mm^4。对于圆形凸模

$J = \dfrac{\pi d^4}{64}$；对于矩形凸模 $J = \dfrac{ab^3}{12}$，其中 a 为长

边，b 为短边；对于正方形凸模 $J = \dfrac{a^4}{12}$。其他

形状的惯性矩见有关手册。

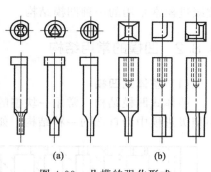

图 4-99　凸模的强化形式

经过强度校验之后，如果使用的凸模仍比较长而不能减短，则可以采取以下措施保护凸模。

① 凸模的外面加保护套保护。

② 增大凸模非工作部分断面积或尺寸，如图 4-99 所示。

③ 选用强度更好一些的模具钢制造。

4.8　凹模结构设计

4.8.1　凹模的基本类型与应用

在冲压过程中，与凸模配合并直接对制件进行分离或成形的工作零件称凹模。凹模和凸模一样，种类也很多，尤其是冲裁凹模，特别是多工位级进模的凹模，由于结构的复杂性和多工位冲压性质的不同，要求凹模能适应不同特点的需要，因而凹模的种类繁多，下面按比较常见的作一分类。

（1）按凹模的工作性质分

有冲裁凹模、压弯凹模、成形凹模和拉深凹模等。

（2）按凹模的结构分

有整体式凹模、镶套式凹模、拼合形孔凹模、分段拼合凹模、综合拼合凹模等。除整体凹模外，其他凹模可统称为镶拼式凹模。

① 整体式凹模　结构特点是凹模的易损部分和非易损部分组成一体，用一整块板料制成。因此当局部损坏时，须整体凹模拆下更换，但因设计和制造、装配方便，加工周期短，故在单工序冲模和工位数不多的级进模或在纯冲裁的级进模中被常常使用。

② 镶套式凹模　常常是由于不宜采用整体式凹模时使用，其结构特点是将凹模的易损部分与非易损部分分开，将凹模形孔采用独立的镶套状结构，这样凹模的局部损坏时，可以局部刃磨或更换，而且更换不影响定位基准，易损件定位可靠，互换性好，装拆快，此外易损件可用优质好材料制造，非易损部分可以普通钢材制造。

③ 拼合形孔凹模　是指个别凹模形孔由几个小段拼合而成，因为这样的结构，凹模的形孔可以获得较高的加工精度，因此拼合形孔凹模主要用于大而复杂形孔的场合。

④ 分段拼合凹模　在多工位级进模中，是比较常用的一种结构。它是为了解决各工位形孔间的间距精度，将模具的凹模分成几段（每段中形孔数不等，每段的大小也不一定相同），然后将这几段凹模的结合面研合镶入到凹模固定框内，构成一个整体凹模。

分段凹模的外形尺寸，一般是在先加工好该段上工作形孔尺寸后，再以内孔为基准加工外形尺寸，并留研磨量，最后通过研合装配达到高精度的质量要求。

⑤ 综合拼合凹模　是以上各种镶拼结构的组合和综合应用，对精度要求较高的各种多工

位级进模常采用的一种凹模结构。

4.8.2 凹模的常用结构

(1) 整体式凹模

整体式凹模结构（常用一块整的矩形钢板制成），在单工序冲压模具中或在工位数不多的小型级进模中为首选的一种结构。如图4-100所示凹模的外形尺寸为（100×60×18）mm，用于冲料厚0.2mm镀镍铁带一小型件。如图4-101所示凹模外形尺寸为（400×150×40）mm，用于冲料厚0.8mm冷轧钢带一小型件（一出二）。

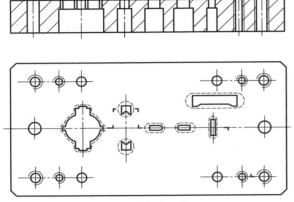

图 4-100　整体式凹模（一）

整体式凹模具有如下一些优点：凹模只是一块板状零件，比较完整，使模具的结构比较紧凑，设计和加工简单，制造装配比较方便，成本低。缺点是局部损坏后，不便于修理，对大一些的凹模尤其是级进模不利于加工（含热处理），因此只适用于外形尺寸不能太大（根据加工设备的条件，一般小于400mm）的场合。另外凹模的形孔、步距等精度完全靠机床的坐标精度来保证。有高精度的机床，加工精度高；无高精度的机床，加工精度低，无法通过调整提高精度。而镶拼式凹模一般可以调整。所以整体式凹模的应用有一定的局限性。

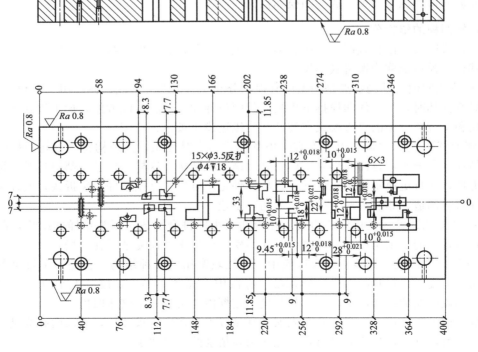

图 4-101　整体式凹模（二）

（2）镶套式凹模

对于某些小圆孔和小的异形孔，为了便于加工、刃磨和更换，可在整体凹模上或凹模固定板上采用镶套式结构，如图 4-102 所示。这是在一块凹模固定板上嵌入多个圆柱形的整体凹模镶件。镶件的内孔有圆形，也有非圆形，为防止转动，采用键定位或销定位。

镶套式凹模的镶件结构形式也有多种，从结构的完整性分有整体式和拼合式两种。从镶套外形的形状分有圆形和方形两种。

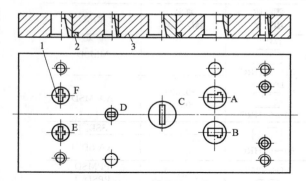

图 4-102　镶套式凹模

1—镶件（A、B、C、D、E、F）；2—防转键；3—凹模固定板

① 整体式镶套

a. 圆形镶件，如图 4-103 所示。图 4-103（a）、（b）为直通式圆形镶件，下端有一小段引导部分，长为 3～5mm，引导部分的直径比固定部分小 0.02～0.03mm，用于装配时起到对中和引导作用。图 4-103(c)～(f)为带台圆形凹模镶件，即在固定端的下部有一个台肩，这样固定后不会拔出。图 4-103（b）、（d）～（f）是异形刃口圆柱外形镶件，刃口的方向性要用键或圆柱销止动定位。

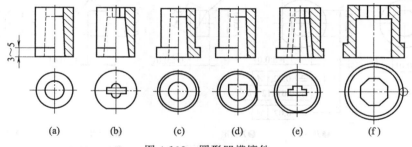

图 4-103　圆形凹模镶件

圆形凹模镶件标准，直通式圆凹模有 GB 2863.4—81（适用冲料厚 $t \leqslant 2$mm，孔径 $d=1\sim$ 28mm）、JB/T 5830—2008（孔径 $d=1\sim36$mm，d 的增量为 0.1mm。作为专用的凹模，工作部分可以在 d 的公差范围内，加工成锥孔，而上表面具有最小直径）。带肩圆凹模（也称带台圆凹模）有 GB 2863.5—81（适用冲料厚 $t \leqslant 2$mm，孔径 $d=1\sim28$mm）、JB/T 5830—2008（孔径 $d=1\sim36$mm，d 的增量为 0.1mm）。

圆形凹模镶件标准推荐使用材料为 T10A、9Mn2V、Cr6WV、Cr12，硬度为（62±2）HRC。

圆形凹模镶件应用最广，除直接选购标准外，单独设计时有关尺寸可参考表 4-71。

表 4-71　圆形标准凹模镶件尺寸 　　　　　　　　　　　　　　　　mm

冲件料厚	基本尺寸					
	d	D	D_1	H	h	H_1
<2	1～2	8	$D+(3\sim5)$	14	≤3	3
	≥2～15	12～25		16～24	≥3～8	3～6

表 4-72 为直通式无肩普通圆形凹模镶件可选购规格。

表 4-72　凹模（无肩·普通型）（摘自盘起工业大连有限公司产品样本）　　　mm

M材质 H硬度	杆径 TD 公差	类型
D3～5 SKH54 61～64HRC	n5	MMSD
D6～56 SKD11相当 60～63HRC	+0.005 0	AA-MSD
SKD11相当 60～63HRC	n5	SSD□
	+0.005 0	AA-SD□
D6～25 SKH40 64～67HRC	n5	PPMSD PPSD□
	+0.005 0	AA-PMSD AA-PSD□

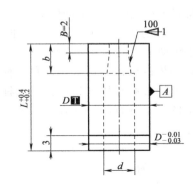

SKH40:粉末冶金高速钢（JIS G4403.2000）

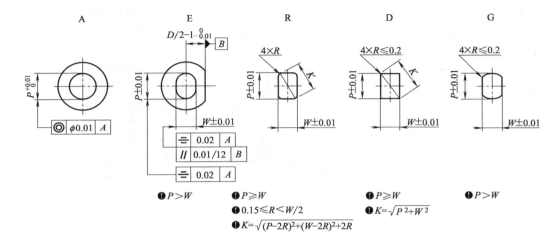

$\bullet$ 刃口形状 A、E、R、D、G 为刃口的侧视图

项目		L										In0.01					R	b	d
类型及外径 D 公差	D											A P	E $P \cdot K_{max}$	R D G $P \cdot W_{min}$				R		
n5　+0.005 0	3	16	20									0.50～1.00	—	—						2.0
	4	16	20	22	25	28	30					0.50～2.00	—	—					2	2.4
MMSD　AA-MSD	5	16	20	22	25	28	30					0.50～2.50	—	—				—		2.9
n5　+0.005 0	6	16	20	22	25	28	30	32	35			1.00～3.00	—	—					3	3.4
(D6～56)　(D6～56)	8	16	20	22	25	28	30	32	35			1.00～4.00	4.00	1.00					4	4.4
MMSD　AA-MSD	10	16	20	22	25	28	30	32	35	40		2.00～6.00	6.00	1.20					6	6.4
SSDE　AA-SDE	13	16	20	22	25	28	30	32	35	40		3.00～8.00	8.00	1.50						8.4
SSDR　AA-SDR	16	16	20	22	25	28	30	32	35	40		5.00～10.00	10.00	2.00						10.6
SSDD　AA-SDD	20	16	20	22	25	28	30	32	35	40		7.00～12.00	12.00	3.00				0.15 ≤R < W/2 (仅 R)		12.6
SSDG　AA-SDG	22	16	20	22	25	28	30	32	35	40		8.00～14.00	14.00	3.00						14.6
n5　+0.005 0	25	16	20	22	25	28	30	32	35	40		10.00～16.00	16.00	3.00					8	16.6
(D6～25)　(D6～25)	32	16	20	22	25	28	30	32	35			15.00～20.00	20.00	4.00						20.6
PPMSD　AA-PMSD	38	16	20	22	25	28	30	32	35			19.00～26.00	26.00	5.00						26.6
PPSDE　AA-PSDE	45		20	22	25		30		35			25.00～35.00	35.00	6.00						36.0
PPSDR　AA-PSDR	50		20	22	25		30		35			33.00～40.00	40.00	7.00						41.0
PPSDD　AA-PSDD PPSDG　AA-PSDG	56		20	22	25		30		35			38.00～45.00	45.00	8.00						46.0

表 4-73 为带肩圆形凹模镶件可选购规格。

表 4-73　圆凹模（带肩·普通型）（摘自盘起工业大连有限公司产品样本）　　mm

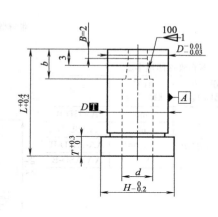

Ⓜ材质 Ⓗ硬度	杆径 Ⓣ D 公差	类型	T	
			D3～5	D6
D3～5 SKH51 61～64HRC	m5	MMHD	3	
D6～56 SKD11 相当 60～63HRC	+0.005 0	AA-MHD		5
SKD11 相当 60～63HRC	m5	HHD□		—
	+0.005 0	AA-HD□		
SKH51 61～64HRC	m5	MMHD5T	5	
	+0.005 0	AA-MHD5T		
D6～25 SKH40 64～67HRC	m5	PPMHD		5
		PPHD□		
	+0.005 0	AA-PMHD		
		AA-PHD□		

SKH40:粉末冶金高速钢(JIS G4403.2000)

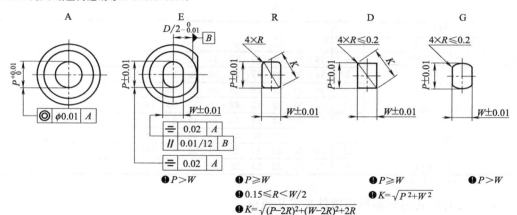

A

E
$D/2^{\ 0}_{-0.01}$ → B
$W \pm 0.01$
≡ | 0.02 | A
∥ | 0.01/12 | B
≡ | 0.02 | A

R
$4 \times R$
$W \pm 0.01$

D
$4 \times R \le 0.2$
$W \pm 0.01$

G
$4 \times R \le 0.2$
$W \pm 0.01$

$P^{+0.01}_{\ 0}$

◎ φ0.01 A

❶$P > W$

❶$P \ge W$
❶$0.15 \le R < W/2$
❶$K = \sqrt{(P-2R)^2 + (W-2R)^2 + 2R}$

❶$P \ge W$
❶$K = \sqrt{P^2 + W^2}$

❶$P > W$

❶刃口形状 A、E、R、D、G 为刃口的侧视图

项目			L									ⓘ0.01				R	b	d	H
类型及外径 D 公差		D										A	E	R	D	G			
												P	P·Kmax	P·Wmin			R		
m5	+0.005 0	3	16	20								0.50～1.00	—	—			—	2	2.0	4
		4	16	20	22	25	28	30				0.50～2.00	—	—					2.4	5
MMHD　AA-MHD		5	16	20	22	25	28	30				0.50～2.50							2.9	6
MMHD5T　AA-MHD5T		6	16	20	22	25	28	30	32	35	40	1.00～3.00	3.00	1.00				3	3.4	9
m5	+0.005 0	8	16	20	22	25	28	30	32	35	40	1.00～4.00	4.00	1.00				4	4.4	11
(D6～56)　(D6～56)		10	16	20	22	25	28	30	32	35	40	45	2.00～6.00	6.00	1.20				6	6.4	13
MMHD　AA-MHD		13	16	20	22	25	28	30	32	35	40	45	3.00～8.00	8.00	1.50					8.4	16
HHDE　AA-HDE		16	16	20	22	25	28	30	32	35	40	45	5.00～10.00	10.00	2.00			0.15 ≤R < W/2 (仅 R)		10.6	19
HHDR　AA-HDR		20	16	20	22	25	28	30	32	35	40	45	7.00～12.00	12.00	3.00					12.6	23
HHDD　AA-HDD		22	16	20	22	25	28	30	32	35	40	45	8.00～14.00	14.00	3.00					14.6	25
HHDG　AA-HDG		25	16	20	22	25	28	30	32	35	40	45	10.00～16.00	16.00	3.00				8	16.6	28
m5	+0.005 0	32	16	20	22	25	28	30	32	35	40	45	15.00～20.00	20.00	4.00					20.6	35
(D6～25)　(D6～25)		38	16	20	22	25	28	30	32	35	40		19.00～26.00	26.00	5.00					26.6	41
PPMHD　AA-PMHD		45		20	22	25		30		35			25.00～35.00	35.00	6.00					36.0	48
PPHDE　AA-PHDE		50		20	22	25		30		35			33.00～40.00	40.00	7.00					41.6	53
PPHDR　AA-PHDR																				
PPHDD　AA-PHDD		56		20	22	25		30		35			38.00～45.00	45.00	8.00					46.0	59
PPHDG　AA-PHDG																				

注：D3 头下壁薄，安装时防止破损。

表 4-74 为圆形凹模镶件半成品规格。

表 4-74 圆凹模半成品（摘自盘起工业大连有限公司产品样本） mm

▶带落料锥度凹模半成品

M材质 H硬度	杆径 TD 公差	型号
SKD11相当 60～63HRC	m5	AAHD-B
	n5	AASD-B
	+0.005 0	AA-AHD-B
		AA-ASD-B

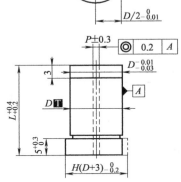
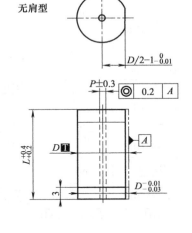

型号		D	L								P
类型及外径 D 公差											
AAHD-B	AA-AHD-B	6	16	20	22	25	28	30	32	35	
带肩型		8	16	20	22	25	28	30	32	35	
m5 +0.005 0		10	16	20	22	25	28	30	32	35 （40）	
AAHD-B	AA-AHD-B	13	16	20	22	25	28	30	32	35 （40）	0.8
无肩型		16	16	20	22	25	28	30	32	35 （40）	
n5 +0.005 0		20	16	20	22	25	28	30	32	35 （40）	
		22	16	20	22	25	28	30	32	35 （40）	
AASD-B	AA-ASD-B	25	16	20	22	25	28	30	32	35 （40）	

注：L（40）仅适用于带肩型。

表 4-75 为有扩孔的圆形凹模镶件半成品规格。

表 4-75 有扩孔的凹模半成品（摘自盘起工业大连有限公司产品样本） mm

▶凹模半成品

M材质 H硬度	杆径 TD 公差	类型
SKD11相当 60～63HRC	m5	HHD-B
	n5	SSD-B
	+0.005 0	AA-HD-B
		AA-SD-B

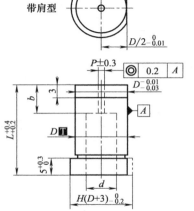
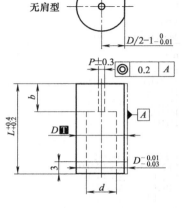

续表

项目		D	L										P	b	d
类型及外径 D 公差															
HHD-B 带肩型	AA-HD-B	6	16	20	22	25	28	30	32	35	(40)			3	3.4
		8	16	20	22	25	28	30	32	35	(40)			4	4.4
m5	$+0.005$ 0	10	16	20	22	25	28	30	32	35	40 (45)	0.8	6	6.4
		13	16	20	22	25	28	30	32	35	40 (45)			8.4
HHD-B 无肩型	AA-HD-B	16	16	20	22	25	28	30	32	35	40 (45)			10.6
		20	16	20	22	25	28	30	32	35	40 (45)			12.6
		22	16	20	22	25	28	30	32	35	40 (45)			14.6
n5	$+0.005$ 0	25	16	20	22	25	28	30	32	35	40 (45)	1.0	8	16.6
		32	16	20	22	25	28	30	32	35	(40)			20.6
SSD-B	AA-SD-B	38	16	20	22	25	28	30	32	35	(40)			26.6
		45		20	22	25		30		35				36.0
		50		20	22	25		30		35		2.8		41.0
		56		20	22	25		30		35				46.0

注：L（40）·（45）仅适用于带肩型。

表4-76 为带落料锥度凹模用垫圈规格。

表 4-76　垫圈（带落料锥度凹模用）（摘自盘起工业大连有限公司产品样本）

M材质 H硬度	类型
SK85	SSSD
45HRC	SSSD□

A E R D G

- $P > W$
- $P \geqslant W$
- $0.15 \leqslant R < W/2$
- $K = \sqrt{(P-2R)^2 + (W-2R)^2 + 2R}$
- $P \geqslant W$
- $K = \sqrt{P^2 + W^2}$
- $P > W$

项目		D	(h) 0.01			R	t
类型			A	E	R D G		
			P	$P \cdot K_{max}$	$P \cdot W_{min}$	R	
SSSD		6	1.00~4.00	—	—		0.05
SSSDE		8	1.00~5.00	5.00	1.00		0.1
SSSDR		10	2.00~7.00	7.00	1.20		0.2
SSSDD		13	3.00~9.00	9.00	1.50	$0.15 \leqslant R < W/2$（仅 R）	0.3
SSSDG		16	5.00~12.00	12.00	2.00		0.5
		20	7.00~16.00	16.00	3.00		1.0
		25	10.00~20.00	20.00	3.00		1.5
							2.0

注：1. 每种 t 尺寸各1件，8件为1套。

表4-77 为无肩型带让位孔圆形凹模镶件用垫圈和带肩凹模用支撑套规格。其中垫圈主要用于刃磨刀口后控制凹模高度，垫圈的硬度为 45HRC。

表 4-77　垫圈（无肩型带让位孔凹模用）/带肩凹模用支撑套

（摘自盘起工业大连有限公司产品样本）　　　　　　　　　　　　　　　mm

▶垫圈

Ⓜ材质 Ⓗ硬度	类型
SK85	SSSDN
45HRC	SSSDHN

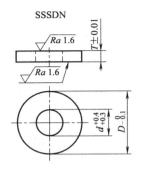

SSSDN

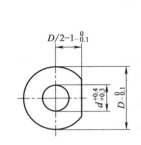

SSSDHN

项目			
类型	D	T	d
SSSDN	6		3.4
SSSDN SSSDHN	8	0.05	4.4
	10	0.1	6.4
	13	0.2	8.4
	16	0.5	10.6
	20	1.0	12.6
	25		16.6

❶ 相同 T 尺寸 5 件为 1 套

▶带肩凹模用支撑套

Ⓜ材质 Ⓗ硬度	类型
SKS3	HHBDC
58～60HRC	

项目			
类型	Ⓙ0.1 L	D	d
HHBDC	8	11	5.4
	10	13	7.8
	13	16	10
	16	19	12.4
	20	23	14.6
	22	25	16.8
	25	28	18.8
	32	35	23

HHBDC 行 L 列：10.0～60.0

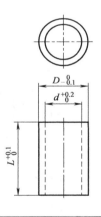

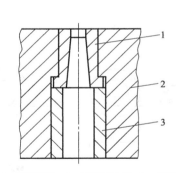

1—凹模镶件；2—凹模固定板；3—支撑套

　　b. 方形镶件，如图 4-104 所示。三种类型的方形凹模镶件其装入凹模固定板一端和圆形凹模镶件一样，也有一小段长 3mm 为引入端，此处外形尺寸比配合部分小约 0.01～0.03mm。可选用规格分别见表 4-78～表 4-83。

表 4-78　方形凹模（无肩型）（摘自盘起工业大连有限公司产品样本）　　　　　mm

Ⓜ材质 Ⓗ硬度	类型
SKD11 相当 60～63HRC	BBLD BBLDE BBLDR BBLDD BBLDG

Ⓜ材质 Ⓗ硬度	类型
SKH40 64～67HRC	PPBLD PPBLDE PPBLDR PPBLDD PPBLDG

SKH40：粉末冶金高速钢（JIS G4403.2000）

续表

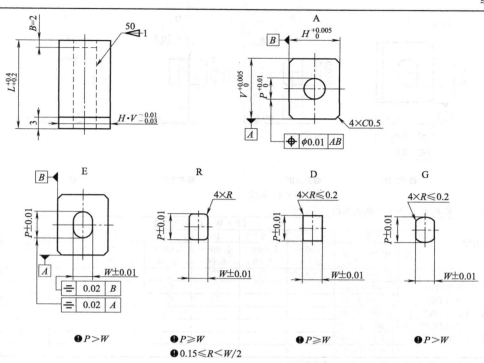

❶P>W

❶P≥W
❶0.15≤R<W/2

❶P≥W

❶P>W

❶刃口形状 A、E、R、D、G 为刃口侧的视图

类型				【P・W・R：In0.01】							R	L
			V	6	8	10	13	16	20	25	R	
		H	W ＼ P	1.00～3.00	1.00～4.00	1.00～6.00	1.00～8.00	1.00～10.00	1.50～12.00	1.50～16.00	R	
BBLD	PPBLD	6	1.00～3.00	○	○	○	○	○	○	○	0.15 ≤R < W/2 (仅R)	16
BBLDE	PPBLDE	8	1.00～4.00		○	○	○	○	○	○		20
BBLDR	PPBLDR	10	1.00～6.00			○	○	○	○	○		22
BBLDD	PPBLDD	13	1.00～8.00				○	○	○	○		25
BBLDG	PPBLDG	16	1.00～10.00					○	○	○		28
		20	1.50～12.00						○	○		30
		25	1.50～16.00							○		32
												35

注：刃口形状 A 的 P 尺寸由 W 尺寸范围限定。

表 4-79　方形凹模（单肩型）（摘自盘起工业大连有限公司产品样本）　　　　　mm

Ⓜ材质 Ⓗ硬度	类型	Ⓜ材质 Ⓗ硬度	类型
SKD11 相当 60～63HRC	BBLDF BBLDEF BBLDRF BBLDDF BBLDGF	SKH40 64～67HRC	PPBLDF PPBLDEF PPBLDRF PPBLDDF PPBLDGF

SKH40：粉末冶金高速钢（JIS G4403.2000）

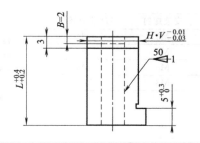

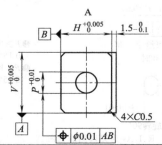

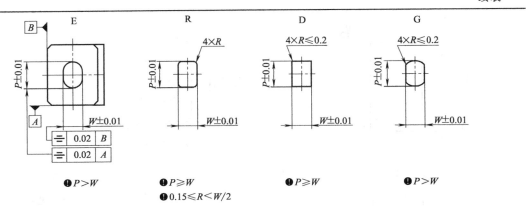

●刃口形状 A、E、R、D、G 为刃口侧的视图

类型		V	6	8	10	13	16	20	25	R	L
			【P·W·R：±0.01】								
			1.00~	1.00~	1.00~	1.00~	1.00~	1.50~	1.50~		
		H / W / P	3.00	4.00	6.00	8.00	10.00	12.00	16.00	R	
BBLDF	PPBLDF	6	1.00~3.00	○	○	○	○	○	○	○	0.15	16
		8	1.00~4.00		○	○	○	○	○	○	≤R	20
BBLDEF	PPBLDEF	10	1.00~6.00			○	○	○	○	○	<	22
BBLDRF	PPBLDRF	13	1.00~8.00				○	○	○	○	W/2	25
BBLDDF	PPBLDDF	16	1.00~10.00					○	○	○	（仅	28
BBLDGF	PPBLDGF	20	1.50~12.00						○	○	R）	30
		25	1.50~16.00							○		32
												35

注：1. 刃口形状 A 的 P 尺寸由 W 尺寸范围限定。

表 4-80   方形凹模（螺钉固定型）（摘自盘起工业大连有限公司产品样本）   mm

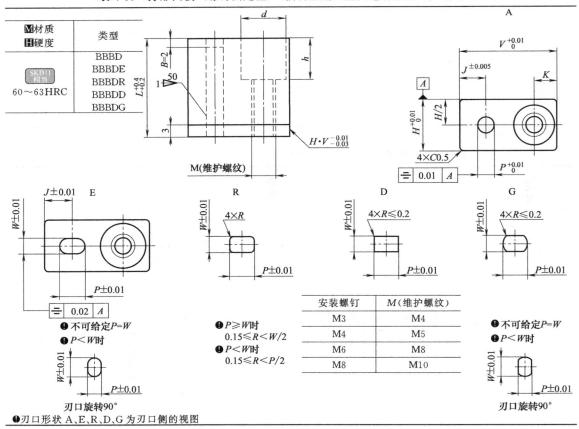

安装螺钉	M（维护螺纹）
M3	M4
M4	M5
M6	M8
M8	M10

●刃口形状 A、E、R、D、G 为刃口侧的视图

续表

类型	V	H	L	A ⊥0.01	E R D G		R	K	安装螺钉			J
				P	P	W	R		d	h	规格	
	13	8		1.00～3.00	1.00～3.00			4	6	7.5	M3	3
	16				1.00～4.00	1.00～4.00						4
	18			1.00～4.00	1.00～6.00							5
	20				1.00～9.00							6.5
	18	10	16	1.00～4.00	1.00～4.00			5	8	8.5	M4	4
	20				1.00～6.00	1.00～6.00						5
	22			1.00～6.00	1.00～9.00							6.5
	25				1.00～12.00							8
BBBD	22	13	20	1.00～6.00	1.00～6.00		0.15 ≤R W/2 (仅 R)					5
BBBDE	25				1.00～9.00	1.00～9.00						6.5
BBBDR	28		22	1.00～9.00	1.00～12.00							8
BBBDD	32				1.50～16.00			6.5	11	10.5	M6	10
BBBDG	25	16	25	1.00～9.00	1.00～9.00							6.5
	28				1.00～12.00	1.00～12.00						8
	32		30	1.00～12.00	1.50～16.00							10
	38				1.50～21.00							12.5
	32	20	35	1.00～12.00	1.00～12.00							8
	35				1.50～16.00	1.50～16.00						10
	40			1.50～16.00	1.50～21.00							12.5
	45				1.50～26.00			8	14	12.5	M8	15
	35	25		1.50～16.00	1.50～16.00							10
	40				1.50～21.00	1.50～21.00						12.5
	45			1.50～21.00	1.50～26.00							15
	50				1.50～31.00							17.5

表 4-81　防废料上浮方形凹模（螺钉固定型）（摘自盘起工业大连有限公司产品样本） mm

M 材质 H 硬度	类型
SKD11 相当 60～63HRC	SSR-BBD SSR-BBDE SSR-BBDR SSR-BBDD SSR-BBDG

安装螺钉	M（维护螺纹）
M3	M4
M4	M5
M6	M8
M8	M10

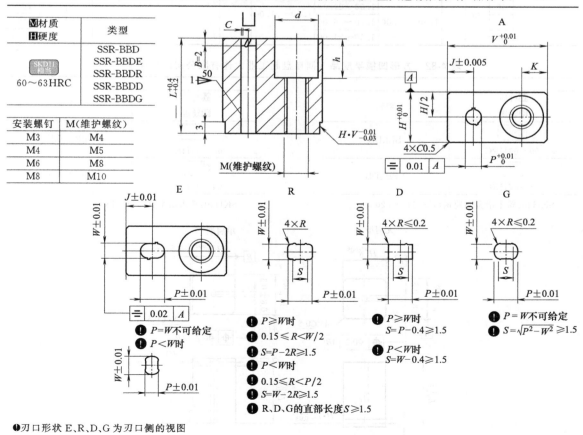

❗刃口形状 E、R、D、G 为刃口侧的视图

类型	V	H	L	(h)0.01 A	E、R、D、G		R	MT 被加工板材厚度	C 间隙	K	d	h	规格	J
				P	P	W	R							
SSR-BBD SSR-BBDE SSR-BBDR SSR-BBDD SSR-BBDG	13	8		1.00~3.00	1.00~3.00		0.15 ≤R< W/2 (仅R)	MT≥ 0.10 (h) 0.01	C≥ 0.010 (h) 0.005	4	6	7.5	M3	3
	16			1.00~4.00	1.00~4.00	1.00~4.00								4
	18				1.00~6.00									5
	20				1.00~9.00									6.5
	18	10	16	1.00~4.00	1.00~4.00	1.00~6.00				5	8	8.5	M4	4
	20				1.00~6.00									5
	22			1.00~6.00	1.00~9.00									6.5
	25				1.00~12.00									8
	22	13	20	1.00~9.00	1.00~6.00	1.00~9.00				6.5	11	10.5	M6	5
	25				1.00~9.00									6.5
	28				1.00~12.00									8
	32		22		1.50~16.00									10
	25	16	25	1.00~9.00	1.00~9.00	1.00~12.00								6.5
	28				1.00~12.00									8
	32		30	1.00~12.00	1.50~16.00									10
	38				1.50~21.00									12.5
	32	20	35	1.00~12.00	1.00~12.00	1.50~16.00				8	14	12.5	M8	8
	35				1.50~16.00									10
	40			1.50~16.00	1.50~21.00									12.5
	45				1.50~26.00									15
	35	25		1.50~16.00	1.50~16.00	1.50~21.00								10
	40				1.50~21.00									12.5
	45			1.50~21.00	1.50~26.00									15
	50				1.50~31.00									17.5

表 4-82　方形凹模半成品（摘自盘起工业大连有限公司产品样本）　　　　mm

M材质 H硬度	类型
SKD11 相当 60~63HRC	BBLDB
SKH40 64~67HRC	PPBLDB

M材质 H硬度	类型
SKD11 相当 60~63HRC	BBLDBF
SKH40 64~67HRC	PPBLDBF

SKH40：粉末冶金高速钢(JIS G4403.2000)　　　　SKH40：粉末冶金高速钢(JIS G4403.2000)

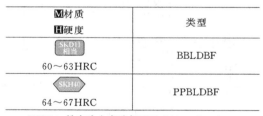

无肩型　　　　　　　　单肩型

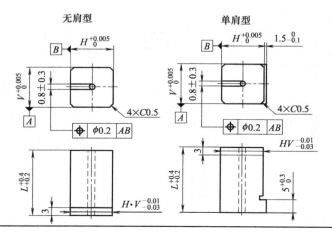

续表

类型	H ＼ V	6	8	10	13	16	20	25	L
BBLDB	6	○	○	○	○	○	○	○	16
BBLDBF	8		○	○	○	○	○	○	20
	10			○	○	○	○	○	22
	13				○	○	○	○	25
	16					○	○	○	28
PPBLDB	20						○	○	30
PPBLDBF	25							○	32
									35

表 4-83　方形凹模用垫圈（摘自盘起工业大连有限公司产品样本） mm

M材质 H硬度	类型
SK85 45HRC	SSBD
	SSBDE
	SSBDR
	SSBDD
	SSBDG

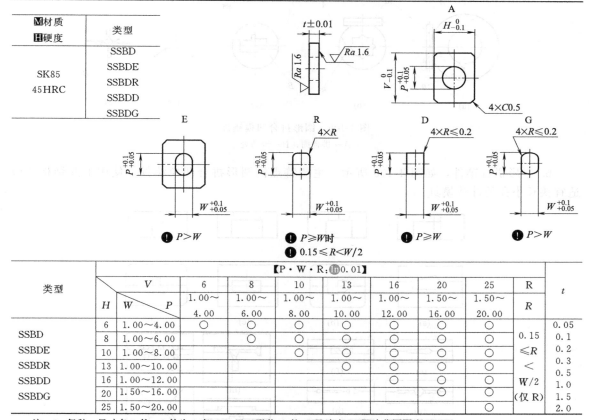

类型			【P·W·R：±0.01】							R	t
		V	6	8	10	13	16	20	25	R	
	H	W ＼ P	1.00~4.00	1.00~6.00	1.00~8.00	1.00~10.00	1.00~12.00	1.50~16.00	1.50~20.00		
SSBD	6	1.00~4.00	○	○	○	○	○	○	○	0.15 ≤R < W/2 (仅R)	0.05
SSBDE	8	1.00~6.00		○	○	○	○	○	○		0.1
SSBDR	10	1.00~8.00			○	○	○	○	○		0.2
SSBDD	13	1.00~10.00				○	○	○	○		0.3
SSBDG	16	1.00~12.00					○	○	○		0.5
	20	1.50~16.00						○	○		1.0
	25	1.50~20.00							○		1.5
											2.0

注：1. 每种 t 尺寸各 1 件，8 件为 1 套。2. 刃口形状 A 的 P 尺寸由 W 尺寸范围限定。

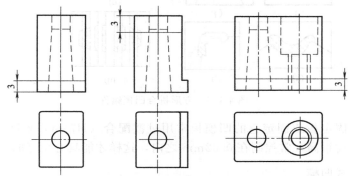

(a) 无肩形直通式方形凹模　　(b) 单肩型方形凹模　　(c) 螺钉固定型方形凹模

图 4-104　方形凹模镶件

② 拼合式镶套

a. 圆形拼合镶件，如图 4-105 所示。这些拼合凹模镶件的共同特点是拼合处都取自角部，要求清角和形孔都比较小而奇异。采用拼合结构，变内形加工为外形加工，可实现对复杂小型异孔进行分解加工，加工精度能大大提高，也便于刃磨，更换和维修。如图 4-105（d）～（g）所示仅表示拼合情况。

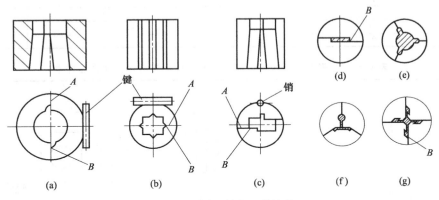

图 4-105　圆形拼合凹模镶件

A—拼合面；B—清角处

b. 方形拼合镶件，如图 4-106 所示。主要特点同圆形拼合凹模镶件，使用上此结构比较适宜狭长小孔的冲裁模具。

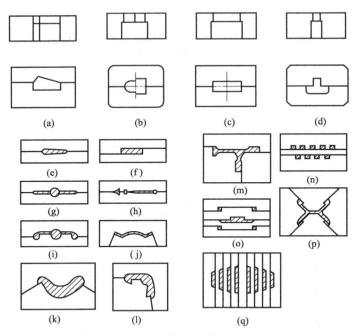

图 4-106　方形拼合凹模镶件

镶套式凹模与固定板或固定它的凹模板常用过渡配合（H7/m6 或 H7/n6）。加工时内外形孔中心要求同轴度很高，常控制在 0.02mm 之内，这样才能具有良好的互换性和便于维修。

（3）嵌件植入式凹模

有些异形、小而奇特的冲裁形孔，为了加工方便，也为了方便刃磨和维修，在整体式凹模上，除了某些简单的冲裁形孔可以采用镶套结构外，单孔的局部还可以采用嵌件植入式安装结构。当多个冲裁孔相互间距较小，尺寸精度要求很高时，可将这些孔设计在一块镶件上，精加工后再装入凹模的对应部位中。此结构在模具维修中也常常被应用。

① 单异形孔嵌件植入式凹模　如图 4-107 所示，对有的凹模形孔中难以加工或悬臂较长、易断裂损坏部分分割出来，做成单独镶件，用植入的方法镶嵌到凹模板中，并在镶件下面衬以淬硬垫板，防止受力状态下镶件上下移动。

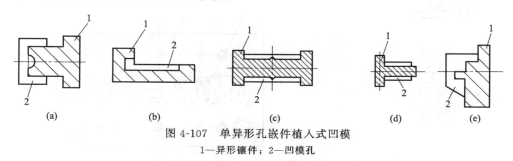

图 4-107　单异形孔嵌件植入式凹模
1—异形镶件；2—凹模孔

② 整板上多个异形孔采用嵌件植入式凹模　如图 4-108 所示，整体式凹模上有 8 个异形孔采用嵌件植入，形孔的复杂、易损部分设计在嵌件上，从而使形孔的清角部分满足了要求，同时形孔的薄弱部分一旦损坏，修理维护更换比较方便。

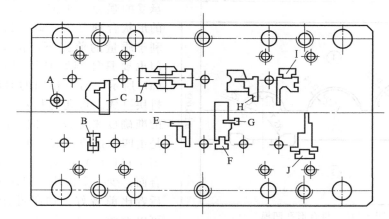

图 4-108　多个异形孔嵌件植入式凹模
A—冲孔镶套；B～H—冲裁镶块；I,J—单边冲切镶块

③ 多孔模块嵌件植入式凹模　如图 4-109 所示为根据某多工位级进模的排样图，工位①～④均为冲孔工序（冲切去制件上废料），工位①冲 8 个孔；工位②冲 5 个孔；工位③、④各冲一个异形孔。由于冲裁模部分易损坏，需常刃磨维修，分别将四个工位的凹模设计成模块植入式结构，满足了加工方便和使用寿命长的要求。

(4) 拼合形孔凹模

对于某些不易加工的异形凹模形孔，变内形加工为外形加工，这样较易满足高精度的质量要求，此时可以采用拼合形孔凹模，如图 4-110 所示。图中有两个宽度只有 0.14mm 的半圆形形孔，一个带齿形的圆弧形孔，它的另一侧还有两个非常近的异形孔。如不用镶拼结构，就无法加工。若将其分解成三个拼块（图内分别用①、②、③表示）后，变内形加工转为外形加工，可采用精密成形磨削、光学曲线磨等精加工，既解决了异形孔的难加工问题，又保证了加工精度。

① 形孔的拼合原则　如何做到形孔的合理拼合，在使用时应注意一些事项。

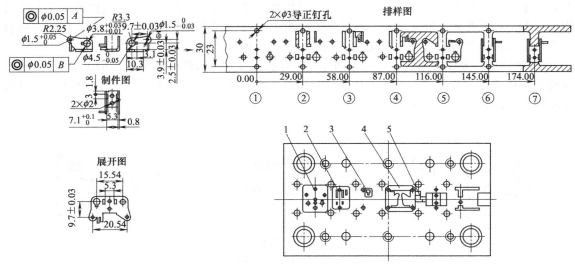

图 4-109　多孔模块嵌件植入式凹模示例
1～4—冲裁模块嵌件；5—弯曲镶件

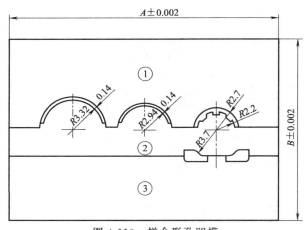

图 4-110　拼合形孔凹模

a. 必须根据制件的料厚和拼块所能承受的强力大小慎重考虑，并根据冲孔的形状合理分割并确定拼块数量。在有利于质量的前提下，拼块数愈少愈好。但也要具体问题具体对待，如图 4-111 (a) 所示，两个相同的对称形孔由三个拼块拼成。形孔的相对位置完全靠加工的准确度来保证；如图 4-110 (b) 所示是由四个拼块拼成，单从拼合形式来看，图 4-111 (a) 比图 4-111 (b) 少一个结合面，少一个拼块，但从加工的观点看，后者比前者好。如果孔距加工有误差，可以调整。四个拼块能同时磨成，孔距靠磨削研配保证。因此拼块多少应综合考虑。

b. 拼块或镶件必须具有良好的工艺性，以便采用最有利的加工方法。拼块的角度最好为直角或钝角，应避免尖角，如图 4-112 所示。

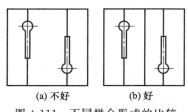

(a) 不好　　　(b) 好
图 4-111　不同拼合形式的比较

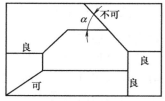

图 4-112　拼合凹模分割示例

c. 要防止拼块之间或镶件之间在冲压过程中发生相对位移的可能性。如采用凹、凸槽形相嵌、键和斜楔等，见图 4-113。

d. 形孔的分割线，也称拼缝，它不能相切于刃口的圆弧，如图 4-114 (a) 所示，而应在

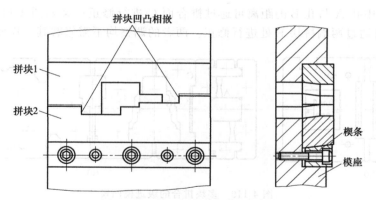

图 4-113　凹、凸槽形相嵌的拼块

圆弧的对称线上，如图 4-114（b）所示，这样受力均匀，也便于加工。图 4-114（b）的拼合结构和工艺性都比较好。图中在拼缝的两边可以设置方形止动键，除冲压时具有定位和止动作用外，在拼块磨加工时，可将两块合在一起作定位用，使加工后的形孔对称，一致性好。

如图 4-115 所示是沿对称线分开拼合的凹模形孔，它通过 3 件拼块组合成，便于加工。其中件 1、2 为上下对称件，件 3 为特形镶件，上下各加工成凸台或键，使件 1、2、3 相互间始终保持一定的相互位置关系。

(a) 错误　　　　　(b) 正确

图 4-114　圆弧拼缝的比较

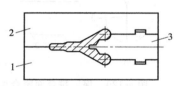

图 4-115　沿对称线分割的镶拼形式

e. 在考虑嵌件时，应尽可能将形状复杂的内形加工改成外形加工，如图 4-116、图 4-117 所示。

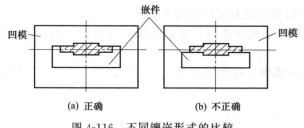

(a) 正确　　　　　(b) 不正确

图 4-116　不同镶嵌形式的比较

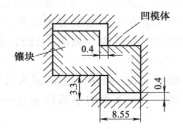

图 4-117　L 形狭长孔凹模的镶嵌

f. 对于外形为圆形的镶拼凹模，其拼块应尽量按径向线分割拼合，这样拼块可按同一个方向加工，如图 4-118 所示。

g. 细长的形孔，考虑凸模的强度，往往分段冲制，但必须防止出现接缝处毛刺而影响制件质量。须注意凹模形孔拼缝与凸模拼块拼缝错开。

h. 为了保证拼合的多孔凹模的孔形和孔距精度，拼合面位置的选择应考虑修磨和调整方便。尽量减少和避免修磨工作面，即使要修，也应以修磨简单的拼合面为主，必要时以适当增加拼块分段来满足上述要求。如图

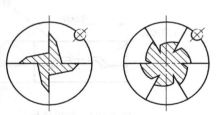

图 4-118　拼块按径向线分割

4-119（b）所示中孔 A 与孔 B 的距离可通过拼合面 C 进行修正；又如图 4-119（a）所示中的形孔 D 的尺寸可通过两端拼块 E 处进行修正。两者的调整均不需修磨其工作面（刃口面）。

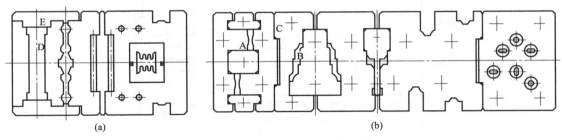

图 4-119　多块拼合的级进模凹模

ⅰ. 为了保证较大拼合件结合处的密合质量，在拼合面的末端应加工出 0.10～0.20mm 的缝隙，以达到拼合部分的密合要求，如图 4-120 所示。

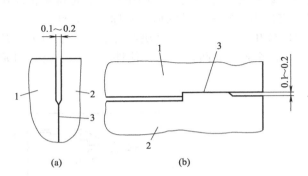

图 4-120　保证拼合面密合设有工艺缝隙示例

1,2—拼块；3—结合面

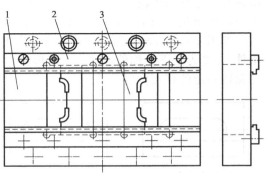

图 4-121　凹模拼块嵌入固定（一）

1—凹模固定板；2—导料板；3—凹模拼块

② 拼合形孔凹模固定的两种形式

a. 嵌入式固定，又称框套固定，它是将拼合凹模嵌入到整体凹模或凹模固定板相应孔内的一种固定方法，然后再用压板、螺钉等不同方式使其定位固定不动。如图 4-121 所示，这是将两组的凹模拼块（见图 4-122）嵌入到凹模固定板方孔内，然后利用导料板前后各一块将其压住固定不动。

如图 4-123 所示，这是嵌入式固定的又一实例。将凹模拼块 2、6 嵌入到整体凹模 1 内后，再用螺钉 5 与下面的垫板固定在一起。

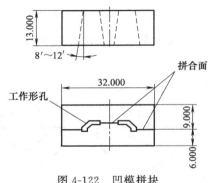

图 4-122　凹模拼块

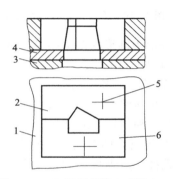

图 4-123　凹模拼块嵌入式固定（二）

1—整体凹模；2,6—凹模拼块；3—下模座；4—垫板；5—螺钉

嵌入式固定，拼块在固定孔内，不能有丝毫松动，有过盈的配合，过盈量不能太大，最好的实际值应控制在 0.01～0.02mm。

b. 直槽式固定，如图 4-124 所示。它是在凹模固定板上精加工出直通式凹槽，槽宽与拼块的外形尺寸配合，装配后一般不允许相互活动。拼合凹模装入后，在固定板开槽的两端用左右挡块和借助左右楔块将凹模拼块紧紧压住固定。在凹模的上面再利用导料板将其压住不动。

上述两种固定方法因结构紧凑，制造比较方便、生产周期短、固定可靠而在多工位级进模中比较常用。缺点是装配和修理麻烦一些。

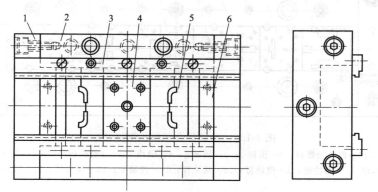

图 4-124　凹模拼块的直槽式固定
1—左右挡块；2—凹模固定板；3—导料板；4—中心块；5—凹槽拼块；6—左右楔块

（5）分段拼合凹模（模块式凹模）

① 分段拼合凹模的特征与示例　分段拼合凹模又称模块式凹模，是多工位级进模中最常用的结构形式之一。在多工位级进模中，对于大一点的凹模，为便于加工，也为了提高各工位孔形位置精度，常采用分段拼合凹模结构即模块形式。它是将凹模分为若干段，分别将每一段加工成一定尺寸要求，然后再将各段凹模的结合面研合后组合在一起固定到下模内。固定方法有多种，如图 4-125 所示为将拼块组合后嵌入固定到预先加工好的凹模固定板的方框内，图中的凹模由件 1、2、3 拼合而成，然后固定到具有整体围框作用的凹模固定板 4 内（一般取 H7/m6 或 H7/n6 配合），并在下面加上淬硬的垫板，组成一个完整的凹模。整体围框式固定方法比较稳定可靠，强度也好，承载力比较大，但装拆不方便，内形与矩形镶件的外形配合尺寸精度要求较高。

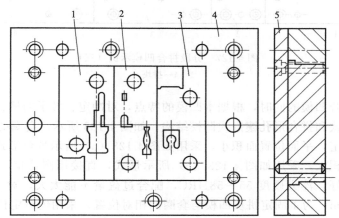

图 4-125　分段拼合凹模示例（一）
1～3—拼块；4—凹模固定板；5—垫板

如图 4-126 所示凹模，是由 7 个模块拼合镶入模框后，构成一整体凹模的结构。图示模框分别由左右前后共四块板组成，将凹模拼块框住后通过螺钉、圆柱销先与下垫板固定成一整体凹模，然后再固定到下模座上。该模框为分块紧固式结构，尺寸精度较易控制，调整组装也方便，但其承受的胀力较整体式围框要差。围框板的宽度 B 推荐取凹模厚度 H 的 $1.5\sim2$ 倍。

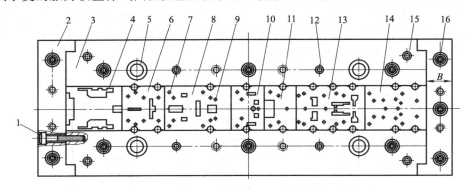

图 4-126　分段拼合凹模示例（二）

1,9,16—内六角螺钉；2—围框 1；3—围框 2；4—模块 I；5—凹模内导套；6—模块 II；
7,12,15—圆柱销；8—模块 III；10—模块 IV；11—模块 V；13—模块 VI；14—模块 VII

如图 4-127 所示为分段拼合凹模的又一示例，这是某电动机的定、转子多工位级进模中分段拼合凹模。它和图 4-124 的最大区别是分段后的凹模拼块面积仍比较大，每段拼块上面设计有圆柱销孔和与模座固定的螺钉过孔，从图示情况看，螺钉是从上往下，螺纹孔设在下模座上，这样便于装拆。整个凹模共有 7 个工位，分四段拼块拼合而成。其中拼块 1 中有工位①和②，为冲转子轴孔、槽孔和导正销孔；拼块 2 中有工位③，为冲转子叠压点及扭角；拼块 3 中有工位④和⑤，为转子落料叠装、冲定子槽；拼块 4 中有工位⑥和⑦，为冲定子叠压点及定子落料叠装。

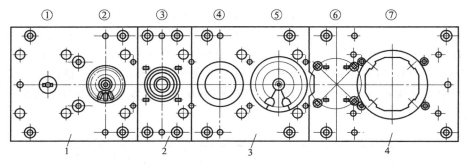

图 4-127　分段拼合凹模示例（三）

1～4—拼块

在采用分段拼合凹模的同时，根据本凹模的特点，对冲定、转子的槽孔部分和轴孔、导正销孔等采用了镶套式和拼合形孔镶嵌式凹模结构，如图 4-128 所示。套圈的形式根据凹模所处的平面位置大小确定，平面位置面积小，采用如图 4-128（a）所示带台形式，通过凹模固定板固定。平面位置面积大，采用如图 4-128（b）所示形式，直接用圆柱销、螺钉固定。套圈的材料要求热稳定性好，淬火硬度 $55\sim58$HRC，配合过盈量不能太大，对于与硬质合金配合，过盈量为 0.0012mm。为了固定拼块凹模与套圈的相对位置，采用销钉定位。

如图 4-129 所示为由六段大小共十一个模块拼合而成的凹模。在模块的拼接面中间分别镶入冲孔、压印等工序的镶块，弯曲镶块设在分段模块的中间，这种结构的形式都是为了模具局

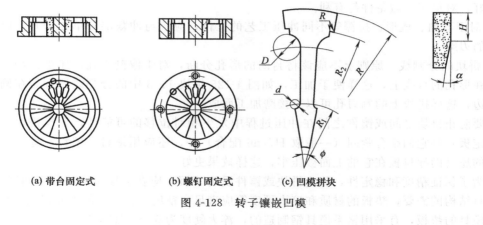

(a) 带台固定式　　　(b) 螺钉固定式　　　(c) 凹模拼块

图 4-128　转子镶嵌凹模

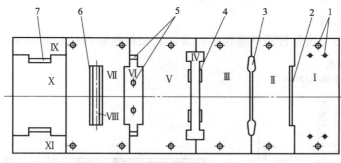

图 4-129　分段拼合凹模示例（四）

Ⅰ～Ⅺ—模块；1—冲孔；2—切槽；3—局部外形冲切；4—压印；5—冲孔；
6—弯曲；7—冲切载体分离制件

部工位的加工、调整和维修。

②　分段拼合凹模（模块式凹模）的设计原则　从上面几个示例不难看到，尽管凹模很复杂，但通过分段、拼合和镶嵌，对于每一拼块来说比较简单了，从而大大简化了整个凹模的制造难度，缩短了制造周期，同时避免了大件热处理变形等弊病。因此分段拼合凹模是多工位级进模中最实用的一种凹模结构。在具体应用时，需注意如下一些原则。

a. 每一段拼块，形孔边到分割面之间应有必要的宽度，保证凹模在冲压过程中有足够的强度。

b. 拼块应有良好的工艺性，分段面最好是直线分割，外形应尽量是直角或钝角，以便适应精密磨削加工。图 4-127 中工位⑤与工位⑥之间的分段，若全用直线，则中间部分会影响到工位⑤的凹模强度，故采用了折线，往工位⑥延伸一部分过渡，从而保证了工位⑤形孔的强度。而拼合面的基准仍是较长的两头直线段部分。

c. 同一工位的形孔原则上不应分到两段上，同一工位的相邻形孔有严格的间距尺寸偏差要求，原则上也不能分到两段上加工，这对加工精度有保证。

d. 一段拼块至少包括一个工位上的形孔，也可以包括两个工位以上的形孔，究竟包括多少视对冲件的要求情况而定，原则上拼块数宜少勿多，但拼块太大了又失去了分段的意义。

e. 形孔中凸出或凹进的部分，比较容易磨损的应单独做成一个拼块件，这样便于维修和加工。如图 4-127 中冲定、转子槽孔部分采用的镶拼式结构，镶件可采用线切割粗加工，光学曲线磨精加工，从而保证形孔尺寸精度和互换。图 4-128（c）为转子凹模拼块。

f. 对于对称的形孔，拼合面最好选在对称中心线上，例如图 4-127 中的定、转子槽，这样工艺性好，对加工、做备件都有利。

g. 对于弯曲、成形、拉深等不同冲压工艺的工位，应该与冲裁部分单独分开，以便于冲裁凹模的刃磨。

h. 拼块的分割线，原则上不应该将封闭的形孔分断，对于像侧刃孔，属单面冲压，分割线可选在形孔的直线上，这样便于加工，如图 4-125 拼块 1、3 中的分割线正好是在侧刃不工作的侧边，这样拼块上的侧刃孔可以直接磨加工而成。

i. 要防止拼块之间或镶件之间在冲压过程中发生相对位移的可能性，分段拼块一般用外套（固定板）将它们组合紧固（一般取 H7/n6 配合）外，还应用螺钉、销钉、键等定位和紧固，有的还借助导料板在它的上面被压牢，这样效果更好。

j. 为了保证精度和稳定性，防止拼块或镶件受力下沉，应在分段拼合凹模下面附加垫板。根据模具结构的需要，垫板的材质和淬火硬度等应满足高精度、长寿命的不同特点，如硬质合金拼合模具的垫板，有采用铬系模具钢制造的，淬火硬度为 60～62HRC。

(6) 综合拼合凹模

综合拼合凹模是上述各种镶拼结构的组合，它是根据制件及其采用级进模冲压的排样、模

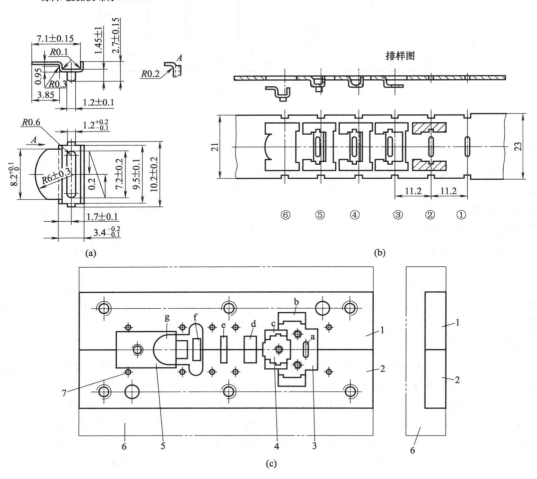

图 4-130　综合拼合凹模

1,2—凹模拼块；3～5—镶件；6—凹模固定板；7—装小圆弹顶器孔

具各部分加工特点、孔形及位置精度的要求等综合因素进行考虑后设计的一种新的凹模结构。它适合冲裁、弯曲、成形和异形拉深的多工位级进模使用。

这种结构的最大特点是充分利用成形磨削加工工艺，使凹模的各形孔的加工精度、各形孔之间的位置精度都比较高，表面粗糙度比普通线切割加工小许多，因此这种结构是多工位级进模中应用比较多的一种，特别是应用在工位数偏多的场合。

如图 4-130（a）所示，制件为一小型弯曲件，如图 4-130（b）所示为采用级进模冲压的排样图，采用双侧刃定距，设 6 个工位冲压而成。图 4-130（c）为级进模采用拼合凹模的装配图，凹模固定板用双点画线表示。图中：

a 为工位①冲长腰圆孔，位于镶件 3 上；

b 为侧刃定距孔，它由凹模拼块 1、2 和镶件 3 经精密磨削后拼合而成；

c 为工位②根据排样图需要，冲去制件两边的多余废料而设计的，为异形孔，它由拼块 1、2 和镶件 3、4 拼合后形成的；

d 为工位③切弯用凹模孔，由拼块 1、2 拼合而成；

e 为工位④2 次弯曲用凹模孔，由拼块 1、2 拼合而成；

f 为工位⑤弯制件图上 A 向的两边小脚装下凸模用孔，此孔亦由拼块 1、2 拼合而成；

g 为工位⑥落制件外形用凹模孔，孔形设在镶件 5 上。

在图 4-130（c）中，d、e 孔中均装有推（顶）件器，它在压弯前起压料作用，弯曲成形后起顶件作用。同时在整个凹模内设置了 10 个小弹顶器，这样保证弯曲过后的坯件连着材料一起被顶出浮离凹模平面一定高度，使送料处于畅通状态。

综合拼合凹模一般均由多件拼合而成，拼合后相互间位置不允许因结构设计不周而有可能引起上下左右的微量移动。如图 4-130 所示利用凹模固定板 6 的通槽并借助螺钉、销钉将其固定，镶件 3、4、5 也限制了拼块 1、2 之间的相对移动。凹模固定板一般淬火处理，这样拼合凹模的下面不用加垫板了。

(7) 级进模凹模拼块与下模座的固定方式

凹模拼块与下模座的固定，根据实践体会，它关系到模具的受力、材料强度和使用寿命、制件尺寸精度、装配复杂程度、加工维修等多方面的因素。合理的凹模拼块固定方法，以级进模为例，主要有以下几种。

① 凹模拼块用螺钉、销钉直接固定在下模座表面上。如图 4-131 所示，凹模由两件相对独立的单元拼合组成。此固定方式为最实用和最基本的一种，使用时常常被优先考虑，条件是拼块的面积比较大，拼块上有足够的位置安排螺钉孔和销钉孔。

如图 4-132 所示，凹模由 2 对 3 组共 5 件拼合组成。为防止拼块移动或拼合面贴合不紧密，采用了制动键加固。

② 凹模拼块嵌入下模座的通槽中固定。如图 4-133 所示，这是图 4-132 凹模的另一种固定方式，不用定位销，而用制动键防止拼块移动。为了保证拼块在通槽中固定牢固，取通槽的深度 $h \geqslant 2/5H$（H 为凹模拼块厚度）。

③ 凹模拼块嵌入固定板的方孔内固定，变成一个类似的整体凹模后再与下模座一起用螺钉、销钉固定，如图 4-125 所示。

凹模固定板上的方孔一般由铣削精加工或线切割而成，凹模与拼块成过盈配合，这样用不着制动键和圆柱销定位。用此法常在拼块下加装有淬火的垫板。

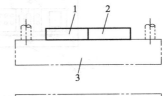
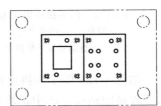

图 4-131　凹模拼块固定方式（一）

1,2—凹模拼块；3—下模座

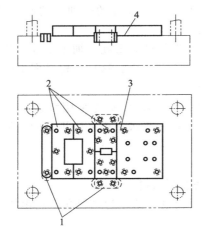

图 4-132　凹模拼块固定方式（二）
1—制动键；2—凹模拼块；3—凹模块；
4—凹模块底面装在下模座上

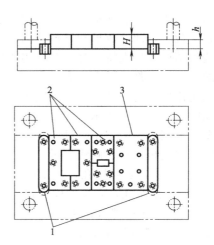

图 4-133　凹模拼块固定方式（三）
1—制动键；2—凹模拼块；3—凹模块

此法由于凹模拼块在凹模固定板里的相对位置一旦被固定后就不会有什么变化了，所以安装十分稳定可靠，但拆装不太方便，同时使下模部分外形尺寸要变大一些。

凹模拼块嵌入凹模固定板的方孔内，并用斜楔对拼块起挤紧固定，然后将凹模体用螺钉、销钉安装固定到下模座上，如图 4-134 所示。此法与图 4-125 相比，拆装比较方便。

④ 拼块嵌入用螺钉连接的框架中并用斜楔挤紧固定，然后将框架用螺钉、销钉安装固定到下模座上，如图 4-135 所示。需要时拼块与下模座之间加淬硬垫板。

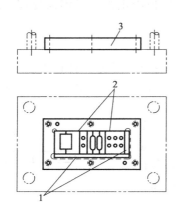

图 4-134　凹模拼块固定方式（四）
1—斜楔；2—凹模拼块；3—整体
框架装在下模座上

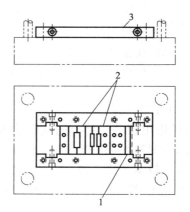

图 4-135　凹模拼块固定方式（五）
1—斜楔；2—凹模拼块；3—螺钉连接
框架装在下模座上

如图 4-136 所示为拼块用框架固定的又一示例，这种螺钉连接式的框架结构容易加工并可获得较高的精度。图中拼块的拼合分别在两个凹坑内，框架的中间和两端由挡块支承，从而形成两个凹坑。当拼块较大或受到向上的冲压力时，可用压板等将其压住防止松动或跑出来。在多工位级进模中，一般靠导料板压住拼块就可以了。

⑤ 拼块嵌入一通槽式的凹模固定板中，通槽的两端用压板制动固定，如图 4-137 所示。由于凹模固定板一般经热处理淬火，硬度要求不低于 45HRC，具有足够的硬度，故不需加垫板。凹模固定板与下模座用螺钉、销钉固定。

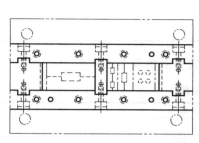

图 4-136　凹模拼块固定方式（六）

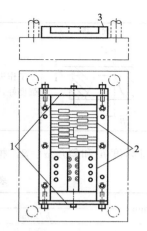

图 4-137　凹模拼块固定方式（七）
1—压板；2—凹模拼块；3—凹模
固定板装在下模座上

4.8.3　凹模刃口形式

（1）冲裁工序凹模刃口形式

冲裁是最为广泛应用的一种冲压工序。每一副多工位级进模中都有冲裁工序。

冲裁凹模在各类模具中最具代表性，其刃口形式多样，常用的凹模刃口形式主要有直壁筒形（即直刃口）和斜刃或锥形（即斜刃口）两种，其详细分类、特点和应用见表 4-84。

表 4-84　冲裁凹模刃口形式、特点与应用

序号	形式	简　图	特点	应用
1	直刃口		凹模厚度 H 的全部为有效刃口高度，刃壁无斜度，刃磨后刃口尺寸不会改变，制造方便	适用于冲下的制件或废料逆冲压方向推出的模具结构
2	直刃口		刃口无斜度，有一定高度 h，刃磨后刃口尺寸不变，但由于刃口后端漏料处扩大，因此凹模工作部分强度稍差。凹模内容易聚集废料或制件，增大了凹模壁的胀力和磨损	同序号 1，更多适用于制件或废料顺冲压方向落下的模具。冲裁件尺寸精度较高，此种刃口由于制造方便应用比较广
3			刃口无斜度，有一定高度 h，刃磨后刃口尺寸不变，但刃口后端漏料部分设计成带一定斜度，凹模工作部分强度较好	同序号 2
4	斜刃口		刃口有一定斜度 α，制件或废料不会滞留在凹模里，所以刃口磨损小，$\alpha = 5' \sim 20'$，多次刃磨后，工作部分尺寸仅有微量变化，如 $\alpha = 15'$ 刃磨掉 0.1mm 时，间隙值单边增大 0.00044mm，故刃磨对刃口尺寸影响不大	适用于凹模较薄、冲件料厚也比较薄、制件精度要求不十分严格的情况，但也不是绝对如此，在多工位级进模中，为了使出件通畅，减小对凹模的胀力，也常常使用
5			除同序号 4 说明外，由于漏料孔用台阶孔过渡，因此凹模工作部分强度较差。α 一般为 $5' \sim 30'$，料薄取小值，料厚取大一些值	适用于加工小孔（一般为 $\phi 3mm$ 以下）及简单形孔或单面切割的复杂形孔

序号	形式	简图	特 点	应 用
6	斜刃口		工作刃口和漏料部分均为斜度结构，$\beta > \alpha$，强度好，但制造困难	适用于料厚 $t > 0.5$mm 冲裁，$h \geqslant 5$mm

凹模刃口高度 h 和斜度 α、β，根据制件的料厚 t 而定，其值参考表 4-85。

表 4-85　凹模刃口有关参数

材料厚度 t/mm	h、α、β 值		
	h/mm	α	β/(°)
$\leqslant 0.5$	$\geqslant 3$	$10' \sim 15'$	
$> 0.5 \sim 1.0$	$> 4 \sim 7$	$15' \sim 20'$	2
$> 1.0 \sim 2.0$	$> 6 \sim 10$	$20' \sim 30'$	
$> 2.0 \sim 4.0$	$> 7 \sim 12$	$45' \sim 1°$	3

(2) 斜刃口 α 大小的确定原则

① 生产量的大小。制件产量大，α 取小；生产量小，α 取大。

② 制件材料较硬。材料硬，α 取大；材料软，α 取小。

③ 材料厚度。材料硬，α 取大；材料薄，α 取小。

④ 制件大小。制件被冲的部分大，α 取大；制件被冲的部分小，α 取小。

(3) 斜刃口凹模刃磨后单边尺寸增加值

斜刃口凹模刃磨后尺寸增加值与凹模刃口斜角 α 及刃磨量 Δh 有关，有关数值见表 4-86。

表 4-86　斜刃口凹模刃磨后单边尺寸增加值 ΔL

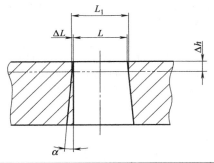

Δh—刃磨量，mm

L—刃口原始尺寸，mm

L_1—刃磨后的刃口尺寸，mm，$L_1 = L + 2\Delta L$

ΔL—刃磨后单边尺寸增加值，mm，$\Delta L = \Delta h \tan\alpha$

α—刃口斜角，(′)或(°)

刃磨量 Δh/mm	凹模斜刃口斜角 α								
	$10'$	$15'$	$20'$	$30'$	$45'$	$1°$	$1.5°$	$2°$	$3°$
	刃磨后单边尺寸增加值 ΔL/mm								
0.1	0.00029	0.00044	0.00058	0.00087	0.00131	0.00175	0.00262	0.00349	0.00524
0.2	0.00058	0.00087	0.00116	0.00175	0.00262	0.00350	0.00537	0.00698	0.01048
0.6	0.0017	0.0026	0.00349	0.00524	0.00785	0.01047	0.01571	0.02095	0.03144
0.8	0.0023	0.0035	0.00465	0.00698	0.01047	0.01396	0.02095	0.02794	0.04192
1.0	0.0029	0.0044	0.00582	0.00873	0.01309	0.01746	0.02619	0.03492	0.05240
1.4	0.0041	0.0060	0.00814	0.01222	0.01833	0.02444	0.03666	0.04889	0.07336
2.0	0.0058	0.0085	0.01163	0.01745	0.02618	0.03491	0.05237	0.06984	0.1048
2.5	0.0073	0.0110	0.01454	0.02182	0.03273	0.04364	0.06546	0.0873	0.131
3.0	0.0087	0.0130	0.01745	0.02618	0.03927	0.05237	0.07856	0.10476	0.1572

续表

刃磨量 Δh /mm	凹模斜刃口斜角 α								
	$10'$	$15'$	$20'$	$30'$	$45'$	$1°$	$1.5°$	$2°$	$3°$
	刃磨后单边尺寸增加值 ΔL /mm								
3.5	0.0101	0.0153	0.02036	0.03054	0.04582	0.06109	0.09165	0.12222	0.1834
4.0	0.0120	0.0175	0.02326	0.03490	0.05236	0.06982	0.10474	0.13968	0.2096
5.0	0.0145	0.0220	0.02908	0.04363	0.06545	0.08728	0.13093	0.1746	0.262
6.0	0.0175	0.026	0.03490	0.05236	0.07854	0.10473	0.15711	0.20952	0.3144

注：在生产中为了延长模具使用寿命，每次刃磨量不宜过大，一般每次取 0.1～0.20mm（特殊情况除外）。总的刃磨量 ΔH 为

$$\Delta H = \frac{\text{冲裁件总数（模具总寿命）}}{\text{刃磨一次的冲件数（单次寿命）}} \times \text{每次刃磨量（mm）}$$

（4）刃口直壁高度 h 与被冲材料厚度 t 的关系

刃口直壁高度 h 与被冲料厚 t 有关，除表 4-85 推荐的数值之外，建议：

$$t \leqslant 1mm \text{ 时，可取 } h \leqslant 4mm$$
$$t > 1mm \text{ 时，可取 } h = 4 \sim 8mm$$

一般情况下，料厚 t 小，刃壁 h 相应取小。如果 h 太大，随着冲裁次数的增加，直壁刃口将变为倒锥，制件或废料有可能在高速冲压情况下出现上浮（弹出凹模）或卡在模腔内，损坏凸模或凹模，但直壁刃口的凹模，冲裁次数要比无直壁刃口的凹模多 20% 左右。

对于如弯曲、成形、拉深等变形工序的凹模，主要是控制金属材料、有利于塑性变形，其凹模洞口不是锋利的刃口，而是根据各种变形特点加工出一定大小的光滑圆角或特殊形面。

4.8.4 凹模外形尺寸的确定

级进模凹模的外形都是矩形板件，外形尺寸（长×宽×厚）的大小将直接关系到凹模的刚度、强度和耐用度，也关系到资源的合理应用。除整体式凹模外，组合式凹模、镶拼式凹模，由于其外边均有一个固定框，所以这种凹模外形尺寸要比整体式凹模大。这里就整体式凹模的外形尺寸如何确定介绍如下。

矩形板件凹模的外形尺寸，模具标准已有系列化尺寸规格，并有商品提供使用，设计师可以根据需要，直接选用相当规格。如何选用，应根据对凹模厚度、长宽尺寸的初步计算后方可进行。被选用的标准凹模，一般不进行强度计算。

（1）凹模厚度 H

① 查表法确定　比较简便的方法，根据凹模的最大刃口尺寸、制件料厚，从表 4-87 中可查出凹模厚度 H 和凹模刃口至凹模边缘距离（简称凹模壁厚）c。

表 4-87　凹模厚度 H 和凹模壁厚 c mm

凹模最大刃口尺寸 b	材料厚度 t							
	$\leqslant 0.8$		$> 0.8 \sim 1.5$		$> 1.5 \sim 3$		$> 3 \sim 5$	
	凹模外形尺寸							
	c	H	c	H	c	H	c	H
< 50	26	20	30	22	34	25	40	28
$50 \sim 75$								

凹模最大刃口尺寸 b	材料厚度 t							
	≤0.8		>0.8~1.5		>1.5~3		>3~5	
	凹模外形尺寸							
	c	H	c	H	c	H	c	H
75~100 100~150	32	22	36	25	40	28	46	32
150~175 175~200	38	25	42	28	46	32	52	36
>200	44	28	48	30	52	35	60	40

② 按公式计算确定　按经验公式进行计算，然后选用标准的相当尺寸，见表4-88。

$$H = Kb$$

式中　H——凹模厚度，mm，$H \geq 15$mm；

　　　b——最大刃口尺寸，mm；

　　　K——系数，见表4-89。

表 4-88　矩形凹模标准外形尺寸（供参考）　　　　　　mm

矩形凹模的长度和宽度 L×B	矩形凹模的厚度 H
63×50、63×63	10、12、14、16、18、20
80×63、80×80、100×63、100×80、100×100、125×80	12、14、16、18、20、22
125×100、125×125、(140)×80、(140)×100	14、16、18、20、22、25
(140)×125、(140)×(140)、160×100、160×125、 160×(140)、200×100、200×125	16、18、20、22、25、28
160×160、200×(140)、200×160、250×125、250×(140)	16、20、22、25、28、32
200×200、250×160、250×200、(280)×160	18、22、25、28、32、25
250×250、(280)×200、(280)×250、315×200	20、25、28、32、35、40
315×250	20、28、32、35、40、45

注：1. 此系列尺寸摘自GB标准。

2. 括号中尺寸尽量不采用。

表 4-89　系数 K 值　　　　　　mm

最大刃口尺寸 b	材料厚度 t				
	0.5	1	2	3	>3
<50	0.3	0.35	0.42	0.50	0.60
50~100	0.2	0.22	0.28	0.35	0.42
100~200	0.15	0.18	0.20	0.24	0.30
>200	0.10	0.12	0.15	0.18	0.22

③ 根据生产量来确定　在生产实践中，也可以根据制件的产量多少来确定凹模的厚度。取值如表4-90所示。

表 4-90　冲裁料厚、生产量与凹模板厚度之间关系

冲裁料厚 t/mm	生产量			冲裁料厚 t/mm	生产量		
	<0.5万件	0.5万~50万件	>50万件		<0.5万件	0.5万~50万件	>50万件
0.4	10	16	22	3.2	22	28	32
1.0	10	16	28	4.8	28	28	35
2.4	15	22	28	—	—	—	—

(2) 凹模壁厚 c

凹模壁厚从表4-87可以得知，也可以用经验式计算。即 c 根据凹模厚度 H 确定，一般为 $c \geq 26 \sim 40$mm。

对于小型凹模　$c = (1.5 \sim 2)H$（mm）

对于大型凹模　$c=(2\sim3)H$（mm）

凹模的刃口到凹模边缘，刃口与刃口之间的距离，必须有足够的大小，其数值见表 4-91。

表 4-91　凹模刃口与边缘、刃口与刃口之间的距离

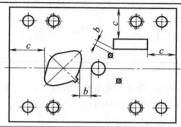

c 的一般数据					b 的一般数据				
带（条）料宽度	材料厚度 t/mm				冲压材料抗拉	材料厚度 t/mm			
B/mm	$\leqslant0.8$	$>0.8\sim1.5$	$>1.5\sim3.0$	$>3.0\sim5$	强度 σ_b/MPa	$\leqslant0.8$	$>0.8\sim1.5$	$>1.5\sim3.0$	$>3.0\sim5$
$\leqslant40$	20	22	28	32					
$>40\sim50$	22	25	30	35	$\leqslant350$	2.5	3.5	5.0	6.0
$>50\sim70$	28	30	36	40					
$>70\sim90$	34	36	42	46	$>350\sim500$	3.0	4.0	7.0	9.0
$>90\sim120$	38	42	48	52					
$>120\sim150$	40	45	52	55	$>500\sim700$	4.0	6.0	10.0	12.0
>150	>45	>50	>55	>60					

注：1. c 的偏差按凹模刃口复杂情况，可以取 ±8mm。

2. b 的选择可以看刃口复杂情况而定，一般不宜太小，较合理为不小于 5mm，但对于冲裁 0.5mm 以下薄材料的小孔与小孔之间的距离可以减小，大孔与大孔之间的距离应放大些。

3. 决定外形尺寸时，应尽量选用标准尺寸。

4.8.5　凹模强度计算

按上述方法确定的凹模外形尺寸，可以保证有足够的强度和刚度，一般不需要再作凹模强度校核。但是，冲裁模工作时凹模下面的模座或垫板上的孔口比凹模孔口大，使凹模工作时受弯曲，若凹模厚度不够会产生弯曲变形，故需校核凹模的抗弯强度。一般只核算其受弯曲应力时最小厚度。计算公式见表 4-92。

表 4-92　凹模强度计算公式

项　目	圆形凹模	矩形凹模 （装在有方形洞的板上）	矩形凹模 （装在有矩形洞的板上）
简图			
抗弯能力 （弯曲应力）	$\sigma_弯=\dfrac{1.5P}{H^2}\left(1-\dfrac{2d}{3d_0}\right)\leqslant[\sigma_弯]$	$\sigma_弯=\dfrac{1.5P}{H^2}\leqslant[\sigma_弯]$	$\sigma_弯=\dfrac{3P}{H^2}\left(\dfrac{\dfrac{b}{a}}{1+\dfrac{b^2}{a^2}}\right)\leqslant[\sigma_弯]$

续表

项　目	圆形凹模	矩形凹模 （装在有方形洞的板上）	矩形凹模 （装在有矩形洞的板上）
凹模板 最小厚度	$H_{\min} = \sqrt{\dfrac{1.5P}{[\sigma_弯]}\left(1 - \dfrac{2d}{3d_0}\right)}$	$H_{\min} = \sqrt{\dfrac{1.5P}{[\sigma_弯]}}$	$H_{\min} = \sqrt{\dfrac{3P}{[\sigma_弯]}\left(\dfrac{\dfrac{b}{a}}{1 + \dfrac{b^2}{a^2}}\right)}$

注：P——冲裁力，N；

$[\sigma_弯]$——凹模材料的许用弯曲应力，MPa，淬火钢为未淬火钢的 1.5～3 倍，T10A、Cr12MoV、GCr15 等工具钢淬火
硬度为 50～62HRC 时，$[\sigma_弯]＝300～500$MPa；

$H_{\min}$——凹模最小厚度，mm；

d，d_0——凹模刃口与支承口直径，mm；

a，b——垫板上矩形孔的宽度与长度，mm。

4.8.6　凹模的固定螺孔和定位销孔大小及间距

螺纹孔与销孔间距或与凹模刃口间距 F（见图 4-138）的最小尺寸，当模板不淬火时，取
$F_{\min} \geqslant d$；淬火时取 $F_{\min} \geqslant 1.3d$，一般情况下取 $F \geqslant 2d$。孔中心到凹模缘的尺寸见表 4-93。

当凹模使用高强度（指螺钉的强度级别按国标为 10.9 级或 12.9 级并经热处理淬火处理，硬度达 34～38HRC）螺钉固定时，凹模板的厚度、使用的螺钉和螺钉间距，见表 4-94。

对于整体式凹模，常用螺钉、圆柱销直接与模座定位固定，螺纹孔间、圆柱销孔间，孔与刃口间的距离都不宜过近，其数值见表 4-95。

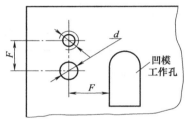

图 4-138　螺纹孔、销孔与刃口间距

表 4-93　螺纹孔或销孔到凹模缘的许用尺寸

凹模状态	等距离位置 a_1	不等距离位置	
		a_2	a_3
不淬火	$1.13d$	$1.5d$	$1d$
淬火	$1.25d$	$1.5d$	$1.13d$
简图			

表 4-94　螺钉间距 　　　　　　　　　　　　　　　　　　mm

凹模厚度 H	使用螺钉	最小间距	最大间距
≤13	M5	15	50
>13～19	M6	25	70
>19～25	M8	40	90
>25～32	M10	60	115
>32	M12	80	150

表 4-95　螺纹孔、销孔最小距离　　　　　　　mm

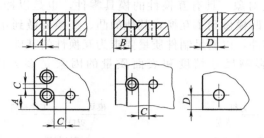

螺钉孔		M4	M5	M6	M8	M10	M12	M16	M20	M22	M24
A	淬火的	8	9	10	12	14	16	20	25	27	30
A	不淬火的	6	7	8	9.5	11	13	16	20	22	25
B	淬火的	7	9	11	14	17	19	24	28	32	35
C	淬火的	5									
C	不淬火的	3									
销钉孔		$\phi 2$	$\phi 3$	$\phi 4$	$\phi 5$	$\phi 6$	$\phi 8$	$\phi 10$	$\phi 12$	$\phi 16$	$\phi 20$	$\phi 25$
D	淬火的	5	6	7	8	9	11	12	14	16	20	25
D	不淬火的	3	3.5	4	5	6	7	8	10	13	16	20

4.8.7　螺钉拧入深度和圆柱销配合长度

如图 4-139 所示，螺钉拧入深度 H_1、螺钉最小沉头孔深度 H_2、圆柱销的最小配合长度 H_3 的大小取值条件是

$$钢件, H_1 \geqslant d_1$$
$$铸铁件, H_1 > 1.5 d_1$$

一般情况下，螺钉拧入螺纹的有效圈数 10 圈或多一点就可以了，不必拧入过深，因为螺孔太深了会造成攻螺纹困难，同时从螺纹受力特点了解到，真正起作用的是在螺钉头部有效 10 圈之内。

螺钉最小的沉头孔深度 $H_2 \geqslant d_1 + 1$；圆柱销的最小配合长度 $H_3 \geqslant 2 d_2$。

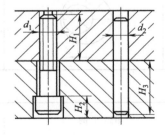

图 4-139　螺钉拧入深度与圆柱销配合长度

4.8.8　凸模和凹模的加工精度与互换性

在自动化大批量冲压生产中，不仅要求模具功能全、效率高，而且要求模具零件，主要是凸、凹模有磨损或损坏时，能做到快捷、方便、可靠地得到修复或更换，保证正常生产，这就要求模具的凸模和凹模应具有互换性。为了达到模具零件的互换，必然使其制造公差被限制得很小，甚至为零，即通常称之为零公差。

对于不同类型、不同功能要求的模具，其零公差的范围也各不相同，被分成 ±0.01mm、±0.005mm、±0.002mm、±0.0005mm 等，并将这一公差理解为具有互换性的制造公差。

　　在现代冲压模具中，当然包括多工位级进模，一般情况下，制件的冲裁工序要求为最严，所以取冲裁工序作为研究对象。具有互换性的模具零件，也是以冲裁凸、凹模作为考虑的重点，相对而言，冲裁凸、凹模做到了互换，其他的凸、凹模要做到互换容易一些。

　　要求具有互换性的零件，以满足制件质量要求为互换性的基础。制件的质量包括尺寸精度和表面质量两个方面。影响尺寸精度和表面质量的因素是多方面的，分别见图 4-140 和图 4-141。

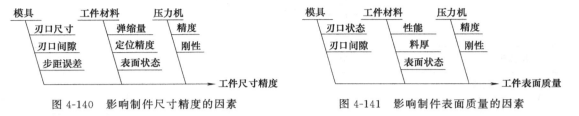

图 4-140　影响制件尺寸精度的因素　　　　　图 4-141　影响制件表面质量的因素

　　互换模具零件常用公差见表 4-96；互换镶件常用公差见表 4-97；料厚与互换模具零件的公差关系见表 4-98。这些资料均可作为模具设计与制造的参考。

表 4-96　互换模具零件常用公差

零　件		尺寸公差/mm		位置公差/mm	形状公差/mm	表面粗糙度 $Ra/\mu m$	步距误差 /mm
		轴	孔	同轴度	圆度		
凸模		0.002		0.0015	0.0015	$D0.8$ $d0.4$	$\pm(0.002\sim$ $0.01)$
凸模嵌块			0.003	0.0025	$D0.0015$ $d0.002$	0.8	$\pm(0.002\sim$ $0.01)$

表 4-97　互换镶件常用公差

图　例	尺寸公差 /mm	位置公差/mm	形状公差/mm	表面粗糙度 $Ra/\mu m$	装配后步距误差 /mm
		平行度	直线度		
	0.002	$\dfrac{0.001}{40}$	$\dfrac{0.001}{40}$	0.4	$\pm(0.002\sim0.01)$

表 4-98　料厚与互换模具零件的公差关系　　　　　　　　　　　mm

制件料厚	尺寸公差	步距公差
≤0.2	$0.001\sim0.002$	$\pm(0.001\sim0.003)$
>0.2～0.6	$0.002\sim0.0025$	$\pm(0.002\sim0.005)$
>0.6	$0.002\sim0.003$	$\pm(0.003\sim0.008)$

4.9　冲裁模典型结构

4.9.1　冲裁模的分类

冲裁模的结构形式很多，一般可按下列不同特征分类，见表4-99。

表 4-99　冲裁模分类

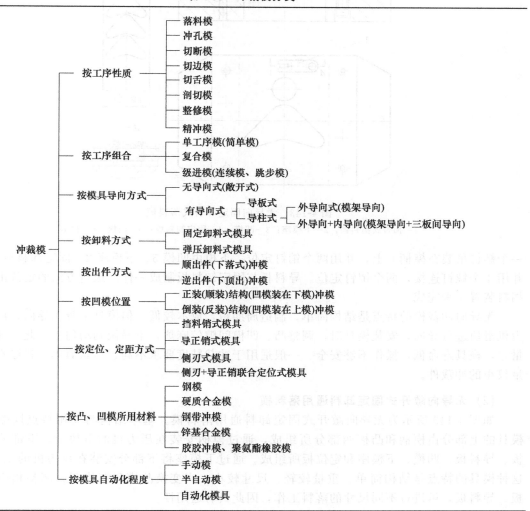

尽管有的冲裁模很复杂，但总是分为上模和下模，上模一般固定在压力机的滑块上，并随滑块一起运动，下模固定在压力机的工作台上。下面分别介绍各类冲裁模的结构、工作原理、特点及应用场合。

4.9.2　落料模

(1) 无导向固定卸料落料模

如图 4-142 所示为无导向固定卸料式落料模。上模由凸模 5 和模柄 6 组成，凸模 5 直接用

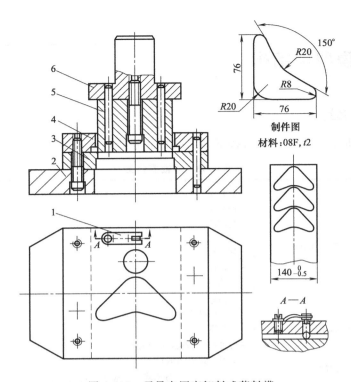

图 4-142 无导向固定卸料式落料模
1—回带式挡料销；2—下模座；3—凹模；4—固定卸料板；5—凸模；6—模柄

一个螺钉吊装在模柄 6 上，并用两个销钉定位。下模由凹模 5、下模座 2、固定卸料板 4 组成，并用 4 个螺钉连接，两个销钉定位。导料板与固定卸料板制成一体。送料方向的定位由回带式挡料装置 1 来完成。

无导向冲裁模的特点是结构简单，制造周期短，成本较低；但模具本身无导向，需依靠压力机滑块进行导向，安装模具时，调整凸、凹模间隙较麻烦，不易做到均匀。因此，冲裁件质量差，模具寿命低，操作不够安全。一般适用于冲裁精度要求不高、形状简单、料厚不薄、批量较小的冲裁件。

(2) 无导向敞开式固定卸料通用落料模

如图 4-143 所示为无导向敞开式固定卸料通用落料模。基本结构与使用特点同图 4-142，模具的上部分由模柄和凸模两部分所组成，通过模柄安装在压力机的滑块上。下部分由卸料板、导料板、凹模、下模座和定位板所组成。通过下模座将下部分安装在压力机的工作台上。这种模具的特点是结构简单、重量较轻、尺寸较小。当变换凸模和凹模后，调整相应的卸料板、导料板，可进行不同尺寸的落料工作，因此具有通用性。

(3) 导板导向落料模

如图 4-144 所示为导板导向落料模，简称导板模。

本模具导板 8 主要为凸模 9 起导向作用的（一般选用 H7/h6 配合），同时也起卸料作用。使用时凸模不能离开导板，故这种模具只能在小行程且行程可调的偏心压力机上使用。图示为双排落料，材料第一次送进时，由始用挡料销 23 定位。始用挡料销在导料板 20 内滑动，由圆柱销 19 限止其位置。弹簧 21 使始用挡料销常态状况下保持在外侧，只有用手把它推入时才起挡料定位作用。第一次只冲下一个制件，以后释放手指，挡料销 23 外移，由钩式挡料销 6 定位，每冲一次便可落下两个制件。

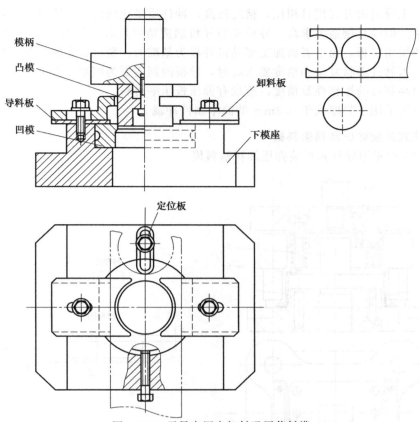

图 4-143　无导向固定卸料通用落料模

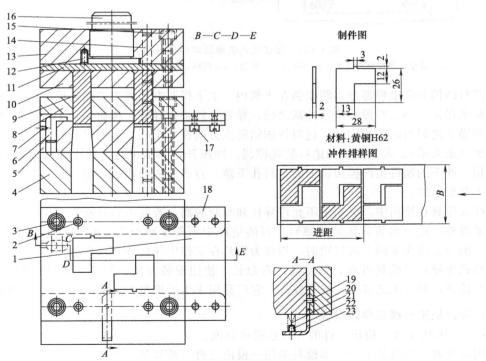

图 4-144　导板导向落料模

1—支承板；2,14,19—圆柱销；3,15—螺钉；4—下模座；5—凹模；6—钩式挡料销；7,12—紧定螺钉；8—导板；9—凸模；10—固定板；11—垫板；13—上模座；16—模柄；17—螺钉；18,20—导料板；21—弹簧；22—圆柱；23—始用挡料销

导板模与无导向敞开式模具相比，精度较高，冲件质量比较稳定，模具寿命较长，安装容易，使用安全。但模具制造要求高。导板模的导板制造精度最高，传统加工方法是先做导板，后做凹模和凸模固定板，而后者的加工都是以导板为基准的，所以后者的质量直接决定于导板精度的高低。当制件形状复杂和精度要求高时，导板的制造更为困难。在冲制薄料或塑性较大材料时，为提高制件的平整性及精度，应设有弹压板压平材料。

导板模一般适用于料厚大于 0.3mm 的简单制件冲裁。

(4) 导柱式正装弹压卸料落料模

如图 4-145 所示为导柱式正装弹压卸料落料模。

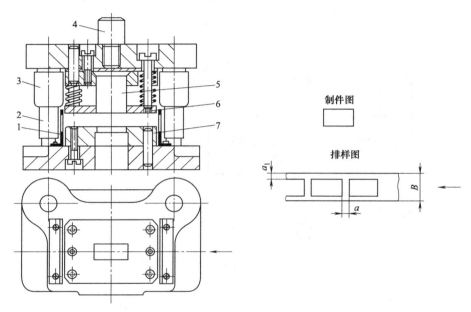

图 4-145　导柱式正装弹压卸料落料模
1—安全板兼有导料作用；2—导柱；3—导套；4—模柄；5—凸模；6—卸料板；7—凹模

本模具凸模装在上模部分，凹模装在下模内。上下模对准精度主要通过模架上的导柱导套精密导向来保证。凸、凹模在进行冲裁之前，导柱已经进入导套，从而保证了在冲裁过程中凸模 5 和凹模 7 之间的间隙均匀性。送料按图示箭头方向在安全板 1 上的导孔导向下前进，进距由挡料销（未表示）、人工或自动送料装置控制。冲压开始和结束时，弹压卸料板起到压料和卸料作用。冲下的制件由凹模刃口下的出料孔下落。直刃口内会积留一定片数后下落，斜刃口凹模内不会积留件。

导柱式模具在使用中，原则上不允许导柱和导套脱离，若做不到时或为了保险，模柄与上模座除紧固外，还应加装防转销或螺钉，以防生产中不安全或产生事故。本书中所有模具图示，如模柄与上模座未画上防转销的，均视为模具在工作中导柱导套永不脱开。

导柱式比导板式模具可靠，精度高，寿命长，使用安装方便，但这类模具的外形尺寸较大，模具较重，制造工艺复杂，成本较高。它广泛用于生产批量大，精度要求高的冲压件。

(5) 开口垫圈一模三件落料模

如图 4-146 所示为一模出三件的开口垫圈落料模。

为满足高效、大批量生产，本模具采用一模出三件。排样按三个开口垫圈 60°等边三角形的角对称布置。模具结构为采用后侧导柱模架、正装弹压卸料、下出件方式。凹模 6 采用整体加凹模镶块 18，简化了模具结构，也便于制造维修和提高模具使用寿命。

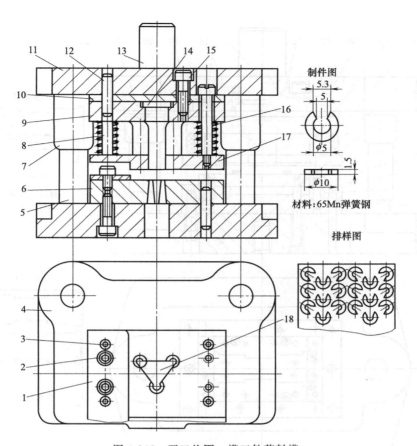

图 4-146 开口垫圈一模三件落料模

1—导料板；2,8,15—螺钉；3,12—销钉；4—下模座；5—导柱；6—凹模；7—导套；9—固定板；
10—垫板；11—上模座；13—模柄；14—凸模；16—卸料弹簧；17—弹压卸料板；18—凹模镶块

(6) 镶拼凹模下顶出件落料模

如图 4-147 所示为正装弹压卸料镶拼凹模下顶出件落料模。

本模具凹模由四块拼件组成，然后用螺钉、圆柱销与凹模座 2 连接固定成一体，再将凹模座固定到下模座 1 上。凹模内设有顶板 7，通过装在下模座上的弹顶器（图中未示）获得顶件力。

模具结构比较典型，适合外形较大、要求平整的薄片件冲裁。

(7) 导柱式倒装弹压卸料落料模

如图 4-148 所示为导柱式倒装弹压卸料落料模。

凸模安装在下模部分，而凹模安装在上模座上，内装推板，通过打杆将冲下的制件从凹模里推出来。这种模具的主要特点是每冲一个制件就被推板推出，不留在凹模里。生产率高制件与凹模摩擦较小，冲出的制件比较平整，质量好。有时，对一些薄而软的材料，在推板里还可以加一个压簧，冲压前预先把料压住，这样能得到质量更好的制件。但当薄制件在离开凹模下落时，应有压缩空气吹走，否则制件落在凸模或卸料板上影响冲压工作的正常进行。安全板 11 上开有方孔，料靠它导入送进，送料进距靠自动送料器控制。

(8) 镶拼结构倒装弹压卸料落料模

如图 4-149 所示为一副大型件四导柱导向倒装弹压卸料落料模。

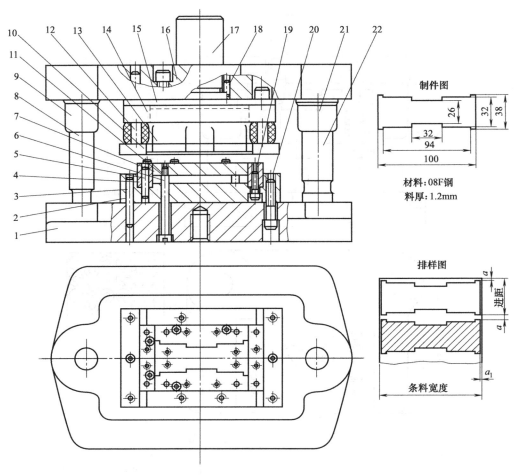

图 4-147　镶拼凹模下顶出件落料模

1—下模座；2—凹模座；3,5,18—销钉；4—凹模拼块；6—顶杆；7—顶板；8,22—导柱；9,21—导套；10—卸料板；
11—挡销；12—卸料螺钉；13—凸模；14—凸模固定板；15—垫板；16—上模座；17—模柄；19,20—螺钉

　　本模具凸、凹模均采用镶拼结构，节省了优质钢材，同时使加工制造方便，也有利于热处理和维修。模具的卸料、推件均采用弹性装置，在冲裁时能压紧坯料，冲完后即将制件推下，冲出的制件质量较高。模具的模架较大，采用四导柱导套导向，使用稳定、精度高。顶销 14 在弹簧 15 的作用下，使制件稍微抬起，略高于凸模，便于制件取出。冲下的废料由 3 个废料切刀 21 将其切断分离。

4.9.3　冲孔模

(1)　有橡皮平衡力矩冲孔模
　　如图 4-150 所示为有平衡力矩的大型盒盖侧边冲孔模。
　　为便于大型制件的定位与操作，本模具的工作部分设计在压力机工作台之外。冲压时，受力点对压力机滑块中心是偏载荷，但由于冲压力不大，允许采用此种结构。同时尽可能考虑冲压力平衡，在模具的另一端设计了有橡胶垫作平衡力矩，故模具工作平稳，避免啃刀口。

(2)　圆盖侧边孔双向对冲式冲孔模
　　如图 4-151 所示为圆盖件侧边 $\phi 4mm$ 孔和 $R7mm$、$R3mm$ 半圆槽的双向对冲式冲孔模。

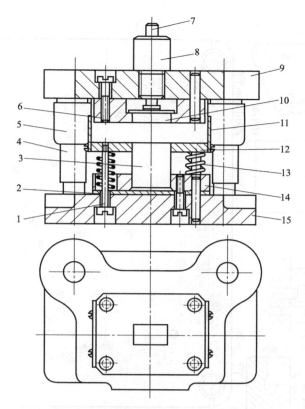

图 4-148　导柱式倒装弹压卸料落料模

1—卸料螺钉；2—垫板；3—凸模；4—导柱；5—导套；6—凹模；7—打杆；8—模柄；9—上模座；
10—推板；11—安全板（兼导料板）；12—卸料板；13—弹簧；14—固定板；15—下模座

在本模具中，利用制件上 $2 \times \phi 9$mm 孔由定位销 6 定位，斜楔 11 的两侧面均带斜面，分别对大滑块 3 和小滑块 10 作用，一次行程能冲出两个孔。图示为工作位置，固定座 5 的外形对制件亦起到定位作用，它们间配合松紧合适。斜楔 11 上升后，大小滑块在各自弹簧的作用下复位。图中箭头所指为冲下废料下落方向。

（3）盒形件侧壁悬臂式双向冲孔模

如图 4-152 所示为盒形件侧壁悬臂式双向冲孔模。

本模具凹模 2 为悬臂浮动式结构，它与两个导柱 13 通过衬套 15 成 H7/h6 滑动配合，自由状态下，由弹簧 16 将其顶起，最高位置由定位环 14 限位。上、下模座各装有冲孔凸模 5 和压料板 6。

工作时，坯件从模具的侧向套到凹模 2（兼定位柱）上后，压力机滑块带动上模下行，悬臂凹模上的制件 3 在上、下凸模的作用下对冲，完成冲孔和切口（图中未表示）工作。上模上行，凹模 2 上浮恢复原状，制件可从凹模上取走。

本模具操作方便、安全，模具结构简单，生产率高。

如采用标准模架，浮动凹模导柱可单独设立。定位环以上导向部分可舍去。另外，冲压过程中要将冲下的废料定期清除，以免堵塞，影响正常生产。

冲槽间隙取 $\leqslant 0.18$mm，保证切口不产生较大毛刺。

（4）筒形件悬臂式圆周分度冲孔模

如图 4-153 所示为凹模装在悬臂支架上的圆周分度冲孔模。

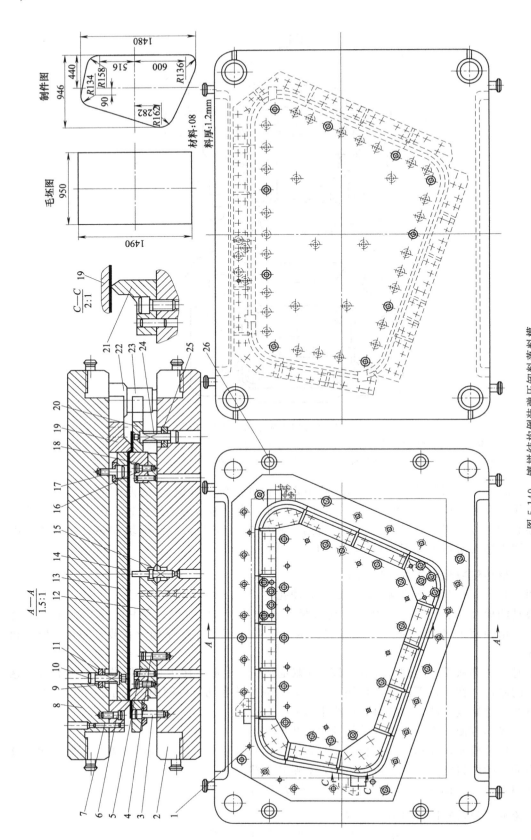

图 5-149　镶拼结构倒装弹压卸料落料模

1—挡料销；2—下模座；3,10,17,25—卸料螺钉；4,6,16—内六角螺钉；5,7—圆柱销；8—上模座；9—套圈；11,15,24—弹簧；12—固定板；13—推板；14—顶销；18—凸模镶块；19—凹模镶块；20—卸料板；21—废料切刀；22—导套；23—导柱；26—限位柱

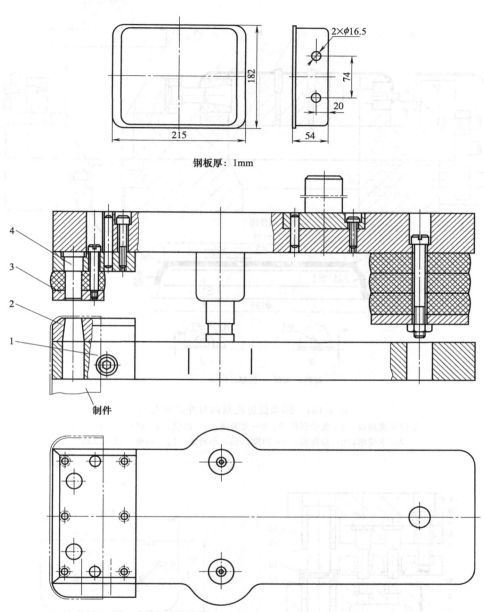

图 4-150 有平衡力矩的大型盒盖侧边冲孔模
1—定位板；2—凹模；3—弹压卸料板；4—凸模

根据制件筒壁均匀分布的 $3 \times \phi 8$ mm 孔。分别由 3 次行程冲出，即冲完一个孔后，将毛坯件逆时针方向转动，利用定位销 3 插入已冲的孔后，依次冲第 2、3 个孔。这种模具结构简单，但生产效率低，一般适用于小批量生产。

(5) 管基套侧壁孔分度冲孔模

如图 4-154 所示为管基套圆周 $6 \times \phi(8 \pm 0.2)$ mm 孔的分度冲孔模。

模具的冲孔凹模 6 嵌在悬臂 7 上。悬臂的一端用来使管基套定位，另一端与支架 8 固定，为了防止转动，用圆柱销 12 销住。支架 8 固定在下模座 9 上。凸模 5 靠导板 11 导向。凸模 5 与模柄 3 的固定采用螺钉 4 紧定，使更换凸模非常方便。

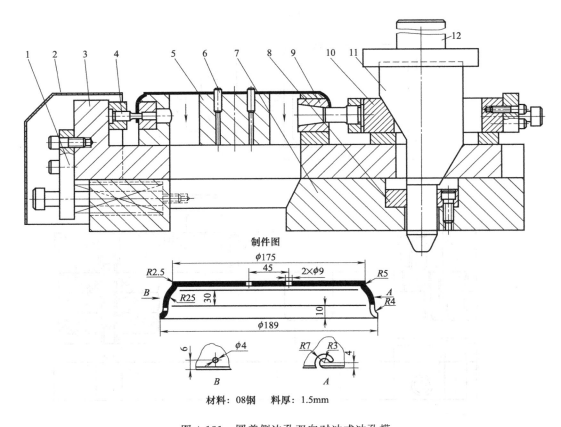

制件图

材料：08钢　料厚：1.5mm

图 4-151　圆盖侧边孔双向对冲式冲孔模

1—复位弹簧挡板；2—安全保护罩；3—大滑块；4—凸模；5—固定座；6—定位销；
7—下模座；8—导向圈；9—凹模；10—小滑块；11—斜楔；12—模柄

制件图

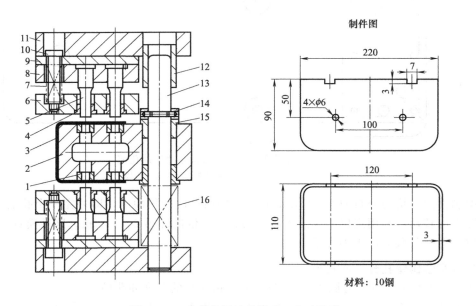

材料：10钢

图 4-152　盒形件侧壁悬臂式双向冲孔模

1—凹模镶块；2—（悬臂式）凹模；3—制件；4—压料板镶块；5—冲孔凸模；6—压料板；7,16—弹簧；
8—凸模固定板；9—垫板；10—限位螺钉；11—上模座；12—导套；13—导柱；14—定位环；15—衬套

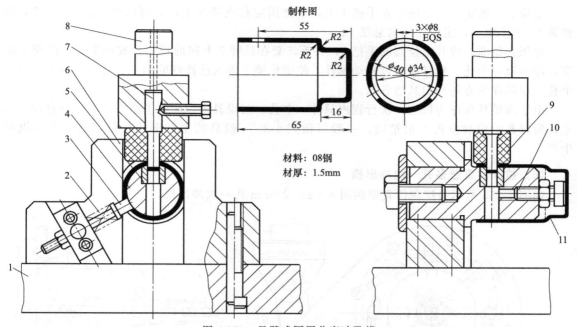

制件图

材料：08钢
材厚：1.5mm

图 4-153　悬臂式圆周分度冲孔模

1—下模座；2—弹簧；3—定位销；4—凹模支架；5—凹模；6—支座；
7—凸模；8—模柄；9—橡皮；10—定位螺钉；11—制件

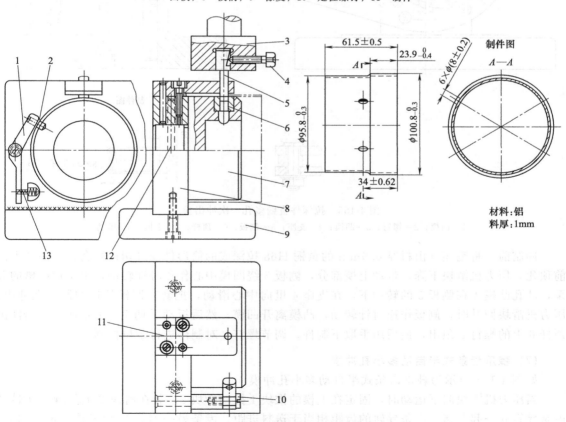

制件图

A—A

材料：铝
料厚：1mm

图 4-154　管基套侧壁孔分度冲孔模

1—手把；2—定位销；3—模柄；4,10—螺钉；5—凸模；6—凹模；7—悬臂；
8—支架；9—下模座；11—导板；12—圆柱销；13—弹簧

定位器上的定位销 2 固定在手把 1 上，手把固定在支架 8 上，它可以绕螺钉 10 回转，在弹簧 13 的作用下，定位销压向悬臂 7。

冲压开始前，拔开定位器的手把 1，将毛坯套在悬臂 7 上向前顶死，放松手把，凸模 5 压下，冲出第一个孔。然后逆时针转动制件，使定位销 2 落入已冲好的第一个孔内，接着冲第二个孔。用同样的方法冲出其他各孔。

由于该模具在压力机的一次行程内只冲一个孔，对模具来说简化了结构，但定位有积累误差，所以孔的相对位置不很精确，一般可做到 $\pm 30'$。模具的生产率比较低，适用于小批量生产。

（6）拉深件直壁多孔一次冲出模

如图 4-155 所示为拉深件直壁四周 $8 \times \phi 3^{+0.1}_{0}$ mm 孔一次冲出模。

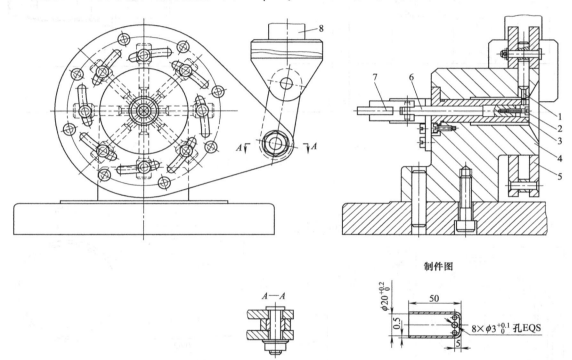

制件图

图 4-155　拉深件直壁多孔一次冲出模
1—凸模；2—螺钉；3—凹模；4—支座；5—侧板；6—顶杆；7—手柄；8—模柄

冲制前，将毛坯（由料厚 0.5mm 的黄铜 H68 拉深成的筒形件经过切边）套在凹模 3 上向前顶死，压力机滑块下降，带动上模部分，侧板 5 绕凹模中心作顺时针转动，由于偏心槽的关系，冲孔凸模 1 在侧板 5 的转动下，在支座 4 里向中心滑动，把套在凹模外边的制件孔冲出。压力机滑块回升时，侧板作逆时针转动，凸模离开凹模，然后扳动手柄 7，使冲好孔的制件由顶杆 6 上的螺钉 2 顶出，最后用手取下制件。调节螺钉 2 对制件进行定位控制。

（7）棘爪齿条式半自动多小孔冲模

如图 4-156 所示为棘爪齿条式半自动多小孔冲模。

当压力机滑块向下运动时，固定在上模的推块 1 推动滑块 2，装在滑块 2 上的棘爪 4 带动齿条导轨 6 一起左移。齿条导轨的齿距相当于送料进距。齿条另一侧的 V 形齿是供定位用的，以保证冲出孔距的精度。当冲程回升时，滑块 2 受弹簧 3 的作用退回。楔块 7 用以调整齿条导轨 6 的间隙。被冲的材料用压板 8 固定在齿条导轨 6 上，由定位板 5 定位。

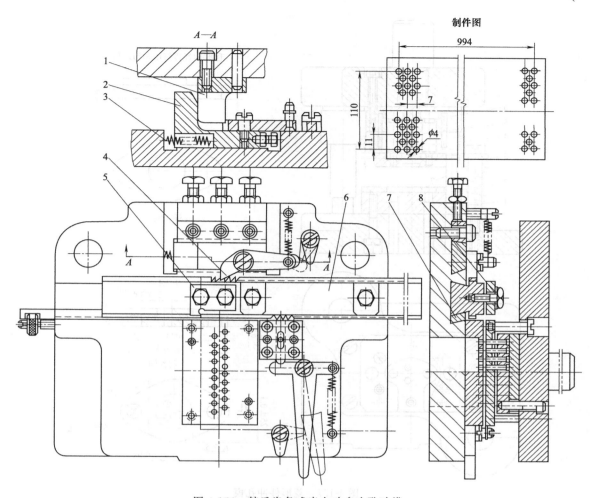

图 4-156　棘爪齿条式半自动多小孔冲模

1—推块；2—滑块；3—弹簧；4—棘爪；5—定位板；6—齿条导轨；7—楔块；8—压板

(8) 料厚不等的菱形件冲孔模

如图 4-157 所示为在一个料厚不等的菱形件上冲四个孔的冲孔模。模具采用标准对角滑动导向模架，卸料板与凹模内置两个简易小导柱导向，保证上下模对中并保护小凸模。

上模部分有四个凸模，其中两个冲 $\phi 3.4^{+0.05}_{0}$ mm 孔，料厚为 $3^{0}_{-0.1}$ mm，另两个冲 $\phi 4.2^{0}_{-0.1}$ mm 孔，料厚为 2mm。由于毛坯的料比较厚，所以为增加凸模强度均设计成带阶梯状。压杆 6 是用来压下卸料板 3 的。当模具开启时，压杆 6 与卸料板 3 之间的空程 h 应小于卸料板台孔深 h_1，即 $h < h_1$。这样可以保证冲压时卸料板压下的力量完全靠压杆 6 传递，而与凸模无关。

冲孔前，将毛坯放入定位板 2 中。定位板的定位孔按制件外形调配，使之能自由放取，松紧合适，一般可按实际间隙 0.03～0.05mm 动配合加工。制件的内孔与外形的相对位置，取决于定位板的装配质量。所以，常在试模合格确定正确位置后再加工定位销孔。定位板的前面有一缺口，便于放取件，废料从凹模里落下。

(9) 中厚钢板多孔冲模

如图 4-158 所示为客车底盘一横梁中厚板多孔冲孔模。

制件材料 Q345 钢板，厚 4mm，上面有最大孔 $\phi 60$mm、最小孔 $\phi 6.5$mm，还有 $\phi 8.5$～ $\phi 17$mm 的孔，大小不等总计 30 个孔，分布在 840mm×315mm 的平面上。

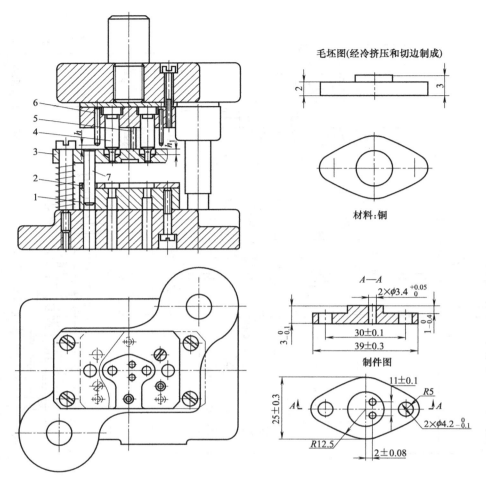

图 4-157　菱形件冲孔模

1—凹模；2—定位板；3—卸料板；4,5—凸模；6—压杆；7—小导柱

本模具采用四导柱滑动导向模架，弹压卸料。冲孔凸模为阶梯形带台结构，$\phi6.5$mm 凸模设有护套保护。孔中心距 560mm 的两个 $\phi60$mm 孔的大凸模兼作导柱对卸料板导向，其相应配合精度为 $\phi60$ H6/h5，精度比护套与凸模固定板的 H7/h6 高。

凹模全部采用镶套结构，便于制造和更换。

废料的漏出采取在每个孔位的下模漏料板上开槽，然后嵌入斜滑板 10（见图示 $B—B$），斜滑板 10 与漏料板 8 成过盈配合，无需螺钉固定，较好地解决了废料的排除问题。

(10) 厚料冲小孔模

如图 4-159 所示为厚料上冲小孔的模具。材料为厚 2.5mm Q235 钢，冲孔直径为 2mm。

凸模 4 为台阶形，台阶部分与固定板 2 采用过盈配合，工作部分采用了活动护套 5 和固定块 3 保护。冲压时，凸模除进入材料内的一段外，其余部分均可得到不间断的导向，从而增加了凸模的刚度，消除了凸模在工作时的弯曲和折断的可能。活动护套 5 的一端压入卸料板 7 中，另一端与固定板 17 成 H7/h6 动配合。

固定块 3 呈三角形，以 60°斜面嵌入固定板 17 和活动护套 5 内，并以三等分分布在凸模 4 的外围（见图 $A—A$ 剖视）。其结构尺寸如图 4-159（b）所示。材料用 T10A，淬火硬度 55～60HRC。内孔 $\phi2.05$mm 与凸模也为 H7/h6 动配合。装配时，应保证每一块都能与凸模很均匀地接触。

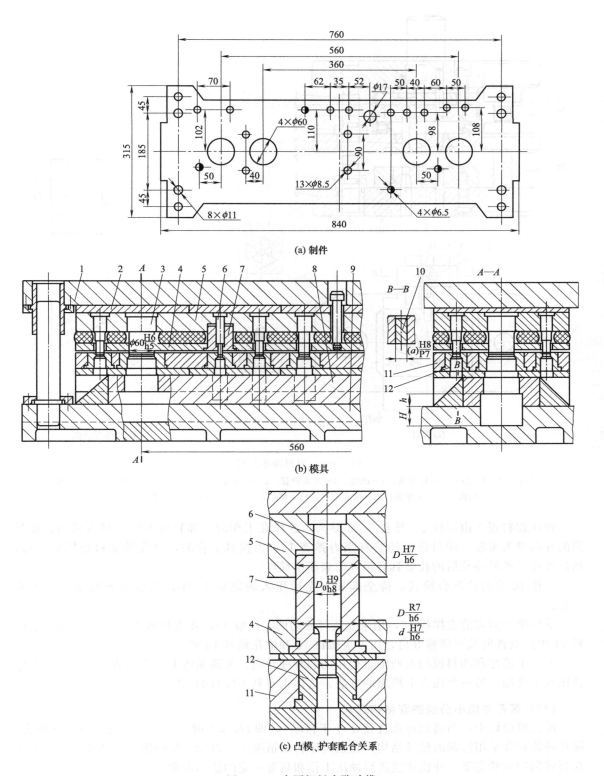

(a) 制件

(b) 模具

(c) 凸模、护套配合关系

图 4-158 中厚钢板多孔冲模

1—上模座；2—上垫板；3—大凸模；4—卸料板；5—凸模固定座；6—小凸模；7—简易
护套；8—漏料板；9—下模座；10—斜滑板；11—凹模固定座；12—凹模

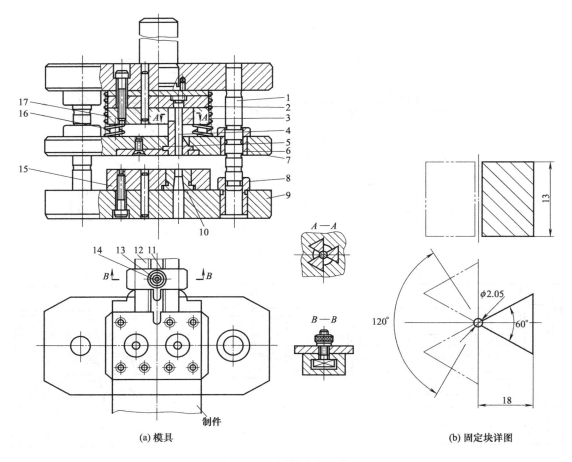

图 4-159　厚料冲小孔模

1—导柱；2—固定板；3—固定块；4—凸模；5—活动护套；6,8—导套；7—卸料板；9—下模座；10—凹模；
11—定位板；12—支撑板；13—滚花螺母；14—螺钉；15—固定板；16—弹簧；17—固定板

　　弹压卸料板 7 由导柱 1，导套 6、8 导向，这样在工作时，卸料板不会歪斜或移动，使凸模的导向更为可靠。卸料板上还装有强力弹簧 16，当模具工作时，首先使卸料板压紧坯料，然后冲孔，可使冲孔后的孔壁具有很好的表面粗糙度。

　　凹模 10 为圆柱形台阶式，待全部加工完后压入固定板 15 中，然后与下模座 9 装配在一起。

　　下模座上固定的支撑板 12，用来安装可移动的定位板 11，在支持板上开有 T 形槽，定位板 11 根据制件的长短调整好后，用方头螺钉 14 和滚花螺母 13 紧固。

　　上、下模座和卸料板均由两个直径相同的导柱导向。为避免将上、下模装反，采取一个导柱压入上模座，另一个压入下模座的方法，这样也有利于模具的刃磨。

(11)　深孔冲模小凸模护套结构形式

　　冲孔模设计中，当遇到冲孔直径 d 小于料厚 t，即 $t/d \geqslant 1$ 时，称之为深孔或厚料冲小孔。深孔冲裁常常采用特殊的模具结构，在强力压料的情况下，以较小的间隙，小凸模要尽量短并在有效保护的状态下，冲模才能进行冲压工作和具有一定的使用寿命。

　　最简便和常用的方法是加固凸模的杆部，缩短工作段长度。正常情况下，当冲孔直径 $d \geqslant$ 3mm 时，一般将其总长度的一半加粗至 $(1.5 \sim 2)d$，外形制成二台阶形式；当冲孔直径 $d <$ 3mm 时，外形制成三台阶形式。但这种加粗的办法用于冲孔直径 $d \geqslant$ 2mm 效果较好，更小的

凸模直径不仅制造困难，使用效果也不令人满意，此时小直径凸模采用直通式结构较多，并设有护套保护措施，下面介绍一些小凸模护套结构形式。

如图 4-160 所示为直通式小凸模和带台固定滑块。小凸模固定端采用铆接，带台固定滑块外形为扇形。

凸模直径为 1.5～2mm 的凸模活动护套结构与参考尺寸见图 4-161 所示。

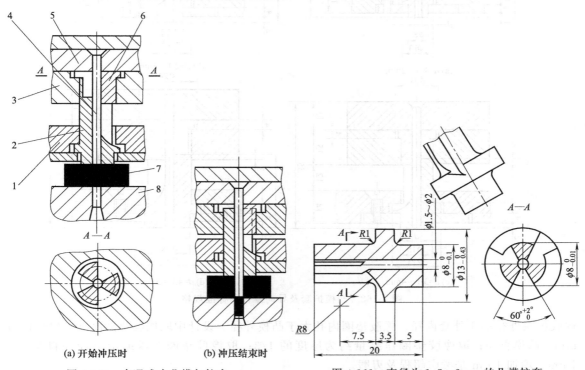

(a) 开始冲压时　　(b) 冲压结束时

图 4-160　直通式小凸模与护套

1—卸料板；2—凸模活动护套；3—固定板；4—凸模；
5—凸模固定板；6—扇形固定块；7—材料；8—凹模

图 4-161　直径为 1.5～2mm 的凸模护套

各种尺寸的凸模护套及有关导向零件的标准规格，如图 4-162 所示。

当图 4-162 的规格不适用，需另行计算决定其长度时，必须注意以下两点。

① 当冲模处于开启位置时，护套上端应位于扇形块内，其导向深度不小于 3～5mm。

② 在工作行程终了时，护套不应碰到凸模的固定板上。

还有一些特殊的护套可供使用。

① 简化结构的凸模护套如图 4-163 和图 4-164 所示。如图 4-163 所示的这种凸模护套没有铣槽。凸模上端有部分长度（大于冲件料厚 t）未被导向。图 4-164 是另一种简化结构。凸模用三个在圆周上均布并紧贴凸模表面的圆销保护，防止其受压失稳。

② 在冲直径 $\phi 0.3～\phi 0.8mm$ 的小孔时，宜采用如图 4-165 所示的缩短式全长导向凸模护套结构。

③ 当孔距较小时，需采用近距多孔结构，如图 4-166 所示。图中 L 为冲孔件孔距；D 为保护套外径。

④ 如图 4-167 所示是弹性凸模护套结构。

弹性部分由钢垫圈 1 与橡胶垫圈 2 交替重叠组成。采用这种结构，可以在冷轧钢带、铝、黄铜及纯铜板上冲 $\phi 1mm$ 小孔，料厚可达 2.5mm。设计中取钢垫厚度＝$(1～1.5)mm\times$凸模直径；取钢垫圈外径与外套内径的配合为 H7/h6；取钢垫圈内径与凸模外径的配合为 H9/h8。

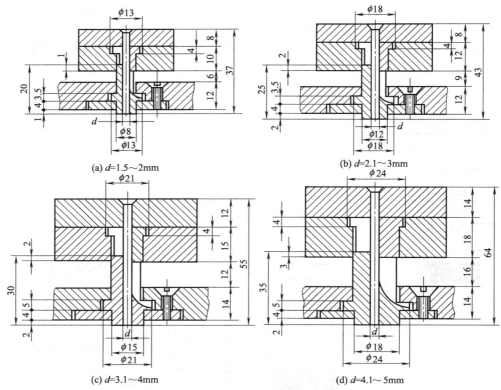

(a) d=1.5～2mm

(b) d=2.1～3mm

(c) d=3.1～4mm

(d) d=4.1～5mm

图 4-162　凸模护套及导向零件的标准规格

橡胶垫圈外径小于外套内径，橡胶垫圈内孔大于凸模外径。设计中取橡胶垫圈厚度＝（1～1.5）mm×凸模直径；取橡胶垫圈压缩量约为厚度的 1/3；取橡胶垫圈总压缩量＝冲件料厚 t ＋1mm，增加 1mm 是考虑超程及刃磨。

⑤ 如图 4-168 所示为冲长方孔凸模护套结构。

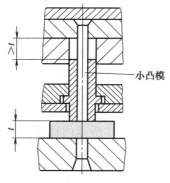

图 4-163　简化凸模护套结构

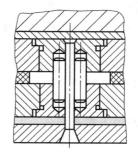

图 4-164　圆销式简化凸模护套结构

（12）短凸模精密冲孔模（一）

如图 4-169 所示为带有浮动模柄及多导向精密冲孔模。

本模具适用于精密小孔冲裁工作。结构特点是：①多导向，即模架的导柱导套，接头 8 与上模座；凸模固定板 4 与导板 3 之间的小导柱 10 与小导套 9；凸模 5 与导板 3 之间均按 IT6～IT7 级精度间隙配合。②导板与固定板之间空隙较小（一般取制件料厚再加 2～3mm），凸模的有效工作行程非常小。③模架采用瑞士精密钟表模架标准，上下模座厚，导柱导套导向部分

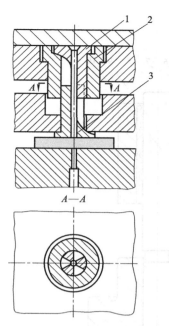

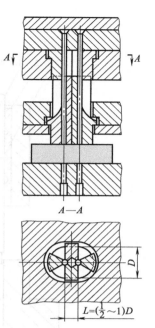

图 4-165　缩短式全长导向凸模护套结构
1—固定块；2—套筒；3—凸模护套

图 4-166　孔距很近的凸模护套

$$L=(\tfrac{1}{2}\sim1)D$$

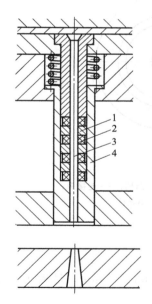

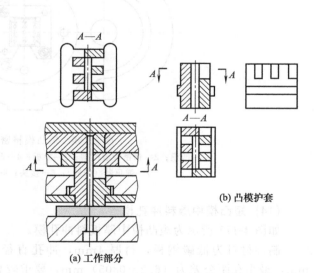

图 4-167　弹性凸模护套结构
1—钢垫圈；2—橡胶垫圈；3—凸模；4—外套

图 4-168　长方孔凸模护套

(a) 工作部分

(b) 凸模护套

长。因此，冲裁工作稳定，能提高制件精度和延长模具使用寿命。

（13）短凸模精密冲孔模（二）

如图 4-170 所示为短凸模多孔冲孔模又一实例。

本模具结构特点为：制件孔多且尺寸小（<φ2mm），为了提高模具寿命，采用了厚垫板短凸模的结构设计，同时卸料板 1 与凸模固定板 2，卸料板 1 与凸模 4 均按 IT6～IT7 级精度间隙配合，装配后的实际配合间隙前者比后者要小些。

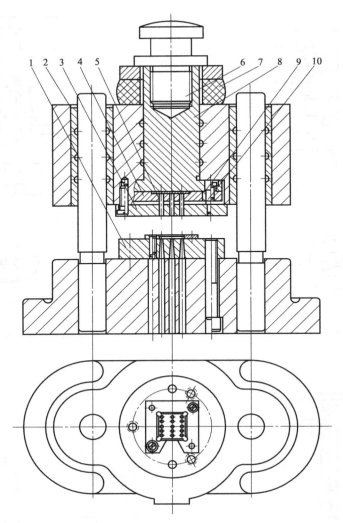

图 4-169　短凸模精密冲孔模（一）

1—凹模；2—精密钟表模架；3—导板；4—凸模固定板；5—凸模；6—连接头；

7—弹顶器（橡胶）；8—接头；9—小导套；10—小导柱

（14）短凸模中厚料冲孔模

如图 4-171 所示为短凸模中厚板料冲孔模。

制件材料为低碳钢板，料厚 4mm，冲孔直径最小为 $\phi 2.03^{+0.09}_{0}$ mm，最大为 $\phi 3.3^{+0.05}_{0}$ mm，最小孔距公差为（6.2±0.05）mm，要求较高。

本模具采用滚动导向模架，凹模、小压板之间又有小导柱导向来提高上下模的对中精度。小凸模未设护套，采用超短凸模来提高它的强度。

模具工作时，采用冲击块冲击凸模进行冲孔。当凸模下行时，卸料板 4 和小压板 3 先后压紧坯件，凸模 10、11、12 上端露出小压板 3 上平面，上模继续下行，冲击块 14 冲击凸模 10、11、12 对坯件进行冲孔，卸料由卸料板 4 完成。定位板 5、9 厚度小于料厚。卸料板、小压板采用优质钢并淬硬处理，它们间成动配合。

（15）圆管长方孔冲模

如图 4-172 所示为圆管长方孔冲模。

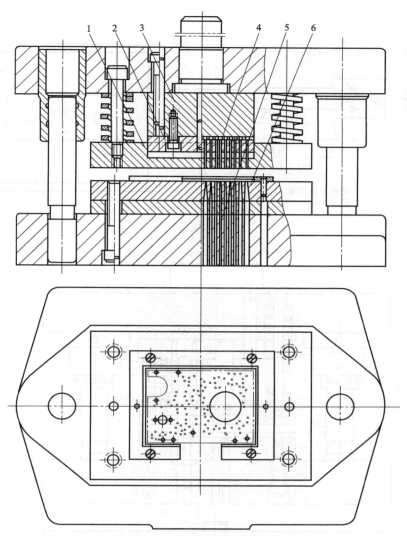

图 4-170　短凸模精密冲孔模（二）
1—卸料板；2—凸模固定板；3—垫板；4—凸模；5—下垫板；6—凹模

本模具为对冲冲孔模结构。工作时，圆管坯件放在下压紧块 9 上，制件一端靠压紧块阶梯端面［见图 4-172（c）R 10mm 的圆弧面］定位。冲压开始，上模下行，上压紧块 8 先接触导销 7，通过两个导销先导向。上模继续下行，上、下压紧块将制件压紧，上模再下行冲裁开始，废料落入钢管腔内，上模上行，上、下压紧块从凸模上将制件卸下，钢管落在下压紧块上，取出制件。冲孔过程完毕。

凸模结构如图 4-172（d）所示，采用斜刃，尖角处有 R 1.5mm 圆弧，以减小冲裁力和提高模具使用寿命。凸模材料选用 Cr12 钢制造，刃口部分硬度 58～60HRC，固定部分硬度为 35～40HRC。

（16）长圆管多孔冲模

如图 4-173 所示为长圆管多孔冲模。

本模具采用活动悬臂上下对冲方法将长圆管上 $6\times\phi14^{+0.2}_{0}$mm（双面）孔一次冲成。

凹模主体 10 为一长圆悬臂［见图 4-173（c）］，长 520mm，选用 Q235 钢制成。侧面两边开槽 10mm×2mm，为的是避开有缝钢管件的焊缝，中心 $\phi25$mm 通孔是废料排出口。凹模刃

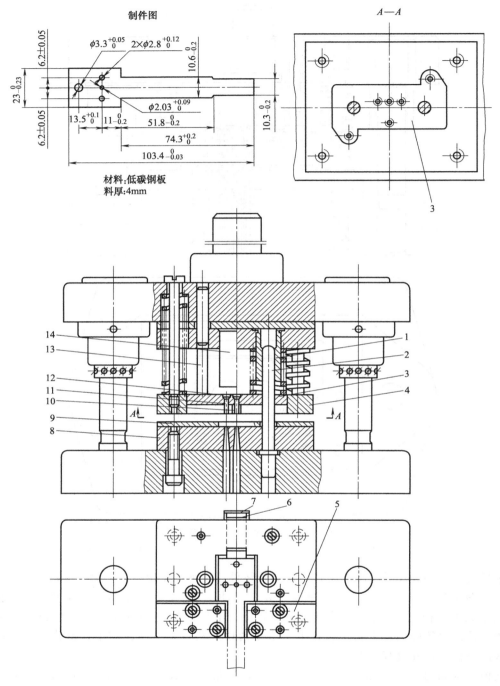

图 4-171 短凸模中厚板料冲孔模

1—小导套；2—小导柱；3—小压板；4—卸料板；5,9—定位板；6—侧压块；

7—片簧；8—凹模；10~12—凸模；13—螺钉；14—冲击块

口部分采用凹模镶套 14［见图 4-173（d）］，它与凹模主体 10 为过盈配合。

上、下压料板与钢管接触处设计成弧形，为增大压板与钢管的接触面，能防止冲压时钢管变形。

螺钉 7 调节凹模 10 和下压料板 6 的距离，保证钢管方便插入凹模。

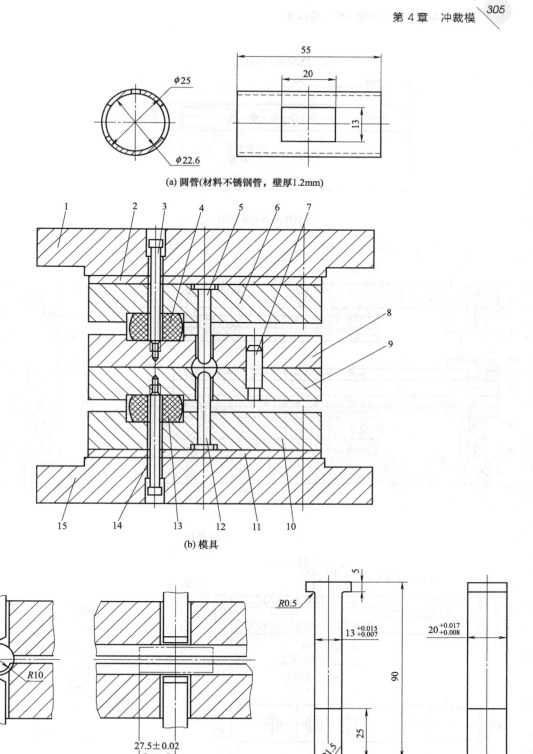

(a) 圆管(材料不锈钢管，壁厚1.2mm)

(b) 模具

(c) 压紧块工作状态

(d) 凸模

图 4-172 圆管长方孔冲模

1—上模座；2,11—垫板；3,14—卸料螺钉；4,13—聚氨酯橡胶；5,12—凸模；
6,10—凸模固定板；7—导销；8—上压紧块；9—下压紧块；15—下模座

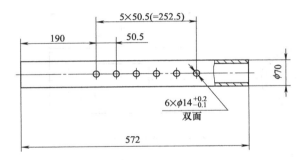

(a) 制件(焊接有缝钢管)

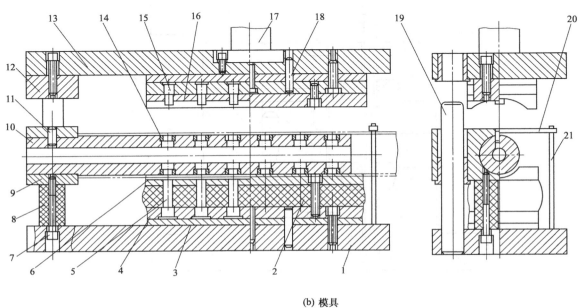

(b) 模具

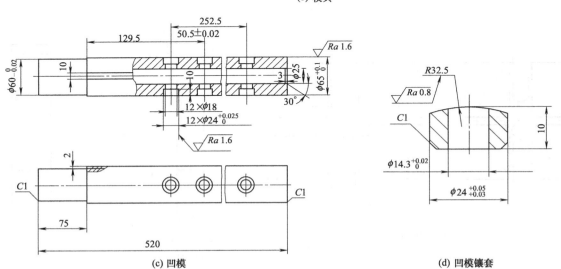

(c) 凹模　　　　　　　　　　　　　　　(d) 凹模镶套

图 4-173　长圆管多孔冲模

1,13—上、下模座；2—卸料橡胶；3—垫板；4—固定板；5,15—凸模；6,16—压料板；7—螺钉；8—聚氨酯橡胶；9—活动块；10—凹模；11—圆柱销；12—压块；14—凹模镶套；17—模柄；18—圆柱销；19—导柱；20—卸料板；21—支撑杆

工作过程为钢管插入凹模 10 后，上模下行，上、下压料板压紧钢管，接着上凸模 15 冲穿钢管上面一排 6 个孔，上模继续下行，上压料板 16 接触钢管同时，压块 12 接触活动块 9，推动带有钢管的活动凹模 10 一起向下移动，下凸模 5 冲穿下面一排 6 个孔，完成多孔对冲工作。压力机滑块回程时，利用卸料橡胶 2 使钢管从凸模中退出，凹模复位，废料从凹模中用压缩空气吹走。

本模具结构可以改变凸、凹模形状，对异形管和异形孔进行多孔冲裁。

（17）可换排孔通用冲孔模

如图 4-174 所示为可换排孔通用冲孔模。

本冲孔模可在条料或角钢上冲出成一直线的不同孔距的各类孔。适用于多品种小批量生产。

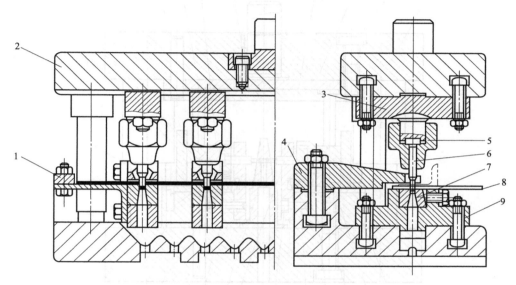

图 4-174　可换排孔通用冲孔模
1—挡料块；2—模架；3—凸模固定座；4—卸料板；5—凸模固定螺母；
6—可换凸模；7—可换凹模；8—制件；9—凹模固定座

利用本模具在一次冲程中冲出的一排孔中，孔的大小、数量、孔距通过更换可换凸模 6、可换凹模 7 和在各自的凸、凹模固定座上可移动，调整孔距位置，实现不同加工要求。根据制件的形状和特点不同，挡料块 1 的形状和位置可以变动。

（18）锥形管冲孔模

如图 4-175 所示为锥形管冲孔模。

锥形管经缩口、扩口、冷挤压成形而成。中间位置两个 $\phi 3mm$ 轴对称孔由冲孔模加工而成。

本模具采取锥形管垂直放置，侧向冲孔的模具结构。制件定位容易，冲件质量好，操作方便，但模具结构较复杂。

工作时，上模座 1 带动压杆 8 向下运动，动滑块 10 在压杆的作用下沿动滑块的侧向导轨 11 向下运动，由于有楔角的存在会推动楔形侧滑块 7 向中间运动，此时楔形侧滑块 7 上的冲孔凸模 22 沿着凸模导轨向中间运动，完成冲孔。上模开启，楔形侧滑块 7 在弹簧 18 的作用下沿导轨 26 向外侧运动，冲孔凸模 22 从凹模腔中退出，直至分离。冲孔结束后，产生的废料从凹模内部开设的废料通孔中排出。

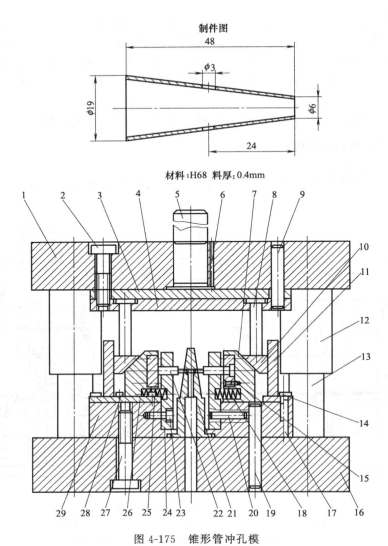

图 4-175　锥形管冲孔模

1—上模座；2,14,15,23,27,28—螺钉；3—上垫板；4—压杆固定板；5—模柄；6—止动销钉；7—楔形侧滑块；
8—压杆；9,17,19,20—圆柱销；10—动滑块；11—侧向导轨；12—导套；13—导柱；16—下模座；
18—弹簧；21—凹模；22—冲孔凸模；24—凸模导轨；25—凸模固定板；26—导轨；29—凹模固定板

　　此模具的关键在于斜楔机构的设计。斜楔机构主要由楔形侧滑块 7、楔形侧滑块导轨 26、动滑块 10、动滑块侧向导轨 11、凸模导轨 24 和弹簧 18 组成。楔形侧滑块和动滑块配合部分的楔角为 45°，因此斜楔机构上、下和左、右方向的行程相同。由于锥形管壁厚仅 0.4mm，所以斜楔机构的行程可以很小，本模具采用的动滑块在压杆作用下的行程为 2mm。另外，在模具闭合时，冲孔凹模 21 的顶端距压杆固定板下表面的距离要求不小于锥形管的高度，这样才能确保冲孔后的锥形管顺利取出。

4.9.4　切角模

(1) 可调式切角模

　　如图 4-176 所示为可调式通用切角模，主要用于对坯件的角部进行再次加工，可冲切成正方形、矩形、缺角等。

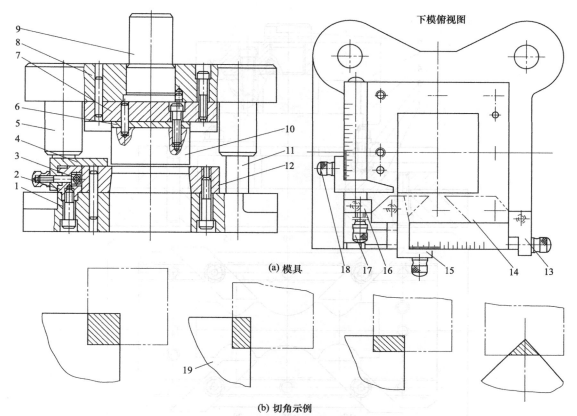

图 4-176　可调式通用切角模

1—下模座；2—定位尺；3—紧固螺杆；4—左定位器；5—导套；6—垫板；7—固定板；8—上模座；
9—模柄；10—凸模；11—导柱；12—凹模；13—右支座；14—角度更换块；15—右定位器；
16—左支座；17—调节螺杆；18—紧固螺母；19—制件

本模采用后侧导向模架，以适应使用面积较大的制件。工作时，拧松紧固螺母 18，通过调节螺杆 17，使左、右定位器 4、15 在定位尺 2 上移动，根据要求的尺寸进行调节，位置调整好后拧紧左、右紧固螺母。制件以左、右定位器定位，在凸模 10 和凹模 12 的作用下进行冲切。冲切范围为（0～90）mm×90mm 之间的任意组合正方形缺角或矩形缺角。

若有凹模上装了角度更换块 14，卸下右定位器 15，便可冲切 45°斜角的制件。

（2）切圆角模

如图 4-177 所示为用于冲切板料四角为圆角的切圆角模。

本模设定圆角规格分别为 $R12mm$、$R15mm$、$R18mm$、$R20mm$、$R25mm$、$R30mm$ 六种。可以根据需要设计其他不同规格，所切料厚 1～3mm。

工作时，将制件放在两定位板 3 之间，然后根据制件尺寸需要调节定位板的位置。

各规格凸、凹模圆角半径，在凸、凹模相应位置上均有标注，便于识别。

本模具为敞开式结构，上模部分凸模 4 的左右两边下端设有引导导向部分，冲压开始前，该导向部分首先进入凹模洞口，起到引导导向作用，有利于冲压正常进行。

4.9.5　切口模

（1）不锈钢管切口模

如图 4-178 所示为不锈钢管切口模结构。

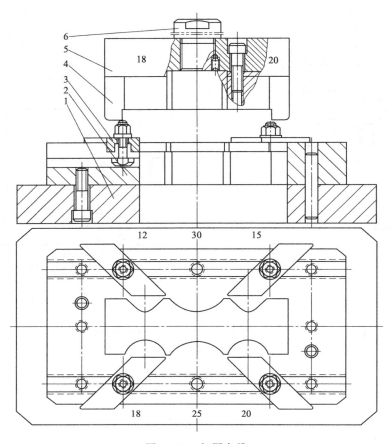

图 4-177　切圆角模

1—下模座；2—凹模；3—定位板；4—凸模；5—上模座；6—模柄

本模具采用左、右斜楔、滑块兼切口凸模进行双向横切和上下直切三个动作在一次冲程中完成切口工作。模具采用导柱在后侧的模架。滑块 6 兼切口凸模图示为一整体，可以将切口工作部分与结构部分分开设计，这样便于调整和维修。

① 动作过程　工作时，把不锈钢管沿轴向套入切口凹模 10 中，顶端靠住固定座 9 定位。上模下行，左、右斜楔 5 的下斜面首先与对应的左、右滑块 6 斜面接触，推动滑块各自向模具中心移动，与切口凹模 10 的共同作用下，实现对钢管由外径朝中心靠近进行切口（未切完，中间顶部仍连接未断），与此同时，左右弹簧 13 受到压缩，随着上模继续下行，斜楔 5 的上斜面开始与滑块 6 下斜面接触，左、右滑块由于弹簧 13 的弹力作用，退出切口凹模的刃口区。上模继续下行，切口凸模 7 开始起作用，将管子顶端未切断的余料切去，使整个切口的冲切量全部得到切除。上模上行，切好口的制件由人工从模具中取出。切口的先后顺序如图 4-178（c）所示。

② 模具结构特点

a. 根据先切左、右两边后切顶部的切口先后顺序，要防止斜楔 5、切口滑块 6、切口凸模 7 相互间有干涉、动作不协调问题的产生。为此必须做到切口滑块 6 退出凹模 10 刃口区后切口凸模 7 才可工作。同时要求左、右滑块、斜楔形状尺寸在装配后完全对称，一致性好。

b. 为了使管子定位稳定可靠，管子插入切口凹模 10 后需用力顶住凹模固定座平面，管子的自由端需有辅助压料装置。

c. 为防止切口凹模 10 的不稳定或转动，须用圆销与凹模座定位或采取其他防转措施。

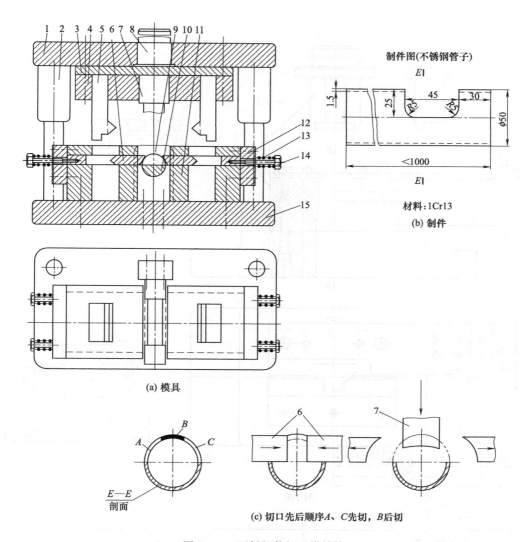

图 4-178　不锈钢管切口模结构

1—上模座；2—导套；3—垫板；4—固定板；5—斜楔；6—切口滑块；7—切口凸模；8—模柄；9—凹模固定座；
10—凹模（兼定位芯模）；11—滑块固定座；12—固定板；13—弹簧；14—螺杆；15—下模座

d. 为保证管子的切口表面质量，在加工时切口滑块 6、切口凸模 7 的刃口外形应与管子外形相吻合。

e. 切口滑块与滑块座采用 $\dfrac{H7}{f6}$ 配合，表面应有足够的耐磨性。

f. 模具的不足之处，当刃口变钝后不便修理。

（2）型材冲缺口模

如图 4-179 所示为敞开式型材冲缺口模。

本模具用于对型材在一定长度内留下 90°的缺口。模具结构简单，使用方便。工作时型材用凹模 2 上的定位凹槽及定位板 4 定位，由于型材的规格不同，定位板 4 可在角铁 3 上调整，完成不同尺寸要求冲切工作。

（3）圆管双向冲缺口模

如图 4-180 所示为在圆管的一端双向冲缺口模。

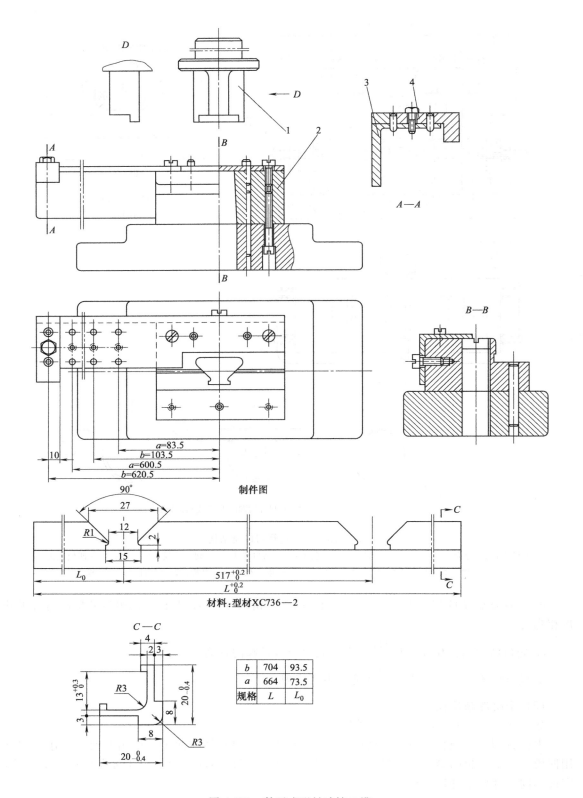

制件图

材料：型材XC736—2

规格	L	L_0
a	664	73.5
b	704	93.5

图 4-179　敞开式型材冲缺口模

1—凸模；2—凹模；3—角铁；4—（可调活动）定位板

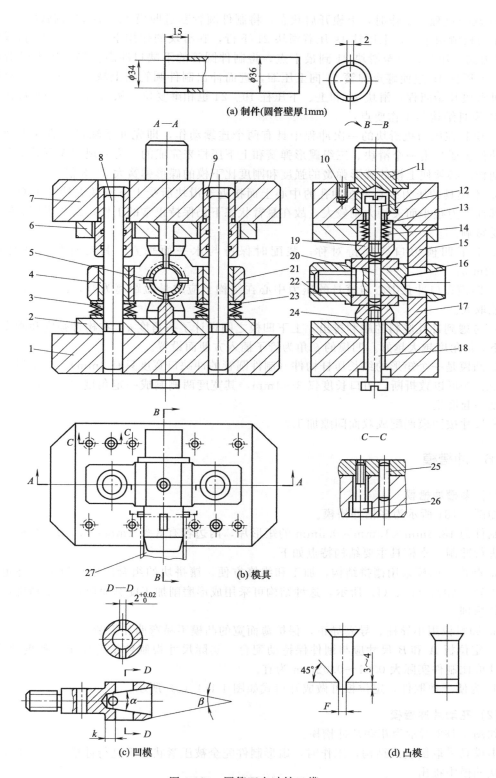

图 4-180　圆管双向冲缺口模

1—下模座；2,6—凸模固定板；3,14—碟形弹簧；4—衬套；5—定位销；7—上模座；8—导柱；9—导套；
10,26—螺钉；11—模柄；12,18—卸料螺钉；13,23—垫圈；15—上凸模；16—凹模；17—下凸模；
19—上压柱；20,25—圆柱销；21—滑块；22—六角螺母；24—下压柱；27—圆管制件

① 动作过程　工作时，上模开启状态，将制件圆管套进凹模 16，使它与制件定位销 5 贴紧。压力机滑块下行，上压柱 19 压着滑块 21 下行，在滑块的作用下，下压柱 24 和碟形弹簧 3 受其力向下压缩，直至滑块 21 到最下点，将制件圆管的下缺口冲出。接着压力机滑块继续下行，上压柱 19 迫使碟形弹簧 14 向上压缩，进而冲出制件圆管的上缺口。至此双缺口冲毕，压力机滑块开始回程，滑块 21 和上、下压柱 19、24 也相继复位，从而完成了一个冲次。

② 模具结构与工作要点：

a. 模具在压力机滑块的一次冲程中具有两个连续动作，即先冲下缺口，后冲上缺口。这两个动作主要是由一个滑块、三组碟形弹簧和上下压柱来完成的。为实现"先下后上"的两个冲孔动作，必须使上模的碟形弹簧的强度和刚度比下模的碟形弹簧大 3～5 倍。

b. 本模具的压力中心不在冲孔的中心上而接近于滑块所受上下压柱夹持的中心。根据计算，其冲裁力很小而夹持力则较大。故在悬臂状态下仍保持正常的工作，经久耐用。制件的质量不受影响。

c. 上下凹模刃口要保持对称，装配时保持与水平面垂直，其对称度、垂直度不超过 0.02mm。

d. 凹模刃口冲孔中心与模具的压力中心在结构上应取最短距离为好，图 4-180（c）中 k 值不能取大。

e. 考虑到冲孔废料的顺利排出，上下凹模之间设计了一角度 α。在构件强度和刚度允许的情况下，α 角度越大越好。凹模的 β 角为管子插入方便而设置。

f. 凸模是一个矩形的细长压杆构件（制件圆管的冲缺口宽度只有 2mm）。为了避免工作时的失稳、变形以致折断，刃口长度仅 3～4mm，其宽度两侧制成一定角度（45°），刃磨时，连同角度一起磨削。

F 尺寸按凹模调配成双面间隙加工。

4.9.6　冲槽模

(1) 多槽冲槽模

如图 4-181 所示为多槽冲槽模。

制件为 18.8mm×13mm×0.5mm 的矩形片，两边各有 8 条 2mm×0.7mm 窄槽，需在落料后进行冲制，本模具主要结构特点如下。

a. 凸模、凹模采用镶拼结构，加工和维修方便。镶拼块的组合固定可以采用键定位卡合如图 4-181（d）、（e）、（f）所示，这种结构可采用成形磨削加工配制而成，加工精度高，也便于拆装修理。

b. 卸料板用小导柱、导套导正，保护薄而宽的凸模不易弯曲和折断。

c. 定位板 A 和 B 尺寸应与制件保持动配合。实际尺寸视制件精度而定。精度要求高时，此尺寸取比制件实际大 0.01～0.02mm 为宜。

d. 为便于送取件，定位板可做成开口式如图 4-181（c）所示。

(2) 花动片冲槽模

如图 4-182 所示为花动片冲槽模。

本模具采取倒装式结构，工作时，扇形制件完全被压紧状态下进行冲槽，冲下的窄条废料及时从凹模中推出。

本模具主要零件全部采用镶拼结构，上、下模、固定板、顶板镶块外形一起加工成长条形后再切割分块，这样既保证了上、下模镶块的外形一致性，又能保证冲裁过程中的同轴度要求。模具采用中间导柱模架，卸料板、固定板、凹模另设 4 个小导柱导向，进一步保证了上、下模对中。

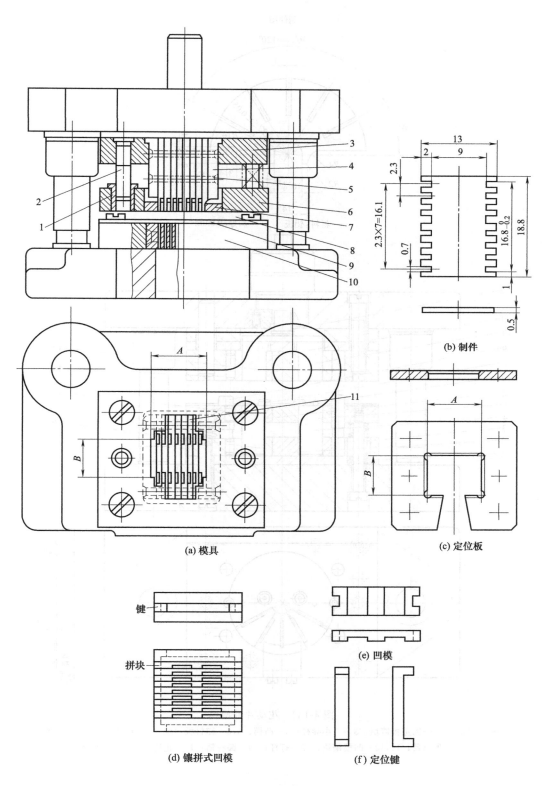

图 4-181　多槽冲槽模

1—小导套；2—小导柱；3—凸模固定板；4—组合凸模；5,7—铆钉；6—弹压卸料板；
8—卸料板镶块；9—定位板；10—凹模固定板；11—组合凹模；A,B—定位孔尺寸

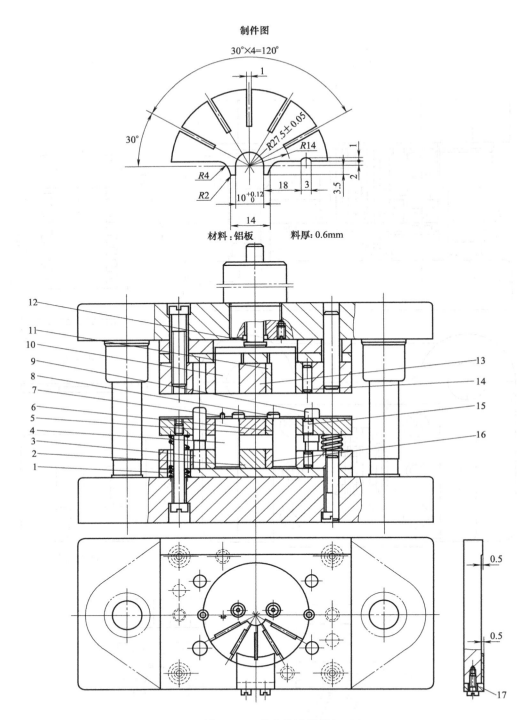

图 4-182　花动片冲槽模

1—弹簧；2,16—固定板镶块；3,9—小导柱；4—凸模；5,6—卸料板镶块；7—方向钉；8—定位销；
10—顶出器；11,13—凹模镶块；12—打杆；14—圆柱销；15—止转销；17—定位板

4.9.7　切舌模

切舌是材料逐渐分离和弯曲的变形过程，所用模具为切舌模。如图 4-183 所示为单个凸模

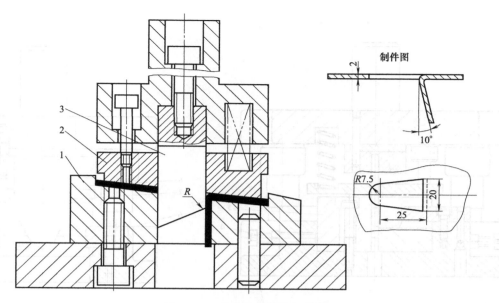

图 4-183　单个凸模简单切舌模
1—凹模；2—压料兼卸料板；3—凸模

简单切舌模。

工作时，制件和模具都承受着水平推力，因此制件的定位和凹模做成一体，并且采用弹簧卸料板压住制件。

为了防止模具上下错移，一般都采用导向装置，本模具因用于小批量生产，未采用导柱模架，故生产时要防止模具的错移。

带有切舌的制件，玩具中金属零件比较常见，而且材料都比较薄。用它插入另一件方孔中，将两件扣接在一起。

4.9.8　剖切模

(1) 矩形拉深件一切两剖切模

剖切模主要用于将落料、拉深、切边、冲孔后的冲件，剖切成两件或多件，被切表面光直。如图 4-184 所示为矩形拉深件一切两的剖切模。

剖切时，要使矩形拉深件的底部和侧面一次冲切分离，需要凸模有水平和垂直两个方向的切割动作。这在凸模一般只作上下运动的情况下，可以把凸模 8 的边刃做成双斜刃式。斜刃倾角 α 的边刃是用于剖切侧壁材料的。α 角太大，不易切料，且制件易变形，α 角太小，易切断料，但凸模必须长，要求压力机行程大，一般取 α=15°～30°。凹模 5 的切削刃外形做成俩半个，由隔板 6 分开，由螺钉 2 与下模座 3 固定，并由螺钉 4 顶紧。隔板 6 的厚度为凸模的厚度再加上冲裁间隙。拉深件由左右两定位块 1 定位，用弹簧卸料板 7 压件。

本模具的优点是修磨凹模方便，改变隔板厚度可以调节模具间隙。

(2) 矩形拉深件一切四剖切模

如图 4-185 所示为矩形拉深件一切四剖切模。剖切时要对拉深件的底部、侧壁分离（即对水平、垂直两个方向的材料分离），但凸模只做上、下往复运动，这样凸模刃口要有一定斜度，才能使材料逐渐分离时制件不致变形。

凸、凹模采用镶拼结构，方便制造。

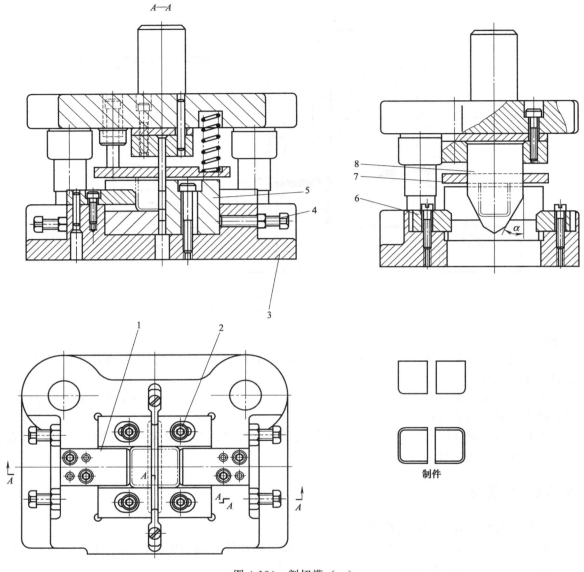

图 4-184　剖切模（一）

1—定位块；2,4—螺钉；3—下模座；5—凹模；6—隔板；7—卸料板；8—凸模

4.9.9　切边模

　　冲压生产中的拉深件在末次拉深完后，常常要用切边模将不整齐的拉深件口部或为了满足产品要求通过切边修整。常用的切边方法主要有垂直切边、挤薄切边、对角切边、内胀式切边、浮动式切边等。这些切边方法都要有相应的切边模来完成。一些批量不大，外形尺寸又稍大的拉深件的切边，可以考虑采用车削的方法来完成切边工作，此时只要配置车削夹具而不用模具。

(1)　垂直切边模

　　垂直切边模可用于拉深件高度较大、无凸缘的筒（矩）形或带凸缘的筒（矩）形件切边，料厚适用范围较广。

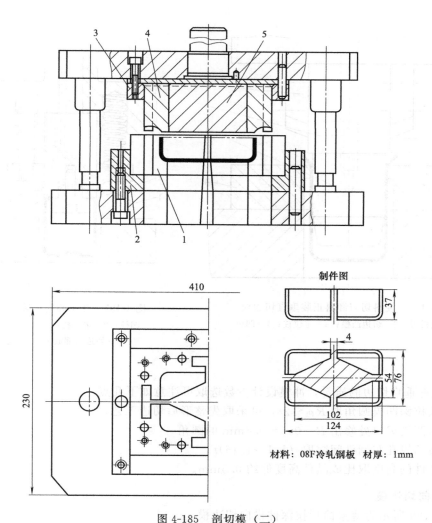

制件图

材料：08F冷轧钢板　材厚：1mm

图 4-185　剖切模（二）
1—凹模（由 4 块拼成）；2—凹模固定板；3—凸模固定板；4—凸模镶件（4 件）；5—凸模

　　垂直切边模的工作原理、结构与普通落料模相似，结构形式也有正装和倒装两种。

　　如图 4-186 所示为废料切刀卸料正装垂直切边模。

　　本模具废料切刀装在上模，废料切刀的刃口面应比凸模刃口面低，一般 $s=(3\sim5)t$，t 为料厚。切边凹模装在下模，制件放入凹模孔内，45°的漏斗形部分口部需要切边，切边时利用凹模孔做初定位，凸模下行，定位柱先插入制件，最后控制制件高度。切边后封闭的废料环由废料刀切开分离，制件从凹模孔内下落。

　　如图 4-187 所示为采用弹压卸料正装垂直切边模。

　　本模具凸模 3、凹模 1 的工作部分均是锋利的刃口。在未切边前，筒形件口部有凸缘，为便于垂直切边，切边后筒形件口部保留微小的"凸缘状"，图中 5 为切边后制件口部放大。尺寸 h 为剪切面高度，$h\approx(0.8\sim1.2)t$，x 为微小凸缘状，x 约为 $0.1t$。切边后废料由弹压卸料板卸下。

　　如图 4-188 所示为小矩形拉深件倒装垂直切边模。

　　本模具结构类似于倒装式落料模，切边凸模 2 装在下模，凹模 6 装在上模。冲压开始前将坯件套入定位块 7 上定位，上模下行进行切边，切边后的制件若被凹模带走，则由推板 5 推出，废料由左右两边的废料切刀 8 切断分离。此结构因操作和模具维修方便、冲件质量好而应

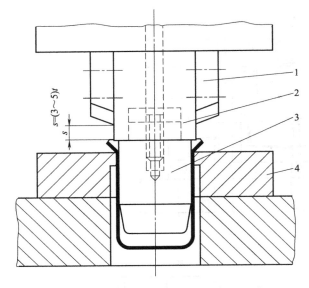

图 4-186 废料切刀卸料正装垂直切边模
1—废料刀；2—切边凸模；3—定位柱；4—凹模

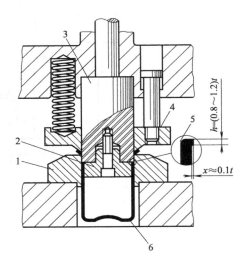

图 4-187 弹压卸料正装垂直切边模
1—凹模；2—定位柱；3—凸模；4—卸料板；
5—切边口部放大；6—筒形件

用广泛。

为了改善垂直切边的质量，冲模设计参数选取可注意如下几点。

① 末次拉深凹模圆角取 $R_凹 \leqslant 2t$，可采取先整形后切边工艺。

② 切边凹模刃口处修出 $R = 0.5 \sim 0.8mm$ 的圆角。

③ 切边凹模孔与制件间隙取 $(1.1 \sim 1.15)t$。

④ 拉深件的高度取比成品件高度低约 0.5mm。

（2）横向切边模

如图 4-189 所示为薄壁筒形拉深件横向切边模。

对于薄壁筒形拉深件的底部，如果按图 4-189（a）中④所示要求筒壁与端面平直时，除了采用常规的车削加工外，用本模具切边是比较好的方法。

本模具由上、下两部分组成。上下模安装在有滑动导向的标准模架上（图示未详细画出）。上模切刀（凸模）3 用螺钉 7 紧固在固定板 4 上，固定板 4、垫板 5 用螺钉、销钉紧固在上模座上。下模硬质合金凹模 9 固定在凹模固定板 8 上，凹模固定板用螺钉、销钉和定位板 12、13 及下模固定板 11 连接，然后下模固定板 11 再用螺钉、销钉固定到下模座上。供切边定位用的芯轴 2 与固定板兼手柄 10 装配成 H7/r6 配合，成为自由体，由冲压工掌握使用。

如图 4-189 所示为切边前，芯轴 2 上已套有坯件，放入下模中定位状态，操作时，冲压工用手扶住带坯件的芯轴固定板，并与定位板 12、13 的 A 面贴紧，大拇指在制件的上面轻轻地连压带往后拉，促使坯件在 B 处靠住，保证定位准确、可靠，不出现间隙。正常情况下，冲切长度 L 的误差可控制在 ±0.05mm 之内。对于切割不锈钢料，在实践中发现，开始用一次冲切，坯件余料快切断的最后部分，由于废料不能很好地变形成拉断状态，影响到切断面的质量，所以改成首次切后留出 0.5mm 余量，第二次再切除效果很好。

为了控制模具的闭合高度，可设限位柱，图中未表示。

（3）挤薄切边模

挤薄切边也叫挤压切边。它常与拉深及切边复合运用，即在一副模具中同时完成拉深和切

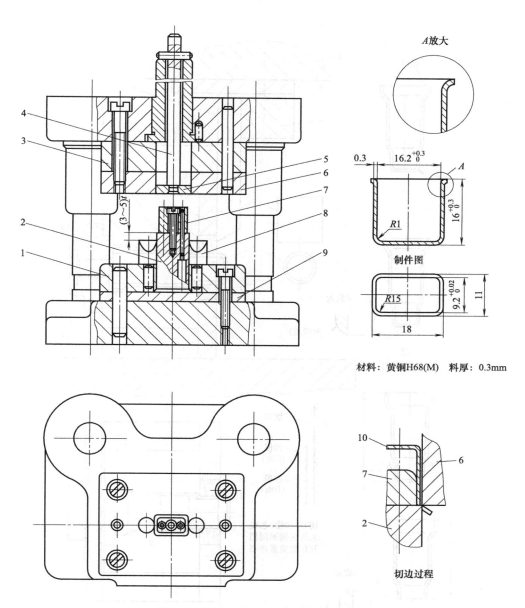

材料: 黄铜H68(M) 料厚: 0.3mm

图 4-188 小矩形拉深件倒装垂直切边模

1—固定板；2—凸模；3—衬板；4—打杆；5—打板；6—凹模；7—定位块；8—废料切刀；9—垫板；10—制件

边。主要适用于料厚 $t \leqslant 3mm$ 的无凸缘圆形或矩形筒形状拉深件的切边。

挤薄切边模的结构也有正装和倒装两种形式，其共同特点是拉深凹模兼作切边凹模，拉深凹模圆角半径一般为 $(2 \sim 4)t$，拉深凹模与拉深凸模之间的间隙为 $(1 \sim 1.1)t$，拉深凹模与切边凸模之间的间隙为 $0.02 \sim 0.04mm$。

由于挤薄切边是采用拉深凹模兼切边凹模，因而切边后的制件边缘内侧有卷边现象，外侧有剪切面存在，料厚会有挤压减薄现象。

如图 4-190 所示为推落式挤薄切边模。

本模具为纯挤薄切边。工作时，利用切边凹模孔定位，上模下行时，利用凸模上的定位柱起到精定位作用，保持定位柱、制件内径和切边凸模同轴。切边后的环形废料由卸料板整体卸下，制件从凹模孔中落下。

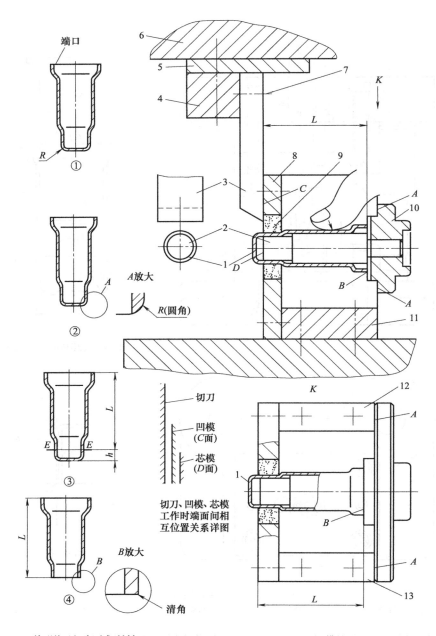

(a) 筒形件及切底要求(材料1Cr18Ni9Ti料厚0.3mm)   (b) 模具

①—拉深后口部已切边的带底筒形件

②—常规情况下切(冲)底后制件

③—要求切底部位E—E，切后成尺寸L

④—已切完底边的制件，底边清角

图 4-189 横向切边模结构

1—薄壁筒形拉深件；2—定位芯轴；3—切刀（凸模）；4—固定板；5—垫板；
6—滑动导向标准模架（未画全）；7—固定螺钉；8—凹模固定板；9—硬质合
金凹模；10—定位芯轴固定板兼手柄；11—下模固定板；12,13—定位板

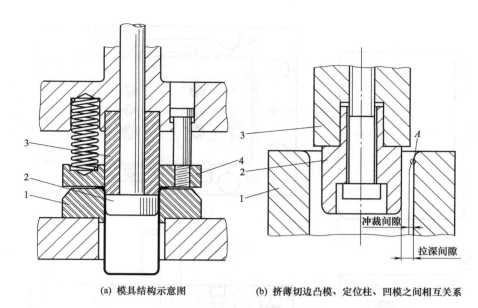

(a) 模具结构示意图　　　(b) 挤薄切边凸模、定位柱、凹模之间相互关系

图 4-190　推落式挤薄切边模

1—凹模；2—定位柱或拉深凸模；3—切边凸模；4—卸料板

本模具凹模的洞口为圆角，凸模有锋利的刃口，冲切时利用凸模刃部在靠近凹模入口的圆角处，将筒形件凸缘挤薄并切下，完成切边工作。

切边凸模、定位柱、切边凹模之间的关系如图 4-190（b）所示。凹模的圆角部分与直壁部分不相切，而是在 A 点与直壁相交，这样的凹模既能供拉深又能起到较好的切断作用。

（4）内胀式切边模

内胀式切边是在压力机滑块的一次行程中，采用由内向外的冲切方式一次性完成对拉深件周边的冲切。它主要用于较大料厚（一般 $t \geqslant 2mm$）、较大矩形拉深件的切边。由于模具结构比较复杂，制造成本高，故常用于大批量且制件尺寸精度要求较高时的场合。

如图 4-191 所示为矩形件内胀式水平切边模。凹模 1 为整体式结构，凸模由 4 件组成，件 6［见图 4-191（c）］和件 8［见图 4-191（d）］各 2 件。这四件凸模，夹在压板 3 和 5 中间可以活动，平时由弹簧 7 把它们相互拉紧。

切边分两个阶段完成，将待切边的拉深件放入凹模 1 内，由弹顶器支撑（图中未画出）的顶板 2 将拉深件顶起到适当位置。上模往下冲时，定位板 3 先进入拉深件内，并将顶板 2 压下，限位圆柱 4 与凹模 1 的平面接触，以控制凸、凹模之间的间隙。上模继续下行，定位板 3、压板 5 以及夹在这两块板中间的凸模等零件就不再下降，而固定在上模上的斜楔 10、11、12 则继续向下，推动凸模作水平运动，于是切边工序开始。

斜楔 11 和 12 的高度，大于斜楔 10 的高度。因此斜楔 11、12 的斜面先接触凸模 6、8 的斜面，使凸模 6、8 沿 Y—Y 轴方向张开［见图 4-191（e）］，冲切拉深件长的两边。上模再继续下行，斜楔 11、12 的斜面与凸模 6、8 的斜面脱离接触，同时凸模的一侧面已紧靠导向板 9，切边过程第一阶段结束，开始向第二阶段过渡。

切边过程的第二阶段，上模再下行，当斜楔 10 的斜面与凸模 6、8 端部的斜面接触时，凸模 6、8 的侧面在导向板 9 的引导下，沿 X—X 轴向移动［见图 4-191（f）］，冲切去拉深件的另两边。

上模上行时，斜楔离开凸模，凸模在拉簧 7 的作用下，回到原始位置，已切边的拉深件被顶板 2 顶出。

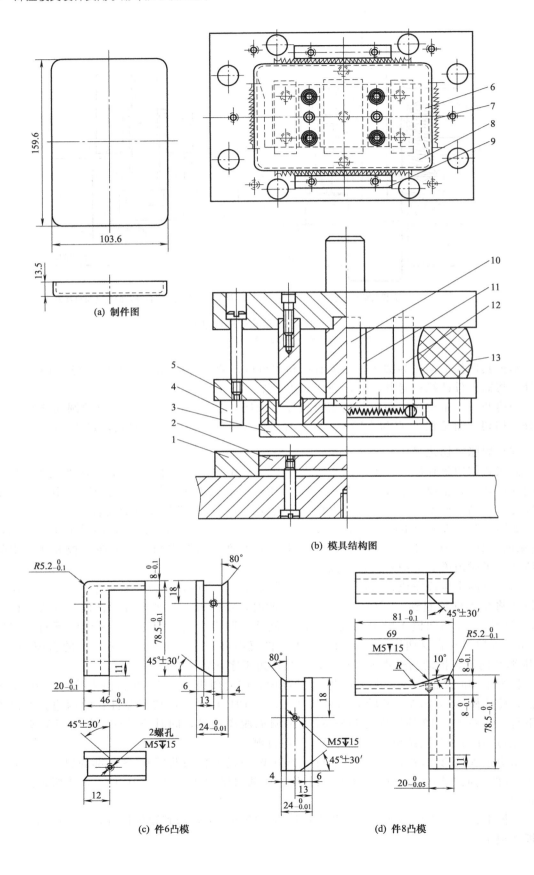

(a) 制件图

(b) 模具结构图

(c) 件6凸模

(d) 件8凸模

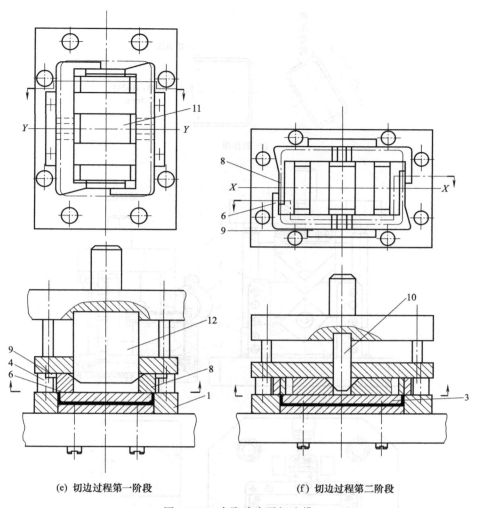

(e) 切边过程第一阶段　　　　　　(f) 切边过程第二阶段

图 4-191　内胀式水平切边模

1—凹模；2—顶板；3—定位板；4—限位圆柱；5—压板；6,8—凸模；
7—拉簧；9—导向板；10,11,12—斜楔；13—橡胶垫

(5) 对角切边模

对角切边一般适用于料厚 0.3～0.8mm 的有色金属矩形拉深件的切边。工作时，利用一尖刃切刀，从矩形的一个角沿对角线方向将制件多余的口部毛边切除。此法切边后制件口部会出现较大的毛刺和塌边，需后续加工序进行修整。

图 4-192 为带自动推件的矩形件对角边切模，工作时，待切边拉深件放在凹模 3 和 6 之间，用推杆 5 前端的螺套调整定位位置，来保证制件的切边高度。上模下行时，斜楔 2 推动滑块 7 右移，使推杆 8 向上，凹模 6 向凹模 3 靠近，将毛坯夹紧。随上模下行，切刀 1 沿凹模 3、6 的刃口面向下切割，废料向外转出，一次切割完毕。上模上行时，斜楔 2 上行，滑块 7 在拉簧作用下左移，推杆 8 随着下行，凹模 6 在弹簧作用下下行，松开制件。随斜楔 2 上行时带动摆块 4 转动，推动推杆 5 将工件推出。本结构适用于生产批量较大的零件切边。

切刀 1 的尺寸，一般取 $\beta=60°$、刃角 $\alpha=15°\sim30°$。

图 4-193 为简易对角切边模的结构，用于产品试制及小批量生产。拉深件放入凹模框 4 内，用推块 3 的位置来控制拉深件切边高度，定位后用销紧杆 5 拧紧凹模框 4，使制件夹紧。

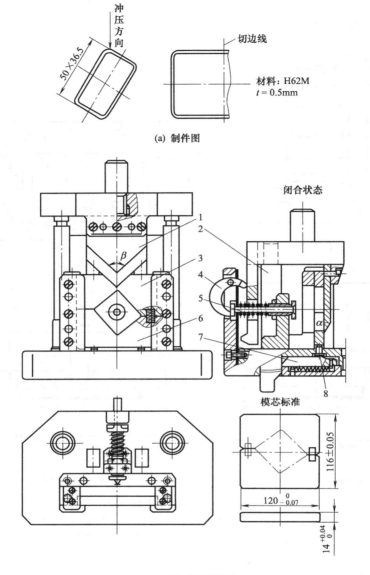

(a) 制件图

(b) 模具结构图

图 4-192　矩形件对角切边模
1—切刀；2—斜楔；3,6—凹模；4—摆块；5,8—推杆；7—滑块

冲切时，切刀 1 尖端先接触制件角部将其冲破，随着上模的下行直至将制件废料边全部切去。切刀 1 的尺寸，一般取 $\beta < 70°$、$\alpha = 30°$。

切边结束后，松开销紧杆 5，拉动拉手把 6，推块 3 将制件从凹模中推出。

(6) 浮动式切边模

浮动式切边模主要用于矩形或异形拉深件的水平切边。其结构一般是通过在模具中设计左右、前后两对导板，使浮动凹模相对于凸模做垂直运动外，还能完成前后左右位置的移动，从而实现对拉深件的水平切边。这种加工方法比机械切削加工效率高，而且切边后制件不变形、表面平整、光滑、切边高度一致。但因模具结构较复杂、制造成本高。因此，只有大批量或经济效益较明显时才使用。

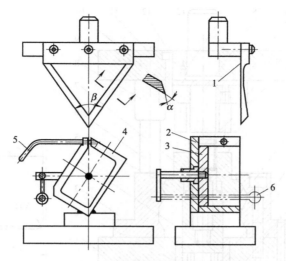

图 4-193 简易对角切边模结构简图
1—切刀；2—垫板；3—推块；4—凹模框；5—销紧杆；6—拉手把

如图 4-194 所示为矩形件浮动式切边模。切边模的凹模 5 位于顶柱 4 上，顶柱与导套 2 成 H8/h8 配合，做上下垂直运动。制件安放在凹模 5 内，由顶件块 7、弹簧 19 托住。为防止制件变形，制件内装有定位芯 18，定位芯与制件内型按 H7/h7 配合，其高度与制件所需高度相同。上模中 4 根限位柱 17 用于控制凸模 15 下平面与凹模 5 上平面之间有 0.05mm 的间隙（大小与料厚有关），用以保证切边质量。

① 工作原理　切边模中的凹模 5，除对凸模 15 做垂直运动外，还在左右导板 21 和 3、前后导板 29 和 28 的作用下，在水平方向做相对应的三个方向平面移动，切去制件的周边，如图 4-195 和图 4-196 所示。

当凹模下降，向左和向前移动时，切除如图 4-195（a）所示 A、B、C 边。

当凹模继续下降，向右移动时，切除如图 4-195（b）所示 A、D 边。

当凹模再继续下降，向后移动时，切除如图 4-195（c）所示 D、E 边。

当凹模下降到最后位置，向左移动时，切除如图 4-195（d）所示 E、C 边，此时制件的全部周边被切除。

根据上述凹模的平面移动方向及移动量，列表 4-100，表中箭头指凹模的移动方向。

表 4-100　切边凹模移动方向及移动量　　　　　　　　mm

凹模平移方向	图 4-195(a)	图 4-195(b)	图 4-195(c)	图 4-195(d)
X 方向	←3	→6	0	←
Y 方向	↓3	0	↑6	0

② 凹模的设计

a. 凹模移动量的设计。浮动式切边模的设计难点在于导板及凹模的设计，凹模设计的要点是确定凹模平面的移动方向和移动量。如图 4-195 所示制件图为拉深件，凹模可在 X、Y 水平方向移动，分四次将制件的边切掉。凹模移动量是否达到要求，可用两张图样验证，即一张图样上画出凸模图，另一张图样（用透明纸）上画出拉深件图，将两张图样叠在一起，做相对移动，如图 4-195 所示。经几次移动下来，就可判断拉深件各边是否全部切除。由图知，凹模左右、前后各移动 3mm，即可把拉深件周边全部切除。切边凹模下降运动情况如图 4-196 所示。

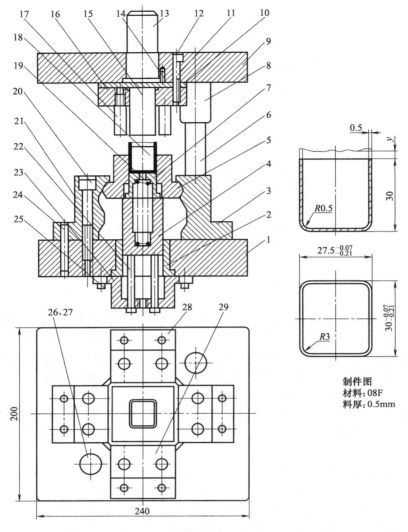

图 4-194　矩形件浮动式切边模

1—下模座；2—导套；3—右导板；4—顶柱；5—凹模；6,27—导柱；7—顶件块；8,26—导套；9—上模座；
10—垫板；11,20,25—螺钉；12,14,24—销；13—模柄；15—凸模；16—固定板；17—限位柱；
18—定位芯；19—弹簧；21—左导板；22—弹压螺钉；23—支承板；28—后导板；29—前导板

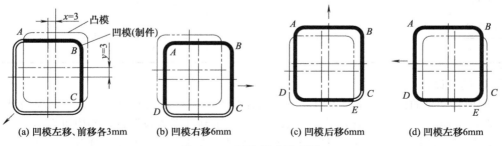

(a) 凹模左移、前移各3mm　　(b) 凹模右移6mm　　(c) 凹模后移6mm　　(d) 凹模左移6mm

图 4-195　切边运动示意图

　　b. 凹模运动斜度设计。凹模运动斜度如图 4-197 所示，凹模运动斜度大阻力也大，不易使凹模向下运动。若斜度太小，则凹模垂直方向运动距离加大，才能获得水平方向移动的距

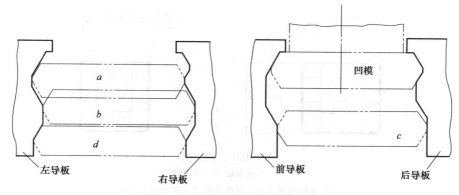

图 4-196　切边凹模下降运动情况

离，即增加了左右、前后导板的高度，增加了冲裁模的闭合高度。侧面斜度 α 一般选用 30°。

c. 凹模斜面部分高度的设计。凹模斜面高度 H 如图 4-197 所示，凹模的斜面部分与导板和导板斜面部分相配合，而导板的斜面高度与每一阶段凹模移动量 x、y 有关。

故取

$$
\begin{aligned}
H &= 2x\cot30° + 2y\cot30° \\
&= 2\times3\times1.732\text{mm} + 2\times3\times1.732\text{mm} \\
&= 20.8\text{mm}
\end{aligned}
$$

取整数 H 为 20mm。

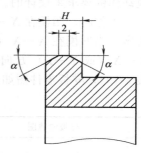

图 4-197　凹模运动斜度及斜面高度

d. 凹模结构及尺寸参数。凹模结构及尺寸参数如图 4-198 所示（材料可改用 Cr12 或 Cr12MoV），凹模内形和制件外形的配合间隙在 H7/h7 到 H8/h8 之间，一般采用配加工。

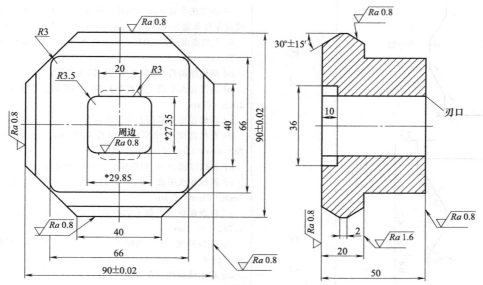

图 4-198　凹模结构及尺寸参数

材料：CrWMn　58～62HRC

*尺寸按拉深件配，双面间隙达 0.02～0.03mm

③ 定位芯的设计　定位芯如图 4-199 所示，定位芯外形和制件内形的配合间隙在 H7/h7 到 H8/h8 之间，一般采用配加工。

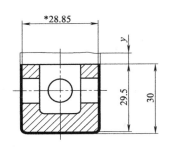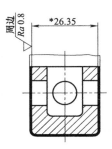

图 4-199　定位芯

材料：CrWMn　58～62HRC

*尺寸按拉深件配，双面间隙达 0.02～0.03mm

④ 导板的设计　导板是浮动式切边模中最为关键的零件之一，它的形状尺寸是按切边凹模动作的要求来设计的。

工作时，凹模在 $X—X$ 方向移动由左右两导板决定；凹模在 $Y—Y$ 方向移动由前后两导板决定。当凹模在 $X—X$（或 $Y—Y$）方向不动时，左右（或前后）两导板是垂直线。当凹模在 $X—X$（或 $Y—Y$）方向移动时，左右（或前后）两导板是斜线。导板设计见表 4-101～表 4-104，导板零件图如图 4-200～图 4-203 所示。

表 4-101　左导板设计

导板曲线图	所求线段	设 计 方 法
	ab	ab 斜线倾斜角为 30°，和凹模底面斜角相配合 ab 斜线在水平面上的投影长度＝凹模底面斜度水平投影长度＋凹模向左移动量＝9mm×tan30°＋3mm＝8.2mm ab 斜线在垂直平面上的投影高度＝凹模底面斜度高度＋凹模向左移动量×cot30°＝9mm＋3mm×1.732＝14.2mm
	bc	bc 直线高度＝3×凹模斜面直边厚度＋0.2mm＝3×2mm＋0.2mm＝6.2mm
	cd	cd 斜线倾斜角 30°和凹模底面斜角相配合 cd 斜线在水平面上的投影长度＝凹模向右移动量＝3mm＋3mm＝6mm cd 斜线在垂直平面上的投影高度＝6mm×cot30°＝10.4mm
	de	de 直线高度＝凹模由前向后移动 6mm 时的垂直下降行程＝6mm×cot30°＝6mm×1.732＝10.4mm
	ef	ef 斜线倾斜角 30°和凹模底面斜角相配合 ef 斜线在水平面上的投影长度＝凹模从右向左移动量＝3mm＋3mm＝6mm ef 斜线在垂直平面上的投影高度＝6mm×cot30°＝6mm×1.732＝10.4mm
	fg	fg 直线高度＝1/2 凹模底部厚度＋1/2 凹模斜面直边厚度＋0.4＝(1/2)×20＋(1/2)×2＋0.4＝11.4mm
	ag	ag 垂直线高度＝左导板各线段直线高度之和 $ag＝ab＋bc＋cd＋de＋ef＋fg$ 　＝14.2mm＋6.2mm＋10.4mm＋10.4mm＋10.4mm＋11.4mm 　＝63mm

表 4-102 右导板设计

导板曲线图	所求线段	设 计 方 法
右导板	ab	ab 斜线倾斜角 30°和凹模底面斜角相配合
		ab 斜线在垂直平面上的投影高度＝凹模底面斜面斜线高度＋1/2× 0.2mm＝9mm＋0.1mm＝9.1mm
	bc	bc 直线高度＝凹模斜面直边厚度－0.2mm＝2mm－0.2mm＝1.8mm （以上两项计算取值目的是使凹模和导板斜面靠紧）
	cd	cd 斜线倾斜角 30°和凹模底面斜角相配合
		cd 斜线在水平面上的投影长度＝凹模向左移动量＋0.1mm×tan30°＝ 3mm＋0.1mm×0.577＝3.06mm
		cd 斜线在垂直平面投影高度＝3.06×cot30°＝5.3mm
	de	de 直线高度＝凹模斜面直边厚度＋0.2mm＝2mm＋0.2mm＝2.2mm
	ef	ef 斜线倾斜角 30°和凹模底面斜角相配合
		ef 斜线在水平面上的投影长度＝凹模从左向右移动量＝3mm＋ 3mm＝6mm
		ef 斜线在垂直平面投影高度＝6mm×cot30°＝6mm×1.732＝10.4mm
	fg	fg 直线高度＝左导板 de 直线高度＋凹模斜面直边厚度×2＝ 10.4mm＋2mm×2＝14.4mm
	gh	gh 斜线倾角 30°和凹模底面斜角相配合
		gh 斜线在水平面上投影长度＝凹模从右至左的移动量＝3mm＋ 3mm＝6mm
		gh 斜线在垂直平面上的投影高度＝6mm×cot30°＝10.4mm
	hi	hi 直线高度＝1/2×凹模厚度－1/2×凹模斜面直边厚度＋0.4mm ＝1/2×20mm－1/2×2mm＋0.4mm＝9.4mm
	ai	ai 垂直线高度＝右导板各线段直线高度之和
		ai＝ab＋bc＋cd＋de＋ef＋fg＋gh＋hi ＝9.1mm＋1.8mm＋5.3mm＋2.2mm＋10.4mm＋14.4mm＋ 10.4mm＋9.4mm ＝63mm

表 4-103 前导板设计

导板曲线图	所求线段	设 计 方 法
前导板	ab	ab 斜线倾斜角 30°和凹模底面斜角相配合
		ab 斜线在水平面上的投影长度＝凹模底面斜面水平投影长度＋凹模向 前移动量＝9tan30°＋3mm＝9mm×0.577＋3mm＝8.2mm
		ab 斜线在垂直平面上的投影高度＝凹模底面斜度垂直高度＋凹模向前 移动量×cot30°＝9mm＋3mm×1.732＝14.2mm
	bc	bc 直线高度＝左导板的直线高度（bc 直线高度＋cd 在垂直平面上投影 高度）＋凹模斜端面直边高度
		＝6.2mm＋10.4mm＋2mm＝18.6mm
	cd	cd 斜线倾斜角和凹模底面斜角相配合
		cd 斜线在水平面上的投影长度
		＝凹模由前向后移动量＝3mm＋3mm＝6mm
		cd 斜线在垂直平面上的投影高度
		＝6cot30°＝6mm×1.732＝10.4mm
	de	de 直线高度＝前导板各线段垂直总高度－前导板的 ad、bc、cd 各线段 垂直高度之和
		＝63mm－（14.2＋18.6＋10.4）mm＝19.8mm

表 4-104 后导板设计

导板曲线图	所求线段	设 计 方 法
	ab	ab 斜线倾斜角 30°和凹模底面斜角相配合
		ab 斜线在垂直平面上的投影高度＝凹模底面斜面斜线垂直高度＋1/2×0.2mm＝9mm＋0.1mm＝9.1mm
	bc	bc 直线高度＝凹模斜面直边厚度－0.2mm＝2mm－0.2mm＝1.8mm
	cd	cd 斜线倾斜角 30°和凹模底面斜角相配合
		cd 斜线在水平面上的投影长度＝凹模向前移动量＋0.1mm×tan30°＝3mm＋0.1mm×0.577＝3.06mm
		cd 斜线在垂直平面上的投影高度＝3.06mm×cot30°＝3.06mm×1.732＝5.3mm
	de	de 直线高度＝前导板 bc 直线高度－2×凹模斜面直边厚度＝18.6mm－2×2mm＝14.6mm
	ef	ef 斜线倾角 30°和凹模底面斜角相配合
		ef 斜线在水平面上的投影长度＝凹模由后向前移动量＝3mm＋3mm＝6mm
		ef 斜线在垂直平面投影高度＝6mm×cot30°＝6mm×1.732＝10.4mm
	fg	fg 直线高度＝后导板各线段垂直边高度之和－后导板的 ab、bc、cd、de、ef 各线段垂直高度
		＝63mm－(9.1＋1.8＋5.3＋14.6＋10.4)mm
		＝21.8mm

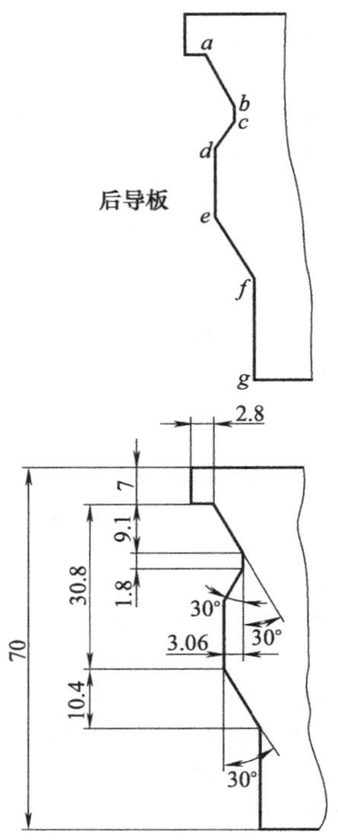

⑤ 凸模的设计　凸模结构及尺寸参数如图 4-204 所示，凸模和制件内形配合间隙在 H7/h7 至 H8/h8 之间，一般采用配加工。

⑥ 浮动式切边模的使用　根据浮动式切边模的工作原理，浮动式切边模还可以完成工件侧壁的缺口冲切。此外，由于浮动式切边模工作行程大，故不能直接按公称压力选用压力机，而应对照压力机许用负荷-行程曲线来选用。另外，选用的压力机行程应大于制件高度的 2 倍，以便于制件的取放。

4.9.10 切断模

采用切断模可对棒料、管料等型材和异型材大批量生产要求时进行切断工作，这比一般采用锯切或铣削等机械加工方法，具有生产效率高、材料无损耗，经济效益好等优点。

(1) 棒料切断模

① 如图 4-205 所示为半敞开式棒料切断模。本模具由起切断作用的工作零件凸模、凹模、送料导筒和挡柱（定位）等零件组成。工作时棒料由人工经导料筒 14 送入模具，挡柱 4 限位，凸模 8 和凹模 12 由于压力机滑块的作用，将料切成一定长度，并从下模中落下。

本模具上下模虽是独立的两部分，但冲压过程中，凸模是在下模支座 13 和挡座 3 的导向下工作的，因而起着半敞开式作用。为便于切断料的下落，切断凸模的厚度基本上就等于切断料的长度。切断后的短圆柱，断面比较粗糙，端面与轴中心线不能保持垂直，带有一定斜度[见图 4-205 (b)]。若切断的短圆柱用作冷挤等毛坯，要求圆柱面与面平行度较高，须增加镦平工序将端面压平后再进行冷挤压加工。用切断模切断棒料，适用直径 $\phi30$mm 以下，大于该尺寸时仍多用锯割。

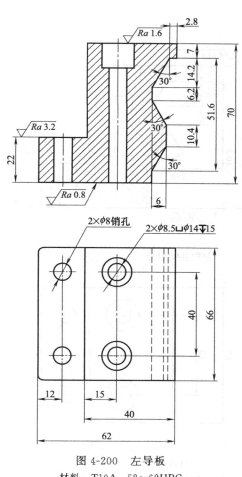

图 4-200　左导板
材料：T10A　58～62HRC
斜线和直线连接部分表面粗糙度值为 $Ra0.8\mu m$
尺寸偏差为 $\pm0.02mm$，角度偏差为 $\pm30'$

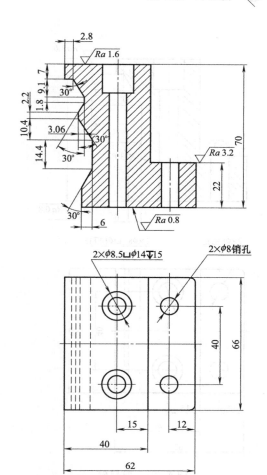

图 4-201　右导板
材料：T10A　58～62HRC
斜线和直线连接部分表面粗糙度值为 $Ra0.8\mu m$
尺寸偏差为 $\pm0.02mm$，角度偏差为 $\pm30'$

② 如图 4-206 所示为用于大批量生产的封闭式棒料切断模。上模部分就一个压头 18，依靠它在压力机滑块的作用下，推动下模的滑块和活动切刀，完成切断动作。下模的固定切刀 26 紧固在立柱 25 内，并通过送料管 24 调整其前后位置，特别在刃磨之后，须调整保持其合理间隙。活动切刀 19 装在滑块 10 内，滑块可以沿立柱上下滑动。自由状态下，滑块被弹顶器顶起，使活动切断模 19 与固定切断模 26 对齐，棒料 23 经送料管 24 送入，靠顶杆 15 挡料，上模下行，压住垫板 17 带动滑块和活动切刀与固定切刀之间产生相对运动，将棒料切断。同时推杆 13 与斜楔 12 的斜面接触，弹簧 8 被压缩。当滑块被压至活动切刀与立柱下面的出料通孔对齐时，弹簧 8 的作用通过螺柱 11 将切断后的棒料弹出。上模上行，滑块由弹顶器复位。

为了保证剪切面平整一些，棒料与固定切断模、活动切断模之间的活动量不可太大，但从便于送料考虑，该活动量应大一些，实际应用时剪切口平面的间隙≤0.2mm；固定切刀与棒料的间隙为 0.1mm；活动切刀与棒料的间隙为 0.2。切刀可采用 Cr12MoV 或硬质合金制造。

活动切断模（活动切刀）、固定切断模（固定切刀）的外径设计要合理。由于切断后棒料毛坯被弹射时因对切刀有摩擦作用，活动刀架滑块移动到下死点时，活动切刀容易发生卡死现象，影响正常切断，因此切断刀外径应满足 $H<(D_1+D_2)/2$，通常取切断刀外径为 $D_1=D_2=\phi120mm$，当活动切断刀在下死点时两孔中心距 H 为 110mm，相互关系见图 4-207。

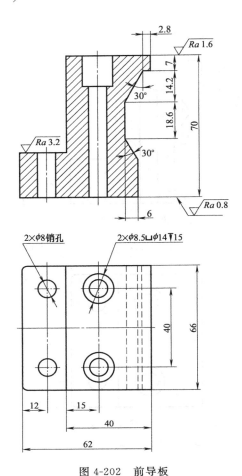

图 4-202　前导板

材料：T10A　58～62HRC

斜线和直线连接部分表面粗糙度值为 Ra0.8μm

尺寸偏差为±0.02mm，角度偏差为±30′

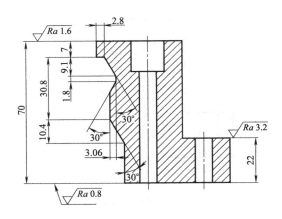

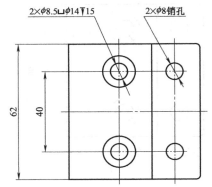

图 4-203　后导板

材料：T10A　58～62HRC

斜线和直线连接部分表面粗糙度值为 Ra0.8μm

尺寸偏差为±0.02mm，角度偏差为±30′

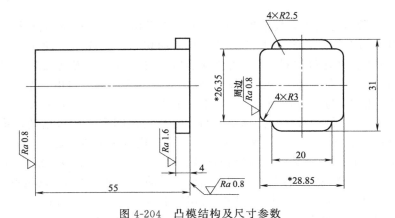

图 4-204　凸模结构及尺寸参数

材料：CrWMn　58～62HRC

＊尺寸按拉深件配，双面间隙达 0.02～0.03mm

　　本结构适用于切断较短的棒料，并且必须使用直径公差较为严格的棒料生产，否则会引起送料不方便而影响生产。

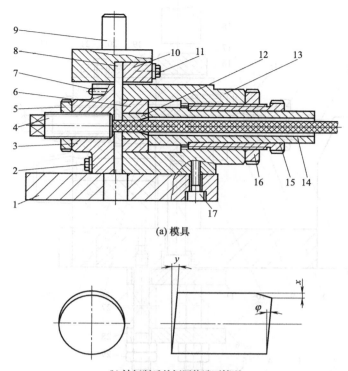

(a) 模具

(b) 被切断后的短圆柱端面情况

(x为圆度差；y为不平度；φ为切断面歪扭角度)

图 4-205 半敞开式棒料切断模

1—下模座；2—螺钉（垫圈）；3—挡座；4—挡柱；5,16—螺母；6—凹模座；
7—圆柱销；8—凸模（半圆形刃口）；9—模柄；10—凸模固定压块；11—螺钉
（弹簧垫圈）；12—凹模；13—下模支座；14—导料筒；15—螺杆；17—螺钉

(2) 管料切断模

① 如图 4-208 所示为圆管切断模。所切材料为无缝钢管。外径 $D=\phi19mm$，壁厚 $t=1mm$，$t/D\times100=5.26<10$。属于薄壁管料。比较适合用切断模进行大批量切断加工。

本模具组合凹模 23 由两对（四块）镶块组合而成，右半对用螺钉紧固在固定板 17 上，左半对用螺钉紧固在滑块 8 上，滑块 8 能在下模座 1 内左右滑动，靠两导向板 27 导向。平时滑块在弹簧 6 的作用下，使凹模张开少些，由套管 7 限位，以便管料送进。

凸模 16 采用双圆弧结构，详见图 4-209（a）。它由螺钉 24、压板 25 紧固在固定板 11 上。组合凹模形式及尺寸如图 4-209（b）所示。冲裁时，管料穿过凹模孔送进，由可调挡料块 29 定位。上模下行时，斜楔 9 将滑块 8 向右推移，两对凹模 23 将管料夹紧。压力机滑块继续下行，凸模 16 便将管材逐渐切割，直至完全切断为止，切断废料从孔中漏下。

由于切割时，管子上端稍有凹陷，因此凹模的型孔要做成微桃形，以减小管子的压凹现象。凸模尖端设计成宽 2mm，一般取（0.5~2）t，张角为 30°的尖劈，尖劈后面做成圆弧形，凸模切刀可以分为单圆弧切刀和双圆弧切刀两种，图 4-209（a）为双圆弧凸模切刀。它比单圆弧的要好，这是因为管料上部约 1/4 的废料先被切掉并掉到管腔内，因此有利于后续的冲切工作。凸模切刀切断宽度图示为 3mm，一般取 2~4mm，应保证足够强度，易于磨削加工。

② 如图 4-210 所示为管子斜切断模。适用于薄壁金属管的切断。

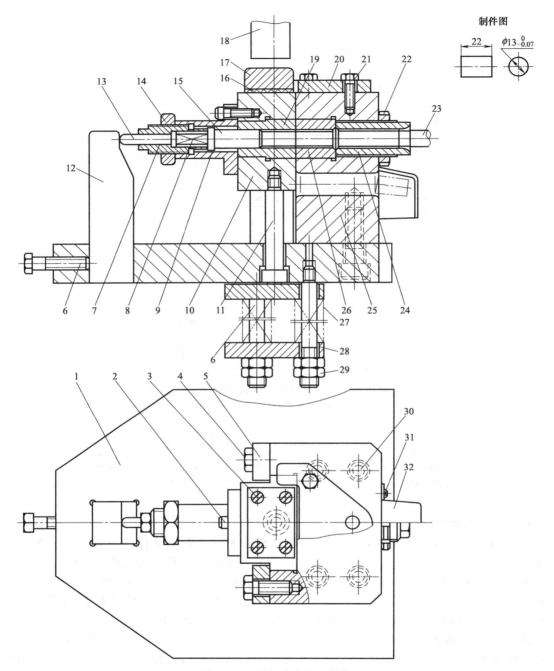

图 4-206　封闭式棒料切断模

1—下模座；2~4,6,21,30,31—螺钉；5—压板；7—调整套；8,27—弹簧；9—套筒；10—活动刀架滑块；
11—螺柱；12—斜楔；13—推杆；14,22—螺母；15—顶杆；16—橡皮；17—垫板；18—上模压头；
19—活动切断模（活动切刀）；20—顶板；23—棒料；24—送料管；25—立柱；
26—固定切断模（固定切刀）；28—托板；29—螺母；32—罩

　　对于凹模一半固定，另一半可在二侧轨道内滑动。管子切断前按图示箭头方向送入，上模下行，由斜楔 2 推动活动凹模 1 夹紧管子，使管坯上部略有变形凸起，以免切断开始阶段产生凹陷、压扁现象。切断后按下手柄 5，第二次送料时推出制件。管子斜切一般采用铣削方法，以冲代铣提高工作效率，操作安全。

337

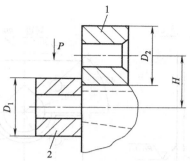

图 4-207　切断刀的位置设计关系

1—固定切刀；2—活动切刀

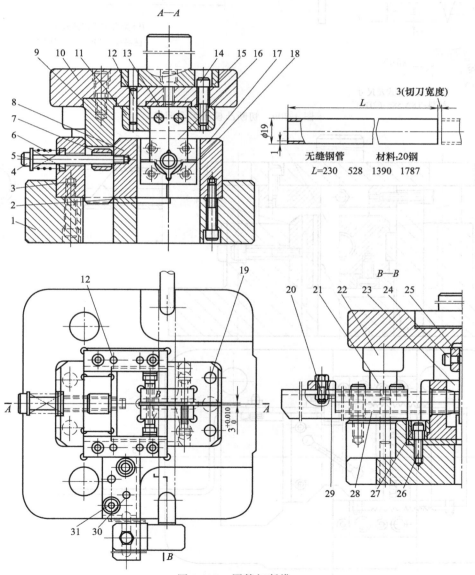

图 4-208　圆管切断模

1—下模座；2—垫板；3—侧压板；4—卸料螺钉；5—垫圈；6—弹簧；7—套管；8—滑块；9—斜楔；10—上模座；
11,17—固定板；12,19,30—销；13—垫板；14,18,24,26,31—螺钉；15—模柄；16—凸模；20—螺母；
21—导柱；22—导套；23—组合凹模；25—压板；27—导向板；28—支架；29—挡料块

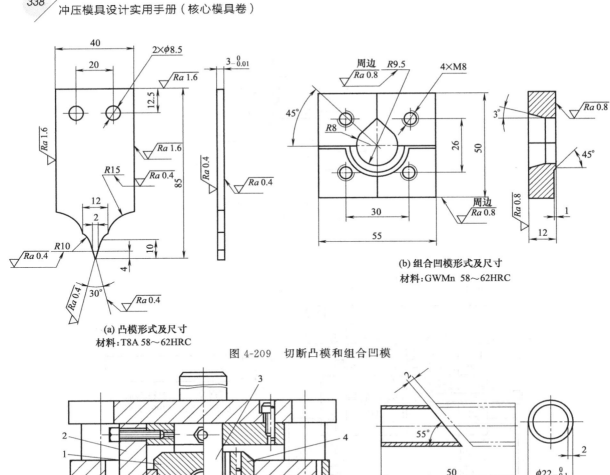

(a) 凸模形式及尺寸
材料：T8A 58～62HRC

(b) 组合凹模形式及尺寸
材料：GWMn 58～62HRC

图 4-209　切断凸模和组合凹模

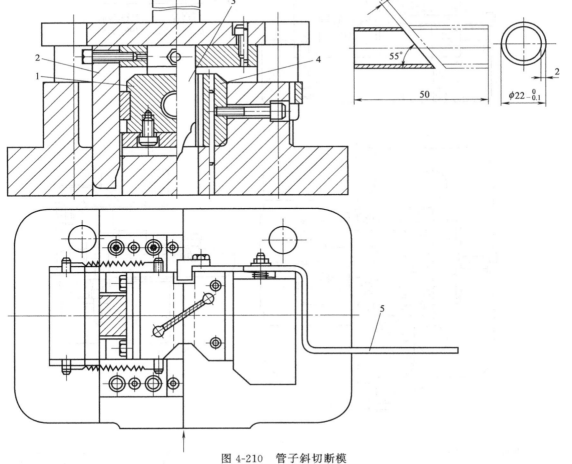

图 4-210　管子斜切断模

1—活动凹模；2—斜楔；3—切断凸模；4—固定凹模；5—定位手柄

③ 如图 4-211 所示为无缝方形管切断模。

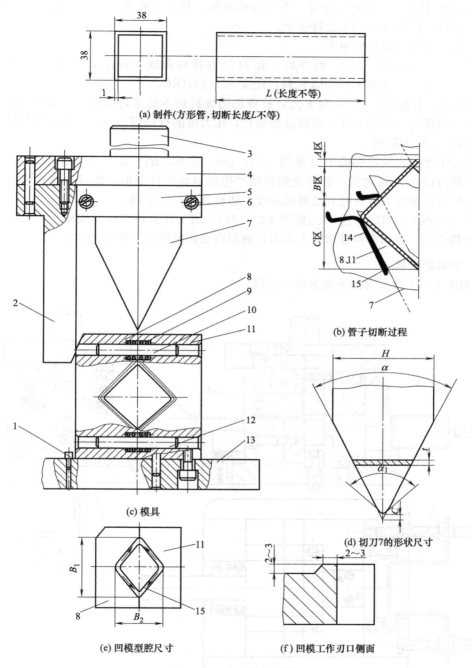

(a) 制件(方形管,切断长度L不等)

(b) 管子切断过程

(c) 模具

(d) 切刀7的形状尺寸

(e) 凹模型腔尺寸

(f) 凹模工作刃口侧面

图 4-211 方形管切断模

1—限位销；2—斜楔；3—模柄；4—上模板；5—压板；6—固定螺钉；7—切刀（凸模）；8—活动凹模；
9—弹簧；10,12—导销；11—固定凹模；13—下模板；14—废料；15—方形管坯

工作时，方形管插入由活动凹模 8 与固定凹模 11 组成的型腔内，长度由定位块沿定位杆可伸缩定位确定（图中未表示），压力机滑块下行，上模斜楔 2 首先接触活动凹模 8，使之与固定凹模 11 沿上下各两个导销导向下闭合，此时被切方形管坯受到夹紧定位，上模继续下行，切刀 7 挤切入管材［见图 4-211（b）］，进入 A 区，废料随切断刀向方管内壁卷曲。滑块继续

下降切断刀进入 B 区，此时剪切下来的废料受切断刀 α 角的作用，由管内向外翻转，继而进入 C 区，直至下死点管材完全分离。当压力机滑块返程至上死点，活动凹模 8 在弹簧 9 的作用下左移复位，使凹模 8、11 之间分开。

工作零件主要几何参数如下。

a. 件 7 ［见图 4-211（d）］的外形，取 $H >$ 方管对角线 2mm，$\alpha = 52°$，$t = 2_{0}^{+0.01}$ mm，$\alpha_1 = 90°$，$C = 3$mm。选用 CrWMn 材料，硬度 60～63HRC。

α 角大小，有很大影响。α 角太大，被剪切的废料就不能实现由管内向管外翻转。α 角太小，切断刀的强度、刚度下降，剪切过程加长，压力机的行程要大，还会影响模具的结构，所以 α 角值取 52°较为适宜。

b. 活动凹模 8、固定凹模 11 ［见图 4-211（e）］型腔，$B_1 = B_2 + 0.5$mm。

在切断刀进入 A 区之前，管材受到挤压产生微量的弹性变形，此时管材截面呈菱形，这样可使切断刀在挤切入管材时有足够的刚度，防止管材口部下塌。

c. 活动凹模 8、固定凹模 11 ［见图 4-211（f）］的工作刃口侧面，应留出凸台，使剪切的废料能顺利排出。否则废料被挤在工作刃口侧面内会影响活动凹模 8 的工作。

（3）型材切断模

① 如图 4-212 所示为用于角钢的切断模。

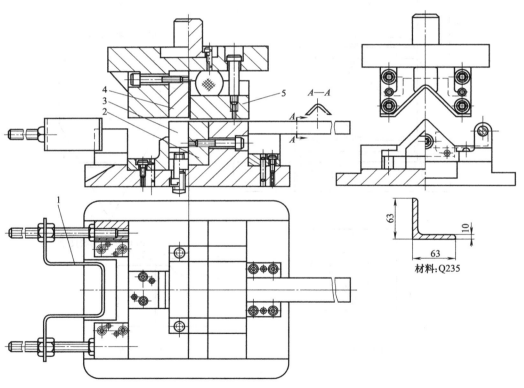

图 4-212　角钢的切断模

1—挡料装置；2—凸模；3—顶料块；4—凹模；5—压料板

挡料装置 1 可在一定范围内调节，以适应各种长度。切断时，坯料由压料板 5 压紧后切断，断面较为平整。

使用本模具，在凸、凹模有效刃口范围内，对各种规格角钢均可切断，故本模具具有一定的通用性。

② 如图 4-213 所示为非规则型材切断模。

工作时先将型材置于固定凹模 2 及活动凹模 7 内，定位块 3 控制切断的型材长度。在压力机工作行程时，模柄 8 推动活动凹模 7 和固定凹模 2 相互搓动，将型材切断。因此，要求固定凹模 2 及活动凹模 7 上具有和型材相同的型孔，自由状态下，两件上的型孔处于同轴位置，而且型孔比型材各部分尺寸加大 0.3～0.5mm，如果型材的直线度误差较大，间隙还应适当加大，为了放入型材通畅。此外，为了保证固定凹模和活动凹模型孔加工后的尺寸一致性，在许可的情况下，两件合在一起线切割加工或切割一件长的再分割成两件。

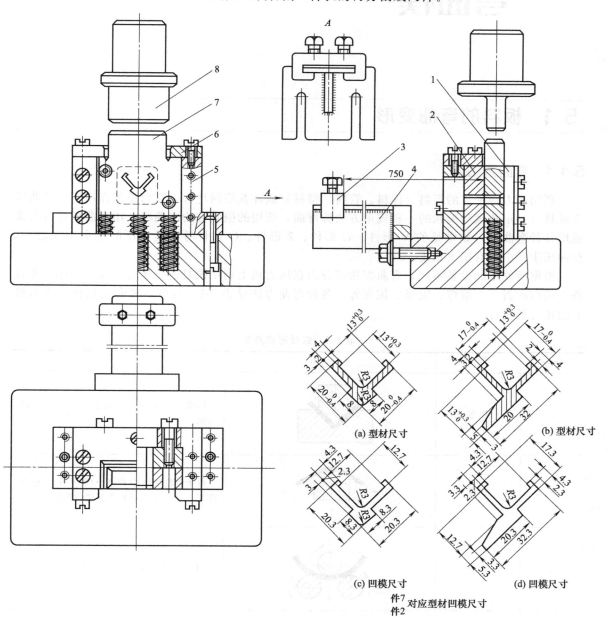

图 4-213 非规则型材切断模

1—压板；2—固定凹模；3—定位块；4—支架；5—凹模框架；6—盖板；7—活动凹模；8—模柄

第 **5** 章

弯曲模

5.1 板料的弯曲变形

5.1.1 弯曲方法

利用压力将平直的板料（棒料、管料、型材）或冲裁后的坯件，在弯矩的作用下沿弯曲线弯成具有一定角度和形状的一种成形方法称弯曲，所用的模具称为弯曲模。用弯曲模进行弯曲成形各种弯曲件，如常见的 V 形件、U 形件、Z 形件、O 形件等，是冲压的基本工序之一，在冲压生产中占有很大比重。

根据所使用的设备不同，弯曲方法可分为在压力机上利用模具进行压弯以及在专用弯曲设备上进行的折弯、滚弯、辊形、拉弯等。各种弯曲方法见表 5-1。本章主要介绍板材在压力机上的压弯模设计。

表 5-1　板材弯曲方法

序号	类别	简　图	特　点
1	压弯		用模具使板材在压力机或弯板机上的弯曲
2	拉弯		对于弯曲半径大（曲率小）的零件，在拉力作用下进行弯曲，从而得到塑性变形
3	滚弯		用 2～4 个滚轮，完成大曲率半径的弯曲
4	滚压成形（辊形）		在带料纵向连续运动过程中，通过几组滚轮逐步弯成所需的形状

序号	类别	简　图	特　点
5	折弯	折弯前板料	板料在折弯机上的弯曲

5.1.2　弯曲变形过程与特点

(1) 弯曲变形过程

如图 5-1 所示，为 V 形件在模具上的压弯过程，在板料弯曲的开始阶段，毛坯是自由弯曲，随着凸模的下压，毛坯与凹模工作表面逐渐靠紧，毛坯内层的弯曲半径由 r_0 变为 r_1，弯曲力臂也由 L_0 变为 L_1。凸模继续下压，毛坯弯曲区逐渐减小，直到与凸模三点接触，这时的曲率半径已由 r_1 变成了 r_2，弯曲力臂亦由 L_1 变成 L_2；此后，毛坯的直边部分则向与以前相反的方向弯曲，到行程终了时，凸、凹模对毛坯进行校正，使其圆角、直边与凸模全部靠紧。此时弯曲过程结束，得到所需制件。

(2) 弯曲变形的特点

为了分析板料在弯曲时其内部变形情况，可在板料侧面划出的正方形网格变化（见图 5-2）和横断面形状的变化（见图 5-3）可以看到弯曲变形有如下特点。

① 弯曲件圆角部分的正方形网格变成了扇形，而远离圆角的两直边处的网格没有变化，靠近圆角处的直边网格有少量变化。由此说明：弯曲变形区主要在弯曲件的圆角部分，直线部分没有变形，只是刚性移动。

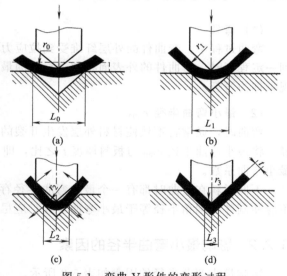

图 5-1　弯曲 V 形件的变形过程

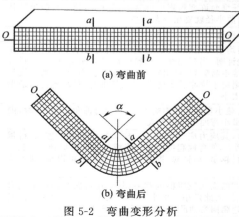

图 5-2　弯曲变形分析

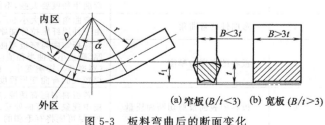

图 5-3　板料弯曲后的断面变化

② 在弯曲变形区内，靠凹模一侧板料的外层纵向纤维受拉而伸长；靠凸模一侧板料的内层纵向纤维受压而缩短。压缩和拉伸的程度从板料的内、外表面到中间逐渐减小。

由于从内表面到外表面，其纵向纤维的长度是连续变化的，因而在内层与外层中间存在着一个既不伸长也不缩短的金属纤维层，称为应变中性层。见图 5-2 中 OO 层。它在弯曲变形前后的长度不变，但其位置不一定在材料厚度的中心。

③ 从弯曲件变形区的横断面来看，对于窄板（宽度与厚度之比 $B/t < 3$ 弯曲），其横断面由矩形变成了扇形；而对于宽板（$B/t > 3$）弯曲，其横断面几乎保持不变，仍为矩形。实际生产中，大多数板料属于宽板弯曲。

④ 在弯曲变形区，板料变形后有厚度变薄现象。相对弯曲半径 r/t 越小，厚度的变薄越严重。

5.2 最小弯曲半径（r_{min}）

5.2.1 弯裂与最小弯曲半径（r_{min}）

(1) 弯裂

弯曲过程中，弯曲件的外层纤维受到拉应力。弯曲半径愈小，拉应力愈大。当弯曲半径小到一定程度时，弯曲件的外表面将超过材料的最大许可变形程度而出现开裂，形成废品，这种现象称为弯裂。

(2) 最小弯曲半径 r_{min}

弯曲时，通常将不致使材料外层发生开裂的最小弯曲半径的极限值称为材料的最小弯曲半径，将最小弯曲半径 r_{min} 与板料厚度 t 之比，即 r_{min}/t 称为最小相对弯曲半径，也称 r_{min}/t 为最小弯曲系数。

不同材料在弯曲时都有一个最小弯曲半径存在。一般情况下，为了防止弯裂，保证质量，不应使制件的圆角半径等于最小弯曲半径，应尽量取大一些。

5.2.2 影响最小弯曲半径的因素

影响最小弯曲半径的因素如表 5-2 所示。

表 5-2　影响最小弯曲半径的因素

序号	项　目	影 响 情 况
1	材料的力学性能	材料的塑性越好，外层纤维允许变形程度就越大，许可的最小弯曲半径就小；塑性差的材料，最小弯曲半径就要相应大一些
2	材料的热处理状态	经退火后进行弯曲比未经退火处理的弯曲半径可小些
3	弯曲线方向	金属材料经辗压轧制后均呈纤维状组织，在横向、纵向和厚度方向都存在力学性能的异向性。实践证明，当弯曲线与材料的纤维方向垂直时，材料有较大的拉伸强度，外层纤维不易破裂，可用较小的最小弯曲半径；当弯曲线与材料的纤维方向平行时，则由于拉伸强度较差，外层纤维易破裂，允许的最小弯曲半径就要大些，不能太小
4	弯曲件的弯曲角	弯曲角如果大小 90°，对最小弯曲半径影响不大；如果弯曲角小于 90°时，则由于外层纤维拉伸加剧，最小弯曲半径应加大
5	板料的宽度与厚度	宽板弯曲与窄板弯曲时，其应力应变状态不一样。弯曲的板料越宽、料越厚，则最小弯曲半径值应增大，使弯曲程度变小。当板料宽度增加到 $(8\sim10)t$（料厚）时，影响变小。板料越窄，料越薄，则最小弯曲半径值可以小，即可获得较大的弯曲变形程度
6	板料的表面及剪切断面质量	若板料表面有锈蚀、剪切断面比较粗糙或有毛刺等，在弯曲时会产生应力集中现象，使弯曲处易破裂，因此最小弯曲半径不可太小。当遇到这种情况时，尽可能将有毛刺的一边朝向弯曲凸模，这样可防止产生弯裂纹

5.2.3 最小弯曲半径的确定

最小弯曲半径的数值一般由试验方法确定，各种常用材料 90°弯曲的最小弯曲半径数值见表 5-3。弯曲角大于 90°弯曲的最小弯曲半径数值见表 5-4。表 5-5 为最小弯曲半径修正系数。

表 5-3　常用材料最小弯曲半径 r_{min}（摘 JB/T 5109—1991）

材　　料		弯曲线与轧制纹向垂直	弯曲线与轧制纹向平行
08F、08Al		$0.2t$	$0.4t$
10、15、Q195		$0.5t$	$0.8t$
20、Q215A、Q235A、09MnXtL		$0.8t$	$1.2t$
25、30、35、40、Q255A、10Ti、13MnTi、16MnL、16MnXtL		$1.3t$	$1.7t$
65Mn	T(特硬)	$3.0t$	$6.0t$
	Y(硬)	$2.0t$	$4.0t$
12Cr18Ni9	I(冷作硬化)	$0.5t$	$2.0t$
	BI(半冷作硬化)	$0.3t$	$0.5t$
	R(软)	$0.1t$	$0.2t$
1J79	Y(硬)	$0.5t$	$2.0t$
	M(软)	$0.1t$	$0.2t$
3J1	Y(硬)	$3.0t$	$6.0t$
	M(软)	$0.3t$	$0.6t$
3J53	Y(硬)	$0.7t$	$1.2t$
	M(软)	$0.4t$	$0.7t$
TA1		$3.0t$	$4.0t$
TA5	冷作硬化	$5.0t$	$6.0t$
TB2		$7.0t$	$8.0t$
H62	Y(硬)	$0.3t$	$0.8t$
	Y2(半硬)	$0.1t$	$0.2t$
	M(软)	$0.1t$	$0.1t$
HPb59-1	Y(硬)	$1.5t$	$2.5t$
	M(软)	$0.3t$	$0.4t$
BZn15-20	Y(硬)	$2.0t$	$3.0t$
	M(软)	$0.3t$	$0.5t$
QSn6.5-0.1	Y(硬)	$1.5t$	$2.5t$
	M(软)	$0.2t$	$0.3t$
QBe2	Y(硬)	$0.8t$	$1.5t$
	M(软)	$0.2t$	$0.2t$
T2	Y(硬)	$1.0t$	$1.5t$
	M(软)	$0.1t$	$0.1t$
1050A(L3)[①]、1035(L4)	HX8(硬)	$0.7t$	$1.5t$
	O(软)	$0.1t$	$0.2t$
7A04(LC4)[①]	T9(淬火人工时效又经冷作硬化)	$2.0t$	$3.0t$
	O(软)	$1.0t$	$1.5t$
5A05(LF5)[①] 5A06(LF6) 3A21(LF21)	HX8(硬)	$2.5t$	$4.0t$
	O(软)	$0.2t$	$0.3t$
2A12(LY12)[①]	T4(淬火后自然时效)	$2.0t$	$3.0t$
	O(软)	$0.3t$	$0.4t$

① 铝及铝合金的牌号，按 GB/T 3190—2008 标出，括号中则为相应的旧牌号。

注：1. 表中 t 为板料厚度。

2. 表中数值适用于下列条件：原材料为供货状态，90°角 V 形校正弯曲，毛坯板小于 20mm，宽度大于 3 倍板厚，毛坯剪切断面的光亮带在弯曲外侧。

表 5-4　最小相对弯曲半径（R_{min}/t）

材料	正火或退火		硬　化	
	弯曲线方向			
	与轧纹垂直	与轧纹平行	与轧纹垂直	与轧纹平行
铝	0(或取 0.1)	0.3	0.3	0.8
退火纯铜			1.0	2.0
黄铜 H68			0.4	0.8
05、08F			0.2	0.5
08、10、Q215	0(或取 0.1)	0.4	0.4	0.8
15、20、Q235	0.1	0.5	0.5	1.0
25、30、Q255	0.2	0.6	0.6	1.2
35、40	0.3	0.8	0.8	1.5
45、50	0.5	1.0	1.0	1.7
55、60	0.7	1.3	1.3	2.0
硬铝（软）	1.0	1.5	1.5	2.5
硬铝（硬）	2.0	3.0	3.0	4.0
镁合金	300℃热弯		冷弯	
MA1-M	2.0	3.0	6.0	8.0
MA8-M	1.5	2.0	5.0	6.0
钛合金	300～400℃热弯		冷弯	
BT1	1.5	2.0	3.0	4.0
BT5	3.0	4.0	5.0	6.0
钼合金	400～500℃热弯		冷弯	
BM1、BM2				
$t \leqslant 2mm$	2.0	3.0	4.0	5.0

注：本表用于板材厚 $t<10mm$，弯曲角大于 90°，剪切断面良好的情况。

表 5-5　最小弯曲半径修正系数

弯曲角度/(°)	修 正 系 数
90	1.0
60～90	1.3～1.1
45～60	1.5～1.3

　　当产品设计要求弯曲件的弯曲半径小于该材料许可的最小弯曲半径时，在模具设计工艺安排时应分两次或多次弯曲，即先弯成具有较大圆角半径的弯角，然后再弯成所要求的弯角半径。如果材料的塑性较差或弯曲过程中材料硬化情况严重，则可在两次弯曲之间增加一次退火处理。对于塑性很差的材料，如钼及厚料可以进行加热后弯曲。

5.3　回弹及防止

5.3.1　弯曲件的回弹及回弹表现形式

　　金属板料的塑性弯曲总是伴随着弹性变形，当弯曲变形结束，卸载后，弹性变形部分会立即恢复，使制件的弯曲角度和弯曲半径发生变化，与模具相应形状尺寸不一致，这种现象称为弯曲件的回弹，简称回弹（又称弹复）。如图 5-4 所示。大于模具尺寸的回弹叫正回弹，小于模具尺寸的回弹叫负回弹。

　　弯曲回弹会造成弯曲的角度和制件的尺寸误差，这将直接影响弯曲件的质量，通常用角度的回弹值和弯曲半径的回弹值来表达弯曲回弹的实际情况。

弯曲半径的回弹值 Δr 是指弯曲件回弹前后弯曲半径的变化值，此值一般为正值，即

$$\Delta r = r_0 - r \qquad (5\text{-}1)$$

式中　r_0——弯曲后制件的实际半径，mm；

　　　r——弯曲凸模圆角半径，mm。

弯曲角的回弹值 $\Delta\alpha$ 是指弯曲件回弹前后角度的变化值，即

$$\Delta\alpha = \alpha_0 - \alpha \quad 或 \quad \Delta\theta = \theta_0 - \theta \qquad (5\text{-}2)$$

式中　α_0——弯曲后制件的实际角度，即回弹后的弯曲角；

　　　α——弯曲凸模的角度；

　　　θ_0——卸载前弯曲中心角；

　　　θ——卸载后弯曲中心角。

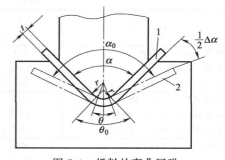

图 5-4　板料的弯曲回弹
1—回弹前（制件在模具中）；
2—回弹后（制件离开模具）

在设计制造模具时，如能正确地掌握弯曲件的回弹规律和回弹值大小，就可以在考虑模具结构和工作部分尺寸时预先采取措施，避免因回弹影响弯曲件的精度。

5.3.2　影响回弹的因素

影响回弹的因素很多，主要的见表 5-6。

表 5-6　影响回弹的因素

序号	项　目	影　响　情　况
1	材料的力学性能	材料的屈服点 σ_s 越高，弹性模量 E 越小，加工硬化越严重，则弯曲的回弹量也越大。即回弹量与材料的 σ_s 成正比，与 E 成反比
2	相对弯曲半径 r/t	相对弯曲半径 r/t 越小，则变形程度越大，变形区的总切向变形程度增大。塑性变形在总变形中所占的比例增大，而弹性变形所占的比例则相应减小，因而回弹值减小。与此相反，当 r/t 较大时，由于弹性变形在总的变形中所占比例增大，因而回弹值增大
3	制件的弯曲角度	弯曲中心角越大，变形区的长度就愈大，回弹的积累量也越大，故回弹角也越大
4	弯曲方式及校正力的大小	在无底的凹模中自由弯曲时，回弹大；在有底的凹模内作校正弯曲时，回弹小。原因是校正弯曲力较大，可改变弯曲件变形区的应力状态，增加圆角处的塑性变形程度
5	弯曲件形状	一般而言，弯曲件越复杂，一次弯曲成形角的数量越多，各部分的回弹值相互牵制，以及弯曲件表面与模具表面之间的摩擦影响，改变了弯曲件各部分的应力状态，使回弹困难，因而回弹角减小。如⊓形件回弹值比 U 形件小，U 形件的回弹值又比 V 形件小
6	模具间隙	弯曲 U 形件时，模具间隙对回弹值有直接影响。间隙大，材料处于松动状态，回弹就大；间隙小，材料被挤压，回弹就小

5.3.3　回弹值的确定

由于影响回弹的因素很多，而各种因素又互相影响，理论分析计算较复杂，且不够精确，所以模具设计时，通常按试验总结的数据列成表格或图表（线）来选用，经试冲后再对模具工作部分加以修正。

(1) 图表法

当 $r/t < 5$ 时，弯曲圆角半径的回弹值不大。此时，只考虑角度的回弹，回弹角度可按表 5-7～表 5-10 选取。V 形件校正弯曲回弹还可按图 5-5～图 5-8 所示选取。

表 5-7　90°单角自由弯曲时的回弹角

材　料	$\dfrac{r}{t}$	材料厚度 t/mm		
		＜0.8	0.8～2	＞2
软钢　$\sigma_b=350$MPa	＜1	4°	2°	0°
黄铜　$\sigma_b=350$MPa	1～5	5°	3°	1°
铝、锌	＞5	6°	4°	2°
中等硬度钢　$\sigma_b=450\sim500$MPa	＜1	5°	2°	0°
硬黄铜　$\sigma_b=350\sim400$MPa	1～5	6°	3°	1°
硬青铜　$\sigma_b=350\sim400$MPa	＞5	8°	5°	3°
硬铜　$\sigma_b>550$MPa	＜1	7°	4°	2°
	1～5	9°	5°	3°
	＞5	12°	7°	6°
2Al2（硬铝 LY12）	＜2	2°	3°	4.5°
	2～5	4°	6°	8.5°
	＞5	6.5°	10°	14°
7A04（超硬铝 LC4）	＜2	2.5°	5°	8°
	2～5	4°	8°	11.5°
	＞5	7°	12°	19°
30CrMnSiA	＜2	2°	2°	2°
	2～5	4.5°	4.5°	4.5°
	＞5	8°	8°	8°

表 5-8　90°单角校正弯曲较软金属材料时的回弹角 $\Delta\alpha$

材　料	r/t		
	≤1	＞1～2	＞2～3
Q215、Q235	−1°～1.5°	0°～2°	1.5°～2.5°
纯铜、铝、黄铜	0°～1.5°	0°～3°	2°～4°

表 5-9　V 形镦压弯曲时的回弹角

材料	$\dfrac{r}{t}$	弯　曲　角						
		150°	135°	120°	105°	90°	60°	30°
		回弹角度 $\Delta\alpha$						
2Al2-HX8 (LY12Y)	2	2°	2.5°	3.5°	4°	4.5°	6°	7.5°
	3	3°	3.5°	4°	5°	6°	7.5°	9°
	4	3.5°	4.5°	5°	6°	7.5°	9°	10.5°
	5	4.5°	5.5°	6.5°	7.5°	8.5°	10°	11.5°
	6	5.5°	6.5°	7.5°	8.5°	9.5°	11.5°	13.5°
	8	7.5°	9°	10°	11°	12°	14°	16°
	10	9.5°	11°	12°	13°	14°	15°	18°
	12	11.5°	13°	14°	15°	16.5°	18.5°	21°
2Al2-O (LY12M)	2	0.5°	1°	1.5°	2°	2°	2.5°	3°
	3	1°	1.5°	2°	2.5°	2.5°	3°	4.5°
	4	1.5°	1.5°	2°	2.5°	3°	4.5°	5°
	5	1.5°	2°	2.5°	3°	4°	5°	6°
	6	2.5°	3°	3.5°	4°	4.5°	5.5°	6.5°
	8	3°	3.5°	4.5°	5°	5.5°	6.5°	7.5°
	10	4°	4.5°	5°	6°	6.5°	8°	9°
	12	4.5°	5.5°	6°	6.5°	7.5°	9°	11°
7A04-HX8 (LC4Y)	3	5°	6°	7°	8°	8.5°	9°	11.5°
	4	6°	7.5°	8°	8.5°	9°	12°	14°
	5	7°	8°	8.5°	10°	11.5°	13.5°	16°
	6	7.5°	8.5°	10°	12°	13.5°	15.5°	18°
	8	10.5°	12°	13.5°	15°	16.5°	19°	21°
	10	12°	14°	16°	17.5°	19°	22°	25°
	12	14°	16.5°	18°	19°	21.5°	25°	28°

续表

材料	$\dfrac{r}{t}$	弯 曲 角						
		150°	135°	120°	105°	90°	60°	30°
		回弹角度 $\Delta\alpha$						
7A04-O (LC4M)	2	1°	1.5°	1.5°	2°	2.5°	3°	3.5°
	3	1.5°	2°	2.5°	2°	3°	3.5°	4°
	4	2°	2.5°	3°	3°	3.5°	4°	4.5°
	5	2.5°	3°	3.5°	3.5°	4°	5°	6°
	6	3°	3.5°	4°	4.5°	5°	6°	7°
20 (已退火)	1	0.5°	1°	1°	1.5°	1.5°	2°	2.5°
	2	0.5°	1°	1.5°	2°	2°	3°	3.5°
	3	1°	1.5°	2°	2°	2.5°	3.5°	4°
	4	1°	1.5°	2°	2.5°	3°	4°	5°
	5	1.5°	2°	2.5°	3°	3.5°	4.5°	5.5°
	6	1.5°	2°	2.5°	3°	4°	5°	6°
	8	2°	3°	3.5°	4.5°	5°	6°	7°
	10	3°	3.5°	4.5°	5°	5.5°	7°	8°
	12	3.5°	4.5°	5°	6°	7°	8°	9°
30CrMnSiA (已退火)	1	0.5°	1°	1°	1.5°	2°	2.5°	3°
	2	0.5°	1.5°	1.5°	2°	2.5°	3.5°	4.5°
	3	1°	1.5°	2°	2.5°	3°	4°	5.5°
	4	1.5°	2°	3°	3.5°	4°	5°	6.5°
	5	2°	2.5°	3°	4°	4.5°	5.5°	7°
	6	2.5°	3°	4°	4.5°	5.5°	6.5°	8°
	8	3.5°	4.5°	5°	6°	6.5°	8°	9.5°
	10	4°	5°	6°	7°	8°	9.5°	11.5°
	12	5.5°	6.5°	7.5°	8.5°	9.5°	11°	13.5°
1Cr18Ni9Ti	0.5	0°	0°	0.5°	0.5°	1°	1.5°	2°
	1	0.5°	0.5°	1°	1°	1.5°	2°	2.5°
	2	0.5°	1°	1.5°	1.5°	2°	2.5°	3°
	3	1°	1°	2°	2°	2.5°	3.5°	4°
	4	1°	1.5°	2.5°	3°	3.5°	4°	4.5°
	5	1.5°	2°	3°	3.5°	4°	4.5°	5.5°
	6	2°	3°	3.5°	4°	4.5°	5.5°	6.5°

表 5-10　U 形件弯曲时的回弹角

材料	$\dfrac{r}{t}$	凸模和凹模的单边间隙						
		0.8t	0.9t	1t	1.1t	1.2t	1.3t	1.4t
		回弹角 $\Delta\alpha$						
2Al2-HX8 (LY12Y)	2	−2°	0°	2.5°	5°	7.5°	10°	12°
	3	−1°	1.5°	4°	6.5°	9.5°	12°	14°
	4	0°	3°	5.5°	8.5°	11.5°	14°	16.5°
	5	1°	4°	7°	10°	12.5°	15°	18°
	6	2°	5°	8°	11°	13.5°	16.5°	19.5°
2Al2-O (LY12M)	2	−1.5°	0°	1.5°	3°	5°	7°	8.5°
	3	−1.5°	0.5°	2.5°	4°	6°	8°	9.5°
	4	−1°	1°	3°	4.5°	6.5°	9°	10.5°
	5	−1°	1°	3°	5°	7°	9.5°	11°
	6	−0.5°	1.5°	3.5°	6°	8°	10°	12°

续表

材料	$\dfrac{r}{t}$	凸模和凹模的单边间隙						
		0.8t	0.9t	1t	1.1t	1.2t	1.3t	1.4t
		回弹角 $\triangle\alpha$						
7A04-HX8 （LC4Y）	3	3°	7°	10°	12.5°	14°	16°	17°
	4	4°	8°	11°	13.5°	15°	17°	18°
	5	5°	9°	12°	14°	16°	18°	20°
	6	6°	10°	13°	15°	17°	20°	23°
	8	8°	13.5°	16°	19°	21°	23°	26°
7A04-O （LC4M）	2	−3°	−2°	0°	3°	5°	6.5°	8°
	3	−2°	−1.5°	2°	3.5°	6.5°	8°	9°
	4	−1.5°	−1°	2.5°	4.5°	7°	8.5°	10°
	5	−1°	−1°	3°	5.5°	8°	9°	11°
	6	0°	−0.5°	3.5°	6.5°	8.5°	10°	12°
20 （已退火）	1	−2.5°	−1°	0.5°	1.5°	3°	4°	5°
	2	−2°	−0.5°	1°	2°	3.5°	5°	6°
	3	−1.5°	0°	2.5°	3°	4.5°	6°	7.5°
	4	−1°	0.5°	2.5°	4°	5.5°	7°	9°
	5	−0.5°	1.5°	3°	5°	6.5°	8°	10°
	6	−0.5°	2°	4°	6°	7.5°	9°	11°
30CrMnSiA （已退火）	1	−2°	−0.5°	0°	1°	2°	4°	5°
	2	−1.5°	−1°	1°	2°	4°	5.5°	7°
	3	−1°	0°	2°	3.5°	5°	6.5°	8.5°
	4	−0.5°	1°	3°	5°	6.5°	8.5°	10°
	5	0°	1.5°	4°	6°	8°	10°	11°
	6	0.5°	2°	5°	7°	9°	11°	13°
1Cr18Ni9Ti	1	−2°	−1°	−0.5°	0°	0.5°	1.5°	2°
	2	−1°	−0.5°	0°	1°	1.5°	2°	3°
	3	−0.5°	0°	1°	2°	2.5°	3°	4°
	4	0°	1°	2°	2.5°	3°	4°	5°
	5	0.5°	1.5°	2.5°	3°	4°	5°	6°
	6	1.5°	2°	3°	4°	5°	6°	7°

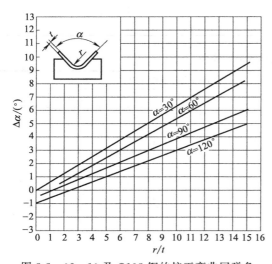

图 5-5　08、10 及 Q195 钢的校正弯曲回弹角

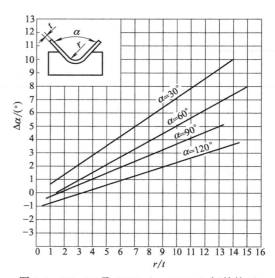

图 5-6　15、20 及 Q215-A、Q235-A 钢的校正
弯曲回弹角

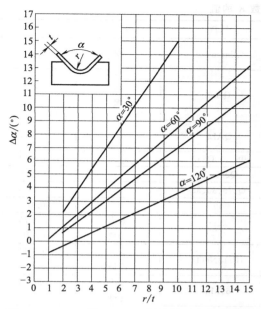

图 5-7 25、30 及 Q235-A 钢的校正弯曲回弹角

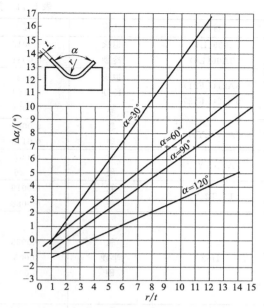

图 5-8 35 及 Q275 钢的校正弯曲回弹角

（2）计算法

当 $r/t > 10$ 时，相对弯曲半径较大，弯曲件回弹值很大，弯曲圆角半径和弯曲角均有较大的变化。此时的回弹主要决定于材料的力学性能，可分别计算如下：

① 弯曲板料时。

凸模圆角半径

$$r_{凸} = \frac{r}{1 + \frac{3\sigma_S}{E} \times \frac{r}{t}} \quad 设 \frac{3\sigma_S}{E} = K$$

所以

$$r_{凸} = \frac{r}{1 + K\frac{r}{t}} \tag{5-3}$$

弯曲凸模角度

$$\alpha_{凸} = \alpha - (180° - \alpha)\left(\frac{r}{r_{凸}} - 1\right) \tag{5-4}$$

式中　$r_{凸}$——考虑回弹后的凸模圆角半径，mm；

　　　　r——制件要求的圆角半径，mm；

　　　　α——制件要求的角度，(°)；

　　　$\alpha_{凸}$——考虑回弹后的弯曲凸模角度 (°)；

　　　　σ_S——材料的屈服强度，MPa；

　　　　E——弹性模量；MPa；

　　　　K——简化系数，见表 5-11；

　　　　t——弯曲件材料厚度，mm。

表 5-11　简化系数 K 的值

材料	状态	K	材料	状态	K
1035(L4)	退火	0.0012	QSn6.5-0.1	硬	0.015
8A06(L6)	冷硬	0.0041			
3A21(LF21)	退火	0.0021	QBe2	软	0.0064
5A12(LF12)	冷硬	0.0054		硬	0.0265
	软	0.0024			
2A11(LY11)	软	0.0064	QAL5	硬	0.0047
	硬	0.0175			
2A12(LY12)	软	0.007	08、10、Q215		0.0032
	硬	0.026	Q235、20		0.0050
T1、T2、T3	软	0.0019	Q275、30、35		0.0068
	硬	0.0088	50		0.015
H62	软	0.0033	T8	退火	0.0075
	半硬	0.008		冷硬	0.035
	硬	0.015	1Cr18Ni9Ti	退火	0.0044
				冷硬	0.018
			65Mn	退火	0.0076
				冷硬	0.015
H68	软	0.0026	60Si2MnA	冷硬	0.021
	硬	0.0148			

② 弯曲圆形棒料时。

凸模圆角半径

$$r_凸 = \frac{r}{1 + 3.4\dfrac{\sigma_s r}{Ed}} \tag{5-5}$$

式中　d——圆棒直径，mm。

其余符号同前。

③ 对于锡磷青铜进行 90°直角校正弯曲时，其角度回弹值可按下面经验式计算获取。即

$$\Delta\alpha = \frac{1}{3}\left(5\frac{r}{t} + 10\right) \tag{5-6}$$

(3) 图线法

① 对于 $r/t > 10$ 的弯曲件，还可按如图 5-9 所示直接查出。

在图 5-9 (a) 中，先在 r/t 和 σ_s 线上找出与其数值相当的点，然后作直线连接此两点，与 $r_凸/t$ 线相交，由此交点即可读出 $r_凸/t$ 的值，并求出回弹前的弯曲凸模半径 $r_凸$。

例如：已知 $r/t = 80/5 = 16$，$\sigma_s = 300\text{MPa}$，则得 $r_凸/t = 15$，$r_凸/5 = 15$，$r_凸 = 75\text{mm}$。

在图 5-9 (b) 中，先在横坐标上找出 $r/r_凸$ 的点，过此点向上作垂线与弯曲角度 α 的相当数值相交，由此交点向右作横坐标的平行线与纵坐标相交，即可求得 $\Delta\alpha$ 的值。

例如：已知 $r/r_凸 = 80/75 = 1.07$，$\alpha = 85°$ 则 $\Delta\alpha = 6.5°$。凸模的角度 $\alpha_凸 = \alpha - \Delta\alpha = 85° - 6.5° = 78.5°$。

② 不锈钢板料弯曲模具圆角半径的确定，可参考图 5-10 求得。

图示左纵坐标表示回弹系数 K，由下式表示：

$$K = \frac{\alpha - \Delta\alpha}{\alpha} = \frac{r_模 + \dfrac{t}{2}}{r + \dfrac{t}{2}} \tag{5-7}$$

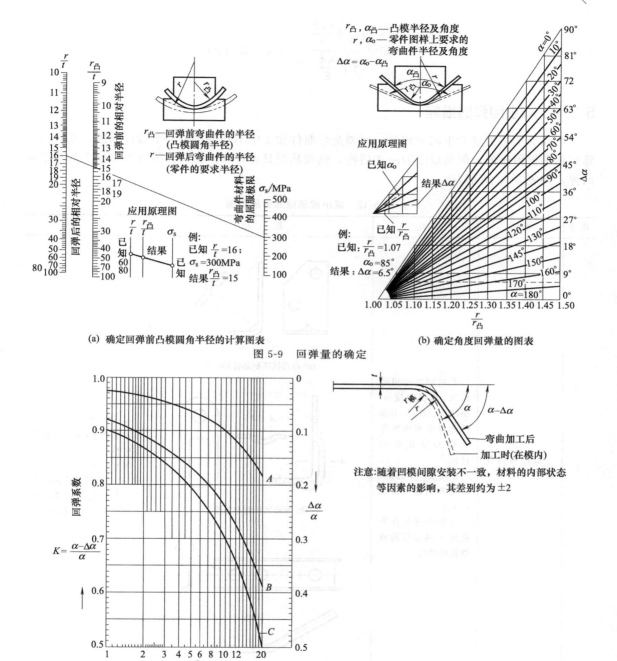

(a) 确定回弹前凸模圆角半径的计算图表

(b) 确定角度回弹量的图表

图 5-9 回弹量的确定

图 5-10 确定不锈钢料弯曲模具圆角半径

图中 A、B、C 分别表示退火奥氏体不锈钢；半硬化奥氏体不锈钢和半硬化到全硬化奥氏体不锈钢。例如：已知弯曲退火奥氏体不锈钢板厚度 $t=0.8$mm，弯曲半径 $r=4$mm，弯曲角为 $75°$，则 $r/t=4/0.8=5$，由图查得 $K=0.935$，$\alpha-\Delta\alpha=75°$。从 $K=(\alpha-\Delta\alpha)/\alpha$ 式中求得 $0.935=75°/\alpha$，$\alpha=80.21°$。此时模具圆角半径由下式求得：

$$K=\frac{r_{模}+\dfrac{t}{2}}{r+\dfrac{t}{2}}$$

$$0.935 = \frac{r_模 + \dfrac{0.8}{2}}{4 + \dfrac{0.8}{2}} \qquad r_模 = 3.7\text{mm}$$

5.3.4　减小回弹的措施

弯曲加工必然要发生回弹现象。回弹是弯曲件加工中不易解决的一个特殊问题，要完全消除回弹是很困难的，但可以采取一些措施，例如从模具设计和产品设计等方面来减少甚至消除回弹，如表 5-12 所示。

表 5-12　减小或消除回弹的措施

序号	项目	方法	图　　示	说　　明
1	改进弯曲件设计	①选用弹性模量 E 大、屈服强度 σ_s 小，即 σ_s/E 小、力学性能稳定和板料厚度偏差变化小的材料 ②改变 r/t 比值，尽量避免选用过大的 r/t ③如有可能在弯曲区压制加强筋或增设成形边	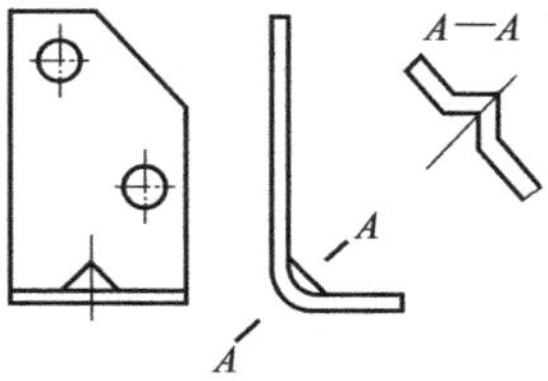 (a) 弯形区压制加强筋(一) 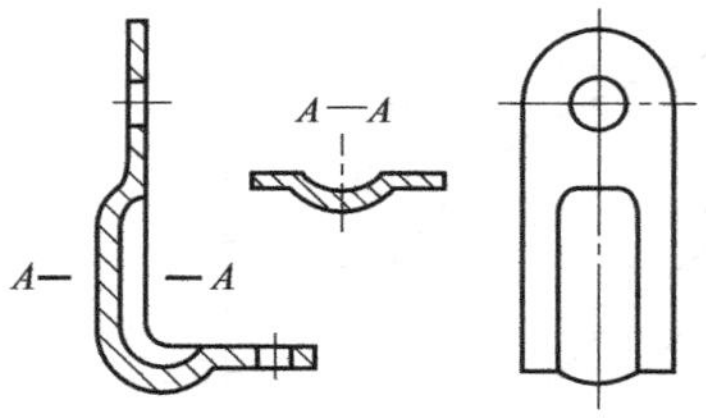 (b) 弯形区压制加强筋(二) 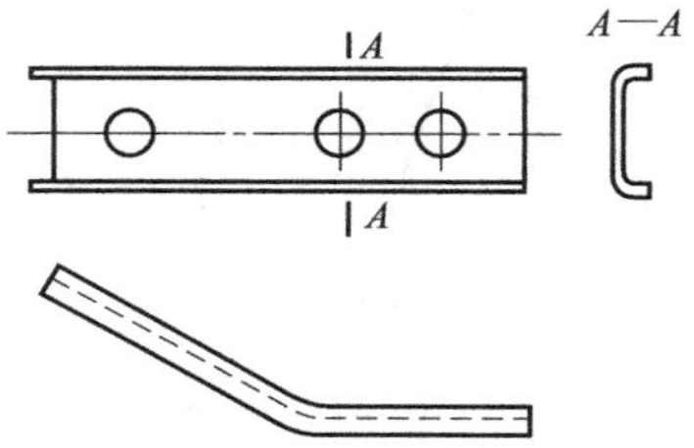 (c) 弯曲件两边增设成形边	在不影响产品使用性能的要求下，可以改换产品材料 增加变形区塑性变形成分，减小回弹弯曲区设置加强筋使弯曲件回弹困难并提高弯曲件刚度
2	采取适当的弯曲工艺	①采取校正弯曲代替自由弯曲 ②对冷作硬化的材料须先退火，使其 σ_s 降低。对回弹较大的材料，必要时可采用加热弯曲 ③采用拉弯工艺	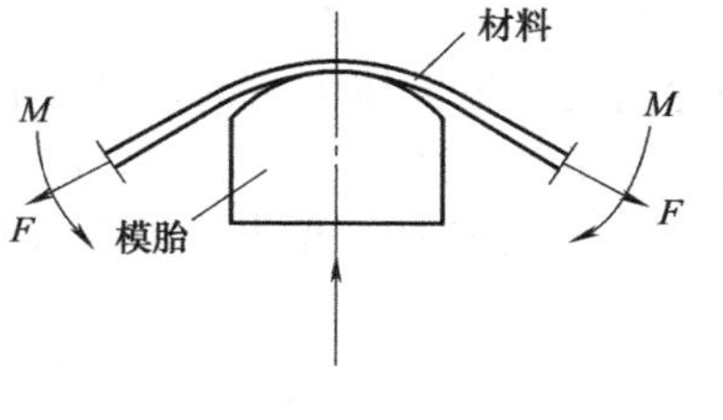 (d) 拉弯工艺示意图	对于长度大、$r/t>100$ 的制件，如采用拉弯工艺，可以大大减小甚至消除回弹。弯曲半径小于 $10\sim15\text{mm}$ 的制件，一般不采用拉弯方法进行弯曲

序号	项目	方法	图　示	说　明
3	改进模具结构设计(通过补偿法、校正法和纵向加压法等减小或消除回弹)	①减小凸、凹模间间隙使凸、凹模间间隙小于最小料厚(负间隙)的方法可以减小回弹 ②将凸模或凹模的圆角半径与角度预先做小,使制件回弹后恰好等于所要求的圆角半径和角度大小 ③利用弯曲件回弹方向相反的特点,按预先确定的回弹量,修正凸模或凹模工作部分的尺寸和几何形状,以相反方向的回弹来补偿制件的回弹量 ④减小凸、凹模与材料接触面积,使压力集中在弯曲角部,加大弯曲部位的单位压力,增加变形区塑性变形,达到减小回弹 ⑤采用硬度较高的聚氨酯橡胶做凹模 ⑥采取纵向加压法	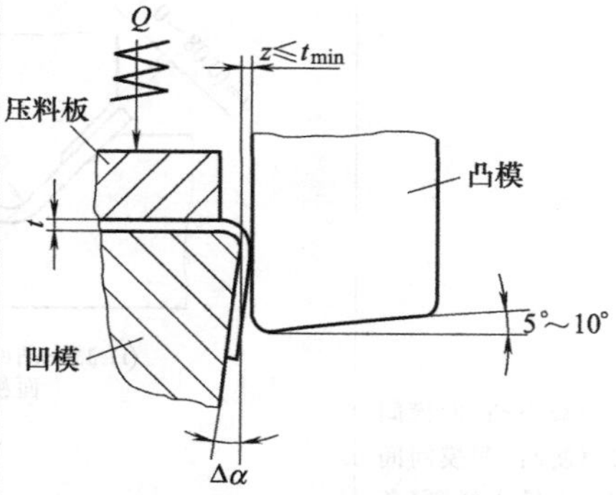 (e) 带压料板的单角弯曲(弯曲凹模修成Δα) 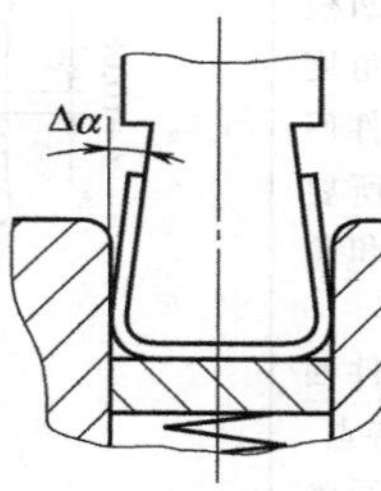 (f) 双角弯曲 (凸模两边各修成Δα) 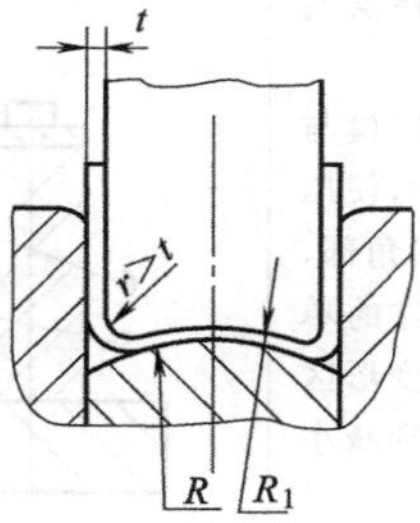 (g) U形件弯曲 (底部做成圆弧状) 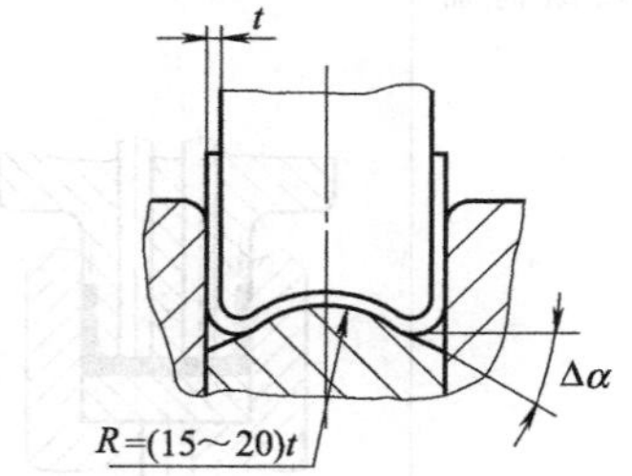 (h) U形件弯曲 (底部做成圆弧状)	对于一般材料(如Q215、Q235、10 钢、20钢、H62 软黄铜等),其回弹角 Δα＜5°、材料厚度偏差较小时应用效果较好 图（g）中,当 t＜1.6mm 时,$R_1=R$;当 t＞1.6～3.2mm 时,$R_1=R+0.5t$;当 t＞3.2mm时,$R_1=R+0.75t$ 通过调节凸模压入聚氨酯凹模的深度,控制弯曲力大小,可有效地克服回弹 在弯曲件直边端部纵向加压,使弯曲变形的内、外区都成为压应力而减少回弹

序号	项目	方法	图　示	说　明
3	改进模具结构设计（通过补偿法、校正法和纵向加压法等减小或消除回弹）	①减小凸、凹模间间隙使凸、凹模间间隙小于最小料厚（负间隙）的方法可以减小回弹 ②将凸模或凹模的圆角半径与角度预先做小，使制件回弹后恰好等于所要求的圆角半径和角度大小 ③利用弯曲件回弹方向相反的特点，按预先确定的回弹量，修正凸模或凹模工作部分的尺寸和几何形状，以相反方向的回弹来补偿制件的回弹量 ④减小凸、凹模与材料接触面积，使压力集中在弯曲角部，加大弯曲部位的单位压力，增加变形区塑性变形，达到减小回弹 ⑤采用硬度较高的聚氨酯橡胶做凹模 ⑥采取纵向加压法	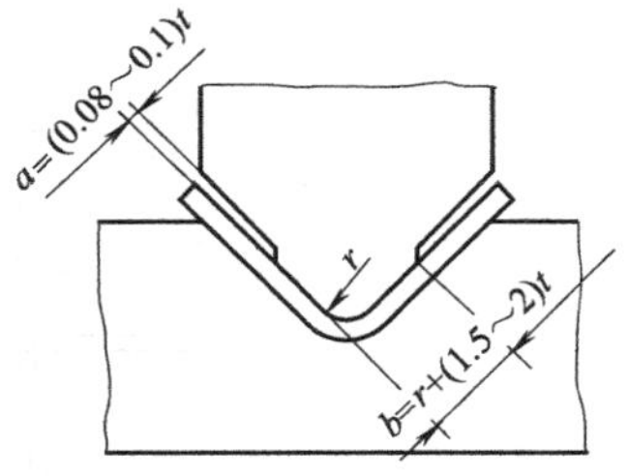 (i) 减小凸凹模与材料接触面积(一) 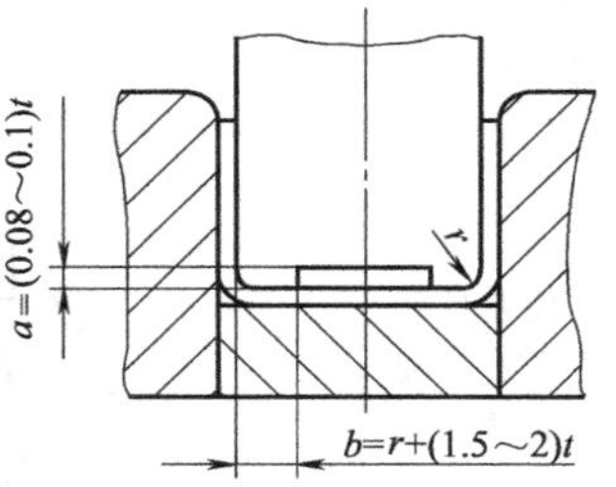 (j) 减小凸凹模与材料接触面积(二) 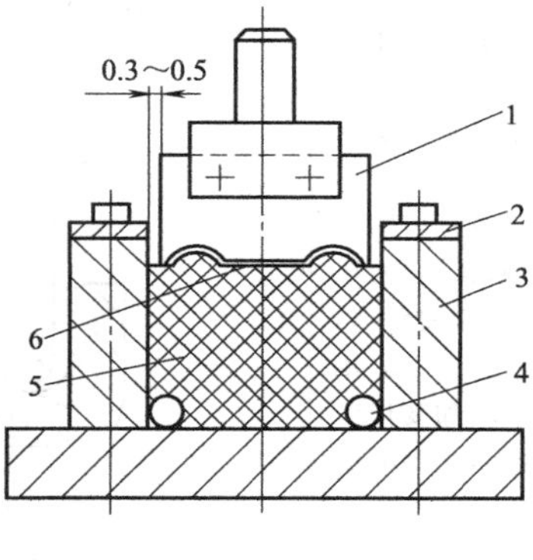 (k) 聚氨酯橡胶压弯模 1—凸模；2—定位板；3—容框； 4—圆棒；5—橡胶；6—制件 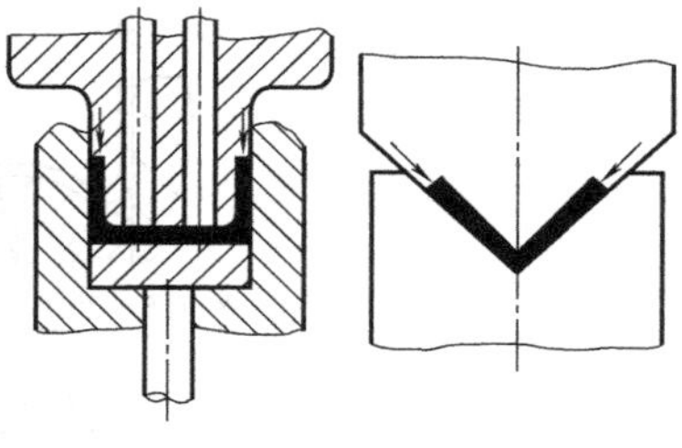 (l) 制件端部加压弯曲	对于一般材料（如Q215、Q235、10钢、20钢、H62软黄铜等），其回弹角 $\Delta\alpha < 5°$、材料厚度偏差较小时应用效果较好 图（g）中，当 $t < 1.6mm$ 时，$R_1 = R$；当 $t > 1.6 \sim 3.2mm$ 时，$R_1 = R + 0.5t$；当 $t > 3.2mm$ 时，$R_1 = R + 0.75t$ 通过调节凸模压入聚氨酯凹模的深度，控制弯曲力大小，可有效地克服回弹 在弯曲件直边端部纵向加压，使弯曲变形的内、外区都成为压应力而减少回弹

5.4　弯曲件展开尺寸的计算

5.4.1　弯曲件中性层位置的确定

(1)　一般弯曲件的中性层位置

板料在弯曲过程中，由弯曲变形的特点可知，外层受到拉应力，使板料伸长；内层受到压应力，使板料缩短。从拉到压之间有一个既不受拉又不受压的过渡层，称为中性层。

中性层在弯曲过程中，其长度和弯曲前一样，保持不变。所以，中性层是计算弯曲件展开长度的依据。中性层的展开长度就是弯曲件毛坯的展开长度。计算中性层展开长度，首先应确定中性层位置，它不一定正处在板料厚度的中心，而与 r/t 值有关。如图 5-11 所示，求中性层位置公式为：

图 5-11　中性层位置的确定

$$\rho = r + Kt \tag{5-8}$$

式中　ρ——材料中性层的曲率半径，mm；

　　　r——弯曲内半径，mm；

　　　t——材料厚度，mm；

　　　K——中性层系数，决定于 r/t 值大小，由表 5-13 查得。

表 5-13　板料弯曲中性层系数 K（K_1、K_2）

r/t	0.1	0.15	0.2	0.25	0.3	0.4	0.5	0.6	0.7	0.8	0.9	1	1.1	1.2	1.3	1.4	1.5	1.6
K_1	0.23	0.26	0.29	0.31	0.32	0.35	0.37	0.38	0.39	0.40	0.405	0.41	0.42	0.424	0.429	0.433	0.436	0.439
K_2	0.30	0.32	0.33	0.35	0.36	0.37	0.38	0.39	0.40	0.408	0.414	0.42	0.425	0.43	0.433	0.436	0.44	0.443
r/t	1.7	1.8	1.9	2.0	2.5	3	3.5	3.75	4	4.5	5	6	10	15	30	>30		
K_1	0.44	0.445	0.447	0.449	0.458	0.464	0.468	0.47	0.472	0.474	0.477	0.479	0.488	0.493	0.496	0.5		
K_2	0.446	0.45	0.452	0.455	0.46	0.47	0.473	0.475	0.476	0.478	0.48	0.482	0.49	0.495	0.498	0.5		

注：K_1 适用于有压料情况的 V 形或 U 形弯曲，K_2 适用于无压料情况的 V 形弯曲。

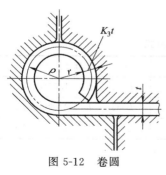

图 5-12　卷圆

(2)　铰链卷圆式弯曲中性层位置

对于 $r=(0.6 \sim 3.5)t$ 的铰链式弯曲件，可用卷圆方法进行弯曲，如图 5-12 所示。

铰链卷圆时，凸模对毛坯一端施加的是压力，故产生不同于一般压弯的塑性变形，材料不是变薄而是增厚了，中性层由板料厚度中间向弯曲外层移动，中性层位置公式为：

$$\rho = r + K_3 t \tag{5-9}$$

式中　K_3——中性层系数、$K_3 \geqslant 0.5$，详见表 5-14。

表 5-14　卷圆弯曲中性层系数 K_3

r/t	0.3~0.6	>0.6~0.8	>0.8~1.0	>1.0~1.2	>1.2~1.5	>1.5~1.8	>1.8~2.0	>2.0~2.2	>2.2
K_3	0.76	0.73	0.70	0.67	0.64	0.61	0.58	0.54	0.5

（3）圆杆弯曲中性层位置

当圆杆的弯曲半径 $r \geqslant 1.5d$（d 为圆杆直径）时，其断面在弯曲后基本不变，仍保持圆形，中性层系数 K_4 值近似于 0.5。当 $r < 1.5d$ 时，弯曲后断面发生畸变，中性层向外径移，中性层位置公式变成 $\rho = r + K_4 t$，中性层系数见表 5-15。

表 5-15　圆杆件弯曲中性层系数 K_4

弯曲半径 r	$\geqslant 1.5d$	$\leqslant d$	$\leqslant 0.5d$	$\leqslant 0.25d$
K_4	0.5	0.51	0.53	0.55

注：d 为杆件直径。

5.4.2　弯曲件展开长度计算

为了得到弯曲件的毛坯尺寸，必须进行弯曲展开长度计算。由于弯曲件的形状各异，这里仅就常见形状的展开计算式进行介绍。

（1）单角弯曲毛坯长度计算

弯曲件毛坯展开长度计算，可将弯曲中性层分为直线段和圆弧段两部分。其线段之和即为展开长度。

如图 5-13 所示，当 $\alpha < 90°$、$\alpha = 90°$ 和 $\alpha > 90°$ 时，毛坯长度计算采用如下公式

$$L = L_1 + L_2 + A$$

$$A = \pi \rho \frac{\alpha}{180°} = \pi (r + Kt) \frac{\alpha}{180°}$$

式中　K——中性层系数，详见表 5-13～表 5-15。

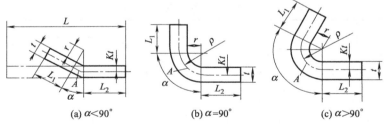

(a) $\alpha < 90°$　　　　(b) $\alpha = 90°$　　　　(c) $\alpha > 90°$

图 5-13　不同角度的弯曲件

特殊情况下，毛坯展开长度 L 按表 5-16 公式计算。

表 5-16　特殊单角 V 形弯曲毛坯展开长度 L 计算式

V 形弯曲角 α	计 算 公 式	V 形弯曲角 α	计 算 公 式
30°	$L = L_1 + L_2 + 0.52(r + Kt)$	90°	$L = L_1 + L_2 + 1.57(r + Kt)$
45°	$L = L_1 + L_2 + 0.78(r + Kt)$	120°	$L = L_1 + L_2 + 2.09(r + Kt)$
60°	$L = L_1 + L_2 + 1.05(r + Kt)$	150°	$L = L_1 + L_2 + 2.62(r + Kt)$

注：1. 式中 L_1、L_2 为弯曲件直线段，K 由表 5-13 查得，t 为材料厚度，参考图 5-13。

2. 为便于使用，90°角的弯曲部分中性层弧长列于表 5-17。

（2）无圆角半径的弯曲件展开长度计算

无圆角半径的弯曲件如图 5-14 所示。

弯曲圆角半径 $r < 0.3t$ 或 $r = 0$ 时的弯曲零件，弯曲处材料变薄严重，展开毛坯尺寸是根据毛坯与零件体积相等的原则，并考虑在弯曲处材料变薄修正计算得到。

表 5-17　90°角的弯曲部分中性层的弧长 A [1.57($r+Kt$) 值]

r \ t	0.3	0.5	0.8	1	1.2	1.5	2	2.5	3	4	5	6	8	10
0.1	0.312/0.328	0.385/0.416	0.465/0.546	0.518/0.628										
0.3	0.664/0.668	0.769/0.774	0.898/0.932	0.973/1.036	1.055/1.130	1.154/1.248	1.287/1.460	1.433/1.680	1.554/1.880					
0.5	0.992/0.995	1.107/1.115	1.265/1.271	1.366/1.382	1.448/1.484	1.562/1.639	1.758/1.884	1.923/2.080	2.057/2.283	2.324/2.719	2.591/3.140			
1.0	1.790/1.792	1.923/1.927	2.105/2.113	2.214/2.229	2.326/2.341	2.479/2.493	2.732/2.763	2.944/3.022	3.124/3.280	3.517/3.768	3.847/4.161	4.113/4.547	4.647/5.438	5.180/6.280
1.5	2.580/2.581	2.719/2.724	2.915/2.922	3.040/3.046	3.158/3.167	3.321/3.344	3.595/3.623	3.847/3.870	4.098/4.145	4.490/4.660	4.867/5.181	5.275/5.652	5.872/6.399	6.437/7.301
2	3.366/3.368	3.510/3.514	3.704/3.712	3.845/3.854	3.973/3.980	4.152/4.167	4.427/4.458	4.710/4.741	4.953/4.968	5.464/5.526	5.888/6.045	6.249/6.531	7.034/7.536	7.693/8.321
2.5	4.152/4.155	4.300/4.302	4.504/4.517	4.644/4.647	4.771/4.782	4.958/4.973	5.256/5.278	5.534/5.574	5.814/5.861	6.330/6.355	6.830/6.908	7.260/7.429	7.994/8.484	8.792/9.420
3	4.939/4.940	5.086/5.088	5.300/5.307	5.439/5.448	5.573/5.577	5.767/5.782	6.079/6.092	6.374/6.398	6.641/6.690	7.191/7.247	7.693/7.740	8.195/8.290	8.980/9.319	9.734/10.362
4	6.510/6.511	6.659/6.662	6.879/6.883	7.021/7.027	7.158/7.167	7.361/7.368	7.690/7.709	8.003/8.019	8.305/8.333	8.855/8.918	9.420/9.483	9.916/9.935	10.927/11.053	11.775/12.089
5	8.081/8.085	8.233/8.235	8.453/8.454	8.599/8.604	8.741/8.747	8.947/8.959	9.288/9.290	9.612/9.636	9.918/9.946	10.513/10.557	11.069/11.147	11.637/11.712	12.648/12.711	13.659/13.816
6	9.651/9.655	9.804/9.805	10.025/10.029	10.172/10.177	10.319/10.321	10.532/10.541	10.871/10.895	11.206/11.222	11.535/11.563	12.158/12.183	12.748/12.796	13.282/13.376	14.381/14.381	15.386/15.480
8	12.791/12.795	12.945/12.946	13.173/13.175	13.318/13.322	13.464/13.470	13.690/13.697	14.045/14.054	14.389/14.413	14.722/14.741	15.380/15.417	16.006/16.038	16.610/16.667	17.709/17.835	18.840/18.966
10	15.931	16.086/16.087	16.314/16.317	16.466/16.469	16.610/16.614	16.828/16.835	17.198/17.207	17.553/17.568	17.895/17.923	18.576/18.589	19.225/19.272	19.835/19.892	21.051/21.134	22.137/22.294
12	19.072	19.227/19.228	19.455/19.458	19.608/19.611	19.759/19.763	19.977/19.982	20.344/20.354	20.708/20.720	21.063/21.082	21.754/21.792	22.412/22.435	23.070/23.126	24.316/24.366	25.497/25.591
15	23.732	23.938/23.939	24.165/24.168	24.319/24.321	24.471/24.473	24.699/24.704	25.064/25.073	25.430/25.442	25.797/25.811	26.502/26.533	27.192/27.240	27.864/27.883	29.189/29.215	30.395/30.458
20	31.633	31.789	32.018/32.019	32.172/32.174	32.325/32.327	32.551/32.556	32.932/32.939	33.296/33.307	33.661/33.675	34.396/34.414	35.105/35.137	35.789/35.846	37.153/37.178	38.449/38.544

注：表中分子值用于有压板弯曲，分母值用于无压板弯曲。

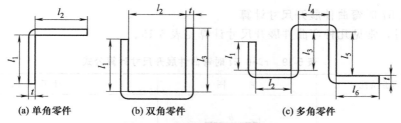

(a) 单角零件　　　(b) 双角零件　　　(c) 多角零件

图 5-14　无圆角半径的弯曲件

毛坯总长度等于各平直部分长度与弯曲角部分之和，即

$$L = l_1 + l_2 + \cdots + l_n + nKt \tag{5-10}$$

式中　l_1，l_2，$\cdots$，l_n——平直部分的直线段长度；

　　　　n——弯角数目；

K——系数，$r=0.05t$ 时，$K=0.38\sim0.40$；$r=0.1t$ 时，$K=0.45\sim$ 0.48。其中小数值用于 $t<1$mm 时，大数值用于 $t=3\sim4$mm 时。系数 K 也可按下面方法选用：单角弯曲时，$K=0.5$；多角弯曲时，$K=0.25$；塑性较大的材料，$K=0.125$。

(3) $r<0.5t$ 时弯曲件展开尺寸计算

$r<0.5t$ 时，常见几种弯曲件展开尺寸计算见表 5-18。

表 5-18　$r<0.5t$ 时弯曲件展开尺寸计算公式

序号	弯曲特征	简　图	计 算 公 式
1	单角弯曲	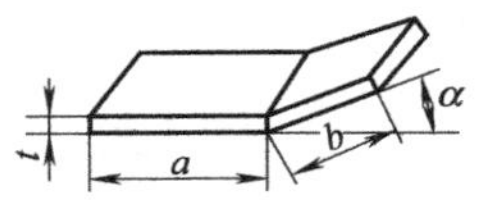	$L=a+b+0.4t$
		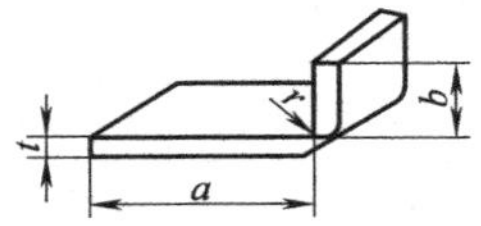	$L=a+b-0.4t$
		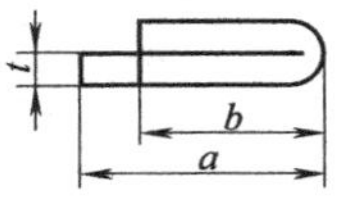	$L=a+b-0.43t$
2	双角同时弯曲	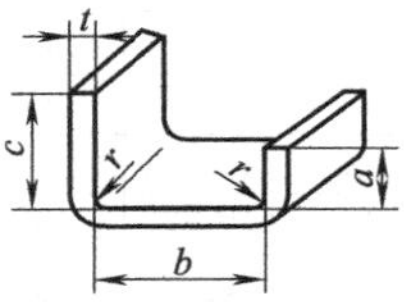	$L=a+b+c+0.6t$
3	三角同时弯曲	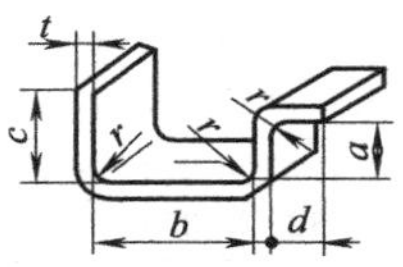	$L=a+b+c+d+0.75t$
4	一次同时弯两个角，第二次弯另一个角		$L=a+b+c+d+t$
5	四角同时弯曲	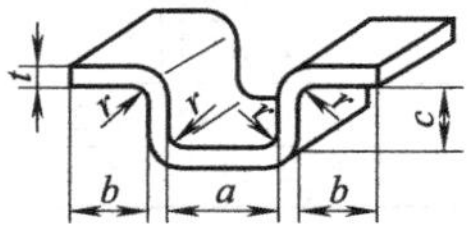	$L=a+2b+2c+t$
6	分两次弯四个角		$L=a+2b+2c+1.2t$

(4) $r>0.5t$ 时弯曲件展开尺寸计算

$r>0.5t$ 时，常见几种弯曲件展开尺寸计算见表 5-19。

表 5-19　$r>0.5t$ 时弯曲件展开尺寸计算公式

序号	弯曲特性	简　图	计 算 公 式
1	单直角弯曲	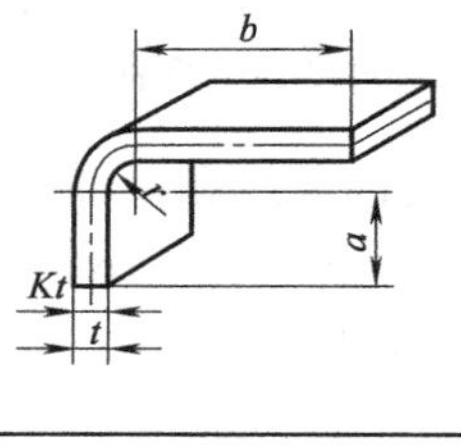	$L=a+b+\dfrac{\pi}{2}(r+Kt)$

序号	弯曲特性	简　图	计 算 公 式
2	双直角弯曲	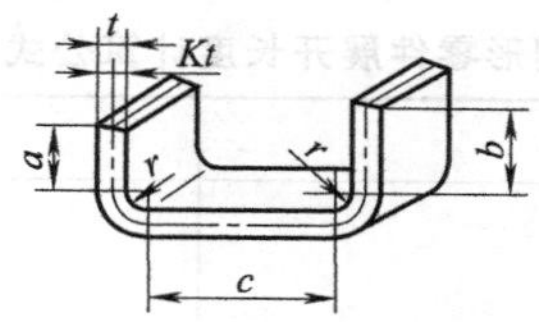	$L = a + b + c + \pi(r + Kt)$
3	四直角弯曲	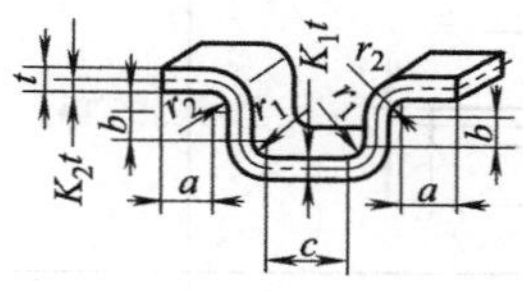	$L = 2a + 2b + c + \pi(r_1 + K_1 t) + \pi(r_2 + K_2 t)$
4	圆管形制件的弯曲	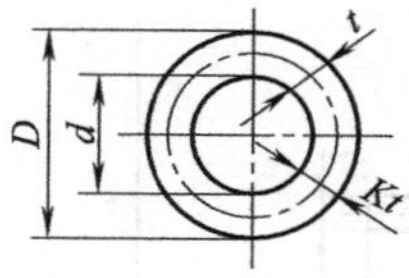	$L = \pi D = \pi(d + 2Kt)$

（5）大圆角半径弯曲件展开尺寸计算

当 $r \geqslant 8t$ 时，中性层系数接近或均为 0.5，对于用往复曲线连接的曲线性件、弹性件等展开尺寸可按材料厚度中间层尺寸计算。见表 5-20。

表 5-20　不同弯曲形状展开尺寸计算公式

序号	往复曲线形部分简图	计 算 公 式
1	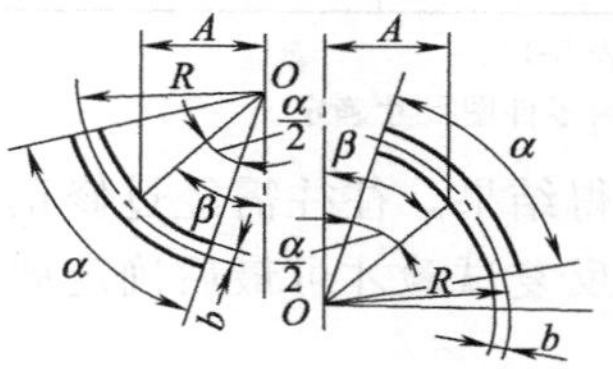	$A = \dfrac{Rl_1}{l}\sin\beta = R\,\dfrac{360\sin\dfrac{\alpha}{2}\sin\beta}{\pi\alpha}$ 式中　l——弧长，mm 　　　l_1——弦长，mm
2	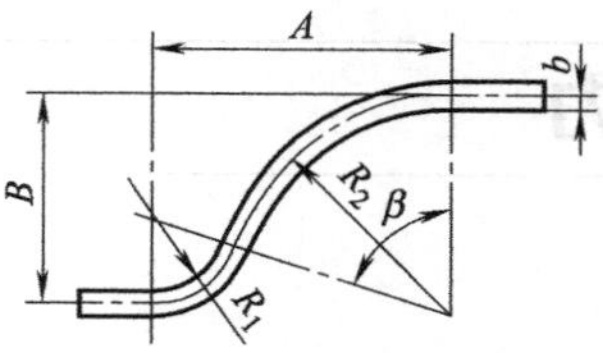	$A = \sqrt{2B(R_1 + R_2) - B^2}$ $\cos\beta = \dfrac{R_1 + R_2 - B}{R_1 + R_2}$
3	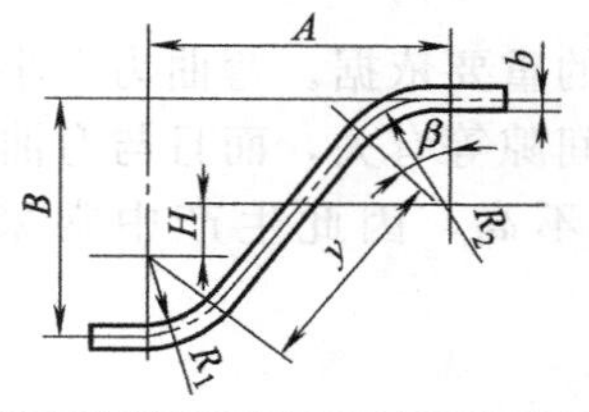	$A = B\cot\beta + (R_1 + R_2)\tan\dfrac{\beta}{2}$ $y = \dfrac{B}{\sin\beta} - (R_1 + R_2)\tan\dfrac{\beta}{2} = \sqrt{A^2 + H^2 - (R_1 + R_2)^2}$
4	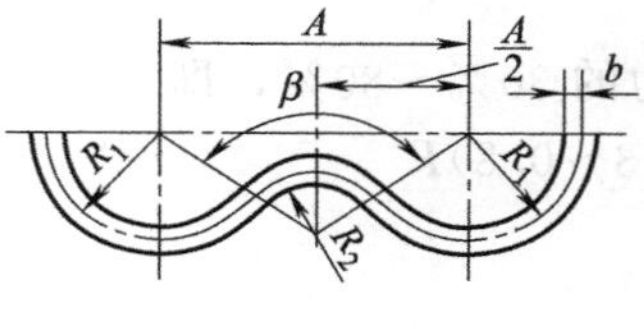	卷圆首次弯曲半径 $R_2 = \left(\dfrac{180°}{\beta} - 1\right) R_1$ 式中，R_1 为制件图上圆圈半径 当 $R_2 = R_1$ 时，$A = 4R_1\sin\dfrac{\beta}{2}$ 当 $R_2 \neq R_1$ 时，$A = 2\sin\dfrac{\beta}{2}(R_2 + R_1)$

(6) 卷圆形零件展开长度计算

卷圆形零件展开长度计算见表 5-21。

表 5-21　卷圆形零件展开长度计算公式

卷圆形式	简　图	计　算　公　式
铰链形	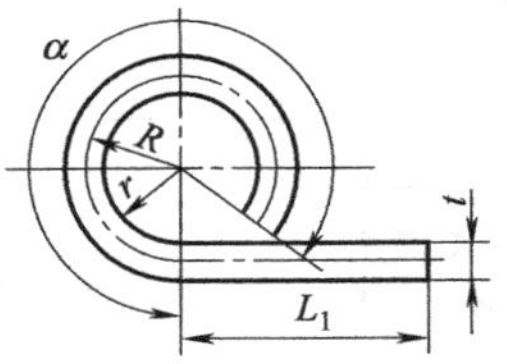	$L = L_1 + \left(\dfrac{\pi R}{180°} \alpha \right)$
吊钩形 I	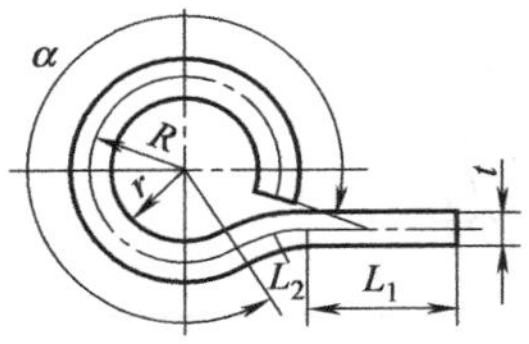	$L = L_1 + L_2 + \left(\dfrac{\pi R}{180°} \alpha \right)$
吊钩形 II	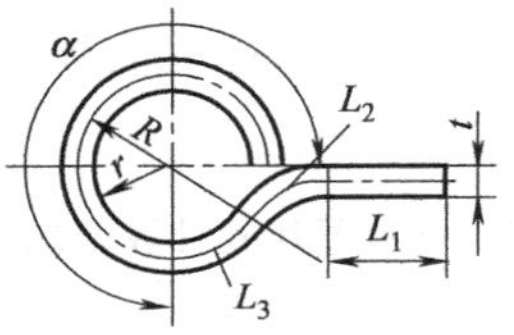	$L = L_1 + L_2 + L_3 + 4.71R$

注：1. 式中 R 为弯曲中性层半径，$R = r + Kt$，K 值见表 5-14。

2. L_1、L_2、L_3 为按材料中间层尺寸计算，相对圆心角由零件图尺寸确定。

需要指出，用上述展开长度的计算方法所得结果，往往需经过修正才能合格被使用。对于形状较复杂要求又比较高的弯曲件，有时经过反复试验才可最后确定展开尺寸。

5.5　弯曲力、顶件力及压料力

5.5.1　弯曲力的计算

弯曲力是设计模具和选择压力机吨位大小的重要依据。弯曲力大小不仅与毛坯尺寸、材料力学性能、凹模支点间距离、弯曲半径、模具间隙等有关，而且与弯曲方式也有很大关系。从理论上计算弯曲力比较繁杂，计算精确度也不高，因此生产中常采用经验公式进行计算（见表 5-22）。

5.5.2　顶件力和压料力的计算

顶件力或压料力 Q 值可近似取自由弯曲力的 $30\% \sim 80\%$，即

$$Q = (0.3 \sim 0.8)P \tag{5-11}$$

式中　Q——顶件力或压料力，N；

P——自由弯曲力，N。

表 5-22　计算弯曲力的经验公式

弯曲方式	图　　示	经验公式	备　　注
V 形自由弯曲		$P=\dfrac{Cbt^2\sigma_b}{2L}$	
V 形约束（接触）弯曲		$P=0.6\dfrac{Cbt^2\sigma_b}{r+t}$	P——弯曲力，N C——系数，取 $1\sim1.3$ b——弯曲件的宽度，mm t——料厚，mm $2L$——支点间的距离，mm σ_b——材料的抗拉强度，MPa r——凸模圆角半径，mm K——系数，取 $0.3\sim0.6$ P_j——校形力，N F——校形区投影面积，mm^2 q——校形所需单位压力，MPa，见下表
U 形自由弯曲	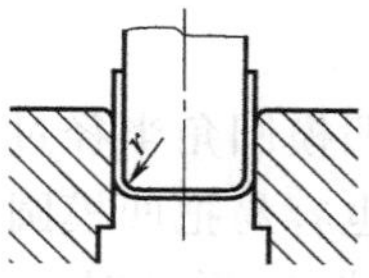	$P=Kbt^2\sigma_b$	
U 形约束接触弯曲	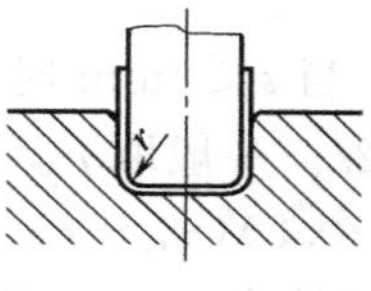	$P=0.7\dfrac{Cbt^2\sigma_b}{r+t}$	

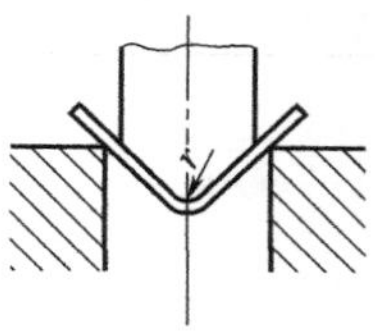

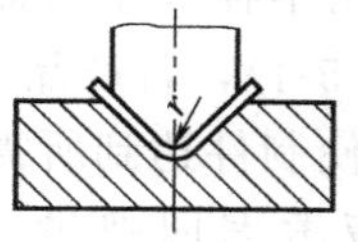

弯曲方式	图　　示	经验公式	材料	料厚 t/mm	
				<3	$3\sim10$
				校形单位压力 q/MPa	
校正弯曲		$P_j=F_q$	铝	$30\sim40$	$50\sim60$
			黄铜	$60\sim80$	$80\sim100$
			10-20 钢	$80\sim100$	$100\sim120$
			25-35 钢	$100\sim120$	$120\sim150$
			钛合金 BT1	$160\sim180$	$180\sim210$
			钛合金 BT3	$160\sim200$	$200\sim260$

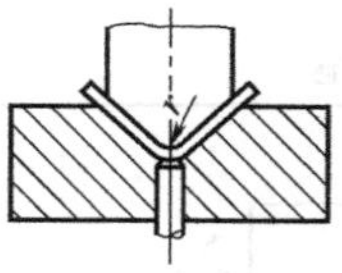

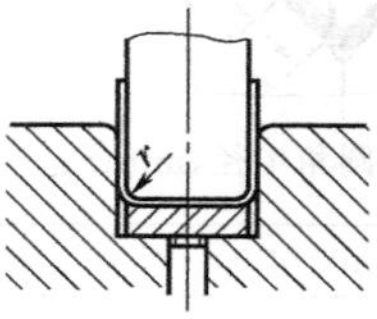

5.5.3　弯曲设备标称压力的选择

自由弯曲时

$$P_机 \geqslant P+Q \tag{5-12}$$

式中　Q——顶件力或压料力，N；

　　　P——自由弯曲力，N；

　　　$P_机$——弯曲用压力机标称压力，N。

校正弯曲时，由于校正弯曲力的数值比压料或顶件力大得多，故 Q 可以忽略，即

$$P_机 \geqslant P_j \tag{5-13}$$

5.6　弯曲模工作部分尺寸设计

5.6.1　凸、凹模圆角半径

（1）凸模圆角半径

当弯曲件的相对弯曲半径 r/t 较小时，一般取凸模圆角半径等于弯曲件内侧的圆角半径，但不能小于材料允许的最小弯曲半径 r_{min}（可查表5-3、表5-4），若产品上要求的 $r < r_{min}$，则弯曲时应取凸模的圆角半径 $r_凸 > r_{min}$，最后利用整形工序使制件达到所需的弯曲半径。

当弯曲件的相对弯曲半径较大（$r/t > 10$）时，则应考虑回弹量，具体数值先按公式（5-5）计算，再经试模修正确定。

（2）凹模圆角半径

凹模圆角半径的大小对弯曲力和制件质量均有影响。凹模圆角半径过小，弯曲时坯料进入凹模的阻力增大，制件表面容易擦伤甚至出现压痕，而且也容易把凹模圆角和洞口拉毛，影响模具使用寿命。凹模圆角过大，坯料难以准确定位。在弯曲 U 形件时，凹模两边对称处圆角应一致，否则弯曲时毛坯会发生偏移，影响弯曲质量。

凹模的圆角半径 $r_凹$，通常根据材料厚度 t 选取，即：当 $t \leqslant 2mm$ 时，$r_凹 = (3 \sim 6)t$；当 $t = 2 \sim 4mm$ 时，$r_凹 = (2 \sim 3)t$；当 $t > 4mm$ 时，取 $r_凹 = 2t$。一般取 $r_凹 > 3mm$。

对于 V 形弯曲凹模的底部可开退刀槽或取 $r_凹 = (0.6 \sim 0.8)(r_凸 + t)$。

凹模圆角半径 $r_凹$ 与弯曲件边长 L 公称尺寸也有关，可按表5-23选用。

表 5-23　弯曲凹模圆角半径 $r_凹$　　　　　mm

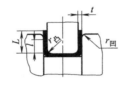 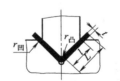

t—材料厚度,mm；L—弯曲件边长,mm；l—凹模深度,mm；$r_凹$—凹模圆角半径,mm；$r_凸$—凸模圆角半径,mm

料厚 t	~ 0.5		$0.5 \sim 2.0$		$2.0 \sim 4.0$		$4.0 \sim 7.0$	
边长 L	l	$r_凹$	l	$r_凹$	l	$r_凹$	l	$r_凹$
10	6	3	10	3	10	4		
20	8	3	12	4	15	5	20	8
35	12	4	15	5	20	6	25	8
50	15	5	20	6	25	8	30	10
75	20	6	25	8	30	10	35	12
100			30	10	35	12	40	15
150			35	12	40	15	50	20
200			45	15	55	20	65	25

5.6.2　凹模的工作深度

若凹模深度 h 过小，则制件两端的自由部分太多，弯曲件回弹大，不平直，影响零件质量。若凹模深度 h 过大，会使凹模厚度增大，增加了模具钢的用量，且需要压力机有较大的工作行程。对于一般要求的弯曲件，凹模的工作深度可取弯曲件边长的 1/3。

　　弯曲凸模和凹模的尺寸可按表 5-24 选取。

表 5-24　弯曲凹模工作部分几何尺寸　　　mm

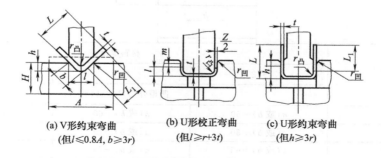

(a) V形约束弯曲　　　　(b) U形校正弯曲　　　(c) U形约束弯曲
(但 $l \leqslant 0.8A, b \geqslant 3r$)　　　(但 $l \geqslant r+3t$)　　　(但 $h \geqslant 3r$)

h—凹模深度,mm;t—材料厚度,mm;$r_凹$—凹模圆角半径,mm;L_1—直边高度,mm;H—凹模厚度,mm;
m—制件进入凹模直壁部分的深度,mm;b—凹模边长,mm;L—弯曲件边长,mm;l—制件高度,mm;
A—毛坯展开长度,mm;$Z/2$—凸凹模间隙,mm;$r_凸$—凸模圆角半径,mm

表内图的型号	尺寸		材料厚度 t								
			<1	>1~2	>2~3	>3~4	>4~5	>5~6	>6~7	>7~8	>8~10
(a)、(b)、(c)型	$r_凹$		3	5	7	9	10	11	12	13	15
	凹模深度 h		4	7	11	15	18	22	25	18	32~36
	凹模厚度 H		20	30	40	45	55	65	70	80	90
			凹模工作边长 b								
(a)型	弯曲件直边长度 L_1	20	6	10	15	15	20	—	—	—
		30	10	15	15	20	20	25	25	—
		50	20	20	25	25	30	30	35	35
		75	25	25	30	30	35	35	40	40
		100	30	30	35	35	40	40	45	45
		150	35	35	40	40	45	45	50	50
		200	40	40	45	45	50	50	60	60
(b)型	m		3	4	5	6	8	10	15	20	25
(c)型	弯曲后直线高度 L_1		凹模深度 h								
	25~30		15	20	25	25	—	—	—	—	
	>50~75		20	25	30	30	35	35			
	>75~100		25	30	35	35	40	40	40	40	
	>100~150		30	35	40	40	50	50	50	50	60
	>150~		40	45	55	55	60	65	65	65	80

5.6.3　U 形弯曲件凹模的长度和宽度尺寸确定

　　U 形弯曲件凹模的长度和宽度大小主要与被弯曲的材料厚度、种类及弯曲件大小有关，可按表 5-25 选取。

5.6.4　弯曲凸模与凹模之间的间隙

　　V 形件弯曲时，凸、凹模间的间隙是靠调整压力机的闭合高度来控制的，不需要在设计模具时确定间隙。

表 5-25　U 形弯曲件凹模的长度 A 和宽度 B　　　　　　　mm

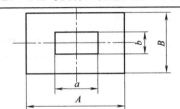

凹模洞口尺寸 (a 或 b)	材料厚度 t		
	<2	$2\sim4$	$4\sim6$
	凹模外形尺寸 A(或 B)		
<30	a(或 b)$+50$	a(或 b)$+60$	a(或 b)$+70$
$>30\sim50$	a(或 b)$+60$	a(或 b)$+70$	a(或 b)$+80$
$>50\sim80$	a(或 b)$+65$	a(或 b)$+75$	a(或 b)$+85$
$>80\sim120$	a(或 b)$+70$	a(或 b)$+80$	a(或 b)$+90$
$>120\sim180$	a(或 b)$+75$	a(或 b)$+85$	a(或 b)$+100$

注：凹模外形尺寸按表列数值算出后应尽量取标准模板外形尺寸。

　　U 形件弯曲时，则必须确定适当的间隙。间隙的大小对制件质量和弯曲力都有很大影响。间隙过大，回弹大，会降低制件精度；间隙过小，会使制件壁部变薄，高度尺寸变高，并降低模具寿命。

　　U 形件弯曲时，凸、凹模之间的间隙根据材料的种类、厚度以及弯曲件的高度 H 和宽度 B（即弯曲线的长度）而定，同时考虑制件的尺寸精度。

　　间隙值可按下式来确定。

　　① 弯曲黑色金属时

$$Z=(1+C)t \tag{5-14}$$

　　② 弯曲有色金属时

$$Z=t_{\min}+Ct \tag{5-15}$$

式中　Z——弯曲时凸、凹模之间的间隙（单面），mm；

　　　　t——板料的厚度（公称尺寸），mm；

　　$t_{\min}$——板料的最小厚度，mm；

　　　　C——根据弯曲件的高度 H 和弯曲线长度 B 而定的系数，其值可按表 5-26 选用。

表 5-26　U 形件弯曲时凸、凹模的间隙系数 C

弯曲件高度 H/mm	板料厚度 t/mm								
	<0.5	$>0.5\sim2$	$>2\sim4$	$>4\sim5$	<0.5	$>0.5\sim2$	$>2\sim4$	$>4\sim7.5$	$>7.5\sim12$
	$B\leqslant2H$				$B>2H$				
10	0.05			—	0.10	0.10	0.08		
20		0.05	0.04						
35	0.07			0.03	0.15			0.06	0.06
50	0.10			0.04	0.20				
70		0.07	0.05			0.15	0.10		
100				0.05				0.10	0.08
150	—	0.10	0.07		—	0.2	0.15		0.10
200				0.07				0.15	

5.6.5 弯曲凸、凹模工作部分尺寸与制造公差的确定

弯曲凸、凹模工作部分尺寸的确定，应根据制件尺寸的标注基准不同而不同。常见弯曲件尺寸有标注在外形的（即对弯曲件外形尺寸有要求的）和标注在内形的（即对弯曲件内形尺寸有要求的）两种。

尺寸标注在外形的弯曲件，此时，在设计模具时，应以凹模作为设计基准，凹模工作部分尺寸取接近制件外形的最小极限尺寸。凸模工作部分尺寸等于凹模尺寸减去相应模具间隙，即模具间隙取在凸模上。

尺寸标注在内形的弯曲件，此时，在设计模具时，应以凸模作为设计基准，凸模工作部分尺寸取接近制件内形的最大极限尺寸，凹模工作部分尺寸则为凸模尺寸加上相应的模具间隙。有关计算公式见表 5-27。

表 5-27　弯曲凸、凹模工作部分尺寸计算

制件尺寸标注形式		用外形尺寸标注		用内形尺寸标注	
简图	制件	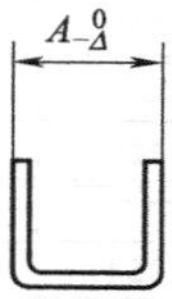 $A_{-\Delta}^{\ 0}$	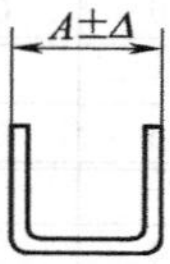 $A\pm\Delta$	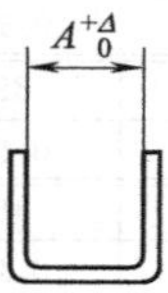 $A_{\ 0}^{+\Delta}$	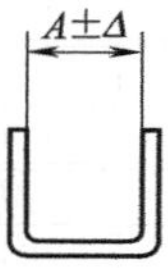 $A\pm\Delta$
	模具	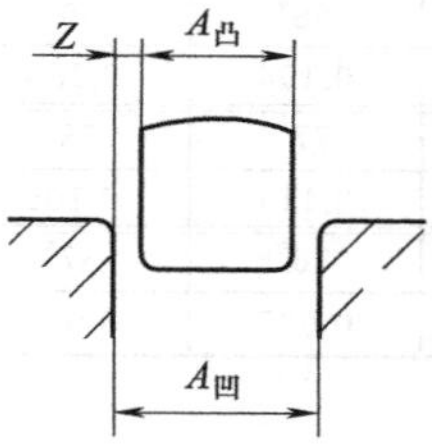 Z　$A_凸$　$A_凹$		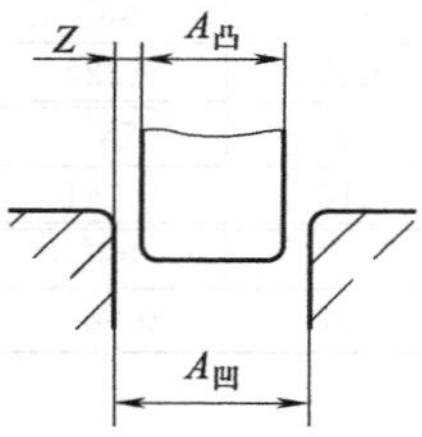 Z　$A_凸$　$A_凹$	
凹模尺寸		$A_凹=(A-0.75\Delta)_0^{+\delta_凹}$	$A_凹=(A-0.5\Delta)_0^{+\delta_凹}$	$A_凹$ 按凸模尺寸配制,保证双面间隙为 $2Z$ 或 $A_凹=(A_凸+2Z)_0^{+\delta_凹}$	
凸模尺寸		$A_凸$ 按凹模尺寸配制,保证双面间隙为 $2Z$ 或 $A_凸=(A_凹-2Z)_{-\delta_凸}^{\ 0}$		$A_凸=(A+0.75\Delta)_{-\delta_凸}^{\ 0}$	$A_凸=(A+0.5\Delta)_{-\delta_凸}^{\ 0}$

注：A 为弯曲件公称尺寸，mm；$A_凸$ 为弯曲凸模工作部分尺寸，mm；$A_凹$ 为弯曲凹模工作部分尺寸，mm；Δ 为弯曲件的尺寸偏差，mm；Z 为凸、凹模单边间隙，mm；$\delta_凸$，$\delta_凹$ 为弯曲凸、凹模制造公差，采用 IT7～IT9 级精度。

5.6.6 弯曲或成形凸模和凹模的尺寸差

有此具有一定斜壁的弯曲件，在确定凸、凹模工作部分尺寸时，有一内边（凸模）和外边（凹模）长度差值 X，如图 5-15 所示。其值可由下式计算得到

$$X=t\tan\frac{90°-\alpha}{2}=tA \tag{5-16}$$

式中，X 为凸、凹模尺寸差，mm；t 为材料厚度，mm；A 值见表 5-28。

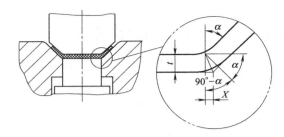

图 5-15　角部差值

表 5-28　凸模和凹模的正切差 A 值

α	1°	2°	3°	4°	5°	6°	7°	8°	9°
A	0.983	0.966	0.949	0.933	0.916	0.900	0.885	0.869	0.854
α	10°	11°	12°	13°	14°	15°	16°	17°	18°
A	0.839	0.824	0.810	0.795	0.781	0.767	0.754	0.740	0.727
α	19°	20°	21°	22°	23°	24°	25°	26°	27°
A	0.713	0.700	0.687	0.675	0.662	0.649	0.637	0.625	0.613
α	28°	29°	30°	31°	32°	33°	34°	35°	36°
A	0.600	0.589	0.577	0.566	0.554	0.543	0.532	0.521	0.510
α	37°	38°	39°	40°	41°	42°	43°	44°	45°
A	0.499	0.488	0.477	0.466	0.456	0.445	0.435	0.424	0.414
α	46°	47°	48°	49°	50°	51°	52°	53°	54°
A	0.404	0.394	0.384	0.374	0.364	0.354	0.344	0.335	0.325
α	55°	56°	57°	58°	59°	60°	61°	62°	63°
A	0.315	0.306	0.296	0.287	0.277	0.268	0.259	0.249	0.240
α	64°	65°	66°	67°	68°	69°	70°	71°	72°
A	0.231	0.222	0.213	0.203	0.194	0.185	0.176	0.167	0.158
α	73°	74°	75°	76°	77°	78°	79°	80°	81°
A	0.149	0.141	0.132	0.123	0.114	0.105	0.096	0.087	0.079
α	82°	83°	84°	85°	86°	87°	88°	89°	90°
A	0.070	0.061	0.052	0.044	0.035	0.026	0.017	0.009	—

5.7　弯曲模的结构设计

5.7.1　弯曲模结构设计要点

① 坯件的定位与压紧应可靠。对于弯曲模，当毛坯放置在模具上时，必须保证有正确可靠的定位。优先采用水平放置并尽量利用制件上的孔或在毛坯上设计出定位工艺孔或考虑用定位板对毛坯外形定位。同时应设置压料装置压紧毛坯，以防止弯曲过程中毛坯产生偏移和窜动。

② 尽量采用同一基准定位。采用多道工序弯曲时，防止因定位基准的变化影响制件质量，各工序尽可能采用同一定位基准。

③ 有防止或减小回弹的措施。由于弯曲件的回弹，因此弯曲模结构设计时应考虑到经调试后凸、凹模有补偿回弹的可能。例如：

　　a. 减小凸模底部接触面积；

　　b. 减小兼有压料用顶件板宽度；

　　c. 采用凸底顶板；

　　d. 采用校正弯曲；

e. 采用小间隙弯曲等。

④ 模具应有足够的刚度。对于有校正功能要求的弯曲模，刚度和强度的稳定可靠尤为重要，它是保证弯曲件精度的重要条件之一。

当分体式凹模受到较大侧向力作用时，不能采用定位销承受侧向力，要将凹模嵌入下模座内或另设凹模固定座固定，然后和下模座再固定在一起的结构。

⑤ 模具结构不应妨碍坯料在合模过程中应有的转动和移动，尽可能以压力机滑块行程方向作为弯曲方向。若要作不同于压力机行程方向的弯曲加工，可采用斜楔滑块机构；当弯曲过程中有较大的水平侧向力作用于模具上时，应设计侧向力平衡挡块等结构予以均衡。

⑥ 模具结构要尽量简单、操作安全、迅速，便于调整，制件取出方便。

⑦ 防止弯曲过程中制件材料局部出现明显的变薄与擦伤，特别是多角同时弯曲时会出现上述问题。因此，在模具结构方面应做到避免多角弯曲同时进行，使多角弯曲有一定的时间差。

⑧ 凸、凹模制造方面。

a. 对于 U 形件弯曲、凹模的圆角半径两边大小应加工成一致，表面应光滑耐磨损，粗糙度保持 $Ra0.4\mu m$ 以下；间隙适当，可先小后大，但不宜过小。

b. 最好在试模以后确定了凸、凹模形状尺寸，然后再进行淬火回火处理。

5.7.2 弯曲件的工序安排

除形状简单的弯曲件外，许多弯曲件都需要多次弯曲才能成形。因此必须正确确定弯曲工序的先后顺序。弯曲工序的确定，应根据制件形状的复杂程度、尺寸大小、精度高低、材料性质、生产批量等因素综合考虑。如果弯曲工序安排合理，可以减少工序，简化模具设计，提高制件的质量和生产率。反之，工序安排不合理，不仅费工时，而且得不到满意的制件。弯曲工序确定的一般原则如下：

① 形状简单的弯曲件，如 V 形、U 形、Z 形等件，尽可能一次弯成（图 5-16）。

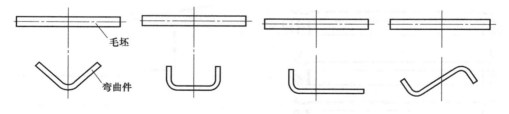

图 5-16　一道工序弯曲成形

② 形状复杂的弯曲件，一般需要两次或多次压弯成形（图 5-17～图 5-22）。多次弯曲时，一般应先弯外角后弯内角，后次弯曲应不影响前次已成形的部分，前次弯曲必须使后次弯曲有可靠的定位基准。

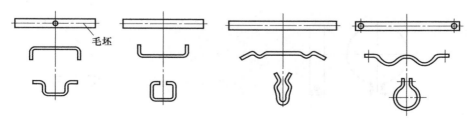

图 5-17　二道工序弯曲成形

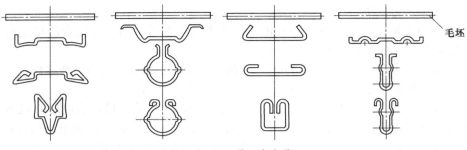

图 5-18　三道工序弯曲

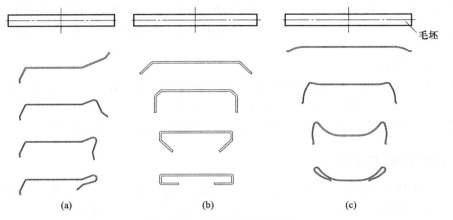

(a)　　　　　　　　　　(b)　　　　　　　　　　(c)

图 5-19　四道工序弯曲成形

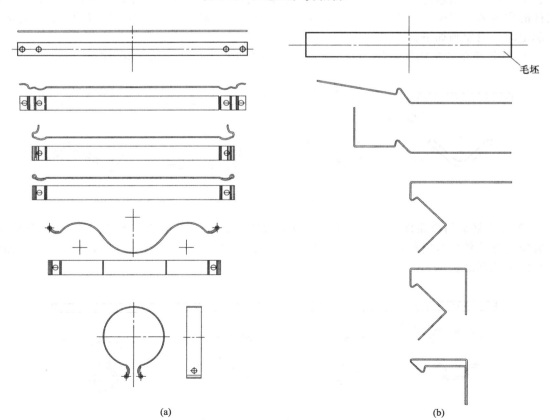

(a)　　　　　　　　　　　　　　　　　　(b)

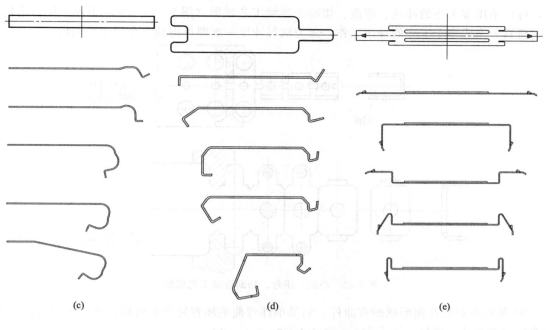

(c)   (d)   (e)

图 5-20 五道工序弯曲

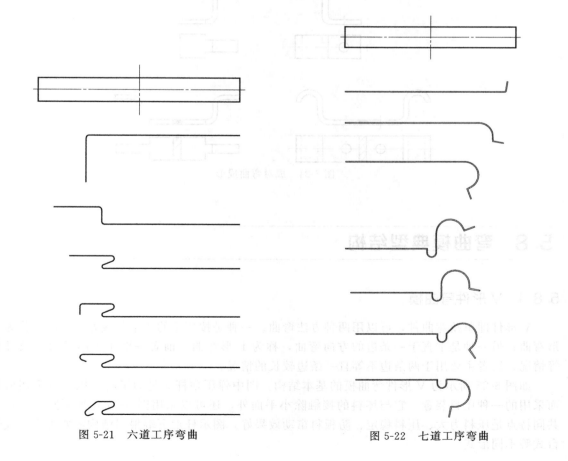

图 5-21 六道工序弯曲   图 5-22 七道工序弯曲

③ 批量大、尺寸较小的弯曲件，如电子产品中的接插件、端子、触片等，为了提高生产率，可以采用多工序的冲裁、弯曲、切断等连续工艺成形（图 5-23）。一般用多工位级进模在一副模具上完成多个工序的冲压工作，压力机每冲压一次即可得到一个或多个制件。

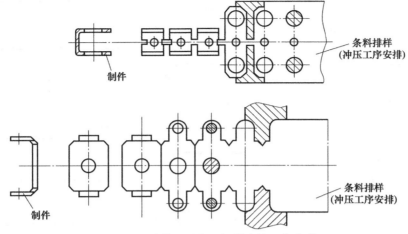

图 5-23   冲裁、压弯、切断连续工艺成形

④ 单面不对称几何形状的弯曲件，如果单件弯曲毛坯容易产生偏移，可以成对弯曲成形，弯曲后再切开成为两件（图 5-24）。

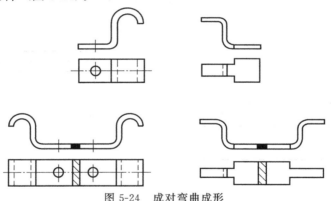

图 5-24   成对弯曲成形

5.8   弯曲模典型结构

5.8.1   V 形件弯曲模

V 形件即单角弯曲件，可以用两种方法弯曲。一种是按弯角的角平分线方向弯曲，称为 V 形弯曲；另一种是垂直于一条边的方向弯曲，称为 L 形弯曲。前者一般用于两条边不长且相等情况，后者主要用于两条边不等且一条边较长的情况。

如图 5-25 所示为 V 形件弯曲模的基本结构。图中弹压顶杆 5 是为了防止压弯时毛坯滑移而采用的一种压料装置。它与坯料的接触除小平面外，还可以采用图 5-25 几种不同形式，其共同特点是压料力大、压料稳定、防板料窜动效果好。图示杆形下端根据结构需要可设计成带台式等不同形式。

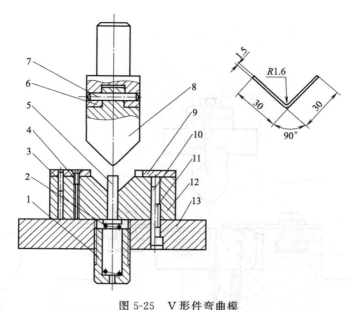

图 5-25 V形件弯曲模

1—弹簧调节套；2—弹簧；3,7,10—销钉；4,11—螺钉；5—顶杆（压料杆）；
6—模柄；8—凸模；9—定位板；12—凹模；13—下模座

如果弯曲件精度要求不高，压料装置可以不用。对于小型凸模，还可以将模柄与凸模做成一体，以简化结构。

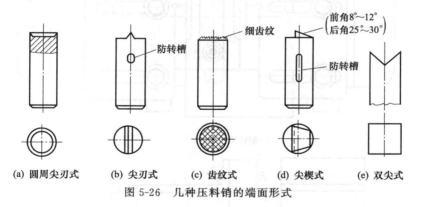

图 5-26 几种压料销的端面形式

(a) 圆周尖刃式　(b) 尖刃式　(c) 齿纹式　(d) 尖楔式　(e) 双尖式

如图 5-27 所示为 V 形件通用弯曲模，两块组合凹模 3 可配做成四种角度，与四个不同角度的凸模 5 相配合，能弯曲四种不同角度的多种 V 形件。两定位板 4 可左右移动，以适合不同弯曲长度尺寸的需要。

如图 5-28 所示为翻板式 V 形精弯曲模。

该模具供弯制没有足够压料的支持面和带有窄而长的复杂形状制件用。

将冲裁出的毛坯件两头放入件 1 的凹模内定位，件 1 安装在由两部分组成的凹模 11 上，件 11 的两部分靠件 2 和件 3 中的件 4 连接在一起，保持中心垂直。当上模下行时，凹模的中心部分也随着向下移动，制件将随凹模一起折弯成形。上模回升，凹模借下模弹顶器的作用复位，取出制件。

该结构特点：由于凹模是活动的，当凸模下压时，毛坯件与凹模始终保持大面积接触，毛坯件不滑动偏移，因而弯曲成形可靠，弯曲的制件精度高。因此这是精弯模的一种结构。但这种模具结构较复杂，制作较困难。

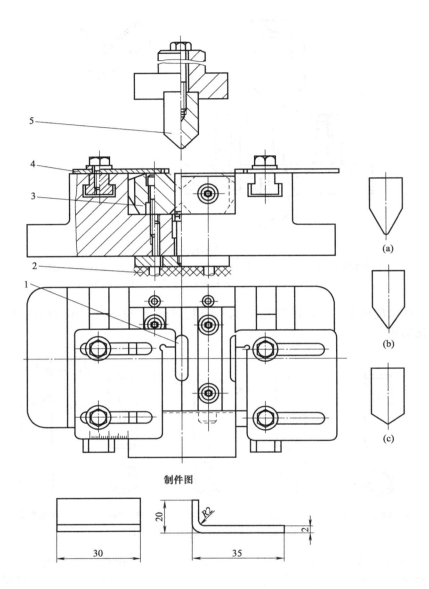

制件图

图 5-27　通用 V 形弯曲模
1—顶杆兼压料杆；2—橡胶（弹顶器）；3—凹模（左右对称各一件）；
4—定位板；5—凸模 [包括图 (a)、(b)、(c)]

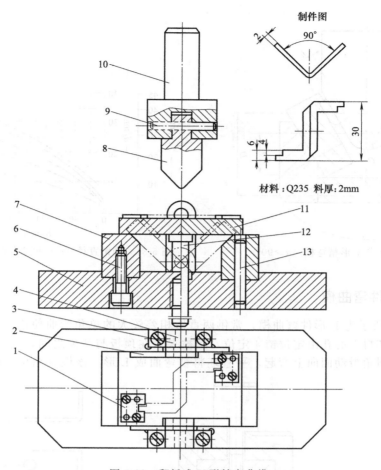

制件图

材料：Q235 料厚：2mm

图 5-28 翻板式 V 形精弯曲模

1—定位板；2—铰链；3—支架；4—芯轴；5—下模座；6—螺钉；7—靠板；
8—凸模；9,13—圆柱销；10—模柄；11—翻板式凹模；12—顶杆

① 翻板式活动凹模回转中心位置 h 及相关尺寸的确定：当弯曲中心角 $\alpha = 90°$ 时，如图 5-29 所示为翻板式 V 形弯曲模的弯曲过程及相关尺寸。图示 $\alpha = 90°$，r 为弯曲半径，mm；t 为制件料厚，mm；h 为翻板活动凹模的回转中心与该凹模板表面的距离，mm，此值由下式计算确定：

$$h = r + t - \frac{A}{2}$$

式中 A——弯曲件的弯曲圆弧部分中性层长度，mm。

② 当弯曲中心角 $\alpha \neq 90°$ 时，如图 5-30 所示，h 值由下式确定：

$$h = r + t - \frac{0.5A}{\tan\frac{\alpha}{2}}$$

③ 轴销与轴套直径的确定（按图 5-31 查得）。

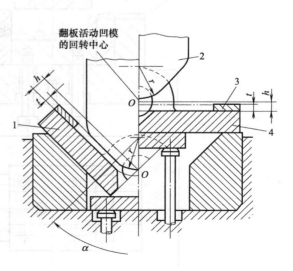

图 5-29 翻板式 V 形精弯模的相关尺寸（$\alpha = 90°$）

1—左活动凹模（翻板）；2—凸模；
3—定位板；4—右活动凹模

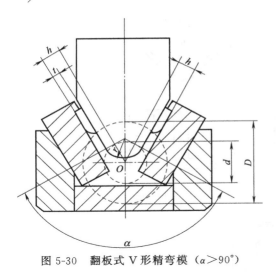

图 5-30 翻板式 V 形精弯模（α>90°）

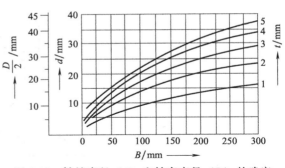

图 5-31 轴销直径（d）和轴套直径（D）的确定

5.8.2 L 形件弯曲模

如图 5-32 所示为 L 形件弯曲模，常供两直边相差较大的单角弯曲使用。制件坯料面积较大的一边利用坯料上的孔由定位销 4 定位，后被夹紧在顶板与凸模之间，在凸模向下作用下，另一边沿凹模圆角滑动而向上弯起，平直坯料被弯曲成 L 形。该模具结构虽简单，但由于所

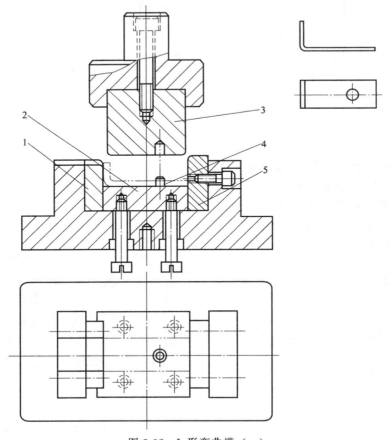

图 5-32 L 形弯曲模（一）

1—凹模；2—顶板；3—凸模；4—定位销；5—挡块

弯曲的短边未能有效校正，故有回弹现象。

如图 5-33 所示 L 形弯曲模，为带有校正作用的一种敞开式无模架结构，它可以减少制件回弹。α 角弯曲薄料时取 5°，弯曲厚材料时取 10°。上下模闭合后制件可得到校正。

如图 5-34 所示为当一条边较长时的 L 形弯曲模。坯料的一端在模外靠支架支承定位，另一端由定位钉定位，并伸出凹模之外一段长度作为 L 形短边弯曲用。为防侧向力，弯曲凸模的一侧设有挡块。弯曲时，坯料在压料板压紧状态下进行，不会滑移，能获得较高的弯件质量。图示未画模架，根据生产需要，该结构可以采用导柱在中间两侧或对角模架。

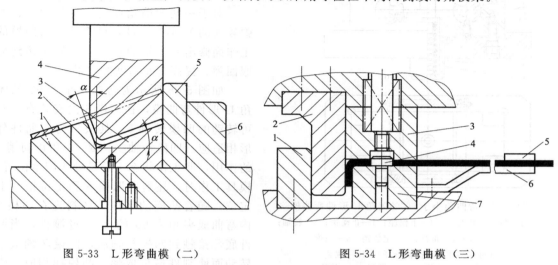

图 5-33　L 形弯曲模（二）
1—定位钉；2—凹模；3—顶板；4—凸模；
5—挡板；6—下模座

图 5-34　L 形弯曲模（三）
1—挡块；2—凸模；3—压料板；4—定位钉；
5—挡板；6—支架；7—凹模

5.8.3　U 形件弯曲模

如图 5-35 所示为典型小型 U 形件带标准模架的弯曲模。模具设有压料兼顶料装置（件号

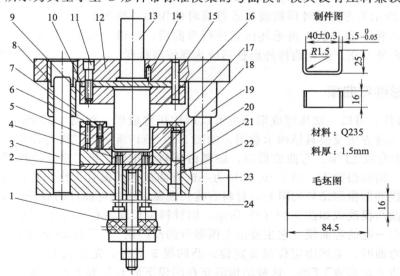

制件图

40 ± 0.3　$1.5^{\ 0}_{-0.05}$

$R1.5$

25

16

材料：Q235
料厚：1.5mm

毛坯图

16

84.5

图 5-35　小型 U 形件弯曲模
1—弹顶器（通用）；2,10—垫板；3,20—导柱；4—顶板；5,14,15,22—圆柱销；6—定位板；7,11,21—螺钉；
8,19—导套；9—固定板；12—上模座；13—模柄；16—凸模；17—凹模；18—中垫板；23—下模座；24—卸料螺钉

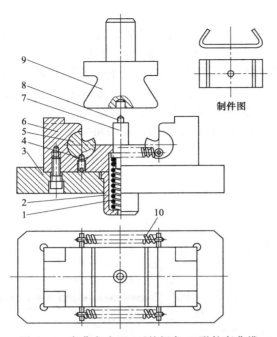

制件图

图 5-36　弯曲角小于 90°的闭角 U 形件弯曲模

1—弹簧；2—弹簧座；3—下模座；4—止动销；5—转轴；

6—凹模；7—顶杆；8—定位销；9—凸模

（可以将模柄与凸模分开）；10—拉簧

1、4、23），毛坯由定位板 6 定位，冲压前毛坯在凸模和顶板的强力作用下能有效地控制住不会滑移。为节省合金工具钢，将凹模分成两件（件号 17、18），分别采用 CrWMn 和 Q235 钢制造。弹顶器 1 为通用件，可以做成几种不同规格（包括弹顶力大小和压缩量大小的不同），供选用。

对于一些弯曲精度高、材料偏厚、回弹较大的 U 形弯曲件，可将凸模与凹模的工作面修出一定量的负角度，从而达到克服回弹、提高弯曲精度的效果。

如图 5-36 所示为弯曲角小于 90°的闭角 U 形件弯曲模，在凹模 6 内安装有一对可转动的凹模转轴 5，其缺口与弯曲件外形相适应。凹模转轴受拉簧 10 和止动销 4 的作用，非工作状态下总是处于图示位置。模具工作时，坯料在凹模 6 和定位销 8 上定位，随着凸模的下压，坯料先在凹模 6 内弯曲成夹角为 90°的 U 形过渡件，当制件底部接触到凹模转轴后，凹模转轴就会转动而使制件最后成形。凸模回程时，带动凹模转轴反转，并在拉簧作用下保持复位状态。同时，顶杆 7 配合凸模一起将弯曲件顶出凹模，最后将弯曲件由垂直于图面方向从凸模上取下。

设计转轴时，其缺口开设位置极为重要，需满足沿轴心线上移距离 $x \geqslant R\cos\alpha$（R 为转轴半径，α 为转轴开设的角度值），才能保证模具顺利开合，如图 5-37 所示。

如图 5-38 所示为弯曲件外形精度要求较高时使用的带整形的弯曲模。冲压时凸模 9 和顶板 1 将毛坯压紧进行弯曲后，凸模 9 受斜楔 7 的作用被向外挤压，使弯曲件外形整形后达到较高精度。

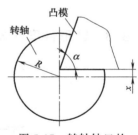

图 5-37　转轴缺口的
开设要求

5.8.4　⊔形件弯曲模

对于⊔形件，可以一次压弯成形，也可以两次压弯成形。如图 5-39 所示为⊔形件弯曲模弯曲成形的几种方法及模具结构示意图。如图 5-39（a）所示为二次弯曲成形，第一次先弯成∩形，第二次弯成⊔形。弯曲成形前，坯料由压料板压住，第二次压弯凹模的外形兼作坯料的定位作用，结构很紧凑。图 5-39（b）为一次弯曲成形的模具工作原理，因其毛坯在弯曲过程中受到凸模和凹模圆角处的阻力，材料有拉长现象，因此弯曲件的展开长度存在较大的误差。如果把弯曲凸模改成如图 5-39（c）所示，则材料拉长现象有所改善。图 5-39（d）为将两个简单模复合在一起的弯曲模。它主要由上模部分的凸凹模 5、下模部分的固定凹模 1 与活动凸模 8 组成。弯曲时，毛坯由定位板 3 定位，凸凹模 5 下行，先弯成 U 形，继续下行与活动凸模 8 作用，将毛坯弯成⊔形。这种结构需要在凹模下腔有足够大的空间，以便在弯曲过程中制件侧边的摆动。由于弯曲过程中毛坯未被夹紧，易产生回弹弯曲件精度较低。图 5-39（c）为采用摆动式的凹模结构，其两块凹模可各自绕轴转动，不工作时缓冲器通过顶杆 7 将摆动凹模 9 顶起。

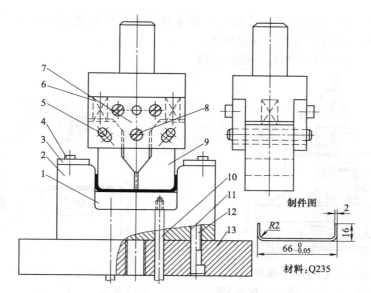

图 5-38　带整形的 U 形件弯曲模

1—顶板；2—凹模；3—定位板；4,8,12—螺钉；5,11—圆柱销；
6—弹簧；7—斜楔；9—凸模；10—卸料螺钉；13—下模座

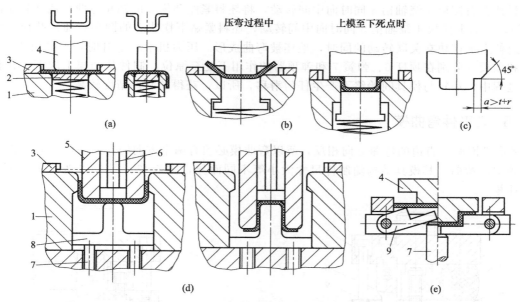

图 5-39　⊔形件弯曲的几种方法及弯曲模示意图

1—凹模；2—压料板兼顶件板；3—定位板；4—凸模；5—凸凹模；6—推件杆；
7—顶杆；8—活动凸模；9—摆动凹模

　　如图 5-40 所示为摆块式⊔形件弯曲模，下模由活动凸模 3 通过下模座 7 与其保持动配合，活动摆块 2 通过小轴 9 与活动凸模 3 连接；上模由连体凹模 4、内装弹压打板 5 构成。弯曲前毛坯靠活动凸模 3 的上端面和两侧挡板定位，弯曲时当连体凹模下压坯料时，由于下模弹顶力 F_2 远远大于上模弹顶力 F_1，且 F_2 超过材料的弯曲抗力，这样首先对制件两内角进行弯曲；当活动凸模 3 完全进入连体凹模 4 并将制件底面及上模打板 5 压紧后，上模仍在继续下行，冲压力迫使下模弹顶力 F_2 后缩。此时，活动摆块 2 向两侧转动，使制件下端随着摆块向外弯曲，直至活动摆块向两侧旋转 90° 至水平，并与下模垫板压紧，完成两个外角的弯曲。

以上几种⌒形件弯曲模都有一个缺点，即毛坯表面与模具之间有相对摩擦滑动，制件表面容易擦伤，同时使制件展开尺寸误差较大。

如图 5-41 所示为⌒形件精弯模创新结构。

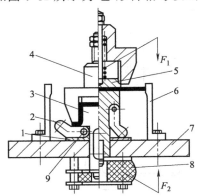

图 5-40　摆块式⌒形件弯曲模

1—垫板；2—活动摆块；3—活动凸模；4—连体凹模；
5—打板；6—挡板；7—下模座；8—弹顶器；9—小轴

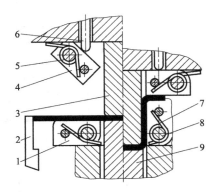

图 5-41　⌒形件精弯模

1—下摆块；2—定位挡板；3—凸模；4—上摆块；
5，8—轴销；6—顶杆；7—弹簧；9—顶板

工作时，坯料放在下摆块 1、顶板 9 上，由定位挡板 2 定位（左右各一件）。凸模 3 下行压坯料使左右摆块 1 绕轴销 8 同时向中间转动，将坯料紧贴凸模 3 的圆角弯曲，使坯料压向上摆块 4，左右上摆块 4 绕轴销 5 同时向中间转动，坯料紧贴下摆块 1 的圆角弯曲。凸模继续下压，迫使上下摆块在关联转动的同时，毛坯被弯曲成形。压力机滑块上升时，上摆块 4、下摆块 1 和顶板 9 分别在顶杆 6、弹簧 7 和弹顶器的作用下复至原位，制件从凸模上取下。在整个弯曲过程中，坯料与模具间始终不产生任何滑移，所以，获得的制件精度较高。

5.8.5　Z 形件弯曲模

Z 形件因两条直边的弯曲方向相反，所以弯曲模必须有两个方向的弯曲动作，故 Z 形弯曲又称为双向弯曲。其模具结构随制件尺寸大小等不同而异，图 5-42、图 5-43 为常见的两种 Z 形弯曲模。

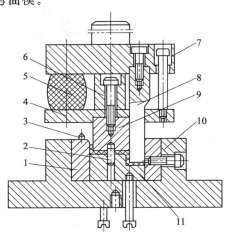

图 5-42　Z 形件弯曲模（一）

1—凹模组合块；2—定位销；3—挡料销；4—托板；
5—橡胶；6—限位压块；7—上模座；8—凸模；
9—活动凸模；10—下模座；11—凹模兼顶块

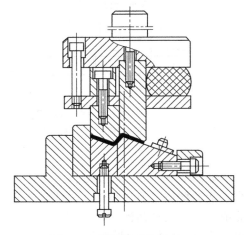

图 5-43　Z 形件弯曲模（二）

图 5-42 中，压弯前因橡胶 5 的弹力作用，活动凸模兼压块 9 与凸模 8 的下端面齐平或略突出于凸模 8 端面（这时的限位块 6 与上模座 7 分离）。同时凹模顶块 11 在顶料装置的作用下处于与下模端面持平的初始位置，毛坯由定位销和挡料销定位。压弯时上模下压，活动凸模兼压块 9 与顶块 11 夹紧坯料。由于压块 9 上橡胶的弹力大于顶块 11 上顶料装置的弹力，毛坯随压块 9 与顶块 11 下行，先完成左端弯曲。当顶块 11 下移至触及下模座 10 后，橡胶 5 开始压缩，压块 9 静止而凸模 8 继续下压，完成右端的弯曲。当限位块 6 与上模座 7 相碰时，制件受到校正。

图 5-43 的 Z 形件弯曲模结构与图 5-42 相近，但是将制件位置倾斜了 20°～30°，使整个制件在弯曲行程终了时，可以得到更为有效的校正，因而回弹较小。这种结构适合于冲压折弯边较长的弯曲件。

如图 5-44 所示为杠杆式 Z 形弯曲模。杠杆 10 由轴 3 连接在凸模 8 上，轴与凸模为过盈配合，轴与杠杆为动配合，即杠杆 10 可以绕轴 3 中心转动。

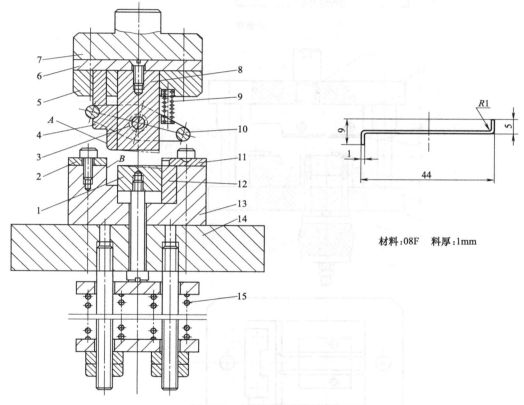

材料:08F　料厚:1mm

图 5-44　杠杆式 Z 形弯曲模

1—顶板；2—左定位板；3—轴；4—活动凸模；5—固定板；6—垫板；7—上模座；8—凸模；
9—弹簧；10—杠杆；11—右定位板；12—凹模镶块；13—模座；14—下模座；15—弹顶器

工作时，毛坯放在左右定位板中定位。上模下行，制件在凸模 8、顶板 1 压紧状态下经镶块 12 进行右边部分先弯曲。当顶板下行至离模座 13 平面还有一定空间时，制件右边弯曲已经完成，此时，制件左边部分弯曲也开始进行，杠杆右边圆柱体接触到右定位板 11，使杠杆以轴 3 为中心支点转动，而杠杆的左边圆柱体则推动活动凸模 4 下降（活动凸模与固定板 5 之间为动配合），它的 A 面与模座 13 的 B 面靠着，防止弯曲时活动凸模受侧向力作用而向外让位，从而保证了制件左边部分顺利弯曲成形。制件全部弯曲成形完成后，上模上行，弹簧 9 推动杠杆 10 复位。

图示凸模 8、顶板 1 所示细线为考虑的回弹角。

该模具适于弯曲薄料，一般料厚为 1.5mm 以下的中小制件。

如图 5-45 所示为带压肋 Z 形支架弯曲模。

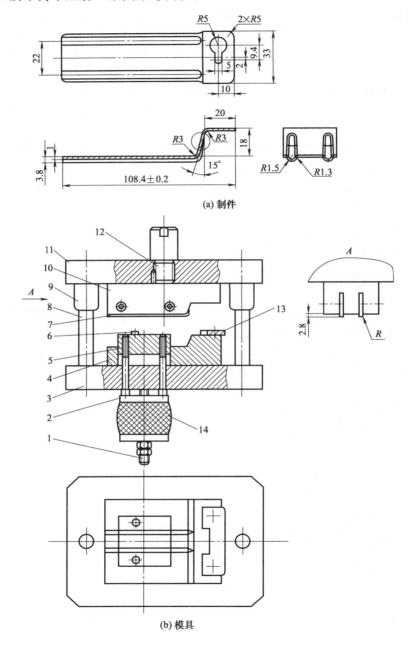

(a) 制件

(b) 模具

图 5-45　带压肋 Z 形支架弯曲模

1—螺杆；2—托板；3—下模座；4—成形凹模；5—顶件兼压件板；6—侧定位销；7—压肋凸模镶块；
8—导柱；9—导套；10—压弯凸模；11—上模座；12—模柄；13—定位板；14—橡胶

本模具有如下特点。

① 考虑到制件上两条延伸到 Z 形弯曲处的长肋与 Z 形是一次完成成形，为便于模具制造、维修，凸模的压肋部分采用镶块结构。镶块与凸模本体采用 H7/n6 配合，再用两个螺钉在侧

面顶紧固定。压肋凸模的对应凹模处，开有凹槽。

② 考虑到凹模的台阶形，毛坯无法平放定位，故设计在凹模中间开一方通孔加装顶（压）件板，使自由状态下的顶件板保持与凹模的另一端等高，有利于毛坯放平定位。

③ 毛坯的定位借助于凹模上的定位板和活动顶件板上的两个侧向定位销 6。

④ 为了保证顶件板有足够的导向性和模具闭合后顶件板的上平面与凹模工作面齐平，顶件板 5 的厚度应等于 18mm（制件高度）＋6mm（导向长度）。

5.8.6　圆形和卡环类件弯曲模

中小型圆形件和卡环类件，一般都用模具冲压加工而成。根据圆形件尺寸大小不同，其弯曲方法和所用模具结构也不同。

(1) 直径 d<10mm 的薄料小圆形件弯曲

一般是把毛坯先弯成 U 形，然后再弯成 O 形，如图 5-46 所示。这种模具结构比较简单，如果制件圆度不好，可以将制件套在芯模上，旋转芯模连续冲压几次进行整形，比不用芯模所得制件质量要好。

对于有的制件尺寸较小，产量又比较大，分二次弯曲操作不便，可以采用图 5-47 一次弯曲模。

毛坯由凹模 2 的定位槽定位。当上模下行时芯模 17 与凹模镶块 3 首先将毛坯弯成 U 形，上模继续下行，芯模 17 连同芯模支架 4 压缩弹簧 6，压圆凸模 12 将坯件最后弯成 O 形环。上模回升，制件留在芯模上，抽出芯模一定量，制件即自动落下。

设计本模具时，上模四个弹簧 6 的压力必须大于将平毛坯件弯成 U 形时的压力，否则难以压成圆形。

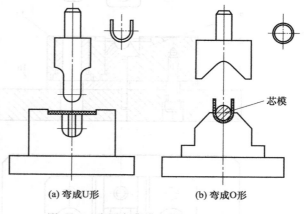

(a) 弯成 U 形　　(b) 弯成 O 形

图 5-46　小圆弯曲模（用于 d<ϕ10mm）

(2) 直径 d>20mm 的圆形件弯曲

当圆形件的材料较厚，且对圆度的要求较高，一般采用三道或二道工序进行弯曲。如图 5-48 所示为采用三道工序弯曲及模具简要结构。如图 5-49 所示为采用二道工序弯大圆的方法，先预弯成三个 120°的波浪形，第二道工序是用轴形凸模使中间部位的圆成形。这种模具适用于直径大于 40mm 的制件。

(3) 直径 d＝10~40mm 薄料一次弯曲

对于直径 d＝10~40mm，材料厚度为 1mm 左右的圆环、卡环，产量较大，适宜采用摆块式一次弯圆模。如图 5-50 所示为摆块式小圆形件一次弯圆模。一对活动凹模 4 安装在座架 9 中，它能绕轴销 3 自由转动，轴销 3 与座架 9 是过盈配合（H7/r6）。在非工作状态时，由于弹簧 1 作用于顶柱 2 上，两活动凹模处于张开位置。上模中的凸模 8 呈水平位置固定在凸模支架 5 上，工作时，毛坯放置在凹模上定位，凸模下行，把毛坯弯成 U 形。凸模继续下压，毛坯压入凹模底部，迫使活动凹模绕轴 3 转动，压弯成 O 形件。支撑 7 对凸模 8 起稳定加强作用，它可绕轴 6 旋转，从而可将制件从凸模 8 上取下。

如图 5-51 所示为摆块式卡环一次弯圆模，结构与设计原理与图 5-50 所示弯圆模相似。它既能弯纯圆环（筒）形件，又能弯曲带直边的圆环形件。

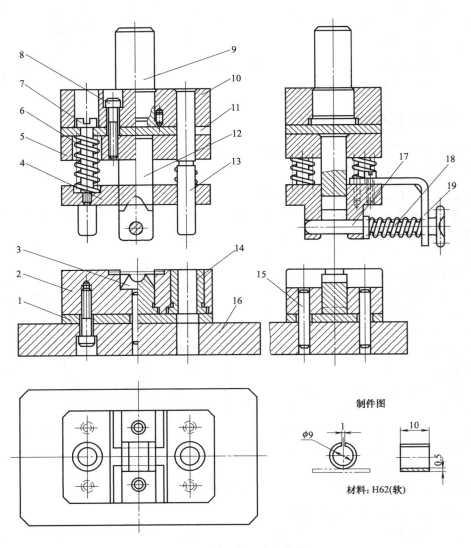

图 5-47　圆环件一次弯曲模

1,11—垫板；2—凹模；3—凹模镶块；4—芯模支架；5—固定板；6—弹簧；7—螺钉；8—内六角螺钉；9—模柄；
10—上模座；12—压圆凸模；13—导柱；14—导套；15—圆柱销；16—下模座；17—芯模；18—弹簧；19—支架

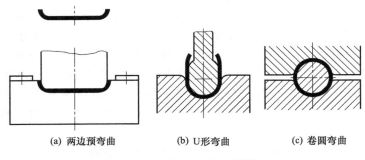

(a) 两边预弯曲　　　　　(b) U形弯曲　　　　　(c) 卷圆弯曲

图 5-48　大圆三次弯曲模简图

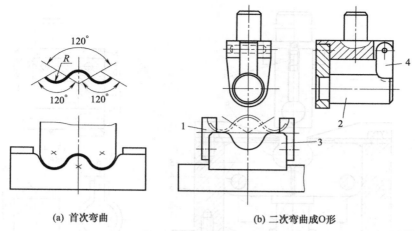

(a) 首次弯曲   (b) 二次弯曲成O形

图 5-49 大圆二次弯曲模

1—定位板；2—凸模（芯模）；3—凹模；4—支撑

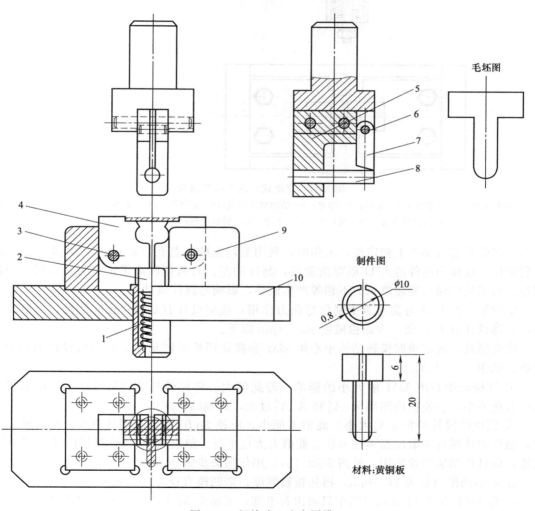

图 5-50 摆块式一次弯圆模

1—弹簧；2—顶柱；3,6—轴销；4—摆块式活动凹模；5—凸模支架；7—支撑；

8—凸模（心模）；9—座架；10—下模座

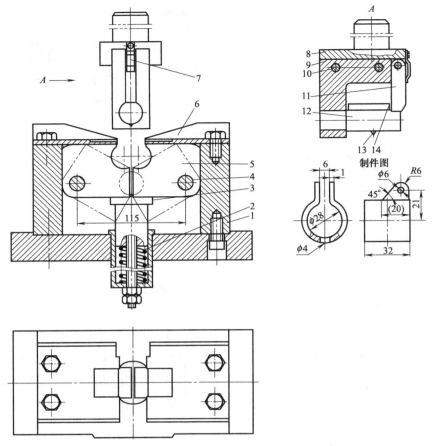

图 5-51　摆块式一次卡环弯圆模

1—凹模支架；2—弹顶器；3—顶柱；4—轴销；5—活动摆块凹模；6—定位架；7—弹簧片；8—带模柄矩形上模座；
9—凸模固定架；10—圆柱销；11—支撑；12—轴形凸模；13—导正销；14—垫块

　　毛坯放在定位架 6 上初定位，工作时，利用毛坯上的工艺孔（$\phi 4mm$），由活动导正销 13 最后定位。这样当坯件进入 U 形弯曲阶段，制件的左、右两侧脱离了定位架定位后，能防止因左、右摆块凹模与毛坯摩擦力不相等产生偏移，影响弯圆件质量。

　　定位架 6 在 U 形弯曲时兼受制件弯曲力作用，故应设计有足够强度和刚度，并减少摩擦力，口部设计有 R 圆角，表面粗糙度 $Ra0.4\mu m$ 以下。

　　此类模具，两摆块凹模转动轴中心距 MM' 和摆块凹模的转动角 α 是结构设计的两个主要参数，见图 5-52（a）。

　　① 摆块轴中心距 MM' 的大小的影响。若此值大，将使模具结构尺寸增大，增加模具成本；若此值小，会使摆块凹模 A_1A_1' 和 A_2A_2' 过大，影响圆管成形。

　　② 摆块凹模转动角 α 的大小。此值不能小，应使 B_1B_1' 稍大于制件直径，保证模具开启后，制件能从模具里取出而不被卡住。此值太大也不行。解决上述问题可用解析法，也可用作图法，而且作图法常常使用。见图 5-52（b），用作图法步骤如下：

　　a. 轴形凸模直径为 26.8mm，再加板料厚度，则凹模直径为 28.8mm。

　　b. 作 MM' 等于 115mm（图中只画出右半部，未画出 M' 点），115mm 是按约等于 4 倍制件直径选取的。在 MM' 的中点 O_2 以 28.8mm 为直径作圆，此圆称为圆 O_2。

　　c. 以 M 为圆心，MO_2 为半径作圆弧交圆 O_2 于 A_2 点，A_2 到中心线的距离乘以 2，即得出前述的 A_2A_2' 的间隙值。

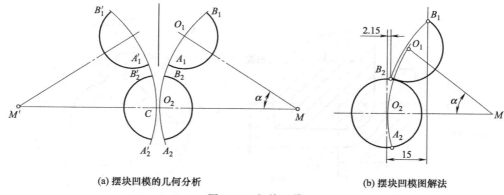

(a) 摆块凹模的几何分析　　　　　　　(b) 摆块凹模图解法

图 5-52　摆块凹模

M,M'—两摆块转动中心；$\overset{\frown}{A_1B_1}$、$\overset{\frown}{A_2B_2}$—摆动初始位置与闭合位置

　　d. 两摆块闭合时，板料在 B_2B_2' 处应有 2.3mm 的间隙，取其一半，再加上板料厚，就是 B_2 点到中心线的距离，即 $(2.3/2)\text{mm}+1\text{mm}=2.15\text{mm}$。

　　e. 制件经冲压回弹后的外径为 30mm，为了使制件能从摆块中脱出，需找出 B_1 点。在 O_2 的右侧 15mm 处作垂直线，以 M 为圆心、以 MB_2 为半径，作圆弧交垂直线于所求的 B_1 点。

　　f. 以 14.4mm 为半径，在 MO_2 圆弧上找出圆心，过 B_1 点作半圆，此半圆就是摆块的初始位置。

　　g. 取接点 O_1M，测量 $\angle O_1MO_2$ 即为 α 角。经上述作图，得出所需的几何参数主要是：$MM_1=115\text{mm}$、$A_2A_2'=4\text{mm}$、$B_2B_2'=4.3\text{mm}$、$\alpha=27.5°$、$B_1B_1'=30\text{mm}$。以上参数则可作为模具零、部件设计的依据。

5.8.7　铰链卷边模

(1) A 型铰链预弯模与卷边模

　　A 型铰链如图 5-53（a）所示，通常用预弯和卷圆两道工序来完成。预弯模如图 5-53（b）所示将毛坯头部先压弯成一定形状，然后卷边较为容易，卷边模如图 5-53（c）所示。预弯模凹模的圆弧中心偏移量 △ 见表 5-29。

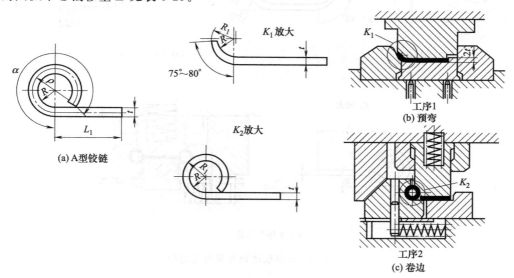

(a) A型铰链

工序1
(b) 预弯

工序2
(c) 卷边

图 5-53

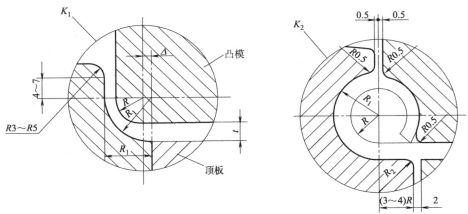

(d) K_1、K_2模具工作部分结构放大图

图 5-53　A 型铰链预弯模与卷边模

表 5-29　偏移量 Δ　　　　　　　　　　　　　　　　　　　　　mm

料厚 t	1	1.5	2	2.5	3	3.5	4	4.5	5	5.5	6
偏移量 Δ	0.3	0.35	0.4	0.45	0.48	0.50	0.52	0.60	0.60	0.65	0.65

　　预弯需保证弯头与卷边内圆半径 R 相吻合，即保证预弯出 $75°\sim80°$的圆心角所对应的圆周长，以便推卷时成形。模具工作表面粗糙度值应小，预弯为 $Ra=0.4\mu m$；成形为 $Ra=0.1\mu m$ 较好。

（2）B 型铰链预弯模与卷边模

　　B 型铰链如图 5-54（a）所示，当 $R/t=0.5\sim2.2$，且对卷边质量要求一般时，通常也用预弯［见图 5-54（b）］和卷边［见图 5-54（c）］两道工序来完成。

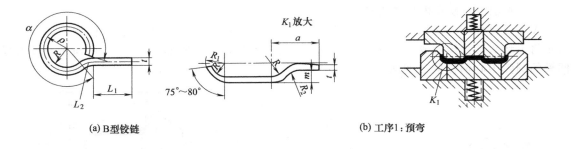

(a) B型铰链　　　　　　　　　　　　　　(b) 工序1：预弯

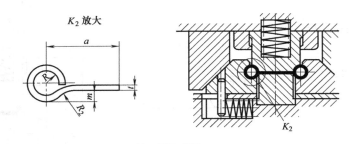

(c) 工序2：卷边

图 5-54　B 型铰链预弯模与卷边模

（3）B 型铰链两次预弯模及卷边模

B 型铰链当 $R/t > 0.5$，且对卷圆质量要求较高时，一般采用两道预弯工序然后卷边，模具基本结构如图 5-55 所示。模具工作表面粗糙度值应小，预弯为 $Ra = 0.4\mu m$；成形为 $Ra = 0.2\mu m$。

不论 A 型或 B 型铰链，当 $R/t = 4$ 或对卷圆内径有严格要求时，都应采用芯棒卷圆。

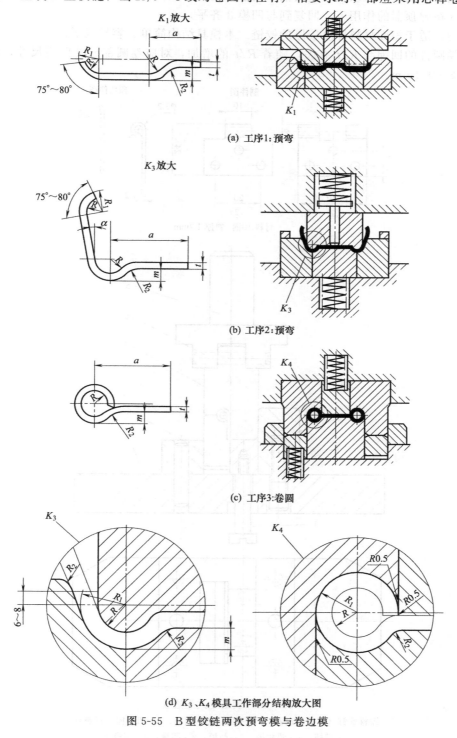

(a) 工序1：预弯

(b) 工序2：预弯

(c) 工序3：卷圆

(d) K_3、K_4 模具工作部分结构放大图

图 5-55　B 型铰链两次预弯模与卷边模

(4) 铰链立式卷边模

如图 5-56 所示为铰链立式卷边模。工作时，将预弯件放入凹模 8 与顶板 3 之间的槽内定位，上模下行时，凸模 7 的左边在凹模固定板兼导板的左边高出部分导向下与凹模 8 作用，将预弯坯件端头卷圆成形。顶板 3 随凸模 7 向下移动，弹顶器（图中未画出）受压缩。上模回升时，顶板 3 在弹顶器的作用下，回复到与凹模 8 齐平。

立式卷边适于短而材料厚度较厚的铰链。本模具结构简单、容易成形。

铰链卷圆件的回弹与 R/t 有关，随着 R/t 的增加，对应卷圆部分的凹模尺寸，应比铰链外径小 $0.2 \sim 0.4\text{mm}$。

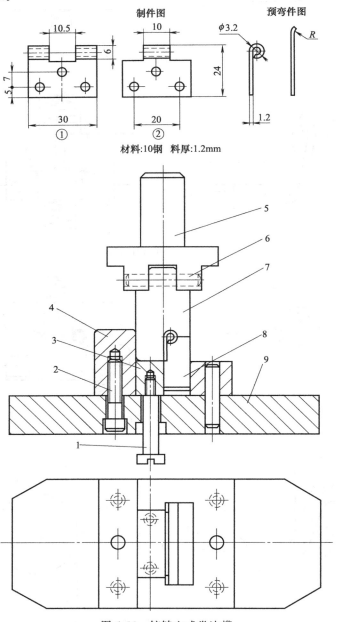

图 5-56　铰链立式卷边模

1—卸料螺钉（下接弹顶器）；2—螺钉；3—顶板；4—凹模固定板兼导板；

5—模柄；6—圆柱销；7—凸模；8—凹模；9—下模座

(5) 铰链卧式卷边模

如图 5-57 所示为双头铰链卧式卷边模。卷圆前的毛坯两头需进行预弯。冲压时，毛坯被压紧状态下利用双斜楔推动成形滑块 3 将坯件两头的圆形同时卷成。本模具为敞开式结构，坯件安放方便、生产率高。

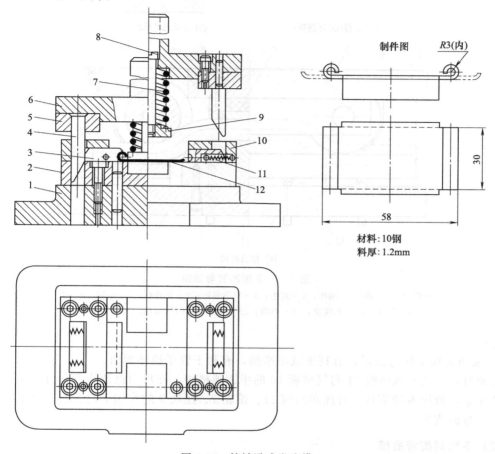

图 5-57　铰链卧式卷边模

1—下模座；2—下模板；3—成形滑块；4—斜楔；5—固定板；6—上模座；7—弹簧；
8—卸料螺钉；9—压板；10—盖板；11—拉簧；12—制件

5.8.8　其他弯曲模

(1) 圆管拉伸弯曲模

如图 5-58 所示为 Z 形圆管弯曲模。采用 $\phi58\text{mm}\times2\text{mm}$ 的 Q235 钢管生产，中等批量。

据有关资料介绍，当管子外径 $D=58\text{mm}$，壁厚 $t=2\text{mm}$ 时，最小弯曲半径 $R_{\min}=1.8D$。结合本制件尺寸，最小允许弯曲半径为 $R_{\min}=1.8\times58\text{mm}=104.4\text{mm}$，而制件的 $R_{制}=71\text{mm}+29\text{mm}=100\text{mm}$。$R_{制}<R_{\min}$。不利于管子弯曲成形，管子弯曲有困难。必须采取必要措施和采用特殊模具结构才能完成本制件的加工。拉弯工艺是可以得到最小的弯曲半径的，可以采用拉伸弯曲原理进行加工，效果好。

① 将制件成对称性压制，两个制件连在一起，一次弯曲成形。两个制件中间留有切割余量，压弯后再切断分开。

② 模具中零件 6、7、9、11、13 与管子接触处均采用半圆弧槽，可防止管子弯曲过程中

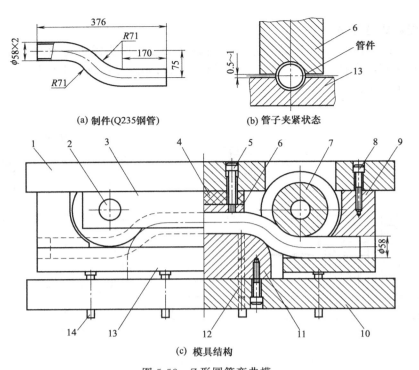

(a) 制件(Q235钢管) (b) 管子夹紧状态

(c) 模具结构

图 5-58　Z形圆管弯曲模

1—上模座；2—轴；3—轴座；4—胶垫；5—专用螺钉；6—压件板；7—滚轮；8—螺钉；
9—压块；10—下模座；11—凸模；12—销钉；13—气垫板；14—气垫杆

径向变形。

③ 采用滚轮 7 压弯成形，有利于减小摩擦，有利于管子拉伸弯曲。

弯曲时，管坯放入凸模 11 与气垫板 13 的半圆弧槽中，在压力机滑块下行时，压件板 6 先将坯件压紧，滑块继续下行，管坯在凸模 11、滚轮 7、压块 9 的作用下被左右两个滚轮滚弯且略带拉伸弯曲成形。

（2）下双斜楔弯曲模

如图 5-59 所示，是一副下模装有双斜楔的弯曲模。

本模具采用不同楔角的下斜楔驱动滑块，同时成形制件两端不同的形状。凹模座 4 上面有滑槽，盖板 7 与凹模座 4 用螺钉紧固，两者与左滑块 5 和右滑块 12 一起构成浮动组合凹模。凹模组合体可上下运动，左右滑动在斜楔的作用下相应地可左右滑动。

工作时，将毛坯放入盖板 7 的槽中定位，凸模 10 与顶件块 8 夹紧毛坯一起向下，把毛坯弯成 U 形。上模继续下行，顶件块与凹模座 4 接触，同时上模的螺钉 9 也与盖板接触，推动由凹模座 4、左滑块 5、右滑块 12 和盖板组成的浮动组合凹模一起向下，在左、右斜楔 6、13 的作用下使左右滑块向中心水平运动，将制件弯曲成形。

通常斜楔都固定在上模，而本模具斜楔固定在下模，通过浮动组合凹模与斜楔相对运动，滑块在斜楔作用下将制件成形。

（3）内斜楔弯曲模

如图 5-60 所示为内斜楔弯曲模。毛坯展开尺寸为 180mm × 20mm × 1.5mm，材料为 10 钢。

成形滑块即斜楔凹模 8、滑块座 2 都设在下模内。利用上模的压柱 6 下行，促使左右斜楔凹模 8、带着坯料与凸模 7 将制件弯曲成形。

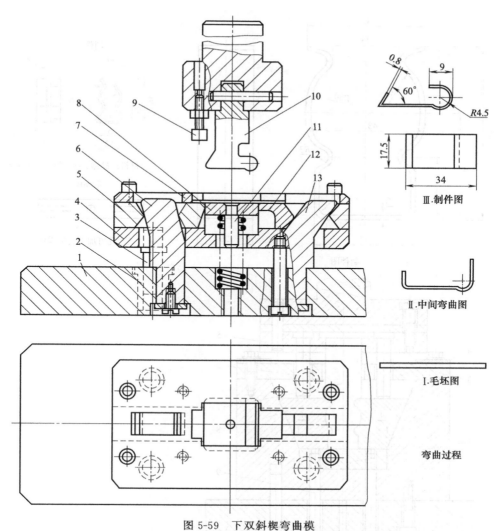

图 5-59　下双斜楔弯曲模
1—下模座；2—小导套；3—小导柱；4—凹模座；5—左滑块；6—左斜楔；7—盖板；
8—顶件块；9—限位螺钉；10—凸模；11—弹簧；12—右滑块；13—右斜楔

　　工作前，下模座 10 下面的弹顶器（图中未示出）和装在制件成形位置前后两侧的两个弹簧 11 使两块斜楔凹模 8 处于分开的上极限位置。

　　工作时，毛坯放在压板 3 上，由定位板 4 定位。上模下行时，凸模 7 通过压板 3 先是将毛坯压弯成 U 形，并进入左右成形滑块 8 的中间。上模继续下行，压柱 6 接触成形滑块 8 压住向下运动，成形滑块沿滑块座的斜面向中心收缩，将制作包紧在凸模 7 上压弯成形。此时左右滑块底平面与托板 1 上平面间应保持少许间隙，从而达到模具闭合后，制件得到校正作用。

　　上模上行时，托板 1 在顶器顶杆 9 的作用下向上顶起，两成形滑块 8 张开，包在凸模上的制件从纵向推出或用镊子取出。

　　本结构模具适用于弯制各种弹簧夹之类的对称件，料厚不宜过厚，一般在 1mm 以内。

（4）簧片外斜楔弯曲模

　　如图 5-61 所示为带外斜楔的复杂簧片弯曲模，左右斜楔设在上模，而滑块兼成形凸模设在下模内。

　　工作时，利用毛坯上 $2×\phi2.2$mm 孔套在定位销 4 上定位。当上模下行时，活动凸模 9 先压住料，并在顶柱 12 和凹模 3 的作用下将毛坯初压成 ⌣ 形。上模继续下行，斜楔 5 接触并迫

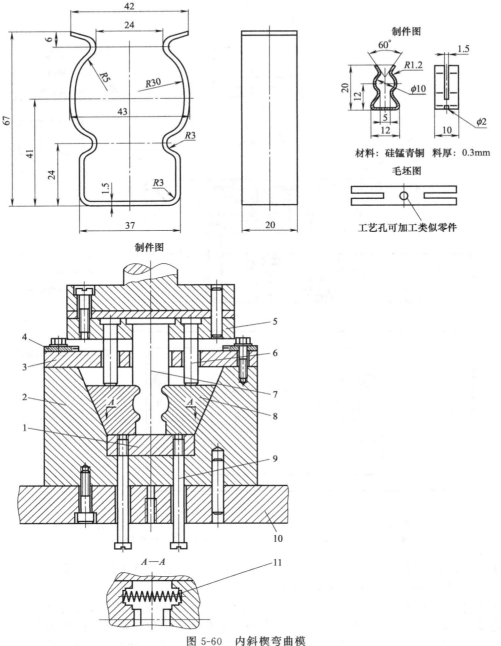

图 5-60　内斜楔弯曲模

1—托板；2—模框；3—压板；4—定位板；5—固定板；6—压柱；7—凸模（上模）；
8—斜楔凹模；9—顶杆；10—下模座；11—弹簧

使滑块 10 向中心运动，此时弯曲制件两端的圆弧弯钩，凸模 9、凹模 3、左右滑块 10 处于"压死"状态下，制件完全成形并得到校正。

上模回升时，左右滑块在弹簧 11 的作用下退回，制件被凸模 9 带走，然后取下。

（5）框形件一次弯曲模

如图 5-62 所示为框形件一次弯曲模。工作时毛坯放置于凹模 2 上并定位，上模下行，凸模 8 将坯料弯曲成 U 形。上模继续下行，弹簧 9 被压缩，横向凸模 4 沿凸轮 3 工作面运动而被迫作横向移动，弯曲 c、b 角。接着压块 6 压下摆块 7，弯曲 a 角。行程终了对弯曲件有校正作用。

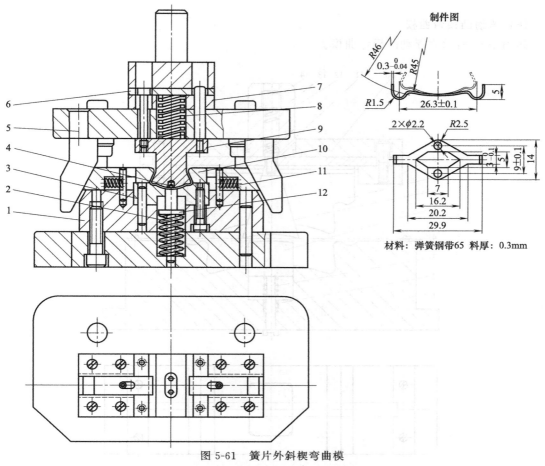

制件图

材料：弹簧钢带65　料厚：0.3mm

图 5-61　簧片外斜楔弯曲模

1—凹模座；2,11—弹簧；3—凹模；4—定位销；5—斜楔；6—垫板；7—衬板；

8—强力弹簧；9—凸模；10—滑块；12—顶柱

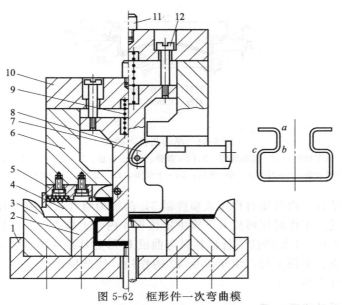

图 5-62　框形件一次弯曲模

1—下模座；2—凹模；3—凸轮；4—横向凸模；5—调整块；6—压块；7—摆块；8—凸模；

9—弹簧；10—上模座；11—模柄；12—卸料螺钉

(6) 浮动凸模弯曲模

如图 5-63 所示为浮动凸模弯曲模。

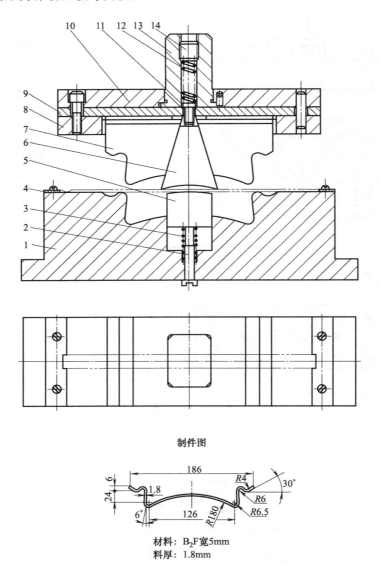

制件图

材料：B_2F宽5mm
料厚：1.8mm

图 5-63 浮动凸模弯曲模

1—凹模（兼下模座）；2—卸料螺钉；3,12—弹簧；4—定位板；5—顶件器；6—凸模吊装块；
7—凸模动块；8—导轨板；9—垫板；10—上模座；11—螺钉；13—模柄；14—螺塞

凹模为整体式结构，内置压料作用兼顶件器 5，凸模为组合式组构，由楔形凸模吊装块 6、左右凸模动块 7 组成。工作时坯料放入下模中定位板 4 内，上模下行，凸模吊装块 6 与顶件器 5 将坯料压紧的状况下，上模继续下行将坯料弯曲成 U 形后延续变形直至上下模闭合压死，坯料完成全部成形为止。上模上行，由于弹簧 12 的作用，使凸模吊装块往下运动，凸模动块 7 可往中心收缩，制件方便取走。

(7) 凸、凹模浮动式弯曲模

如图 5-64 所示为凸、凹模浮动式弯曲模。

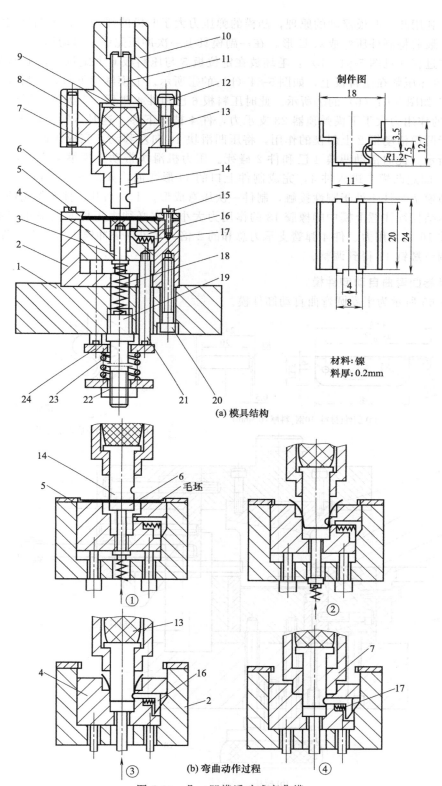

制件图

材料：镍
料厚：0.2mm

(a) 模具结构

毛坯

(b) 弯曲动作过程

图 5-64 凸、凹模浮动式弯曲模

1—下模座；2—凹模活动框；3—压料板螺钉；4—活动凹模；5—定位板；6—压料板；7—固定凸模；8—圆柱销；
9—压板；10—模柄；11—调节螺钉；12,15,20—螺钉；13—聚氨酯橡胶；14—活动凸模；16—压凹滑块；
17,18,23—弹顶器；19—双头螺栓；21—顶杆螺钉；22—螺母；24—托板

本模具利用凸、凹模浮动的原理，凸模的弹压力大于凹模的浮动力，将制件先压成 U 形，再压侧凹，最后将制件压弯成双 U 形，在一副模具上一次冲压完成全部动作。

其工作过程 [见图 5-64（b）]：毛坯放在定位板 5 与压料板 6 上定位后，上模下行，活动凸模 14 将毛坯压紧在压料板上，如图 5-64（b）的①所示。上模继续下行，坯料进入凹模 4 被弯成 U 形，如图 5-64（b）的②所示。此时压料板 6 已和件 4 碰死。上模继续下行，由于上模中橡胶 13 的作用力大于下模弹顶器 23 支承力，件 4 被迫下移，这时压凹滑块 16 随件 4 一起下行，由于凹模活动框 2 上斜楔的作用，将压凹滑块 16 向左移动，完成压凹动作，如图 5-64（b）的③所示。此时活动凹模 4 已和件 2 碰死。压力机滑块带动上模继续下行，上模的橡胶 13 被压缩，固定凸模 7 进入件 4，完成制件上口的 U 形弯曲，如图 5-64（b）的④所示。至此，固定凸模 7 与件 4 处于刚性接触，制件一次压弯成形。上模回升，件 6 将制件顶出。

采用本结构须注意上模中的橡胶 13 的作用力大小，它必须大于件 6 的最小弹顶力、制件弯曲力、件 16 的作用力、件 4 弹簧支承力总和的 2 倍，才可保证冲模正常工作。件 13 的作用力可通过调节螺钉 11 得到调整。

(8) 半卷圆弯曲自动卸件模

如图 5-65 所示为半卷圆弯曲自动卸件模。

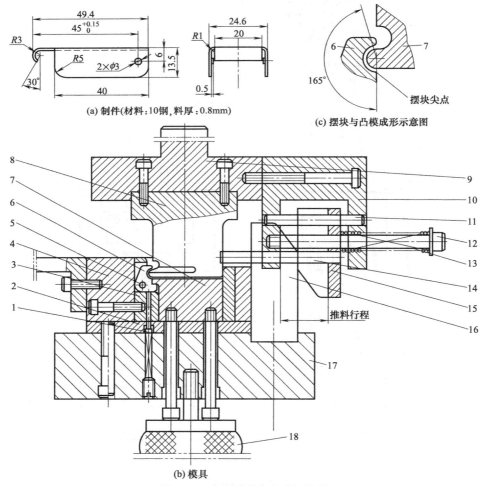

图 5-65　半卷圆弯曲自动卸件模

1—弹簧顶销；2—下垫板；3—垫块；4—下模框；5—圆柱销；6—摆块；7—顶件块；8—凸模；9—上模座；10—支架；11—导杆（2 件）；12—螺钉；13—弹簧；14—推杆；15—联体斜楔；16—分体斜楔；17—下模座；18—弹顶器

模具由摆块机构、压 U 形弯、自动卸件三部分组成。

① 摆块机构及工作过程　初始状态时，摆块 6 在弹簧顶销 1 的作用下逆时针转动，并紧贴在下模框 4 内侧。当凸模 8 下行，并带动顶件块 7 向下运动时，两侧 U 形弯开始成形，同时制件端部压成 L 形，当顶件块 7 的凸缘下沿与摆块 6 凸缘上沿接触时，摆块 6 开始顺时针转动，并压迫制件开始做卷圆动作，当顶件块 7 与下垫板 2 碰死时，摆块 6 动作也同时终止，卷圆动作完成。

在摆块设计时，需要考虑的是摆块开始转动的时间。转动过早，会出现摆块与凸模干涉的情况；摆动过晚，则制件端部材料会因为摆动角度不够，造成回弹过大，不能够完全成形，且特别需要注意的是，在后种情况下，摆块尖点［见图 5-65 (c)］与凸模底平面在做相对运动的时候，其间的最小距离（材料厚度）不会出现在最后成形的瞬间，而在成形过程中就有可能出现，进而造成制件背面产生拉痕。所以在设计中，采用反向设计——即从成形状态反向设计模具，可通过计算机模拟工作过程，以确保整套模具动作能顺利完成。

对于制件 R3mm 圆弧的回弹与摆块成形处尺寸的确定，需要注意：①摆块成形端部 R 处的包角应该要比制件的包角大（设计中采用 165°），用以满足成形需要，但不能超过 180°，否则凸模会与摆块发生互锁，凸模 R 成形处可以做成半圆形，而不需要考虑回弹角［见图 5-65 (c)］。②通过理论计算的回弹角与制件圆弧包角之和不能超过 180°，否则摆块机构无法成形。

② 自动卸料机构及工作过程　自动卸料机构是根据斜楔运动的设计而成。如图 5-65 (b) 所示，件 16、15 是一对斜楔组合，件 16 是一对分体斜楔，位于模具后侧的两边，件 15 是联体斜楔，俯视图为半工字形（如斜楔跨度较大，也可以做成结合件形式的联体斜楔）。

在联体斜楔中设有推杆 14 及导杆 11。导杆的作用除了吊住联体斜楔 15 外，在斜楔运动时起导向作用。导杆 11 与支架 10 采用 H7/n6 过盈配合，防止窜动；推杆 14 可根据凸模的情况设计成各种形状，与联体斜楔采用 H7/p6 过盈配合（如空间允许也可用螺钉连接），保证两者作为整体运动，推杆前端穿过支架 10，采用 H7/h6 间隙配合，起定向作用。

支架 10 通过螺钉与上模座 9 连接成一体，并带动联体斜楔 15 及其中的相关零件做垂直运动，在支架两侧设有一组等长螺钉 12，并穿入弹簧 13，且弹簧顶在联体斜楔 15 上，以使其自动复位。使用等长螺钉的目的是为了避免普通螺钉因为旋入深度不一致而造成弹簧压力不均匀的问题，以便联体斜楔 15 能平稳运动。

当凸模 8 下行时，斜楔 16、15 接触，迫使联体斜楔 15 带动其上的推杆 14 向右运动，在这个过程中，注意制件成形过程不能与推杆 14 的后退过程干涉。当斜楔 16、15 的直边接触时，斜楔运动完成。卸件机构与模具一同做垂直运动，直至制件成形，在该过程中，应保证推杆 14 与凸模至少有 2～3mm 的接触面，以避免推杆在脱离凸模后由于加工误差、振动等因素引起干涉，造成不复位的现象。当模具上行时，联体斜楔 15 在弹簧 13 的作用下，与推杆 14 一起向左运动，推出制件，直至斜楔复位。复位的行程可在支架 10 左侧的悬臂内侧增设限位螺钉，控制推料距离，在推杆与制件接触的时候，应保证制件已经从下模中脱离，即凸模 8 与顶件块 7 处于分离的状态下，推杆 14 推件过程开始进行。

(9) 卷圆弯曲一次成形模

如图 5-66 所示为将落料后的片状毛坯卷圆弯曲一次成形模。适用于薄料小零件。

工作时，将毛坯推入定位板 3 和芯模 7 之间定位。当上模下行时，卷圆凸模 1 先接触毛坯并在芯模 7 之间弯曲成∩形［见图 5-66 (b) 中Ⅰ］。上模继续下行，螺钉 6 的端面压住滑块座 2 上平面下行，使已弯成∩形部分之外的直长尾靠着凹模镶件 8 向上弯曲成形［见图 5-66 (b) 中Ⅱ］。滑块座 2 的活动量通过调节螺母 5 控制螺钉 6 的长度实现。滑块座 2 继续下行，使∩形部分在凹模 4 中弯曲成 O 形［见图 5-66 (b) 中Ⅲ］。上模回升，顶杆 9（下接弹顶器）将滑块座 2 复位，制件从芯模上即可取出［见图 5-66 (b) 中Ⅳ］。

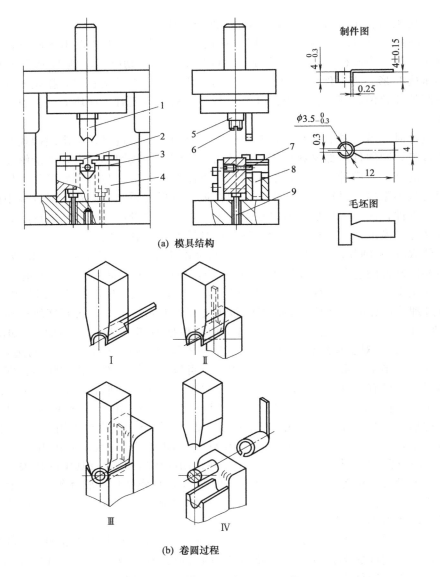

(a) 模具结构

(b) 卷圆过程

图 5-66　卷圆弯曲一次成形模

1—凸模；2—滑块座；3—定位板；4—凹模；5—螺母；6—螺钉；
7—芯模；8—凹模镶件；9—顶杆（接弹顶器）

本模具主要特点是，芯模 7 固定在滑块座 2 上，可以更换，而且当卷圆凸模将毛坯在芯模上弯成 U 形时，凸模 1 不再对芯模施加压力，而由螺钉 6 推动滑块座 2 向下运动继续成形。可防止芯模受压力被折断。

(10) 提手双作用四斜楔弯曲模

如图 5-67 所示为 YSP-15 型液化气罐提手双作用四斜楔机构弯曲模。

液化气罐提手 ［见图 5-67（a）］是经级进模冲孔落料 ［见图 5-67（b）］获取的工序件，再经辊圆（使之成直径 $\phi190$mm、包角 $270°$的圆环）、弯曲模对提手的左右 $R9$mm 部分弯曲成形而成的。

模具的工作过程为：首先将辊圆后的工序件倒置，待弯曲部分左右对称地套在凹模 14 上，开启压力机，随着压力机滑块下行，紧固于上模座 10 上的左右两夹紧斜楔 3 和左右两弯曲斜

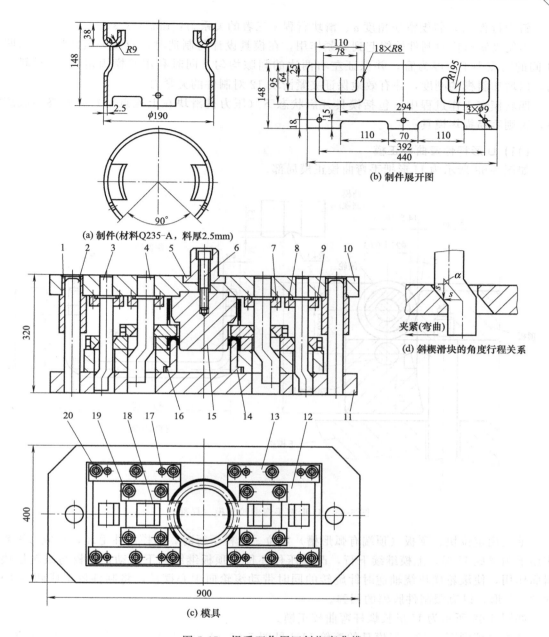

(a) 制件(材料 Q235-A，料厚 2.5mm)

(b) 制件展开图

(d) 斜楔滑块的角度行程关系

(c) 模具

图 5-67 提手双作用四斜楔弯曲模

1—导套；2—导柱；3—夹紧斜楔；4—弯曲斜楔；5—模柄；6,8,20—螺钉；7,9—固定板；10—上模座；11—下模座；12—夹紧滑块；13—导滑板；14—凹模；15—凸模；16—凹模固定板；17—圆柱销；18—弯曲滑块；19—导滑板

楔 4 同时下行，且夹紧斜楔的内侧斜面先于弯曲斜楔的内侧斜面与安装在凹模固定板 16 上的左右两夹紧滑块 12 的斜面接触，同时推动其向中心移动，当两斜面接触脱离时，两夹紧滑块与凹模 14 已将制作夹紧，并在以后的行程中保持不变。随着压力机滑块继续下行，左右两弯曲斜楔 4 的内侧斜面也与安装在夹紧滑块上的左右两弯曲滑块 18 的斜面接触，在使两弯曲滑块向中心移动的过程中将制件的提手部分推弯，接着随之而下的凸模 15 将其弯曲成形。弯曲结束后，压力机滑块回程向上，弯曲斜楔的外侧斜面先作用，使弯曲滑块退回，接着夹紧斜楔的斜面作用，使夹紧滑块退回，取出制件，完成一个工作循环。

在本模具中。斜楔滑块角度 $\alpha = 40°$，夹紧滑块行程 $s_j = 10$mm，弯曲滑块行程 $s_w = 22$mm。

斜楔行程 s_1，斜楔滑块角度 α、滑块行程 s 三者的关系为：$\tan\alpha = s/s_1$。

为使夹紧滑块对制件始终起到夹紧作用，在模具设计与制造时，应使夹紧滑块 12 与凹模 14 间的间隙小于料厚为宜，并保证左右两边的间隙均匀。同时利用凹模固定板 16 对斜楔导向，以增加斜楔的刚度，并有效地保证夹紧滑块 12 对制件的夹紧力。

四斜楔在工作过程中，包括模具开启状态下（压力机滑块在上死点时）应始终不脱离滑块，否则容易损坏模具。

(11) U 形杆件弯曲校正模

如图 5-68 所示为 U 形把手弯曲校正模局部。

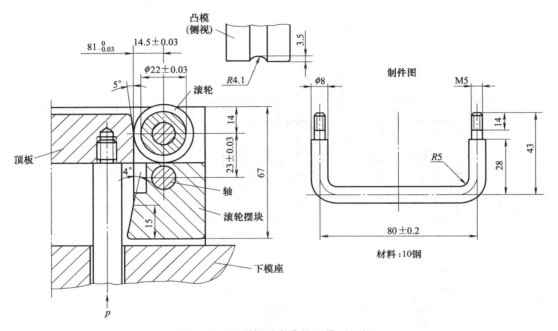

图 5-68　U 形把手弯曲校正模（局部）

毛坯用定位块、顶板（顶端有弧形槽）定位。上模下行时，凸模压住毛坯，在成形滚轮的作用下预弯成 U 形，上模继续下行，凸模压住坯件和顶板继续向下运动，顶板与滚轮摆块的斜面作用，使滚轮摆块绕轴逆时针旋转的同时带动滚轮向中心摆动，将制件校正成两侧＜90° 的"凵"形，以克服制件脱模的回弹。

如图 5-69 所示为 U 形长螺杆弯曲校正模。

结构原理同图 5-68，但模具的滚轮 11 [见图 5-69（b）]、顶板 8 [见图 5-69（c）] 各有 3 个弧形槽，一次可加工 3 个制件，生产效率高，成本低，适合大批量生产。

该模具在 630kN 压力机上使用。工作时，毛坯放入滚轮 11 的 3 个槽内，左端靠定位挡板 5 顶住定位。凸模下行，坯件在凸模与滚轮的共同作用下被初步弯成 U 形；凸模继续下行，U 形件的弧面完全进入顶板 8 的凹槽内，凹槽对坯件起到了定位作用，当顶板随凸模下行而下行时，顶板两边台阶下的圆角接触到滚轮架摆块 9 斜面处，左右件 9 即绕轴 14 向中心回转，对 U 形件起到校正作用。顶板下行量的大小，决定了制件的校正量，它们之间成正比关系，从而保证制件能达到理想形状和尺寸要求。

支座 6 和滚轮架摆块 9 见图 5-69（d）、图 5-69（e）。

(12) 带凸缘燕尾形件转轴式弯曲模

如图 5-70 所示为闸瓦钢背件，采用料厚 3mm 的 Q235 钢板制成，有一定批量。

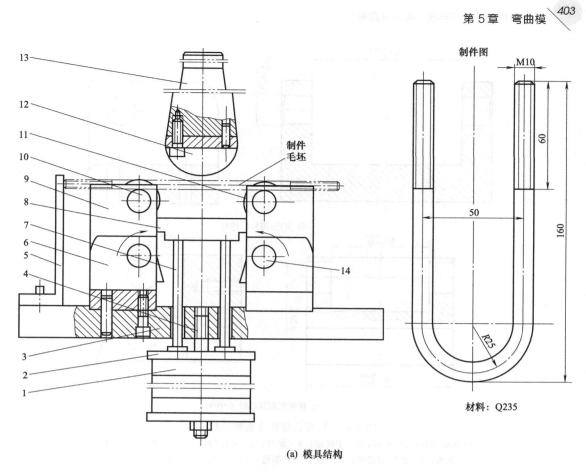

13
12
11
10
9
8
7
6
5
4
3
2
1

制件
毛坯

14

(a) 模具结构

制件图

M10

60

50

160

R25

材料: Q235

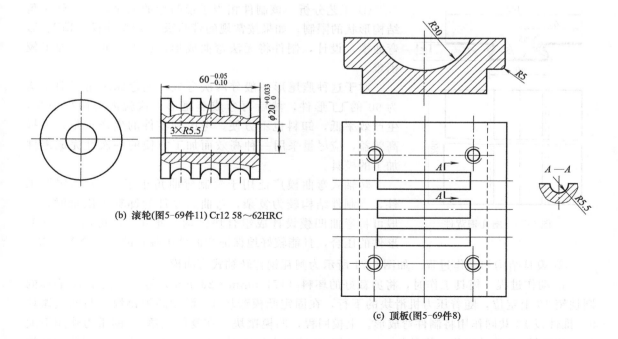

60⁻⁰·⁰⁵₋₀.₁₀

φ20⁺⁰·⁰³³₀

3×R5.5

(b) 滚轮(图5-69件11) Cr12 58～62HRC

R30

R5

A—A

R5.5

A

A

(c) 顶板(图5-69件8)

图 5-69

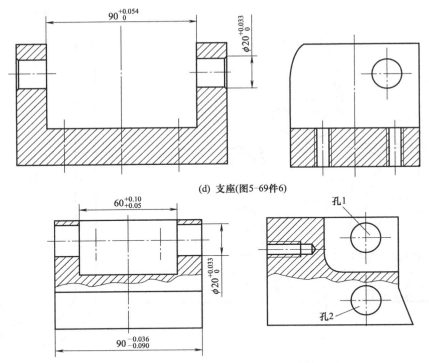

(d) 支座(图5-69件6)

(e) 滚轮架摆块(图5-69件9)

图 5-69　U 形长螺杆弯曲校正模

1—聚氨酯橡胶；2—夹板；3—下模座；4—螺杆；5—定位挡板；6—支座；7—顶杆；
8—顶板；9—滚轮架摆块；10—轴；11—滚轮；12—凸模；13—模柄；14—轴

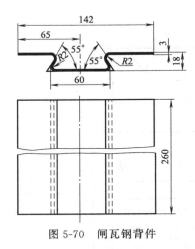

图 5-70　闸瓦钢背件

① 工艺分析　该制件相当于带凸缘的燕尾，受多处锐角结构形状的限制，如果按常规的带凸缘 U 形弯曲模（即⊓形弯曲模）设计，制件将无法弯曲成形，也无法卸料，加工较困难。

对于这种燕尾形一般分两次弯成，先弯成四角弯曲角均为 90° 的⊓形件，然后再弯成燕尾形，这就需要两副模具，生产效率低，卸料也不方便。考虑到零件的生产批量，为提高效益，应尽量采用一种高效而加工方便的一次性完成零件加工的模具。

转轴式弯曲模广泛用于弯制弯曲角小于 90° 的燕尾形工件，当制件结构较为复杂，弯曲后零件的卸料较困难时，一般可将弯曲凹模设计成组合块结构，此外，还可用于 V、U 形件的压合，且能较好地保证弯曲件中各孔的形位公差要求。

② 模具结构与动作过程　如图5-71所示为闸瓦钢背转轴式弯曲模。

a. 动作过程　模具工作时，将剪裁好的坯料（171.5mm×260mm）置于凹模座10表面的圆柱销19上定位，随着压力机滑块的下行，在固定凸模镶块4、活动凸模镶块6与凹模镶块9、推件板13共同作用将制件弯成形。上模回程，凹模镶块9在复位重锤11的重力作用下通过凹模转轴17转动复位，推件板13在弹簧16的弹力作用下通过顶柱14上行，同时将制件推出凹模型腔。结构中顶出装置的顶出力，可选用模外弹顶器获得较大弹力。图5-72为模具开启和闭合时下模的状态。

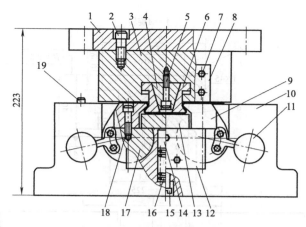

图 5-71 闸瓦钢背转轴式弯曲模

1—上模板；2,5,7,18—螺钉；3—凸模座；4—固定凸模镶块；6—活动凸模镶块；8—连接板；9—凹模镶块；10—凹模座；
11—复位重锤；12—盖板；13—推件板；14—顶柱；15—卸料螺钉；16—弹簧；17—凹模转轴；19—圆柱销

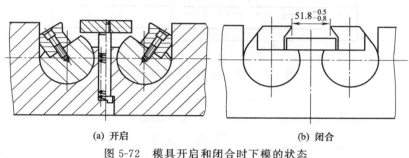

(a) 开启　　　　　　　　　　　(b) 闭合

图 5-72 模具开启和闭合时下模的状态

b. 模具设计分析 考虑到制件为燕尾形，为便于制件弯曲成形后的卸料，凸模采用镶拼结构，如图 5-73 所示为模具开启和闭合时凸模的状态。

由固定凸模镶块 4（见图 5-71）和活动凸模镶块 6 组合而成的组合式凸模和由凹模镶块 9 及凹模转轴 17 组合而成的组合式凹模是保证整副模具工作的关键。图 5-74 为

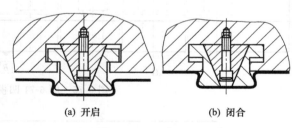

(a) 开启　　　　(b) 闭合

图 5-73 模具开启和闭合时凸模的状态

组合式凸模结构与有关尺寸。图 5-75 为凹模镶块 9 的结构与有关尺寸。图 5-76 为凹模转轴 17 结构。上述这些工作零件，当生产的工件批量不大时，可以采用 45 钢经热处理淬火至 $40 \sim 45HRC$ 使用；当生产的工件批量较大时，应采用优质合金工具钢，如用 CrWMn 经热处理淬火至 $58 \sim 62HRC$ 使用。加工表面粗糙度 $Ra \leqslant 0.8\mu m$。

(13) 转轴或 V 形件压合模

如图 5-77 所示手柄连接件零件，采用料厚 1.2mm 的 Q235 冷轧钢板制成，中等生产批量。

① **工艺分析** 该零件弯曲部分呈完全封闭重叠状态，由于压弯成形最后要保证 2 个 M4 和 $\phi 3.5mm$ 孔距及其垂直度，采用一般压弯模较难达到要求。根据零件结构及要求，需采用转轴式弯曲模完成零件的加工。零件的加工工艺方案为：冲孔落料—压弯成 V 形—压合成 T 形。

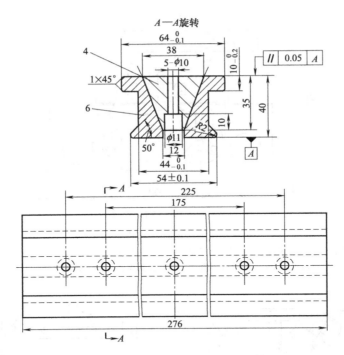

图 5-74　图 5-71 组合式凸模的结构

图 5-75　图 5-71 凹模镶块 9 的结构

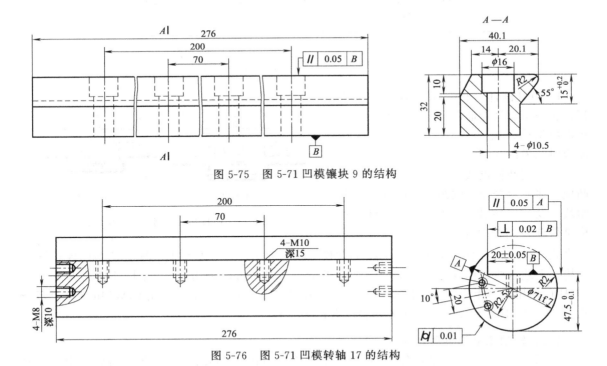

图 5-76　图 5-71 凹模转轴 17 的结构

② 模具结构　如图 5-78 所示为转轴式弯曲模结构。工作时，将完成压弯成 V 形后的手柄连接件半成品放在转动凹模 5 的 V 形槽内，上模下行，凸模 4 先压住坯件的上端角部，上模继续下行，左右转动凹模 5 绕各自轴心旋转的同时，将置于中间的 V 形坯件逐渐向中心靠近，直至压合重叠，此时，转动凹模 5 的下平面与凹模座 6 贴紧，制件压合成 T 形完成。上模回程，安装在下模中的聚氨酯橡胶 7 推动转动凹模 5 复位。

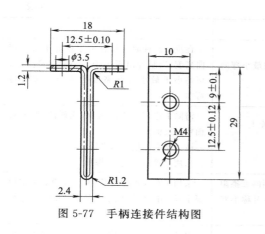

图 5-77 手柄连接件结构图

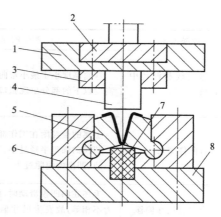

图 5-78 转轴式 V 形件压合弯曲模

1—上模座；2—模柄；3—凸模固定板；4—凸模；5—转动凹模；
6—凹模座；7—聚氨酯橡胶；8—下模座

③ 模具设计要点

a. 当转动凹模 5 底面与凹模底紧贴时，两转动凹模竖直面之间间隙保持为 2t （按图示该值为 24mm）， t 为材料的实际厚度。

b. 两个转动凹模 5 的轴中心距不能太小，以防引起自锁，取转轴中心距 55～60mm 为宜。

c. 转动凹模与凹模座应有良好的配合性能和使用寿命。转动凹模可用 Cr12、淬火硬度为 58～62HRC、线切割加工完成。转动轴与凹模座孔的配合间隙为 0.012～0.025mm，保证转动灵活。

d. 为保证转轴凹模的良好位置，凹模座 6 的两端面须设置挡板（图示未表示）。该挡板既为转轴凹模轴向定位，又可为凹模座上储存适量润滑油，使转轴凹模旋转更灵活。

5.9 弯曲件产生缺陷或废品原因及消除方法

弯曲件生产中，如果出现了缺陷或废品等不正常现象，应及时分析原因并采取措施消除，常见的缺陷或废品类型、产生原因及消除方法见表 5-30。

表 5-30 常见的废品类型、产生原因及消除方法

序号	废品或缺陷	产生的原因	消除的方法
1	弯裂	凸模弯曲半径过小 毛坯毛刺的一面处于弯曲外侧 板材的塑性较低 下料时毛坯硬化层过大	适当增大凸模圆角半径 将毛刺一面处于弯曲内侧 用经退火或塑性较好的材料 弯曲线与纤维方向垂直或成 45°方向
2	U 形弯曲件底部不平	压弯时板料与凸模底部没有靠紧	采用带有压料顶板的模具，在压弯开始时顶板便对毛坯施加足够的压力
3	翘曲	由于变形区应变状态引起的，横向应变（沿弯曲线方向）在中性层外侧是压应变，中性层内侧是拉应变，故横向便形成翘曲	采用校正弯曲，增加单位面积压力；根据预定的弹性变形量，修正凸凹模
4	孔不同心	弯曲时毛坯产生了滑动，故引起孔中心线错移 弯曲后的弹性恢复使孔中心线倾斜	毛坯要准确定位，保证左右弯曲高度一致 设置防止毛坯窜动的定位销或压料顶板 减小制件弹复

序号	废品或缺陷	产生的原因	消除的方法
5	弯曲线和两孔中心线不平行	弯曲高度小于最小弯曲高度,在最小弯曲高度以下的部分出现张口	在设计制件时应保证大于或等于最小弯曲高度,当制件出现小于最小弯曲高度时,可将小于最小弯曲高度的部分去掉后再弯曲
6	弯曲件擦伤	金属的微粒附在工作部分的表面上 凹模的圆角半径过小 凸、凹模的间隙过小	清除工作部分表面污物,除低凸、凹模表面粗糙度值 适当增大凹模圆角半径 采用合理凸、凹模间隙值
7	弯曲件尺寸偏移	毛坯在向凹模滑动时,两边受到的摩擦阻力不相等,故发生尺寸偏移,以不对称形状件压弯为显著	采用压料顶板的模具,毛坯在模具中定位要准确,在有可能的情况下,采用对称性弯曲
8	孔的变形	孔边距弯曲线太近,在中性层内侧为压缩变形,而外侧为拉伸变形,故孔发生了变形	保证从孔边到弯曲半径 r 中心的距离大于一定值,在弯曲部位设置辅助孔,以减轻弯曲变形应力
9	弯曲角度变化	塑性弯曲时伴随着弹性变形,当压弯的制件从模具中取出后便产生了弹性恢复,从而使弯曲角度发生了变化	以校正弯曲代替自由弯曲,以预定的弹性恢复角度来修正凸凹模的角度
10	弯曲端部鼓起	弯曲时中性层内侧的金属层,纵向被压缩而缩短,宽度方向则伸长,故宽度方向边缘出现突起,以厚板小角度弯曲为明显	在弯曲部位两端预先做成圆弧切口将毛坯毛刺一边放在弯曲内侧

第6章

拉深模

6.1 拉深件分类及板料的拉深变形分析

6.1.1 拉深方法与拉深件分类

(1) 拉深方法

拉深又叫拉延、压延、拉伸、引伸等。国家标准的锻压名词术语中规定叫拉深。它是指利用拉深模具在压力机的作用下，将预先裁切成一定形状的平板毛坯制成开口立体空心件，或以开口空心件为毛坯，再进一步继续拉深，改变其形状和尺寸的一种冲压加工方法。

拉深成形是板料立体成形的最重要加工方法。用拉深方法可以制成圆筒形、圆锥形、盒形（矩形）、球形等其他不规则形状薄壁零件。用拉深方法制造的薄壁空心件，具有生产效率高、省料、强度和刚度好，精度高和较低粗糙度的优点。拉深可加工范围非常广泛，小到直径几毫米（如空心铆钉；直径 2mm，料厚≤0.1mm 的镍制阴极帽），大到几米（如汽车覆盖件等）。

拉深可分为不变薄拉深和变薄拉深两种。不变薄拉深，制件各部位的厚度与拉深前毛坯厚度相比，无明显变化，基本不变；变薄拉深，制件的壁部厚度与毛坯厚度相比，有明显变薄，本书主要介绍应用最多的不变薄拉深。

(2) 拉深件分类

拉深件的形状很多，有不同的分类。按外形特点可分为直壁类拉深件和曲面类拉深件两大类。按形状是否对称可分为轴对称件和非轴对称件，表 6-1 为常见的拉深件分类。

表 6-1 拉深件的分类

分类	名称	形状简图
旋转体零件（轴对称件）	无凸缘圆筒形件	
	带凸缘圆筒形件	
	抛物线形件	

分类		名　称	形　状　简　图
旋转体零件（轴对称件）		锥形件	
		阶梯形件	
		半球形体件	
非旋转体零件	盒形件	对称盒形件	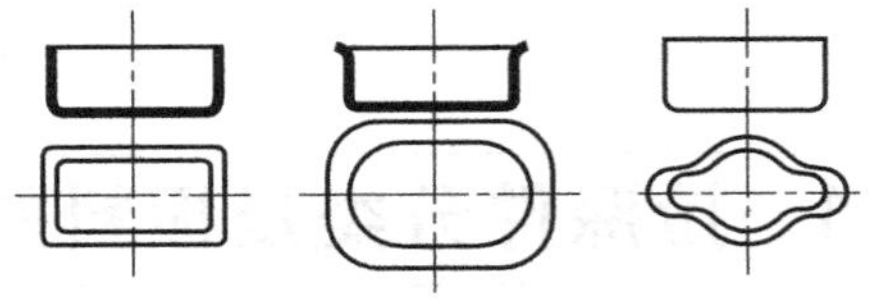
	复杂零件	非对称复杂零件	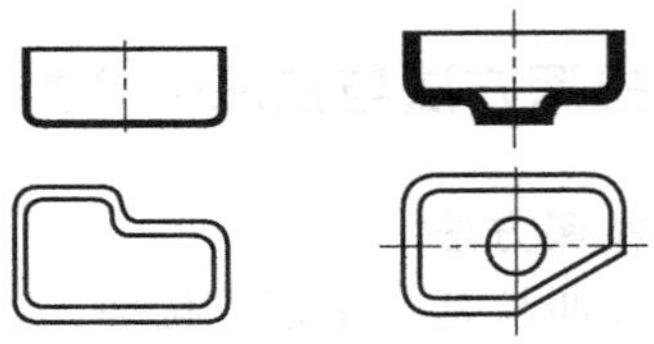

6.1.2　圆筒形件拉深变形过程特性

　　拉深变形主要是利用材料的塑性变形将平板坯料制成空心筒形件，如图 6-1 所示为圆筒形件拉深过程。所用拉深模也有凸模和凹模，但工作部分和冲裁模不同，没有锋利的刃口，凸、凹模都有一定圆角，而且表面加工得十分光滑。凸、凹模之间单边有略大于坯料厚度的间隙，这些都是使坯料沿拉深模塑性流动变形的有利条件。拉深开始时，凸模下行平板坯料同时受到凸模和压边圈压力作用，随着凸模进入凹模，将圆毛坯拉深成具有一定直径和高度的圆空心筒形件。

　　拉深成形的主要特性是材料内部产生塑性流动。如图 6-2 所示，是由直径为 D 的毛坯拉深成直径为 d、高度为 h 的底部有一定圆角 r 的筒形件。如果将毛坯与制件的形状和尺寸作一比较即可发现，毛坯中间直径为 d 的部分变为制件的底部，毛坯上 $(D-d)$ 圆环部分变为制件的筒壁 h，而且 $h > \dfrac{1}{2}(D-d)$。这说明在拉深过程中，金属材料产生了塑性流动，毛坯中阴影部分的金属被挤向筒壁上部，增加了制件的高度。拉深过程中金属材料的塑性变形情况还可以从事先在毛坯上画出间距相等的同心圆和分度相等的辐射线所组成的网络，然后观察拉深后网格的变化，进一步得以了解，如图 6-3 所示。圆筒底部的网格形状在拉深前后没有变化，筒壁的网格则由原来的扇形变成为长方形，距离底部越远的地方，长方形的高度尺寸越大，例如图示扇形网格 1 的变化说明在拉深过程中圆筒底部没有产生塑性变形，塑性变形只发生在筒壁部分。塑性变形的程度由底部向上逐渐增大，筒形口部达到最大。该处的材料，在圆周方向受到最大的压缩，高度方向获得最大的伸长。

　　综上所述，拉深变形过程特性可归纳为如下几点。

　　① 处于凸模底部的材料在拉深过程中几乎不发生变化。

　　② 材料的变形主要集中在 $(D-d)$ 圆环部分。

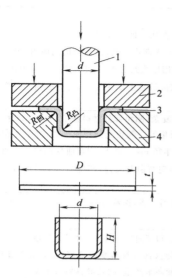

图 6-1　圆筒形件拉深过程

1—凸模；2—压边圈；3—制件；4—凹模

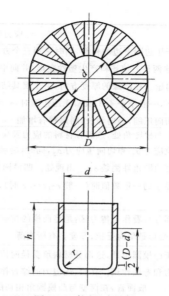

图 6-2　拉深时材料
变形特性示意图

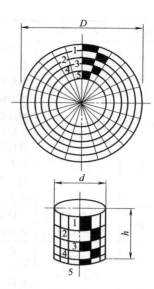

图 6-3　拉深件坐标网格试验

③ 圆环部分的金属材料在切向压应力和径向拉应力的共同作用下沿切向被压缩，且越到口部压缩得越多；沿径向伸长，且愈到口部伸长得愈多。

④ 圆环部分是拉深的主要变应区。

6.1.3　圆筒形件拉深过程中毛坯的应力应变状态

拉深过程中，毛坯在凹模中所处的位置不同，它们的变化情况也不同。根据拉深过程中毛坯各部分的应力状态不同，将其划为五个部分，其应力应变状态见表 6-2 说明。

表 6-2　圆筒形件拉深过程中的应力应变状态

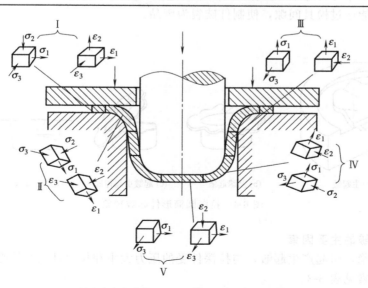

σ_1,ε_1—径向应力和应变；σ_2,ε_2—轴向（厚度方向）应力和应变；

σ_3,ε_3—切向应力和应变

区域	名　称	应力应变状态
I	平面凸缘部分 （主要变形区）	它位于压边圈下边的材料，同时受到三个方向应力作用。即圆周切向压应力 σ_3 和径向拉应力 σ_1。这两种力使坯料产生塑性变形，并向中心移动，逐渐进入凸、凹模间的间隙内，最后形成制件的筒壁。在凸缘的厚度方向，由于模具结构多采用压边圈的作用，坯料受到压应力 σ_2，该压应力很小，一般小于 4.5MPa，无压边圈时，$\sigma_2=0$。该区域是主要变形区，变形最剧烈。变形的特点是切向压缩，经向伸长，料厚稍有增加
II	凸缘圆角部分 （过渡区）	它位于凹模圆角处，这部分材料的应力及应变比较复杂，圆角部分材料除了与凸缘部分一样，受径向拉应力 σ_1 和切向压应力 σ_3，同时，接触凹模圆角的一侧还受到弯曲压力，外侧则受拉深应力。弯曲圆角外侧是 σ_{1max} 出现处。凹模圆角相对半径 $r_凹/t$ 愈小，则弯曲变形愈大。当凹模圆角半径小到一定数值时（一般 $r_凹/t<2$ 时），就会出现弯曲开裂，故凹模圆角半径应有一个适当值
III	筒壁部分 （传力区）	筒壁部分可看作是传力区，是将凸模的拉应力传递到凸缘，这部分材料只承受单向拉应力 σ_1 的作用，变形是单向受拉，厚度会有所变薄
IV	底部圆角部分 （过渡区）	它位于凸模圆角处，这部分材料承受径向拉应力 σ_1 和切向压应力 σ_3，并且在厚度方向受到凸模的压力和弯曲作用。在拉、压应力的综合作用下，使这部分材料变薄最严重，通常称其为"危险断面"。一般而言，在筒壁与凸模圆角相切的部位变薄最严重，此处最容易出现拉裂
V	圆筒底部 （不变形区）	这部分材料在拉深过程中始终保持平面状态，基本上不产生塑性变形或塑性变形很小，变形也是双向拉伸变薄。由于拉伸变薄会受到凸模摩擦阻力作用，故实际变薄很小，因此底部在拉深时的变形常忽略不计

6.1.4　拉深时的起皱、厚度变化和硬化现象

（1）起皱与起皱产生的原因

在拉深过程中，坯料外缘部分的材料沿径向受拉伸力而拉长，沿圆周方向受压应力压缩而缩短。当压应力 σ_3 达到一定值时，凸缘部分的材料失去稳定（当薄材料拉深时尤为明显）而产生弯曲，形成皱折（其情况如杆受压失去稳定而弯曲相似），在凸缘的整个圆周产生波浪形连续弯曲，这种现象称为起皱，如图 6-4 所示。起皱一般是不允许存在的，轻则影响质量；重则起皱的边缘不能通过模具间隙，使制件破裂为废品。

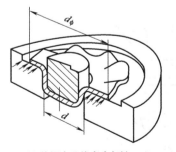

(a) 拉深中凸缘产生起皱　　(b) 凸缘起皱　　(c) 起皱引起掉底　　(d) 起皱引起破裂　　(e) 口部明显起皱

图 6-4　拉深圆筒形件起皱现象

（2）影响起皱的主要因素

拉深是否失稳，引起产生起皱，与拉深件受的压力大小和拉深件的凸缘变形区几何尺寸有关。主要影响因素见表 6-3。

（3）判别起皱的条件

综上分析，拉深中的起皱现象并不一定都发生，是否起皱，主要取决于两个方面。

表 6-3 影响拉深中起皱的主要因素

序号	影响因素	变形特点	备注
1	材料相对厚度	凸缘部分的相对料厚,即为 $t/(D-d)$,t 为料厚,D 为毛坯直径,d 为制件直径。类似于压杆粗细程度对压杆失稳的影响,凸缘相对料厚越大,越不容易起皱。反之,材料抗纵向弯曲能力弱,容易起皱	除此之外,防皱还应从制件形状、模具结构设计、拉深工序的安排、冲压条件以及材料特性等多方面考虑。当然,制件的形状取决于其使用性能和要求。因此,在满足产品使用要求的前提下,应尽可能降低拉深深度,以减小变形程度和切向压应力
2	切向压应力 σ_3（或拉深系数与变形程度大小）	拉深时 σ_3 的值决定于变形程度,变形程度越大,需要转移的剩余材料越多,加工硬化现象越严重,则 σ_3 越大,就越容易起皱 拉深系数 $m=\dfrac{d}{D}$ 值愈小,拉深的变形程度就越大,就越容易起皱	
3	材料的力学性能	板料的屈强比 σ_s/σ_b 小,则屈服极限小,变形区内的切向压应力也相对减小,因此板料不容易起皱	
4	凹模工作部分几何形状	与普通的平端面凹模相比,锥形凹模允许用相对厚度较小的毛坯而不致起皱	

① 材料的相对厚度 $t/D \times 100$（或 $t/d_{n-1} \times 100$） 式中,t 为料厚；D 为毛坯直径；d_{n-1} 为第 $n-1$ 次拉深直径。当相对厚度 $t/D \times 100 > 2$ 时,不易起皱；$t/D \times 100 < 1.5$ 时,容易起皱。

② 切向压应力 σ_3 的数值 σ_3 的大小决定于拉深材料的变形程度,而变形程度常用拉深系数 $m = d/D$ 来描述（d 为制件圆筒直径,D 为毛坯直径）,拉深系数越小,变形程度越大,σ_3 大,则越容易起皱。不同材料的合理拉深系数有个经验值,后面有介绍。

在生产实际中,也可采用下列简单的经验公式来作为判断拉深时凸缘不会起皱的近似条件:

用锥形凹模拉深时,毛坯不致起皱的条件

$$\frac{t}{D} \geqslant 0.03(1-m)$$

用普通的平端面凹模拉深时,毛坯不致起皱的条件

$$\frac{t}{D} \geqslant 0.045(1-m)$$

式中 t——板料的原始厚度；

D——毛坯直径；

m——拉深系数,$m = d/D$。

从上面两个公式可以看出:以此式来判断凸缘是否起皱的近似条件时,虽然撇开了材料力学性能的影响,但却反映了影响失稳的两个重要因素——拉深系数 m 与板料相对厚度 $\dfrac{t}{D}$ 之间的关系。如果 $\dfrac{t}{D}$ 愈大,不起皱的极限拉深系数 $m_{\min}$ 就愈小。

(4) 防止起皱产生的措施

① 采用有压边圈的拉深,这是在模具结构中最常用的一种方法。有了压边圈后,拉深过程中材料被强迫在压边圈与凹模平面间的间隙中流动,稳定性得到增加,起皱便不易发生。

也可以按表 6-4 判断。

② 根据材料的塑性,选择合理的变形程度（即一次变形量不宜太大）。

③ 合理选择凸、凹模间隙及圆角半径。

④ 选用合理的润滑剂,减小制件与模具之间摩擦。

表 6-4　平面凹模采用或不采用压边圈的条件

拉深方法	第一次拉深		以后各次拉深	
	$t/D \times 100$	m_1	$t/d_{n-1} \times 100$	m_n
用压边圈	<1.5	<0.6	<1.0	<0.8
可用可不用压边圈	1.5~2.0	0.6	1.0~1.5	0.8
不用压边圈	>2.0	>0.6	>1.5	>0.8

⑤ 采用锥形凹模（见图 6-5）。采用锥形凹模和锥形压边圈拉深，有助于材料的切向压缩变形。锥形拉深与平面拉深相比，具有更强的抗失稳能力，故不易起皱。采用锥形凹模，凸缘材料流经凸缘圆角所产生的摩擦阻力和弯曲变形阻力明显减小，拉深力比采用平端面小，允许变形大，可采用较小的拉深系数成形。

用锥形凹模首次拉深时，材料不起皱的条件是

$$t/D \geqslant 0.03(1 - d/D)$$

式中，D、d 为毛坯的直径和制件的直径，mm；t 为材料的厚度，mm。

⑥ 采用反拉深。多道工序拉深时，也可用反拉深防止起皱，如图 6-6 所示。即将前道工序拉深得到直径为 d_1 的半成品，套在筒状凹模上进行反拉深，使毛坯内表面变成外表面。由于反拉深时毛坯与凹模的包角为 $180°$，材料沿凹模流动的摩擦阻力和变形抗力显著增大，从而使径向拉应力增大，切向压应力的作用相应减小，能有效防止起皱。

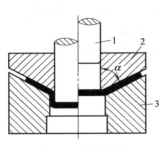

图 6-5　锥形凹模

1—凸模；2—压边圈；3—锥形凹模

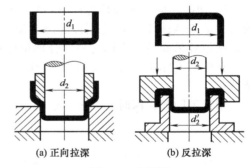

(a) 正向拉深　　(b) 反拉深

图 6-6　反拉深

⑦ 采用拉深筋等。

除此之外，防皱措施还应从制件形状、模具设计、拉深工序的安排、冲压条件以及材料特性等多方面考虑。当然，制件的形状取决于它的使用性能和要求。因此，在满足零件使用要求的前提下，应尽可能降低拉深深度，以减小圆周方向的切向压应力。

(5) 拉深件的料厚变化不均匀

即使是不变薄拉深，制件在拉深过程中，各部分的厚度也并非一点不变，会有微量的变化，如图 6-7 所示。其上半部有微量变厚，最多约为 30%，下半部有微量变薄，最小约减将近 10%，而底角（即凸模圆角部分）处变薄最严重，极易破裂，故称为"危险区"，拉深过程中常常由于该处破裂而使拉深工作难以进行。

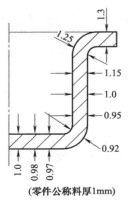

（零件公称料厚1mm）

图 6-7　有压边圈拉深时制件厚度的变化（实测）

如图 6-8 所示为拉深时制件各部分材料厚度和硬度的变化状况分析。

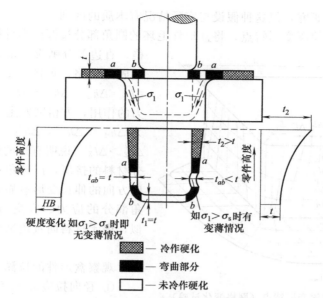

图 6-8 拉深时制件各部分材料厚度和硬度的变化状况

σ_1—拉入间隙内的拉应力；σ_s—在拉深前材料的屈服点；t—材料的公称厚度；
t_2—制件口部厚度；t_1—制件底部厚度；t_{ab}—制件 ab 段厚度

(6) 材料的硬化现象

在拉深过程中，由于材料产生很大程度的塑性变形，引起冷作硬化，见图 6-8，冷作硬化后，强度和硬度显著提高，塑性降低，给继续拉深带来困难。对于多次拉深的制件，可采取中间退火工艺消除硬化现象。对于使用高硬化金属（如不锈钢、高温合金等），在拉深 1～2 次工序后，必须进行中间退火工序，否则后续拉深无法进行。一些材料不进行中间退火工序能连续完成拉深次数的经验数据，见表 6-5。

表 6-5 不需热处理能拉深的次数

材料	08、10、15 钢	铝	黄铜 H68	纯铜	不锈钢	镁合金	钛合金
次数	3～4	4～5	2～4	1～2	1～2	1	1

6.1.5 盒形件拉深变形特点

盒形件为非旋转体拉深件，其外形主要有矩形、正方形和椭圆形等。通常盒形件常用矩形件为代表，这类零件从几何形状特性分析，可以认为是由圆角和直边两部分组成的。其拉深变形近似认为它的圆角部分相当于圆筒形件拉深，而直边部分相当于简单的弯曲变形。但实际上盒形的圆角与直边不是相互分开，而是相互联系的一个整体，在拉深成形过程必然相互牵制、相互影响，与旋转体零件相比，它们在凸缘上都是受径向拉伸和切向压缩应力的作用。但毛坯的变形分布要复杂得多，两者之间的最大差别在于矩形盒拉深件周边的变形是不均匀的。

对于矩形盒件拉深过程，可假设用图 6-9 虚线所示的假想毛坯，将四个直边和圆角分别用弯曲和

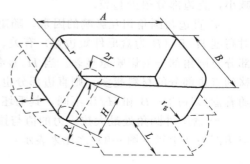

图 6-9 矩形盒假想毛坯

拉深两种不同变形来研究，但这种假设与实际情况有本质的区别。

为了观察盒形件拉深变形特点，将盒形件毛坯的圆角部分按圆筒形件拉深试验的方法画网格，直边部分画成互相垂直的等距离平行线组成的网格，如图 6-10 所示，$\Delta l_1 = \Delta l_2 = \Delta l_3 = \Delta h_1 = \Delta h_2 = \Delta h_3$；经拉深后，由于受力的作用，方格网发生了变化，直边部分变为 $\Delta h_1 < \Delta h'_1 < \Delta h'_2 < \Delta h'_3$；$\Delta l_1 > \Delta l'_1 > \Delta l'_2 > \Delta l'_3$。说明直边的横向部分受到圆角部分材料的挤压，离圆角愈远受挤压愈弱。高度方向的伸长变形愈靠近口部变形愈大。圆角部分的应力、应变与圆筒形件的拉深相似，由于材料向直边部分流动，减轻了变形程度。

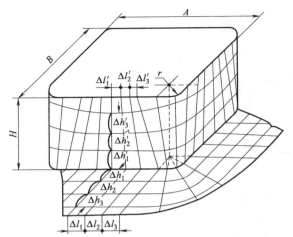

图 6-10　盒形件拉深变形特点（网格变化试验）

观察盒形件的拉深，变形特点如下。

① 径向拉应力 σ_1 沿盒形件周边分布不均匀，圆角中间处最大，直边中间处最小（图 6-11）。压应力 σ_3 的分布也是变化的，如果直边较长，中间部分 σ_3 近似为零，角部正中最大。

② 圆角部分的平均拉应力比相应圆筒形件的拉应力小得多，于是减小了危险断面的载荷，不易被拉裂，因此，对于相同材料的矩形比圆筒形件拉深系数要小。

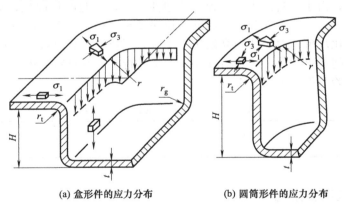

(a) 盒形件的应力分布　　　　　　(b) 圆筒形件的应力分布

图 6-11　盒形件拉深时的应力分布

③ 压应力 σ_3 在角部中间最大，离圆角愈远逐渐减小。与相应圆筒形件相比，起皱趋势也减小，直边部分很少起皱。

④ 直边与圆角相互影响的因素，随矩形件形状不同而异。主要与相对圆角半径 r/B 和相对高度 H/B（B 为盒形件短边宽）有关。当 r/B 越小，也就是直边部分所占比例大，则直边部分对圆角部分的影响越显著。当 H/B 越大，在相同的 r 下，圆角部分的拉深变形越大，转移到直边部分的材料越多，则直边部分也必然会较多的变形，所以圆角部分的影响也就越大。随着盒形件的 r/B 和 H/B 不同，其毛坯计算和工序计算的方法也就不同。

⑤ 盒形件圆角处最大拉应力的值与拉深系数 m 有关。盒形件拉深系数可用角部圆角半径与角部毛坯半径（图 6-9）之比来表示：

即

$$m = \frac{r}{R}$$

6.2　拉深件毛坯形状的确定与毛坯尺寸的计算

6.2.1　确定拉深件毛坯形状的原则与方法

(1)　确定拉深件毛坯形状的原则

冲压零件的总成本中，材料费用一般占到 60% 以上，因此，拉深件毛坯形状的确定和尺寸计算是否正确，有着很大的经济意义。

拉深件毛坯尺寸应满足成形后制件的要求，形状必须适应金属流动和与拉深件横截面形状相似，具体应遵守以下两个原则。

① 等面积原则　由于拉深前和拉深后材料的体积不变，对于不变薄拉深，假设材料厚度拉深前后不变，拉深毛坯的尺寸按"拉深前毛坯表面积等于拉深后零件的表面积"的原则来确定。

② 形状相似原则　拉深件毛坯的形状一般与拉深件的横截面形状相似。即零件的横截面是圆形、椭圆形时，其拉深前毛坯展开形状也基本上是圆形或椭圆形。对于异形件拉深，其毛坯的周边轮廓必须采用光滑曲线连接，应无急剧的转折和尖角。

(2)　确定拉深件毛坯形状和毛坯尺寸的方法

几种常见拉深件毛坯形状和尺寸的确定方法，见表 6-6。

表 6-6　几种常见拉深件确定毛坯形状和尺寸的方法

拉深件形状	毛坯形状	确定毛坯尺寸的方法
圆筒形件、带凸缘圆筒形件	圆形	不变薄拉深按等面积法，变薄拉深按等体积法
圆锥形件、圆阶梯形件	圆形	等面积法
高正方形件	圆形、近似圆形	等面积法或近似等面积法
高矩形件	椭圆、扁圆、圆形、矩形外形裁去四角	等面积法或近似等面积法
低正方形件	四角用圆弧连接的方形	①圆角处按 1/4 圆筒形等面积展开
低矩形件	四角用圆弧连接的矩形	②直边处按弯曲展开 ③圆角与直边用作图法光滑连接

6.2.2　拉深件切边余量

由于拉深材料厚度有公差，板料具有各向异性；模具间隙和摩擦阻力的不一致以及毛坯的定位不准确等原因，拉深后零件的口部将出现凸耳（口部不平）。为了得到口部平齐、高度一致的拉深件，需要拉深后增加切边工序，将不平齐的部分切去。因此，在按照制件图纸计算毛坯尺寸时，必须加上切边余量 δ 后再进行计算。各种拉深件的 δ 值见表 6-7～表 6-9。

对于比较浅的拉深件，精度要求又不高，一般只用一次拉深成形的，可以不考虑增加切边余量。

6.2.3　拉深件毛坯尺寸的基本计算方法

由于拉深前后材料密度不变，故可用等量法计算拉深件毛坯尺寸，即拉深后制件的体积、质量与拉深前毛坯相等。因此，拉深件毛坯直径根据上述理论基础，有等面积法、等体积法、等质量法等多种计算方法，见表 6-10 所列公式计算。

表 6-7　无凸缘拉深件的切边余量　　　　　　　　　　　　　　mm

制件高度 h	制件相对高度 h/d				简　图
	0.5～0.8	>0.8～1.6	>1.6～2.5	>2.5～4	
≤10	1.0	1.2	1.5	2.0	
>10～20	1.2	1.6	2	2.5	
>20～50	2	2.5	3.3	4	
>50～100	3	3.8	5	6	
>100～150	4	5	6.5	8	
>150～200	5	6.3	8	10	
>200～250	6	7.5	9	11	
>250	7	8.5	10	12	

表 6-8　有凸缘拉深件的切边余量　　　　　　　　　　　　　　mm

凸缘直径 $d_凸$	凸缘的相对直径 $d_凸/d$				简　图
	<1.5	1.5～2.0	2.0～2.5	2.5～3	
≤25	1.6	1.4	1.2	1.0	
>25～50	2.5	2.0	1.8	1.6	
>50～100	3.5	3.0	2.5	2.2	
>100～150	4.3	3.6	3.0	2.5	
>150～200	5.0	4.2	3.5	2.7	
>200～250	5.5	4.6	3.8	2.8	
>250	6	5.0	4.0	3.0	

表 6-9　无凸缘矩形件的切边余量

制件的相对高度 h/r	切边余量 δ	简　图
2.5～6	$(0.03～0.05)h$	
7～17	$(0.04～0.06)h$	
18～44	$(0.05～0.08)h$	
45～100	$(0.06～1.0)h$	

注：1. H 为计入切边余量的制件高度，$H = h + \delta$。

2. h 为图样上要求的矩形件高度。

3. r 为矩形件侧壁间的圆角半径。

表 6-10　常用拉深件展开毛坯计算方法

序号	计算方法	计算参数	拉深件展开毛坯直径 $D_坯/mm$	适用范围	说　明
1	等面积法	拉深件分解后各部分面积 (mm^2)：$f_1、f_2、f_3、\cdots、f_n$，则拉深件总的表面积 $\sum f(mm^2)$ 为 $$\sum f = \sum_{i=1}^{n} f_i = f_1 + f_2 + f_3 + \cdots + f_n$$	$$D_坯 = 1.13\sqrt{\sum_{i=1}^{n} f_i}$$	不变薄旋转体拉深件	限于使用圆形毛坯的拉深件、成形件；若采用其他形状的毛坯，要确定毛坯料厚 t 之后，按等面积原则转换

续表

序号	计算方法	计算参数	拉深件展开毛坯直径 $D_坯$/mm	适用范围	说 明
2	等体积法	拉深件分解后各部分体积 (mm^3)：V_1、V_2、V_3、$\cdots$、V_n，则拉深件总的体积 $\sum V(mm^3)$ 为 $$\sum V = \sum_{i=1}^{n} V_i = V_1 + V_2 + V_3 + \cdots + V_n$$	$$D_坯 = 1.13\sqrt{\frac{1}{t}\sum_{i=1}^{n}V_i}$$ t—毛坯料厚，mm	变薄与不变薄的任意形状的拉深件、成形件	限于使用圆形毛坯的变薄与不变薄回转体拉深件与成形件；若采用其他形式的毛坯需在确定料厚 t 情况下，按等面积换算后转换成任意形状毛坯
3	等质量法	拉深件分解后各部分质量 (g)：m_1、m_2、m_3、$\cdots$、m_n，则拉深件总质量 $\sum m(g)$ 为 $$\sum m = \sum_{i=1}^{n} m_i = m_1 + m_2 + m_3 + \cdots + m_n$$	$$D_坯 = 1.13\sqrt{\frac{1}{t\rho}\sum_{i=1}^{n}m_i}$$ ρ—毛坯材料密度，g/cm^3	任意形状、厚度不等的拉深件、成形件、体积冲压件	限于使用圆形毛坯的任意形状，厚度不等的拉深件、成形件、体积冲压件等。若采用其他任意形状的毛坯，需在确定毛坯料厚 t 的情况下按等面积原则转换
4	等面积转换计算法	① 按本表序号 1~3 任选一种方法求出任意拉深件或成形件的 $\sum f$、$\sum V$ 或 $\sum m$ ② 先代入序号 1~3 相应公式求出 $D_坯$ ③ 非圆形毛坯，可根据已定料厚，按等面积法换算	① 方形毛坯边长 $L_坯$ 为 $$L_坯 = 0.886 D_坯$$ ② 矩形毛坯长×宽= $L_坯 B_坯$ $$L_坯 = \frac{0.785 D_坯^2}{B_坯}$$ $$B_坯 = \frac{0.785 D_坯^2}{L_坯}$$	任意形状平板毛坯的转换计算	①方形毛坯面积(mm^2) $$F_坯 = L_坯^2 = \frac{\pi D_坯^2}{4}$$ ②矩形毛坯面积(mm^2) $$F_坯 = 长×宽 = L_坯 B_坯 = \frac{\pi D_坯^2}{4}$$

6.2.4 旋转体拉深件毛坯尺寸的计算方法

(1) 形状简单的旋转体拉深件

① 这类拉深件，一般由简单几何形状表面组成，拉深件的毛坯面积就等于简单几何形状表面的面积之和（加上修边余量）。

如图 6-12 所示为带凸缘筒形件，计算毛坯尺寸时，将其分解成五个简单几何形状。分别按表 6-11 所列公式求出各部分的面积并相加，即得制件总面积为

$$F = f_1 + f_2 + \cdots + f_n = \sum f$$

毛坯面积 F_0 为

$$F_0 = \frac{\pi D^2}{4}$$

按等面积法，即 $F = F_0$

故毛坯直径 D 按下式计算

$$D = \sqrt{\frac{4}{\pi}F} = \sqrt{\frac{4}{\pi}\sum f} \tag{6-1}$$

式中 F——拉深件的表面积，mm^2；

        f——拉深件分解成简单几何形状的表面积，mm^2。

工作中，对于常见的拉深件毛坯直径计算，可直接从表 6-12 中查找相应公式。在计算中，拉深件尺寸均按材料的中线为准，但当材料厚度小于 1mm 时，也可按外形或内形尺寸计算。

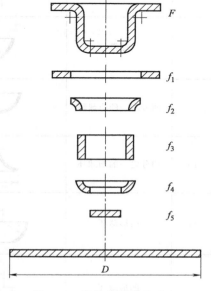

图 6-12 带凸缘筒形件毛坯
尺寸的计算图形分解

表 6-11　简单几何形状的表面积计算公式

序号	名　称	几 何 形 状	面积 f 计算公式
1	圆	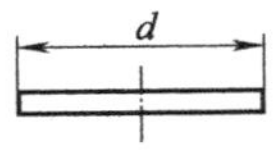	$f=\dfrac{\pi d^2}{4}=0.785d^2$
2	环	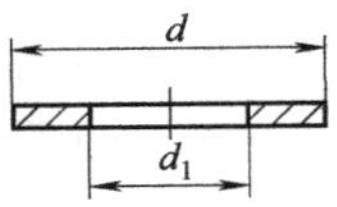	$f=\dfrac{\pi}{4}(d^2-d_1^2)$
3	圆筒形	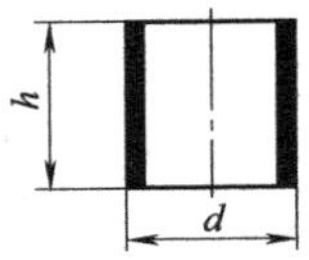	$f=\pi dh$
4	圆锥形	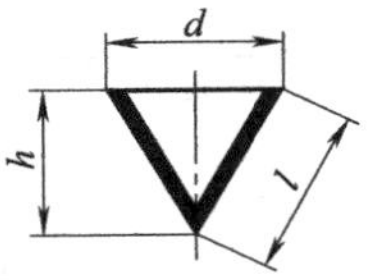	$f=\dfrac{\pi dl}{2}$ 或 $f=\dfrac{\pi}{4}d\sqrt{d^2+4h^2}$
5	截头锥形	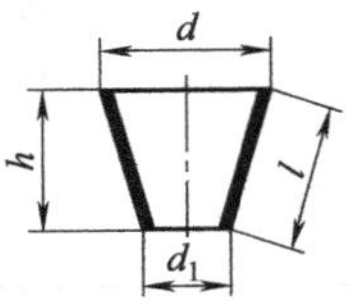	$f=\pi l\left(\dfrac{d+d_1}{2}\right)$ 式中　$l=\sqrt{h^2+\left(\dfrac{d-d_1}{2}\right)^2}$
6	半球面	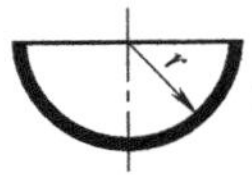	$f=2\pi r^2$
7	小半球面	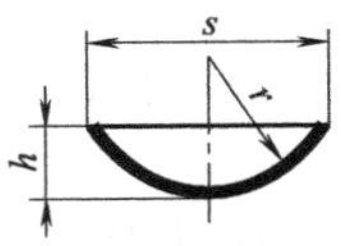	$f=2\pi rh$ 或 $f=\dfrac{\pi}{4}(s^2+4h^2)$
8	球带	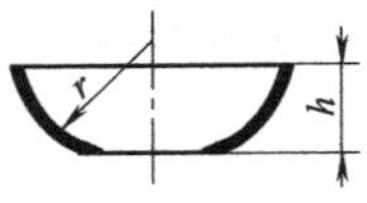	$f=2\pi rh$
9	四分之一的凸球环	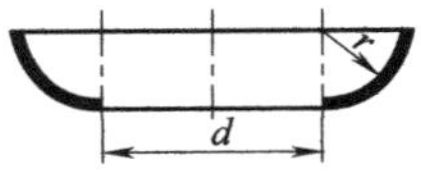	$f=\dfrac{\pi}{2}r(\pi d+4r)$
10	四分之一的凹球环	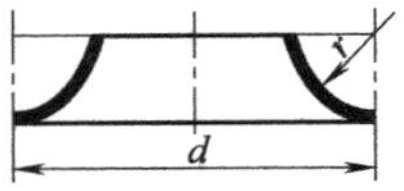	$f=\dfrac{\pi}{2}r(\pi d-4r)$
11	凸形球环	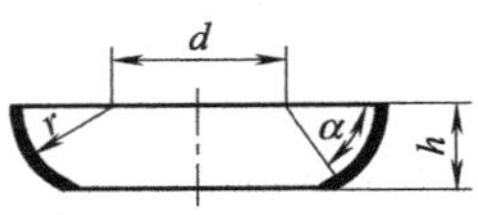	$f=\pi(dl+2rh)$ 式中　$h=r\sin\alpha$ $l=\dfrac{\pi r\alpha}{180°}$
12	凹形球环	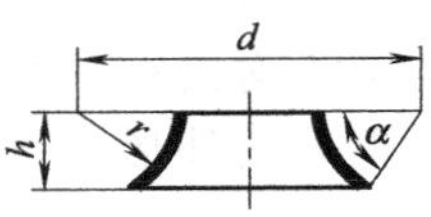	$f=\pi(dl-2rh)$ 式中　$h=r\sin\alpha$ $l=\dfrac{\pi r\alpha}{180°}$

序号	名 称	几 何 形 状	面积 f 计算公式
13	凸形球环	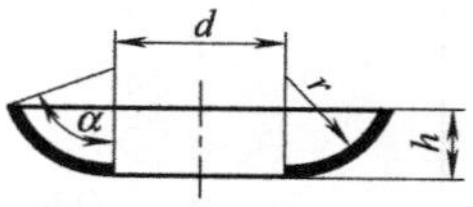	$f = \pi(dl + 2rh)$ 式中 $h = r(1 - \cos\alpha)$ $l = \dfrac{\pi r\alpha}{180°}$
14	凹形球环	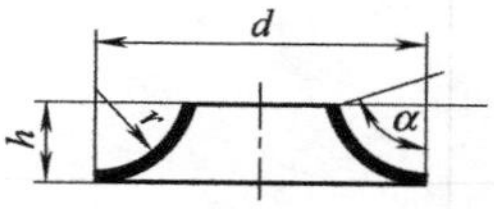	$f = \pi(dl - 2rh)$ 式中 $h = r(1 - \cos\alpha)$ $l = \dfrac{\pi r\alpha}{180°}$
15	凸形球环	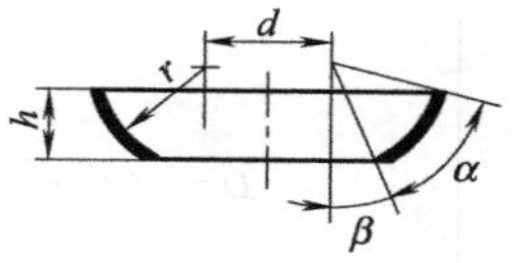	$f = \pi(dl + 2rh)$ 式中 $h = r[\cos\beta - \cos(\alpha + \beta)]$ $l = \dfrac{\pi r\alpha}{180°}$
16	凹形球环	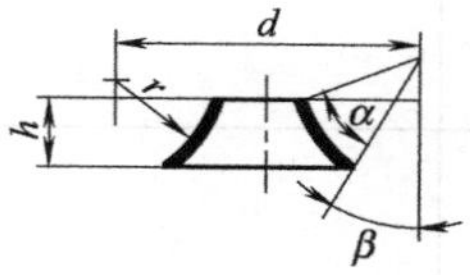	$f = \pi(dl - 2rh)$ 式中 $h = r[\cos\beta - \cos(\alpha + \beta)]$ $l = \dfrac{\pi r\alpha}{180°}$

表 6-12　常用旋转体拉深件毛坯直径的计算公式

序号	拉深件形状	毛坯直径 D
1	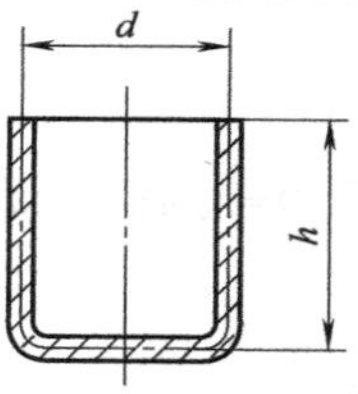	$D = \sqrt{d^2 + 4dh}$
2	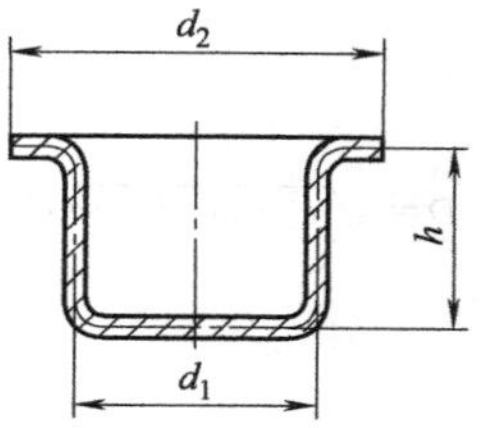	$D = \sqrt{d_2^2 + 4d_1 h}$
3	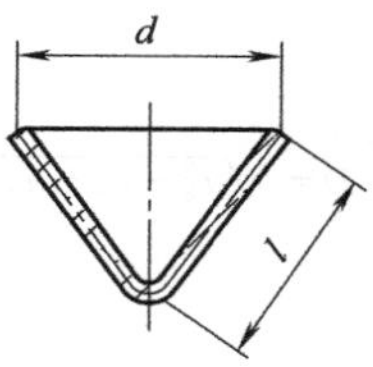	$D = \sqrt{2dl}$
4	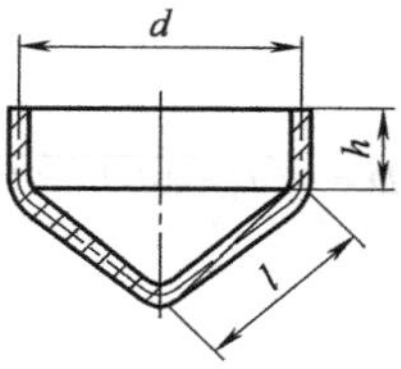	$D = \sqrt{2d(l + 2h)}$

序号	拉深件形状	毛坯直径 D
5	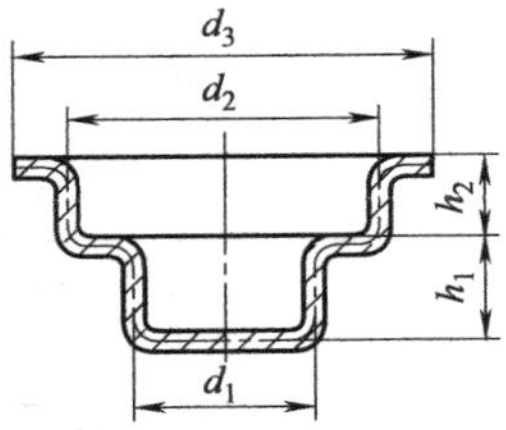	$D = \sqrt{d_3^2 + 4(d_1 h_1 + d_2 h_2)}$
6	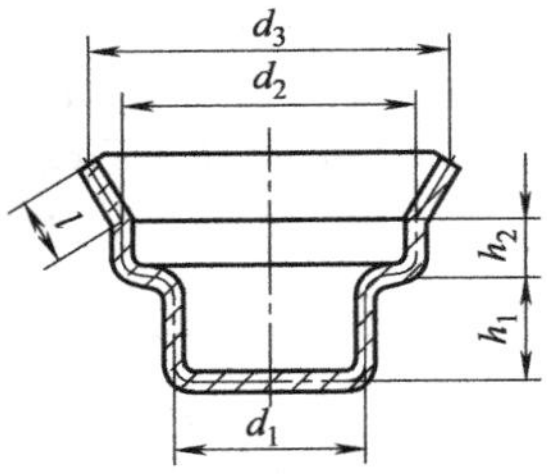	$D = \sqrt{d_2^2 + 4(d_1 h_1 + d_2 h_2) + 2l(d_2 + d_3)}$
7	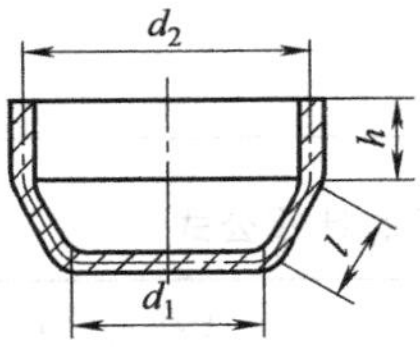	$D = \sqrt{d_1^2 + 2l(d_1 + d_2) + 4d_2 h}$
8	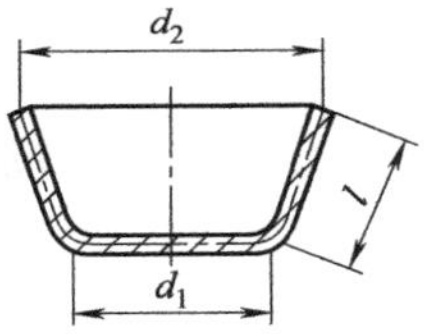	$D = \sqrt{d_1^2 + 2l(d_1 + d_2)}$
9	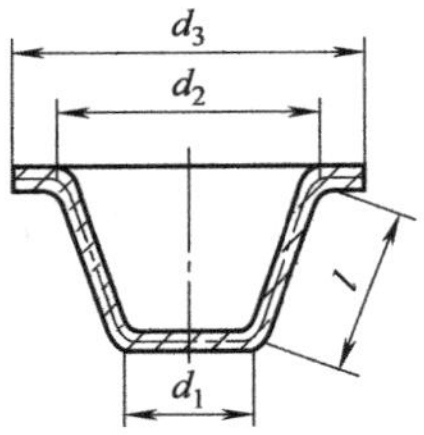	$D = \sqrt{d_1^2 + 2l(d_1 + d_2) + d_3^2 - d_2^2}$
10	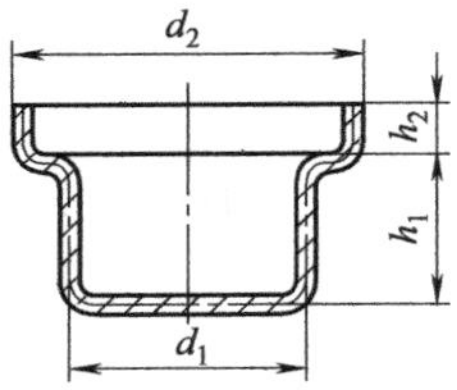	$D = \sqrt{d_2^2 - 4(d_1 h_1 + d_2 h_2)}$
11	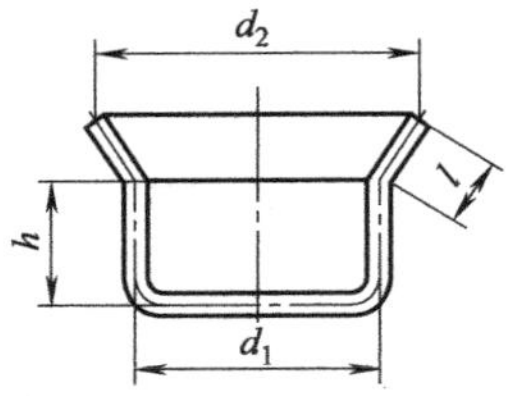	$D = \sqrt{d_1^2 + 4d_1 h + 2l(d_1 + d_2)}$

序号	拉深件形状	毛坯直径 D
12	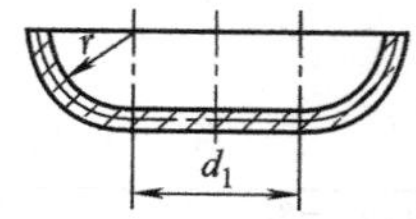	$D=\sqrt{d_1^2+2r(\pi d_1+4r)}$
13	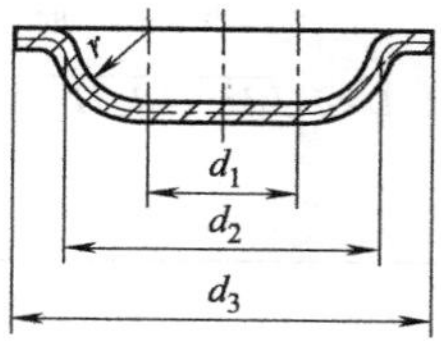	$D=\sqrt{d_1^2+6.28rd_1+8r^2+d_3^2-d_2^2}$
14	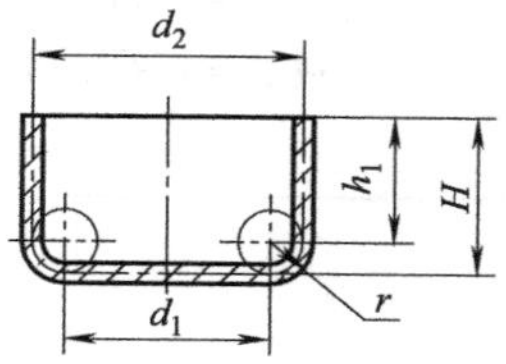	$D=\sqrt{d_2^2+4d_2h_1+6.28rd_1+8r^2}$ 或 $D=\sqrt{d_2^2+4d_2H-1.72rd_2-0.56r^2}$
15	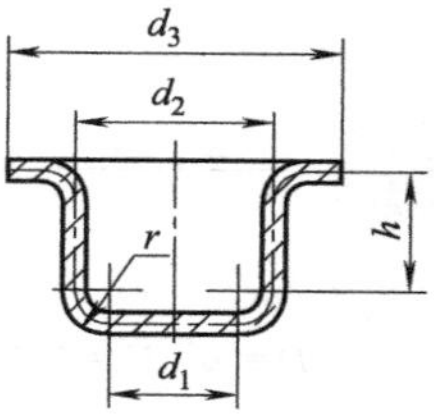	$D=\sqrt{d_1^2+2\pi rd_1+8r^2+4d_2h+d_3^2-d_2^2}$
16	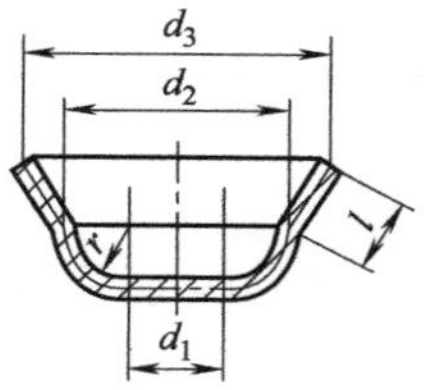	$D=\sqrt{d_1^2+2\pi rd_1+8r^2+2l(d_2+d_3)}$
17	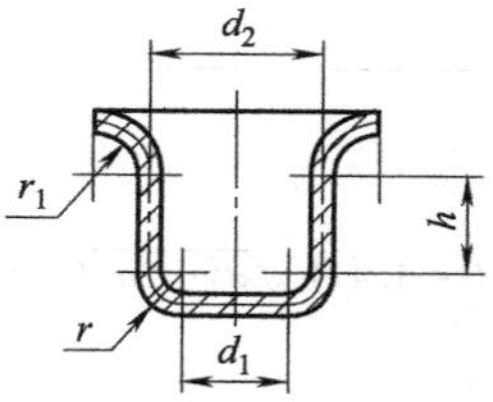	当 $r_1\neq r$ 时 $D=\sqrt{d_1^2+6.28rd_1+8r^2+4d_2h+6.28r_1d_2+4.56r_1^2}$ 当 $r_1=r$ 时 $D=\sqrt{d_1^2+4d_2h+2\pi r(d_1+d_2)+4\pi r^2}$
18	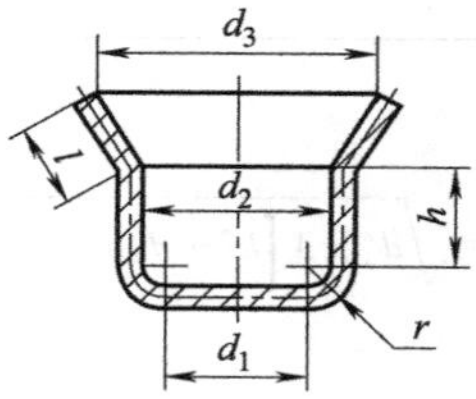	$D=\sqrt{d_1^2+2\pi rd_1+8r^2+4d_2h+2l(d_2+d_3)}$
19	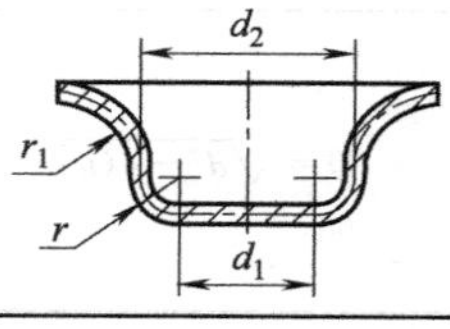	$D=\sqrt{d_1^2+2\pi r(d_1+d_2)+4\pi r_1^2}$

序号	拉深件形状	毛坯直径 D
20	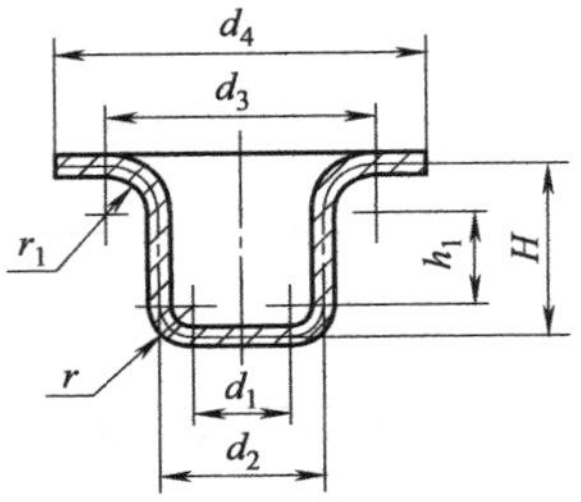	当 $r \neq r_1$ 时 $D = \sqrt{d_1^2 + 6.28 r d_1 + 8 r^2 + 4 d_2 h_1 + 6.28 r_1 d_2 + 4.56 r_1^2 + d_4^2 - d_3^2}$ 当 $r = r_1$ 时 $D = \sqrt{d_1^2 + 4 d_2 H - 3.44 r d_2}$
21	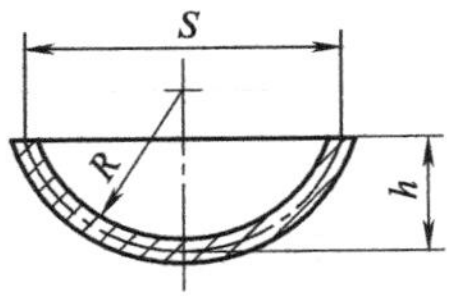	$D = \sqrt{8Rh}$ 或 $D = \sqrt{S^2 + 4h^2}$
22	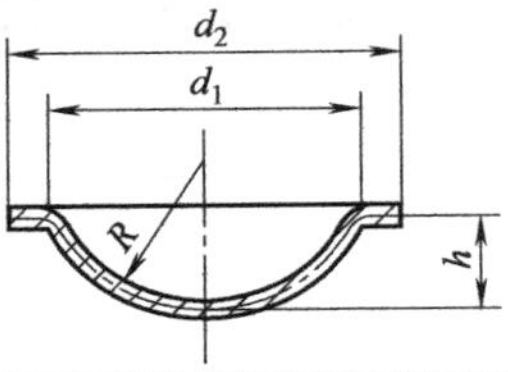	$D = \sqrt{d_2^2 + 4h^2}$
23	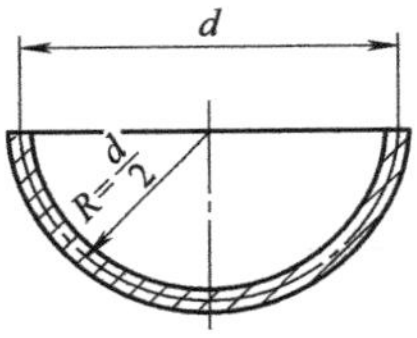	$D = \sqrt{2d^2} = 1.414d$
24	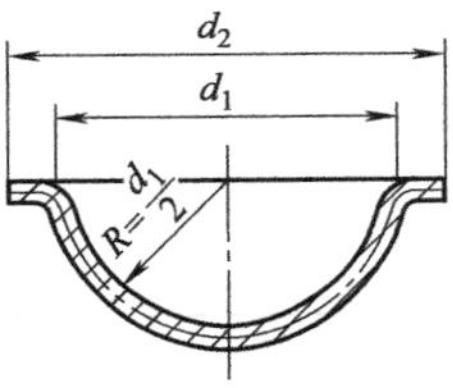	$D = \sqrt{d_1^2 + d_2^2}$
25	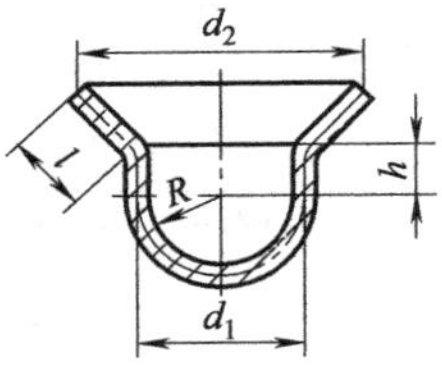	$D = 1.414 \sqrt{d_1^2 + 2 d_1 h + l(d_1 + d_2)}$
26	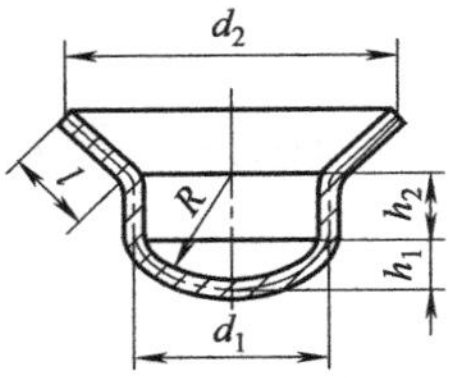	$D = \sqrt{d_1^2 + 4\left[h^2 + d_1 h_2 + \dfrac{1}{2}(d_1 + d_2)\right]}$
27	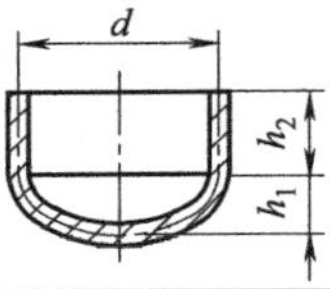	$D = \sqrt{d^2 + 4(h_1^2 + d h_2)}$

序号	拉深件形状	毛坯直径 D
28		$D=\sqrt{d_2^2+4(h_1^2+d_1h_2)}$
29		$D=\sqrt{d_1^2+4h^2+2l(d_1+d_2)}$
30		$D=1.414\sqrt{d_1^2+l(d_1+d_2)}$
31		$D=1.414\sqrt{d^2+2dh_1}$ 或 $D=2\sqrt{dh}$
32		$D=\sqrt{d_1^2+d_2^2+4d_1h}$
33		$D=\sqrt{d_2^2-d_1^2+4d_1\left(h+\dfrac{l}{2}\right)}$
34		$D=\sqrt{8R\left[x-b\left(\arcsin\dfrac{x}{R}\right)\right]+4dh_2+8rh_1}$

序号	拉深件形状	毛坯直径 D
35		$D = \sqrt{d_1^2 + 4d_1h_1 + 4d_2h_2}$

注：1. 尺寸按制件材料厚度中心层尺寸计算。

2. 对于厚度小于 1mm 的拉深件，可不按制件材料厚度中心层尺寸计算，而根据制件外壁尺寸计算。

3. 对于部分未考虑制件圆角半径的计算公式，在计算有圆角半径的制件时计算结果要偏大，在此情形下，可不考虑或少考虑修边余量。

② 当某些拉深件口部边缘要求不高，可不考虑修边余量。此时，为使毛坯直径计算比较准确，应考虑材料厚度变薄因素，毛坯直径计算式如下：

$$D = 1.13\sqrt{\frac{F}{\beta}} \tag{6-2}$$

式中　β——面积改变系数，它与相对圆角半径、相对间隙、单位压边力、拉深速度等因素有关。在 $1.0 \sim 1.11$ 范围内选取；

　　　F——拉深件表面积，mm^2；

　　　D——毛坯直径，mm。

(2) 形状复杂的旋转体拉深件

① 对于形状复杂的旋转体拉深件，毛坯直径的计算，可利用久里金法则。即一任意形状母线绕轴旋转所得到的旋转体面积，等于该母线长与其重心绕轴线旋转一周所得周长的乘积。

如图 6-13 所示，母线 AB 的长为 L，母线的重心到 Y—Y 轴距离为 x，则旋转体表面积为

$$F = 2\pi L x$$

如图 6-14 所示，一般对整个母线长 L（图中为 AB 段）及其重心 x 不易计算，故在实际计算时，将制件的外形曲线（母线），取料厚的中线，分成若干最容易计算的简单形状线段（直线或弧线），1、2、3、…、n，算出各线段的长度（圆弧长度在中心角 $\alpha < 90°$ 的由表 6-13 查得，中心角 $\alpha = 90°$ 的由表 6-14 查得）l_1、l_2、l_3、…、l_n；再算出各线段的重心至轴线 Y—Y 的距离（中心角 $\alpha < 90°$ 时，圆弧的重心到 Y—Y 轴的距离，由表 6-15 查得；中心角 $\alpha = 90°$ 时，圆弧的重心到 Y—Y 轴的距离，由表 6-16 查得）x_1、x_2、x_3、…、x_n。此时，整个旋转体的表面积为

$$\begin{aligned} F &= 2\pi l_1 x_1 + 2\pi l_2 x_2 + 2\pi l_3 x_3 + \cdots + 2\pi l_n x_n \\ &= 2\pi \sum lx = 2\pi L X \end{aligned}$$

因为毛坯面积 $F_0 = \dfrac{\pi D_0^2}{4}$（$D_0$ 为毛坯直径），根据旋转体制件面积与毛坯面积相等的原则，$F_0 = F$，故毛坯直径为

$$D_0 = \sqrt{8LX} = \sqrt{8(l_1 x_1 + l_2 x_2 + l_3 x_3 + \cdots + l_n x_n)} = \sqrt{8\sum lx} \tag{6-3}$$

根据 LX，毛坯直径 D_0 可直接从表 6-17 查得。

按上述方法计算得到的毛坯直径，从理论上分析是正确的，但由于实际情况的复杂性，往往经过拉深后的实际尺寸和要求存在一定误差，计算后的毛坯尺寸需作些调整。考虑到拉深时材料有变薄的现象，因此计算后的毛坯尺寸常取小而不取大值。

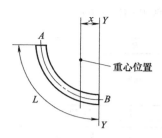

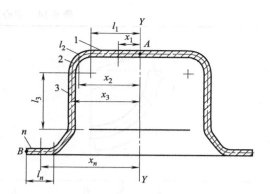

图 6-13 旋转体母线

L—旋转体母线 AB 的长度；x—旋转体
母线重心到旋转轴之间的距离

图 6-14 复杂旋转体母线分解

表 6-13 中心角 $\alpha < 90°$时的弧长 L_1 （$R=1$） mm

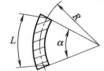

$$L = \pi R \frac{\alpha}{180°} = L_1 R$$

例：$\alpha = 25°30'$，$R = 22.5$，求弧长 L

$$L = (0.436 + 0.009) \times 22.5 = 10.01$$

$\alpha/(°)$	L_1	$\alpha/(°)$	L_1	$\alpha/(°)$	L_1	$\alpha/(')$	L_1	$\alpha/(')$	L_1
		30	0.524	60	1.047			30	0.009
1	0.017	31	0.541	61	1.064	1	—	31	0.009
2	0.035	32	0.558	62	1.082	2	—	32	0.009
3	0.052	33	0.576	63	1.099	3	0.001	33	0.010
4	0.070	34	0.593	64	1.117	4	0.001	34	0.010
5	0.087	35	0.611	65	1.134	5	0.001	35	0.010
6	0.105	36	0.628	66	1.152	6	0.002	36	0.011
7	0.122	37	0.646	67	1.169	7	0.002	37	0.011
8	0.140	38	0.663	68	1.187	8	0.002	38	0.011
9	0.157	39	0.681	69	1.204	9	0.002	39	0.011
10	0.175	40	0.698	70	1.222	10	0.003	40	0.012
11	0.192	41	0.715	71	1.239	11	0.003	41	0.012
12	0.209	42	0.733	72	1.256	12	0.003	42	0.012
13	0.227	43	0.750	73	1.274	13	0.004	43	0.013
14	0.244	44	0.768	74	1.291	14	0.004	44	0.013
15	0.262	45	0.785	75	1.309	15	0.004	45	0.013
16	0.279	46	0.803	76	1.326	16	0.005	46	0.014
17	0.297	47	0.820	77	1.344	17	0.005	47	0.014
18	0.314	48	0.838	78	1.361	18	0.005	48	0.014
19	0.332	49	0.855	79	1.379	19	0.005	49	0.014
20	0.349	50	0.873	80	1.396	20	0.006	50	0.015
21	0.366	51	0.890	81	1.413	21	0.006	51	0.015
22	0.384	52	0.907	82	1.431	22	0.006	52	0.015
23	0.401	53	0.925	83	1.448	23	0.007	53	0.016
24	0.419	54	0.942	84	1.466	24	0.007	54	0.016
25	0.436	55	0.960	85	1.483	25	0.007	55	0.016
26	0.454	56	0.977	86	1.501	26	0.008	56	0.017
27	0.471	57	0.995	87	1.518	27	0.008	57	0.017
28	0.489	58	1.012	88	1.536	28	0.008	58	0.017
29	0.506	59	1.030	89	1.553	29	0.008	59	0.017

表 6-14　中心角 α＝90°时的弧长 L　　　　　　　　　　mm

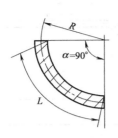

$$L=\frac{\pi}{2}R$$

例：$R=41.25$，查弧长 L

R	L
41	64.40
0.2	0.31
0.05	0.08
41.25	64.79

R	L	R	L	R	L	R	L	R	L
		10	15.71	40	62.83	70	109.96		
0.01	0.02	11	17.28	41	64.40	71	111.53		
0.02	0.03	12	18.85	42	65.97	72	113.10		
0.03	0.05	13	20.42	43	67.54	73	114.67		
0.04	0.06	14	21.99	44	69.12	74	116.24		
0.05	0.08	15	23.56	45	70.69	75	117.81		
0.06	0.09	16	25.13	46	72.26	76	119.38		
0.07	0.11	17	26.70	47	73.83	77	120.95		
0.08	0.12	18	28.27	48	75.40	78	122.52		
0.09	0.14	19	29.85	49	76.97	79	124.09		
		20	31.42	50	78.54	80	125.66		
0.1	0.16	21	32.99	51	80.11	81	127.23		
0.2	0.31	22	34.56	52	81.68	82	128.81		
0.3	0.47	23	36.13	53	83.25	83	130.38		
0.4	0.63	24	37.70	54	84.82	84	131.95		
0.5	0.79	25	39.27	55	86.39	85	133.52		
0.6	0.94	26	40.84	56	87.96	86	135.09		
0.7	1.10	27	42.41	57	89.54	87	136.66		
0.8	1.26	28	43.98	58	91.11	88	138.23		
0.9	1.41	29	45.55	59	92.68	89	139.80		
		30	47.12	60	94.25	90	141.37		
1	1.57	31	48.69	61	95.82	91	142.94		
2	3.14	32	50.27	62	97.39	92	144.51		
3	4.71	33	51.84	63	98.96	93	146.08		
4	6.28	34	53.41	64	100.53	94	147.66		
5	7.58	35	54.98	65	102.10	95	149.23		
6	9.42	36	56.55	66	103.67	96	150.80		
7	11.00	37	58.12	67	105.24	97	152.37		
8	12.57	38	56.69	68	106.81	98	153.94		
9	14.14	39	61.26	69	108.39	99	155.51		

表 6-15　中心角 $\alpha<90°$ 时弧的重心到 $Y—Y$ 轴的距离 x　　　　　mm

$$x=R\,\frac{180°\sin\alpha}{\pi\alpha}=Rx_0$$

式中，x_0 为 $R=1$ 时的 x 值（可查表）

例：$R=20$，$\alpha=25°$ 时

求 x

$$\begin{aligned}x&=Rx_0\\&=20\times0.969\\&=19.38\end{aligned}$$

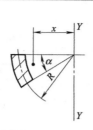

$$x=R\,\frac{180°(1-\cos\alpha)}{\pi\alpha}=Rx_0$$

式中，x_0 为 $R=1$ 时的 x 值（可查表）

例：$R=25$，$\alpha=38°$ 时

求 x

$$\begin{aligned}x&=Rx_0\\&=25\times0.320\\&=8\end{aligned}$$

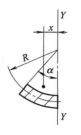

$R=1$ 时弧的重心到 $Y—Y$ 轴的距离 x_0						$R=1$ 时弧的重心到 $Y—Y$ 轴的距离 x_0					
$\alpha/(°)$	x_0	$\alpha/(°)$	x_0	$\alpha/(°)$	x_0	$\alpha/(°)$	x_0	$\alpha/(°)$	x_0	$\alpha/(°)$	x_0
		30	0.955	60	0.827			30	0.256	60	0.478
1	1.000	31	0.952	61	0.822	1	0.009	31	0.264	61	0.484
2	1.000	32	0.949	62	0.816	2	0.017	32	0.272	62	0.490
3	1.000	33	0.946	63	0.810	3	0.026	33	0.280	63	0.497
4	0.999	34	0.942	64	0.805	4	0.035	34	0.288	64	0.503
5	0.999	35	0.939	65	0.799	5	0.043	35	0.296	65	0.509
6	0.998	36	0.936	66	0.793	6	0.052	36	0.304	66	0.515
7	0.998	37	0.932	67	0.787	7	0.061	37	0.312	67	0.521
8	0.997	38	0.929	68	0.781	8	0.070	38	0.320	68	0.527
9	0.996	39	0.925	69	0.775	9	0.073	39	0.327	69	0.533
10	0.996	40	0.921	70	0.769	10	0.087	40	0.335	70	0.538
11	0.994	41	0.917	71	0.763	11	0.095	41	0.343	71	0.544
12	0.993	42	0.913	72	0.757	12	0.104	42	0.350	72	0.550
13	0.992	43	0.909	73	0.750	13	0.113	43	0.358	73	0.555
14	0.990	44	0.905	74	0.744	14	0.122	44	0.366	74	0.561
15	0.989	45	0.901	75	0.738	15	0.130	45	0.373	75	0.566
16	0.987	46	0.896	76	0.731	16	0.139	46	0.380	76	0.572
17	0.985	47	0.891	77	0.725	17	0.147	47	0.388	77	0.577
18	0.984	48	0.887	78	0.719	18	0.156	48	0.395	78	0.582
19	0.982	49	0.883	79	0.712	19	0.164	49	0.402	79	0.587
20	0.980	50	0.879	80	0.705	20	0.173	50	0.409	80	0.592
21	0.978	51	0.873	81	0.699	21	0.181	51	0.416	81	0.597
22	0.976	52	0.868	82	0.692	22	0.190	52	0.423	82	0.602
23	0.974	53	0.864	83	0.685	23	0.198	53	0.430	83	0.606
24	0.972	54	0.858	84	0.678	24	0.206	54	0.437	84	0.611
25	0.969	55	0.853	85	0.671	25	0.215	55	0.444	85	0.615
26	0.966	56	0.848	86	0.665	26	0.223	56	0.451	86	0.620
27	0.963	57	0.843	87	0.658	27	0.231	57	0.458	87	0.624
28	0.960	58	0.838	88	0.651	28	0.240	58	0.464	88	0.628
29	0.958	59	0.832	89	0.644	29	0.248	59	0.471	89	0.633

表 6-16　中心角 $\alpha = 90°$ 时弧的重心到 Y—Y 轴的距离 x　　　　mm

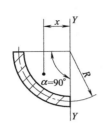

$$L = \frac{2}{\pi} R$$

例：$R = 52.37$，求 x

R	x
52	33.12
0.3	0.19
0.07	0.05
52.37	33.36

$\alpha = 90°$，$R < 100$ 时弧的重心到 Y—Y 轴的距离

R	x	R	x	R	x	R	x
		10	6.37	40	25.48	70	44.58
0.01	0.01	11	7.01	41	26.11	71	45.22
0.02	0.01	12	7.64	42	26.75	72	45.86
0.03	0.02	13	8.28	43	27.39	73	46.49
0.04	0.03	14	8.92	44	28.02	74	47.13
0.05	0.03	15	9.55	45	28.66	75	47.77
0.06	0.04	16	10.19	46	29.30	76	48.41
0.07	0.05	17	10.83	47	29.93	77	49.05
0.08	0.05	18	11.46	48	30.57	78	49.69
0.09	0.06	19	12.10	49	31.21	79	50.32
		20	12.74	50	31.84	80	50.95
0.1	0.06	21	13.37	51	32.48	81	51.59
0.2	0.13	22	14.01	52	33.12	82	52.23
0.3	0.19	23	14.65	53	33.76	83	52.86
0.4	0.25	24	15.29	54	34.39	84	53.50
0.5	0.32	25	15.92	55	35.03	85	54.13
0.6	0.38	26	16.56	56	35.67	86	54.77
0.7	0.45	27	17.20	57	36.30	87	55.41
0.8	0.51	28	17.83	58	36.94	88	56.05
0.9	0.57	29	18.47	59	37.58	89	56.68
		30	19.11	60	38.21	90	57.33
1	0.64	31	19.74	61	38.85	91	57.96
2	1.27	32	20.38	62	39.49	92	58.59
3	1.91	33	21.02	63	40.12	93	59.23
4	2.55	34	21.65	64	40.76	94	59.87
5	3.18	35	22.29	65	41.40	95	60.51
6	3.82	36	22.93	66	42.04	96	61.15
7	4.46	37	23.57	67	42.67	97	61.79
8	5.10	38	24.20	68	43.31	98	62.43
9	5.73	39	24.84	69	43.95	99	63.06

表 6-17 根据 LX 查毛坯直径 D_0 ($D_0 = \sqrt{8LX}$) mm

D_0	LX	D_0	LX	D_0	LX	D_0	LX
10	12.5	57	406	104	1352	150	2812
11	15.1	58	402.5	105	1378	151	2850
12	18	59	435	106	1404	152	2888
13	21.1	60	450	107	1431	153	2926
14	24.5	61	465	108	1458	154	2964
15	28.1	62	480.5	109	1485	155	3003
16	32	63	496	110	1512	156	3042
17	36.1	64	512	111	1540	157	3081
18	40.5	65	528	112	1568	158	3120
19	45.1	66	544	113	1596	159	3161
20	50	67	561	114	1624	160	3200
21	55	68	578	115	1653	161	3240
22	60.5	69	595	116	1682	162	3280
23	66	70	612.5	117	1711	163	3321
24	72	71	630	118	1740	164	3362
25	78	72	648	119	1770	165	3403
26	84.5	73	666	120	1800	166	3444
27	91	74	684.5	121	1830	167	3486
28	98	75	703	122	1860	168	3528
29	105	76	722	123	1891	169	3570
30	112.5	77	741	124	1922	170	3612
31	120	78	760.5	125	1953	171	3655
32	128	79	780	126	1984	172	3698
33	136	80	800	127	2016	173	3741
34	144.5	81	820	128	2048	174	3784
35	154	82	840.5	129	2080	175	3828
36	162	83	861	130	2112	176	3872
37	171	84	882	131	2145	177	3916
38	180.5	85	903	132	2178	178	3960
39	190	86	924.5	133	2211	179	4005
40	200	87	946	134	2244	180	4050
41	210	88	968	135	2278	181	4095
42	220.5	89	990	136	2312	182	4140
43	231	90	1012.5	137	2346	183	4186
44	242	91	1035	138	2380	184	4232
45	253	92	1058	139	2415	185	4278
46	264.5	93	1081	140	2450	186	4324
47	276	94	1104.5	141	2485	187	4371
48	285.5	95	1128	142	2520	188	4418
49	300	96	1152	143	2556	189	4465
50	312.5	97	1176	144	2592	190	4512
51	325	98	1200	145	2628	191	4560
52	338	99	1225	146	2664	192	4608
53	351	100	1250	147	2701	193	4656
54	364.5	101	1275	148	2738	194	4704
55	378	102	1300	149	2775	195	4753
56	392	103	1326				

② 形状复杂的旋转体拉深件毛坯直径的计算实例（见表 6-18）。

表 6-18 形状复杂的旋转体拉深件毛坯直径的计算

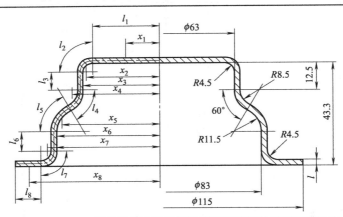

序号	计 算 方 法	算式与结果
1	将拉深件的母线（即外形曲线）分为若干简单的直线和圆弧段 1、2、3、4、5、6、7、8	
2	求出各直线段和各圆弧段的长度 l_1、l_2、l_3、l_4、l_5、l_6、l_7、l_8。其中各圆弧段的长度可用表 6-13 或表 6-14 求出	$l_1 = \dfrac{63-2\times4.5}{2} = 27\,(\mathrm{mm})$ $l_2 = 7.85\,(\mathrm{mm})$ $l_3 = 12.5-4.5 = 8\,(\mathrm{mm})$ $l_4 = 8\times1.047 = 8.376\,(\mathrm{mm})$ 取 $l_4 = 8.38\,(\mathrm{mm})$ $l_5 = 12\times1.047 = 12.564\,(\mathrm{mm})$ 取 $l_5 = 12.56\,(\mathrm{mm})$ $l_6 = 43.3-12.5-8\sin60°-12\sin60°-5.5 = 8\,(\mathrm{mm})$ $l_7 = 7.85\,(\mathrm{mm})$ $l_8 = \dfrac{115-83-2\times1-2\times4.5}{2} = 10.5\,(\mathrm{mm})$
3	求出各直线段重心到工件轴线的距离和各圆弧线段的重心到轴线的距离 x_1、x_2、x_3、x_4、x_5、x_6、x_7、x_8。其中各圆弧线段的重心到轴线的距离可用表 6-15 或表 6-16 求出	$x_1 = \dfrac{27}{2} = 13.5\,(\mathrm{mm})$ $x_2 = 27+3.18 = 30.18\,(\mathrm{mm})$ $x_3 = \dfrac{63}{2}+0.5 = 32\,(\mathrm{mm})$ $x_4 = 32+8-8\times0.827 = 33.384\,(\mathrm{mm})$ 取 $x_4 = 33.38\,(\mathrm{mm})$ $x_5 = \dfrac{83-2\times11.5}{2}+12\times0.827 = 39.924\,(\mathrm{mm})$ 取 $x_5 = 39.92\,(\mathrm{mm})$ $x_6 = \dfrac{83+1}{2} = 42\,(\mathrm{mm})$ $x_7 = 42+5-3.18 = 43.82\,(\mathrm{mm})$ $x_8 = \dfrac{83+2+2\times4.5}{2}+\dfrac{11}{2} = 52.5\,(\mathrm{mm})$
4	求 $\sum lx$	$\sum lx = 27\times13.5+7.85\times30.18+8\times32+8.38\times33.38+12.56\times39.92+8\times42+7.85\times43.82+10.5\times52.5 = 2869.77$
5	用公式 $D_0 = \sqrt{8\sum lx} = \sqrt{8lx}$ 算出毛坯直径 D_0，或算出 lx 值后，利用表 6-17 求出毛坯直径 D_0	$D_0 = \sqrt{8\sum lx} = \sqrt{8\times2869.77} = 151.5\,(\mathrm{mm})$

6.2.5 矩形盒形件毛坯尺寸的计算方法

(1) 高低盒形件的尺寸界定

关于盒形件的分类，目前还没有尺寸界定标准，这里仅从一些资料报导和对高低盒形件相对尺寸概念方面进行区分,综述如下。

① 当矩形盒形件的高度 H 与宽度 B 的比值,即 H/B 称为相对高度,$H/B<0.5$ 时为低矩形件;$H/B>0.5$ 为高矩形件。低矩形件通常只需一次拉深,高矩形件需多次拉深。

② 矩形或方形盒形件,根据相对高度 H/B、相对圆角半径 r/B 和毛坯相对厚度 $t/D \times 100$ 的不同,分为 6 个区域 6 种类型,如图 6-15 所示。

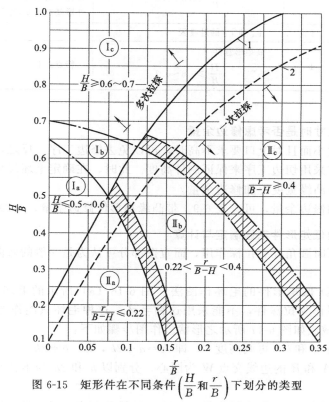

图 6-15　矩形件在不同条件 $\left(\dfrac{H}{B} 和 \dfrac{r}{B}\right)$ 下划分的类型

图中曲线 1 和曲线 2 分别表示当毛坯相对厚度 $(t/D \times 100$、$t/B \times 100)$ 为 2 和 0.6 时,在一道工序(一次拉深)中所能拉深的盒形件最大高度。位于界限线 1 以上的区域为需多道工序(多次)拉深的区域(I_a、I_b、I_c),即高矩形盒区域;曲线 2 以下区域为单工序(一次)拉深区域,即低矩形盒区域。根据角部材料转移到侧壁程度,该区又分为 3 个区域(II_a、II_b、II_c)。不同区域的矩形毛坯尺寸的求法是不同的。按图 6-15 划分的 6 个区域即 6 种矩形盒类型的特点说明见表 6-19。

表 6-19　盒形件在不同 H/B、r/B 和 t/D 条件下 6 个区域的特点

类别	范围	区域	矩形盒件特征	拉深特点
一次拉深成形的盒形件(低矩形盒件)	曲线 2 以下区域	II_a	角部圆角半径较小的低矩形件 $\dfrac{r}{B-H} \leq 0.22$	只有微量材料从矩形圆角处转移到侧壁上去,而几乎没有增补侧壁的高度
		II_b	角部圆角半径较大的低矩形件 $0.22 < \dfrac{r}{B-H} < 0.4$	从四角处有相当多的材料被转移到侧壁上去,因而会较大地增补侧壁高度
		II_c	角部具有大圆角半径的较高矩形件 $\dfrac{r}{B-H} \geq 0.4$	有大量材料从圆角处转移到侧壁上去,因而会大大增补侧壁的高度

类别	范围	区域	矩形盒件特征	拉深特点
多次拉深成形的盒形件（高矩形盒件）	曲线1以上区域	Ⅰ$_a$	角部具有小圆角半径的较高矩形盒件 $\dfrac{H}{B} \leqslant 0.5 \sim 0.6$	相对高度不大，但由于相对圆角半径较小，若一次拉深因局部变形大，底部容易破裂，故需二次拉深，第二次拉深近似整形，主要目的用来减小角部和底部圆角半径，而其外形基本不变，轮廓尺寸稍有改变
		Ⅰ$_b$	Ⅰ$_a$和Ⅰ$_c$的过渡区	
		Ⅰ$_c$	高矩形盒件 $\dfrac{H}{B} \geqslant 0.6 \sim 0.7$	特点同Ⅱ$_c$

注：范围区域参考图 6-15。

(2) 确定毛坯尺寸时是否考虑修边余量

当盒形件的高度小而且对上口要求不高时，可以免去修边工序。反之，当盒形件的高度有一定尺寸要求时，应采用切边工序来保证制件高度。此时，在确定毛坯尺寸和进行工艺计算之前，应在制件高度或凸缘宽度上加修边余量。

无凸缘矩形件的修边余量，可查表 6-9。带凸缘矩形件修边余量，可参考表 6-8 选取。

(3) 一次拉深的低矩形件毛坯确定与计算

低矩形件在拉深时圆角处有拉深作用，而直壁部分可认为是一般的弯曲，毛坯的外形可用几何展开方法求得。

① 圆角半径 $r \leqslant t$ 低矩形件的毛坯作图法　图 6-16（a）所示的毛坯由Ⅰ、Ⅱ、Ⅲ、Ⅳ、Ⅴ五个部分组成，但作为拉深件，不能采用这种毛坯，这种毛坯只能作弯曲件用。因此，图 6-16（b）的毛坯应做成如图 6-17 所示之形状。作图步骤如下：

a. 先画底部尺寸 a 和 b，再画高度 h，即 $A = a + 2h$，$B = b + 2h$。

b. 以展开尺寸 A 和 B 的边线交点 W 为圆心，分别以 h 和 $2h$ 为半径作弧，与轮廓 a 边和 b 边交于 O_1 及 O。

c. 以 O_1 及 O 为圆心，h 为半径作弧；与 A、B 线及已作之弧相切，得到的外形线即为所求的毛坯。

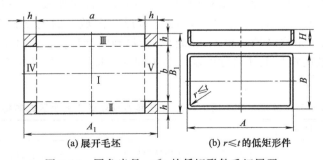

图 6-16　圆角半径 $r \leqslant t$ 的低矩形件毛坯展开

② Ⅱ$_a$ 区——角部圆角半径较小的低矩形件 $\left(\dfrac{r}{B-H} \leqslant 0.22 \right)$ 的毛坯作图法　如图 6-18 所示的低矩形件，圆角部分的毛坯，按圆筒形拉深件毛坯计算展开；直壁部分按弯曲毛坯计算展开，然后以光滑曲线连接而成。其步骤如下：

a. 通过计算求出包括底部圆角在内的直壁部分的展开长度 L，并作四边轮廓线（为简化图 6-18，只表示底部圆角展开）。

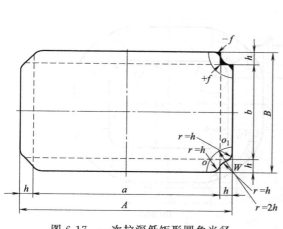

图 6-17　一次拉深低矩形圆角半径
$r \leqslant t$ 的毛坯作图法

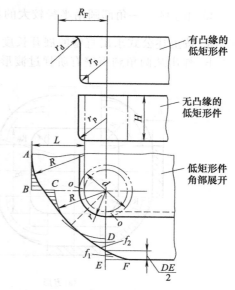

图 6-18　角部圆角半径较小的
低矩形件毛坯作图法

无凸缘时，

$$L = H + 0.57 r_p \tag{6-4}$$

有凸缘时，

$$L = H + R_F - 0.43(r_d + r_p) \tag{6-5}$$

式中 H、R_F 包括修边余量时，指拉深成形后有修边工序。

b. 求角部 r 的展开尺寸 R，假设将矩形件四圆角拼成一个圆，展开时把角部当作直径 $d = 2r$，高度 H 的筒形件来计算。并以 R 作弧。

无凸缘时，

$$R = \sqrt{r^2 + 2rH - 0.86 r_p(r + 0.16 r_p)} \tag{6-6}$$

若角部和底部的圆角半径相等即 $r = r_p$，则

$$R = \sqrt{2rH} \tag{6-7}$$

有凸缘时，

$$R = \sqrt{R_F^2 + 2rH - 0.86(r_d + r_p) + 0.14(r_d^2 + r_p^2)} \tag{6-8}$$

c. 作出从圆角部分到直边部分呈阶梯形过渡的平面毛坯 $ABCDEF$。

d. 从 BC、DE 线段的中点向圆弧 R 作切线，用以 R 为半径的圆弧光滑连接直线及切线，此时，$f_1 = f_2$，所得图形即毛坯外形。

根据矩形件几何尺寸的不同，$Ⅱ_a$ 区毛坯可有如图 6-19 所示的三种角部形状。

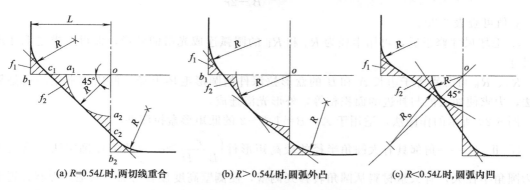

(a) $R = 0.54L$ 时，两切线重合　　(b) $R > 0.54L$ 时，圆弧外凸　　(c) $R < 0.54L$ 时，圆弧内凹

图 6-19　$Ⅱ_a$ 区毛坯的角部三种形状

③ Ⅱ$_b$区——角部圆角半径较大的低矩形件$\left(0.22<\dfrac{r}{B-H}<0.4\right)$的毛坯作图法

a. 按上述公式求出直壁的展开长度 L 和角部的毛坯半径 R。

b. 作出从圆角到直壁有阶梯过渡形状的毛坯，见图 6-20。

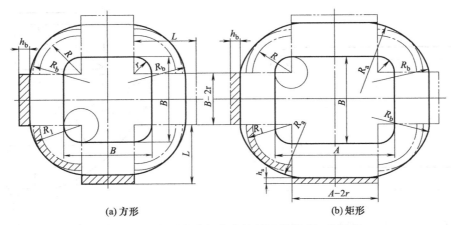

(a) 方形　　　　　　　　　　(b) 矩形

图 6-20　角部圆角半径较大的低矩形件毛坯作图法

c. 对圆角部分展开后的半径 R 修正为 R_1，作为补偿转移到侧壁的材料，$R_1=xR$（系数 x 可查表 6-20）。

表 6-20　计算盒形件毛坯尺寸用的系数 x 及 y 值

角部的相对圆角半径 r/B	系数 x 的值				系数 y 的值			
	相对拉深高度 H/B							
	0.3	0.4	0.5	0.6	0.3	0.4	0.5	0.6
0.10	—	1.09	1.12	1.16	—	0.15	0.20	0.27
0.15	1.05	1.07	1.10	1.12	0.08	0.11	0.17	0.20
0.20	1.04	1.06	1.08	1.10	0.06	0.10	0.12	0.17
0.25	1.035	1.05	1.06	1.08	0.05	0.08	0.10	0.12
0.30	1.03	1.04	1.05	—	0.04	0.06	0.08	—

d. 对直边部分展开后的长度 L 进行修正，减去 h_a 和 h_b。

$$h_a=y\,\frac{R^2}{A-2r}\tag{6-9}$$

$$h_b=y\,\frac{R^2}{B-2r}\tag{6-10}$$

y 值可查表 6-20。

e. 毛坯尺寸修正后，再用半径为 R_a 和 R_b 的圆弧连成光滑的外形，即得所求之毛坯形状和尺寸。

R_a、R_b 可分别等于边长 A 和 B 的盒形拉深件的圆形毛坯半径。但比较常用的还是靠作图法，力求使切去的与补进的面积相等，外形光滑连成。

图 6-20 所示的作图法，适用于 $A:B=1.5\sim2$ 的低矩形盒拉深件。

④ Ⅱ$_c$区——角部具有大圆角半径的较高矩形件$\left(\dfrac{r}{B-H}\geqslant0.4\right)$的毛坯确定法　这类零件因为圆角半径大，有大量材料从圆角转移到侧壁，使侧壁高度显著增加。其毛坯形状接近于圆形（对方形件）或椭圆形（对矩形件），而不需用几何作图法。毛坯尺寸的计算根据矩形件的

表面积与毛坯面积相等的原则进行。

a. 对图 6-21（a）所示的方形件，毛坯直径计算如下：

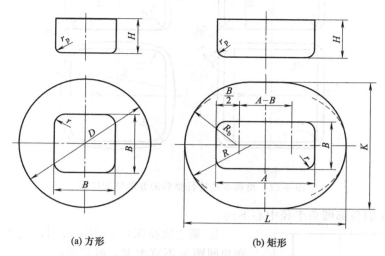

(a) 方形　　　　　　　(b) 矩形

图 6-21　角部圆角半径大的低矩形件的毛坯形状和尺寸

当 $r \neq r_p$ 时：

$$D = 1.13\sqrt{B^2 + 4B(H - 0.43r_p) - 1.72r(H + 0.5r) - 4r_p(0.11r_p - 0.18r)} \quad (6\text{-}11)$$

当角部和底部的圆角半径相等，即 $r = r_p$ 时：

$$D = 1.13\sqrt{B^2 + 4B(H - 0.43r) - 1.72r(H + 0.33r)} \quad (6\text{-}12)$$

b. 对图 6-21（b）所示的尺寸为 $A \times B$ 的矩形件，可看做为两个宽度为 B 的半正方形和中间为 $(A-B)$ 的直边所组成。此时，毛坯形状是由两个半径为 R_b（$R_b = D/2$）的半圆弧和两个平行边所组成的长圆形。

其中，毛坯的长度为

$$L = D + (A - B) \quad (6\text{-}13)$$

式中　D——尺寸为 $B \times B$ 的假想方形盒的毛坯直径。

长圆形毛坯的宽度 K 为

$$K = \frac{D(B - 2r) + [B + 2(H - 0.43r_p)](A - B)}{A - 2r} \quad (6\text{-}14)$$

大多数情况下，$K < L$，毛坯为长圆形，长圆形短边方向的毛坯圆弧半径为 $R = 0.5K$，此圆弧分别相切于 R_b 的圆弧及两长边展开直线，连成光滑的曲线。

（4）多次拉深矩形件的毛坯计算

如图 6-15 所示，多次拉深区可分为 I$_a$ 和 I$_c$ 两个区域，I$_b$ 是 I$_a$ 和 I$_c$ 之间的过渡区域，其毛坯求作方法可用 I$_a$ 或 I$_c$ 区，视具体情况而定。

① I$_a$——角部具有小圆角半径的较高矩形件（$H/B \leqslant 0.5 \sim 0.6$）毛坯确定　该区域相对高度虽不大，但由于相对圆角半径较小，若一次拉深，会因局部变形大而使底部破裂，故需两次拉深。第二次拉深近似整形，主要是用来减小角部和底部圆角，外形基本不变，因此求毛坯尺寸的方法与 II$_a$ 相同（图 6-18）。

由于制件圆角部分要两次拉深，同时材料会向侧壁流动，所以可将展开圆角半径 R 加大 $10\% \sim 20\%$。

当 $r = r_p$ 时，$R = (1.1 \sim 1.2)\sqrt{2rH}$

两次拉深的相互关系（图 6-22）应符合下述要求：

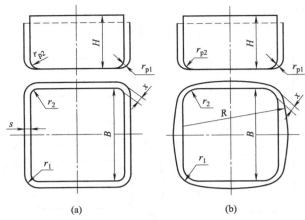

图 6-22　角部半径进行整形的方形件的拉深

a. 两次拉深的角部圆角半径中心不同。

　　b. 第二次拉深可不用压边圈，故工序间的壁间距 s 和角间距 x 不宜太大，可采用：

$$s=(4\sim5)t \quad x\leqslant0.4s=0.5\sim2.5\mathrm{mm}$$

　　c. 第二次拉深高度的增量：

$$\Delta H=s-0.43(r_{\mathrm{p1}}-r_{\mathrm{p2}})$$

式中，r_{p1}、r_{p2} 分别为首次和第二次拉深的底角半径。

　　② Ⅱ$_{\mathrm{c}}$——高矩形件（$H/B\geqslant0.6\sim0.7$）毛坯确定　该区域的毛坯尺寸计算方法与Ⅱ$_{\mathrm{c}}$区相同，即按制件表面积和毛坯表面积相等的原则进行，毛坯外形为窄边由半径 R_{b}、宽边由半径 R_{a} 所构成的椭圆形［图 6-23（a）］或由半径为 $R=0.5K$ 的两个半圆和两条平行边所构成的长圆形［图 6-23（b）］。

　　L 和 K 可根据公式 $L=D+A-B$ 和 $K=\dfrac{D(B-2r)+[B+2(H-0.43r_{\mathrm{p}})](A-B)}{A-2r}$ 进行计算。

　　有时为了工艺上的需要，采用椭圆形毛坯，椭圆长边上的圆弧半径 R_{a} 为

$$R_{\mathrm{a}}=\frac{0.25(L^2+K^2)-LR_{\mathrm{b}}}{K-2R_{\mathrm{b}}} \tag{6-15}$$

　　当制件的 $A/B\leqslant1.15$，相对高度 $\geqslant0.6$ 时，则毛坯可采用圆形。这样落料模制造比较简单。

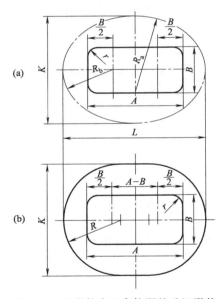

图 6-23　矩形件多工序拉深的毛坯形状

6.3　拉深工艺计算

6.3.1　拉深系数与合理选用

(1) 拉深系数

拉深系数是拉深工艺的重要参数，在设计拉深模和确定拉深次数前，必须要在先确定拉深

系数的前提下，才可进行一些工序的计算，确定某零件是一次拉深成，还是多次拉深成。

拉深系数表示拉深变形过程中坯料的变形程度，其值对于圆筒形（无凸缘）拉深件，拉深后的制件直径 d 与拉深前毛坯（或半成品）直径 D 之比称为拉深系数，用 m 表示：

$$m = \frac{d}{D} \tag{6-16}$$

对于如图 6-24 所示用直径为 D 的毛坯，拉深成直径为 d_n、高度为 h_n 圆筒形件的工序顺序。各次拉深系数为：

第一次拉深系数　$m_1 = \dfrac{d_1}{D}$

第二次拉深系数　$m_2 = \dfrac{d_2}{d_1}$

……

第 $n-1$ 次拉深系数　$m_{n-1} = \dfrac{d_{n-1}}{d_{n-2}}$

第 n 次拉深系数　$m_n = \dfrac{d_n}{d_{n-1}}$

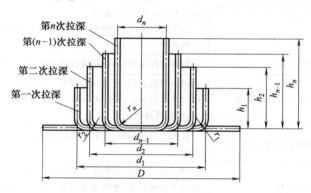

图 6-24　圆筒形件多次拉深变形情况

D—毛坯直径；d_1，d_2，…，d_n，d_{n-1}—各次半成品（工序件）直径；h_1，h_2，…，h_n，h_{n-1}—各次半成品（工序件）拉深高度；r_1，r_2，r_n—各次拉深圆角半径

制件直径 d_n 与毛坯直径 D 之比称为总拉深系数。

$$m_{总} = \frac{d_n}{D} = m_1 m_2 \cdots \cdots m_n \tag{6-17}$$

若制件是非圆筒形件，则总的拉深系数 $m_{总}$ 为

$$m_{总} = \frac{制件周长}{毛坯周长} \tag{6-18}$$

综上所述，拉深系数 m 为小于 1 的小数。m 值越小，说明拉深前后直径差别越大，即变形程度越大，拉深越困难；反之，m 值越大，说明变形程度越小，拉深越容易。合理确定拉深系数，使每道拉深工序都能达到材料的最大变形程度，就可使拉深次数减少到最小限度，而且不需要（或减少）中间退火处理。

由于拉深过程中主要质量问题是起皱和拉裂，其中拉裂又是常见问题。在每次拉深中，既要充分利用材料的最大变形程度，又要防止应力超过材料许可的抗拉强度极限。制件需要几次才能拉深成形，一次还是多次，这些都与极限拉深系数有关。在保证拉深顺利进行的情况下，拉深系数小到一个极限值，如果再小就会拉裂或料厚严重变薄而成为废品，此极限值称为极限拉深系数。每次的拉深系数应大于极限拉深系数。

（2）拉深系数的影响因素

影响拉深系数的因素见表 6-21。

表 6-21　影响拉深系数的主要因素

序号	主要因素	相关内容	说　明
1	材料方面	材料的内部组织和力学性能	板料塑性好(δ、ψ 大)，组织均匀，晶粒大小适当，屈强比 σ_s/σ_b 小，塑性应变比 r 值大时，板材拉深性能好，可以采用较小的 m 值。多次拉深中，由于拉深后材料产生冷作硬化，塑性降低，所以 m 值在第一次拉深时最小，以后各次拉深时逐次增加，只有当工序间增加了退火工序，才可再取较小的拉深系数
		毛坯的相对厚度 t/D	毛坯的相对厚度 t/D 是 m 值大小的一个重要影响因素。材料越薄，t/D 小时，拉深中越容易失稳而起皱。t/D 大，拉深时不易起皱，m 可取小些；反之，m 要大
		材料的表面质量	材料的表面光滑，拉深时摩擦力小而容易流动，所以拉深系数 m 可减小
2	模具方面	拉深模的凹模与凸模圆角半径	凹模圆角半径(r_d)较大时，圆角处弯曲力小，且金属容易流动，摩擦阻力小，材料流动阻力小，m 值可取小些，但 r_d 太大时，毛坯在压边圈下的压边面积减小，容易起皱 凸模圆角半径 r_p 较大，m 可小，如 r_p 过小，则易使危险断面变薄严重导致破裂
		模具间隙	模具间隙正常，表面粗糙度小，硬度高，可改善金属流动条件，m 可小
		凹模工作部分形状	锥形凹模，因其支承材料变形区的面是锥形而不是平面，防皱效果好，可减小包角 α，从而减少材料流过凹模圆角时的摩擦阻力和弯曲变形力，因而可减小 m
3	拉深条件	用或不用压边圈	有压边圈拉深时，材料不易起皱，m 可取小些；不用压边圈时，m 要取大些
		拉深次数	第一次拉深时，材料还没有硬化，塑性好，m 可小些；以后各次的拉深，材料不断被硬化，塑性越来越低，变形随之越困难，故 m 值一道工序比一道工序大。即以后各次拉深系数逐渐增大
		制件形状	制件的形状不同，则变形时应力与应变状态不同，极限变形量也就不同，因而拉深系数不同
		润滑情况	使用适当的润滑剂，可降低材料表面摩擦力及摩擦热，m 可取小值
		拉深速度(v)	一般情况，拉深速度对拉深系数影响不大。但对于复杂大型拉深件，由于变形复杂且不均匀，若拉深速度过高，会使局部变形加剧，不易向邻近部位扩展，而导致破裂。另外，对速度敏感的金属（如钛合金、不锈钢、耐热钢）拉深速度大时，拉深系数应适当加大

（3）拉深系数值的确定

在确定拉深系数时，既要使拉深变形量不超过极限变形程度，又要充分利用材料的塑性。

所谓极限拉深系数，是指在一定拉深条件下，坯料不失稳起皱和破裂而拉深出最深筒形件的拉深系数。实际应用时均采用大于极限拉深系数，以保证制件质量。

从理论上计算确定拉深系数是很复杂的，一般都采用经验数据。通常取 $m_1 = 0.46 \sim 0.6$，以后各次拉深系数取 $0.70 \sim 0.86$。

有关拉深系数的常用数据与制件形状如有无凸缘、模具是否使用压边圈、拉深次数等有关，已有经验数值，这里将圆筒形件的几个常用拉深系数列于表 6-22～表 6-28，供选用参考。

表 6-22 无凸缘圆筒形件不用压边圈拉深时的拉深系数

毛坯相对厚度 $\frac{t}{D} \times 100$	各次拉深系数					
	m_1	m_2	m_3	m_4	m_5	m_6
0.4	0.85	0.90	—	—	—	—
0.6	0.82	0.90	—	—	—	—
0.8	0.78	0.88	—	—	—	—
1.0	0.75	0.85	0.90	—	—	—
1.5	0.65	0.80	0.84	0.87	0.90	—
2.0	0.60	0.75	0.80	0.84	0.87	0.90
2.5	0.55	0.75	0.80	0.84	0.87	0.90
3.0	0.53	0.75	0.80	0.84	0.87	0.90
3 以上	0.50	0.70	0.75	0.78	0.82	0.85

表 6-23 无凸缘圆筒形件不用压边圈时总的拉深系数 $m_总$ 的极限值

总拉深次数	毛坯相对厚度 $\frac{t}{D} \times 100$				
	1.5	2.0	2.5	3.0	>3
1	0.65	0.60	0.55	0.53	0.50
2	0.52	0.45	0.41	0.40	0.35
3	0.44	0.36	0.33	0.31	0.26
4	0.38	0.30	0.28	0.17	0.20
5	0.34	0.26	0.24	0.23	0.17
6		0.24	0.22	0.21	0.14

表 6-24 无凸缘圆筒形件用压边圈拉深时的拉深系数

拉深系数	毛坯的相对厚度 $\frac{t}{D} \times 100$					
	2~1.5	1.5~1.0	1.0~0.6	0.6~0.3	0.3~0.15	0.15~0.08
m_1	0.48~0.50	0.50~0.53	0.53~0.55	0.55~0.58	0.58~0.60	0.60~0.63
m_2	0.73~0.75	0.75~0.76	0.76~0.78	0.78~0.79	0.79~0.80	0.80~0.82
m_3	0.76~0.78	0.78~0.79	0.79~0.80	0.80~0.81	0.81~0.82	0.82~0.84
m_4	0.78~0.80	0.80~0.81	0.81~0.82	0.82~0.83	0.83~0.85	0.85~0.86
m_5	0.80~0.82	0.82~0.84	0.84~0.85	0.85~0.86	0.86~0.87	0.87~0.88

注：1. 表中数值适用于深拉深钢（08、10S、15S）及软黄铜 H62、H68。当拉深塑性差的材料时（Q215、Q235、20、25、酸洗钢、硬铝、硬黄铜等），应取比表中数值增大（1.5~2）%。对于塑性较好的材料 05、08Al、软铝等，应取比表中数值小 1.5%~2%。

2. 在第一次拉深时，凹模圆角半径大时 $[r_凹 = (8 \sim 15)t]$ 取小值，凹模圆角半径小时 $[r_凹 = (4 \sim 8)t]$ 取大值。

3. 工序间进行中间退火时取小值。

表 6-25 无凸缘圆筒件用压边圈时总的拉深系数 $m_总$ 的极限值

拉深次数	毛坯的相对厚度 $\frac{t}{D} \times 100$				
	2~1.5	1.5~1	1~0.5	0.5~0.1	0.2~0.06
1	0.46~0.50	0.50~0.52	0.53~0.56	0.56~0.58	0.58~0.60
2	0.32~0.36	0.36~0.39	0.39~0.43	0.43~0.45	0.45~0.48
3	0.23~0.27	0.27~0.30	0.30~0.33	0.33~0.36	0.36~0.39
4	0.17~0.20	0.20~0.23	0.13~0.27	0.27~0.30	0.30~0.33
5	0.13~0.16	0.16~0.19	0.19~0.22	0.22~0.25	0.25~0.28

注：凹模圆角半径 $r_凹 = (8 \sim 15)t$ 时取较小值，凹模圆角半径 $r_凹 = (4 \sim 8)t$ 时取较大值。

表 6-26　有凸缘筒形件首次拉深时的最小拉深系数 m_1

凸缘相对直径 （$d_凸/d_1$）	毛坯相对厚度 $\dfrac{t}{D}\times 100$				
	>0.06～0.2	>0.2～0.5	>0.5～1.0	>1.0～1.5	>1.5
≤1.1	0.59	0.57	0.55	0.53	0.50
>1.1～1.3	0.55	0.54	0.53	0.51	0.49
>1.3～1.5	0.52	0.51	0.50	0.49	0.47
>1.5～1.8	0.48	0.48	0.47	0.46	0.45
>1.8～2.0	0.45	0.45	0.44	0.43	0.42
>2.0～2.2	0.42	0.42	0.42	0.41	0.40
>2.2～2.5	0.38	0.38	0.38	0.38	0.37
>2.5～2.8	0.35	0.35	0.34	0.34	0.33
>2.8～3.0	0.33	0.33	0.32	0.32	0.31

注：1. 适用于 08、10 钢。

2. $d_凸$—首次拉深的凸缘直径；d_1—首次拉深的筒部直径。

表 6-27　有凸缘筒形件首次后各次的拉深系数

拉深系数 m_n	毛坯相对厚度 $\dfrac{t}{D}\times 100$				
	2～1.5	<1.5～1.0	<1.0～0.6	<0.6～0.3	<0.3～0.15
m_2	0.73	0.75	0.76	0.78	0.80
m_3	0.75	0.78	0.79	0.80	0.82
m_4	0.78	0.80	0.82	0.83	0.84
m_5	0.80	0.82	0.84	0.85	0.86

注：采用中间退火时，可将以后各次拉深系数减小（5～8）%。

表 6-28　其他材料的拉深系数

材料	牌号	首次拉深 m_1	以后各次拉深 m_n
铝和铝合金	1035M、8A06M、3A21M	0.52～0.55	0.70～0.75
硬铝	2A11M、2A12M	0.56～0.58	0.75～0.80
黄铜	H62	0.52～0.54	0.70～0.72
	H68	0.50～0.52	0.68～0.72
纯铜	T2、T3、T4	0.50～0.55	0.72～0.80
无氧铜		0.50～0.58	0.75～0.82
镍、镁镍、硅镍		0.48～0.53	0.70～0.75
铜镍合金（康铜）		0.50～0.56	0.74～0.84
白铁皮		0.58～0.6	0.80～0.85
酸洗钢板		0.54～0.58	0.75～0.78
不锈钢耐热钢及其合金	Cr13	0.52～0.56	0.75～0.78
	Cr18Ni	0.50～0.52	0.70～0.75
	1Cr18Ni9Ti	0.52～0.55	0.78～0.81
	Cr18Ni11Nb、Cr23Ni18	0.52～0.55	0.78～0.80
	Cr20Ni75Mo、2AlTiNb	0.46	
	Cr25Ni60W15Ti	0.48	
	Cr22Ni8W3Ti	0.48～0.50	
	Cr20Ni80Ti	0.54～0.59	0.78～0.84
合金结构钢	30CrMnSiA	0.62～0.70	0.80～0.84
钼钛合金		0.72～0.82	0.91～0.97
钽		0.65～0.67	0.84～0.87
铌		0.65～0.67	0.84～0.87
钛合金	TA2、TA3	0.58～0.60	0.80～0.85
	TA5	0.60～0.65	0.80～0.85
锌		0.65～0.70	0.85～0.90
膨胀合金（可伐合金）	4J29	0.55～0.60	0.80～0.85

6.3.2　无凸缘圆筒形件拉深次数

(1) 比较法

拉深件往往需要经过多次拉深才能达到尺寸要求。判断拉深件能否一次拉深成形，对于无凸缘圆筒形件，可用比较法进行核对。即比较该拉深件所需总的拉深系数 $m_总$ 与第一次允许的极限拉深系数 m_1 的大小即可。

当 $m_总 > m_1$ 时，可一次拉成。

当 $m_总 < m_1$ 时，需多次拉成。

(2) 查表法

根据拉深件的相对高度 h/d 和相对厚度 t/D，由表 6-29 直接查出拉深次数。

表 6-29　无凸缘圆筒件拉深的最大相对高度 $\dfrac{h}{d}$

拉深次数	毛坯相对厚度 $\dfrac{t}{D} \times 100$					
	2～1.5	1.5～1.0	1.0～0.6	0.6～0.3	0.3～0.15	0.15～0.08
1	0.94～0.77	0.84～0.65	0.70～0.57	0.62～0.5	0.52～0.45	0.46～0.38
2	1.88～1.54	1.60～1.32	1.36～1.1	1.13～0.94	0.96～0.83	0.9～0.7
3	3.5～2.7	2.8～2.2	2.3～1.8	1.9～1.5	1.6～1.3	1.3～1.1
4	5.6～4.3	4.3～3.5	3.6～2.9	2.9～2.4	2.4～2.0	2.0～1.5
5	8.9～6.6	6.6～5.1	5.2～4.1	4.1～3.3	2.3～2.7	2.7～2.0

注：大的 $\dfrac{h}{d}$ 值适用于在第一次拉深工序大的凹模圆角半径 [由 $t/D = (2～1.5)\%$ 时的 $r_凹 = 8t$，到 $t/D = (0.15～0.08)\%$ 时的 $r_凹 = 15t$]，小的 $\dfrac{h}{d}$ 值适用于小的凹模圆角半径 [$r_凹 = (4～8)t$]。

(3) 推算法

这是模具设计师经常要用的一种方法。它是根据相对厚度 t/D 值，如从表 6-22、表 6-24、表 6-28 中查得各次拉深系数 m_1、m_2、……，然后从第一道工序开始依次求出各次拉深直径，即

首次拉深　$d_1 = m_1 D$

二次拉深　$d_2 = m_2 d_1$

三次拉深　$d_3 = m_3 d_2$

…………　…………

n 次拉深　$d_n = m_n d_{n-1}$

到 $d_n \leqslant d$ 时，计算的次数即为拉深次数。

式中　　　　　　　　d——制件直径（一般指中径），mm；

　d_1，d_2，d_3，……，d_n——第 1、2、3、……n 次拉深平均直径，mm；

m_1，m_2，m_3，……，m_n——各次拉深系数；

　　　　　　　　　　D——毛坯直径，mm。

运用上面的方法直至计算得出的直径不大于制件要求的直径为止。这样不仅可以了解拉深的次数，而且还可以了解中间工序的各次拉深直径。

拉深次数的确定，还有图解法和计算法等，但最实用的还是查表法和推算法。

6.3.3　无凸缘圆筒形件工序尺寸的计算

(1) 计算步骤

无凸缘圆筒形件工序尺寸的计算内容与步骤按表 6-30 进行。

表 6-30　无凸缘圆筒形件工序尺寸计算内容与步骤

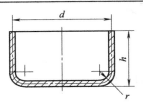

序号	项　　目	计算公式或确定方法	说　　明
1	计算毛坯直径 D	①选取切边余量 δ，按表 6-7 选取 ②计算公式见表 6-11、表 6-12、表 6-18	若拉深高度低，要求不高时可不加修边余量
2	计算毛坯相对厚度	毛坯相对厚度 $t/D \times 100$	毛坯相对厚度也有叫板料相对厚度，简称相对厚度。为确定拉深方式、拉深次数、首次及以后各次拉深系数提出依据
3	确定拉深方式（是否用压边圈）	根据 $t/D \times 100$、m 查表 6-4	m 值由表 6-22、表 6-24 查得
4	计算总的拉深系数	$m_总 = \dfrac{d}{D}$	d 为制件直径，D 为展开毛坯直径
5	判断能否一次拉深	$m_总 > m_1$ 可一次拉深 $m_总 < m_1$ 需多次拉深	m_1 由表 6-22、表 6-24 查得
6	确定拉深次数 n	可根据 $t/D \times 100$、h/d 值查表 6-29 快速得或根据查表 6-23、表 6-25 得各次拉深系数	应用查表法或推算法求得
7	确定各次拉深直径	$d_1 = m_1 D$ $d_2 = m_2 d_1$ $d_n = m_n d_{n-1}$	①计算存在初步确定与调整拉深系数两个过程 ②考虑到材料的冷作硬化，应使 $m_1 < m_2 < m_3 < \cdots < m_n$ ③实际采用的 m_1、$m_2 \cdots m_n$，一般应大于表列数值
8	确定各次拉深凸模……各次拉深工序件底角半径	$r_凸 = (0.6 \sim 1.0) r_凹$ $r_凹 = 0.8 \sqrt{(D-d)t}$	各次拉深件底角半径为逐次减小，直至完全符合拉深件成品图样要求
9	计算半成品拉深件高度	$H_1 = 0.25 \left(\dfrac{D^2}{d_1} - d_1 \right) + 0.43 \dfrac{r_1}{d_1}(d_1 + 0.32 r_1)$ $H_2 = 0.25 \left(\dfrac{D^2}{d_2} - d_2 \right) + 0.43 \dfrac{r_2}{d_2}(d_2 + 0.32 r_2)$ $H_n = 0.25 \left(\dfrac{D^2}{d_n} - d_n \right) + 0.43 \dfrac{r_n}{d_n}(d_n + 0.32 r_n)$	式中，H_1、H_2、H_n 表示各次拉深半成品高度，mm；d_1、d_2、d_n 表示各次拉深半成品直径，mm；r_1、r_2、r_n 表示各次拉深半成品底部圆角半径，mm；D 为毛坯直径，mm

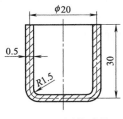

图 6-25　圆筒形件

(2) 举例

求图 6-25 所示圆筒形件的毛坯直径，拉深次数和各次拉深直径等拉深工序件尺寸，材料为 08 钢，厚度 0.5mm。

计算步骤如下。

① 切边余量的确定　查表 6-7，$h/d = 30/20 = 1.5$，取 $\delta = 2.5$mm。

② 毛坯直径　考虑切边余量后，拉深件总高度 $H = 30 + 2.5 =$

32.5mm，根据表 6-12 序号 14 毛坯直径计算式

$$D = \sqrt{d_2^2 + 4d_2H - 1.72rd_2 - 0.56r^2}$$
$$= \sqrt{20^2 + 4 \times 20 \times 32.25 - 1.72 \times 1.75 \times 20 - 0.56 \times 1.75^2} = 54 \text{ (mm)}$$

③ 确定是否用压边圈　毛坯相对厚度 $t/D \times 100 = 0.5/54 \times 100 = 0.93$，查表 6-4 应采用压边圈。

④ 计算总的拉深系数，判断能否一次拉成

$$m_{\text{总}} = \frac{d}{D} = 20/54 = 0.37$$

查表 6-24 得各次拉深系数为：$m_1 = 0.55$，$m_2 = 0.78$，$m_3 = 0.80$，$m_4 = 0.82$，$m_5 = 0.85$。显然 $m_{\text{总}} < m_1$，该零件一次拉深是不行的，需多次拉深才能成形。

⑤ 确定各次拉深直径与实际拉深次数　用推算法确定拉深次数：

由　$d_1 = m_1 D = 0.55 \times 54 = 29.7$ （mm）

$d_2 = m_2 d_1 = 0.78 \times 29.7 = 23.2$ （mm）

$d_3 = m_3 d_2 = 0.80 \times 23.2 = 18.56$ （mm）< 20 （mm）

所以该拉深件经三次拉深可以成形。但上述计算还需调整（含各次拉深系数与直径）。取 $m_1' = 0.56$，$m_2' = 0.80$，$m_3' = 0.83$。

拉深系数调整后重新计算各次拉深直径为：

$d_1 = m_1' D = 0.56 \times 54 = 30.2$ （mm）

$d_2 = m_2' d_1 = 0.80 \times 30.2 = 24.2$ （mm）

$d_3 = m_3' d_2 = 0.83 \times 24.2 = 20$ （mm）

这里的 m_1'、m_2'、m_3' 为各次实际使用的拉深系数。

⑥ 确定各次拉深半成品（工序件）圆角半径　各次拉深半成品即工序件的圆角半径，除最后一次拉深等于制件要求的圆角半径外，其余各次的拉深件底部圆角半径就取相对应的凸模圆角半径。根据凸模圆角半径 $r_{\text{凸}} = (0.6 \sim 1)r_{\text{凹}}$、凹模圆角半径 $r_{\text{凹}} = 0.8\sqrt{(D-d)t}$ 的关系来确定各自的模具设计参数（见图 6-26）。

取各次拉深圆角半径为：$r_1 = 2.5$mm，$r_2 = 1.8$mm，$r_3 = 1.5$mm。

⑦ 计算各次拉深高度　由表 6-30 的有关计算式可得：

$$H_1 = 0.25\left(\frac{D^2}{d_1} - d_1\right) + 0.43\frac{r_1}{d_2}(d_1 + 0.32r_1)$$
$$= 0.25 \times \left(\frac{54^2}{30.7} - 30.7\right) + 0.43 \times \frac{2.75}{30.7} \times (30.7 + 0.32 \times 2.75) = 17.3 \text{ (mm)}$$

$$H_2 = 0.25\left(\frac{D^2}{d_2} - d_2\right) + 0.43\frac{r_2}{d_2}(d_2 + 0.32r_2) = 0.25 \times \left(\frac{54^2}{24.7} - 24.7\right) + 0.43 \times \frac{2.05}{24.7} \times$$
$$(24.7 + 0.32 \times 2.05) = 24.3 \text{ (mm)}$$

$$H_3 = 32.25 \text{ (mm)}$$

⑧ 画出拉深工序图（见图 6-26）

6.3.4　有凸缘圆筒形件工序尺寸的计算

(1) 有凸缘与无凸缘圆筒形件拉深的区别

有凸缘圆筒形件拉深和无凸缘圆筒形件拉深从应力应变状态看是相同的。其区别是有凸缘件首次拉深时，坯料不是全部进入凹模口部，

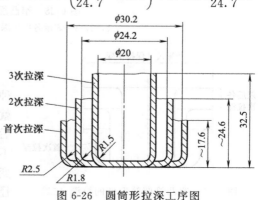

图 6-26　圆筒形拉深工序图

而是拉深到凸缘外径等于所要求的凸缘直径（含修边余量）时，拉深工作就停止，凸缘只有部分材料转移到筒壁。因此，其首次拉深成形过程与工序尺寸计算与无凸缘圆筒形件有一定的差别。

有凸缘圆筒形件的极限拉深系数比无凸缘圆筒形件要小。

(2) 窄凸缘与宽凸缘的界定和拉深方法

有凸缘的圆筒形件，如图 6-27 所示。按凸缘的相对直径（$d_凸/d$）大小分为窄凸缘（$d_凸/d=1.1\sim1.4$）和宽凸缘（$d_凸/d>1.4$）两种类型。

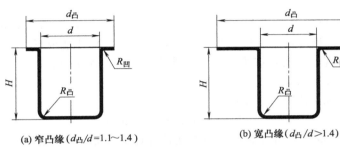

(a) 窄凸缘（$d_凸/d=1.1\sim1.4$）　　(b) 宽凸缘（$d_凸/d>1.4$）

图 6-27　有凸缘圆筒形件

① 窄凸缘圆筒形件的拉深　有两种方法：一是在前面工序按无凸缘圆筒形件拉深并计算其尺寸，把它当作无凸缘圆筒形件进行拉深，而在倒数第二道工序中将制件拉深成口部为锥形凸缘的拉深件，最后工序再将锥形凸缘压平，如图 6-28 所示。二是拉深过程自始至终都保持有凸缘形状，且凸缘直径不变，只改变其他部位尺寸，直到拉深到所要求的尺寸为止，如图 6-29 所示。这两种方法，前者生产中应用较多。其拉深系数的确定与无凸缘圆筒形件完全相同。

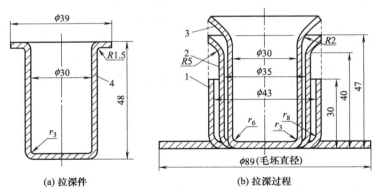

(a) 拉深件　　　　　　　　　　　(b) 拉深过程

图 6-28　窄凸缘圆筒形件的拉深（一）

1，2，3—表示各次拉深；4—拉深件（凸缘已压平成形）

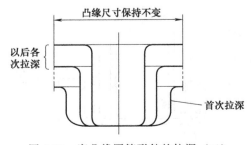

图 6-29　窄凸缘圆筒形件的拉深（二）

如图 6-30 所示为窄凸缘圆筒形件的拉深工序实例。

② 宽凸缘圆筒形件的拉深　拉深方法也有两种，如图 6-31 所示。其共同特点是在第一次拉深时就把凸缘拉到制件所要求的尺寸（加修边余量）。以后各次拉深中保持凸缘直径不变，即不再被拉动，不减小其凸缘尺寸。仅仅使工序件的直筒部分参加变形，逐步减小其直径和增加其高度，拉深成小直径的圆筒部分，达到制件尺寸要求。

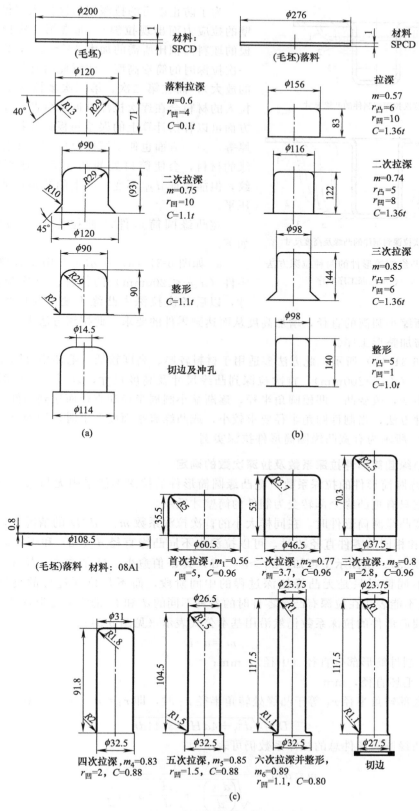

图 6-30　窄凸缘圆筒形件拉深工序实例

t—材料厚度；m—拉深系数；C—模具单面间隙

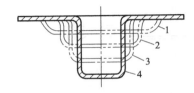

(a) 首次拉深到制件的凸缘尺寸

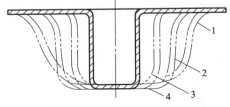

(b) 首次拉深到制件的凸缘及高度尺寸

图 6-31　宽凸缘圆筒形件的两种拉深方法

1~4—表示拉深工序顺序

为了防止以后的拉深把凸缘拉入凹模（会加大筒壁的拉应力而出现拉裂），通常第一次拉深时拉入凹模的坯料面积比所需的加大 3‰~5‰，即适当加大第一次拉深时的筒形高度（注意此时计算坯料时作相应的放大），而在第二次、第三次多拉入 1‰~3‰，多拉入的材料会在逐次拉深时返回到凸缘上，这样做一方面可以补偿计算上的误差和板材在拉深时凸缘的变厚等，另一方面也便于试模时的调整工作。返回到凸缘的材料，会使筒口处的凸缘变厚或形成微小的波纹，但能保证 $d_凸$ 不变，产生的缺陷可通过校正工序压平。

宽凸缘圆筒形件两种拉深方法的应用与特点如下。

a. 如图 6-31（a）所示，常用于薄料、中、小型零件（$d_{t凸}<200\text{mm}$）的拉深。首次拉深到凸缘尺寸，以后各次拉深中凸缘不变，圆角半径也基本不变，而是逐渐缩小圆筒的直径，增加高度从而达到零件的要求。此拉深方法表面质量差、厚度不均，一般需加整形工序。

b. 如图 6-31（b）所示，此方法多适用于材料较厚、高度较低、毛坯相对厚度大，不易起皱的大型零件（$d_凸>200\text{mm}$）。首次拉深到凸缘尺寸及高度尺寸，以后各次拉深中凸缘及高度尺寸保持不变，改变凸、凹模圆角半径，逐渐缩小圆周半径和直径而达到制件要求。

以上两种方法，当制件圆角半径要求较小，或凸缘有平面度要求时，须加整形工序。

如图 6-32 所示为有宽凸缘圆筒形件拉深实例。

（3）宽凸缘圆筒形件拉深系数及拉深次数的确定

① 宽凸缘圆筒形件的拉深系数　宽凸缘圆筒形件的拉深不能采用无凸缘圆筒形件的拉深系数，因为它只有把凸缘全部转变为制件的筒壁才适用。

在拉深宽凸缘圆筒形件时，在同样大小的首次拉深系数 $m_1=d/D$ 的情况下，采用相同的毛坯直径 D 和相同的零件直径 d 时，可以拉深出不同凸缘直径 d_1、d_2 和不同高度 H_1、H_2 的制件（图 6-33）。从图示中可知，$d_1>d_2>d$，其 d 值愈小，H 值愈高，拉深变形程度也愈大。但这些不同情况只是无凸缘拉深过程的中间阶段，而不是拉深过程的终结。因此，用 $m_1=d/D$ 便不能表达在拉深有凸缘零件时的各种不同的 d 和 H 的实际变形程度。

宽凸缘圆筒形件的拉深系数仍然沿用基本公式表示（见图 6-34）。

$$m=d/D$$

式中　d——制件筒形部分直径（中径），mm；

D——毛坯直径，mm。

当制件底部转角半径 r_1 等于凸缘处转角半径 r_2 时，即 $r_1=r_2=r$ 时，毛坯直径为：

$$D=\sqrt{d_凸^2+4dH-3.44dr}$$

所以宽凸缘圆筒形件总的拉深系数仍可表示为：

$$m=d/D=\cfrac{1}{\sqrt{\left(\dfrac{d_凸}{d}\right)^2+4\dfrac{H}{d}-3.44\dfrac{r}{d}}}$$

从上式看出，拉深系数的大小决定于三个比值，即凸缘相对直径 $d_凸/d$、零件的相对高度

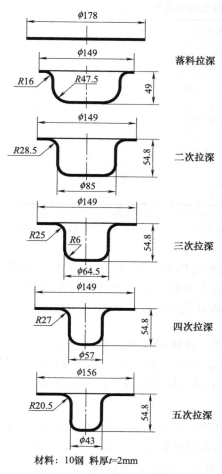

材料：10钢 料厚 $t=2$mm

图 6-32 宽凸缘筒形件拉深工序实例

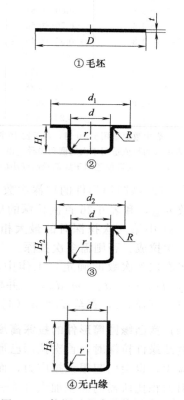

图 6-33 拉深过程中凸缘尺寸的变化

H/d、底部相对圆角半径 r/d。其中 $d_凸/d$ 影响最大，H/d 次之，r/d 影响很小，所以 $d_凸/d$ 与 H/d 的值越大，表明拉深时毛坯变形区的宽度越大，拉深难度越大，拉深系数越大当 $d_凸/d$ 与 H/d 大到一定值便不能一次成形，必须增加拉深次数。

表 6-31 所示是首次拉深可能达到的相对高度。

有凸缘圆筒形件首次拉深的最小拉深系数见表6-26。从表中可以看出，当 $d_凸/d_1=1.1$ 时，拉深系数与无凸缘筒形件拉深系数基本相同。当 $d_凸/d_1=3$ 时，$m_1=0.33$，好像变形程度很大。而实际上是 $m_1=d_1/D=0.33$ 时，可得出 $D=d_1/m_1=d_1/0.33=3d_1$。而当 $d_凸/d_1=3$ 时，可得出 $d_凸=3d_1$。比较两式，则 $D=d_凸$ 说明变形程度为零。

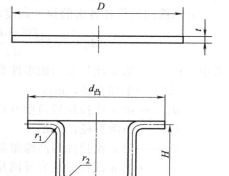

图 6-34 宽凸缘的圆筒形件

表 6-26 所示是作为凸缘件初选拉深系数之用，还必须满足零件相对高度 H_1/d 不大于表 6-31 的规定。

对于有凸缘圆筒形件以后各次拉深系数，见表 6-27 或按照无凸缘圆筒形件的拉深系数选取（表 6-24）。

表 6-31　宽凸缘筒形件第一次拉深的最大相对高度 H_1/d_1

凸缘相对直径 $\dfrac{d_凸}{d_1}$	毛坯的相对厚度 $(t/D) \times 100$				
	≤2～1.5	<1.5～1.0	<1.0～0.6	<0.6～0.3	<0.3～0.15
≤1.1	0.90～0.75	0.82～0.65	0.70～0.57	0.62～0.50	0.52～0.45
>1.1～1.3	0.80～0.65	0.72～0.56	0.60～0.50	0.53～0.45	0.47～0.40
>1.3～1.5	0.70～0.58	0.63～0.50	0.53～0.45	0.48～0.40	0.42～0.35
>1.5～1.8	0.58～0.48	0.65～0.42	0.44～0.37	0.39～0.34	0.35～0.29
>1.8～2.0	0.51～0.42	0.46～0.36	0.38～0.32	0.34～0.29	0.30～0.25
>2.0～2.2	0.45～0.35	0.40～0.31	0.33～0.27	0.29～0.25	0.26～0.22
>2.2～2.5	0.35～0.28	0.32～0.25	0.27～0.22	0.23～0.20	0.21～0.17
>2.5～2.8	0.27～0.22	0.24～0.19	0.21～0.17	0.18～0.15	0.16～0.13
>2.8～3.0	0.22～0.18	0.20～0.16	0.17～0.14	0.15～0.12	0.13～0.10

注：1. 表中数值适用于 10 钢，对于比 10 钢塑性更大的金属取接近大的数值，对于塑性较小的金属，取近于小的数值。

2. 表中大的数值适用于大的圆角半径 [由 $(t/D) \times 100 = 2～1.5$ 时的 $r_z = 10～12t$ 到 $(t/D) \times 100 = 0.3～0.15$ 时的 $r_z = 20～25t$]，小的数值适用于底部及凸缘小的圆角半径 ($r_z = 4～8t$)。

② 宽凸缘圆筒形件的拉深次数　判断宽凸缘圆筒形件能否一次拉出，只需比较制件总拉深系数 $m_总$ 和表 6-26 首次拉深的最小拉深系数 m_1 的大小即可；或比较零件相对高度 H/d 与表 6-31 中第一次拉深时的最大相对高度 H_1/d_1。如果满足：$m_总 > m_1$ 或 $H/d < H_1/d_1$，则可一次拉成；否则需多次拉深。

多次拉深次数的确定，工作中常采用推算法求得。具体做法是：利用公式 $d_1 = m_1D$，$d_2 = m_2d_1$，…，$d_n = m_nd_{n-1}$，并根据 m 的取值（查表 6-26、表 6-27 或表 6-24），依据计算各次拉深直径 d_n，直至 $d_n \leq d$（制件的直径）为止，n 即为拉深次数。详细过程见举例介绍。

(4) 宽凸缘圆筒形件的拉深高度

宽凸缘件拉深时，首次拉深已形成零件所需要的凸缘，在以后的各次拉深中凸缘尺寸如有很小减少，也会引起很大拉应力，而使零件拉裂。所以在设计模具时，通常把第一次拉入凹模的毛料面积比所需的面积加大 3%～5%，并在第二道和以后各道工序拉深时，把额外多拉入凹模的材料逐步返回到凸缘上来，使凸缘的料厚变厚。这样做可以避免拉裂，补偿计算上的误差和便于试模调整。这个工艺措施对于料厚小于 0.5mm 的拉深件，效果更显著。

有凸缘圆筒形件各次的拉深高度，可根据面积相等法求毛坯直径的公式推导出通用公式：

$$H_n = 0.25 \frac{D^2 - d_凸^2}{d_n} + 0.43(r_n + R_n) + \frac{0.14}{d_n}(r_n^2 - R_n^2) \tag{6-19}$$

式中　H_n——第 n 次拉深后的零件高度，mm；

　　　D——毛坯直径，mm；

　　　d_n——第 n 次拉深后筒壁直径，mm；

　　　$d_凸$——凸缘直径，mm；

　　　R_n——第 n 次拉深后凸缘根部圆角半径，mm；

　　　r_n——第 n 次拉深后底部圆角半径，mm。

(5) 举例介绍宽凸缘圆筒形件多次拉深工艺计算

求如图 6-35 所示宽凸缘圆筒形件的拉深次数和各工序半成品尺寸，材料为 10 钢，料厚 2mm。

因料厚大于 1mm，均按中径尺寸计算。

① 确定切边余量　$d_凸/d = 76/28 = 2.7$，查表 6-8 取 $\delta = 2$，故实际凸缘直径 $d_凸 = (76 + 2 \times 2)$mm = 80mm

② 预算毛坯直径　按表 6-12 序号 20 公式直接求得，或按面积相等法分部求得。

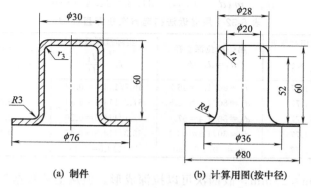

(a) 制件　　　(b) 计算用图(按中径)

图 6-35　宽凸缘拉深件

凸缘部分环形面积（表 6-11）为

$$f_1 = \frac{\pi}{4}(d^2 - d_1^2)$$

$$= \frac{\pi}{4}(80^2 - 36^2) = \frac{\pi}{4} \times 5104 \ (mm^2)$$

除去凸缘部分的面积，根据表 6-12 序号 11，当 $r_1 = r_2 = r$ 时，可推算出：

$$f_2 = \frac{\pi}{4}\left[d_1^2 + 4d_2h + 2\pi r(d_1 + d_2) + 4\pi r^2\right]$$

$$= \frac{\pi}{4}\left[20^2 + 4 \times 28 \times 52 + 2\pi \times 4(20 + 28) + 4\pi \times 4^2\right]$$

$$= \frac{\pi}{4} \times 7630 \ (mm^2)$$

运用毛坯面积为 $\frac{\pi}{4}D^2 = f_1 + f_2 = \left(\frac{\pi}{4} \times 5104 + \frac{\pi}{4} \times 7630\right)$

故　毛坯直径 $D = \sqrt{5104 + 7630} \approx 113 \ (mm)$

③ 判断能否一次拉深成形

$$H/d = 60/28 = 2.14$$

$$d_凸/d = 80/28 = 2.85$$

$$t/D \times 100 = 2/113 \times 100 = 1.77$$

$$m_总 = \frac{d}{D} = \frac{28}{113} = 0.25$$

查表 6-31 得 $H/d = 0.22$，远远小于零件的相对高度 2.14，故不能一次拉深成形。另外由表 6-26 查得 $m_1 = 0.31$，则 $m_总 < m_1$，都说明不能一次拉深成形，需多次拉深。

④ 修正毛坯直径　设第一次拉深时要多拉入凹模的毛坯面积为 5%，则修正后的毛坯直径为

$$D_1 = \sqrt{5104 + 7630 \times 1.05} = 114.5 \ (mm)$$

⑤ 预定首次拉深工序件直径　因为确定宽凸缘拉深件首次拉深系数时，需要知道 $d_凸/d_1$ 的比值，用逼近法以表格形式列出有关数据便于比较来选取 m_1 和 d_1 值，见表 6-32。

应选取实际拉深系数稍大于极限拉深系数，故暂定第一次拉深直径 $d_1 = 57.1mm$。

⑥ 计算以后各次拉深工序直径　查表 6-27 得 $m_2 = 0.73$，$m_3 = 0.75$，$m_4 = 0.78$，则

$$d_2 = m_2 d_1 = 0.73 \times 57.1 = 41.7 \ (mm)$$

$$d_3 = m_3 d_2 = 0.75 \times 41.7 = 31.3 \ (mm)$$

$$d_4 = m_4 d_3 = 0.78 \times 31.3 = 24.4 \ (\text{mm})$$

表 6-32　用逼近法初选首次拉深直径 d_1

相对凸缘直径假定值 $N = d_凸/d_1$	毛坯相对厚度 $\dfrac{t}{D} \times 100$	第一次拉深直径 $d_1 = d_凸/N$	实际拉深系数 $m_1 = \dfrac{d_1}{D}$	极限拉深系数$[m_1]$ 由表 6-26 查得	拉深系数相差值 $\Delta m = m_1 - [m_1]$
1.2	1.77	$d_1 = 80/1.2 = 66.7$	$66.7/114.5 = 0.58$	0.49	$+0.09$
1.3	1.77	$d_1 = 80/1.3 = 61.5$	$61.5/114.5 = 0.54$	0.49	$+0.05$
1.4	1.77	$d_1 = 80/1.4 = 57.1$	$57.1/114.5 = 0.50$	0.47	$+0.03$
1.5	1.77	$d_1 = 80/1.5 = 53.3$	$53.3/114.5 = 0.47$	0.47	0
1.6	1.77	$d_1 = 80/1.6 = 50$	$50/114.5 = 0.44$	0.45	-0.01

因为 $d_4 = 24.4\text{mm} < 28\text{mm}$，故四次可以拉深成形。但从上述数据看出，各次拉深变形程度不合理，须作些调整，见表 6-33。

表 6-33　拉深系数与拉深直径的调整情况

极限拉深系数 $[m_n]$	实际应用的拉深系数 m_n	各次拉深直径 d_n/mm	拉深系数差值 $\Delta m = m_n - [m_n]$
$[m_1] = 0.47$	$m_1 = 0.498$	$d_1 = m_1 D = 0.498 \times 114.5 = 57$	$+0.028$
$[m_2] = 0.74$	$m_2 = 0.754$	$d_2 = m_2 d_1 = 0.754 \times 57 = 43$	$+0.014$
$[m_3] = 0.77$	$m_3 = 0.791$	$d_3 = m_3 d_2 = 0.791 \times 43 = 34$	$+0.021$
$[m_4] = 0.79$	$m_4 = 0.824$	$d_4 = m_4 d_3 = 0.824 \times 34 = 28$	$+0.034$

表中数据表明，各次拉深系数差值 Δm 比较接近，说明变形程度分配合理。

⑦ 确定各次拉深工序件的圆角半径　根据 $R_凹 = 0.8\sqrt{(D-d)t}$ 和以后各次 $R_{凹n} = (0.6 \sim 0.8)R_{凹(n-1)}$ 及 $r_凸 = (0.6 \sim 1)R_凹$ 的基本原则，圆角半径最后一次拉深应与制件要求相等，中间工序逐渐变小，由计算和经验确定：

$R_{凹1} = 9\text{mm}$　　　　　　　　$r_{凸1} = 7\text{mm}$

$R_{凹2} = 6.5\text{mm}$　　　　　　　$r_{凸2} = 6\text{mm}$

$R_{凹3} = 4\text{mm}$　　　　　　　　$r_{凸3} = 4\text{mm}$

$R_{凹4} = 3\text{mm}$（等于制件要求）　　$r_{凸4} = 3\text{mm}$（等于制件要求）

⑧ 计算首次拉深高度　第一次拉深高度：

$$\begin{aligned}
H_1 &= \frac{0.25}{d_1}(D_1^2 - d_凸^2) + 0.43(r_1 + R_1) + \frac{0.14}{d_1}(r_1^2 - R_1^2) \\
&= \frac{0.25}{57}(114.5^2 - 80^2) + 0.43 \times (8 + 10) + \frac{0.14}{57}(8^2 - 10^2) \\
&= 29.43 + 7.74 - 0.09 = 37.08 \ (\text{mm})(\text{取 } H_1 = 37\text{mm})
\end{aligned}$$

⑨ 校对第一次拉深相对高度　查表 6-31，当 $d_凸/d_1 = 80/57 = 1.4$，$t/D \times 100 = 2/114.5 \times 100 = 1.75$ 时，许可最大相对高度

$$\left[\frac{H_1}{d_1}\right] = 0.70 > \frac{H_1}{d_1} = \frac{37}{57} = 0.65，故安全。$$

⑩ 计算以后各次拉深高度　假设第二次拉深时多拉入凹模内材料的面积为 3%（其余 2% 的材料返回到凸缘上），第三次拉深时多拉入凹模内材料的面积为 1.5%（其余 1.5% 的材料返回到凸缘上），第四次拉深达到制件高度（原来多拉入 1.5% 的材料返回到凸缘上）。为了计算方便，先求出第二次和第三次拉深假想毛坯直径 D_2 和 D_3。

$$D_2 = \sqrt{5104 + 7630 \times 1.03} = 113.8 \ (\text{mm})$$

$$D_3 = \sqrt{5104 + 7630 \times 1.015} = 113.4 \ (\text{mm})$$

故

$$H_2=\frac{0.25}{d_2}(D_2^2-d_凸^2)+0.43(r_2+R_2)+\frac{0.14}{d_2}(r_2^2-R_2^2)$$

$$=\frac{0.25}{43}(113.8^2-80^2)+0.43\times(7+7.5)+\frac{0.14}{43}(7^2-7.5^2)$$

$$=38.08+6.24-0.02=44.3\text{ (mm)}$$

$$H_3=\frac{0.25}{d_3}(D_3^2-d_凸^2)+0.43(r_3+R_3)+\frac{0.14}{d_3}(r_3^2-R_3^2)$$

$$=\frac{0.25}{34}(113.4^2-80^2)+0.43\times(5+5)+\frac{0.14}{34}(5^2-5^2)$$

$$=47.5+4.3=51.8\text{ (mm)}$$

$$H_4=60\text{mm}$$

⑪ 画出工序图（见图6-36）

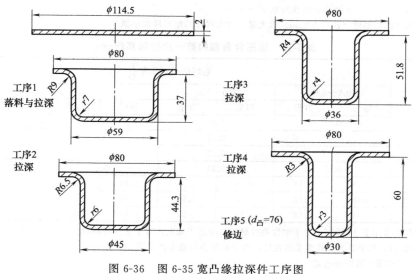

图 6-36　图 6-35 宽凸缘拉深件工序图

6.3.5　矩形件工序的计算

矩形件（包括方形件），其高度 H 与宽度 B 的比值 H/B 称为相对高度，$H/B<0.5$ 时为低矩形件；$H/B>0.5$ 为高矩形件。低矩形件通常只需一次拉深，高矩形件只需多次拉深。

（1）低矩形件

这里指的低矩形件为图 6-15 中 Ⅱ$_a$、Ⅱ$_b$、Ⅱ$_c$ 区域一般都能一次拉深成形，但必须对一次拉深系数进行校核，以检查圆角部分是否变形过大。工序计算的具体步骤如下。

① 计算毛坯尺寸（根据本章 6.2.5）。

② 判断能否一次拉成。计算相对高度 $\dfrac{H}{B}$，与表 6-34 中 $\left[\dfrac{H}{B}\right]$ 值相比，若 $\dfrac{H}{B}\leqslant\left[\dfrac{H}{B}\right]$，则可一次拉成；如果 $\dfrac{H}{B}>\left[\dfrac{H}{B}\right]$，则需多次拉深。

③ 核算圆角部分的拉深系数。圆角处的假想拉深系数为

$$m=\frac{r}{R}$$

式中　r——侧壁间圆角半径，mm；

R——毛坯圆角部分的假想半径（见图 6-18），mm。

当 m 大于或等于表 6-35 中所列的 m_1 值时，可一次拉成；反之则不能，但第二次近似整形。

表 6-34　在一道工序内所能拉深的矩形件的最大相对高度 $\left[\dfrac{H}{B}\right]$

角部相对圆角半径 r/B	相对厚度 $(t/D)\times100$			
	2.0~1.5	1.5~1.0	1.0~0.5	0.5~0.2
0.30	1.2~1.0	1.1~0.95	1.0~0.9	0.9~0.85
0.20	1.0~0.9	0.9~0.82	0.85~0.7	0.8~0.7
0.15	0.9~0.75	0.8~0.7	0.75~0.65	0.7~0.6
0.10	0.8~0.6	0.7~0.55	0.65~0.5	0.6~0.45
0.05	0.7~0.5	0.6~0.45	0.55~0.4	0.5~0.35
0.02	0.5~0.4	0.45~0.35	0.4~0.3	0.35~0.25

注：1. 表中数值适用于 08 钢、10 钢，对于其他材料，应根据金属材料的塑性加以修正。例如 1Cr18Ni9Ti、铝合金的修正系数为 1.1~1.15，20~25 钢修正系数为 0.85~0.90。

2. 对于较小尺寸的矩形件（$B<100$mm）取大值，对大尺寸的矩形件取小值。

表 6-35　矩形件角部的第一次拉深系数 m_1

$\dfrac{r}{B_1}$	毛坯的相对厚度 $\dfrac{t}{D}\times100$							
	0.3~0.6		0.6~1.0		1.0~1.5		1.5~2.0	
	矩形	方形	矩形	方形	矩形	方形	矩形	方形
0.025	0.31		0.30		0.29		0.28	
0.05	0.32		0.31		0.30		0.29	
0.10	0.33		0.32		0.31		0.30	
0.15	0.35		0.34		0.33		0.32	
0.20	0.36	0.38	0.35	0.36	0.34	0.35	0.33	0.34
0.30	0.40	0.42	0.38	0.40	0.37	0.39	0.35	0.38
0.40	0.44	0.48	0.42	0.45	0.41	0.43	0.40	0.42

注：1. 表列数值适用于 10 号钢，对于塑性差的材料，应适当加大；对于塑性好的材料，可适当减小。

2. 表中 D 的数值，对于正方形是指毛坯直径，对于矩形件是指毛坯宽度。

3. B_1 为第一次拉深矩形件窄边宽。

当 $r_p=r$ 时，可用 $\dfrac{H}{r}$ 来表示拉深系数：

$$m=\frac{d}{D}=\frac{r}{\sqrt{2rH}}=\frac{1}{\sqrt{2\dfrac{H}{r}}}$$

根据 $\dfrac{H}{r}$ 的值，也可从表 6-36 中看出能否一次拉出。

表 6-36　矩形件第一次拉深许可的最大比值 $\dfrac{H}{r}$

$\dfrac{r}{B_1}$	方形件			矩形件		
	毛坯相对厚度 $\dfrac{t}{D}\times100$					
	0.3~0.6	0.6~1	1~2	0.3~0.6	0.6~1	1~2
0.4	2.2	2.5	2.8	2.5	2.8	3.1
0.3	2.8	3.2	3.5	3.2	3.5	3.8
0.2	3.5	3.8	4.2	3.8	4.2	4.6
0.1	4.5	5.0	5.5	4.6	5.0	5.5
0.05	5.0	5.5	6.0	5.0	5.5	6.0

注：1. 对塑性较差的金属拉深时，H/r_1 的数值取比表值减小 5%~7%；对塑性更大的金属拉深时，取比表值大 5%~7%。

2. B_1 为第一次拉深矩形件窄边宽。

（2）高矩形件

高矩形件相当于图 6-15 中 I_a、I_b、I_c 区域，一般需经多次拉深。对于 I_a 区域的高矩（方）形件，主要由于圆角半径过小，必须两次拉深，且每次拉深系数应等于或大于表 6-35 与表 6-38 的极限值。

① 初步估计拉深次数。根据矩形件的相对高度 $\dfrac{H}{B}$，可从表 6-37 查出所需的拉深次数，但以后各次的拉深系数 $m_n\left(m_n = \dfrac{r_n}{r_{n-1}}\right)$ 必须大于表 6-38 所列数值。

表 6-37　矩形件多次拉深所能达到的最大相对高度 $\dfrac{H}{B}$

拉深次数	毛坯的相对厚度 $\dfrac{t}{D}\times100$			
	0.3～0.5	0.5～0.8	0.8～1.3	1.3～2.0
1	0.50	0.58	0.65	0.75
2	0.70	0.80	1.0	1.2
3	1.20	1.30	1.6	2.0
4	2.0	2.2	2.6	3.6
5	3.0	3.4	4.0	5.0
6	4.0	4.5	5.0	6.0

表 6-38　矩形件以后各次许可拉深系数

r/B	毛坯的相对厚度 $\dfrac{t}{D}\times100$			
	0.3～0.6	0.6～1	1～1.5	1.5～2.0
0.025	0.52	0.50	0.48	0.45
0.05	0.56	0.53	0.50	0.48
0.10	0.60	0.56	0.53	0.50
0.15	0.65	0.60	0.56	0.53
0.20	0.70	0.655	0.60	0.58
0.30	0.72	0.70	0.60	0.60
0.40	0.75	0.73	0.70	0.67

还可根据总拉深系数从表 6-39 中查出拉深次数，总拉深系数的计算方法为：

a. 直径为 D 的圆毛坯拉深成方形件（$B\times B$）时：

$$m_{总} = \frac{4B}{\pi D} = 1.27\frac{B}{D} \tag{6-20}$$

b. 直径为 D 的圆毛坯拉深成矩形件（$A\times B$）时：

$$m_{总} = \frac{2(A+B)}{\pi D} = 1.27\frac{A+B}{2D} \tag{6-21}$$

表 6-39　根据总拉深系数确定矩形件的拉深次数

拉深次数	材料相对厚度 $\dfrac{t}{D}\times100$ 或 $\dfrac{t}{(L+K)}\times200$ 时的总拉深系数			
	2.0～1.3	1.5～1.0	1.0～0.5	0.5～0.2
2	0.40～0.45	0.43～0.48	0.45～0.50	0.47～0.58
3	0.32～0.39	0.34～0.40	0.36～0.44	0.38～0.48
4	0.25～0.30	0.27～0.32	0.28～0.34	0.30～0.36
5	0.20～0.24	0.22～0.26	0.24～0.27	0.25～0.29

c. 椭圆形毛坯（$L \times K$）拉深成矩形件（$A \times B$）时：

$$m_总 = \frac{2(A+B)}{0.5\pi(L+K)} = 1.27\frac{A+B}{L+K}$$ (6-22)

对于高矩形件的多次拉深，由于长宽两边不等，在对应于长边中心与转角中心的变形区内拉深变形差别较大。而且随着矩形件长宽比 A/B 的增加，这种差别增大。为了保证高矩形件的顺利拉深成形，必须遵循均匀变形原则，而保证均匀变形的条件是选用合理的角间距：

$$x = (0.2 \sim 0.25)r$$

由于毛坯材料经过多次拉深，角部材料向直壁部分转移量很大，所以大于高矩形件的拉深，在考虑角部变形的同时，还必须考虑直壁的变形，以此根据外形的平均变形程度进行各道工序的计算。

平均拉深系数：$m_b = \dfrac{B - 0.43r}{0.5\pi R_{b(n-1)}}$

所以得：$R_{b(n-1)} = \dfrac{B - 0.43r}{1.57 m_b}$

前后两次拉深时工序壁间间距 b_n：

$$b_n = R_{b(n-1)} - 0.5B = \frac{\left(1 - 0.785 m_b - 0.43\dfrac{r}{B}\right)B}{1.57 m_b}$$

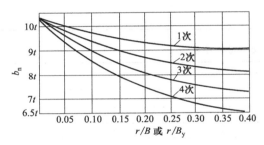

图 6-37　b_n 数值与比值 r/B 及
预拉深次数（1~4）的关系曲线

即以 b_n 作为计算的基础数据。从上式中看到 b_n 与 r/B 及 m_b 有关，而 m_b 又与拉深次数有关，所以 b_n 与 r/B 及拉深次数有关，图 6-37 反映了当 $t/B \times 100 = 2$ 或 $B = 50t$ 时，相对圆角半径 r/B 和拉深系数与 b_n 值变化关系，可供计算时查用。

② 确定各工序间半成品形状和尺寸。多次拉深的高矩形件，在前几次拉深时，一般采用过渡形状（方形件多用圆形过渡，矩形件用长圆形或椭圆形过渡），最后一次才拉成所需的形状。因此，需确定各道工序的过渡形状。计算时，应从倒数第二（即 $n-1$）次拉深的半成品形状，

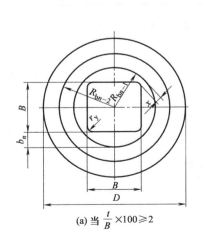
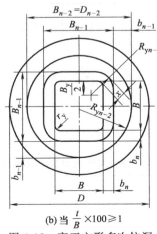
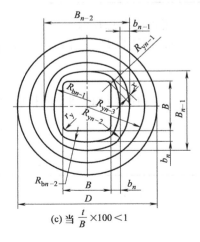

(a) 当 $\dfrac{t}{B} \times 100 \geqslant 2$　　(b) 当 $\dfrac{t}{B} \times 100 \geqslant 1$　　(c) 当 $\dfrac{t}{B} \times 100 < 1$

图 6-38　高正方形多次拉深

D—毛坯直径；r_y—盒壁间圆角半径；x—角部差；B—正方形盒边长；B_y—角部尺寸；b_n，b_{n-1}—第 n 次，第 $n-1$ 次工序壁间距；B_{n-1}，B_{n-2}—第 $n-1$ 次，第 $n-2$ 次工序宽度尺寸；R_{bn}，R_{bn-1}，R_{bn-2}—第 n 次，第 $n-1$ 次工序，第 $n-2$ 次工序半径；D_{n-2}—第 $n-2$ 次工序毛坯直径；R_{yn-1}，R_{yn-2}，R_{yn-3}—第 $n-1$ 次，第 $n-2$ 次工序，第 $n-3$ 次工序半径

逐次向前反推。

a. 高正方形件多次拉深有三种过渡形状　第一种情况是所有过渡工序的毛坯形状都是圆筒形，在最后一道工序拉深成正方形，如图 6-38（a）所示。它的优点是各工序的模具制造简便，缺点是最后一道工序拉深变形比较困难，容易起皱或拉裂，适用于材料相对厚度 $\dfrac{t}{B} \times 100 \geqslant 2$ 及壁间距 $b_n \leqslant 10t$ 条件下的制件。

第二种情况是第 $n-1$ 或 $n-2$ 道工序采用有大圆角的毛坯过渡，如图 6-38（b）所示。它虽然 $n-1$ 或 $n-2$ 道工序的模具制造较困难，但给最后一道工序的变形提供了方便，它适用于材料厚度 $\dfrac{t}{B} \times 100 \geqslant 1$ 条件下的制件。

第三种情况是第 $n-1$ 或第 $n-2$ 道工序采用四边略为外凸的四边形，$b_n = 8t$，如图 6-38（c）所示，这种情况的优缺点与第二种情况相同，模具制造较困难，它适用于材料相对厚度 $\dfrac{t}{B} \times 100 < 1$ 条件下的制件。

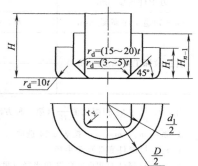

为了使最后一次拉深容易进行，第 $n-1$ 道工序应具有和制件相同的平底尺寸，壁与底相接成 45°的斜面，并带有较大的圆角，如图 6-39 所示。

图 6-39　高正方形多次拉深
直壁与底的连接

上述三种过渡形状的工序计算列于表 6-40 中，表中的计算从第 $n-1$ 次拉深开始。

表 6-40　高方形件多次拉深计算公式

要确定的值		公式		
		第一种情况	第二种情况	第三种情况
相对厚度 $t/B \times 100$		$\geqslant 2$	$\geqslant 1$	$\geqslant 1$
毛坯直径	毛坯直径当 $r_y = r_d = r$ 时/mm	$D = 1.13\sqrt{B^2 + 4B(H - 0.43r) - 1.72r(H + 0.33r)}$		
	当 $r_y \neq r_d$ 时/mm	$D = 1.13\sqrt{B^2 + 4B(H - 0.43r_d) - 1.72r_y(H + 0.5r_y) - 4r_d(0.11r_d - 0.18r_y)}$		
角部尺寸/mm		—	$B_y \approx 50t$	—
工序壁间距 b_n/mm		$b_n \leqslant 10t$		$b_n \approx 8t$
$(n-1)$道工序半径/mm		$R_{bn-1} = 0.5B + b_n$	$R_{yn-1} = 0.5B_y + b_n$	$R_{bn-1} = \dfrac{B^2}{8b_n} + \dfrac{b_n}{2}$ $R_{yn-1} \approx 2.5r_y$
$(n-1)$道工序宽度尺寸/mm		—	$B_{n-1} = B + 2b_n$	$B_{n-1} = B + 2b_n$
角部差/mm		$x = b_n + 0.41r_y - 0.207B$	$x = b_n + 0.41r_y - 0.207B$	$x = \dfrac{1 - m_n}{m_n} \times r_y$ $m_n = 0.65 \sim 0.7$
$(n-2)$道工序半径/mm		$R_{bn-2} = \dfrac{R_{bn-1}}{m_{n-1}} = 0.5Dm_1$	$R_{yn-2} = \dfrac{R_{yn-1}}{m_{n-1}}$	$R_{bn-2} = R_{bn-1} + b_{n-1}$ $R_{yn-2} = \dfrac{R_{yn-1}}{m_{n-1}}$ $m_{n-1} = 0.55 \sim 0.6$
工序壁间距/mm		—	$b_{n-1} = R_{yn-2} - R_{yn-1}$	$b_{n-1} = (9 \sim 10)t$
$(n-2)$道工序宽度尺寸（当 $n=4$）/mm		—	$B_{n-2} = B_{n-1} + 2b_{n-1}$	$B_{n-2} = B_{n-1} + 2b_{n-1}$

要确定的值	公式		
	第一种情况	第二种情况	第三种情况
$(n-2)$道工序直径/mm	—	$D_{n-2}=$ $2\left[\dfrac{R_{yn-2}}{m_{n-1}}+0.707(B-B_y)\right]$	—
$(n-3)$道工序半径/mm	—	—	$R_{bn-3}=0.5D_{m1}$
方形件高度/mm	$H=1.05\sim1.10H_0$（H_0为图纸上的高度）		
$(n-1)$道工序高度/mm	$H_{n-1}=0.88H$	$H_{n-1}\approx0.88H$	$H_{n-1}\approx0.88H$
首次拉深工序高度/mm	$H_1=H_{n-2}=0.25\left(\dfrac{D}{m_1}-d_1\right)+0.43\dfrac{r_{d1}}{d_1}(d_1+0.32r_{d1})$		
	—	—	$H_{n-2}=\dfrac{H_{n-3}R_{bn-1}}{0.5B_{n-1}+b_{n-1}}$

注：1. 尺寸 b_n 根据比值 $\dfrac{r}{B}$（第一种方法）或 $\dfrac{r}{B_y}$（第二种方法）及拉深次数由图6-37决定。

2. 系数 m_1、m_2、m_3 按表6-24选取。

3. r_d—拉深件底部圆角半径。

4. r_y—拉深件两侧面间的圆角半径（见图6-39）。

5. d_1—首次拉深直径。

6. D—毛坯直径（见图6-39）。

b. 高长方形件多次拉深的尺寸计算　如图6-40所示，有三种过渡形状。

第一种情况，适用于材料相对厚度较大 $\dfrac{t}{B}\times100\geqslant2$ 和壁间距较小（$b_n\leqslant10t$）的制件［见图6-40（a）］。毛坯和中间工序的形状均采用长圆形，并由两个半圆弧和两个平行边组成。

第二种情况，适用于材料相对厚度较小 $\dfrac{t}{B}\times100\geqslant1$ 的工件［见图6-40（b）］。由于制件在第 $n-1$ 或在第 $n-2$ 道工序时采用大圆角半径，因而对最后一次拉深提供了方便条件，这种方法的优点是模具制造简便，工艺性好。

第三种情况，适用于材料相对厚度较小 $\dfrac{t}{B}\times100<1$ 的制件［见图6-40（c）］。这种方法的优点是在第 $n-1$ 及第 $n-2$ 道工序采用形状为四边略带突出的长方形（$b_n\approx8t$），因而改善了第 n 道工序和第 $n-1$ 道工序拉深的条件，缺点是模具制造复杂。

第二种和第三种情况也可用于材料相对厚度更小的情况，但应减小 b_n 数值，并增加拉深次数。

上述三种过渡形状的工序计算列于表6-41，表中是从第 $n-1$ 道工序开始计算的。

(3) 矩形（正方形）件拉深次数的简易计算

① 方形件的计算方法，见表6-42。

② 矩形件的计算方法，见表6-43。

③ 按矩形（正方形）件的相对圆角高度 $\dfrac{H}{r}$ 确定拉深次数，见表6-44。

(4) 举例介绍矩形盒件多次拉深工艺计算（见表6-45）

(5) 矩形（方形）件拉深工序实例

如图6-41～图6-57所示，为生产中已被应用过的拉深工序实例。在这些实例中，除最后一道拉深应满足对制件要求的形状和尺寸外，中间工序的形状尺寸要求不严，但必须禁止存在破损和起皱等缺陷，以免影响后续工序的进行。

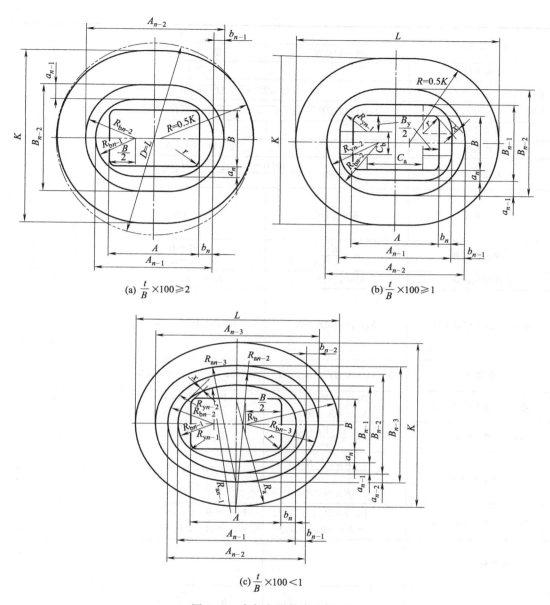

$$\text{(a)} \frac{t}{B} \times 100 \geqslant 2$$

$$\text{(b)} \frac{t}{B} \times 100 \geqslant 1$$

$$\text{(c)} \frac{t}{B} \times 100 < 1$$

图 6-40　高长方形件多次拉深

L—毛坯长边边长；K—毛坯短边边长；B—矩形短边边长；R_b—毛坯半径；R_a—毛坯半径；A—矩形长边边长；
A_{n-1}，A_{n-2}—第 $n-1$ 次，第 $n-2$ 次工序矩形长边边长；D—毛坯直径；r—盒壁间圆角半径；x—角部差；
B—正方形盒边长；B_y—角部尺寸；b_n，b_{n-1}—第 n 次，第 $n-1$ 次工序壁间距；B_{n-1}，B_{n-2}，B_{n-3}—第 $n-1$ 次，
第 $n-2$ 次，第 $n-3$ 次工序宽度尺寸；R_{bn}，R_{bn-1}，R_{bn-2}—第 n 次，第 $n-1$ 次工序，第 $n-2$ 次工序半径；
D_{n-2}—第 $n-2$ 次工序毛坯直径；R_{yn}，R_{yn-1}，R_{yn-2}—第 n 次，第 $n-1$ 次工序，第 $n-2$ 次工序半径；
R_{an}，R_{an-1}，R_{an-2}—第 n 次，第 $n-1$ 次，第 $n-2$ 次工序半径；a_n，a_{n-1}，a_{n-2}—第 n 次，
第 $n-1$ 次，第 $n-2$ 次工序壁间距；R—毛坯半径；C_a—圆角中心距；C_b—圆角中心距

表 6-41　高长方形件多次拉深计算公式

要确定的值	公　式		
	第一种情况	第二种情况	第三种情况
相对厚度	$\dfrac{t}{B} \times 100 \geqslant 2$	$\dfrac{t}{B} \times 100 > 1$	$\dfrac{t}{B} \times 100 \leqslant 1$

续表

要确定的值		公　式		
		第一种情况	第二种情况	第三种情况
圆角半径		$r \geqslant bt$		
毛坯直径	当 $r_y = r_d = r$	$D = 1.13 \sqrt{B^2 + 4B(H - 0.43r) - 1.72r(H + 0.33r)}$		
	当 $r_y \neq r_d$	$D = 1.13 \sqrt{B^2 + 4B(H - 0.43r_d) - 1.72r_y(H + 0.5r_y) - 4r_d(0.11r_d - 0.18r_y)}$		
角部尺寸		—	$B_y \approx 50t$	—
毛坯长度		$L = D + (A - B)$		
毛坯宽度		$K = \dfrac{D(B - 2r) + [B + 2(H - 0.43r_d)](A - B)}{A - 2r}$		
毛坯半径		$R = 0.5K$	$R = 0.5K$	$R_a = \dfrac{0.25(L^2 + K^2) - LR_b}{K - 2R_b}$ $R_b = 0.5D$
工序比例系数		$x_1 = \dfrac{K - B}{L - A}$	$x_1 = \dfrac{K - B}{L - A}$	$x_1 = \dfrac{K - B}{L - A}$
工序壁间距离		$b_n = a_n \leqslant 10t$	$b_n = a_n \leqslant 10t$	$b_n = 8t ; a_n = x_1 b_n$
第 $n-1$ 道工序的半径		$R_{bn-1} = 0.5B + b_n$	$R_{yn-1} = 0.5B_y + b_n$	$R_{bn-1} = \dfrac{B^2}{8b_n} + \dfrac{b_n}{2}$ $R_{yn-1} = 2.5$ $R_{an-1} = \dfrac{B^2}{8a_n} + \dfrac{a_n}{2}$
角部差		$x = b_n + 0.41r_y - 0.207B$	$x = b_n + 0.41r_y - 0.207B_y$	$x_1 = \dfrac{1 - m_n}{m_n} r_y m_n = 0.65 \sim 0.7$
第 $n-1$ 道工序的尺寸		$B_{n-1} = 2R_{bn-1}$ $A_{n-1} = A + 2b_n$	$B_{n-1} = B + 2a_n$ $A_{n-1} = A + 2b_n$	$B_{n-1} = B + 2a_n = B + 2b_n x_1$ $A_{n-1} = A + 2b_n$
第 $n-2$ 道工序的半径		$R_{bn-2} = \dfrac{R_{bn-1}}{m_{n-1}}$	$R_{yn-2} = \dfrac{R_{yn-1}}{m_{n-1}}$	$R_{bn-2} = R_{bn-1} + b_{n-1}$
工序壁间距离		$b_{n-1} = \dfrac{R_{bn-2} - R_{bn-1}}{x_1}$ $a_{n-1} = R_{bn-2} - R_{bn-1}$	$b_{n-1} = R_{yn-2} - R_{yn-1}$ $a_{n-1} = x_1 b_{n-1}$	$b_{n-1} = (9 \sim 10)t$ $a_{n-1} = x_1 b_{n-1}$
第 $n-2$ 道工序的尺寸		$B_{n-2} = 2R_{bn-2}$ $A_{n-2} = A + 2(b_n + b_{n-1})$	$B_{n-2} = B + 2(a_n + a_{n-1})$ $A_{n-2} = A + 2(b_n + b_{n-1})$	$B_{n-2} = B + 2(a_n + a_{n-1})$ $A_{n-2} = A + 2(b_n + b_{n-1})$
角部差及半径		—	—	$x_{n-1} = \dfrac{1 - m_{n-1}}{m_{n-1}} \times R_{yn-1}$ R_{yn-2} 用作图法求出
第 $n-2$ 道及第 $n-3$ 道工序的半径		—	$R_{bn-2} = \dfrac{B_{n-2}}{2} =$ $\dfrac{R_{yn-1}}{m_{n-1}} + 0.707(B - B_y)$	$R_{bn-3} = R_b m_{n-3}$
第 $n-3$ 道工序的尺寸		—	—	$A_{n-3} = 2R_{bn-3} + (A + B)$ $B_{n-3} = B_n + 2(a_n + a_{n-1} + a_{n-2})$
工序壁间距离		—	—	$b_{n-2} = \dfrac{A_{n-3} - A_{n-2}}{2}$ $a_{n-2} = x_1 b_{n-2}$
作图求出的工序半径		—	—	$R_{an-2} ; R_{an-3}$
矩形件高度		$H = (1.05 \sim 1.10)H_0$（H_0 为图纸上的高度）		
各次矩形件高度		$H_{n-1} \approx 0.88H , H_{n-2} \approx 0.86H_{n-1}$		

注：1. 可用作图法校正按表计算得出的值，同时进行必要的修正是允许的。

2. 其余表注与表 6-40 相同。

表 6-42 方形件的工艺计算 （08 钢）

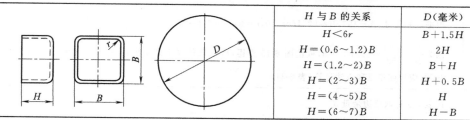

	H 与 B 的关系	D（毫米）	拉深次数
	$H<6r$	$B+1.5H$	1
	$H=(0.6\sim1.2)B$	$2H$	2
	$H=(1.2\sim2)B$	$B+H$	3
	$H=(2\sim3)B$	$H+0.5B$	4
	$H=(4\sim5)B$	H	5
	$H=(6\sim7)B$	$H-B$	6

表 6-43 矩形件的工艺计算 （08 钢）

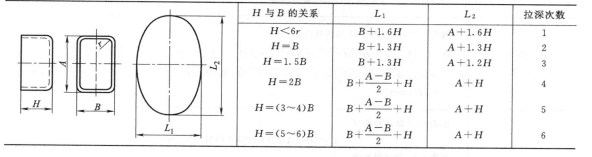

	H 与 B 的关系	L_1	L_2	拉深次数
	$H<6r$	$B+1.6H$	$A+1.6H$	1
	$H=B$	$B+1.3H$	$A+1.3H$	2
	$H=1.5B$	$B+1.3H$	$A+1.2H$	3
	$H=2B$	$B+\dfrac{A-B}{2}+H$	$A+H$	4
	$H=(3\sim4)B$	$B+\dfrac{A-B}{2}+H$	$A+H$	5
	$H=(5\sim6)B$	$B+\dfrac{A-B}{2}+H$	$A+H$	6

表 6-44 按 $\dfrac{H}{r}$ 值确定拉深次数 （08 钢）

$\dfrac{H}{r}$	拉 深 次 数	$\dfrac{H}{r}$	拉 深 次 数
<6	1	$13\sim17$	3
$7\sim12$	2	$18\sim23$	4

注：H—拉深件高度，mm；r—拉深件底角半径，mm。

表 6-45 矩形盒件多次拉深工艺计算

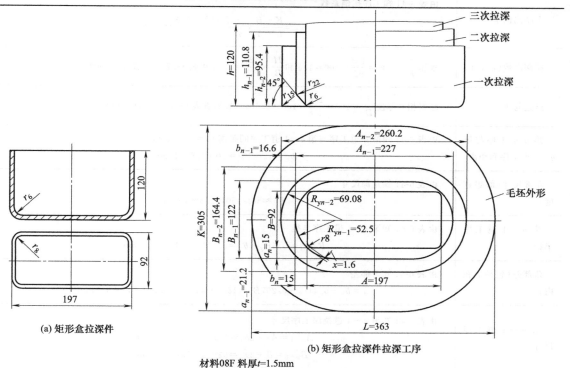

(a) 矩形盒拉深件

(b) 矩形盒拉深件拉深工序

材料08F 料厚t=1.5mm

工艺分析	根据已知尺寸：$A=197$，$B=92$，$H=120$，$r=8$，$r_d=6$，$t=1.5$。$\dfrac{r_y}{B}=\dfrac{8}{92}=0.087$ 因为 $\dfrac{H}{B}=\dfrac{120}{92}=1.31>0.5$，或由图 6-15 查得，所以该件属于高矩形件，$\dfrac{t}{B}\times100=\dfrac{1.5}{92}\times100=$ $1.6<2$，应按照第二种方法计算（表 6-41）
修边余量	按表 6-9 选取修边余量 δ $\qquad\dfrac{h}{r}=120/8=15\qquad$ 查表 $\delta=0.05h=0.05\times120=6\text{mm}$ 故总高度 $H=h+\Delta h=120+6=126\text{mm}$
如采用圆形坯料 （假想）	因为 $r_y\neq r_d$，由表 6-41 知坯料直径 $D=1.13\sqrt{B^2+4B(H-0.43r_d)-1.72r_y(H+0.5r_y)-4r_d(0.11r_d-0.18r_y)}$ $=1.13\sqrt{92^2+4\times92(126-0.43\times6)-1.72\times8(126+0.5\times8)-4\times6(0.11\times6-0.18\times8)}$ $=258(\text{mm})$
如采用扁圆形坯料	由表 6-41 知坯料长度 $\qquad L=D+(A-B)=258+(197-92)=363\text{mm}$ 由表 6-41 知坯料宽度 $K=\dfrac{D(B-2r)+[B+2(H-0.43r_d)](A-B)}{A-2r}$ $=\dfrac{258\times(92-2\times8)+[92+2\times(126-0.43\times6)](197-92)}{197-2\times8}$ $=304.9\approx305\text{mm}$ 由表 6-41 知坯料圆角半径 $\qquad R=0.5K=0.5\times305=152.5\text{mm}$
工序比例系数	由表 6-41 知工序比例系数 $\qquad x_1=\dfrac{K-B}{L-A}=\dfrac{305-92}{363-197}=\dfrac{213}{166}=1.28$
拉深次数（估算）	根据 $\dfrac{t}{B}\times100=\dfrac{1.5}{92}\times100=1.6$ 和 $\dfrac{H}{B}=\dfrac{120}{92}=1.31$ 由表 6-37 知，拉深次数 $n=3$
压边与否	坯料相对厚度 $\dfrac{t}{D}\times100=\dfrac{1.5}{258}\times100=0.581<1.5$，查表 6-4，应采用压边圈
第 n 道工序与第 $n-1$ 道工序间距离	由表 6-41 知第 n 道工序与第 $n-1$ 道工序间距离 $b_n=a_n\leqslant10t$，取为 $10t$ $\qquad b_n=a_n=10t=10\times1.5=15\text{mm}$
角部尺寸（假想宽度）	由表 6-41 知角部尺寸 $\qquad B_y\approx50t=50\times1.5=75\text{mm}$
第 $n-1$ 道工序半径	由表 6-41 知第 $n-1$ 道工序半径 $\qquad R_{yn-1}=0.5B_y+b_n=0.5\times75+15=52.5\text{mm}$
角部差（包括 t 在内）	由表 6-41 知角部差 $\qquad x=b_n+0.41r_y-0.207B_y=15+0.41\times8-0.207\times75=1.6\text{mm}$
第 $n-1$ 道工序尺寸	由表 6-41 知第 $n-1$ 道拉深工序尺寸 $\qquad A_{n-1}=A_1+2b_n=197+2\times15=227\text{mm}$ $\qquad B_{n-1}=B+2a_n=92+2\times15=122\text{mm}$

第 $n-2$ 道工序半径	由表 6-41 知第 $n-2$ 道工序半径 $$R_{yn-2}=\dfrac{R_{yn-1}}{m_{n-1}}=\dfrac{52.5}{0.76}=69.08\text{mm}$$ 在本例中 $m_{n-1}=m_2$，根据 $\dfrac{t}{B}\times100=\dfrac{1.5}{92}\times100=1.6$，由表 6-24 查得 $m_{n-1}=m_2=0.76$
第 $n-1$ 道工序与第 $n-2$ 道工序间距离	由表 6-41 知第 $n-1$ 道工序与第 $n-2$ 道工序间距离 $$b_{n-1}=R_{yn-2}-R_{yn-1}=69.08-52.5=16.6\text{mm}$$ $$a_{n-1}=x_1b_{n-1}=1.28\times16.58=21.2\text{mm}$$
第 $n-2$ 道拉深尺寸	由表 6-41 知第 $n-2$ 道工序尺寸 $$A_{n-2}=A+2(b_n+b_{n-1})=197+2(15+16.6)=260.2\text{mm}$$ $$B_{n-2}=B+2(a_n+a_{n-1})=92+2(15+21.2)=164.4\text{mm}$$
各道工序半成品的高度	由表 6-41 知各道工序半成品的高度 $$H_{n-1}\approx0.88H=0.88\times126=110.88\text{mm}$$ $$H_{n-2}\approx0.86H_{n-1}=0.86\times110.88=95.4\text{mm}$$
凸模和凹模圆角半径	1. 凹模圆角半径 $r_凹$ $\dfrac{t}{D}\times100=\dfrac{1.5}{258}\times100=0.581$，知：凹模圆角半径应取 $(10\sim15)t$ 第一道拉深工序 $r_{凹1}=15t=22.5\text{mm}$ 第二道拉深工序 $r_{凹2}=12t=18\text{mm}$ 第三道拉深工序 $r_{凹3}=10t=15\text{mm}$ 2. 凸模圆角半径 $r_凸$ 按式 6-33 知凸模圆角半径应取 $(0.6\sim1)r_凹$；末次拉深 $r_凸=r_d$（r_d 为制件底部圆角半径） 第一道拉深工序 $r_{凸1}=r_{凹1}=22.5\text{mm}$ 第二道拉深工序 $r_{凸2}=r_{凹2}=18\text{mm}$ 第三道拉深工序 $r_{凸3}=r_d=6\text{mm}$
拉深工序图	按上述计算画出的拉深工序图见本表图(b)

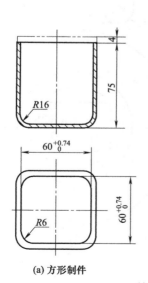

(a) 方形制件

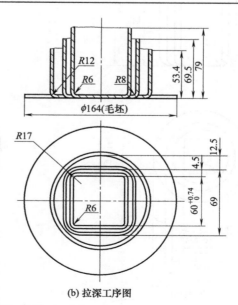

(b) 拉深工序图

材料：08F　料厚：$t=0.5\text{mm}$

图 6-41　圆毛坯方形件拉深工序图（一）

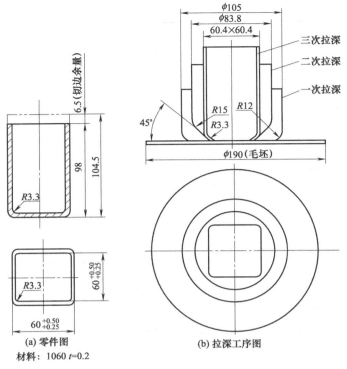

(a) 零件图

材料：1060 t=0.2

(b) 拉深工序图

图 6-42 圆毛坯方形件拉深工序图（二）

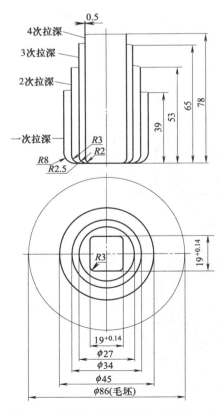

图 6-43 圆毛坯方形件拉深工序图（三）

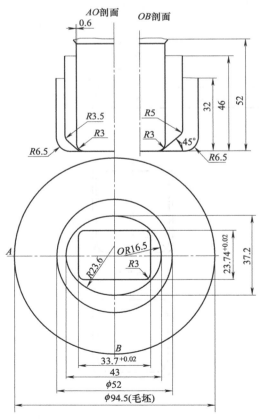

图 6-44 圆毛坯矩形件拉深工序图

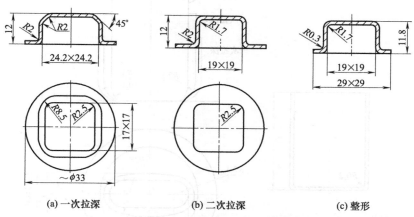

(a) 一次拉深　　　　　(b) 二次拉深　　　　　(c) 整形

材料: 10钢　料厚t=0.3　毛坯直径φ42.5mm

图 6-45　圆毛坯带凸缘方形盒拉深工序图

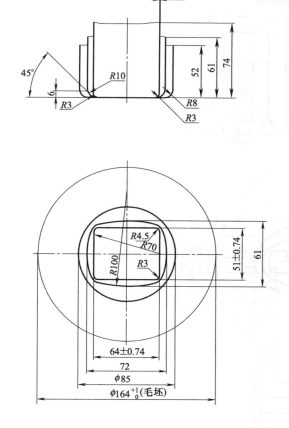

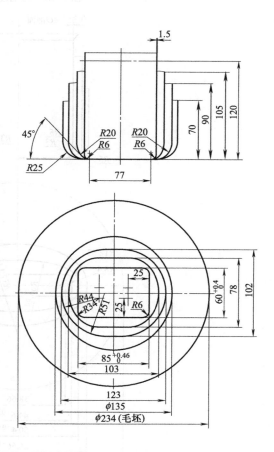

图 6-46　圆毛坯长宽相近矩
形件拉深工序图（一）

图 6-47　圆毛坯长宽相近矩
形件拉深工序图（二）

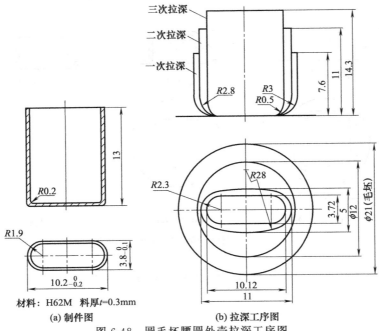

材料：H62M　料厚$t=0.3$mm

(a) 制件图　　　　　　　(b) 拉深工序图

图 6-48　圆毛坯腰圆外壳拉深工序图

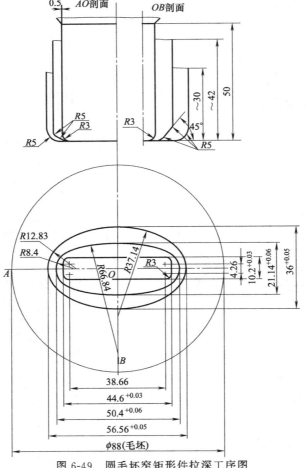

图 6-49　圆毛坯窄矩形件拉深工序图

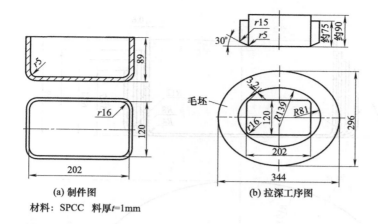

(a) 制件图

材料：SPCC 料厚t=1mm

(b) 拉深工序图

图 6-50　椭圆毛坯矩形件拉深工序图（一）

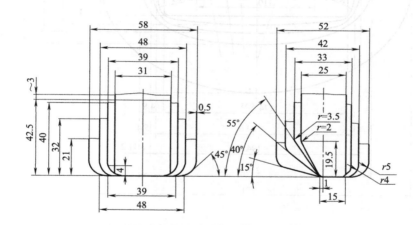

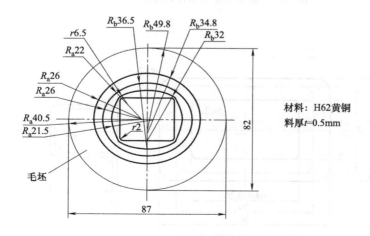

材料：H62黄铜
料厚t=0.5mm

图 6-51　椭圆毛坯矩形件拉深工序图（二）

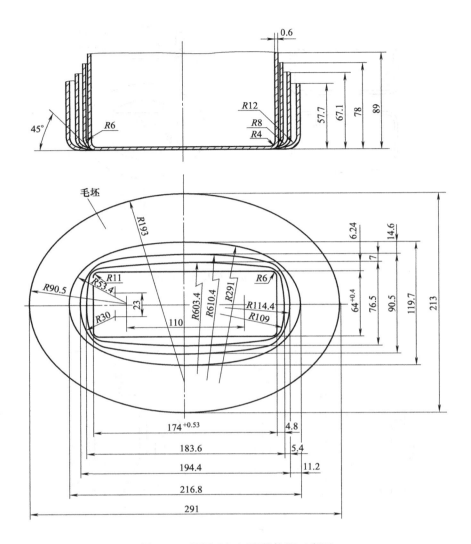

图 6-52　椭圆毛坯矩形件拉深工序图

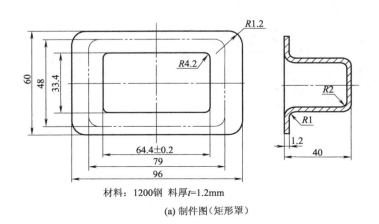

材料：1200钢　料厚t=1.2mm

(a) 制件图（矩形罩）

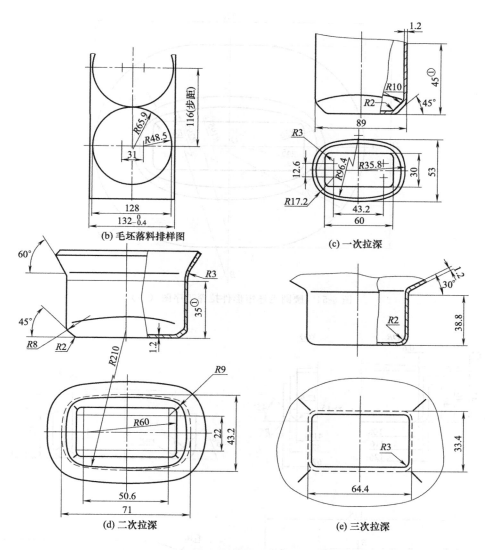

(b) 毛坯落料排样图

(c) 一次拉深

(d) 二次拉深

(e) 三次拉深

图 6-53　椭圆毛坯带凸缘矩形罩拉深工序图
① 参考尺寸

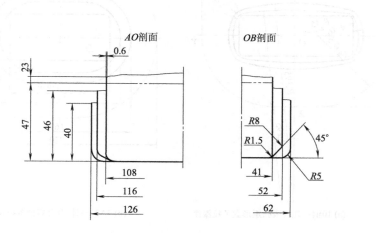

AO剖面　　OB剖面

图 6-54

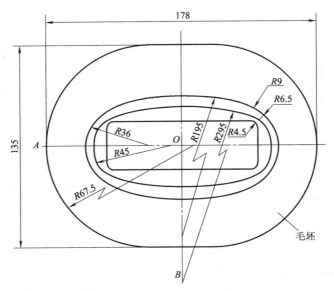

图 6-54　腰圆毛坯矩形件拉深工序图（一）

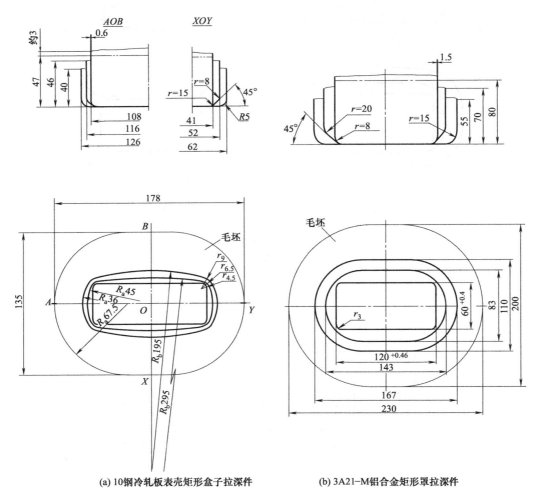

(a) 10钢冷轧板表壳矩形盒子拉深件　　　　(b) 3A21-M铝合金矩形罩拉深件

图 6-55　腰圆毛坯矩形件拉深工序图（二）

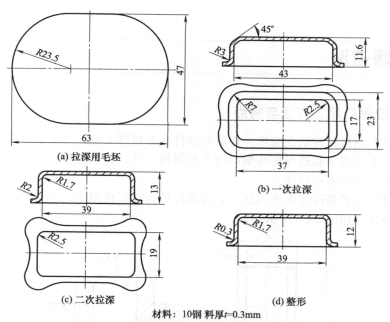

(a) 拉深用毛坯

(b) 一次拉深

(c) 二次拉深

(d) 整形

材料：10钢 料厚 $t=0.3$mm

图 6-56 腰圆毛坯带窄凸缘矩形件拉深工序图

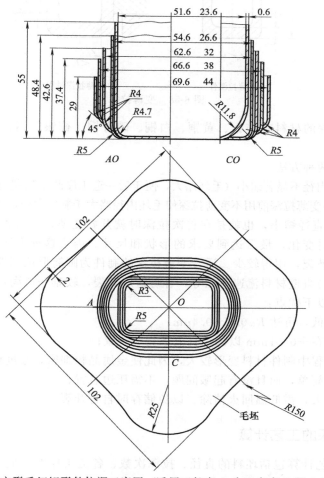

图 6-57 大圆角方形毛坯矩形件拉深工序图（适用于长度 A 大于宽度 B 即 $A/B>1$ 的场合）

6.4 变薄拉深

6.4.1 变薄拉深应用、方法与特点

变薄拉深是利用材料的塑性变形，使筒形制件底部料厚不变，直壁料厚变薄、高度增大的一种加工方法。主要用来制造厚底薄壁高度大的圆筒形件，例如弹壳、子弹套、雷管套、高压锅、高压容器等，或是薄壁管坯。

变薄拉深过程主要是改变毛坯的壁厚，而坯件的内径变化很小，拉深凸、凹模之间的间隙小于毛坯材料厚度，如图 6-58 所示。

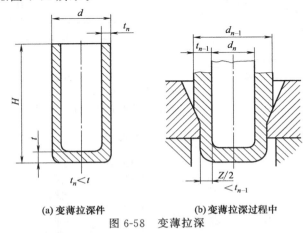

(a) 变薄拉深件　　　　(b) 变薄拉深过程中

图 6-58　变薄拉深

适合于变薄拉深的材料有纯铜、黄铜、白铜、磷青铜、德银、铝、铝合金、软钢、不锈钢、可伐合金等。

变薄拉深常有两种方法。

① 壁厚变薄，内径不显著缩小（毛坯略大，便于后一道工序凸模顺利套入）。此方法是本节介绍的重点，是在制件变薄拉深前用不变薄拉深使毛坯内径略大于制件内径，然后再进行变薄拉深。

② 壁厚变薄，直径缩小，也就是在首次拉深时就开始变薄，以后各次均按规定的变形程度使直径与壁厚同时变化，最后达到要求的形状和尺寸。因为这种方法在拉深过程中应力复杂，容易造成制件破裂，用得较少。适合变薄拉深的制件为圆筒形拉深件，其他形状（如正方形或矩形）因角部与直壁材料流速不相等，容易造成开裂，较难获得满意的结果。

变薄拉深具有以下优点：

① 表面粗糙度低，可达 $Ra0.2\sim0.4\mu m$；

② 壁厚偏差可在 $\pm0.01mm$ 以内，且上下均匀一致；

③ 由于拉深过程中制件材料变形较大，因此使金属晶粒细密，强度增加；

④ 模具结构较简单，而且没有起皱问题，不需压边装置；

⑤ 残余应力较大，需低温回火消除，以免储存时自行开裂。

6.4.2 变薄拉深的工艺计算

变薄拉深的工艺计算包括坯料的直径、拉深次数、各道工序的半成品尺寸等，见表 6-46。变薄系数，见表 6-47。

表 6-46 变薄拉深的工艺计算

参 数	公 式	备 注
坯料计算	$V = aV_1$	V—坯料的体积，mm³ V_1—制件的体积，mm³ a—考虑修边余量所加的系数，$a = 1.1 \sim 1.2$
坯料的直径	$D = 1.13\sqrt{\dfrac{V}{t}}$	D—坯料的直径，mm t—坯料的厚度，即等于制件的底厚，mm
工艺断面缩减率	$\varepsilon_F = \dfrac{F_{n-1} - F_n}{F_{n-1}}$	
变薄系数（可参考表 6-47）	$\varphi_n = \dfrac{F_n}{F_{n-1}}$ 在变薄拉深中，制件的内径变化不大，故可认为各道工序的壁厚 $\varphi_n = \dfrac{t_n}{t_{n-1}}$	F_n, F_{n-1}—在 n 次及 $n-1$ 次变薄拉深后制件横剖面上的断面积，mm² t_n, t_{n-1}—分别为在 n 次及 $n-1$ 次变薄拉深后的制件侧面壁厚，mm
各道工序的壁厚	$t_1 = t\varphi_1$ $t_2 = t_1\varphi_2$ …… $t_n = t_{n-1}\varphi_n$	t—坯料的厚度，mm $t_1, t_2, \cdots\cdots, t_{n-1}$—中间工序的壁厚，mm t_n—制件的壁厚，mm $\varphi_1, \varphi_2, \varphi_n$—第 1 次，第 2 次，……，第 n 次变薄系数
各道变薄工序的制件直径（为了使凸模能顺利地进入坯件里，凸模直径须比坯件的内径小 1%～3%，具体计算分两种情况）	(1)当变薄拉深的毛坯是半成品时，首次变薄拉深的内径 $\quad d_B = (0.97 \sim 0.98)d_0$ 以后各次变薄拉深的内径 $\quad d_{Bn} = (0.97 \sim 0.98)d_{Bn-1}$	d_B—该道工序的内径，mm d_0—毛坯件的内径，mm d_{Bn}—第 n 道变薄拉深工序的内径，mm
	(2)当变薄拉深的毛坯是板料时，制件的内径应从最末一道拉深开始计算，最末一次的内径就是制件的内径 　其余各道工序的内径为 $d_{n-1} = d_n K$ $d_{n-2} = d_{n-1} K$ $d_{n-3} = d_{n-2} K$	K—系数（$K = 1.01 \sim 1.03$） d_n—制件内径（即最后工序凸模直径），mm d_{n-1}, d_{n-2}……—其余各工序半成品件的内径（即其余各工序凸模直径），mm
各道工序半成品的外径	$d_H = d_B + 2t_n$	d_H—该道工序半成品件的外径，mm d_B—该道工序半成品件的内径，mm t_n—该道工序半成品件的壁厚，mm
各道工序半成品的高度（按照体积不变的原则计算）	$h_n = \dfrac{t(D^2 - d_H^2)}{2t_n(d_H - d_n)}$	t—毛坯的厚度或壁厚，mm D—毛坯直径，mm t_n—该道工序半成品的壁厚，mm d_H—该道工序半成品的外径，mm d_n—该道工序半成品的内径，mm h_n—该道工序半成品的高度（不包括厚度 t），mm

表 6-47 变薄系数

材 料	首次变薄系数 φ_1	中间变薄系数 φ_m	末次变薄系数 φ_n
铜、黄铜（H68、H80）	0.45～0.55	0.58～0.65	0.65～0.73
铝	0.50～0.60	0.62～0.68	0.72～0.77
低碳钢，拉深钢板	0.53～0.63	0.63～0.72	0.75～0.77
中碳钢	0.70～0.75	0.78～0.82	0.85～0.90
不锈钢	0.65～0.70	0.70～0.75	0.75～0.80

注：厚料取较小值，薄料取较大值。

6.4.3 变薄拉深的模具设计

变薄拉深的模具设计主要指拉深凸、凹模及其技术要求，见表 6-48、表 6-49。图 6-59 为常用的一种通用模架结构。只要更换凸、凹模就可以实现不同尺寸大小的变薄拉深，适合少批量、多品种生产使用。

表 6-48 变薄拉深的模具设计

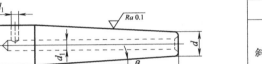

凹模的结构		
参数	选择范围	说明
凹模的内锥角/度	$\alpha = 7° \sim 9°$	α 过大，变形困难
凹模的外锥角/度	$\alpha_1 = 2\alpha$	
工作带高度 h/mm	按下表选用	太大会增加摩擦阻力，太小则易磨损

D	<10	$10 \sim 20$	$20 \sim 30$	$30 \sim 50$	>50
h	0.9	1	$1.5 \sim 2$	$2.5 \sim 3$	$3 \sim 4$

(a) 标准型

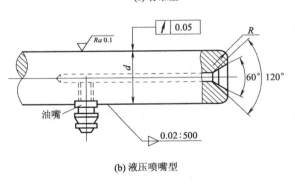

(b) 液压喷嘴型

凸模的结构		
参数	选择范围	说明
凸模的斜度	$\beta = 1°$	采用液压机拉深较长制件时，采用浮动凸模形式，便于与凹模自动找正
凸模工作部分长度	L 大于制件长度(加上修边留量)/mm	在变薄拉深 1Cr18Ni9 等弹性恢复力较大材料时，制件不易脱模，可不用卸料板卸件，而在凸模上加液压喷嘴卸件，如图 (b)所示。凸模油嘴接头处接上三通阀，一头通油、一头通空气，在套坯件时通气断油，拉深时进油断气，卸件应在拉深结束时立即进行，否则制件冷却后，卡得更紧，不易卸下来。液压可用手压泵，这样可以控制压力大小，开始压力大些，松脱后应减压，否则制件颈部会出现胀形。如液压仍无法卸料，可先在坯料内部涂以硬脂酸锌再用液压卸料
凸模出气孔直径	$D_1' = \left(\dfrac{1}{3} \sim \dfrac{1}{6}\right) d$ 式中 D_1'—凸模出气孔直径，mm d—凸模底端直径，mm	

表 6-49 变薄拉深凸、凹模材料选用及相关模具的技术要求

	凹模材料	热处理硬度	工作部分的粗糙度	阶梯凹模的变形量分配（即两工序间的壁厚减薄量）
凹模	在大量生产中可采用硬质合金，如 YG8～YG15，在成批生产时可采用合金钢 CrWMn、Cr12MoV	$>60 \sim 64$HRC	$Ra0.2 \sim 0.05\mu m$	采用两层凹模时，上模占 20%左右，下模占 80%左右 采用三层凹模时，上模占 25%左右，中模 35%左右，下模占 40%左右
	凸模材料	热处理硬度	工作部分的粗糙度	凸模工作部分的斜度
凸模	一般用 T10A、CrWMn	$>62 \sim 64$HRC	$Ra0.4 \sim 0.05\mu m$	第一次变薄拉深，其斜度在长 60mm 内不小于 0.02～0.04mm，以后各次拉深，斜度不小于 0.05mm。凸模的径向跳动量不大于 0.005mm，否则高度大的制件容易出现斜壁或开裂

变薄拉深模具设计中应注意以下方面。

① 在大批量生产中，变薄拉深模中最好采用标准凸模和凹模，便于快速更换。在小批生产中，则采用通用模架，便于更换凸、凹模，比较经济。

② 根据拉深件各工序的尺寸确定采用单层凹模还是两层、三层的阶梯凹模。单层凹模制造只要保证其内孔尺寸精度和粗糙度即可，组装的多层凹模除保证内孔的尺寸精度和粗糙度外，还要保证同心度和平行度。

③ 设备行程要长且拉深力要足够大。

如图 6-60 是一副旋转变薄拉深模。旋转变薄拉深的基本方法是：管坯套在凸模上，钢球套在凹模中，凹模（或凸模）装在机床主轴上并随主轴旋转（1000r/min 左右），凸模（或凹模）装在机床滑板上并随滑板进给约 50～100mm/min，管坯与钢球的相对转动及移动加之钢球本身的自转，迫使材料逐点产生塑性流动并变薄。实践证明这种变薄拉深变薄率大，变薄质量好。

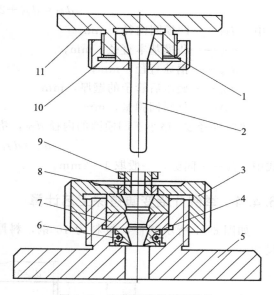

图 6-59 变薄拉深模通用结构

1—凸模压圈；2—凸模；3—凹模压紧螺套；
4—活动卸料圈；5—凹模固定座；6—弹簧；
7—凹模；8—定位圈；9—校模导正圈；
10—凸模压紧螺套；11—凸模固定座

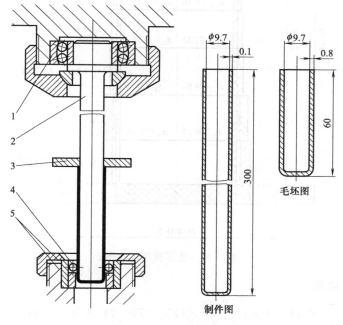

图 6-60 旋转变薄拉深模
1—轴承；2—凸模；3—卸料板；4—钢球；5—凹模

为保证凸、凹模有较高的同轴度，凸模是浮动的，凸模可在向心球面轴承内在任何方向摆动，以补偿机床、模具制造、安装造成的同轴度误差。凸模基本尺寸等于管坯内径 d，圆角半径略大于管坯圆角。凹模由凹模圈及垫圈组合而成，用不同厚度的垫圈即可组成多组凹模。凹模圈内孔基本直径为

$$d_凹 = d_凸 + 2d_球 + 2t_管 - \Delta$$

式中　$d_凹$——凹模圈内径，mm；

　　　$d_凸$——凸模基本直径，mm；

　　　$d_球$——钢球直径，mm；

　　　$t_管$——旋压后管子的壁厚，mm；

　　　Δ——材料回弹量，mm。

垫圈外径 d_1 略小于凹模圈的内径 $d_凹$，垫圈的内径 d_2 为

$$d_2 = d_凸 + 2t_管 + K$$

式中　K——间隙，一般取 $1\sim2$mm。

6.4.4　举例介绍变薄拉深工艺计算

如图 6-61 所示制件，材料为 10 钢，料厚 4mm。采用变薄拉深，求各道工序的半成品尺寸。

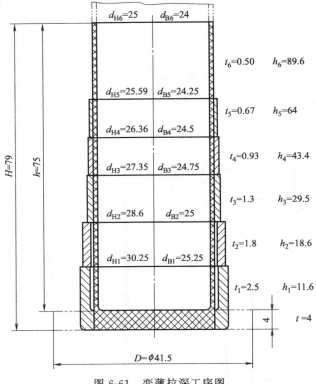

图 6-61　变薄拉深工序图

① 计算拉深件体积。

$$V_1 = \frac{\pi}{4}(d_0^2 H - d_n^2 h) = \frac{3.14}{4} \times (25^2 \times 79 - 24^2 \times 75) = 4847 \text{（mm}^3）$$

② 计算毛坯体积。

$$V = 1.15V_1 = 1.15 \times 4847 = 5574 \text{（mm}^3）$$

③ 确定毛坯厚度。毛坯厚度等于圆筒形件底的厚度，$t = 4$mm。

④ 计算毛坯直径。

$$D = 1.13\sqrt{\frac{KV_1}{t}} = 1.13 \times \sqrt{\frac{1.15 \times 4847}{4}} = 42 \text{（mm）}$$

经试模修正后取 41.5mm。

⑤ 计算拉深次数及每次拉深制件壁厚（见表 6-50）。根据表 6-47 取各次变薄拉深系数为：$\varphi_1=0.63$，$\varphi_{n-1}=0.72$，$\varphi_n=0.75$。

表 6-50　拉深次数及每次拉深后壁厚

拉深次数	拉深前材料厚度 t/mm	变薄系数 φ	变薄拉深后制件壁厚 t/mm
1	4.0	0.63	$4\times0.63=2.5$
2	2.5	0.72	$2.5\times0.72=1.8$
3	1.8	0.72	$1.8\times0.72=1.3$
4	1.3	0.72	$1.3\times0.72=0.93$
5	0.93	0.72	$0.93\times0.72=0.67$
6	0.67	0.75	$0.67\times0.75=0.5$

⑥ 计算出各次拉深的内外径（见表 6-51）。

表 6-51　变薄拉深各次拉深的内外径尺寸　　　　　　　　mm

拉深次数	内　径	壁厚 t	外　径
6	24.00	0.5	25
5	24.25	0.67	25.59
4	24.50	0.93	26.36
3	24.75	1.3	27.35
2	25.00	1.8	28.6
1	25.25	2.5	30.25

⑦ 计算各次变薄拉深工序件高度。根据表 6-46 公式进行计算，计算过程见表 6-52。

表 6-52　各次变薄拉深工序件高度

拉深次数	每次变薄拉深工序件高度 $H_n=\dfrac{t(D^2-d_\text{H}^2)}{2t_n(d_\text{H}+d_n)}$
1	$H_1=\dfrac{4\times(41.5^2-30.25^2)}{2\times2.5\times(30.25+25.25)}=11.6\text{mm}$
2	$H_2=\dfrac{4\times(41.5^2-28.6^2)}{2\times1.8\times(28.6+25)}=18.7\text{mm}$
3	$H_3=\dfrac{4\times(41.5^2-27.35^2)}{2\times1.3\times(27.35+24.75)}=28.8\text{mm}$
4	$H_4=\dfrac{4\times(41.5^2-26.36^2)}{2\times0.93\times(26.36+24.5)}=43.4\text{mm}$
5	$H_5=\dfrac{4\times(41.5^2-25.59^2)}{2\times0.67\times(25.59+24.25)}=63.9\text{mm}$
6	$H_6=\dfrac{4\times(41.5^2-25^2)}{2\times0.5\times(25+24)}=89.6\text{mm}$

6.4.5　变薄拉深产生废品原因

变薄拉深产生废品原因见表 6-53。

表 6-53　变薄拉深产生废品的原因

序号	简　图	废品情况	产生原因
1		口部边缘发生皱纹	拉深压边力不足，或压边圈磨损不平，造成半成品毛坯口部有皱褶而影响变薄件

序号	简　图	废品情况	产　生　原　因
2	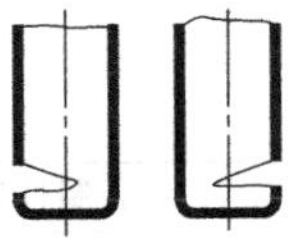	底部破裂，中间断裂	①拉深圆角过小，制件角部材料疲劳 ②选用变薄系数过小 ③凸、凹模间隙不匀，局部磨损 ④润滑不良
3	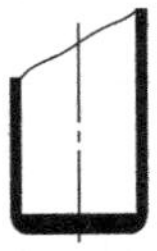	边缘局部凸起	①凹模模口局部磨损或受伤，制件受力不匀 ②凸模径向跳动量过大，制件底部受力不匀 ③坯件定位倾斜 ④凸、凹模间隙不匀
4	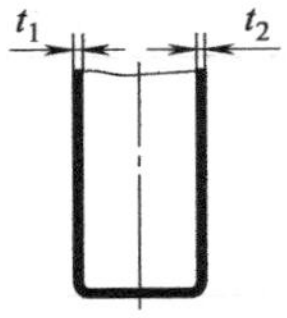	壁厚不匀	①凸模或凹模不圆 ②凹模下端面与轴线垂直度偏差过大 ③凸、凹模间隙不匀
5		侧壁有磷纹	①凸、凹模不垂直 ②凹模表面粗糙度值过高
6	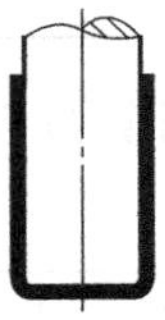	卸件困难	①凸模表面粗糙度值过高或碰伤 ②凸、凹模有反锥 ③气孔被堵塞 ④卸料板刃口磨损
7	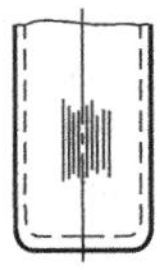	表面划伤	①凹模磨损 ②润滑剂有杂物 ③半成品毛坯粘有氧化皮 ④卸料板有尖角或弹簧压力过大

6.5　反向拉深

6.5.1　反向拉深方法与应用

　　将制件按与前次拉深相反的方向进行的拉深称为反向拉深，简称反拉深。反拉深适用于制造如图 6-62 所示的制件，也适用于薄材料制件的以后各次拉深。

　　反向拉深与普通拉深的区别在于拉深时毛坯的外表面被翻到内面，而内面则被翻到外面，如图 6-63 所示。反向拉深材料流动方向与正拉深相反，有利于相互抵消拉深形成的残余应力，有利于成形。

6.5.2　反向拉深特点

　　反向拉深具有如下一些特点。

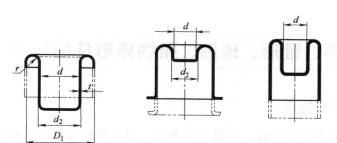

图 6-62　典型的反拉深件

①　反向拉深比一般拉深的拉深系数小 $10\% \sim 15\%$，而拉深力比正拉深大 $10\% \sim 20\%$。

②　反向拉深后的圆筒最小直径为 $d = (30 \sim 60)t$，t 为料厚。

③　反向拉深坯料内径 D_1 套在凹模外面，其制件的外径 d_2 通过凹模内孔 [参见图 6-62 (a)]，故凹模壁厚不能超过 $\frac{1}{2}(D_1 - d_2)$。即反向拉深的拉深系数不能太大，否则凹模壁厚过薄，强度不足。

④　凹模的圆角半径不能大于 $\frac{1}{4}(D_1 - d_2)$。

⑤　反向拉深的最小圆角半径 $r > (2 \sim 6)t$，拉深厚料时，r 取小值；拉深薄料时，r 取大值。当制件的圆角半径不能满足上述要求时，就需要增加整形工序。

⑥　反向拉深时，坯料与凹模接触面积比正拉深大，材料的流动阻力也大，因此，一般可不用压边圈。但坯料外缘流经凹模入口圆角时，阻力已明显减小，所以对大直径薄料拉深时，仍需压料以免起皱。

在双动压力机上，拉深和反拉深可用一副组合模具，先用外滑块进行一般拉深，后用内滑块进行反向拉深，如图 6-64 所示。

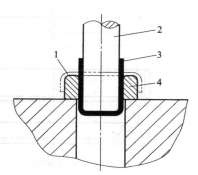

图 6-63　反拉深图示
1—坯件（拉深件）；2—凸模；
3—制件；4—凹模

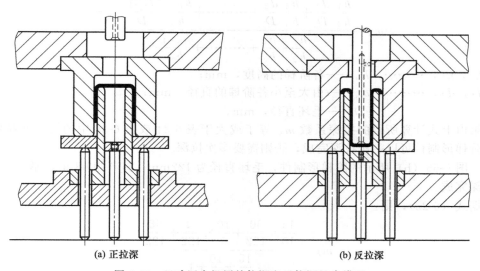

(a) 正拉深　　　　(b) 反拉深

图 6-64　双动压力机用的拉深和反拉深组合模具

6.6 阶梯形、锥形、球形、抛物体形件的拉深

6.6.1 阶梯形件的拉深

壁部呈台阶的阶梯形拉深件，如图 6-65 所示。其变形特点与圆筒形件拉深基本相同，也就是说每一阶梯相当于相应圆筒形件的拉深。但由于这类制件的多样性和复杂性，不能用统一的方法确定拉深次数和工艺程序。

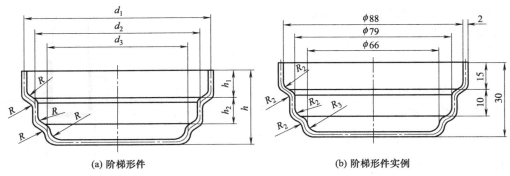

图 6-65　旋转体阶梯形拉深件

(1) 一次能拉深成阶梯形件的条件和判断方法

当材料的相对厚度较大 $\left(\dfrac{t}{D}\times 100 > 1\right)$，阶梯的大小直径差值和制件高度较小时，一般可以用一道工序拉深成形，具体可用下面两种方法判断。

① 算出拉深件高度与最小直径之比 $\dfrac{h}{d}$ 和 $\dfrac{t}{D}\times 100$，按表 6-29 查得拉深次数，若拉深次数 1，则可一次拉成。

② 用下列阶梯形拉深系数计算式来校验：

$$m_k = \frac{\dfrac{h_1}{h_2}\dfrac{d_1}{D} + \dfrac{h_2}{h_3}\dfrac{d_2}{D} + \cdots\cdots\cdots + \dfrac{h_{n-1}}{h_n}\dfrac{d_{n-1}}{D} + \dfrac{d_n}{D}}{\dfrac{h_1}{h_2} + \dfrac{h_2}{h_3} + \cdots\cdots\cdots + \dfrac{h_{n-1}}{h_n} + 1} \tag{6-23}$$

式中　$h_1, h_2, \cdots\cdots\cdots, h_n$——各阶梯的高度，mm；

$d_1, d_2, \cdots\cdots\cdots, d_n$——由大至小各阶梯的直径，mm；

D——毛坯直径，mm。

如果由上式计算所得的拉深系数 m_k 等于或大于表 6-24 或表 6-28 中的第一次拉深系数，则这种阶梯形制件可以一次拉深完成，否则需要多次拉深。

例　图 6-65（b）所示的阶梯形制件，毛坯直径为 122mm，材料为 08 钢，厚 2mm，能否一次拉深完成。

根据式（6-23），则：

$$m_k = \frac{\dfrac{15}{10}\times\dfrac{90}{122} + \dfrac{10}{5}\times\dfrac{81}{122} + \dfrac{68}{122}}{\dfrac{15}{10} + \dfrac{10}{5} + 1}$$

$$=\frac{1.5\times0.74+2\times0.66+0.56}{1.5+2+1}=0.66$$

根据 $\frac{t}{D}\times100=\frac{2}{122}\times100=1.6$ 按表 6-24 查得，首次拉深系数 $m_1=0.48\sim0.5$，因为 $m_k>$ m_1，所以制件可以一次拉深完成。

（2）需多次拉深阶梯形件的拉深方法

阶梯形件多次拉深的方法如下：

① 当任意两相邻阶梯直径之比 d_n/d_{n-1} 均大于相应的无凸缘圆筒形件的极限拉深系数，其拉深方法为由大阶梯到小阶梯依次拉深成形 ［见图 6-66 （a）］，这时拉深次数等于阶梯数目。

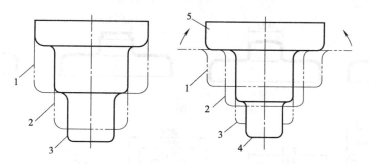

(a) 从大阶梯到小阶梯依次拉深　　(b) 按有凸缘圆筒形件的拉深工序进行拉深
(从小阶梯到大阶梯依次拉深)

图 6-66　阶梯形件多次拉深方法
1～5—各次拉深顺序

② 如果某相邻两阶梯直径之比 d_n/d_{n-1} 小于相应的无凸缘圆筒形件的极限拉深系数，则由直径 d_{n-1} 到 d_n 按有凸缘件的拉深方法进行拉深，最后将凸缘拉深成最大直径阶梯形 ［见图 6-66 （b）］。拉深顺序由大阶梯到小阶梯依次拉深。

（3）阶梯形件拉深工序实例

阶梯之间直径差较大的拉深件在拉深时，首先都是拉制出大直径部分，然后再像宽凸缘零件的拉深方法那样逐渐拉制出小直径的部分。在进行拉深时，一般多采用在缩小直径的同时增加高度的方法，如图 6-67～图 6-71 所示为几个拉深工序实例。

6.6.2　锥形件的拉深

锥形件的拉深过程，决定于锥体的相对高度 $\frac{H}{d}$，锥角 α、毛坯材料相对厚度 $\frac{t}{D}\times100$ 的不同，拉深方法可分为以下三种情况，如图 6-72 所示。

（1）低（浅）锥形件

相对高度 $\frac{H}{d}\leqslant0.25\sim0.3$，即 $H\leqslant(0.25\sim0.3)$ d 时，$\alpha=50°\sim80°$，如图 6-72 （a）所示。一般可以用压边圈的拉深模只需一次拉深成形，但当锥角较大时，回弹现象严重，不能获得精确的形状，通常采用下列三种措施解决。

① 无凸缘的可增加凸缘拉深成形后切除。

② 采用带凸筋的凹模拉深，如图 6-73 所示，以增加压边力。

③ 用聚氨酯橡胶拉深模或液压拉深模。

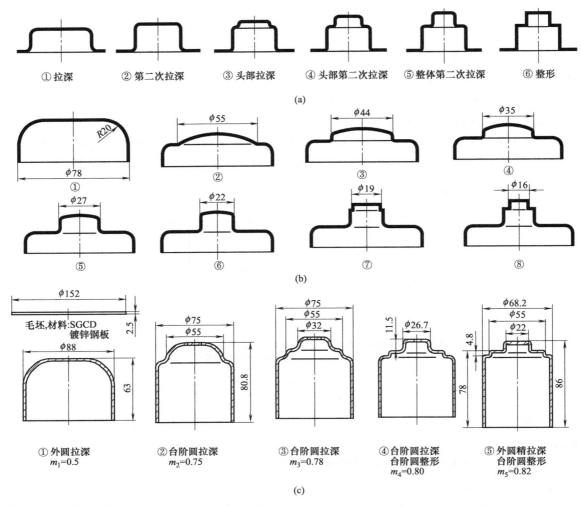

图 6-67 阶梯直径差较大零件的拉深实例

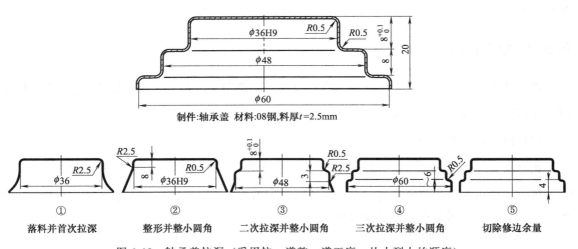

图 6-68 轴承盖拉深（采用拉一道整一道工序，从小到大的顺序）

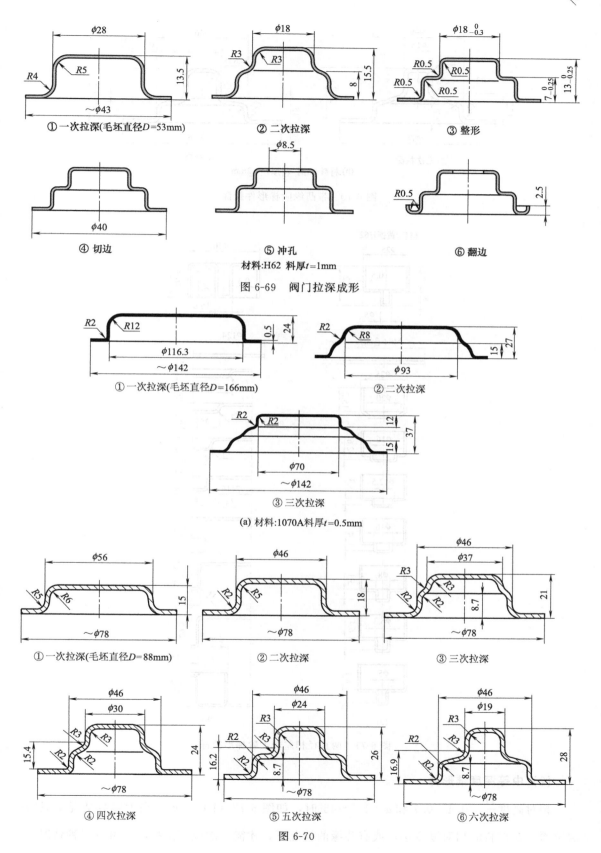

① 一次拉深(毛坯直径D=53mm)　　② 二次拉深　　③ 整形

④ 切边　　　　　⑤ 冲孔　　　　　⑥ 翻边

材料:H62 料厚t=1mm

图 6-69　阀门拉深成形

① 一次拉深(毛坯直径D=166mm)　　② 二次拉深

③ 三次拉深

(a) 材料:1070A料厚t=0.5mm

① 一次拉深(毛坯直径D=88mm)　　② 二次拉深　　③ 三次拉深

④ 四次拉深　　　　　⑤ 五次拉深　　　　　⑥ 六次拉深

图 6-70

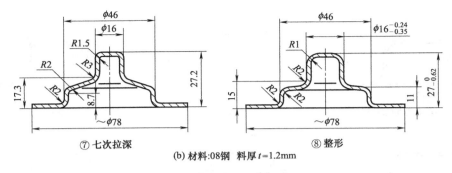

(b) 材料:08钢　料厚 t＝1.2mm

图 6-70　带凸缘阶梯形件拉深

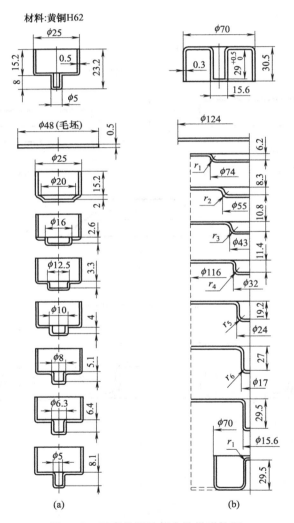

图 6-71　两直径相差较大阶梯形拉深

（2）中等深度锥形件

相对高度 $\dfrac{H}{d}＝0.4\sim0.7$ 和 $\alpha＝15°\sim45°$ 时，如图 6-72（b）所示。在大多数情况下只需一次拉深。在材料的相对厚度小，或有凸缘的情况下，才需两次或三次拉深。可分三种情况：

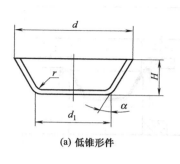 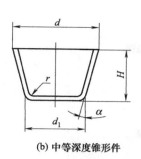 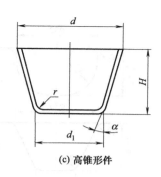

(a) 低锥形件　　　　(b) 中等深度锥形件　　　　(c) 高锥形件

图 6-72　各种锥形件

① 对于比较厚的材料，当 $\frac{t}{D}\times100>2.5$ 时，可以不用压边圈。它和圆筒形件的拉深相似，但需要在工作行程的终了时对制件加以精压整形，如图 6-74 所示。

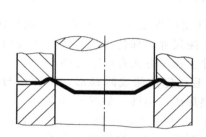 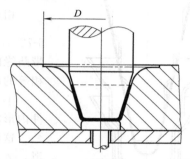

图 6-73　用有凸筋的凹模拉深低锥形件　　　图 6-74　没有压边的锥形件拉深（最后精压整形）

② 材料相对厚度 $\frac{t}{D}\times100=1.5\sim2$ 时，可以一次拉深，但需要使用压边圈。需在工作行程终了能精压一下，这样制件的外形比较平整。

对于无凸缘的锥形件可按有凸缘的拉深，然后再修边，见图 6-75，制件质量好。

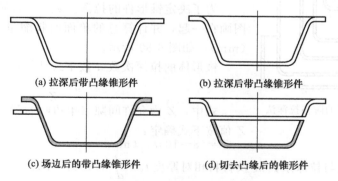

(a) 拉深后带凸缘锥形件　　　　　(b) 拉深后带凸缘锥形件

(c) 场边后的带凸缘锥形件　　　　(d) 切去凸缘后的锥形件

图 6-75　锥形件拉深方法（先拉深后修正）

③ 材料相对厚度 $\frac{t}{D}\times100<1.5$ 的锥形件，以及当有凸缘存在的情况下，需要二次或三次拉深。拉深计算和筒形件相似，但拉深系数取上限。这类制件一般先拉深成面积相等的简单过渡形状，后拉深成所需带锥体形状。如图 6-76 所示，先拉深成半球形圆筒件，然后拉深成锥形。

也可以用反拉深的方法，如图 6-77 所示，可有效地防止皱纹的产生。

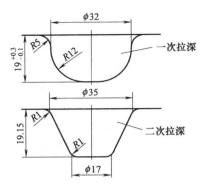

图 6-76 由大圆弧过渡拉成的锥形件

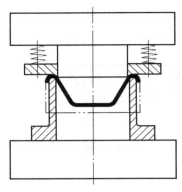

图 6-77 用反拉深成形的锥形件

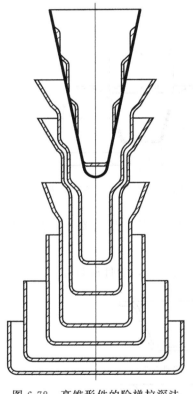

图 6-78 高锥形件的阶梯拉深法

(3) 高（深）锥形件

相对高度 $\dfrac{H}{d} > 0.8$，即 $H > 0.8d$，$\alpha = 10° \sim 30°$ 时，如图 6-72（c）所示。这类制件变形程度大，一般需要多次拉深，带凸缘的制件先拉深出凸缘尺寸并保持不变，而后再按面积相等的原则拉深锥形尺寸。拉深方式有以下几种：

① **阶梯拉深法** 将毛坯先拉深成阶梯形，阶梯形与制件内形相切，最后进行整形成锥形件，如图 6-78 所示。

这种拉深方法的缺点：工序多，不能保证制件表面光滑，表面有明显印痕，壁厚不均匀，故很少被采用。

② **逐渐增加锥形高度的拉深法** 这种方法是首先将毛坯拉深成圆筒形，其直径等于锥体大端直径，随后各道工序拉深圆锥面，并逐步增加高度。在最后一道工序中形成所需的圆锥形，如图 6-79 所示。这种方法在表面光滑与壁厚均匀性方面较上法均有所好转，但所需拉深次数仍较多。

为了决定锥形件的拉深次数 n，将圆筒形毛坯图与制件图画在一起，并计算总的单面的收缩量 a，$a = (D - d_n)/2$（mm），如图 6-80 所示。

锥形体的拉深次数 n 按下式计算：

$$n = \frac{a}{Z} \qquad (6\text{-}24)$$

式中，Z 为允许间隙（单边收缩量）。当不用压边圈时，Z 值按下式确定：

$$Z = (8 \sim 10)t \quad (\text{mm})$$

允许间隙 Z 还与拉深系数 m 及材料相对厚度 $t_0 = \dfrac{t}{d_n} \times 100\%$ 有关。

当 $m \leqslant 0.8$ 及 $t_0 \leqslant 1\%$ 时，$Z = 8t$。

当 $m \geqslant 0.9$ 及 $t_0 \geqslant 2\%$ 时，$Z = 10t$。

用上式求出拉深次数 n 后，再根据筒形件拉深系数的大小确定每次拉深的锥形件的平均尺寸，即

$$d_{n\text{平均}} = m_n \cdot d_{n-1\text{平均}} \qquad (6\text{-}25)$$

式中

$$d_{n\text{平均}} = \frac{d_{n\text{大}} + d_{n\text{小}}}{2}$$

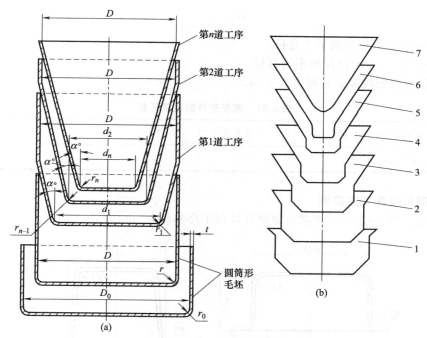

图 6-79　逐渐增加锥形高度的拉深图示法
1～7—各次拉深工序顺序

如果求出的拉深次数 n 不是整数值，则应取进位后的整数值，并对各次拉深系数进行调整。

各次拉深的圆角半径 r、r_1······r_n 取 $r \geqslant 8t$，第 $n-1$ 道工序的圆角半径，应等于制件相应的圆角半径，即 $r_n = r_{n-1}$ 如图 6-79 (a) 所示。

③ 整个锥形一次成形法　先将毛坯拉深成圆筒形，然后锥面从底部开始成形，在各道工序中，锥面逐渐增大，直至最后锥面一次成形（图 6-81）。采用此法拉深，制件表面质量高，无工序间的压痕。

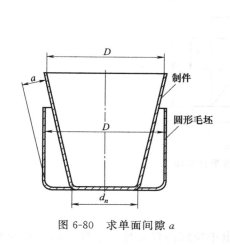

图 6-80　求单面间隙 a

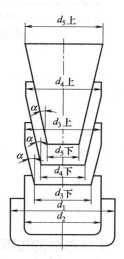

图 6-81　整个锥面一次成形法

高锥形件的拉深系数用拉深前后的平均直径（大端直径和小端直径之和的二分之一）按下式计算，即

$$m_n = \frac{d_n}{d_{n-1}}$$

式中　d_n——第 n 次拉深的平均直径；

　　　d_{n-1}——第 $n-1$ 次拉深的平均直径。

平均直径的极限拉深系数可查表 6-54。

表 6-54　深锥形件的拉深系数

毛坯的相对厚度 $\frac{t}{d_{n-1}} \times 100$	0.5	1.0	1.5	2.0
拉深系数 $m_n = \frac{d_n}{d_{n-1}}$	0.85	0.8	0.75	0.7

（4）锥形件拉深工序实例

如图 6-82～图 6-91 所示为部分锥形件拉深工序实例。

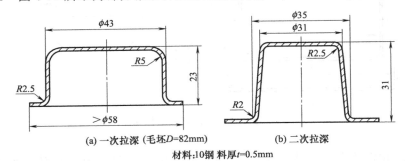

(a) 一次拉深（毛坯D=82mm）　　(b) 二次拉深

材料:10钢 料厚t=0.5mm

图 6-82　带凸缘锥形筒拉深

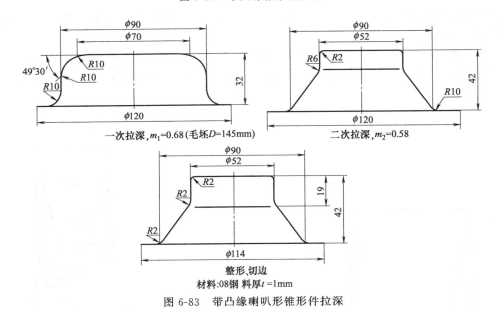

一次拉深,m_1=0.68(毛坯D=145mm)　　　二次拉深,m_2=0.58

整形、切边

材料:08钢 料厚t=1mm

图 6-83　带凸缘喇叭形锥形件拉深

6.6.3　半球形件的拉深

半球形件如图 6-92 所示。球形件在拉深过程中由于拉深凸模是球面，球面的凸模与毛坯平面接触小，压边圈对部分毛坯没有压着，因而没有压着部分很容易形成皱折。且凸模压力都集中到毛坯的中部，容易引起材料的局部变薄。因此，半球形件的拉深比较困难。

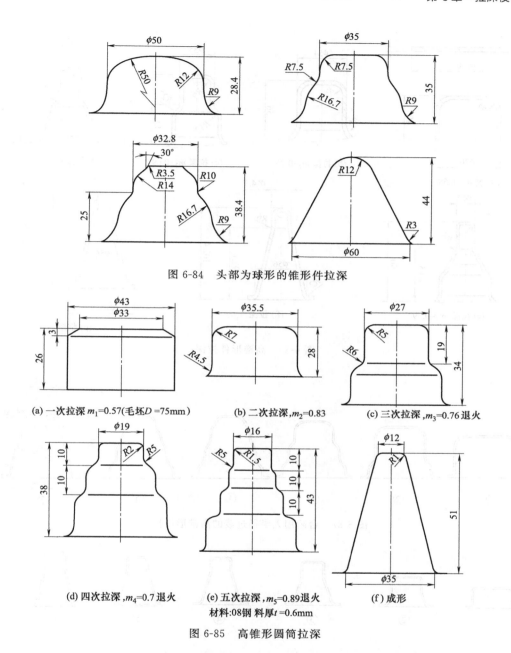

图 6-84 头部为球形的锥形件拉深

图 6-85 高锥形圆筒拉深

在拉深时为了避免发生皱折，需要使用有凸筋的凹模，使材料获得有效的压边力，或者采用反向拉深法，如图 6-93 所示。

(1) 半球形件的拉深

半球形制件的拉深系数在任何直径下都是一个常数，即 $m = 0.71$（这是因为半球形件展开毛坯尺寸与球形直径之比，即 $m = \dfrac{d}{D} = \dfrac{d}{\sqrt{2d^2}} = 0.71$）这说明半球形制件变形程度不大，一次拉深即可成形，但由于球形制件拉深时，有部分材料处于悬空状态，材料容易起皱，所以不能简单地用拉深系数来衡量，而以毛坯相对厚度作为判断成形难易程度和选择拉深方法的依据。材料的相对厚度 $\dfrac{t}{D} \times 100$ 对拉深质量起着决定性的作用，$\dfrac{t}{D} \times 100$ 值愈小，拉深愈困难。

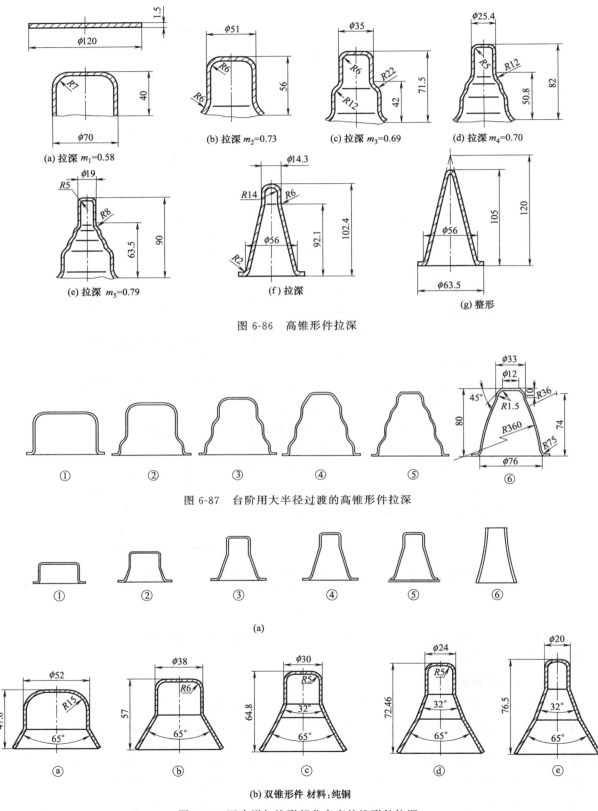

(a) 拉深 $m_1=0.58$

(b) 拉深 $m_2=0.73$

(c) 拉深 $m_3=0.69$

(d) 拉深 $m_4=0.70$

(e) 拉深 $m_5=0.79$

(f) 拉深

(g) 整形

图 6-86　高锥形件拉深

图 6-87　台阶用大半径过渡的高锥形件拉深

(a)

(b) 双锥形件 材料：纯铜

图 6-88　逐步增加锥形部分高度的锥形件拉深

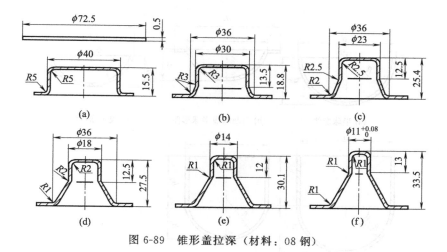

图 6-89　锥形盖拉深（材料：08 钢）

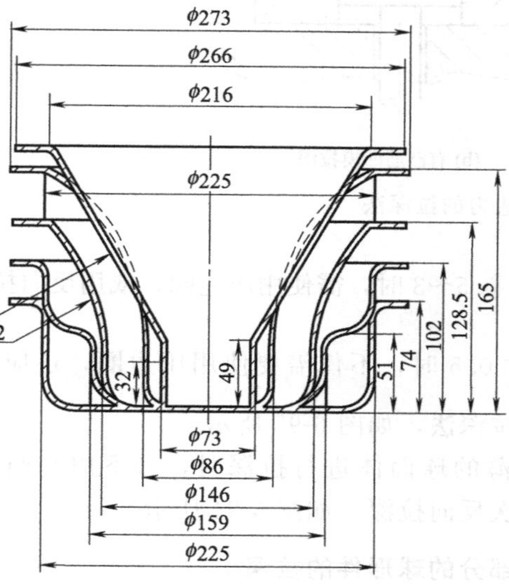

图 6-90　深锥形件拉深
（各次拉深工序件叠在一起）

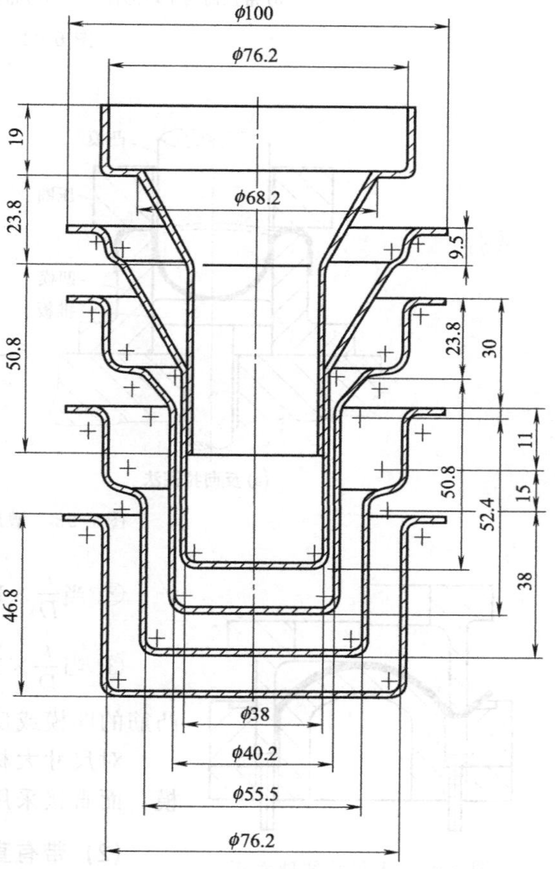

图 6-91　带台阶的锥形件拉深
（各次拉深工序件叠在一起）

根据不同的相对厚度 $\dfrac{t}{D}\times 100$，拉深半球形制件时有以下几种方法：

① 当 $\dfrac{t}{D}\times 100>3$ 时，可以不用压边圈拉深成形，而且可用有球面底的凹模进行冲击成形。这种拉深最好在摩擦压力机上进行。

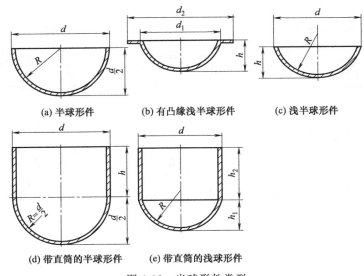

(a) 半球形件　　　　　　(b) 有凸缘浅半球形件　　　(c) 浅半球形件

(d) 带直筒的半球形件　　　　(e) 带直筒的浅球形件

图 6-92　半球形件类型

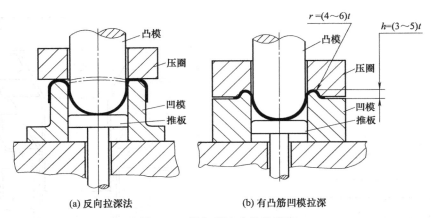

$r=(4\sim6)t$

$h=(3\sim5)t$

(a) 反向拉深法　　　　　　(b) 有凸筋凹模拉深

图 6-93　增加压边力的拉深法

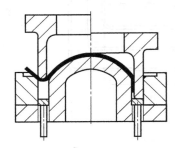

图 6-94　大尺寸薄球面正
反复合拉深图示

② 当 $\dfrac{t}{D}\times100=0.5\sim3$ 时，需使用压边圈，或用反向拉深法。

③ 当 $\dfrac{t}{D}\times100<0.5$ 时，不仅需要使用压边圈，还应采用有凸筋的凹模或反向拉深法，如图 6-93 所示。

对尺寸大材料薄的球面体进行拉深时，可不用有凸筋的凹模，而直接采用二次反向拉深，如图 6-94 所示。

（2）带有直筒部分的球形件的拉深

具有圆筒形的球面体或半球体，其拉深次数与圆筒形制件拉深次数的决定方法相同。但拉深系数一般较大，决定其中间工序的尺寸时必须使底部高度在拉深过程中保持不变。对于各次半成品的筒部直径仍根据各次拉深系数计算，筒部的高度则根据表 6-12 中序号 27 球面底圆筒件的毛坯直径公式推得。

即

$$D^2=d^2+4(h_1^2+dh_2)$$

则

$$h_2=\frac{D^2-d^2-4h_1^2}{4d}\qquad\qquad(6\text{-}26)$$

式中 h_2——各次半成品的圆筒部分的高度，mm；

h_1——制件球面体部分的高度，在各次拉深中其数值不变，mm。

底部的球面半径 R [图 2-92（c）、（e）] 根据表 6-12 中序号 21 公式推算而得，即

$$R = \frac{D^2}{8h} \qquad (6-27)$$

式中 h——球体高度，mm；

D——底部球面毛坯直径，mm。

（3）高度小于球面半径的浅半球形件拉深

如图 6-92（c）所示，这种制件成形时，除了容易起皱外，还有坯料容易偏移，卸载后还有一定的回弹。所以当毛坯直径 $D \leqslant 9\sqrt{Rt}$ 时，可以不压料，用带球形底的凹模一次成形并辅以矫正。当球面半径 R 较大，材料厚度 t 和深度 h 较小时，必须按回弹量修模。当毛坯直径 $D > 9\sqrt{Rt}$ 时，应加大毛坯直径，并用强力压边圈或带压料筋的模具进行拉深，以克服回弹并防止坯料在成形时产生偏移。多余的部分，最后通过切边修整。

（4）对材料相对厚度小的薄料拉深的建议

① 不带凸缘的薄料半球形。采用压边圈拉深时，计算坯料须加上宽度不小于 10mm 的修边余量，以凸缘形式保留在拉深件上，否则制件难以拉好。

② 采用液压或橡皮成形，可减少拉深次数、改善工作条件，而且有利于拉深和提高质量。

③ 尺寸大的薄壁球形件或料薄而拉深深度大于半径的球形件，可以用正反复合拉深方法，免去压边圈（图 6-94），凸凹模和凹模的每侧间隙取 $(1.3 \sim 1.5)t$，凸凹模和凸模的每侧间隙取 $(1.2 \sim 1.3)t$；也可以采两道工序的拉深方法。如图 6-95 所示先拉成图 6-95（b），后拉深成图 6-95（c），最后修边。

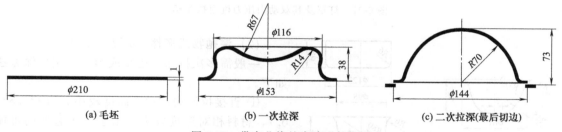

| (a) 毛坯 | (b) 一次拉深 | (c) 二次拉深(最后切边) |

图 6-95 带窄凸缘的半球形件拉深

④ 如图 6-96 所示为由软质纯铝制成的半球罩。拉深用毛坯尺寸为 $\phi 255\text{mm} \times 0.5\text{mm}$。落料后一次拉深成半球形，凸缘部分采用深槛压边形式，底部凸台采用预冲孔 $\phi 44\text{mm}$，再通过成形兼整形成 $\phi 66\text{mm} \times 3\text{mm}$ 凸台，并将凸缘处圆角由 $R5\text{mm}$ 变成 $R0.5\text{mm}$，最后经切边冲

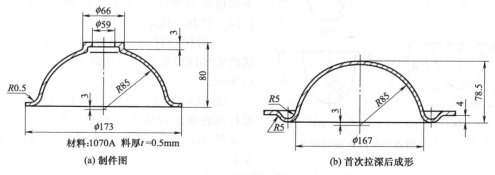

| (a) 制件图 | (b) 首次拉深后成形 |

图 6-96 纯铝半球罩拉深

孔获取制件要求的形状尺寸。

6.6.4 抛物线形件的拉深

抛物线形件的拉深变形程度可用相对高度 $\frac{h}{d}$ 表示，浅抛物线形件 $\left(\frac{h}{d}<0.5\sim0.6\right)$ 与球形件差不多，因此，拉深方法与半球形件相似。深的抛物线形件 $\left(\frac{h}{d}>0.6\right)$，一般需要采用多次拉深或反向拉深。

(1) 浅抛物线形件 $(h/d<0.5\sim0.6)$

其变形特点及拉深方法与半球形制件相似。如图 6-97 所示灯罩及其拉深模，材料为 08 钢，厚度为 0.8mm，经计算得毛坯直径 $D=280\text{mm}$，根据 $h/d=0.58$，$(t/D)\times100=0.29$，相当于半球形件的第三种成形方法，采用了有两道压料筋的凹模进行拉深。

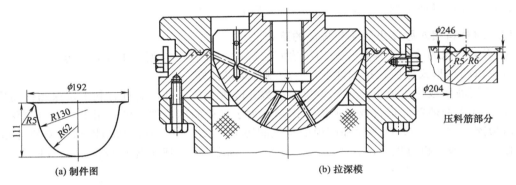

(a) 制件图　　　　　　　　(b) 拉深模　　　　　压料筋部分

图 6-97　灯罩及其双动力压力机用拉深模

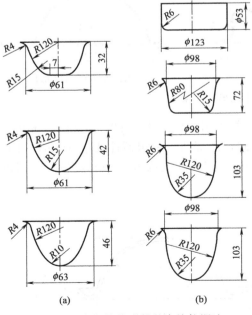

(a)　　　　　　　(b)

图 6-98　深抛物线形件的直接拉深法

(2) 深抛物线形件 $(h/d>0.6)$

一般需多次拉深，逐步成形，常用拉深方法如下。

① 直接拉深法：对于高度较小 $h/d\approx0.5\sim0.7$，材料相对厚度较大，由于产生起皱的可能性小，一般可以使制件上部按图样尺寸拉成近似形，然后再次拉深时使制件下部接近图样尺寸，最后全部拉深成形，图 6-98（a）；对于相对高度和材料相对厚度较小时，首先做预备形状，凸模头部做成带锥度的或普通 R 形状，然后再多次拉深，使制件成形，见图 6-98（b）。

② 阶梯拉深法：用多次拉深拉深成近似形状的阶梯圆筒形件，最后以胀形或整形成形，见图 6-99。

③ 反拉深法：首先拉深成圆筒形，然后用反拉深逐渐拉深成所需形状，见图 6-100，对于 h/d 较大，t/D 较小的抛物线形制件，效果很好。

④ 液压机械拉深法：如图 6-101 所示，在拉深过程中，毛坯在液压作用下，在凸、凹模

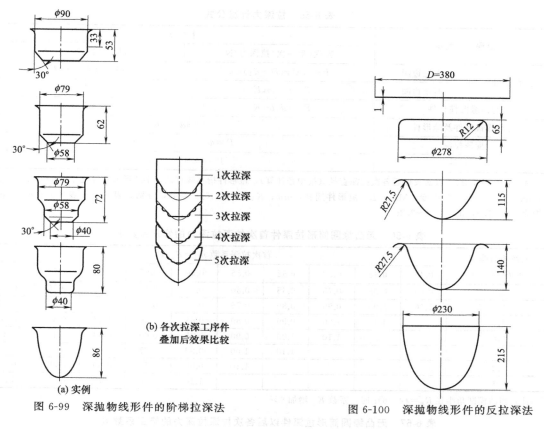

图 6-99 深抛物线形件的阶梯拉深法

(a) 实例

(b) 各次拉深工序件
叠加后效果比较

图 6-100 深抛物线形件的反拉深法

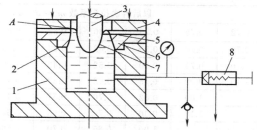

图 6-101 深抛物线形件的液压机械拉深法（示意图）
1—下模座；2,5—密封圈；3—凸模；4—压边圈；6—凹模；7—毛坯；8—压力控制阀

的间隙之间形成反凸而构成液体"凸坎"（如图中 A 所示），它起拉深筋的作用，同时凸模下压时造成的油压使毛坯反拉而贴靠凸模成形，创造了良好的拉深条件，可减少拉深次数。

6.7 拉深力和压边力的计算

6.7.1 拉深力

计算拉深力的目的是合理地选用压力机和设计拉深模。在整个拉深过程中，除了需要得到毛坯变形的拉深力外，还有压边（料）力。所以总的拉深力为拉深变形力与压边力之和。拉深力根据制件危险断面上的拉力必须小于材料的抗拉强度为原则进行计算。一般采用表 6-55 经验公式计算所得。也可以用图 6-102 快速求得。

表 6-55　拉深力计算公式

拉深工艺特征		计算公式	
		首次（第一次）拉深力/N	以后各次拉深力/N
圆筒形件	无压边圈	$P=1.25\pi(D-d_1)t\sigma_b$	$P=1.3\pi(d_{n-1}-d_n)t\sigma_b$
	有压边圈	$P=\pi d_1 t\sigma_b K_1$	$P=\pi d_n t\sigma_b K_2$
有凸缘圆筒形件		$P=\pi d_1 t\sigma_b K_3$	$P=\pi d_n t\sigma_b K_2$
有凸缘锥形件及球形件		$P=\pi d_1 t\sigma_b K_3$	
变薄拉深		$P=\pi d_n(t_{n-1}-t_n)\sigma_b K_4$	
矩形件		$P=(0.5\sim0.8)Lt\sigma_b$	

注：d_1，…，d_n—首次及以后各次拉深直径（按中径计算），锥形件指小端直径，半球形取直径之半，mm；t—材料厚度，mm；σ_b—材料抗拉强度，MPa；L—矩形件周长，mm；K_1，K_2，K_3—系数，分别查表 6-56～表 6-58；K_4—系数，黄铜为 $1.6\sim1.8$，钢为 $1.8\sim2.25$。

表 6-56　无凸缘圆筒形拉深件首次拉深拉深力的修正系数 K_1

毛坯相对厚度 $(t/D)\times100$	首次拉深系数 $m_1=d_1/D$									
	0.45	0.48	0.50	0.52	0.55	0.60	0.65	0.70	0.75	0.80
5.0	0.95	0.85	0.75	0.65	0.60	0.50	0.43	0.35	0.28	0.20
2.0	1.10	1.00	0.90	0.80	0.75	0.60	0.50	0.42	0.35	0.25
1.2		1.10	1.00	0.90	0.80	0.68	0.56	0.47	0.37	0.30
0.8			1.10	1.00	0.90	0.75	0.60	0.50	0.40	0.33
0.5				1.10	1.00	0.82	0.67	0.55	0.45	0.36
0.2					1.10	0.90	0.75	0.60	0.50	0.40
0.1						1.10	0.90	0.75	0.60	0.50

注：当凸模圆角半径 $R_p=(4\sim6)t$ 时，系数 K_1 增加 5%。

表 6-57　无凸缘圆筒形拉深件以后各次拉深拉深力的修正系数 K_2

毛坯相对厚度 $(t/D)\times100$	以后各次拉深系数 $m_n=d_n/d_{n-1}$									
	0.70	0.72	0.75	0.78	0.80	0.82	0.85	0.88	0.90	0.92
5.0	0.85	0.70	0.60	0.50	0.42	0.32	0.28	0.20	0.15	0.12
2.0	1.10	0.90	0.75	0.60	0.52	0.42	0.32	0.25	0.20	0.14
1.2		1.10	0.90	0.75	0.62	0.52	0.42	0.30	0.25	0.16
0.8			1.00	0.82	0.70	0.57	0.46	0.35	0.27	0.18
0.5			1.10	0.90	0.76	0.63	0.50	0.40	0.30	0.20
0.2				1.00	0.85	0.70	0.56	0.44	0.33	0.23
0.1				1.10	1.00	0.82	0.68	0.55	0.40	0.30

注：1. 凸模圆角半径 $R_p=(4\sim6)t$ 时，系数 K_2 增加 5%。

2. 第二次以后各次拉深，如中间退火，仍按表列选取，不退火再拉深时，按同列下面一行数值选用。

表 6-58　有凸缘的圆筒件首次拉深力的修正系数 K_3 值

凸缘相对直径 $d_凸/d_1$	首次拉深系数 $m_1=d_1/D$										
	0.35	0.38	0.40	0.42	0.45	0.50	0.55	0.60	0.65	0.70	0.75
3.0	1.00	0.90	0.83	0.75	0.68	0.56	0.45	0.37	0.30	0.23	0.18
2.8	1.10	1.00	0.90	0.83	0.75	0.62	0.50	0.42	0.34	0.26	0.20
2.5		1.10	1.00	0.90	0.82	0.70	0.56	0.46	0.37	0.30	0.22
2.2			1.10	1.00	0.90	0.77	0.64	0.52	0.42	0.33	0.25
2.0				1.10	1.00	0.85	0.70	0.58	0.47	0.37	0.28
1.8					1.10	0.95	0.80	0.65	0.53	0.43	0.33
1.5	（不能拉深）					1.10	0.90	0.75	0.62	0.50	0.40
1.3							1.00	0.85	0.70	0.56	0.45

注：1. 表中所列数值，对不用拉深筋的带凸缘的圆锥形件和带凸缘的球形件也适用。

2. 用拉深筋时上列表中数值应增加 $10\%\sim20\%$。

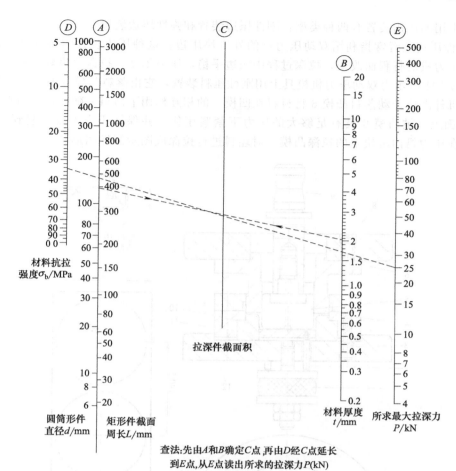

图 6-102　计算拉深力图表

6.7.2　压边力

(1) 采用压边装置 (圈) 的条件

拉深过程中，为了防止制件出现皱纹，在模具结构中常采用压边装置，坯料在压边圈的压紧状态下进入凹模圆角之前，保持稳定状态，阻止其凸缘部分或侧壁口部产生皱纹。其稳定状态主要决定于毛坯相对厚度 $\left(\dfrac{t}{D} \times 100 \text{ 或} \dfrac{t}{d_{n-1}} \times 100\right)$，是否需要用压边，可按表 6-4 条件来判断选择确定。

为了更准确地估算是否需要压边装置，还应考虑拉深系数的大小。因此，可根据图 6-103 来确定是否采用压边装置更符合实际情况，在区域 I 内需采用压边装置，在区域 II 内可不采用压边装置。

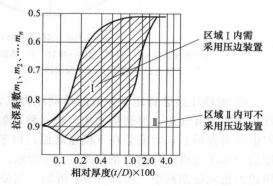

图 6-103　根据毛坯厚度和拉深系数确定是否采用压边圈

(2) 压边装置类型与应用

压边装置又称压料装置，在拉深模中简称

压边圈。常用的压边装置有两种类型：刚性压边装置和弹性压边装置。

① 刚性压边装置常指利用双动压力机的外滑块压边。这种压边装置的特点是压边力的大小不会随压力机的行程而改变，拉深过程中压边平稳，压力不变，拉深效果好，且模具结构简单。如图 6-104 所示为双动压力机模具上用刚性压料装置，它由落料凸模 6 兼任。其动作过程是当压力机外滑块带动落料凸模 6 将材料在凹模 4 的相互作用下落料，随即坯料留在拉深凹模 10 的上平面上，被凸模 6 具有足够大的压力下紧紧压住，并保持压力不变，起到压边作用。然后固定在压力机内滑块上的拉深凸模 5 对坯料进行拉深成图示制件图形状。

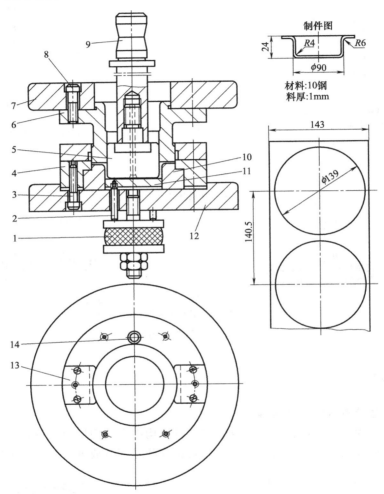

图 6-104　双动压力机模具上用刚性压料装置

1—弹顶装置；2—顶杆；3,8—螺钉；4—落料凹模；5—拉深凸模；6—落料凸模兼刚性压边圈；
7—上模座；9—模柄；10—拉深凹模；11—顶件板；12—下模座；13—卸料板；14—挡料销

② 弹性压边装置用于一般的单动压力机，特点是压边力的大小随压力机行程而改变。弹性压边装置有气垫、弹簧垫和橡胶垫三种，如图 6-105 所示。其中图 6-105（b）、（c）工厂里习惯称为弹顶器，常安装在下模座底面，位于压力机工作台漏料孔中。三种压边装置所产生的压边力和压力机行程的关系如图 6-106 所示。随着拉深的进行，凸缘区材料逐渐减少，需要的压边力也应逐渐减小。由图 6-106 可知，气垫的压边力随行程的变化很小，压边效果较好；弹簧垫和橡胶垫的压边力随压力机行程而增大，对拉深不利易造成拉裂。还有，由于弹簧和橡胶提供的压边力较小，对厚料深拉深不宜采用，一般适用于浅拉深。气垫压边装置结构复杂，不

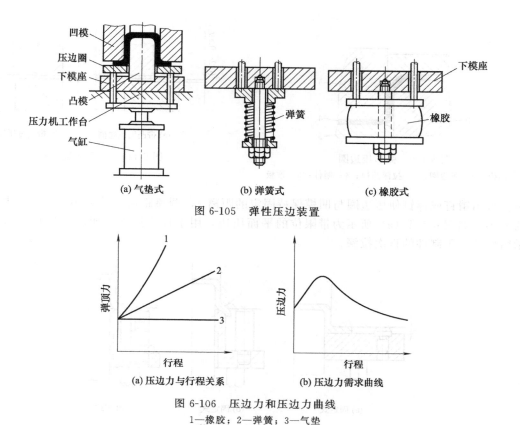

图 6-105 弹性压边装置

图 6-106 压边力和压边力曲线
1—橡胶；2—弹簧；3—气垫

易制造，且必须使用压缩空气，因此中小型厂的压力机一般都使用弹簧和橡胶压边装置。近年来氮气弹簧的应用受到重视，可替代气垫装置，而且灵活性好。

（3）压边结构形式的具体应用

① 平面压边圈。平面压边圈是最常用的一种压边结构，可用于首次拉深模的压边，还可用于起伏、成形等的压料，如图 6-107 所示为基本结构。如图 6-108 所示为用于首次拉深及以后各次拉深的压边圈。

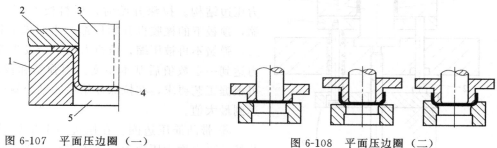

图 6-107 平面压边圈（一）
1—凹模；2—压边圈；3—拉深凸模；4—制件；5—推板

图 6-108 平面压边圈（二）

② 弧形压边圈。第一次拉深坯料相对厚度 $(t/D) \times 100$ 小于 0.3 且带有小凸缘和大圆角半径的制件时，应采用带有弧度的压边圈，如图 6-109 所示。

③ 局部压边。局部压边可以减少材料与压边圈的接触面积，增大单位压力，适用于宽凸缘拉深件，如图 6-110 所示。

④ 带限位的压边。为避免因压边过紧而使毛坯拉裂，可采用带限位压边装置，如图 6-111

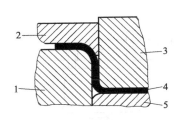

图 6-109　弧形压边圈

1—凹模；2—压边圈；3—拉深凸模；4—制件；5—推板

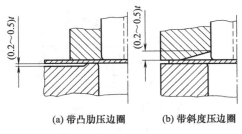

(a) 带凸肋压边圈　　　(b) 带斜度压边圈

图 6-110　局部压边结构

所示。采用销钉或螺钉使压边圈与凹模保持固定的距离 s，调整距离 s 的大小就可以调整压边力的大小。如图 6-111 (a) 所示为带限位的平面压边，用于首次拉深。如图 6-111 (b)、(c) 所示结构适用于制件的再次拉深。

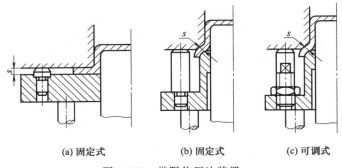

(a) 固定式　　　　(b) 固定式　　　　(c) 可调式

图 6-111　带限位压边装置

拉深过程中压边圈、凹模和坯件之间始终保持一定的距离 s，应根据不同情况分别确定：

拉深带凸缘制件时，取 $s=t+(0.05\sim0.1)$ mm；

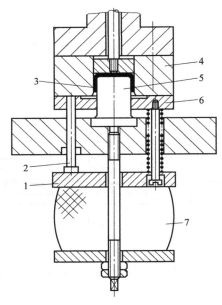

图 6-112　恒力压边结构

1—顶板；2—顶杆；3—拉深件；4—凹模；

5—凸模；6—压料板；7—橡胶弹顶器

拉深铝合金制件时，取 $s=1.1t$；

拉深钢制件时，取 $s=1.2t$。

⑤ 恒力压边结构。为克服弹簧、橡胶提供力的变化趋势对拉深的不利影响。可采用如图 6-112 所示的恒力压边结构。拉深开始时，压料板 6 下的弹簧受力压缩，顶板下的橡胶也开始压缩。当凹模下行接触顶杆 2 后，弹簧不再被压缩，压边力也不会发生变化，使压边力达到一定数值后基本不变。因弹簧和橡胶可预压缩，可根据工艺要求，在拉深开始后的某个瞬间，使压边力达到最大值。

⑥ 带凸筋压边圈。在压边圈上增加局部或整体的凸筋，可以增大压边力，适用于小凸缘、球形件拉深及起伏成形等，如图 6-113 所示。

拉深宽凸缘矩形件或一些大型件时，为防止凸缘平面与圆角半径处起皱，可在压边圈上采用镶嵌式拉深凸筋，如图 6-114 所示，其尺寸见表 6-59。拉深凸筋相对应的拉深凹模上应做出凹槽。

镶嵌式拉深筋应用比较灵活，既可以在压边圈上设置，又可以在凹模上设置。既可以在压料面上设置传统的直线或环形线，也可以设置成斜拉深筋。斜拉深筋的应用除提供流动阻力外，还可提供具有主动性质的引导材料流动的作用力，从而提高拉深成品率和成品质量。

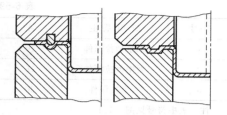

图 6-113　带凸筋压边圈的基本形式

　　为了增加进料阻力，使拉深件表面承受足够的拉应力，减少由于回弹而产生的凹面、扭曲、松弛和波纹等缺陷，可在凹模上采用拉深筋。在拉深筋的作用下，板料在拉深时还可增大径向拉应力，减少切向压应力，以防止起皱现象的发生。常用模具的拉深凸筋形状与尺寸还有：为了防止拉深薄板料在成形时起皱，凸筋设计成如图 6-115 所示；拉深球形、圆锥形件，凹模的拉深凸筋如图 6-116 所示；图中 $R=(4\sim10)t$；拉深大型件时，凹模的拉深凸筋如图 6-117 所示，图 6-117（a）中，$A=(15\sim40)$ mm，$B=(0.5\sim0.75)A$，$R_1=6\sim10$mm，$R_2=3.5$mm；图 6-117（b）中，$B=8\sim12$mm，$A=(2\sim3)B$，R_1、R_2 值同图 6-117（a）；图 6-117（c）所示，$h=R=b/2=2\sim4$mm。适用于球形或封闭罩形件拉深。

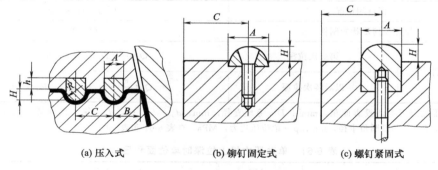

(a) 压入式　　　　　　　(b) 铆钉固定式　　　　　　(c) 螺钉紧固式

图 6-114　镶嵌式拉深凸筋

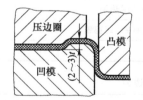

图 6-115　凹模凸缘拉深筋

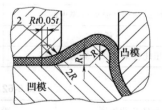

图 6-116　锥形拉深凸筋

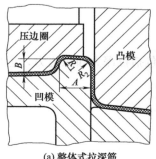

(a) 整体式拉深筋

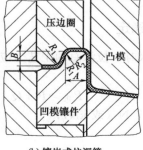

(b) 镶嵌式拉深筋

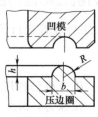

(c) 环状弧面拉深筋

图 6-117　拉深筋结构

表 6-59　镶嵌件拉深凸筋参考尺寸　　　　　　　　　　　　　　mm

序号	应用范围	A	H	B	C	h	R
1	中小型拉深件	10	4	25～32	25～30	5	5
2	大中型拉深件	16	6	28～35	28～32	6	8
3	大型拉深件	20	8	32～36	32～38	7	10

注：表中符号见图 6-114。

⑦ 锥形压边圈。锥形压边圈可以实现坯料的压锥—浅拉深—拉深的连续变形过程，一次可以获得较大的变形量。

(4) 压边力计算

在拉深不起皱的情况下压边力越小越好。拉深时，压边力过大，会增大拉深力，引起拉深时制件破裂；压力过小，制件在拉深时会出现边壁或凸缘起皱。因此，控制压边力是很重要的。但压边力的计算只是为了确定压边装置，而在生产中则是通过试模调整来确定压边力的实际大小。压边力 Q 可按表 6-60 所列公式计算所得。

表 6-60　拉深时压边力的计算公式

拉深适用情况		压边力计算公式
拉深任何形状的制件		$Q = Ap$
圆筒形件	第一次拉深	$Q = \dfrac{\pi}{4}[D^2 - (d_1 + 2R_{d1})^2]p$
	以后各次拉深	$Q = \dfrac{\pi}{4}[d_{n-1}^2 - (d_n + 2R_{dn})^2]p$

注：A—压边圈下毛坯投影面积，mm^2；D—毛坯直径，mm；d_1，d_2，…，d_n—第 1 次到第 n 次拉深直径，mm；R_{d1}，R_{d2}，…，R_{dn}—凹模圆角半径，mm；p—单位压边力，MPa，查表 6-61 和表 6-62。

表 6-61　单动压力机上拉深时单位面积压边力

材 料 名 称	p/MPa	材 料 名 称	p/MPa
铝	0.8～1.2	20 钢、08 钢、镀锡钢板,$t < 0.5mm$ 软钢	2.5～3.0
纯铜、硬铝（退火或淬火的）	1.2～1.8	软化状态的耐热钢	2.8～3.5
黄铜	1.5～2.0	高合金钢、高锰钢、高镍钢	3.0～4.5
压轧青铜,$t < 0.5mm$ 软钢	2.0～2.5		

表 6-62　双动压力机上拉深时单位面积压边力

制件复杂程度	难加工制件	普通加工制件	易加工制件
单位压边力 p/MPa	3.7	3.0	2.5

6.7.3　压力机公称压力的确定

采用弹性压料装置进行拉深时，拉深总的工艺力应包括拉深力和压边力，选择压力机的总压力为

$$P_机 > P + Q \tag{6-28}$$

式中　$P_机$——压力机公称压力，N（或 kN）；

　　　P——拉深力，N；

　　　Q——压边力，N。

在选择压力机的压力时，须注意当拉深行程较大，特别是采用落料拉深复合模时，不能简

单地将落料力与拉深力叠加去选择压力机压力。因为压力机的公称压力是指滑块接近下止点时的压力，所以要关注压力机的压力曲线。如果不注意压力曲线，很可能由于过早出现最大冲压力而使压力机超载损坏。

为了安全和使用方便，可按下式确定压力机公称压力。

浅拉深时（$H/d<0.5$）　　　　$P_机 \geqslant (1.6\sim1.8)(P+Q)$

深拉深时（$H/d\geqslant0.5$）　　　$P_机 \geqslant (1.8\sim2.0)(P+Q)$

式中　$P_机$——压力机公称压力，N（或 kN）；

　　　P——拉深力，N；

　　　Q——压边力，N。

对于双动压力机，选择内滑块公称压力应大于拉深力；外滑块公称压力应大于压边力。

6.7.4　拉深功的计算

为了提高所选压力机的保险系数，单独用冲压力参数大小选择压力机吨位是不够的，还需对压力机所需功进行核算，否则由于压力机电动机长时间工作，可能会使电动机因功率超载而烧损。因此，通常还要对电动机的功率进行检查。

拉深功按下式计算：

$$W=\frac{CP_zh}{1000} \tag{6-29}$$

式中　W——拉深功，J；

　　　P_z——压边力＋拉深力，N；

　　　h——拉深深度（凸模工作行程），mm；

　　　C——系数，与拉深系数有关，可取 0.6～0.8。拉深系数小，取大值；拉深系数大，取小值。

压力机的电动机功率可按下式计算：

$$N=\frac{KWn}{1.36\times60\times750\times\eta_1\times\eta_2} \tag{6-30}$$

式中　N——电动机功率，kW；

　　　K——不均衡系数，可取 1.2～1.4；

　　　η_1——压力机效率，可取 0.6～0.8；

　　　η_2——电动机效率，可取 0.9～0.95；

　　　n——压力机每分钟行程数；

　1.36——转换系数，由马力转换为千瓦。

若所选压力机的电动机功率小于计算值，则应选更大的压力机。

6.7.5　拉深速度

表 6-63 为几种典型材料的拉深速度，可做为选择拉深设备的依据。

表 6-63　几种典型材料的拉深速度　　　　　　　　　　m/min

材　料	拉深速度 v	材　料	拉深速度 v
铝	45.7～53.3	钢	5.5～15.2
黄铜	53.3～61	不锈钢	9.1～12.2
纯铜	38.1～45.7	锌	38.1～45.7

6.8　拉深凸模和凹模工作部分设计

6.8.1　拉深凸、凹模结构形式与凸模的通气孔

(1) 无压边圈拉深

当毛坯的相对厚度较大，不易起皱，可不用压边圈压边。对于一次拉成的浅拉深件，凹模可采用如图 6-118 所示结构。

如图 6-118 (a) 所示结构适宜于拉深较大制件。如图 6-118 (b) 和图 6-118 (c) 所示结构适宜于小件的拉深。这两种结构有助于毛坯产生切向压缩变形，减小摩擦阻力和弯曲变形阻力，因而具有更大的抗失稳能力，可以采用更小的拉深系数进行拉深。

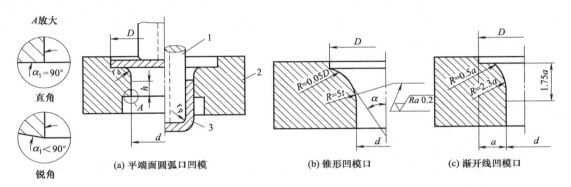

(a) 平端面圆弧口凹模　　(b) 锥形凹模口　　(c) 渐开线凹模口

图 6-118　无压边拉深凹模结构

1—凸模；2—拉深凹模；3—拉深件（制件）

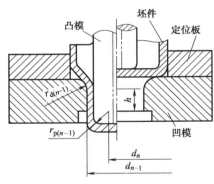

图 6-119　无压边圈再次拉深模

锥形凹模锥角 α 的大小可根据毛坯的厚度 t 确定。当 $t = 0.5 \sim 1.0\text{mm}$ 时，一般取 $\alpha = 30° \sim 40°$；当 $t = 1.0 \sim 2.0\text{mm}$ 时，$\alpha = 40° \sim 50°$。

如图 6-119 所示为无压边圈再次拉深模。定位板用来对拉深前的半成品工序件定位。凹模圆角采用圆弧形，多用于较小工件二次以后的拉深。

最简单的拉深凹模是一个带圆角的孔（图 6-119），圆角以下的直壁部分 h 是板料受力变形形成圆筒形件侧壁、产生滑动的区域，其值应尽量地小些。但 h 过小了，则在拉深过程结束后制件会有较大的回弹，会使拉深件在整个高度上各部分尺寸不能保持一致。而当 h 过大时，拉深件与凹模间摩擦过大，会造成拉深件侧壁过分变薄等缺陷。h 值可参考表 6-64 选取。

表 6-64　凹模直壁部分高度 h 值　　　　　　　　　　　mm

拉深类型	h	拉深类型	h
普通拉深	9~13	变薄拉深	0.9~4
精度较高的拉深	6~10		

拉深凹模直壁部分的下端应做成直角 [图 6-118 (a) A 放大 $\alpha_1 = 90°$] 或锐角 [图 6-118 (a) A 放大 $\alpha_1 < 90°$] 形式，这样在凸模回程时，利用拉深完后由于金属弹性恢复的作用，拉深件的口部略有增大的特点，凹模此处就能将拉深件卡住钩下。如果凹模下端为圆角或尖角变钝后，则冲件会包紧凸模一起上升，造成脱件失效。

凹模表面的粗糙度对拉深影响很大，尤其是圆角半径 "R" 处，其粗糙度值为凹模中最小，一般取 $\leqslant Ra 0.2 \mu m$。

(2) 有压边圈拉深

当毛坯的相对厚度较小，拉深容易起皱时，必须采用带压边圈模具结构，如图 6-120 所示。

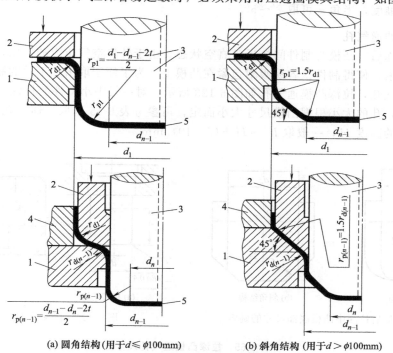

(a) 圆角结构 (用于 $d \leqslant \phi 100mm$)   (b) 斜角结构 (用于 $d > \phi 100mm$)

图 6-120 有压边圈拉深模结构

1—凹模；2—压边圈；3—凸模；4—定位板；5—拉深件

图 6-120 (a) 中凸、凹模具有圆角结构，用于拉深直径 $d \leqslant \phi 100mm$ 的拉深件。上图用于首次拉深，下图用于再次拉深。图 6-120 (b) 中凸、凹模具有斜角结构，用于拉深直径 $d \geqslant \phi 100mm$ 的拉深件。采用有斜角的凸模和凹模主要优点是：①改善金属的流动，减少变形抗力，材料不易变薄；②可以减轻毛坯反复弯曲变形的程度，提高制件侧壁的质量；③使半成品工序件在下次拉深中容易定位。

不论采用哪种结构，均需注意前后两道工序的冲模在形状和尺寸上的协调，使前道工序得到的半成品形状有利于后道工序的成形，而压边圈的形状和尺寸应与前道工序凸模的相应部分相同。拉深凹模的锥面角度，也要与前道工序凸模的斜角一致。前道工序凸模的锥顶径 d_{n-1} 应比后

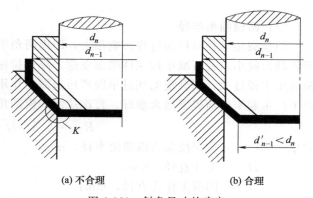

(a) 不合理   (b) 合理

图 6-121 斜角尺寸的确定

续工序凸模的直径 d_n 小，以避免毛坯在 K 部可能产生不必要的反复弯曲，使制件筒壁的质量变差等，如图 6-121 所示。

为了使最后一道拉深后零件的底部平整，如果是圆角结构的冲模，其最后一次拉深凸模圆角半径的圆心应与倒数第二道（$n-1$ 道）拉深凸模圆角半径的圆心位于同一条中心线上［图 6-122（a）］。如果是斜角的冲模结构，则倒数第二道工序凸模底部的斜线应与最后一道工序的凸模圆角半径 R_n 相切［图 6-122（b）］。

拉深凸模的外形和普通冲孔凸模相似，多为一圆柱实体，但工作端底部与直边相交处为光滑（粗糙度值为该结构中最小）的圆角相连，少数高拉深件为了脱模方便，将凸模的高度方向可设计有一定锥度，半角 α 可取 $2'\sim5'$。

(3) 凸模的通气孔

制件在拉深后，凸模与制件间接近于真空状态，由于外界空气压力的作用，同时加上润滑油的黏性等因素，使得制件很容易吸附包紧在凸模上。为了便于取出加工后的制件，设计凸模时，应开设通气孔，拉深凸模通气孔如图 6-123 所示。对一般中小型件的拉深，可直接在凸模上钻出通气孔，孔的大小根据凸模尺寸大小而定，可参考表 6-65 选取。通气孔的开口长度 L_1 应大于拉深件的高度 H，一般取 $L_1=H+(5\sim10)$ mm。

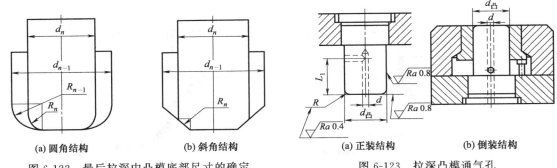

图 6-122 　最后拉深中凸模底部尺寸的确定

图 6-123 　拉深凸模通气孔

表 6-65 　拉深凸模通气孔尺寸　　　　　　　　　　　　mm

凸模直径 $d_凸$	<25	25~50	>50~100	>100~200	>200
通气孔直径 d	2~3	3~5	5.5~6.5	7~8	9.5

注：当凸模直径较大时，通气孔按一定的圆周直径均布 4~7 个成一组。

6.8.2　拉深凸、凹模圆角半径

(1) 凹模圆角半径

凹模圆角半径对拉深过程影响很大，凹模圆角半径大，材料拉入凹模的阻力减小，拉深时所需拉力就小，就可减小拉深件壁部变薄，降低拉深系数，提高模具寿命和拉深件质量。但凹模圆角半径过大，则会使毛坯过早脱离压边圈的作用而引起拉深件起皱。因此凹模圆角半径应在不产生起皱的前提下愈大愈好。首次拉深凹模圆角半径可按经验公式计算：

$$R_{凹1}=0.8\sqrt{(D-d)t} \tag{6-31}$$

式中　$R_{凹1}$——首次拉深凹模圆角半径，mm；

　　　D——毛坯直径，mm；

　　　d——凹模工作孔直径，mm；

　　　t——材料厚度，mm。

当制件直径 $d > 200\text{mm}$ 时，凹模圆角半径可按下式确定：

$$R_{凹1} = 0.039d + 2$$

首次拉深凹模圆角半径也可按制件材料厚度和材料种类及拉深方式与毛坯相对厚度来确定。可查表 6-66 和表 6-67。

表 6-66　首次拉深凹模圆角半径（一）

材料种类	材料厚度 t/mm		
	$\leqslant 3$	$> 3 \sim 6$	> 6
钢	$(10 \sim 6)t$	$(6 \sim 4)t$	$(4 \sim 2)t$
纯铜、黄铜、铝	$(8 \sim 5)t$	$(5 \sim 3)t$	$(3 \sim 1.5)t$

表 6-67　首次拉深凹模圆角半径（二）

拉深方式	毛坯相对厚度 $(t/D) \times 100$		
	$2.0 \sim 1.0$	$1.0 \sim 0.3$	$0.3 \sim 0.1$
无凸缘	$(4 \sim 6)t$	$(6 \sim 8)t$	$(8 \sim 12)t$
有凸缘	$(6 \sim 8)t$	$(10 \sim 15)t$	$(15 \sim 20)t$

注：1. 当毛坯较薄时，取较大值，毛坯较厚时，取较小值。
2. 钢料取较大值，有色金属取较小值。

以后各次拉深凹模圆角半径应逐渐减少，一般按下式确定（但不应小于 $2t$，否则需增加整形工序）：

$$R_{凹i} = (0.6 \sim 0.8)R_{凹i-1} \tag{6-32}$$

矩形件拉深模首次拉深凹模圆角半径按下式确定：

$$R_{凹} = (4 \sim 8)t$$

（2）凸模圆角半径

① 除最后一次拉深工序外，其他所有各次拉深工序中，凸模圆角半径 $r_{凸}$ 取与凹模圆角半径相等或略小的数值，可按式（6-33）来选取：

$$\left.\begin{array}{ll} 首次拉深 & r_{凸} = (0.6 \sim 1)R_{凹} \\ 以后各次拉深 & r_{凸n} = (0.6 \sim 1)r_{凸n-1} \\ 或取为各次拉深中直径减小量的一半 & r_{凸n} = \dfrac{d_{n-1} - d_n - 2t}{2} \end{array}\right\} \tag{6-33}$$

② 第一次拉深凸模圆角半径 $r_{凸}$ 的具体选取一般按如下原则：

a. 当 $\dfrac{t}{D} \times 100 > 0.6$ 时，取 $r_{凸} = R_{凹}$；

b. 当 $\dfrac{t}{D} \times 100 = 0.3 \sim 0.6$ 时，取 $r_{凸} = 1.5R_{凹}$；

c. 当 $\dfrac{t}{D} \times 100 < 0.3$ 时，取 $r_{凸} = 2R_{凹}$。

③ 最后一次拉深中，凸模圆角半径应与制件的圆角半径相等。但对于材料厚度小于或等于 6mm 的材料，其数值一般不小于 $(2 \sim 3)t$；对于材料厚度大于 6mm 的材料，其数值一般不小于 $(1.5 \sim 2)t$。

④ 如果制件要求的圆角半径很小，则在最后一次拉深工序以后，需进行整形。

有斜角的凸模，一般用来拉深中型及大型尺寸的筒形件，对于非圆形制件，$n-1$ 次底部做成了斜角，将有利于成形。对于有斜角的凸模，其圆角半径应增大。

6.8.3　拉深凸、凹模之间的间隙

圆筒形件拉深模间隙是指凹模与凸模之间的直径差的一半，即单边间隙，一般大于料厚。

拉深模间隙小，则拉深力大，凹模磨损大，模具寿命低，但拉深件回弹小，精度高。间隙过小，会使制件壁部厚度严重变薄甚至拉裂。间隙过大，则毛坯材料容易起皱，拉深件锥度大，精度低。

（1）无压边圈的拉深模
其间隙为

$$Z = (1 \sim 1.1) t_{\max} \qquad (6\text{-}34)$$

式中　Z——拉深模凸、凹模之间的单边间隙，mm；
　　　$t_{\max}$——材料最大极限厚度，mm。

首次和中间各工序拉深或精度不高制件的拉深取 $Z = 1.1t$，最后一次拉深或精度要求高的制件的拉深取 $Z = t$。

（2）有压边圈的拉深模
其间隙可按表 6-68 确定。

表 6-68　有压边圈拉深时的单边间隙

总拉深次数	拉深工序	单边间隙	总拉深次数	拉深工序	单边间隙
1	一次拉深	$(1 \sim 1.1)t$	4	第一、二次拉深	$1.2t$
2	第一次拉深	$1.1t$		第三次拉深	$1.1t$
	第二次拉深	$(1 \sim 1.05)t$		第四次拉深	$(1 \sim 1.05)t$
3	第一次拉深	$1.2t$	5	第一、二、三次拉深	$1.2t$
	第二次拉深	$1.1t$		第四次拉深	$1.1t$
	第三次拉深	$(1 \sim 1.05)t$		第五次拉深	$(1 \sim 1.05)t$

注：1. t 为料厚，可取材料允许偏差的中间值。
2. 当拉深精密制件时，最后一次拉深间隙值取 $Z = t$。

（3）对于精度要求高的筒形制件
为保证尺寸精度，必须减小拉深后的回弹，因而最后一次拉深时，采用负间隙拉深，其单边间隙为

$$Z = (0.9 \sim 0.95) t \qquad (6\text{-}35)$$

（4）矩形件拉深模凸、凹模之间的间隙
可参照圆筒形件拉深模凸、凹模之间的间隙选取。但最后一次拉深模间隙，圆角部分的间隙比直边部分大 $0.1t$。这是由于材料在角落部分会变厚的缘故。圆角部分的间隙确定方法见图 6-124。

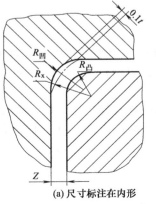

(a) 尺寸标注在内形　　　　(b) 尺寸标注在外形

图 6-124　矩形件拉深模圆角部分间隙的确定

当制件尺寸标注在内形时，凹模平面转角的圆角半径为

$$R_凹 = \frac{0.414R_x - 0.1t}{0.414} \tag{6-36}$$

当制件尺寸标注在外形时，凸模平面转角的圆角半径为

$$R_凸 = \frac{0.414R_y + 0.1t}{0.414} \tag{6-37}$$

$$R_x = R_凸 + Z$$

$$R_y = R_凹 - Z$$

6.8.4　拉深凸、凹模工作部分尺寸的计算

(1) 凸、凹模工作部分尺寸的确定（见表 6-69）

对于需多次拉深成形的制件，由于最后一道拉深是成形的尺寸，因此只对最后一道拉深，凸、凹模尺寸与公差应按制件有关尺寸及公差计算确定，对中间半成品的尺寸不需要严格要求，模具尺寸等于半成品的尺寸就可。具体确定方法按表 6-69 公式计算。

表 6-69　拉深模凸模、凹模工作部分尺寸

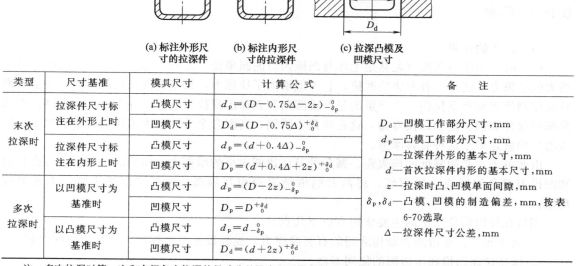

(a) 标注外形尺寸的拉深件　　(b) 标注内形尺寸的拉深件　　(c) 拉深凸模及凹模尺寸

类型	尺寸基准	模具尺寸	计算公式	备　注
末次拉深时	拉深件尺寸标注在外形上时	凸模尺寸	$d_p = (D - 0.75\Delta - 2z)_{-\delta_p}^{0}$	D_d—凹模工作部分尺寸，mm d_p—凸模工作部分尺寸，mm D—拉深件外形的基本尺寸，mm d—首次拉深件内形的基本尺寸，mm z—拉深时凸、凹模单面间隙，mm δ_p, δ_d—凸模、凹模的制造偏差，mm，按表 6-70选取 Δ—拉深件尺寸公差，mm
		凹模尺寸	$D_d = (D - 0.75\Delta)_{0}^{+\delta_d}$	
	拉深件尺寸标注在内形上时	凸模尺寸	$d_p = (d + 0.4\Delta)_{-\delta_p}^{0}$	
		凹模尺寸	$D_p = (d + 0.4\Delta + 2z)_{0}^{+\delta_d}$	
多次拉深时	以凹模尺寸为基准时	凸模尺寸	$d_p = (D - 2z)_{-\delta_p}^{0}$	
		凹模尺寸	$D_p = D_{0}^{+\delta_d}$	
	以凸模尺寸为基准时	凸模尺寸	$d_p = d_{-\delta_p}^{0}$	
		凹模尺寸	$D_d = (d + 2z)_{0}^{+\delta_d}$	

注：多次拉深时第一次和中间各次拉深的尺寸公差没有必要限制。此时，可取模具尺寸为制件过渡形状尺寸。

(2) 凸、凹模的制造公差（见表 6-70、表 6-71）

表 6-70　凸模、凹模的制造公差的确定方法

类　　型		确定制造公差的方法
圆形凸模、凹模		凸、凹模制造公差根据表 6-71 分别标注
非圆形凸模、凹模	拉深件的公差是 IT12、IT13 级以上时	凸、凹模制造公差取 IT8、IT9 级精度
	拉深件公差是 IT14 级以下时	凸、凹模制造公差取 IT10 级精度
圆形、非圆形凸、凹模采用配作时		只在一方标注公差，另一方按间隙配作不注公差

表 6-71　圆形凸、凹模制造公差　　　　　　　　　　　　　　　　mm

材料厚度	拉深件公称直径							
	≤10		>10~50		>50~200		>200~500	
	δ_d	δ_p	δ_d	δ_p	δ_d	δ_p	δ_d	δ_p
0.25	0.015	0.010	0.02	0.010	0.03	0.015	0.03	0.015
0.35	0.020	0.010	0.03	0.020	0.04	0.020	0.04	0.025
0.50	0.030	0.015	0.04	0.030	0.05	0.030	0.05	0.035
0.80	0.040	0.025	0.06	0.035	0.06	0.040	0.06	0.040
1.00	0.045	0.030	0.07	0.040	0.08	0.050	0.08	0.060
1.20	0.055	0.040	0.08	0.050	0.09	0.060	0.10	0.070
1.50	0.065	0.050	0.09	0.060	0.10	0.070	0.12	0.080
2.00	0.080	0.055	0.11	0.070	0.12	0.080	0.14	0.090
2.50	0.095	0.060	0.13	0.085	0.15	0.100	0.17	0.120
3.50	—	—	0.15	0.100	0.18	0.120	0.20	0.140

注：1. 表列数值用于未精压的薄钢板。

2. 如用于精压钢板，则凸模及凹模的制造偏差，等于上表所列数值的 20%~25%。

3. 如用于有色金属，则凸模及凹模的制造偏差，等于上表所列数值的 50%。

4. δ_p、δ_d—凸模、凹模的制造偏差，mm。

6.9　拉深的润滑、退火和酸洗

6.9.1　润滑

(1) 润滑的作用

拉深时，毛坯与凹模（尤其是毛坯与凹模入口的圆角处）之间、毛坯与压边圈之间会产生很大的摩擦力。这是一种有害的摩擦，它不但增大了拉深力，易使制件在危险断面处破裂，而且会使制件表面严重拉伤，更严重的是凹模圆角和表面出现拉伤痕迹，并不断扩大发展，严重影响拉深件表面质量和凹模寿命，这在拉深不锈钢、高温合金等黏性大的材料时更加严重。润滑的目的就是减小这种有害摩擦。

由此可见，必须降低凹模表面、圆角处及压边圈表面的摩擦力，使用润滑剂后，可在材料和凹模表面之间形成一层薄膜，将两者的滑动表面相互隔离，因而可以减少摩擦力和磨损现象。

润滑在拉深模使用中的主要作用有以下几点。

① 减小凹模、压边圈和制作之间的有害摩擦力，提高拉深变形程度，可减少拉深次数。

② 提高拉深凹模和压边圈的使用寿命。

③ 减少制件在危险断面处的变薄和破裂。

④ 提高拉深件质量。

拉深时摩擦系数与润滑条件的关系见表 6-72。

表 6-72　拉深的摩擦系数

润 滑 条 件	拉深材料		
	08 钢	铝	硬铝合金
无润滑剂	0.18~0.20	0.25	0.23
矿物油润滑剂(机油、锭子油)	0.14~0.16	0.15	0.16
含附加料的润滑剂(滑石粉、石墨等)	0.06~0.10	0.10	0.08~0.10

（2）润滑剂

润滑剂大体可分为液体、半固体和固体三大类。通常固体类称润滑剂，液体类称润滑油，半固体类称润滑脂。

液体润滑油有油型和水型两种，油型润滑油又可细分为矿物油和合成油。但两者都是基础的，分别加入各种添加剂后方称之为润滑油。水溶性润滑油主要指乳化液。它是通过加入表面活性剂，使水和油之类的互不相溶的两种液体相互混合而成。

生产中，根据拉深材料不同所用的润滑剂也不同，润滑剂中按有无添加剂又可分为有附加料和无附加料两类。含有附加料的润滑剂，其附加料有白垩粉、滑石粉等。拉深时，采用含有附加料的润滑剂与无附加料的润滑剂相比，摩擦系数可降低 1/2～2/3，拉深模耐用度可提高 1～4 倍。

常用的润滑剂见表 6-73～表 6-76。

表 6-73　拉深低碳钢用的润滑剂

代号	润滑剂成分	质量分数/%	备　　注	代号	润滑剂成分	质量分数/%	备　　注
5 号	锭子油 鱼肝油 石墨 油酸 硫黄 钾肥皂 水	43 8 15 8 5 6 15	用这种润滑剂可收到最好的效果。硫黄应以粉末状加入	10 号	锭子油 硫化蓖麻油 鱼肝油 白垩粉 油酸 苛性钠 水	33 1.6 1.2 45 5.5 0.7 13	润滑剂很容易去除，用于单位压力大的拉深
6 号	锭子油 黄油 滑石粉 硫黄 酒精	40 40 11 8 1	硫黄应以粉末状态加入	2 号	锭子油 黄油 鱼肝油 白垩粉 油酸 水	12 25 12 20.5 5.5 25	这种润滑剂比以上略差
9 号	锭子油 黄油 石墨 硫黄 酒精 水	20 40 20 7 1 12	将硫黄溶于温度约为 160℃ 的锭子油内，缺点是保存时间太长会分层	8 号	钾肥皂 水	20 80	将肥皂溶于温度为 66～77℃ 的水里，用于球形及抛物线形件拉深
					肥皂水 白垩粉 焙烧苏打 水	37 45 1.3 16.7	可溶解的润滑剂，加 3% 的硫化蓖麻油后，可改善其效果

注：也可根据试验另行配制，如某单位生产灭火器深圆筒，材料 08Al，拉深时采用 50 号机油 70%＋滑石粉 30% 润滑剂，获得了良好的拉深效果，废品率小于 2%。

表 6-74　拉深有色金属及不锈钢用的润滑剂

金属材料	润　滑　剂
铝	植物油（豆油）、工业凡士林
硬铝合金	植物油乳浊液、废航空润滑油
纯铜、黄铜、青铜	菜油或肥皂与油的乳浊液（将油与浓肥皂水溶液混合）
镍及其合金	肥皂与油的乳浊液
2Cr13 不锈钢	锭子油、石墨、钾肥皂与水的膏状混合液
1Cr18Ni9Ti 不锈钢	用氯化乙烯漆喷涂毛坯表面，拉深时再涂机油
耐热钢	

表 6-75　拉深钛合金用的润滑剂

材料及拉深方法	润滑剂	备注
钛合金、BT1、BT5 不加热拉深	石墨水胶质制剂 B-0、B-1	用刷子涂在毛坯表面上，在 20℃的温度下干燥 15～20s
	氯化乙烯漆	用稀释剂溶解的方法来清除
钛合金、BT1、BT5 加热拉深	石墨水胶质制剂 B-0、B-1	
	耐热漆	用甲苯和二甲苯溶解涂于凹模及压边圈

表 6-76　低碳钢变薄拉深用的润滑剂

润滑剂或润滑方法	含量	备注
接触镀铜化合物 硫酸铜 食盐 硫酸 木工用胶 水	4.5～5kg 5kg 7～8L 200g 80～100L	将胶先溶解在热水中，然后再将其余成分溶进去，将镀过铜的毛坯保存在热的肥皂溶液内，进行拉深时再由该溶液内将毛坯取出
先在磷酸盐内予以磷化，然后在肥皂乳浊液内予以皂化	磷化配方 马日夫盐 30～33g/L 氧化铜 0.3～0.5g/L	磷化液温度：96～98℃，保持 15～20min

（3）润滑剂的涂敷

拉深时润滑剂只涂在坯料与凹模接触的一面，不允许涂在与凸模接触的一面上，因为这样拉深时会使材料失稳沿凸模处滑动，使材料变薄。

（4）润滑剂的选用依据

① 当拉深应力接近材料的抗拉强度时，应采用含大量粉状附加料（如白垩、石墨、滑石粉等）的润滑剂，否则拉深中润滑剂易被挤掉。

② 当拉深力不大时，可采用不带附加料的油质润滑剂。

③ 在变薄拉深时，润滑剂不仅为了减少摩擦，同时又起冷却模具的作用，因此不能采用干摩擦。

④ 在拉深钢质零件时，常在毛坯表面进行表面处理（如镀铜或磷化处理），使毛坯表面形成一层与模具的隔离层，不仅能储存润滑剂，而且在拉深过程中具有"自润"性能。

⑤ 拉深不锈钢、高温合金等粘模严重、强化剧烈的材料时，一般也需要对毛坯表面进行"隔离层"处理（如喷涂氯化乙烯漆），而在拉深时再另涂机油。

（5）润滑剂的基本要求

润滑剂应能抵抗氧化和化学变化，有防腐作用，无怪味，对工作人员没有伤害，容易涂抹和清除等。

6.9.2　退火

在拉深过程中，由于材料产生塑性变形的同时会发生加工硬化现象，使塑性降低。为了使后续加工可行，需退火软化。

拉深常用的金属材料，按硬化强度可分为普通硬化金属（如 08、10、15、H62、H68，经过退火的铝）和高度硬化金属（如不锈钢、耐热钢及其合金、纯铜等）。如果工艺过程制定得正确，模具设计得合理，拉深普通硬化金属材料可以不进行中间退火，而对于高度硬化的金属材料，一般在一、二次拉深工序之后，必须进行中间退火后才可再拉深。

不需进行中间退火能完成的拉深次数见表 6-77。

表 6-77　不需进行中间退火所能完成的拉深次数

材　料	次　数	材　料	次　数
08、10、15	3～4	1Cr18Ni9Ti	1～2
铝	4～5	高温合金	1
H62、H68 黄铜	2～4	镁合金	1
纯铜	1～2	钛合金	1

在拉深工艺计算过程中，在调整拉深系数时，每次拉深系数都增加较多，这就降低了拉深时的变形程度，因而使危险断面拉裂的问题得以缓和，可不需或减少中间退火工序。

中间退火工序主要有低温退火和高温退火两种。

(1) 低温退火

这种热处理方式主要用于消除硬化和恢复塑性。其退火规范是加热至再结晶温度，然后在空气中冷却，其结果引起金属材料的再结晶，使硬化消除，塑性得以恢复。各种金属材料低温退火规范见表 6-78。

表 6-78　各种金属材料低温退火（再结晶退火）规范

材　料	加热温度/℃	冷　却
08、10、15、20	600～650	空气中冷却
纯铜 T1、T2	400～450	空气中冷却
黄铜 H62、H68	500～540	空气中冷却
铝 1070A、1060、1050A、1035、1200、铝合金 3A21、5A02	220～250	保温 40～45min
镁合金 MB1、MB2	260～350	保温 60min
钛合金 TA5	550～600	空气中冷却
工业纯铁	650～700	空气中冷却

(2) 高温退火

把拉深硬化后的半成品加热到临界点温度以上 30～40℃，以便产生完全的结晶，高温退火时，可能得到晶粒粗大的组织，影响制件的力学性能，但软化效果较好，各种金属材料高温退火规范见表 6-79。

表 6-79　各种金属材料高温退火规范

材　料	加热温度/℃	保温时间/min	冷　却
08、10、15	700～780	20～40	空气中冷却
Q195	900～920	20～40	空气中冷却
20、25、30、Q235、Q250	700～720	60	炉内冷却
25CrMnSiA、30CrMnSiA	650～700	12～18	空气中冷却
1Cr18Ni9Ti	1050～1100	5～15	空气或水冷
Cr20Ni80Ti	1020～1050	10～15	空气中冷却
纯铜 T1、T2	600～650	30	空气中冷却
黄铜 H62、H68	650～700	15～30	空气中冷却
镍	750～850	20	空气中冷却
铝 1070A、1060、1050A、1035、1200、防锈铝 3A21、5A02	300～350	30	250℃以后空冷
硬铝 2A12	350～400	30	250℃以后空冷

6.9.3 酸洗

退火后的制件或工序件表面有氧化皮及其他污物，必须进行酸洗清理，才能使用或继续进行拉深。

酸洗即在加热的稀酸液中浸蚀后，在冷水中漂洗，再在弱碱中将残留的酸液中和，最后再在热水中洗涤，在烘房中烘干。各种金属材料酸洗溶液的成分见表6-80。

表6-80 酸洗溶液的成分

零件材料	溶液成分	含量	说明
低碳钢	硫酸或盐酸	10%～20%	
	水	其余	
高碳钢	硫酸	10%～15%	预浸
	水	其余	
	氢氧化钠或氢氧化钾	50～100g/L	最后酸洗
不锈钢	硝酸	10%	
	盐酸	1%～2%	得到光亮的表面
	硫化胶	0.1%	
	水	其余	
铜及其合金	硝酸	200份(质量份)	
	盐酸	1～2份(质量份)	预浸
	炭黑	1～2份(质量份)	
铜及其合金	硝酸	75份(质量份)	
	硫酸	100份(质量份)	光亮酸洗
	盐酸	1份(质量份)	
铝及锌	氢氧化钠或氢氧化钾	100～200g/L	
	食盐	13g/L	
	盐酸	50～100g/L	

退火、酸洗是延长生产周期和增加生产成本及产生环境污染的工序，应尽可能少用。

6.9.4 拉深工艺中相关工序的应用

拉深工艺中相关工序较多，具体应用如下。

(1) 拉深工序进行之前

有毛坯（原材料）的软化退火、清洗、喷漆、润滑等。

(2) 拉深工序间

有半成品的退火、清洗、修边、润滑等。

(3) 拉深工序完成后

有切边、消除应力退火、清洗、去毛刺、表面处理、检验等。

6.10 拉深模结构

6.10.1 拉深模的种类

把毛坯拉压成空心体，或进一步将空心体的外形和尺寸变小的冲模称为拉深模。拉深模有多种称呼或分类，见图 6-125。

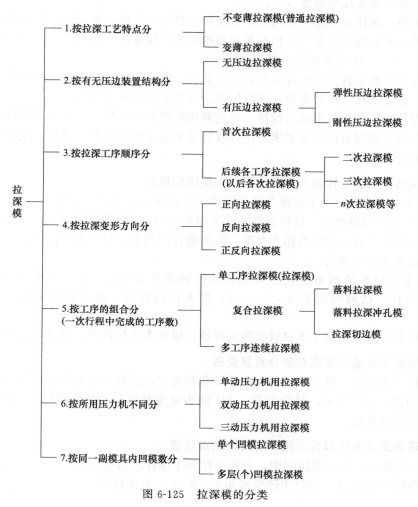

图 6-125　拉深模的分类

6.10.2　拉深模的设计要点

在设计拉深模时，由于拉深工艺的特殊要求，除了应考虑与其他模具一样的设计方法与步骤外，还需重点注意如下设计要点。

(1) 用不用带导柱的模架

① 用带导柱模架的理由

a. 制件产量比较大。

b. 拉深件为中小型件。

c. 拉深工序为复合式，如落料拉深模，落料拉深冲孔模等。

用带导柱模架的模具，由于上下模安装在模架上后成一整体，模具的使用、保管、运输、存放均很方便，出自生产时操作方便的考虑，模架采用导柱后侧和中间两侧居多。

② 不用带导柱模架（敞开式）的理由

a. 制件产量比较少。

b. 拉深件为大型件。

c. 以后各次拉深模。

（2）判定是否采用压边装置（压边圈）

模具结构设计在保证功能、使用维护方便的前提下，应越简单越好，拉深模也不例外，用不用压边装置主要取决于拉深材料相对厚度和相应的拉深系数（即拉深变形程度或拉深不起皱条件），可参考表 6-4 所列数据作出判定。

生产中有的虽然从数据分析可以不设压边装置，但考虑到制件有一定的批量，为了保证拉深工作顺利、稳定和保证产品质量，多数情况下还是采用了压边装置。

压边装置拉深模的出件形式有两种：一是利用凹模洞口底部出件；二是顶料出件。后者主要用于浅拉深件、底部有凸起形要求的制件或底部要求平整的及带凸缘件。顶出机构必须注意限位和顶出的行程问题。

（3）拉深凸、凹模工作部分形状、尺寸和间隙的取向

① 应遵守本章 7.8 节关于拉深凸模与凹模工作部分设计要求与原则。

② 遵守规定的间隙取向，即拉深件标注外形尺寸时，应以凹模为基准，间隙取在凸模上；拉深件标注内形尺寸时，应以凸模为基准，间隙取在凹模上。对于多次拉深，只规定最后一次拉深模间隙要遵守上述规定。

③ 避免采用过小的圆角半径。尤其是凹模圆角半径 $R_凹$（R_d）对拉深过程有很大影响，取值应合理；凸模圆角半径 $r_凸$（r_p），除末次拉深外，通常情况下取 $r_凸$（r_p）$\leqslant R_凹$（R_d）。

如制件要求的圆角半径小于材料变形允许值，应在末次拉深后，通过整形达到要求。

（4）尽量避免多道拉深圆角部分重复变形

在多道拉深变形时，拉深圆角部分冷作硬化程度大，因此，应避免重复变形。否则该处易产生破裂。如图 6-126 所示，只允许有 $1/4R$ 的小量重复部分。如果各道拉深系数允许的话，最好做好完全没有重复。

（5）合理确定工序件与拉深凹模圆角接触点位置

如图 6-127 所示，在多道拉深中，为便于拉深工序件的后续拉深，工序件的外圆角与后续拉深凹模圆角的接触点 A，应位于凹模圆角 45°线 OO_1 上或以下。

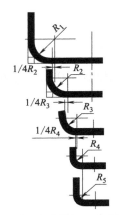

图 6-126　多道拉深工序件圆角
圆心位置的确定

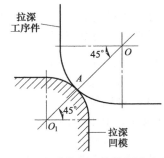

图 6-127　多道拉深工序件圆角与相应
凹模圆角接触点位置设计

（6）选用的压力机行程必须大于 2.5 倍拉深件高度

如图 6-128 所示为后续带压边圈倒装式拉深模主要零件尺寸关系与压力机行程。拉深模的凸模长度和选用的压力机行程必须足够，同时又要便于放入坯件和取出拉深后的制件。

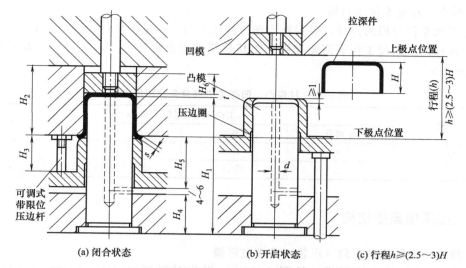

(a) 闭合状态　　　**(b) 开启状态**　　　**(c) 行程 h ≥ (2.5~3)H**

图 6-128　后续带压边圈倒装式拉深模主要零件尺寸关系与压力机行程

h—压力机行程；H—拉深件高度；H_1—凸模长度；H_2—凹模厚度（可以由凹模＋衬板组成）；H_3—定位套定位部分长度大于上一次拉深件高度 4~8mm；H_4—拉深凸模固定板厚度；H_5—定位套（兼压边圈）总高度；H_6—推板厚度；t—拉深件料厚（此处为拉深件底厚）；s—被控制的拉深凹模与压边圈之间间隙，可调；d—拉深模出气孔

(7) 其他要点

① 在带凸缘件的拉深工序中，制件的高度取决于上模的行程，使用中为便于模具的调整，最好在模具上设计有行程限位装置。

② 对于落料拉深复合模，由于落料凹模的磨损比拉深凸模的磨损快，落料凹模常要刃磨，因此，设计模具时，在落料凹模上应预先加大磨损余量，可取落料凹模高出拉深凸模 2~6mm。

③ 设计非旋转体制件的拉深模时，其凸模与凹模在板上的装配位置必须准确可靠，防止松动、偏移，以免影响制件的质量。严重时会损坏模具。

④ 一些形状复杂或须经多次拉深的盒形件，很难计算出准确的毛坯形状和尺寸时，可以先做出拉深模，经试压确定合适的毛坯形状和尺寸后再制作落料模。拉深模上应有设定毛坯定位的位置和定位方式。

⑤ 压边圈与毛坯接触的一面要平整，不允许有孔、槽，否则在拉深时毛坯起皱会陷到孔或槽里，引起拉裂。

⑥ 对一些小批量生产且表面质量要求较高的形状复杂零件，如盒形、球形、锥形和非对称曲面形件，可考虑选用聚氨酯橡胶为代表的软模拉深方法，用聚氨酯橡胶可代替刚性凸模或刚性凹模对板料进行拉深，能获取壁厚均匀、尺寸精确、表面质量好的制件，而且模具结构简单。

⑦ 对表面质量要求较高的拉深件，除选用软模拉深的加工外，还可对拉深件表面进行保护。图 6-129 是涤纶薄膜在不锈钢板拉深中的应用。拉深不锈钢板件时，在板料 2 与凹模 3 接触的一面贴一层涤纶薄膜 4，可以提高不锈钢拉深性能和制件质量。粘贴涤纶薄膜时，要保持均匀，不得使薄膜与板料间有气泡。类似这种方法在拉深液化气罐时也用。

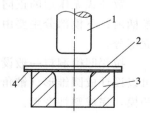

图 6-129　拉深表面的保护示意图

1—拉深凸模；2—板料；3—拉深凹模；4—涤纶薄膜

⑧ 拉深时由于工作行程较大，故对弹性元件的压缩量应仔细计算，保证压缩量符合行程要求，使用可靠。

⑨ 大型拉深模的压料筋一般都做在压边圈上，而将压料筋的槽做在凹模上。对金属流动容易部位应多加压料筋，而在金属不易流

动的地方则少加甚至不加压料筋。

⑩ 对于大型拉深模的设计，要很好地选择冲压方向，尽量使压料面在平面上。

⑪ 拉深模凸、凹模工作表面要光滑，尤其是圆角表面更要光滑，这对拉深效果有利。取值建议见表6-81。

表6-81 拉深凸、凹模工作部分表面粗糙度

名　　称	工作部位的粗糙度值$Ra/\mu m$		
	R 部分	圆柱面	平面
凸模	≤0.4	≤0.8	0.8
凹模	≤0.2	≤0.4	首次拉深用≤0.4;以后各次拉深用0.8

6.10.3　拉深模典型结构

(1) 敞开式无压边的正向（正装）首次拉深模

① 无压边正向首次拉深模（见图6-130） 当相对厚度（$t/D \times 100 > 2$）和拉深系数（$m_1 > 0.6$，$m_n > 0.8$）均较大时，即拉深材料的变形量不大，不易拉深起皱，一般可以不用压边圈进行拉深。

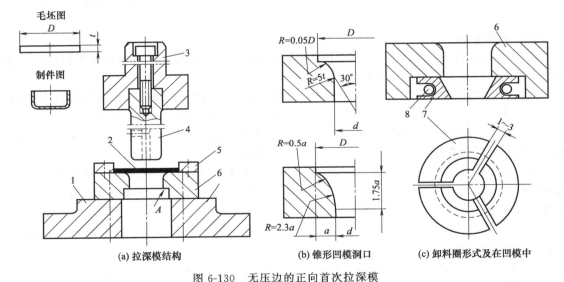

图 6-130　无压边的正向首次拉深模

1—下模座；2—拉深件毛坯；3—模柄；4—凸模；5—定位板；6—凹模；7—卸料圈；8—弹簧或橡胶

敞开式无压边的正向首次拉深模结构比较简单，上模部分由凸模和模柄组成，凸模固定在模柄内；下模部分主要由定位板、凹模和凹模固定板兼下模座组成，上、下模为分开的两个独立部分。

拉深凹模洞口一般设计成带有圆角的筒形，如图6-130（a）、（c）、中件6，便于加工；也可以设计成圆锥形（锥角通常为30°）和渐开线形等，如图6-130（b）所示，有利于材料进入凹模，完成塑性变形。

工作时，毛坯放在定位板5内，凸模下行，带着毛坯进入凹模完成拉深。当包紧在凸模上的制件上口完全处于凹模下部工作部分以外时，凸模停止向下。由于制件的回弹作用，靠凹模孔出件方向扩大部分箭头A指向的环形圈卡住制件口部与凸模分离，达到自动卸件的目的，制件从凹模孔中下落。对于拉深材料较薄的制件，采用凹模内装有卸料圈的结构卸料较为可靠，如图 6-130（c）所示。该卸料圈是一圆环，切割成三片组成，中间用拉簧或强力橡胶圈拉紧。自由状态下卸料圈内孔为一非圆孔，当带有制件的凸模穿过卸料圈后，卸料圈紧紧包住凸模，此时卸料圈内孔为一圆孔，基本尺寸完全与凸模外径相同，卡住凸模上的制件上口将其与凸模分离，完成卸件工作。

　　② 硬质合金无压边正向拉深模（见图 6-131）的拉深件。由于拉深件变形量小，故常不设压边圈。凹模 2 压装在凹模套圈 6 内，然后用锥孔压块 1 紧固在通用下模座 8 内。凹模材料可采用硬质合金或 Cr12，通常硬质合金凹模比 Cr12 凹模的寿命提高近 5 倍，不仅适应了大量生产，同时也提高了拉深件精度。

　　该模具结构可用作首次拉深，也可用作以后各次拉深，毛坯靠定位板 5 定位。校模定位圈（间隙环）3（图中用双点划线表示）为调整上下模保证间隙均匀，拉深时应将校模定位圈拿掉。模具没有卸料装置，拉深成形后，制件靠口部弹性恢复张开，在凸模 4 上行时被凹模下底出件口卡住刮落。

　　该模具固定凸、凹模的模座具有通用性。

该结构主要用于拉深板料较厚、高度较低

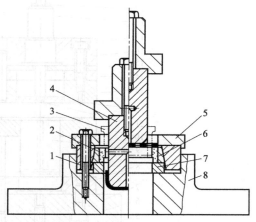

图 6-131　硬质合金无压边正向拉深模
1—锥孔压块；2—凹模；3—校模定位圈；4—凸模；
5—定位板；6—凹模套圈；7—垫板；8—下模座

（2）敞开式无压边的后续工序正向拉深模

　　后续拉深用的毛坯是已经过首次拉深的半成品筒形件，而不再是平板毛坯。因此其定位装置、压边装置与首次拉深模是完全不一样的。

　　如图 6-132 所示为敞开式无压边的后续工序正向拉深模。半成品工序件采用定位板 5 定位。凹模 6 为一个带孔的圆柱体，根据需要可以用不同的材料制成。它固定在凹模固定板 7 内，可以成 H7/h6 配合，然后由定位板 5 压住，再通过螺钉将其固定在下模座 8 上。故定位板 5 具有定位压紧双重作用。

　　该模具主要用于直径缩小较少、尺寸精度要求较高的最后一次拉深或整形等。拉深前工序件与定位板、拉深凸、凹模之间的位置关系见图示左边部分。

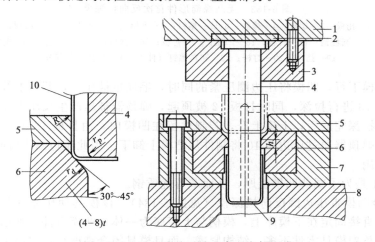

图 6-132　无压边的后续工序正向拉深模
1—上模座；2—垫板；3—凸模固定板；4—凸模；5—定位板；6—凹模；
7—凹模固定板；8—下模座；9—本次拉深件；10—上次拉深件（工序件）

(3) 敞开式有压边首次反向拉深模

① 无凸缘筒形件首次反向拉深模（见图 6-133） 该模具用于单动压力机上拉深，压边圈 10 为圆平板，毛坯放在上面的凹槽中定位，槽深可取 $h = t + (0.02 \sim 0.08)t$ 设计。压边力由橡胶产生，经计算该制件只需一次拉深即可成形。

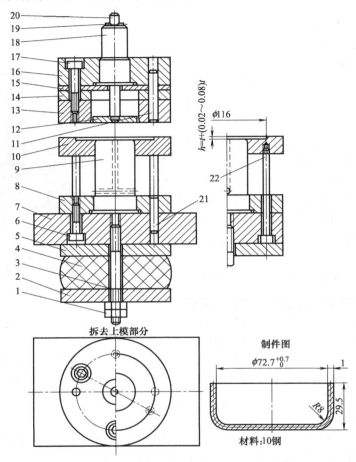

图 6-133 无凸缘筒形件首次反向拉深模

1—螺母；2,5—托板；3—螺杆；4—橡胶；6,17—螺钉；7—下模座；8—固定板；9—凸模；10—压边圈；
11,21—圆柱销；12—打板；13—凹模；14—衬板；15—垫板；16—上模座；18—模柄；
19—挡环；20—打杆；22—卸料螺钉（件1～件5为弹顶器部分）

工作时，上模下行，凹模将压边圈压紧的同时，毛坯也被压住，凹模继续下行，凸模 9 带着毛坯压进凹模 13 进行拉深，同时打板 12 被顶起，弹顶器被压产生反压力作用在压边圈上实现了压边作用。拉深完成后，上模上升，若制件留在凹模内，由打板 12 推出凹模；若制件包在凸模上，则由弹顶器通过压边圈 10 将制件从凸模上卸下。因此压边圈 10 同时具有定位、压边、卸件三个作用。

增加衬板 14 是为了减薄凹模板厚，从而节省优质钢。

② 硬质合金凹模带压边圈反向拉深模（见图 6-134） 该模具动作原理与图 6-133 完全相同，但由于凸模直接固定在下模座上，模柄与上模座为一体，凹模组件 5 利用"止口"直接与模座连接固定，整副模具零件不多，结构紧凑，而且模具闭合高度小，提高了稳定性。推件采用刚性结构，推件块 6 又是拉深件底部的成形凹模，因此拉深终了，推件块上顶面必须与模柄下底面刚性接触，保证制件顶部形状完整。凹模采用硬质合金以提高制件精度和模具寿命。

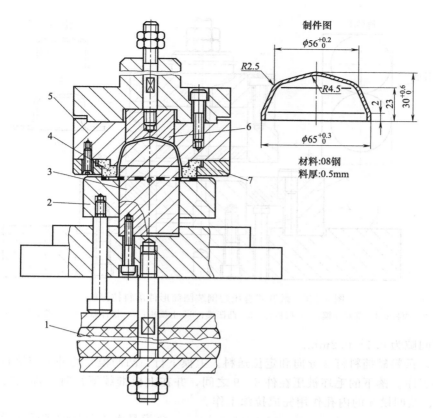

图 6-134 硬质合金凹模反向拉深模

1—弹顶器；2—压边圈；3—凸模；4—硬质合金凹模；5—凹模组合件；6—推件块兼成形凹模；7—凹模固定板

③ 锥面压料反向拉深模（见图 6-135） 采用锥形凹模和锥形压边圈拉深时，毛坯的过渡
形状呈曲面形，这种曲面形状的毛坯变形区具有更大的抗失稳
能力，从而减小了起皱的可能，使拉深变形条件更加有利，可
采用较小的拉深系数。

生产中常用 30°锥角的凹模与压边圈进行工作。要求相吻
合的锥面要一致，因此制造较为困难。

工作时，圆片毛坯靠挡料销 8（3 件）和压边圈 2 的上端
定位，压边圈的弹顶力来自装于下模座的弹顶器（图中未表
示），弹顶力可调。

（4）敞开式有压边倒装落料拉深模

① 敞开式有压边倒装圆筒形件落料拉深模（图 6-136）
当拉深件具有一定高度，同时为了提高生产率和拉深件质量，
对于大多数中小型筒形件，可以采用毛坯落料和拉深两道工序
合在一副模具的同一个工位上完成。

该模具没有用带导向模架，只是考虑到制件产量不太大。
整个模具结构简单，上模的凸凹模 5 直接与上模座 6 通过"止
口"定位、螺钉连接固定在一起；拉深凸模 8、落料凹模 3 位
于下模、中间有推板兼边圈 9。压边圈与拉深凸模和落料凹模
均为间隙配合。但压边圈与拉深凸模一般配成双面间隙为 0.02～0.03mm，而压边圈与落料凹

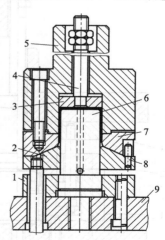

图 6-135 锥面压料反向拉深模

1—凸模固定板；2—压边圈；
3—推板；4—推杆；5—上模座
兼模柄；6—凸模；7—凹模；
8—挡料销；9—下模座

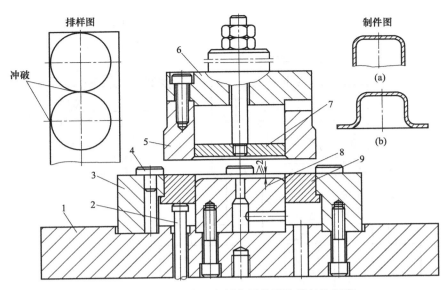

图 6-136　敞开式有压边倒装圆筒形件落料拉深模

1—下模座；2—顶杆；3—落料凹模；4—挡料钉；5—凸凹模；6—上模座；7—推件器；8—凸模；9—推板（压边圈）

模配成双面间隙为 0.1～0.2mm。

工作时，条料靠挡料钉 4 导向和定位送料。上模下行，凸凹模 5 的外形与落料凹模 3 的作用完成落料工序。落下的毛坯被压在件 5、9 之间，并在上模继续下行时坯件在夹紧状态下受拉深凸模 8、凸凹模 5 的内孔作用完成拉深工作。

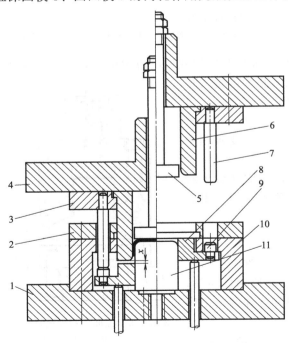

图 6-137　敞开式带恒力压边圆筒形件落料拉深模

1—下模座；2—卸料板兼导料板；3—固定板；
4—上模座；5—推件器；6—凸凹模；7—压杆
（三件）；8—推板（压边圈）；9—小柱
（三件）；10—落料凹模；11—拉深凸模

该模具由于条料的排样前后和一侧无搭边，故废料不会包在凸凹模 5 上，模具中没设卸料板。压边力靠装在下模座上的通用弹顶器得到。弹顶器图中未表示。

利用该模具，可以拉深圆筒形件，见图 6-136（a），也可以拉深凸缘件，见图 6-136（b）。

由于落料件局部外形边缘会不完整，会影响到拉深件口部或边缘的质量，故选用该排样方式时，须考虑对制件质量的影响是否许可。

② 敞开式带恒力压边圆筒形件落料拉深模（见图 6-137）　该模具基本结构相似于图 6-136。主要区别在上模增加了压杆 7，其主要作用是，当坯料被压在件 6、8 之间逐步拉深时，被压住的制件凸缘逐渐减少，在凸缘最终消失前，只有很窄的一圈材料被压住，这圈材料由于弹顶器（图中未画出）的压力过大而变薄，特别是拉深较软的有色金属材料时，这种现象较为常见。为克服这个缺陷，当件 6、8 之间间隙 x 值达到材料厚度的 80％时，利用压杆 7 与小柱 9 端面接

触，顶住了弹顶器的压力随压缩量的增加而增大的情况，从而有效地防止毛坯料不断压薄，引起拉深件凸缘部分拉破而出现废品。

该模具采用固定卸料，卸料板 2 兼导料板作用。根据需要，上模的固定板 3 与上模座 4 之间可设垫板；下模的凸模 11 可先固定在固定板里，再与下模座 1 固定，中间加垫板；凹模 10 可改成由凹模环与衬圈两个零件组成。

（5）带导向模架有压边圆筒形件落料拉深模（弹压卸料）

如图 6-138 所示为带导向模架有压边圆筒形件倒装式落料拉深模，此结构比较简单。

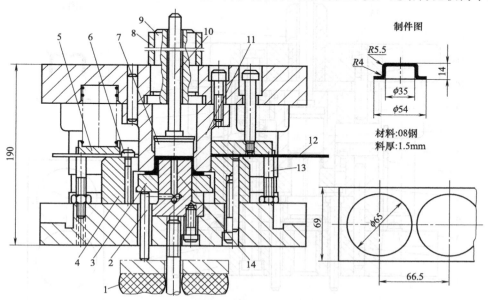

图 6-138　圆筒形件倒装式落料拉深模（一）

1—弹顶器；2—顶杆；3—推板兼压边圈；4—落料凹模；5—卸料板；6—挡料钉；7—推件器；8—模柄套圈；
9—模柄；10—打杆；11—凸凹模（落料凸模、拉深凹模）；12—条料；13—托料杆；14—拉深凸模

图示模具处在闭合状态，装在普通单动压力机上使用。拉深后的制件带有凸缘，也可以拉深无凸缘件。可通过调小模具闭合高度拉深成无凸缘（直筒）件，其模具结构完全相同，但要保证凸模 14 相对拉深凹模 11 有足够的拉深量。

工作时，模具处在开启状态下，条料 12 由托料杆 13、凹模 4 和挡料钉 6 定位并自右往左送进，上模下行，弹压卸料板兼压料板 5 将料压住的情况下，凸凹模 11 的外形与凹模 4 的相互作用首先将毛坯冲下，完成落料工作，随即由于上模继续下行，进入拉深工作，此时凸凹模 11 的内孔成为拉深时的凹模，与拉深凸模 14 相互作用开始拉深，直到拉深凸模全部进入凸凹模 11 内，所得制件为无凸缘的直筒形件；拉深凸模 14 部分进入凸凹模 11 内，所得制件为带凸缘的拉深件，这时拉深工作完成。为了保证模具闭合后推件器 7 在凸凹模 11 中具有稳定的位置，凸凹模 11 的有效深度应大于制件高度。

上模回升时，制件留在上模或下模中，均有相应的装置将其推下或顶出，上模中主要零件为推件器 7 与打杆 10，下模中主要零件为推板兼压边圈 3。

为了保证实现先落料后拉深这个原则，在模具设计和制造时，必须做到落料凹模 4 的上平面高出拉深凸模 14 上平面一定值（可取≥2mm）。

根据分析，制件一次可拉深成形，凸、凹模圆角半径应符合产品图样要求。

该模具采用标准后导柱铸铁模架、弹压卸料、凸凹模 11、落料凹模 4、拉深凸模 14 采用与上、下模直接固定的形式，模具结构简单，调整使用方便，适用于较薄料拉深。

　　图中模柄套圈 8 不是必需的模具零件，而是当模具模柄直径小于所选用压力机滑块模柄固定孔时才用。

　　如图 6-139 所示为圆筒形件倒装式落料拉深模的又一种结构。该模具与图 6-138 结构相比，同是采用弹压卸料、柔性和刚性相结合的卸件方式。拉深过程动作原理相同，但模具的零件数量多了一点，主要特点如下。

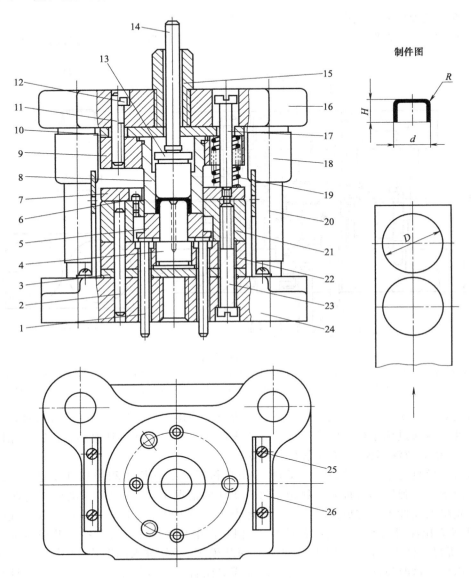

图 6-139　圆筒形件倒装式落料拉深模（二）

1—推杆；2,11—销钉；3,10—垫板；4—拉深凸模；5—推板；6—挡料钉；7—卸料板；8—凸凹模；
9,22—固定板；12,23,25—螺钉；13—推件器；14—打杆；15—模柄；16—上模座；17—卸料螺钉；
18—导套；19—弹簧；20—导柱；21—落料凹模；24—下模座；26—安全板兼导料板

　　① 凸凹模 8 与拉深凸模 4 均各自先固定到固定板上，以后再分别与上、下模座固定，这从节省优质模具钢和便于维修方面考虑，更为有利。

　　② 上、下模各板件外形取同一尺寸大小，有利于模具组装，模具结构比较紧凑。

　　③ 安全板 26 主要用来防止手误入工作区而出现危险，同时由于在其上面开有矩形小窗

口，利用它控制送料的前后位置，因此安全板在这里兼有导料的作用。

④ 卸料弹簧 19 与卸料螺钉 17 组合在一起后装配，具有使弹簧固定可靠、弹压力靠近落料凸模、充分利用有效压料力的优点，同时弹簧的两端面均接触于钢板，而且垫板 10 是经淬火的，表面比较硬、耐用。

⑤ 主要零件尺寸关系见图 6-140，主要零件工作图画法示例见图 6-141～图 6-143。

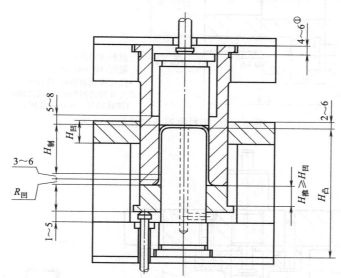

图 6-140　倒装式落料拉深模主要零件尺寸关系

① 当模具闭合后需校正时，此尺寸可以为零

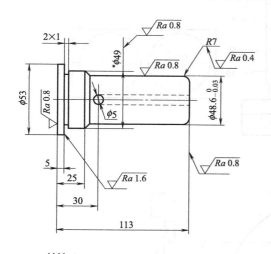

材料：Cr12MoV

硬度：60～64HRC

注：尺寸按固定板配，过盈量小于0.015mm

图 6-141　拉深凸模画法示例

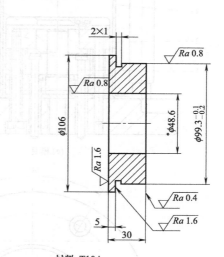

材料：T10A

硬度：58～62HRC

注：尺寸按拉深凸模配，双面间隙小于0.025mm

图 6-142　推板兼压边圈画法示例

⑥ 该结构适合较小件落料拉深，在电子工业工厂中广泛应用。

(6) 带导向模架有压边圆筒形件落料拉深模（固定卸料）

如图 6-144 所示为采用固定卸料带导向模架有压边倒装式圆筒形件落料拉深模。

该模具与前面两种模具结构上的不同有以下两点。

① 卸料板 7 采用固定卸料结构，刚性好、强度大、适用于较厚材料，卸料稳定可靠。

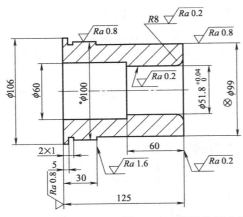

材料：Cr12MoV
硬度：60～64HRC
*尺寸按固定板配,过盈量小于0.015mm
⊗尺寸按落料凹模配,双面间隙达0.16mm
(冲裁料厚1.5mm冷轧钢)

图 6-143　落料拉深凸凹模画法示例

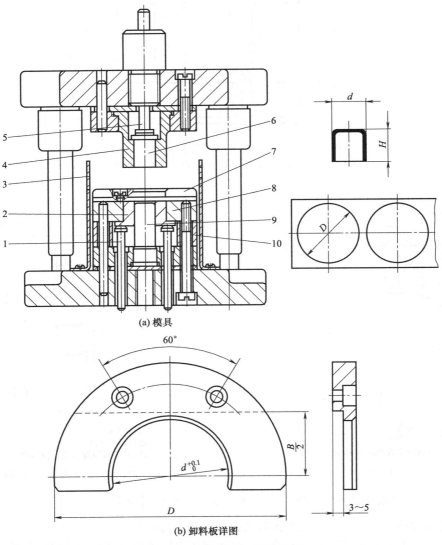

(a) 模具

(b) 卸料板详图

图 6-144　圆筒形件落料拉深模

1—顶杆；2—推板；3—安全板；4—凸凹模；5—上顶杆；6—上推板；7—卸料板；8—凹模；
9—凸模；10—衬板；d—凸凹模外径；D—凹模外径；B—毛坯条料宽度

② 落料凹模 8 为一圆环，为保证推板兼压边圈 2 有一定的活动量，凹模 8 下面设有衬板 10，该件可用普通钢材制造。

(7) 带导向模架无压边的低矩形件拉深模

如图 6-145 所示为在单动压力机上使用的低矩形件正向拉深模。经计算可一次拉深成形，不需用压边圈。

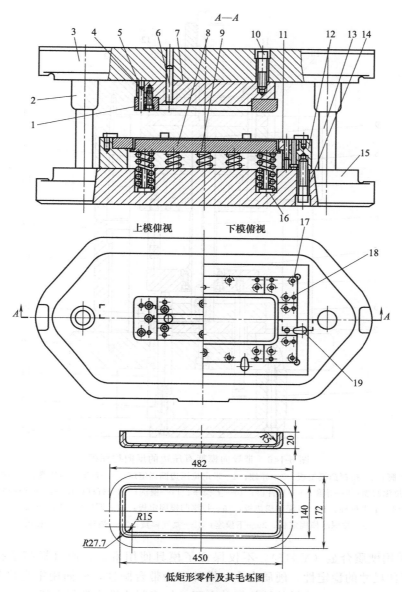

图 6-145 低矩形件正向拉深模
1—镶拼凸模；2—导套；3—上模座；4,10,14,17—螺钉；5,6,18—销钉；7—凸模固定板；8—推料板；
9—弹簧；11—镶拼凹模；12—凹模固定板；13—导柱；15—下模座；16—托簧杆；19—定位钉

该模具采用中间导向标准模架，凸、凹模采用镶拼式和正装结构，推料板顶出制件。

工作时，平毛坯用四个定位钉 19 定位，由推料板 8 通过弹簧 9 顶出离开凹模固定板 12 上平面一定高度，上模下行时，毛坯在凸模固定板 7、推料板 8 压紧状态下进入凹模固定板 12 完成拉深工作。

(8) 带导向模架有压边的反向拉深模

如图 6-146 所示为带导向模架有限位压边的反向拉深模，这是一个制件多次后续拉深模中的一副模具。该模具将已拉深成的外径 ϕ37.5mm、高 70.3mm、$R_{底内}$2.5mm 的直筒形件，再拉深成外径 ϕ31mm、高 91.8mm、$R_{底内}$1.8mm、口部凸缘直径为 ϕ32.5mm 的窄凸缘件，该件为大批量生产的深拉深件。模具结构具有如下特点。

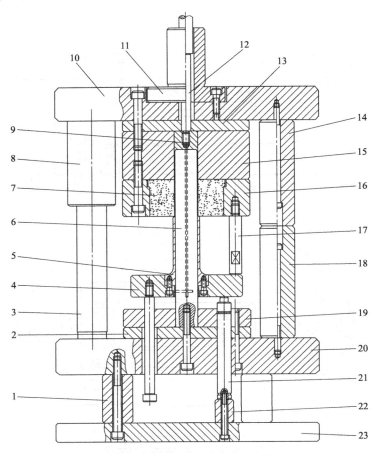

图 6-146　带导向模架有压边的反向拉深模

1—下垫脚；2—拉深凸模垫板；3—导柱；4—带定位压边圈固定座；5—带定位压边圈；6—拉深凸模；
7—拉深凹模；8—导套；9—顶件器；10—上模座；11—模柄；12—打杆；13—拉深凹模垫板 1；
14—上限位柱；15—拉深凹模垫板；16—拉深凸模固定板；17—调压杆；18—下限位柱；
19—拉深凸模固定板；20—下模座；21—氮气弹簧；22—垫柱；23—下托板

① 凹模采用硬质合金（YG15）。不仅保证了模具使用寿命，而且提高了拉深件的质量，长期保持拉深件尺寸的稳定性。硬质合金凹模外形为带台圆柱，外面用钢套将其固定在一起，然后再用螺钉与上模相连，这样的结构简单合理，加工制造维修都很方便。

② 压边圈的定位部分是个又长又薄的管状体，拉深过程中它不仅要承受较大的压力，同时要有足够的刚度和强度，不允许变形。为了使结构优化，便于制造和热处理，将其分解成环形板座和薄壁管压边圈两个部分。

③ 为了保证有足够的行程和在一定行程下压边力稳定，该模具使用氮气弹簧代替普通弹簧或橡胶弹顶器。

④ 为便于调模和安全使用模具，模具中设置了限位柱。

⑤ 下垫脚和下托板是为了适应最小闭合高度而设计的。

⑥ 上垫板 13、根据需要而定（如整形），可以不设。

⑦ 凸模的结构图及技术要求，见图 6-147。

⑧ 凹模的结构图及技术要求，见图 6-148。

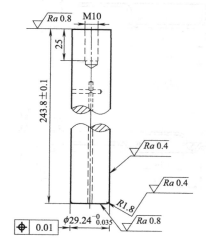

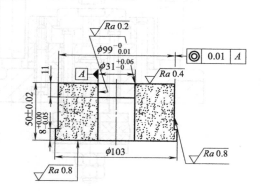

技术要求：
1. 其余表面粗糙度为 $\sqrt{Ra\,1.6}$
2. 材料：SKH51
3. 热处理：62～64HRC
4. 数量：1件

图 6-147 拉深凸模

技术要求：
1. 其余表面粗糙度为 $\sqrt{Ra\,1.6}$
2. 材料：硬质合金YG15
3. 数量：1件

图 6-148 拉深凹模

（9）带导向模架的帽形件反向拉深模

凸模从拉深件的底部反向施压，进行与初次拉深方向相反的再拉深，使毛坯外表面翻转为内表面或使毛坯内表面翻转为外表面的拉深模，称为反向拉深模。

反向深模的拉深系数一般比正拉深模小 10％～15％，而拉深力比正拉深大 10％～20％。反拉深后的圆筒最小直径可达（30～60）t（t 为料厚），反拉深的最小圆角半径可达（2～6）t。因此，反拉深是较经济的方法。

反拉深一般用于首次拉深后的再拉深。反拉深制件一般不易起皱、质量好，它适用于深锥形、半球形和筒形件的拉深。

如图 6-149 所示为带导柱模架的帽形件反拉深模。

工作时，将首次拉深后的工序件（毛坯图）放在凹模 2 内定位，上模下行，坯件由凸凹模 3 压紧，上模继续下行，凹模 2 被往下压的情况下，凸凹模 3 带着坯件进入凸凹模 3 的孔内，将坯件反向拉深成形。为了保证凸缘的平整和成形部分形状，上下模闭合后，凸凹模 3、凹模 2 与固定板 7 平面间贴合"压死"。开模后，制件通过打杆 5、推件器 4 从凸凹模 3 中打下，或通过下模中弹顶器 8 的作用，由顶杆和凹模 2 从凸模 1 中卸下。

（10）半球形件正反拉深模

如图 6-150 所示为半球形件正反拉深模。

工作时，将圆片毛坯放在正向拉深凹模 2 的定位槽中定位。上模下行，凸凹模 5 的外形压住毛坯与拉深凹模 2 作用，先是正向拉深一段距离，接着由于上模的继续下行，反向拉深凸模 4 接触坯料与凸凹模 5 的内孔发生作用进行反向拉深，上模继续下行，凸模 4 与凸凹模 5、推

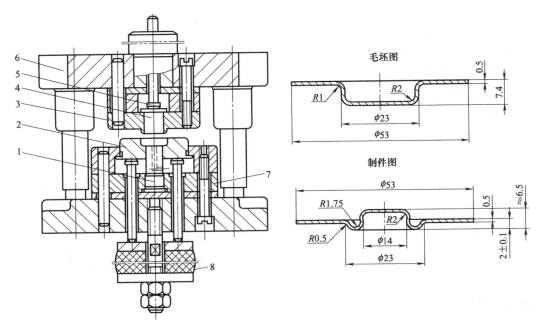

图 6-149　反拉深模

1—凸模；2—凹模兼定位板；3—凸凹模；4—推件器；5—打杆；6—后侧导柱标准模架；7—固定板；8—弹顶器

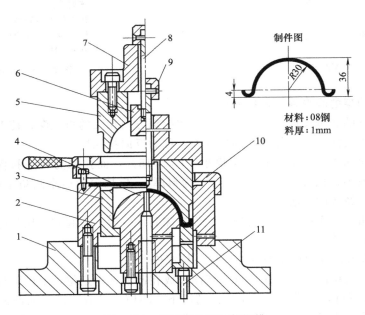

图 6-150　半球形件正反拉深模

1—下模座；2—凹模；3—推板；4—凸模；5—凸凹模；6—推件器；7—上模固定座兼模柄；
8—打杆；9—固定套；10—固定压边圈；11—顶杆

板 3 相互进一步作用使毛坯完全拉深成半球形件。

拉深后的制件靠模具零件 3、6、8、11 顶出或打下。

该模具正拉深时，采用刚性压边，即使用可移式的固定压边圈 10，在装、出料时需将固定压边圈 10 提起。这种结构虽在装、出料时不太方便，但因模具结构简单，拉深质量好，当制件产量不大时可以采用。

（11） 筒形件正反拉深模

如图 6-151 所示为筒形件正反向拉深模结构简图。

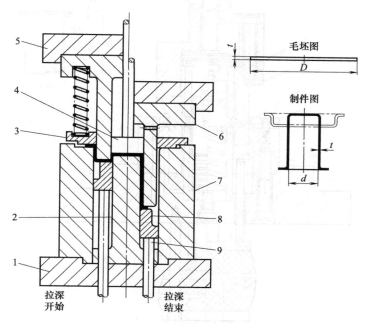

图 6-151 筒形件正反拉深模
1—下模座；2—反拉深凸模；3—压料板；4—推件器；5—上模座；
6—凸凹模；7—凹模；8—推板兼压边圈；9—顶杆

工作时，坯料放在凹模 7 中定位，上模下行，压料板 3 首先将毛坯压住，然后借助推板兼压边圈 8 的作用，凸凹模 6 将毛坯正向拉深进凹模 7 内，并开始接触到反拉深凸模 2 上面，随后上模不断下行，反向凸模与凸凹模内孔的作用，将制件正向拉深后的外表面被反向拉深凸模 2 不断翻转，拉深变成内表面，最后拉成筒形件。

图示模具结构属示意性质，实际应用时，根据制造和工艺上的需要，将有关模具零件进行拆分和组合，再装配而成完整模具。例如凸凹模可分解为由凸凹模和固定板两个零件组成；凹模可分解为由凹模加圆形垫两个零件组成。

（12） 落料与正反拉深模

如图 6-152 所示为可完成对条料先落料、后拉深、再反拉深的落料与正反拉深模。

工作时，条料经导料板 3 送进。上模下行，凸凹模 7 与落料凹模 1 作用首先落下毛坯，上模继续下行，毛坯在压边的情况下，拉深凸凹模 5 与凸凹模 7 的相互作用，开始拉深；上模继续下行，带动反拉深凸模 6 与拉深凸凹模 5 作用进行反拉深，直至拉深达到制件尺寸要求。

上模上行，压边圈 2 在弹顶器 11 和顶杆的作用下复位，制件由弹簧 9 顶离凸凹模 5。

为了保持落料、拉深和反拉深的先后动作，拉深凸凹模 5 的上端应低于落料凹模的上平面。

（13） 矩形件移动凹模再拉深模

如图 6-153 所示为矩形件移动凹模再拉深模。

凹模 5 和定位板 7 可在左右导板 4 内前后移动。使用时先将凹模拉出，把工序件放入定位板 7 内，然后再将凹模 5 推入并由定位销 11 定位。上模下行，完成拉深工作后的制件由刮料板 3 卸出。模具的下模座和导板 4 等组件可以通用，凸模 6 与凹模 5 则按拉深件的形状尺寸进行设计。

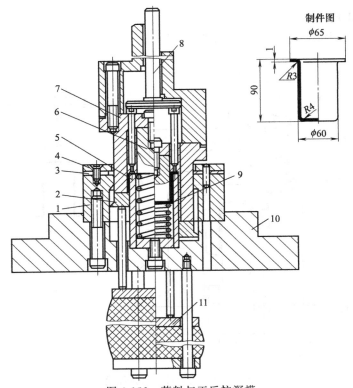

图 6-152　落料与正反拉深模

1—落料凹模；2—压边圈；3—导料板；4—固定卸料板；5—拉深凸凹模；6—反拉深凸模；
7—凸凹模；8—打杆；9—弹簧；10—下模座；11—弹顶器

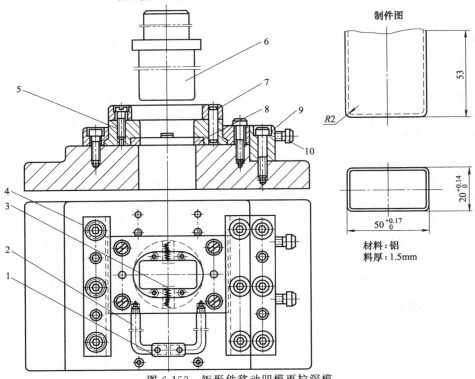

图 6-153　矩形件移动凹模再拉深模

1—连接套；2—手把；3—刮料板；4—导板；5—凹模；6—凸模；7—定位板；
8—托板；9—固定板；10—调整螺钉

该结构可以解决因压力机闭合高度不够，坯件较高不能放入模具的困难，操作安全。此外，还有如下三个特点。

① 上模部分凸模 6 既是拉深凸模又是模柄，设计成一整体结构，结构上比较简单、紧凑刚性好，但不利于节约优质钢。

② 下模部分凹模 5 与导板 4 之间为滑动间隙配合，设计成可以调整。松开右边导板上的三个螺钉，旋动螺钉 10 即可改变凹模 5 与导板 4 之间配合松紧程度，然后再旋紧右导板上的三个螺钉，调整便结束。

③ 拉深件的卸料通过刮料板 3（前后各一个），内设弹簧，可使刮料板前后伸缩，见图 6-153。

(14) 落料拉深半自动模

当拉深件高度偏低时，便不能采用落料拉深复合模的结构形式。因为这时若用复合模结构，用于凸凹模的壁厚太薄了，强度不足。

如图 6-154 所示为浅拉深件采用落料与拉深分两道工序在一副模具上进行冲压的半自动模。

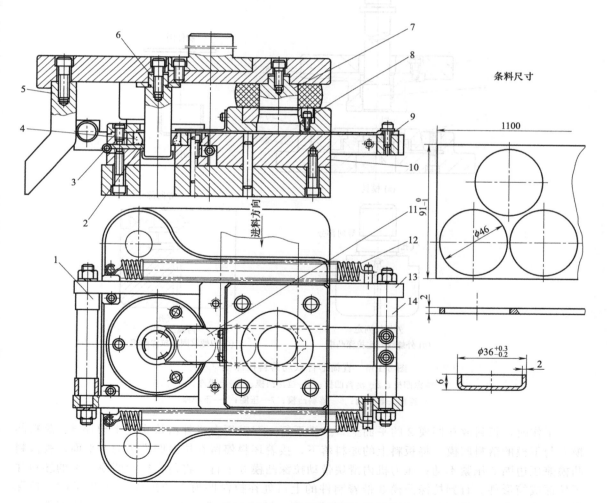

图 6-154　落料拉深半自动模

1—滚柱；2—卸料装置（三件组成）；3—弹簧；4—硬质合金拉深凹模；5—斜楔；6—拉深凸模；
7—落料凸模；8—落料凹模；9—推件板；10—模块；11—板；12—拉簧；13—连接板；14—杆

工作时，条料由手工送进。上模下行，落料凸模 7 与凹模 8 将毛坯落下，停留在模块 10 的平面上，与此同时，斜楔 5 通过滚柱 1、连接板 13 和杆 14，逆拉簧 12 之力将推件板 9 右推，而拉深凸模 6 与凹模 4 将送来的坯料拉深成形。

上模回升，卸料装置 2 在弹簧 3 的作用下，把拉深件从凸模上卸下。同时拉簧 12 将推件板 9 向左拉，将停在模块 10 上面的坯料推过一个距离。这样，坯料在模块 10 与板 11 之间被逐步送进，最后到达拉深凹模 4 的上口被拉深成形。一次行程内完成落料和拉深工作。

（15）双动拉深模

双动拉深模用在双动压力机上。双动压力机有两个滑块，内滑块和外滑块。外滑块在双动拉深模中用于落料和压边；内滑块主要用于拉深。双动拉深模主要用于较大件的拉深。

① 直筒形件双动落料拉深模（图 6-155） 该模具结构较单动压力机同类模具简单。上模部分由拉深凸模 3、落料凸模 6 两个主要零件组成；下模部分由拉深凹模 1、落料凹模 2 两个主要零件组成。其余如上模座 4、凸模连接头兼模柄 5、压圈 7、下模座 8 等是通用件。

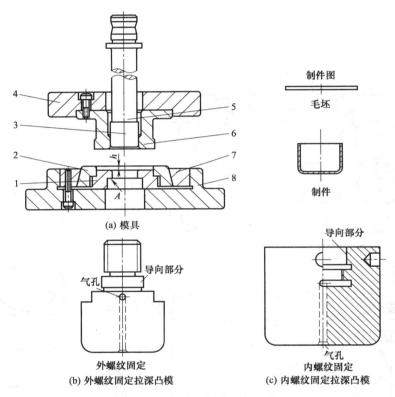

图 6-155　直筒形件双动落料拉深模（一）
1—拉深凹模；2—落料凹模；3—拉深凸模；4—上模座；5—凸模
连接头兼模柄；6—落料凸模；7—压圈；8—下模座

工作时，板料放在凹模 2 的平面上，上模下行，双动压力机外滑块带动上模座 4、落料凸模 6 与下模的落料凹模 2 将板料上的坯料落下，接着坯料停留在拉深凹模 1 的上平面，被落料凸模兼压边圈 6 压紧不动；压力机内滑块带动拉深凸模 3 下行，将留在拉深凹模 1 上的坯料往下拉深成筒形件。直到拉深凸模 3 带着制件的上口处在拉深凹模 1 的出件口 A 以下时，拉深凸模停止向下；上模回升，利用制件的弹性变形，被拉深凹模 1 出件口 A 处刮下拉深件，并从模座孔中下落，完成拉深工作。

h 应保持 5mm，当制件料厚 $t>3$mm 时，$h>2t$。凸模 3 与连接头 5 的固定方法有外螺纹固定［见图 6-155（b）］，主要用于小型凸模，以及内螺纹固定［见图 6-155（c）］，主要用于中大型凸模。

落料后的废料卸料方式，图中未表示。一般采用压圈 7 上装有半圆形环状固定卸料。个别批量不大时靠人工卸料。

② 直筒形件双动落料拉深模（图 6-156）　该模具上模部分内滑块模具结构与图 6-155 完全相同。外滑块模具上模座 4 为一圆环片，底部开有 4 条 T 形通槽。落料凸模 6 为中部设有法兰的空心柱形件，法兰上面凸起外圆用于与上模座定位；法兰下面外圆为落料凸模工作部分，落料凸模 6 与上模座 4 的固定，通过从外边套进的 T 形螺钉和螺母拧紧即可，安装比较方便。

下模部分下模座 1 为通用件。由于落料直径大，凹模外径也大，因此拉深凹模 2 直接由落料凹模兼压边圈 7 经螺钉与下模座固定在一起。

该模具适用于较大尺寸的落料拉深。

③ 带凸缘件双动落料拉深模（图 6-157）　图 6-157 为带凸缘件双动落料拉深模的两种结构。与直筒形件双动落料拉深模的基本结构相同，不同之处在于凹模里增加了一个推板 8，推板 8 主要用来压料和推件。压力通过卸料螺钉 1 来自装在下模座 2 上的弹顶器获得。下模座中心的螺钉孔用于安装弹顶器的螺杆。

如图 6-157（a）所示结构适用于外径较小的带凸缘筒形件；如图 6-157（b）所示结构适用于外径较大的带凸缘筒形件。

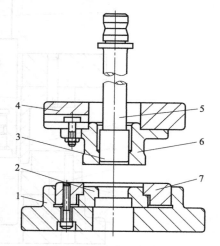

图 6-156　直筒形件双动
落料拉深模（二）

1—下模座；2—拉深凹模；3—拉深凸模；
4—上模座；5—模柄兼凸模连接头；6—落
料凸模兼压边圈；7—落料凹模兼压边圈

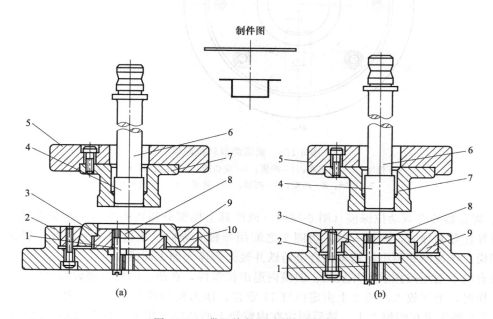

(a)　　　　　　　　　(b)

图 6-157　带凸缘件双动落料拉深模

1—卸料螺钉；2—下模座；3—拉深凹模；4—拉深凸模；5—上模座；6—模柄
兼凸模连接头；7—落料凸模；8—推板；9—落料凹模；10—压圈

④ 铝圆筒双动拉深模（图 6-158） 工作时，将前工序拉深后的坯件放入定位圈 4 中定位。上模下行，压边圈将坯件压紧，防止拉深时产生皱纹，然后由拉深凸模 8、拉深凹模 3 将坯件拉深成形。拉深结束，上模上行，制件由刮板 11 在弹簧 10 的作用下卸落，从下模座孔中落下。凸模 8 上设有出气孔，有利于制件从凸模上卸下。

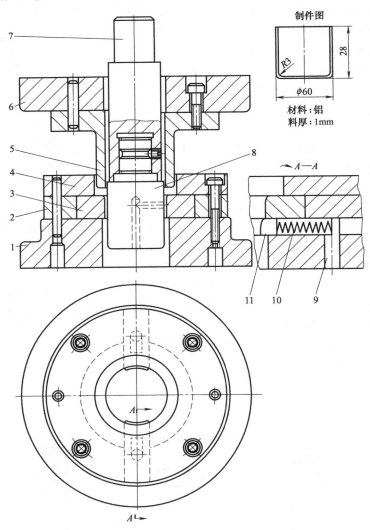

图 6-158 铝圆筒双动拉深模

1—下模座；2—固定座；3—凹模；4—定位圈；5—压边圈；6—上模座；
7—模柄；8—凸模；9—挡销；10—弹簧；11—卸料刮板

⑤ 离合器外壳双动拉深模（图 6-159） 该模具上模部分压边圈 7 与下模部分的凹模 2 之间设有导柱导套导向，凸模 6 与压边圈 7 之间用导板 8 导向。压边圈 7 上镶有压料筋 10，凸模、凹模、压边圈和顶出器均采用合金铸铁并经火焰淬火加工而成。

为有利于毛坯拉深成形并从凸、凹模内退出拉深件，在凸、凹模内都设有出气孔。

工作时，毛坯放入凹模 2 上由定位钉 11 定位。压力机滑块下行，装在外滑块上的压边圈 7 首先将毛坯压紧在凹模 2 上，然后固定在内滑块上的凸模 6 将毛坯拉深成形。之后，内滑块先上行，凸模 6 从制件内退出，然后外滑块上行，压边圈 7 离开凹模 2，顶出器 3 在弹簧 1 的作用下将拉深件托起，以便取出制件。

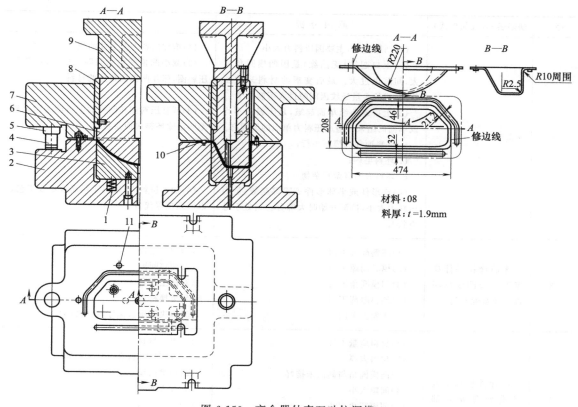

图 6-159 离合器外壳双动拉深模

1—弹簧；2—凹模；3—顶出器；4—导柱；5—导套；6—凸模；
7—压边圈；8—导板；9—固定座；10—压料筋；11—定位钉

6.11 拉深件的质量分析

6.11.1 拉深件常见缺陷或废品形式、原因分析和解决措施

拉深件常见缺陷（废品）分析见表 6-82。

表 6-82 拉深件常见缺陷（废品）分析

序号	缺陷名称(废品形式)	原 因 分 析	解 决 措 施
1	开裂或脱底	(1)材料太薄 (2)材料硬度、金相组织或质量不符要求 (3)材料表面不清洁、带铁屑等微粒或已受伤 (4)凹模或压料圈工作表面不光滑 (5)凹模或凸模圆角太小 (6)间隙太小 (7)间隙不匀 (8)压边(料)力过大 (9)拉深系数过小 (10)润滑不足或不合适 (11)上道拉深工序件太短或本道拉深太深，以致上道工序件的凸缘重被拉入凹模	(1)选用合格厚度的材料 (2)退火或更换材料 (3)保持材料表面完好清洁 (4)磨光工作表面 (5)加大圆角 (6)放大间隙 (7)调整间隙 (8)调整压边(料)力 (9)增加工序，放大拉深系数 (10)用合适的润滑剂充分润滑 (11)合理调控上下道拉深工序的参数和模具结构

序号	缺陷名称(废品形式)	原 因 分 析	解 决 措 施
2	起皱	(1)凸缘起皱,主要因压料力太小 (2)上口起皱(无凸缘)是因凹模圆角过大,间隙也过大。最后变形的材料未被压住,形成的少量皱纹因间隙过大不能整平 (3)上口或凸缘单面起皱,是压料力不均或单面的结果。造成压料力单面的原因有: 　a.压料面和凹模不平行; 　b.坯料毛刺; 　c.坯料表面有微粒杂物 (4)锥形件或半球形件等腰部起皱,是因压料力太小,拉深开始时大部分材料处于悬空状态	(1)增加压料力使皱纹消失 (2)减小凹模圆角和间隙,也可采用弧形压料圈,压住凹模圆角处的材料 (3)调整压料圈和凹模的平行度去除坯料毛刺消除坯料表面杂物 (4)加大压料力,采用压料筋或更改工艺,以液压拉深代替
3	无凸缘拉深件高度不匀或凸缘拉深件凸缘宽度不匀	(1)坯料放置单面 (2)模具间隙不匀 (3)凹模圆角不匀 (4)坯料厚薄不匀 (5)压料力单面	(1)调整定位 (2)调整间隙 (3)修正圆角 (4)更换材料 (5)解决措施参见序号2之(3)
4	拉深件底部附近严重变薄或局部变薄	(1)材料质量不好 (2)材料太厚 (3)凸模圆角与侧面未接好 (4)间隙太小 (5)凹模圆角太小 (6)拉深系数太小 (7)润滑不合适	(1)更换材料 (2)改用厚度符合规格的材料 (3)修磨凸模 (4)放大间隙 (5)放大圆角 (6)合理调整各道工序的拉深系数或增加工序 (7)用合适的润滑剂充分润滑
5	拉深件上口材料拥挤	(1)材料过厚或间隙过小,工件侧壁拉薄,使过多材料挤至上口 (2)再拉深凸模圆角大于工序件底部圆角,使材料沿侧面上升 (3)工序件太长或再拉深凸模太短,以致坯料侧壁未全部拉入凹模	(1)改用厚度合格的材料或放大间隙 (2)减小凸模圆角 (3)合理调整上下道拉深工序的参数和模具结构
6	拉深件表面拉毛	(1)凹模工作表面不光滑 (2)坯料表面不清洁 (3)模具硬度低,有金属黏附现象 (4)润滑剂有杂物混入	(1)修光工作表面 (2)清洁坯料 (3)提高模具硬度或改变模具材料 (4)改用干净的润滑剂
7	拉深件外形不平整	(1)原材料不平 (2)材料弹性回跳 (3)间隙太大 (4)拉深变形程度过大 (5)凸模无出气孔	(1)改用平整的原材料 (2)加整形工序 (3)减小间隙 (4)调整有关工序变形量 (5)增加气孔

6.11.2 中小型拉深件的质量分析

中小型拉深件的质量分析见表6-83。

表 6-83　中小型拉深件的质量分析

序号	质量问题	简　图	产生原因	解决措施
1	凸缘起皱且零件壁部破裂		压边力太小,凸缘部分起皱,材料无法进入凹模型腔而拉裂	加大压边力
2	凸缘平面壁部拉深		材料承受的径向拉应力太大,造成危险断面拉裂	减小压边力;增大凹模圆角半径;加用润滑剂,或增加材料塑性
3	零件边缘呈锯齿状	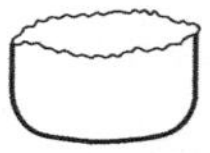	毛坯边缘有毛刺	修整毛坯落料模的刃口,以消除毛坯边缘的毛刺
4	零件边缘高低不一致		毛坯中心与凸模中心不重合,或材料厚薄不匀,以及凹模圆角半径和模具间隙不匀	调整定位,校匀间隙和修整凹模圆角半径
5	危险断面显著变薄	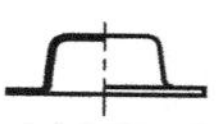	模具圆角半径太小,压边力太大,材料承受的径向拉应力接近σ_b,引起危险断面缩颈	加大模具圆角半径和间隙,毛坯涂上合适的润滑剂
6	零件底部拉脱		凹模圆角半径太小,材料实质上处于被切割状态(一般发生在拉深的初始阶段)	加大凹模圆角半径
7	零件边缘起皱		凹模圆角半径太大,在拉深过程的末阶段脱离了压边圈,但尚未超过凹模圆角的材料,压边圈压不到,起皱后被继续拉入凹模,形成边缘褶皱	减小凹模圆角半径或采用弧形压边圈
8	零件底部凹陷或呈歪扭状		模具无出气孔或出气孔太小、堵塞,以及顶料杆与零件接触面太小,顶料杆过长顶料时间过早等	加钻、扩大或疏通模具出气孔,修整顶料装置
9	锥形件或半球形件侧壁起皱	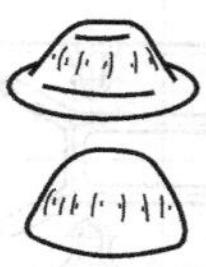	拉深开始时,大部分材料处于悬空状态,加之压边力太小,凹模圆角半径太大或润滑油过多,使径向拉应力减小,而切向压应力加大,材料失去稳定而起皱	增加压边力或采用拉深筋;减小凹模圆角半径;亦可加厚材料

第**7**章

成形模

7.1 起伏成形

7.1.1 起伏成形基本原理、特点、应用和变形极限

(1) 基本原理和应用

起伏成形实质上是平板毛坯的局部胀形,俗称局部胀形。它是将平板毛坯利用冲模在其局部区域加压使其变形,并通过表面积增大而获得有凸起或凹进形状零件的一种胀形冲压方法。它主要包括压加强筋、压凸包、压字、压花纹、压制百叶窗、压波纹、艺术装饰的浮雕形(凹凸形)压制等,如图7-1所示。

利用起伏成形,主要是压加强筋,不仅提高了制件的刚度和强度,而且增加了表面的美观。加强筋的压制,广泛应用于各种钢结构件及五金日用品中。压制方法多数采用金属冲模,也可以用橡胶或液体压力成形。

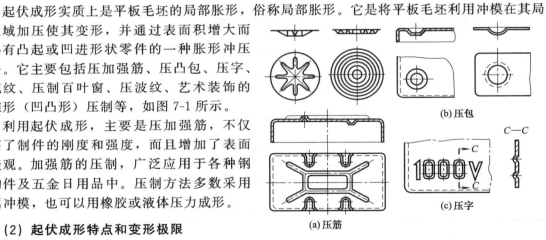

(a)压筋

(b)压包

(c)压字

图 7-1 起伏成形件示例

(2) 起伏成形特点和变形极限

起伏成形特点和变形极限见表7-1。

表 7-1 起伏成形特点和变形极限

名称	成形特点	变形极限	影响因素
起伏	①变形区限于局部范围内,靠材料变形区内毛坯的局部变薄来实现成形 ②变形区内的材料变薄,处于两向拉应力状态,成形时应防止破裂 ③起伏成形深度较小,金属不会产生失稳起皱,弹性回复小,尺寸精度容易保证	在计算起伏极限变形程度时,可以概略地按单向拉伸变形处理 $\delta_{伏}=\dfrac{l_1-l_0}{l_0}<(0.7\sim0.75)\delta$ $\delta_{伏}$——起伏成形的极限变形程度 δ——材料单向拉伸时的伸长率 l_0、l_1——变形前后长度 因数$0.7\sim0.75$,视胀形时断面形状而定,球形筋取大值,梯形筋取小值	材料的塑性、凸模的几何形状和润滑

7.1.2　压加强筋

(1) 加强筋的形状和合理尺寸

加强筋的断面形状常见的有半圆形、梯形及其这两种形状的变形，筋的尺寸应合理，以成形时不破裂为原则选取，有关参数有经验数据可供应用。加强筋的形状、尺寸及适宜间距见表4-55，直角形制件加强筋的形式及尺寸见表4-56，加强筋及凸包的极限偏差见表4-57。

(2) 加强筋一次成形的条件

加强筋可否一次成形按一次成形材料的极限伸长率大小来检查，如果计算结果符合表7-1中的条件，则可一次成形。否则，应先压制成半球形过渡形状，然后再压出制件所需形状，如图7-2所示。

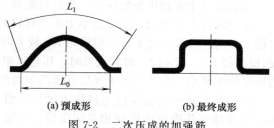

(a) 预成形　　　　　(b) 最终成形

图 7-2　二次压成的加强筋

(3) 压筋力计算

压筋力的大小与压筋长度、材料厚度、材料的抗拉强度等因素有关，计算式见表4-58。

7.1.3　压凸包（压包、压凸、压窝）

(1) 基本特性

压制带图形（球面形）鼓凸类零件，其成形特点与拉深不同，它主要是靠成形部位材料的变薄，而外缘部分的材料并不向内移动。如图7-3所示为平板毛坯压包件及相关尺寸分析。从剖面图示压包部分可看成是带有很宽凸缘的低浅空心圆筒形件，由于凸缘 D 很宽，压包成形时，凸缘部分的材料几乎不产生流动，主要由凸模下方及其附近材料参与变形。其 R_0 为塑性变形区半径。因此，确定是局部变形还是拉深变形的标准，一般规定为：

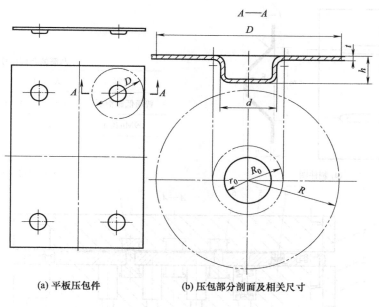

(a) 平板压包件　　　　　(b) 压包部分剖面及相关尺寸

图 7-3　平板压包件

① 若 $D/d<4$ 时，则称为拉深变形。在分析其变形特点及设计模具和确定工艺方案时，应按拉深工艺方法进行。

② 若 $D/d\geqslant4$ 时，则属于局部鼓凸成形。在分析其变形特点及设计模具和确定工艺方案时，必须按平板毛坯局部胀形即起伏成形工艺方法考虑。鼓凸部分的面积靠其材料变薄获得。

压包成形一般采用两种方法：当局部成形的变形量较大时，可以先成形鼓凸部分，然后再成形周围部分，共两次完成成形，参见图 7-2。对于局部变形量不大时，可一次完成成形。

(2) 压包尺寸的控制

压包尺寸主要指压包的深度，鼓包间距和边距极限尺寸。

压包深度不能太大，深度大小主要受材料的塑性限制。此外，凸模的几何形状和润滑条件也有很大影响。一般情况下，凸模圆角 $R_凸$ 较大时，可以得到较大的压包深度 h；若采用球形凸模（凸模半径 $R_凸=d_凸/2$）对其成形时，压包极限深度可达 $d_凸/3$ 左右。而采用平底面凸模成形时，则压包深度要小。有关平板毛坯局部压凸包时的一次许用成形高度 h_{max} 值，表 4-59 可供参考。

若制件要求的压包深度超过该表的极限值，则需要多次工序才能成形。其方法是第一道工序可先用球形凸模预成形到相对深度后，在第二道工序用平端面凸模再将其成形到所要求的深度和形状。

板料上有多个压包时，鼓包间距和边距极限尺寸不能太小，其极限尺寸见表 4-60。如果鼓包边距太小的，则应考虑修边余量，待成形后再切除。

7.1.4 压筋、压包、百叶窗成形模结构

(1) 客车中墙板压筋模 （见图 7-4）

制件中墙板上有两条封闭形加强筋，一次压制成形。由于中墙板的宽度有多种规格，筋的长度也随之不同，所以本模具的凸模，凹模和压料板根据制件的不同需要可以更换。压筋前压料板 10 靠弹簧力 5 压紧中墙板，弹簧装置 5 的分布要均匀合理，如压料力不足，则会出现压出的板件不平整，如果采用有气垫的压力机，增大压料力，并在筋的两侧增加齿形压紧块，使制件在压筋前筋的两侧紧紧被压住，然后凸模进入材料，筋的形成完全靠材料拉延完成，这样能得到更为平整的制件。

	凸筋的合理尺寸			
材料	R	h	B	r
普通低碳钢板	$6\sim7t$	$\leqslant8t$	$\geqslant3h$	$2t$
09Mn2Cu	$5\sim6t$	$\leqslant7t$	$\geqslant3h$	$2t$

(a) 制件图　　　　　　　　　　　(b) 凸筋的合理尺寸

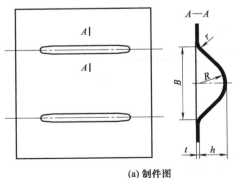

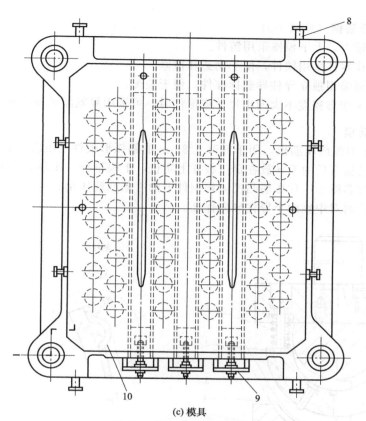

(c) 模具

图 7-4　客车中墙板压筋模

1—下模座；2—导向装置；3—上模座；4—定位装置；5—弹簧装置；
6—凹模；7—凸模；8—吊柱；9—凸、凹模夹紧装置；10—压料板

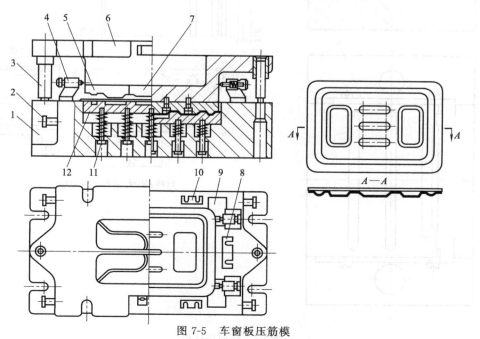

图 7-5　车窗板压筋模

1—下模座；2—吊柱；3—导向装置；4—卸料装置；5,7—凸模镶块；
6—上模座；8,10—挡料板；9—下模镶块；11—弹簧；12—凹模

（2）车窗板压筋模（见图 7-5）

① 由于模具较大，上下模座采用铸件。

② 上下模工作零件采用镶件，便于制造和检修。

③ 导向装置可采用独立导柱导套标准件，便于装配。

④ 当生产加工变形程度不大的小尺寸成形件时，可采用聚氨酯橡胶模成形。

（3）弧面压筋模

如图 7-6 所示为弧面压筋模，用于料厚 0.8mm 的铝弧形板件上压出 3 条凸筋。

工作时，用已压弯后的毛坯放在定位板 6 上定位，上模下行，压环 3 将毛坯压紧的同时弹簧 1 受压缩，此时芯棒 2 压住压筋凸模 4 将制件上的 3 条凸筋压出。

本模具上下模的对中靠两个导柱导向保证。

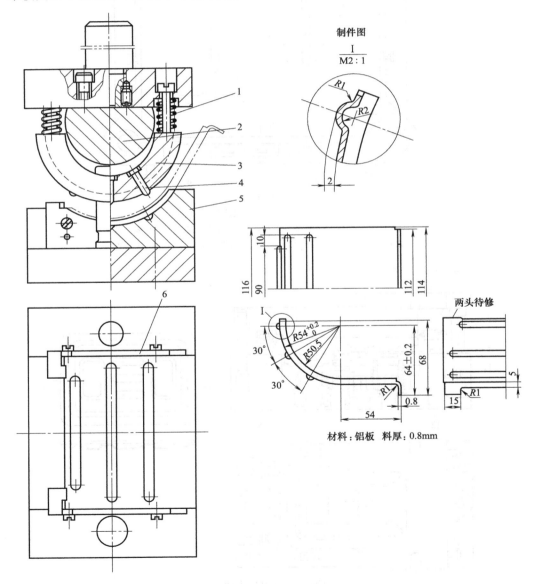

图 7-6　弧面压筋模

1—弹簧；2—芯棒；3—压环；4—压筋凸模；5—凹模；6—定位板（前后各一件）

(4) 波纹片落料成形模（钢模结构）

如图 7-7 所示为波纹片落料成形模。用于料厚 0.025mm 的铜镍合金带上冲成外径为 $\phi16mm$ 波纹状圆片。

本模具冲压的料很薄，凸、凹模采用钢模结构，成形部分的凸、凹模上下不仅要求对中性好，而且形状要完全吻合，这样才能满足制件质量要求。

工作时，料放在凹模上，上模下行，由成形凸模 10 与成形凹模 3 配合，首先冲压出制件的波纹形，接着上模继续下行，落料凸模 9、成形凸模 10 压迫顶板 11，成形凹模 3 向下移动直至落料凸模 9 与落料凹模 2 冲裁出制件外形，制件完全成形。

工作时，需注意成形凹模 3 的弹顶力（来自橡胶垫 12）要大于顶板 11 的弹顶力。

本模具在结构方面：图中未设落料后的废料卸料装置，可根据需要加设或采用无搭边冲裁，废料成开口状便于卸料。

对于带起伏成形一类的波纹片薄料小零件，目前采用聚氨酯橡胶作凹模的应用，因模具结构简单、模具制造成本低、制件加工质量好而被日益广泛使用。

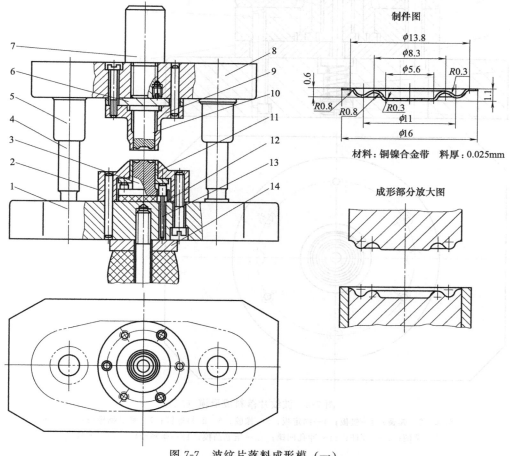

图 7-7　波纹片落料成形模（一）

1—下模座；2—落料凹模；3—成形凹模；4—导柱；5—导套；

6—垫板；7—模柄；8—上模座；9—落料凸模；10—成形凸模；

11—顶板；12—橡胶垫；13—顶杆；14—托板

(5) 波纹片落料成形模（钢-聚氨酯橡胶结构）

如图 7-8 所示为采用钢作凸模、聚氨酯作凹模的波纹片落料成形模。

本模具结构简单，下模部分采用套圈拼合结构，制造容易，解决了上、下模都采用钢模制

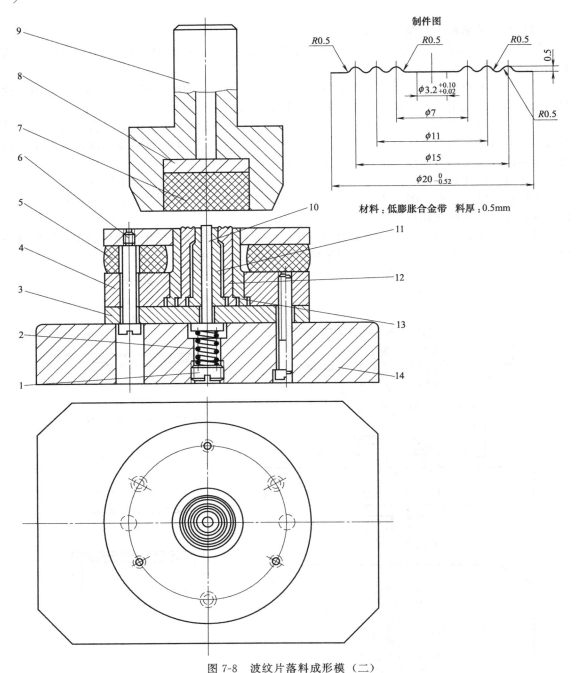

制件图

材料：低膨胀合金带　料厚：0.5mm

图 7-8　波纹片落料成形模（二）

1—螺塞；2—弹簧；3—垫板；4—固定板；5—橡胶；6—卸料螺钉；7—聚氨酯橡胶；8—垫板；
9—模柄；10—顶杆；11—冲孔凹模；12—压筋凸模；13—落料凸模；14—下模座

造上的困难，同时也解决了冲压出的制件不平整、毛刺大、模具维修困难等缺点。

(6) 电子管金属罩胀形压包模

如图 7-9 所示为电子管金属罩口部侧壁两侧胀形压包模。

工作时，毛坯放在定位板 1 上，上模下降时，胀形凸模 3 进入胀形凹模 2 内，然后限位柱 9 接触胀形凹模 2 上平面，上模继续下降时，凸模 10 下降，进入胀形凸模 3 下端孔内，胀形凹模 2 在斜楔 7 的作用下向中间移动，对坯料进行胀形。上模回程时，斜楔 7 上

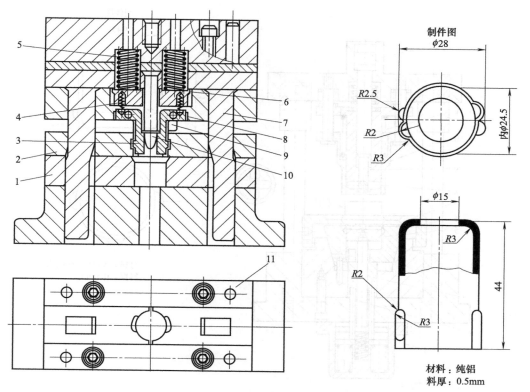

图 7-9 电子管金属罩胀形压包模

1—定位板；2—胀形凹模；3—胀形凸模；4,5—弹簧；6—上模体；
7—斜楔；8—销；9—限位柱；10—凸模；11—导轨

升，胀形凹模 2 移至原位，凸模 10 升至胀形凸模 3 上端孔内，凸模 3 下端缩拢，制件从胀形凸模 3 上落下。

(7) 杯形件侧壁压包模

如图 7-10 所示为杯形件侧壁四周压包模。

工作时，模具为开启状态下，将杯形件毛坯放入分瓣凹模 6 内顶件板 5 上初定位。

上模下行，坯件上端即进入压包凸模固定套 11 和护套 10 之间的缝隙，当护套 10 下降到与分瓣凹模 6 的上平面接触时，护套 10 与压包凸模固定套 11 之间即产生相对运动，件 11 继续下行而件 10 则受阻向上反压，当件 11 的下端面下降到与坯件底面接触时，件 10 的下端面则已上抬到压包凸模 8 的上方位置；件 11 上端面与上模座下端面之间的间隙不断减小到等于零，件 11 上端面与上模座下端面贴合，此时推杆 9 下行推动 4 个压包凸模 8 作水平方向运动，在坯件的侧壁压出 4 个窝坑，完成制件压包动作。

上模回升，制件在分瓣凹模被顶出开启后可取下。

使用本模具，模具的上、下模对中，坯件的定位，上、下模接触后的各种动作，各弹簧力的分配与协调均要严格要求。

(8) 圆筒形件外凸压包模

如图 7-11 所示为圆筒形件外凸压包模。

制件为黄铜板料拉深件的 $\phi 48mm$ 外圆上，有 15 个向外鼓起的凸包。

15 个凸模 10 压入凸模固定座 9 内，凸模固定座等分为 5 件，用键 15 作导向，可径向微量移动。15 个凹模 14 在凹模环 3 的 15 个等分孔内可滑动。

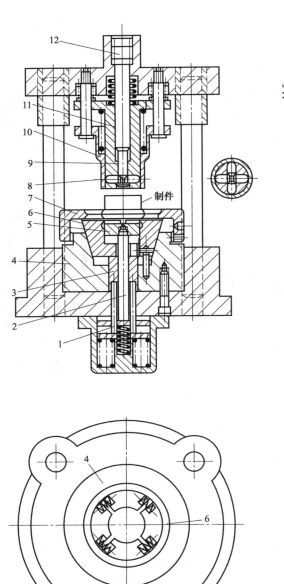

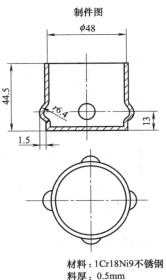

材料：1Cr18Ni9不锈钢
料厚：0.5mm

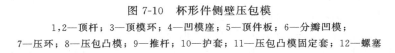

图 7-10　杯形件侧壁压包模

1,2—顶杆；3—顶模环；4—凹模座；5—顶件板；6—分瓣凹模；
7—压环；8—压包凸模；9—推杆；10—护套；11—压包凸模固定套；12—螺塞

　　工作时，将毛坯放在凸模固定座 9 上，上模下行，环形斜楔下压，使凹模靠紧冲压零件，接着凸模固定座受锥形轴 6 下行作用，以键导向，使凸模对着凹模将制件冲挤出凸包。

　　上模上行，由于弹簧 4、12 的作用，凸模固定座 9 收缩、凹模 14 的张开，制件可以取出。

(9) 百叶窗成形模

　　百叶窗通常用于各种机壳、罩壳和面板上，起通风散热作用。其成形方法是用凸模的一边刃口将材料切开，而凸模的其余部分则将材料拉深变形，从而形成有一边开口的起伏成形。

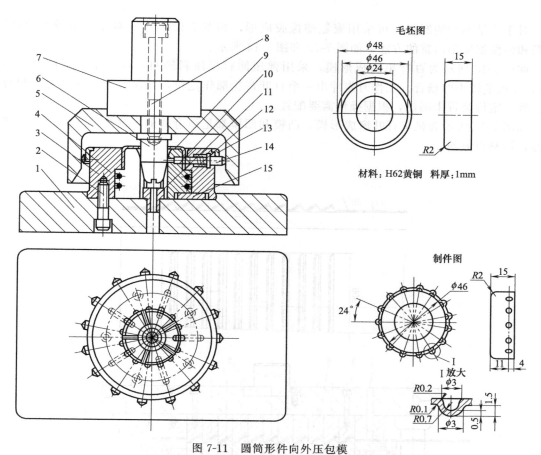

图 7-11 圆筒形件向外压包模

1—下模座；2,8—螺钉；3—凹模环；4—拉力弹簧；5—环形斜楔；6—锥形轴；
7—模柄；9—凸模固定座；10—凸模；11—定位钉；12—压缩弹簧；13—限止环；14—凹模；15—键

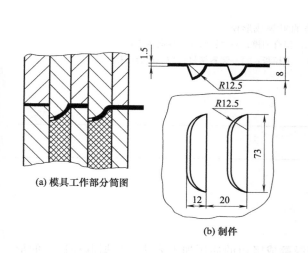

图 7-12 百叶窗聚氨酯橡胶成形

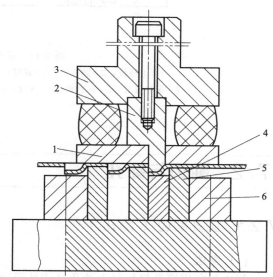

图 7-13 百叶单窗成形模

1—卸料板；2—凸模；3—上模座兼模柄；
4—垫块；5—凹模；6—凹模框

对于产量不大的制件，可采用聚氨酯橡胶成形，如图7-12所示。对于产量较大的制件，凸模和凹模都采用镶拼的方法，如图7-13和图7-14所示。

如图7-13所示为百叶单窗成形模，采用弹压卸料板压料卸料，常用于冲制厚度。小于2mm且批量较小的场合。工作时先冲出一个百叶窗轮廓作定位，能保证两个窗口之间相对位置。外形定位装置未画出，根据操作需要配置。

如图7-14所示为机车百叶窗成形模，凸模和凹模都是组合式的，这样便于加工、组装及维修，调整也方便。

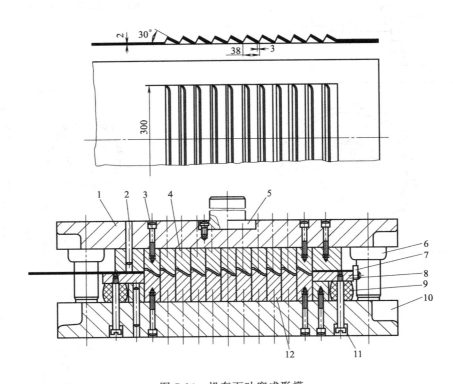

图7-14　机车百叶窗成形模

1—上模板；2—圆柱销；3—螺钉；4—组合凹模；5—模柄；6—导向装置；
7—定位装置；8—卸料板；9—橡胶；10—下模板；11—卸料螺钉；12—组合凸模

7.2　翻边与翻孔

7.2.1　圆孔翻边（翻孔）

(1) 翻边

翻边是利用模具将板料上的孔缘或外形边缘翻成竖边的冲压加工方法。根据制件边缘的形状和应力应变状态不同，翻边可分为内孔翻边又称翻孔（如图7-15所示）和外缘翻边（如图7-16所示）。外缘翻边又分为外凸外缘翻边［见图7-16（b）］和内凹外缘翻边［见图7-16（a）］。根据竖立边壁料厚变化情况，又可分为不变薄翻边和变薄翻边。

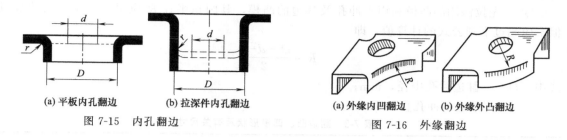

图 7-15　内孔翻边　　　　　　　　　图 7-16　外缘翻边

(2) 圆孔翻边系数

圆孔翻边的主要变形是变形区内材料发生切向和径向伸长及厚度变薄，越接近预制孔边缘变形越大。圆孔翻边的变形程度用翻边前预制孔直径 d 与翻边后孔径 D（见图 7-15）的比值 K 来表示，即

$$K = \frac{d}{D}$$

K 称为翻边系数。显然，K 值恒小于 1，K 值越小，变形程度越大。圆孔翻边时孔边不破裂所能达到的最小翻边系数，称为极限翻边系数。极限翻边系数的大小主要取决于材料的力学性能、预制孔表面质量与硬化程度、毛坯的相对厚度、凸模工作部分的形状等因素。影响极限翻边系数的因素见表 7-2。

表 7-2　影响极限翻边系数的因素

序号	影响因素	变形分析
1	材料的塑性	塑性好的材料，极限翻边系数可小些。K 值与材料的伸长率 δ 或断面收缩率 ψ 之间的近似关系 $$\delta = \frac{\pi D - \pi d}{\pi d} = \frac{D}{d} - 1 = \frac{1}{K} - 1$$ 即：$K = \dfrac{1}{1+\delta}$ 或 $K = 1 - \psi$
2	孔的边缘状况	翻边前孔边缘表面质量好、无撕裂、无毛刺时有利于翻边成形，极限翻边系数可小些。为了提高孔边的表面质量，可采用钻孔代替冲孔，或在冲孔后采用整修方法切掉冲孔时形成的表面硬化层和毛刺。另外，使翻边方向与冲孔时相反（即冲后孔壁带有毛刺的剪裂朝向翻边凸模），也能提高翻边变形程度
3	材料的相对厚度 $\dfrac{d}{t}$	翻边前孔径 d 与材料厚度 t 的比值 d/t 越小，即材料愈厚，在断裂前的绝对伸长愈大，翻边时不易破裂，故翻边系数可以小一些
4	凸模的形状	球形、抛物面形或锥形凸模较平底凸模对翻边有利，因为前者在翻边时，孔边是圆滑的逐渐胀开，所以极限翻边系数可以小些

常见材料的极限翻边系数见表 4-51 和表 4-52 所列。

(3) 圆孔翻边毛坯预孔及有关工艺计算

由于翻边主要是切向拉伸，厚度变薄，径向变形不大，故毛坯底孔（预孔）直径 d 可按弯曲中性层长度不变的近似方法计算。当在平板毛坯或在拉深件的底部翻边时，毛坯预孔及有关工艺计算式见表 4-50。

(4) 圆孔翻边凸、凹模形状及有关尺寸

① 常用的翻边凸模形状有：抛物线性、球形、带圆角的平底形、锥头形等，具体形状与尺寸见表 7-3。

② 凸模圆角半径对翻边变形影响很大，应尽量取大值。最好采用抛物线形或球形凸模。

对于平端凸模其圆角半径应大于 $4t$，否则应取较大的翻边系数。

③ 预先拉深用的凸模和用于冲孔及翻边的凸模，其圆角半径 R 应尽可能用较大的数值，但不应超过下列公式的计算值，即

$$R = \frac{D - d - t}{2}$$

式中　D——翻边后孔中径，mm；

　　　d——翻边预冲孔直径，mm。

表 7-3　翻边凸、凹模形状及有关尺寸

翻边方法	工作部分形状	简图	说明
有底孔的较大孔翻边	抛物线状	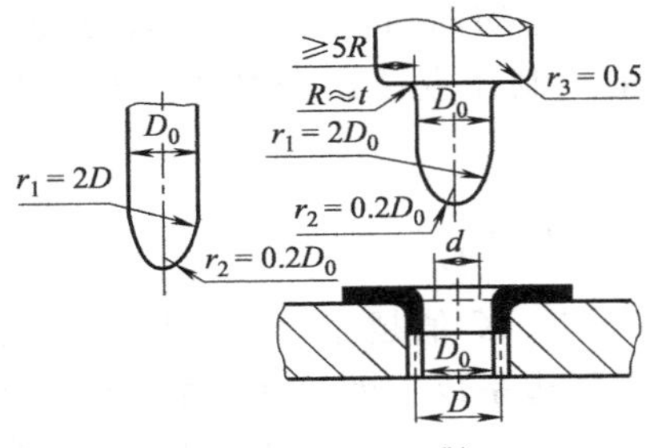 (a) (b)	翻边时，翻边凸模行程较大，孔边变形过程较平稳、翻边质量好，翻边力比平底凸模可降 50% 左右 用于 $D<10$mm 的孔，翻边前不要求对 d 的特殊定位 带台阶凸模[如图(b)所示]用于不带卸料板场合，同时通过台阶对翻边 R 起到校正和整形作用
	球形状	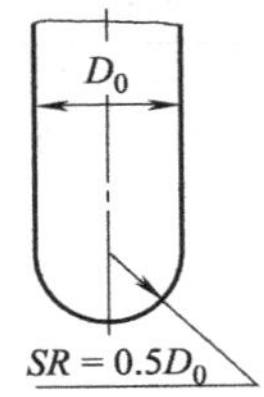	应用于材料塑性较好的软金属料，翻边力比平底凸模小，翻边凸模行程较大。凸模外一般设有卸料兼压料板。凸模制造比抛物线状容易
	平底圆柱形	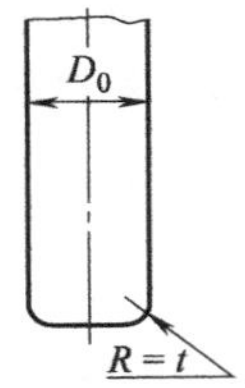	应用于翻边凸模 $D_0>10$mm,且凸模行程较短，翻边后竖立直边要求挺直的场合 孔口易出现裂纹，翻边力较大
有底孔的小孔翻边	尖锥头	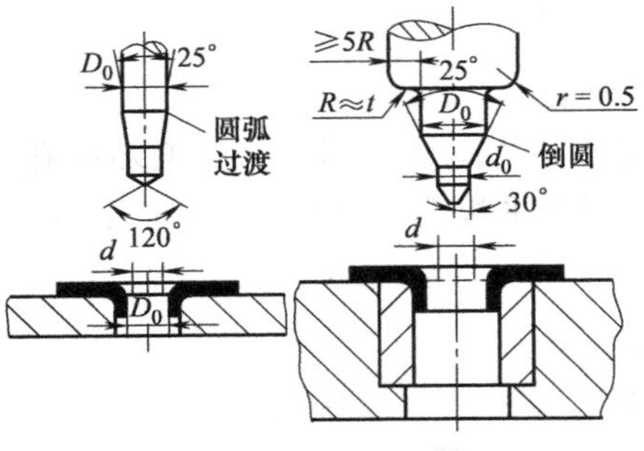 (a) (b)	图示都要求凸模的头部有导入 d_0 孔的定位圆柱部分，其中图(a)用于直径 10mm 以下翻边；图(b)用于直径 10mm 以上的翻边。带台阶部分起压料且有整形作用 为便于维修更换，凹模可加工成镶套结构，如图(b)所示

翻边方法	工作部分形状	简图	说明
有底孔的小孔翻边	抛物线状	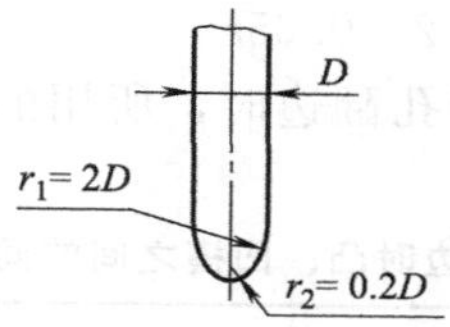 $r_1 = 2D$ D $r_2 = 0.2D$	可用于小直径的螺纹底孔的翻边
	锥头状	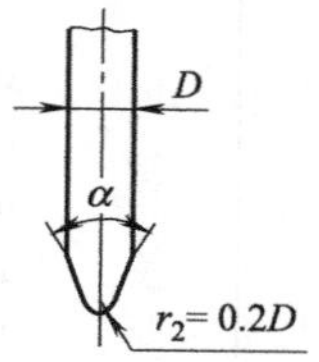 D α $r_2 = 0.2D$	锥头、尖头凸模应用于翻边直径较小 　当 $t < 1.6\text{mm}$ 时，$\alpha = 55°$；$t > 1.6\text{mm}$ 时，$\alpha = 60°$
	带导向定位	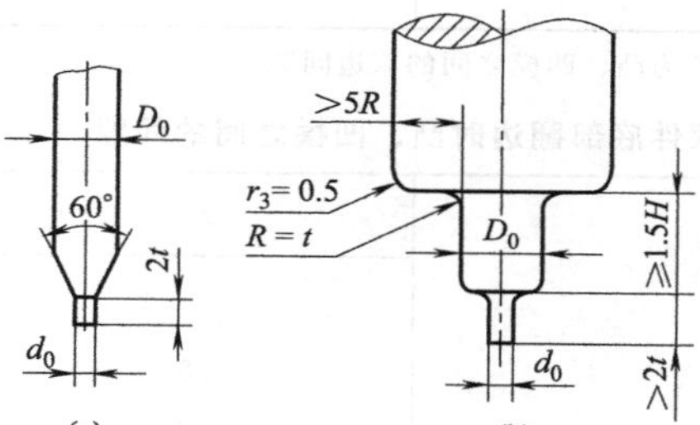 D_0 $60°$ $2t$ d_0 (a) $> 5R$ $r_3 = 0.5$ $R = t$ D_0 $\geqslant 1.5H$ d_0 $> 2t$ (b)	可用于同时冲孔、翻螺纹孔或已有底孔头部用作导向定位 　图中 H 为翻边高度
无底孔的小孔翻边	平顶锥面	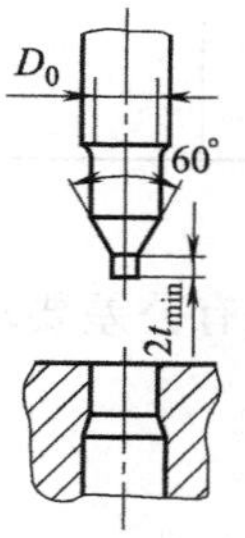 D_0 $60°$ $2t_{\min}$	平顶锥面圆柱形状的工作部分的形状，翻边前起到冲孔作用，使翻边过程比较顺利进行
	尖锥柱面	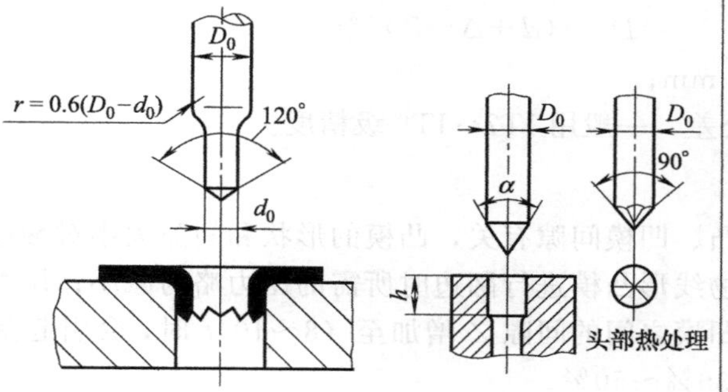 D_0 $r = 0.6(D_0 - d_0)$　$120°$ d_0 (a) D_0 α D_0 $90°$ h 头部热处理 (b)	尖锥起初定位作用，并利用尖锥戳穿材料的同时由柱形 D_0 进行翻边。图(a)边缘不齐，若要控制竖边高度，则凹模孔带台阶，设计成如图(b)所示，h 尺寸用于控制翻边高度。此结构用于 $D \leqslant 10\text{mm}$ 无预制底孔的不精确翻边 　$t < 1.6\text{mm}$ 时，$\alpha = 55°$ 　$t > 1.6\text{mm}$ 时，$\alpha = 60°$

(5) 圆孔翻边凸、凹模之间间隙

圆孔翻边时，凸、凹模之间的单边间隙 $Z/2$ 一般控制在 $(0.75\sim0.85)t$ 时，可使孔壁稍微变薄且垂直度好。当 $Z/2=(4\sim5)t$ 时，翻孔力可降低 $30\%\sim35\%$。

螺纹底孔或与轴配合的小孔翻孔时，取 $Z/2=0.65t$。

平板料有圆孔翻边时和在拉深件底部有圆孔翻边时，所用的凸、凹模间隙值分别列于表 7-4、表 7-5 中。

表 7-4　平板料毛坯翻边时凸、凹模之间的间隙　　　　mm

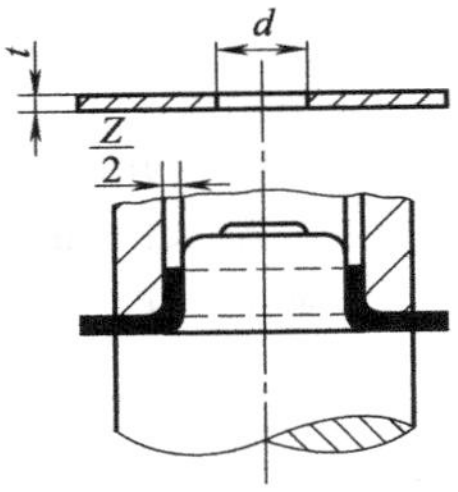

	t	$Z/2$
	0.3	0.25
	0.5	0.45
	0.7	0.60
	0.8	0.70
	1.0	0.85
	1.2	1.00
	1.5	1.30
	2.0	1.70

注：小螺纹孔翻边的间隙采用 $Z/2=0.65t$，Z 为凸、凹模之间的双边间隙。

表 7-5　在拉深件底部翻边时凸、凹模之间的间隙　　　　mm

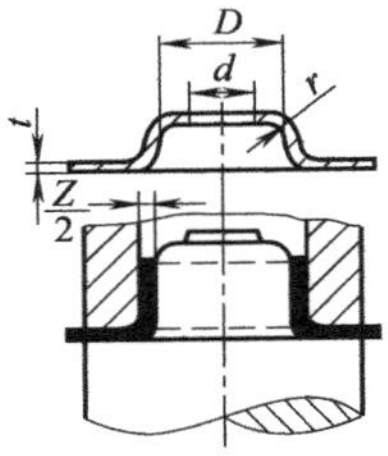

	t	$Z/2$
	0.8	0.60
	1.0	0.75
	1.2	0.90
	1.5	1.10
	2.0	1.50

(6) 圆孔翻边凸、凹模尺寸与公差

圆孔翻边后，其内径略有缩小，因此，当内径有公差要求时，凸、凹模直径尺寸可按下式确定。

当翻边件的内径尺寸为 $d^{+\Delta}_{\ 0}$，则

凸模尺寸　　　　　　　　　　$d_p=(d+\Delta)^{\ 0}_{-\delta_p}$

凹模尺寸　　　　　　　　　　$D_d=(d+\Delta+Z)^{-\delta_d}_{\ 0}$

式中　d——制件的翻边内径，mm；

　　δ_p，δ_d——凸模和凹模制造公差，一般用 IT7～IT9 级精度。

(7) 圆孔翻边力计算

圆孔翻边力与凸模形式及凸、凹模间隙有关，凸模的形状和间隙大小对翻边过程和力的大小有很大的影响。用球形或抛物线形凸模进行翻边时所需的压力略为减小；用大间隙的翻边力比用小间隙要小得多，凸模和凹模之间的间隙 Z 增加至 $(8\sim10)t$ 时，会引起翻边高度和圆角半径自然增加，翻边力可降低 $30\%\sim50\%$。

圆孔翻边力计算式见表 7-6。

表 7-6　圆孔翻边力计算

类型	公式	备注
使用平底凸模时	$P=1.1\pi(D-d)t\sigma_s$ $\approx(1.5\sim2)\pi(D-d)t\sigma_b$	d—翻边前冲孔直径,mm D—翻孔后直径(按中径),mm σ_s—材料屈服强度,MPa σ_b—材料拉伸强度,MPa
使用球底凸模时	$P=1.2\pi Dtm\delta\sigma_b$	n—系数,与 K_0(圆孔翻孔第一次翻孔系数)值有关 $K_0=0.5$ 时,取 $0.2\sim0.25$; $K_0=0.6$ 时,取 $0.14\sim0.18$; $K_0=0.7$ 时,取 $0.08\sim0.12$; $K_0=0.8$ 时,取 $0.05\sim0.07$
无预冲孔时	$P_B=(1.33\sim1.75)F$	P_B—无预冲孔时圆孔翻边力,N

7.2.2　小螺纹底孔的变薄翻边

(1)　小螺纹底孔变薄翻边前毛坯预制孔径的确定和有关参数计算

在生产中,为使板料上的螺纹底孔增加高度,常采用变薄翻边的方法,如图 7-17 所示。预制孔径、有关参数与计算式见表 7-7。

表 7-7　螺纹底孔翻边有关内容计算

参数	计算式	备注
变薄翻边后的壁厚	$t_1=\dfrac{d_3-d_1}{2}=0.65t$	
毛坯上预制孔径	$d=0.45d_1$	t—毛坯原始料厚,mm t_1—变薄后的壁厚,mm
螺纹内径	$d_2\leqslant\dfrac{1}{2}(d_1+d_3)$	d—翻边前毛坯上预制孔径,mm d_1—翻边内径,mm。d_1 取决于螺纹内径 d_2
翻边外径	$d_3=d_1+1.3t$	d_2—螺纹内径,mm d_3—翻边外径,mm
翻边的高度	$H=(2\sim2.5)t$	H—翻边高度,mm。决定于材料的体积 K—翻边系数,对于 M5 以下的小螺纹孔翻边,通常取值为 0.45
翻边系数	$K=\dfrac{d}{d_1}=0.45$	

表述公式只适合 M5 以下的小螺纹孔翻边,对于 M5 以上的螺纹孔,不适宜采用。

(2)　小螺纹底孔变薄翻边方法

小螺纹底孔翻边,一般采用两种方法。一种是材料性能允许的情况下,冲孔和翻边在一副模具上同时进行;另一种方法是首先在坯料上预冲孔(产量少的可钻孔),然后再进行孔的翻边。而在级进模上翻边,则一般为先冲预孔,然后再翻边。

(3)　标准螺纹底孔变薄翻边有关尺寸

标准螺纹底孔变薄翻边各部分尺寸见表 7-8。细牙螺纹翻孔数据见表 7-9。

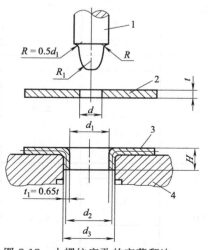

图 7-17　小螺纹底孔的变薄翻边

1—凸模; 2—带底孔的毛坯; 3—已翻边的制件; 4—凹模

表 7-8　标准螺纹底孔变薄翻边的各部分尺寸　　　　　　　　　　　mm

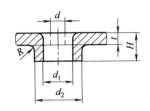

螺纹直径	材料厚度 t	翻孔内定 d_1	翻孔外径 d_2	凸缘高度 H	预冲孔直径 d	凸缘圆角半径 R
M2	0.5	1.65	2.24	1	1.1	0.25
	0.6		2.18	0.96	1.3	0.3
			2.24	1.08	1.1	
			2.3	1.2	0.8	
	0.8		2.18	1.28	1.3	0.4
			2.3	1.44	1.0	
	1		2.3	1.6	1.1	0.5
M2.2	0.6	1.8	2.4	1.08	1.3	0.3
			2.5	1.2	0.9	
	0.8		2.4	1.28	1.4	0.4
			2.5	1.44	1.1	
	1		2.5	1.6	1.2	0.5
M2.5	0.6	2.1	2.8	1.2	1.4	0.3
	0.8		2.7	1.28	1.8	0.4
			2.8	1.44	1.5	
			2.9	1.6	1.2	
	1		2.8	1.6	1.6	0.5
			2.9	1.8	1.2	
	1.2		2.9	1.92	1.3	0.8
M3	0.8	2.55	3.38	2.6	1.9	
	1		3.25	1.6	2.2	0.5
			3.38	1.8	1.9	
			3.5	2	4	
	1.2		3.38	1.92	2	0.6
			3.5	2.16	1.5	
	1.5		3.5	2.4	1.7	0.75
M3.5	1	2.95	3.75	1.6	2.6	0.5
			3.86	1.8	1.8	
			4.0	2	2.3	
	1.2		3.86	1.92	2.3	0.6
			4.0	2.16	1.9	
	1.5		4.0	2.4	2.1	0.75
M4	1	3.35	4.46	2	2.3	0.5
	1.2		4.35	1.92	2.7	0.6
			4.5	2.16	2.3	
			4.65	2.4	1.5	
	1.5		4.46	2.4	2.5	0.75
			4.65	2.7	1.8	
	2		4.56	3.2	2.4	1
M5	1.2	4.25	5.6	2.4	3	0.6
	1.5		5.45	2.4	2.5	0.75
			5.6	2.7	3	
			5.75	3	2.5	
	2		5.53	3.2	2.4	1
			5.75	3.6	2.7	
	2.5		5.75	4	3.1	1.25

表 7-9 细牙螺纹翻孔数据 mm

螺纹直径	材料厚度 t	翻孔内径 d_1	翻孔外径 d_2	凸缘高度 H	预冲孔直径 d	凸缘圆角半径 R
M2×0.25	0.5	1.78	2.12	0.8	1.6	
			2.18	0.9	1.5	0.25
			2.24	1	1.3	
	0.6		2.18	1	1.5	
			2.24	1.12	1.3	0.3
			2.33	1.25	0.9	
	0.8		2.2	1.25	1.6	
			2.3	1.4	1.8	0.4
	1		2.3	1.6	1.3	
			2.4	1.8	1	0.5
M2.2×0.625	0.6	1.98	2.4	1	1.7	
			2.45	1.12	1.5	0.3
			2.53	1.25	0.3	
	0.8		2.4	1.25	1.6	
			2.5	1.4	1.4	0.4
			2.6	1.6	1	
	1		2.5	1.6	1.3	
			2.6	1.8	1	0.5
M2.5×0.35	0.6	2.2	2.65	1	1.9	
			2.75	1.12	1.7	0.3
			2.8	1.25	1.5	
	0.8		2.7	1.25	1.8	
			2.78	1.4	1.6	0.4
			2.9	1.6	1.2	
	1		2.78	1.6	1.7	
			2.9	1.8	1.4	0.5
M3×0.35	0.8	2.7	3.18	1.25	2.5	
			3.28	1.4	2.3	0.4
			3.4	1.6	1.8	
	1		3.28	1.6	2.3	
			3.4	1.8	2	0.5
			3.53	2	1.5	
	1.2		3.4	2	2	
			3.53	2.24	1.6	0.6
	1.5		3.53	2.5	1.9	0.75
M4×0.5	1	3.55	4.25	1.6	3.2	
			4.35	1.8	3	0.5
			4.5	2	2.6	
	1.2		4.35	2	3	
			4.5	2.24	2.6	0.6
			4.65	2.5	1.9	
	1.5		4.5	2.5	2.7	
			4.65	2.8	2.1	0.75
			4.78	3	1.6	
	2		4.58	3.15	2.6	
			4.8	3.55	2	1
M5×0.5	1.2	4.55	5.35	2	4	
			5.5	2.24	3.8	0.6
			5.65	2.5	3.4	
	1.5		5.45	2.5	3.8	
			5.65	2.8	3.6	0.75
			5.78	3	3	
	2		5.56	3.15	3.7	
			5.8	3.55	3.1	1
			6.05	4	2	
	2.5		5.78	4	3.5	
			6.05	4.5	2.6	1.25

续表

螺纹直径	材料厚度 t	翻孔内径 d_1	翻孔外径 d_2	凸缘高度 H	预冲孔直径 d	凸缘圆角半径 R
M6×0.75	1.5	5.33	6.4	2.5	4.7	0.75
			6.6	2.8	4.2	
			6.75	3	3.8	
	2		6.5	3.15	4.5	1
			6.75	3.55	4	
			7.05	4	2.8	
	2.5		6.75	4	4.2	1.25
			7.05	4.5	3.3	
	3		7.05	5	3.7	1.5
M8×0.75	2	7.33	8.45	3.15	6.6	1
			8.7	3.55	6.2	
			9	4	5.4	
	2.5		8.7	4	6.3	1.25
			9	4.5	5.7	
			9.3	5	4.6	
	3		9	5	5.8	1.5
			9.35	5.6	4.5	
			9.6	6	3.6	
	4		9.2	6.3	5.6	2
			9.6	7.1	4.4	
M10×1	2	9.1	10.65	3.55	8.1	1
			10.95	4	7.3	
	2.5		10.6	4	8	1.25
			10.95	4.5	7.5	
			11.25	5	6.5	
	3		10.95	5	7.6	1.5
			11.3	5.6	6.5	
			11.55	6	5.6	
	4		11.1	6.3	7.5	2
			11.6	7.1	6.2	

注：表中有关符号见表 7-8 图。

（4）螺纹底孔变薄翻边凸模形状和尺寸

螺纹底孔变薄翻边时，凸模形状和尺寸对翻边过程有直接影响，变薄翻边用几种形式的凸模尺寸见表 7-10～表 7-12，供参考应用。

表 7-10　小螺纹底孔变薄翻边的凸模尺寸　　　　　　　mm

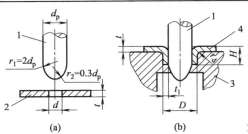

(a)　　　　　(b)　　　　　1—翻边凸模；2—毛坯；3—翻边凹模；4—翻边件

螺纹直径	t	d	d_p	H	D	r_4
M2	0.8	0.8	1.6	1.6	2.7	0.2
	1.0			1.8	3.0	0.4
M2.5	0.8	1	2.1	1.7	3.2	0.2
	1.0			1.9	3.5	0.4
M3	0.8	1.2	2.5	2.0	3.6	0.2
	1.0			2.1	3.8	0.4
	1.2			2.2	4.0	0.4
	1.5			2.4	4.5	

续表

螺纹直径	t	d	d_p	H	D	r_4
M4	1.0	1.6	3.3	2.6	4.7	0.4
	1.2			2.8	5.0	
	1.5			3.0	5.4	
	2.0			3.2	6.0	0.6

注：t—料厚，mm；d—顶冲孔直径，mm；d_p—翻边凸模直径，mm；H—翻边高度；mm；D—凹模孔直径，mm；r_d—凹模圆角半径，mm。

表 7-11　有预制孔时螺纹底孔变薄翻边的凸模尺寸　　　　mm

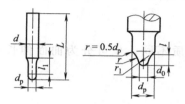

螺纹直径	d_0	d_p	d	l	l_1	r	r_1
M2	0.8	1.6	4	1.5	4.5	1	0.4
M2.5	1.0	2.1		2	5.5		0.5
M3	1.2	2.5	5	2.5	6.0		0.7
M4	1.6	3.3		3.5	6.5	1.5	0.9

注：d_0—预冲孔直径，mm；d_p—翻边凸模直径，mm；l，l_1—翻边凸模高度，mm；d—翻边凸模固定部分直径，mm；r，r_1—凸模过渡圆角半径，mm。

表 7-12　同时冲孔和变薄翻边的凸模尺寸　　　　mm

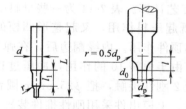

螺纹直径	d_0	d_p	d	l	l_1	r
M2	0.8	1.6	4	1.5	4.5	1
M2.5	1.0	2.1		2.0	5.5	
M3	1.2	2.6	5	2.5	6.0	
M4	1.6	3.3		3.5	6.5	1.5

注：d_0—预冲孔直径，mm；d_p—翻边凸模直径，mm；l，l_1—翻孔凸模高度，mm；d—翻边凸模固定部分直径，mm；r—凸模过渡圆角半径，mm。

7.2.3　外缘翻边

（1）平面外缘翻边

平面外缘翻边根据变形性质不同，分为外凸轮廓曲线翻边和内凹轮廓曲线翻边两种形式。当翻转轮廓曲线变为直线时，则成为弯曲变形。

① 外凸轮廓曲线翻边，也称为压缩类翻边，如图 7-18 所示，其应力状态和变形性质类似于不用压边圈的浅拉深。变形区主要为切向压应力，变形过程中材料易起皱。为避免起皱，可采用压边装置。其应变分布及大小主要决定于制件的形状，翻边系数可参考拉深系数选取。

② 内凹轮廓曲线翻边，也称为伸长类翻边，如图 7-19 所示，与孔的翻边相似。凸缘内主要是切向伸长变形产生拉应力而易于破裂，其翻边系数比圆孔翻边系数大。

图 7-18　外凸轮廓曲线翻边（压缩类外缘翻边）　　　　图 7-19　内凹轮廓曲线翻边（伸长类外缘翻边）

(2) 曲面外缘翻边

曲面外缘翻边根据变形性质不同，也可分为曲面伸长类翻边和曲面压缩类翻边，如图 7-20 所示。

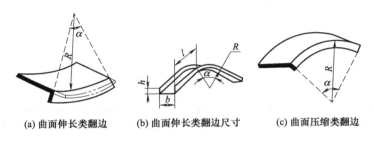

(a) 曲面伸长类翻边　　(b) 曲面伸长类翻边尺寸　　(c) 曲面压缩类翻边

图 7-20　曲面外缘翻边

表 7-13 列出了外缘翻边的工艺计算。表 7-14 为一些材料的极限变形程度。

（H7/h6）装配。压料板 5 既起压料作用，又起整形凹模的作用，故压至下死点时，应与下模座刚性接触，成形结束后起顶件作用。内缘翻边后，在弹簧 9 作用下，顶件块 6 从凹模中把制件顶起。上模中的推件块 8 由于弹簧 10 的作用，冲压过程中始终保持与坯件接触，到滑块下死点时，它又与凸模固定板 2 刚性接触，把 $\phi25.5\text{mm}$ 圆台压出，同时推件块 8 也起到整形作用，使冲出的制件比较平整。上模出件采用刚性推件装置将制件推出。

(3) 变薄翻边模与实际应用技巧

如图 7-21 所示为对黄铜件作变薄翻边用模具，用在双动压力机上工作。

工作时，平板毛坯 d（$d=\phi15.3\text{mm}$）用顶杆 4 上的台柱定位。上模下行，外滑块带动的压边圈 2 将毛坯压紧在凹模 3 上，然后翻边凸模/进入毛坯内并在凹模 3 的作用下完成变薄翻边。翻边后的制件由橡胶弹顶器 5 推动顶杆 4 从下模中顶出。

实际生产中，常采用如下方法进行变薄翻边。

① 对小孔翻边时，应尽量用抛物线凸模或球形凸模。

② 对中型孔翻边时，用阶梯凸模，凸模上有直径逐渐增大的环状凸形，第一个阶梯仅形成许可的翻边数值，后几个环状凸形逐渐变薄，并使边缘高度增加。用阶梯凸模作变薄翻边时，需要用压料板压住毛坯，并且应有足够的浓润滑油。

③ 对更大的孔翻边时，如果压力机行程不够时，可用两道工序形成，即先进行翻边和再进行变薄翻边。

④ 要使孔壁变得很薄，只有在压力机的一次行程中将其厚度逐渐减小才能实现，可以用直径逐渐增加的环状凸形阶梯凸模 [图 7-21 (b)、(d)]。

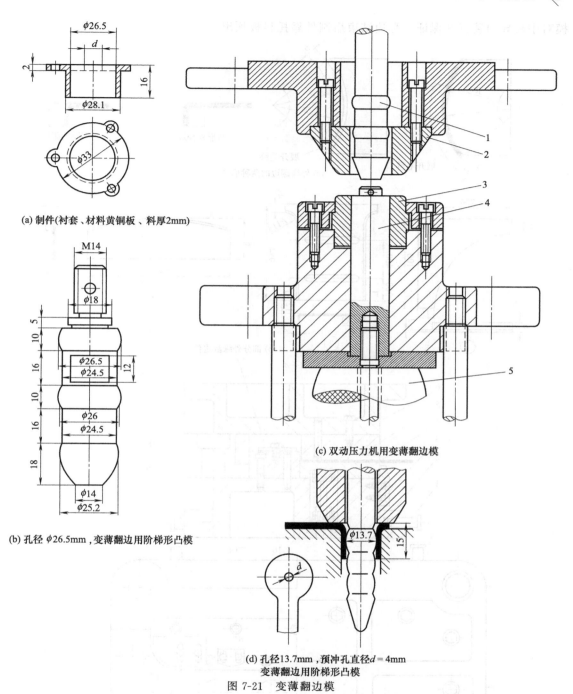

(a) 制件(衬套、材料黄铜板、料厚2mm)

(b) 孔径 φ26.5mm,变薄翻边用阶梯形凸模

(c) 双动压力机用变薄翻边模

(d) 孔径13.7mm,预冲孔直径d = 4mm
变薄翻边用阶梯形凸模

图 7-21 变薄翻边模

1—凸模;2—压边圈;3—凹模;4—顶杆;5—橡胶弹顶器

(4) 外缘翻边模

如图 7-22 所示为一长板件外缘翻边模。

外缘翻边有凸形外翻边(向外曲)和凹形外翻边(向内曲)两种,如图 7-22 (a) 所示为外缘翻边部位的几何关系。如图 7-22 (b) 所示为部分外缘翻边件。如图 7-22 (c) 所示为凹形外缘翻边模。

工作时,毛坯放在托料板 4 上并由定位装置 7 定位,托料板下面有多组弹压装置支撑起托料板,保持上模下行时托料板有足够的力将毛坯压紧,托料板 4 上下运动靠导板 3 导向,上下模对中靠导向装置 8 保证。翻边结束后制件靠托料板顶出。

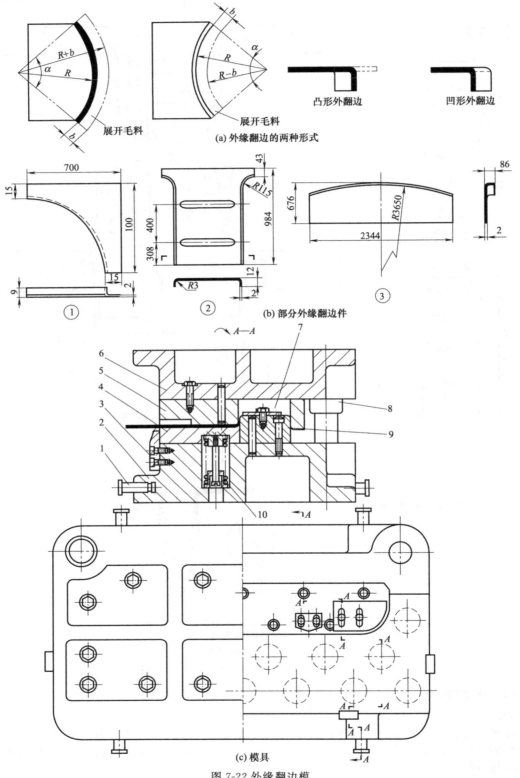

(a) 外缘翻边的两种形式

凸形外翻边　　凹形外翻边

展开毛料　展开毛料

(b) 部分外缘翻边件

(c) 模具

图 7-22 外缘翻边模
1—吊柱；2—下模座；3—导板；4—托料板；5—凹模；
6—上模座；7—定位装置；8—导向装置；9—凸模；10—弹簧组件

表 7-13　外缘翻边的工艺计算

参数	公式	备注
内凹翻边变形程度	$E_n = \dfrac{b}{R-b}$	E_n—内凹翻边变形程度 E_w—外凸翻边变形程度 P—翻边力，N L—弯曲线长度，mm
外凸翻边变形程度	$E_w = \dfrac{b}{R+b}$	t—料厚，mm σ_b—拉伸强度，MPa $P_压$—压力力，$P_压 = (0.25\sim0.8)P$，N
外缘翻边的翻边力	$P \approx 1.25 Lt\sigma_b k$	k—系数，近似为 $0.2\sim0.3$ R—弯曲件内半径，mm b—翻边的宽度，mm
毛坯形状的确定	内凹翻边的制件，其毛坯形状可参考圆孔翻边毛坯计算方法	
	外凸翻边的制件，其毛坯形状可参考浅拉深毛坯计算方法	
外缘翻边时竖边的高度	应大于 $(2.5\sim3)t$，否则回弹严重。应加热后再翻边或加大翻边高度，在翻边后再切去多余的部分	

表 7-14　翻边允许的极限变形程度

材料名称及牌号		E_w/%		E_n/%	
		橡胶成形	钢模成形	橡胶成形	钢模成形
纯铝	1035（软）	25	30	6	40
	1035（硬）	5	8	3	12
防锈铝合金	3A21（软）	23	30	6	40
	3A21（硬）	5	8	3	12
	5A02（软）	20	25	6	35
	5A03（硬）	5	8	3	12
硬铝合金	2A12（软）	14	20	6	30
	2A12（硬）	6	8	0.5	9
	2A11（软）	14	20	4	30
	2A11（硬）	5	8	0	0
黄铜	H62 软	30	40	8	45
	H62 半硬	10	14	4	16
	H68 软	35	45	8	55
	H68 半硬	10	14	4	16
钢	10	—	38	—	10
	20	—	22	—	10
不锈钢	1Cr18Ni9 软	—	15	—	10
	1Cr18Ni9 硬	—	40	—	10

注：表中数据适用于厚度在 1mm 以上的材料，对于更薄的材料，特别是对于外凸翻边，应按表列数据稍为降低。在采用切口、防起皱拱起的成形块及橡胶进行外曲翻边时，可以超过表列的数值。

7.3　胀形

7.3.1　胀形的种类与特点

(1) 胀形的变形特点

胀形是利用模具迫使毛坯厚度拉伸变薄、局部表面积增大，以获得零件的一种加工方法。

胀形与前面的拉深工艺不同，胀形变形时，毛坯的塑性变形局限于一个固定的变形区范围内，材料不同变形区以外转移，也不从外部进入变形区，仅靠毛坯厚度的减薄来达到表面积的增大。

胀形变形的特点主要是变形区材料受双向（切向和径向）拉伸，在极限情况下，平板局部胀形的中心部位变薄量可达原始板坯厚度的 50%；而空心毛坯胀形时的最大变薄量可达原始壁厚的 30%，变形区毛坯一般不会产生失稳起皱现象，也不会因强度不足而引起破裂，所以胀形零件比较光滑、质量好，但对胀形件壁厚的均匀性不能提过高要求。变形区材料变薄量超限时容易胀破，这也是它的一个缺点。

(2) 胀形的分类

根据使用的不同毛坯形状，胀形分类如图 7-23 所示。

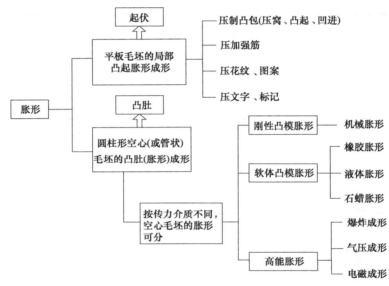

图 7-23 胀形分类

(3) 胀形件的工艺性

① 胀形件的形状应尽量简单对称，对非对称的胀形件应避免急剧的轮廓变化。

② 胀形部分要避免过大的高径比（h/d）或高宽比（h/b），见图 7-24。

③ 为防止开裂，胀形区的过渡圆角不能太小，通常取外圆角 $r_1 \geqslant (1 \sim 2)t$，内圆角 $r_2 \geqslant (1 \sim 1.5)t$（$t$ 为料厚，mm），见图 7-25。

7.3.2 翻边模结构

(1) 圆孔翻边模（见图 7-24）

模具结构只画了工作部分。工作时，将预先冲完孔（ϕ59mm）的拉深件毛坯放在凸模 4 上，由定位柱 5 定位，上模下行，凹模 2 与压料板 3（通过卸料螺钉 6 连接下模的弹顶器）一起夹紧毛坯进行翻边，凹模 2 上行，压料板 3 由于弹顶器的作用经卸料螺钉 6 把制件顶起。若制件留在凹模内，则由打杆和推件块把制件推出。

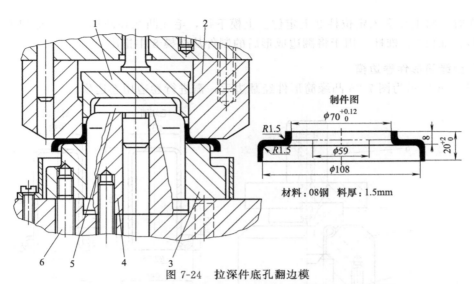

制件图

材料：08钢　料厚：1.5mm

图 7-24　拉深件底孔翻边模

1—推件块；2—凹模；3—压料板；4—凸模；5—定位柱；6—卸料螺钉

(2) 凸缘筒形件翻边模（见图 7-25）

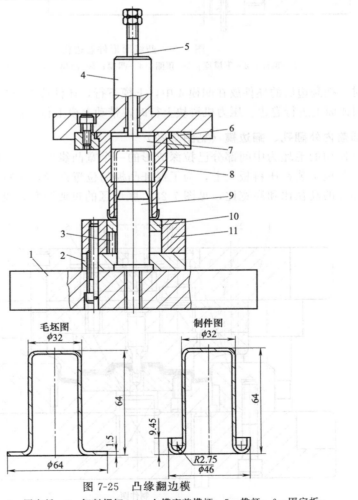

毛坯图

制件图

图 7-25　凸缘翻边模

1—下模座；2—固定板；3—卸料螺钉；4—上模座兼模柄；5—推杆；6—固定板；
7—推板；8—凸模；9—定位柱；10—顶板；11—凹模

工作时，将毛坯套入定位柱 9 上定位。上模下行，毛坯凸缘在凸模 8、凹模 11 的作用下，翻边成形。推板 7、推杆 5 用于将翻边成形后的制件从凸模 8 中推出。

(3) 凸缘筒形件卷边模

如图 7-26 所示为图 7-25 凸缘筒形件经翻边后，需进行卷边用卷边模。

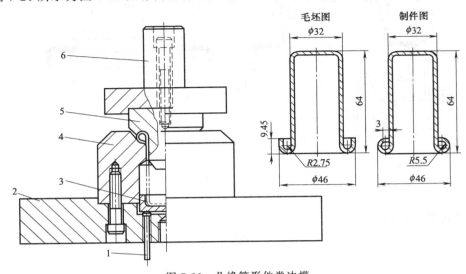

图 7-26　凸缘筒形件卷边模
1—顶杆；2—下模座；3—顶圈；4—凹模；5—凸模；6—上模座兼模柄

工作时，把翻边后的坯件放在凹模 4 中，上模下行，坯件首先经凸模 5 头部的导正下然后在凸、凹模圆弧面上进行卷边。压力机滑块上行时，带动上模上行，顶杆 1、顶圈 3 顶出制件。

(4) 圆盖内外翻孔、翻边模（见图 7-27）

本模具使用的毛坯为中间部分已拉深成形的一个宽凸缘件。工作时，毛坯套在凸模 7 上并由它定位，凸模 7 装在压料板 5 上，为了保证凸模的位置准确，压料板需与凹模按间隙配合。

胀形部分的高径比和高宽比，见图 7-28，胀形区的过渡圆角，见图 7-29。

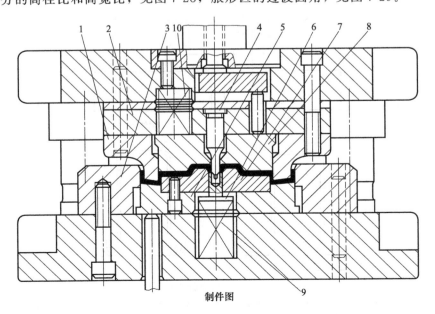

制件图

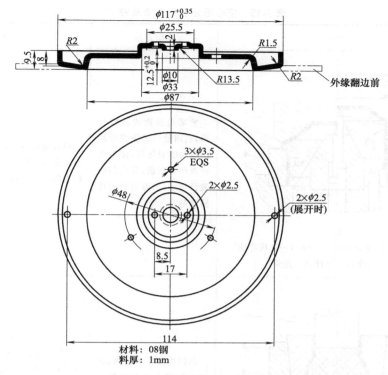

图 7-27　圆盖内外翻孔、翻边模

1—外缘翻边凸模；2—凸模固定板；3—外缘翻边凹模；4—凸模；5—压料板；
6—顶件块；7—内孔翻边凹模；8—推件块；9，10—弹簧

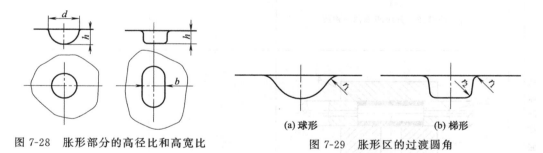

图 7-28　胀形部分的高径比和高宽比　　　　　图 7-29　胀形区的过渡圆角

7.3.3　圆柱形空心毛坯胀形方法与特点

　　将圆柱形空心件或管状毛坯（带底或不带底），利用模具使其内部向外扩张，产生塑性变形，得到凸肚形制件的一种冲压工序，称为空心毛坯胀形（圆管胀形），俗称凸肚胀形。通常所指的胀形，主要以圆柱形空心毛坯胀形简称空心毛坯胀形为主。用这种方法可以制造出如波纹管、壶嘴、三通等许多形状复杂的工件。胀形用模具称为胀形模。

　　空心毛坯胀形的方法及特点见表 7-15。

7.3.4　空心毛坯胀形工艺计算

　　当胀形件留有不变形段时，毛坯的直径就等于不变形段的直径。当胀形件全长都参与胀形时，则胀形前工序件（毛坯）的直径 d_0 应稍小于制件小端直径 d_{min}，可利用表 7-16 进行毛坯直径 d_0 等工艺计算。

表 7-15　空心毛坯胀形方法及特点

种类	图示	成形方法	特点
刚性凸模胀形	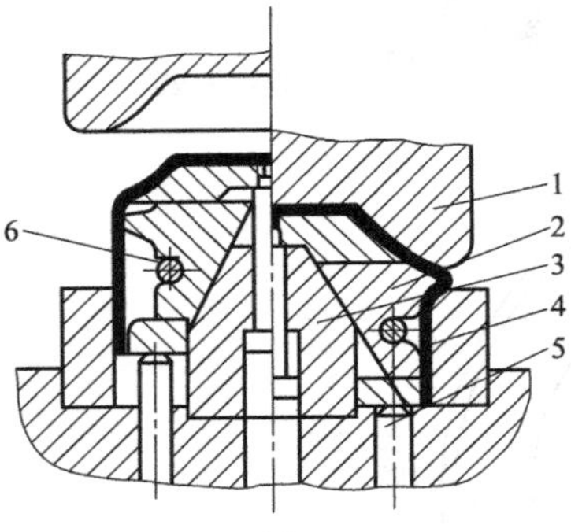 (a) 1—凹模；2—分块凸模；3—锥状芯块； 4—制件；5—顶杆；6—拉簧	常采用拼块式凸模胀形，利用锥形芯块将分块凸模向四周胀开，使毛坯形成所需形状，分块凸模数目越多，所得到的制件精度越高	模具结构复杂且胀形变形不均匀，不易胀出形状复杂的制件，很难得到精度较高的制件
橡胶胀形	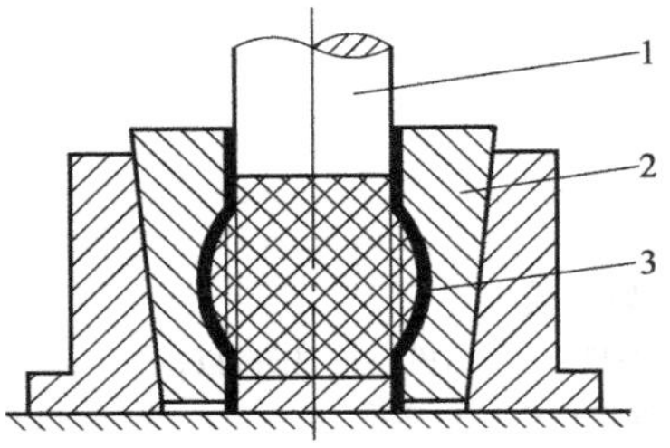 (b) 1—凸模；2—分块凹模；3—橡胶	是以橡胶作为凸模，在压力作用下橡胶变形而使毛坯胀出所需形状	模具结构较简单，制件变形较均匀，容易保证几何形状，也便于成形复杂的空心件。近年来，由于聚氨酯橡胶强度高、耐油性好、使用寿命长（相当于普通橡胶的 30 倍）而得到广泛应用
软体凸模胀形 液体胀形	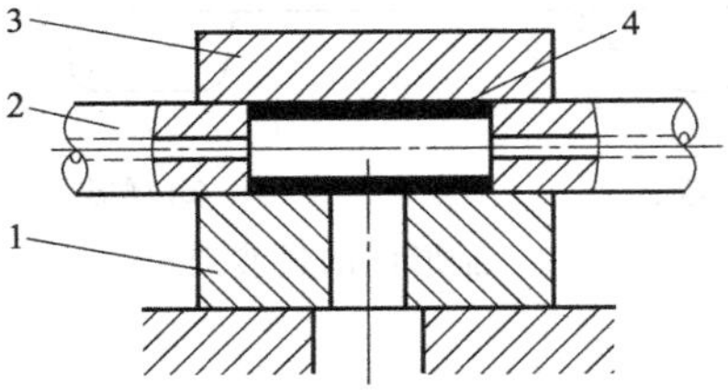 (c) 1—下模；2—轴头；3—上模；4—管坯 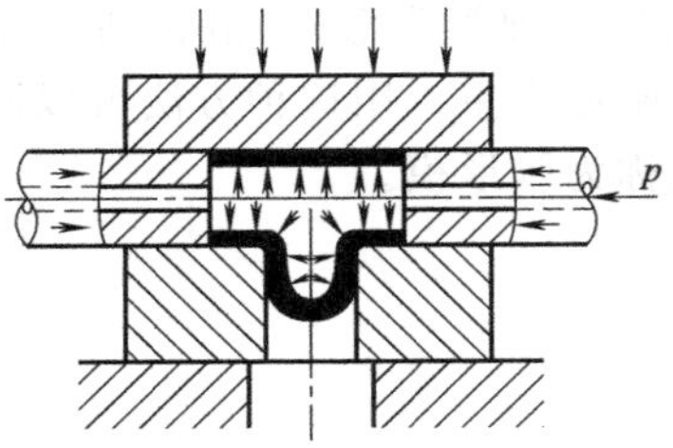 (d)	是采用轴向压缩和高压液体联合作用的胀形方法。将管坯置于下模，然后上模下压，再使两端的轴头压紧管坯端部，继而由轴头中心孔通入高压液体，在高压液体和轴向压力的共同作用下胀形而获得所需的制件	这种成形是在无摩擦状态下完成的，所以，它极少出现变形不均现象，而多被用来成形一些表面质量和精度要求较高的复杂形状零件，如加工高压管接头，自行车管接头等优点是密封问题容易解决，每次成形时压入和排除的液体量小。因此，生产效率比直接加压胀形法高。缺点是橡胶囊的制作比较麻烦，使用寿命较短

种类		图示	成形方法	特点
软体凸模胀形	液体胀形	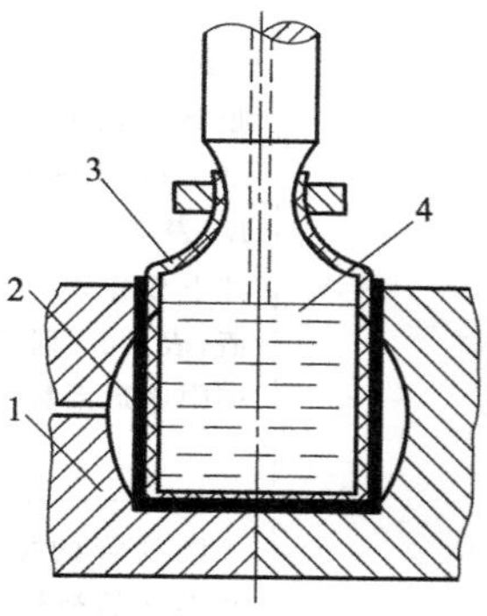 (e) 1—凹模;2—毛坯;3—橡胶囊;4—液体	是利用被密封的一定容积的液体受压变形,从而迫使坯料靠模成形的一种方法。工作时向橡胶囊内打入高压液体,橡胶囊膨胀之后迫使毛坯向凹模贴靠成形	
	石蜡胀形	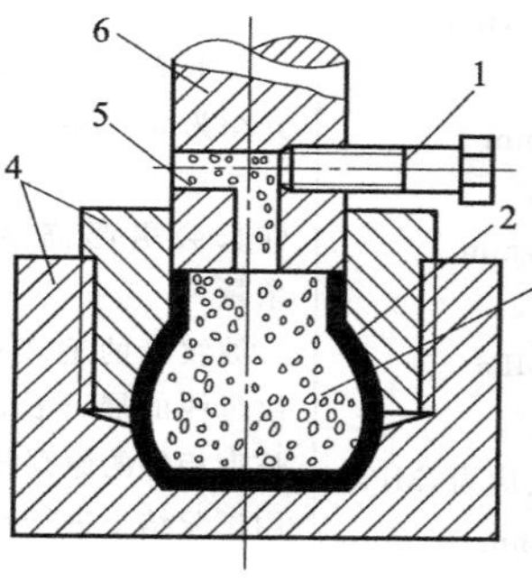 (f)	由于石蜡易于成固体和液体,故可将其作为弹性凸模,胀形前,先将碾碎(或熔化)的石蜡装入毛坯然后将凸模下压毛坯和石蜡,当石蜡所受压力超过一定值后,就会由节流孔 5 溢出,同时强迫毛坯贴紧凹模成形。调节螺栓 1 用来调节节流孔大小,以控制石蜡压力并保证模具正常工作	用石蜡胀形比用橡胶、液体等提高变形程度12%,使胀出的直径为原直径的 1.47 倍
高能胀形	气压胀形	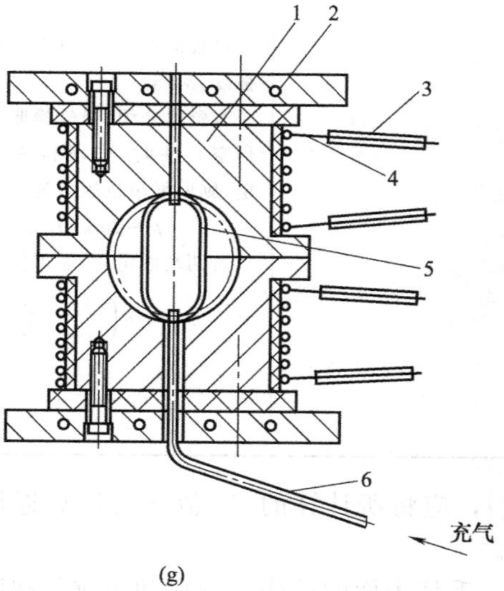 充气 (g) 1—上模;2,3—冷水管;4—感应加热器; 5—毛坯;6—充气管	是用高压惰性气体超塑成形钛合金气瓶。胀形凹模由耐热合金钢制成,采用感应电加热形式。模具装在压力机上,以机床的压力合模。毛坯 5 由截取的钛合金管两端旋压收口并焊接,在一端引出一充气管,以接通惰性压力气体。当毛坯加热到要求温度后,即可充气胀形毛坯,直至达到模腔尺寸的球形气瓶	适合塑性差的材料进行胀形
其他胀形			使用钢球、砂子作为传力介质的胀形	适用于特殊的场合

表 7-16 空心毛坯胀形工艺计算

参数	类型	公式	备注	说明
胀形系数 K	圆柱形空心毛坯	$K=\dfrac{d_{max}}{d_0}$ 或 $K=\delta+1$ $\delta=\dfrac{d_{max}-d_0}{d_0}$		圆柱形空心件的变形程度用胀形系数 K 表示。表 7-17 列出一些材料的极限胀形系数 K，表 7-18 列出铝管在不同条件下极限胀形系数 K 的实验值，表 7-19 列出石蜡胀形法的极限胀形系数 K 的实验值
	波纹管成形	$K=\dfrac{D}{d}$	d_{max}——胀形后制件的最大外径，mm	波纹管的极限胀形系数 K 和毛坯的塑性有关，一般 $K=1.3\sim1.5$。当 $K>1.5$ 时，必须多次胀形，并在中间增加退火工序
毛坯直径	圆柱形空心毛坯	$d_0=\dfrac{d_{max}}{K}$	d_0——圆筒毛坯的外径，mm δ——毛坯切向伸长率 D——波纹管的外径，mm d——毛坯的外径，mm l——制件的母线长度，mm b——切边留量，mm p——胀形单位压力，MPa	一般 $b=10\sim20$mm（有资料介绍为 $5\sim8$mm） 系数 $0.3\sim0.4$ 是考虑到切向伸长会引起高度缩减所加的余量
毛坯长度		$L_0=l[1+(0.3\sim0.4)\delta]+b$	A——胀形面积，mm² σ_z——胀形变形区真实应力，MPa D——胀形最大直径，mm t——材料原始厚度，mm R——制件断面的圆弧内径，mm	波纹管的毛坯长度可根据波纹母线的展开长度和毛坯母线长度相等的原则初步估算，最后用试验结果进行修正
胀形力	圆柱形空心毛坯	$F=pA$ $p=1.15\sigma_z\dfrac{2t}{d}$ 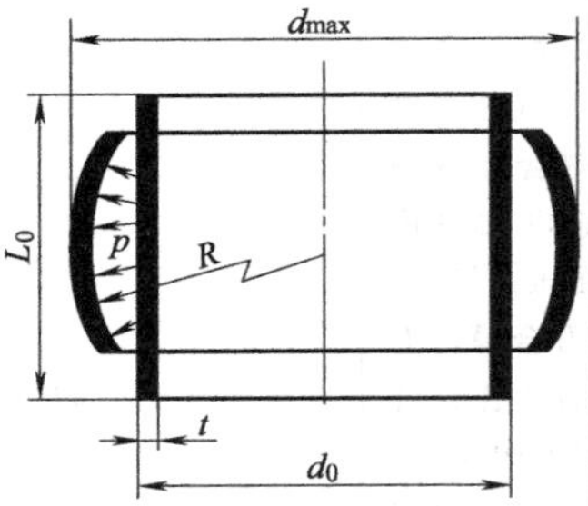 		可近似取 $\sigma_z\approx\sigma_b$（材料的抗拉强度，MPa） 有资料介绍：当软模胀形圆柱形空心件时，如坯料两端不固定，则所需单位压力为 $p=2t\sigma_b/d_{max}$ 若两端固定，所需单位压力为 $p=2\sigma_b\left(\dfrac{t}{d_{max}}+\dfrac{t}{2R}\right)$

如果选用的一段管材为胀形前的工序件（毛坯），应将所计算的 d_0 值化为最靠近标准的管材直径，两者相差较大时，应重新核算变形料厚。

胀形前应将已有冷作硬化现象的胀形坯料退火；毛坯表面的擦伤、划痕和皱纹等缺陷会导致开裂。

胀形时如在对毛坯径向加压的同时轴向也加压，可使极限胀形系数显著增大。对变形区进行局部加热也可获得同样效果。

表 7-17　一些材料的极限胀形系数 K 与切向许用伸长率 δ（试验值）

材料	厚度/mm	材料许用切向伸长率 δ/%	极限胀形系数 K
高塑性铝合金（如 3A21 等）	0.5	25	1.25
铝 1070A　1060（L_1、L_2）	1.0	28	1.28
1050A　1035（L_3、L_4）	1.2	32	1.32
1200、8A06（L_5、L_6）	2.0	32	1.32
低碳钢 08F 钢	0.5	20	1.20
10 及 20 钢	1.0	24	1.24
耐热不锈钢	0.5	26～32	1.26～1.32
1Cr18Ni9Ti	1.0	28～24	1.28～1.34
黄铜 H62	0.5～1.0	35	1.35
H63	1.5～2.0	40	1.40

注：焊接钢管的焊缝处材料塑性比原材料低 15%～20%。胀形时最大变形区的伸长率 δ 应比表中所列许用值低 20%。

表 7-18　铝管极限胀形系数 K 的实验值

胀形条件	极限胀形系数 K
用橡胶的简单胀形	1.2～1.25
用橡胶并对管坯轴向加压胀形	1.6～1.7
变形区加热至 200～250℃胀形	2.0～2.1

表 7-19　石蜡胀形法的极限胀形系数 K

材料	坯料原始厚度 t/mm	极限胀形系数 K	材料	坯料原始厚度 t/mm	极限胀形系数 K
纯铜 T3	0.5	1.59	20 钢	0.5	1.54
黄铜 H62	0.5	1.53	不锈钢 1Cr18Ni9Ti	0.5	1.48

7.3.5　胀形模结构

(1)　筒形件底部胀形镦压模（图 7-30）

这是一副全钢型刚性结构的模具。上模部分结构较简单，主要零件有凸模 5 和与它相连的上模座或模柄。下模部分有固定凹模 1、活动凹模 3（兼顶件作用）和顶件块 4 等零件组成。

冲压前，将筒形毛坯套在活动凹模 3 上，活动凹模平时被弹顶器 6 顶起，活动凹模 3 内还装有弹簧顶件块 4。冲压时，上模下行，凸模压住毛坯，先将顶件块压下，然后将活动凹模压下，等到毛坯下端口部接触固定凹模 1 的台阶后，便开始在上部胀形，最后镦压成形。

冲压完毕，由弹顶器 6 及顶件块 3、4 将制件顶起，制件可从下模中取走。

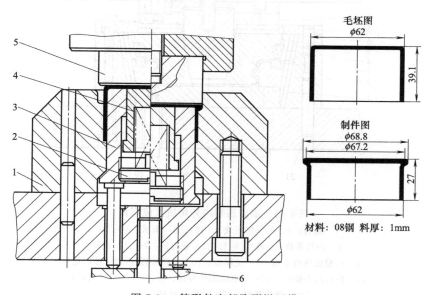

图 7-30　筒形件底部胀形镦压模

1—固定凹模；2—螺塞；3—活动凹模；4—顶件块；5—凸模；6—弹顶器

（2）罩壳胀缩内外拼块式成形模

如图 7-31 所示为带内凹的罩壳胀缩内外拼块式成形模。毛坯为带凸缘的圆拉深件。

① 凸、凹模均采用拼块（各 6 块）组合成，利用其内（凸）模胀块 5 胀形和外（凹）模挤压块 2 挤压收缩，两个动作即胀缩在压力机的一个冲程内同时完成。

② 凸模的胀形靠锥形柱 12，凹模的收缩靠外模斜滑套 17，两者斜度取一致，图示取 10°。

③ 内外模块之间用钢球 3 滚动，使相对运动灵活又能减少摩擦力。

④ 模具开启状态下，外模挤压块 2 被顶板 1 顶高后其凹模的最小内径被控制在 ≥ ϕ89.7mm±0.1mm 时，可以用来对坯件外圆初定位，随着上模的下行，逐步实现精确定位。

⑤ 制件的取出，主要靠上模开启上行时，利用内模胀块 5 上端外圆斜锥，通过反斜楔环 7 的斜锥面，迫使胀块 5 向心收缩，并在拉簧 4 的辅助作用下加快收缩过程，使制件可靠地实现与内模分开，达到顺利脱模目的。

⑥ 当模具从闭合到开启过程中，由于聚氨酯橡胶弹压力作用，推动内模胀块滑道板 8 的同时，将由 6 块组成的内模胀块 5 向心移动。

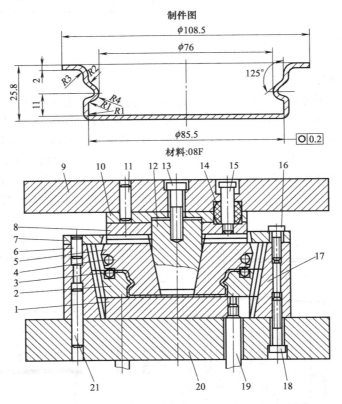

图 7-31　罩壳胀缩内外拼块式成形模

1—顶板；2—外模挤压块（6 件）；3—钢球；4—拉簧；
5—内模胀块（6 件）；6,11,21—定位销；7—反斜楔环；
8—内模胀块滑道板；9—上模板；10—上模垫板；12—锥形柱；
13—内六角头螺钉；14—聚氨酯弹性胶垫；15,19—特种卸料螺钉；
16,18—六角头螺钉；17—外模斜滑套；20—压模板

(3) 储液罐外壳胀形模（图 7-32）

根据图 7-32（b）制件形状要求，它是由图 7-32（a）拉深件作为毛坯，经胀形模将其胀形加工而成的。由于 08Al 具有很好的塑性，且在胀形前毛坯经退火处理，胀形量又不大，每边为 1.5mm，经计算实际胀形系数 $K_{实际} = \dfrac{d_{max}}{d_0} = \dfrac{90}{87} = 1.04$，由表 7-16 查得，极限胀形系数 $K_{极限} = 1.2$，故 $K_{实际} < K_{极限}$，可以一次胀形。

模具结构如图 7-32（c）所示，考虑到取放件的方便、使用寿命和实现胀形的基本原理，胀形凸、凹模均采用拼块结构，采用优质钢并经热处理淬火处理。

工作过程：首先将胀形凸模 13 放入拉深件毛坯内，然后一起放进胀形凹模 5 内。上模下行，左右两侧的斜楔 10 首先进入下模，将张开的哈呋胀形凹模 5 向中心移动，并保持稳定不动。上模继续下行，胀形芯模 12 将由 6 块组成的胀形凸模 13 向外推，同时迫使毛坯变形，直至上下模压"死"，坯件在拼合凸、凹模间完全胀形成形。上模上行，胀形芯模 12 先离开胀形凸模 13，胀形凸模 13 收缩；上模继续上行，当左右斜楔离开下模后，哈呋胀形凹模张开，制件可从胀形凸模上取出。

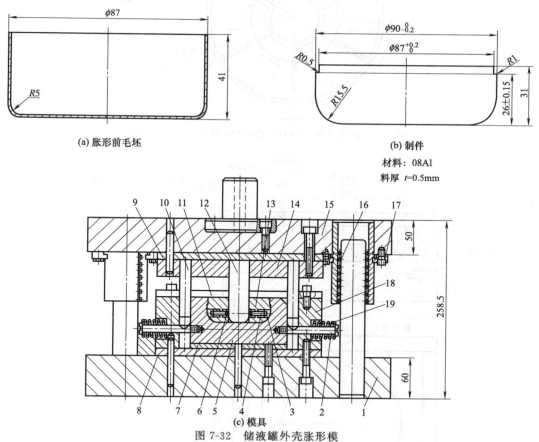

(a) 胀形前毛坯   (b) 制件

材料：08Al
料厚 $t = 0.5$mm

(c) 模具

图 7-32 储液罐外壳胀形模

1—下模座；2—卸料螺钉；3—复位螺钉；4—复位弹簧；5—哈呋胀形凹模；6—连接块；
7—滑板；8,9—垫板；10—斜楔；11—盖板；12—胀形芯模；13—胀形凸模；14—固定板；
15—上模座；16—钢球保持圈；17—导套压板；18—导板；19—弹簧

胀形凸模 13 的零件图如图 7-33 所示，"哈呋"胀形凹模 5 如图 7-34 所示。

胀形凸模 13 的结构中，6 块拼块的收缩状态，在结构与胀形件质量许可的情况下，采用圆周外开槽，内置拉簧比较简单，加工也方便、动作也可靠。

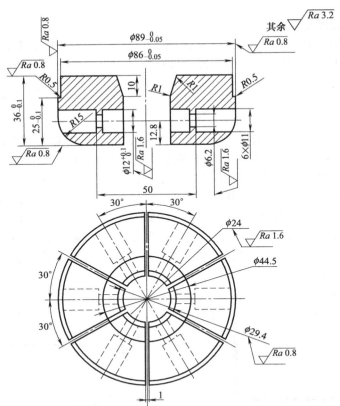

图 7-33　胀形凸模（材料：CrWMn 硬度 58～60HRC）

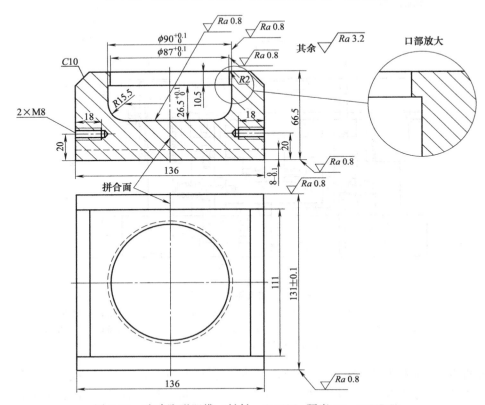

图 7-34　哈呋胀形凹模（材料：CrWMn 硬度 58～62HRC）

胀形力的确定。对于该模具使用的刚性凸模，由下式确定（力的分布分析见图 7-35）。则胀形力为

$$P=2\pi H t\sigma_b\,\frac{\mu+\tan\beta}{1-\mu^2-2\mu\tan\beta}\quad(N)$$

式中　H——胀形的高度，为 26mm；

t——材料的厚度，为 0.5mm；

σ_b——材料的拉伸强度，为 360MPa；

μ——摩擦因数，取 0.18（一般取 0.15～0.20）；

β——芯轴半锥角，此处为 0°（一般取 8°～15°）。

则胀形力为

$$P=2\times3.14\times26\times0.5\times360\times\frac{0.18+\tan0°}{1-0.18^2-2\times0.18\times\tan0°}=5467\quad(N)$$

由于模具尺寸和闭合高度较大（258.5mm），胀形力较小，选用设备以模具尺寸为依据，因此选用 400kN 开式可倾压力机。

（4）简易固体软凸模（聚氨酯橡胶）胀形模

如图 7-36～图 7-41 所示为利用聚氨酯橡胶当凸模（软凸模）的几种胀形模简易结构简图。

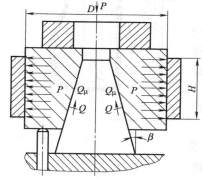

图 7-35　刚性凸模的胀形力分析

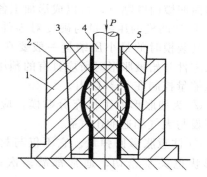

图 7-36　腰鼓形件胀形模

1—紧固套；2—可分组合凹模；
3—聚氨酯橡胶；4—压头；
5—无底圆筒或管件毛坯

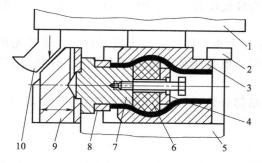

图 7-37　汽车桥壳胀形模简图

1—上模座；2—定位板；3—凹模；
4—凸模垫板；5—支架；6—聚氨
酯橡胶；7—支承；8—垫环；
9—滑块；10—斜楔

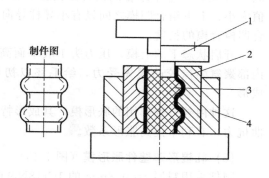

制件图

图 7-38　波纹管胀形模

1—压头；2—组合凹模；
3—聚氨酯橡胶棒；4—容框

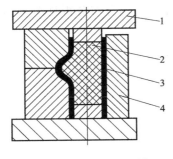

图 7-39　T 形件胀形模

1—压头；2—聚氨酯橡胶棒；
3—制件；4—组合凹模

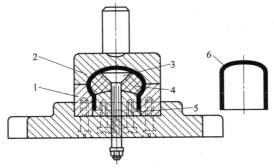

图 7-40　蘑菇头形件胀形模

1—下凹模；2—上凹模；3—锥形圆头销；
4—聚氨酯橡胶；5—支承柱；
6—制件毛坯（有底圆筒件）

在胀形过程中，制件主要靠毛坯壁厚的变薄和轴向的自然收缩（缩短）而成形的。

采用聚氨酯橡胶，因其强度高、弹性好、耐油，寿命相当于普通橡胶的 30 倍。并利用其受压变形，从而迫使材料向凹模内壁贴靠，可以成形加工各种复杂零件。

① 软凸模的压缩量与硬度对零件的胀形精度影响很大，其装模时的最小压缩量一般要在 10% 以上时，才能确保零件开始被胀形时所应具有的预压力。通常，应将最大压缩量控制在 35% 以内。

② 为使胀形的工件充分贴模，应在凹模壁的适当位置开设与大气相通的出气孔。

③ 注意胀形回弹量。它不仅与材料相关，而且与零件形状也关系密切，通常都需多次试模和修模后才能合格。

(5) 圆管形件凸肚胀形模（图 7-42）

工作时，将聚氨酯橡胶棒插进管状毛坯 7 后放入凹模

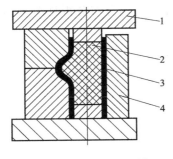

图 7-41　凸肚形件胀形模
（用于双动压力机上）

1—内滑块压头；2—组合凹模；
3—制件；4—聚氨酯橡胶凸模

3、6 中定位。上下组合凹模自由状态下呈开启位置，压缩量为 ΔH，通过调节螺钉 5 调节 ΔH 值大小；上下组合凹模之间设有小导柱导向，并在合模处设有锥形状配合结构，提高了上下组合凹模合模的精度。

开启状态下的上模，压力头 1 底平面高出压板 B 大小，目的是当上模下行时，应首先使内部聚氨酯橡胶凸模先受力，给毛坯以初步的胀形，然后再使毛坯与聚氨酯橡胶同时压缩成形。

这种内外分别作用的胀形模，其成形特点：成形部分毛坯与胀形凹模之间不存在摩擦与弯曲抗力，有利于提高胀形系数。

(6) 轧辊形薄壁件胀形模（图 7-43）

制件采用料厚 $t = 0.8\text{mm}$ 的 1Cr18Ni9Ti 不锈钢、$\phi 42.6\text{mm} \times 70\text{mm}$ 的圆管状毛坯，经胀形模在油压机上加工而成。

该模具由上、中、下三部分组成。下模部分的型腔 2 与下模座 1 通过 4 个 M8 内六角螺钉 10 固定；中部的导向套 4 与型腔 2 通过这两个零件上的 M68×3 螺纹联接，利用手柄 8 旋紧与松开；上模部分的压柄 7 与导杆 6 螺纹连接，导杆 6 上利用过渡配合固定聚氨酯橡胶棒 5。

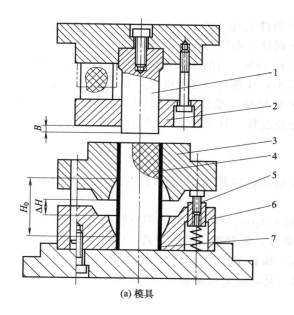

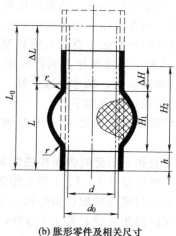

(a) 模具　　　　　　　　　　　　　　　　　(b) 胀形零件及相关尺寸

材料：1Cr18Ni9Ti　料厚：$t = 0.8mm$

图 7-42　圆管形件凸肚胀形模

1—压力头；2—压板；3—上组合凹模；4—聚氨酯橡胶（硬度 HS 为 50～70A）；5—调节螺钉；6—下组合凹模；

7—管状毛坯；H_0—凹模的开启高度$\left(H_0 = \dfrac{A}{\pi d_0} \times 0.89,\ A\ 为胀形部分凹模内表面积，mm^2\right)$；$\Delta H$—毛坯的压缩量；

L_0—聚氨酯橡胶（或橡皮）的原始高度，mm，取 $L_0 = \dfrac{(H_2 + h) d_0^2}{d^2}$ 算得；L—聚氨酯橡胶（或橡皮）压缩后高度，mm；

ΔL—聚氨酯橡胶（或橡皮）的压缩量，mm；d_0—毛坯的内径，mm；d—聚氨酯橡胶（或橡皮）的原始直径，mm；

为便于放入坯件，一般比成形毛坯的内容小 0.5～1mm，或按 $d = 0.985d_0 - 0.3t$ 算得；H_1—零件的胀形部分高

度，mm；H_2—成形部分毛坯的原始高度，mm；h—制件底部不变形部分长度，mm

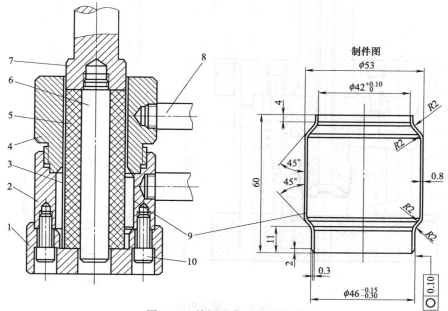

制件图

图 7-43　轧辊形薄壁件胀形模

1—下模座；2—型腔；3—制件毛坯；4—导向套；5—聚氨酯橡胶棒（选用邵氏硬度为 50～70A）

6—导杆；7—压柄；8—手柄；9—成形件；10—M8 内六角螺钉

工作时，取下模具上、中两部分，将制件毛坯 $\phi 42.6\text{mm} \times 70\text{mm}$ 放入模具型腔中，并落到模具型腔底部，上紧导向套 4 与型腔 2 螺纹，毛坯内孔中放入聚氨酯橡胶棒 5，将组装好的模具推到油压机压柄下，调整油压机压力到 8kN。当油压机压柄下行时，推动压柄 7 及导杆 6 下行，聚氨酯橡胶棒 5 受压缩而使长度减小，外圆直径逐渐增大，其外圆与制件毛坯 3 内壁接触并使制件向外扩张，直到与模具型腔内壁接触。经过压力保持 1s，从而得到所需的成形件 9。从压柄下行施加压力到释放压力的整过程，只需短短 4s 左右便可一次性完成制件成形加工，它快捷高效，尺寸一致性好。

结构与设计要点如下。

① 型腔 2 和导向套 4 采用 CrWMn 制造，淬硬至 $58 \sim 62\text{HRC}$，其他零件用 45 钢调质处理。

② 型腔和导向套的表面粗糙度 Ra 取 $0.8\mu\text{m}$。压柄 7 的外圆直径小于制件内径 1mm

③ 严格控制件 1、2、4 的工作部分高度，使制件成形后达到图样尺寸要求。

④ 毛坯与模具的配合间隙取 0.2mm，模具工作部分圆角大小取 $R2\text{mm}$。

⑤ 模腔拐角处设有若干个 $\phi 2\text{mm}$ 排气孔，这对保证拐角成形质量非常有利。

(7) 罩胀形模（图 7-44）

该制件底部压包成形的许用高度通过查表 4-59 得 $H_{许用} = 0.15d = 2.25\text{mm}$，$H_{实际} = 2\text{mm}$，$H_{实际} < H_{许用}$，故可一次压包成形。$A$ 所指的 $R60\text{mm}$ 凸肚胀形，实际胀形系数 $K_{实际} = \dfrac{d_{\max}}{d_0} = \dfrac{46.8}{39} = 1.2$，查表 7-16 得 $K_{极限} = 1.24$，$K_{实际} < K_{极限}$，侧壁可一次胀形成形。

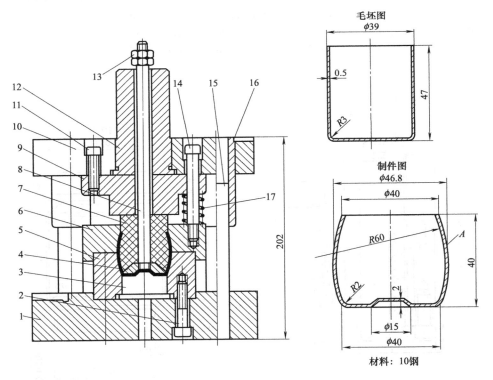

图 7-44 罩胀形模

1—下模座；2—螺钉；3—压包凸模；4—压包凹模；5—胀形下模；6—胀形上模；

7—聚氨酯橡胶块；8—拉杆；9—下固定板；10—上模座；11—螺钉；

12—模柄；13—螺母；14—卸料螺钉；15—导柱；16—导套；17—弹簧

本模具用聚氨酯橡胶作为胀形凸模。凹模由胀形上模 6 和胀形下模 5 组成，以便胀形后取出制件。胀形下模 5 与胀形上模 6 采用止口配合，单边间隙 0.05mm，保证上下两部分合模的同轴度。罩的侧壁以橡胶胀形获取，底部压包靠刚性凸模 3、压包凹模 4 成形。

当模具闭合时，胀形上下模的压紧靠弹簧 13 的作用力，然后胀形。根据模具尺寸和制件大小，选用 250kN 开式可倾式压力机进行胀形。

(8) 金属烟缸胀形模（图 7-45）

本模具基本结构和图 7-44 相似，仅少导柱导向模架，所以结构较简单。

凹模分上、下两部分组成，以便成形后取出制件。凹模 2、3 合模对中亦用止口结构，引入端稍成锥形。凸模 1 用聚氨酯制成近制件形状，尺寸略小于毛坯的内径。

(9) 蘑菇形顶盖胀形模（图 7-46）

选用 400kN 开式压力机进行生产。

工作时，将筒形坯件套入聚氨酯橡胶凸模 7 上定位后上模下行，先是凸模 7 全部进入坯件中，上模继续下行，凹模 9 和压边圈 6 压合在一起，橡胶凸模在承受压力机垂直压力的作用下，开始变形，逐渐贴紧坯件，产生垂直于坯件的初始压力。当压力继续增加超过毛坯材料的变形抗力时，变形的聚氨酯橡胶凸模带动坯件流动，毛坯就与橡胶凸模一起改变形状向凹模和压边圈的型腔胀开、贴紧完成胀形。胀形结束后，压力机回程，顶杆 5、压边圈 6 在弹顶器、橡胶 2 的作用下靠压边圈使制件与基座被分开，凸模 7 恢复原始状态后，即可开始下一个制件的加工。

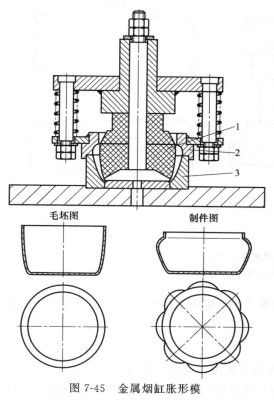

图 7-45　金属烟缸胀形模

1—凸模（聚氨酯橡胶）；2—上凹模；3—下凹模

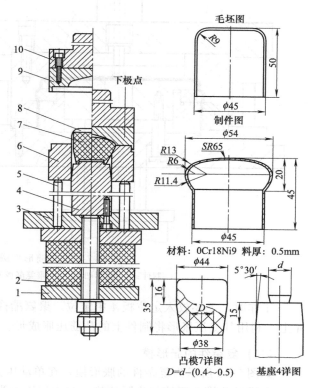

图 7-46　蘑菇形顶盖胀形模

1—弹顶器托板；2—橡胶；3—下模座；4—基座；

5—顶杆；6—压边圈；7—聚氨酯橡胶凸模；

8—制件；9—凹模；10—带模柄上模座

本模具结构与设计要点如下。

① 聚氨酯橡胶凸模的形状与尺寸取决于制件的形状、尺寸和模具的结构，它不仅要保证在成形过程中能顺利进入毛坯，还要有利于压力的合理分布，使制件各个部位均能贴紧凹模型腔，在解除压力后还应与制件有一定的间隙，以保证制件顺利脱模。

② 凸模 7 采用圆柱体和圆锥体组合而成。采用 8270 聚氨酯橡胶，邵氏硬度（73±5）A，由棒料加工而成。总高度为 35mm，使用压缩量控制在 10%～30% 之间。

③ 上下模靠件 6、9 凹凸止口导正对中。

④ 凹模采用球墨铸铁材料加工而成。凹模的型腔尺寸和形状应根据制件形状和尺寸确定，但对弹性很大的金属材料（如钛合金），应考虑回弹量。

凹模型腔的深度应比凸模预紧状态下的高度要大一些，保证橡胶凸模始终在闭合的型腔内工作，并胀好形。

⑤ 凹模型腔内表面应光滑、表面粗糙度 $Ra \leqslant 0.8\mu m$，基座采用 45 钢并经淬硬处理，硬度为 43～45HRC。

(10) 浅筒形件圆周外凸胀形模

如图 7-47 所示为将浅筒形件的直筒圆周局部压胀出带凸筋的胀形模。

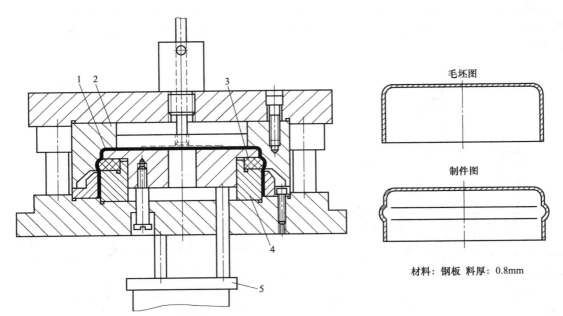

材料：钢板 料厚：0.8mm

图 7-47　浅筒形件圆周外凸胀形模
1—制件；2—成形凹模；3—聚氨酯橡胶凸模；4—定位板；5—弹顶器

工作时，毛坯放入定位板 4 中定位。聚氨酯橡胶凸模 3 由聚氨酯橡胶制成环形置于定位板 4 上，利用其受压胀形将制件上的凸筋压胀成形。

(11) 复杂件的胀形模

如图 7-48 所示为复杂件的胀形模，在单动压力机上使用。坯件为带底直筒形件。

本模具凸模 1 压缩前为圆柱状，与成形压力头 5 固定成一体，安装在上模；根据制件形状特点，下模部分的成形凹模由前、后、左、右四件侧滑块凹模 4 和凹模底座 2 组成，这样便于胀形件从凹模内离开与取出。

图示为模具闭合状态，要求四件滑块凹模 4 组成一完整的内形，这样才能保证制件外形美观。

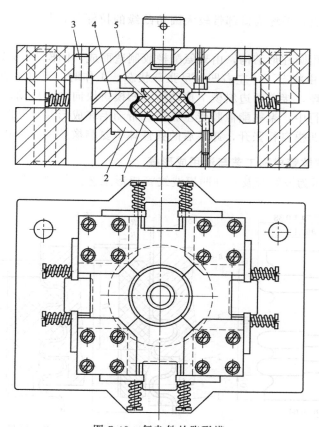

图 7-48　复杂件的胀形模

1—聚氨酯橡胶凸模；2—凹模底座；3—斜楔（前、后、左、右）；
4—侧滑块凹模（前、后、左、右）；5—成形压力头

（12）球形门锁把手胀形模（图 7-49）

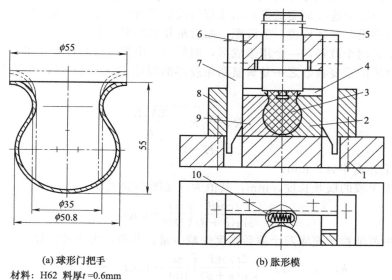

$\phi55$

55

$\phi35$

$\phi50.8$

（a）球形门把手

材料：H62　料厚 t =0.6mm

（b）胀形模

图 7-49　球形门锁把手的胀形模

1—下模板；2—右凹模；3—凸模；4—导板；5—模柄；6—上模板；
7—斜楔；8—压板导框；9—左凹模；10—弹簧

　　根据制件形状特点，毛坯为口部带较大圆角凸缘的拉深件，如图 7-49（a）所示中双点画线形状。

　　本模具凸模 3 采用圆柱形结构，由聚氨酯橡胶制造而成，凹模 2、9 为左右两件拼合而成，两侧设有弹簧 10，自由状态下，左右凹模呈张开状态，工作时，毛坯放在下模中，上模下行，柱形凸模 3 先进入毛坯，接着两边斜楔 7 推动活动凹模拼块向中心移动，使左右两拼合凹模贴合不动，上模继续下行中，聚氨酯橡胶受压胀形，带动毛坯成形并紧贴凹模型面，完成胀形工作。上模上行，左右凹模自行张开，卸载后的弹性体聚氨酯橡胶恢复原状，制件可取出。

（13）对开凹模波纹管成形工艺与通用成形模

　　如图 7-50 ① 所示为波纹管及对开凹模波纹管成形工艺。如图 7-50 ② 所示为波纹管成形通用模。

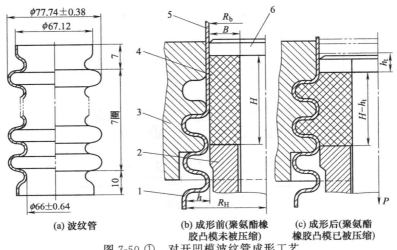

(a) 波纹管　　　　(b) 成形前(聚氨酯橡　　(c) 成形后(聚氨酯
　　　　　　　　　　　　胶凸模未被压缩)　　　橡胶凸模已被压缩)

图 7-50 ①　对开凹模波纹管成形工艺

1—已成形的波纹管；2—垫圈；3—对开凹模；4—未压缩的聚氨酯橡胶凸模；5—波纹管毛坯；6—上压缩杆

　　波纹的成形凹模沿径向是整体的，为了取件方便，结构上沿轴向分成对开两半。在成形时，波纹管的波纹逐个连续地受到聚氨酯橡胶凸模的压缩胀形成形。其成形过程是：压缩成形一个波后，张开凹模，毛坯前进一个波距，而后重复成形第二波。

　　刚性凹模中的两个波谷，一个用来成形，而另一个用作定位和校正作用。

　　影响成形性质的重要参数之一是聚氨酯橡胶环的厚度 B 和高度 H，其最合适的数值按下式计算

$$B = R_b - \sqrt{R_b^2 - \frac{2A_p R_c}{h_t}}$$

$$H = 2l$$

式中　R_b——毛坯内半径，mm；

　　　　l——单个波的展开长度，mm，其值为（见图 7-50 ③）

$$l = \frac{t\cos\beta}{\sin(\alpha+\beta)}\left(\frac{\pi\alpha}{180°} + \tan\beta\right)$$

　　　　h_t——聚氨酯橡胶充满两个波后高度的减少量，其值可由下式计算

$$h_t = 2(l - t) = \frac{2t\cos\beta}{\sin(\alpha+\beta)}\left[\frac{\pi\alpha}{180°} + \tan\beta - \frac{\sin(\alpha+\beta)}{\cos\beta}\right]$$

节距 t 为

$$t = 2(r_1 + r_2)\frac{\sin(\alpha+\beta)}{\cos\beta}$$

式中 A_p——沿凹模一个节距的截面积，mm^2；

  R_c——沿凹模一个节距的截面积的重心半径，mm。

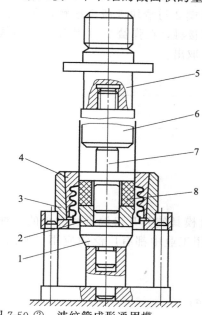

图 7-50 ② 波纹管成形通用模

1,6—转接头；2—上压环；3—容框；4—分块凹模；

5—模柄；7—上压缩杆；8—聚氨酯橡胶环凸模

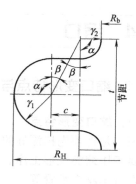

图 7-50 ③ 波纹管尺寸

(14) 三通管聚氨酯橡胶胀形模（图 7-51）

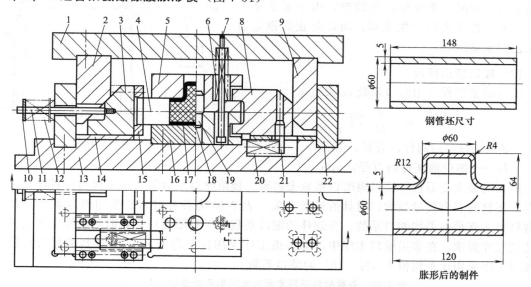

钢管坯尺寸

胀形后的制件

图 7-51 三通管聚氨酯橡胶胀形模

1—上模座；2,9—斜楔；3—滑块；4—压头；5—上凹模；6,12,20—弹簧；7—拉杆；

8—锁紧块；10—垫圈；11—螺杆；13—下模座；14—垫板；15—固定板；16—下凹模；

17—钢管坯料；18—聚氨酯橡胶棒；19—定位销；21—销钉；22—挡块

工作时，模具在开启状态下，将钢管坯料放入下凹模 16 内，上模下行，首先使上凹模 5 与下凹模 16 闭合，在弹簧 6 的作用下，定位销 19 插入凹模 5 中，以保证上、下凹模型腔对正。上模继续下行，弹簧 6 进一步压缩而凹模保持不动，斜楔 9 推动销紧块 8 插入上、下凹模的孔中将其锁紧。斜楔 2 推动滑块 3 和压头 4（两边两个，左右对称）右移将聚氨酯橡胶棒 18 压入钢管坯料胀出凸台。胀形完成后，上模回程斜楔 2 与滑块 3 脱离接触，在弹簧 20 的作用下滑块 3 和压头 4 退回，斜楔 9 也与锁紧块 8 脱离接触，在弹簧 20 的作用下，锁紧块 8 退回。拉杆 7 带动凹模 5 上行，使上、下模分离，将制件取出。

7.4　缩口

7.4.1　缩口变形特点与变形程度

(1) 缩口变形特点

缩口是将预先拉深好的圆筒形件或管坯件通过模具使其开口端直径缩小的一种成形工艺。缩口属于压缩类成形工序。缩口工艺在国防和民用工业中都有广泛的应用，如制造枪炮的弹壳、自行车座支承管等。

缩口变形特点与应力、应变如图 7-52 所示。

变形区的金属受切向压应力 σ_1 和轴向压应力 σ_3 的作用，在轴向和厚度方向产生伸长变形 ε_3 和 ε_2，切向产生压缩变形 ε_1。在缩口变形过程中，材料主要受切向压应力的作用，使直径减小，壁厚和高度增加。由于切向压应力的作用，在缩口时坯料易于失稳起皱；同时，非变形区的筒壁，由于承受全部缩口压力，也易失稳产生变形，所以防止失稳是缩口工艺的主要问题。

(2) 缩口变形程度

缩口的变形程度用缩口系数 m 来表示：

$$m = \frac{d}{D}$$

式中　d——缩口后制件的直径，mm；
　　　D——缩口前坯件的直径，mm。

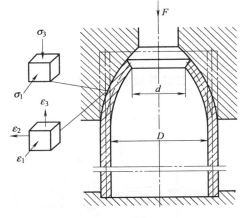

图 7-52　缩口变形特点与应力、应变

缩口的最大变形程度用极限缩口系数来表示。极限缩口系数的大小主要与材料性质、材料厚度、坯料的表面质量及缩口模具的形状有关。表 7-20 为各种材料的平均缩口系数。表 7-21 为薄材料无支承的平均缩口系数。当制件的缩口系数小于极限缩口系数时，制件要通过多道缩口达到尺寸要求。在多道缩口工序中，第一道工序采用比平均值 $m_{均}$ 小 10% 的缩口系数，以后各道工序采用比平均值大 5%～10% 的缩口系数。

表 7-20　各种材料不同支承方式时的平均缩口系数 $m_{均}$

材料	支承方式		
	无支承	外部支承	内部支承
软钢	0.70～0.75	0.55～0.60	0.30～0.35
黄铜（H62、H68）	0.65～0.70	0.50～0.55	0.27～0.32
铝	0.68～0.72	0.53～0.57	0.27～0.32
硬铝（退火）	0.75～0.80	0.60～0.63	0.35～0.40
硬铝（淬火）	0.75～0.80	0.68～0.72	0.40～0.43

注：1. 外部支承指外径夹紧支承。
　　2. 内部支承指内孔用心轴支承。

表 7-21 薄料的平均缩口系数

材料	材料厚度 t/mm		
	<0.5	$0.5\sim1$	>1
黄铜（H62、H68）	0.85	0.8~0.7	0.7~0.65
软钢	0.80	0.75	0.7~0.65

7.4.2 缩口工艺计算

（1）缩口次数、各次缩口直径和缩口后制件颈部壁厚计算

若制件的缩口系数 $m_件$ 大于允许的缩口系数 $m_许$，即 $m_件 > m_许$，则可一次缩口成形。否则，需要进行多次缩口。缩口次数、各次缩口直径和缩口后制件颈部壁厚的计算，见表 7-22。

表 7-22 缩口次数、各次缩口直径及颈部壁厚计算

参数		公式	备注	说明
缩口系数	总的	$m = \dfrac{d}{D}$	m—缩口系数	① 缩口系数等于缩口后制件的直径与缩口前直径之比。因为有时制件缩口不能一次完成，所以 m 又称为总缩口系数。而每一工序缩口后与缩口前的直径之比，称为平均缩口系数。可查表 7-19，表 7-20
	多个工序的平均	$m_均 = \dfrac{d_1}{D} = \dfrac{d_2}{d_1} = \cdots = \dfrac{dn}{d_{n-1}}$	d—缩口后制件的直径，mm D—缩口前坯件的直径，mm	
缩口次数		$n = \dfrac{\lg d - \lg D}{\lg m_均}$	$d_1, d_2, \cdots, d_n$—分别为第 1 次，第 2 次，…，第 n 次缩口后制件直径，mm	② n 的计算值一般均为小数应取整数
缩口直径		$d_1 = m_1 D$ $d_2 = m_n d_1 = m_1 m_n D$ $d_3 = m_n d_2 = m_1 m_n^2 D$ $d_n = m_n d_{n-1} = m_1 m_n^{n-1} D$	$m_均$—平均缩口系数 m_1—首次缩口系数 m_n—以后各次缩口系数 t_n—缩口后颈部壁厚，mm	③ 缩口后，制件颈部壁厚略有增加，一般忽略不计，精确要求时可按式核算
颈部壁厚		$t_n = t\sqrt{\dfrac{D}{d}}$		
多次缩口时，缩口系数的确定	首次	$m_1 = 0.9 m_均$		
	以后各次	$m_n = (1.05\sim1.10)m_均$		

（2）缩口件毛坯高度计算

缩口时，毛坯件高度计算按等体积原则。表 7-23 是几种典型缩口件毛坯高度的计算公式。缩口毛坯件直径即是制件未缩部分的直径尺寸。在缩口过程中，未缩部分直径不变化。为了保证缩口质量，毛坯口部应加工齐平，并去除锐边。

表 7-23 缩口件毛坯高度计算

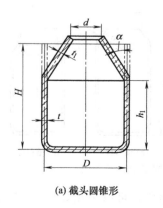

(a) 截头圆锥形

(b) 带过渡截头圆锥的直口形

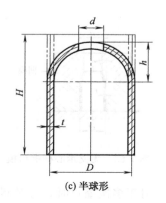

(c) 半球形

续表

制件形状	公式	备注
截头圆锥形（斜口）	$H=1.05\left[h_1+\dfrac{D^2-d^2}{8D\sin\alpha}\left(1+\sqrt{\dfrac{D}{d}}\right)\right]$	H—缩口件毛坯的高度，mm h—缩口区筒壁高度，mm h_1—非变形区筒壁高度，mm D—筒形毛坯件直径，mm d—缩口件的直径，mm α—锥形凹模的半锥角，(°)，一般取$\alpha<45°$，最好α在30°以下，这时缩口系数可减小10%～15%
带过渡截头圆锥的直口形（直口）	$H=1.05\left[h_1+h\sqrt{\dfrac{d}{D}}+\dfrac{D^2-d^2}{8D\sin\alpha}\left(1+\sqrt{\dfrac{D}{d}}\right)\right]$	
半球形（球面）	$H=h_1+\dfrac{1}{4}\left(1+\sqrt{\dfrac{D}{d}}\right)\sqrt{D^2-d^2}$	

(3) 缩口压力的计算

缩口压力的计算比较复杂，不易达到精确要求，可按表7-24公式选用。

表7-24　缩口压力计算

参数		公　式
极限缩口力		$P_{极限}=\pi tD\sigma\cos\alpha$
截头圆锥件	无支承缩口	$P=K\left[1.1\pi Dt\sigma_s\left(1-\dfrac{d}{D}\right)\times(1+\mu\cot\alpha)\dfrac{1}{\cos\alpha}\right]$
	有支承缩口	$P=KB;B=1.1\pi Dt\sigma_s\left(1-\dfrac{d}{D}\right)\times(1+\mu\cot\alpha)/\cos\alpha+1.82\sigma_b t_1^2\left[d+r_c(1-\cos\alpha)\right]/r_c$
无支承缩口简化计算		$P=(2.4\sim3.4)\pi t\sigma_b(D-d)$
带过渡截头圆锥直口件		$P=1.2\pi Dt\sigma_b\left(1-\dfrac{d}{D}\right)\times(1+\mu\cos\alpha)\dfrac{1}{\cos\alpha}+\dfrac{1.82t_1^2\sigma_b[d+r_c(1-\cos\alpha)]}{r_c}$

注：1. P—缩口力，N；μ—凹模锥面与制件接触的摩擦系数，取$\mu=0.12$；D—缩口前直径，mm；d—缩口后的直径，mm；σ_s—材料屈服强度，MPa；σ_b—材料抗拉强度，MPa；α—锥形凹模的半锥角，(°)；K—系数，曲柄压力机一般取$K=1.15$；r_c—凹模模口圆角半径，mm；t—缩口前毛坯料厚，mm；t_1—缩口端部的最大厚度。

2. 当缩口力P大于非变形区筒壁的极限耐压力$P_{极限}$时，筒壁发生塑性失稳，缩口就无法进行。

3. 生产实践证明，当缩口凹模锥角$\alpha=26°15'$时，可使缩口力P值达到最小值，从而有利于缩口工艺的进行。

7.4.3　缩口的方法

(1) 冲压缩口法

冲压缩口利用缩口模可在普通压力机或液压机床上进行。它有无支承心杆缩口（图7-53、图7-54）、有支承心杆缩口（图7-55、图7-56）两种类型。主要用于产量比较大，尺寸形状要求严的场合。

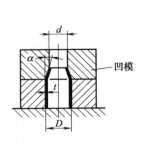

图7-53　无支承心杆缩口模

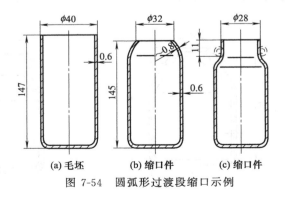

图7-54　圆弧形过渡段缩口示例

对于多次缩口时，可对制件进行局部退火。对于长的管件缩口，可以采用如图7-57所示压模缩口。根据壁厚，每次管径缩口量在0.5～1.5mm之间。

（2）旋压缩口法

旋压缩口是在车床或钻床上进行的。如图 7-58 所示是在车床上的全管径缩口模。由于车床高速旋转，凹模与管子产生摩擦发热，因而有利于管子变形，减少变形抗力，并能克服失稳现象，且更适于加热成形。图 7-59 是用旋压缩口法加工的制件，利用这种方法可降低缩口系数，如纯铜管缩口的缩口系数可达 0.25，从而对于球面端头的封闭缩口可以一次完成。对于较大直径的薄壁制件，可采用滚轮旋压缩口法，如图 7-60 所示，它可以缩 0.05～1mm 壁厚的制件。

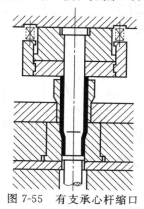

图 7-55　有支承心杆缩口

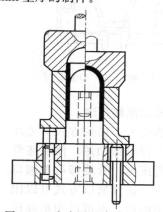

图 7-56　有支承的半球形缩口

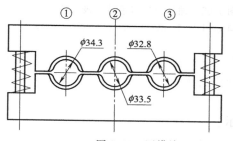

图 7-57　压模缩口过程

（3）缩口与扩口的复合成形法

管形制件两端直径差较大时，可以将管子两端同时缩口与扩口。如图 7-61 所示利用缩口与扩口复合成形，可以制成锥形或阶梯形的制件。如图 7-62 所示为缩口与扩口的系数 $m_{缩}$、$m_{扩}$ 极限数值与相对厚度 t/d 及缩口角、扩口角的大小关系，它只适用于低碳钢件。

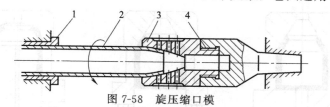

图 7-58　旋压缩口模

1—夹头；2—制件；3—缩口模；4—轴座

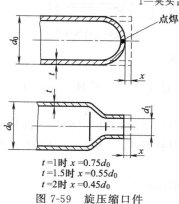

$t=1$ 时 $x=0.75d_0$
$t=1.5$ 时 $x=0.55d_0$
$t=2$ 时 $x=0.45d_0$

图 7-59　旋压缩口件

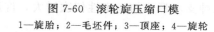

图 7-60　滚轮旋压缩口模

1—旋胎；2—毛坯件；3—顶座；4—旋轮

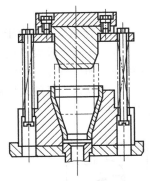

图 7-61 缩口与扩口复合模

（4）局部加热缩口法

利用电热或火焰加热方式对毛坯管缩口部分进行局部加热，使毛坯管稍加轴向送进压力，管端即可按缩口模的型腔成形。这种缩口方式可以用旋转压缩方法缩口，也可以用单纯压力方法缩口，因为材料在加热状况下有较好的塑性，能获得较大的变形程度。

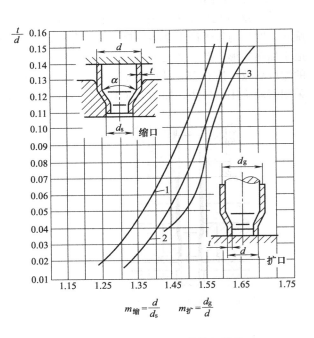

$$m_{缩} = \frac{d}{d_s} \qquad m_{扩} = \frac{d_g}{d}$$

图 7-62 缩口与扩口系数的极限值

1—缩口 $\alpha = 40°$；2—缩口 $\alpha = 20°$；3—扩口 $\alpha = 40°$

7.4.4 缩口模具结构

（1）缩口模的三种支承形式

缩口模具有三种支承形式，原理示意如图 7-63 所示。

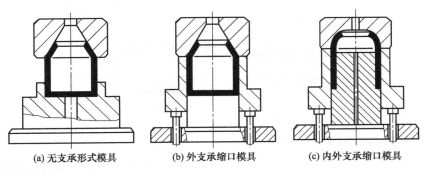

（a）无支承形式模具　　（b）外支承缩口模具　　（c）内外支承缩口模具

图 7-63 缩口模具的支承形式

图 7-63（a）是无支承形式。管状坯料的内外壁均没有支承，其模具结构简单，但缩口过程中坯料稳定性差，缩口系数较大。

图 7-63（b）是外支承形式，管状坯料的外壁均有支承，缩口时坯料的稳定性较前者好。

图 7-63（c）是内外支承形式，管状坯料的内外壁均有支承，其模具结构较前两种复杂，但缩口时坯料的稳定性最好，缩口系数较小。

三种支承形式的稳定性依次增大，许用的缩口系数依次减小。

(2) 圆管缩口模

如图 7-64 所示为将管子的一头直径缩小用缩口模。

工作时，管子毛坯放在支座 6 内，由弹性夹套 5 定位，支座还起支撑作用，缩口凹模 2 由螺纹紧固套 4 拧紧，缩口后由推杆 1 推出制件。

本模具为敞开式结构，有快换性能，装拆方便。若要改变缩口尺寸，仅需要换凹模即可。

(3) 气瓶缩口模（图 7-65）

本模具使用的毛坯为拉深成形的圆筒形件。$m_{件} = \dfrac{d}{D} = \dfrac{35}{49} = 0.71$，查表 7-19 $m_{许} = 0.55 \sim 0.60$，即 $m_{件} > m_{许}$，可以一次缩口成形。

模具采用通用弹顶器和后侧滑动导向、导向距离加长的冲模模架。考虑到模具闭合高度为 275mm，选用 400kN 形式可倾压力机。因为该制件为有底缩口件，所以只能采用外支承方式的缩口模具。

工作时，毛坯放入外支承套 7 内以毛坯外径定位，并由外支承套 7 的内孔和垫柱 6 支撑。上模下行，锥孔缩口凹模 8（表面粗糙度 Ra 为 0.4μm）将直口毛坯强行压缩成形，完成缩口变形。

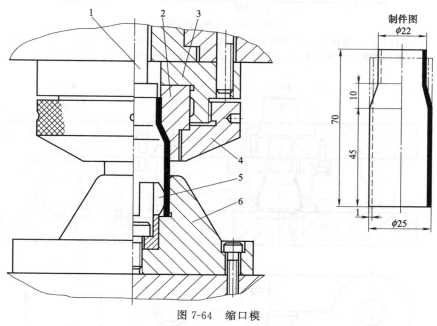

图 7-64　缩口模

1—推杆；2—凹模；3—凹模固定板；4—紧固套；5—弹性夹套；6—支座

(4) 带夹紧的缩口模

如图 7-66 所示为带夹紧的缩口模，用于对带底圆筒形件口部进行缩口。

工作时，为了使坯件在工作过程中准确定位和夹紧，冲模中设有自动夹紧装置。

当压力机滑块下行时，活动夹圈 8 在斜楔 2 的作用下右移，使坯件夹紧在活动夹圈 8 和固定夹圈 6 之间，而后坯件在凹模 1 的作用下逐渐缩口。为了使颈部有正确的内径，顶出器 3 具有锥度不大的凸起部。当压力机滑块到下死点时，应使顶出器 3 与上模座 4 相接触而对制件颈部上端面镦齐平（整形）。

若缩口的程度不大，顶出器 3 可不带锥形凸台，也不用整形，这样便于冲模调整。

当压力机滑块上行时，夹圈 8 和 6 在弹簧 7 的作用下松开复位。

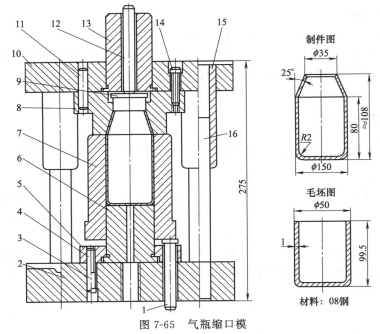

图 7-65　气瓶缩口模

1—顶杆；2—下模座；3,14—螺钉；4,11—销钉；5—下固定板；6—垫柱；7—外支承套；
8—缩口凹模；9—顶出器；10—上模座；12—打料杆；13—模柄；15—导套；16—导柱

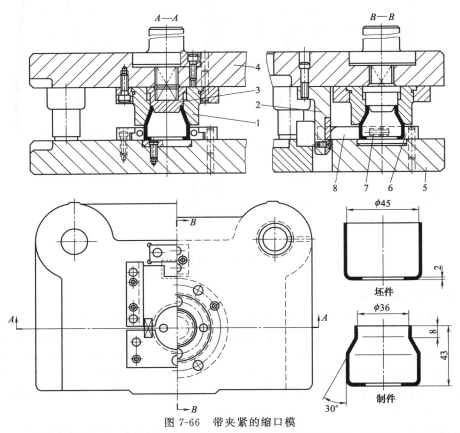

图 7-66　带夹紧的缩口模

1—凹模；2—斜楔；3—顶出器；4—上模座；5—下模座；6—固定夹圈；7—弹簧；8—活动夹圈

(5) 管子缩径缩口模

如图 7-67 所示为管子缩径缩口模。利用本模具将一段管子的一头直径缩小，另一头端口缩成圆弧状。

工作时，坯料管子竖放在下模 1 上，压力机滑块下降时，上模 3 把管子从直径 $\phi25mm$ 缩径到 $\phi22mm$，最后上模 4、下模 1 把管子两端压成圆角。上模回升时，卸料杆 6、上模 4 把制件从上模中卸下。

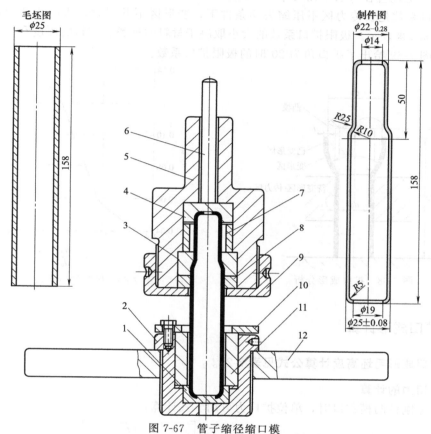

图 7-67　管子缩径缩口模

1—下模；2—下模套；3,4—上模（凹模）；5—模柄；6—卸料杆；
7—上模垫圈；8—上模垫块；9—大螺母；10—压板；11—定位圈；12—下模座

7.5　扩口

7.5.1　扩口的变形特点与变形程度

(1) 扩口变形特点

扩口与缩口相反，它是使管材或空心件口部扩大的一种成形方法。扩口与缩口有相对应的关系。如图 7-68 所示，原直径为 d_0，高度为 H_0 的坯料（管材），经扩口模将其口部直径扩大成为高度为 H 的零件。

扩口是属于伸长类成形工序。在变形过程中，坯料可划分为已变形区、变形区和传力区三部分。

（2）扩口变形程度

扩口变形程度的大小用扩口系数 m_c 来表示。

$$m_c = d_p / d_0$$

式中 m_c——扩口系数；

        d_p——制件扩口后（凸模）直径，mm；

        d_0——毛坯直径（取中径尺寸），mm。

极限扩口系数是在传力区不压缩失稳条件下，变形区不开裂时，所能达到的最大扩口系数，一般用 m_{ec} 来表示。极限扩口系数的大小取决于材料的种类、坯料的厚度和扩口角度 α 等多种因素。图 7-69 给出了扩口角为 20°时的极限扩口系数。

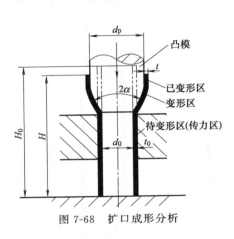

图 7-68 扩口成形分析

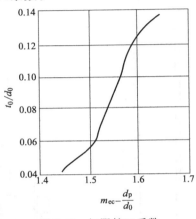

图 7-69 极限扩口系数

7.5.2 扩口成形计算

（1）扩口成形毛坯高度计算公式见表 7-25。

（2）扩口力的计算

采用锥形刚性凸模扩口时，单位扩口力可用下式计算：

$$p = 1.15\sigma \frac{1}{3 - \mu - \cos\alpha} \times \left[\ln m_c + \sqrt{\frac{t_0}{2R}} \sin\alpha\right]$$

式中 σ——单位变形抗力，N/mm^2；

        μ——摩擦因数；

        α——凸模半锥角，(°)；

        m_c——扩口系数，$m_c = R / r_0$。

表 7-25   扩口成形毛坯高度尺寸计算公式

形状图示	名称	公式
	锥口形扩口件	$H_0 = (0.97 \sim 1.0)\left[h_1 + \dfrac{1}{8} \dfrac{d^2 - d_0^2}{d_0 \sin\alpha}\left(1 + \sqrt{\dfrac{d_0}{d}}\right)\right]$

形状图示	名称	公式
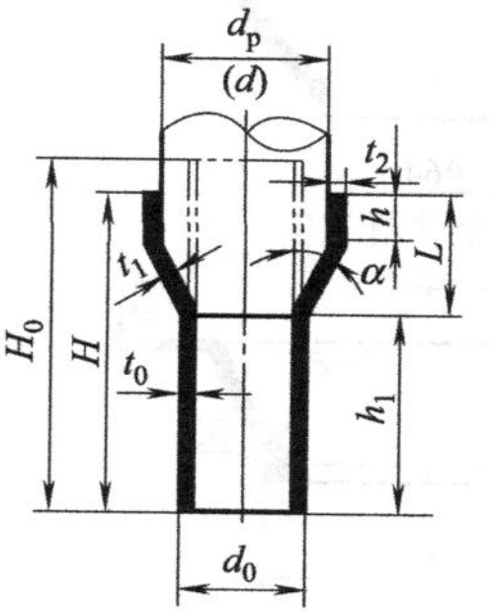	带圆筒形扩口件	$H_0=(0.97\sim1.0)\left[h_1+\dfrac{1}{8}\dfrac{d^2-d_0^2}{d_0\sin\alpha}\left(1+\sqrt{\dfrac{d_0}{d}}\right)+h\sqrt{\dfrac{d}{d_0}}\right]$
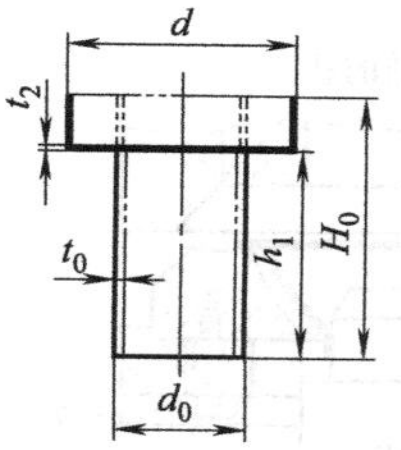	平口形扩口件	$H_0=(0.97\sim1.0)\left[h_1+\dfrac{1}{8}\dfrac{d^2-d_0^2}{d_c}\left(1+\sqrt{\dfrac{d_0}{d}}\right)\right]$
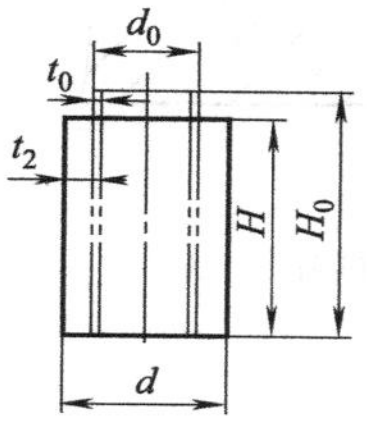	整体扩径件	$H_0=H\sqrt{\dfrac{d}{d_0}}$

7.5.3　扩口模结构

(1) 碗形件底部扩口模 (图 7-70)

工作时，坯件放在卡爪 4 上用凸模 5 定位。当压力机滑块下行时，三个卡爪 4 在整体环形楔 3 的作用下，向中心移动，合成闭合环。卡爪 4 由螺钉 7 与花盘 1 相连接。花盘 1 上的椭圆槽允许卡爪 4 作径向移动。当压力机滑块继续下行时，坯件颈部在凸模 5 上的圆角作用下，逐渐扩开。当压力机滑块到下死点时，花盘 1 与下模座 6 镦死，以矫正凸缘。

当压力机滑块上行时，卡爪 4 在弹簧 2 的作用下扩开，制件可以从中取出。

(2) 管子双头成形模

如图 7-71 所示为将圆形管两端冲压成八角形的双头成形模。

工作时，毛坯放在定位板 5 中定位，当滑块下行时，毛坯两端分别进入两凹模内，滑块到下死点时，制件即成形。滑块上行时，顶件块 2 在顶杆和托板 1 的作用下，将制件顶出下凹模，制件被上凹模带起。当滑块到达上死点时，推件块 7 在打杆、推板 8 的作用下，将制件推出上凹模。

(3) 圆管扩、缩口模 (图 7-72)

管子材料为 08 钢管，外径 $\phi60\text{mm}$、壁厚 3mm。制件较长，在 YB-300 油压机上采用立式方法由模具加工而成。

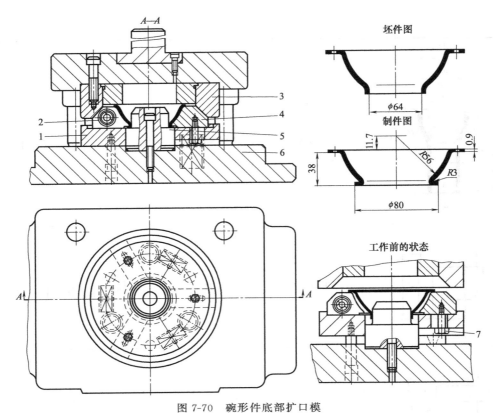

图 7-70　碗形件底部扩口模

1—花盘；2—弹簧；3—环形楔；4—卡爪；5—凸模；6—下模座；7—螺钉

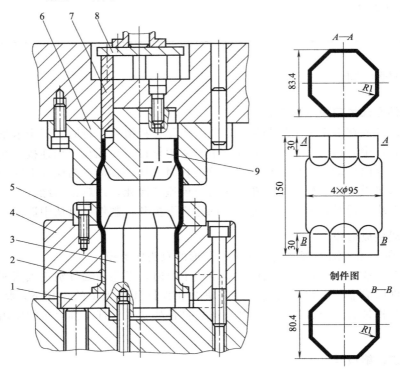

图 7-71　管子双头成形模

1—托板；2—顶件块；3—下凸模；4—下凹模；5—定位板；6—上凹模；7—推件块；8—推板；9—上凸模

　　① 工作时，管子毛坯由定位板 4 初定位，为便于毛坯的放进和制件的取出，定位板做成开口型 [见图 7-72 (c)]。

　　② 弹簧 7 的工作力必须保证 ($p_{弹总} \leqslant p_{缩} - p_{扩}$)，且其工作行程 $s \geqslant 25\text{mm}$，否则制件扩口段 25mm 尺寸难以达到。

　　③ 上下模闭合高度的控制即凸模的限位，由限位柱 3 保证，保证制件长 309mm。

　　④ 因为扩口力小于缩口力，所以工作过程中先完成扩口变形后，在上模继续下行的同时完成缩口变形。制件的退出或卸下，靠卸料板 5 或压机的顶缸顶杆通过顶柱 2 完成。

　　⑤ 图 7-72 上下模座与压机的固定形式未表示清楚，应根据实际需要设计。

　　⑥ 凸、凹模采用优质合金工具钢制造，硬度为 58～62HRC，表面粗糙度 $Ra \leqslant 0.8\mu\text{m}$。形状尺寸 [见图 7-72 (c)]

(4) 扩口模（反向扩口）

　　如图 7-73 所示为盘形件中心孔翻边后扩口模。按图示本模具完成制件的最后一道边扩口工序。

　　工作时，坯件由定位板 3 定位。上模下行，带锥形头的凸模 1 进入坯件已翻边的孔内，当压力机滑块到下死点时，扩口完毕。上下模闭合位置由限位柱 4 控制。模具闭合时，须保持限位柱 4 的顶端与上模座下平面之间 0.5mm。当压力机滑块上行时，卸料板 2 将制件从凸模 1 上卸下。

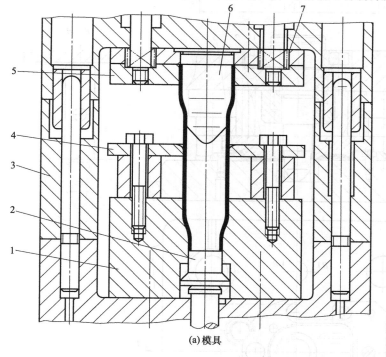

(a) 模具

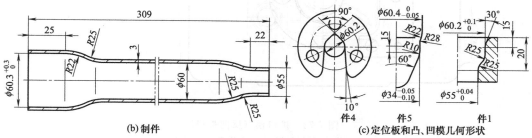

(b) 制件

(c) 定位板和凸、凹模几何形状

图 7-72　圆管的扩、缩口模

1—凹模；2—顶柱；3—限位柱；4—定位板；5—卸料板；6—凸模；7—弹簧（卸料装置）

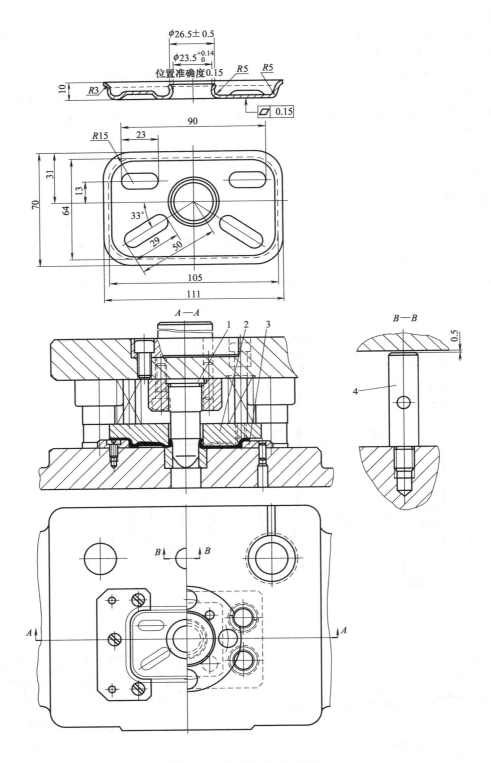

图 7-73　扩口模（反向扩口）

1—凸模；2—卸料板；3—定位板；4—限位柱

7.6 校平与整形

7.6.1 校平与整形的作用与特点

校平与整形在冲压加工中，作为后续工序的精加工常被采用，其作用与特点见表 7-26。

表 7-26 校平与整形的作用与特点

序号	名称	内　容
1	含义	利用模具使坯件局部或整体产生不大的塑性变形，以消除平面度误差和提高制件形状及尺寸精度的冲压工艺，称为校平或整形
2	作用（目的）	① 对不平或翘曲的面加以压平，达到平直的要求 ② 把弯曲或拉深件校成所要求的形状和尺寸（如圆角半径、圆度、减小回弹、平直等）
3	性质	属于修整性工序的精加工（一般说来，对于形状尺寸和精度要求较高的冲压件，在冲裁、弯曲、拉深工序之后，都要经过校平与整形）
4	特点	① 校平与整形允许变形量都很小，因此，必须使坯件的形状和尺寸相当接近制件 ② 使坯件的局部产生不大的塑性变形，以达到提高制件形状和尺寸精度，使其符合产品设计图样要求 ③ 由于校平与整形后制件的精度要求很高，因而模具精度要求也相应较高 ④ 所用设备要有较高的刚性和精度，最好使用精压机。若用一般的机械压力机，则必须带有过载保护装置，模具亦需有限位装置，以免损坏设备模具

7.6.2 校平、校平模分类与应用

校平、校平模分类与应用，见表 7-27。

表 7-27 校平、校平分类与应用

序号	名称	内容	说明
1	含义	将毛坯或制件不平整的面压平，称为校平	
2	应用	①当制件某个面的平直度要求较高时，则需考虑应用校平 ②校平常在冲裁工序之后进行，以消除冲裁过程造成的不平直现象	
3	平面校平模分类	①平面校平模［图 7-74、图 7-75（a）］	主要用于材料较软、较薄、表面不允许有细痕的制件。通常采用浮动凸模或浮动凹模
		②带齿校平模 $\begin{cases} 细齿［图 7-75（b）］ \\ 粗齿［图 7-75（c）］ \end{cases}$	主要用于材料较厚（$t = 3\sim15mm$）、平直度要求较高，且表面上允许有细痕的制件。粗齿校平模适用于材料厚 $t = 0.3\sim0.8mm$，以及有色金属（如铝、铜等）和硬度不大的平板件校平

如图 7-74 所示，为了不受压力机滑块导向精度不高的影响，消除压力机滑块行程对工作台垂直度偏差及滑块底面与工作台面平行度误差，校平模采用浮动式结构。上下模的工作面根据需要，可以做成光面［如图 7-75（a）所示］或齿形面［如图 7-75（b）、（c）所示］。

如图 7-75 所示为平板光面与齿形面校平模的常用结构与有关参数。

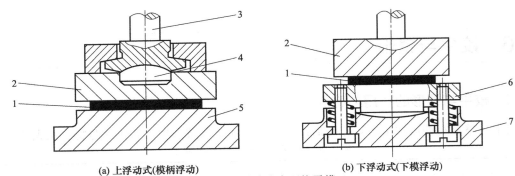

(a) 上浮动式(模柄浮动) (b) 下浮动式(下模浮动)

图 7-74 浮动式光面校平模

1—校平件；2—上模；3—浮动模柄；4—球头柱；5—下模；6—浮动下模；7—下模座

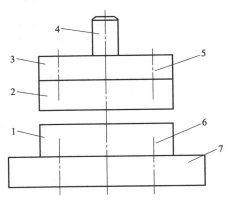

(a) 模具典型结构(上、下模工作面为平板光面)

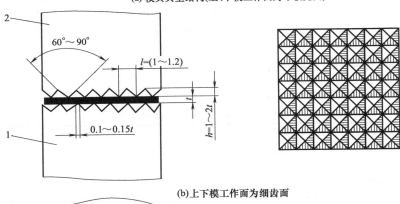

(b)上下模工作面为细齿面

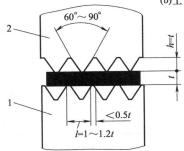 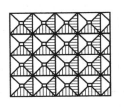

(c) 上下模工作面为粗齿面

图 7-75 平板光面与齿形面校平模

1—下模；2—上模；3—上模座；4—模柄；5,6—螺钉和销钉；7—下模座

　　校平一般是对平板形冲裁件进行后续加工，以消除其穿弯和局部不平，提高其平面度。根据制件的表面要求，可采用光面模和齿形模。

　　薄料（料厚 $t<3mm$），表面不允许有压痕时，需采用光面校平模。但光面校平对校平零件是面接触，可均匀施压，对于制件回弹较大，特别是高强度料，往往经多次校平才能取得满意的效果。对于 10 钢冷轧板，用光面模校平可达到的平面度和直线度见表 7-28。

　　如果材料比较厚，则采用齿形校平模，能得到平直度比较好的制件。但制件表面会留下深度不大的印痕。对于一些平面度、直线度要求高的内装件，如高精度仪器仪表中，钟表机芯底板、夹板、片齿轮、基板、链片等核心结构件，都采用齿形校平模校平。

　　齿形校平模分细齿和粗齿两种，如图 7-75(b)、(c)所示。

　　细齿校平模，适用于校平材料强度高、硬度大、回弹很严重的平板零件。

　　粗齿校平模，适用于校平材料强度不高、硬度不大、回弹不是很严重的中碳钢以下、较软材料的平板状零件。

　　工作时，上、下模的齿应互相错开。

表 7-28　用光面校平模校平可达到的平面度与直线度（10 钢冷轧板）　　　　　mm

料厚	每 100mm×100mm 范围的平面度，每 100mm 长度的直线度		
	一次校平	二次校平	三次校平
	偏差值		
0.5	0.15	0.10	0.08
1	0.13	0.08	0.06
2	0.12	0.065	0.05
3	0.11	0.055	0.04
4.75	0.09	0.05	0.035
6	0.085	0.045	0.035
10	0.075	0.025	0.030

7.6.3　整形特点与应用

(1) 特点

整形特点见表 7-29。

表 7-29　整形特点

序号	名称	内容
1	含义	利用模具使弯曲、拉深后的制件局部或整体产生少量塑性变形，以得到较准确的形状和尺寸，称为整形（校形）
2	特点	①一般用于弯曲、拉深工序之后 ②对弯曲件的回弹，以及拉深或翻边制件因受凸模或凹模圆角半径的限制，不能达到较小圆角半径时，可使用整形模将其达到较准确的尺寸和形状 ③整形模具与一般成形模具相似，只是工作部分的定形尺寸精度高，粗糙度要求更低，圆角半径和间隙值都较小

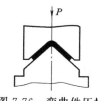

图 7-76　弯曲件压校

(2) 应用

　　① 弯曲件的整形方法主要有压校和镦校两种形式。

　　a. 压校方法主要用于折弯方法加工的弯曲件，以提高折弯后制件的角度精度，同时对弯曲件两臂的平面也有校平作用，如图 7-76 所示。压校时，制件内部应力状态的性质变化不大，所以效果也不显著。

　　b. 弯曲件镦校（图 7-77）时，在校形模具的作用下，使制件变形区域成为三向受压的应力状态。因此，镦校时得到弯曲件的尺寸精度较高。但是，镦校方法的应用也常受零件的形状的限制，例如带大孔的零件或宽度不等的弯曲件都不能用镦校的方法。

② 拉深件的整形。根据拉深件的形状、精度要求的不同，在生产中所采用的整形方法也不一样。

a. 对不带凸缘的直壁拉深件，通常都是采用变薄拉深的整形方法提高零件测壁的精度。并且可以把整形工序和最后一道拉深工序结合在一起，以一道工序完成。这时应取稍大些的拉深系数，而拉深模的间隙 Z 可取 $(0.9 \sim 0.95)t$（t 为板料厚度），即采用负间隙拉深整形法，如图 7-78 所示。

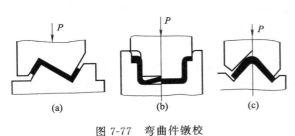

图 7-77　弯曲件镦校

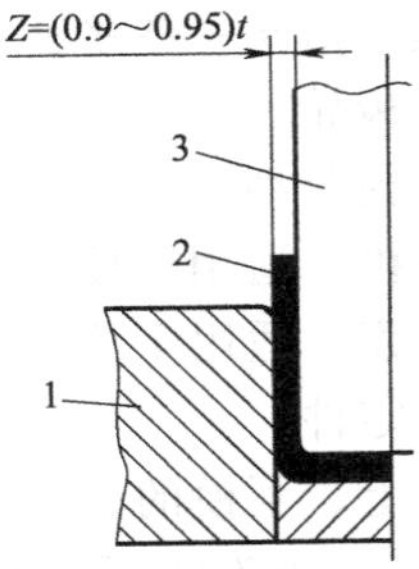

$Z=(0.9 \sim 0.95)t$

图 7-78　直壁筒形件的整形
1—凹模；2—拉深件；3—凸模

b. 凸缘平面的整形。对拉深件凸缘平面校平时，除了依靠模具零件上、下平面对凸缘平面压平作用外（图 7-79）还必须考虑制件侧壁和底部对凸缘边的影响。这是因为制件的凸缘一般刚度都很差，侧壁高度及底部的微小变化，都能引起凸缘的变形及翘曲。因此，单纯采用压平面的方法，往往是达不到校平的目的的。

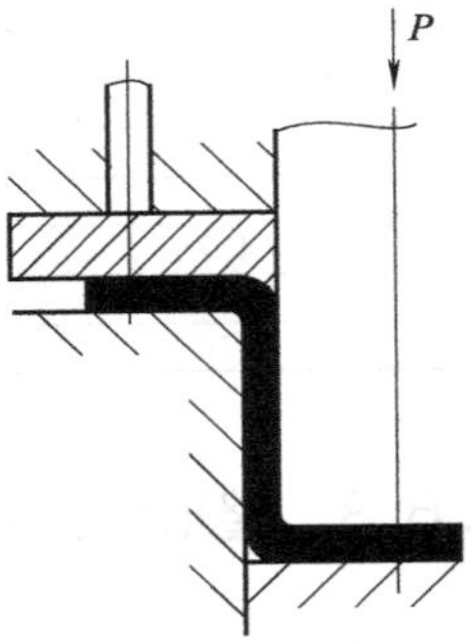

在实际生产中，对于这种带凸缘的拉深件的凸缘部位整形一般都采用改变凸缘与侧壁之间圆角大小，以达到校平凸缘平面的目的。这种整形方法，应经过反复试验，才能达到预想的效果。

c. 凸缘根部圆角半径的校正。如果在拉深后凸缘根部圆角半径比制件所要求的圆角半径大，则可以通过整形方法来减少圆角半径，使其达到制件所要求的圆角半径。其整形方法分以下两种情况。

图 7-79　带凸缘的筒形件校形

• 当凸缘直径 $d \geqslant (2 \sim 2.5)d_1$ 时，可采用如图 7-80 所示的方法进行整形，即整形前的制件高度等于产品零件的理论高度。

这种方法是利用模具使被整形的制件侧壁和凸缘内口附近材料变薄来实现的，而不用其他部分金属来补充。用这种方法整形的制件，可以达到很高的整形精度。但应注意的是变形不要过大，否则易使制件破裂。生产中，制件变形部位的伸长变形率常采用 $2\% \sim 5\%$。

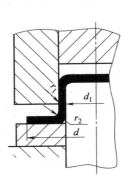

图 7-80　拉深件高度
不变的整形方法

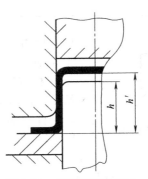

图 7-81　拉深件高度减小
的整形方法

• 制件的凸缘根部和侧壁之间的圆角半径需要变化很大时，可以取整形前的制件高度大于产品零件的高度（图 7-81），即：

$$h' > h$$

式中　h'——整形前的制件高度，mm；

　　　h——产品零件高度，mm。

采用这种方法对制件整形，可以防止由于过大的变形，而使得制件被拉裂。但制件高度 h' 不要取的过大，否则会造成整形过程中的失稳而表面质量下降。

7.6.4　校平、整形力的计算

校平与整形力主要决定于材料的力学性能、板料厚度等因素。校平、整形力可按下式计算。即

$$P = Fp$$

式中　P——校平、整形力，N；

　　　F——校平、整形面积，mm²；

　　　p——单位压力，MPa，见表 7-30。

表 7-30　校平、整形时单位压力 p　　　　　　　　　　　　　　MPa

校平、整形材料	平板校平	细齿形校平、整形	粗齿形整形
软钢	80～100	120～200	250～400
软铝	20～40	20～50	100～200
硬铝	50～80	100～120	200～300
软黄铜	50～80	100～120	200～300
硬黄铜	80～100	120～200	220～380

7.6.5　整形、校平模结构

(1) 带凸缘拉深件整形模 （图 7-82）

这是将已拉深成的拉深件经整形模对圆角、内（或外）形尺寸和形状进行整形。模具结构与一般拉深模没有多大差异，不同的是整形模工作部分的精度要求更高，圆角半径更小，表面粗糙度更小。模具工作时，上下模一般处于压死状态以达到整形效果。

如果只整形凸缘平面及其圆角，为了便于卸件，凸模常做成带锥度的，如图 7-82 （b）所示。

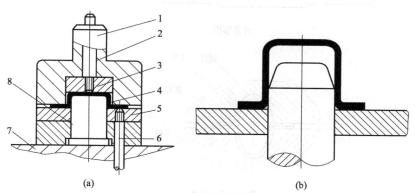

(a)　　　　　　　　　　　　　(b)

图 7-82　带凸缘拉深件整形模

1—模柄；2—打料杆；3—退件器；4—制件；5—卸料板；6—卸料螺钉；7—模座；8—凸模

（2）组合件整形模（图 7-83）

制件由对称两件经点焊组合而成。然后用整形模整形，提高内形的形状与尺寸精度。

工作时，把焊接好的组合件套在芯模 3 上，再把组合件连同芯模一起放到下模 2 的工作部分，上模 1 下行，模具闭合后［见图 7-83(b)］，其上下模之间的距离 B 应大于两倍制件材料厚度，即

$$B = 2t_{最大} + (0.05 \sim 0.1)$$

式中　$t_{最大}$——材料最大厚度，mm。

整形芯模对制件最后尺寸的影响是很大的。另外，制件材料的强度大小直接影响制件的回弹。因此，同一个芯模，每批生产的制件材料所处软硬状态的不同。回弹不一样，制件尺寸也不一样。遇到这种情况，常按照制件尺寸和公差要求，做几种不同规格的芯模供生产中选用。

本模具在行程较小的偏心压力机上手工操作使用，模具开启后导柱导套不脱开，故模柄上未装止动销。

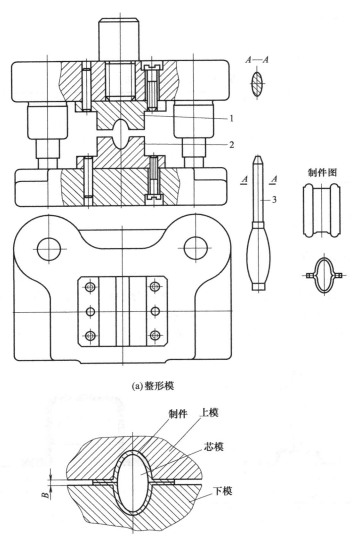

(a) 整形模

(b) 模具闭合的情况

图 7-83　组合件整形模

1—上模；2—下模；3—芯模

(3) 带斜楔的整形模

如图 7-84 所示为用于上下左右同时需要整形的带斜楔的整形模。

制件为由上下两件经点焊组成，中间为圆孔，两头为喇叭形扩口，需对内孔、上下两平面、两侧面进行整形。

工作时，把坯件套在芯模 12 上，再把芯模放到下模 1 上，上模 2 下压，对制件进行上下方向的整形。上模部分继续下行，上模左右两边的斜楔 3 使下模左右整形滑块 10 向芯模 12 运动，对制件进行左右方向的整形。

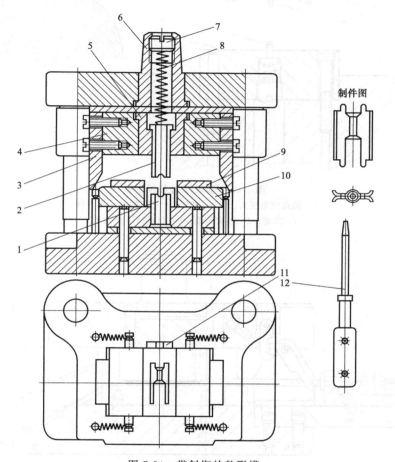

图 7-84　带斜楔的整形模

1—下模；2—上模；3—斜楔（左、右各 1 件）；4—固定板；5—镶套；6—模柄；7—螺塞；8—弹簧；
9—压板（左、右各 1 件）；10—滑块（左、右各 1 件）；11—芯模定位板；12—芯模

(4) 基板压窝与校平模（图 7-85）

制件基板为圆片，在校平的同时，将中心圆孔口压成倒角、圆周平面上压出一凹窝。

本模具采用精密的钟表模架，导柱导套导向（图未表示），上下模采用埋入模座并用圆柱销再定位结构。

为了获得较高的校平效果，制件的一面允许有浅齿纹。

(5) 带自动弹出器的通用校平模

如图 7-86 所示为一副通用光面校平模。

上模 4 开启时，利用弯钩 2 拨动杠杆 1 带动推板 3 将校平件自动推出模外，并顺着料斗 6 下落。

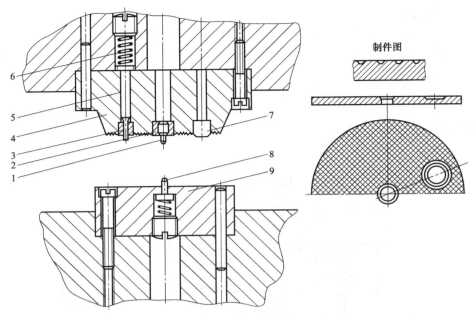

图 7-85 基板压窝与校平模

1—圆孔倒角压头；2、3—镶套；4—上模；5—弹顶杆；

6—弹簧；7—压窝凸模；8—导正销；9—下模

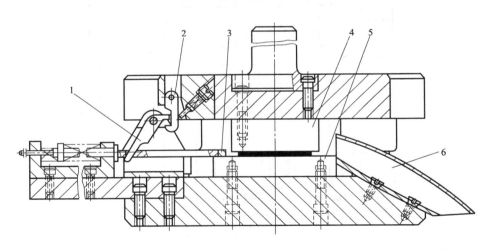

图 7-86 带自动弹出器的通用校平模

1—杠杆；2—弯钩；3—推板；4—上模；5—下模；6—料斗

　　本模具主要用于平直度要求不高，由软金属如铝、软钢、软黄铜等制成的小平板件校平。通用性强，操作方便，生产效率高。

(6) 级进模校平工位可调式整平模

　　如图 7-87 所示为某光驱机芯基座的级进模校平工位可调式整平模结构。

　　本结构由垫板、多个内六角头螺钉和聚氨酯胶板组成，见图 7-87 (d)。垫板用 45 钢加工，按冲压零件形状均布制作多个 M6 的螺纹孔，装内六角头调节螺钉。调整时，用内六角扳手旋转螺钉，利用螺钉的轴向移动距离的变化，对制件表面进行挤压，即可实现对制件的平面度进行局部调整，使平面度符合要求。调节时，上、下内六角头螺钉的旋出、旋入距离必须相等，并确保上、下内六角头螺钉与制件接触并产生轻微的挤压，否则会产生回弹、平面度不稳定。为防止冲压过程中螺钉松动，用整块聚氨酯胶板作止动垫，聚氨酯胶板厚度约 10mm，光孔直径为 4mm，强力旋入 M6 的内六角头螺钉，确保聚氨酯胶板对内六角头螺钉有抱紧防松作用。上垫板用两只 M14 的螺栓与凸模夹板联接，下垫板用两只 M14 的螺栓与下模垫板联接。垫板和压花块不可以装在卸料板上，否则在冲制过程中冲压力会引起卸料板偏斜，导柱受剪切力，加剧导柱磨损和卸料板变形。

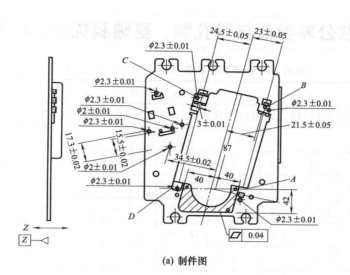

(a) 制件图

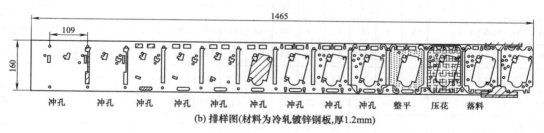

(b) 排样图(材料为冷轧镀锌钢板,厚1.2mm)

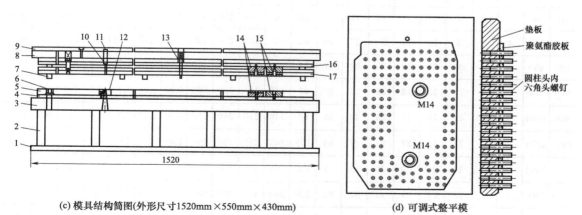

(c) 模具结构简图(外形尺寸1520mm×550mm×430mm)　　　　(d) 可调式整平模

图 7-87　级进模校平工位可调式整平模结构

1—下模板；2—支承；3—下模座；4—下垫板；5—凹模；6—导套；7—导柱；8—上模座；
9—垫板；10—凸模；11—凸模小顶杆；12—凹模镶件；13—检测销；14—可调式整平模组件；
15—压花模组件；16—凸模固定板组件；17—卸料板组件

附　　录

附录 A　标准公差数值与基孔制、基轴制优先、常用配合

附表 A1　标准公差数值（GB/T 1800.4—2009）

基本尺寸/mm		公差等级																			
		IT01	IT0	IT1	IT2	IT3	IT4	IT5	IT6	IT7	IT8	IT9	IT10	IT11	IT12	IT13	IT14	IT15	IT16	IT17	IT18
大于	至	/μm													/mm						
—	3	0.3	0.5	0.8	1.2	2	3	4	6	10	14	25	40	60	0.10	0.14	0.25	0.40	0.60	1.0	1.4
3	6	0.4	0.6	1	1.5	2.5	4	5	8	12	18	30	48	75	0.12	0.18	0.30	0.48	0.75	1.2	1.8
6	10	0.4	0.6	1	1.5	2.5	4	6	9	15	22	36	58	90	0.15	0.22	0.36	0.58	0.90	1.5	2.2
10	18	0.5	0.8	1.2	2	3	5	8	11	18	27	43	70	110	0.18	0.27	0.43	0.70	1.10	1.8	2.7
18	30	0.6	1	1.5	2.5	4	6	9	13	21	33	52	84	130	0.21	0.33	0.52	0.84	1.30	2.1	3.3
30	50	0.6	1	1.5	2.5	4	7	11	16	25	39	62	100	160	0.25	0.39	0.62	1.00	1.60	2.5	3.9
50	80	0.8	1.2	2	3	5	8	13	19	30	46	74	120	190	0.30	0.46	0.74	1.20	1.90	3.0	4.6
80	120	1	1.5	2.5	4	6	10	15	22	35	54	87	140	220	0.35	0.54	0.87	1.40	2.20	3.5	5.4
120	180	1.2	2	3.5	5	8	12	18	25	40	63	100	160	250	0.40	0.63	1.00	1.60	2.50	4.0	6.3
180	250	2	3	4.5	7	10	14	20	29	46	72	115	185	290	0.46	0.72	1.15	1.85	2.90	4.6	7.2
250	315	2.5	4	6	8	12	16	23	32	52	81	130	210	320	0.52	0.81	1.30	2.10	3.20	5.2	8.1
315	400	3	5	7	9	13	18	25	36	57	89	140	230	360	0.57	0.89	1.40	2.30	3.60	5.7	8.9
400	500	4	6	8	10	15	20	27	40	63	97	155	250	400	0.63	0.97	1.55	2.50	4.00	6.3	9.7
500	630			9	11	16	22	32	44	70	110	170	280	440	0.70	1.10	1.75	2.8	4.4	7.0	11.0
630	800			10	13	18	25	36	50	80	125	200	320	500	0.80	1.25	2.00	3.2	5.0	8.0	12.5
800	1000			11	15	21	28	40	56	90	140	230	360	560	0.90	1.40	2.30	3.6	5.6	9.0	14.0
1000	1250			13	18	24	33	47	66	105	165	260	420	660	1.05	1.65	2.60	4.2	6.6	10.5	16.5
1250	1600			15	21	29	39	55	78	125	195	310	500	780	1.25	1.95	3.10	5.0	7.8	12.5	19.5
1600	2000			18	25	35	46	63	92	150	230	370	600	920	1.50	2.30	3.70	6.0	9.2	15.0	23.0
2000	2500			22	30	41	55	78	110	175	280	440	700	1100	1.75	2.80	4.40	7.0	11.0	17.5	28.0
2500	3150			26	36	50	68	96	135	210	330	540	860	1350	2.10	3.30	5.40	8.6	13.5	21.0	33.0

注：1. 基本尺寸小于 1mm 时，无 IT14 至 IT18。

2. 公称尺寸大于 500mm 的 IT1～IT5 的标准公差为试行的。

附表 A2　基孔制优先、常用配合（摘自 GB/T 1801—2009）

基准孔	\	\	\	\	\	轴	\	\	\	\	\	\	\	\	\	\	\	\	\	\	\
	a	b	c	d	e	f	g	h	js	k	m	n	p	r	s	t	u	v	x	y	z
	间隙配合								过渡配合			过盈配合									
H6						H6/f5	H6/g5	H6/h5	H6/js5	H6/k5	H6/m5	H6/n5	H6/p5	H6/r5	H6/s5	H6/t5					
H7						H7/f6	▼H7/g6	▼H7/h6	H7/js6	▼H7/k6	H7/m6	▼H7/n6	▼H7/p6	H7/r6	▼H7/s6	H7/t6	▼H7/u6	H7/v6	H7/x6	H7/y6	H7/z6
H8					H8/e7	▼H8/f7	H8/g7	▼H8/h7	H8/js7	H8/k7	H8/m7	H8/n7	H8/p7	H8/r7	H8/s7	H8/t7	H8/u7				
H8				H8/d8		H8/f8		H8/h8													
H9			H9/c9	▼H9/d9	H9/e9	H9/f9		▼H9/h9													
H10			H10/c10	H10/d10				H10/h10													
H11	H11/a11	H11/b11	▼H11/c11	H11/d11				▼H11/h11													
H12		H12/b12						H12/h12													

注：1. $\dfrac{H6}{n5}$、$\dfrac{H7}{p6}$ 在公称尺寸小于或等于 3mm 和 $\dfrac{H8}{r7}$ 在小于或等于 100mm 时，为过渡配合。

2. 标注 ▼ 的配合为优先配合。

附表 A3　基轴制优先、常用配合（摘自 GB/T 1801—2009）

基准轴	\	\	\	\	\	孔	\	\	\	\	\	\	\	\	\	\	\	\	\	\	\
	A	B	C	D	E	F	G	H	JS	K	M	N	P	R	S	T	U	V	X	Y	Z
	间隙配合								过渡配合			过盈配合									
h5						F6/h5	G6/h5	H6/h5	JS6/h5	K6/h5	M6/h5	N6/h5	P6/h5	R6/h5	S6/h5	T6/h5					
h6						F7/h6	▼G7/h6	▼H7/h6	JS7/h6	▼K7/h6	M7/h6	▼N7/h6	▼P7/h6	R7/h6	▼S7/h6	T7/h6	▼U7/h6				
h7					E8/h7	▼F8/h7		▼H8/h7	JS8/h7	K8/h7	M8/h7	N8/h7									
h8				D8/h8	E8/h8	F8/h8		H8/h8													
h9				▼D9/h9	E9/h9	F9/h9		▼H9/h9													
h10				D10/h10				H10/h10													
h11	A11/h11	B11/h11	▼C11/h11	D11/h11				▼H11/h11													
h12		B12/h12						H12/h12													

注：标注 ▼ 的配合为优先配合。

孔的极

表中数值：上方数值为上偏差，下方数值为下偏差（单位说明见注）

基本尺寸段/mm 大于	至	B10	C9	C10	D8	D9	D10	E7	E8	E9	F6	F7	F8	G6	G7	H6	H7	H8
—	3	+180/+140	+85/+60	+100/+60	+34/+20	+45/+20	+60/+20	+24/+14	+28/+14	+39/+14	+12/+6	+16/+6	+20/+6	+8/+2	+12/+2	+6/0	+10/0	+14/0
3	6	+188/+140	+100/+70	+118/+70	+48/+30	+60/+30	+78/+30	+32/+20	+38/+20	+50/+20	+18/+10	+22/+10	+28/+10	+12/+4	+16/+4	+8/0	+12/0	+18/0
6	10	+208/+150	+116/+80	+138/+80	+62/+40	+76/+40	+98/+40	+40/+25	+47/+25	+61/+25	+22/+13	+28/+13	+35/+13	+14/+5	+20/+5	+9/0	+15/0	+22/0
10	14	+220/+150	+138/+95	+165/+95	+77/+50	+93/+50	+120/+50	+50/+32	+59/+32	+75/+32	+27/+16	+34/+16	+43/+16	+17/+6	+24/+6	+11/0	+18/0	+27/0
14	18																	
18	24	+244/+160	+162/+110	+194/+110	+98/+65	+117/+65	+149/+65	+61/+40	+73/+40	+92/+40	+33/+20	+41/+20	+53/+20	+20/+7	+28/+7	+13/0	+21/0	+33/0
24	30																	
30	40	+270/+170	+182/+120	+220/+120	+119/+80	+142/+80	+180/+80	+75/+50	+89/+50	+112/+50	+41/+25	+50/+25	+64/+25	+25/+9	+34/+9	+16/0	+25/0	+39/0
40	50	+280/+180	+192/+130	+230/+130														
50	65	+310/+190	+214/+140	+260/+140	+146/+100	+174/+100	+220/+100	+90/+60	+106/+60	+134/+60	+49/+30	+60/+30	+76/+30	+29/+10	+40/+10	+19/0	+30/0	+46/0
65	80	+320/+200	+224/+150	+270/+150														
80	100	+360/+220	+257/+170	+310/+170	+174/+120	+207/+120	+260/+120	+107/+72	+126/+72	+159/+72	+58/+36	+71/+36	+90/+36	+34/+12	+47/+12	+22/0	+35/0	+54/0
100	120	+380/+240	+267/+180	+320/+180														
120	140	+420/+260	+300/+200	+360/+200	+208/+145	+245/+145	+305/+145	+125/+85	+148/+85	+185/+85	+68/+43	+83/+43	+106/+43	+39/+14	+54/+14	+25/0	+40/0	+63/0
140	160	+440/+280	+310/+210	+370/+210														
160	180	+470/+310	+330/+230	+390/+230														
180	200	+525/+340	+355/+240	+425/+240	+242/+170	+285/+170	+355/+170	+146/+100	+172/+100	+215/+100	+79/+50	+96/+50	+122/+50	+44/+15	+61/+15	+29/0	+46/0	+72/0
200	225	+565/+380	+375/+260	+445/+260														
225	250	+605/+420	+395/+280	+465/+280														
250	280	+690/+480	+430/+300	+510/+300	+271/+190	+320/+190	+400/+190	+162/+110	+191/+110	+240/+110	+88/+56	+108/+56	+137/+56	+49/+17	+69/+17	+32/0	+52/0	+81/0
280	315	+750/+540	+460/+330	+540/+330														
315	355	+830/+600	+500/+360	+590/+360	+299/+210	+350/+210	+440/+210	+182/+125	+214/+125	+265/+125	+98/+62	+119/+62	+151/+62	+54/+18	+75/+18	+36/0	+57/0	+89/0
355	400	+910/+680	+540/+400	+630/+400														
400	450	+1010/+760	+595/+440	+690/+440	+327/+230	+385/+230	+480/+230	+198/+135	+232/+135	+290/+135	+108/+68	+131/+68	+165/+68	+60/+20	+83/+20	+40/0	+63/0	+97/0
450	500	+1090/+840	+635/+840	+730/+480														

注：表中上方数值为上偏差，下方数值为下偏差。

的极限偏差

μm

限偏差

H9	H10	JS6	JS7	K6	K7	M6	M7	N6	N7	P6	P7	R7	S7	T7	U7	X7
+25/0	+40/0	±3	±5	0/-6	0/-10	-2/-8	-2/-12	-4/-10	-4/-14	-6/-12	-6/-16	-10/-20	-14/-24	—	-18/-28	-20/-30
+30/0	+48/0	±4	±6	+2/-6	+3/-9	-1/-9	0/-12	-5/-13	-4/-16	-9/-17	-8/-20	-11/-23	-15/-27	—	-19/-31	-24/-36
+36/0	+58/0	±4.5	±7.5	+2/-7	+5/-10	-3/-12	0/-15	-7/-16	-4/-19	-12/-21	-9/-24	-13/-28	-17/-32	—	-22/-37	-28/-43
+43/0	+70/0	±5.5	±9	+2/-9	+6/-12	-4/-15	0/-18	-9/-20	-5/-23	-15/-26	-11/-29	-16/-34	-21/-39	—	-26/-44	-33/-51
																-38/-56
+52/0	+84/0	±6.5	±10.5	+2/-11	+6/-15	-4/-17	0/-21	-11/-24	-7/-28	-18/-31	-14/-35	-20/-41	-27/-48	—	-33/-54	-46/-67
														-33/-54	-40/-61	-56/-77
+62/0	+100/0	±8	±12.5	+3/-13	+7/-18	-4/-20	0/-25	-12/-28	-8/-33	-21/-37	-17/-42	-25/-50	-34/-59	-39/-64	-51/-76	-71/-96
														-45/-70	-61/-86	-88/-113
+74/0	+120/0	±9.5	±15	+4/-15	+9/-21	-5/-24	0/-30	-14/-33	-9/-39	-26/-45	-21/-51	-30/-60	-42/-72	-55/-85	-76/-106	-111/-141
												-32/-62	-48/-78	-64/-94	-91/-121	-135/-165
+87/0	+140/0	±11	±17.5	+4/-18	+10/-25	-6/-28	0/-35	-16/-38	-10/-45	-30/-52	-24/-59	-38/-73	-58/-93	-78/-113	-111/-146	-165/-200
												-41/-76	-66/-101	-91/-126	-131/-166	-197/-232
+100/0	+160/0	±12.5	±20	+4/-21	+12/-28	-8/-33	0/-40	-20/-45	-12/-52	-36/-61	-28/-68	-48/-88	-77/-117	-107/-147	-155/-195	-233/-273
												-50/-90	-85/-125	-119/-159	-175/-215	-265/-305
												-53/-93	-93/-133	-131/-171	-195/-235	-295/-335
+115/0	+185/0	±14.5	±23	+5/-24	+13/-33	-8/-37	0/-46	-22/-51	-14/-60	-41/-70	-33/-79	-60/-106	-105/-151	-149/-195	-219/-265	-333/-379
												-63/-109	-113/-159	-163/-209	-241/-287	-368/-414
												-67/-113	-123/-169	-179/-225	-267/-313	-408/-454
+130/0	+210/0	±16	±26	+5/-27	+16/-36	-9/-41	0/-52	-25/-57	-14/-66	-47/-79	-36/-88	-74/-126	-138/-190	-198/-250	-295/-347	-455/-507
												-78/-130	-150/-202	-220/-272	-330/-382	-505/-557
+140/0	+230/0	±18	±28.5	+7/-29	+17/-40	-10/-46	0/-57	-26/-62	-16/-73	-51/-87	-41/-98	-87/-144	-169/-226	-247/-304	-369/-426	-569/-626
												-93/-150	-187/-244	-273/-330	-414/-471	-639/-696
+155/0	+250/0	±20	±31.5	+8/-32	+18/-45	-10/-50	0/-63	-27/-67	-17/-80	-55/-95	-45/-108	-103/-166	-209/-272	-307/-370	-467/-530	-717/-780
												-109/-172	-229/-292	-337/-400	-517/-580	-797/-860

附表 A5　常用配合轴

轴的极

基本尺寸段 /mm 大于	至	b9	c9	d8	d9	e7	e8	e9	f6	f7	f8	g5	g6	h5	h6	h7
—	3	−140 / −165	−60 / −85	−20 / −34	−20 / −45	−14 / −24	−14 / −28	−14 / −39	−6 / −12	−6 / −16	−6 / −20	−2 / −6	−2 / −8	0 / −4	0 / −6	0 / −10
3	6	−140 / −170	−70 / −100	−30 / −48	−30 / −60	−20 / −32	−20 / −38	−20 / −50	−10 / −18	−10 / −22	−10 / −28	−4 / −9	−4 / −12	0 / −5	0 / −8	0 / −12
6	10	−150 / −186	−80 / −116	−40 / −62	−40 / −76	−25 / −40	−25 / −47	−25 / −61	−13 / −22	−13 / −28	−13 / −35	−5 / −11	−5 / −14	0 / −6	0 / −9	0 / −15
10	14	−150 / −193	−95 / −138	−50 / −77	−50 / −93	−32 / −50	−32 / −59	−32 / −75	−16 / −27	−16 / −34	−16 / −43	−6 / −14	−6 / −17	0 / −8	0 / −11	0 / −18
14	18	−150 / −193	−95 / −138	−50 / −77	−50 / −93	−32 / −50	−32 / −59	−32 / −75	−16 / −27	−16 / −34	−16 / −43	−6 / −14	−6 / −17	0 / −8	0 / −11	0 / −18
18	24	−160 / −212	−110 / −162	−65 / −98	−65 / −117	−40 / −61	−40 / −73	−40 / −92	−20 / −33	−20 / −41	−20 / −53	−7 / −16	−7 / −20	0 / −9	0 / −13	0 / −21
24	30	−160 / −212	−110 / −162	−65 / −98	−65 / −117	−40 / −61	−40 / −73	−40 / −92	−20 / −33	−20 / −41	−20 / −53	−7 / −16	−7 / −20	0 / −9	0 / −13	0 / −21
30	40	−170 / −232	−120 / −182	−80 / −119	−80 / −142	−50 / −75	−50 / −89	−50 / −112	−25 / −41	−25 / −50	−25 / −64	−9 / −20	−9 / −25	0 / −11	0 / −16	0 / −25
40	50	−180 / −242	−130 / −192	−80 / −119	−80 / −142	−50 / −75	−50 / −89	−50 / −112	−25 / −41	−25 / −50	−25 / −64	−9 / −20	−9 / −25	0 / −11	0 / −16	0 / −25
50	65	−190 / −264	−140 / −214	−100 / −146	−100 / −174	−60 / −90	−60 / −106	−60 / −134	−30 / −49	−30 / −60	−30 / −76	−10 / −23	−10 / −29	0 / −13	0 / −19	0 / −30
65	80	−200 / −274	−150 / −224	−100 / −146	−100 / −174	−60 / −90	−60 / −106	−60 / −134	−30 / −49	−30 / −60	−30 / −76	−10 / −23	−10 / −29	0 / −13	0 / −19	0 / −30
80	100	−220 / −307	−170 / −257	−120 / −174	−120 / −207	−72 / −107	−72 / −126	−72 / −159	−36 / −58	−36 / −71	−36 / −90	−12 / −27	−12 / −34	0 / −15	0 / −22	0 / −35
100	120	−240 / −327	−180 / −267	−120 / −174	−120 / −207	−72 / −107	−72 / −126	−72 / −159	−36 / −58	−36 / −71	−36 / −90	−12 / −27	−12 / −34	0 / −15	0 / −22	0 / −35
120	140	−260 / −360	−200 / −300	−145 / −208	−145 / −245	−85 / −125	−85 / −148	−85 / −185	−43 / −68	−43 / −83	−43 / −106	−14 / −32	−14 / −39	0 / −18	0 / −25	0 / −40
140	160	−280 / −380	−210 / −310	−145 / −208	−145 / −245	−85 / −125	−85 / −148	−85 / −185	−43 / −68	−43 / −83	−43 / −106	−14 / −32	−14 / −39	0 / −18	0 / −25	0 / −40
160	180	−310 / −410	−230 / −330	−145 / −208	−145 / −245	−85 / −125	−85 / −148	−85 / −185	−43 / −68	−43 / −83	−43 / −106	−14 / −32	−14 / −39	0 / −18	0 / −25	0 / −40
180	200	−340 / −455	−240 / −355	−170 / −242	−170 / −285	−100 / −146	−100 / −172	−100 / −215	−50 / −79	−50 / −96	−50 / −122	−15 / −35	−15 / −44	0 / −20	0 / −29	0 / −46
200	225	−380 / −495	−260 / −375	−170 / −242	−170 / −285	−100 / −146	−100 / −172	−100 / −215	−50 / −79	−50 / −96	−50 / −122	−15 / −35	−15 / −44	0 / −20	0 / −29	0 / −46
225	250	−420 / −535	−280 / −395	−170 / −242	−170 / −285	−100 / −146	−100 / −172	−100 / −215	−50 / −79	−50 / −96	−50 / −122	−15 / −35	−15 / −44	0 / −20	0 / −29	0 / −46
250	280	−480 / −610	−300 / −430	−190 / −271	−190 / −320	−110 / −162	−110 / −191	−110 / −240	−56 / −88	−56 / −108	−56 / −137	−17 / −40	−17 / −49	0 / −23	0 / −32	0 / −52
280	315	−540 / −670	−330 / −460	−190 / −271	−190 / −320	−110 / −162	−110 / −191	−110 / −240	−56 / −88	−56 / −108	−56 / −137	−17 / −40	−17 / −49	0 / −23	0 / −32	0 / −52
315	355	−600 / −740	−360 / −500	−210 / −299	−210 / −350	−125 / −182	−125 / −214	−125 / −265	−62 / −98	−62 / −119	−62 / −151	−18 / −43	−18 / −54	0 / −25	0 / −36	0 / −57
355	400	−680 / −820	−400 / −540	−210 / −299	−210 / −350	−125 / −182	−125 / −214	−125 / −265	−62 / −98	−62 / −119	−62 / −151	−18 / −43	−18 / −54	0 / −25	0 / −36	0 / −57
400	450	−760 / −915	−440 / −595	−230 / −327	−230 / −385	−135 / −198	−135 / −232	−135 / −290	−68 / −108	−68 / −131	−68 / −165	−20 / −47	−20 / −60	0 / −27	0 / −40	0 / −63
450	500	−840 / −995	−480 / −635	−230 / −327	−230 / −385	−135 / −198	−135 / −232	−135 / −290	−68 / −108	−68 / −131	−68 / −165	−20 / −47	−20 / −60	0 / −27	0 / −40	0 / −63

注：表中上方数值为上偏差，下方数值为下偏差。

的极限偏差

μm

限偏差

h8	h9	js5	js6	js7	k5	k6	m5	m6	n6	p6	r6	s6	t6	u6	x6
0 / −14	0 / −25	±2	±3	±5	+4 / 0	+6 / 0	+6 / +2	+8 / +2	+10 / +4	+12 / +6	+16 / +10	+20 / +14	—	+24 / +18	+26 / +20
0 / −18	0 / −30	±2.5	±4	±6	+6 / +1	+9 / +1	+9 / +4	+12 / +4	+16 / +8	+20 / +12	+23 / +15	+27 / +19	—	+31 / +23	+36 / +28
0 / −22	0 / −36	±3	±4.5	±7.5	+7 / +1	+10 / +1	+12 / +6	+15 / +6	+19 / +10	+24 / +15	+28 / +19	+32 / +23	—	+37 / +28	+43 / +34
0 / −27	0 / −43	±4	±5.5	±9	+9 / +1	+12 / +1	+15 / +7	+18 / +7	+23 / +12	+29 / +18	+34 / +23	+39 / +28	—	+44 / +33	+51 / +40
															+56 / +45
0 / −33	0 / −52	±4.5	±6.5	±10.5	+11 / +2	+15 / +2	+17 / +8	+21 / +8	+28 / +15	+35 / +22	+41 / +28	+48 / +35	—	+54 / +41	+67 / +54
													+54 / +41	+61 / +48	+77 / +64
0 / −39	0 / −62	±5.5	±8	±12.5	+13 / +2	+18 / +2	+20 / +9	+25 / +9	+33 / +17	+42 / +26	+50 / +34	+59 / +43	+64 / +48	+76 / +60	+96 / +80
													+70 / +54	+86 / +70	+113 / +97
0 / −46	0 / −74	±6.5	±9.5	±15	+15 / +2	+21 / +2	+24 / +11	+30 / +11	+39 / +20	+51 / +32	+60 / +41	+72 / +53	+85 / +66	+106 / +87	+141 / +122
											+62 / +43	+78 / +59	+94 / +75	+121 / +102	+165 / +146
0 / −54	0 / −87	±7.5	±11	±17.5	+18 / +3	+25 / +3	+28 / +13	+35 / +13	+45 / +23	+59 / +37	+73 / +51	+93 / +71	+113 / +91	+146 / +124	+200 / +178
											+76 / +54	+101 / +79	+126 / +104	+166 / +144	+232 / +210
0 / −63	0 / −100	±9	±12.5	±20	+21 / +3	+28 / +3	+33 / +15	+40 / +15	+52 / +27	+68 / +43	+88 / +63	+117 / +92	+147 / +122	+195 / +170	+273 / +248
											+90 / +65	+125 / +100	+159 / +134	+215 / +190	+305 / +280
											+93 / +68	+133 / +108	+171 / +146	+235 / +210	+335 / +310
0 / −72	0 / −115	±10	±14.5	±23	+24 / +4	+33 / +4	+37 / +17	+46 / +17	+60 / +31	+79 / +50	+106 / +77	+151 / +122	+195 / +166	+265 / +236	+379 / +350
											+109 / +80	+159 / +130	+209 / +180	+287 / +258	+414 / +385
											+113 / +84	+169 / +140	+225 / +196	+313 / +284	+454 / +425
0 / −81	0 / −130	±11.5	±16	±26	+27 / +4	+36 / +4	+43 / +20	+52 / +20	+66 / +34	+88 / +56	+126 / +94	+190 / +158	+250 / +218	+347 / +315	+507 / +475
											+130 / +98	+202 / +170	+272 / +240	+382 / +350	+557 / +525
0 / −89	0 / −140	±12.5	±18	±28.5	+29 / +4	+40 / +4	+46 / +21	+57 / +21	+73 / +37	+98 / +62	+144 / +108	+226 / +190	+304 / +268	+426 / +390	+626 / +590
											+150 / +114	+244 / +208	+330 / +294	+471 / +435	+696 / +660
0 / −97	0 / −155	±13.5	±20	±31.5	+32 / +5	+45 / +5	+50 / +23	+63 / +23	+80 / +40	+108 / +68	+166 / +126	+272 / +232	+370 / +330	+530 / +490	+780 / +740
											+172 / +132	+292 / +252	+400 / +360	+580 / +540	+860 / +820

附录B 冲压常用材料的性能

附表 B1 黑色金属的力学性能

材料名称	材料牌号	材料状态	极限强度		伸长率 $\delta/\%$	屈服强度 σ_s/MPa	弹性模量 E/MPa
			剪切 τ/MPa	拉伸 σ_b/MPa			
电工用工业纯铁 C<0.025	DT1 DT2 DT3	已退火的	180	230	26		
电工硅钢	DR530-50 DR510-50 DR450-50 DR315-50 DR290-50 DR280-35 DR255-35	已退火的	190	230	26		
普通碳素钢	Q195	未经退火的	260～320	320～400	28～33		
	Q215-A		270～340	340～420	26～31	220	
	Q235-A		310～380	440～470	21～25	240	
	Q255-A		340～420	490～520	19～23	260	
	Q275		400～500	580～620	15～19	280	
碳素结构钢	05	已退火的	200	230	28	—	
	05F		210～300	260～380	32	—	
	08F		220～310	280～390	32	180	
	08		260～360	330～450	32	200	190000
	10F		220～340	280～420	30	190	
	10		260～340	300～440	29	210	198000
	15F		250～370	320～460	28		
	15		270～380	340～480	26	230	202000
	20F		280～890	340～480	26	230	200000
	20		280～400	360～510	25	250	210000
	25		320～440	400～550	24	280	202000
	30		360～480	450～600	22	300	201000
	35		400～520	500～650	20	320	201000
	40		420～540	520～670	18	340	213500
	45		440～560	550～700	16	360	204000
	50		440～580	550～730	14	380	220000
	55		550	≥670	14	390	
	60		550	≥700	13	410	208000
	65		600	≥730	12	420	
	70		600	≥760	11	430	210000
碳素工具钢	T7～T12 T7A～T12A	已退火的	600	750	10		
	T8A	冷作硬化的	600～950	750～1200			
优质碳素钢	10Mn2	已退火的	320～460	400～580	22	230	211000
	65Mn		600	750	12	400	211000
合金结构钢	25CrMnSiA 25CrMnSi	已低温退火的	400～560	500～700	18	950	
	30CrMnSiA 30CrMnSi		440～600	550～750	16	1450 850	

续表

材料名称	材料牌号	材料状态	极限强度 剪切 τ/MPa	极限强度 拉伸 σ_b/MPa	伸长率 δ/%	屈服强度 σ_s/MPa	弹性模量 E/MPa
优质弹簧钢	60Si2Mn 60Si2MnA 65Si2WA	已低温退火的	720	900	10	1200	200000
		冷作硬化的	640~960	800~1200	10	1400 1600	
不锈钢	1Cr13	已退火的	320~380	400~470	21	420	210000
	2Cr13		320~400	400~500	20	450	210000
	3Cr13		400~480	500~600	18	480	210000
	4Cr13		400~480	500~600	15	500	210000
	1Cr18Ni9 2Cr18Ni9	经热处理的	460~520	580~640	35	200	200000
		冷轧压的冷作硬化的	800~880	100~1100	38	220	200000
	1Cr18Ni9Ti	热处理退火的	430~550	540~700	40	200	200000

附表 B2　有色金属的力学性能

材料	牌号	材料状态	剪切强度 τ/MPa	拉伸强度 σ_b/MPa	伸长率 δ/%	屈服(点)强度 σ_s/MPa	弹性模量 E/×10³MPa
铝	1060、1050A、1200 (L2)、(L3)、(L5)	已退火的	80	75~110	25	50~80	72
		冷作硬化的	100	120~150	4	120~240	
铝锰合金	3A21(LF21)	已退火的	70~100	110~145	19	50	71
		半冷作硬化	100~140	155~200	13	130	
铝镁合金 铝镁铜合金	5A02(LF2)	已退火的	130~160	180~230		100	70
		半冷作硬化	160~200	230~280		210	
高强度的 铝镁铜合金	7A04(LC4)	已退火的	170	250			70
		淬硬并经人工时效	350	500		460	
镁锰合金	MB1	已退火的	120~140	170~190	3~5	100	44
	MB8	已退火的	170~190	220~230	12~24	140	40
		冷作硬化的	190~200	240~250	8~10	160	
硬铝	2A12(LY12)	已退火的	105~150	150~215	12		72
		淬硬并经自然时效	280~310	400~440	15	370	
		淬硬后冷作硬化	280~320	400~460	10	340	
纯铜	T1、T2、T3	软	160	200	30	70	108
		硬	260	300	3	380	130
黄铜	H62	软	260	300	35	380	100
		半硬	300	380	20	200	
		硬	360	420	10	480	
	H68	软	240	300	40	100	110
		半硬	280	350	25		
		硬	340	400	15	250	115
铅黄铜	HPb59-1	软	300	350	25	140	93
		硬	400	450	5	420	105
锰黄铜	HMn58-2	软	340	390	25	170	100
		半硬	400	450	15		
		硬	520	600	5		

材料	牌号	材料状态	剪切强度 τ/MPa	拉伸强度 σ_b/MPa	伸长率 δ/%	屈服（点）强度 σ_s/MPa	弹性模量 $E/\times10^3$ MPa
锡磷青铜 锡锌青铜	QSn6.5-2.5 QSn4-3	软	260	300	38	140	100
		硬	480	550	3～5		124
		特硬	500	650	1～2	550	
铝青铜	QAl7	已退火的	520	600	10	190	115～130
		未退火的	560	650	5	250	92
铝锰青铜	QAl9-2	软	360	450	18	300	92
		硬	480	600	5	500	
硅锰青铜	QSi3-1	软	280～300	350～380	40～45	240	120
		硬	480～520	600～650	3～5	540	
		特硬	560～600	700～750	1～2		
铍青铜	QBe2	软	240～480	300～600	30	250～350	117
		硬	520	660	2		132～141
白铜	B19	软	240	300	25		
		硬	360	450	25		
镍	Ni3-Ni5	软	350	400	35	70	
		硬	470	550	2	210	210～230
锌白铜 （德银）	BZn15-20	软	300	350	25		
		硬	480	550	2		
		特硬	560	650	1		
锰白铜 （康铜）	BMn40-1.5	软	340	400～500	34		
		硬	410	550～650	6		166
锌	Zn3-Zn5		120～200	140～230	40	75	80～130
铅	Pb3-Pb6		20～30	25～40	40～50	5～10	15～17
锡	Sn1-Sn4		30～40	40～50	10	12	41.5～55
钛合金	TA2	已退火的	360～480	450～600	25～30		
	TA3	已退火的	440～660	550～750	20～25		
	TC1	已退火的	640～680	800～850	15	800～980	104
镁合金	MB1	冷态	120～140	170～190	3～5	120	40
	MB8		150～180	230～240	14～15	220	41
	MB1	预热 300℃	30～50	30～50	50～52		40
	MB8		50～70	50～70	58～62		41
银			180		50	30	81
膨胀合金 （可伐合金）	N29Co18		400～500	500～600			
钨		已退火的		720	0	700	312
		未退火的		1490	10～40	800	380
钼		已退火的	200～300	1400	20～25	385	280
		未退火的	320～400	1600	2～5	595	300
钽		已退火的	220～320	315～455			
			350～480				

附表 B3 非金属材料的剪切强度

材料名称	剪切强度 τ/MPa		材料名称	剪切强度 τ/MPa	
	用尖刃凸模冲裁	用平刃凸模冲裁		用尖刃凸模冲裁	用平刃凸模冲裁
低胶板	100～130	140～200	橡皮	1～6	20～80
布胶板	90～100	120～180	人造橡胶、硬橡胶	40～70	—
玻璃布胶板	120～140	160～190	柔软的皮革	6～8	30～50
金属箔的玻璃布胶板	130～150	160～220	硝过的及铬化的皮革	—	50～60
金属箔的纸胶板	110～130	140～200	未硝过的皮革	—	80～100
玻璃纤维丝胶板	100～110	140～160	云母	50～80	60～100
石棉纤维塑料	80～90	120～180	人造云母	120～150	140～180
有机玻璃	70～80	90～100	桦木胶合板	20	—
聚氯乙烯塑料、透明橡胶	60～80	100～130	硬马粪纸	70	60～100
赛璐珞	40～60	80～100	绝缘纸板	40～70	60～100
氯乙烯	30～40	50	红纸板	—	140～200
石棉橡胶	40		漆布、绝缘漆布	30～60	—
石棉板	40～50		绝缘板	150～160	180～240

附表 B4 加热时非金属材料的剪切强度

材料	温度/℃	孔的直径/mm			
		1～3	＞3～5	＞5～10	＞10 和外形
		剪切强度 τ/MPa			
纸胶板	22	150～180	120～150	110～120	100～110
	70～100	120～140	100～120	90～100	95
	105～130	110～130	100～110	90～100	90
布胶板	22	130～150	120～130	105～120	90～100
	80～100	100～120	80～110	90～100	70～80
玻璃布胶板	22	160～185	150～155	150	40～130
	80～100	121～140	115～120	110	90～100
玻璃纤维丝胶板	22	140～160	130～140	120～130	70
	80～100	100～120	90～110	90	40
有机玻璃	22	90～100	80～90	70～80	70
	70～80	60～80	70	50	40
聚氯乙烯塑料	22	120～130	100～110	50～90	60～80
	100	60～80	50～60	40～50	40
赛璐珞	22	80～100	70～80	60～65	60
	70	50	40	35	30

附录 C 模内攻牙（螺纹）机型号、规格与挤压螺纹底孔尺寸

附表 C1 6S 型模内攻牙机型号、规格

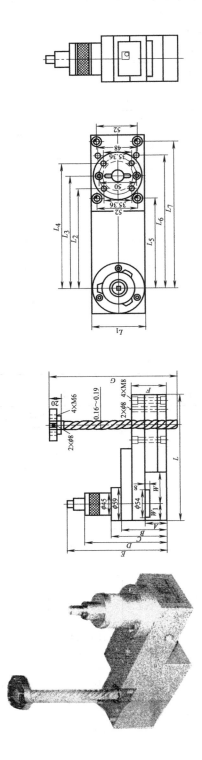

mm

机型	压力机行程	攻牙尺寸	A	B	C	D	E	F	G	L	L_1	L_2	L_3	L_4	L_5	L_6	L_7	W	W_1
DZX-6S-203X	50～90	M3～M6	40	84	100	141	173	62	230	250	70	140.22	157.90	175.58	127.00	187.00	205.00	62.7	35.10
DZX-6S-204X	90～150	M3～M6	40	84	100	141	173	62	230	250	70	140.22	157.90	175.58	127.00	187.00	205.00	62.7	35.10
DZX-6S-205X	150～250	M3～M6	40	84	100	141	173	62	285	250	70	140.22	157.90	175.58	127.00	187.00	205.00	62.7	35.10
DZX-6S-206X															外形尺寸				
	非标特别订制机型																		

附表C2 6R型模内攻牙机型号、规格

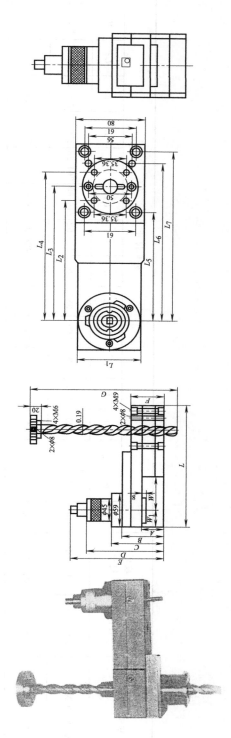

单位：mm

机型	压力机行程	攻牙尺寸	外形尺寸																
			A	B	C	D	E	F	G	L	L_1	L_2	L_3	L_4	L_5	L_6	L_7	W	W_1
DZX-6R-303X	100~150	M7~M12	40	84	100	141	173	62	285	255	70	150.72	168.40	186.08	136.50	196.05	209.50	71.2	35.00
DZX-6R-304X	150~200	M7~M12	40	84	100	141	173	62	285	255	70	150.72	168.40	186.08	136.50	196.50	209.50	71.2	35.00
DZX-6R-305X	200~350	M7~M12	40	84	100	141	173	62	360	255	70	150.72	168.40	186.08	136.50	196.50	209.50	71.2	35.00
DZX-6R-306X	非标特别订制机型																		

附表 C3　6L 型型模内攻牙机型号、规格

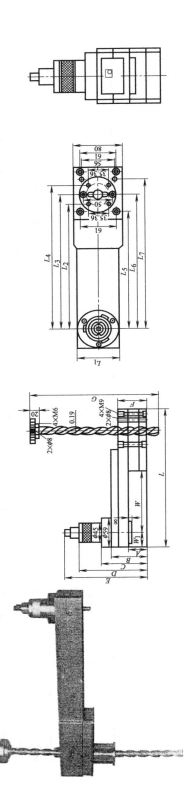

mm

机型	压力机行程	攻牙尺寸	外形尺寸																	
			A	B	C	D	E	F	G	L	L_1	L_2	L_3	L_4	L_5	L_6	L_7	W	W_1
DZX-6L-404X	100～350	M3～M6	40	84	100	141	173	62	360	335	70	228.92	246.60	264.28	216.20	276.20	289.20	149.4	35.00
DZX-6L-405X	100～350	M7～M12	40	84	100	141	173	62	360	335	70	228.92	246.60	264.28	216.20	276.20	289.20	149.4	35.00
DZX-6L-406X			非标特别订制机型																	

注：以上资料摘自"科尔诺森"模内攻牙机样本介绍。

附表 C4　模内攻牙挤压公制粗牙螺纹底孔尺寸

公制粗牙

mm

规格	挤压底孔			规格	挤压底孔		
	建议值	上限	下限		建议值	上限	下限
M1.0×0.25	0.90	0.92	0.86	M4.0×0.70	3.65	3.77	3.62
M1.1×0.25	1.00	1.02	0.96	M4.5×0.75	4.15	4.26	4.09
M1.2×0.25	1.10	1.12	1.06	M5×0.80	4.60	4.74	4.54
M1.4×0.30	1.25	1.30	1.24	M6×1.00	5.50	5.68	5.46
M1.6×0.35	1.45	1.49	1.41	M7×1.00	6.50	6.68	6.64
M1.7×0.35	1.55	1.59	1.51	M8×1.25	7.35	7.59	7.32
M1.8×0.35	1.65	1.69	1.61	M9×1.25	8.40	8.59	8.32
M2.0×0.40	1.80	1.87	1.78	M10×1.50	9.25	9.51	9.19
M2.2×0.45	2.00	2.05	1.96	M12×1.75	11.10	11.43	11.05
M2.3×0.40	2.10	2.17	2.08	M14×2.00	13.10	13.25	12.90
M2.5×0.45	2.30	2.35	2.26	M16×2.00	15.10	15.26	14.90
M2.6×0.45	2.40	2.45	2.36	M18×2.50	16.90	17.06	16.62
M3.0×0.50	2.75	2.84	2.73	M20×2.50	18.90	19.07	18.62
M3.5×0.60	3.20	3.31	3.18				

附表 C5　模内攻牙挤压公制粗牙螺纹底孔尺寸

公制细牙

mm

规格	挤压底孔			规格	挤压底孔		
	建议值	上限	下限		建议值	上限	下限
M2.0×0.25	1.88	1.89	1.86	M8.0×1.00	7.50	7.55	7.43
M2.2×0.25	2.08	2.09	2.06	M8.0×0.75	7.63	7.67	7.57
M2.3×0.25	2.16	2.17	2.14	M9.0×1.00	8.50	8.55	8.43
M2.5×0.35	2.32	2.35	2.30	M9.0×0.75	8.63	8.67	8.57
M2.6×0.35	2.40	2.41	2.38	M10×1.25	9.38	9.43	9.29
M3.0×0.35	2.83	2.85	2.80	M10×1.00	9.50	9.55	9.43
M3.5×0.35	3.32	3.35	3.30	M10×0.75	9.63	9.67	9.57
M4.0×0.50	3.75	3.79	3.72	M11×1.00	10.50	10.55	10.43
M4.5×0.50	4.25	4.29	4.22	M11×0.75	10.63	10.67	10.57
M5.0×0.50	4.75	4.79	4.72	M12×1.50	11.25	11.30	11.15
M5.5×0.50	5.25	5.29	5.22	M12×1.25	11.38	11.43	11.29
M6.0×0.75	5.63	5.67	5.57	M12×1.00	11.50	11.55	11.43
M7.0×0.75	6.63	6.67	6.57				

附录 D　金属材料力学性能符号对照表

新　标　准		旧　标　准	
性能名称	符号	性能名称	符号
断面收缩率	Z	断面收缩率	ψ
断后伸长率	A $A_{11.3}$ A_{xmm}	断后伸长率	δ_5 δ_{10} δ_{xmm}
断裂总伸长率	A_t		—
最大力总伸长率	A_{gt}	最大力下的总伸长率	δ_{gt}

续表

新　标　准		旧　标　准	
性能名称	符号	性能名称	符号
最大力非比例伸长率	A_g	最大力下的非比例伸长率	δ_g
屈服点延伸率	A_e	屈服点伸长率	δ_s
屈服强度	—	屈服点	σ_s
上屈服强度	R_{eH}	上屈服点	σ_{sU}
下屈服强度	R_{eL}	下屈服点	σ_{sL}
规定非比例延伸强度	R_p 例如 $R_{p0.2}$	规定非比例伸长应力	σ_p 例如 $\sigma_{p0.2}$
规定总延伸强度	R_t 例如 $R_{t0.2}$	规定总伸长应力	σ_t 例如 $\sigma_{t0.2}$
规定残余延伸强度	R_r 例如 $R_{r0.2}$	规定总残余应力	σ_r 例如 $\sigma_{r0.2}$
拉伸强度	R_m	拉伸强度	σ_b

注：新标准为 GB/T 228—2002，旧标准为 GB/T 228—1987。

参 考 文 献

[1] 陈炎嗣等. 冲压模具设计与制造技术. 北京：北京出版社，1991.
[2] 北京电子管厂. 冷冲压与弯曲机模具. 北京：国防工业出版社，1982.
[3] 第四机械工业部标准化研究所. 冷冲模设计. 第 5 版. 北京：第四机械工业部标准化研究所，1981.
[4] 郝滨海. 冲压模具简明设计手册. 第 2 版. 北京：化学工业出版社，2009.
[5] 陈孝康，陈炎嗣，周兴隆. 实用模具设计与制造技术. 北京：中国轻工业出版社，2001.
[6] 许发樾等. 实用模具设计与制造手册. 北京：机械工业出版社，2001.
[7] 陈炎嗣等. 多工位级进模设计与制造. 第 2 版. 北京：机械工业出版社，2014.
[8] 陈炎嗣等. 多工位级进模设计手册. 北京：化学工业出版社，2012.
[9] 陈炎嗣等. 冲压模具实用结构图册. 北京：机械工业出版社. 2009.
[10] 王鹏驹等. 冲压模具设计师手册. 北京：机械工业出版社，2009.
[11] 姜银方，袁国定等. 冲压模具工程师手册. 北京：机械工业出版社，2011.
[12] 薛启翔. 冷冲压实用技术. 北京：机械工业出版社，2006.
[13] 欧阳永红. 模具钳工速查手册. 北京：化学工业出版社，2009.
[14] 郝少祥. 模具钢选用速查手册. 北京：化学工业出版社，2009.
[15] 王新华. 冲模结构图册. 北京：机械工业出版社，2003.
[16] 模具实用技术丛书编委会. 冲模设计应用实例. 北京：机械工业出版社，1999.
[17] 郑智受等. 氮气弹簧技术在模具中的应用. 北京：机械工业出版社，1998.
[18] 张镇修. 冲压技术实用数据速查手册. 北京：机械工业出版社，2009.
[19] 郑家贤. 冲压模具设计实用手册. 北京：机械工业出版社，2007.
[20] 张赞宏等. 电子工业生产技术手册（13）. 北京：国防工业出版社，1989.
[21] 张毅等. 现代冲压技术. 北京：国防工业出版社，1994.
[22] 姜伯军. 级进冲模设计与模具结构实例. 北京：机械工业出版社，2008.
[23] 张春水等. 高效精密冲模设计与制造. 西安：西安电子科技大学出版社，1989.
[24] 廖伟. 冲模设计技法典型实例解析. 北京：化学工业出版社，2011.
[25] 钟翔山等. 冲压模具设计技巧、经验及实例. 北京：化学工业出版社，2011.
[26] 金龙建. 多工位级进模实例图解. 北京：机械工业出版社. 2014.
[27] 洪慎章. 实用冲压工艺及模具设计. 北京：机械工业出版社，2008.
[28] 王孝培. 实用冲压技术手册. 北京：机械工业出版社，2004.
[29] 扬占尧. 现代模具工手册. 北京：化学工业出版社，2007.
[30] 陈炎嗣等. 模具工基础知识问答. 北京：机械工业出版社，2013.
[31] 模具制造月刊创刊 10 周年大奖赛. 论文集. 深圳：模具制造杂志社，2011.